U0225179

《昆山市地方文献丛书》编委会

总顾问：张月林

顾　问：张　桥

主　编：陈　勇

副主编：徐秋明

委　员：徐　琳　杨伟娴　徐　澜　周琦俊

《昆山历代山水园林志》课题组

组　长：曾学文
成　员：孙叶锋　刘　栋　徐大军　戴敏敏

昆山市地方文献丛书

昆山历代山水园林志

昆山市地方志办公室（昆山市档案馆）编

广陵书社

图书在版编目（CIP）数据

昆山历代山水园林志 / 昆山市地方志办公室（昆山
市档案馆）编. -- 扬州 : 广陵书社，2020.10
（昆山市地方文献丛书）
ISBN 978-7-5554-1521-3

Ⅰ. ①昆… Ⅱ. ①昆… Ⅲ. ①园林－概况－昆山
Ⅳ. ①TU986.625.34

中国版本图书馆CIP数据核字(2020)第161056号

书　　　名	昆山历代山水园林志
编　　　者	昆山市地方志办公室（昆山市档案馆）
责任编辑	徐大军
出 版 人	曾学文
出版发行	广陵书社

扬州市维扬路 349 号　　　　　邮编　225009
(0514)85228081（总编办）　　85228088（发行部）
http：// www.yzglpub.com　　E-mail：yzglss@163.com

印　　　刷	无锡市海得印务有限公司
装　　　订	无锡市西新印刷有限公司
开　　　本	898 毫米 ×1194 毫米　1/16
印　　　张	53
字　　　数	978 千字
版　　　次	2020 年 10 月第 1 版
印　　　次	2020 年 10 月第 1 次印刷
标准书号	ISBN 978-7-5554-1521-3
定　　　价	680.00 元

前　言

　　昆山历史悠久，人文荟萃，历代先祖为我们留下了丰富的地方文献，其中流传至今的昆山历代县志、乡镇志、专志有50馀种。昆山现存最早的志书为宋淳祐《玉峰志》，距今已有800年历史。这是一笔珍贵的历史文化遗产和宝贵的精神财富。旧志整理是新时期《地方志工作条例》赋予史志工作者的历史使命，也是方志事业的延伸与拓展，功在当代、利及千秋。

　　昆山市地方志办公室、昆山市档案馆自2009年启动旧志整理工作，将藏于全国各大图书馆、博物馆的宋淳祐《玉峰志》、宋咸淳《玉峰续志》、元至正《昆山郡志》、明嘉靖《昆山县志》、明万历《昆山县志》、明弘治《昆山县志》、清康熙《昆山县志稿》、清乾隆《昆山新阳合志》、清道光《昆山新阳两县志》、清光绪《昆山两县续修合志》、民国《昆新两县续补合志》11种历代旧志于2017年全部完成整理出版。2018年，启动对《淞南志》（3种）、正仪的《信义志稿》、陆家的《菉溪志》、锦溪的《陈墓镇志》、巴城的《巴溪志》、周庄的《贞丰拟乘》《周庄镇志》《贞丰里庚甲见闻录》以及《淀湖小志》《张浦杂记》等14种乡镇旧志的集中整理点校，并完成《昆山历代乡镇旧志集成》的出版。

　　昆山有绝美的水乡古镇，有灵动的湖光山色，更有众多杰出的历代先贤人物，流传下来的有关山水园林、地方人物的古籍文献资源丰富。2019年，昆山市地方志办公室、昆山市档案馆启动了《昆山历代山水园林志》和《昆山历代人物志》的整理出版项目。其中，对宋开禧年间刻龚昱辑《昆山杂咏》（三卷），明嘉靖年间刻王理之辑《昆山杂咏》（六卷），明隆庆年间刻俞允文辑《昆山杂咏》（二十八卷），明万历年间刻元顾瑛辑《玉山名胜集》（六卷），明周复俊著《马鞍山志》，明潘之恒撰《三吴杂志·马鞍山》，明顾绍芳撰《和甫山园记》（三种），清佚名辑《玉峰标胜集》（二卷），清管柏辑《玉峰寄隐图诗文录》（三卷），清周奕钫述、潘道根补《马鞍山景物略·玉山景物略》，清朱霞灿编《贞丰八景唱和集》，民国间邱樾等编《紫阳小筑集咏》（三卷），清顾士琏辑《娄江志》（二卷），清潘道根编《昆山城隍庙续志》《续修昆山县城隍庙志》15种文献进行整理点校，并汇辑为《昆山历代山水园林志》。同时，对明方鹏撰《昆山人物志》（十卷），明张大复撰《皇明昆山人物传》（十卷）、《名宦传》（一卷），清叶均禧撰《昆山人物传》（七卷），清潘道根、彭治辑《昆山名家诗人小传》（五卷），清刘象春辑《玉山人文小传》（四卷）、（附集小传》（一卷），民国邱樾著《昆山人物咏》（一卷），清潘道根辑、杜彝增辑《昆山名贤墓志铭》（十二卷），清潘道根辑、彭治增辑《昆山先贤冢墓考》，清曹梦元编《昆山殉难录》（十卷），清张立平等编《玉峰完节录贞烈传尽忠实录》，清佚名编《采访昆新两邑节孝底册》11种人物传记资料进行集中点校整理，并汇辑为《昆山历代人物志》一书。

　　昆山方志坚持古为今用，推陈出新，以集成式、整体性的系统整理，将深藏于图书馆、博物馆库房内的旧志古籍化身千百，传承历史智慧，服务于当代。《昆山历代山水园林志》《昆山历代人物志》的整理出版，形成了历代县志、乡镇旧志、各类专志的再版体系，为昆山延续地方文脉、发掘地方文化瑰宝、助推文化事业发展贡献方志力量。我们希望通过对旧志文献的不断整理与开发，能让更多的人了解昆山，让历史、文化在传世珍品中得以延续。

昆山市地方志办公室

昆山市档案馆

2020 年 10 月 30 日

整理凡例

本书辑录昆山历史上现存的与昆山山水、园林、名胜古迹、祠庙等有关的古籍文献，凡 15 种。

本书所收文献，不以文体所限，原则上只收独立成书的文献。《玉山名胜集》《玉峰寄隐图诗文录》《紫阳小筑集咏》等文献虽为诗文唱和总集，但其中涉及到不少反映昆山山水、园林情况的内容；《三吴杂志·马鞍山》《〈和甫山园记〉三种》虽为从个人文集辑出者，但其内容与昆山山水、园林紧密相关，故均予以收入。

本书所收文献，除《玉山名胜集》一书版本情况复杂，存在多种版本外，其他多数文献均仅有一种版本，故本次皆据所存版本为底本点校整理。底本具体情况，可参见各书书前所附提要。

本书以简体字点校整理，文字和标点皆据国家公布的语言文字规范标准，异体字、避讳字、俗字等，径改为规范的简体字。若涉及到人名、地名中的异体字，统一后会引起歧义的，则保留原貌。如"征""徵"等。

本书中所收各文献内容上多有前后相同者，个别文字上存有差异，除能根据其他文献确定为明显误字外，一般保持原貌，不作改动。

本次整理所据底本，版本复杂，文字脱讹衍倒之处不少，若确有实据，能断定为底本讹误的，则据其他文献改动，并出校记；不能确定的，则保存原貌。底本若有缺字或漫漶不清、不能辨认者，以□表示。

总 目 录

玉山名胜集六卷

〔元〕顾　瑛　辑

马鞍山志

〔明〕周复俊　著

三吴杂志·马鞍山

〔明〕潘之恒　撰

《和甫山园记》三种

〔明〕顾绍芳　撰

昆山历代山水园林志

昆山县城隍庙续志

〔清〕潘道根 编

续修昆山县城隍庙志

〔清〕潘道根 编

昆山历代山水园林志

昆山杂咏三卷

〔宋〕龚 昱 辑

徐大军 整理

昆山杂咏三卷

　　宋龚昱辑。龚昱,字立道,宋昆山人。有文学,安贫乐道,人称龚山长。所居曰栖闲堂,陆游、刘过、苏泂、韩淲等皆为赋诗。陆游《寄龚立道》诗云:"龚子吴中第一流,老农何幸接英游!"推重之至。

　　龚昱讲学之暇,裒集所藏今昔名公之诗篇,编为此集。共三卷。所录诗皆为咏昆山景物及地方人事。

　　是集有宋开禧三年(1207)昆山县斋刻本、瞿氏铁琴铜剑楼影宋抄本、《峭帆楼丛书》本等。本次据宋开禧三年昆山县斋刻本点校整理。

昆山杂咏序

昆山虽处海隅，素号壮县，古迹今事接于闻见者不一，若人物、习俗、文章、论议，系治乱、关风教者，盖有志焉。此书既阙，遂使一邑之事湮没无传，予每以为恨。友人龚君立道裒次古今诗，分为三帙，目之曰《昆山杂咏》，又得百篇，号《续编》。

尝取而读之，非徒记其吟咏而已，如陈令公云"县民遥喜行春至"，则知郡守尝省耕于外邑；张文定云"我时行近郊"，则知邑宰每巡野而观稼；荆公云"万家藏水村"，则知陂泽未围，所在有潴水之地；冲邈云"江塞妙决除"，则知开江有营，河塘无淤涨之患。因"群公荐口"之句，则知龚期颐之著乡行；因"闻健收身"之句，则知李乐庵之挺忠节。称王逸野传《春秋》，而知经学之可以名家；招范石湖入诗社，而知句法之可以垂世。其它如记惠向之运鬼力，僧繇之画神龙，诺矩罗之兴云致雨，此特其次者尔。至于石峰之奇巧，轩亭之敞快，缁流之能禅能律，又特其小者尔。

立道刻意问学，其于暇日，乃能兼收并蓄，细大不遗，可以代图经之作矣。继自今或有所得，当陆续书之，亦可使后人之后人祖其意而有述也。予嘉立道之志，故为书之篇首云。

嘉定改元十二月初吉，朝散郎、监察御史范之柔序。

昆山杂咏上

张　祜承吉

慧聚寺

宝殿依山险，凌虚势欲吞。画檐齐木末，香砌压云根。远景窗中岫，孤烟竹里村。凭高聊一望，归思隔吴门。

孟　郊

上　方

昨日到上方，片霞封石床。锡杖莓苔青，袈裟松柏香。晴磬无短韵，昼灯含永光。有时乞鹤归，还放逍遥场。

崔　融

张僧繇画龙

虞氏诗话云：昆山慧聚寺殿基，乃鬼神一夕砌成。殿中张僧繇画龙柱，每因风雨成腾趉，每至，伤田害稼，乡人患之。僧繇再画一锁，锁其柱，仍画一钉，至今人扪其钉头尚隐隐。唐乾宁初，吴郡崔融善五言诗，题慧聚云。

人莫嫌山小，僧还爱寺灵。殿高神气力，龙活客丹青。

陈省善苏守

上　方

四望平川独一峰，峰前潇洒是莲宫。松声竹韵千年冷，水色山光万古同。客到每怜楼阁异，僧言因得鬼神功。县民遥喜行春至，鼓腹闲歌夕照中。

李　堪

慧聚寺

古寺有远名，欲游先梦生。飞猿洞底啸，灵鸟云间鸣。影密楼台众，香繁草树荣。何年照佛火，灿灿长光明。

宿慧聚寺

石林高月生，薛阁疏磬鸣。宿鸟梦难就，定僧魂更清。香风动花影，岩瀑飞玉声。逢夜坐来短，但馀天外情。

梅尧臣圣俞

赠慧聚僧良玉

来衣茶褐袍，归变椹色服。扁舟洞庭去，落日松江宿。水烟晦琴徽，山月上岩屋。野童遥相迎，风叶鸣象槲。

王安石介甫

和张祜韵

峰岭玄出没，江湖相吐吞。园林浮海角，台殿拥山根。百里见渔艇，万家藏水村。地偏来客少，幽兴只桑门。

和孟郊韵

僧蹊蟠青苍，莓苔上秋床。露翰饥更青，风花远亦香。扫石出古色，洗松纳空光。久游不忍还，迫迮冠盖场。

张方平安道　邑宰

昆山初秋观稼回县署与同寮及示姑苏幕府

邑民三万家，四边湖海绕。家家勤稼事，市井商游少。荐岁逢水沴，饥劳何扰扰。我来忝抚字，见此心如捣。去秋仅有年，高田尚停潦。今幸风雨调，皆话天时好。春喜鹊巢低，夏更蝉声早。吴民以此候早涝饥穰。秧船挐参差，葑岸萦回缭。艺插暮更急，车声转清晓。纺筥犹挂壁，何暇张鱼鸟。我时行近郊，小艇穿萍藻。渚长葭苊深，野沃秕稴倒。孺子远饷归，间暇颜色饱。预喜省敲笞，租赋可时了。归来轩馆静，旷荡盈怀抱。衙退人吏散，庭庑阒窈窈。露筱映孤亭，风荷动幽沼。置身木雁间，兹焉愿终老。颠蹶走荣利，况余拙非巧。鲈鲙饭紫芒，鹅脂酒清醥。紫芒、鹅脂，稻名。怅然怀友生，虚斋为谁扫？

慧聚寺东亭

夜色秋光共汾寥，水村篱落晚烟交。挂筇回就下山路，行看斜阳隐树梢。

县斋怀京都

东南古县介江皋,西北神州倚斗杓。安得叶君传秘术,时飞双焉诣台朝。

林　邵才中 苏守

和张祜韵

山中多白云,云气归如吞。目无尘埃污,耳足清净根。僧归踏层径,鸟远迷孤村。来过人迹少,无客扫松门。

和孟郊韵

山僧庞眉苍,翻经坐禅床。层轩豁远目,静室便异香。微风仙籁响,过雨晴岚光。何须向庐阜,此即真道场。

张景修敏叔

压云轩 在今新上方

白云元未高,香砌等林梢。侧脚随山径,低头认鹳巢。客清茶破睡,僧瘦笋供庖。诗句非吾祖,何人继孟郊?

傅　宏苏倅

和张祜韵

修顶磨穹苍,云烟杂古床。僧饭钟声远,仙风桂子香。老桧有寒操,怪石多冷光。俯瞰城郭人,衮衮名利场。

和孟郊韵

远望阳城湖,八九云梦吞。白云宿殿罅,青藓埋松根。樵唱林间路,渔歌寺外村。避喧嗜飞阁,未若叩禅门。

李　乘德载

慧聚杂题 并序

仆淮西鄙人,遭遇圣时,自乏才智,运奇鬻巧,少露头角,以干青霄强绾铜章。为苟禄计,而至此地。且仆老矣,平生荣愿久矣灰心,尚所好乐者,石一拳、竹数竿,即眼明矣。乃得慧聚,峰峦奋峻,林木回环,亭阁楼殿,萦山照水。浅霞驳云,一合一分;菊溪兰畹,时花时秀。虽无清流激湍,渔梁钓台,间或曲池小沼,蒲荷菱藻,粗足风月,是亦濠濮间之趣尔，何其幸耶！诸僧房九十馀所，不能遍游，于所尝到者，往往有诗，今谨记录，凡得二十篇，谩呈诸好事者。

乘初游慧聚到翠屏轩上月华转上方及翠微阁日已晚矣不容它访乃归

两月寓昆山，耳目厌烦闹。饮啄落樊中，多颦少嬉笑。岁节簿书稀，慧聚富清峭。愿偷一日闲，进步访殊调。石台出神功，殿宇自梁诏。胜境布高低，虽难亦容造。平阁翠屏轩，苍然插峰峤。满眼岁寒物，将迎若盟要。新阁亦虚明，隐显入凭眺。乾坤指顾间，孙登一长啸。迤逦上月华，老碧倚烟奥。夜半谁有力，负鳌簇嵩少。层层转上方，冰岩隐诸妙。嵌崿本自然，不凿混沌窍。方寸有泓泉，清彻宛秦照。几次菖蒲风，为解众生躁。别有古道场，数级下移趋。石佛梦中来，天手造容貌。于此稍盘桓，平昔恨难到。欲掷下山筇，尽作雾中豹。奈何苟禄身，未得从吾好。他日龙眠山，相期有耕钓。

依孟东野韵

千山贮云房，瓶钵安空床。野籁有真响，天葩无世香。巢鹤羽翎老，睡僧眉宇光。此外足忧喜，劳劳荣辱场。

依张承吉韵

一寺皆楼殿，虽雄向此吞。云霞终日影，桧柏几年根。槛俯水烟国，磬传鸡犬村。倚窗翻贝叶，宴寂属空门。

压云轩依张朝奉韵

路峻山穷顶，岩低木露梢。半天修日观，一室分枝巢。帆去归渔市，钟来报寺庖。世间荣悴事，寒暑转烟郊。

又依朱秀才韵

金阙山头辟一轩，轩间身世两超然。阶临霭霭张公市，檐接青青广乐天。风聒近林容虎啸，雨腥低洞有龙眠。坐看起处分明甚，不羡王维到水边。

翠微庵向大师投锡之地，今有石像。

胜境增添岂偶然，已前无屋事金仙。巨灵擘到三千丈，向老基来八百年。远远别山来白足，重重峻宇出青莲。端严石像庵犹在，若个寻庵复坐禅。

灵山讲堂

佛度亿万众，山是说经所。今人设猊座，亦作潮音主。何必诸比丘，曾见五花雨。面壁无说人，家风自一祖。

月华阁

依稀瑶径通云隙，藓石模糊数千尺。昂者如飞俯者驰，叠叠寒空翠光滴。影高中逗日月辉，阴助草灵春不识。王屋壶中体浅深，来者增添爱山僻。有人隐几每忘饥，姓名自愧樊中客。结庐纵拟续琴歌，却忆猿惊旧山侧。

东斋

峭绝山根野水傍，栏干瞰水有山房。鱼藏似识秋风冷，僧睡那知世路忙。金磬一声清恋竹，石矶数级碧皴霜。耻罍未忍轻归去，班嗣垂纶此兴长。

又依向主簿韵

鹭飞万顷碧光中，楚楚缁庐枕水穷。事外有缘三径邃，眼前无碍九霄通。转山僧道筇携雨，载月渔归席挂风。一切世间虚幻事，隔堤请看数枝红。

岩阴堂

寒帚高悬绝点埃，贮藏秋色枕山隈。僧眠石室衣生雾，客步莎庭迹印苔。占竹鸳雏容得老，采花蜂蝶枉教来。澄怀观道如痴者，兀坐忘归忽自咍。

慧照堂

眼亦不碌碌，耳亦不碌碌。云外野鸣幽，霜中岁寒绿。何必面南山，真理明明足。客问慧照名，僧拈一枝菊。

少林堂和向簿韵

无欠无馀丈室幽，鸡鸣而动晦而休。利名涉处尘尘热，香火缘中日日秋。只解结跏临竹石，懒将叉手对公侯。有人来问禅宗旨，告道明明百草头。

素琴堂僧简公约名此堂

长官发已星，强持牧羊棰。故山荒草堂，为贫不知耻。衮衮敲朴庭，缨裾渍尘滓。子贱敬可高，七弦不离指。今日到僧房，阴森翠堆几。数拳解嶒屼，一泓粗清泚。瑞草不知名,芬我胜兰芷。天籁更自然,世音亦何俚。长官趣如何,依稀琴在此。返思子贱琴,未免尚宫徵。弹与不弹间,一切聊尔耳。兀坐纵无言,汤汤寓流水。

翠屏轩

轩对山开昼不扃,山迎轩耸展如屏。高低楼阁安三宝,向背峰峦荷五丁。秋雨松林成水墨,春风花谷具丹青。谁人坦腹来高枕,笑傲羲皇任醉醒。

连云阁

摇摇曳曳白云轻,檐外多般弄晦晴。龙与去来无定影,僧将舒卷伴真情。雪留莹彻层霄在,云散森罗万象清。试问主僧还解否,毗耶消息甚分明。

西斋

老后名山付卧游,宗少文传。偶携谢屐此寻幽。每思南岳嘲周子,何暇东林访惠休。苔护出生苍石老,竹供延客碧云秋。主僧不用贪行脚,只此林间可白头。

凌峰阁

海上飞来据马鞍,灵鳌独坐碧孱颜。几年真宰雕镌就,尽日高僧指顾间。去市红尘三里远,供人青眼一轩悭。半峰有窟龙为宅,云在檐头恣往还。

夕秀轩在山之西

逍遥金地与人疏,山静风光碧有馀。开筑当年看锡卓,焚修今日听星居。灵株瑞草人难识,明月清风室更虚。坐久半天琼佩响,泠泠此理属真如。

西庵

野蔓盘青上短檐,客来径草旋锄芟。禽饥闻磬来疏砌,僧饱携筇过别岩。茶鼎引烟熏纸帐,竹窗漏月射经函。西庵门外如何景,杳杳寒泾一叶帆。

郏　亶正夫

自昆山从学于金陵以诗贽见王荆公

十里松阴蒋子山,暮烟收尽梵宫宽。夜深更向紫微宿,坐久始知凡骨寒。一派石泉流泋濯,数庭霜竹颤琅玕。大鹏况有抟风便,还许鹪鹩附羽翰。

王介甫

谢郏宣秘校见访

误有声名只自惭,烦君跋马过茅檐。已知原宪贫非病,更许庄周智养恬。世事何时逢坦荡,人情随分就猜嫌。谁能胸臆无尘滓,使我相从久未厌。

郏正夫

失 鹤 时年十六

久锁冲天鹤,金笼忽自开。无心恋池沼,有意出尘埃。鼓翼离幽砌,凌云上紫台。应陪鸾凤侣,仙岛任徘徊。

杨则之彝老

压云轩

阑干横碍鸟飞迟,砌下危根老更奇。僧在上头忘岁月,不知山脚雨多时。

蔡 准

题慧聚寺

雪晴山色一重重,因暇寻幽访古踪。神叠石基成宝殿,柱图灵品感真龙。僧居渐远林间地,客枕曾闻月下钟。会得登临便无事,门前流水照青松。

姚舜明廷辉 邑宰

赠邈上人

僧腊俗年俱老大,儒书佛教旧精勤。姑苏十万披缁客,四事无如彼上人。

郏 侨子高

访翠微邈上人

行客倦奔驰,寻师到翠微。相看无俗语,一笑任天机。曲沼澹寒玉,横山锁落晖。情根枯未得,爱此几忘归。

过慧聚访凌峰阁贤上人

步入凌峰阁,寻师师未归。凭栏寂无语,唯见白云飞。

盖　屿邑宰

读邈上人翠微集

圣宋吟哦只九僧，诗成往往比阳春。翠微阁上今朝见，格老辞清又一人。

蒋　瑎梦锡

和张祜韵

野旷吴天杳，江浮楚梦吞。桂香飘露叶，松古兀霜根。碧荠它州树，黄芦何处村。世尘飞不到，清磬落空门。

和孟郊韵

依崖架僧坊，微云冒经床。阔睨沧海潮，幽聆诸天香。远水泻空碧，曾轩逗寒光。愿言寄莫齿，永诀声利场。

梁　贲无饰 苏倅

题古上方

偶穿谢屐上层峦，一洗尘埃眼界宽。山色不随今古变，森严犹觉助郊寒。

蒋睎[1]颜

上方玩月

明月自当千里共，如何独得占婵娟。只应飞阁侵天半，此外谁能近月边。

范　周无外

题昆山绝顶

万叠青鸳压巨昆，四垂空阔水天分。夜光晴带三江月，春色阴藏百里云。桂子鹤惊空半落，天香僧出定中闻。不将此境评张孟，三百年来属老文。

郑　侨

素琴堂

素琴之堂虚且清，素琴之韵沦杳冥。神间意定默自鸣，宫商不动谁与听。堂中道人骨不俗，貌胜形端颜莹土。我尝见已醒心目，宁必丝桐弦断续。呜呼！靖节已死不复闻，

1　"睎"，俞允文辑《昆山杂咏》二十八卷作"睎"。人名多用"睎"字，姑存。

成亏相半疑昭文。阮手钟耳相吐吞,素琴之道讵可论。道人道人听我语,纷纷世俗谁师古。金徽玉轸方步武,虚堂榜名无自苦。

邵　彪

古上方

凌云细路险可遵,稍从飞锡攀嶙峋。乌巢崔嵬寄林莽,蚁穴细碎严君臣。震开楼阁一弹指,俯览世界千微尘。人间劫火变灭尽,此地独与湖山新。

孙　寔若虚

压云轩

绝顶地平易,轩窗风怒号。半空垂象纬,四面涌波涛。洞僻封苔藓,泉深冷骨毛。登临欲忘返,城市厌尘劳。

冲　邈

和张敏叔祠部压云轩韵

础润藏云族,檐虚压树梢。经常逢夜讲,斋不过中庖。有井龙应蛰,无泥燕不巢。登临增野兴,四顾尽寒郊。

朱　縠

又

行行身渐高,长袖掠花梢。一线道萦鸟,千年居等巢。地严金衬步,天近玉分庖。抚掌栖松鹤,惊飞雪点郊。

郭　章仲达

夕秀轩

柳暗西津桥步斜,长川练练若萦蛇。晚来不为东风恶,与子留连待月华。

曾　幾吉甫

予颇嗜怪石它处往往有之独未得昆山者拙诗奉乞且发自强明府一笑

昆山定飞来,美玉山所有。山只用功深,剜划岁时久。峥嵘出峰峦,空洞闭户牖。几书烦置邮,一片未入手。即今制锦人,在昔伐木友。尝蒙投绣段,尚阙报琼玖。奈何不厚颜,尤物更乞取。但怀相知心,岂惮一开口。指挥为幽寻,包裹付下走。散帙列岫窗,摩挲慰衰朽。

无为子郏正夫

太仓隆福寺创观音院以诗百韵寄妙观大师且呈乡中诸亲旧

珍重妙观师，书来再三读。不蒙促归计，乃忧旷笾簋。疑师未相知，待我尚尘俗。窃闻构新殿，东畔建廊屋。圣像已完布，舍利应祈祝。其馀虽未备，想亦渐周足。凡事在臻牢，慎勿尚遄速。堂基不厌高，碟巢须剩筑。间架莫求大，却须择良木。椽桷贵稠直，楣栱要恒笃。但得规摹成，不忧无人续。五年纵未就，十年亦未蹙。今生不能了，后世亦修复。中庭要宽广，从舍须团簇。堂前种杉桧，方丈植慈竹。冬青绕周遭，夏初香馥郁。松篁又次之，萧洒快胸腹。园中开数径，晚步散蹀躅。沿阶种药苗，乘间采盈掬。川芎并地黄，幽兰间甘菊。泡水须蔆门，熬汤要莺粟。蘘荷并狗杞，可以备蔬蔌。葵藿及鸡冠，可以悦心目。橘柚耀金苞，枪旗资茗粥。四时皆要用，一奴长灌沃。地形或褊隘，后墙可展扑。东荣有园池，幽小类棋局。长去土可裁削，凡材宜斩劚。使之稍清旷，可以躅烦溽。秋至芙渠红，春来鸭头绿。拨刺有鲂鲤，优游栖雁鹜。菱芡交加生，藻荇参差畜。采嚼齿牙香，牵挽襟裾绿。可以娱宾朋，可以施水陆。穿渠绕吾院，高下相联属。畎引发新声，潺湲若山谷。细事宜先治，大道在勤督。晨经劝群庶，夜讲诲幽独。午间略行道，睡魔可降伏。智灯照昏迷，慧刀破贪欲。若夫润泽事，在师更崇肃。为山贵覆篑，弹冠重初沐。荤膻勿放入，酒会当远逐。诸宅或相混，此诗可约束。庶今百里人，外悦更心服。从善若转圜，慕义如凑辐。悟者味醍醐，昧者隔纱縠。病者解颠倒，强者销忿毒。昆虫与草芥，一一沾慧福。顾此区区心，提孩已怀蓄。十三听先训，观音为眷属。二十学于寺，有意重盖覆。诵书小松下，夜惊老僧宿。老僧睡不稳，冥心生毁讟。梦一白衣人，戒言勿轻触。凌晨来谢我，道此颇惭恧。因知此大缘，圣心已潜嘱。故余昔欲仕，先此治轩塾。无端赴辟书，万里走炎燠。因缘论时事，乍荣复深辱。连延未能归，非敢恋方谷。上欲荣二亲，次欲芘诸族。妻封子可任，行将谢微禄。屯邅累见迫，神灵若相促。前日除永宁，君恩殊委曲。风物似京华，民醇无犴狱。月给五十千，岁租三百斛。兹事为未了，力辞求倅睦。尚念虽近乡，官身甚羁拳。黾勉终此任，庶几堪退缩。驱驰六十年，今朝方自赎。可为林下游，放旷比麋鹿。幽园创书馆，诸子弄黄轴。静室爇名香，与师评梵竺。寺僧必钦向，师应勤训育。童蒙傥来叩，我亦当善告。四季饭乡人，三冬办民浴。老姑与老姊，就可报恩鞠。季弟与群侄，日可讲欢穆。人生能几何，此乐难尽录。惟师本英豪，少小已良淑。传经建精蓝，饭众迈高躅。飘然西北来，声华满京毂。名山及巨院，诸公意勤缛。师皆力辞避，许我归林麓。兹惟吾二人，密约有昔夙。然能蹈此语，沙金石中玉。吾身方困踬，师誉正彪缛。吾归不为艰，师退良难卜。飞云谩出山，至宝欣还椟。素志幸已酬，忘言目相嘱。幽显若相佑,成就在忽倏。内外期两立,缁素更纯熟。惟吾二人者,可以共藏六。松江多波涛,西山鸣橡槲。台岭夸石梁,庐阜诧飞瀑。与师结真赏,轻举效鸿鹄。相将老此身,啸歌随寝馎。数终或归去,任缘顺所欲。却观今日事,犹如梦中烛。

杨　备

昆　丘
云里山光翠欲浮,当时片玉转难求。卞和死后无人识,石腹包藏不采收。

慧聚寺
驻锡栖云石室中,楼台一片画屏风。禅师道德知多少,不尔山神肯助工。

无名人

丰年亭在山巅,俗呼为大岩头。
结宇近青天,飞檐压翠巅。稳同平地住,高与白云连。宾席俯农屋,歌声落钓船。行人瞻望处,皆曰是丰年。

昆山杂咏中

葛次仲亚卿

题马鞍山寺 集句

全吴临巨溟，皮日休。青山天一隅。李颀。静境林麓好，陆龟蒙。胜概凌方壶。李白。泓泓野泉洁，韦应物。暖暖烟谷虚。韦应物。攀云造神肩，韦应物。跻险筑幽居。谢灵运。道人刺猛虎，李白。复来剃榛芜。杜甫。咄嗟檀施开，杜甫。以有此屋庐。韩愈。侧叠万古石，李白。功就岂斯须。贾岛。礌砢成广殿，陆龟蒙。鬼功不可图。皮日休。有穷者孟郊，韩愈。过此亦踌躇。孟郊。赋诗留岩屏，李白。词律响琼琚。钱起。我访岑寂境，陆龟蒙。幸与高士俱。韦应物。时升翠微上，李白。凉阁对红蕖。韦应物。岸帻偃东斋，韦应物。果药杂芬敷。韦应物。上方风景清，白居易。华敞绰有馀。白居易。高窗瞰远郊，韦应物。万壑明晴初。齐己。赏爱未能去，韦应物。赪霞照桑榆。宋孝武。老僧道机熟，柳宗元。闲持贝叶书。柳宗元。秉心识本源，杜甫。高谈出有无。李白。茗酌待幽客，李白。顿令烦抱舒。韦应物。儒道虽异门，孟浩然。意合不为殊。李白。抖擞垢秽衣，白居易。惟有摩尼珠。杜甫。馀生愿依止，贾岛。投策谢归途。钱起。

冲邈

翠微山居诗 二十五首

山水煎茶扚柳枝，禅衣百结任风吹。看经只在明窗下，得失荣枯总不知。

任运腾腾作老颠，何须论道复论禅。莫将闲事来相扰，妨我长伸两脚眠。

闲来石上卧长松，百衲袈裟破又缝。今日不愁明日饭，生涯只在钵盂中。

临溪草草结茅堂，静坐安然一炷香。不是息心除妄想，都缘无事可思量。

老老山僧不下阶，双眉恰似雪分开。世人若问枯松树，我作沙弥亲见栽。

老来欲觅人间物，须向红尘问世人。莫怪山僧无扫帚，都缘行处不生尘。

幼入空门绝是非，老来学道转精微。钵中贫富千家饭，身上寒暄一衲衣。

莫向人间定是非，是非定得有何为。而今休去便休去，若欲了时无了时。

朝见花开满树红，暮观落叶又还空。若将花比人间事，花与人间事一同。

百计千般只为身，不知身是冢中尘。莫欺白发无言语，此是黄泉寄信人。

早灰百念卧灵山，世路无心绝往还。僧相只宜林下看，不堪行到画堂前。

一池荷叶衣无尽，数树松花食有馀。却被世人知去处，更移茅舍作深居。

高山远望石硗硗，叠嶂回峦数十层。时人只识云生处，不见松萝岩下僧。

辞君莫怪归山早，为忆松萝对月宫。台殿不将金锁闭，来时自有白云封。

独摇金锡出樊笼，便踏孤云上碧峰。莫怪脚穿脱尘履，且图行处不留踪。

三界无家谁最亲，十方惟有一空身。但随云水伴明月，到处名山是主人。

茅檐静对千山月，竹户闲栖一片云。莫送往来名利客，阶前踏破绿苔纹。

踏石穿山一老僧，白云为伴水为朋。通宵只在洞中宿，月上青山便是灯。

人生在世急如风，昨夜今朝事不同。不信但看桃李树，花开能得几时红。

僧家无事最幽闲，近对青松远对山。诗句不曾题落叶，恐随流水到人间。

霜飞峭壁夜猿惊，手把松枝叫月明。知有石龛僧入定，朝来不作断肠声。

任性随缘一比丘,一生无喜亦无忧。白云纵听飞来去,但得青山在即休。

炉中无火已多时,早起惟将一衲披。莫怪山僧常冷淡,夜深无处拾松枝。

岂是栽松待茯苓,且图山色镇长青。他年行脚不将去,留与人间作画屏。

高高峰顶恣情田,买断清间不用钱。堪笑白云无定止,被它风送出山前。

仲　并弥性

奉陪舅丈秘书彦平主簿兄游慧聚终日小饮上方待月
再历妙峰诸胜处用前人韵得二诗是日尝微雨作

凭高情不浅,尽日倚胡床。云散它山雨,风来古殿香。一川横晚照,重阁枕秋光。欲写无穷意,诗凡不擅场。

迎宵山吐月,不受寸云吞。看影筛林杪,移樽借石根。参差明梵刹,一二数烟村。高处僧眠未,携筇试打门。

陈之茂阜卿　平江守

石千里来自昆山陈阔未几倏尔言别辄成一诗少舒恋恋

零露滋百草,灼灼黄花披。眷此忘忧物,一杯谁共持。人生岂无好,所乐在所知。开门望三益,邂逅得所思。鸣弦咏绸缪,岁莫以为期。倏驾不可留,良会复何时。不愁道路隔,但恐人事违。

乌鹊巢空坛,鸾凤伏荆杞。怀抱发永叹,感深念君子。斯人在空谷,弗御𬘫与绮。松柏培不荣,芝兰种不起。浩浩岁月移,日暮雪霜底。物理固非常,循环有终始。但保千金躯,清樽倾绿蚁。

盖　谅朋益

次郑大资竞渡诗韵

昔年冶游浚都城,溶溶春水涨金明。龙舟鳞次鼓兰桨,胜日讲武风波平。沸地笑歌混箫笛,轰天金鼓惊鹭鹚。当年冠盖尽英游,飞艭联翩迅翔翼。只今潜盘向荒陂,畴囊伟观那再期。熙熙王化及远近,春来胜事还相随。十百分朋同川济,咸欲得㺊无异意。

屈原死向千载馀，今不敬吊翻成戏。敬吊赋就独贾生，可见君子异小人。公诗贾赋独追伤，忍以为戏向芳春。企听赐环在朝暮，衮绣遄归庙堂去。故先濯我尘土心，琅琅哦公七字句。

李　衡彦平

短项翁

比同功成过希颜昆仲于山中，千里置酒，酒阑剧谈，放怀深探名理，不觉至醉。千里有陶尊，系以筠笼雅制殊不凡。闻钟子尝以短项翁目之，岂取子苍缩肩短项之语耶？千里勉令赋诗，归作长篇以谢厚意，兼呈希颜、功成、观光诸兄。

我生懒放世无偶，身即嚣尘志林莽。寒饥未免困啼号，束带深惭为升斗。先生闭户傲羲皇，云梦胸中吞八九。抟风暂尔抑雄飞，万事纷纷付卮酒。年来得此短项翁，落落虚怀真胜友。烟蓑称体剪疏筠，老态婆婆固不群。每笑鸱夷托后尘，臭味仍复羞昆仑。何曾为致常持满，来此与尔谈胚浑。异时先生登紫微，定自与尔相追随。想应赖尔排纷扰，坐觉秋毫泰山小。

耿　镃德基　一名元鼎，字时举。

用彦平韵赋石外舅短项翁

人生何地逃奇耦，白发转头成宿莽。百年同尽草一丘，谁见乘槎上牛斗。不如醉倒三万场，何必龙山岁重九。先生元是古达人，身外所忻惟有酒。石交自得短项翁，燕颔鸢肩非我友。迩来带眼宽绿筠，结喉不造鸳鹭群。十年亭窣墙下尘，仰面讵识高昆仑。先生取人略形貌，翁获展尽终不浑。我欲挽翁归翠微，手栽杞菊如天随。愿翁醉客莫嫌扰，买山政赋淮南小。

钟孝国观光

千里丈蓄酒尊形状亭窣某酒后以短项翁目之不谓误中遂成佳号彦平功成二兄皆有褒咏可使韩子苍缩肩短项之句北面矣某不揆鄙拙勉强续貂幸诸丈斤斧之

少陵先生时不偶，老瓦盆中醉林莽。江湖散人名益穷，鱼壳尊倾不论斗。孤风异行同襟期，食鲑未必富三九。凌烟功名举世事，不直两公一杯酒。会稽夫子有古心，嗜好眇追千载友。陶尊中产同苍筠，短项不肯钟罍群。章绶黄篾羞缁尘，肺肠桑落心昆仑。始知其中殊陋貌，一点不受泥沙浑。时从往古穷玄微，坐隅兀侧长相随。送予醉乡谢胶扰，回头转觉人间小。

乐　备功成

比同彦平谒希颜千里昆仲千里留醉短项翁彦平有作
鄙拙者亦不能已勉强乱道幸笑览

君不见便腹边先生，鼩鼩昼眠贮五经。又不见长头贾都尉，喋喋问字聒人耳。两人挟策烦天机，俱忘其羊乃其理。不如此翁不知书，肩高颐隐形侏儒。胸中无物只嗜酒，酒至辄尽宁留馀。有时花帽宾客前，清辩倾倒如流泉。不辞伴客竟佳夕，第恐吻燥舌本干。主人从今莫言穷，有此自足当万钟。但令时与圣贤对，勿学鄙士中空空。我昔已自闻其风，向来一笑忻相逢。它时访戴不必见，径须夥户呼此翁。

李彦平

功成亦赋短项翁诗复次其韵

君不见仲淹居河汾，目营四海心六经。又不见子幼反田里，拊缶乌乌徒快耳。续经愤世虽自喜，岂识浊醪函妙理。皤然短项滑稽徒，却笑两翁非通儒。可人风味敌冰壶，惟酒是务焉知馀。不学羽衣李集贤，斗酒过量项飞泉。复怜胡子名空传，缓急由人肠中干。高情陶彼勋华风，放怀那惜倾千钟。鄙哉成德真小器，一击堕地羞空空。嗟予磊魂填心胸，安得与尔长相逢。会当乞尔扁舟去，烟雨空濛伴钓翁。

钟观光

谨次功成短项翁佳篇之韵

君不见山中毛颖生，篡录百氏编群经。又不见革华祖都尉，殿上承恩举足耳。二物名誉由韩公，无乃衮褒俱中理。君家酒罍依图书，短项独喜觞吾儒。我加翁名乃率尔，诸公过听欢有馀。翁名称意仰来前，再拜不愿封酒泉。倾怀解贾吟笔勇，注想只愁客杯干。主人冥心通与穷，从渠自引琉璃钟。醉中琢句千古废，醒后逢人四海空。林间日日吹春风，孛窣愿卜重相逢。长江小艇新雨后，一杯相属会稽翁。

耿德基

用功成韵赋外舅短项翁

君不见王绩非狂生，笔墨扫尽惟酒经。又不见志和非漫尉，江湖醉咏渔歌耳。文章得失两梦事，一醉从渠俱不理。人间自有行秘书，此翁聊为山泽儒。平生斟酌自饱满，宁复有欠宁有馀。可怜蹒跚挽不前，属车岂识从甘泉。不矜万卷腹空洞，渴梦只恐东溟干。莫疑此翁拘器穷，此翁有用非哑钟。浊醪作贤清作圣，翁不异味同其空。我方畏缩立下风，伸颈一笑短项逢。脱冠与翁共醉倒，从人笑此两秃翁。

李彦平

与仲弥性同次唐人二诗韵

尽日困登陟，踟跦聊对床。岩空眩层碧，草细函幽香。吊古谩秋思，开尊延月光。随身有竿木，作戏且逢场。

天面无纤霭，平川灏气吞。支筇临阁道，拂石憩云根。柳映山前路，烟摇水北村。醉归风满袖，斜月在蓬门。

郑亿年长卿

读邈上人翠微集

几年祠馆乐安闲，诗笔无闻老思悭。谩把清篇遮病眼，每逢妙语解愁颜。定知道行超尘外，不使才名落世间。从此丛林推绝唱，未应后学便相班。

冲　邈

和孙大夫赠开江沈察判昆山旧置开江营，

有兵士二百五十人，今全吴驿乃故基。

松陵江塞数年馀，妙手唯君可决除。四郡乐输编户力，九重恩赈太仓储。劭农尽喜无凶涝，逃籍皆归葺旧居。已简上心千古利，何须求荐孔融书。

凌峰阁

缔构拥苍岑，空林一径深。岚蒸四壁润，云锁半窗阴。都寂世尘影，但清天籁音。若教支遁买，应倍沃州金。

送知县赵通直岘

仁政三年有始终，阳关声彻去匆匆。森严治己冰霜比，慈爱临民父母同。解印远瞻京阙路，挂帆高飐楚天风。不须更问昆山事，已有歌谣达帝聪。时有芝草、双莲之瑞，诸司闻于朝。

大门治邑岁年深，公之叔祖讳积，昔尝宰兹邑。诒厥孙谋又到今。遗爱联绵民结恋，归途迢递柳垂阴。九茎芝草曾呈瑞，并蒂荷花已赏心。或会朝廷求政绩，何妨袖出野人吟。

胡　清

压云轩

谁构危亭压翠微，画檐直与暮云齐。有时一片岩隈起，带与老僧山下归。

小　柏

栽傍岩隈未足看，谓言斤斧莫无端。他时直入抡材手，不独青青保岁寒。

孙　觌仲益

昆山道中

归鸟破烟没，飞泉隔陇分。松门挟疏雨，樵路踏行云。独往随漫兴，高谈遗世纷。悠然一杯酒，可以傲人群。

日脚衔半璧，江面横匹素。一片黄芦秋，摵摵风景暮。闲枕曲肱眠，自琢捻须句。稍稍山月吐，已复草头露。

胡　峄仲连

昆山夜泊舟中遣怀

念昔扶衰别故城，敢期身见稍休兵。连年防患秋更急，此节浮家夜亦行。梦里不应追昨梦，生前聊复且偷生。空中鸟迹谁能记，万古由来一妄情。

泊昆山

疾风欺雨透篷船，拥被和衣昼亦眠。儿女登临馀脚力，更随明月绕山前。

同仲南弟游慧聚寺

政欲相携紫翠间，不堪风雨径催还。何时更上月华阁，细认真山与假山。

过百家瀼

风雨留人阻去程，扶襄上冢过清明。百家瀼里犹掀簸，那得江神不世情。

石公驹千里

昆山产怪石无贫富贵贱悉取置水中以植芭蕉然未有识其妙者予获片石于妇氏长广才尺许而峰峦秀整岩岫崆岘沃以寒泉疑若浮云之绝涧而断岭之横江也乃取蕉萌六植其上拥护扶持今数载矣根本既固其末浸蕃予玩意于此亦岂徒役耳目之欲而已哉

嶷嶷六君子,虚心厌蒸烦。相期谢尘土,容与水石间。粹质怯风霜,不能尝险艰。置之或失所,保护良独难。责人戒求备,德丰则才悭。我独与之友,目击心自闲。风流追鲍谢,秀爽不可攀。如此君子者,足以激贪顽。小人类荆棘,屈强污且奸。一旦遇剪剃,不殊草与菅。视此六君子,岂容无腆颜。

叶　椿大年

次韵静师仁叟山居

生涯卜筑翠微深,门在烟萝路几寻。窃果白猿窥诵易,栖松黄鹤听调琴。泉声漱石丁东玉,竹影摇风琐碎金。雨霁乘闲种瑶草,和云剧破古松阴。

云磴苔深人到稀,养成疏懒类顽痴。半阴寒绿雨晴日,满地落红春尽时。天籁入松疑鼓瑟,怨禽啼月认吹篪。新篁绕舍绿阴合,静对清流好赋诗。

次韵王翔仲同游山寺

偶穿谢屐邀东阳,踏破烟霞到上方。远水波平缣素展,遥山雪尽画图张。旋生蕙叶沿幽涧,未有花枝出矮墙。冉冉翠眉舒弱柳,盈盈青眼缀桑条。云庵共访霜眉老,瓦鼎初然柏子香。书史满前真脱洒,轩窗无处不清凉。南枝玉蕾标容瘦,北苑云凝气味长。涤砚探题皆白雪,调琴奏曲尽清商。三分春色行将半,一月人生笑不常。莫羡蒿藜承雨露,自矜松柏耐冰霜。利途波浪从教险,人世荣枯未可量。且趁良辰恣行乐,时来衡陋自生光。

叶时亨季质

示郭仲达

撮发从游成潦倒,拍肩话旧叹蹉跎。年来对酒诗狂减,老去伤时愁绪多。顾我曳裾今尚尔,念君求禄竟如何。不应例合俱穷踬,造化儿痴故作魔。

男子升沉虽系天,风花高下亦俄然。功名未老终归手,富贵须时小着鞭。落魄羁怀长道路,苍茫客面染风烟。张仪此舌欣无恙,谈笑封侯会有年。

泛舟松江

短棹夷由落照间,不堪凝望发愁端。雁行影没暮天阔,蓣叶香残秋水寒。朝市触涂成险棘,风波投足却轻安。白鸥盟在容寻理,急办烟蓑与钓竿。

陈长方齐之

歌赠叶季质

叶子哦诗风雨寒,时时和墨摇笔端。江山万里入寸纸,杳霭孤鸿残照间。沧洲散发径欲往,已觉置我江之干。一身么么仅如许,胸次奈君湖海宽。酒狂稍稍芒角露,扫出怪石苍松盘。他人崎岖作能事,君独笑谈聊一戏。青鞋布袜自寻山,四十无家疑度世。莫歌长铗归来乎,不须苦吟频捻须。但将美酒浇魂磊,里社年丰皆可酤。醉来横眠醒读书,长康非痴君岂愚。身闲无事肯过我,更作天姥当庭除。

和叶季质以唐律两篇见属

风流王右辖,萧散郑丹丘。此事今难再,如公可并游。千篇诗价重,十日酒船浮。圣主方东幸,山中莫滞留。

郭仲达

归昆山省亲别太学同舍

半菽年来属未涯,羞骑款段出京华。涨尘面旋风头紧,绮照支离日脚斜。掠过短莎惊脱兔,踏翻红叶闹归鸦。不堪回首孤云外,望断淮山始是家。

也知随俗调归策,却忆当年重出关。岂是长居户限上,可能无意马蹄间。中原百甓知谁运,今日分阴敢自闲。傥有寸功裨社稷,归来恰好试衣斑。

之彝老

进慧聚寺

压云开半殿,宝炬耀金幢。峭峻山无对,玲珑寺不双。钟声清恋坞,林影冷摇窗。老愧诗魔在,登临讵易降。

颜　发休文

待潮顾浦宿耕者张钦舍

海近云气昏，禹迹开茫茫。晴林列障逻，什伍屯平冈。顷遭七年旱，骤见九秋黄。要镰喜复悲，泥水新圃场。县侯初下教，官赋无丰荒。错挥制锦刀，戏作编甿创。身上催租癜，短褐愁盖藏。课为五县最，荐飞十剡章。逡巡掌邦计，跬步封侯王。江淮十万师，待饲正颉颃。禾麦今已登，妇子戒勿尝。行俟天雨粟，饱食均四方。

和盖谦老游马鞍山

青鞋来踏马鞍山，小径萦纡便往还。眺望双明穷晻霭，登临终日得馀闲。冥搜直到风埃外，逸兴徐来笔研间。钱挂杖头堪一醉，归来随例带酡颜。

题灵山壁

游尘野马晶晴光，僧舍无营日正长。看罢一枰天欲暮，不知何处起渔榔。

和山间壁上陈子忠诗 二首

路转山根草木香，天容水色两茫茫。渔人风里数声笛，飞过芦花幽兴长。

风蒲水荇度清香，两两飞凫堕渺茫。目送征帆掠波去，碧天无际暮云收。

和陈尉嘉谋春日行山

公馀春日长，亭午吏已退。山行步晴碧，松影踏鲜翠。杖移苔点穿，蜂抱花须坠。酒盏释春愁，楸枰醒昼睡。行乐须及时，谁能六经醉。

昆山杂咏下

赵彦端德庄

题西隐甲申岁

西风数客一阑干，秋色翛然得细看。潦水倍知寒事早，夕阳更觉晚山宽。小留待月钟无遽，半醉题诗烛未残。忆得向来幽独处，黄精未熟客衣单。

昆山之胜有慧聚，慧聚之胜有上方，自唐诗人及我前辈皆赋诗，遂名四方。上方稍西数十步曰西隐，西隐乃无闻，而境趣特胜。主人亦好事者，某居一岁，无虑十许来。亦有好事者，与予同来，来必饮，饮必醉。予之于慧聚固有缘契，而西隐又所沉痼者也。不知鄙名能若张祜辈使人数百年不忘否？与老师共勉之。隆兴二年甲申闰月二十三日。

雪后饮水慧聚寺

雪后山更佳，冷松及修竹。茫然枝上乌，伴我梦亦熟。阴崖得寒乳，夜半胜酒渌。惜无同心人，共此一杯玉。

与诸公会饮昆山放生池亭

初疑山遥遥，不知日车永。杖藜起衰病，适此氛翳屏。北山喜觌面，倒屣客不领。欢然呼断桥，快扫风柳影。扁舟载幽具，二面纳倒景。荷香已坐足，不待花破颖。潜鱼出银刀，盈月上金瓶。琴闲得新弄，棋醉有新警。长笛者谁欤，喧静同一境。行歌带亦适，还坐烛初耿。吾曹困重阴，湿处混哇黾。忽逢天宇宽，况此星斗冷。酒为河朔倾，大胜及寒井。诗成西园句，浩若转修绠。君看万象色，回首森已暝。吾欢岂异兹，瓶罄勿三请。

李彦平

乐庵初成

老子平生百不足，庵成那管食无肉。终朝闭户只读书，四面开窗都见竹。

投老庵居百事宜，早眠晏起不论时。更长睡足披衣坐，倾耳林间竹画眉。

乐庵所藏柳影及松梅二画因作二绝摹作研花笺至今盛行于吴门

三月江南花满枝，风轻帘幕燕争飞。游人休借夜秉烛，杨柳阴浓春欲归。

崔嵬霜干欲凌云，俯映寒梢数尺春。须信苍髯净明老，坐中容有散花人。

范成大_{至能}

范成大至能

夜步东寺之西

人家帘幕夜香飘，灯火萧疏照市桥。满县月明春意好，小楼吹笛近元宵。

姚申之崧卿

寓居全吴江上

夜来得酒气增华，兴入丹梯月姊家。两首新诗一篇赋，今年不负木犀花。

一雨通宵剪菜畦，波棱生甲晚菘齐。朝来赤脚语言好，醒酒杯羹有宿菹。

幅巾萧散一枝筇，身在水云千顷中。抹野乱山随意碧，裹林霜叶可怜红。

筑成芋魁那忧饿，爨到炊廖真个穷。饱坐西轩观物变，一瓯浓茗一林风。

家西小亭名水云千顷

云影翻随宿雁回，斜晖犹带晚潮来。小桥低处通船过，一队鹅儿两道开。

将至昆山舟中作

昆岭烟敛后，虞浦风定时。一舸飞两橹，百媚生涟漪。霜清寒中人，天宇云陆离。朝曦忽漏光，野光明荒陂。潜鱼时一跃，宿鸟意迟迟。却望西津桥，千尺天投霓。豪家贵公子，香衾拥屏帏。安知苍莽中，有境如此奇。我以饥驱出，气轩复开眉。褚侯真懿亲，襆被相追随。长啸开船篷，襟袖风披披。平生崔嵬胸，轩昂对天池。有景无句道，径须酒浇之。

奚商衡元美

到昆山

客槎无路到天津，五斗依然不救贫。敛版进趋惭大吏，打门呼索愧穷民。酒边拓落寻真趣,诗里平章作好春。自笑小才还小用,姓名安得上麒麟。

慧聚上方

小桥官树绿无央,袖手东风日正长。料理只今谁到我,只宜煎茗坐僧房。

簿舍西堂

粗官道眼唯朱墨,个里清虚却可人。晓径忽闻花信早,晚窗时对月痕新。客来但怪阶庭寂,昼永偏于枕簟亲。莫莫只求间里过,抗颜何苦拜车尘。

滕继远至道

新晴可喜同吴斗南登塔院

一雨浃辰外,乍晴如酒醒。临溪照净绿,陟巘到高青。翠霭俯深樾,黄云迷远坰。超然信尘表,风袂袭泠泠。

赵　□吴江簿

题西隐

草树低迷受晚晴,江天表里玉壶清。平生心事无人会,惭愧沧波欸乃声。

脚力穷时地更偏,瘦藤危石两苍然。山僧已识幽人意,借与禅床自在眠。

偶无公事独凭栏,领略风烟万顷宽。说似西廊曾懋父,倩君椽笔写郊寒。

叶子强自彊

读书堂创于县斋

诗书不策勋,岁月忽已晚。堕此尘埃网,吾行其既远。胡宁于书事,意爱犹缱绻。况之迷蹊人,慕顾只旧阪。扁旁真赤帜,所立示所本。又如农人心,终不置穮蓘。睎发茅檐下,荣荣兰九畹。初服苟未替,无亦惊婉晚。所逢非所安,吾庐盍云返。

娟娟百个竹,落落一丈松。岂无桃李华,春事孰与冬。寒菊比户下,不关颜色秾。气味如秃翁,忍死无容容。一云"忍死不无容"。霜风落系雁,露草栖织蛩。读书真可人,明星耿疏篷。

小山后丛桂，方池前止水。泠然堂中人，枯槁只中尔。平生不止酒，来此真止矣。今辰忽开尊，叵料真未止。瓶罍本非二，无馨亦无耻。卷尊佩君言，慕之戴星起。

左角明西方，十分农事回。鞭蒲正尔束，系圉夷然开。我胡汝乎德，一朝变喧豗。仁义不蹂践，肺肝自胚胎。再拜父老言，美意吾所该。诗书不得力，亦自书中来。

少长事壮厉，意气弥九州。鞭车踏长路，渠料能夷犹。困此九折坂，嵚崎不容辀。彼须匪所强，此售宁或求。犹有读书心，大寒索衣裘。贱嗜匪贵献，一拂销百愁。宝此清净退，相从赋归休。农圃雅所问，同一壑一丘。

项寅宾彦周

雪

冻云同色坠飞霙，送腊迎春一岁成。但见红花洗芳面，那闻黄竹度新声。密移琼室祥光满，倒泻银河白浪平。已属画师图此景，炎蒸相对卧桃笙。

范至能

次韵项丈雪诗

兜罗世界三千刹，重璧楼台十二成。云暗峨嵋封古色，日曛鸡鹊溜春声。 莫将蕉叶评摩诘，且捻梅花慰广平。更忆猴山可怜夜，怯寒谁与伴调笙。晏元美雪诗"缑御怯调笙"。

曾　逮仲躬

奉送自彊明府之官昆山

吴中大县数昆山，心定庭空亦不难。多事要将无事治，万人须作一人看。床头有易何妨读，琴上无弦不用弹。况是威名贤太守，吏民谁敢半言谩。

曾　逢原伯

又

昆山壮哉县，叶子佳乎吏。斯民要父母，邂逅适相值。交游一星终，我识君用意。弦歌日寂寥，正恐未如志。催科谁许拙，巧则君所愧。汉时见大夫，亦作三辅最。

龚明之希仲

芝华亭淳熙丙申,创于古上方后。

谁道休祥系上穹,民心元自与天通。 政平讼理为真瑞,何必金芝产梵宫。

叶自彊

奉赋水仙花诗以谢提宫龚丈之贶

水晶宫阙云母辇,列仙夜宴晓未阑。万妃倚竹翠袖寒,捧黄金杯白玉盘。劝酬未足云中欢,天门叫班奏祥鸾。惊此绰约落尘寰,嫣然花面明雕栏。天香宫态冰雪颜,江梅避舍不敢干。肯与哙伍羞山樊,说似诗伯平章看。

马先觉少伊

喜乐功成招范至能入诗社

燕国将军善主盟,新封诗将一军惊。 范家老子登坛后,鼓出胸中十万兵。

范至能

和马少伊韵

气压伊吾一剑鸣,风生铜柱百蛮惊。君家自有堂堂阵,我欲周旋恐曳兵。

王察院挽诗讳葆,周益公之妇翁。

喻蜀三年戍,还吴万里船。云归双节后,雪白短檠前。百世春秋传,一丘阳羡田。浮生如此了,何必更凌烟。公有《春秋集传》及《春秋备论》行于世。

日者悲离索,公乎又杳冥。门人办韩集,子舍得韦经。此去念筑室,空来闻过庭。路遥人不见,千古泣松铭。

次韵唐致远雨后喜凉

老阳作气再三鼓,衰竭之馀不支雨。搴旗拔帜扫迹空,一点新凉破残暑。 飞蚊薨薨已无奇,蜻蜓翅净摩天嬉。竹窗日暮转萧瑟,喜有促织鸣声悲。

严 焕子文

五言戏赠吕神童行

自我诹人物,天涯实眇然。晚观童子意,早拍病夫肩。凛凛神锋异,琅琅腹笥传。

晴温武林道,光怪吕家船。

乡人吕正之教三子连中童子科盛哉前此无有也推原所以启其意者
由今大漕显谟公乃不远数百里来致感激余与之酾酒道旧
欢甚匆匆欲归赋诗以留之

千秋万岁圣贤话,尽挂诸郎齿颊间。发纵指南知有自,昂霄耸壑定非艰。灵椿挺挺元未老,珠树枞枞孰可攀。过我朝阳语中曲,且停烟櫂置家山。

赵德庄

昆山吕正之三男子连中神童科盖奇事也建康严别驾
为之赋诗某因次其韵

畴昔从公杖屦闲,风乎嬉舞水云间。千言自我一闻悟,十驾从渠九折艰。早岁道山应遍住,它年画戟许谁攀。何词可赠张童子,莫忘杨公阳翟山。

叶　衡梦锡

次　韵

三秀标姿颖不凡,姓名联列紫微间。已知凤穴梧栖稳,谁谓鹏程云路艰。孔释当年亲抱送,由庄逸驾定追攀。发挥更有文章伯,高压淮南大小山。

赵德庄

次韵郑逢辰直阁迁新居

早向承明倦直庐,萧然林下十年书。便名盘谷虽恶可,闲赋斜川岂不如。山拥北窗凉雨后,月生南浦夜潮馀。江湖必有从公者,风际謇音傥是欤。

生当带索守林庐,不合轻抛种树书。贺燕得公真自乐,敝貂将我竟何如。殊乡更觉邻为贵,晚岁深期烛有馀。上下床间相去几,未知梦觉孰非欤。买邻贤于买宅。

范至能

东禅廊夜二绝

淡云如水雾如尘,残雪和霜冻瓦鳞。织女无言千古恨,素娥有意十分春。

一声黄鹄夜深归,栖雀惊鸣触殿扉。北斗半垂楼阁外,风幡直欲上云飞。

次马少伊木犀诗韵

月窟飞来露已凉,断无尘格惹蜂黄。纤纤绿里排金粟,何处能容九里香?

水尾山腰树影苍,一天风露不供香。无人清韵能消得,付与诗仙古锦囊。

密密骄黄侍翠舆,遮风藏日小扶疏。画栏想见悬秋晚,无限宫香总不如。

元日奉呈项丈诸生

节物阴浍里,人情冷淡中。百忧寻老大,一笑属儿童。雪意愁饥雀,风声入断鸿。新衣满闾巷,终日自西东。

项彦周

和范至能元日

献岁身留外,思家恨满中。桃符禳厉鬼,椒酒劝仙童。出谒凭羸马,题书附去鸿。青春应时节,斗柄夜摇东。

马少伊

幽居客至

吾爱吾庐似野人,轩窗花草逐时新。寻常俗客经过少,咫尺诗仙往复频。小摘园蔬微带雨,浅筲瓷蚁曲留春。莫嫌供给全羞涩,礼薄情浓却是真。

乐功成

次马得间幽居客至韵

吾道如君有几人,生憎轻薄白头新。林泉卜筑何妨静,诗酒寻盟不厌频。小雨汀州松浦霁,斜阳花草玉峰春。芒鞋竹杖须乘兴,快取平生见懒真。

次韵得间晚春即事

新晴初照屋山头,春欲归时事事幽。诗著硬黄容我扫,酒拚大白共君浮。幸闻边备初无警,喜见农功渐可鸠。老去所期如此尔,人间底事更关愁。

叶自彊

某属闻少伊广文归别墅将挂其冠然乎富贵恐不免耳欲谒
未能因成古诗奉迓某无策可去断章不忘健羡也

明光宫高丽鸰鹊，三声朝鸡报宫钥。车如流水马如龙，门外斗量无处著。归来日晏仆亦痡，豪芒饱暖归妻孥。岂无道德绚烂者，意作霖雨言为谟。何人著眼高蓬荜，强仕之年发如漆。便抽手版挂衣冠，把住穷愁甘似蜜。人言进退诚两涂，退者真智进者愚。要当程力之所底，未省逸路排轻车。马侯制行如圭璧，五色文章发金石。不知持此将安之，天下宝当天下惜。秋郊凉入菰蒲间，新诗落笔不作难。应怜俗驾难回者，更费移文过北山。

马少伊

索笑图诗并序

余有小墅在甫里之东，将营草堂、种梅以娱老，命陈良士图其意为作，陋质幅巾藜杖，巡檐玩香，殊有逸趣。因号《索笑图》，且赋诗以志之。

封侯无骨登凌烟，食肉无相当万钱。君看檐下偃蹇者，如何头上著貂蝉。雅宜置之一丘壑，了此三生梅竹缘。云岩霜落月照水，有美玉树临风前。影窥疏棂香破梦，隐几维摩起幽禅。杖藜徐步绕千匝，一笑与花俱欲仙。呼童秉烛进诗具，折香来荐冰壶泉。少陵此兴隔千岁，顾我素好亦同然。但觉搜肠乏妙语，也拟著句开云笺。床头益益春有味，按上泠泠风入弦。人生适意政须尔，何用底死浮名牵。是图落笔有妙解，先事立意非徒传。草堂之赀吾办久，不学杜老长乞怜。甫里下田傥逢年，便判百斛买江天。

乐庵李先生居南床论张同知不行挂冠而归赋二诗为寿

高人摆尘靯，厉俗非小补。朝来漉酒巾，谈笑易圭组。百年全始终，一节照今古。回首声利场，车轮正旁午。

闻健即收身，归耕躬馌饷。诗中句堂堂，床头春益益。寒花晚更香，霜节老益壮。相对无俗情，端的羲皇上。

慧聚僧神济善医能知人死生于数岁或数月之前或有奇疾则以意用药无
不差者既享高寿临终甚了了因作二诗哭之僧讳清照神济乃其师号云

端的西来了世缘，有身宁肯自谋安。殷勤疗病肱三折，去住无心指一弹。贝叶翻馀清磬在,梵音飘断暮钟残。只今双树婆娑影,空锁灵山片月寒。房在灵山。

料理归期不作难,等间坐蜕白云轩。去来自熟三生路,谈笑聊书四偈言。舍利虽藏多宝塔,化身应返给孤园。阴功若证菩提果,更与众生洗病根。

送昆山丞谢子潚解官还朝

结交无虑三十年,道同志合难其全。倾盖相欢岂无有,当面论心背不然。晚知趋向动违俗,闭门避客鱼渊潜。属闻贰令非常好,才德远过崔蓝田。有怀欲吐难忍脚,试剥云雾看青天。穆如清风濯烦愠,皎若明月堕我前。论文未易探涯涘,讲政壹以民为先。老夫论说众所废,公独采拾无弃捐。承颜请益恨不数,契合乃过金石坚。我方怙焉以为命,忍闻歌吹张离筵。西郊日暖玉生烟,羡公此行若登仙。何当化龙逐云气,四方上下相周旋。含情握手不忍别,敢效昔人裨一言。圣王当宁方急贤,愿公袖疏朝甘泉。为言民瘼殊未痊,径须下诏宽缗钱。

范公武偃夫

和孟东野韵

散策欲薄暮,疏钟犹殷床。风烟函古趣,岩壑生幽香。仰首逼象纬,俯视渺川光。向来非突兀,几成虎豹场。

和张承吉韵

飞阁临无地,巨区可平吞。高岩耸怪石,老木缠云根。人散鱼虾市,帆归葭苇村。每来豁尘虑,不妨频款门。

龚希仲

期颐堂诗并序

余自顾颓龄,行将满百,虽曰日薄西山,亦当优游以卒岁。遂课晜辈作期颐堂于别墅,栽花种竹,以为佚老之地。因赋诗四章,以落之。

投老归来万事休,北窗一枕足清幽。虽然不得行胸臆,幸喜身无千岁忧。

少年已自乐杯觞,种秫安排老醉乡。试问几回供酒事,真成三万六千场。

百事如今与世违,一花一木谩儿嬉。莫欺兀兀痴顽老,曾睹升平元祐时。

不服丹砂不茹芝,老来四体未全衰。有人问我期颐法,一味胸中爱坦夷。

周承勋希稷 邑宰

题县圃蕴辉亭

瓦砾频年积,锄耰十辈功。旋移低地碧,颇杂亚枝红。对酒逢寒食,凭栏接暖风。墙悭天自阔,堪送北飞鸿。

陈世守端厚

题山寺庭下古柏

萧条老柏姿,气象一何伟。空庭罗清秋,龙鸾平陆起。或放若箕踞,或俨若剑履。或屈如关弓,或信如去矢。枝柯带憔悴,根节殊巉巉。凛然烈丈夫,不陋亦不美。苍苔灭顶寒,古色风霜委。欲求手植初,人鬼今应几。谁能伤老大,斧戕滋弃毁。胡为桃李容,帘幕春风里。

项彦周

和郑逢辰元宵韵

忆昔先皇赏露台,鳌山半影落蓬莱。群芳欲识龙颜喜,双阖时瞻雉扇开。十里仙香蒙碧雾,六宫韶乐隐新雷。神仙旧事浑如梦,只有春风每岁催。

又和醁醹韵

天遣司花宝笈开,鲛绡散剪碧云堆。芳根移自蚕丛远,薰酿曾随凤诏来。只恐飘风撼新竹,却惊残雪触苍苔。水仙欲逞幽香压,山谷似无诠品才。

两木并序

壬申五月,卧病东禅之北窗,惟庭柯相对。手植绿橘、枇杷,皆森然出屋。枇杷已着子,橘独十年不花。各赋一诗。

枇杷昔所嗜,不问甘与酸。黄泥裹馀核,散掷篱落间。春风拆勾萌,朴樕如榛菅。一株独成长,苍然盛屋山。去年小试花,珑珑犯冰寒。化成黄金弹,同登桃李盘。大钧播群物,斡流不作难。树老人何堪,挽镜觅朱颜。颔髭尔许长,大笑欹巾冠。

绿橘生西山,得自髯翁家。云此接活根,是岁当着花。俯仰乃十霜,垂蠹纷相遮。芳意竟寂寞,枯枝谩槎牙。风土谅非宜,翁言岂余夸。会令返故山,高深谢污邪。石液滋旧根,山英擢新葩。黄团挂霜实,大如崆峒瓜。当有四老人,来驻七香车。

跋

　　栖闲主人龚君昱，字立道，昆山佳士也。讲学之暇，刻意于诗，哀所藏今昔名公之什，总成此编，以示交承金华潘文叔。文叔迫去，不克广其传。挺之来试邑，刊置县斋，不惟嘉立道之好，尚抒以全文叔之志云。

　　开禧丁卯中秋，仪真徐挺之识。

昆 山 历 代 山 水 园 林 志

昆山杂咏六卷

〔明〕王理之　辑

徐大军　整理

昆山杂咏六卷

　　明王理之辑。王理之（1460—1534），名纶，字理之，以字行，南直隶昆山人。尝预修《武宗实录》。工诗善画。

　　王氏于宋龚昱所辑《昆山杂咏》已录唐、宋人咏昆山之诗基础上，又辑录元、明人题咏昆山之诗作，分类编排成书。凡六卷，卷一山川，卷二园亭，卷三宫室、寺宇，卷四祠墓，卷五投赠，卷六节烈。

　　是集有明嘉靖二十年（1541）孟绍曾刻本，本次据此本点校整理。

昆山杂咏序

　　昔龚立道氏尝集唐宋诸名家诗若干什,曰《昆山杂咏》,其友范清宪公序之详矣。王秋堂隐君复集元人及我明人之作而附益焉,间出示予,读之累日,有可喜者一,有可慨者二。夫自唐迄元,代崇异教,蕞尔昆丘,僧房百十,其他可知也。国家崇正辟邪,吾昆缁黄者流零落殆尽,而文献之盛独迈往古,诚足多矣。然宋元之时,邑人庶富,斥其馀财,助成兹邑之胜。今则赋重役繁,谋生是急,弗遑义举,名区杰构,荡然为荆榛瓦砾之场,过者兴叹。且龙洲、莲峰诸老祠墓,往往为强御所蚀、樵牧所据,不亦重可念哉!读是诗者,必能感发向慕,访前朝之遗址,复兹邑之旧观,则秋堂博采兼收之劳,不为无益也。姑序其端以俟。

　　嘉靖庚寅八月朔旦,南京太常寺卿、前右春坊右庶子兼翰林院修撰、经筵讲官邑人方鹏书于待尽轩。

昆山杂咏卷一　山川

杨维桢

马鞍山

大风吹落日，人立玉峰头。禅将风虎伏，鬼运石羊愁。地平山北顾，天断海东流。飙车在何处，我欲过瀛洲。

卢伯融

过吴淞江

霜林纤月堕疏烟，有客同舟思欲仙。何处吴歌闻白苎，满江秋色坐青天。

郭　翼

登文笔峰

借得登山灵运屐，乾坤眺望倚巉岏。上方日落楼台碧，积雨春深草木寒。战马中原连万国，风樯巨海隔三韩。寥寥宇宙怀今古，堕泪之碑几度看。

昆山秋望

登山真拟登庐阜，海上小山心未降。万里神京瞻魏阙，百年身事寄娄江。巨灵势擘青莲掌，蓬岛光连玉女窗。绝顶下临台殿碧，荒城烟草极吴邦。

凤凰石

天星坠为凤，叠浪耀灵景。独立白玉冈，如在赤霄顶。硠礚丹穴开，傍薄翠螭并。浑浑玉在璞，庚庚金出矿。宁支织女机，孰作补天饼。屃赑若负力，拥肿或病瘿。蜀图雄八阵，周象重九鼎。鲸骇昆明池，莲表泰华井。来仪欲巢阁，览德久延颈。架海功莫神，沉郁恐未醒。山花杂五色，祥云覆千顷。金鹊徒为瑞，雨燕漫飞影。铁崖铁作心，吐句何奇警。寄语山中人，诗法当造请。

释自恢

马鞍山

马鞍山之勾吴东,山中佳气长郁葱。层峦起伏积空翠,芙蓉削出青天中。六丁夜半石垒壁,殿阁煌煌绚金碧。向师燕坐讲大乘,虎来问法作人立。天花散雨婆罗树,一声共命云深处。我时细读孟郊诗,兴来更上龙洲墓。忆昔曾同忠信友,七尺枯藤长在手。数年音问堕茫然,顿觉羁怀醉如酒。嗟彼习俗耽欢娱,锦鞯细马红氍毹。画船吹箫挝大鼓,吴儿棹歌越女歈。只今歌乐难再得,面颜已带风尘色。何如张宴溪上楼,山光倒浸湖光白。我爱虎头金粟子,十载论交澹如水。每怀故旧参与商,二老到门惊复喜。我留玉山君即归,天风泠泠吹客衣。人生会合如梦寐,焉能对酒成吁巇。我歌长歌君起舞,山川信美非吾土。褰裳涉涧采昌阳,且向山中作重午。

项 嵲

登昆山

马鞍双角插天西,晴日层崖喜一跻。玉气暖蒸仙掌湿,天光青映岳莲迷。灰飞龙柱悲神画,尘锁经楼失御题。北郭水田登览遍,有谁造酒祝豚蹄。

谢应芳

倪元镇过娄江寓舍因偕智愚隐游姜公墩得如字

秋暑贾馀勇,怀抱方焚如。故人江上来,风雨与之俱。遂令沸羔鼎,化为寒露壶。幽寻陟崇丘,飘飘素霞裾。同游得名缁,吟啸兴不孤。大树倚高盖,小酌欢有馀。三江五湖上,群峰开画图。独怜我乡土,烟尘尚模糊。安知艰虞世,得此暇日娱。一笑百虑忘,松风奏笙竽。

郭 翼

放生池

清真观里放生池,殿阁阴阴白日移。鹤迎上帝仙游驾,龙护前朝御赐碑。山势欲连昆玉脚,水花如泛鉴湖枝。因怀九十泉头路,老去重寻尚有期。

过绰墩舟中奉寄

绰墩树色青如霁,荡里张帆晓镜开。乌目峰高云北下,白沙湖阔水西来。菰蒋打雨鸣还止,鸂鶒迎船舞却回。好入桃源张渥画,只惭杨马是仙才。

袁　华

玉山同泛娄江舟中即事

六月横塘水漫沙,清明风起豆将花。忆同对榻频更烛,喜共临风得泛槎。碗送白莲狂客酒,刀分红玉故侯瓜。草堂佳处只尺许,梧竹清阴生晚霞。

顾阿瑛

和　韵

夏潮平没白鸥洲,舳棹风生起浪花。为向船头置美酒,恰如天上泛浮槎。银盘雪落千丝鲙,玉手冰分五色瓜。明日山中看疏雨,共将诗句寄丹霞。

释良琦

娄江西门夜泊明日归省有怀吴水西

良夜维舟次,题诗最忆君。微钟花外度,清笛月中闻。灯报庭闱喜,杯从故旧分。西城驻马日,还与入山云。

盛　彧

过汉浦塘

汉浦扬帆秋水高,青山小朵出林梢。浪开日闪江豚背,草乱风翻水鹤巢。破产曾无匡国计,辞家徒有故人袍。长年三老歌相答,一夜霜华入鬓毛。

袁　华

陪赵仲光顾仲瑛游昆山

林壑秋高绝点埃,画船载酒对山开。霜明远浦兼葭老,木落空江鸿雁来。魏国王孙多丽藻,华阳真逸有仙才。翠微阁下经行处,重为题诗拂紫苔。

玉山对雪

玉山山中岁未暮,斗柄先回八日春。水边杨柳开青眼,窗外梅花似玉人。得子须当探虎穴,上书谁解逆龙鳞。草堂对雪栖禅夜,定有惊呼祈孔宾。

登绰墩

白云屏上倚危阑,陡觉梅风四月寒。云接姑苏山苍莽,春生泽国水弥漫。粳稻再闻输贡赋,王师谁报渡桑干。道人筑就栖禅窟,好似香山八节滩。

杨维桢

游昆山联句 并序

至正八年春二月十有九日，昆山顾仲瑛以书来招致。余明日抵顾君所，又明日，命百华舫集宾客，自余而次凡六人。朝发自界浦，出信义浦，过九里庵，转金溪，午泊舟驷马桥下。换舆骑，入慧聚寺，寺主僧然叟出肃客。上神运殿，见石甃壁，其工出天然，云："此向禅师闾山时鬼所运也。"遂登玉山。山首印脊凹，状类马鞍，故俗名"马鞍"。其印之石幢然立，与双苏涂相角者，又号"文笔峰"云。东见苍海，瀰瀰无岸，水与天相涵。北海树中，见孤屿隐起苍苍然，云："此虞山也，泰伯之仲所居，故名。"已而大风动石，声如大波涛，衣帽掀舞，瘁然不可立。然领客憩翠微阁，呼山丁作茗供，观响师虎化石。下山，读唐孟郊、张祜、宋王安石诗于东壁。然作合掌礼云："地由玉峰胜，玉峰又由人而胜，自孟、张、王诗后，绝响久矣，愿吾子有继焉。"余诺。

二月二十日，楼船下娄江。破浪击长舻，杨维桢。惊飙簸高杠。海峰摇古色，姚子章。石树鸣悲腔。蹜蹬屟齿齿，张叔厚。登堂鼓逢逢。地险空孤柱，郏九成。天垂开八窗。乌升海光浴，于彦成。鸢蹇风力降。番赋夹闽估，顾瑛。越谣杂吴哤。仙樵椎结峷，姚。胡佛凹眉庞。婆律喷狮鼎，杨。琉璃照龙釭。曾轩坐叠浪，郏。落笔飞流淙。爱此韫玉石，岂曰取火矼。文脉贯琬琰，顾。密韵含罃缸。驱羊欲成万，杨。种璧得无双。多今文章伯，张。萃此礼义邦。龙驹幸识陆，姚。凤雏亦知庞。翠笋掉文舌，顾。茜衲折慢幢。敏思抽连茧，雄心斗孤钪。句神跃冶剑，才捷下水舠。磬声重寡和，鼎力轻群扛。昆渠诗已就，谁诮陇头泷。杨。

秦　约

傀儡湖

晨兴东湖阴，放浪随所之。日光出林散霾翳，晃朗澄碧堆玻璃。天风忽来棹讴发，岸岸湾碕浴鹅鸭。中峰叠巘与云连，西墩嘉树如城匝。主人湖上席更移，醉歌小海和竹枝。文鱼跳波翠蛟舞，疑是凭夷张水嬉。微生百年何草草，傀儡湖头几绝倒。逝川一去无还期，长啸不知天地老。酒阑横波复扬舲，菖蒲洲渚花冥冥。鸡皮鹤发谩从汝，且读楚骚招独醒。

卫　培

过杨庄 调《江城子》

西风吹雨过杨庄，小舟横，又新凉。记少年时，曾向此中行。溪上石桥，桥外柳山杏霭，水微茫。　　人生何事，苦思乡，谩悲伤。百岁能堪，几度得徜徉。输与矶头渔父乐，歌欸乃,濯沧浪。

徐 贲

登马鞍山

故旧相违西复东,登临偶得此时同。钟声响落松阴外,帆影来从海气中。山鬼洞寒销劫火,石僧龛古闭香风。可怜节届重阳近,斜日秋明万叶红。

袁 华

卢伯融秦文仲同集湖光山色楼分题得阳城湖

海虞之南姑胥东,阳城湖水清浮空。弥漫巨浸二百里,势与江汉同朝宗。波涛掀簸月惨澹,鱼龙起伏天晦蒙。阴渊雨昏火夜烛,下有物怪潜幽宫。度雉巴城乃其亚,以城名湖胡不同。想当黄池会盟后,夫差虎视中原雄。东征诸夷耀威武,湖阴阅战观成功。陵迁谷变天地老,按图何地追幽踪。我来吊古重太息,空亭落日多悲风。湖之阴有村曰夷亭,吴王东征驻兵于此,故名。虎头结楼傍湖住,窗开几席罗诸峰。鸡鸣犬吠境幽敻,佳禾良田青郁葱。鱼舟俨若问津者,仙源有路人间通。时维端阳天气好,故人久别欣相逢。颇黎万顷泛舟入,俯览一碧磨青铜。恩赐终怀鉴曲客,水嬉不数樊川翁。莼丝鲈鲙水缕碎,菱叶荷花云锦重。酒酣狂吟发逸兴,白鸥惊起菰蒲中。相国井烟烽火暗,郎官水涸旌旗红。此中乐土可避世,一舸便逐陶朱公。安得列缺鞭乖龙,前驱飞廉后丰隆。尽将湖水化霖雨,净洗甲兵歌岁丰。

卢 熊

旦出半泾渡

旦出半泾渡,昼过五贾冈。荒村半无人,老稚但糟糠。丁男尽行役,三月输租粮。水陆七百里,扬子波茫茫。卫仓道更远,荷囊负车箱。县官尚云迟,旦夕事答榜。魏村阻冰雪,流血思故乡。邦本慎培植,秋叶茂且长。大农有典制,忍使田野荒。时政不可议,歌之安能详。

舟泛吴淞江

早发木兰桡,江行趁落潮。雨分牛脊近,云隔马鞍遥。弟妹成疏阔,交朋竟寂寥。谩持昌歜酒,那得客愁消。

太仓道中绝句三首

江鸥去明灭,野凫闲往来。何事农家子,憔悴令人哀。

层冰野渡口,荒草古冈身。仓皇荷戈士,蓝缕采樵人。

法严滋吏敝,赋重叹民劳。人有治安策,天空日月高。

高　启

绰　墩　相传优人黄番绰墓也

淳于曾解救齐城,优孟还能念楚卿。嗟尔只教天子笑,不言忧在禄儿兵。

盛　彧

过汉浦塘有感

凉飙生绿浦,鸣橹对青山。感旧人何在,伤秋客未还。身名难自保,世事故相关。谁识桃原路,携家老此间。

夜宿顾墓田家

夜投顾墓村,霜花吹白门。灯寒釜烟灭,船聚溪声喧。仆夫悄不寐,老妪泣且言。租税急星火,诛求尽鸡豚。倾囊叹饥岁,接境愁荒原。十室九逃散,如何卖儿孙。

宿昆山城南田家

片玉山前乌鹊飞,绕枝三匝不成栖。无端惊破归乡梦,岸岸秋风络纬啼。

小塘待渡

水落南津沙尾高,两髯烟外渡轻舠。翩翩归鸟投林晚,叹我何为世务劳。

郭　翼

巴湖秋暮

巴城湖头日欲曛,巴王庙下水如云。渔船归去打双桨,鸥鸟翻回飞一群。野旷天开秋历历,霜清木落雨纷纷。杜陵飘泊谁知己,搔首风尘政忆君。

娄江夜泊

朔风塞雁度江烟,访旧东游夜泊船。野水似龙争入海,大星如月独当天。羌村梦寐清秋夜,乡馆闲关白发年。兵革飘流无定着,渺余何处赋归田?

易 恒

清明约友游昆山二十四韵

是日期而至者五人,不期而至者一人,期而不至者二人,袁校书子英、余道士复初。实洪武十五年壬戌闰二月十六日。

老逢节序感流年,聊复追游愧昔贤。政以渐当修禊日,也宜仍咏舞雩天。人时并值良难继,童冠相随亦足怜。耐可襟怀重吊古,何烦羽翼远游仙。寺因郊祐称题胜,境出关荆点染玄。尘世流光嗟百五,浮图幻界诧三千。海门翠割蓬莱股,地轴苍擎太华颠。危石堕云争一发,瘦筇削玉过双肩。行厨傍午开僧阁,啼鸟留春近客筵。载酒觞陌犹问字,挂巾萧散类逃禅。寓形宇宙何今昔,知己朋游孰后先。道士步虚辞折简,校书写韵摭遗编。采芳未许芝同茹,结佩空期璧共连。谷应雄谈惊鹤梦,潭惊长啸起龙眠。青山若与斯文契,白日宁于我辈延。造次雪盈明镜里,等闲霞散落花前。巨灵忽负鳌头蠹,旧鬼潜悲马鬣迁。碑蚀文章苔浸渍,偶迷翁仲草芊绵。乌鸢蝼蚁俱成累,钟鼎山林各自便。万井村墟空杼柚,半楼风月尚秋千。杂英疏薄无多好,新柳纤柔有底妍。略见愁随身外遣,谩凭句就醉中联。乘时物色从教在,即事风光岂偶然。蹑屐归来清不寐,筠窗细写白云篇。

郭 翼

同马敬常泛娄江

春江一番游春艇,澹沲青山东复东。 杨柳孤村寒食雨,流莺百啭落花风。卷题宫锦驼尼紫,杯泛仙桃枸杞红。铁龙后夜来同听,拟借琴高赤鲩公。

郑明德

昆山石

昆冈曾韫玉,此石尚函辉。龙伯珠玑服,仙灵薜荔衣。一泓天景动,九节涧苗肥。阅世忘吾老,苍寒意未迟。

张　雨

袁子英来承惠昆山小峰峭绝可爱敬赋诗厕诸阆州瓢松化石之间云

昆丘尺璧惊人眼，眼底都无嶠华苍。隐若连环蜕仙骨，重于沉水辟寒香。孤根立雪依琴荐，小朵生云润笔床。与作先生怪石供，袖中东海若为藏。

周伯琦

石菖蒲歌并引

侨吴，得属州昆山白石，甚小而玲珑，盛以碧石方罂，修可三寸，深广半之。种菖蒲细如发，以朔汉五色碎玛瑙环浸之几案间，奇玩也。喜而赋之。

安期来往三神山，手分菖蒲散人间。细叶翠簇根蛟蟠，澄泉灌注白昼寒。当时丹气嘘祥烟，春涵草木芝成田。九阳潜伏菖蒲根，清泠一勺胎息完。虚斋燕坐绝世缘，碧琅小罂如杯棬。纤纤进石并洌涓，丛以碎玉五色骈。屏开云母书窗前，何以友之泓与玄。光华发越气勃然，神凝陡觉沉疴痊。露华云液长循环，生意不逐时序迁。寸节十二和玉餐，头青面雪可立仙。御风乘露娱晚丸，须弥芥纳宫黍悬。万形举集秋毫端，混溟太素无后先。海枯石烂茳苒闲，□□广成授真诠，空同小住三千年。

高　启

乌夜村

荒村乌夜栖，忽绕月明啼。生得东家女，身为万乘妻。至今种高树，不遣乌飞去。居人凡几家，爱听啼哑哑。啼哑哑，忽惊怪。妇开门，向乌拜。

蒲　璧执玉　山东文登人，宁国训导。

尚书浦

尚书浦上晓风和，两岸人看彩鹢过。西望苏台山有色，东连禹穴海无波。九天日月星河近，四野桑麻雨露多。千古大名垂宇宙，穹碑宜刻岘山阿。

少卿墩

朝阳晴照少卿墩，几度乘舟过海门。三泖北来如练净，两江东逝若雷奔。箕畴已见神龟画，禹迹犹存石[1]斧痕。千载玉峰同秀色，台星常傍紫微垣。

---

1 "石"，底本原作"名"，据明俞允文编《昆山杂咏》二十八卷改。

沈 周

傀儡荡

报道雨干推短篷,日中已过过湖中。古今迹是往来浪,好恶心生逆顺风。一对飞鸥天上下,百群联雁浦西东。羡渠不识流亡苦,而我胡为田舍翁。

吴 宽

登昆山

昆冈玉石未俱焚,古树危藤带白云。小洞烟霞藏木客,下方箫鼓赛山君。千家比屋黄茅盖,百里行人白路分。更上双峰最高处,沧溟东去渺斜曛。

舟次太仓

孤城枕长河,海国防小丑。岁久悉来庭,故垒荒高阜。本期奋武卫,乃居文教首。介胄诵诗书,无复事刀斗。万井人如林,四郊麦盈亩。徘徊重叹息,王化沾九有。

余 炌

游马鞍山

两春不到翠微寺,载酒重过竹里楼。四海共趋龙虎地,百年今见凤麟洲。天声□隐江声小,日气遥连海气浮。文笔峰头望南北,五云深处是神州。

范 能

过淀湖与赵思诚周宗大同舟

落日张帆过淀湖,稳如乘马履平涂。碧波彻底缨堪濯,绿树连云笔可图。三泖斜分光潋滟,九峰倒浸影模糊。主人最是能延客,倾尽船头双玉壶。

谢应芳

杨提学过千墩寓舍出示吴淞道中所作予次韵酬之

酒湿宫袍逸兴多,冯夷击鼓舞蛟鼍。一江星月光摇动,八极风云气荡摩。不学山阴回雪棹,肯来林下访烟萝。阳春白雪知音少,为我临风一再歌。

张 泰

昆山乘落潮夕归

玉峰山下促归桡,东向沧洲正落潮。凉满客槎金气应,月明仙峤绿烟消。晚江鱼酒愁浑遣,故里风泉兴不遥。怅望美人歌独夜,赏音谁与一吹箫。

娄城晚眺

高城一望思茫茫,湖转娄江入海长。边境到今非汉县,古仓何处积吴粮。鸥栖浅渚寒芦净,雁落平畴晚稻香。野水间云吟不尽,玉峰西面看斜阳。

沈 周

过阳城湖

芳辰二三客,飞橹泛空明。 野酌临流动,春湖带雨行。浪中汀树乱,船里湿云生。吾欲观天趣,悠然留去情。

周南老

绰 墩

诙谐多滑稽,启宠纳慢侮。笑取玉环欢,拍案盲胡舞。天宝志欲满,侈心日益蛊。宫车远播迁,魄丧渔阳鼓。胡为王门优,有此一抔土。遂令村之氓,犹能三反语。

乌夜村

昆玉山南村,祥光烛坤倪。夜白夺明月,群乌忽惊栖。哑哑啼彻旦,异此声太奇。村东何家妇,夜半生王姬。焉知荆布女,后服荣翟袆。至今村上民,不重生男儿。

偶 桓

郎官渡 即八王渡

郎官渡口树亭亭,曾为郎官系彩舲。匹练莹连三泖白,联螺晴漾九峰青。风传渔唱来前渚,雪压鸥群下别汀。老我犹存钓鳌手,持竿从此欲浮溟。

范 能

尚书浦 即夏驾浦

尚书浦口汇成洪,浚导还能继禹功。波影摇空星拱北,湍声动地水流东。耕锄已复修农业,灌溉何烦借雨工。从此不须忧垫溺,谣歌千载仰清风。

少卿墩 即千墩

少卿墩下告功成,排瀹狂流势已平。片石岂能镌伟绩,千年犹得纪芳名。派流震泽今重定，源比黄河又一清。黎庶欣欣蒙润泽，田间击壤乐春耕。

夏元吉

过淀湖

烟光万顷拍天浮，震泽分来气势优。寄语蜿蜒波底物，于今还肯负沉舟。

登玉峰

昆阜遥看小一拳，登临浑欲接青天。神钟二陆人材秀，势压三吴地位偏。岩溜下通僧舍井，林霏近杂市廛烟。几时重着游山屐，来访当年种玉仙。

片玉峰高翠欲流，更穷绝顶望神洲。天开西北风云合，地坼东南日月浮。灌木水村乌乱下，长林楼观凤曾游。于今风物非畴昔，万井烟花碧海头。

伐尽长松无好树，山中景物倍萧然。黄花禁雨荒篱下，白雁将寒到客边。列国此时求骏马，五湖何处觅归船。懒残自是逃禅者，独爱看云白日眠。

吴 瑞

登马鞍山

晚阁供僧茗，春亭醉客觞。水浮湖海白，山带古今苍。风壤兼吴楚，衣冠接汉唐。年华日衰谢，登眺自心忙。

陆 麒

十月廿日陪玉山过绰墩

北山兰若久不到，荡桨与君重远寻。水流乱入涧壑响，昼静不闻钟磬音。齐己能诗今结社，橐驼种树又成林。他时若许避炎暑，愿借南风一席阴。

杖藜同上北山巅，此日登临思惘然。野色一林红叶外，湖波万顷白鸥边。村春战哭云连屋，渔笛夷歌月满船。归棹忽忽道溪上，人家灯火未成眠。

顾 瑛

次

轩外重栽小银杏，愿汝亭亭高十寻。下看白鹤走阔步，上听黄鹂啼好音。结茅差拟辛夷坞,供佛当如檐卜林。老我他时共幽隐,坐占此山嘉树阴。

喔喔鸡鸣桑树颠,江村风景只依然。人行红叶黄花里,雁过西风落日边。南市津头无酒旆,东湖渡口有渔船。北山岩壑秋偏静,借看蒲团枕石眠。

释行蔚

次

禅榻经馀思二妙,舟楫远劳相问寻。虎头善画称绝笔,放翁吟诗多雅音。枇杷当户花如雪,橘子带霜香满林。招提岁晏肯频过,莫将清兴阻山阴。

昆山杂咏卷二　园亭

秦　约

范公亭

范公山中读书处，云气亭亭如盖遮。连冈白石或化玉，匝地紫藤多著花。要知奉使尽忠说，岂但赐恩为宠嘉。野人生晚不并世，独倚凉飙增叹嗟。

瞿惠夫南园

古铁塘西博士家，高轩瞰水筑新沙。阶头雨长青裳草，合欢草名。池里风摇白羽华。丹颊老人驯野鹿，斑衣稚子弄慈鸦。未应北郭田二顷，更置南楼书五车。

于　立

题顾处士竹逸亭

征君结屋玉山里，个个修篁一尺围。秋声六月起萧瑟，翠雨尽日生霏微。仙人或送青精饭，道士时来白羽衣。清觞雅瑟在盘石，坐看白云天际飞。

项　骘

喜欣上人归山复思贤亭

上方欲访题诗处，西隐先寻结社缘。洗树云通林下路，开窗山碍屋头天。旧游零落晨星列，胜景追思劫火年。今喜汝归相慰藉，小亭且复傍思贤。

卫　培

题顾善夫墨妙亭

宋末事性理，书法悉废置。况复攻程文，视此等末技。岂知古小学，书乃在六艺。此语非我出，得自松雪公。松雪学钟王，东南多从风。遂令茹笔者，冯陆交称雄。善夫爱清赏，十袭护真迹。一字弗弃捐，得即寿之石。要令千载人，摩挲同岱嶧。为石构斯亭，亭以墨妙名。众帖尽遒劲，盘古尤晶莹。惜无儋耳翁，作诗落其成。我欲卧碑下，朝暮究点画。其次攻程文，最上穷理学。囊语君勿嗤，那有扬州鹤。

张 雨

来鹤亭

华表归来旧令威，晓风将梦上天飞。猴山借与浮丘伯，一曲瑶笙月下归。

来鹤亭即席赋

草堂孤鹤驻樊笼，忽有鸾笙下碧空。待唤羽衣相向舞，吕家园里看春风。

吕 诚

和张伯雨来鹤亭夜坐

草阁中宵清凇凇，笤箬四壁影疏疏。天头云过多于雁，池里星移或似鱼。

杨维祯

玉立亭

王郎昆之秀，玉立而长身。亭子如笠大，不直一欠伸。亭前千尺峰，倒景入座滨。烧琴有爨桐，漉酒有乌巾。客来塞屋破，露坐草上茵。时时来铁叟，共酌罗浮春。

盛 彧

绰山亭玩月和秦海樵韵

绰山亭前好明月，老子高情孰与同。乌鹊惊飞风叶下，鱼龙无出海天空。川明酒色如霜白，烟冷荷花濯粉红。翻似坡仙游赤壁，更无艇子着涪翁。

袁 华

放鹤亭为顾仲瑛赋

一鹤寥寥度碧空，朝辞华表暮辽东。托身每遇云林外，啄食时鸣草泽中。毛骨久知神所化，寿龄还与世相终。曾观夜舞瑶台月，两翅翩跹八极风。

昆山陈伯康筑亭山巅杨铁崖扁曰玉山高处且为赋诗邀予及郭羲仲刘景仪殷孝伯卢公武同赋

神仙中人铁笛老，为尔玉山双眼青。玉山高处挂手板，铁笛醉时围内屏。天生丹穴凤为石，东望黑洋鲲出溟。一代风流有如此，名齐西蜀子云亭。

郭　翼

玉山高处和韵

玉山高处开阑槛,夹径新松个个青。日落翠微延晚阁,雨来龙气湿秋屏。檐垂星汉云凌乱,钩拂珊瑚树杳冥。扬子文章吞北海,高名直冠鹊湖亭。

袁　华

绿阴亭为顾晋道赋时姚子章于彦成饮亭上

绿阴亭上夏五月,瀛洲上客与俱来。日出众鸟绕屋语,竹深好花当户开。镜里水涵萍似粟,席间云落酒如苔。更贪贺监清狂甚,艇子朝朝暮暮回。

玉山佳处

爱汝西庄给事家,绕屋山石何嵾岈。 截江秀色发林壑,平地玉气贯虹霞。 佳处如居子午谷,望中开遍春冬花。 夜凉酒醒月在海,应有仙人来系槎。

易　恒

忆大泗瀼故园 尝新米

卜筑长洲外,空怀泗瀼滨。丧家思老仆,习俗问比邻。感旧悲时事,尝新慰食贫。素餐知忝窃,不是力田人。

风雨忆瀼中故园

故园十亩瞰林塘,花竹阴阴覆小堂。好友肯来唯一二,老夫不出是寻常。白鱼寒鲙槎头雪,朱橘秋尝屋角霜。雨雨风风归未得,空劳飞梦绕沧浪。

吕　诚

有怀来鹤亭

忆昔题诗坐水亭,修篁欲染客衣青。飞花撩乱沾歌扇,舞鹤流连绕石屏。拟约刘伶为酒颂,莫教陆羽煮茶经。故人多在青云上,独怪江湖老客星。

沈　周

范公亭老树

范公亭东看古树,有身莫可限尺度。只凭长大不长长,边老婪酣遗丑肚。一干朽尽皮肉空,一干轮囷叶粗蔽。盘根到处走虬蛇,风雨不惊知得地。坐根纳荫且移时,静玩气机成感寓。人生安得如此顽,不死不用常在世。

陈潜夫

访沈士怡丹房

绕屋丹光炫晓霞,隔溪山色映鸥沙。 几回谈笑停杯坐,帘外春风落杏花。

昆山杂咏卷三　宫室

杨维祯

书声斋为野航老人赋

野航老人老学经，拥鼻尚作伊吾声。弹琴间以金石奏，破屋不知风雨生。古文漆简千年在，太乙青藜五夜明。可是流传洛生咏，朝阳迟子凤凰鸣。

柯九思

玉山书楼口占

红颜欲醉倚高楼，玉管声中桂子秋。如此江山不归去，冷云风急卧扁舟。

钓月轩为顾仲瑛赋

谈笑从吾乐，相过罢送迎。凭阑看月出，倚钓待云生。蝶化人间梦，鸥寻海上盟。轩居总适意，何物更关情。

于　立

题顾仲渊栖云轩

玉峰连天向天起，秀色盘桓三十里。寒翠淋漓湿窗几，影落明湖一泓水。明湖之水清无底，幽人结屋湖光里。溪南溪北花阵迷，舍东舍西山鸟啼。夜来东风雨一犁，满川烟雾春云低。春云无心无定据，长在幽人读书处。未肯从龙行雨去，窗前且伴幽人住。

顾仲瑛

和

春云压帘飞不起，暖气茏葱百馀里。桃花亭亭笑酾春，溪边浣花染溪水。武陵才人碧窗底，青霓衣裳白霞里。翠烟点染猩猩毛，冰绡凝文露华洗。山光入眼青青迷，小鸟向人啼复啼。前村后村树如盖，柳花起舞回风低。云师雨师浩无据，驱云劳劳向何处。请君劝师一杯酒，更借白云檐下住。

杨维桢

玉山草堂题卷率姚娄东郭羲仲同作

玉山丈人美无度,前度虎头金粟身。未试囊中餐玉法,时有座上索花人。银鱼学士真成隐,锦里先生许卜邻。自是君家时节好,桃原风日洞庭春。

谢应芳

娄曲书堂

汩彼娄水,东连于海。爰有幽贞,居娄之汇。蜒舟岸泊,娄人纷拿。幽贞有子,劬书厥家。晨鸡既鸣,汛扫室堂。羞我甘软,奉持趋跄。我经我史,如耕如桑。我服其劳,罔敢怠荒。黍稷有田,鱼亦有梁。味道之腴,游艺之场。曰父与子,欣欣乐康。其乐维何,匪人伊天。憧憧往来,谁其语旃。

倪　瓒

鹿城隐居

卢公武甫当世衰道卷之际,独能学行伟然,不但贤于流俗而遂己不愠人之不知。嗜古金石刻辞,汲汲若饥渴。隐居娄江之鹿城,澹泊无所营,若将终其身焉。命余赋《鹿城隐居》,因赋。

避俗庞公隐鹿门,鹿城静亦绝尘喧。 钓缘水北菰蒲渚,窗俯江南桑柘村。书蠹字残翻汗简,石鱼铭古刻洼尊。 地偏舟楫稀来往,独有烟潮到岸痕。

杨维桢

编蒲轩为颜悦堂禅师赋

至正戊子春,仆与京兆姚子章、吴郡顾仲瑛游昆山。明日,悦堂招余,谦宾玉堂。悦堂聪明识理,奉亲之行尤卓。既题其《养亲图》卷,临行又书此诗于养亲编蒲之所。

因寻老范读书处,知有前朝指柏僧。黛叶寒垂千尺桧,紫花春着万年藤。摩尼珠明照神钵,琉璃碗薄涵青灯。编蒲老子我所敬,空王门中之闵曾。

蒼卜堂题诗遗明海大师

大师,新安寺尼也,永嘉西涧之弟子。传法空王之外,能吟七字句诗。仆与玉山人游昆山,明海招茶供,侍者无有,出楮求诗,为赋是章。

解马来登翠微阁,扬舲重过宝禅林。铢衣五夜下天女,广乐六时闻海音。白金花开蒼卜树,青雨子落娑婆阴。新安上人尚文采,能作石泉西涧吟。

卢　熊

娄曲书堂

我爱娄江曲,高斋绝市喧。诗书心共远,师友道弥敦。秋露溥朱橘,春晖散紫萱。清朝访遗逸,束帛到丘园。

殷氏书堂三和孝章韵

先翁乐丘园,手植中庭橘。历年资灌溉,繁阴政蒙密。霏霏吐雪英,磊磊星垂实。岁晚共旨甘,慈颜谅夷怿。

袁　华

顾玉山新成钓月矶轩

荷蓧行歌与世违,鹤归城郭是耶非。种桃道士玄都观,泛月仙人采石矶。大野龙蛇方起陆,青冥鸿鹄自高飞。轩前一架蔷薇树,犹放疏花向落晖。

玉山草堂分韵得缘字

草堂秋气肃,清唱送觥船。微风下高树,华月丽中天。雄辩酬支遁,吟诗怀惠连。惊乌栖择木,流萤低度川。抚时情悒悒,感旧意悬悬。独念玉山子,冥心息众缘。

野航轩雅集

今日有佳集,野航俯清娄。酒从碧筒泻,烟向博山浮。长林树阴密,方池水气秋。蝉依丛叶语,鱼唼落花游。睽离获良观,飞光为迟留。

芝云堂夜集

今夕复何夕,张燕芝云堂。西风度江汉,仰见征鸿翔。坐中仙释侣,学道攻文章。飘飘鸾鹄姿,皎皎金玉相。上客貌苍古,乃是李伯阳。忆别昆丘颠,十见木叶黄。相逢玉山里,语旧热中肠。促席更秉烛,深杯送瑶浆。酒阑登雪巢,取琴弦青商。一弹别鹄操,再鼓凤求凰。人生会合难,引满重举觞。与子各尽醉,忧乐俱两忘。

来龟轩歌

昔日避地商溪头,畏涂风雪同放舟。登楼见月思乡泪,坐石观云忆弟愁。落花芳草青春暮,归时喜踏来时路。入门梧竹两青青,园池树石还如故。中庭有物状若能,屃赑踞石毷生苔。相惊左顾一笑粲,乃是河伯使者清江来。重门扃钥严且密,曳尾泥涂何处入。固知异物神所登,却胜余且网中得。吾闻灵龟寿绵绵,支床一息二千年。从游凤麟郊薮外,会合龙虎风云前。举目烽烟遍区宇,巷陌铜驼委榛莽。玉山佳处屋鳞鳞,莺花春满辛夷坞。道人当轩写来龟,邀我为作来龟诗。寨予余才薄不能赋,愿尔子孙金印悬累累。

玉山草堂为沈南叔赋

东老草堂在何许? 昆玉峰前娄水阳。怪石当门猛兽伏,长松绕屋神鹓翔。芸窗展卷声琅琅,若出金石谐宫商。嵩高山中隐者所,浣花溪上诗人庄。小亭野芳发幽香,沤波森森涵天光。南邻老翁觅酒伴,短筇缓策行徜徉。草堂之乐乐无殃,豺虎遁迹罔两藏。何人写图落尘世,乃是四明狂客老更狂。呜呼! 四明狂客老更狂,生纸泼墨几老苍。

青松白石轩

高人种玉玉山中,上有支离之怪松。绝壑云根蹲虎豹,阴崖雪干腾蛟龙。青饥饭受神仙诀,金粉花浮琥珀酿。为折长枝当麈尾,何妨踞石语从容。

郭羲仲新庄

抱郭春流带草堂,四瞻桐梓晓苍苍。百花潭上诗人宅,五渡溪头处士庄。且喜比邻连伯姊,不愁行酒少儿郎。西郊从此频相过,剪烛论诗夜未央。

郭　翼

书声斋为姚子章赋

幽人一室开风露,坐想瀛洲玉为署。把书夜诵秋满空,徘徊花影蟾蜍树。莲叶艇子风泠泠,太乙下照藜火青。笙簧万耳洗不醒,渺哉太音谁得听。

宴吕敬夫水阁

暮春三月之佳日,画里看花水阁杯。一双皓鹤巡池步,百叶绯桃映绶开。卷幔不知云乱入,题诗应怪雨相催。武陵何处能忘世,莫遣闻人取次来。

筼筜竹轩为马敬常赋

清风峡上筼筜竹,个个绕轩阴满庭。秋声夜觉湘波远,云气晓拂鉴湖青。亲题白野尚书额,好勒金华太史铭。老去几时探禹穴,与子同蹑凤凰翎。

城南草堂与顾仲瑛夜话

花发草堂风雨春,青灯剪韭话情亲。乱离隔世今何夕,生死论交竟几人。城郭是非华表鹤,蓬莱清浅海中尘。三千宾客冯骓在,莫怪伤歌抚剑频。

易　恒

题昆山王氏桐月轩

月出轩更幽,照我青瑶林。流光淹夕景,疏碧散秋阴。朝阳岂无凤,夜坐空有吟。之人金闺秀,斯桐清庙音。赏静惬真境,览芳怡素心。何当候鸟鸟,迟子玉山岑。

题昆山李氏淑芳阁

雅构逼阛阓,而无流俗情。汲井玉泉冷,开窗兰雪明。韫真屏粗秽,含英抱芳馨。冲襟惬幽赏,华池有馀清。青莲如可招,更采昆山琼。

九日宴昆山强氏楼夜雨晓晴风日清丽赋此以记良会

酒满壶觞日满楼,登临尚想旧风流。雨惊昨夜三更梦,晴散今朝九日愁。山色最能青我眼,年华何故白人头。万金难买风光好,那惜新诗报答秋。

拙斋为卢长婴赋

太朴日已散,巧伪日已滋。举世事雕琢,朴散何时归。美玉抱贞素,琢丧良可悲。嗟哉智力尽,徒巧将安施。所以巧若拙,道言岂吾欺。鹿城有佳士,被褐类无为。读书三十载,一拙恒自持。呼儿具杯酌,邀我赋拙诗。我亦抱瓮人,日日灌荒畦。机心素已息,庶有同襟期。剪彼园中韭,酌彼花下卮。共醉北窗下,梦到羲王时。

盛　彧

素室为闻次安赋

维次安父,索居遁世。好学孜孜,素行其志。思昔圣贤,穷达知命。陋巷一瓢,后车千乘。伊进与退,道无不存。匪慕乎外,乃慎厥身。味兹圣贤,勖我后人。环堵之室,左图右书。濯缨流水,观云太虚。彼君子兮,其乐弗渝。

袁　华

鹿城隐居

昆丘疏雨霁,沧洲新水生。气清风日佳,草木欣敷荣。维时春意动,布谷催晨兴。

带经陇上锄,负耒垄下耕。释耕应明诏,出牧邹鲁氓。邹鲁圣人里,政教庶易行。遥瞻古鹿城,白云还英英。他时昼锦归,重叙渔樵盟。

陈潜夫

鹿城隐居图

隐显迹固殊,幽赏本同趣。披图见家山,识我藏修处。悠悠昆阜云,离离鹿城树。牛耕春雨馀,野绿照庭户。牧民知稼穑,自足了官务。亦有南飞鸿,贪情寄毫素。

陶　赓

题鹿城隐居卷

天马饰金靮,和銮振玲珑。其如渥洼道,奋迅逐遗风。荣遇匪不时,任性异厥中。卢侯昆山玉,谈笑入南宫。出守姬鲁邦,正声摇星虹。春明岱岳秀,行斾拂层峰。缅怀鹿城居,应门候儿童。桑田白日静,梓里新阴重。何当返初服,玄默抱渊冲。此志良已矣,白杨森青穹。

顾谨种

又

舍人长诧旧湖田,政近昆山紫翠前。耒耜晓耕黄犊雨,钓丝晴飏白鸥天。忆陪替笔趋三殿,每念遗棺瘗九泉。今在吴兴题画卷,喜逢英嗣话当年。

王　行

又

洪武八年冬,余与公武舍人同在制诰司,屡闻谈及昆山故居之胜,今已廿馀载矣。适其长嗣来为武康贰令,询及。公武仙去既久,偶出此卷索诗。因追旧事,以寓感慨云。

鹿城嘉遁日,有此读书堂。庭树看馀荫,窗芸想旧香。墨庄签帙古,笔冢岁年长。为喜兰荪在,春风拟继芳。

朱　吉

鹿城隐居卷

鹿城近在玉峰前,翠竹扶疏屋数椽。考古穷年书有蠹,谋生乐岁郭无田。披图追忆曾游处,馀泽今看后代贤。焉得素琴弹素志,柴门静对月娟娟。

卢　儒

又

鹿城缅幽闲,昆丘遥耸峭。灵境迈奇观,眷兹谐夙好。筑室栖高情,开窗豁吟抱。春堤映桃柳,秋渚沿蒲蓼。绿野耦农耕,清川伴渔钓。事从屏迹静,心协玩物妙。四思悼张衡,五悲恻卢照。大璞贵不雕,淳德在弗曜。邈矣玉岩居,冥交与同调。

陶　振

拙　庵

娄江之侧有昆丘,拙庵道人居上头。江声到枕或成雨,海色满帘都是秋。守株曾得山中兔,托迹竟比林头鸠。有愚还学柳州柳,有身却作囚山囚。平生自笑何太拙,耻向权门事干谒。分甘巢许一身闲,不掉苏张三寸舌。所以头最拙,有发不能冠。所以手最拙,有琴不能弹。郑卫桑濮之音,有耳不能听。毛嫱子都之色,有眼不能观。嗟嗟若人谁得似,汉阴丈人差可拟。既看形骸若槁木,想见寸心如止水。分明有类抱朴翁,只拟便是玄真子。钓鳌先生来海门,相见娄东黄叶村。手持先天书一卷,白日共向林间论。骑牛却入山中去,浊酒同倾老瓦盆。

朱　吉

又

木朴本自然,世降巧伪妍。孰知巧多困,徒为朴者怜。谆谆好学士,当穷道本源。本源岂有外,物欲相钩牵。幽泉洗心白,灵籁息耳喧。悠哉抱朴人,应能达此天。以身验机巧,古朴追前贤。

俞贞木

又

古道久寂寞,淳风日浇漓。人心转机巧,变幻益以滋。乐哉长婴氏,以拙名其居。居处无长物,素琴与古书。愿从园绮游,耻为苏张徒。无能守一拙,百巧将焉如。春风草木香,夜月窗牖虚。不近人世□,此乐人少知。相逢无可语,聊以歌古诗。

谢琼树

娄曲书堂为殷孝章赋

书堂何幽幽,乃在娄江曲。波光照窗几,山气润琴筑。嘉尔隐君子,德音粹如玉。籯金散无馀,编简富储蓄。焚香白昼静,教子时共读。阶庭春草生,亦作书带绿。有时暂游息,引领寄遐瞩。流云下晴空,幽鸟鸣灌木。于焉得自娱,蔬食犹食肉。我愿从之游,白驹在空谷。

静得斋铭

娄东沈仲益氏,以静得名其藏修之室,取程夫子诗语也。渤海高启作铭曰:

虚哉灵府,其体本静。外触未形,山止水定。诱物而动,炽情乃生。喜怒爱恶,与哀惧并。纷纭攫攘,厥宰斯丧。如惊驷奔,孰制其放?维彼君子,能操使存。养其真静,为动之根。周流泛观,忘己与物。万生芸芸,莫不自得。咏归于雩,嗟逝在川。去圣虽远,微言尚传。沈君斋居,从事于此。愿言谁师?子程伯子。

江雨轩为偶武孟作

春雨如暗尘,江乡昼冥冥。幽人感时变,于兹事耕耘。江雨亦屡作,江风穆而清。土膏润如酥,草木努甲生。此竟谁为之?曰维天之诚。我艺我稷黍,我轩泊我宇。晨兴带经锄,宁恤作劳苦。嘉苗既芃芃,田畯为之喜。霜飙一披拂,致此岁功美。斗酒以自劳,共入此室处。矧兹值时康,乐哉咏江雨。

释来复

静得斋为海道顾仲渊漕使作

细草幽花映户荣,闲观物理寄浮生。人间利禄心无竞,海上风涛梦不惊。野服看云秋色远,石床临水晚凉清。年来我亦忘喧寂,猿鹤空林拟结盟。

李时勉

静安斋为张处士士行作

人之一心,明镜止水。外诱中移,汩浊昏翳。反求厥初,未尝或昧。昧者不知,知者不戾。膏车脂辖,以求其至。至则得之,何所不遂。隐居达道,各臻其诣。惟君子明,惟德之懿。铭以昭之,用勖来裔。

杨 翥

又

惟静乃专一,专一斯能安。以其不妄动,外物何由干。斋居既幽邃,映带皆林峦。绿水何逶迤,白云在檐端。析义穷精奥,观理造微玄。波定爱鉴物,谷虚声以传。灵府既有得,恍如隔尘寰。

袁　华

费侯兴学诗并序

　　昆山州庙学,唐县令王纲所建,记之者安定梁肃也。五季之末,废于兵。宋知县边仿始克复修,记之者太原王禹偁也。政和迄宋季,重修者屡矣。国朝元贞元年,升县为州,置博士弟子员。延祐初,迁治太仓,而庙学亦废。越四十有三载,张氏入吴,以州治濒海江,无以盛民而固圉也,复归旧邑。今守东平费侯复初,下车首谒庙学,怃然而叹曰:"学校者,教化之本也。盖不可一日忽。"逾年,政成民信,乃出其廪稍之赢,新作戟门及论堂,撤礼殿之旧而加崇广焉,作斋庑,以居学徒,则又民之输材而为助者。呜呼!若费侯者,其可谓知所本矣。《诗》曰:"维桑与梓,必恭敬止。"况学校乎?华也忝职郡庠,沐贤侯之教养,睹兹轮奂,实重依归,乃历考庙学之废兴,为诗一章以美之。诗曰:

　　肇自娄校,王令纲作。五季披攘,鞠为丛薄。火德阜隆,芟除苛虐。久郁而信,圣道孔照。蕞尔吴越,既入王略。繄边仿氏,聿来主学。庀材俒功,不日而落。历宋祀三百,执事有恪。于赫皇元,龙飞朔漠。诏升县为州,建官锡爵。置博士员,以训以饬。治迁于东,民实新一邑。庙随所在,兹实榛棘。岁在实沉,海钞梗逆。复归旧治,邑庐如昨。明明费侯,英杰卓荦。既牧我娄民,复缮我城郭。渐摩煦姁,民愈无瘼。舍菜在泮,考艺问业。眷兹颓圮,心焉怵惕。相方视址,爰究爰度。采石于山,斩木于壑。工师子来,乃砻乃斫。乃表修垣,重门有觉。外象灵星,内列画戟。中严礼殿,既崇且硕。凤丽于甍,龙攫其角。言言斋庑,左右翼若。横经有堂,释奠有乐。多士游歌,有馆有谷。费侯戾止,在泮献酌。冠弁俅俅,不笑不谑。顾瞻基构,昔瘠今扩。不有君子,其何能益。嗟吁诸生,凤蒙启迪。爰止其所,涵泳朝夕。服我圣训,伊侯之德。愿侯寿考,如金如石。懋继前修,永永无致。

寺　宇

陈　植

留题玉峰山寺庚西白上人房

　　云根苔磴滑,崖庆碧萝垂。苍壁压书几,青山落研池。三生知业白,万劫堕尘缁。重约月明夜,扪松共说诗。[1]

袁　华

寓绰墩寿宁寺

栖禅穴畔好高树，三静境中皆白云。已翻瞿昙内外典，更礼茅家大小君。
北山何处境清绝，藤轩阴阴生昼寒。明月飞来散清影，金沙布地为君看。

寿宁庵夜宿

偶成绰山游，西风吹落日。大田登禾黍，高林收枣栗。仰羡松柏姿，俯惭蒲柳质。
石县王果崖，花雨维摩室。白雪浮茗瓯，缥囊散书帙。抚事困诛求，拯时乏经述。纷
争若蝼蚁，相持如蚌鹬。可怜鸱吓鼠，何异裈处虱。郊居便樵苏，野服忘巾栉。独乐
五亩园，素封千树橘。被酩坐逃禅，铭墓亲操笔。梦幻前后身，道悟中边蜜。剧谈更
抵掌，展席仍促膝。煌煌斗回柄，耿耿月离毕。水声远澎湃，竹影互蒙密。清坐不知疲，
东方启明出。

盛　彧

昆山慧聚寺诉公西斋

诉公读书山水间，西林书阁何曾关。玉气入帘晴冉冉，籍声杂耳昼珊珊。仍觅龙洲
旧游处，恰似虎溪清啸还。借我烟霞最高顶，细餐石髓听潺湲。

郑　东

报本寺

迢递珠林沧海边，参差绿水石渠连。灯明方丈开猊座，屏拥罘罳护法筵。天女时来
花乱下，龙君欲至风泠然。金相夜凉遥共礼，月华长照宝阶前。

吕　诚敬夫

洪武庚申夏四月登玉山顶时雅上人适迁华藏于塔院历览终日而返
是夕宿友人家灯前闻雨援笔有赋

晓出城西门，荡漾官河艇。朝光散晴旭，露气拥高迥。潮上洲渚没，棹发六飞骋。
前岑献奇状，心目快引领。青山如故人，登陟在俄顷。嗟哉二三子，怜我足力逞。舍舟
入苍翠，一径林木静。阴藓护危栈，古藤落眢井。映带列桧杉，青黄熟梅杏。古师安禅处，
神佛服精猛。山灵诡异工，幻迹一扫屏。孤塔灰劫馀，傲兀立峰顶。后岩古华藏，稍复
昆卢境。泛观盛衰际，何物得修永？道人出迎客，一笑且羞茗。清谈竟终日，毛骨洒然冷。
群鸟亦知还，微阳下西岭。遄归弗成寐，张灯酌南罂。急雨何方来，清声杂蛙黾。鄙言

讵成章,聊假管城颖。

易　恒

题昆山顶新迁华藏寺

兹山奠海堧,高处宅金仙。历劫浮图耸,经时古寺迁。烟霞通一径,楼阁近诸天。翠积祇园树,苍擎华岳莲。巨鳌当胜地,孤鹜起平川。玉气阴晴见,灯光昼夜传。空花皆是幻,水月不离禅。暮景飞蓬逝,馀光落日悬。独寻方外友,已断世间缘。坐久谈玄理,松风落塵前。

郭　翼

题景德寺樱桃

上人醉卧樱桃发,客至不知山日斜。粲然五株庭下雪,开作小白岩前花。仙女吹笙云匼匝,素鸾踏月光交加。金盘明日荐崖蜜,背痒欲倩麻姑爬。

易　恒

夕闻草堂庵磬

夕闻草堂磬,窅窕出西林。江应虚还响,风回杳复沉。僧空定中景,人间物外心。坐久夜深寂,笙鹤空遗音。

周南老

慧聚寺

梁寺依山险,叠构传鬼役。殿柱随龙化,遗基尚神迹。云归海气昏,石润藓花碧。林壑生春阴,钟鱼鸣午寂。僧房见山图,佳胜皆目击。独有雷火篆,灵异人莫识。

卫　培

满江红　昆山报国寺度云海还报慈

云海茫茫,度多少、明师瞎汉。弹指顷,言前新领,天台禅观。报国几年横佛子,报慈重举新公案。想龙天、拥出不由人,真难算。　　尘中事,如棋换。座下衲,如云满。看彼迎,此送去留相半。谈妙九旬犹未了,灵山一会何曾散。听丹书、摧召演真乐,龙墀畔。

张　泰

宿淮云寺晚翠轩

翁郁淮云寺,清幽晚翠轩。细草覆寒砌,修篁围短垣。触目便成趣,寄身聊避喧。高咏不知暮,钟声催掩门。

淮云精舍言怀七首

幽独卧禅林,经年辍醉吟。久知书可读,不耐病相寻。鸣鸟夜还曙,落花春又深。馀生凭药饵,更敢问朝簪。

未老已多病,况逢春可悲。一番寒食雨,满寺落花时。卜命馀蓍数,谋生少药资。岂无欢乐地,憔悴欲何之。

官中昔无恙,坐咏复行哦。吟思久不苦,诗脾翻病多。烟霞眠古寺,光景任流波。应恐劳迎送,交游不屡过。

年年春不改,风雨是花时。弱叶终遮树,鲜英且附枝。屏心居对景,随意步临池。聊用忘吾病,忧中一较诗。

居怜僧舍清,岂愿学无生。众籁风馀歇,孤芳水际荣。瘦全饥鹤相,间合野鸥情。有底城中客,还来语利名。

草屦谢风尘,幽为花木邻。息机甘在野,多病不宜春。天地容孤子,朝廷恤小臣。不妨蔬食外,汤药健精神。

营屦归来病里身,上方清卧竹为邻。钟残别院朝光澹,花落环溪水色新。云掩空青长欲雨,乌啼烟绿似伤春。此中情况浑牢落,不愧山僧是主人。

沈　周

宿报国寺水西山房

东昆不到两年强,六月来游是趁忙。城里谁家无暑地,水边人说有僧房。入门认竹天光晚,借榻眠松夜气凉。造次题诗才一过,未知三过几时偿。

吴 瑞

访沈石田于广慈僧寮

晚约周郎载短航，远寻东老过西塘。问僧借墨求题画，呼仆烧灯重举觞。野寺幸留高咏在，青山无奈去人忙。怅然离合成俄顷，星斗三更满地光。

沈 周

四月初予来东昆宿广慈僧寮辱西溪水部梅花主人暨理之晚顾且约明日山行因多事不及水部诗有青山无奈去人忙之语遂奉同以自解云

晚步崎岖倩小航，落潮粘底傍回塘。话陪清夜惟三客，饮过平生累十觞。明日正怜重作别，老年自笑不宜忙。青山又负登高屐，且遣铜盘蜡烛光。

弘治己未二月二十三日偶寓广慈庵西溪吴先生三瓢周先生远顾迫暮约为明日昆山之游庵与山甚迩仅峙屋角时王理之治具夜酌时时持灯照之迹阻心游乃有短篇以寄孤兴且欲三君子倚和遂留此纸于庵中以为故事

山近不能登，芙蓉隔夜灯。胸惟藏磊魂，诗欲写稜层。寄赏还容酒，为邻却羡僧。明朝如不去，步步与云升。

宿巴城寺

渚田漠漠水程通，落景萧萧野寺空。佛座妆严苔借碧，僧窗点缀叶留红。灯临浊酒三更月，棹倚重湖叠浪风。旧舍故人今独少，相思一一不眠中。

昆山杂咏卷四　祠墓

袁　华

娄侯庙

娄氓尚淫祀,祠庙遍村墟。疾病罔医药,奔走讯群巫。椎牛酾酒醴,婆娑乐神虞。神不歆非类,传记言岂诬。圣人制祭法,有功则祀诸。昆山汉娄县,旧邑禾与与。娄县名尚存,在今城东隅。张昭洎陆逊,封娄肇自吴。桓桓孙将军,仗钺东南驱。升堂拜昭母,情好昆弟如。策薨受顾命,拥拥运谋谟。谏猎止酣饮,礼下魏使车。忠言不见听,托疾居里闾。举邦惮威严,卒年八旬馀。伯言虽后出,智略雄万夫。权配以侄女,数数询良图。一从吕蒙举,乃修关羽书。潜军克公安,径进守宜都。走备夷陵城,蹙休夹石区。相吴柄国命,上疏陈立储。赫矣两侯功,称久而弗渝。太守念娄氓,报本昧厥初。淫祠既撤毁,左道咸剪除。改祠祀娄侯,像设崇屋庐。复睹汉威仪,清风肃贪污。遂令此邦人,车盖相填于。雨旸及疾疫,走祷来于于。穹碑纪颠末,大刻龙腾拏。于以告来者,并解娄氓愚。丽牲歌送迎,万世奠厥居。

高　启

黄姑庙

农祭频来水庙扉,银河东去失星辉。天孙秋夜应相忆,一去人间竟不归。

郭　翼

重复王侍御墓

先贤御史王公墓,感慨兴亡自古今。直气平生匡济志,忠臣万世建储心。朝端獬豸清风在,陇上牛羊落日深。满地梨花一尊酒,邦侯高义重南金。

袁　华

王御史墓

有宋建皇极,汴京郁嵯峨。仁化浃遐迩,林林英杰多。昆山虽僻左,士风粹而和。明经擢高第,踵接肩相摩。御史乡先生,学术正不颇。五传究终始,备论订舛讹。粤在宣和间,哀然中巍科。初主丽水簿,言事何委佗。说书辅春坊,执法居谏坡。从容答时相,直气凌太阿。范公在馆下,诘责加切磋。卒为廊庙器,词源浩江河。高弟沙随程,入室非操戈。宋史书列传,耿耿名弗磨。世变陵谷迁,百年无几何。城南新漕里,荆榛埋铜驼。景行世仰止,高风激颓波。门墙既有限,樵牧安敢过。再拜重兴感,临风动悲歌。荒苔封断碣,太息为摩娑。

李侍御墓

散步城南门,始得圆明里。宰上木已拱,泉下者谁氏。批榛踏宿草,羡门半貔豸。勋阀表阡石,云是侍御史。力行敦古学,名衡其姓李。世家本江都,娶妇居娄涘。射策明光殿,看花长安市。出宰施善教,矧肯猛政理。至今松陵月,清光照江水。拜命登霜台,白简冠獬豸。上言论奸佞,手将逆鳞批。势障狂澜回,屹立中流砥。五贤一不肖,赋咏光传纪。挂冠归乐庵,著述惜寸晷。硕学邃易经,集传发微旨。岂唯淑后进,千古垂范轨。九原不可作,清泪何漼漼。乡里众富儿,厚葬从奢侈。黄肠题凑密,券台文绣被。可怜土未干,荒烟横断址。后世仰高躅,庶激俗靡靡。复墓限樵牧,何异子朱子。

刘龙洲祠

刘君庐陵秀,胸次隘九州。倜傥负奇气,辛陈同侠游。西登岘首山,北望多景楼。长歌迴动哭,志在复国仇。异材世间出,高揖轻王侯。奈何攀桂手,不能占鳌头。肆情诗酒间,文焰射斗牛。昆山非故里,遂为潘宰留。五十死无嗣,埋骨东斋陬。世代倏变易,夷墓为平畴。有司重封表,立阙树松楸。何人洒麦饭,凄凉土一抔。建祠立神主,买田供庶羞。仁哉太守心,祭祀亘千秋。

朱节妇墓

节妇茅氏女,嫁为朱虎妻。主馈事尊章,婉娩年方笄。夫官水衡守,舅长大农司。饷馈转渤澥,功与酂侯齐。厮养纡青紫,第宅切云霓。天道恶盈满,谗言致勃溪。舅既瘐图圄,夫亦为孤累。节妇没入官,诏赐提点师。衣袂结两儿,昼夜呱呱啼。义不负所天,矢死心弗移。抗志励节操,师亦兴嗟咨。漕侯卯金刀,拙庵比丘尼。仗义出金帛,以赎节妇归。幸脱虎狼口,寄食居招提。仰望浮云驰,目送孤鸿飞。俯视龆龀子,良人渺何之。百感集哀肠,形与神俱疲。为妇当死节,为将当死绥。一病竟不起,孤魂遂无依。槥椟自京邑,归葬娄江涯。孝哉犹子谦,具辞陈有司。移文上台省,进奏对丹墀。譬比曹令女,夫死家诛夷。勇烈虽少异,操行岂相违。请录付史馆,敦俗淑民彝。制可出鸿恩,甄表发潜晖。荏苒三十年,荒坟草离离。落日下牛羊,芜没少人知。契侯古循吏,为善日孳孳。

大书刻坚石,华表双魏魏。朽骨怀深恩,岂独邦人思。感[1]慨成五咏,纪实匪于私。

谢应芳

刘龙洲墓在昆山慧聚寺后杨铁崖偕应芳及诸友吊祭而作

目光如电气横秋,北望龙沙万里愁。匡主首陈天下养,和戎深为国人羞。独园埋骨黄金地,上界修文白玉楼。一代人豪今寂寞,春风芦叶自汀洲。

和顾仲瑛金粟冢燕集

我昔过北邙,立马山之隈。为问陇头树,皆云后人栽。生前尊酒谁不有,无人到此自对青山开。屋堆黄金五侯贵,难免白骨生苍苔。道旁多弃夜光璧,爨下谁惜丝桐材。玉山先生达观者,胸次不着闲悲哀。清秋携客坟上饮,曲车载酒山童推。大笑胥魂乘白马,深惭鲧魄化黄能。墓铭自制诗自挽,视身不翅轻于埃。鹤群长绕嘉树舞,龟趺并载穹碑来。鸾翔凤翥玉箸篆,虎踞龙蟠金粟堆。长吟复短吟,此兴何悠哉。秋风无情摧万物,芙蓉亦老胭脂腮。笑言他年翁仲共寂寞,何如此时宾客相追陪。功名本愁根,富贵真祸胎。百年能几日,一日能几杯?从兹秉烛长夜饮,犹恐四蛇二鼠忙相催。主人沉醉客亦醉,绝倒不顾傍人咍。北望中州数千里,人家尽作兵前灰。髑髅委荒郊,孰辨贤与才。伯夷空忍首阳饿,屈原徒作湘江累。神仙初无不死药,方士浪说寻蓬莱。君不见无边之海白淼淼,无名之山青巍巍。长鲸嘘吸成风雷,徐市一去何曾回。

吕 诚

闰月二十四日陪馆士秦文仲陆良贵奉省臣命祭龙洲先生墓

先生深耻和戎议,慷慨中原气欲振。名冠鲁连天下士,才高北海世无人。民心切切犹思汉,大义昭昭不帝秦。感激朝臣来遣祭,东冈复喜树桐新。

黄鹤矶头风雨秋,中原一望使人愁。群臣谁决和戎议,九庙犹衔误国羞。慷慨鲁连宁入海,凄凉王粲重登楼。荒冈四尺先生墓,再拜酹之双玉舟。

秦 约

刘龙洲墓

龙洲先生湖海士,矫矫高风绝代闻。持节去为金国使,封书曾感献陵君。筹边英略

1 "感",底本原缺,据袁华《耕学斋诗集》补。

生前志,垂世文章死后勋。坏冢年来谁洒饭,愁看棘树琐寒云。

杨维祯

吊龙洲墓

读君旧日伏阙疏,唤起开禧无限愁。东江风雨一斗酒,大地山河百尺楼。龙川状元曾表怪,冷山使者忍包羞。白鹤飞来作人语,道人赤壁正横舟。

郑元祐

复刘龙洲墓

宋渡南如晋永嘉,屈辱更甚惭栖鸦。贤才尽毙贼桧手,君相甘同鲁妇髽。孝皇悲愤痛莫雪,士逃窜诛能几家?翁也诸侯老宾客,有泪每落西风笳。南楼载酒桂花晚,经纶志在言非夸。且将南山抉虎穴,岂但东海刳鲸牙?长歌之悲过恸哭,况闻远雁来龙沙。林苏与白出处异,便欲呼起能无哗。醉乡生死忘今古,酒熟莼香鱼可叉。和戎自有祈请使,经天非无博望槎。瞠视乾坤谢轩冕,朽骨深瘗山之涯。娄江东流山蕴玉,翁也墓此谁疵瑕?荒陵无人洒麦饭,废冢有树开梨花。荧荧鬼燐出松坞,想翁来游路匪赊。

范天与

又

儒冠不入紫宸班,落落高风竟莫攀。曾有封章投阙下,尚馀诗句在人间。声名已共秋云散,精爽应从夜月还。千载穹碑表遗墓,为持尊酒酹空山。

卢　熊

又

征衣破帽老骑驴,籍甚才名总不如。发愤每陈平虏策,匡君曾上过宫书。苔封断碣秋烟外,草暗荒祠劫火馀。欲奠椒浆歌楚些,西风落日更踟蹰。

范从文

又

古冢苍崖畔,残碑蔓草中。陈辞能劝主,持节肯和戎。健笔诗无敌,清尊酒不空。斯人今已矣,千载仰高风。

殷　奎

娄侯庙

子布文武才,鼎峙非本志。伯言社稷臣,早定西兖计。霸功照吴甸,侯封启娄地。何以慰遗民,于焉崇祭祀。

沈　周

复刘龙洲墓

龙洲先生非腐儒,胸中义气存壮图。重华请过补缺典,一疏抗天肝胆粗。中原丧失国破碎,终日愤懑夜起呼。往筹恢复诣公衮,论矛听盾事大殊。芒鞋布袜世途涩,蒯缑短剑秋风孤。登高聊且赋感慨,江山故在英雄无。权门欲招脚板硬,顾逐诗朋兼酒徒。寻常一饮空百壶,卖文赎券黄公垆。酒豪便欲蹈东海,故人留昆亦须臾。玉山固是埋玉地,岁惟三百骨已枯。三朝封树再起废,人重风节非人驱。呜呼! 人重风节非人驱,龙洲龙洲真丈夫。

复薛烈妇墓

溢渎西浒,薛媛邵妇。邵吏坐法,逮人如虎。逮悦薛妩,佻语肆侮。死生依违,夫命县汝。薛丑其语身雉经,誓不辱夫以死明。黄犀辟尘尘不生,白玉绝玷玷不成。呜呼荒冢久欲平,后人立石题烈名。

水节妇碑

此心安一死,万事不足动。夫亡及无后,虽活与死共。佻徒有危言,刀锯亦何恐。灰寒炉火灭,地裂渊冰冻。节妇去世久,墓石凡载奢。斯文斯人者,千载尚当重。

偶　桓

龙洲墓

远寻遗墓入烟林,几度临风感慨深。草暗颓垣春放犊,霜寒宰木夜栖禽。清江载雨孤舟梦,异国登楼万里心。泉下刘郎呼不起,吟成哀些一沾襟。

沈　愚

又

文章人物迈时流,袖拂天风万里游。黄鹤楼前江月白,买花沽酒醉中秋。

中原望断独兴哀,怀抱忧时郁未开。斗酒嶲肩风雨夕,为谁辛苦渡江来。

杨子器

复龙洲先生墓_{弘治三年}

世路踦跷,功名蹭蹬,天涯踪迹无聊。贫寒彻骨,犹幸有绨袍。叵奈老苍情薄风尘里,困杀英豪。惆怅旅魂飞散,更楚些难招。　悠悠千载下,有知己者,想像风骚。谩摩挲断碣,细认前朝。庙貌重新,兴复香火事,付与吾曹。从今后,大家照管,风雨莫飘摇。

周南老

黄姑庙

黄姑与织女,皖彼河西东。胡为玉川侧,灵姑于以降。褰帷拜灵姑,宛然天女容。黄姑即河鼓,谁能辨雌雄。神亦不为语,惟民之所从。有祷辄斯应,岁岁祈年丰。

殷　奎

王御史墓

御史春秋学,脱略专门陋。见诸行事间,大用亦未究。气直沮权相,忧深旷储副。复墓匪为眩,所思在耆旧。

李侍御墓

李公读论语,探道悟渊微。政推守令最,名重谏争司。生平信跌荡,之死气不衰。表树限樵牧,善政故在兹。

刘龙洲祠

改之亦豪迈,生世何落落。抑郁过宫书,蹭蹬擒胡略。悲歌能无动,沉醉信有托。新祠荐寒泉,九原讵可作。

叶　盛

题草庭墨梅吊乐庵墓

不识江都李,梅花仿佛同。停舟欲相觅,谁是主人翁。

又

玉笛吹残夜,声声太古情。懒人何处觅,霜月正凄清。

龚诩

木兰舟　题梅吊乐庵墓

乐庵坟上,寒烟蔓草。三百年来,变故经多少。一坏荒土,指点有无中。埋没了几个人知道。　九原何处起英豪,吊古伤怀抱。为写梅花,欲寄相思调。但见一段平芜,数声啼鸟,高树留残照。

昆山杂咏卷五　投赠

杨维祯

寄郭羲仲 并引

东昆诗人郭羲仲有古乐府才,予入吴,未识仲而仲屡写所制来,盖喜予之知,而予亦喜得仲也。因袁子英归昆,赋诗寄之。

芙蓉叶上题霜后,何处修辞五凤楼。见说东昆生郭仲,有如小杜在扬州。大章皎皎精卫愤,小章呖呖柳枝愁。夜来青械发短烛,满地虎睛光欲流。

柯九思

春日偶成戏柬玉山

爱君谈笑俱清绝,昨日相逢是几回。春色不将尘事恼,杏花移得上窗来。

索阳庄瓜

谷雨初干可自由,荷锄原上倦还休。醉迷芳草生春梦,谁识东陵是故侯。

郑　东

寄郭羲仲兼柬郭彦昭

翼也东吴彦,孤标玉树柯。政须愁饮少,且莫倚才多。晓日开青嶂,秋风动白波。无人相问讯,小阮近如何。

卫　培

糖多令　寿蓉月先生

蓉锦月华,澄芸斋暑气清。见天西光现长庚。诗酒琴棋真得趣,词翰手,快生平。　八十正精神,儿孙喜气盈。笑人间田海翻腾。大隐城南双足健,安富贵,享修龄。

念奴娇　自寿

今年初度,斗叶儿无赛,是余年纪。淇水武公将及半,六岁买臣方贵。低又羞人,高无到我,只可中中地。於菟赤手,未知何以为计。　　幸有剩下诗书,把来遮眼教,取痴儿记。涸辙枯鳞,才得水、便有掀腾声势。穷是元无,达应本有,何事关忧喜。临风一笑,无人能解予意。

沁园春　自寿

问讯东君,老子浮生,今朝几年。看几多达宦,戏衫脱着;几多豪富,丝木抽牟。笔砚当投,利名难计,空作蝉鱼蠹简编。今秋又要高攀桂子,访月中仙。　　来春此日幽燕。路正近青霄,只尺天。到宫花帽,未羞白发;北门草制,待复青毡。浩荡胸襟,老苍应识,肯向纷纷俗子言。如今且暂昏昏默默,谁丑谁妍。

满江红　和淇竹弟韵

点检衰翁,整六十,从头添一。知见了,人间桑海,几番风色。白屋锄犁俱奋迅。朱门钟鼎多沉寂。算输他局外看棋人,真英特。　　芹沼畔,留踪迹。芸窗下,穷今昔。笑馀痴,犹在短檠通夕归觉田园情更好。闲看红紫春堪惜。待要约风川,曲水共连床,何时得。

念奴娇　怀孟复孟质二弟

倚楼看镜,笑行藏,勋业如今都谬。欲上青云无健翮,蛙井又难株守。范蠡湖光,谢安山色,暂与烟霞友。故园重到,欣然松菊如旧。　　应怪萍梗飘零,东驰西骛,壮志何时就。最是可人心赏处,独欠棣华携手。步石寻兰,烹泉试茗,北顾频回首。相逢一笑,对床可共谈否。

于　立

送瞿惠夫京口教官

京口去家三百里,官清俸薄得长闲。赓歌每作金石奏,揖让常居俎豆间。波涛不尽大江水,云气时昏北固山。淮南木落初飞雁,应有新诗寄得还。

卢　熊

忆西隐登临之胜寄诉仲言上人

登临西隐胜,杖屦觅幽期。木末开虚阁,泉原汇小池。琴鸣鱼在藻,苔破笋穿篱。忆子栖禅暇,高怀独赋诗。

秦　约

至正壬辰秋舟过马鞍山下登叠浪轩酹龙洲先生之墓俯览江流渺然遐思慨风土之昔殊嗟人生之契阔有怀顾玉山晋道贤昆玉

江净波明荡白沙,摇摇画舫似乘槎。荞麦花开散积雪,枸杞子结烂颓霞。三吴风土曩昔异,二陆才华耆旧夸。骞余清啸睨寥廓,槽头新酒不须赊。

倪　瓒

寄顾仲瑛

江海秋风日夜凉,虫鸣络纬尚练裳。民生惴惴疮痍甚,旅泛依依道路长。衰柳半欹湖水碧,浊醪犹趁菊花黄。知君习静观诸妄,林下清斋理药囊。

题画赠朱伯亮 本姓夏氏,号商潜。

逢着乡人朱伯亮,朱弦披拂共南薰。研池雨过添新涨,特为濡毫写墨君。

赠张士行 号云门,寓昆山。

云门有逸客,非仕亦非隐。玉井千丈泉,此士难汲引。结交云林叟,不顾俗嘲哂。我拙唯任真,子德常戒谨。相知既有素,力学仰颜闵。久别见颜色,英姿固天禀。欲疏不能忘,欲亵不可近。

冯子振

赠朱君璧

五茸三泖之邦,人物皆有澄秀气象。昆山州能为丹绘于翎毛、窠石、僧佛、方仙、士女,有朱君璧者,特标致整密,仿佛前古作者风韵,不滞于蹇浅,不枵于浮艳。予于是喜而拈出之,使此声流行天壤间。当有达官贵人之赏识,进之秘,书之直,则黼皇猷而饰国微将无所不可。仍赠以诗。

卢楞伽作阿罗汉,吴道玄拈自在观。笔墨分毫无俗气,至今名世与人看

朱生年纪方青俊,况复胸中有秀妍。曾见东缣扫丹墨,便堪把玩诧天全。

昨日幅誊南海岸,真珠缨络六铢衣。补陀岩下慈悲相,劫劫尘尘最上机。

年愈增添画愈精,工夫至到笔英英。更教江海精神濯,从此声名老更成。

送卢公武应召北上

前朝图史已全收,诏起丘园重纂修。用夏变夷遵礼乐,大书特笔法春秋。金台墨泻朝挥洒,银烛花消夜校雠。进卷内廷承顾问,鹄袍端立殿西头。

送殷孝伯之咸阳教谕

圣代崇文化,贤良起草莱。凤鸣旸谷日,鱼跃禹门雷。匠石无遗弃,洪纤在刌裁。咸阳秦赤县,博士楚宏材。话别嗟吾老,横经羡子才。渡江淮浦回,溯颍蔡河开。红树迎官舫,黄华映酒杯。纪行应俊逸,览古定徘徊。遵陆由梁苑,冯虚自吹台。汴京城屼屼,艮岳石魏魏。蹋月车鸣铎,嘶风骑卷埃。吴音伧父讶,儒服虏人猜。应为青山住,悬知白石隤。解鞍依近郭,纵马龁枯荄。风急狂狐啸,天高鸿雁哀。诗情秋共澹,乡梦晓同催。喜见烽烟息,愁听驿鼓捶。虎牢悲战骨,缑岭觅仙胎。岳仰嵩高峙,河看砥柱栽。山川犹巩固,风物亦奇侅。鸡唱函关启,龙飞太华来。碑亭矜汉好,浴殿吊唐灾。望极吴天末,行穷渭水隈。别家倾菊酿,到县动葭灰。多士争先迓,诸生获后陪。献葅芹实豆,舍菜酒崇罍。五传遗经在,三馀万卷该。尊王明大义,抑伯黜渠魁。寒榻皋比设,朝盘苜蓿堆。树萱思奉母,援柱念提孩。有弟能调膳,何邮不寄梅。五陵还突兀,八水自萦回。选胜筇扶手,遐观笏拄颏。坏基留宿草,断础长荒苔。异域多佳处,兹游实壮哉。丈夫四海志,肯使寸心摧。

郭　翼

和顾子达见寄

江上去年来避寇,无家归路转凄迷。桃花柳絮当三月,瘴雨蛮烟似五溪。直见荒台麋鹿走,可怜无树凤凰栖。读书支子桥边宅,瓦砾伤心暗蒺藜。

君住同丘似同谷,闲身应是笑官忙。梅花有兴吟东阁,萱草无忧树北堂。漫省观渔庄叟乐,谁怜歌凤接舆狂。相看马困盐车日,何处悲鸣觅九方。

寄陆良贵

堂馆绿阴皆水面,图书乌几喜无尘。棕榈交叶绕遮井,菡萏倾花向顾人。世事从渠宁分拙,交游于尔觉情亲。澧兰沅芷秋风里,明日南云别更新。

寄严孟宾兼怀马敬常

海上相逢春日暮,仙家楼阁五云中。一池蝌蚪青萍雨,几个黄鹂碧树风。接离花下无山简，吹笛平阳忆马融。为语幽情严仲子，寄诗万一慰飘篷。

寄马敬常

奈尔相如好赋何，老怀犹得慰蹉跎。五侯冠盖殊皆贵，百世文章自不磨。沙漠黄云龙去远，江湖秋水雁飞多。旌旄海上重开府，还拟扁舟雪夜过。

寄瞿惠夫博士

醉眠亭上追游日，为惜高情对物华。草港斗飞花鸭雨，竹沙深映白鹇罝。丛丛山影侵云直，一一人家落路斜。近报风流多著作，门生若个是侯巴。

荷亭晚坐寄悦堂长老

海上无家来避寇，行吟何处可消忧。看荷偶到东林寺，落日浑如丈八沟。云叶层阴青过岸，草堂五月澹于秋。老子情深能爱客，更拟花开一醉留。

闻吕敬夫移家五首

忆汝秋来信使稀，移家未睹是耶非。月星绕树乌三匝，风雨横江雁独飞。岂为故人居赤甲，还从野老款荆扉。东西扰扰皆为客，琴剑空惭坐不归。

詹尹何劳更决疑，衡门之下可栖迟。竹从少府韦家觅，树向果园坊里移。翡翠小堂巢窄窄，鸥鹊近渚槛垂垂。主人一任悬徐榻，更拟风流醉习池。

卜筑应同野老居，家贫犹有五车书。从人更买青田鹤，入馔频供丙穴鱼。谢朓能诗多警策，嵇康懒性只粗疏。江头树里晴云出，日日看山候小车。

馀暑醉人犹困酒，秋风秋雨下朝朝。颇闻蒋诩开三径，未识将军第五桥。月里芙蓉催放艇，天头鸾鹤待鸣箫。海乡应讶文星聚，莫以寻常折简招。

雨映清秋解郁陶，无端舒啸倚东皋。终怀楚国屠羊肆，已愧江州食犬牢。五夜新凉吹枕几，十年旧梦落波涛。老来亦慕归耕好，田屋芄芄黍豆高。

次韵寄袁子英

空江渺渺登临客，短发萧萧满镜秋。四海苍生知久困，九重天子政深忧。浮云在野龙争斗，废草荒台鹿自游。便学种瓜甘隐去，东平还有召平否。

习静山中依老宿，坐来不动只根尘。偶逢鱼鸟心俱乐，终信诗书道未贫。鹏鸟何烦伤贾谊，桃花还自觅秦人。为君忽念前身事，桑下金环或有因。

莫问清愁愁更绝，山中猿鹤已应知。萧条彭泽官归日，憔悴平原客散时。故国山川频怅望，荒宫禾黍莫题诗。令人又堕千年泪，落日烟横岘首碑。

中原恢复妖气断，遥相遗民亦惨伤。早见中兴扶世运，再歌全盛乐时康。无食坐怜家十口，怀仁愁对酒盈觞。谋生未及衡阳雁，万里秋风逐稻粮。

寄悦堂长老
江上归来无十日，山中好景忆题诗。当门新草生书带，把酒飞花落研池。造物漫怜穷鬼笑，交情却喜故人知。湘帘默坐垂垂雨，遥对西山慰所思。

答瞿惠夫
檇李别君惊五载，昨日来书寄一行。青山为客暮愁远，白发思亲秋梦长。天上凤池空月影，匣中龙剑自星光。穷愁话我诗名在，老病无家只异乡。

怀张心田
若人清事也无涯，客去谈诗到日斜。爱画龙眠好头角，凌霄不扫落来花。

袁　华

次韵奉答卢伯融见寄
东老书来未是贫，瘦生谁念苦吟身。云横马者山如战，月过阶前鹄似人。苏武流离终仕汉，扬雄寂寞却归新。冥鸿肃肃清霜重，独倚高秋落木津。

寄卢伯融
乘桴东下避风烟，矫首淮云思惘然。涨海涂泥皆树艺，授经子弟总才贤。青鸠紫蛤尝登馔，金橘红椒不论钱。白发满头俱老大，冶游花底忆当年。

浮家南北久离郡，知尔移家向海渍。白首一经能教子，黄茅千顷比封君。异乡花鸟皆春思，故国关山半夕曛。何日酒船还旧里，青山对榻坐观云。

倪瓒

赠别姚子章都事

不见高人十五年，相看两鬓各皤然。酒温莺语烦三请，椹熟桑筐已四眠。舞袖醉傲明月下，归心飞度白鸥前。练溪倘见韩征士，好示新图竹色娟。

徐贲

晚行南垞怀陈文度

离思满荒烟，行行只自怜。吟成流水次，望断远鸥边。叶恋经寒树，星催欲夜天。怀君无数里，浑似隔山川。

雨中过陈则宅

一径来东崦，茅堂映竹扉。莺声寒尚少，樵响午犹稀。苔雨漫棋局，萝风入桁衣。爱君能赏静，才到便忘归。

高启

送高明府之昆山

茂苑行春罢，携琴又向东。潮声数里外，山色半城中。帆带桃花雨，衣翻柳叶风。岛夷闻善政，为有舶船通。

答陈则见寄

何由慰远思，独咏寄来诗。行路方难日，清秋欲尽时。江多惊雁火，树少宿乌枝。早晚如相见，应怜有鬓丝。

陈则

初到昆山县庠寄金德琾秀才

常分君榻话中宵，今日俄成百里遥。两处相思同落日，一程归梦逐回潮。雪晴未与梅花断，春意先教柳色饶。自忝不才何补教，却来清庙得闻韶。

易　恒

樵海篇为秦文仲赋

有樵何好奇，不与众樵侣。樵海不樵山，樵也安所取。东有扶桑根，西有若木枝。生长雨露外，不受斤斧欺。谁能超溟涬，采为薪与蒸。置彼洪炉中，陶铸品物形。沧溟渺无际，讵云不可超。有时变桑田，几见尘埃漂。朝过龙女宅，暮宿鲛人馆。珊瑚间珠树，露下光纂纂。天吴与海若，睥睨不敢惜。过之樵不顾，何异爨下栎。逶迤度弱水，仿佛蓬莱室。至今采药者，犹是秦儿童。相将邀我去，缥缈白云际。空青石上生，瑶光杂如虪。挹我紫霞浆，侑以苍麟脯。问我人间世，如今几今古。今古樵不言，浩歌凌紫烟。笑指斧柯烂，柯烂知何年。归来问茅屋，只在东海隅。凿火煮白石，高卧哦诗书。采樵不在薪，煮石不疗饥。闭户唤不起，不怪傍人嗤。却笑朱买臣，老作会稽守。辛勤取富贵，如今竟何有。君为樵海人，我歌樵海篇。歌竟海月出，鹤语风冷然。

挽殷孝伯其弟往咸阳舁其枢归葬娄上

已矣殷文懿，由来德业优。士评先月旦，书法老春秋。醇酒心俱醉，明珠价莫酬。修文从地下，空忆旧风流。

慨彼斯人已，天胡不假年。还乡惟旅榇，载道有遗编。云断千山外，天低一雁前。难兄有难弟，大葬得归全。

怀袁子英修昆山志及韵书

汝易勤著述，闻说又移居。闭户修山志，开轩写韵书。迹疏苔径履，酒间雨窗蔬。故旧凋零尽，都成一梦如。

怀马公振

与子同门友，暌离久索居。干戈春辟地，灯火夜观书。不厌鱼虾侣，宁辞笋蕨蔬。白头老兄弟，空忆少年如。

殷　奎

怀卢公武

鹿城茅屋好风清，千首文章万古情。江外暮云寒不动，池头春草夜仍生。图经笔削权衡见，篆籀风流剑戟鸣。少小羡君为古学，而今高处到姬嬴。

谢应芳

寄公武卢舍人

投老鹤溪垂钓缗,遥怜凤沼掌丝纶。靴霜待漏朝会早,墨云染翰词头新。石麟自是天上物,金蕙散作人间春。尚须鼓吹振六籍,蹴踏班马追杨荀。

高　启

题林居图兼简卢公武

竹梧翳苔石,知是幽人居。林间鸟鸣后,亭空宾散馀。闻有卢鸿爱,长年留著书。

春日怀陈孝廉则

徂春易为感,复此栖孤寂。莺啼远林雨,怅望乡园隔。客舍换衣晨,僧斋听钟夕。知君思正纷,杂英共如积。

易　恒

怀朱季宁

季也何清慎,安贫久索居。求田将辟地,教子只收书。童稚留园叟,盘餐杂水蔬。通家已三世,知子莫吾如。

怀卢次农

睢州欣有子,曾向鹿城居。诗俊皆新语,家贫尚旧书。入馔有鱼鲙,留人惟草蔬。一门称孝友,薄俗竟何如。

怀吕克明

城南吕处士,水木绕幽居。药裹宁辞篚,萤囊尚照书。爱儿间礼数,好客惯肴蔬。自得贫中乐,长年只裕如。

次韵述怀

我家泗园里,长忆野人居。忍咏归田赋,愁看种树书。一樽陶令酒,三韭庾郎蔬。澹泊宁无趣,婆娑任所如。

茅屋可怜小,充然似广居。负暄听稗史,趁日写农书。邻妪分茶碗,山妻问酒蔬。老农惟食力,惭愧不吾如。

服食岂无补,谁如陶隐居。能修辟谷法,底用养生书。辛苦蜂房蜜,纵横鼠壤蔬。静中观物理,世事任纷如。

老去惭无补,衡门足可居。且偿诗酒债,空积子孙书。裹树怜霜橘,开渠利雨蔬。畦丁不着意,嗔尔亦其如。

地僻少行迹,真如世外居。栗留还解语,蝌蚪自成书。小摘迎春韭,深挑拨雪蔬。幽情聊自适,轩冕定何如。

余生甘寂寞,胡宁叹索居。每因风雨夕,愁检友朋书。菰米聊堪饭,蔓菁庶可蔬。头颅不胜栉,渐逼老僧如。

挽吴孟思 吴善篆隶,卒于昆山塔院。

学古得名谁与齐,白头南国尚栖栖。漆书已负成蝌蚪,石鼓空传出宝鸡。半夜旅魂山塔静,百年春梦海门低。湖山怪尔归何晚,直待花残杜宇啼。

怀旧游寄顾玉山余文仲陆良贵

野老龙钟白发新,陈情直欲到枫宸。娄东最是思何武,河内重闻借寇恂。华盖当头朝紫阙,青鞋随步踏红尘。钦惟圣主垂恩泽,早赐东还福我民。

偶桓

酬寄闻次安顾原鲁王孟阳顾长农四文学义易

老去江山已倦游,忆均空复感离愁。酒行玉斝应难共,诗寄蛮笺岂易酬。沧海鸥群千点雪,碧天雁字一行秋。尚怜白首成漂梗,身世浑如不系舟。

杨士奇

赋得汉阳送朱季宁湖广佥宪

大别山前爽气浮,吴王矶对庾公楼。江流东道从何日,汉水西来会此州。万里朝宗归一派,两城冠盖列诸侯。先声传报迎霜节,遥想澄清澈上游。

谢应芳

赠郭羲仲

霜骨棱棱七尺躯，昂然独鹤睨群雏。门前问字客携酒，舶上乞诗人送珠。山色隔帘云缥缈，梅花绕屋雪模糊。别来岁晚遥相忆，愁绝荒江□月孤。

张　泰

送叶吏侍先生西行边

德望文声月窟东，两朝嘉会识孤忠。天教今代有韩范，庙算西边无犬戎。乡里衣冠崇一老，乾坤清事先诸公。大车金铉收公去，白首无惭片玉峰。

秋官孙郎中谪戍铁岭有感而作

昔闻黄金多，坐见悔吝生。胡为当此际，俭者祸亦婴。署郎昆阳秀，早登科第名。玉壶置秋台，刬烦刃离硎。神知拒暮谒，公事恒朝竟。昨日九重恩，今辰千里行。出门试荷戈，羸马惨不鸣。妻子竟谁托，牵衣甫吞声。脱钗解弊襦，勉为饥渴营。江淮隔亲舍，日暮浮云征。玉关饶冰雪，铁岭愁旆旌。平生赤心肝，肯替白日倾。尚愿此白日，长照渭与泾。莫令黄河水，滔滔不敢清。

寄文量鼎仪

里闬交亲总不凡，年来离思可相谙。心情到底谁全好，贫病惟应我尚堪。宫漏惊心推夜枕，江花着意送春帆。君才久在狂夫上，国计须酬凤昔谈。

项方伯璁梅花卷

玉峰素卷三十尺，越客含毫写尽之。一树东西春足后，万枝高下雪残时。只看疏影孤香动，细睇清颜众色卑。花满江南未归去，诗成重起美人思。

送夏德乾御史

病来身与刺心违，乞得君恩故里归。乐地聊俱今去暇，明时肯得昨来非。郎官六考来白首，台宪此生馀绣衣。应讶临岐数公辈，为谁无恙谢彤闱。

李东阳

题归彦则遗训

太平时节遗民少，素节老人庭训存。九十六年生又死，二千馀指子还孙。极知弓冶传承地,犹是乾坤覆载恩。记取门前乔木在,晋槐燕桂不须论。

吴 宽

又

归君入我门,手中何所持。自云曾大父,晚岁有训词。读之心凛凛,宛与生同时。时当洪武初,立法张纲维。翁也长乡赋,死者皆等夷。避祸行万里,蹑险兼履危。一身孰为伴,妻妾负两儿。或犯盗贼狠,或遭狼虎饥。道中屡脱死,若有神所司。艰苦历三闰,恩宥溥见施。终然稳渡江,龟卜不我欺。本无处世意,乃有还乡期。痛定如熄艾,甘回忽含饴。行年数近百,孙曾弄而嬉。扶杖登春台,世道况熙熙。始知百年内,苦乐真相资。细书示孙曾,既长当知之。吾闻昆人语,此翁德能滋。所以少坎坷,福履绥期颐。馀泽久不竭,仕宦方自兹。为善必获报,翁也安能私。今人处平世,逸居可无为。

陆 钱

又

万里归来似隔生,风涛已定梦犹惊。身随落叶千山度,天遣孤根晚节荣。广柳车中还季布,孙嵩市里识祁卿。凭谁彩笔书遗行,留作儿孙座右铭。

王 鏊

题归彦则还家

逃难西南万里天,归来井里尚依然。宁知项脊桥边石,还阅人间九十年。

吴 宽

送吴考功德徵

溽暑宜多雨,南行又见君。开尊临积水,挂席带疏云。片玉昆山出,清风建业分。乡邦为别意,投赠愧无文。

陈潜夫

寄沈士怡

珠藏川媚玉山辉,蕴德无言世自知。须信实功归实效,好将良相比良医。春生董杏花千树,月满昆冈桂一枝。莫笑江湖相识晚,也堪追和活人诗。

易　恒

怀王友恒

近谢茗溪寺,归来问旧居。那知一见面,远胜数修书。薄薄故人酒,萧萧荒圃蔬。世情今日异,江月自如如。

昆山杂咏卷六 节烈

殷 奎

朱节妇昭勇大将军都水监朱虎妻茅氏

节妇当盛年,罹此家祸酷。逼迫恶少年,夫死身靡辱。朝论既旌[1]崇,国史复收录。守臣举坠典,持此厉末俗。

张 绅

李节妇名惠水德之妻

昆山之阳,有玉温兮。惠也如玉,不可焚兮。

昆山之阴,有石俨兮。惠也如石,不可转兮。

上有别鹤,巢于山松。鹤唳皎月,松号悲风。

上有孤鸾,栖于山柏。鸾翔闲云,柏老积雪。

松柏可摧,鸾鹤可伍。惟此玉石,勒名千古。昆山五章,章四句。

易 恒

李节妇

厥俗靡义是履,孝妇令女事有矣。陈子作传迟良史,海枯石烂妇不死。吁嗟乎,节妇李。

王达善

曹节妇唐仕则之妻

夫死西江外,妾居东海边。秋灯成独守,夜月不同圆。一室生涯澹,清风节操坚。信知天有报,家业赖儿传。

---

1 "旌",底本原作"精",据殷奎《强斋集》卷九改。

谢应芳

列妇歌有序

妇周氏,吴郡太仓人。至正丙申,其父以义兵元帅贪暴,将杀之,谋泄而举家被害。帅之子悦妇少艾,诱为妾,不从,痛骂而死。乡人义而哀之,为之构祠立碑。会稽杨公廉夫为文,且属江西陈季子索诗,以著其事。

陈君手持烈妇碑,劝我为作烈妇歌。人生自古孰无死,烈妇之死名不磨。本是东沧小家女,粉黛不施眉自妩。父怜母惜忍远离,纳婿于家半年许。阿耶从军气颇粗,欲杀不义奔京师。手持芒刀机不密,身落祸坑家乃屠。绣衣郎君元帅子,少年绝爱倾城美。愿言携手与同归,即免枭首尸诸市。郎君满屋惟黄金,安知难买烈妇心。耳边言逐飘风过,腹内怨含沧海深。骂声不绝郎君怒,马上挥刀斫头去。双鸾羞睹青铜镜,全家甘赴黄泉路。娟娟肌体娇如雪,烈烈肝肠坚似铁。一团冤血注娄江,至今流脉声呜咽。男儿读书峨冠巾,偷生或忍忘君亲。奴颜婢膝曳朱紫,得不愧此裙钗人。呜呼,得不愧此裙钗人!

沈 周

周节妇孝感

黄氏十九时,归周文璧氏。二年文璧丧,弱惟一女恃。有姑患痿痹,其状莫比拟。有肢如无筋,有骨如无髓。在床如空中,有身如蜕委。日夜但冥冥,仅有息存尔。闻听与触动,稍及即厥死。荐地方拟步,通问必附耳。艰难食溲次,不敢托诸婢。百药无一效,百累丛一己。黄氏心烦恼,昏昏不知处。东家优婆夷,怜悯为黄语。汝姑溺苦海,汝知故何以。愆业筑丘山,宿世所积累。须皈大势力,南海有大士。解难说真言,功德莫思议。但要深心持,日日要如是。一言一拜叩,亿又八千数。在佛虽有程,敬受无庸纪。功深果报应,何患患不起。黄氏闻是言,烦恼生欢喜。洁室便置像,恭敬为作礼。沐浴体投地,心观口娓娓。亦不知有终,亦不知有始。亦不知有寒,亦不知有暑。阅日千八百,历年数得五。俄梦见一姥,前黄行迤逦。心谓是现化,称名略不顾。极力欲追即,步步悬尺只。径入一区庐,阖户若相拒。款叩发号泣,其户划然启。菩萨示妙相,金光烁瞻睹。头上珠璎珞,晃晃复蕊蕊。莲目垂慈光,宣言启玉齿。黄氏前谛听,合掌作长跪,云汝依吾道,悉知悉见已。慈悲为我愿,岂无嘱付汝。修功加精进,九日一扶倚。七九扶以行,前及我处所。觉来汗淋淋,其言尚在耳。悟佛为众生,方便指门户。信心愈坚牢,额破吻俱腐。临日试小掖,筋骨觉可举。屡试屡无难,还能步移跬。彳亍诣像前,奠香致情旨。其炷从空跃,逾梁而直下。乃着于病人,正中顶囟里。其声若惊霆,其势若击杵。身心发震悚,百苦悉皆去。如风卷天云,不复留纤滓。如春活枯草,如冰化为水。亲党尽来观,赞叹世无此。姑谢新妇力,脱我出死簿。新妇答何功,菩萨威力故。此事闻其甥,王纶能视缕。韦虚气治痿,若或有仙技。黄氏孝治痿,专以诚为主。格物与布气,非诚莫相与。孝有致久旱,孝有致冰鲤。事本出非常,未可论常理。我特书其孝,勒谿用为砥。至今昆山人,大书播邑史。

序　后

　　《昆山杂咏》，秋堂王先生所汇集者也。先大父西园翁尝欲梓之以传后，往余在髫年，闻之窃喜，谓：阐华丛幽，甚有得古人心者。讵意大父忽以疾卒，业竟未就绪。呜呼，痛哉！恒思及兹，殊切怅悼，深有成先志之愿，然而未果也。

　　越庚子冬，秋堂子鸿羽持是书以示余，予遂勇为之梓焉。

　　时嘉靖辛丑春正月望日，后学孟绍曾谨识。

跋

鹿城固风雅之区也。往尝以试事一再至其地，而行夫匆卒，弗获一访古人遗迹，辄为慨息不置。

今秋，赵中翁先生携王秋堂所刻《昆山杂咏》见示，既卒业，不禁重有感焉。卷中所载元季诸君子，如杨廉夫、张伯雨、倪云林、袁子英、郭羲仲、顾阿瑛辈，明初则有高、徐诸公，中叶则又有白石翁、吴匏庵。若而人或流寓，或地著，虽不必同，然上下四百年间，而其芳名表著汗简，尚奕奕有生气，则无弗同也。谓非风雅而能若是，尔经生家，弃此道弗讲，固亦有其道。独是门外汉，目不辨黑白，辄侈然骍其贝锦，不亦大可轩渠尔。或以其妄庸而不足深辨也。

丙申中秋夜，酒酣耳热，书此以质赵先生。先生见之，当听然曰：真狂奴故态也已。
虞山后学陆梅南枝氏敬识。

昆山历代山水园林志

昆山杂咏二十八卷

〔明〕俞允文　辑

徐大军　整理

昆山杂咏二十八卷

明俞允文辑。俞允文（1513—1579），初名允执，字质甫，一字仲蔚，南直隶昆山人。好为诗歌、古文词。曾赴茗上诗社，王世贞折节与交。都穆将其诗列为"昆山三绝"之一。有《俞仲蔚集》。

《四库全书总目》云："宋嘉定中，龚昱尝辑《昆山杂咏》三卷、续集一卷。开禧中，知嘉定县事徐挺之曾刊之县斋。至明王纶，又集近代诗歌百篇，附益其后，已非旧本。允文复溯晋、唐以来得数百篇，增为二十八卷，仍因旧名而别分十六类。然三人所选，混而为一，非惟龚本之初集、续集不可复考，即孰为龚选，孰为王选，孰为允文所增，亦未可复辨。二家之书遂亡。体例殊为未善也。"此集所收吟咏昆山之诗，较前更为丰富齐备。又据所咏各诗内容，分为登眺、游览、题咏、时政、宴集、赠寄、怀思、酬答、闲适、祖饯、行旅、咏物、纪事、吊古、哀挽、伤悼十六类编排，便于阅读。

是集有明隆庆四年（1570）孟绍曾刻本，本次据此本点校整理。

昆山杂咏序

　　昔朱长文《吴郡图经》偏纪事迹，郑虎臣《吴都文粹》只采择赋颂、诗歌、杂文以备《图经》之缺，而龚立道则专录昆山历代名贤诗歌为《杂咏》三卷、《续编》一卷，以为一邑之书，而《续编》亡轶，不可复得。嘉靖中，王隐君纶尝集近代诗歌百篇，附益其后。孟光禄师鲁好古，留意典籍，又属余博访词林，捃摭谣俗，由晋、唐以来复得诗歌数百篇，勒成二十八卷，仍因旧名。或谓：立道唯取诗歌，而赋颂、杂文独非一邑之书？宜并录之，如郑氏可也。余以为不然。夫诗者，文章之蕴也。其言约而理冥，其音永而寄远。理冥则言丧，寄远则象遗。其为体也，博而要。其感人也，微而深。诗之时义弘矣。是故无功缺纪，盛德在人；独操不逢，贞姿未显。穷居送远，高会宣游。逆旅羁孤，谗冤谴逐。忠不可以尽言，恶不容以终掩。苟非六义之要，亦安能极其致邪？至于长林幽馆、秀领明湖、竹洞花坊、仙坛梵宇、农村渔市、古冢荒祠、平楚春烟、寒塘秋水，丹枫落而苍甸晚，白云起而青岚疏。景物依人，通灵激赏。怀才之士亦靡不触景兴文，缘情比事，于时遭时寓，感深浅不同，则有愁忧怡怅、怨慕怀思、淫义信谲、美刺之殊。而陈诗者咸于是乎取之，以观民风，察王化，示惩劝，端教本。古者，诸侯交接邻国，必称诗以喻志，是欲以微言相感而别其贤不肖，征盛衰也。故孔子之教弟子，屡称夫诗，矧有国者，其可一日而无诗乎？若它文之浩荡无统，非观风者所采，而立道之为是书不可少也。遂申其说，冠诸篇首。其于涉猎未广、采择未精，将复有俟夫来哲。

　　隆庆庚午秋九月，河间俞允文撰。

昆山杂咏卷第一　登眺

孟　郊

　　郊,字东野,武康人。为诗刻深喜奇。少隐嵩山,韩愈一见,推重之。元和中,登进士,调溧阳尉。稍迁,试大理评事。至阌乡,暴疾卒。韩愈、张籍辈私谥曰贞曜先生。初,父庭玢为昆山尉,郊随父来此作。

上　方

　　昨日到上方,片霞封石床。锡杖莓苔青,袈裟松柏香。晴磬无短韵,昼灯含永光。有时乞鹤还,来访逍遥场。

和

王安石

　　安石,字介甫,临川人。宋神宗时,以舒倅相水利到邑。时已深夜,秉烛登山,阅郊、祜诗,一夕和竟而去。

　　僧蹊蟠青苍,莓苔上秋床。露翰饥更清,风花远亦香。扫石出古色,洗松纳空光。久游不忍还,迫迮冠盖场。

林　邵

　　邵,字才中。崇宁初,以朝散大夫、卫尉卿为郡守,官至显谟阁直学士。

　　山僧庞眉苍,翻经坐禅床。层轩豁远目,静室便异香。微风仙籁响,过雨晴岚光。何须向庐阜,此即真道场。

傅　宏

　　修顶摩穹苍,云烟杂古床。僧饭钟声远,仙风桂子香。老桧有寒操,怪石多冷光。俯瞰城郭人,衮衮名利场。

蒋　瑎

　　瑎,字梦锡。

依崖架僧坊，微云冒经床。阔眺苍海潮，幽聆诸天香。远水泻空碧，层轩逗寒光。愿言寄暮齿，永诀声利场。

仲 并

并，字弥性，江都人。天禧初为邑令。好学强记，每读书一遍，即终身不忘。官至左朝散大夫。所著有《浮山集》，周必大为序。

奉陪舅丈秘书彦平主簿兄游慧聚终日小饮上方待月再历妙峰诸胜处用前人韵得二诗是日尝微雨作

凭高情不浅，尽日倚胡床。云散空山雨，风来古殿香。一川横晚照，重阁枕秋光。欲写无穷意，诗凡不擅场。

与仲弥性同作

李 衡

衡，字彦平，自江都徙昆山。少博学，为文操笔立就。绍兴中举进士，累迁监察御史，以直言出知婺州，所至号称循良。召直秘阁，上书引年，除秘阁修撰致仕。屏居圆明野墅，绝欲清修。年七十九终。

尽日用登陟，跰趺聊对床。岩空炫层碧，草细函幽香。吊古谩秋思，开樽已月光。随身有竿木，作戏且逢场。

范 偓

按：周益公《乾道南归录》，公时次常州，知晋陵县右通直郎范公武相候。云："公武，文正公之后，今岁有子登科。"龚明之《杂咏》云"范公偓"，"偓"盖公武名也。

散策欲薄暮，疏钟犹殷床。风烟函古趣，岩壑生幽香。仰首逼象纬，俯视眇川光。向来非突兀，几成虎豹场。

李 乘

乘，字德载，政和中为邑令。

千山贮云房，瓶钵安空床。野籁有真响，天葩无世香。巢鹳羽翎老，睡僧眉宇光。此外足忧喜，劳劳荣辱场。

高 启

启，字季迪，长洲人。至正间，张士诚开府平江，饶介为咨议参军，启年十六，或荐于介,介览启诗,惊异,以为上客。启不就,隐吴淞江青丘。洪武初,以荐与修《元史》,授翰林院编修官,教功臣子弟。一日,上召见启,擢启户部侍郎,以年少辞,因赐金放还。与太守魏观相知甚密,会观得罪,连坐死,年三十有九。启身长七尺,有文武才,于书无所不读。诗文精采奂发,号称名家。所著《缶鸣》《凫藻集》若干卷。

鸣钟警迷方,枯僧兀趺床。石姿生寒棱,松子落古香。殿锁山雨气,楼迎海曒光。遥望苍苍城,愁见车马场。

倪宗正

正德中为太仓州知州。

天垂练一方,点染入禅床。旧阁题新句,枯枝作古香。剑飞开石骨,镜侧露湖光。林麓还花草,空悲歌舞场。

黄 云

云,字应龙,昆山人。博学为古,诗歌有逸气,书法颜鲁公。以贡士为瑞州训导,当路大官皆待以殊礼。年七十二卒。有集若干卷行于时。

高居临下方,寻幽憩绳床。玉井汲泉洁,竹厨炊黍香。丹枫生野色,白鸟破江光。吴越兴亡处,俱为麋鹿场。

柴 奇

奇,字德美,昆山人。以进士为吏科给事中,累迁南京兆尹。有《黼庵集》十卷。

夜凉月一方,松影在僧床。古殿铃无语,名山玉有香。林崖疑渥赧,石室自生光。手持贝叶书,趺坐道人场。

李 浙

浙,江西丰城人。嘉靖中为苏州倅,被檄相水至昆山,留邑中数日,因登马鞍山。云王荆公亦以相水至邑登山,又同为江西人,事偶合。公登山时,尝和张、孟二诗,浙为感叹,乃追和焉。

登山行秉烛,对榻坐移床。峰顶交远色,泉心生古香。凉飙清夜气,明月迥秋光。于焉肃芳袗,放神憩兹场。

周 伦

伦,字伯明,昆山人。官至南京刑部尚书。工书,书法黄山谷、赵松雪。嘉靖中卒,赠太子少傅,谥康僖。有集若干卷。

苦厌逐迷方,幽栖云卧床。森森桂树阴,冉冉莲花香。曙霞动海色,晴鸟鸣山光。安得支许辈,问难临道场。

吴　瑞

瑞,字德徵,昆山人。登成化乙未进士,授南京吏部主事,以忧去。寻补工部主事,治徐洪水利有功,超授本司郎中,总督济南河道。以高邮湖波涛险恶,开复河四十馀里以避之,民甚称便。久之,以病免。家居杜门,与同县黄云、周恭及郡人沈周、祝允明、杨循吉、文徵明、唐寅、都穆倡和,一时制作,为群士所归。年七十六终。所著有《西溪》等集若干卷。

海日出东方,扶桑影在床。塔铃长舌语,僧宝法珠香。寺古金分界,山虚玉吐光。游踪吟事引,净境即诗场。

俞　璋

璋,字朝相,昆山人,分隶太仓。登正德辛未进士,授嘉兴推官,寻以忧去。补湖州,复以忧改泉州。能高行取,赴部议迁云南道御史。时有妒者格沮,遂出为南京大理评事,竟卒于官,年四十有一,闻者惜之。

古寺昼阴寂,绿萝覆绳床。天影下清霭,松音落空香。远树多暮色,幽泉有深光。持此积喧意,来访逍遥场。

蒋晞颜

上方玩月

明月自当千里共,如何独得占婵娟。只应飞阁侵天半,此外谁能近月边。

梁　贲

贲,字无饰。苏州倅。

古上方

偶穿谢履上层峦,一洗尘埃眼界宽。山色不随今古变,森严犹觉助郊寒。

陈省华

省华,字善则,阆中人。智辨有吏干。至道初,以祠部员外郎知苏州,赐金紫。遇水灾,省华复流民数千户,复为之掩骼,诏书褒美。官至左谏议大夫。

登上方

四望平川独一峰,峰前潇洒是莲宫。松声竹韵千年冷,水色山光万古同。客到每怜楼阁异,僧言因得鬼神功。县民遥喜行春至,鼓腹闲歌夕照中。

邵 彪

古上方

凌云细路险可遵,稍从飞锡攀嶙峋。乌巢崔嵬寄林莽,蚁穴细碎严君臣。展开楼阁一弹指,俯览世界千微尘。人间劫火变灭尽,此地独与湖山新。

范 周

周,字无外,仲淹从孙也。负才不羁,工诗词,能安贫自乐。尝为知州盛章赋《双莲》《元宵》等诗,皆见称于时。

题昆山绝顶

万叠青鸳压巨昆,四垂空阔水天分。夜光晴带三江月,春色阴藏百里云。桂子鹤惊空半落,天香僧出定中闻。不将此境凭张孟,三百年来属老文。

杨 备

备,天圣中为长溪令,忽梦作一诗,意甚异之。明道初,为华亭令,遂家吴中。官至郎中。有《姑苏百题》诗。

昆 丘

云里山光翠欲流,当时片玉转难求。卞和死后无人识,石腹包藏不采收。

滕继远

继远,字至道。

新晴可喜同吴斗南登塔院 塔院在马鞍山顶

一雨浃辰外,乍晴如酒醒。临溪照净绿,陟巘到高青。翠霭俯深樾,黄云迷远坰。超然泛尘表,风袂袭泠泠。

颜 发

发,字休文。

和山间壁上陈子忠诗二首

路转山根草木香,天容水色两茫茫。渔人风里数声笛,飞过芦花幽兴长。

风蒲水荇度清香,两两飞凫随渺茫。目送征帆掠波去,碧天无际暮云长。

题灵山壁

游尘野马晶晴光,僧舍无营日正长。看罢一枰天欲暮,不知何处起渔榔。

和陈尉嘉谋春日山行

公馀春日长,停午吏已退。山行步晴碧,松影踏鲜翠。杖移苔点穿,蜂抱花须坠。酒盏释春愁,楸枰醒昼睡。行乐须及时,谁能六经醉。

和盖谦老游马鞍山

青鞋来踏马鞍山,小径萦行便往还。眺望双明穷晻霭,登临终日得馀闲。冥搜直到风埃外,逸兴徐来笔研间。钱挂杖头堪一醉,归来随例带酡颜。

葛次仲

次仲,字亚卿。

马鞍山寺集句

全吴临巨溟,皮日休。青山天一隅。李颀。静境林麓好,陆龟蒙。胜概凌方壶。李白。泓泓野泉洁,韦应物。暖暖烟谷虚。韦应物。攀云造禅扃,韦应物。跻险筑幽居。谢灵运。道人刺猛虎,李白。复来剃榛芜。杜甫。咄嗟檀施开,杜甫。以有此屋庐。韩愈。侧叠万古石,李白。功就岂斯须。贾岛。碌砢成广殿,陆龟蒙。鬼工不可图。皮日休。有穷者孟郊,韩愈。过此亦踟蹰。孟郊。赋诗留岩屏,李白。词律响琼琚。钱起。我访岑寂境,陆龟蒙。幸与高士居。韦应物。时升翠微上,李白。凉阁对红蕖。韦应物。岸帻偃东斋,韦应物。果药杂芬敷。韦应物。上方风景清,白居易。华敞绰有馀。白居易。高窗瞰远郊,韦应物。万窦明晴初。齐己。赏爱未能去,韦应物。赪霞照桑榆。宋孝武。老僧道机熟,柳宗元。闲持贝叶书。柳宗元。秉心识本源,杜甫。高谈出有无。李白。茗酌待幽客,李白。顿令烦抱舒。韦应物。儒道虽异门,孟浩然。意合不为殊。李白。抖擞垢秽衣,白居易。惟有摩尼珠。杜甫。馀生愿休止,贾岛。投策谢归涂。钱起。

孙 寔

玉峰秋望

片玉峰高翠欲流,更穷绝顶望神州。天开西北风云合,地坼东南日月浮。灌木水村乌乱下,长林楼观凤曾游。于今风物非畴昔,万井烟花碧海头。

徐　贲

　　贲,字幼文,吴郡人,徙毗陵,元末复徙吴齐门。工诗,与同郡高启、杨孟载,浔阳张来仪齐名,尤善画山水。张士诚开阃,强起不就,与来仪去。隐吴兴,来仪居菁山,贲居蜀山。洪武中,以荐入,奉使秦、冀,授给事中,累迁至河南布政。时大师征洮岷,道经河南,以贲犒劳不时,下狱死。有《北郭集》十卷。

登马鞍山

　　故旧相违西复东,登临偶得此时同。钟声响落松阴外,帆影来从海气中。山鬼洞寒销劫火,石僧龛古闭香风。可怜节届重阳近,斜日秋明万叶红。

昆山杂咏卷第二　登眺

杨维祯

维祯，字廉夫，诸暨人。举李黼榜进士。元亡不仕，寓居华亭。博览经传，诗文奇丽，一时名士皆推重之。仕至江西儒学提举。

马鞍山诗此即僧应所请诗

大风吹落日，人立玉峰头。禅将风虎伏，鬼运石羊愁。地平山北顾，天断海东流。飙车在何处，我欲过瀛洲。

游昆山联句诗并序

至正八年春二月十有九日，昆山顾仲瑛以书来，招致余明日抵顾君所。又明日，命百华舫集宾客，自余而次凡六人。朝发自界溪，出信义浦，过九里庵，转金溪，午泊舟驸马桥下，换舆骑，入慧聚寺。寺主僧然叟出肃客，上神运殿，见石甃壁，其工出天，然云："此向禅师开山时，鬼工所运也。"遂登玉峰。峰首印脊凹，状类马鞍，故俗名"马鞍"。其印之石幢然立，与双苏涂相角者，又号"文笔峰"云。东见沧海，瀳瀳无岸，水与天相涵，北海树中，见孤屿隐起苍苍，然云："此虞山也，泰伯之仲所居，故名。"已而，大风动石声如大波涛，衣帽掀舞，猝然不可立。然领客憩翠微阁，呼山丁作茗供，观向师虎化石。下山，读唐孟郊、张祐，宋王安石诗于东壁。然作合掌礼，云："地由玉峰胜，玉峰又因人而胜，自孟、张、王诗后，绝响久矣，愿吾子有继焉。"余诺之。西庑僧应又招憩来青阁，盛出佳楮墨求诗。余遂书《玉峰诗》，诸客各和诗。又复联句，用"江"字窄韵，推余首倡，诸客，以次分韵。余又叠尾韵，成若干句毕。顾君请序，且将刻石壁左方。昔王逸少登乌山，顾诸客，语曰："百年后，安知王逸少与诸卿至此乎？"吁！此羊叔氏岘山之感也。今吾五六人，俯仰之馀，倘无纪述，百年后，又安知玉峰之游有吾五六人也？遂叙。客曰京兆姚文奂、淮海张渥、吴兴郑韶、匡庐于立，余会稽杨维祯也。

二月二十日，楼船下娄江。破浪击长舻，杨维祯。惊飙簸高扛。海峰摇古色，姚子章。石树鸣悲腔。蹑蹬展齿齿，张叔厚。登堂鼓逢逢。地险立孤柱，郑九成。天垂开八窗。乌升海光浴，于彦成。鸢骞风力降。番赋夹闽贾，顾仲瑛。越谣杂吴哤。仙樵椎结宰，姚。胡佛凹眉厐。婆律喷狮鼎，杨。琉璃照龙钒。曾轩坐叠浪，郑。落笔飞流淙。爱此韫玉石，岂曰取火矼。文脉贯琬琰，顾。密韵含罌缸。驱羊欲成万，杨。种璧得无双。多今文章伯，张。萃此礼义邦。龙驹幸识陆，姚。凤雏亦知庞。翠笭掉文舌，顾。茜衲折慢幢。敏思抽连茧，雄心斗孤钑。句神跃冶剑，才捷下水舣。磬声重寡和，鼎力轻群扛。昆渠诗已就，谁诮陇头泷。杨。

郭　翼

翼，字羲仲，昆山人。少从卫培学，工诗，尤精于《易》。性寡合，号野翁。以训导终。会稽杨维祯为之传。所著有《林外野言》。

登文笔峰

借得登山灵运屐，乾坤眺望倚巉岏。上方日落楼台碧，积雨春深草木寒。战马中原连万国，风樯巨海隔三韩。寥寥宇宙怀今古，堕泪之碑几度看。

昆山秋望

登山真拟登庐阜，海上小山心未降。万里神京瞻魏阙，百年身事寄娄江。巨灵势擘青莲掌，蓬岛光连玉女窗。绝顶下临台殿碧，荒城烟草极吴邦。

凤凰石

天星坠为凤，叠浪耀灵景。独立白玉冈，如在赤霄顶。硙礧丹穴开，傍薄翠螺并。浑浑玉在璞，庚庚金出矿。宁支织女机，孰作补天饼。屃赑若负力，拥肿或病瘿。蜀图雄八阵，周象重九鼎。鲸骇昆明池，莲表泰华井。来仪欲巢阁，览德久延颈。架海功莫神，沉郢恐未醒。山花杂五色，祥云覆千顷。金鹊徒为滞，雨燕漫飞影。铁崖铁作心，吐句何奇警。寄语山中人，诗法当造请。

袁　华

华，字子英，号耕学。性颖悟，读书一二过，辄记诵不遗，该洽莫比。工诗，为杨维祯所推重。洪武初，授郡学训导。以子被罪逮系，卒于京师。

陪赵仲光顾仲瑛游昆山

林壑秋高绝点埃，画船载酒对山开。霜明远浦兼葭老，木落空江鸿雁来。魏国王孙多丽藻，华阳真逸有仙才。翠微阁下经行处，重为题诗拂紫苔。

易　恒

恒，字久成，昆山泗滨人。祖莲峰先生，为宋进士，有风格。恒能澡励，循其家范。

家贫,日不自给,然视声利泊如也。所居有泗园,自号泗园叟。

清明约友游昆山二十四韵

是日期而至者五人,不期而至者一人,期而不至者二人:袁校书子英、余道士复初。实洪武十五年壬戌闰二月十六日。

老逢节序感流年,聊复追游愧昔贤。政以渐当修禊日,也宜仍咏舞雩天。人时并值良难继,童冠相随亦足怜。耐可襟怀重吊古,何烦羽翼远游仙。寺因效祐称题胜,境出关荆点染玄。尘世流光嗟百五,浮图幻界诧三千。海门翠割蓬莱股,地轴苍擎太华颠。危石堕云争一发,瘦筇削玉过双肩。行厨傍午开僧阁,啼鸟留春近客筵。载酒觥陋犹问字,挂巾萧散类逃禅。寓形宇宙何今昔,知己朋游孰后先。道士步虚辞折简,校书写韵摭遗编。采芳未许芝同茹,结佩空期璧共连。谷应雄谈惊鹤梦,潭惊长啸起龙眠。青山若与斯文契,白日宁于我辈延。造次雪盈明镜里,等闲霞散落花前。巨灵忽负鳌头蠹,旧鬼潜悲马鬣迁。碑蚀文章苔浸渍,偶迷翁仲草芊绵。乌鸢蝼蚁俱成累,钟鼎山林各自便。万井村墟空杼柚,半楼风月尚秋千。杂英疏薄无多好,新柳纤柔有底妍。略见愁随身外遣,谩凭句就醉中联。乘时物色从教在,即事风光岂偶然。蹑屐归来清不寐,筠窗细写白云篇。

吕　诚

诚,字敬夫,昆山人。博贯经史,工诗。所居园圃有山林之致。邑令屡聘不就,卒老于乡。

洪武庚申夏四月登玉山顶时雅上人适迁华藏于塔院历览终日而返是夕宿友人家灯前闻雨援笔有赋

晓出城西门,荡漾官河艇。朝光散晴旭,露气拥高迥。潮上洲渚没,棹发六飞骋。前岑献奇状,心目快引领。青山如故人,登陟在俄顷。嗟哉二三子,怜我足力逞。舍舟入苍翠,一径林木静。阴薜护危栈,古藤落智井。映带列桧杉,青黄熟梅杏。古师安禅处,神物伏精猛。山灵诡异工,幻迹一扫屏。孤塔劫灰馀,傲兀立峰顶。后岩古华藏,稍复毗卢境。泛观盛衰际,何物得修永?道人出迎客,一笑具羞茗。清谈竟终日,毛骨洒然冷。群鸟亦知还,微阳下西岭。遄归弗成寐,张灯酌南罂。急雨何方来,清声杂蛙黾。鄙言讵成章,聊假管城颖。

余　炜

炜,字茂本,昆山人。师事殷奎、陈潜夫,受《春秋》。洪武初,试补太学生,授承教郎。累迁通政司参议、吏部尚书。

游马鞍山

两春不到翠微寺,载酒重过竹里楼。四海共趋龙虎地,百年今见凤麟洲。天声□隐江声小,日气遥连海气浮。文笔峰头望南北,五云深处是神州。

顾 辉

辉,字仲瑛,昆山人。性轻财结客,豪宕自喜。年三十,始折节读书,才情敏赡。虽笑语,辄成篇章。一时名公,若柯九思、张翥、李孝光、于彦成、琦元璞、杨维桢、张羽皆主其家。其书画、彝鼎、秘玩与饫馆、声妓、园池、亭榭之盛,甲于天下。元至大间,再辟不就。张士诚入吴,遂隐居嘉兴合溪。后以子元臣恩封钱塘县男。持母丧,读释氏书,祝发,自称金粟道人。洪武初,随其子迁临濠,卒。

次琦龙门游马鞍山

马鞍之山幽且佳,回岩叠嶂多僧家。鸡唱推窗看晓日,海色烂烂开红霞。人言兹山出美玉,一草一木皆英华。石头崭岩踞猛虎,藤蔓荦确缠长蛇。我昔春游春日斜,山僧携酒邀相遮。仙乐云中降窈窕,天风松下吹袈裟。简师石室憩潇洒,一篱五色蔷薇花。夜吹铁笛广公院,联诗石鼎烹新茶。君今好奇良可夸,蹑云着屐追麋麚。诗成大字写绝壁,山灵卫护行人嗟。归来自驾白牛车,徐州九点元非遐。下方盗贼聚如蚁,视之不啻恒河沙。

释自恢

马鞍山

马鞍山西勾吴东,山中佳气长郁葱。层峦起伏积空翠,芙蓉削出青天中。六丁夜半石垒壁,殿阁煌煌绚金碧。向师燕坐讲大乘,虎来问法作人立。天花散雨娑罗树,一声共命云深处。我时细读孟郊诗,兴来更上龙洲墓。忆昔曾同忠信友,七尺枯藤长在手。数年音问随茫然,顿觉饥怀醉如酒。嗟彼习俗酣欢娱,锦鞯细马红氍毹。画船吹箫挝大鼓,吴儿棹歌越女歈。只今歌乐难再得,面颜已带风尘色。何如张宴溪上楼,山光倒浸湖光白。我爱虎头金粟子,十载论交淡如水。每怀故旧参与商,二老到门惊复喜。我留玉山今即归,天风泠泠吹客衣。人生会合如梦寐,焉能对酒成吁嚱。我歌长歌若起舞,山川信美非吾土。褰裳涉涧采昌阳,且向山中作重午。

易 恒

题昆山顶新迁华藏寺

兹山奠海堧,高处宅金仙。历劫浮图耸,经时古寺迁。烟霞通一径,楼阁近诸天。

翠积祇园树,苍擎华岳莲。巨鳌当胜地,孤鹭起平川。玉气阴晴见,镫光昼夜传。空花皆是幻,水月不离禅。暮景飞蓬逝,馀光落日悬。独寻方外友,已断世间缘。坐久谈玄理,松风落麈前。

龚诩

登马鞍山寺律师留题

已过重阳尚属秋,黄花不减旧清幽。高情正借新诗发,佳景还凭美酝酬。俗士谩为生死计,达人谁问古今愁。殷勤老衲能知我,添酒频频为苦留。

陈植

留题玉峰山寺庚西上人房

云根苔磴滑,崖口碧萝垂。苍壁压书几,青山落研池。三生知业白,万劫堕尘缁。重约月明夜,扪松共说诗。

项髦

登昆山

马鞍双角插天西,晴日层崖喜一跻。玉气暖蒸仙掌湿,天光青映岳莲迷。灰飞龙柱悲神画,尘锁经楼失御题。北郭水田登览遍,有谁造酒祝豚蹄。

夏原吉

原吉,字维哲,湘阴人。洪武中,以乡荐入太学,授户部主事。累迁本部尚书。永乐初,诏令往治两浙水利,能身先劳苦,兵民数万人皆乐趋。又奏发粟三十万石,赈赡饥民。其德量名迹,咸比之韩魏公。卒,赠太师,谥忠靖。

登玉峰

昆阜遥看小一拳,登临浑欲接青天。神钟二陆人材秀,气压三吴地位偏。檐溜下通僧舍井,林霏近杂市廛烟。几时重着游山屐,来访当年种玉仙。

伐尽长松无好树,山中景物倍萧然。黄花禁雨荒篱下,白雁将寒到客边。列国此时求骏马,五湖何处觅归船。懒残自是逃禅者,独爱看云白昼眠。

片玉峰高翠欲流,更穷绝顶望神洲。天开西北风云合,地坼东南日月浮。灌木水村乌乱下,长林楼观凤曾游。于今风物非畴昔,万井烟花碧海头。

游昆山

久跂玉山岑,于今始登历。风暖青欲深,雨晴日未夕。逍遥释子宫,盘礴老家室。鸟鸣发吟情,花飞表行迹。息阴林间松,玩古岸下石。莹然临清池,鉴心正寂寂。

沈以潜

名玄,字以潜,以字行。其先汴人,徙吴中。精医药方,兼工诗,善鼓琴。宣德初,征入为医士。时院判蒋用文病且死,以以潜上,擢为御医。入对称旨,嘉用文能知人。

嵯峨千仞蓦凌空,沧海西来茂苑东。势转江流三里外,翠分岚影半城中。岩前有洞仙家近,溪口无花钓艇通。闻说幽人茅屋底,卷帘相对咏无穷。

龚诩

诩,字大章,昆山人。父訾,洪武初为给事中,谪死。诩少依母族,冒姓王氏,既长,隐居读书不辍。尚书周忱屡至其家咨访时政,两荐淞江、太仓教授,不就。有田三十亩,力耕自给。晚岁,独与一老婢居破庐中,种豆植麻,歌咏自适。卒年八十馀,门人私谥曰安节先生。

与王忠孟登玉峰共饮春风亭

山水千重复万重,少年相别老相逢。春风亭下一杯酒,山色不如人意浓。忠孟,余少年嬉游伴也。南北离阔五十馀年,今始遇焉。

吴宽

宽,字原博,长洲人。自少笃学有声。数试不利,卒业太学。再举,始得解。成化壬辰廷试第一,授翰林院修撰。累官至侍讲学士,入内阁,迁礼部尚书,卒赠太子太保,谥文定。以文章德行负天下之望者几三十年。所著有《匏庵集》若干卷。

登昆山

昆冈玉石未俱焚,古树危藤带白云。小洞烟霞藏木客,下方箫鼓赛山君。千家比屋黄茅盖,百里行人白路分。更上双峰最高处,沧溟东去渺斜曛。

虞臣

臣,字元凯,昆山人。以进士历官兵部主事、员外郎、郎中,四川参议,卒。

游马鞍山

翠烟芳草路通幽,几度看花醉里游。林鸟不鸣山更好,野峰无主水空流。春风亭畔闲歌舞,文笔峰前纪倡酬。踏遍青青寻古寺,老僧珍重煮茶留。

吴　瑞

登马鞍山

云阁供僧茗，春亭醉客觞。水浮湖海白，山带古今苍。封壤兼吴楚，衣冠接汉唐。年华日衰谢，登眺自心忙。

同杨大尹名父游马鞍山

面面芙蓉雪后开，阳和先在小蓬莱。名父名玉山为小蓬莱。松含古色陪僧老，梅带春香待客来。白璧昔人留翰墨，碧云今日见楼台。吾侪雅重登高赋，敏捷谁如茂宰材？

登马鞍山用桑鹤溪韵

海上金鳌系马登，倚天楼阁势亭亭。拨开廖廓风云翳，笑入虚空紫翠层。老去香山宜混俗，归来栗里厌长醒。彩霓横跨方蓬顶，引得鸾笙满户庭。

薛　据

据，荆南人。唐时，官至太子司议郎。

登秦望山

山在县南三十里千墩浦，高可二丈许，南带海上。《舆地志》云：秦始皇尝登，因名焉。一名秦柱。又会稽秦望山甚高峻，始皇东游，登此以望祭诸山。今据诗所赋，疑于此作。今郡志载之，故复录云。

南登秦望山，目极大海空。朝阳半荡浴，晃朗[1]天水红。溪壑争喷薄，江湖递交通。而多渔商客，不悟岁月穷。振缗迎早潮，弭棹候远风。余本萍泛者，乘流任西东。茫茫天际帆，栖泊何时同。将寻会稽迹，从此访任公。

1　"朗"，底本原缺，据《全唐诗》补。

昆山杂咏卷第三　游览

张　祜

祜，字承吉，号钓鳌叟，南阳人，寓居苏州。有诗名。令狐楚镇天平，表祜诗三百篇以献，为元稹所抑，而李绅、杜牧特礼敬。祜后知南海，载罗浮石笋而还。祜尤长于宫词，掖庭多讽咏之。大中中，卒丹阳。

慧聚寺

寺在山下，梁天监中吴兴僧慧向建。初，向至山中，坐一石室，思欲建寺。忽有神人见前，愿助千工。至夜，风雷暴作，有喑呜之声。迟明而殿基成，巨石皆矗然平直，非人功所能。事闻，武帝因命建寺，赐今额，敕张僧繇画龙殿柱。唐大中初，刺史韦奏复本寺，建楞伽上方大悲堂。其登临胜处有亭榭轩阁叠构回环，凡九十馀所，几三千楹，不可尽纪。宋淳熙中，遭雷火，寺毁。旧有杨惠之塑天王像、李后主书额及题咏碑刻，尽毁，止存山王殿。端平、至正间，再毁。洪武中，僧昙垂重建，今复废。按《高僧传》：释常达居常熟破山，宣宗重兴精舍，太守韦曙加力。今刺史韦疑即其人也。

宝殿依山险，凌虚势欲吞。画檐齐木末，香砌压云根。远景窗中岫，孤烟竹里村。凭高聊一望，归思隔吴门。

和

王安石

峰岭互出没，江湖相吞吐。园林浮海角，台殿拥山根。百里见渔艇，万家藏水村。地偏来客少，幽兴只桑门。

林　邵

山中多白云，云气归如吞。目无尘埃污，耳足清净根。僧归踏层径，鸟还迷孤村。来过人迹少，无客扫松门。

傅　宏

远望阳城湖，八九云梦吞。白云宿殿罅，青藓埋松根。樵笛林间路，渔歌寺外村。

避喧嗜飞阁,未若叩禅门。

蒋 瑎

野旷吴天杳,江浮楚梦吞。桂香飘露叶,松石兀霜根。碧荠他州树,黄芦何处村。世尘飞不到,清磬落空门。

仲 并

迎宵山吐月,不受寸云吞。看影筛林杪,移樽藉石根。参差明梵刹,一二数烟村。高处僧眠未,携笻试打门。

李 衡

天面无纤霭,平川灏气吞。支笻临阁道,拂石憩云根。柳映山前路,烟摇水北村。醉归风满袖,斜月在蓬门。

范公武

飞阁临无地,巨区平可吞。高岩耸怪石,老木缠云根。人散鱼虾市,帆归菱苇村。每来豁尘虑,不妨频款门。

李 乘

一寺皆楼殿,虽雄向此吞。云霞终日影,桧柏几年根。槛俯水烟国,磬传鸡犬村。倚窗翻贝叶,宴寂属空门。

高 启

烟敛城初出,潮来野欲吞。危樵缘磴角,倦衲憩松根。刹表藏林寺,钟闻隔岸村。画龙飞去久,空掩殿堂门。

倪宗正

玉峰楼阁迥,湖海半山吞。落日在松顶,悬泉到竹根。崖危风送雨,野旷水浮村。偶得神仙侣,同游碧玉门。

黄 云

胡然出孤秀,长为云雾吞。自养木石寿,谁培日月根?人烟近市县,鸡犬成山村。

清赏得心会,悟入金仙门。

柴 奇

入山看白云,云气四时吞。竹密妨泉窦,岩欹出树根。渔舟还泛泛,茅屋自村村。长日蒲团坐,清风为款门。

李 浙

一望平湖淼,狂来渴欲吞。羽觞飞月下,岸帻坐松根。萤火斜穿树,砧声近出村。徘徊此良夜,不忍别山门。

周 伦

露寒松鹤起,天霁洞云吞。听法空成梦,观心涤意根。清斋罢钟磬,远瞩尽城村。地僻稀来客,日高僧闭门。

吴 瑞

绝顶高开寺,楼台互吐吞。峰尖疑卓笔,潮汹恐浮根。扰扰城中寺,层层水面村。倚阑瞻北极,云路接天门。

俞 璋

日出照元气,泱漭湖海吞。蒙蒙松萝顶,杳杳烟雾根。独鸟鸣绝壁,霁钟延远村。逶迤青莲宫,白云初出门。

张方平

方平,字安道,扬州人。景祐中为昆山令。时吴越归国未久,豪占民田者,积讼不决,方平至,悉廉得之。又著《刍荛论》,知州蒋堂上之朝,拜参知政事。官至太子太保致仕,谥文定。

慧聚寺东亭

夜色秋光共沉寥,水村篱落晚烟交。挂筇回就下山路,行看斜阳倚树梢。

奚商衡

商衡,字元美。

慧聚上方

小桥官树绿无央,袖手东风日正长。料理只今谁到我,只宜煎茗坐僧房。

李　堪

堪,字明之。《吴郡志》:堪为长洲令。二诗,《吴都文粹》云朱明之撰。

慧聚寺

离常熟至昆山,泊慧聚寺,而诗情犹壮,复为二章,附于五题。盖山鸡自爱其尾,亦欲以多为贵也。

古寺有远名,欲游先梦生。飞猿涧底啸,灵鸟云间鸣。影密楼台众,香繁草树荣。何年照佛火,灿灿长光明。

石林高月生,薜阁疏磬鸣。宿鸟梦难就,定僧魂更清。香风动花影,岩瀑飞玉声。遥夜坐来短,但馀天外晴。

慧聚寺

驻锡栖云石室中,楼台一片画屏风。禅师道德知多少,不尔山神肯助工。

胡　峄

峄,字仲达,资禀懿淳,恬于荣利。建炎初,调安远尉,非其好也。所居有五柳园,号如村老人,自放终其身。所著《如村稿》二十卷。

同仲南弟游慧聚寺

政欲相携紫翠间,不堪风雨径催还。何时更上月华阁,细认真山是假山。山上下前后皆择胜为僧舍,云窗雾阁间见层出,不可形容绘画。吴人谓:昆山真山似假山。

赵彦端

雪后饮水慧聚寺

雪后山更佳,冷松及修竹。茫然枝上乌,伴我梦亦熟。阴崖得寒乳,夜半胜酒绿。惜无同心人,共此一杯玉。

杨则之

则之,字彝老,外冈人。尝学诗于西湖顺老,学禅于大觉琏禅师。有《禅外》《玄谈参同契》。

游慧聚寺

压云开半殿,宝炬曜金幢。峭峻山无对,玲珑寺不双。钟声清恋坞,林影冷摇窗。老愧诗魔在,登临讵易降。

蔡 准

慧聚寺

雪晴山色一重重,因暇寻幽访古纵。神叠石基成宝殿,柱图灵品感真龙。僧居渐远林间地,客枕曾闻月下钟。会得登临便无事,门前流水照青松。

叶 椿

椿,字大年。

次韵王仲翔同游山寺

偶穿谢屐邀东阳,踏破烟霞到上方。远水波平缣素展,遥山雪尽画图张。旋生蕙叶沿幽涧,未有花枝出矮墙。冉冉翠眉舒弱柳,盈盈青眼缀条桑。云庵共访霜眉老,瓦鼎初然柏子香。书史满前真脱洒,轩窗无处不清凉。南枝玉蕾标容瘦,北苑云凝气味长。涤砚探题皆白昼,调琴奏曲尽清商。三分春色行将半,一月生人笑不常。莫羡蒿藜承雨露,自矜松柏耐冰霜。利途波浪从教险,人世荣枯未可量。且趁良辰恣行乐,时来衡陋自生光。

郏 乔

乔,字子高,一字乔年,太仓人。颇负才智,为王安石所器许。自幼成《警悟集》。

素琴堂

素琴之堂虚且清,素琴之韵沦杳冥。神闲意定默自鸣,宫商不动谁与听。堂中道人骨不俗,貌胜形端颜莹玉。我尝见之醒心目,宁必丝桐弦断续。呜呼!靖节已死不复闻,成亏相半疑昭文。阮手钟耳相吐吞,素琴之道讵可论。道人道人听我语,纷纷世俗谁师古。金徽玉轸方步武,虚堂榜名无自苦。

张景修

景修,字敏叔,常州人。治平间进士。寓居吴中,邑子朱天锡以神童应诏,景修作诗送之。天锡忘取,本州公据因上景修所送诗为据,神宗一见称赏,趣令应对。比后,景修每入对,上必问朱子诗,以此诗名益著。官至祠部郎中卒。

压云轩

白云元未高,香砌等林梢。侧脚随山径,低头认鹤巢。客清茶破睡,僧瘦笋供庖。诗句非吾祖,何人继孟郊。此诗一云陈省华作。

和

冲 邈

冲邈,翠微庵主僧也。平生好为诗,所著有《翠微集》。年八十八终。

础润藏云族,檐虚压树梢。经常逢夜讲,斋不过中庖。有井龙应蛰,无泥燕不巢。登临增野兴,四顾尽寒郊。

朱 毂

行行身渐高,长袖掠花梢。一线道紫鸟,千年居等巢。地严金衬步,天近玉分庖。抚掌栖松鹤,惊飞雪点郊。

昆山杂咏卷第四　游览

李　乘

慧聚杂题并序

　　仆淮西鄙人，遭逢圣时，自乏才智，运奇鬻巧，少露头角，以干青霄强缩铜章。为苟禄计，于此地。且仆老矣，平生荣愿久矣灰心，尚所好乐者，石一拳、竹数竿，即眼明矣。乃得慧聚，峰峦奋峻，林木回环，亭阁楼殿，萦山照水。残霞驳云，一合时分；菊溪兰畹，一花时秀。虽无清流激湍、渔梁钓台，间或曲池小沼、蒲荷菱藻，粗足风月，是亦濠濮间之趣耳，何其幸耶！诸僧房九十馀所，不能遍游，于所尝到者往往有诗，今谨寄录，凡得二十篇，谩呈诸好事者。乘初游慧聚，到翠屏轩，上月华，转上方及翠微阁，日已晚矣，不容他访，乃归。

　　两月寓昆山，耳目厌烦闹。饮啄落樊中，多颦少嬉笑。岁节簿书稀，慧聚富清峭。愿偷一日闲，进步访殊调。石台出神功，殿宇自梁诏。胜境布高低，虽艰亦容造。平阁翠屏轩，苍然插峰峤。满眼岁寒物，将迎若盟要。新阁亦虚明，隐显入凭眺。乾坤指顾间，孙登亦长啸。迤逦上月华，老碧倚烟奥。夜半谁有力，负鳌簇嵩少。层层转上方，冰岩隐诸妙。嵌空本自然，不凿混沌窍。方寸有泓泉，清澈宛秦照。几次菖蒲风，为解众生躁。别有古道场，数级下移趠。石佛梦中来，天手造容貌。后唐时，寺僧绍明居半山弥勒阁。一夕，梦神人曰："檐前古桐下有石天王像与铜钟，师宜知之。"诘旦，掘地，果获此二物，形制极古。前辈尝有诗云："一旦石像欲发见，先垂景梦鸣高冈。"于此稍盘桓，平昔恨难到。欲掷下山笻，尽作雾中豹。奈何苟禄身，未得从吾好。他日龙眠山，相期有耕钓。

压云轩依张朝奉韵堂、阁、斋、轩并在山中，今俱毁。

　　路峻山穷顶，岩低木露梢。半天修日观，一室分枝巢。帆去归渔市，钟来报寺庖。世间荣悴事，寒暑转烟郊。

又依朱秀才韵

　　金阙山头辟一轩，轩间身世两超然。阶临霭霭张公市，檐接青青广乐天。风聒近林容虎啸，雨腥低洞有龙眠。坐看起处分明甚，不羡王维到水边。

翠微庵向太师投锡之地,今有石像。

胜境增添岂偶然,已前无屋事金仙。巨灵擘到三千丈,向老基来八百年。远远别山来白足,重重峻宇出青莲。端严石像庵犹在,若个寻庵复坐禅。

灵山讲堂

佛度亿万众,山是说经所。今人说猊坐,亦作潮音主。何必诸比丘,曾见五花雨。面壁无说人,家风自一祖。

月华阁

依稀瑶径通云隙,藓石模糊数千尺。昂者如飞俯者驰,叠叠寒空翠光滴。影高中逗日月辉,阴砌草灵人不识。王屋壶中体浅深,来者增添爱山僻。有人隐几每忘饥,姓名自愧樊中客。结庐纵拟续琴歌,却忆猿惊旧山侧。

东　斋僧道川驻锡于此

峭绝山根野水傍,栏干瞰水有山房。鱼藏似识秋风冷,僧睡那知世路忙。金磬一声清恋竹,石矶数级碧皱霜。耻礨未忍轻归去,班嗣垂纶此兴长。

又依向主簿韵

鹭飞万顷碧光中,楚楚缁庐枕水穷。事外有缘三径邃,眼前无碍九霄通。转山僧过笻携雨,载月渔归席挂风。一切世间虚幻事,隔堤请看数枝红。

岩阴堂

寒帘高悬绝点埃,贮藏秋色枕山隈。僧眠石室衣生雾,客步莎庭迹印苔。占竹鸳雏容得老,采花蜂蝶未教来。澄怀观道如痴者,兀坐忘归忽自咍。

慧照堂

眼亦不碌碌,耳亦不碌碌。云外野鸟幽,霜中岁寒绿。何必面南山,真理明明足。客问慧照名,僧拈一枝竹。

少林堂和向主簿韵

无欠无馀丈室幽,鸡鸣而动晦而休。利名涉处尘尘热,香火缘中日日秋。只解结跏临竹石,懒将叉手对公侯。有人来问禅宗旨,告道明明百草头。

素琴堂 僧简公约名此堂

长官发已星,强持牧羊棰。故山荒草堂,为贫不知耻。衮衮敲朴庭,缨裾渍尘滓。子贱敬可高,七弦不离指。今日到僧房,阴森翠堆几。数拳解巉岏,一泓粗清泚。瑞草不知名,芬芳胜兰芷。天籁更自然,世音亦何俚。长官趣如何,依稀琴在此。反思子贱琴,未免尚宫徵。弹与不弹间,一切聊尔耳。兀坐纵无言,汤汤寓流水。

翠屏轩

轩对山开昼不扃,山迎轩耸展如屏。高低楼阁安三宝,向背峰峦倚五丁。秋雨松林似水墨,春风花谷具丹青。谁人坦腹来高枕,笑傲羲皇任醉醒。

连云阁

摇摇曳曳白云轻,檐外多般弄晦晴。龙与去来无定影,僧将舒卷伴真情。雪留莹彻层霄在,云散森罗万象清。试问主僧还解否,毗那消息甚分明。

西 斋

老后名山付卧游,宗少文事。偶携谢屐此寻幽。每思南岳嘲周子,何暇东林访惠休。苔护出生苍石老,竹供延客碧云秋。主僧不用贪行脚,只此林间可白头。

凌峰阁

海上飞来据马鞍,灵鳌独坐碧孱颜。几年真宰雕镂就,尽日高僧指顾间。去市红尘三里远,供人青眼一轩悭。半峰有窟龙为宅,云在檐头恣往还。

夕秀轩

逍遥金地与人疏,山静风光碧有馀。开筑当年看锡卓,焚修今日听星居。灵芝瑞草人难识,明月清风室更虚。坐久半天琼佩响,泠泠此理属真如。

西 庵

野蔓盘青上短檐,客来径草旋锄芟。禽饥闻磬来疏砌,僧饱携筇过别岩。茶鼎引烟熏纸帐,竹窗漏月射经函。西庵门外如何景,杳杳寒泾一叶帆。

胡 清

清,昆山人。素贫,尝赋《翠微》《小柏》二绝,有浙漕使见之大喜,因厚礼清,给清官田,遂以起富。

压云轩

谁构危亭压翠微,画檐且与暮云齐。有时一片岩隈起,带与老僧山下归。

杨则之

阑干横碍鸟飞迟,砌下危根老更奇。僧在上头忘岁月,不知山脚雨多时。

邵　彪

绝顶地平易,轩窗风怒号。半空垂象纬,四面涌波涛。洞僻封苔藓,泉深冷骨毛。登临欲忘返,城市厌烦劳。

郭　章

章,字仲达,昆山人。工诗文。尝游太学,有名声。后以守城功,官至通直,卒于京师。

夕秀轩

柳暗西津桥步斜,长川练练若萦蛇。晚来不为东风恶,与子留连待月华。

无名氏

丰年亭在山巅,俗呼为大岩头,今毁。

结宇近青天,飞檐压翠巅。稳同平地住,高与白云连。宾席俯农屋,歌声落钓船。行人瞻望处,皆曰是丰年。

刘　过

过,字改之,号龙洲,庐陵人。宋南渡后,以诗侠名。时陈亮、陆游、辛弃疾皆与为友。周必大为相时,尝欲客之,不就。过志欲航海,而友人潘文友为昆山令,因抵文友,死葬马鞍山中。过尝抗疏光宗请过宫,陈恢复方略,词极剀切。性喜饮酒,慷慨横放,一时无两。

叠浪轩在华藏教院,马鞍山东北,今毁。

僧房矮占一山幽,不见当年叠浪浮。湖已为田知幻化,律更以教示精修。白莲何日来同社,顽石无时不点头。可惜能诗张孟辈,却无一字此间留。

冲邈

凌峰阁

缔构拥苍岑，空林一径深。岚蒸四壁润，云锁半窗阴。都寂世尘影，但清天籁音。若教支遁买，应倍沃洲金。

龚明之

明之，字熙仲，昆山人。祖母李氏病且革，明之祷天，乞减己五龄以益母寿，灼香于顶者七。闻脑中有爆裂声，不为动。诘旦，李病良愈，竟五年乃卒。宣和三年，明之以诸生贡京师，迎父母俱往。亡何，母与弟继亡，贫不能归葬，乃出其家所有，自一钱之直者皆折卖之，不足，又乞贷于人，卒护二丧以归。既以特恩廷试，授高州文学。年逾八十，法不应仕，吴士在朝者，列奏其行义，敕监潭州南岳致仕。乡人林振复奏明之行义，超授宣教郎，仍赐绯衣银鱼。时李衡以忠谏去国，年几八十，德望绝人，独兄事之，人咸称为"二老"。生平自谓受用唯一诚字，又附益山谷省吃俭用语，号五休居士。所著有《中吴纪闻》及此《杂咏》书若干卷行世。

芝华亭淳熙丙申创于古上方后，今毁。

谁道休祥系上穹，民心元自与天通。政平讼理为真瑞，何必金芝产梵宫。

赵彦端

彦端，字德庄，吴江主簿。

西　隐甲申岁

西风数客一阑干，秋色翛然得细看。潦水倍知寒事早，夕阳更觉晚山宽。小留待月钟无遽，半醉题诗烛未残。忆得向来幽独处，黄精未熟客衣单。

昆山之胜有慧聚，慧聚之胜有上方。自唐诗人及我前辈皆赋诗，遂名四方。上方稍西数十步曰西隐。西隐乃无闻，而境趣特胜。主人亦好事者，某居一岁，无虑十许来。亦有好事者与余同来，来必饮，饮必醉。余之于慧聚固有缘契，而西隐又所沉痼者也。不知鄙名能若张祜辈，使人数百年不忘否？与老师共勉之。隆兴二年甲申闰月二十三日。

草树低迷爱晚晴，江天表里玉潭清。平生心事无人会，惭愧沧波欸乃声。

脚力穷时地更偏，瘦藤危石两苍然。山僧已识幽人意，借与禅床自在眠。

偶无公事独凭栏,领略风烟万顷宽。说似西廊曾懋父,倩君椽笔写郊寒。

郭　翼

雪后游华藏寺

快雪时晴西日微,阴阴碧殿琐林扉。山中白云好留客,枝上野梅寒拂衣。经床无风花自落,琼田如海鹤争飞。诸郎授简皆能赋,况复东林此会稀。

盛　彧

彧,字季文,昆山人。当元时,家甚富。入国朝,避徭徙家归吴冈,所居环堵萧然。善为诗,与杨维祯辈倡和。所著有《归吴冈集》。

昆山慧聚寺诉公西斋

诉公读书山水间,西林书阁何曾关。玉气入帘晴冉冉,籍声杂耳即珊珊。仍觅龙洲旧游处,恰似虎溪清啸还。借我烟霞最高处,细餐石髓听潺湲。

周南老

南老,字正道。其先温州人,濂溪之后。宋末,徙吴中,家焉。国初时,征诣太常,议郊祀礼。礼成,发临安居住。放还,卒。

慧聚寺

梁寺依山险,叠构传鬼役。殿柱随龙化,遗基尚神迹。云归海气昏,石润藓花碧。林壑生春阴,钟鱼鸣午寂。僧房见山图,佳胜皆目击。独有雷火篆,灵异人莫识。

周凤鸣

凤鸣,字于岐。登正德进士,官至大理寺丞。以冯御史事忤旨,免归。矜严,好持名节,罕入公府。监司屡荐,不报。以疾卒于家。

翠微阁

入夏犹春服,开筵对石淙。洞云含雾雨,坛树结幡幢。地出金仙界,天临玉女窗。倚醅箫吹发,飞栋俯三江。

秋雨沉沉海雾蒸,盘盘山路少人登。真堪画入丹青里,不觉身安紫翠层。胜地频来终是客,闲情犹憾不如僧。上方更在烟霞外,欲向云房试寝兴。

昆山杂咏卷第五　游览

范成大

　　成大,字至能,一字幼元,号此山居士,又号石湖居士,吴县人。性颖异,在怀抱中已识屏间字。年十二,遍读经史。父亡,读书昆山荐福寺,十年不出。登绍兴进士第,授户曹监,累迁吏部郎,寻知处州,陛对时政。至州,多惠政,为上所知。隆兴中,与金主再讲和,失定受书之礼,右相虞允文建议遣使,假成大大学士、侍读、国公,充金祈请国信使,进书慷慨忠劲,熏动金主。还,除中书舍人。成大立朝,多奇节。累官至资政殿学士加大学士,知太平州,封吴国公。卒,官至通议大夫,赠银青少师,追封崇国公,谥文穆。为文赡丽清逸,尤工诗。所著《揽辔录》《骖鸾志》《吴船录》《吴郡志》。

东禅廊夜二绝

淡云如水雾如尘,残雪和霜冻瓦鳞。织女无言千古恨,素娥有意十分春。

一声黄鹄夜深归,栖雀惊鸣触殿扉。北斗半垂楼阁外,风幡直欲上云飞。

夜步东寺之西

人家帘幕夜香飘,灯火萧疏照市桥。满院月明春意好,小楼吹笛近元宵。

赵孟頫

　　孟頫,字子昂,号松雪道人,吴兴归安人。宋室宗子也。博学工诗,尤精于书画。弱冠试,补国子监,注真州司户参军。国亡,家居,以程钜夫荐入元,世祖甚宠异之,授兵部郎中。累迁翰林学士,赠江浙行省平章政事,封魏国公,谥文敏。

淮云寺

南云三十里,见者以为奇。而况于淮云,远被浙水湄。其上耸楼观,丹碧何绚丽。子孙有如云,咸能事厥事。老我作是诗,刊之于乐石。庶尔保令名,照映沧江色。

无名氏

南翔寺

寺在临江乡。初，寺基出片石，方径丈馀，尝有二白鹤飞集其上，人以为异。僧齐法即建伽蓝居焉。施财者皆随二鹤之飞翔所向而至。久之，鹤去不返。僧号泣甚切，忽于石上得一诗，有"南翔"之句，故遂名南翔。今临江乡，宋嘉定中已割隶嘉定县。

白鹤南翔去不归，惟留真迹在名基。可怜后代空王子，不绝熏修享二时。

郑　东

东，字季明，平阳人。性狷介，州里不能容，因来昆山。又寓居海虞。东奇分绝人，能读四库书，就试不合即弃去。刻意古作。欧阳玄尝荐之，会病卒。

报本寺

迢递珠林沧海边，参差绿水石渠连。灯明方丈开猊座，屏拥罘罳护法筵。天女时来花乱下，龙君欲至风泠然。金相夜凉遥共礼，月华长照宝阶前。

卫　培

培，字宁深，昆山人，文节公泾之曾孙。延祐七年，郡府以培充贡龙虎榜，赋文不起草，人称其有扬马才。知州王安聘为州学训导，号月山。所著有《过耳集》。

满江红　昆山报国寺度云海迁报慈

云海茫茫，度多少、明师瞎汉。弹指顷，言前新领，天台禅观。报国几年横拂子，报慈重举新公案。想龙天、拥出不由人，真难算。　　尘中事，如棋换。座下衲，如云满。看彼迎此送，去留相半。谈妙九旬犹未了，灵山一会何曾散。听丹书、催召演真乘，龙墀畔。

张　泰

泰，字亨甫，太仓人。性豪宕，读书过目成诵。有诗名。天顺间，举进士，仕至翰林修撰。所著有《沧洲集》。

宿淮云寺晚翠轩

翁郁淮云寺，清幽晚翠轩。细草覆寒砌，修篁围短垣。触目便成趣，寄身聊避喧。高咏不知暮，钟声催掩门。

陆　容

容，字文量，太仓人。其先冒徐氏，后复姓。登成化间进士，授南吏部主事，改兵部职方，迁郎中。贾胡进师子，奏乞大臣往迎。容议："夷人贡异物，宜却之，顾迎之邪？"事遂已。又论马政及禁绝中贵夤缘，当道不悦，出为浙江右参政，竟以浮议罢官。所著书数种，今惟《菽园杂记》《太仓水利集》行于时。

淀山寺有龙湫限韵

远上湖南第一峰，静依禅榻看云松。偶谈贝叶书中事，坐到阇梨饭后钟。佛印喜逢苏老至，昌黎肯为太颠从。苍生已绝云霓望，漫向灵湫访卧龙。

碛碢寺

移舟来看九峰青，古寺幽沉试一经。画堵半颓支碧殿，残碑欲断倚朱棂。阶前老树如僧腊，海上乘槎即使星。极目湖天诗兴远，片云孤鹤过华亭。

沈　周

周，字启南，号石田，长洲人。善为诗。其画，山水、花木、翎毛皆入神品，为国朝第一。

宿巴城寺

渚田漠漠水程通，落景萧萧野寺空。佛座妆严苔借碧，僧窗点缀叶留红。灯临浊酒三更月，棹倚重湖叠浪风。旧舍故人今独少，相思一一不眠中。

四月初至昆宿广慈僧寮辱西溪水部暨理之晚顾且约明日山行
因多事不及水部诗有青山无奈去人忙之语遂奉同以自解云

晚步崎岖倩小航，落潮粘底傍回塘。话陪清夜惟三客，饮过平生累十觞。明日正怜重作别，老年自笑不宜忙。青山又负登高屐，且遣铜盘蜡烛光。

弘治己未二月二十三日偶寓广慈庵西溪吴先生三瓢周先生远顾迫暮约为
明日昆山之游庵与山甚迩仅峙屋角时王理之治具夜酌时时持灯照之迹阻
心游乃有短篇以寄孤兴且欲三君子倚和遂留此纸于庵中以为故事

山近不能登，芙蓉隔夜灯。胸惟藏垒块，诗欲写棱层。寄赏还容酒，为邻却羡僧。明朝如不去，步步与云升。

黄　云

秋暑再会景德寺次韵二首

飘然归自大江西，白苎衣轻已洗泥。仍旧聿来为会合，同心何必费招携。风仪明远须图画，物色从今纵品题。白发忧时怀老杜，神驰直到浣花溪。

山城住近隔东西,君濯清风我坐泥。诗写幽怀垂韵和,酒当畅饮满壶携。劳生自笑容颜改,扫壁重看岁月题。愿得年年身健在,绿阴黄鸟共临溪。

过圣像寺

到寺夜已半,敲门惊定僧。佛灯光炯炯,月树影层层。青失九峰望,黄逢多稼登。竹床暂假息,一过记吾曾。

方　豪

豪,字思道,馀姚人。尝为昆山令。为诗,操笔立就,晚益精研。尤好士,有遗爱焉。

何年浮圣像,像徙寺留名。匹马迎风去,群僧冒雨迎。楼台红树顶,烟火绿葭浜。一曲松风操,萧然万虑清。

吴　瑞

游荐严寺

此日来参最上乘,半天楼阁老堪登。未如灵运先成佛,且学渊明暂近僧。觉境自应无罣碍,暮年谁复羡飞腾。极知禅供惟蔬笋,预约厨人不许增。

游西寺

踏雨寻名刹,何妨巾舄泥。佛灯然烛照,琅笈破群迷。秀巘矜临郭,流湍懒下溪。老僧方入定,落日万山西。

周　恭

恭,字寅之。其先常熟南沙里人,宣德中徙家昆山。元末时盛季文之弥甥也。为诗亦刻意追古作者,与同县吴水部瑞、黄学谕应龙,长洲沈周友善。家贫,教授,颇以医药自给。然性亢直,不甚行于时。尝以诗酒药贮瓢中,自号三瓢居士。孝宗升遐,诏天下郡县纂修实录,恭尤叙事得体。复不应召乡饮,县令高之,亲书"鹿门"二字旌表其庐。年七十四卒。所著有《枕流集》及《卜史》《增校医史》《事亲须知》《医说续编》《西溪丛语》《医效日钞》《七十二候诗》若干卷。

次韵沈维时宿广慈精舍

灌木环精舍,诸天佛日灵。无香不种火,有句谩留屏。蒼卜天花白,棕榈鬼面青。虚空万声雨,人世酒初醒。

周凤鸣

东寺次韵

高楼一上俯千门,海色岚光昼吐吞。接地峰峦含雨气,倚天杉桧长云根。龟螭赑屃穿碑复,龙象鳞皴古殿存。鸿雁忽来秋思爽,棹歌渔唱满江村。

毗庐阁同诸公之作

入寺开层阁,闲逢惠远游。江形分燕尾,山势转牛头。野鸽飞复止,秋蜩鸣不休。群公兴方惬,那得酒尊留。

赵灵僧舍 寺唐大中时建,山在寺后。

双树楼台迥,诸天洞壑幽。松烟幡影乱,花雨梵声浮。卅里吾今到,三江势欲收。兹山足登眺,何地更丹丘。

车塘寺

野旷风逾劲,天寒雀乱鸣。放船依古寺,归路隔江城。落木村烟起,飞楼夕照明。坐深幽意惬,空外万松声。

蔡仍

清真观放生池

清真观,在会仙桥东,即宋放生池也。乾道七年建,元大德间毁。延祐间重建,嘉靖间复毁。

放生池上开轩坐,节气如春属仲冬。阁近波光凝翡翠,山连云气浴芙蓉。仙坛野鹤来巢子,石洞长松欲化龙。剪烛赋诗清不寐,又听玄馆送晨钟。

赵彦端

与诸公会饮昆山放生池亭

初疑山遥遥,不知日车永。杖藜起衰病,适此氛翳屏。北山喜觌面,倒屣容不领。欢然呼断桥,快扫风柳影。扁舟载幽具,一面纳倒景。荷香已坐足,不待花破颖。潜鱼出银刀,盈月上金饼。琴闲得新弄,棋醉有新警。长笛者谁与,喧静同一境。行歌带亦适,还坐烛初耿。吾曹困重阴,湿处混蛙黾。忽逢天宇宽,况此星斗冷。酒为何翔倾,大胜汲寒井。诗成西园句,浩若转修绠。君看万象色,回首森已暝。吾观岂异兹,瓶罄勿三请。

放生池

卢蒲江

面面清池阔,层层翠树稠。短蒲荷与嫩,狭径竹能幽。听屐鸟飞起,敲窗鱼出游。城中那有此,一到一迟留。

陈秀民

秀民,字庶子。元至正中为常熟令,后为江浙等行中书省参知政事。尝撰《昆山三皇庙碑》。

清真观里放生池,想见芙蕖覆水时。龙女踏云翻锦段,鲛人错翠织风漪。香涵水槛三更月,露洗斋宫五色芝。惆怅来游众芳歇,江山摇落为题诗。

偶 桓

桓,字武孟,太仓人。落魄不羁,家于桃源泾,日肆情诗酒。洪武中,尝应举为荆门州吏目。年八十一终。所著有《江雨轩》《凤台》《醉吟》《吟啸》等集。[1]

殿阁峨峨转夕晖,放生池上客来稀。应知羽士登真去,独见山童汲涧归。云冷松巢空鹤毳,雨荒丹灶长苔衣。野人素有烟霞癖,欲向玄关共息机。

郭 翼

放生池馆信奇哉,面面芙蓉夹坐开。户外香烟浮翡翠,殿头云气接蓬莱。曾闻子晋吹笙过,或遇安期送枣来。羽客步虚明月夜,佩环锵玉下层台。

清真观里放生池,殿阁阴阴白日移。鹤迎上帝仙游驾,龙护前朝御赐碑。山势欲连昆玉脚,水花如泛鉴湖枝。因怀九十泉头路,老去重寻尚有期。

秦 约

约,字文仲,其先淮安人,宋直龙图阁龙之后,始徙崇明,再徙昆山。约为文尚理,尤工诗。张潞公翥、贡尚书师泰甚推重之。元至德间,为崇德教授。洪武初,应召试《慎独箴》,拜礼部侍郎,以母老辞归。再征诣京师,上疏合旨,仍以约年老,难任繁剧,计五百里内授以儒官,得溧阳教谕。八年,乞老归。所著有《樵海集》及《师友话言》《樵史补遗》《孝节录》《诗话旧闻》《崇明志》。

---

1 《明诗纪事》作:"有《江雨轩稿》《醉吟录》《凤台吟啸集》。"

碧水池头秋水深，芙蕖万柄翠生阴。玄田种玉俱成子，琦树开花已满林。道士步虚苍玉佩，仙人吹笛水龙吟。西堂风雨清无梦，隔竹声闻捣药禽。

杨维祯

放生池上晚披襟，五月凉风草树阴。玉井水寒船作藕，葛陂雨过杖成林。双双共命烟中下，瑟瑟蜿蜒夜半吟。道人当昼洗砚石，自临青李与来禽。

祝允明

允明，字希哲，长洲人。以乡荐入官，累迁南京兆通判。为文力追古作，诗歌绮丽，殆无乏思。行书学钟、王，草书学颠、素，真书能出颜、米诸家，为本朝第一。性尤不羁，其行事若慢世者。

疑真疑幻海中洲，只恐人间无此谋。殿影四围浮碧沚，钟声十里出丹楼。仙人示像书仍在，道士无鹅字少求。圣境今宵为旅客，幸来何事不微留。

吴 瑞

红楼紫殿郁参差，虹架飞桥欲度疑。字剩仙姿玉皇阁，水流馀响放生池。天文悬象光冲斗，地气钟灵秀产芝。千树碧桃开未尽，洞中谁把凤箫吹。

周 伦

清真观灾

仙坛煨烬出山门，旦夕金钟不复喧。勾漏几时焚药鼎，武陵何处觅花村。龙缠玉柱澄潭杳，鹤起青霄独院存。忽忆吹箫鸣凤地，空台止拟酹琼樽。

昆山杂咏卷第六　游览

范□□

《中吴纪闻》唯书范姓，未详其名。

黄姑庙

庙在县东三十六里，黄姑即"河鼓"相讹也。云尝有织女、牵牛星降于此，织女以金篦划河，水涌溢，牵牛竟不得渡。乡人遂为立庙祀之，所祷辄应。建炎中，有范姓者避乱经祠下，题一绝于壁间云云。后遂去牵牛像，止祀织女。

商飙初至月埋轮，乌鹊桥边绰约身。闻道佳期唯一夕，因何朝暮对斯人。

又

高　启

农祭频来水庙扉，银河东去失星辉。天孙秋夜应相忆，一去人间竟不归。

周南老

黄姑与织女，皖彼河西东。胡为玉川侧，灵姑于以降。褰帷拜灵姑，宛然天女容。黄姑即河鼓，谁能辨雌雄。神亦不为语，惟民之所从。有祷辄斯应，岁岁祈年丰。

袁　华

寓绰墩寿宁寺

栖禅穴畔好高树，三静境中皆白云。已翻瞿昙内外典，更礼茅家大小君。

北山何处境清绝，藤轩阴阴生昼寒。明月飞来散清影，金沙布地为君看。

寿宁庵夜宿

偶成绰山游，西风吹落日。大田登禾黍，高林收枣栗。仰羡松柏姿，俯惭蒲柳质。石县王果崖，花雨维摩室。白雪浮茗瓯，缥囊散书帙。抚事困诛求，拯时乏经述。纷争若蝼蚁，相持如蚌鹬。可怜鸥吓鼠，何异裈处虱。郊居便樵苏，野服忘巾帢。独乐五亩园，素封千树橘。被酌坐逃禅,铭墓亲操笔。梦幻前后身,道悟中边蜜。剧谈更抵掌,展席仍促膝。煌煌斗回杓,耿耿月离毕。水声远澎湃,竹影互蒙密。清坐不知疲,东方启明出。

陆　麟

十月廿日陪玉山过绰墩相传黄幡绰墓在此,故名。

北山兰若久不到,荡桨与君重远寻。水流乱入涧壑响,昼静不闻钟磬音。齐己能诗今结社,橐驼种树又成林。他时若许避炎暑,愿借南风一席阴。

杖藜同上北山巅,此日登临思惘然。野色一林红叶外,湖波万顷白鸥边。村春战哭云连屋,渔笛夷歌月满船。归棹匆匆到溪上,人家灯火未成眠。

顾　辉

次

轩外重栽小银杏,愿汝亭亭高十寻。下看白鹤走阔步,上听黄鹂啼好音。结茅差拟辛夷坞,供佛当如薝卜林。老我他时共幽隐,坐占此山嘉树阴。

喔喔鸡鸣桑树颠,江村风景只依然。人行红叶黄花里,雁过西风落日边。南市津头无酒旆,东湖渡口有渔船。北山岩壑秋偏静,借看蒲团枕石眠。

释行蔚

次

禅榻经馀思二妙,舟楫远劳相问寻。虎头善画称绝笔,放翁吟诗多雅音。枇杷当户花如雪,橘子带霜香满林。招提岁晏肯频过,莫将清兴阻山阴。

郭　翼

过绰墩

绰墩树色青如荠,荡里张帆晓镜开。乌目峰高云北下,白沙湖阔水西来。菰蒋打雨鸣还止,鹭鹚迎船舞却回。好入桃源张渥画,只惭扬马是仙才。

高　启

绰墩

淳于曾解救齐城,优孟还能念楚卿。嗟尔只教天子笑,不言忧在禄儿兵。

周南老

诙谐多滑稽,启宠纳慢侮。笑取玉环欢,拍案盲胡舞。天宝志欲满,侈心日益蛊。宫车远播迁,魄丧渔阳鼓。胡为王门优,有此一杯土。遂令村之民,犹能三反语。

郑元祐

元祐,字明德,遂昌人。侨居吴市。工诗文,与杨维祯、袁华、谢应芳等倡和,清丽畅逸,为一时之俊。晚节益贫,赘婿,玉山道人买棺以赠,赋诗谢之,邀华同赋。事载华《耕学集》。

沪渎垒 晋虞潭所筑,临吴淞江。

东吴内史晋长城,沪渎千年壁垒平。莫向月明悲往事,即今沧海已尘生。

乌夜村

初,晋穆帝何皇后父淮寓此,产后之夕,有群乌夜惊于村落。自后,有乌彻夜鸣,必有大赦。

高 启[1]

荒村乌夜栖,忽绕月明啼。生得东家女,身为万乘妻。至今种高树,不遣乌飞去。居人凡几家,爱听啼哑哑。啼哑哑,勿惊怪。妇开门,向乌拜。

周南老

昆玉山南村,祥光烛坤倪。夜白夺明月,群乌忽惊栖。哑哑啼彻旦,异此声太奇。村东何家妇,夜半生王姬。焉知荆布女,被服荣翟袆。至今村上民,不重生男儿。

少卿墩

即千墩浦,盖淞江自吴门东下至浦,浦南北凡有千墩,故名。永乐初,太常少卿袁复尝浚此浦,泊舟墩下,因改名少卿墩。

叶 湜

少卿墩上望江湄,画舫多来此处维。南峙凤凰山朵朵,东连渤海水弥弥。五丁端藉神功力,万姓无愁垫溺时。主圣臣良遭际日,亘天盘地立丕基。

偶 桓

少卿墩下水沄沄,决浚重看禹迹新。笠泽西来循古道,海门东去接通津。天低极浦

鸥凫晚,雨浥芳洲杜若春。又听沧浪歌孺子,解缨好濯属车尘。

范　能

能,字仲能,昆山人。少从毗陵谢应芳游,精医药,工诗。永乐初,以能书征至郡,母老辞归,太守从其志,放还。以诗酒自娱,年八十馀终。所著有《淞南集》。

少卿墩上瞰晴沙,沉潦滔滔达海涯。国有勋臣劳赞画,民安生业及桑麻。轻风吹浪牙樯动,明月浮空白练斜。归觐九重春正好,红香衬马入京华。

连　朴

少卿墩号喜新闻,远挹沧江连海门。地脉润分南淀水,山光晴接北昆云。芃芃禾黍高低垄,蔼蔼桑麻远近村。一自重臣经济后,芳名伟绩镇长存。

蒲　璧

璧,字执玉,山东文登人。尝为宁国训导。

朝阳晴照少卿墩,几度乘舟过海门。三泖北来如练净,两江东逝若雷奔。箕畴已见神龟画,禹迹犹存石斧痕。千载玉峰同秀色,台星长傍紫微垣。

少卿墩下告功成,排瀹狂流势已平。片石岂能镌伟绩,千年犹得记芳名。派流震泽今重定,源比黄河又一清。黎庶欣欣蒙润泽,田间击壤乐春耕。

谢应芳

应芳,字子兰,武进人。好古博雅,长于诗歌。元末,避兵葑门,年九十七终。所著有《思贤录》《辨惑编》《龟巢稿》《毗陵续志》。

倪元镇过娄江寓舍因偕智愚隐游姜公墩得如字

秋暑贾馀勇,怀抱方焚如。故人江上来,风雨与之俱。遂令沸羹鼎,化为寒露壶。幽寻陟崇丘,飘飘素霞裾。同游得名缁,吟啸兴不孤。大树倚高盖,小酌欢有馀。三江五湖上,群峰开画图。独怜我乡土,烟尘尚模糊。安知艰虞世,得此暇日娱。一笑百虑忘,松风奏笙竽。

周　恭

高墟山俗传高力士葬此

野田禾黍正油油,蔓草寒烟暗古丘。湖水北来秋自润,县山东下晚将浮。未斜乌帽身先醉,欲插黄花鬓已羞。地下果埋高力士,玉环妖骨是谁收。

昆山杂咏卷第七 游览

叶时亨

泛舟淞江

短棹夷犹落照间,不堪凝望发愁端。雁行影没暮天阔,蒻叶香残秋水寒。朝市触涂成险棘,风波投足却轻安。白鸥盟在客寻理,急办烟蓑与钓竿。

秦 约

傀儡湖

晨起东湖阴,放浪随所之。日光出林散霾曀,晃朗澄碧堆玻璃。天风忽来棹讴发,岸岸湾碕浴鹅鸭。中峰叠巘与云连,西墩嘉树如成匜。主人湖上席更移,醉歌小海和竹枝。文鱼跳波翠蛟舞,疑是凭夷张水嬉。微生百年何草草,傀儡湖头几绝倒。逝川一去无还期,长啸不知天地老。酒阑横被复扬舲,菖蒲洲渚花冥冥。鸡皮鹤发谩从汝,且读楚骚招独醒。

袁 华

阳城湖

海虞之南姑苏东,阳城湖水清浮空。弥漫巨浸二百里,势与江汉同朝宗。波涛掀簸月惨澹,鱼龙起伏天晦蒙。雨昏阴渊火夜烛,下有物怪潜幽宫。度雉巴城水相接,以城名湖胡不同。想当黄池会盟后,夫差虎视中原雄。东征诸夷耀威武,湖阴阅战观成功。陵迁谷变天地老,按图何地追遗踪。我来吊古重太息,空亭落日多悲风。湖之阴有村曰夷亭,吴王东征,驻兵于此,故名。虎头结楼傍湖住,窗开几席罗诸峰。鸣鸡吠犬境幽阒,嘉木良田青郁葱。渔郎莫是问津者,仙源或与人间通。时当端阳天气好,故人久别欣相逢。玻璃万顷泛舟入,俯览一碧磨青铜。莼丝鲈鲙雪缕碎,菱叶荷花云锦重。恩赐终惭鉴曲客,水嬉不数樊川翁。酒酣狂吟逸兴发,白鸥惊起菰蒲中。相国井湮烽火暗,郎官水涸旌旗红。此中乐土可避世,一舸便逐陶朱公。更呼列缺鞭乖龙,前驱飞廉后丰隆。尽将湖水化霖雨,净洗甲兵歌岁丰。

卢　熊

熊，字公武。其先武宁人，宋季，徙吴中，再徙昆山。有学行，精于"六书"，尝受学杨维桢。洪武初，以能书授中书舍人，转兖州知州，政多遗爱。熊尝上言州印篆文讹谬，忤旨，竟得罪。所著《说文字源章句》《鹿门隐书》《蓬蜗》《石门》《清溪》《幽忧》等集，别有《苏州》《兖州志》《孔颜世系谱》若干卷。

舟泛吴淞江

早发木兰桡，江行趁落潮。雨分牛脊近，云隔马鞍遥。弟妹成疏阔，交朋竟寂寥。谩持昌歇酒，那得客愁消。

卢　昭

昭，字伯融，闽人也。随父均华至昆山，因家焉。博贯经史，工诗文。洪武初，起为扬州教授。

过吴淞江

客槎无路到天津，五斗依然不救贫。敛版进趋惭大吏，打门呼索愧穷民。酒边拓落寻真趣，诗里平章作好春。自笑小才还小用，姓名安得上麒麟。

霜林纤月堕疏烟，有客同舟思欲仙。何处吴歌闻白苎，满江秋色坐青天。

龚　诩

与袁葛二兄泛舟至娄东

风满孤篷雨洒窗，故人同载下娄江。绿畴南北连千亩，白鸟高低去一双。浊酒任真那计数，野歌随意不论腔。纪行岂是无新作，正愧曹郐浅陋邦。

马　麐

麐，字公振，太仓人。元季，避兵于松江之南，园池亭榭，幽闲自娱，屏绝世虑，日诵经史。长于诗歌，杨维桢深器重之。所著《醉渔》《草堂》二集。

沧江八景

西寺晚钟

楼观参差映落晖，数声敲罢客应归。山僧贪看长松树，犹自哦诗坐翠微。

古塘秋月

钱塘东去海潮生，吴浦东来舟自横。十里金波秋浩荡，流光直到阖闾城。

半泾潮生

海潮商舶喜通津，挝鼓椎牛祀海神。风色趁潮波浪急，扁舟愁杀渡江人。

淮云雪霁

琼林珠树绝氛埃，鸾鹄群飞去复回。望见淮南江上月，白云深处有楼台。

娄江饷运

海波不动绝奔鲸，万斛龙骧一叶轻。三月开洋春正好，南风十日到神京。

岳麓晴烟

长林日出青山近，碧瓦朱甍切太霞。郁郁苍松环翠黛，晴烟长绕玉皇家。

武陵市舍

溪头不种桃花树，商贾年年桥上多。昨日扁舟风雨过，无人肯着钓鱼蓑。

吴浦帆归

一帆风便出吴城，只怕沙头风浪生。野鸭假边初系缆，西山日晚正潮平。

袁　华

玉山同泛娄江舟中即事

六月横塘水漫沙，清明风起豆将花。忆同对榻频更烛，喜共临风得泛槎。碗送白莲狂客酒，刀分红玉故侯瓜。草堂佳处只尺许，梧竹清阴生晚霞。

顾　辉

和　韵

夏潮平没白鸥洲，舳舻风生起浪花。为向船头置美酒，恰如天上泛浮槎。银盘雪落千丝鲙，玉手冰分五色瓜。明日山中看疏雨，共将诗句寄丹霞。

郭　翼

同敬常泛娄江

春江一番游春艇，澹沲青山东复东。杨柳孤村寒食雨，流莺百啭落花风。卷题宫锦驼尼紫，杯泛仙桃枸杞红。铁龙后夜来同听，拟借琴高赤鲩公。

陈　则

阳城湖

四面水涵天,相望百馀里。鸟去飞不穷,青天浸波里。

九里泾

岸狭水长明,帆经树杪行。路因通各浦,不绝棹歌声。

范　能

尚书浦 即夏驾浦

尚书浦口汇成洪,浚导还能继禹功。波影摇空星拱北,湍声动地水流东。耕锄已复修农业,灌溉何烦借雨工。从此不须忧垫溺,谣歌千载仰清风。

又

蒲　璧

尚书浦上晓风和,两岸人看彩鹢过。西望苏台山有色,东连禹穴海无波。九天日月星河近,四野桑麻雨露多。千古大名垂宇宙,空碑宜刻岘山河。

偶　桓

尚书浦口阔滔天,经济忧勤在大贤。功业已从今日著,书名当使后人传。五湖既导逾三郡,众水攸同走百川。此去不愁征赋少,洿渠已复变桑田。

蒲　璧

郎官渡 又名八王渡

郎官渡口说郎官,能使居民奠枕安。志在济川真可尚,功归导水自来难。浸淫积潦通流净,澄澈清光照眼寒。我欲勒铭夸盛德,便须刻石树江干。

又

叶　湜

郎官渡口浪如雷,系缆沙头日几回。拯溺昔闻忧世志,济川今见出群材。已驱积潦归沧海,还使春风发朽荄。欲刻琼瑶昭令德,不知谁有纪功才。

偶　桓

郎官渡口树亭亭，曾为郎官系彩舫。匹练莹连三泖白，联螺晴漾九峰青。风传渔唱来前渚，雪压鸥群下别汀。老我犹存钓鳌手，持竿从此欲浮溟。

范　能

郎官渡口听讴歌，尽说郎官德政多。山作马鞍横玉阜，江拖练带落银河。万夫疏凿今重见，千古声名久不磨。从此熙熙民乐业，天时地利日相和。

陆　容

游淀山湖

千顷平湖一叶舟，清和风日可人游。九峰青拥晴云出，一水光涵大地浮。泉石旧踪寻野寺，烟霞馀癖寄芳洲。十年空负江湖乐，肉食惭无济世谋。

倪宗正

新洋江与方思道联句

新洋江水清见底，方。新洋江上芦花雨。舟人报潮午，倪。旋把风帆举。彩筵映江箫鼓声，方。壮哉万里朝天行。冠盖如云拥蘋渚，倪。锦帆霭霭旌旗明。僚友各长跪，方。愿尽双玉瓶。以此有限酒，倪。饮我无穷情。方。

昆山杂咏卷第八 题咏

周承勋

承勋,字希稷。邑令。

题县圃蕴辉亭

瓦砾频年积,锄耰十辈功。旋移低地碧,颇杂亚枝红。对酒逢寒食,凭栏接暖风。墙悭天自阔,堪送北飞鸿。

奚商衡

簿舍西堂

粗官到眼唯朱墨,个里清虚却可人。晓径忽闻花信早,晚窗时对月痕新。客来但怪阶庭寂,昼永偏于枕簟亲。莫莫只求闲里过,抗颜何苦拜车尘。

叶子强

读书堂叶自疆建于县斋内。永乐初,芮翀重建,改名"清心"。

读书不策勋,岁月忽已晚。随此尘壒网,吾行其既远。胡宁于书事,意爱犹缱绻。况之迷蹊人,慕顾只旧坂。扁旁真赤帜,所立示所本。又如农人心,终不置穮蓘。晞发茅檐下,荣荣兰九畹。初服苟未替,无亦惊婉娩。所逢非所安,吾庐盍云返。

娟娟百个竹,落落一丈松。岂无桃李花,春事孰与冬。寒菊北户下,不斗颜色秾。气味如秃翁,忍死无容容。一云"忍死不无容"。霜风落系雁,露草栖织蛬。 读书真可人,明星耿疏篷。

小山后丛桂,方池前止水。泠然堂中人,枯槁只中尔。平生不止酒,来此真止矣。今辰忽开尊,叵料真未止。瓶罍本非二,无罄亦无耻。卷尊佩君言,慕之戴星起。

左角明西方,十分农事回。 鞭蒲正尔束,系圉夷然开。 我胡汝乎德,一朝变喧豗。仁义不蹂践,肺肝自胚胎。 再拜父老言,美意吾所该。诗书不得力,亦自书中来。

少长事壮厉，意气弥九州。鞭车踏长路，渠料能夷犹。困此九折坂，嵚崎不容辀。彼须匪所强，此售宁或求。从吾读书心，大寒索衣裘。贱嗜匪贵献，一拂销百愁。宝此清净退，相从赋归休。农圃雅所问，同一壑一丘。

姚申之

家西小亭名水云千顷

云影翻随宿雁回，斜晖犹带晚潮来。小桥低处通船过，一队鹅儿两道开。

范公亭 亭在荐严寺后圃池上。范成大少读书寺中，尝游息于此。吴仁杰扁之曰"可赋"，后人更以"范公"名之。今尚存，在都宪院内。

秦　约

范公山中读书处，云气亭亭如盖遮。连冈白石或化玉，匝地紫藤多着花。要知奉使尽忠说，岂但赐恩为宠嘉。野人生晚不并世，独倚凉飙增叹嗟。

秦　凤

凤，刑部郎中。

范公好学古称贤，我到斯亭忆往年。千丈紫藤花烂熳，清芬留与后人传。

次　韵

董　和

和，户部知事。

潇洒曾闻寓昔贤，吾伊绝响已多年。藤萝蔓翠溪流净，风景浑疑画里传。

张　徽

徽，郡同知。

不是丛林老衲贤，肯延儒硕坐穷年。皇华使者重题品，赢得高风万里传。

夏元吉

偶上范公亭，亭幽景物清。竹添今岁笋，树挂昔时藤。老蠹随人化，孤禽向客鸣。栏倾不能倚，惆怅下阶行。

秦 约

瞿惠夫南园惠夫，名智，其先嘉定人，父晟始迁昆山。

性嗜学善论，然未尝谈人过。家贫，欣欣如也。

古铁塘西博士家，高轩瞰水筑新沙。阶头雨长青裳草，合欢草名。池里风摇白羽花。丹颊老人驯野鹿，斑衣稚子弄慈鸦。未应北郭田二顷，更置南楼书五车。

于 立

立，字彦成，庐陵人。匡庐山道士。

顾处士竹逸亭

征君结屋玉山里，个个修篁一尺围。秋声六月起萧瑟，翠雨尽日生霏微。仙人或送青精饭，道士时来白羽衣。清觞雅瑟在盘石，坐看白云天际飞。

倪 瓒

瓒，字元镇，号云林，生常州，无锡人。性寡合好洁。能诗善画，其小景，林木平远，有奇致。家饶赀财，遭元末兵乱，悉分财生平所厚友生。乃往来五湖三泖间，人望之若神仙云。

静寄轩诗

静寄轩中无垢氛，研苔滋墨气如云。匣藏数钮秦朝印，白玉蟠螭小篆文。

独行应如鲁独居，心同柳下歇云迁。从教邻女衣沾湿，试问高人安稳无。

身似梅花树下僧，茶烟轻扬鬓髯鬒。神清又似孤山鹤，瘦骨伶仃绝爱憎。

于 立

题顾仲渊栖云轩

玉峰连天向天起，秀色盘桓三十里。寒翠淋漓湿窗几，影落明湖一泓水。明湖之水清无底，幽人结屋湖光里。溪南溪北花阵迷，舍东舍西山鸟啼。夜来东风雨一犁，满川烟雾春云低。春云无心无定据，长在幽人读书处。未肯从龙行雨去，窗前且伴幽人住。

顾仲瑛

和

春云压帘飞不起，暖气茏葱百馀里。桃花亭亭笑酣春，溪边浣花染溪水。武陵才人碧窗底，青霓衣裳白霞里。翠烟点染猩猩毛，冰绡凝文露华洗。山光入眼青青迷，小鸟向人啼复啼。前村后村树如盖，柳花起舞回风低。云师雨师浩无据，驱云劳劳向何处。请君劝师一杯酒，更借白云檐下住。

易 桓

题昆山王氏桐月轩

月出轩更幽，照我青瑶林。流光淹夕景，疏碧散秋阴。朝阳岂无凤，夜坐空有吟。之人金闺秀，斯桐清庙音。赏静惬真境，览芳怡素心。何当候凫舄，迟子玉山岑。

题昆山李氏濑芳阁

雅构逼阛阓，而无流俗情。汲井玉泉冷，开窗兰雪明。韫真屏粗秽，含英抱芳馨。冲襟惬幽赏，华池有馀清。

拙斋为卢长婴赋

太朴日已散，巧伪日已滋。举世事雕琢，朴散何时归。美玉抱贞素，琢丧良可卑。嗟哉智力尽，徒巧将安施。所以巧若拙，遗言岂吾欺。鹿城有佳士，被褐类无为。读书三十载，一拙恒自持。呼儿具杯酌，邀我赋拙诗。我亦抱瓮人，日日灌荒畦。机心素已息，庶有同襟期。剪彼园中韭，酌彼花下卮。共醉北窗下，梦到羲皇时。

卫 培

题顾善夫墨妙亭

善夫，名信，自崇明徙昆山之太仓。大德初，为浙江军器提举。好古博雅，从赵文敏公游。构此亭，以藏文敏墨妙，自号乐善处士。嘉靖初，江南陶氏穿池得所瘗碑刻二十馀片，人争拓之。今渐剥蚀矣。

宋末事性理，书法悉废置。况复攻程文，视此等末技。岂知古小学，书乃在六艺。此语非我出，得自松雪公。松雪学钟王，东南多从风。遂令茹笔者，冯陆交称雄。善夫爱清赏，十袭护真迹。一字弗弃捐，得即寿之石。要令千载人，摩挲同岱峰。为石构斯亭，亭以墨妙名。众帖尽遒劲，盘谷尤晶莹。惜无儋耳翁，作诗落其成。我欲卧碑下，朝暮究点画。其次攻程文，最上穷理学。窥语君勿嗤，那有扬州鹤。

张 雨

雨，字伯雨，服道茅山，号句曲外史，又号贞居。工诗，一时名士若杨维祯、倪瓒、顾辉辈,咸与为方外交。尝从王溪月真人入京。时吴闲闲宗师全节为嗣师,喜其才,送翰林,集贤袁学士伯长、谢博士敬德、马御史伯庸、吴助教养浩、虞修撰集相与来往,名益大著。

来鹤亭吕诚尝畜一鹤,有一鹤自来为侣,遂构亭,名曰来鹤。

华表归来旧令威,晓风将梦上天飞。缑山借与浮丘伯,一曲瑶笙月下归。

来鹤亭即席赋

草堂孤鹤驻樊笼,忽有鸾笙下碧空。待唤羽衣相向舞,吕家园里看春风。

吕　诚

和张伯雨来鹤亭夜坐

草阁中宵清淰淰,筈筿四壁影疏疏。天头云过多于雁,池里星移或似鱼。

杨维祯

玉立亭

王郎昆之秀,玉立而长身。亭子如笠大,不直一欠伸。亭前千尺峰,倒景入座滨。烧琴有爨桐,漉酒有乌巾。客来塞屋破,露坐草上茵。时时来铁叟,共酌罗浮春。

袁　华

放鹤亭为顾仲瑛赋

一鹤寥寥度碧空,朝辞华表暮辽东。托身每遇云林外,啄食时鸣草泽中。毛骨久知神所化,寿龄还与世相终。曾观夜舞瑶台月,两翅翩跹八极风。

杨维祯

书声斋为野航老人赋

野航老人老学经,拥鼻尚作伊吾声。弹琴间以金石奏,破屋不知风雨生。古文漆简千年在,太乙青藜五夜明。可是流传洛生咏,朝阳迟子凤凰鸣。

鹿城隐居在县西南

倪　瓒

卢公武甫当世衰道卷之际,独能学行伟然,不但贤于流俗,而遂已不愠人之不知。嗜古金石刻辞,汲汲若饥渴。隐居娄江之鹿城,澹泊无所营,若将终其身焉。命余赋《鹿城隐居》,因赋。

避俗庞公隐鹿门，鹿城静亦绝尘喧。 钓缘水北菰蒲渚，窗俯江南桑柘村。书蠹字残翻汗简，石鱼铭古刻洼尊。 地偏舟楫稀来往，独有烟潮到岸痕。

袁　华

昆山疏雨霁，沧洲新水生。气清风日佳，草木欣敷荣。维时春意动，布谷催晨兴。带经陇上锄，负耒垄下耕。释耕应明诏，出牧邹鲁氓。邹鲁圣人里，政教庶易行。遥瞻古鹿城，白云还英英。他时昼锦归，重叙渔樵盟。

陈潜夫

潜夫，字振祖，自钱塘徙家昆山。有文行。洪武六年，为县学训导，转国子学正。游其门者，多成伟器。所著述多散轶不传。

隐显迹固殊，幽赏本同趣。披图见家山，识我藏修处。悠悠昆阜云，离离鹿城树。牛耕春雨馀，野绿照庭户。牧民知稼穑，自足了官务。亦有南飞鸿，含情寄毫素。

陶　广

天马饰金鞯，和銮振玲珑。其如渥洼道，奋迅逐追风。荣遇匪不时，任性异厥中。卢侯昆山玉，谈笑入南宫。出守姬鲁邦，正声摇星虹。春明岱岳秀，行斾拂层峰。缅怀鹿城居，应门候儿童。桑田白日静，梓里新阴重。何当返初服，玄默抱渊冲。此志良已矣，白杨森青穹。

顾　禄

禄，字谨中，华亭人。永乐中，与卢公武同在制诰司。以词翰著名。

洪武八年冬，余与公武舍人同在制诰司，屡闻谈及昆山故居之胜，今已廿馀载矣。适其长嗣来为武康贰令，询及，公武仙去既久，偶出此卷索诗。因追旧事，以寓感慨云。

舍人长诧旧湖田，政近昆山紫翠前。耒耜晓耕黄犊雨，钓丝晴扬白鸥天。忆陪替笔趋三殿，每年遗棺瘗九泉。今在吴兴题画卷，喜逢英嗣话当年。

王　行

行，字止仲，吴县人。家素贫贱。行数岁，随父往药主某媪家雠药，日阅药千品，无所遗忘。媪喜，以家尝所储书与行，行读之三年所，遂去。授徒，名声一时藉甚。洪武初，聘为郡学训导。太守魏观、王观并以行名上闻，不报。后游金陵，客贵臣玉家，坐玉事抵死。

鹿城嘉遁日，有此读书堂。庭树看馀荫，窗芸想旧香。墨庄签帙古，笔冢岁年长。

为喜兰荪在,春风拟继芳。

朱　吉

鹿城近在玉峰前,翠竹扶疏屋数椽。考古穷年书有蠹,谋生乐岁郭无田。披图追忆曾游处,馀泽今看后代贤。焉得素琴弹素志,柴门静对月娟娟。

卢　儒

儒,字为己,号重斋,昆山人。博学工文,善笔札。天顺初,为中书舍人。尝在翰林,一日,上命为雪赋甚急,诸公未能即就,儒援笔而成,一时共为惊叹。然其文多不传。

鹿城缅幽闲,昆丘遥耸峭。灵境迈奇观,眷兹谐夙好。筑室栖高情,开窗豁吟抱。春堤映桃柳,秋渚沿蒲蓼。绿野耦农耕,清川伴渔钓。事从屏迹静,心协玩物妙。四思悼张衡,五悲恻卢照。太璞贵不雕,淳德在弗曜。邈矣玉岩居,冥交与同调。

昆山杂咏卷第九　题咏

龚明之

期颐堂 并序

余自顾颓龄，行将满百，虽日薄西山，亦当优游以卒岁。遂课晜辈作期颐堂于野墅，栽花种竹，以为佚老之地。因赋诗四章，以落之。

投老归来万事休，北窗一枕足清幽。虽然不得行胸臆，幸喜身无千岁忧。

少年已自乐杯觞，种秫安排老醉乡。试问几回供酒事，真成三万六千场。

百事如今与世违，十花一木谩儿嬉。莫欺兀兀痴顽老，曾睹升平元祐时。

不服丹砂不茹芝，老来四体未全衰。有人问我期颐法，一味胸中爱坦夷。

杨维祯

编蒲轩为颜悦堂禅师赋

至正戊子春，仆与京兆姚子章、吴郡顾仲瑛游昆山。明日，悦堂招余，宴宾玉堂。悦堂聪明识理，奉亲之行尤卓。既题其《养亲图》卷，临行，又书此诗于养亲编蒲之所。

因寻老范读书处，知有前朝指柏僧。黛叶寒垂千尺桧，紫花春着万年藤。摩尼珠明照神钵，琉璃碗薄涵青灯。编蒲老子我所敬，空王门中之闵曾。

蒨卜堂题诗遗明海大师

大师，新安寺尼也，永嘉西涧之弟子。传法空王之外，能吟七字句诗。仆与玉山人游昆山，明海招茶，供侍者无有，出楮求诗，为赋是作。

解马来登翠微阁，扬舲重过宝禅林。钵衣五夜下天女，广乐六时闻海音。白金花开蒨卜树，青雨子落娑婆阴。新安上人尚文采，能作石泉西涧吟。

盛彧

素室为闻次安赋

维次安父，索居遁世。好学孜孜，素行其志。思昔圣贤，穷达知命。陋巷一瓢，后车千乘。伊进与退，道无不存。匪慕乎外，乃慎厥身。味兹圣贤，勖我后人。环堵之室，左图右书。濯缨流水，观云太虚。彼君子兮，其乐弗渝。

袁　华[1]

来龟轩歌

昔日避地商溪头，畏涂风雪同放舟。登楼见月思乡泪，坐石观云忆弟愁。落花芳草青春暮，归时喜踏来时路。入门梧竹两青青，园池树石还如故。中庭有物状若能，顶颎踞石魶生苔。相惊左顾一笑粲，乃是河伯使者清江来。重门扃钥严且密，曳尾泥涂何处入。固知异物神所登，却胜鱼在网中得。吾闻灵龟寿绵绵，支床一息二千年。从游凤麟郊薮外，会合龙虎风云前。举目烽烟遍区宇，巷陌铜驼委榛莽。玉山佳处屋鳞鳞，莺花春满辛夷坞。道人当轩写来龟，邀我为作来龟诗。蹇余才薄不能赋，愿尔子孙金印悬累累。

玉山草堂为沈南叔赋

东老草堂在何许，昆玉峰前娄水阳。怪石当门猛兽伏，长松绕屋神蜧翔。芸窗展卷声琅琅，若出金石谐宫商。嵩高山中隐者所，浣花溪上诗人庄。小亭野芳发幽香，沤波森森涵天光。南邻老翁觅酒伴，短筇缓策行徜徉。草堂之乐乐无央，豺虎遁迹罔两藏。何人写图落尘世？乃是四明狂客老更狂，生纸泼墨兀老苍。

青松白石轩

高人种玉玉山中，上有支离之怪松。绝壑云根蹲虎豹，阴崖雪干腾蛟龙。青精[2]饭受神仙诀，金粉花浮琥珀酿。为折长枝当麈尾，何妨踞石语从容。

郭羲仲新庄

抱郭春流带草堂，四瞻桐梓晓苍苍。百花潭上诗人宅，五渡溪头处士庄。且喜比邻连伯姊，不愁行酒少儿郎。西郊从此频相过，剪烛论诗夜未央。

1　以下四首诗，底本未署作者，据袁华《耕学斋诗集》补。

2　"精"，原作"饭"，据袁华《耕学斋诗集》改。

郭 翼

玉山高处[1]

玉山高处开阑槛,夹径新松个个青。日落翠微延晚阁,雨来龙气湿秋屏。檐垂星汉云凌乱,钩拂珊瑚树杳冥。扬子文章吞北海,高名直贯鹊湖亭。

书声斋为姚子章赋

幽人一室开风露,坐想瀛洲玉为署。把书夜坐秋满空,徘徊花影蟾蜍树。莲叶艇子风泠泠,太乙下照藜火青。笙簧万耳洗不醒,渺哉太音谁得听。

筤筜竹轩为马敬常赋

清风峡上筤筜竹,个个绕轩阴满庭。秋声夜觉湘波远,云气晓拂鉴湖青。亲题白野尚书额,好勒金华太史铭。老去几时探禹穴,与子同蹑凤凰翎。

卢 熊

殷氏书堂三和孝章韵孝伯,殷奎也。

先翁乐丘园,手植中庭橘。历年滋溉灌,繁阴政蒙密。霏霏吐雪英,磊磊星垂实。岁晚共旨甘,慈颜谅夷怿。

娄曲书堂

我爱娄江曲,高斋绝市喧。诗书心共远,师友道弥敦。秋露溥朱橘,春晖散紫萱。清朝访遗逸,束帛到丘园。

谢应芳

娄曲书堂为殷君叙赋

书堂何幽幽,乃在娄江曲。波光照窗几,山气润琴筑。嘉尔隐君子,德音粹如玉。籯金散无馀,编菏凫储蓄。焚香白昼静,教子时共读。阶庭春草生,亦作书带绿。有时暂游息,引领寄遐瞩。流云下晴空,幽鸟鸣灌木。于焉得自娱,蔬食犹食肉。我愿从之游,白驹在空谷。

汩波娄水,东连于海。爰有幽贞,居娄之汇。蜓舟岸泊,娄人纷挐。幽贞有子,劬书

1　底本原作"玉山高处和郭羲仲韵",《林外野言补遗》云:"按《昆山杂咏》有'和郭羲仲韵'五字,此或他人作,误为翼诗。姑存俟考。"

厥家。晨鸡既鸣，汛埽室堂。羞我甘软，奉持趋跄。我经我史，如耕如桑。我服其劳，罔敢怠荒。黍稷有田，鱼亦有粱。味道之腴，游艺之场。曰父与子，欣欣乐康。其乐维何，匪人伊天。憧憧往来，谁其语旃。

昆山陈伯康筑亭山巅杨铁崖扁曰玉山高处且为赋诗邀余
及郭羲仲刘景仪殷孝伯卢公武同赋

神仙中人铁笛老，为尔玉山双眼青。玉山高处拄手板，铁笛醉时围肉屏。天生丹穴凤为石，东望黑洋鲲出溟。一代风流有如此，名齐西蜀子云亭。

江雨轩为偶武孟作

春雨如暗尘，江乡昼冥冥。幽人感时变，于兹事耕耘。江雨亦屡作，江风穆而清。土膏润如酥，草木努甲生。此竟谁为之？曰维天之诚。我艺我稷黍，我轩泊我宇。晨兴带经锄，宁惜作劳苦。嘉苗既芃芃，田畯为之喜。霜飙一披拂，致此岁功美。斗酒以自劳，共入此室处。矧兹值时康，乐哉咏江雨。

释来复

来复，字见心，号蒲庵，豫章丰城人。能精内典，工诗文，元末甚有名。洪武初，以高行征，后以作诗忤旨被杀。

静得斋为海道顾仲渊漕使作

细草幽花映户荣，闲观物理寄浮生。人间利禄心无竞，海上风涛梦不惊。野服看云秋色远，石床临水晚凉清。年来我亦忘喧寂，猿鹤空林拟结盟。

李时勉

静安斋为张处士士行作

人之一心，明镜止水。外诱中移，汩浊昏翳。反求厥初，未尝或昧。昧者不知，知者不庆。膏车脂辖，以求其至。至则得之，何所不遂。隐居达道，各臻其诣。惟君之明，惟德之懿。铭以昭之，用勖来裔。

杨 翥

翥，吴县人。性端敏凝重。师事杨士奇受《易》。洪熙初，荐为翰林检讨，累迁礼部尚书致仕，禄之终身，年八十五。所著有《希颜集》。

又

惟静乃专一,专一斯能安。以其不妄动,外物何由干。斋居既幽邃,映带皆林峦。绿水何逶迤,白云在檐端。析义穷精奥,观理造微玄。波定爱鉴物,谷虚声以传。灵府既有得,恍如隔尘寰。

陶 振

振,字子昌,吴江人。少学于杨维祯。洪武末,举明经,授本县县学训导。尝坐佃居官房,逮至京师,上《紫金山》等赋。改安化教谕,卒。振天才超逸,工诗。所著有《钓鳌集》。

拙 庵

娄江之侧有昆丘,拙庵道人居上头。江声到枕或成雨,海色满帘都是秋。守株曾得山中兔,托迹竟比林头鸠。有愚还学柳州柳,有身却作囚山囚。平生自笑何太拙,耻向权门事干谒。分甘巢许一身闲,不掉苏张三寸舌。所以头最拙,有发不能冠。所以手最拙,有琴不能弹。郑卫之音有耳不能听,毛嫱子都之色有眼不能观。嗟嗟若人谁得似,汉阴丈人差可拟。既看形骸若槁木,想见寸心如止水。分明有类抱朴翁,只疑便是玄真子。钓鳌先生来海门,相见娄东黄叶村。手持先天书一卷,白日共向林间论。骑牛却入山中去,浊酒同倾老瓦盆。

又

朱 吉

吉,字季宁,昆山人。泽民之子。洪武中,以学行荐入为户科给事中。再转湖广佥事,狱无冤滞。太宗命题太祖高皇帝神主,眷赏特厚。年八十一卒。所著有《五斋集》。

太朴本自然,世降巧伪妍。孰知巧多困,徒为朴者怜。谆谆好学士,当穷道本源。本源岂有外,物欲相钩牵。幽泉洗心白,灵籁息耳喧。悠哉抱朴人,应能达此天。以身验机巧,古朴追前贤。

俞贞木

初名贞,字贞木,后以字行,更字有立,吴县人。性好古,有苦节,工古文词。洪武初,以荐授乐昌、都昌令,为乡人所诬,逮诣京师卒。所著有《立庵集》。

古道久寂寞,淳风日浇漓。人心转机巧,变幻益以滋。乐哉长婴氏,以拙名其居。居处无长物,素琴与古书。愿从园绮游,耻为苏张徒。无能守一拙,百巧将焉如。春风草木香,夜月窗牖虚。不近人世□,此乐人少知。相逢无可语,聊以歌古诗。

吕　诚

翠涛轩为则明作

梧竹幽深处士居，八砖日转午阴移。到门不敢题凡鸟，自染龙香写好诗。

翠葆如云过屋高，金风为我扫炎熇。五更万壑秋声满，疑是仙槎驾海潮。

七尺乌藤手自操，鲤鱼风起月轮高。带将一个城南树，五贾冈头看翠涛。

袁　华

马公著见山楼

徙倚双林万木秋，好山都在马家楼。大江西上经秦望，巨壑东倾见沃洲。半夜书声天外落，四檐风气座间浮。登高作赋休怀土，拟泛星槎问斗牛。

吕　诚

菊　田

余客竹州三年，颇有彭泽东篱之好。古人亦谓菊独以秋花傲兀于摇落之后，非霜下之杰乎？昔年曾赋《对菊》之歌，老兴未已，复作《菊田》一首，以纪岁月耳。

摇落西风已怆然，金蕤月朵为谁妍？人间无地安花宅，洲上于今有菊田。晚岁拟寻甘谷老，颓龄幸值傅延年。落英餐尽秋香骨，许我飞行作地仙。

昆山杂咏卷第十 题咏

玉山草堂

玉山草堂者，顾仲瑛读书弦诵之所。以茅茨杂瓦为之，栉比数百楹，缭四檐，周遍植梅竹及珍奇之石。幽闃佳胜，合于岩栖谷隐之制。

释良琦

良琦，字元璞，天平兴庆寺僧。有诗名。

玉山草堂娄水西，杂树远近春云低。王维昔赋宫槐陌，杜老亦住浣花溪。弹棋局在高梧落，委佩声传暮竹迷。阁老文章全盛日，钓竿盘石慰幽栖。

陈　基

基，字敬初，临海人。从黄溍学，授经筵检讨。其徒有为御史者，以谏忤旨，连基，遂避归至吴。时张士诚为太尉，基参谋军事。士诚欲自王，基独为谏止。遂累迁学士，一时书檄、碑铭、传记多出基手。及士诚就俘，基从入京，卒得宥免，预修《元史》而还。洪武二年，卒于常熟。基为文清雅。所著有《夷白斋集》。

隐君家住玉山阿，新制茅堂接薜萝。翡翠飞来春雨歇，麝香眠处落花多。竹枝已听巴人调，桂树仍闻楚客歌。明日扁舟入州府，不堪离思隔苍波。

王　蒙

蒙，字叔明，吴兴人。善画。赵文敏之甥。自号黄鹤山樵，又曰皋亭主人。

玉山草堂近秋水，当昼烟云生席茵。檐间鸥鹭下白雪，床有琴瑟娱嘉宾。虎头痴绝丹青在，鹅帖临摹纸墨新。料得西风收获竟，焚香菌阁坐清神。

杨维祯

爱汝玉山草堂好，草堂最好是西枝。浣花杜陵锦官里，载酒山简高阳池。花间语燕春长在，竹里清樽晚更移。无奈道人狂太甚，时携红袖写乌丝。

秦　约

华构连山起，春云隔树阴。雨声鱼罾满，草色鹿场深。洗砚收金匣，钩帘动玉琴。相过有于鹄，燕坐共长吟。

玉山佳处

顾仲瑛家界溪之上，为园池别墅，治屋庐其中。名其前之轩曰钓月，室曰芝云，东有斋曰可诗，西有舍曰读书。后累石为山，而亭其前曰种玉，山之上曰小蓬莱，山偏之楼曰小游仙，后有堂曰碧梧翠竹楼，曰湖光山色之楼。过浣花溪为草堂，又其东偏为渔庄、柳塘春。临池之轩曰金粟影。合而名之曰"玉山佳处"。

王　祎

祎，字子充，义乌人。幼奇敏绝人，与宋濂同师事黄溍。洪武初，授江西提举司校理，迁起居注，同知南康事。召修《元史》，为总裁官，擢翰林编修。使云南，为梁王把都所害，追赠学士，谥忠文。所著有《华川集》《玉堂杂著》诸书。

玉山何岧峣，亭馆发佳气。雨过井上梧，风生石边桂。芳樽侑娇歌，谑笑杂清议。论交不须深，对酒且成醉。情谐略细仪，理会忘外累。孤踪苦无常，良集讵云易。未知今日欢，明日复何地。

于　立

春风昨夜起，吹荡沧江水。幽人渺何处，乃在玉山里。玉山秀色何崔嵬，沧江之水长萦回。萦回不尽绕山去，但见满谷桃花开。草肥青野鹿呦呦，花下残棋暮不收。邻家野老长携酒，溪上渔郎或舣舟。幽人读书忘世虑，结屋山中最佳处。世上红尘空白头，携书我亦山中去。

张天英

天英，字南渠，清河人。

玉山有佳处，乃在昆仑西。蓬莱数峰小，上与浮云齐。云中飘飘五色凤，只爱碧梧枝上栖。芝草琅玕满玄圃，群仙共蹑青云梯。太湖三万六千顷，水水流入桃花溪。溪头浣花如濯锦，百花潭边浮紫泥。紫皇拜尔山中相，闲把丝纶草堂上。渔庄一钓得龙梭，龙女吹箫书画舫。西风玉树金粟飞，东风柳浪金波漾。岁岁年年乐事多，绿野平泉何足尚。十二楼前看明月，太乙明星夜相访。酌霞觞瑶台，露湿芙蓉裳。我亦桃源隐居者，握手一笑三千霜。

杨维祯

山回古县六七里，湖到维亭第一家。翡翠明珠通百粤，竹枝铜鼓出三巴。山公酒醉童将马，禅客诗成女散花。须信西园图雅乐，佛中脱缚有丹霞。

荆山道人曾有约，约过溪头金粟家。江上降龙重见朗，酒边吹雨或成巴。春归驷马桥头柳，月满蕃禧观里花。铁笛东归还小住，仙源不隔赤城霞。

倪　瓒

至正九年八月十六日，计筹山吕尊师访余萧闲馆，为余言顾仲瑛征君玉山隐居之胜，辄想像赋长句以寄。他日，尚同袁南宫携琴啸咏竹间也。

解道玉山佳绝处，山中惟有吕尊师。已招一鹤来庭树，更养群鹅戏墨池。松风自奏无弦曲，桐叶新题寄远诗。若许王猷性狂癖，径来看竹到阶墀。

玉山席上作就呈同会

曹　睿

睿，永嘉人。

我到玉山最佳处，溪头新水荡轻舠。春回绿圃花如雾，风入苍梧翠作涛。越女双歌金缕曲，秦筝独压紫檀槽。诗成且共扬雄醉，笑夺山人宫锦袍。

于　立

绿树当门过屋高，满溪新水系双舠。千林夜色悬青雨，万顷晴云卷素涛。鹦鹉倾杯传翠袖，琵琶度曲响金槽。扬雄赋就风流甚，制得轻红小袖袍。

柯九思

神人夜斧开青玉，一片西飞界溪曲。中有桃源小洞天，云锦生香护华屋。主人意度真神仙，日日醉倒春风前。手挥白羽扇，口诵青苔篇。袖拂荆山云，足蹑蓝田烟。飘飘直向最佳处，漱润含芳揽琪树。世间回首软尘红，不须更向蓬莱去。

华　翯

翯，字伯翔，吴兴人。

我闻玉山最佳处，翠竹高梧夹行路。阴阴石洞响流泉，历历青山隔春雾。草堂窈窕烟水西，杨柳漠漠鸣黄鹂。华间委佩仙客集，水上清唱渔舟迷。岩头桂子飘金屑，石上

芝云白于雪。何曾梦入小游仙，长夜持竿钓明月。玉堂学士天上来，相逢一笑华筵开。千钟绿酒金茎泻，五色新诗云锦裁。美人高歌醉击筑，下堂送客烧银烛。明朝回首望仙槎，月出金盘照华屋。

钓月轩

张翥

翥，字仲举，晋宁人。至正九年，海道粮饷毕达京师，时以天妃神灵，封香遣祀。中书以翥载直省舍人彰室，遍礼祠所。事竟，还次吴门，顾君仲瑛留宴草堂，遂有此作。翥自幼豪放，好蹴鞠、音乐，父忧之，一旦折节，闭户读书。父时为安仁典史，遂受业安仁大儒李存。又从杭郡仇远先生学，卒以诗文知名。后累官翰林学士承旨，封潞国公。

玉山山下水满池，池水秋雨深生漪。夜深明月出沧海，照见池边岩桂枝。华阴故人美如玉，独坐苍苔垂钓丝。一丝涵影秋袅袅，待到月来花上时。苦吟忘却鱼与我，但觉两袖风飓飓。引竿钓破广寒碧，乘兴搅碎青玻璃。不知今夕草堂醉，笑领洛神张水嬉。明朝回首越来道，独看月华多所思。

虞集

集，字伯生，隆州仁寿人。虞忠肃允文之后。随父汲侨居临川。天性孝友，弘才博物。累迁奎章阁学士。日取经史中切心德治道者陈进经筵，尤随事规谏，一时大典册，咸出其手。平生为文万篇，有《道园学古录》行世。卒赠仁寿公，谥文靖。

方池积雨收，新水三四尺。风定文已消，云行影无迹。渊鱼既深潜，水华晚还出。幽人无所为，持竿坐盘石。

芝云堂

顾仲瑛尝得异石于顾氏之漪绿园，轮囷明秀如卿云，扶疏缜润又如芝草，合而名之曰"芝云"，因以名其堂。

于立

仙人误读黄庭经，神光堕地如流星。地气忽与天光凝，灵芝轮囷结浮英。杖撞双检声彭訇，居然异境标殊庭。霞裾珠珰翠羽屏，天乐桂树风泠泠。张骞夜骑赤凤翎，函香南荒杳冥冥。精诚一念通真灵，海若缩息波涛平。芝云堂中笑相迎，美人如花酒如渑。笑谈未了离别情，飘然乘风朝帝京。五色庆云三秀霙，永永瑞世开皇明。

郑元祐

仙家芝草烨五色,海日一照蒸成云。结为楼观霄汉上,千门万户春氤氲。斑龙误骑有谪籍,云斾夜下星宫君。忽焉堕地变为石,昆吾有刀切不得。岩壑高深翠涛积,卿云轮囷瑶草碧,永镇金粟仙人宅。

秦　约

海上金银坞,朝暾散景迟。春明一卷石,云护九茎芝。玉气腾深谷,虹光射曲池。何当祠太乙,采采侯灵旗。

可诗斋

仲瑛博学好古,尤潜心于诗。为敞堂奥馆,延四方宾客觞咏其中,遂名其斋曰"可诗"。

袁　华

东阁官梅放,西池春草芳。宴坐寻真赏,怀人意不忘。

顾仲瑛

木叶纷纷乱打窗,凄风凄雨暗空江。世间甲子今为晋,尸里庚申不到庞。此膝岂因儿辈屈,壮心宁受酒杯降。与君相见俱头白,莫惜清谈对夜缸。

读书舍

张天英

近闻东观藏书室,乃在昆仑玄圃台。群玉山头海月出,武陵溪上渔舟来。故人十载草堂别,仙家九月桃花开。太白时时吹铁笛,对酌花前鹦鹉杯

种玉亭

释良琦

久爱幽栖似学仙,山中种玉不知年。绿阴分缀三危露,瑞气飞成五色烟。璞里辨文裁杂佩,囊中餐法自蓝田。安知此地非蓬岛,月下鸾笙夜夜传。

小蓬莱

青城虞翰林尝作《步虚词》四章,仲瑛藏之玉山小楼。杨廉夫以其词有杨、许玄隐

之风,遂名其楼曰"小蓬莱"。

虞　集

步虚长松下,流响白云间。华星列爝火,明月悬佩环。肃然降灵气,穆若愉妙颜。竹宫憺清夜,望拜久乃还。

朱光出东海,高台迎赤曦。六龙献阳燧,九凤保金支。炼丹轩辕鼎,濯景昆仑池。拜赐水玉佩,玄洲共遨嬉。

稽首望太霞,离罗间层霄。氤氲结冲气,要眇出空谣。前参千景精,后引务猷收。摄衣上白鹤,招摇事晨朝。

学仙淮南王,问道刘更生。三年炼神丹,九载凌上清。日月作环佩,云霓为旆旌。回首召司命,灵雨洒蓬瀛。

湖光山色楼

太湖西南下,绕阳山、海虞山麓东流,汇为阳城湖。湖之上有大林棷,神秀融结者,是为界溪,仲瑛为楼于溪之上。既登斯楼,凭高四望,惟见风樯往来,沤波出没,而山色葱茏晻霭,三山十洲宛焉在目,因名之曰湖光山色之楼。盖草堂景物之尤胜者。

杨维祯

仙家十二楼,俯瞰芙蓉渚。象田耕玉烟,龙气生珠雨。凤麟远水接空濛,小瀛夜折蓬莱股。兰台美人能楚语,十三雁急孤鸾舞。仙人醉骑黄鹤来,醉挥落日使倒回。剪取琼田一棱归,满天铁笛走春雷。

秦　约

快阁初延望,流云乍度檐。沙明荡瑶席,山色上牙签。杏叶浮波浅,桃华隔岸添。隐囊西景暮,坐见月纤纤。

郑元祐

顾家湖光山色楼,登览近在屋西头。朝烟帖水白如练,晴云出坞青相缪。浪花烁闪上初日,崖气高寒成凛秋。宿草遥瞻仲雍墓,孤帆谁张范蠡舟。灵来恍若云旗下,物换依然汀草抽。何人孤笑答渔唱，有客五月披羊裘。主人引客遥指点，童子昔时曾钓游。王门曳裾尘眯目，客卿担簦雪满头。何时长年登临笑，乐老于此孰与俦。玉关西望不得入，辛苦才封定远侯。

杨维桢

浣花馆联句

至正戊子六月廿四日，维桢与卫辉高智、匡庐于立、清河张思贤、汝南袁华、河南陆仁燕于浣花馆。酒阑，主客联句，凡廿四韵。主为玉山顾瑛也。

大厦千万馀，小第亦云甲，桢。鲵津类清雪。湖吞傀儡深，立。江泻吴淞狭。地形九曲转，贤。峰影千丈插。斜川万桃蒸，华。小径五柳夹。仙杖撞石检，仁。灵洞开玉匣。云停清荫初，瑛。凉过小雨霎。鹤舞竹缡褷，桢。鹭乱萍喋唼。风颠帽屡欹，立。暑薄衣犹夹。花从嬴女献，贤。酒倩吴姬压。帘卷苍龙须，华。盘荐紫驰胛。戎葵粲巧笑，仁。文瓜印纤掐。白鬣鱼乍判，瑛。红莲米新锸。急觞行葡萄，桢。清厨扇蒲箑。火珠梅烨爗，立。冰丝莼浹渫。云雷摩乳彝，贤。珌瑞玩腰㳫。伶班鼓解秒，华。军令酒行法。弓弯舞百盘，仁。鲸量杯千呷。腔悲牙板擎，瑛。调促冰弦㩳。客欢语噂遝，桢。童酣鼻齁齁。觞彻给泓颖，立。诗成缮书札。呕句投锦囊，贤。披图出缃笈。骊驹歌已终，华。青蛾情尚狎。永矢交友盟，仁。铜盘不须歃。瑛。

昆山杂咏卷第十一 题咏

柳塘春

郭　翼

阴阴覆地十馀亩，袅袅回塘二月风。雨过鸥眠沙色里，花飞莺乱水声中。

昂　吉

吉，字起文，西夏人。

春塘水生摇绿漪，塘上垂杨长短丝。美人荡桨唱流水，飞花如雪啼黄鹂。

秦　约

弱柳金塘上，春浓岸岸连。树深停野骑，花送渡江船。燕蹴初晴雨，乌栖欲暝烟。沿洄正延伫，落日棹歌还。

郯　韶

韶，字九成，吴兴人。

美人远在春塘住，门外垂杨千万树。微风白日袅游丝，渡水轻阴荡飞絮。使君来自白玉堂，攀条欲结双明珰。门前系着紫骝马，上堂急管弦清商。美人起舞为君寿，再拜登歌酌君酒。使君明日上长安，莫唱春风折杨柳。

渔　庄

玉山佳处之东，其地虽沮洳蓁莽，仲瑛以其有异景，遂夷其忍水奥草，筑室于上。环引溪流，萦绕如带。而枫林、竹树、兰苕、翠羽，掩映相鲜，可方可舟，渔歌野唱，宛在苕霅间也。礼部白野兼善榜其颜曰"渔庄"。

袁　华

公子不好猎，小庄濠上居。长舠载大炬，清夜会叉鱼。

于　立

二月春水生,三月春波阔。东风杨柳花,江上鱼吹沫。放船直入云水乡,芦荻努芽如指长。船头濯足歌沧浪,兰杜吹作春风香。得鱼归来三尺强,有酒在壶琴在床。长安市上人如蚁,十丈红尘埋马耳。渔庄之人百不理,醉歌长在渔庄底。

杨维祯

君不见裴家之庄在子午,台池已作张家墅。又不见李家之庄在平泉,花石亦入陶家园。不如渔庄在昆之所,官不得夺,人不得取。或言投长竿,跻会稽,钓严滩,隐磻溪。彼数子者逃名而名至,谁能索我于东溪之东、西山之西。春江冥冥,春水弥弥。桃花乱流,跳鲂与鲤。会稽丈人本钓徒,钓竿手拔珊瑚株。浩歌小海入东去,大鱼鳞鳞来腾予。子知我,我知鱼,濠梁之乐乐有馀。

释福初

君家渔庄在何处,江波迢迢隔烟雾。清秋独钓芦花风,明月长歌白蘋渡。高堂丝管延佳宾,举网得鱼皆锦鳞。小奴鸾刀出素手,金盘斫鲙如飞银。走也山林老释子,挂杖行吟嗟未已。平生雅有濠上游,相思弥弥东流水。

金粟影

释良琦

幽轩栏槛绝低小,浑似毗耶丈室空。金粟花浮双树月,白莲香散一池风。每闻天鹤乘云外,莫遣仙姝入座中。却怪袈裟留住久,钓船犹系柳桥东。

郑元祐

岩桂花开江浦流,辟疆园里旧曾游。天方雨粟成金色,风直吹香上玉楼。空里宝云狮子座,镜中丝鬓鵷鸾裘。嫦娥手种谁攀得,一曲鸾笙万壑秋。

彭　冞

开窗见明月,团团弄清辉。湛露下庭柯,幽香发华滋。手举青玉案,喜与仙人期。遨游青云中,遗我最高枝。茹芳咽琼液,插花醉瑶池。中有群凤鸣,景星亦相随。高轩夜深坐,秋影正葳蕤。勿持广寒府,为赋小山辞。

顾　瑛

飞轩下瞰芙蓉渚,槛外幽花月中吐。天风寂寂吹古香,清露泠泠湿秋圃。金梯万丈手可攀,居然梦落清虚府。庭中捣药玉兔愁,树下乘鸾素娥舞。琼楼玉宇千娉婷,中有癯仙淡眉宇。问我西湖旧风月,何似东华软尘土。寒光倒落影蛾池,的砾明珠承翠羽。但见山河影动摇,独有清辉照今古。觉来作诗思茫然,金栗霏霏下如雨。

书画舫

仲瑛引娄水其居之西墅为桃花溪,厕水之亭四楹,上篷下板,傍桹翼然似舰窗。其沉影与波动荡,若有缆而走者。杨廉夫尝吹铁笛其中,客和小海之歌,不异扣舷者之为。中无他长物,唯琴瑟笔砚,多者书与画耳。遂以米芾氏所名"书画舫"命之云。

杨维祯

联句诗

三月三日,杨铁崖、顾仲瑛饮于书画舫,侍姬素云行椰子酒,遂成联句如左:

龙门上客下骢马,瑛。洛浦佳人上水帘。玛瑙瓶中椰蜜酒,崖。赤瑛盘内水晶盐。晴云带雨沾香炬,瑛。凉吹飞花脱帽檐。宝带围腰星万点,崖。黄柑传指玉双尖。平分好句才无劣,瑛。百罚深杯令不厌。书出拨灯侵茧帖,崖。诗成夺锦斗香奁。臂韝条脱初擎砚,瑛。袍袖弓弯屡拂髯。期似梭星秋易隔,崖。愁如锦水夜重添。劝君更覆金莲掌,瑛。莫放春情似漆黏。崖。

郑元祐

雪舫夜寒虹贯日,溪亭腊尽柳含春。将军祝发闻全武,隐者逃名愧子真。醉里都忘诗格峻,灯前但爱酒杯频。芼羹青点沿墙荠,斫鲙冰飞出网鳞。稽古尚能窥草圣,送穷端欲致钱神。周南老去文章在,同谷歌终手脚胈。擿鳖归来还自笑,闻鸡起舞意谁嗔。盍簪岂料有今夕,明日桃源又问津。

王　蒙

乱后重登旧草堂,主人延客晚樽凉。风摇竹影书签乱,花落池波砚水香。离别顿惊年岁改,梦魂愁杀路途长。欲知阮籍何由哭,四海兵戈两鬓霜。

春晖楼

春晖楼者,仲瑛就养读书之所。因取孟郊《游子吟》"春晖"句名之。

袁　华

春晖楼前春日长，绿阴满地鸣鹂黄。红紫纷纷逐流水，名花独殿馀春芳。粉容丹脸泫朝露，飞燕玉环双靓妆。天上故人官奉常，风流不减章台张。看花走马日倒载，五云坊西千步廊。抚时怀旧多感慨，每把新诗酬畅当。扬州金盘大如斗，兔葵燕麦迷空场。人生胡为不醉饮，直待两鬓飞秋霜。

秋华亭

于　立

溪上新亭绝萧爽，四檐高树碧参差。香浮金粟秋盈把，凉沁琼花月满枝。枝近东山深窈窕，水通遥汉共逶迤。银瓶细泻深杯酒，罗扇新题小字诗。曲倚瑶筝声累咽，歌停翠琯舞频欹。露零菡萏枝枝谢，风入梧桐叶叶吹。每忆天孙候河鼓，更烦星使问秋期。道林明日难为别，更约山公醉习池。

顾　瑛

开宴秋华亭子上，共看织女会牵牛。星槎有路连云渡，银汉无声带月流。取醉不辞良夜饮，追欢犹似少年游。分曹赌酒诗为令，狎坐猜花手作阄。最爱柳腰和影瘦，更听莺舌会春柔。金茎露落仙人掌，锦瑟声传帝子愁。络纬岂知都是怨，芙蓉莫恨不禁秋。紫薇花下微风动，重欲移樽为客留。

释良琦

片玉山西境绝偏，秋华亭子最清妍。三峰秀割昆仑石，一沼深通渤澥渊。鹦鹉隔窗留客语，芙蓉映水使人怜。桂丛旧赋淮南隐，雪夜尝回剡曲船。北海樽中长潋滟，东山席上有婵娟。紫薇花照银瓶酒，玉树人调锦瑟弦。醉过竹间风乍起，吟行梧下月初悬。一声白鹤随归佩，何处重寻小有天。

淡香亭

秦约尝得赵文敏公所篆"淡香"二字，遂以遗仲瑛。仲瑛因作斯亭，邀同侪赋之。

卢　昭

玉山佳处野亭分，千树梨花白似云。仙袂倚风林下得，淡香和月夜深闻。生憎蛱蝶迷春色，不待猰㺄换夕熏。西郭东阑已陈迹，总传芳扁重鹅群。

x

殷　奎

奎，字孝章，一字孝伯，其先自华亭徙昆山。少从杨维祯受《春秋》。洪武初，以荐赴京师，试高等，授州县职。因母老，请近地便养忤旨，调西咸阳教谕。在任四年，念其母，郁郁而死，年四十有六。门人私谥文范先生。为文精于理学，尤勤纂述。所著有《道学统绪图》《家祭仪》《昆山志》《咸阳志》《关中名胜集》《陕西图经》《娄曲丛稿》等书。

澹香亭外花无数，尽说清明似洛中。西郭爱看千树雪，东阑生怕五更风。何郎酒怯春罗薄，荀令香熏雾縠空。吹遍内园天上曲，坐深清夜月朦胧。

君子亭

仲瑛所居，泉石幽邃，篔筜数百个，照映几席，翠气浮动，仿佛徂徕竹溪之胜，因以所藏赵文敏公"君子亭"三大字以榜其颜。安阳韩性明善甫为之序。

张天英

玉山隐者蓬莱客，洞府萧森锁寒碧。亭前常与鹤同行，亭外断无车马迹。中有方丈之琼田，种出琅玕数千尺。云动琅玕翠欲飞，云去琅玕净如拭。天风吹作凤凰箫，地上残云化为石。醉墨淋漓节下书，翛翛凤尾玄珠滴。王君一去今千年，对此令人重相忆。

陈　聚

聚，字敬德，天台人。

闻君结屋沧江上，万竹青青带薜萝。满谷风声秋不去，隔林云气雨偏多。仙人骑鹤吹笙下，狂客题诗载酒过。日暮新凉动萧飒，娉婷翠袖欲如何？

雪　巢

雪巢在梧竹堂之右偏。杨廉夫序云：上古未有室庐，则民有橧巢而居者。至陶唐之世，尚有巢父之流以树为窟，与羽族同栖者。想其当霰雪之集，与木介同冰，是有雪之寒，无雪之清者也。后世乃有借光于窦者，谓之雪窗。致爽于高者，谓之雪楼。而又有假屋于巢、假巢于雪者，谓之雪巢。是有雪之清，无雪之寒者也。

郑元祐

太古有积雪，不在西蜀西。西蜀之西雪山远，斫冰千仞难攀跻。岂如界泾之上肃侯宇，虚室生白皦如楮。正犹雪积太古前，表里空明湛中处。其处者谁世寡俦，纯净不涅缁尘羞。素履恒因积后见，冰澌夜转银潢秋。遂拟巢居葛天氏，不在木末并山头。三辰借明启牖户,九霄排云通径路。昊天月明日将曙,螺盘盛得金茎露。借问修梁初举时,见者喜气盈芝眉。巢成定产九苞凤,我老为赋卷阿诗。

陈 基

至正十年十二月,积雪弥旬,玉山主人邀予与于匡山煮茗于雪巢,为赋《煮雪窝》。

草堂之仙人,隐居玉山陲。盗泉不肯饮,恶木不肯栖。就山为窝煮山雪,雪胜玉泉茶胜芝。煮以彭亨菌蠢之石鼎,燃以蹙缩拥肿之树枝。恍闻松风汹涌出涧壑,化作云气烂熳上欲干虹霓。匡庐道士来会稽,嬉笑怒骂皆成诗。寻常一饮即一石,踏破瓮中天地皆醯鸡。不厌陶家滋味薄,却爱玉川文字奇。举碗猛吸如鲸鲵。悠然相对如宾客,窝中自来无町畦。乃知浑沌凿不破,纵使先天之子亦莫窥端倪。逍遥笑杀南华老,梦与蝴蝶随春迷。

春草池

释良琦

桃溪绿水接深池,芳草如云护石矶。色映缃帘春雨细,波明画舫夕阳微。最怜才子新成句,因忆王孙久未归。况有高亭更萧爽,日长留客看清晖。

法 坚

坚,云门寺僧。

雪消春色满江沱,芳草纤纤覆绿波。最是高阳池上客,狂歌无奈醉时何。

亭前修竹净漪漪,烟暖沙头杜若肥。一夜雨馀春水涨,白鸥日日到柴扉。

顾 达

达,吴郡人。

碧色涨春云,圆文生暮雨。稍平杨柳岸,已没鸡鶒渚。锦鳞唼萍游,兰棹隔烟语。曲栏倚东风,怀人渺南浦。

碧梧翠竹堂

释良琦

碧梧翠竹之高堂,乃在玉山西石冈。浓阴昼护白日静,翠气夜合清秋凉。堂中美人双鸣珰,不独痴绝能文章。北海李生共放旷,东林惠远同徜徉。张骞乘槎下银潢,奉诏远降天妃香。帷中灵风神欲语,坛上五色星垂光。舟回鲸涛溯长江,故人宛在江中央。入门相见各青眼,花开促席飞霞觞。清歌遏云锦瑟张,亦有众宾相颉颃。祢衡赋就故惊座,宽饶酒深真醉狂。黄河东流雁南翔,轺车明朝归帝乡。玉堂掖垣梧竹长,题诗寄远毋相忘。

昆山杂咏卷第十二　题咏

马先觉

先觉，字少伊，昆山人。乾道初，登进士第，为海门主簿，累迁兵部架阁。素高逸，不事请谒，号得闲居士。以崇议郎管台州崇道观，卒。所著有《惭笔集》。

索笑图诗并序

余有小野在甫里之东，将营草堂、种梅以娱老，命陈良士图其意为作，陋质幅巾藜杖，巡檐玩香，殊有逸趣。因号《索笑图》，且赋诗以志之。

封侯无骨登凌烟，食肉无相当万钱。君看檐下偃蹇者，如何头上着貂蝉。雅宜置之一丘壑，了此三生梅竹缘。云岩露落月照水，有美玉树临风前。影窥疏棂香破梦，隐几维摩起幽禅。杖藜微步绕千匝，一笑与花俱欲仙。呼童秉烛进诗具，折香来荐冰壶泉。少陵此兴隔千岁，顾我素好亦同然。但觉搜肠乏妙语，也拟著句开云笺。床头盎盎春有味，案上泠泠风入弦。人生适意政须尔，何用底死浮名牵。是图落笔有妙解，先事立意非徒传。草堂之资吾办久，不学杜老长乞怜。甫里下田傥逢年，便判百斛买江天。

袁　华

题玉山读道书小像

灵岳耸层霄，琼馆阆金乡。若人秉昭质，守一修洞房。呼吸龙虎气，嗽咽日月芒。龟阙西瑶台，中有明光章。下授小兆臣，玉捡鸾回翔。稽首校隐文，琅毫耀霞光。绛蕉承宝露，肉芝冒玄霜。采掇充服食，味倾金梨浆。消摇澹无为，寿期穷壤长。

题顾仲瑛摘阮小像

夫君青云姿，逍遥在丘园。冥心绝遐想，燕坐息众喧。拥书白石上，摘阮青松根。乃非竹根叟，似是丰陵孙。

题倪云林山居图

地僻无辙迹，知为静者居。山泉激石骏，岩树覆窗虚。洗药坐濯涧，负苓行读书。兹山傥可老，吾欲乐耕鉏。

虞　集

题鹤亭诗稿《鹤亭诗》，吕敬夫所作也。

三幅吴笺二十诗，才华宫锦翠蛾眉。长吟易尽愁无那，抱膝茶烟两鬓丝。

东南嘉丽盛长歌，水碧空青苦未多。莺啭上林千树柳，但闻新咏奏云和。

高　启

题林居图兼简卢公武

竹梧翳苔石，知是幽人居。林间鸟鸣后，亭空宾散馀。闻有卢鸿爱，长年留著书。

卢　儒

题玉山佳趣卷邑人朱宗海家有玉山佳趣堂

弱植寡荣慕，丘壑协幽襟。结构傍岩阿，开扉依水浔。早窥白云谷，夕眺苍烟岑。岚雾纷庵苒，术径闷阴森。屡伸独往愿，所适穷讨寻。始讶碍回磴，忽觉通密林。垂袂承绪风，拖杖肆微吟。步缓忘疲蹇，兴遂登嵚崟。翻碑字文灭，吊冢薜苔侵。刘过负气节，王葆道潜心。惠政仁民思，纪咏遗芳音。仰贤览八极，万化归消沉。唯有绵清誉，亮可征古今。

雪篷图诗

蔡子坚者，家吴淞之上。日以耕钓为乐，文人才士咸喜与之为友。尝作渔舟江上，其篷窗舻屋，不事藻绘，惟以粉垩为饰，名曰雪篷。子坚时把钓垂纶，携琴引鹤，得鱼酤酒，命客赋诗其中，以适其志。俞贞木、马公振辈以为愈于乘兴于剡溪之上者。

马　麐

雪之篷兮，维子之舟。叶诸。雪之江兮，可钓可渔。舟之中兮，有琴有书。贞白相看兮，其志弗渝。扣舷而歌兮，乐以忘忧。叶于。

江之清兮，一苇可航。岁云暮兮，雪压船篷。叶逢。江波不动兮，白鹭双双。赋诗酌酒兮，邀我良朋。叶旁。我既醉兮，泊此渔庄。

王　逢

逢，吴郡人，号席帽山人

岁晚天空玉一蓑，满船书画压银河。鲛人室露双冰鲤，神女峰沉几翠螺。梦里客星辞帝座，尊前小海度渔歌。高明益进中庸学，日咏东家绿树多。

朱　吉

寒透疏篷云正低，逸人江上托幽栖。梦回陡觉瑶光袭，醉坐遥看野色迷。底用山阴访陈迹，绝胜月夜泛清溪。渔郎杳失桃源路，万树梅花暗满蹊。

萧　规

规，字元则，长沙人。国初徙居吴江，再徙郡城。其学长于《春秋》及《毛氏诗》。乐道不仕，号称竹园先生。所著有《湖山樵寓集》。

吴榜何年过东浙，带得山阴一篷雪。春风浩浩吹不消，夜月娟娟照偏洁。雪篷主人且好奇，载客日游随所之。呼酒恒持金凿落，对花每品玉参差。咿哑柔橹渡湖曲，惊起鸳鸯不成浴。泛泛斜当琼树移，摇摇宜傍银槎宿。棹歌齐发声抑扬，高情独爱水云乡。从游酬酢谁最密，儒雅每闻马季长。

谢应芳

鸱夷船载西施去，遗臭五湖烟水路。嘉尔吴淞雪一篷，江水曾无尤物污。篷窗洞开天雨花，柂楼屹立冰为柱。鹅鸭不惊柔橹鸣，鸥凫浑在平沙聚。非熊无梦钓无饵，如琴无弦得琴趣。虎头能为画渔蓑，驴背无劳觅诗句。谪官潮阳八千里，独策羸骖嗟道阻。持节居延十九年，饥啮残毡亦良苦。雪篷之乐得于天，虽欲同人人孰取。惟有山阴王子猷，清兴颇堪同日语。

张　节

百里吴淞浪叠沙，布帆拖雪到渔家。光浮四野琼楼晓，影入孤村玉树斜。白鸟有声迷荻渚，青山无路认梅花。相逢不道寒江上，银汉初回使者槎。

妙　声 释子也

木兰为舟宽可宅，团团中虚室生白。朔风吹雪着孤篷，表里皭然同一色。中流荡桨扬素波，吴儿自能小海歌。酒酣恍如天上座，洪涛只尺通银河。雪篷雪篷奈尔何。

管伯龄 谢应芳有赠伯龄诗

昆山之南济阳翁，家有艇子名雪篷。编筠为庐粉为饰，疏棂莹白光玲珑。洁如六花冻不解，表里净尽纤埃空。主人倒着紫绮裘，酒酣载月吴淞游。叩舷高歌渌水曲，遗音袅袅风飕飕。天地籧篨一俯仰，长江万里冰壶秋。

余　诠

诠，字士平，江西丰城人。颖敏博学，工诗文。至正间，为江浙儒学提举，徙居太仓。

江天万里云同色，四顾茫茫失南北。独钓曾无蓑笠翁，孤篷只有吴淞客。篷上雪深篷底眠，推篷清思浩无边。浑疑柳絮孤村里，恍在芦花浅水前。此时宇宙纤尘灭，对酒不知寒凛冽。傍人共讶子猷回，笑我宁同苏武啮。便好身将鹤氅披，莫辞月下棹频移。剡中安道今何在，乘兴江干欲访谁。

张　朴

朴，号雪庄。

江村岁暮江云低，天孙剪水江路迷。大片飞来一尺围，村中隐者犹好奇。日落天寒酒力微，投壶放舟江之涯。掀篷举棹浩歌发，壮怀不与渔翁知。江心触涛奔怒马，锦帆开风云作旗。海门东出三万里，弱水扶桑过如矢。蓬莱十二白玉楼，照耀牙樯射光起。仙人手持苍龙髯，拄颐相顾情无已。招邀暂停泊，旷浪不作礼。共饮琼浆醉侣泥，仰空一笑天如洗。

郏　节

兴尽山阴一棹还，满篷清思大江干。梦经银海三千顷，目送琼楼十二阑。汗竹倚窗将映读，冰壶满眼不禁寒。几回蓑笠垂竿后，一色乾坤醉里看。

吴　樾

寒白凝成玉一川，谁当篷屋醉神仙。冰华忽断春无迹，湖水不流风引船。华盖洞云眉睫外，蓬莱珠树桅楼前。何人为剪吴淞水？挂向高堂快雪天。

倪　瓒

手把玉麈尾，身披素绮裘。梨花萦夜月，柳絮入虚舟。不作饥鸢咏，其如载酒游。因怀剡溪兴，烟水暮悠悠。

易　恒

樵海篇为秦文仲赋

有樵何好奇，不与众樵侣。樵海不樵山，樵也安所取。东有扶桑根，西有若木枝。生长雨露外，不受斤斧欺。谁能超溟涬，采为薪与蒸。置彼洪炉中，陶铸品物形。沧溟渺无际，讵云不可超。有时变桑田，几见尘埃漂。朝过龙女宅，暮宿鲛人馆。珊瑚间珠树，露下光纂纂。天吴与海若，睥睨不敢惜。过之樵不顾，何异爨下栎。逶迤度弱水，仿佛蓬莱宫。至今采药者，犹是秦儿童。相将邀我去，缥缈白云际。空青石上生，瑶光杂如罽。挹我紫霞浆，侑以苍麟脯。问我人间世，如今几今古？今古樵不言，浩歌凌紫烟。笑指斧柯烂，柯烂知何年。归来问茅屋，只在东海隅。凿火煮白石，高卧吟诗书。采樵不在薪，煮石不疗饥。闭户唤不起，不怪傍人嗤。却笑朱买臣，老作会稽守。辛勤取富贵，于今竟何有。君为樵海人，我歌樵海篇。歌竟海月出，鹤语风泠然。

世寿堂图

寿谊翁，姓周氏，昆山人。生宋景定间，历元至国朝，年百十有六岁，其子若孙四代皆登耄耋。高祖皇帝尝召见赐宴。及复其家，后裔孙震登正德中进士，为侍御史，尝颜其堂曰"世寿"云。

唐　寅

寅，字子畏，一字伯虎，号六如居士。颖敏博览，为诗操笔立就，画尤秀逸，时甚重之。尝发解应天，坐事摈弃，遂落魄自恣，终于家。

长山大谷出寿木，雨露沾濡元气足。大枝为天立四极，小枝为君作重屋。太平熙皞出寿人，皇风蒸煦寿域春。鸡巢小儿是鼻祖，鸠枝老子为耳孙。我朝列圣传仁义，仁覆地载同天地。六合拾归寿域中，寿木寿人同出世。木为明堂坐轩虞，人为老聃歌康衢。固然圣德甄陶就，亦是君家积庆馀。周君四世为人瑞，曾玄耆耋祖百岁。从此堂将世寿名，庞眉皓发宜图绘。愿人同德复同心，同心同德助当今。天下同归仁寿域，方显君王德泽深。

陈　沂

沂，字鲁南，应天人。正德初进士。工诗，与同郡顾璘齐名。

高皇初定建康日，老人召见来宣室。自言景定年中生，亲见海枯还见溢。年过一百又十六，拜起犹便腰与膝。儿同伯仲孙为翁，四世相呼白头出。杜陵七十云古稀，人生满百今谁匹。山中但羡庞公安，海上那有安期德。柱史今为六代孙，令德遗风口能悉。我寻旧事登公堂，秋日累累照霜橘。

昆山杂咏卷第十三　题咏

崔　融

融，吴郡人。善五言诗。唐乾宁初，尝有《慧聚寺》诗，见虞氏《诗话》。

张僧繇画龙

慧聚寺张僧繇画龙柱，每因风雨夜腾趠波涛，伤害田稼。僧繇画一锁，锁其柱，仍画一钉于上，其害遂息。僧繇，吴人，丹青绝代。尝于金陵安乐寺画四龙，不点睛，云："点之即飞去。"人以为诞，固请点之。须臾，雷电破柱，二龙乘云而去，独未点者在。又画天竺二胡僧，侯景乱，一为唐右常侍陆坚所得，坚疾，梦胡僧来告云："我有同侣在洛阳李氏，若求合之，当以法力助君。"陆遂往求，果得之。刘长卿记其事。其神妙如此

人莫嫌山小，僧还爱寺灵。殿高神气力，龙活客丹青。

李　衡

乐庵所藏柳影及松梅二画因作二绝摹作砑花笺至今盛行于吴门

三月江南花满枝，风轻帘幕燕争飞。游人休息夜秉烛，杨柳阴浓春欲归。

崔嵬霜干欲凌云，俯映寒梢数尺春。须信苍髯净明老，坐中容有散花人。

卢　昭

题鹤亭斗茶图鹤亭，吕敬夫也。

花阴小队斗龙章，渠碗香分第二汤。莫傍酪奴风味好，内厨催送太官羊。

张　雨

题鹤亭所藏马图

九霄天马俱龙种，四十万蹄云锦斑。一自渔阳鼙鼓后，不知几个到骊山。

吕　诚

集句题水仙图

秋水为神玉为骨，山矾是弟梅是兄。恍然坐我水仙府，吾与汝曹俱眼明。

天育马图为海城钮声远赋

渥水神驹骏骨全，奚官羁靮漫相缠。情知不是尘中物，春雷挟之飞上天。

题黄鹤山樵画匡山读书图

黄鹤仙人美如玉，长年爱山看不足。醉拈秃笔写秋光，割截匡山云一幅。诗豪每忆青莲仙，结巢读书长醉眠。我欲因之揽秀色，双凫飞堕香炉前。

题黄筌画竹鹤图并序

　　黄筌画《竹鹤图》一卷，已入能品。余鹤亭旧有此图，心甚惜之，散落他室，今数十年矣。忽于乡友处复见之，喜叹无已。然尤物自为胫翼而能傲兀人世，不与岁月同化，亦一奇哉。因赋此，重为揽古者一慨云。

　　蜀人黄筌写竹鹤，数百年间一奇作。玄裳缟衣意闲暇，老气峥嵘动林壑。挺挺玉立双琅玕，枝叶扶疏铁钩络。忆昔鹤亭有此本，鸟散烟销久冥寞。今朝忽见喜绝倒，老目摩挲殊不恶。千年令威安在哉，旧物都非况城郭。世间此图亦希有，重袭尤宜置缣橐。高堂悬向明月中，应有仙音下寥廓。

卢　儒

题顾定之风竹

　　笔力凿伊阙，屈折洪河通。六合走云气，动地号烈风。汹涌海波立，蜿蜒腾天龙。疾挥出信意，逝水无流踪。踽踽邯郸步，分寸校程工。昔人虽游艺，来者谁与同。

题张子政黄大痴松亭高士图

　　大痴老人天下士，结客侠游非画史。酒酣泼墨写荆关，咫尺微茫数千里。筲箕泉头鹤上仙，空遗宝绘人间传。弟子颠张早入室，重冈叠嶂开云烟。太山斗绝何由缘，下有鸟道丹梯悬。此中疑是避秦处，仰见茅屋岩崖边。松亭寓目者谁子，耳谱流泉横绿绮。不知捷径在终南，每逢佳处辄留止。我生亦有山水癖，吴楚燕齐遍游历。风尘鸿洞难再往，坐对此图三太息。

袁 华

谢伯诚所藏王叔明狼山图

忆昨鼓楫溯大江,海门一点狼山碧。安得振衣蹑层巅,东望扶桑初日赤。忽见此图心目明,石壁铁削芙蓉青。仙翁白狼不复见,金银佛宇开岩扃。上方台观云中起,下瞰鲸涛千顷水。平原宅相放舟过,吮墨含毫柁楼里。江南有客顾而长,梦觉池塘春草芳。生平爱画久成癖,题诗缄封遥寄将。千古风流犹未弭,翩翩王谢佳公子。日暮相思江水深,独立洲汀折兰芷。

野老移家图为谢子兰赋

野老移家向何许,乃在吴淞之甫里。治生拟学陶朱公,钓竿欲觅玄真子。小儿读书坐船头,大儿击楫歌中流。细君斫脍妇炊黍,老子醉卧芦花秋。人生真乐不易得,儿女团栾居泽国。避秦何必问桃源,朝泊江南暮江北。

张 泰

项方伯璁梅花卷

玉峰素卷三十尺,越客含毫写尽之。一树东西春足后,万枝高下雪残时。只看疏影孤香动,细睨清颜众色卑。花满江南未归去,诗成重起美人思。

黄 云

题夏太卿墨竹次张黄门靖之韵

前朝画竹凡几人,太常继之拔俗尘。胸中有所立卓尔,以意发生今古春。名飞九垓不容惜,云动墨池留妙迹。假手放笔得竹神,楚山摇光楚江碧。纵观心醉忘其天,天开始青群凤鶱。天坛落花不可埽,森秀远接蓬莱巅。茫茫瀛海渺仙路,凌霞放杖迁仙步。历践清华地位高,雨沾露润承天数。纷纷作者那许同,画史品列辨拙工。玉局散吏奇绝语,百金难买碧玲珑。伐毛蜕骨凌倒影,超脱形似谁能省。洒然如濯凄清凉,酒力能禁诗骨冷。翠蛾鱼贯螺蟠纤,变态叠出书之馀。风流曾识晋衣冠,如此此君何可无。世氛屏却无由迫,清癖已成医不得。太乙藜火照琅玕,太史籀篆镌圭璧。石床净洗秋霞眠,鹤梦万里鸥波牵。月明远汉乱苍雪,日上扶桑消绿烟。故山别来徒想见,官不负余余自厌。借看日款故人家,纵横熳烂披东绢。为歌韦侯风满床,旧治犹存覆庇阴。先生观画亦观德,真节堂堂虚道心。

题沈启南画吴德徵西溪别业图

翁称白石须眉白,幻出西溪似瀼西。花竹村深冥晦迹,藤萝屋小遂幽栖。孤舟访戴饶风雪,近局招陶候杖藜。业付儿孙谢金紫,发春东作看扶犁。

吴　瑞

题文徵仲画金焦落照图

戏拈秃笔写金焦,万里青天见玉标。未用按图神已往,耳边似接海门潮。

闲写金焦镇海门,夕阳孤鹜淡江痕。一枝画笔承传久,须信先生老可孙。

文徵明

先名璧,字徵明,后以字行,长洲人。善属文,工诗、书、画,皆入妙品,有重名。以诸生计偕京师,用荐为翰林待诏。年九十终。

余画金焦落照图吴水部德徵先生寄示二诗题谢长句

忆昨浮船下扬子,平翻渺渺波千里。何来双岛挟飞楼？璀璨彤煌截涛起。夕峰倒堕满江阴,霜树高浮半空紫。舟人指点落日处,凌乱烟光射金绮。平生快睹无此奇,却恨归帆北风驶。至今伟迹在胸中,回首登临心不已。偶然兴落尺纸间,便欲平吞大江水。固知心手不相能,涂抹聊当卧游耳。晴窗舒卷十数回,不敢示人聊自喜。水部先生诗有名,忽寄瑶篇重称美。谩云家法自湖州,自愧区区何足齿。由来题品系名声,何况先生是诗史。君不见当年画马曹将军,附名甫集犹不死。又不见阎公自谓起文儒,池上时蒙画师耻。人生固有幸不幸,拙劣何堪古人拟？江山千载等陈迹,一笑宁须论非是。

题友婿王世宝钩勒竹世宝,昆山人。

湘竿泪歇斑不留,缟衣玉立清而虬。萧萧寒月照空影,冉冉白云生素秋。谁家美人夸雪面？中庭摇佩清霜愁。飞来白凤何所有？玉羽瑟瑟风飕飕。古来画竹谁最优？先宋彭城元蓟丘。谁翻新格作钩勒？王君一派真其俦。稍从笔底超变相,遂能意外资穷搜。应以虚心本性在,不使粉节缁尘浮。清阴虽改风骨是,意足肯于形迹求。奇踪岂出汉飞白,古意尚有唐双钩。昔人论书谓心画,看君画笔知清修。我方有愧文与可,君已真如王子猷。高堂对此心悠悠,聊书数语遥相投。殷勤报我无多谋,双竹不让双琼球。

余为黄应龙先生作小画久而未诗黄既自题其端复征拙作漫赋数语画作于弘治丙辰距今正德辛未十有六年矣

尺楮回看十六年,残丹剥粉故依然。得君品裁知应重,顾我聪明不及前。小艇沿流吟落日,碧山浮玉涨晴烟。诗中真境何容赘,聊续当年未了缘。

题黄应龙所藏巨然庐山图

筠阳文学倦官职,十年归来四壁立。探囊大笑得片纸,不啻琼球加拾袭。携来示我俾品评,谓是名僧巨然笔。涣迹漓踪那辨真,白间双印还堪识。古篆依稀赣州字,元宋流传非一日。要知源委出珍藏,未论谁何定名迹。墨渝纸敝神自存,老笔嶙皴况超逸。冈峦迤逦蒙密树,浦溆萦纡带村室。盘盘细路绕山椒,斜引鱼梁更东出。途穷山尽得幽居,穹宫杰构临清渠。仙耶佛耶定何处,仿佛胜境如匡庐。还从文学问何如,大笑谓我言非虚。自言远游真不俗,曾见庐山真面目。五老之峰披白袍,玉虹万丈时飞瀑。某壑某丘皆旧游,展卷晴窗眼犹熟。只今老倦到无由,对此时时作卧游。惭余裹足不出户,闻君此语心悠悠。高怀只尺已千里,眼中殊觉欠扁舟。

沈 讷

讷,字文敏,昆山人。正统间,以进士授大理评事,累官至福建按察副使。为文贵出己意,声望屹然。所著有《兔园遗稿》《下里馀音》。

为孙叔英题昆野清趣

幽人筑室傍岩阿,得趣其如此地何。幔卷微云秋水迥,屏开银月夜凉多。淀湖潮落浮苍屿,昆阜山明映碧螺。我欲携琴远相访,一樽期与醉烟萝。

沈 鲁

鲁,字诚学,昆山人。宣德间,应试应天,以被发跣足为耻,即弃去,不复应举。益肆志博览,刻意古学,凡邑廨及士大夫铭志多出其手。巡抚周忱下车问政,太守况钟赠之金,力辞不受。制行洁清。所著有《经制》《权略》等书若干卷。

题张翠赠画

湖天渺渺山重重,日月出没为西东。西东南北千万顷,镜面一碧涵青空。中有松云出榆火,居人指是莲花朵。四面风涛自涨天,稳坐其中奈何我。垦田不辞筋力竭,种得秋成免糠粃。扁舟一叶蒲帆轻,只载清风与明月。清风飘飘吹我衣,明月皎皎照我归。文鹢篝集兢成务,冥鸿自向天边飞。千卷书可读,终老尤未足。一曲琴可听,心清亦忘形。富贵功名满人耳,万事悠悠何足齿?天伦大义不可亏,教养儿孙要知此。

昆山杂咏卷第十四　时政

张方平

昆山初秋观稼回县署与同寮及示姑苏幕府

邑民三万家,四边湖海绕。家家勤稼事,市井商游少。荐岁逢水沴,饥劳何扰扰。我来忝抚字,见此心如捣。去秋仅有年,高田尚停潦。今幸风雨调,皆话天时好。春喜鹊巢低,夏更蝉声早。吴民以此候旱涝饥穰。秧船挐参差,一作"挐船秧参差"。葑岸萦回缭。艺插暮更急,车声转清晓。纺筥犹挂壁,何暇张鱼鸟?我时行近郊,小艇穿萍藻。渚长葭荘深,野沃粑秠倒。孺子远饷归,闲暇颜色饱。预喜省敲笞,租赋可时了。归来轩馆静,旷荡盈怀抱。衙退人吏散,庭庑阒窈窈。露筱映孤亭,风荷动幽沼。置身木雁间,兹焉愿终老。颠蹶走荣利,况余拙非巧。鲈鲙饭紫芒,鹅脂酒清醥。紫芒、鹅脂,稻名。怅然怀友生,虚斋为谁扫?

袁　华

费侯兴学诗

费侯,名复初,字克明,寿张人。至正间为昆山知州,刚直廉明。时州治初复,学宫久废,咸为拓辟改筑。暇则与诸生讲求义理,汲汲不倦。

昆山州庙学,唐县令王纲所建,记之者安定梁肃也。五季之末,废于兵。宋知县边仿始克复修,记之者太原王禹偁也。政和迄宋季,重修者屡矣。国朝元贞元年,升县为州,置博士弟子员。延祐初,迁治太仓,而庙学亦废。越四十有三载,张氏入吴,以州治濒海江,无以盛民而固围也,复归旧邑。今守东平费侯复初,下车首谒庙学,怃然而叹曰:"学校者,教化之本也。盖不可一日忽。"逾年,政成民信,乃出其廪稍之赢,新作戟门及伦堂,撤礼殿之旧而加崇广焉。作斋庑,以居学徒,则又民之输材而为助者。呜呼!若费侯者,其可谓知所本矣。《诗》曰:"维桑与梓,必恭敬止。"况学校乎?华也忝职郡庠,沐贤侯之教养,睹兹轮奂,实重依归,乃历考庙学之废兴,为诗一章以美之。诗曰:

肇自娄校,王令纲作。五季披攘,鞠为丛薄。火德阜隆,芟除苛虐。久郁而信,圣道孔炤。蕞尔吴越,既入王略。爰边仿氏,聿来主学。庀材僝功,不日而落。历宋祀三百,执事有恪。于赫皇元,龙飞朔漠。诏升县为州,建官锡爵。置博士员,以训以饬。

治迁于东，民实新邑。庙随所在，兹实榛棘。岁在实沉，海钞梗逆。复归旧治，邑庐如昨。明明费侯，英杰卓荦。既牧我娄民，复缮我城郭。渐摩煦妪，民愈无瘼。舍菜在泮，考艺问业。眷兹颓圮，心焉怵惕。相方视址，爰究爰度。采石于山，斩木于鑿。工师子来，乃砻乃斫。乃表修垣，重门有觉。外象灵星，内列画载。中严礼殿，既崇且硕。凤丽于薨，龙攫其角。言言斋庑，左右翼若。横经有堂，释奠有乐。多士游歌，有馆有谷。费侯戾止，在泮献酬。冠弁俅俅，不笑不谴。顾瞻基构，昔庳今扩。不有君子，其何能益？嗟吁诸生，凤蒙启迪。爰止其所，涵泳朝夕。服我圣训，伊侯之德。愿侯寿考，如金如石。懋继前修，永永无斁。

范 能

奏保芮知县

芮翀，字子翔，初姓魏，鄜城人。洪武中进士，为昆山令。首摈诸敝蠹，及旧有催粮官校，久事邑中，辄籍官屋为牢禁，里甲辈淹久多死，翀悉解遣。仍奏劾官旗娶妇生子于邑者，上命御史李岳究治，械送京师，凡二百馀人。永乐元年，坐事发遵化炒铁，耆老伏阙恳奏，诏遣驰传还任。后复奏除荒粮、开浚吴淞江，民甚利之。未几，陕西按察佥事马祥荐翀才堪治剧，再还昆山。翀为人雅正宽平，务存大体。在邑善绩，莫可殚记。

野老龙钟白发新，陈情直欲到枫宸。娄东最是思何武，河内重闻借寇恂。华盖当头朝紫阙，青鞋随步踏红尘。钦惟圣主垂恩泽，早赐东还福我民。

昆山杂咏卷第十五　宴集

殷　奎

顾玉山金粟冢秋宴集顾仲瑛墓在界溪西北,后卒于凤阳,归葬于此。

艰时阻良觌,故人成远别。始登金粟冢,仰见端正月。旧游独徘徊,桂枝重攀折。玉杯承夕露,翠竹落苍雪。宾筵列才彦,末至惭犹劣。赋诗讵云工,庶以慰契阔。

谢应芳

和顾仲瑛金粟冢秋夜宴集

我昔过北邙,立马山之隈。为问陇头树,皆云后人栽。生前尊酒谁不有,无人到此自对青山开。屋堆黄金五侯贵,难免白骨生苍苔。道傍多弃夜光璧,爨下谁惜丝桐材。玉山先生达观者,胸次不着闲悲哀。清秋携客坟上饮,曲车载酒山童推。大笑胥魂乘白马,深惭鲧魄化黄能。墓铭自制诗自挽,视身不翅轻于埃。鹤群长绕嘉树舞,龟跌并载穿碑来。鸾翔凤翥玉箸篆,虎踞龙蟠金粟堆。长吟复短吟,此兴何悠哉。秋风无情摧万物,芙蓉亦老胭脂腮。笑言他年翁仲并寂寞,何如此时宾客相追陪。功名本愁根,富贵真祸胎。百年能几日,一日能几杯?从兹秉烛长夜饮,犹恐四蛇二鼠忙相催。主人沉醉客亦醉,绝倒不顾傍人咍。北望中州数千里,人家尽作兵前灰。髑髅委荒郊,孰辨贤与才?伯夷空忍首阳饿,屈原徒作湘江累。神仙初无不死药,方士浪说寻蓬莱。君不见无边之海白淼淼,无名之山青巍巍。长鲸嘘吸成风雷,徐市一去何曾回?

卢　熊

宴顾仲瑛西郊草堂分韵得翠字

西山带郊居,良辰奉嘉会。江调采芳莲,天香抱丛桂。泠泠朱弦瑟,珊珊文玉佩。传杯洽情素,秉烛映眉翠。好乐谅无荒,会合岂云易。追想翠池游,流月烨华罃。

九日宴昆山强氏楼夜雨晓晴风日清丽赋此以纪良会

酒满壶觞日满楼,登临尚想旧风流。雨惊昨夜三更梦,晴散今朝九日愁。山色最能青我眼,年华何故白人头?万金难买风光好,那惜新诗报答秋。

郭　翼

城南草堂与顾仲瑛夜话

花发草堂风雨春,青灯剪韭话情亲。乱离隔世今何夕,生死论交竟几人。城郭是非华表鹤,蓬莱清浅海中尘。三千宾客冯驩在,莫怪伤歌抚剑频。

宴吕敬夫水阁

暮春三月之佳日,画里看花水阁杯。一双皓鹤巡池步,百叶绯桃映绶开。卷幔不知云乱入,题诗应怪雨相催。武陵何处能忘世,莫遣闻人取次来。

野航轩雅集

今日有佳集,野航俯清娄。酒从碧筒泻,烟向博山浮。长林树阴密,方池水气秋。蝉依丛叶语,鱼唼落花游。暌离获良觐,飞光为迟留。

次韵王叔正陪李廷璧郭希仲至玉山同集草堂

乱离又见腊嘉平,访旧仍同上番行。报恩终惭结袜子,出关应慕弃繻生。江涛水发船如马,雪浦春回柳似城。怀人索句草堂里,南望孤云多远情。

芝云堂嘉宴

于　立

九月肃霜秋杲杲,置酒高堂对晴昊。阿咸联翩有冠盖,满堂宾客皆倾倒。我昔勾吴为客初,两家兄弟知名早。颇学操觚弄辞翰,伯氏差长仲氏好。于今俯仰二十年,尔正峥嵘我衰老。伯也为官能杀贼,拔刀揽辔无难色。今年部粮入城去,走马归来江上宅。仲也承家有门荫,三年去作燕都客。一朝赤绂照金符,万里鲸波浮大舶。叔氏有言咸尔听,莅事事君思且敬。男儿济遇自有时,爵位崇卑非所病。况兹历运济昌期,宰相良明天子圣。稍待风尘静四方,看汝飞腾霜翮劲。即今座客皆贤才,商彝周鼎联琼瑰。岂无诗章压鲍谢,亦有赋颂夸邹枚。吴姬清歌赵姬舞,凤笙鸾管声相催。古来贤达尽黄土,嗟我不乐胡为哉?主人劝客客复说,请君试看天边月。此夕清辉满意圆,明夜孤光还渐缺。世间万事岂有常,人生会少多离别。人生会少多离别,但愿无事长欢悦。

岳　榆

玉山九月霜未寒,珊瑚碧树青琅玕。红蜡光摇绛绢幕,铜龙露滴真珠盘。高堂置酒宴宾客，侃侃子弟咸衣冠。有仲字渊伯字翼，起舞为寿承君欢。伯也执弮力如虎，去年斫贼娄江干。仲也归来有父荫，万里漕粟轻波澜。赤符碧碗相照映，青丝紫马双金鞍。举觞逡巡次第起，翠香暖影红团栾。座中宾客谁最旧，旧者在前新者后。笑谭气岸干斗牛，挥毫落纸龙蛇走。森森子弟尽贤才，大贝南金辉琼玖。紫檀之槽玉奴手，云和妙曲琼英口。人生如此乐无有，主人劝客客长寿。主人亦尽杯中酒，岁岁年年康且寿。

秦　约

禹贡扬州域，吴藩沧海边。舟车通货殖，生齿匝庐廛。王化由来被，文风久已宣。衣冠夸巨族，人物尚名贤。雨露栽培厚，乾坤覆焘全。流芳何衮衮，积庆正渊渊。丞相勋庸著，参军学术专。蝉联知赫若，玉立骇森然。芝箭翘葩丽，琅玕擢秀鲜。高堂云翼宇，闳阁日忘年。邃道凌垠埒，雕楹带蔓延。木葉开步障，园菊散连钱。燕坐神超俗，端居思欲仙。悬签书万卷，曳履客三千。翁媪赪颜好，儿孙绿鬓妍。鹡鸰昆弟念，瓜瓞本支绵。陈纪星犹聚，姜肱被共眠。承家仪范在，具庆画图传。从子尤才俊，能官孰比肩。武功行论赏，漕挽看腾骞。燕飨来琼佩，公归列玳筵。瑟笙调静好，几杖恰安便。登俎陈熊腊，堆盘斫鲙鳣。貂裘明雪积，宝玦粲星躔。新渥膺殊锡，重门拥曲斿。绣围花作阵，缥色酒如川。钟爱推符朗，怜才表谢玄。鞲鹰金络索，馨马锦鞍鞯。绛节神州远，丹心魏阙悬。恩荣圭组重，补报鼎彝镌。爱尔辋川墅，惭余杜曲田。高情深缱绻，嘉宴浃周旋。载咏宾筵什，仍歌行苇篇。威仪申抑抑，告诫复惓惓。宗盟劳谦吉，乡闾揖让先。奋飞思感激，容易念回邅。貔虎方成穴，鸾凰不受鞭。虹光腾碧宇，玉气烛苍烟。把炬酣清夜，摛辞绚彩笺。座称居士带，门泊孝廉船。懒性从迂拙，微生果弃捐。遗才宜慎简，聘帛会联翩。种种头颅白，堂堂岁月迁。遭时未迟暮，抚景且留连。忧国孤忠炯，怀人百虑牵。栋梁收杞梓，埏埴贵陶甄。敢倚文如海，宁论笔似椽。要当除宿莽，还拟采芳荃。岸帻瞻湘汉，褰衣想冀燕。兹晨纪良会，剩语为冥诠。

顾　瑛

是日，秦淮海泛舟过绰湖，向夕未归，余与桂天香坐芝云堂以俟之。堂阴枇杷始华，烂炯如雪，乃移席树底，据盘石，相与奕棋，遂胜其紫丝囊而罢。于是小蟠桃执文犀盏起贺，金缕衣轧凤头琴，余亦擘古阮。嗺子虽切，嗠口也。酒甚欢，而天香郁郁，有潜然之态。俄而淮海归，且示以舟中所咏，余用韵以纪乃事云。

玉子冈头秋杳冥，石床摘阮素琴停。枇杷花开如雪白，杨柳叶落带烟青。每闻投壶笑玉女，不堪鼓瑟怨湘灵。酒阑秉烛坐深夜，细雨小寒生翠屏。

张　雨

梅雪斋雅集分题得酒香

酴郁芬香味更严,瓮间飘满读书帘。绝胜金鸭薰花气,错认山蜂酿蜜甜。三嗅粗令消渴止,一中定扫宿醒淹。醉翁鼻观还亲切,不待狂僧写布帘。

袁　华

绿阴亭为顾晋道赋时姚子章于彦成饮亭上

绿阴亭上夏五月,瀛洲上客与俱来。日出众鸟绕屋语,竹深好花当户开。镜里水涵萍似粟,席间云落酒如苔。更贪贺监清狂甚,艇子朝来暮暮来。

李五峰伯雨廉夫希仲夜集来鹤亭

璆璆环佩玉锵鸣,夜宴蓬莱卫叔卿。饕餮雷文商爵古,驺虞雪操舜琴清。藏阄座暖春屏锦,舞剑星流璧月城。客散瑶台风露冷,梦中时见许飞琼。

昆山杂咏卷第十六　赠寄

陆　机

机，字士衡。身长七尺，其声如钟。少有异才，文章弘丽俊丽，冠绝当世。吴灭后，与弟云俱入洛造张华，华素重其名，荐之杨骏，辟为祭酒，累迁太子洗马。后成都王颖假机后将军、河北都督，讨长沙王乂，为乂所败，又为宦人孟玖所谮，颖以机有异志，遂遇害。弟云、耽并被收夷三族，天下莫不悲之。

赠从兄车骑一首 从兄，陆士光。

孤兽思故薮，离鸟悲旧林。翩翩游宦子，辛苦谁为心？仿佛谷水阳，婉娈昆山阴。《吴地记》：海盐县东北二百里有长谷，昔陆逊、陆凯居此。谷东二十里有昆山谷，祖葬焉。唐天宝十年，太守赵居贞奏割昆山、嘉兴、海盐地，置华亭县。今昆山属华亭。荣魄怀兹土，精爽若飞沉。寤寐靡安豫，愿言思所钦。感彼归涂艰，使我怨慕深。安得忘归草，言树背与衿。斯言岂虚作，思鸟有悲音。

陈长方

长方，字齐之，号唯室。其先长乐人，徙吴江。父侁，擢进士第，与魏了翁、尤定夫善，精身心之学。齐之亦道学之士，研究经史。有诗集名《万里客谈》《汉唐论》。

歌赠叶季质

叶子哦诗风雨寒，时时和墨摇笔端。江山万里入寸纸，杳霭孤鸿残照间。沧洲散发径欲往，已觉置我江之干。一身幺麽仅如许，胸次奈君湖海宽。酒狂稍稍芒角露，扫出怪石苍松盘。他人崎岖作能事，君独笑谈聊一戏。青鞋布袜自寻山，四十无家疑度世。莫歌长铗归来乎，不须苦吟频捻须。但将美酒浇魂磊，里社年丰皆可酤。醉来横眠醒读书，长康非痴君岂愚。身闲无事肯过我，更作天姥当庭除。

严　焕

焕，字子文，有神童称。绍兴中，举进士。

五言戏赠吕神童行

自我诹人物，天涯实眇然。晚观童子意，早拍病夫肩。凛凛神锋异，琅琅腹笥传。

晴温武林道,光怪吕家船。

乡人吕正之教三子连中童子科盛哉前此无有也推原所以启其意者由今大漕显谟公乃不远数百里来致感激余与之酾酒道旧欢甚匆匆欲归赋诗以留之

长伯奋,次仲堪、叔献。伯奋淳熙十一年进士,又登卫泾榜进士。叔献嘉定四年登赵建大榜进士。

千秋万岁圣贤话,尽挂诸郎齿颊间。发纵指南知有自,昂霄耸壑定非艰。灵椿挺挺元未老,珠树枞枞孰可攀。过我朝阳语衷曲,且停烟棹置家山。

赵彦端

昆山吕正之三男子连中神童科盖奇事也建康严别驾为之赋诗某因次其韵

畴昔从公杖屦闲,风乎嬉舞水云间。千言自我一闻悟,十驾从渠九折艰。早岁道山应遍住,他年画戟许谁攀。何词可赠张童子,莫忘杨公阳翟山。

叶 衡

衡,字梦锡。尝为常州守,时大水,发仓廪赈赡饥民。又大疫,衡复单骑命医药,遍省所疫苦,活者甚众。

次 韵

三秀标姿颖不凡,姓名联列紫微间。已知凤穴梧栖稳,谁谓鹏程云路艰。孔释当年亲抱送,由庄逸驾定追攀。发挥更有文章伯,高压淮南大小山。

叶子强

某属闻少伊广文归别墅将挂其冠然乎富贵恐不免耳欲谒未能因成古诗奉迓某无策可去断章不忘健羡也

明光宫高丽鹪鹊,三声朝鸡报宫钥。车如流水马如龙,门外斗量无处着。归来日晏仆亦痡,毫芒饱暖归妻孥。岂无道德绚烂者,意作霖雨言为谟。何人着眼高蓬荜,强仕之年发如漆。便抽手版挂衣冠,把住穷愁甘似蜜。人言进退诚两涂,退者真智进者愚。要当程力之所底,未省逸路排轻车。马侯制行如珪璧,五色文章发金石。不知持此将安之,天下宝当天下惜。秋郊凉入菰蒲间,新诗落笔不作难。应怜俗驾难回者,更费移文过北山。

梅尧臣

尧臣，字圣俞。

赠慧聚僧良玉良玉，字蕴之。行甚高，旁览经传。工书，善琴棋。

尝游京师，圣俞见而奇之，以名闻于朝，赐紫衣。比归，复赋此送之。

来衣茶褐袍，归变椹色服。扁舟洞庭去，落日松江宿。水烟晦琴徽，山月上岩屋。野童遥相迎，风叶鸣橡槲。

郏　亶

亶，字正夫，太仓人。嘉祐中，举进士，授睦州推官，未赴。为书，陈苏州水利，王安石善之。授司农丞，治两浙水利，民不为便，免归。治所居大泂瀼水田如井田法，岁获甚厚，图状以献，复召为司农丞。累迁比部郎中。

自昆山从学于金陵以诗贽见王荆公

十里松阴蒋子山，暮烟收尽梵宫宽。夜深更向紫微宿，坐久始知凡骨寒。一派石泉流沆瀣，数庭霜竹颤琅玕。大鹏况有抟风便，还许鹪鹩附羽翰。

姚舜明

舜明，字廷辉，嵊县人。宣和初，为昆山令，后迁御史。伪楚时，抗节不屈。官至户部侍郎，卒赠太师。

赠邈上人

僧腊俗年俱老大，儒书佛教旧精勤。姑苏十万披缁客，四事无如彼上人。

冲　邈

和孙大夫赠开江沈察判昆山旧置开江营，有兵士二百五十人，今全吴驿乃故基。

松陵江色数年馀，妙手唯君可决除。四郡乐输编户力，九重恩赈太仓储。劝农尽善无凶涝，逃籍皆归葺旧居。已简上心千古利，何须求荐孔融书。

叶时亨

时亨，字季质，一字时质，昆山人。乾道初，举特科进士。

示郭仲达

振发从游成潦倒，拍肩话旧叹蹉跎。年来对酒诗狂减，老去伤时愁绪多。顾我曳裾今尚尔，念君求禄竟如何。不应例合俱穷踬，造化儿痴故作魔。

男子升沉虽系天，风花高下亦俄然。功名未老终归手，富贵须时小着鞭。落魄羁怀长道路，苍茫客面染风烟。张仪此舌欣无恙，谈笑封侯会有年。

周必大

去夏邦衡胡侍郎生日尝因茶诗致善颂其语果验
再赋一篇为大用长生之祝且求赐茗作润笔

按，《益公集》公自注："庚寅六月，昆山发。"公盖王侍御葆之婿也，故因录之。

寿杯又是酌流霞，醉眼还醒讲殿茶。举世岷谣思旧德，隔年诗谶托新芽。汉帷果庆登三杰，胡幕何愁不一家。赐也多言如屡中，合分龙井示旌嘉。

郏　亶

太仓隆福寺创观音院以诗百韵寄观大师且呈乡中诸亲旧

按：寺梁天监四年建，名报恩院。唐天祐中重建，宋祥符元年改今额，疑正夫诗即此时作。元末复废。洪武十三年，以旧基为镇海卫。十四年，邑人孙彻舍宅为寺，移额于此。

珍重妙观师，书来再三读。不蒙促归计，乃忧旷笺牍。疑师未相知，待我尚尘俗。窃闻构[1]新殿，东畔建廊屋。圣像已完布，舍利应祈祝。其馀虽未备，想亦渐周足。凡事在臻牢，慎勿尚遄速。堂基不厌高，碪窠须剩筑。间架莫求大，却须择良木。椽桷贵稠直，榱栱要敦笃。但得规模成，不忧无人续。五年纵未就，十年亦未蹙。今生不能了，后世亦修复。中庭要宽广，从舍须团簇。堂前种杉桧，方丈植慈竹。冬青绕周遭，夏初香馥郁。松篁又次之，潇洒快胸腹。园中开数径，晚步散蜷跼。沿阶种药苗，乘间采盈掬。川芎并地黄，幽兰间甘菊。泡水须麦门，熬汤要莺粟。蘘荄并枸杞，可以备蔬菽。葵藿及鸡冠，可以悦心目。橘柚耀金苞，枪旗资茗粥。四时皆要用，一奴长灌沃。地形或褊隘，后墙可展扑。东荣有园地，幽小类棋局。长土去可裁削，凡材宜斩劚。使之稍清旷，可以蠲烦溽。秋至芙蕖红，春来鸭头绿。拨剌有鲂鲤，优游栖雁鹜。菱芡交加生，藻荇参差畜。采嚼齿牙香，牵挽襟裙绿。可以娱宾朋，可以施水陆。穿渠绕吾院，高下相联属。畎引发新声，潺湲若山谷。细事宜先治，大道在勤督。晨经劝群庶，夜讲诲幽独。午间略行道，睡魔可降伏。智灯照昏迷，慧刀破贪欲。若夫润泽事，在师更崇肃。为山贵覆篑，弹冠重初沐。荤膻勿放入，酒会当远逐。诸宅或相混，此诗可约束。庶令百里人，外悦更心服。从善若转圜，慕义如凑辐。悟者味醍醐，昧者隔纱縠。病者解颠倒，强者销忿毒。昆虫与草芥，一一沾慧福。顾此区区心，提孩已怀蓄。十三听先训，观音为眷属。二十学于寺，

1　"构"，底本原作"庙讳"，据诗末注文回改。下"慎""敦"同。

有意重盖覆。诵书小松下，夜惊老僧宿。老僧睡不稳，冥心生毁谤。梦一白衣人，戒言勿轻触。凌晨来谢我，道此颇惭恧。因知此大缘，圣心已潜嘱。故余昔欲仕，先此治轩塾。无端赴辟书，万里走炎燠。因缘论时事，乍荣复深辱。连延未能归，非敢恋方谷。上欲荣二亲，次欲庇诸族。妻封子可任，行将谢微禄。屯邅累见迫，神灵若相促。前日除永宁，君恩殊委曲。风物似京华，民醇无犴狱。月给五十千，岁租三百斛。兹事为未了，力辞求倅睦。尚念虽近乡，官身甚羁绊。黾勉终此任，庶几堪退缩。驱驰六十年，今朝方自赎。可为林下游，放旷比麋鹿。幽园创书馆，诸子弄黄轴。静室爇名香，与师评梵竺。寺[1]僧必钦向，师应勤训育。童蒙悦来叩，我亦当善告。四季饭乡人，三冬办民浴。老姑与老姊，就可报恩鞠。季弟与群侄，日可讲欢穆。人生能几何，此乐难书录。惟师本英豪，少小已良淑。传经建精蓝，饭众迈高躅。飘然西北来，声华满京毂。名山及钜院，诸公意勤缛。师皆力辞避，许我归林麓。兹惟吾二人，密约有昔夙。然能蹈此语，沙金石中玉。吾身方困踬，师誉正彪襮。吾归不为艰，师退良难卜。飞云谩出山，至宝欣还椟。素志幸已酬，忘言目相瞩。幽显若相佑，成就在忽倐。内外期两立，缁素更纯熟。惟吾二人者，可以共藏六。松江多波涛，西山鸣橡槲。台岭夸石梁，庐阜诧飞瀑。与师结真赏，轻举效鸿鹄。相将老此身，啸歌随寝觫。数终或归去，任缘顺所欲。却观今日事，犹如梦中烛。庙讳本依宋板，今考讳字，当读"构""慎""敦"三字。

1 "竺""寺"二字，底本为墨钉，据宋龚昱《昆山杂咏》三卷补。

昆山杂咏卷第十七　赠寄

倪　瓒

赠张士行号云门,寓昆山。

云门有逸客,非仕亦非隐。玉井千丈泉,此士难汲引。结交云林叟,不顾俗嘲哂。我拙惟任真,子德常戒谨。相知既有素,力学仰颜闵。久别见颜色,英姿固天禀。欲疏不能忘,欲亵不可近。

谢应芳

杨提学过千墩寓舍出示吴淞道中所作余次韵酬之

酒湿宫袍逸兴多,冯夷击鼓舞蛟鼍。一江星月光摇动,八极风云气荡摩。不学山阴回雪棹,肯来林下访烟萝。阳春白雪知音少,为我临风一再歌。

吕　诚

赠医一首并序

昆之良医曰某,自号武陵。业累世矣,人有疾痛必走先生,治无不愈也。余亦间以衰劣资其药饵之功焉。先生赴人之急也,不惮跋涉之劳;人之求药也,自无有贵贱之别。其执艺之精而负嘉名也不虚矣。姑诵所闻,谩为古诗二十韵,匪以为报焉。

武陵先生有奇骨,何年得此活人术?昔闻梦入阆风颠,醉踏青天霞五色。仙人手掉芙蓉旗,对面青囊笑相掷。囊中白日生光景,云篆飘飘皆鸟迹。应知此物神所秘,区区秦火奚能厄?斡旋气运保太和,下拯黔黎乃其职。酒酣渴饮上池流,半生不平俱荡涤。归来高卧玉山左,姓名颇为时人识。白云鸡犬日相闻,市壶那与尘世隔。碧桃红杏自成蹊,赤箭青芝翠如织。虫蛭不损一念仁,阴功早已标仙籍。嗟余足迹半九州,因癣有爱雪满头。扶衰每获金石剂,是身是病日以瘳。木桃愧无琼玖报,玉环自乏巾箱酬。先生高致人所慕,守价不二拟伯休。宋清远德今复见,作传恨无柳柳州。

冯子振

赠朱君璧

五茸三泖之邦，人物皆有澄秀气象。昆山州能为丹绘于翎毛、窠石、僧佛、方仙、士女，有朱君璧者，特标致整密，仿佛前古作者风韵，不滞于蹇浅，不枵于浮艳。余于是喜而拈出之，使此声流行天壤间，当有达官贵人之赏识，进之秘书之直，则黼皇猷而饰国美，将无所不可。仍赠以诗。

卢楞伽作阿罗汉，吴道玄拈自在观。笔墨分毫无俗气，至今名世与人看。

昨日幅誉南海岸，真珠缨络六铢衣。补陀岩下慈悲相，劫劫尘尘最上机。

良　琦

苔梅一枝赋诗四韵奉寄顾玉山

折得南枝古涧旁，千年风骨老风霜。珊瑚出海盐花湿，铁柱含波石发香。可独诗情东阁在，也知春梦霸陵长。所思何许遥相慰，凭仗山人寄草堂。

袁　华

寄卢伯融

浮家南北久离群，知尔移家向海澨。白首一经能教子，黄茅千顷比封君。异乡花鸟皆春思，故国关山半夕曛。何日酒船还旧里，青山对榻坐观云。

杨维桢

寄郭羲仲 并引

东昆诗人郭羲仲有古乐府才，余入吴，未识而仲屡写所制来，盖喜余之知，而余亦喜得仲也。因袁子英归昆，赋诗寄之。

芙蓉叶上题霜后，何处修辞五凤楼。见说东昆生郭仲，有如小杜在扬州。大章皎皎精卫愤，小章呖呖柳枝愁。夜来青檠发短烛，满地虎睛光欲流。

卢　熊

忆西隐登临之胜寄诉仲言上人

登临西隐胜，杖屦觅幽期。木末开虚阁，泉原汇小池。琴鸣鱼在藻，苔破笋穿篱。忆子栖禅暇，高怀独赋诗。

倪　瓒

寄顾仲瑛

江海秋风日夜凉,虫鸣络纬尚练裳。民生惴惴疮痍甚,旅泛依依道路长。衰柳半欹湖水碧,浊醪犹趁菊花黄。知君习静观诸妄,林下清斋理药囊。

郭　翼

寄马敬常

奈尔相如好赋何,老怀犹得慰蹉跎。五侯冠盖殊皆贵,百世文章自不磨。沙漠黄云龙去远,江湖秋水雁飞多。旌旄海上重开府,还拟扁舟雪夜过。

寄瞿惠夫博士

醉眠亭上追游日,为惜高情对物华。草港斗飞花鸭雨,竹沙深映白鹇罝。丛丛山影侵云直,一一人家落路斜。近报风流多著作,门生若个是侯芭。

荷亭晚坐寄悦堂长老

海上无家来避寇,行吟何处可消忧。看荷偶到东林寺,落日浑如丈八沟。云叶层阴青过岸,草堂五月澹于秋。老子情深能爱客,更拟花开一醉留。

昆山即事寄友人

人家绕郭连凫雁,井落荒凉接野垌。溢渎雨来秋水暗,马鞍云尽暮峰青。宿草屡过刘过墓,紫藤长倚范公亭。结邻最晚还相并,海上长嗟处士星。

陈　则

初到昆山县庠寄金德琏秀才

常分君榻话中宵,今日俄成百里遥。两处相思同落日,一程归梦逐回潮。雪晴未与梅花断,春意先教柳色饶。自忝不才何补教,却来清庙得闻韶。

谢应芳

寄公武卢舍人

投老鹤溪垂钓缗,遥怜凤沼掌丝纶。靴霜待漏朝会早,墨云染翰词头新。石麟自是天上物,金薤散作人间春。尚须鼓吹振六籍,蹴踏班马追杨荀。

释来复

寄柬玉山避兵从释于白云寺

云霞剪就衲衣轻,曾喜逃禅早避兵。贾岛未忘林下约,汤休岂恋世间名。石床花雨经函秘,水殿荷风梵呗清。应共龙门采樵者,诗筒来往寄闲情。

谢应芳

寄径山颜悦堂长老

时颜悦堂长老退居昆山州城之南,扁其室曰"城南小隐"。

每忆城南隐者家,昆山石火径山茶。逢人与说无生话,麈拂拈来带雨华。

郑元祐

暮归有感写寄玉山

山人常年遇有秋,尚尔不免饥寒忧。左腕难临乞米帖,中肠只忆监河侯。仓尘能饫李斯鼠,醉态且舞檀卿猴。瓶储有粟可饱我,起踏北户看星流。

郭　翼

寄于彦成兼柬玉山

匡庐道士三尺强,手援北斗酌霞浆。露气朝开玛瑙瓮,丹光夜落芙蓉床。崆峒仙人广成子,鉴湖狂客贺知章。主人种梅已成屋,忆尔看云眠草堂。

李廷臣

奉同铁崖赋寄玉山

玉山溪路接仙源,渔郎系船老树根。望海楼台浮远市,开门湖水落清尊。珠光弄月寒丹室,石气酣云暖药园。闻说铁仙曾此宿,吹箫清夜洞庭翻。

昆山杂咏卷第十八　怀思

张方平

县斋怀京师

东南古县介江皋，西北神州倚斗杓。安得叶君传秘术，时飞双舄诣台朝。

袁　华

次韵顾玉山感怀

金粟老秃翁，丧女及二妇。情钟正我辈，况尔中年后。值兹世浊恶，喧呶互纷揉。达观了死生，放浪无何有。泛滥经律论，一室仅如斗。蒲团竹匡床，跌坐阁双肘。心若大员镜，触处靡不受。荣辱既俱忘，恒叹烹走狗。独怜孙与甥，哀哀失慈母。谁能断嗔爱，毗耶有无垢。所谈不二法，究竟唯濡首。宿业想未偿，惊心血屡呕。深秋天色暄，桑柘叶黝黝。念子筑杭城，土石躬自负。城高石易穷，鞭棰无所取。书来知近况，鳖面龟两手。新谷幸登场，日夜探杵臼。悉供役夫养，老稚曷糊口？安得海宇清，关塞忘战守。归耕对男女，畜鸡养肥牡。侧闻王师出，铁马渡沙久。中军霍嫖姚，报国忠肝剖。鼓行探虎穴，若拉枯与朽。捷书尚未至，西风又衰柳。思之转郁陶，浇愁惟有酒。兴亡信有数，蛇断秦鹿走。荷锸死便埋，四郊多培塿。

昆山寒食日有感

马鞍山城寒食节，花气薰人南陌头。风乱纸钱飞蛱蝶，烟开林响闹钩辀。半山桥觅谁家醉，叠浪轩非曩日游。面上五年尘与土，不堪此地一登楼。

吕　诚

有怀来鹤亭

忆昔题诗来鹤亭，修篁欲染客衣青。飞花造次沾歌扇，舞鹤流连绕石屏。正拟刘伶为酒颂，莫教陆羽煮茶经。故人多在青山上，独怪江湖老客星。

易　恒

忆大泗瀼故园<small>尝新米</small>

卜筑长洲外，空怀泗瀼宾。丧家思老仆，习俗问比邻。感旧悲时事，尝新慰食贫。素餐知忝窃，不是力田人。

风雨忆瀼中故园

故园十亩瞰林塘，花竹阴阴覆小堂。好友肯来唯一二，老夫不出是寻常。白鱼寒鲙槎头雪，朱橘秋尝屋角霜。雨雨风风归未得，空劳飞梦绕沧浪。

徐　贲

晚行南垞怀陈文度

离思满荒烟，行行只自怜。吟成流水次，望断远鸥边。叶恋经寒树，星催欲夜天。怀君无数里，浑似隔山川。

易　恒

怀袁子英<small>修昆山志及韵书</small>

汝易勤著述，闻说又移居。闭户修山志，开轩写韵书。迹疏苔径屐，酒间雨窗蔬。故旧凋零尽，都成一梦如。

怀马公振

与子同门友，暌离久索居。干戈春辟地，灯火夜观书。不厌鱼虾侣，宁辞笋蕨蔬。白头老兄弟，空忆少年如。

殷　奎

忆卢公武

鹿城茅屋好风清，千首文章万古情。江外暮云寒不动，池头春草夜仍生。图经笔削权衡见，篆籀风流剑戟鸣。少小羡君为古学，而今高处到姬嬴。

高　启

春日怀陈孝廉则

徂春易为感，复此栖孤寂。莺啼远林雨，怅望乡园隔。客舍换衣晨，僧斋听钟夕。知君思正纷，杂英共如积。

释来复

怀旧游寄顾玉山秦文仲陆良贵

不到东沧十五年,草堂梧竹故依然。丹经只许山人读,璨稿多因海客传。琼树着花明似雪,金壶盛酒美如泉。从游公子皆豪杰,长醉春风玳瑁筵。

项 骘

喜欣上人归山复思贤亭

上方欲访题诗处,西隐先寻结社缘。洗树云通林下路,开窗山碍屋头天。旧游零落晨星列,胜景追思劫火年。今喜汝归相慰藉,小亭且复傍思贤。

郭 翼

闻吕敬夫移家五首

忆汝秋来信使稀,移家未睹是耶非。月星绕树乌三匝,风雨横江雁独飞。岂为故人居赤甲,还从野老款荆扉。东西扰扰皆为客,琴剑空惭坐不归。

詹尹何劳更决疑,衡门之下可栖迟。竹从少府韦家觅,树向果园坊里移。翡翠小堂巢窄窄,鸥鹢近渚槛垂垂。主人一任悬徐榻,更拟风流醉习池。

卜筑应同野老居,家贫犹有五车书。从人更买青田鹤,入馔频供丙穴鱼。谢朓能诗多警策,嵇康懒性且粗疏。江头树里晴云出,日日看山候小车。

馀暑醉人犹困酒,秋风秋雨下朝朝。颇闻蒋诩开三径,未识将军第五桥。月里芙蓉催放艇,天头鸾鹤待鸣箫。海乡应讶文星聚,莫以寻常折简招。

雨映清秋解郁陶,无端舒啸倚东皋。终怀楚国屠羊肆,已愧江州食犬牢。五夜新凉吹枕几,十年旧梦落波涛。老来亦慕归耕好,田屋芃芃黍豆高。

良 琦

至正庚寅十月八日吴水西袁子英集余寓有怀
玉山匡山云台以端字为韵

兰若清溪曲,苔蹊宿雨干。闭门书自展,扣竹客相看。莲社姑容酒,松房可挂冠。风流成雅会,慷慨失幽欢。日落江声急,山空玉气寒。桃源人已去,柳径菊初残。簪盍宾朋集,田收秫米宽。郑庄元好客,陶令独辞官。诗忆迂辛好,才追短李难。交游敦道义,出处共盘桓。昨者山行乐,连朝兴未阑。孙登啸绝响,灵运屐宁刌。眺远忻情豁,临深怯股酸。石奇翔凤舞,池碧老蛟蟠。曲磴舆频憩,苍崖句欲刊。披烟行荦确,拂雪斫巑岏。岩橘黄金俎,畦菘绿在盘。空迂长者辙,真具腐儒餐。聚合惊云散,暌离见月团。鹿鸣还自咏,流水不成弹。鸿雁啼荒浦,凫鸥落暮滩。冲襟聊一写,搔首睇云端。

秦约

四君咏并序

约日坐芝秀轩,所相爱厚者,卢君伯融、袁君子英、陆君良贵,每过必谈仲瑛园池亭馆之胜、山木水竹之美,文章翰墨相与藻缋者,则有铁崖仙人、匡庐逸士。今年春,敬初归自京师,即留玉山所。敬初乃仆之深于气类者。适见近制,亦乌得而不动情也哉?又闻欲过江上,窃自忻喜。盖友朋契阔,苟非晤集,曷能为之倾倒也?谨赋诗四首以怀四君,且寓缱绻之意云耳。时至正庚寅正月十有八日也。

杨廉夫

昔年射策龙墀日,曲宴琼林识圣贤。天乐流音琪树杪,星文重彩霱云间。长杨五柞曾夸赋,驷马成都复见还。东观老人行奏对,三朝国史待重删。

陈敬初

青青兰芷照春袍,春雨流肪满绿皋。秦国总传歌驷铁,浚郊无复赋干旄。神鱼冲岸江涛起,威凤巢林海日高。何似桐花花树下,玉罂翠杓泛香醪。

玉山山人

柳塘飞阁画桥低,苣石听莺淑景移。不但郑庄偏好客,也输顾况最能诗。采铅日出辛夷坞,洗玉春明菡萏池。多少东华冠佩者,相逢都说虎头痴。

于彦成

丹阁绣楹凌紫雯,琅玕芝草延清芬。宝冠正忆匡庐老,玉文曾哎华阳君。笙镛夜奏三珠树,鸾鹄晨朝五色云。山中仙气浑如盖,不缘高致远人群。

郯九成

秋夜独坐有怀玉山征君

庭树叶初落,鹊飞惊早秋。玉绳犹未转,星汉忽同流。杨柳离亭思,芙蓉别浦愁。

美人别烟渚，沧海信悠悠。

陈　基

秋怀奉寄仲瑛

江上秋阴十日多，思君不见奈愁何。风高泽国来鸿雁，雨入汀洲落芰荷。公子文章裁瑞锦，佳人衣袖剪轻罗。画船亦欲溪头去，听唱花间缓缓歌。

郯　经

娄东述怀寄上

寂寞娄东寺，经过岁暮时。后凋霜柏古，乱点石苔滋。方外尊吾友，龙门得老琦。十年今几遇，早岁故相知。震泽三江入，虹桥五色垂。水西春酒熟，花下晚尊移。联句应题竹，留餐更折葵。那知俱是客，各以业为师。莲社招呼费，茅堂出处卑。也驰支遁马，而向习家池。何物讥臣朔，如人舞怪逶。遂令兄弟急，岂但友生疑。落落情偏好，悠悠事莫期。参商天上路，萍梗海之涯。向忆身犹白，前修道不缁。君攀狮子座，我把桂花枝。吴子非无学，周胥亦有为。龙泉终再合，豹管未容窥。泥滑双扶展，灯明共弈棋。笑言方款合，交谊更坚持。好客囊羞涩，捐人佩陆离。初筵俄列豆，屡舞竟扬觯。醉揖都轻别，醒吟每重思。优哉聊复尔，舍此欲何之？伐木鸣幽鸟，缄简寄阿谁？玉山投美璞，珠水照摩尼。为说饶清事，从游尽白眉。载观名胜集，多是故人诗。自笑如张翰，何烦识项斯。江帆风去逆，林馆雨留迟。紫研玄香润，纹窗棐几宜。翔鸾开粉纸，直发引乌丝。燕坐书成癖，穷探字识奇。雄文毛颖传，小隶武梁祠。韩柳文章在，云龙上下随。两家才并立，千喙语难追。小子真狂简，前贤讵点嗤。百金宁取直，三绝且闻痴。漫与非神品，居然奉令仪。异时倾孔盖，八字读曹碑。回首高飞隼，行歌倒接离。剡溪归尽兴，泌水乐忘饥。野阁延疏广，韦编拾散遗。儒冠傲轩冕，农耒力畬菑。明月怀人远，长林鼓瑟悲。平常要久契，翻覆讶群儿。愿把平生意，毋求小有疵。矢心同白水，披腹献丹墀。把袂寒潮上，还家夜雪吹。上人逢顾恺，凭谢拙言词。

杨维祯

怀玉山一首书珠帘氏便面

五月江声入阁寒，故人西望倚阑干。珠帘新卷西山雨，第一峰前独自看。

陆良贵

奉怀玉山

马鞍山色两峰尖,时送飞云落画檐。金鹊焚香烟袅袅,银鹅舞队月纤纤。语调鹦鹉花连屋,影拂鸂鶒水动帘。缘想清游共于鹄,定多词赋照牙签。

张　泰

秋官孙郎中谪戍铁岭有感而作

昔闻黄金多,坐见悔吝生。胡为当此际,俭者祸亦婴？署郎昆阳秀,早等科第名。玉壶置秋台,刬烦刀离硎。神知拒暮谒,公事恒朝竞。昨日九重恩,今辰千里行。出门试荷戈,羸马惨不鸣。妻子竟谁托？牵衣甫吞声。脱钗解弊襦,勉为饥渴营。江淮隔亲舍,日暮浮云征。玉关饶冰雪,铁岭愁旆旌。平生赤心肝,肯替白日倾。尚愿此白日,长照渭与泾。莫令黄河水,滔滔不敢清。

黄　云

望秋亭有怀方尹 时方公以是年大水,因改春风亭为望秋,故云。

亭改望秋秋已成,穰穰禾稼甫田平。寒栖雪树乌声乐,晴度云天雁陈横。剩水残山阳动脉,黄童白首色回生。一生治迹兼文誉,盈耳弦歌绍武城。

昆山杂咏卷第十九 酬答

王安石

谢郏亶秘校见访

误有声名只自惭,烦君跋马过茅檐。已知原宪贫非病,更喜庄周知养恬。世事何时逢坦荡,人情随分就猜嫌。谁能胸臆无尘滓,使我相从久未厌。

高 启

答陈则见寄

何由慰远思,独咏寄来诗。行路方难日,清秋欲尽时。江多惊雁火,树少宿乌枝。早晚如相见,应怜有鬓丝。

袁 华

次韵顾玉山见寄

草堂东郭带烟萝,门外高轩客屡过。郑国上卿知叔向,新丰逆旅荐常何。柳迷官道莺迁木,花映春江水动波。已许芝云分半席,嘉时行乐醉时歌。

次韵答秦文仲

校文东观继前贤,归隐萧斋日草玄。汲冢周书雠蠹简,谷城黄石授韦编。怒撞玉斗鸿门宴,泪落金铜汉苑仙。览古怀今莫惘怅,还听稷下衍谈天。

杨维祯

玉山以诗见招用韵奉答

君泛脂江我泛娄,沙棠小艇木兰舟。醉吟铁笛珠帘底,端为风流刺史留。

沧楼诗招萧史凰,莲艇或踏琴高鱼。卷尽芙蓉秋万顷,瀛洲信有玉人居。

奉谢僦屋

玉山长者有高义,乞与山人僦屋金。骊马一时皆上客,青娥三日有遗音。西山涌海当秋后,南斗流江入夜深。更报大茆张外史,兴来须抱小雷琴

次韵黄大痴艳体 [1]

大痴仙四和余"笼"字韵,自谓效铁仙艳体,余首作盖未艳也。再依韵用义山《无题》补艳体,且驰寄果育老人。肠胃有五色绣文者也,必不效痴仙菜肚子句。一笑。兼柬玉山,主客自当争一筹耳。

千枝烛树玉青葱,绿纱照人江雾空。银甲擘丝斜雁柱,熏花扑被热鸳笼。仙人掌重初承露,燕子腰轻欲受风。闲写恼公诗已就,花房自捣守宫红。

漏转西壶酒转东,金盘一筋万钱空。犀株冷射琉璃栅,绣沓晴烘翡翠笼。仗簇银骢沙路雨,信传青鸟玉楼风。白樱桃下芙蓉坠,中有双花一蒂红。

郭　翼

和顾子达见寄

江上去年来避寇,无家归路转凄迷。桃花柳絮当三月,瘴雨蛮烟似五溪。直见荒台麋鹿走,可怜无树凤凰栖。读书支子桥边宅,瓦砾伤心暗蒺藜。

君住同丘似同谷,闲身应是笑官忙。梅花有兴吟东阁,萱草无忧树北堂。漫省观鱼庄叟乐,谁怜歌凤接舆狂。相看马困盐车日,何处悲鸣觅九方。

黄公望

公望,字子久,号大痴,本常熟人,陆神童之弟,出继永嘉黄氏。黄年九十始得之,曰:"黄公望子久矣。"因而名字焉。性聪敏,博极群书,于他伎能无不通晓。补浙西宪掾,以忤权豪弃去。黄冠野服,往来三吴。开三教堂于苏之文德桥,三教中人多执弟子礼。晚爱杭之筲箕泉,结庵其上,将为终老计。已而,归富春,年八十六而终。公望善画山水,初师董源、巨然,后稍废其法,自成一家。所著《写山水诀》,至今人多仿之。

次所和竹所诗奉柬玉山公望时年八十有三

花槛香来风入座,雕笼影转月穿棂。钩轩平野连天碧,排闼遥山隔水青。

1　底本原无诗题,据《铁崖逸编注》(《四部备要》本)补。

郑元祐

次韵答谢玉山

扁舟不乱白鸥群,又复移家入水云。载酒可无人问字,挥毫故有客书裙。荒凉汉室铜盘泪,剥落周宣石鼓文。犹藉顾循能慰藉,江湖冷落见番君。

袁　华

完颜巾歌

完颜,全国人姓,完颜与其部三十二姓皆封金源郡。金人之常服四:带、巾、盘领衣、乌皮靴。其束带曰吐鹘,玉为上。巾之制,以皂罗若纱为之,上结方顶,折垂于后。顶之下际两角各缀方罗,径二寸许。方罗之下各附带,长六七寸。当横额之上,或为一缩襞积。贵显者于方顶,循十字缝饰以珠,其中必贯以大者,谓之顶珠。带旁各络珠结绶,长半带,垂之。其衣多白,其从春水之服则多鹘捕鹅,杂花卉之饰;从秋山之服则以熊鹿、山林为文,其长中鹘,取便于骑也。

完颜巾,金粟道人所制,寄铁崖先生。先生赋长歌以谢,率余同作。

混同江流长白东,完颜虎踞金源雄。身如长松马如阜,蹴踏黄龙城阙空。鸳鸯泺上驾鹅雪,春水秋山事游猎。黄河清后圣人生,一代衣冠烟雾灭。璊玉龙环四带巾,柘袍吐鹘装麒麟。锦房芍药大于斗,骅骝坐拥真天人。传自中原文献家,全胜白氎小乌纱。金粟道人鬓已秃,挟以双环归铁崖。铁崖先生貌如玉,绣缕盘花簇朱褵。鹧鸪小管沸筝琶,春流银瓮葡萄绿。日日倒载高阳池,落花飘摇风满衣。九峰女儿拍手笑,月中踏歌歌大堤。先生醉笔蛟龙走,报以长歌意殊厚。脱巾花底一掀髯,笑倩柳枝来漉酒。按《金史》,上京路,即海古之地,金之旧土。国言"金"曰"按出虎",以按出虎水源于此,故名金源。建国之号,盖取诸此。其山有长白、青岭、马纪岭、完都鲁,水有按出虎水、混同江、来流河、宋瓦江、鸭子河。鸳鸯泺,一名昂吉泺,隶裂远。金太祖军宁江,驻高阜,撒改仰见太祖体如乔松,所乘马如冈阜,太祖亦视撒改人马异常,喜曰:"此吉兆也。"即举酒酬之曰:"异日成功,当识此地。"卫绍王大安元年,徐沛界黄河清五百馀里,几二年。宣宗贞祐二年,黄河自陕州界至卫州八柳树清十馀日。

吕　诚

白纸扇歌

闻次安惠纸箑,因赋此以赠之。

我昔舟泊西江湄,椎冰看捣万楮皮。江神相顾色惨怆,波工自诧手不龟。龟当作龟,龟即皲字,义手冻裂也。《庄子》:"不龟手之药。"又支韵。怀金问价云满箧,霜纨失素无晶辉。廿年归来存百一,制成团扇真绝奇。洪炉百炼太古雪,紫箑三尺盘屈铁。银潢影射秋鉴光，玉虹冷贯青天月。昏目摩挲惊老丑，动摇清风生腋肘。高堂昼把蝇蚋空，魑魅潜藏飞电走。岂不闻，箧姥不识王右军，茂弘曾障元规尘。谢公高风固足尚，班女箧笥空悲呻。乌飞兔掷急于箭，商飙奄忽号枯林。呜呼！盛衰天地无古今，炎凉不易君子心。

寄谢谌西堂惠纸

云茧罗纹幸见投，乌皮几上雪凝眸。怀人端为双鱼信，作赋空惭五凤楼。

翠峰西下连吴会，雪浪东来入海门。胸次不留元字脚，金香炉下铁昆仑。

谢惠则明秋菱次韵

筠笼遥致百冰丸，入口先惊熨齿寒。柔指不辞连蒂摘，弱肌终免抱枝干。甘芳粹矣斯为美，头角崭然未可干。应为文园消渴甚，好怀时复寄诗坛。

谢惠菜

江乡正月尾，菜薹味胜肉。茎同牛乳腴，叶映翠钗绿。每辱邻家赠，颇慰老夫腹。囊中留百钱，一日买一束。

张 雨

答寄笋蔬

远寄玉山篇，来自故人庐。竹萌且柔弱，荻笋亦丰腴。姜醯助芳辛，浊醪为前驱。猪肝恐累人，我亦仲叔徒。念此风雨中，江外致嘉蔬。缄诗答幽意，老饕良可吁。

黄 云

谢黄礼侍惠石屏

春卿石屏三惠及，失喜一笑多髯掀。石从人琢肖天秀，妙绝一一难具论。前山后山皆晦黑，倏忽远近无山村。飞龙出峡卷雾雨，恐是海立波涛奔。得非岩洞隐日月，文章彪炳虎豹蹲。昔人画里写生意，石上乃有画意存。看石成画照晴色，长带冷湿烟霏痕。化工运神莫可测，元气出入无穷门。太素以来出古色，幽玄不可探且扪。峰头云气白于雪，鸡犬何处桃花源。开屏卧游谋隐处，结茅堪依苍树根。洼尊饮水翻纾竹，紫翠万状娱朝昏。我知春卿别有意，冈俾传玩到子孙。怜我穷愁久蟠郁，遣发豪奇期弗谖。

谢方尹思道惠炭

云也强项弃冷官,简编陈断忍冻看。平生坚立古风节,奚啻岱华峰巉岏。红梅看花方细咏,我侯惠炭当冬残。筠篓皆实负者至,拜嘉顿使心平宽。贫无邻僧乞米送,朱门洞开亦懒干。扬吴邓侯屡辱贶,厚意不报歌《伐檀》。侯心忧民劳抚字,疏上天阙输心丹。帝俞疏言拯焚溺,破啼为笑咸腾欢。一时馀惠荷波及,舒写老抱陈骚坛。东溟大观天放逸,千里飞雪风鹏抟。万言倚马何敢望,仅洗郊岛之瘦寒。东风顷刻回造化,忽有春色生毫端。飒飒乎而颂嘉政,苍崖镌磨垂不刊。

张　和

和,字节之,昆山人。正统四年进士,廷对称旨,将赐状元及第,以目疾乃置第二甲第一人。授南京刑部主事,累迁至浙江按察副使。君性聪敏,过目成诵。为诗歌,有奇名,对客伸笔,能顷刻千百言。尤以道义自高,人多惮服之。所著有《筱庵集》。

谢惠茉莉

缁尘拥马汗沾裳,下马欣然览异芳。疏蕊乱丛千点雪,好风清散一帘香。汉皋游女留遗佩,姑射仙人试晓妆。珍惠到前何以报,短章遥寄答来章。

昆山杂咏卷第二十　闲适

盖　屿

屿，铜台人，宋政和中为邑令。

读邈上人翠微集

圣宋吟哦只九僧，诗成往往比阳春。翠微阁上今朝见，格老辞清又一人。

郑亿年

亿年，字长卿。

几年祠馆乐安闲，诗笔无闻老思悭。谩把清篇遮病眼，每逢妙语解愁颜。定知道行超尘外，不使才名落世间。从此丛林推绝唱，未应后学便相班。

马先觉

喜乐功成招范至能入诗社

燕国将军善主盟，新封诗将一军惊。范家老子登坛后，鼓出胸中十万兵。

范成大

和马少伊韵

气压伊吾一剑盟，风生铜柱百蛮惊。君家自有堂堂阵，我欲周旋恐曳兵。

次韵唐致远雨后喜凉

老阳作气再三鼓，衰竭之馀不支雨。搴旗拔帜扫迹空，一点新凉破残暑。飞蚊薨薨已无寄，蜻蜓翅净摩天嬉。竹窗日暮转萧瑟，喜有促织鸣声悲。

赵彦端

次韵郑逢辰直阁迁新居

早向承明倦直庐，萧然林下十年书。便名盘谷虽恶可，闲赋斜川岂不如。山拥北窗凉雨后，月生南浦夜潮馀。江湖必有从公者，风际挐音㑥是欤。

生当带索守林庐,不合轻抛种树书。 贺燕得公真自乐,敝貂将我敬何如。 殊乡更觉邻为贵,晚岁深期独有馀。 上下床间相去几,未知梦觉孰非欤。买邻贤于买宅。

盖谅

谅,字朋益。

次郑大资竞渡诗韵

昔年冶游浚都城,溶溶春水涨金明。龙舟鳞次鼓兰桨,胜日讲武风波平。沸地笑歌混箫笛,轰天金鼓惊鹭鹒。当年冠盖尽英游,飞鞧联翩迅翔翼。只今潜盘向荒陂,畴曩伟观那再期。熙熙王化及远近,春来胜事还相随。十百分朋同川济,咸欲得枭无异意。屈原死向千载馀,今不敬吊翻成戏。敬吊赋就独贾生,可见君子异小人。公诗贾赋独追伤,忍以为戏向芳春。企[1]听赐环在朝暮,衮绣遄归庙堂去。故先濯我尘土心,琅琅哦公七字句。

陈长方

和叶季质以唐律两篇见属

风流王右辖,萧散郑丹丘。此事今难再,如公可并游。千篇诗价重,十日酒船浮。圣主方东幸,山中莫滞留。

范成大

元日奉呈项丈诸生

节物阴涝里,人情冷淡中。百忧寻老大,一笑属儿童。雪意愁饥雀,风声入断鸿。新衣满闾巷,终日自西东。

项彦周

和范至能元日

献岁身留外,思家恨满中。桃符禳厉鬼,椒酒勤仙童。出谒凭羸马,题诗附去鸿。青春应时节,斗柄夜摇东。

---

1 "企",底本原缺,据宋龚昱《昆山杂咏》三卷补。

马少伊

幽居客至

吾爱吾庐似野人，轩窗花草逐时新。寻常俗客经过少，咫尺诗仙往复频。小摘园蔬微带雨，浅筤瓮蚁曲留春。莫嫌供给全羞涩，礼薄情浓却是真。

乐　备

次马得间幽居客至韵

吾道如君有几人，生憎轻薄白头新。林泉卜筑何妨静，诗酒寻盟不厌频。小雨汀洲松浦霁，斜阳花草玉峰春。芒鞋竹杖须乘兴，快取平生见懒真。

次韵得间晚春即事

新晴初照屋山头，春欲归时事事幽。诗著硬黄容我扫，酒拚大白共君浮。幸闻边备初无警，喜见农功渐可鸠。老去所期如此耳，人间底事更关愁。

乐庵李先生居南庄论张同知不行挂冠而归赋二诗为寿

高人摆罗靮，厉俗非小补。朝来漉酒中，谈笑易圭组。百年全始终，一节照今古。回首声利场，车轮正旁午。

闻健即收身，归耕躬馌饷。诗中句堂堂，床头春盎盎。寒花晚更香，霜节老益壮。相对无俗情，端的羲皇上。

项寅宾

和郑逢辰元宵韵

忆昔先皇赏露台，鳌山半影落蓬莱。群方欲识龙颜喜，双阖时瞻雉扇开。十里仙香濛碧雾，六宫韶乐隐新雷。神仙旧事浑如梦，只有春风每岁催。

冲　邈

翠微山居诗二十五[1]首

山水煎茶抄柳枝，禅衣百结任风吹。看经即在明窗下，得失荣枯总不知。

1　"二十五"，底本原作"二十"，据宋龚昱《昆山杂咏》三卷改。

任运腾腾作老颠，何须论道复论禅。莫将闲事来相扰，妨我长伸两脚眠。

闲来石上卧长松，百衲袈裟破又缝。今日不愁明日饭，生涯只在钵盂中。

临溪草草结茅堂，静坐安禅一炷香。不是息心除妄想，却缘无事可思量。

老老山僧不下阶，双眉恰是雪分开。世人若问枯松树，我作沙弥亲见栽。

老来欲觅人间物，须向红尘问世人。莫怪山僧无扫帚，都缘行处不生尘。

幼入空门绝是非，老来学道转精微。钵中贫富千家饭，身上寒暄一衲衣。

莫向人间定是非，是非定得有何为？而今休去便休去，若欲了时无了时。

朝见花开满树红，暮观落叶又还空。若将花比人间事，花与人间事不同。

百计千般只为身，不知身是冢中尘。莫欺白发无言语，此是黄泉寄信人。

早灰百念卧灵山，世路无心绝往还。僧相只宜林下看，不堪行到画堂前。

一池荷叶衣无尽，数树松花食有馀。却被世人知去处，更移茅舍作深居。

高人远望石硢硢，叠嶂回峦数十层。时人只识云生处，不见松萝岩下僧。

辞君莫怪归山早，为忆松萝对月宫。台殿不将金锁闭，来时自有白云封。

独摇金锡出樊笼，便踏孤云上碧峰。莫怪脚穿脱尘履，且图行处不留踪。

三界无家谁最亲，十方唯有一空身。但随云水伴明月，到处名山是主人。

茅檐静对千山月，竹户闲栖一片云。莫送往来名利客，阶前踏破绿苔纹。

踏石穿山一老僧，白云为伴水为朋。通宵只在洞中宿，月上青山便是灯。

人生在世急如风，昨夜今朝事不同。不信但看桃李树，花开能得几时红？

僧家无事最幽闲，近对青松远对山。诗句不曾题落叶，恐随流水到人间。

霜飞峭壁夜猿惊，手把松枝叩月明。知有石龛僧入定，朝来不作断肠声。

任性随缘一比丘，一生无喜亦无忧。白云纵听飞来去，但得青山在即休。

炉中无火已多时，早起惟将一衲披。莫怪山僧常冷淡，夜深无处拾松枝。

岂是栽松待茯苓，且图山色镇长青。他年行脚不将去，留与人间作画屏。

高高峰顶恣情田，买断清闲不用钱。堪笑白云无定止，被他风送出山前。

叶　椿

次韵静师仁叟山居

生涯卜筑翠微深，门在烟萝路几寻。窃果白猿窥诵易，栖松黄鹤听调琴。泉声漱石丁东玉，竹影移风琐碎金。雨霁乘闲种瑶草，和云剧破古松阴。

云磴苔深人到稀，养成疏懒类顽痴。半岩寒绿雨晴日，满地落红春尽时。天籁入松疑鼓瑟，怨禽啼月认吹篪。新篁绕舍绿阴合，静对清流好赋诗。

李　衡

乐庵初成 彦平归老于此，在县南圆明村。

老子平生百不足，庵成那管食无肉。终朝闭户只读书，四面开窗都见竹。

投老庵居百事宜，早眠晏起不论时。更长睡足披衣坐，倾耳林间两画眉。

吴仁杰

仁杰，邑人。尝藏张旭草书《酒德颂》，周益公尝为之跋。号斗南。

水云居

买得东邻水一湾,开门正对马鞍山。半茅半瓦屋不破,一咏一觞心自闲。牧笛声中春雨散,钓丝风里白鸥还。若无儿女平生累,不信桃源隔世间。

姚申之

申之,字嵩卿,昆山人。隆兴元年进士。

寓居全吴江上

夜来得酒气增华,兴入丹梯月姊家。两首新诗一篇赋,今年不负木樨花。

一雨通宵剪韭畦,波棱生甲晚菘齐。朝来赤脚言语好,醒酒杯羹有宿菹。

幅巾萧散一枝筇,身在水云千顷中。抹野乱山随意碧,裛林霜叶可怜红。

筑成芋魁那忧馁,爨到厌麂真个穷。饱坐西轩观物变,一瓯浓茗一林风。

张 泰

淮云精舍言怀

幽独卧禅林,经年辍醉吟。久知书可读,不耐病相寻。鸣鸟夜还曙,落花春又深。馀生凭药饵,更敢问朝簪。

未老已多病,况逢春可悲。一番寒食雨,满寺落花时。卜命馀蓍数,谋生少药资。岂无欢乐地,憔悴欲何之。

草屦谢风尘,幽居花木邻。息机甘在野,多病不宜春。天地容孤子,朝廷恤小臣。不妨蔬食外,汤药健精神。

营屦归来病里身,上方清卧竹为邻。钟残别院朝光淡,花落环溪水色新。云掩空青长欲雨,乌啼烟绿似伤春。此中情况浑牢落,不愧山僧是主人。

郏 侨

访翠微邈上人

行客倦驰骋,寻师到翠微。相看无俗语,一笑任天机。曲沼淡寒玉,横山锁落晖。

情根枯未得,爱此几忘归。

过慧聚寺访凌峰阁贤上人

步入凌峰阁,寻师师未归。凭阑寂无语,唯见白云飞。

袁　华

夜宿东阁梦中游晏甚适觉而梅影上窗横斜可爱口占一诗以纪云

梅花千树草堂南,花气浮空若雾岚。姑射山中春自好,罗浮天上梦初酣。蟠桃谩说瑶池宴,仙桂徒夸月窟探。万里仙游才一瞬,不知霜鬓雪鬖鬖。

吕　诚

访偶氏筤筸轩时武孟制满求仕 地有桃源泾

旧草溪东十里馀,小桃源上见郊居。落红石径和云扫,新绿瓜畦趁雨锄。池上此君宜对酒,门前长者屡回车。此中未让商山老,见说王褒有荐书。

洪武庚申九月廿七日访钮声远于太仓城之正阳门造其室曰洞云四檐竹树盆山清气可掬因赋此诗并求其画山图云

先生家住正阳门,绕屋松声日夜闻。大药总消头上雪,小山长带洞中云。已知济物宜终庆,况是清时属右文。却笑吾诗与君画,海门风月拟平分。

陈　植

暇日同栖白庚公过曦复初山房

云房小如瓠,团团坐虚白。施食山鸟下,焚香禅定寂。机锋时脱颖,诗律探玄赜。自惭五浊昏,共话三生石。高萝牵翠帷,修竹照寒壁。日永掩衡门,满地残红积。

陈潜夫

访沈士怡丹房

绕屋丹光炫晓霞,隔溪山色映鸥沙。几回谈笑停杯坐,帘外春风落杏花。

吴　瑞

访沈石田于广慈僧寮

晚约周郎载短航,远寻东老过西塘。问僧借墨求题画,呼仆烧灯重举觞。野寺幸留高咏在,青山无奈去人忙。怅然离合成俄顷,星斗三更满地光。

万 豪

出北门访吕进士回憩城隍庙西房

北门五月似秋凉,乘兴肩舆过草堂。刘子墓前杨柳密,娄侯庙上井泉香。绿秧黄麦风光好,白腕青裙妇女忙。说起中原金革事,番疑俗吏是仙郎。

张 寰

寰,字允清,昆山人。嘉靖初,以进士累官通政司右参议。为人恺悌而性尤不羁。好游名山,每泛舟往返至数千里,自方古之陶岘,海内士大夫咸慕其高风云。

闲居有感

清秋直北渺燕山,魏阙遥瞻紫翠间。北伐南征猷自壮,先忧后乐梦常关。深山此日馀高枕,当路何人独抗颜。潇洒乾坤吾欲老,冥鸿何意羡鹓班。

周后叔

后叔,字胤昌,昆山人。嘉靖间,以进士历官至金华太守。为诗有清思。晚末尤嗜内典,自号空空居士。

闲 适

青阳被芳甸,玉律调幽禽。朱火旦夕流,娇歌忽已沉。镜颜委时变,嗤嗤眷华簪。谅非金石姿,胡为久滞淫?朱弦有逸响,欲奏无知音。鸥鸟可与言,相期白云深。

昆山杂咏卷第二十一　祖馂

钱起

起，字仲文，长城人。少颖敏，能诗，与郎士元齐名，时语曰："前有沈宋，后有钱郎。""大历十才子"，起其一也。尝寓驿舍，闻有人吟云："曲终人不见，江上数峰青。"天宝十年，就进士，试《湘灵鼓瑟》诗，遂以二句足之，中首选，授秘书郎，至翰林学士。

送昆山孙少府

徇禄近沧海，乘流看碧霄。谁知仙吏去，宛与世尘遥。远帆背归鸟，孤舟低上潮。悬知讼庭静，窗竹日萧萧。

冲邈

送知县赵通直岘 岘，宣州人。

仁政三年有始终，阳关声彻去匆匆。森严治己冰霜比，慈爱临民父母同。解印远瞻京阙路，挂帆高飏楚天风。不须更问昆山事，已有歌谣达帝聪。时有芝草、双莲之瑞，诸司闻于朝。

大门治邑岁年深，公之叔祖名稹，昔尝宰兹邑。诒厥孙谋又到今。遗爱联绵民结恋，归途迢递柳垂阴。九茎芝草曾呈瑞，并蒂荷花已赏心。或命朝廷求政绩，何妨袖出野人吟。

曾逮

逮，字仲躬。以父几致仕，擢逮为浙西提刑，以便养。

奉送自彊明府之官昆山

吴中大县数昆山，心定庭空亦不难。多事要将无事治，万人须作一人看。床头有《易》何妨读，琴上无弦不用弹。况是威名贤太守，吏民谁敢半言谩。

曾逢

逢，字原伯。

又

昆山壮哉县，叶子佳乎吏。斯民要父母，邂逅适相值。交游一星终，我识君用意。弦歌日寂寥，正恐未如志。催科谁许拙，巧则君所愧。汉时见大夫，亦作三辅最。

马先觉

送昆山丞谢子溦解官还朝

结交无虑三十年，道同志合难其全。倾盖相欢岂无有，当面论心背不然。晚知趣向动违俗，闭门避客鱼渊潜。属闻贰令非常好，才德远过崔蓝田。有怀欲吐难忍脚，试剥云雾看青天。穆如清风濯烦愠，皎如明月堕我前。论文未易探涯涘，讲政一以民为先。老夫论说众所废，公独采拾无弃捐。承颜请益恨不数，契合乃过金石坚。我方怙焉以为命，忍闻歌吹张离筵。西郊日暖玉生烟，羡公此行若登仙。何当化龙逐云气，四方上下相周旋。含情握手不忍别，敢效昔人裨一言。圣皇当宁方急贤，愿公袖草朝甘泉。为言民瘼殊未瘳，径须下诏宽缗钱。

楼 钥

钥，奉化人。宋隆兴初进士，累官至礼部尚书。抗疏论韩侂胄，遂投劾去。后召为参知政事，卒谥宣献。为人质直和粹，所荐多名士。号玫瑰主人，有文集百馀卷。

送卫状元著作提举淮东

汉庭早已冠群仙，阔步瀛洲最少年。切叹岂惟年亟及，人门才业总翘然。

通泰牢盆亘海滨，宅家专欲用儒臣。淮南草木生颜色，又见龙头第一人。

羡君持节拜庭闱，未老双亲着彩衣。若遇盖公烦问信，坐曹日念旧游稀。外府旧为敕局，卫乃盖侍郎婿。

屡从尊酒接从容，叔宝风姿照座中。他日相逢年益老，棋坛尚可角雌雄。

袁 华

赋得昆山送蔡广文

之子驾言迈，眷览昆山颠。钟秀自前古，著名由昔贤。昔贤去已远，兹山还峭然。玉气润凝雨，鹤声清闻天。遥思解组日，何如入洛年。献纳有馀暇，为续昆山编。

送昆山偰知州调嘉定

鸭绿涨江水，鹅黄上柳丝。二月娄东道，燕燕初来时。娄有贤使君，白皙美丰姿。联芳五枝桂，不觉窦家儿。岂弟民父母，古希今罕有。使君不我留，涉江采杨柳。柳丝弱袅袅，江水流弥弥。柳衰江水涸，邦人思未已。

分题得南武城送顾仲瑛之濠梁

南武城，在娄水。阖闾昔筑候越兵，檇李兵交竟伤指。夫差一战虽复仇，尝胆毋忘会稽耻。大夫种至请行成，镯镂卒赐忠臣死。争长潢池盟，宁知甬东徙。南武城，城已隳。我来览古仍赋诗，棠梨花落雨丝丝。游子西行何日归，怅望不见令人悲。

送卢公武应召北上

前朝图史已全收，诏起丘园重纂修。用夏变夷遵礼乐，大书特笔法春秋。金台墨泻朝挥洒，银烛花消夜校雠。进卷内廷承顾问，鹄袍端立殿西头。

送殷孝伯之咸阳教谕

圣代崇文化，贤良起草莱。凤鸣旸谷日，鱼跃禹门雷。匠石无遗弃，洪纤在刲裁。咸阳秦赤县，博士楚宏材。话别嗟吾老，横经羡子才。渡江淮浦迥，溯颍蔡河开。红树迎官舫，黄华映酒杯。纪行应俊逸，览古定徘徊。遵陆由梁苑，冯虚自吹台。汴京城屼屼，艮岳石巍巍。蹋月车鸣铎，嘶风骑卷埃。吴音伧父讶，儒服房人猜。应为青山住，悬知白石隈。解鞍依近郭，纵马龁枯荄。风急狂狐啸，天高鸿雁哀。诗情秋共澹，乡梦晓同催。喜见烽烟息，愁听驿鼓捶。虎牢悲战骨，猴岭觅仙胎。岳仰嵩高峙，河看砥柱栽。山川犹巩固，风物亦奇侅。鸡唱函关启，龙飞太华来。碑亭矜汉好，浴殿吊唐灾。望极吴天末，行穷渭水隈。别家倾菊酿，到县动葭灰。多士争先迓，诸生获后陪。献菹芹实豆，舍菜酒崇罍。五传遗经在，三馀万卷该。尊王明大义，抑伯黜渠魁。寒榻皋比设，朝盘苜蓿堆。树萱思奉母，援桂念提孩。有弟能调膳，何邮不寄梅。五陵还突兀，八水自萦回。选胜筇扶手，遐观笏拄颐。坏基留宿草，断础长荒苔。异域多佳处，兹游实壮哉。丈夫四海志，肯使寸心摧。

高　启

送高明府之昆山

茂苑行春罢，携琴又向东。潮声数里外，山色半城中。帆带桃花雨，衣翻柳叶风。岛夷闻善政，为有舶船通。

云帆驾海图诗送浙东副元帅锁住公归镇

元时，岁漕东南稻米由海抵京邑。至正八年春，海寇暴作，势张甚。时锁住公为浙东副元帅，承命总兵，由桃花口入蛟门，鼓行大洋中，无几微惧色。先是，各道出师多为民病，公所至，民不知有兵。贼间聚海岛者，皆远徙他境。凡三月，粮既卒事，公乃由昆山刘家港取陆道归镇，饮酒于故人玉山草堂。匡庐于立既为之序，而能言之士复为歌诗以美之。

顾　瑛

圣神开天抚八方，奄一覆载包洪荒。五云楼阙天中央，万国玉帛朝明光。津梁可通海可航，东吴云帆来稻粱。咄哉饿贼空伥伥，鳅鳝起舞狐跳梁。镇东将军龙虎章，旌旗倒影摇扶桑。指挥铁马东浮洋，洪涛海岳相低昂。天吴先驱万鬼行，丰隆列缺从腾骧。弯弧上射星垂芒，剑光烁水百怪藏。鲸鲵遁逃日月明，偃息干戈峨冠裳。野人拜跪称寿觞，愿公长年乐而康。愿公垂绅居庙堂，坐使圣世登虞唐。功名竹帛声煌煌，赤松之子同翱翔。

良　琦

至正八年海寇作，千艘万艘聚岛浓。云旗蔽天驾刀槊，人攀樯柁猿猱夔。焚梁劫帅虏商舶，捶牛击鼓日饮醸。杀人脔肉列鼎镬，天地惨惨风格格。遂令东南日惊愕，奏书闻天天不乐。帝曰吾民罹毒蠚，无乃拊字多苛虐。致令顽愚肆凶恶，圣德如天何庶博。宥汝罪戾恩优渥，从其东归乐耕凿。遵海而南地冥寞，诏以官军岁巡掠。桓桓帅府天东角，元戎总兵闲将略。一朝出巡兵踊跃，千里威声走风雹。祭神海庙灵肃若，拔剑黑水驱蛟鳄。挥戈直令日倒却，百怪群妖迹如削。元戎飒爽头未白，霜月曾照乌台柏。锁住公两为御史，三持宪节，又掌符钺以任方面，故云。致君承平海宇廓，丹青辉映麒麟阁。歌诗愿奏瞽叟乐，天子遇之汲与霍。

昂　吉

大舶云帆渡海时，海滨父老望威仪。旧时骢马乌台客，来把沧江破贼旗。

漕府官曹事转输，京城三月米如珠。海风不起波涛静，十日船行到直沽。

秦　约

瀚海浩无际，澶漫八极连。维天所设险，肇自开辟年。于穆世皇帝，辅弼俱才贤。

经邦念储偫，漕粟东吴船。烝尝备七庙，戎役俱三边。列圣相授受，王道庶不偏。八年建卯月，盗贼起联翩。剽掠纵烽火，杀戮奋戈铤。紫垣为之惊，章奏九重天。乃剖铜虎符，出师荡腥羶。屯兵驻山徼，系虏来江堧。圣心贵敉宁，宥过许自悛。所期在复业，耕凿相安然。桓桓帅阃臣，节制崇威权。岁定为典常，巡行遍山川。搴旗位正正，伐鼓声渊渊。王灵丑类匿，犒乐凯歌还。顾瞻北斗星，错落三台躔。帆樯聚勾吴，旬日达幽燕。徐看驿骑驰，无复羽书传。江花照裘帽，江柳拂鞍鞯。承恩殊命重，许国清忠全。行矣近龙光，论功丹宸前。

袁　华

送秦文仲归崇明拜祠墓诗有序

　　淮海秦君德卿，教授乡里垂四十年，殁而门人私谥孝友先生。其行述见杨铁崖所为墓铭。崇明，桑梓里也。至正庚子，高邮张君某同知州，事始白于有司，列祀校官之先贤祠，以天赐堂主李君配焉。明年春正月，其子约将归，拜祠下并展三世松楸。汝阳袁华追饯于娄之上而赠君诗。诗曰：

　　维秦氏先，裔本颛帝。玄鸟诞祥，爰暨大费。汤汤洪水，佐禹平治。赐姓曰嬴，是为柏翳。下逮非子，主马汧渭。厥马蕃息，赏延于世。酢之土曰，锡以爵位。自岐徂酆，奄有其地。以国命氏，子孙蹶蹶。冉相非商，从学洙泗。卒业圣门，身通六艺。三辅万石，汉称循吏。曰绵曰族，曰华曰系。或栖岩穴，或推孝义。文鸣淮海，肇自观始。疏派盐城，丁宋之季。南迁海隅，相宅天赐。懿自山父，威仪棣棣。玉立长身，清庙茂器。授经于方，力求源委。朝斯夕斯，亹勉弗替。贡于通州，诗冠多士。粤有仲子，才德粹美。肥遁居贞，行端学邃。蔚彼凤麟，为邦家瑞。讲道乡里，垂四十载。一裘一葛，不事华靡。高爵荣名，视若敝屣。沉潜理域，仁经义纬。性命道德，经史传记。孜孜讨论，由内及外。立言垂宪，先正是嗣。后生小子，为所矜式。殁有门人，孝友表谥。崇川之阳，木拱墓隧。揭示素履，有隆斯碣。伟哉张君，恂恂恺悌。以仁教养，以德拊字。下车省俗，振举淹滞。表里旌贤，风化所系。呜呼先生，匪爵而贵。上陈道统，乃白有司。翼翼新祠，翠映泮水。约承家学，继志述事。兢兢业业，罔敢荒肆。春雨既濡，区萌丛萃。顾瞻桑梓，油然孝思。驾言遄归，乘桴海澨。鲸波底平，云帆宵济。展墓拜祠，聿修厥祭。何以将之，旨酒肥爱。言言高门，列戟周卫。七贵五侯，充车结驷。不学无术，崇殖货利。未及百年，子孙皂隶。闻先生之风，胡不少愧。沧溟滔滔，奔流东驶。有如秦氏，世泽罔既。于千万年，祀事不坠。我作歌诗，昭示来裔。

匡山歌送恢复初上人

有美人兮思匡山，岁云暮兮道险艰。江空积雪涛波若山，骇惨慄兮凋朱颜。邈芙蓉于五老兮，怅飞瀑之潺湲。颠崖绝谷以晻蔼，方翼曾霄而高举，如翥凤而骞鸾。长松幽兰芊绵野芳，鸟道百折上扪，翼铩不得穷跻攀。鹤夜怨而寡侣，迟夫君兮未还。山川摇落兮，老冉冉而怀土。歌匡山兮送将归，望孤云于极浦。嗟昔人兮既远，访遗踪而览古。社结莲以植花，林卖杏而守虎。驱飞锡兮逾险阻，云为扉兮月为户。携匡仙兮招应真，饭松花兮饮石乳。展丹屏之九叠，溯银河之三梁。阅琼经于石室，采金芝于珠房。霞气朝润天光夜明，养贞素于恬澹兮，聊逍遥以徜徉。慨鸣凤之不至，胡众鸟之高翔？驺虞弗仁，驽骀以良。树樗折桂，用狼牧羊。彼方以蹠蹻之为洁廉兮，又奚慕乎夷齐采薇于首阳？赋归来兮彭泽，怀高士兮南昌。清风至节照今古，吾将尚友于斯人兮，歌濯缨于沧浪。瞻白云兮思君，何山高而水长？

张　泰

送叶吏侍先生西行边

德望文声月窟东，两朝嘉会识孤忠。天教今代有韩范，庙算西边无犬戎。乡里衣冠崇一老，乾坤情事先诸公。大车金铉收公去，白首无惭片玉峰。

送昆山戴伯诚

除书新拜五云间，淮月江风击掌还。转望槎边星绕汉，景纯坟上水浮山。三江酒伴挥金会，片玉花亭解带攀。簇锦昼荣能自致，似君青鬓不虚斑。

吴　宽

送吴考功德徵

溽暑宜多雨，南行又见君。开尊临积水，挂席带疏云。片玉昆山出，清风建业分。乡邦为别意，投赠愧无文。

方　豪时倪宗正知太仓，过此，与方同作此诗。

驷马桥送管方伯儒珍

吴有桥，蜀人名。方。跨娄水，接昆城。倪。昆城管老童时游，少年过此曾留盟。方。今日车马荣，道傍啧啧庸夫惊。倪。庸夫惊回戒其家，遗子何须金满籯。方。咸曰今老即昨童，今朝车马谁能同。控制楚服一面崇，倪。楚人歌舞迎春风。干戈连年田野空，白骨如麻落剑锋。天为苍生借我公，方。封事早夜达圣聪。仁而不弛，威而有容。抚绥扫荡行天工，倪。野狼授首刃不红。烟蓑雨笠春郊农，天子曰惟汝之功。方。丰碑高比衡岳峰，洞庭走其下。以濯以磨，勿为尘土封。他年卿相归，倪。此桥争光辉，光辉不与相如比。邦家之光，乐只君子。

杨子器

送杨玄隐还昆

仙佩珊珊下九天，归寻洞府旧桃源。青牛初驾天将曙，白鹤高飞日正暄。足跨蓬瀛三万里，口谈道德五千言。拜章先见明春榜，还报昆山出状元。<small>杨道官有梦兆，明年，顾鼎臣中状元。</small>

昆山杂咏卷第二十二　行旅

孙　觌

觌,字仲益,晋陵人。建炎初,以承议郎充徽阁待制,为平江太守,召赴行在,改龙图阁直学士。再任,寻论罢。

昆山道中

归鸟破烟没,飞泉隔陇分。松门挟疏雨,樵径踏行云。独往随漫兴,高谈遗世纷。悠然一杯酒,可以傲人群。

日脚衔半璧,江南横匹素。一片黄芦秋,摵摵风景暮。闲枕曲肱眠,自琢捻须句。稍稍山月吐,已复草头露。

范成大

夜发昆山

岁寒人堇户,霜重独登舟。弱橹摇孤梦,疏篷盖百忧。但吟今不乐,宁计几宜休?惭愧沙湖月,年年照薄游。

胡　峄

昆山夜泊舟中遣怀

念昔扶衰别故城,敢期身见稍休兵。连年防患秋更急,此节浮家夜亦行。梦里不应追昨梦,生前聊复且偷生。空中鸟迹谁能记,万古由来一妄情。

泊昆山

疾风欺雨透篷船,拥被和衣昼复眠。儿女登临徐脚力,更随明月绕山前。

过百家渡

风雨留人阻去程,扶衰上冢过清明。百家瀼里犹掀簸,那得江神不世情。

郭　章

归昆山省亲别太学同舍

半菽年来属未涯,羞骑款段出京华。涨尘回旋风头紧,绮照支离日脚斜。掠过短莎惊脱兔,踏翻红叶闹归鸦。不堪回首孤云外,望断淮山始是家。

也知随俗调归策,却忆当年重出关。岂是长居户限上,可能无意马蹄间。中原百戁知谁运,今日分阴敢自闲。傥有寸功裨社稷,归来恰好试衣斑。

顾　发

待潮顾浦宿耕者张钦舍

海近云气昏,禹迹开茫茫。晴林列障逻,什伍屯千冈。顷遭七年旱,骤见九秋黄。腰镰喜复悲,泥水新圃场。县侯初下教,官赋无丰荒。错挥制锦刀,戏作编氓创。身上催租瘢,短褐愁盖藏。课为五县最,荐飞十剡章。逡巡掌邦计,跬步封侯王。江淮十万师,待饲正颉颃。禾麦今已登,妇子戒勿尝。行俟天雨粟,饱食均四方。

姚申之

将至昆山舟中作

昆岭烟敛后,虞浦风寒时。一舸飞两橹,百媚生涟漪。霜清寒中人,天宇云陆离。朝曦忽满野,野[1]光明荒陂。潜鱼时一跃,宿鸟意迟迟。却望西津桥,千尺天投霓。豪家贵公子,香衾拥屏帏。安知苍莽中,有境如此奇。我以饥驱出,气轩复开眉。褚侯真懿亲,襆被相追随。长啸开船篷,襟袖风披披。平生崔嵬胸,轩昂对天池。有景无句道,径须酒浇之。

奚商衡

到昆山

客槎无路到天津,五斗依然不救贫。敛版进趋惭大吏,打门呼索愧穷民。酒边拓落寻真趣,诗里平章作好春。自笑小才还大用,姓名安得上麒麟。

1　"野"字,底本原缺,据宋龚昱《昆山杂咏》三卷补。

卫　培

过杨庄　调江城子

西风吹雨过杨庄,小舟横,又新凉。记少年时,曾向此中行。溪上石桥,桥外山杳霭,水微茫。　　人生何事,苦思乡,谩悲伤。百岁能堪,几度得徜徉？输与矶头渔父乐,歌欸乃,濯沧浪。

释良琦

娄江西门夜泊明日归省有怀吴水西

良夜维舟次,题诗最忆君。微钟花外度,清笛月中闻。灯报庭闱喜,杯从故旧分。西城驻马日,还与入山云。

卢　熊

旦出半泾渡

旦出半泾渡,昼过五贾冈。荒村半无人,老稚但糟糠。丁男尽行役,三月输租粮。水陆七百里,扬子波茫茫。卫仓道更远,荷囊负车箱。县官尚云迟,旦夕事答榜。魏村阻冰雪,流血思故乡。邦本慎培植,秋叶茂且长。大农有典制,忍使田野荒。时政不可议,歌之安能详？

太仓道中绝句三首

江鸥去明灭,野凫闲往来。何事农家子,憔悴令人哀。

层冰野渡口,荒草古冈身。仓皇荷戈士,蓝缕采樵人。

法严滋吏敝,赋重叹民劳。人有治安策,天空日月高。

娄江夜泊

朔风塞雁度江烟,访旧东游夜泊船。野水似龙争入海,大星如月独当天。荒村梦寐清秋夜,乡馆间关白发年。兵革飘流无定着,渺余何处赋归田？

徐　贲

舟行昆山怀陈惟寅山人

粼粼渡斜渚,宛宛漾晴川。日入风逾驶,举棹屡洄沿。荇花拆还敛,漪文断更联。

畔人归负耒,渔郎行扣舷。烟峦各闷态,霞嶂独逞妍。睇近固流迅,瞩远乃迟延。羁怀欣暂息,离思怅仍缘。安得偕吟侣,睹尔瑶华篇。

昆山道中

鸿雁天寒俦侣稀,秋风远客独思归。碧山尽处云相续,白水明边鹭自飞。漠漠芦花迷望眼,萧萧荷叶惨征衣。此行赖共知心话,一棹夷犹竟落晖。

范　能

过淀湖与赵思诚周宗大同舟

落日张帆过淀湖,稳如乘马履平涂。碧波彻底缨堪濯,绿树连云笔可图。三泖斜分光潋滟,九峰倒景影模糊。主人最是能延客,倾尽船头双玉壶。

袁　华

渡吴淞江

三江东入海,渺渺际天浮。鱼蟹松陵市,珠犀沪渎舟。季鹰终托兴,鲁望旧追游。自愧犹驰逐,临流羡白鸥。

郭　翼

巴湖秋暮

巴城湖头日欲曛,巴王庙下水如云。渔船归去打双桨,鸥鸟翻回飞一群。野旷天开秋历历,霜清木落雨纷纷。杜陵飘泊谁知己,搔首风尘政忆君。

高　启

乱后经娄江旧馆

此地昔相依,重来事已非。新年芳草遍,旧里熟人稀。远燕皆巢树,闲花自拥扉。遗踪竟难觅,愁步夕阳归。

盛　戢

过汉浦塘有感

凉飙生绿浦,鸣橹对青山。感旧人何在,伤秋客未还。身名难自保,世事故相关。谁识桃源路,携家老此间。

舟次汉浦

汉浦扬帆秋水高,青山小朵出林梢。浪开日闪江豚背,草乱风翻水鹤巢。破产曾无匡国计,辞家徒有故人袍。长年三老歌相答,一夜霜华入鬓毛。

宿昆山城南田家

片玉山前乌鹊飞,绕枝三匝不成栖。无端惊破归乡梦,岸岸秋风络纬啼。

夜宿顾墓田家

夜投顾墓村,霜花吹白门。灯寒釜烟灭,船聚溪声喧。仆夫悄不寐,老妪泣且言。租税急星火,诛求尽鸡豚。倾囊叹饥岁,接境愁荒原。十室九逃散,如何卖儿孙。

龚诩

友梅抵昆山余与同载夜宿新塘阻风雨客有吟唐人纵然一夜风吹去只在芦花浅水边遂用韵以赋之

一帆同载孝廉船,夜泊新塘听雨眠。为问故园桑梓念,不知清泪堕腮边。

夜归自东娄

水流清浅月黄昏,行尽南村转北村。夜半到家人睡熟,多情深念犬迎门。

夏元吉

过淀湖

烟光万顷拍天浮,震泽分来气势优。寄语蜿蜒波底物,于今还肯负沉舟。"沉舟"一作"舟不"。

王庚

庚,字景星,绍兴人。国初,为嘉定训导。

过吴淞江

春江初泛载书船,潮驶无烦彩缆牵。芦叶响时风似雨,浪花平处水如天。鱼龙变化人才易,日月浮沉海气连。便欲乘槎到牛女,令人从此忆张骞。

张　泰

过娄江舟中作

放舟西别姑苏城,东风日出峭云迎。沙湖湖头早饭罢,牵夫赤背愁日晒。黑云南横不着地,玄龙袅袅落两尾。须臾两龙复交过,舟子疑取陈湖水。东南之云向北行,北云亦复西南征。晦明百变风不定,隐雷驱炎作秋冷。疑雨不雨雨终作,顷刻江天几哀乐。短篷黑水珠点飞,西北残云自夕晖。长歌不尽天涯意,满江风雨行人归。

昆山乘落潮夕归

玉峰山下促归桡,东向沧洲正落潮。凉满客槎金气应,月明仙峤绿烟消。晚江鱼酒愁浑遣,故里风烟兴不遥。怅望美人歌独夜,赏音谁与一吹箫。

宿玉峰驿

谯鼓阶虫不可听,偶因中酒宿津亭。夜深风露羁愁动,却恨山城酒易醒。

倚棹西江驿吏迎,玉山风雨夜如倾。寒城酒薄无浓睡,只听秋声到五更。

沈　周

过阳城湖

芳辰二三客,飞橹泛空明。　野酌临流动,春湖带雨行。浪中汀树乱,船里湿云生。吾欲观天趣,悠然留去情。

文徵明

夜宿娄江舟中

新霜欺酒易为醒,归梦缘村未得成。风约娄城寒漏永,月明嵒浦夜潮生。百年忧乐孤舟味,一楫江湖万里情。正自苦吟无奈冷,隔江原树起秋声。

与次明宿昆山舟中次明诵其近作因次韵

寒山突兀背孤城,野寺荒谯乱杀更。别港潮生舟暗动,远汀烟定火微明。鸡声风雨还家梦,春水江湖对榻情。邂逅他乡是知己,此心端合向谁倾。

昆山杂咏卷第二十三　咏物

项寅宾

　　寅宾,字彦周。

雪

　　冻云同色坠飞霙,送腊迎春一岁成。但见红花洗芳面,那闻黄竹度新声。密移琼室祥光满,倒泻银河白浪平。已属画师图此景,炎蒸相对卧桃笙。

范成大

次韵项丈雪诗

　　兜罗世界三千刹,重壁楼台十二成。云暗峨眉封古色,日曛鸜鹊漏春声。莫将蕉叶评摩诘,且捻梅花慰广平。更忆缑山可怜夜,怯寒谁与伴调笙。晏元献《雪诗》"缑御怯调笙"。

李　衡

短项翁

　　比同功成过希颜昆仲于山中,千里置酒,酒阑剧谈[1],放怀深探名理,不觉至醉。千里有陶尊,系以筠笼雅制殊不凡。闻[2]钟子尝以"短项翁"目之,岂取子苍缩肩短项之语耶?千里勉令赋诗,归作长篇以谢厚意,兼呈希颜、功成、观光诸兄。

　　我生懒放世无偶,身即器尘志林莽。寒饥未免困啼号,束带深惭为升斗。先生闭户傲羲皇,云梦胸中吞八九。抟风暂尔抑雄飞,万事纷纷付卮酒。年来得此短项翁,落落虚怀真胜友。烟蓑称体剪疏筠,老态婆娑固不群。每笑鸱夷托后尘,臭味仍复羞昆仑。何尝为致常持满,来此与尔谈肝浑。异时先生登紫微,定自与尔相追随。想应赖尔排纷扰,坐觉秋毫泰山小。

1　"酒阑剧谈",底本原作"酒剧谈阑",据宋龚昱《昆山杂咏》三卷改。

2　"闻",底本原作"间",据宋龚昱《昆山杂咏》三卷改。

耿　镃

镃，字德基，一名元鼎，字时举。绍兴中，郡守王焕建西楼，赋诗者甚众，独德基诗丽绝一时。居太学，久之，不得志而卒。

同彦平韵赋外舅短项翁

人生何地逃奇偶，白发转头成宿莽。百年同尽草一丘，谁见乘槎上牛斗。不如醉倒三万场，何必龙山岁重九。先生元是古达人，身外所忻惟有酒。石交自得短项翁，燕颔鸳肩非我友。尔来带眼宽绿筊，结喉不造鸳鹭群。十年字窘墙下尘，仰面讵识高昆仑。先生取人略形貌，翁获展尽终不浑。我欲挽翁归翠微，手栽杞菊如天随。愿翁醉客莫嫌扰，买山政赋淮南小。

钟孝国

孝国，字观光。

千里丈蓄酒尊形状孛窣某酒后以短项翁目之不谓误中遂成佳号
彦平功成二兄皆有褒咏可使韩子苍缩肩短项之句北面矣
某不揆鄙拙勉强续貂幸诸丈斤斧之

少陵先生时不偶，老瓦盆中醉林莽。江湖散人名益穷，鱼壳尊倾不论斗。孤风异行同襟期，食鲑未必富三九。凌烟功名举世事，不直两公一杯酒。会稽夫子有古心，嗜好眇追千载友。陶尊中产同苍筊，短项不肯钟罍群。章绶黄篯羞缁尘，肺肠桑落心昆仑。始知其中殊陋貌，一点不受泥沙浑。时从往古穷玄微，坐隅兀侧长相随。送子醉乡谢胶扰，回头转觉人间小。

乐　备

备，字功成，一字顺之，其先自淮海徙昆山。有学行名，能文章，尤工诗。与范成大、马先觉结诗社。由进士官至军器监簿。

比同彦平谒希颜千里昆仲千里留醉短项翁彦平有作鄙拙者
亦不能已勉强乱道幸笑览

君不见便腹边先生，齁齁昼眠贮五经。又不见长头贾都尉，喋喋问字聒人耳。两人挟策烦天机，俱忘其羊乃其理。不如此翁不知书，肩高颐隐形侜儒。胸中无物只嗜酒，酒至辄尽宁留馀。有时花帽宾客前，清辩倾倒如流泉。不辞伴客竟佳夕，第恐吻燥舌本干。主人从今莫言穷，有此自足当万钟。但令时与圣贤对，勿学鄙士中空空。我昔已自闻其风，向来一笑欣相逢。他时访戴不必见，竟须多户呼此翁。

李 衡

功成亦赋短项翁诗复次其韵

君不见仲淹居河汾,目营四海心六经。又不见子幼反田里,拊缶鸣鸣徒快耳。续经愤世虽自喜,岂识浊醪函妙理。旛然短项滑稽徒,却笑两翁非通儒。可人风味敌冰壶,惟酒是务焉知馀。不学羽衣李集贤,斗酒过量项飞泉。复怜胡子名空传,缓急由人肠中干。高情陶彼勋华风,放怀那惜倾千钟。鄙哉成德真小器,一击堕地羞空空。嗟予磊块填心胸,安得与尔长相逢。会当乞尔扁舟去,烟雨空濛伴钓翁。

钟观光

谨次功成短项翁佳篇之韵

君不见山中毛颖生,纂录百氏编群经。又不见革华祖都尉,殿上承恩举足耳。二物名誉由韩公,无乃衮褒俱中理。君家酒罍依图书,短项独喜觞吾儒。我加翁名乃率尔,诸公过听欢有馀。翁名称意仰来前,再拜不愿封酒泉。倾怀解贾吟笔勇,注想只愁客杯干。主人冥心通与穷,从渠自引琉璃钟。醉中琢句千古废,醒后逢人四海空。林间日日吹春风,字窒愿卜重相逢。长江小艇新雨后,一杯相属会稽翁。

耿 镠

用功成韵赋外舅短项翁

君不见王绩非狂生,笔墨扫尽惟酒经。又不见志和非漫尉,江湖醉咏渔歌耳。文章得失两梦事,一醉从渠俱不理。人间自有行秘书,此翁聊为山泽儒。平生斟酌自饱满,宁复有欠宁有馀。可怜蹒跚挽不前,属车岂识从甘泉。不矜万卷腹空洞,渴梦只恐东溟干。莫疑此翁拘器穷,此翁有用非哑钟。浊醪作贤清作圣,翁不异味同其空。我方畏缩立下风,伸颈一笑短项逢。脱冠与翁共醉倒,从人笑此两秃翁。

方寸铁诗

朱圭,字伯盛。工书,初师濮阳吴睿大小二篆,久之,尽悟石鼓、峄碑之法。喜为人刻印,贤士大夫皆就圭求印,为吴中绝艺。游钱塘,遇茅山道士张伯雨,名之曰方寸铁,以喻圭为人能坚其志操,犹桑国侨志于铁石之铁,以期圭云。

邾 经

朱君手持方寸铁,模印能工汉篆文。并剪分江龙喷月,昆刀切玉凤窥云。他年金马须承诏,此日雕虫试策勋。老我八分方漫写,诗成亦足张吾军。

张 昱

苍颉制书观鸟迹,白日能令鬼神泣。何如朱生手持一寸铁,文章刻遍山头石。山石可移心不移,生精此艺将奚为?生言平生苦心力,过客摩挲那得知?愿持此铁献天子,为国大刻磨崖碑,为国大刻磨崖碑。

释元鼎

人心何危患多岐,方寸之铁贵自持。百炼耿耿明秋晖,彼柔绕指何诡随。朱盛刚劲真吴儿,法书铁画逼秦斯。晴窗握管俨若思,学成变法出愈奇。铁耕代笔犹神锥,用之切玉如切泥。孤忠不愧月食诗,清便更赋梅花词。元祐党碑我所嗤,雕虫小技同儿嬉。屠龙妙割嗟奚为,盛乎盛乎知不知。北南车书复复来,大书深刻磨崖碑。

陆居仁

袖里昆吾一寸铁,江南碑碣万家文。玉符金印云台将,大篆烦君为勒勋。

钱惟善

钱塘人,寓居华亭,自号武夷山樵者。

十年兵兴遍天下,名山大泽罹野火。野火烧尽秦汉碑,咸阳鬼哭无人打。故人吴睿业篆隶,好古乃有如珪者。妙刻金粟道人章,尤精白描桃花马。金印徒闻如斗大,零落当时建章瓦。君不见黄仙鹤伏灵芝,北海文章长高价。

篆冢歌

云间善篆,以所书瘗之细林山中,题曰"篆冢",爰来征诗,遂赋长句以寄。云间陆友,字友仁,博雅好古,工汉隶、八分,尤能鉴辨钟鼎铭刻及书画。尝至都下,虞集、柯九思荐于朝,未及用而归。所著有《墨研史》《印史》。此《篆冢》云"云间",疑即友仁也。

包羲卦画龟龙出,颉倗造书鬼夜泣。俯观鸟兽远蹄迹,依类象形文字立。以迄五代咸东封,改易殊体靡有同。周官保氏教国子,六书大义开群蒙。太史籀文古少异,小篆从省由秦始。仓颉爰历博学篇,三家著述初传世。秦燔经籍狱讼炽,乃当隶书趋约易。古文虽绝汉章行,尉律学童仍课试。东阁祭酒太岳孙,凤尝受业贾氏门。悯悼俗图昧所向,博采籀古加讨论。揭示上下明指事,转注假借形声意。立一为端亥毕终,分别部居不杂厕。亘千万古知字原,昭若列星丽躔次。中兴斯学曰阳冰,入室操戈何背戾。二徐训释浩江河,仲也祛妄言不颇。徐楚金著《祛妄》,辨李阳冰之误。吴兴张有尔杰出,复古正俗订舛讹。布衣道士钱道住,玩在端如郭忠恕。三十六举仅成篇,蝉蜕遗踪不知处。席中如带恶安西，鼓皮离禹良可吁。汉家去古尚未远，成皋印文犹重摹。云间朱孟[1]苦嗜古，手校科虫辨鱼鲁。明窗净几风日佳，临模一扫千番楮。商彝周鼓真吾师，蟠匜沉着沙画锥。鸾回凤翥龙夭矫，长戈短剑相交驰。书草日积充栋楣，保爱何啻璧与圭。细林山中一抔土，缃笈缄縢重闭之。于呼褉帖藏玉匣，终致温韬举茉锸。亦恐虹光夜烛天，定有窃开窥笔法。冢头草，鸣寒螿，薤文瘗笔同高风。后三千年见白日，好事应营马鬣峰。

袁 华

张蒙轩善制笔遂隳括毛颖传以赠

毛颖氏，山中人。其先明视者，佐禹治东方。居卯地，死为十二神。神明之后，吐生子孙，八世有翦。当殷时，得仙术，匿光使物，入月骑蟾蜍。厥后不仕为隐沦。狡而善走东郭魏，乃与韩卢互争能。卢共宋鹊谋醢其家及其身。始皇代秦思兼并，蒙将军恬将三军。军次中山大畋猎，筮以连山，其兆得人与人文。今日之获，不角不牙被褐伦，八窍长须而缺唇。取毫资简牍，天下同书咸祖秦。遂屠毛氏族，拔豪载颖加束缚，献俘章台宫。上乃命恬赐之汤沐封管城，宠任日见亲。强记便敏工篆录，近悉当代远结绳。上自始皇，太子丞相下黔首，无不爱重同讨论。曲直巧拙善随意，虽见废弃默弗呻。惟不喜武士，见请时一临。累拜中书令，呼为中书君。上亲决事衡石程，官人不得立左右，独颖常侍至夜分。陈玄陶泓褚先生，出处则必偕，友善相推称。后因进见任使令，拂拭之顷谢免冠，发秃摹画不称旨。上顾嘻笑曰，中书君今不中书，不任吾意老且髡。臣颖稽首再拜对，斯所谓尽臣颖心。遂归拜邑不复觐，臣老见疏秦少恩。吴人张蒙氏，尚交千载上。悯颖后无闻，搜罗得遗胤。散处宣城之敬亭，雄豪英锐肖厥祖。只今崇文偃兵革，投身自拔著作明光廷。

倪 瓒

义兴吴国良用桐烟制墨黑而有光焰胶法又得
其传将游玉山辄赋诗速其行云

生住荆溪上，桐花收夕烟。墨成群玉秘，囊售百金传。孰谓奚圭胜，徒称潘谷仙。老松端愧汝，桐法更清妍。

郑元祐

鹦鹉研诗 并序

至正十一年秋七月，华亭郭氏子效宋局制鹦鹉研。制成，弋阳山樵李缵以金购得，

---

1 "朱孟"，底本无，据钱惟善《江月松风集》（《武林往哲遗著》本）补。

持赠玉山,且歌诗铭云:

端溪文石质如玉,下岩涵苍上标绿。良工采材山之麓,琢磨精致若膏沐。制成鹦鹉殊不俗,尾羽翛翛颈曲局,以咮啄桃水盈掬。姓陶者泓实其族,松煤为云内潴蓄。词章统绪决川渎,紧仲瑛甫诚善续。

黄　云

题张养民荷叶端砚

昔闻太华峰头藕如船,又闻太乙真人莲叶舟。砚作荷叶今始见,四阿上卷文雕镂。下有短蒂俨折取,仙掌冷泻玉露金茎秋。旧是端工古雅制,浅紫含霞绝瑕翳。化鹭无从呼碧继,今来与君托末契。月秃千兔毫,年磨百龙剂。伴君挥洒狎晚岁,自笑平生穷鼛文,日日思逐青天之白云。借取临池池水黑,野凫飞去乱鹅群。不数柳之骨颜之筋,我如羊欣方昼寝,慎勿来书白练裙。

顾　瑛

玉鸾谣

杨廉夫昔有二铁笛,字之曰"铁龙",今亡其一。偶得苍玉第一枚,字为"玉鸾",以配"铁龙"。廉夫喜甚,复以书来索赋《玉鸾谣》,志来自云。至正甲午三月既望,界溪顾瑛书于柳塘春。

七宝城中夜吹笛,舞按白鸾三十只。个中小玉号细腰,尾拂广陵秋月白。伐毛脱骨秋风里,素颈圆长尺有咫。中虚一窍混沌通,上有连珠七星子。羿妻久闭结璘台,弄玉求之遗萧史。调得仙家别鹄声,吹落虎头金粟耳。桂园仙伯杨铁翁,昔蓥洞庭双铁龙。雌龙入海去不返,雄龙鳏处琼林宫。宫中夜夜泣寒雨,幽咽悲啼作人语。燃犀莫照玉镜台,买丝难系蓝桥杵。虎头怜之为媾婚,并刀剪纸招鸾魂。鸾之来兮洞房晓,恍然枕席生春温。铁仙翁,笑拍手。左琼琼,右柳柳。琼琼细舞柳柳歌,起劝虎头三进酒。画堂龟甲开屏风,翠烟凝暖春云浓。大瓶酒泻鹦鹉绿,满头花插鸳鸯红。鸾兮运居巢,龙兮弄横竹。君山月落大江秋,黄姑星陨昆岗玉。不须再奏合欢辞,且听和鸾太平曲。太平曲,断还续,一转一拍相节促。谐宫协徵宣八风,寒谷能令生五谷。鸾龙台上凤凰来,万岁八音调玉烛。

杨　基

基,字孟载,其先蜀人,大父宦游江右,遂家吴中。基颖敏绝人,九岁能背诵六经,著书十万馀言,名曰《论鉴》。值乱,隐天平山南赤山下。张士诚辟为丞相府记室,未几去,客饶介所。王师平江南，基以饶氏客安置临濠，寻徙河南。洪武二年放归，起为荥阳知县，谪钟离。久之被荐，累迁至山西按察使。复以谗夺职供役，卒于京。初，基于会稽杨维祯坐上赋《铁笛歌》，维祯时客淞江，自以诗豪吴中，见基所赋歌，遂大惊，不觉自失。因偕与东游，语所从曰："吾在吴又得一铁来矣，若等就之学，优于老铁学也。"至正、洪武间，与高启、张羽、徐贲齐名，号"吴中四杰"。所著有《眉庵集》。

玉鸾引

铁崖翁昔有二铁笛，字之曰"铁龙"，今亡其一。昆山顾仲瑛得苍玉箫一具，号"玉鸾"，遗翁配之。瑛既为谣，索余和之以引云。

丹穴鸾，苍霞翰，素质琳琅玗，衡度尺只宽。中心空洞合混沌，妙谐律吕有七窍如星攒。紫鹇彩凤乃其侣，娇歌妙舞花成团。羿妃久藏桂宫里，弄玉求谋遗萧史。调得仙家别鹄吟，吹落虎头金粟耳。太霞仙伯铁崖翁，昔豢洞庭双铁龙。雌龙入海去不返，雄兮鳏处琼林宫。虎头怜之作婚媾，洞房温和配成偶。绝胜玉杵聘蓝桥，从此翁尝笑开口。画堂龟甲舒屏风，翠烟凝暖春云浓。大瓶酒泻鹦鹉绿，满头花插鸳鸯红。鸾兮运居巢，龙兮弄横竹。不须再奏合欢辞，且听和鸣太平曲。太平曲，断还续，一转一拍相节促。谐宫协徵宣八风，四海万年调玉烛。二诗语多同，今并载。

易　恒

夕闻草堂庵磬

夕闻草堂磬，窅窕出西林。江应虚还响，风回杳复沉。僧空定中景，人间物外心。坐久夜深寂，笙鹤空遗音。

吕　诚

神舟曲

时运艘以小舟制成龙形，桡歌鼓吹，往来江潮中，以答神贶云。

扶桑日出碧海底，圣化东渐千万里。林林楼橹日边来，云帆影压三江雨。年年五月凌大洋，图南九万斯骞举。相风之乌毕逋尾，饷道飞供太仓米。太仓城下水连空，水仙祠前神戾止。灵旗婀娜送祥飙，五色蜿蜒浪中起。拟金伐鼓万夫讴，潮落潮生海门里。歌龙头，掉龙尾，三日南风过黑水。

菩提叶灯

宝林菱叶堕天风，一落人间便不同。云镜荧煌开月匣，并刀裁剪费春工。星攒蜩翼冰绡薄，华拥虾须玉栅红。从此可传无尽焰，五湖今有水晶宫。

昆山杂咏卷第二十四　咏物

曾　幾

幾，字吉甫，河南人。高宗朝浙西提刑。会兄开为礼部侍郎，与秦桧争和议，出知婺州。幾亦罢，除广西转运副使。桧死，复为浙西提刑。孝宗即位，迁通奉大夫，擢子逮为浙西提刑，以便养。卒谥文清。

余颇嗜怪石他处往往有之独未得昆山者拙诗奉乞且发自强明府一笑

昆山定飞来，美玉山所有。山只用功深，剜划岁时久。峥嵘出峰峦，空洞闭户牖。几书烦置邮，一片未入手。即今制锦人，在昔伐木友。尝蒙投绣段，尚阙报琼玖。奈何不厚颜，尤物更乞取。但怀相知心，岂惮一开口。指挥为幽寻，包裹付下走。散帙列岫窗，摩挲慰衰朽。

石公驹

公驹，字千里。

昆山产怪石无贫富贵贱悉取置水中以植芭蕉然未有识其妙者余获片石于妇氏长广才尺许而峰峦秀整岩岫崆嵝沃以寒泉疑若浮云之绝涧而断岭之横江也乃取蕉萌六植其上拥护扶持今数载矣根本既固其末浸蕃余玩意于此亦岂徒役耳目之欲而已哉

巍巍六君子，虚心厌蒸烦。相期谢尘土，容与水石间。粹质怯风霜，不能尝险艰。置之或失所，保护良独难。责人戒求备，德丰则才悭。我独与之友，目击心自闲。风流追鲍谢，秀爽不可攀。如此君子者，足以激贪顽。小人类荆棘，崛强污且奸。一旦遇剪剃，不殊草与菅。视此六君子，岂容无腼颜。

郑元祐

昆山石

昆冈曾韫玉，此石尚含辉。龙伯珠玑服，仙灵薜荔衣。一泓天影动，九节涧苗肥。阅世忘吾老，苍寒意未迟。

张　雨

袁子英来承惠昆山小峰峭绝可爱敬赋诗厕诸阆州瓢松化石之间云

昆丘尺壁惊人眼，眼底都无嵫华苍。隐若连环蜕仙骨，重于沉水辟寒香。孤根立雪依琴荐，小朵生云润笔床。与作先生怪石供，袖中东海若为藏。

顾德辉

拜石坛诗

按：顾仲瑛尝于东城庵假山废基得一石，上有苏子瞻题识，皆当时觞咏之语。其石理莹润类璧，虽左旁缺损，然尚奇甚，仲瑛因鬻之以归。博士柯敬仲见而奇之，再拜题名而去，字曰"拜石"。御史白野达兼善为作古篆书之。后仲瑛偶得子瞻答维扬王忠玉提刑《饮快哉亭帖》，与石上题识相合，仲瑛谓此石即忠玉家快哉亭物也，特不知何以至此。仲瑛遂为记其事，倩朱伯盛刻之他石，而与河南陆仁、汝南袁华复各为诗咏之。

好事久伤无米颠，清泉白石亦凄然。快哉亭下坡仙友，拜到丹丘三百年。

袁　华

题拜石坛诗

眉山三苏宋儒宗，长公矫矫人中龙。南迁儋耳西赤壁，文章光焰超洪濛。快哉之亭雪初霁，领客登览山川雄。自云平生不解饮[1]，胡乃一举舣船空？和诗宽限见真率，凿崖题石摩苍穹。功名富贵一丘土，断碑残素传无穷。吁嗟异物神所卫，玉山合璧俄相逢。奎章博士丹丘翁，江南放逐惊秋风。见之即下米芾拜，二颠痴绝将无同。筑坛山中加爱护，树以松桂连椅桐。雨窗云户湿寒翠，朝阑暮槛开青红。白野御史龙头客，青年献赋蓬莱宫。戏将秃颖写蟠虬，断钗折股流星虹。只今风尘暗河岳，王侯第宅皆蒿蓬。牙签玉轴映竹素，好事独传吴顾雍。娄东朱圭铁作画，字字玉屈蟠蝌虫。嗟哉昔人今已矣，惨澹故国风烟中。如何二子复嗜古，策勋儒墨收奇功。我来再拜重太息，苍苍古雪吹长松。登坛绝叫浮大白，酒酣目送孤飞鸿。

郏　亶

失　鹤 时年十六作

久锁冲天鹤，金笼忽自开。无心恋池沼，有意出尘埃。鼓翼离幽砌，凌云上紫台。应陪鸾凤侣，仙岛任徘徊。

1　"饮"，底本原作"顾"，据《玉山名胜集》改。

秦　约

秀芝轩畜双白鹇颇驯狎闻玉山园池欲得之遂忻然笼去无难色是盖不使太白胡公专美于前也因制四韵诗偕其行云

双禽曾未换双璧,笼致草堂清绝尘。李白多才今有子,胡公好事岂无人? 竹间饮啄池台晓,花底飞鸣岛屿春。更想金衣天际鹤,冥冥寥廓与谁亲?

胡　清

小　柏

栽傍岩隈未足看,谓言斤斧莫无端。他时直入抢材手,不独青青保岁寒。

陈世守

世守,字端厚。

题山寺庭下古柏

萧条老柏姿,气象一何伟。空庭罗清秋,龙鸾平陆起。或放若箕踞,或俨若剑履。或屈如关弓,或信如去矢。枝柯带憔悴,根节殊巍巍。凛然烈丈夫,不陋亦不美。苍苔灭顶寒,古色风霜委。欲求手植初,人鬼今应几? 谁能伤老大,斧斤滋弃毁。胡为桃李容,帘幕春风里。

次马少伊木犀诗韵

月窟飞来路已凉,断无尘格惹蜂黄。纤纤绿里排金粟,何处能容九里香?

水尾山腰树影苍,一天风冷不供香。无人清韵能消得,付与诗仙古锦囊。

密密骄黄侍翠舆,遮风藏日小扶疏。画栏想见悬秋晚,无限宫香总不如。

两　木 绍兴二十二年

壬申五月,卧病东禅之北窗,惟庭柯相对。手植绿橘、枇杷,皆森然出屋。枇杷已着子,橘独十年不花。各赋一诗。

枇杷昔所嗜,不问甘与酸。黄泥裹馀核,散掷篱落间。春风拆勾萌,朴樕如榛菅。一株独长成,苍然盛屋山。去年小试花,珑珑犯冰寒。化成黄金弹,同登桃李盘。大钧播群物,斡流不作难。树老人何堪,挽镜觅朱颜。颔髭尔许长,大笑欹巾冠。右枇杷。

绿橘生西山，得自鬐翁家。云此接活根，是岁当着花。俯仰乃十霜，垂蠹纷相遮。芳意竟寂寞，枯枝谩槎牙。风土谅非宜，翁言岂余夸。会令返故山，高深谢污邪。石液滋旧根，山英擢新葩。黄团挂霜实，大如崆峒瓜。当有四老人，来驻七香车。<small>右绿橘。</small>

良　琦

玉山索蟠松因登天平得二本移送因赋一诗

昆丘好鸟来云岩，口衔仙人云锦缄。开缄读之见深意，愿乞蟠松数枝翠。疏雨落叶迷秋山，屐齿便蹑苔斑斑。龙门直上天百尺，石屋径度云三间。东林西林何窅冥，前山后山还独经。青藜不畏虎豹迹，白日要见虬龙形。华盖峰头最高处，偃秀盘奇逢两树。仆奴惊叫答空谷，鸾鹤翻翔入烟雾。大株倒挂苍崖颠，小株横欹寒涧边。乾坤凝结太初气，蛟蜃飞腾千丈渊。沙土铮铮试长镵，险石忽崩雷电落。凄籁含风木客啸，深根出地山灵愕。祝尔嘉辞尔应喜，致尔将归玉山里。勿愁凡卉妒清标，珊瑚琅玕森共倚。后三千岁常青青，根下早看成茯苓。仙人服之生羽翼，他日相期游八极。

郭　翼

题景德寺樱桃

上人醉卧樱桃发，客至不知山日斜。粲然五株庭下雪，开作小白岩前花。仙女吹笙云匼匝，素鸾踏月光交加。金盘明日荐崖蜜，背痒欲倩麻姑爬。

吕　诚

赋带露樱桃

万绿丛中缀木难，折来灵液尚溥溥。玉纤香剥鸡头软，仙掌寒分鹤顶丹。天酒淋漓樊子醉，月盘璀璨汉臣看。不妨更渍蔷薇水，润我谈玄舌本干。

叶子强

奉赋水仙花诗以谢提宫龚丈之贶

水晶宫阙云母轷，列仙夜宴晓未阑。万妃倚竹翠袖寒，捧黄金杯白玉盘。劝酬未足云中欢，天门叫班奏祥鸾。惊此绰约落尘寰，嫣然花面明雕栏。天香宫态冰雪颜，江妃避舍不敢干。肯与哙伍羞山樊，说似诗伯平章看。

项寅宾

和郑逢辰酴醿韵

天遣司花宝笈开,鲛绡散剪碧云堆。芳根移自蚕丛远,薰酿曾随凤诏来。只恐飘风撼新竹,却惊残雪触苍苔。水仙欲逞幽香压,山谷似无诠品才。

袁 华

春晖楼牡丹

春晖楼前牡丹树,喜见新花发旧槎。深根培殖雨露厚,不待羯鼓花奴挝。紫黄红白绯与碧,牙牌小篆蟠龙蛇。玉环飞燕两倾国,国色晕酒凝朝霞。就中一枝最杰出,金笼绣幄相笼遮。前年作客浙水上,去年避地苕溪涯。千葩万卉自开落,愧我不见空咨嗟。今年花发风日丽,况无兵燹吹黄沙。金尊美酒唤小妾,起舞折花簪髻丫。酒酣乐极重太息,故人南北音书赊。虎头学佛宗三车,饮酒食肉谈空华。了知何必假外相,始悟在家真出家。洛阳园池信可夸,只今无树啼栖鸦。玉山山中称乐土,杳杳百里连桑麻。诗成对花还大嚼,一任白发欹乌纱。

周伯琦

石菖蒲歌 并引

侨吴,得属州昆山石,甚小而玲珑,盛以碧石方罂,修可三寸,深广半之。种菖蒲细如发,以朔漠五色碎玛瑙环浸之几案间,奇玩也。喜而赋之。

安期来往三神山,手分菖蒲散人间。细叶翠簇根蛟蟠,澄泉灌注白昼寒。当时丹气嘘祥烟,春涵草木芝成田。九阳潜伏菖蒲根,清泠一勺胎息完。虚斋燕坐绝世缘,碧琅小罂如杯棬。纤纤迸石井冽涓,丛以碎玉五色骈。屏开云母书窗前,何以友之泓与玄。光华发越气勃然,神凝陡觉沉痾痊。露华云液长循环,生意不逐时序迁。寸节十二和玉餐,头青面雪可立仙。御风乘露娱晚丸,须弥芥纳宫忝悬。万形举集秋毫端,混溟太素无后先。海枯石烂荏苒闲,□□广成授真诠,空同小住三千年。

柯九思

索阳庄瓜

杨庄去县西三里,相传有仙人以瓜子遗村民,种之,花、实俱小,而味极甘。

谷雨初干可自由,荷锄原上倦还休。醉迷芳草生春梦,谁识东陵是故侯。

至正丁酉冬昆山顾仲瑛会客芝云堂适时贵自海上来以黄甘遗之仲瑛分饷坐客喜而有诗属余及陆良贵袁子英等六客同赋

赤眉横行食人肉,逃我昆山采黄独。上书不伏光范门,忍饥宁负将军腹。玉山燕客客满堂,黄甘新带永嘉霜。分金四坐炫人眼,漱玉三咽清诗肠。山中椰瓢大如斗,吴姬擘来荐春酒。酒酣遥指洞庭山,为问木奴曾贡否?频年两浙阻兵戈,黄甘陆吉不相过。此时共食此佳果,胡不取醉花前歌?愿言海内无征战,汉廷还有传柑宴。白发吴侬能上天,野芹亦献蓬莱殿。

陈 基

余尝梦从彦成饮彦成曰此荔枝浆也饮之令人寿为我赋之当赠三百壶因口占一诗觉乃梦也后会仲瑛闻彦成酿酒果名荔枝浆不觉大笑仲瑛曰君书此诗吾当为君致酒辄遂书之

凉州莫谩夸葡萄,中山枉诧松为醪。仙人自酿真一酒,洞庭春色嗟徒劳。琼浆滴尽生荔枝,玉露泻入黄金卮。一杯入口寿千秋,安用火枣并交梨。不愿青州觅从事,不愿步兵为校尉。但令唤鹤更呼鸾,日日从君花下醉。

寄于匡庐山索荔枝浆就简玉山

早春相见又经秋,秋水迢迢阻泛舟。每见玉山问消息,荔浆何日寄江楼?

吕 诚

草堂杂咏三首

煮 茶

暂彻贝书窗下读,旋烹松鼎雨前茶。未研顾渚金沙饼,谩试洪都露井芽。陆子著经非所贵,党家风味不余夸。何当满贮中濡水,涤我胸中寸缕瑕。

摘 菌

菌子白于云,罗生枯杨枝。地气蒸土膏,俨如三秀芝。鲜摘色莹润,薄美香敷腴。饮食贵适口,岂谓物细微?

煨 蔌

短褐西风里,长镵劚土芝。馨香侔粔籹,黯色类蹲鸱。玉糁从来贵,金薤或未奇。夜阑深拨火,惟有懒残知。

秦　约

腊月廿八日过崇恩戏赋芥辣偈一首

薥粉馀辛出芥孙，老饕从事破砂盆。滤囊相见清如水，拾得须弥一口吞。

张　和

郎官柏歌

君不见河阳花，胡马蹴踏馀尘沙。君不见柳江柳，一夕霜风变枯朽。何如罗侯种柏盈吾昆，佳气郁郁山长春。草间翁仲仰深庇，泉下髑髅怀至仁。层阴扶疏覆荒土，夜半精灵作人语。乔柯秀拂寒空云，黛色遥连翠微雨。穹碑用表吴民情，大刻遂著郎官名。我歌狂歌颂侯德，千载芳声播南国。

昆山杂咏卷第二十五　纪事

盛　彧

耙盐词

洪武庚戌春，吴中盐涌贵，农家多于水际取水煎之。余因感民生之勤苦者，虽有凶歉，亦不至尘鱼其甑釜也。彼惰其四肢而坐待饥馁者，诚有间矣。故作此诗，以美农之有馀力，又以叹有司之不便于民。观风化者，庶几或有采焉。

朝耙滩上泥，暮煮釜中雪。妾身煮盐不辞苦，恐郎耙泥筋力竭。君不见东家阿娇红粉媚，不识耙锄巧梳髻。昨日典金钗，愁杀官盐价高贵。

袁　华

戊戌纪事次韵顾玉山

君不见天马来，凤之颈，龙之颅，五花连娟云凝肤。朝燕暮越历块过，奋迅岂谓川途迂。蹇予驽劣才，结发学读书。到今居无庐，出无驴。上不能游说捭阖，下不能贸迁有无。穷阎风雨四壁立，箪瓢屡空恒晏如。丙申春，海虞山兵之揄。况乃江右乏夷吾，携妻挟子苕溪居。苕溪野老起荷戈，岂识尺籍共伍符。舳舻衔尾一旦溃，强梁脱走尪嬴诛。山川异故里，焉敢嗟驰驱。思欲南入杭之郛，奈尔囊空儋石储。浮云蔽白日，安得大风起，飞扬为扫除。汉家养士三百年，岂无忠义者，肝胆涂地捐身躯。黎民流徙困征需，班荆坐太息。忽报兵入湖，红旗张空半天赤。勇锐远过冯子都，所至检刮无遗馀。仓皇问归路，扁舟随钓徒。朝行暮泊畏叫呼，三日喜抵娄西隅。下榻借玄馆，萧然罄储须。邻翁走相觅，慰劳生嗟吁。时当春夏交，纤月明金枢。青镫对儿女，始得忘艰虞。海东大舶驱万夫，欻然而来纵鲎鱼。军声震地撼八区，筑城高高崎储胥。奔逃窜匿纷在涂，裹饭朝出如趁虚。冒雨荷蓑笠，移舟系槐榆。我民日困兵日惰，不分奇正启与肤。运筹决胜千里外，斯人未必能枝梧。漫道不如归去好，苦竹岭头啼鹧鸪。归来惆怅百感集，屋庐瓦砾田园芜。田园芜，县官尚索租，腹剥膏血向仓输。独有东家米粟红腐，玉帛满帑，因能舞文肆贪污。明珠买小妾，奉酒歌吴趋。那知斩伐到木石，千村万落皆逃逋。所以杜陵杜，愚溪愚，饥驱窜逐竟不偶，安得从龙跃天衢[1]。去年八月下明诏，力贫买醉眠酒垆。减民田租半，雨露苏槁枯。只今垄亩中，岂无昔时之凤雏。释耕汲修绠，抱瓮灌园蔬。春初翩然上会稽，历览俯仰同樵渔。时歌短歌击唾壶，山桥野店随意沽，放旷不为礼所拘。昔人金谷贮绿珠，绿珠堕楼园已墟。豪华销歇逐流水，落日空号头白乌。淫泆古所戒，靡不谨厥初。缅彼先哲士，希圣作范模。步武青云中，绣衣绿偏诸。乱离汹汹惟尚武，何人英雄起狗屠。不闻汉中兴，天王镇坤舆。天马来，应瑞图，生民凋瘵喜再苏。呜呼！生民凋瘵喜再苏，愿同田翁野老击壤鼓腹歌伊呜。

吕　诚

巨浸诗书异变也，今兹二遭矣。

洪武庚午秋七月初吉，海风自东北来，拔木扬沙，虽犀兵万队，不足为雄。倒海排山，堆阜高陵皆为漂没，岂沉灶产蛙之足语哉？犹记洪武戊午岁秋七月四日，亦尝罹此，盖大鱼入城之兆也。今兹震荡势复过之。侧闻三洲一千七百家皆葬鱼腹，岂非囿于数者耶？呜呼！上天号令，岂有常乎？可不慎欤！可不畏欤！

庚午七月之初吉，断虹挟云蔽西日。石尤声撼天为昏，飚母驱车走沙石。鲸跳鲲掷地轴翻，阳烁阴凝鬼神泣。银涛驾空山岳摧，转眼奔流浸扉壁。三江弥漫灭无口，孤城漭漭天一碧。衰年疲荼动兢畏，变貌斋心戒夕惕。忆昔前年大鱼入，三洲漂荡海水立。近者侧闻复罹此，海湾流尸头溅溅。岸塌沙沉绝往来，塍断瀼深苗不实。呜呼！上天震怒岂无由，谁其尸之复谁诘？

西郊老农歌

岂不闻昔人大积郿坞赀，烈焰竟燃东市脐。又不闻醉鞭戏击珊瑚枝，祸机一发当咎谁。东门牵犬事已非，华亭唳鹤良可吁。不如西郊老农夫，公田数亩宅一区。桑麻环绕水竹居，墙阴祝祝五母鸡。东风骀荡吹涟漪，欣欣农事方自兹。江乡春雨已知时，绿蓑驱牛扶一犁。负囊提饁两小儿，服劳执役不吾欺。二麦枯时谢豹啼，秧针出水青欲齐。少女犹鸣灯下机，老妻澼纩头不梳。桑无附枝麦两岐，官清不卖二月丝。流光去人倏如驰，转眼秋田黍离离。步担牛载官仓输，官租已了一事无。邻家酒熟相娱嬉，醉后耳热歌呜呜。人生定分亦何需，富贵于我浮云如。叫嚣扫迹鼠穴虚，四海八荒歌雍熙。太平何幸亲见之。呜呼！西郊老农之乐乐有馀，鹿门老庞真汝师。

1　"天衢"，底本原缺，据《耕学斋诗集》卷七补。

昆山杂咏卷第二十六　吊古

袁　华

娄侯庙

揭傒斯，高昌人。至正中知昆山州事，以县为张昭、陆逊故封，立庙祀之。又葺王葆、李衡、刘过及朱虎妻茅节妇祠墓，置田给赡。邑人赋《昆山五咏》以美之。

娄氓尚淫祠，祀庙遍村墟。疾病罔医药，奔走讯群巫。椎牛酾酒醴，婆娑乐神虞。神不歆非类，传记言岂诬。圣人制祭法，有功则祀诸。昆山汉娄县，旧邑禾与与。娄县名尚存，今在城东隅。张昭洎陆逊，封娄肇自吴。桓桓孙将军，仗钺东南隅。升堂拜昭母，情好昆弟如。策薨受顾命，拥立运谋谟。谏猎止酣饮，礼下魏使车。忠言不见听，托疾居里闾。举邦惮威严，卒年八旬馀。伯言虽后出，智略雄万夫。权配以侄女，数数询良图。一从吕蒙举，乃修关羽书。潜军克公安，径进守宜都。走备夷陵城，蹙休夹石区。相吴柄国命，上疏陈立储。赫矣两侯功，称久而弗渝。太守念娄氓，报本昧厥初。淫祠既撤毁，左道咸剪除。改祠祀娄侯，像设崇屋庐。复睹汉威仪，清风肃贪污。遂令此邦人，车盖相填于。雨旸及疾疫，走祷来于于。穹碑纪颠末，大刻龙腾挐。于以告来者，并解娄氓愚。丽牲歌送迎，万世奠厥居。

殷　奎

娄侯庙

子布文武才，鼎峙非本志。伯言社稷臣，早定西奠计。霸功照吴甸，侯封启娄地。何以慰遗民，于焉崇祭祀。

刘龙洲祠

凌万顷

万顷，字叔度，邑人。景定二年第四甲出身，直学四请。

尝随荐鹗上天阍，肯信荒山泣断魂。百岁光阴随酒尽，一生气概只诗存。冢倾平地藤萝合，碑倚空岩雾雨昏。纵是纸灰那得到，落花寒食不开门。

袁 华

刘君庐陵秀,胸次隘九州。倜傥负奇气,辛陈同侠游。西登岘首山,北望多景楼。长歌过恸哭,志在复国仇。异材世间出,高揖轻王侯。奈何攀桂手,不能占鳌头。肆情诗酒间,文焰射斗牛。昆山非故里,遂为潘宰留。五十死无嗣,埋骨东斋陬。世代倏变易,夷墓为平畴。有司重封表,立阙树松楸。何人洒麦饭,凄凉土一坏。建祠立神主,买田供庶羞。仁哉太守心,祭祀亘千秋。

殷 奎

改之亦豪迈,生世何落落。抑郁过宫书,蹭蹬擒胡略。悲歌能无恸,沉醉信有托。新祠荐寒泉,九原讵可作。

袁 华

拜刘龙洲墓归饮清真观以龙洲先生遗墨分韵得何字

龙洲湖海士,瘗玉昆山阿。山川邈如昨,乔木拱烟萝。伟哉二三子,览古发啸歌。披荆吊遗迹,窀石临嵯峨。慨嗟岁月流,奈此湮没何。立阙表墓道,大刻盘蛟鼍。维时春载阳,好鸟鸣声和。丽牲拜墓下,冠盖相骈罗。山僧出遗墨,保护百年多。纵横廿八字,恍若龙腾梭。缅怀携蚁酒,风雨渡江沱。中原虽在望,泪落如悬河。安得起九泉,执手野婆娑。归憩玄馆夕,凉风水微波。诗成想丰采,寤寐倘来过。

谢应芳

刘龙洲墓在昆山慧聚寺后杨铁崖偕应芳及诸友吊祭而作

目光如电气横秋,北望龙沙万里愁。匡主首陈天下养,和戎深为国人羞。独园埋骨黄金地,上界修文白玉楼。一代人豪今寂寞,春风芦叶自汀洲。

吕 诚

闰月二十四日陪馆士秦文仲陆良贵奉省臣命祭龙洲先生墓

先生深耻和戎议,慷慨中原气欲振。名冠鲁连天下士,才高北海世无人。民心切切犹思汉,大义昭昭不帝秦。感激朝臣来遣祭,东冈复喜树桐新。

黄鹤矶头风雨秋,中原一望使人愁。群臣谁决和戎议,九庙犹衔误国羞。慷慨鲁连宁入海,凄凉王粲重登楼。荒冈四尺先生墓,再拜酹之双玉舟。

杨维祯

吊刘龙洲墓

读君旧日伏阙疏，唤起开禧无限愁。东江风雨一斗酒，大地山河百尺楼。龙川状元曾表怪，冷山使者忍含羞。白鹤飞来作人语，道人赤壁正横舟。

郑元祐

复刘龙洲墓

宋渡南如晋永嘉，屈辱更甚惭栖鸦。贤才尽毙贼桧手，君相甘同鲁妇髽。孝皇悲愤痛莫雪，士逃窜诛能几家？翁也诸侯老宾客，有泪每落西风笳。南楼载酒桂花晚，经纶志在言非夸。且将南山探虎穴，岂但东海刳鲸牙？长歌之悲过恸哭，况闻远雁来龙沙。林苏与白出处异，便欲呼起能无哗。醉乡生死忘今古，酒熟莼香鱼可叉。和戎自有祈请使，经天非无博望槎。瞠视乾坤谢轩冕，朽骨深瘗山之涯。娄江东流山蕴玉，翁也墓此谁疵瑕？荒陵无人洒麦饭，废冢有树开梨花。荧荧鬼燐出松坞，想翁来游路匪赊。

范天与

刘龙洲墓

儒冠不入紫宸班，落落高风竟莫攀。曾有封章投阙下，尚馀诗句在人间。声名已共秋云散，精爽应从夜月还。千载穿碑表遗墓，为持尊酒酹空山。

又

卢　熊

征衣破帽老骑驴，籍甚才名总不如。发愤每陈平虏策，匡君曾上过宫书。苔封断碣秋烟外，草暗荒祠劫火馀。欲奠椒浆歌楚些，西风落日更踟蹰。

范从文

古冢苍崖畔，残碑蔓草中。陈辞能劝主，持节肯和戎。健笔诗无敌，清尊酒不空。斯人今已矣，千载仰高风。

偶　桓

远寻遗墓入烟林，几度临风感慨深。草暗颓垣春放犊，霜寒宰木夜栖禽。清江载雨孤舟梦，异国登楼万里心。泉下刘郎呼不起，吟成哀些一沾襟。

秦　约

至正壬辰秋舟过马鞍山下登叠浪轩醉龙洲先生之墓俯览江流渺然遐思慨风土之昔殊嗟人生之契阔有怀顾玉山晋道贤昆玉

江净波明荡白沙,摇摇画舫似乘槎。荞麦花开散积雪,枸杞子结烂頳霞。三吴风土曩昔异,二陆才华耆旧夸。蹇余清啸睨寥廓,槽头新酒不须赊。

又

龙洲先生湖海士,矫矫高风绝代闻。持节去为金国使,封书曾感献陵君。筹边英略生前志,垂世文章死后勋。坏冢年来谁洒饭,愁看棘树琐寒云。

刘龙洲墓

殷　奎

岩岩马鞍山,下有龙洲坟。图经索灵迹,窈窕松冈原。昔人志其墓,字字忠义言。文章固馀事,耆老尚能传。百年井邑改,故物或不存。鬼神为呵护,英灵岂终泯。东斋得故地,树木表高阡。青山亦改观,蓬颗复欣欣。处士梅花祠,明月采石魂。仁贤宜有后,天道胡可论。中原望不极,临风醉孤尊。黄鹤忽飞来,翘首西江云。

沈　愚

愚,字通理,昆山人。博览工诗,尤长于古风。所著有《笤籁集》《吴歈集》。

文章人物迈时流,袖拂天风万里游。黄鹤楼前江月白,买花沽酒醉中秋。

中原望断独兴哀,怀抱忧时郁未开。斗酒嬲肩风雨夕,为谁辛苦渡江来。

杨子器

复龙洲先生墓词 弘治三年

世路崎崅,功名蹭蹬,天涯踪迹无聊。贫寒彻骨,犹幸有绨袍。叵奈老苍情薄风尘里,困杀英豪。惆怅旅魂飞散,更楚些难招。　　悠悠千载下,有知己者,想像风骚。谩摩挲断碣,细认前朝。庙貌重新,兴复香火事,付与吾曹。从今后,大家照管,风雨莫飘飖。

黄　云

读方侯思道修刘龙洲祠碑

龙化沧州葺废祠,旧碑读罢读新碑。古今贤令能同志,天地诗名在永垂。像寄丹青生色在，时忧社稷壮心危。清明久阙溪毛荐，细雨梨花重可悲。宋、元及皇明，乡官致祭，今阙三十年矣。

沈　周

复刘龙洲墓

龙洲先生非腐儒，胸中义气存壮图。重华请过补缺典，一疏抗天肝胆粗。中原丧失国破碎，终日愤懑夜起呼。往筹恢复诣公衮，论矛听盾事大殊。芒鞋布袜世途涩，蒯缑短剑秋风孤。登高聊且赋感慨，江山故在英雄无。权门欲招脚板硬，顾逐诗朋兼酒徒。寻常一饮空百壶，卖文赎券黄公垆。酒豪便欲蹈东海，故人留昆亦须臾。玉山固是埋玉地，岁惟三百骨已枯。三朝封树再起废，人重风节非人驱。呜呼人重风节非人驱，龙洲龙洲真丈夫。

文徵明

处州刘学谕敬乃刘龙洲远孙便道拜龙洲墓于昆山作诗送之

玉昆之阳荒古原，秋草数尺封寒云。诗魂醉魄渺何许，山人尚识龙洲坟。龙洲先生天下士，曾以危言犯天子。肯缘禄豢倚时人，竟把残骸托知己。毵肩斗酒意翩然，不见风流三百年。诸孙沿牒下吴船，到此忍不相流连。当日声华元不改，风雨荒祠俨犹在。祭田修复勤故老，仆碑重立烦贤宰。傍人怀古尚勤倦，况也博士诸孙贤。源流不隔千里远，椒浆天假今朝缘。精神恍惚如相授，父老追随为搔首。谁云声迹不相闻，要识忠贤须有后。宦途南北不终留，片帆又逐浙江流。白云天际渺无极，梦魂常在玉峰头。

袁　华

王御史墓

在县新漕里。王御史名葆，字彦光，昆山人。葆有志识，弱冠通诸经。县自孙载后六十年，葆始登进士。绍兴改元，上疏陈十弊，执政奇之。自丽水簿迁宜兴令，累迁司封郎官、国子司业。秦桧尝以告老语葆，葆曰："果欲告老，不问亲仇，择可任者，使居相位，诚生民之福。"桧默然。葆为考功、御史，尤介然持正。出知广德军，后知池州。孝宗召为大理卿，复改浙东提点刑狱。疾恶弥厉，权要皆不乐，乃请祠归宜兴，终老焉。官至左朝请大夫。葆学行俱至，潜心古道，教诲后生，率多成立，号称乡先生。所著有《春秋集传》及《备论》《东宫讲义》若干卷。

有宋建皇极，汴京郁嵯峨。仁化浃迩遐，林林英杰多。昆山虽僻左，士风粹而和。明经擢高第，踵接肩相摩。御史乡先生，学术正不颇。五传究终始，备论订舛讹。粤在宣和间，戛然中巍科。初主丽水簿，言事何委佗。说书辅春坊，执法居谏坡。从容答时相，直气凌太阿。范公在馆下，诘责加切磋。卒为庙廊器，词源浩江河。高弟沙随程，入室非操戈。宋史书列传，耿耿名弗磨。世变陵谷迁，百年无几何。城南新漕里，荆榛埋铜驼。景行世仰止，高风激颓波。门墙既有限，樵牧安敢过。再拜重兴感，临风动悲歌。荒苔封断碣，太息为摩娑。

殷　奎

王御史墓

御史春秋学，脱略专门陋。见诸行事间，大用亦未究。气直沮权相，忧深旷储副。复墓匪为眩，所思在耆旧。

郭　翼

重复王侍御墓

先贤御史王公墓，感慨兴亡自古今。直气平生匡济志，忠臣万古建储心。朝端獬豸清风在，陇上牛羊落日深。满地梨花一尊酒，邦侯高义重南金。

袁　华

李侍御墓 在县东南圆明村

散步城南门，始得圆明里。宰上木已拱，泉下者谁氏？披榛踏宿草，羡门半獬豸。勋阀表阡石，云是侍御史。力行敦古学，名衡其姓李。世家本江都，娶妇居娄浍。射策明光殿，看花长安市。出宰施善教，矧肯猛政理。至今松陵月，清光照江水。拜命登霜台，白简冠獬豸。上言论奸佞，手将逆鳞批。势障狂澜回，屹立中流砥。五贤一不肖，赋永光传纪。挂冠归乐庵，著述惜寸晷。硕学邃易经，集传发微旨。岂唯淑后进，千古垂范轨。九原不可作，清泪何潸潸。乡里众富儿，厚葬从奢侈。黄肠题辏密，券台文绣被。可怜土木干，荒烟横断阯。后世仰高躅，庶激俗靡靡。复墓限樵牧，何异子朱子？

殷　奎

李侍御墓

李公读论语，探道悟渊微。政推守令最，名重谏净司。生平信跌荡，之死气不衰。表树限樵牧，善政故在兹。

龚诩

木兰舟题梅吊乐庵墓

乐庵坟上,寒烟蔓草。三百年来,变故经多少。一坏荒土,指点有无中。埋没了几个人知道。　九原何处起英豪,吊古伤怀抱。写梅花,欲寄相思调。但见一段平芜,数声啼鸟,高树留残照。

叶　盛

盛,字与中,昆山人。以进士为兵科给事中。正统己巳,车驾蒙尘,盛劾将臣朱勇等扈从失律,当诛之以谢天下,然后兴师问罪仇虏,奉还圣驾。擢掌科事,四五日间,疏凡七八上,皆军机要务。再迁山西右参政,以都御史李秉举协赞独石、马营等务,边民便之。天顺改元,召拜右佥都御史,巡抚两广,再迁吏部侍郎。卒,年五十有五,谥文庄。盛力行好古,清修苦节,生平慕范文正为人,时人许之。

题草庭墨梅吊乐庵墓

不识江都李,梅花仿佛同。停舟欲相觅,谁是主人翁?

玉笛吹残夜,声声太古情。美人何处觅?霜月正凄清。

沈　愚

过宋王御史墓

春秋家学在,早岁即登科。职业居郎署,才名历谏坡。荒祠碑卧草,古冢树悬萝。再拜徒兴感,临风发楚歌。

吴　瑞

拜叶文庄墓

采得青青南涧毛,远寻溢渎吊人豪。大材经济归良史,盛德光华仰俊髦。一代文章嘉谥在,百年司□素心操。茫茫今古何穷极,白鹤不来华表高。

昆山杂咏卷第二十七　哀挽

范成大成大早孤废业，公谕勉诘责，留之席下，程课甚严，后遂为名臣。故有此作。

王察院挽诗王察院讳葆，周益公之妇翁。

喻蜀三年戍，还吴万里船。云归双节后，雪白短檠前。百世春秋传，一丘阳羡田。浮生如此了，何必更凌烟？公有《春秋集传》及《春秋备论》行于世。

日者悲离索，公乎又杳冥。门人辨韩集，子舍得韦经。此去念筑室，空来闻过庭。路遥人不见，千古泣松铭。

马先觉

慧聚寺僧神济善医能知人死生于数岁或数月之前或有奇疾则以意用药无不瘥者既享高寿临终甚了了因作二诗哭之僧讳清照神济乃其号云

端的西来了世缘，有身宁肯自谋安。殷勤疗病肱三折，去住无心指一弹。贝叶翻馀清磬在，梵香飘断暮钟残。只今双树婆娑影，空锁灵山片月寒。房在灵山。

料理归期不作难，等闲坐蜕白云轩。去来自熟三生路，谈笑聊书四偈言。舍利虽藏多宝塔，化身应返给孤园。阴功若证菩提果，更与众生洗病根。

易　恒

挽殷孝伯其弟往咸阳舁其枢归葬娄上

已矣殷文懿，由来德业优。士评先月旦，书法老春秋。醇酒心俱醉，明珠价莫酬。修文从地下，空忆旧风流。

慨彼斯人已，天胡不假年？还乡惟旅榇，载道是遗编。云断千山外，天低一雁前。难兄有难弟，大葬得归全。

挽吴孟思

吴君名睿，字孟思，号云涛散人。其先开封人，从宋南迁，居于杭。自幼嗜古篆籀之学，通六书奥义。尝游寓昆山，以疾卒于马鞍山顶塔院，年三十有九。归葬于武康县封禺山。

学古得名谁与齐，白头南国尚凄凄。漆书已负成蝌蚪，石鼓空传出宝鸡。半夜旅魂山塔静，百年春梦海门低。湖山怪尔归何晚，直待花残杜宇啼。

袁 华

挽铁崖先生

昔客钱塘日，曾陪杖屦行。授经终卒业，问字屡称觥。南国衣冠远，东维砥柱倾。平生三史辨，大义日星明。

张 逊

逊，字以行，吴郡人。

挽盛季文

季文盛公子与余世姻，而契义最相得。洪武甲寅，迁家娄东，而余亦宦游燕冀，遂成契阔，俯仰星霜几二十载。逮壬申之岁，余客娄上，方欲倾倒旧怀，岂意季文以田役之累，羁于逆旅，竟抱疾而终。适值炎月，其亲以清冰数斛坚其遗躯，归葬乡里。闻之不胜痛悼，因赋此诗哭之。

廿年不见盛公子，竟作修文地下郎。玉树临风今竟折，冰舟归榇不胜寒。灯前散帙无儿读，案上新诗有日看。欲吊孤坟烟浪隔，一襟清泪几时干？季文世为常熟之南沙人，元盛时，为东南巨族。值兵乱，又无子，因赘婿昆山周庸叔常，徙家归胡冈，隐居焉。尝与会稽杨维祯、淮海秦约、永嘉郑东、吴门张逊、雁门文质、河南陆仁、武林赵铨、清河张恕仲辈为友，多倡和之什。后以田役谪戍南中，道遘疾，伯常代行，季文归。至金山泊舟，强起赋诗，投笔而逝。

谢应芳

祭顾仲瑛诗附

呜呼玉山翁，先世吴右族。生逢全盛时，当路屡推毂。辞荣乐萧散，竟蕴石中玉。早持万金产，转手授家督。不为五岳游，家园莳花竹。读书数千卷，旁核聃与竺。非无酒如渑，过客佳乃肃。徒见驷马车，未若一儒服。缃黄粲然者，待遇情亦笃。常言性嗜诗，隽永过粱肉。兴来抉云汉，毫端注飞瀑。词林采英华，琰刻播芬馥。诗名满朝野，啸傲心自足。世故一变更，十室九颠覆。幽栖绰山下，人拟王官谷。时余逃难来，憔悴如病鹄。

踵门通姓字，一见已刮目。夜饮嘉树轩，明朝杯又续。高堂桂花秋，金钗剪银烛。双歌棹舷船，洗我愁万斛。一留两月馀，坐客常五六。写图纪觞咏，坠水亦有曲。连床可诗斋，清话屡同宿。择邻迥移家，岁晚安且燠。奈何鼓鼙声，又若雷震屋。娄人悉惊散，我亦猿失木。萍漂甫里东，卖文如卖卜。感翁数相过，馈问慰穷蹙。翁亦客携李，远避赋蛇毒。山川郁相望，诗筒时往复。陵谷复一变，翁归理松菊。松菊理未能，蒺藜俄困辱。余舟榜笠泽，访旧宿西塾。夜深屏舆隶，促膝话心腹。春风旧池馆，荒烟秋草绿。朝廷更化初，召役事穜稑。挈家赴临濠，星言去程速。送行愧邹游，口占谢龟缩。诗去秋复春，客来书满幅。念我及儿辈，举室蒙记录。自言多疾疢，经年在床褥。郁攸屡惊吓，使我常觳觫。尚须手颤定，亲札寄篇牍。安知仅逾月，遽尔闻不禄。初疑传者讹，细问泪盈掬。嗟余老异乡，知己失鲍叔。芜词叙畴曩，悲吟甚于哭。神交死如生，歃此杯中醁。

周　恭

八哀诗

故兖州太守卢公熊

公学行并优，为当代名儒。洪武八年，膺秀才举，除吴县学教谕。迁工部照磨，再迁兖州知州。卒于非罪，录其家，箧中惟馀麻枲，上深悔之。

昔闻卢兖州，家学来武宁。钻研百氏书，万卒攻坚城。朋交四方士，济济俱时英。每从杨公廉夫游，洪涛奋鲲鲸。词章脍炙美，书法银钩精。著书每废食，思贤或加旌。簪笔归凤沼，守邦属时清。经纶公所志，冶长非罪成。公家检遗物，麻枲填虚籯。帝心默嗟悼，呜呼得廉名。每行阊门西，长风起孤茎。怅望不可及，微吟著深情。

故咸阳教谕殷公奎

公孝性天至，尤邃于经学。洪武中，为咸阳教谕，以母老缺养，郁郁卒官。弟孝阳扶枢还乡里，有《归枢图》。卢熊谓其处家为孝子，饬身为名士，典教为良师。陈潜夫又谓其学术出处死生，真莹然无瑕者也。

孝友出天性，翩翩鸾凤姿。若人世不得，方矩及圆规。饱谙春秋学，问难垂绛帷。天书青云下，翱翔实明时。文章岂非命，万里咸阳之。割亲恩爱肉，舍弟眷好枝。是时丧乱后，斋堂尽蒿藜。不见周宣鼓，空怀西伯岐。草草集弟子，雍雍见风仪。白云翳吴山，日夕徒伤悲。咄嗟来鹏鸟，竟及修文为。羁魂护权厝，弟也良胜儿。尘沙异孤槥，惨戚名公辞。古来困仁者，天道信有亏。

故沁州太守吕公昭

公讳昭，字克明。为人庄重耿介，有古君子风。洪武辛未，被荐初试徐州训导，九载，绩用有成。后以言民事得失合宜，转浦城丞。邑地多荒芜，公损资市粟给民，俾垦艺而不责其偿。自以粟少许种堂下，生九穗。父老植双松于庭，拟甘棠。永乐甲申，诏求贤，知者交荐，升知沁州。民持金赠行，公悉谢绝之，至杭，已无所费。在沁时，民有为妖窃物者告，公祷于城隍神，有顷，物皆归。清操愈励，祛奸举废，廉声闻于远近。屡校文山西乡闱，与修《永乐大典》。

沁州老文学，廉声播人口。明经为博士，劘刮无不厚。封章动天王，浦城领章绶。种麦试县衙，麦穗忽生九。公忠感神明，魑魅归物走。维学世不多，维孝人何有。莲花未容污，君子席中玖。种松拟甘棠，父老追思后。山西校乡闱，公实运大手。文皇纂大典，贤豪聚渊薮。公时秉巨笔，一事不容苟。乞骸既征途，民德悲父母。赍金馈马前，公谢一不受。于兹诵公名，污吏合垂首。

故按察使太原王公英

公讳英，字俊伯。性和易，与人交，不设崖谷。洪武中，由监生仕监察御史，累官至山西提刑按察使。太祖尝书其名于殿柱，曰"敦厚王英"。有刘卓不校马牛之度，时以长者称之。

王公具瞻者，威仪若高山。乡书贡廷陛，周旋太学间。出入圣贤道，仰视不可扳。豸冠肃纲纪，绣斧摧奸顽。天子曰敦厚，题名高九关。是时秦晋间，疮痍尚愁颜。二藩公实使，廉访良独难。旌节照千里，民风一时还。至今榛芜墓，大石文章间。伤哉东娄水，悲声更潺潺。

故按察副使筱庵张公和

公讳和，字节之。正统四年，以《书经》登进士第。当时，举公第一甲第一名，以目疾退居第二甲第一名。俄以病归，益肆力于六经、子史。授南京刑部主事，狱疑者多所平反。景泰中，与秘阁大修纂。升浙江副使，提督学政，严教条，以身率之，尤有恩意。河东薛文清公瑄甚器重之，周文襄公忱称为"东吴夫子"。未及大用而卒，君子深为痛惜。所著有《筱庵集》。

筱庵读尚书，钩隐出百家。结庐古娄曲，弟子来迤逦。诵书日千言，文思浩无涯。俯对大廷策，果然肩探花。东吴老夫子，名言信非哗。独鹤啼青嶂，回鸾舞丹霞。法吏既非途，督学道有加。济济见多士，贤才照京华。每遇要路人，含悲但嘘嗟。功名非公志，直道摧纷拿。何为绝弱息，遗书空五车。巍巍乡贤祠，独与邦人夸。

故吏部侍郎文庄叶公盛

吏部昆山玉,高才迈今古。起家掇巍科,黄门拾遗补。锵锵玉笋班,百疏上明主。简贤自宸衷,大政参藩辅。晋鄙接胡尘,都台仲山虎。桓桓儒家将,韩范走西虏。居庸隘天关,独石环地户。宣力示恩威,居民保环堵。屯田恃久安,结庐利行者。文章烂天葩,高吟视工部。怀古追昔贤,荐修有祠宇。皎然黄鹄姿,轩昂卑九土。恶衣适寒温,疏檐陋风雨。晚年居铨衡,甄别尽才朊。典刑属老成,一二未足数。如何天不永,伤心百僚俯。君看六哀诗,千秋孰予侮?

故尚书刑部郎中孙公琼

公讳琼,字蕴章。生有异质。年二十五举进士,累升郎中。官刑部十有五年,廉公自持,而以仁恕济之。权臣罗织人罪及中贵怙势,往往请托,公皆不听,由是积怨群小,以辞连公,谪戍辽左。宪宗登极,赦复其官。居亡何,即上疏乞归,隐鹿城三十年,不入公府。成化初,下诏求贤,当道交荐,不果。事父母以孝,丧祭极其哀。每旦,必衣冠拜先祠。公为人,风度凝远,望之者骄吝自消。年六十八而卒。所著有《鹿城稿》,藏于家。

贞姿徂徕松,澡雪未憔悴。妙年攀月窟,岂直温饱谓?名扬尚书郎,天宪非小试。忍读酷吏传,平反孝妇类。介心似石坚,忠贤古无愧。白玉自绝瑕,青蝇忽相累。日月不掩过,于公亦何事?奋然疏太傅,倏尔钱若水。茅庐卧尫羸,斑彩复庭戏。吟哦青山云,颇恨膏肓竖。蓬莱信无仙,何以试神饵?呜呼委哲人,落落晨星坠。维兹白杨坟,永埋瑚琏器。伤哉旷斯文,茫茫洒馀泪。

故大理评事朱君萱

君讳萱,字树之。为人恭谨端实,能诗歌,笔翰有法。天顺八年,登进士第,授大理寺左评事。敏而有守,泊然无势利心,表里始终一致,有古人之风。以疾告归。事亲能色养。年未四十而卒,叶文庄铭其墓。

朱君清人流,邈与风尘隔。家庭能色养,辛勤把书册。黄甲振蛰声,扶遥展修翮。佳名在公卿,恭逊每踽踽。廷评得天道,千载于定国。守正不可犯,百丈清泠泽。人生栖草尘,奈何不满百?玉树已凋伤,高才竟何益?清诗富阴何,广识倾宾客。凄凉身后事,于餐不能嗑。

昆山杂咏卷第二十八　伤悼

袁　华

朱节妇墓

节妇茅氏女，嫁为朱虎妻。主馈事尊嫜，婉娩年方笄。夫官水衡守，舅长大农司。饷馈转渤澥，功与酂侯齐。厮养纡青紫，第宅切云霓。天道恶盈满，谗言致勃豀。舅既庾图圄，夫亦为孤累。节妇没入官，诏赐提点师。衣袂结两儿，昼夜呱呱啼。义不负所天，哭死心不移。抗志励节操，师亦兴嗟咨。漕侯卯金刀，拙庵比丘尼。仗义出金帛，以赎节妇归。幸脱虎狼口，寄食居招提。仰望浮云驰，目送孤鸿飞。俯视龆龀子，良人渺何之？百感集衷肠，形与神俱疲。为妇当死节，为将当死绥。一病竟不起，孤魂遂无依。榇椟自京邑，归葬娄江涯。孝哉犹子谦，具辞陈有司。移文上台省，进奏对丹墀。譬比曹令女，夫死家诛夷。勇烈虽少异，操行岂相违？请录付史馆，敦俗淑民彝。制可出鸿恩，甄表发潜晖。荏苒三十年，荒坟草离离。落日下牛羊，芜没少人知。契侯古循吏，为善日孳孳。大书刻坚石，华表双巍巍。朽骨怀深恩，岂独邦人思？感慨成五咏，纪实匪于私。

易　恒

李节妇

厥俗靡，义是履，孝妇令女事有矣。陈子作传迟良史，海枯石烂妇不死。吁嗟乎，节妇李。

王达善

曹节妇唐仕则之妻

夫死西江外，妾居东海边。秋灯成独守，夜月不同圆。一室生涯澹，清风节操坚。信知天有报，家业赖儿传。

殷　奎

朱节妇昭勇大将军朱虎妻茅氏

节妇当盛年，罹此家祸酷。逼迫恶少年，夫死身靡辱。朝论既旌[1]崇，国史复收录。守臣举坠典，持此厉末俗。

李节妇名惠水德之妻

昆山之阳，有玉温兮。惠也如玉，不可焚兮。其一。

昆山之阴，有石俨兮。惠也如石，不可转兮。其二。

上有别鹤，巢于山松。鹤唳皎月，松号悲风。其三。

上有孤鸾，栖于山柏。鸾翔闲云，柏老积雪。其四。

松柏可摧，鸾鹤可伍。惟此玉石，勒铭千古。其五。

右昆山五章，章四句。

谢应芳

列妇歌有序

妇周氏，吴郡太仓人。至正丙申，其父以义兵元帅贪，将杀之，谋泄而举家被害。帅之子悦妇少艾，诱为妾，不从，痛骂而死。乡人义而哀之，为之构祠立碑。会稽杨公廉夫为文，且属江西陈季子索诗，以著其事。

陈君手持烈妇碑，劝我为作烈妇歌。人生自古孰无死，烈妇之死名不磨。本是东沧小家女，粉黛不施眉自妩。父怜母惜忍远离，纳婿于家半年许。阿爷从军气颇粗，欲杀不义奔京师。手持芒刃机不密，身落祸坑家乃屠。绣衣郎君元帅子，少年绝爱倾城美。愿言携手与同归，即免枭首尸诸市。郎君满屋惟黄金，安知难买烈妇心。耳边言逐飘风过，腹内怨含沧海深。骂声不绝郎君怒，马上挥刀斫头去。双鸾羞睹青铜镜，全家甘赴黄泉路。娟娟肌体娇如雪，烈烈肝肠坚似铁。一团冤血注娄江，至今流脉声呜咽。男儿读书峨冠巾，偷生或忍忘君亲。奴颜婢膝曳朱紫，得不愧此裙钗人。呜呼，得不愧此裙钗人！

龚　诩

顾烈女诗并序

楼东顾氏女，世以熟韦为业。父母早亡，鞠于叔父。初许嫁王氏，未及醮而夫亡，

1　"旌"，底本原作"精"，据殷奎《强斋集》卷九改。

誓不再适。叔父母虑其年少，恐不能守，复许嫁徐氏，择日毕礼。叔父母逼女使行，不得已，至其家，则谓徐氏子曰："我非尔家妇，乃故王郎妻也。"徐氏子义之，不敢犯。至夕，女遂自经死。既而亲戚视其尸，则通缠束甚固，其意若恐其既死之馀无以自明者。以此观之，则其必死之心固已判然于未离家之时矣。时人莫不义而哀之，然或者犹以为不当过徐氏之门为病。余以谓：死生亦大矣。常人之情，孰不乐生而恶死哉？而此乃能不辱其身而决意于自靖，已足嘉尚。君子与人为善，不当屑屑如是讦小廉而遗大德也。为赋诗曰：

平生不识王郎面，却为王郎守节亡。素志远符曹令女，高风不让卫共姜。坚刚肃厉逾金石，洁白清寒过雪霜。皎皎碧空秋夜月，纤云岂足累清光。

吴烈妇诗并序

昆山郑宜君死节之一月，县治南吴泽赘于兵墟村之陆氏生女妙真，嫁沈浚，生子吉祥，年方十岁。浚自典邑之刑曹，罢归，遘疾卒。时妙真年二十九岁，敛夫毕，乃泣谓其子曰："吾不复抚汝矣。"遂从容洗沐，更衣服，自经死。实浚卒之五日也。其事与宜君若出一轨，亦足以见其人心之所同然者矣。时其家徇浮屠俗，与夫棺同日火之，乡人莫不哀其义而壮其节。余闻而赋诗曰：

夫君命断未逾旬，绝脰贞妻竟舍身。此死岂如他死类，并亡不作未亡人。君亲一体三纲重，忠孝同心万古新。近日高风谁可拟？宜君元是尔南邻。

沈 周

周节妇孝感

黄氏十九时，归周文璧氏。二年文璧丧，弱惟一女恃。有姑患瘘痹，其状莫比拟。有肢如无筋，有骨如无髓。在床如空中，有身如蜕委。日夜但冥冥，仅有息存尔。闻听与触动，稍及即厥死。荐地方拟步，通问必附耳。艰难食溲次，不敢托诸婢。百药无一效，百累丛一己。黄氏心烦恼，惝惝不知处。东家优婆夷，怜悯为黄语。汝姑溺苦海，汝知故何以？愆业筑丘山，宿世所积累。须叛大势力，南海有大士。解难说真言，功德莫思议。但要深心持，日日要如是。一言一拜叩，亿又八千数。在佛虽有程，敬受无庸纪。功深果报应，何患患不起？黄氏闻是言，烦恼生欢喜。洁室便置像，恭敬为作礼。沐浴体投地，心观口娓娓。亦不知有终，亦不知有始。亦不知有寒，亦不知有暑。阅日千八百，历年数得五。俄梦见一姥，前黄行迤逦。心谓是现化，称名略不顾。极力欲追即，步步悬尺只。径入一区庐，阖户若相拒。款叩发号泣，其户划然启。菩萨示妙相，金光烁瞻睹。头上珠缨络，晃晃复蕊蕊。莲目垂慈光，宣言启玉齿。黄氏前谛听，合掌作长跪。云汝依吾道，悉知悉见已。慈悲为我愿,岂无嘱付汝? 修功加精进,九日一扶倚。七九扶以行,前及我处所。觉来汗淋淋,其言尚在耳。悟佛为众生,方便指门户。信心愈坚牢,额破吻俱腐。临日试小掖,筋骨觉可举。屡试屡无难,还能步移跬。彳亍诣佛前,奠香致情旨。其烓从空跃,逾梁而直下。乃着于病人,正中顶囟里。其声若惊霆,其势若击杵。身心发震竦,百苦悉皆去。如风卷天云,不复留纤滓。如春活枯草,如冰化为水。亲党尽来观,赞叹世无此。姑谢新妇力,脱我出死簿。新妇答何功,菩萨威力故。此事闻其甥,王纶能觇缕。韦虚气治瘘,若或有仙技。黄氏孝治瘘,专以诚为主。格物与布气,非诚莫相与。孝有致久旱,孝有致冰鲤。事本出非常,未可论常理。我特书其孝,勃谿用为砥。至今昆山人,大书播邑史。

复薛烈妇墓

溢渎西浒,薛媛邵妇。邵吏坐法,逮人如虎。逮悦薛妌,佻语肆侮。死生依违,夫命县汝。薛丑其语身雉经,誓不辱夫以死明。黄犀辟尘尘不生,白玉绝玷玷不成。呜呼荒冢久欲平,后人立石题烈名。

沈　愚

吊城南薛烈妇冢

马鞍山南溢渎西,凄凉孤冢临荒蹊。行人借问白头姥,云是东邻小吏妻。良人犯法因贪墨,京府差官受驱迫。瞥然见此花娉婷,辄起狂心势相逼。贞白之身岂可污,分甘苦乐随其夫。宁为天边失群雁,肯学水面双飞凫。发愤捐躯自经死,烈烈英风有如此。叹息人间儿女曹,刚肠绝胜奇男子。百年过眼成匆匆,感今怀古情无穷。苍苔怨骨斜阳里,粉阁遗基蔓草中。圣朝褒恤谁曾举,青史芳名未收取。君不见从来埋没知几人,何独区区薛家女?

附　录

《昆山杂咏》序

　　昆山虽处海隅，素号壮县，古迹今事接于闻见者不一，若人物、习俗、文章、论议，系治乱、关风教者，盖有志焉。此书既阙，遂使一邑之事湮没无传，予每以为恨。友人龚君立道哀次古今诗，分为三帙，目之曰《昆山杂咏》，又得百篇，号《续编》。

　　尝取而读之，非徒记其吟咏而已，如陈令公云"县民遥喜行春至"，则知郡守尝省耕于外邑；张文定云"我时行近郊"，则知邑宰每巡野而观稼；荆公云"万家藏水村"，则知陂泽未围，所在有潴水之地；冲邈云"江塞妙决除"，则知开江有营，河塘无淤涨之患。因"群公荐口"之句，则知龚期颐之著乡行；因"闻健收身"之句，则知李乐庵之挺忠节。称王逸野传《春秋》，而知经学之可以名家；招范石湖入诗社，而知句法之可以垂世。其他如记惠向之运鬼力，僧繇之画神龙，诸矩罗之兴云致雨，此特其次者尔。至于石峰之奇巧，轩亭之敞快，缁流之能禅能律，又特其小者尔。

　　立道刻意问学，其于暇日乃能兼收并蓄，细大不遗，可以代图经之作矣。继自今或有所得，当陆续书之，亦可使后人之后人祖其意而有述也。予嘉立道之志，故为书之篇首云。

　　嘉定改元十二月初吉，朝散郎、监察御史范之柔序。

跋

　　栖闲主人龚君昱，字立道，昆山佳士也。讲学之暇，刻意于诗[1]，哀所藏今昔名公之什，总成此编，以示交承金华潘文叔。文叔迫去，不克广其传。挺之来试邑，刊置县斋，不惟嘉立道之好，尚抒以全文叔之志云。

　　开禧丁卯中秋，仪真徐挺之识。

《昆山杂咏》序

　　昔龚立道氏尝集唐宋诸名家诗若干什，曰《昆山杂咏》，其友范清宪公序之详矣。

1　"诗"，底本原作"时"，据宋龚昱《昆山杂咏》三卷改。

王秋堂隐君复集元人及我明人之作而附益焉,间出示予,读之累日,有可喜者一,有可慨者二。夫有唐迄元,代崇异教,蕞尔昆丘,僧房百十,其他可知也。国家崇正辟邪,吾昆缁黄者流零落殆尽,而文献之盛独迈往古,诚足多已。然宋元之时,邑人庶富,斥其馀财,助成兹邑之胜。今则赋重役繁,谋生是急,弗遑义举,名区杰构,荡然为荆榛瓦砾之场,过者兴叹。且龙洲、莲峰诸老祠墓,往往为强御所蚀,樵牧所据,不亦重可念哉! 读是诗者,必能感发向慕,访前朝之遗址,复兹邑之旧观,则秋堂博采兼收之劳,不为无益也。姑序其端以俟。

嘉靖十年三月,后学方鹏撰。

书《昆山杂咏》后

龚立道所纂缉是书,仅见宋刻残本,罕有行世者。嘉靖初,王君理之复集近代诗百篇以附末卷,太常方公为之序引其端。先大父西园公已加锓板,值寇乱版毁,而王君所集兼有未该,乃重谋诸俞仲蔚氏,更为搜采晋、唐、宋、元以来诸名家集,复得诗数百篇,以类编次,勒成二十八卷,较倍前书。其撰人姓氏、邑里、事行,各为分注其下。庶既诵其诗,又知其人,此固立道之所未备者。且书虽专于一邑,而四方名贤之往复题赠,其流风馀韵,真足以征一时政治之兴衰,此又图经之所未备者也。

是书仲蔚多病,已更十馀年,余顷以乞假家居,始克成书。由是知萃狐白之裘者,非一狐之腋,其为功良不易矣。因亟锓板,以继先志,存一邑之典籍,而谨识其始末于后,亦以俟夫采诗者。

隆庆庚午秋九月,后学孟绍曾谨识。

郑振铎跋

予数年来收得地方诗文总集不下三百馀种,但以通行本为多,明镌者寥寥可屈指数。此《昆山杂咏》四本,为明隆庆庚午(一五七○)刊本,一九五六年十月十五日得于北京来薰阁,可称其中白眉矣。天阴欲雨,晓雾尤浓,展阅此书,顿觉阳光上眉梢矣。

西谛。

昆 山 历 代 山 水 园 林 志

玉山名胜集六卷

〔元〕顾 瑛 辑

徐大军 整理

玉山名胜集六卷

　　元顾瑛辑。顾瑛（1310—1369），又名德辉、阿瑛，字仲瑛，元平江路昆山人。顾瑛家业豪富，轻财好客，金石文史之富，园亭声伎之盛，甲于东南。元朝末年，天下纷乱，顾瑛尽散家财，削发为在家僧，自称金粟道人。顾瑛于昆山界溪筑玉山佳处（即玉山草堂），一时名流，无不折节纳交，笙歌文酒，殆无虚日。为元末吴中一文化盛事。

　　本书是元末玉山雅集的结集之一。顾瑛所居池馆之盛，甲于东南，一时名流多从之游宴。顾瑛将各友朋为其玉山佳处各景点所题记、序、诗、词、赋及在各景点燕集时所作诗文汇为此编，又将各人饯别、寄赠之作汇为外编以行世。许多元末知名文人诗文作品赖此书以传世。诗文各以馆池楼亭等名为纲，如湖光山色楼、金粟影、书画舫等凡二十六处。每一地，先载其题额之人，次载瑛所自作春题，而以序记、诗词之类各分系其后。元季知名人士之作收入者占十之八九。

　　《玉山纪游》，顾瑛等撰，袁华辑。袁华（1316—1382？），字子英，南直隶昆山人。明洪武初为苏州府训导。工诗，兼善书画品题，与顾瑛友善。本书为顾瑛等纪游唱和之作，由袁华类编成帙。所游自昆山以外，尚有天平山、灵岩山、虎丘、西湖、吴江、锡山、惠山、上方山、观音山等。

　　又《纪饯送》《纪寄赠》两编，各本通常编为《玉山名胜外集》，附于《玉山名胜集》以传。《纪饯送》为顾瑛及其友朋赠送离别玉山之人之诗篇，以及在外文人投赠玉山之作。《纪寄赠》为在外文人投赠玉山之作。

　　此集现存刻本和抄本总数有三十多种，版本情况复杂，现存以清抄本为主，且各本分类、卷数各不相同，内容编次极其混乱。本次整理，以明万历间刻本为底本，此本有"朱太史玉华馆雕"字样，朱之蕃万历二十五年（1597）序。整理时，诗文内容、顺序皆据此本为准，但此本亦存在不少明显的舛讹、缺漏，体例前后不一致处。凡明显讹漏且可确定者，皆据明朱存理校明钞二卷本、清黄廷鉴校跋清抄二卷本、清赵怀玉抄不分卷本、清鲍廷博校清抄二十六卷本、《四库全书》本等其他各本校改。

玉山名胜集序

中吴多宴游之胜，而顾君仲瑛之玉山佳处其一也。顾氏自辟疆以来，好治园池，而仲瑛又以能诗好礼乐与四方贤士大夫游。其凉[1]台燠馆，华轩美榭，卉木秀而云日幽，皆足以发人之才趣，故大篇小章，曰诗曰文，间见层出。而凡气序之推迁，品汇之回薄，阴晴晦明之变幻叵测，悉牢笼摹状于赓倡迭和之顷。虽复体制不同，风格异致，然皆如文缋贝锦，各出机杼，无不纯丽莹缛，酷令人爱。仲瑛既会萃成卷，名曰《玉山名胜集》，复属予为之序。

夫世之有力者，孰不寄情山水间？然好事者于昔人别墅，独喜称王氏之辋川、杜氏之樊川，岂非以当时物象见于倡酬者，历历在人耳目乎？然辋川宾客独称裴迪，而樊上翁则不过时召昵密往游而已。今仲瑛以世族贵介，雅有器局，不屑仕进，而力之所及，独喜与贤士大夫尽其欢。而其操觚弄翰，觞咏于此，视樊上翁盖不多让。而宾客倡酬之盛，较之辋川，或者过之。嗟乎！后之视今亦犹今之视昔，使异日玉山之胜与两川别墅并存于文字间，则斯集也讵可少哉！是不可以无序，于是乎书。

至正十年四月既望，翰林侍讲学士、中奉大夫、知制诰同修国史、同知经筵事、金华黄溍序。

---

1 "凉"，底本原作"源"，据《四库全书》本改。

草堂名胜集序

昆山之世族居界溪者,曰顾氏;顾氏之有才谞者,曰仲瑛。仲瑛即所居之偏辟地以为园池,园之中,为堂,为舍,为楼,为斋,为舫。敞之而为轩,结之而为巢,葺之而为亭。植以佳木善草,被之芙蕖菱芡,郁焉而阴,焕焉而明,阒焉而深,一日之间不可以遍赏。而所谓"玉山草堂",又其胜处也。良辰美景,士友群集,四方之来与朝士之能为文辞者,凡过苏必之焉。之则欢意浓浃,随兴所至,罗樽俎,陈砚席,列坐而赋,分题布韵,无问宾客,仙翁、释子亦往往而在。歌行比兴,长短杂体,靡所不有。于是裒而第之,以为集,题之曰《草堂名胜》。凡当时名卿贤士所为记、序、赞、引、诗篇,皆以类附焉。间尝取而读之,高者跌宕夷旷,上追古人;下者亦不失清丽洒脱,远去流俗,琅琅炳炳,无不可爱。吁,亦盛矣!

予幼时读晋《兰亭》、唐《桃花园序》,谓皆一时胜集,意千载而下无复能继。及究观《兰亭》作者,率寥寥数语,罕可称诵,向非王右军一叙,则此会几泯没无闻。若桃花园之燕,则又不知当时能赋者几人,罚金谷酒数者几人,其泯没尤甚,独赖李仙人一序可见耳。岂若草堂之会,有其人,有其诗,而诗皆可诵耶!盖仲瑛以衣冠诗礼之胄,好尚清雅,识度宕达,所交多一时名胜,故其盛如此。吾故谓,使是集与《兰亭》《桃花园序》并传天壤间,则后之览者安知不曰彼不我若耶?

至正十一年岁在辛卯二月既望,元统癸酉第一甲进士及第湘东李祁序。

刻玉山名胜集题辞

　　胜国之季,四方有识之士不乐为世用者,类托迹方外,放怀诗酒,以寄其慷慨无聊之思,顾高标逸韵湮没无闻者多矣。兹集得顾仲瑛氏为之主盟而汇辑,迄今未泯,间一寓目,尚可想见当年四美二难、挥毫披襟之概。夫洛阳名园之胜可以卜世兴衰,而金谷、兰亭亦藉凭文藻以烛照星晖于宇宙间,矧是集风雅备具,交谊敦笃,当多故之日而彬彬存古道之盛,良足爱且传矣。向使诸君子生际良时,和鸣廊庙,其词章必且振耀一时,为海内新其视听,不至几灭而仅存如今日也。

　　家大夫手抄于癸酉、甲戌间,偶为书贾索刻,以公同好。箧中二十馀年,干霄射斗之气,一旦剖其藏而共加赏识,兹集亦有厚幸矣。作者苦心高唱,予愧不能窥其堂室,一代人文之菁英,或不能外焉,勿遽哂其为流连光景、啸傲湖山之剩技而略之也。

　　万历丁酉秋日,金陵朱之蕃书。

　　《玉山名胜集》,凡六卷,计七百馀叶,此余授《易》之暇,亲为涤砚者也。余性寡谐,笃好手抄书,若《贞史》,若《金陵人物志》,若《六朝事迹》,若《世纪》,若《画继》,若《隶释》《金石录》,若《集古目录》,若《广川书画跋》,若《云林全集》,若《诗馀选胜》种种,皆手抄成秩,总目之曰《手谈》,是亦犹贤乎己之意也。乙未夏仲,书贾周氏过余小斋,见而悦之,请寿诸梓,以广其传。余欣然付诸梓,与同是况者共焉。书成,寄来京师,遂题数语以识岁月。

　　时丁酉七月既望,杜邨居士朱正伯父书。

寄题玉山诗

　　至正九年秋，海道粮舶毕达京师，皇上嘉天妃之灵，封香命祀。中书以纛为试直省舍人彰实，遍礼祠所。卒事于漳，还次泉南，卧疾度岁。乃仲春至杭，遂以驿符达上官，而往卜山于武康，克襄先藏。秋过吴门，顾君仲瑛留宴，草堂之寓宾十有二人，分题昆墅诸景。诗皆十韵，尽欢而罢。舟中笔砚少暇，因叙事述怀，累成百韵。语繁则易疵，聊以记行役耳。录寄仲瑛泪席上诸君子，他日或游昆墅，当为一亭一馆赋之也。

　　治理逢熙运，钦明仰圣皇。至仁侔覆载，上德配轩唐。大业勤弘济，元臣协赞襄。贤科收俊造，庭实粲圭璋。入贡徕符拔，仪韶下凤皇。普天均雨露，绝域总梯航。每念京师食，遥需漕府粮。神妃所庇护，飓毋敢飞扬。前队貔貅发，先驱蝍象藏。泠飙鼓万柁，朱火耀连樯。帝敕申嘉惠，祠官按典常。赏劳兼湛涉，时赐省臣、漕臣酒币。旌烈特巍煌。仆本中林士，久陪东观郎。遂叨乘驿传，遍与礼灵场。荡节雕龙饰，华旗画隼翔。冲流度鄞越，陟险过泉漳。缅彼湄洲屿，崭然巨海洋。蛟穿崖破碎，鲸迹浪撞搪。震鼓轰空阔，奔帆截渺茫。岛夷迎使舸，瘴雾避天香。嘉荐歆芬苾，阴功助翕张。精诚致工祝，景贶答祯祥。贾舶倾诸国，舆图奄八荒。身虽距闽峤，志已略扶桑。裴洞三生梦，温陵十月凉。兹游平昔冠，夙愿一朝偿。女髻皆殊制，蛮音各异乡。地偏宜荔子，人最贵槟榔。酿鹿肥漂酒，蜿蚵夜满房。招延簇车骑，挥扫积缣缃。穷腊才竣事，暄春始趣装。剑津传警急，汀贼起狂猖。獠寨旋戡定，藩垣慎捍防。思亲弥切切，行役更遑遑。狐死嗟奚首，龟占喜允臧。封崇宴坞内，木拱计峰旁。坞在计筹山下，即子新阡。薄宦只牵率，孤踪易感伤。暂为江左客，谁洒墓头浆。逝矣川涂阻，凄其涕泪滂。南辕恰啼鴂，北路复鸣蜋。粤若娄东邑，由来汉太仓。机云存故宅，吴会画雄疆。遁迹晞高士，遗风挹让王。厥田尤沃衍，比岁适丰穰。老我张承吉，新知顾辟疆。闻君占形胜，筑室恣徜徉。铁笛留严客，青钱乞泰娘。杏鞴红叱拨，兰桂绣鸳鸯。辟径通佳处，栽桃带柳塘。修梧羽葆盖，美竹碧琳琅。列岫浓螺色，澄湖净镜光。鸟边岚漠漠，鱼外水泱泱。鹤驻游仙馆，鸾鸣种玉冈。投竿钓月槛，隐几读书床。云结芝英秀，花团桂树苍。舫斋青涤箔，渔舍绿苔墙。栋宇环相属，园池郁在望。直疑金谷墅，还似辋川庄。未获窥诗境，相邀到草堂。开尊罗绮馔，侑席出红妆。婉态随歌板，齐容缀舞行。新声绿水曲，秾艳大堤倡。宛转缠头锦，淋漓醮甲觞。弦松调宝柱，笙咽炙银簧。倚策骖联辔，钩帘烛绕廊。爨僮供紫蟹，庖吏进黄獐。卜昼宁辞醉，留欢正未央。分司莫惊座，刺史欲无肠。是集俱才彦，虚怀共颉颃。珠玑散咳唾，律吕应宫商。郑老经术富，于仙词翰长。琦初灯并照，郊华骥同骧。璧也笺毫健，吟篇采绘彰。拈题争点笔，得句倏盈箱。劲敌千钧𪃿，精逾百炼钢。语奇凌鲍谢，体变失卢杨。瑛甫早有誉，亨衢那可量。抟扶看怒翼，腾踏待飞黄。既笃朋情重，仍持雅道昌。披襟露肝胆，刻琰播文章。永契欣依托，衰踪顿激昂。盍簪承伟饯，授简借馀芳。自鄙冥搜拙，徒令对属忙。端如享敝帚，何异贮奚囊。谈笑聊堪接，赓酬曷足当。吾犹邻以下，公等楚之良。瓠落浑无用，艰难实备尝。拟为要驾马，竟作触藩羊。筋力颇驰骛，功名几慨慷。不嫌成晚合，深幸际时康。邂逅因斯会，睽违又一方。匆匆把别袂，眷眷赋河梁。鸿雁清秋日，蒹葭昨夜霜。关山凝朔气，星斗丽寒芒。疾病多家难，归休岁亦阳。苦心甘寂寞，短发任沧浪。漏屋愁荷盖，尘衣惜蕙绸。杜陵非固懒，贺监岂真狂。回首长追忆，缄诗远寄将。乾坤浩今古，此意讵能忘。

孟冬望日，张翥写于京师寓舍。

玉山草堂

蜀郡虞集伯生隶颜：

玉山草堂

顾瑛春题：

瘦影在窗梅得月　凉阴满席竹笼烟

记

遂昌郑元祐明德

昔王摩诘置辋川庄，有蓝田玉山之胜。其竹里馆皆编茅覆瓦，相参以为室，于是杜少陵为之赋诗，有曰"玉山草堂"云者。景既偏胜，诗尤绝伦。后六百馀年，吴人顾仲瑛氏家界溪，溪濒昆山。仲瑛工为诗，而心窃慕二子也，亦于堂庑之西，茅茨杂瓦，为屋若干楹，用少陵诗语扁曰"玉山草堂"。其幽阒佳处，缭檐四周尽植梅与竹，珍奇之山石，瑰异之花卉，亦旁罗而列堂之上。壶粲以为娱，觞咏以为乐，盖无虚日焉。客有过其家，喜即草堂以休偃者，仲瑛乞为之记，客乃为之言曰："夫物贵乎有初，其来尚矣。在邃古时，所谓标枝而野鹿。久之，而始知以韦蔽前。及夫上衣下裳之日，亦何取乎方尺之韦以蔽乎膝之上也？然不若是，不足以谓之法服示不忘其初者，其意可见。窃意上栋下宇之始也，其草茅以为室，当必在陶瓦之先。今而覆瓦，利百倍于茅也，其索绹以绞室者，贫不得已也。若仲瑛覆瓦而室者，亘数百楹，栉比而鳞次，若波水然。然犹构此草堂者，岂但追慕少陵、摩诘已乎？盖亦古人不忘其初之谓也。仲瑛嗜诗如饥渴，每冥心古初，哦诗草堂之下，既已成篇什，又彩绘以为之图。今复命客为之记，其于草堂拳拳若此，势且与浣花溪、辋川庄同擅名于久远,岂特不忘其初之谓哉?"

客者,遂昌郑元祐。其为之记,则至正九年秋九月一日云。

序

延陵吴克恭寅夫

玉山草堂者,昆山顾仲瑛氏为之读书弦诵之所也。昆以山得名,而山有石如玉,故州志云"玉山"。仲瑛因是山之势筑室以居之,结茅以代瓦,俭不至陋,华不逾侈,散植野梅幽篁于其侧,寒英夏阴,无不佳者。以其合于岩栖谷隐之制,故云"草堂"也。仲瑛好古博学,今之名卿大夫、高人韵士与夫仙翁释氏之流尽一时之选者,莫不与之游,雅歌投壶、觞酒赋诗,殆无虚日,由是仲瑛名闻江湖间。故学士虞先生隶书以榜其颜,而郡人仿辋川故实为图以传。且仲瑛谦挹自牧,无矜色,无怠容,日以宾客从事,而惟诗是求,咏歌之不足者,来其将无穷哉?徂暑既炽,予放船海滨,溯流玉山之下,仲瑛肃予于草堂,出诸君所为诗观之。适兰雨方霁,林景清沐,予神情超然,手其帙不忍舍去。时客会稽外史于立、吴龙门山僧良琦各捉笔赋诗,诗成,辞辄清丽奇古,皆可观。仲瑛多其客之能诗,言度其方来者之未艾也,俾予序其端。予惟天地清淑之气,流峙融结为山川之秀,囊括万物而无遗者,岂偶然哉?于人,则必清明纯粹而不杂,故能出乎万物之上。物之英华所聚为精金美玉之属,凡可为世之宝者,必记诸其人而用之。至于游居之适而所在为之增重者,又必因人而胜焉。故昔人以机、云兄弟所居以喻其德,若兹山是已。今仲瑛居机、云之乡不远百里,而大田长林足以自乐,有云壑笙鹤之想,无华亭清唳之叹,其得失又何如也?夫隐居求志,孔子犹谓"未见其人",岂不难哉?故余忻然为作《玉山草堂诗序》。

今年实至正九年,延陵吴克恭书于草堂之松下。

诗

匡庐于立彦成

爱此草堂趣,雅与幽人宜。水回山气合,风度竹声迟。沿流钓月处,看云坐石时。沧洲寄高赏,曾与虎头期。

吴龙门山释良琦元璞

玉山草堂娄水西,杂树远近春云低。王维昔赋宫槐陌,杜老亦住浣花溪。弹棋局在高梧落，委佩声传暮竹迷。阁老文章今盛日，钓竿磐石慰幽栖。

吴兴郏韶九成

玉山草堂深复深，沿洄路入娄江浔。溪桃始华日杲杲，风磴积雪春阴阴。皂盖屡过严武驾，白头不愧杜陵吟。稍待清秋林壑静，杖藜与子一登临。

河南陆仁良贵

小筑西郊僻，浑如杜草堂。不烦严武驾，时过碧鸡坊。

昆山郭翼羲仲

玉山草堂谁比数，风流不减浣溪头。碧梧翠竹一个个，鸬鹚鸂鶒两悠悠。吹笙子晋寻常过，爱酒山公烂漫游。但道幽栖嫌计早，须君更上凤麟洲。

清河张天英南渠

结构郊居胜杜陵，草堂幽兴喜重乘。白泉出洞浮金粟，碧树当檐挂玉绳。坐看中天行古月，炯如万壑浸清冰。浣花风致今犹在，日日轩窗一醉冯。

天台陈基敬初二首

高人种竹水西头，中有草堂深且幽。隔溪云气不成雨，满谷风声长是秋。每忆丹山五色凤，应同渭川千户侯。更有梅花三百树，清泉白石似沧洲。

隐居家住玉山阿，新制茅堂接薜萝。翡翠飞来春雨歇，麝香眠处落花多。竹枝已听巴人调，桂树仍闻楚客歌。明日扁舟入州府，不堪离思隔苍波。

皋亭野人王蒙叔明

玉山草堂近秋水，当昼烟云生席茵。檐间鸥鹭下白雪，床有琴瑟娱嘉宾。虎头痴绝丹青在，鹅帖临摹纸墨新。料得西风收获竟，焚香菌阁坐清神。

勾吴李瓒子粲

羡君家住玉山傍，地势江流接草堂。书卷已传秦伏胜，钓竿还学汉严光。溪花秋冷珊瑚小，野竹寒深翡翠长。酌酒几思援北斗，濯缨将拟泛沧浪。圣明此日兴贤急，才子那能滞远方。

华亭冯浚渊如

玉山草堂玉山里,银浦流云护石矼。粉垣绿竹高千尺,秋水锦凫飞一双。小桃源近长洲苑,百花潭如濯锦江。亭台莫许浪题品,玉堂学士笔如杠。

会稽杨维祯廉夫

爱汝玉山草堂好,草堂最好是西枝。浣花杜陵锦官里,载酒山简高阳池。花间语燕春长在,竹里清樽晚更移。无奈道人狂太甚,时携红袖写乌丝。

汝阳袁华子英

玉山之中草堂深,石床萝磴秋阴阴。华林日白鹤在野,水馆风清鱼听琴。底须封侯醴陵郡,自好躬耕梁甫吟。碧梧翠竹我所爱,他日杖藜重幽寻。

淮海秦约文仲

华构连山起,春云隔树阴。雨声鱼罶满,草色鹿场深。洗砚收金匣,钩帘动玉琴。相过有于鹄,燕坐共长吟。

夏日晚过草堂再题　前人

草堂六月浑无暑,清簟疏帘思不群。稽古未须嗟事往,论诗那惜到宵分。微风木末送青雨,新水竹根流白云。浩荡好怀缘底似,喳喳灵鹊隔江闻。

吴兴华豪伯翔

我爱玉山之草堂,清秋树色正苍苍。虎头痴绝真成癖,贺监归来老更狂。傍席好花迎佩动,当门立鹤过人长。何时月夜将箫管,醉倚阑干学凤皇。

草堂壁间有张贞居题惠山泉诗就韵留别　良琦

草堂幽幽竹西偏,凿池种莲渠引泉。大峰小石云郁若,松风野日秋萧然。结庐何必青山腹,空谷难留人似玉。浣花自得杜陵荣,北山却被周颙辱。尘埃泊人无可逃,不归或恐山灵嘲。明朝独鹤渡海去,仙山一抹如秋毫。

山阴王濡之德辅

往昔杜陵老,草堂乐栖迟。虽当艰虞际,去归忘险巇。超遥玉山翁,高致心所追。构结略华靡,小径分逶迤。轩楹既萧洒,竹树仍纷披。洗翠彝鼎列,琢石屏几施。燕坐书万卷,意行笫一枝。幽花春冉冉,鸣鸟春熙熙。环佩恣欢集,盏斝无停持。咏啸紫鸾下,吐句长虹垂。文章振光耀,照映沧海涯。曾不隐居士,亦复欣尔为。卢鸿图绘设,香山[1]妻子携。浣花我深慕,俗人殊未知。乐兹宾客共,岂惟一园池。秋风卷茅屋,不见形歌诗。突兀万间厦,千载同襟期。

吴兴沈明远自诚

草堂静对玉山岑,溪路宛宛竹树深。花发东西迷锦水,鹤飞远近识云林。问奇数与扬雄醉,折简时邀支遁吟。无那春潮促归兴,重期放艇一相寻。

题陈履元画玉山草堂图　郑元祐

故人陈孟公,辞如春云气如虹。画法师海岳,山如骞鹏树如龙。骑箕上天二十载,有子魋鼻画极工。惊蛟嘘云海浪白,离鸾照水岩花红。皱鳞耸郁涧底松,中有一亩幽人宫。石床支颐睨飞瀑,意远欲托冥鸿飞。我欲从之不可得,青山万叠生芙蓉。

善住良圭

传道昆山有草堂,风流不减百花庄。窗前绿竹飞鹦鹉,井上高梧集凤皇。每想对床延孺子,近闻筑室款支郎。乘闲亦欲携樽酒,雪里清江泛野航。

吴郡宗束庚

玉山草堂江上无,今胜西庄给事居。盘内玉芝分食后,阶前珠树种来初。诗成彩笔传金刻,帙散芸香启石渠。敢有新图将远意,东吴瞻望重愁予。

云间陆居仁

同宗入洛称三俊,累世留吴尚几家。谷水千家书有种,昆山一片玉无瑕。肉台应笑金钗笋,羽灶当携石鼎茶。见说草堂开绿野,何时分我白鸥沙。

蜀郡袁凯

吴下顾荣称望族,草堂近在玉山阿。窗间竹树纤烟雾,潭静花枝亚绮罗。每喜大儒留述作,从知远客爱经过。晴江渺渺看图画,此日令人意转多。

1　"香山",底本原作"□香",据《四库全书》本补。

吴郡宗束癸

草堂只在沧江上,西户冯虚野气阴。秋屐行随苔径曲,春船坐泛柳塘深。久闻好事归时论,复喜交游尽苦吟。我欲乘闲来问讯,百壶送酒重论心。

华亭朱熙

玉山主人清且妍,标格皦皦人中仙。对花时复得诗句,爱客每能挥酒钱。寒灯巢雪歌暖响,春水桃源放画船。我将载酒即相觅,与尔醉倒薰风前。

琼台山人元本

每忆吴中顾野王,门前溪水即沧浪。寄来书法全临晋,传刻诗章已入唐。翠竹碧梧歌凤曲,疏帘细箪坐渔庄。扁舟准拟来相访,稍待秋风八月凉。

九山卫仁近

万木阴阴覆草堂,湘帘低下净琴张。委蛇万里桥西路,仿佛百花潭上庄。白鸟向人飞个个,好山当户立苍苍。披图想见人清绝,为写新诗并晚凉。

邢台张玉

昆山之西幽人居,手种橘树今扶疏。地深芸窗启日静,潭回草阁临江虚。高吟无时会宾客,野唱何处来樵渔。他时我或能乘兴,花外还容驻小车。

沙门泉澄

征君家住玉山西,雅集诗成每自题。高爽直同崔氏宅,风流不减浣花溪。碧桃春雾迷青鸟,翠竹晴沙散锦鹭。闻道白云泉上客,近携瓶锡寄幽栖。

丹丘金翔

不见玉山今五月,近闻乘兴越中行。清狂道士居湖曲,文字参军在郡城。罚酒定依金谷数,看花犹忆馆娃名。独怜此日沧江上,彩笔题诗寄远情。

四明黄玠伯诚

君家草堂溪水头,溪水正绕渔庄流。种石得玉将有待,编茅为茨聊可休。鼓钟清时圭璧器,杖屦暇日林塘游。熊儿骥子尽知学,人生此外复何求。

砂冈金思诚

草堂中人天下奇,昔闻卢鸿今见之。鲸牙已出沧海底,凤雏犹隐昆山陲。松醪醉客飞凿落,竹窗卧月吹参差。相知何必曾相识,画里题诗遗所思。

昆山郭翼

玉山草堂超绝殊,风烟白石路萦迂。寄诗未答高常侍,簇马或迎严大夫。花径扫晴当晚雪,桤林移雨接春湖。主人结构知幽寂,还约看山傍酒壶。

勾吴周砥履道

忆汝草堂何许在,辟疆园里玉山陲。方床石鼎高情远,细雨茶烟清昼迟。鸿雁来时曾会面,枇杷开后更题诗。山中容易年华暮,书史娱人总不知。

词

琐窗寒　东郭钱抱素赋

书带生香,忘忧弄色,四窗虚悄。茅茨净覆,栋宇洗空文藻。卷珠帘,雨痕暮收,绮罗静隔红尘岛。对纸屏素榻,拂潭烟树,扫檐风筱。　　深窈。西园晓。似日照炉峰,数声啼鸟。琼莲倚盖,绕水靓妆孤袅。浣花溪,尚馀旧春,秾芳剩馥吟未了。望东林,小径斜通,梦约香山老。

赋

赵　麟

东吴之邦,昆山之阳,有硕其人,于焉徜徉。夫以青云卓绝之姿,白野飘飘之趣,芥千金于外心,韫尺璧而自固,脱履尘鞅,游情前古。于是即飞甍焕彩之隅,得灵岳储精之所,既戒盈而崇俭,果宅幽而势阻。木无雕机,文弗被土,构堂维仞,茸草弥宇,盖将追草玄于西蜀,轶浣花于南杜者也。观其盘桓萦延,陻郁发宣,审端卜地,叶吉叶天,剪弗纳于危栋,材奚择于修椽,拔南荆之茹于以拟善类之汇进,刈西畴之秸于以知稼穑之艰难,朴素浑厚,次第联骈,视万室之烨若异一区之黎然,皇皇乎禅裘袭衣而尚文锦,萧萧乎八音盈耳而调朱弦。其外,则重扉洞开,槛泉旁通,敷纳赤黄,掩映苍红。其内,则梦楣文质,疏户玲珑,坐必虚右,席必设重。其前,则晴岚苍苍,烟骨童童,蓝田日暖,玄圃春融,拂衣之湿翠飞雾,栖檐之暮霭从龙。又有清流映带,晴波湛空,减减渊渊,汨汨溶溶,黄帝荡而金乌晓浴，碧础润而海潮夜通。乃有瑶草绿缛，绮树琼葩，芳椒杜若，紫荇襄荷，盘松踞石，孙竹穿沙。水仙舞霓裳于翠幄，菊婢罗绛帻于绿霞。芙蓉倚西风而泣露，珊瑚出东海而吐华。崇兰盈砌，缅江右风流之日。寒梅绕屋，即西湖处士之家。其中，则礜石效奇，层峦叠颖，引泉汲古，灵液沁冷，玩好时出，有列差等，商樽周彝，秦钟汉鼎，虽远迹于侈靡，实夸奇于博敏。玉堂金马，彼轩冕以何为？流水桃花，岂武陵之路永？又有牙签玉轴，左图右书。峨弁垂绅，前跄后趋。语必无怀，歌必康衢。一觞一咏，谈辩喧呼。胸襟星斗，咳唾明珠。鼓桐尾而悲别鹤，披芸香而落蠹鱼。于是尚陶匏，彻罋瓿，醴酒设，珍馔俱，方图一局决胜，成围左右八算。更拾投壶，节以薛人之鼓，浮以太白之舻，宾醉蹁跹，主笑胡卢。方且进海错，茹山蔬，摘芳卉，咀英芬，玩弄大魂，睥睨庸奴。阅春秋于朝夕，寄云月于江湖，醒则橘斗，梦则华胥。其视堕珥遗簪之乐，孰若傲物忘世之娱？此草堂之佳绝，盖希世以莫如。直南华老仙之旷达，又岂碧山学士所可比侔也哉？赋未已，客有进者曰："子徒知掎撼于草堂之丽，而不知钩摘玉山之名者也。今主人之结草成庐、卜山为邻也，上非求捷径于终南，下非探至宝于昆冈，固将蕴美深藏，种学韬光，文采内充，闻誉外彰，犹玉之在山而泽润群芳者乎？温醇坚朴，缜密和乐，示人弗炫，守己强确，犹玉之在璞而不事雕琢者乎？莹纯无瑕，清越有声，器成韫椟，价重连城，犹万镒虽贵必有待于玉人者乎？是则草堂之胜，固擅乎玉山之清，而玉山之名，又系乎草堂之英也乎。子其知乎哉？"赋者曰："唯唯。"于是团松叶之馀烟，濡菅茅之坠露，挹玉山之辉清，写草堂而为赋。

分题诗序

西夏昂吉起文

七月既望日，玉山主人与客晚酌于草堂中。肴果既陈，壶酒将泻。时暑渐退，月色出林树间。主人乃以"高秋爽气相新鲜"分韵，昂吉得"高"字。诗不成者三人，各罚酒二觥。诗成者并书于后。

是夕，以"高秋爽气相新鲜"分韵赋诗。

昂吉得高字

窗外白云翻素涛，座间翠袖妒红桃。风生杨柳暑光薄，月上芙蓉秋气高。喜近山僧吟树底，更随仙子步林皋。主人才思如元白，日日题诗染彩毫。

郑元祐明德得秋字 [1]

岩桂花开江浦流，辟疆园墅旧曾游。天方雨粟成金色，风直吹香上玉楼。空里宝云狮子座，镜中丝鬓鸂鶒裘。姮娥手种谁攀得，一曲鸾声万壑秋。

陈基纪会得新字

雨止玉山静，天澄华月新。临流敞画舫，投竿垂素缗。绮席接芳燕，清言款嘉宾。秉烛林喧鸟，鼓琴波出鳞。乐只永清夜，陶然适天真。厚意谅莫酬，鄙辞聊复陈。

良琦得爽字

草堂凉夜延清赏，石径枫林秋飒爽。邻屋不同南北坑，稻畦真似东西瀼。弹琴石上风生衣，载酒船来月荡桨。青山自与白云期，莫遣移文谢来往。

又口占

柳阴新月出银盘，入坐清晖落酒寒。莫把闲情听络纬，露华已湿玉阑干。

于立得气字

清江出西郊，玉山有佳致。阴森石萝古，窈窕幽径邃。编茅葺成宇，颇得栖遁意。不识严使君，岂知王录事。池塘过疏雨，水石涵清气。高林吐新月，野竹来凉次。分题累得诗，倾觞辄成醉。不踏城市尘，逍遥有馀地。

又口占

草堂对月踏深凉，隔浦荷花满意香。戏折瑶茄作飞盖，淋漓清露湿衣裳。

顾瑛得鲜字

玉山草堂秋七月，露梢风叶正翛然。出林新月清辉发，当竹幽花夜色鲜。羽客时来苍水佩，山僧频寄白云泉。文章录事休轻别，正好深尊满眼传。

又口占

爽气高秋满玉山，翠烟如海浸螺鬟。芙蓉城里黄金镜，照见琼琼驾凤还。

1　以下郑元祐、陈基二诗，底本原缺，据《四库全书》本补。

临池醉吸杯中月,隔屋香传沚上花。狂然会稽于外史,秋风吹堕小乌纱。

诗不成者三人,各罚酒二兕觥。

玉山佳处

马九霄篆颜:

玉山佳处

顾瑛春题:
翠痕新得月　玉气暖为云

记

会稽杨维祯廉夫

昆隐君顾仲瑛氏,其世家在昆之西界溪之上。既与其仲为东西第,又稍为园池别墅,治屋庐其中。名其前之轩曰"钓月",中之室曰"芝云",东曰"可诗斋",西曰"读书舍"。后累石为山,山前之亭曰"种玉",登山而憩住者曰"小蓬莱",山边之楼曰"小游仙",最后之堂曰"碧梧翠竹",又有"湖光山色"之楼。过浣花之溪,而草堂在焉。所谓"柳堂春""渔庄"者,又其东偏之景也。临池之轩曰"金粟影",此虎头之尤痴绝者。合而称之,则曰"玉山佳处"也。余抵昆,仲瑛氏必居余佳处,且求志榜屋颜。按郡志:昆山隶华亭,陆氏祖所窆,生机、云时,人因以玉出昆而名"昆邑山",本号"马鞍"。出奇石似玉,烟雨晦明,时有佳气如蓝田焉,故人亦呼曰"玉",又曰"昆"。而仲瑛氏之居去玉山一舍远,奚以佳名哉? 山之佳,在去山之外者得之,山中之人未知也。如唐之终南隐者,与司马道人指山之佳,身故在山之数百里之外也。虽然,终南之佳,终南之隐者未知也,借佳为捷仕之途,千古惭德至于今,山无能掩者焉。若仲瑛氏之有仕才而素无仕志,幸有先人世禄生产,又幸遭逢盛时,得与名人韵士日相优游于山西之墅,以琴尊文赋为吾弗迁之乐,则玉山之佳,非仲瑛氏弗能领而有之。吁,与终南隐者可以辨其诬不诬矣。余尝论：山不能重人，而人重之耳。望以子重，荆以卞和重，岘以羊叔子重，紫金以八公氏重。它日昆之重，既以陆氏，玉之重，又不以仲瑛乎？不然，山以玉称者众矣，若郿，若灌，若龙城，若中己，若滇池、雪水、上饶、山阴、星沙、横浦，皆未尝无玉之称也。求佳之赖人而重者，不得如仲瑛氏焉。则玉之称山者，毋亦土石之阜之类焉耳，君子又何取哉？仲瑛谢曰："瑛何修而得比于古哲人？窃愿勉焉，以无辱先生之云也。"遂录诸堂之屏为志。

至正八年八月初吉，会稽杨维祯书于玉山之读书舍。

后　记

天台陈基敬初

由吴城东行五十里为界溪，又十五里为马鞍山，盖古之娄县，今所谓昆山也。滨溪而居者，曰顾君仲瑛。乐其水之清，而病去山远，虽时舟至其所，然不可以朝夕成趣，于是即所居西偏积土为小山，而累石其上，高可数寻，而袤倍之。每日初晰，霁景鲜丽，则其峰峦之秀拔者，如瑞云，如圭瓒。而其为峤为巇者，又矫然若飞龙，岿然若伏兽。晦冥之夕，则云雨之霾霸者，恍若出于其谷。风雷之喷薄者，欻若兴于其壑。以至崭岩磊魄，如积雪，如紫芝，与夫高卑俯仰，献奇而效异者，莫不各极其态。四时所植，则桂、松、石楠、李、桃、梅、竹、菊、兰、香草之属，参差离列。而青丛翠蔓，荟蔚葱茜，丹荣绀实，含泽而葳蕤，有若玉蕴其中，而光辉发于草木者，故状其名曰"玉山佳处"。或者以为拟昆山而作。昆山本娄地，今隶华亭县，机、云故宅在焉，盖以人而胜也。或又以马鞍山其石如玉，故名昆山。仲瑛于此其尚德乎？夫人力之所作，固异于元气磅礴胚晖而成结者。然界溪山水之胜，林壑之美，至仲瑛而后备。朝夕凝睇以成趣，则天台、蓬莱、匡庐、王屋皆可想而见之。夫岂昆山而已哉？若夫所谓尚德焉者，则不在彼而在此也[1]。

陈基记。

诗

吴克恭

虎头将军玉山隈，翠削群峰锦作苔。自缘与子神交在，相见令人怀抱开。褰裳或从柳浪入，刺船还问桃源来。清秋更托草堂静，风磴萝阴日几回。

1　"则不在彼而在此也"，底本原作"则在彼而不在此也"，据《四库全书》本及文义改。

良 琦

玉山洲居何许深,玉山六月寒萧森。松云细落三峰雪,桃水晴生百洞阴。草亭已为扬雄结,石壁还供支遁吟。重欲随潮野航去,只愁月雾障青林。

陆 仁

赤水三株树,丹崖五粒松。玉山有佳处,千户底须封。

三山卢昭伯融

凭高一望三百里,草堂嘉树秋氤氲。慷慨杜陵欲怀古,痴绝虎头能好文。夜久看山占玉气,酒颠临石拜芝云。浩歌绿水且归去,明日题诗重寄君。

于 立

春风昨夜起,吹荡沧江水。幽人渺何处,乃在玉山里。秀色何崔嵬,沧江之水长萦回。萦回不尽绕山去,但见满谷桃花开。草肥青野鹿呦呦,花下残棋暮不收。邻家野老长携酒,溪上渔郎或舣舟。幽人读书忘世虑,结屋山中最佳处。世上红尘空白头,携书我向山中去。

袁 华

玉山最佳处,窗牖绝纤埃。门无俗士驾,禽鸟莫惊猜。

郑元祐

东望东吴积水深,海天削出青瑶岑。肃侯诸孙有基构,界泾筑室如山林。石根孚尹蒸玉气,岸曲窈窕来挐音。笼鹤教驯舞合节,池鱼出飞听鼓琴。楼台花雨众香国,书画芸香千古心。按歌宁辞夜投辖,弹冠又须朝盍簪。已傍苔矶学钓叟,更上风磴穷登临。竹梧参天凤凰集,老夫为尔长歌吟。

张天英

玉山有佳处,乃在昆仑西。蓬莱数峰小,上与浮云齐。云中飘飘五色凤,只爱碧梧枝上栖。芝草琅玕满玄圃,群仙共蹑青云梯。太湖三万六千顷,水水流入桃花溪。溪头浣花如濯锦,百花潭边浮紫泥。紫皇拜尔山中相,闲把丝纶草堂上。渔庄一钓得龙梭,龙女吹箫书画舫。西风玉树金粟飞,东风柳浪金波漾。岁岁年年乐事多,绿野平泉何足尚。十二楼前看明月,太乙明星夜相访。酌霞觞瑶台,露湿芙蓉裳。我亦桃源隐居者,握手一笑三十霜。

雅集志

杨维祯

右《玉山雅集图》一卷，淮海张渥用李龙眠白描体之所作也。玉山主者为昆丘顾瑛氏，其人青年好学，通文史，好音律、钟鼎、古器、法帖、名画品格之辨。性尤轻财喜客，海内文士未尝不造玉山所。其风流文采出乎流辈者尤为倾倒。故至正戊子二月十又九日之会，为诸集之冠。冠鹿皮，衣紫绮，坐案而伸卷者，铁笛道人会稽杨维祯也。执笛而侍者姬，为翡翠屏也。岸香几而雄辩者，野航道人姚文奂也。沉吟而痴坐，搜句于景象之外者，苕溪渔者郯韶也。琴书左右，捉玉麈从容而色笑者，即玉山主人也。姬之侍为天香秀也。展卷而作画者，张渥。旁视而指画者，吴门李立。席皋比，曲肱而枕石者，玉山之仲子晋也。冠黄冠，坐蟠根之上者，匡庐山人于立也。美衣巾，束带而立，颐指仆从治酒馔者，玉山之子元臣也。奉肴核者，丁香秀也。持觞而听令者，小琼英也。一时人品，疏通俊朗。侍姝执伎皆妍整，奔走童隶亦皆驯雅。安于矩矱之内，觞政流行，乐部偕畅。碧梧翠竹与清扬争秀，落花芳草与才情俱飞，开口成句，落毫成文，花月不妖，湖山有发。是宜斯图一出，为一时名流所慕向也。时期而不至者，句曲外史张雨、永嘉征君李孝光、东海倪瓒、天台陈基也。夫主客交拜、文酒赏会代有之矣。而称美于世者，仅山阴之兰亭、洛阳之西园耳。金谷、龙山以次弗论也。然而兰亭过于清则隘，西园过于华则靡。清而不隘也，华而不靡也，若玉山之集者非欤？故予为撰述缀图尾，使览者有考焉。

是岁三月初吉，客维祯记。

是日以"爱汝玉山草堂静"分题赋诗，诗成者五人。

于立得爱字

青阳在林野，云物殊变态。系船石萝阴，把钓桃水濑。采英延清酌，揽芳结幽佩。欢期岂再必，于焉寄所爱。

姚文奂得汝字

仲春会桃源，青年映霞举。道人吹铁笛，主者捉玉麈。野航晨不渡，溪渔来何许。歆坐蟠根阴，匡庐故仙侣。众宾各雅兴，辞适忘尔汝。怀哉张李辈，明月在空渚。复念东海迁，云林夜来雨。

郯韶得玉字

逶迤玉山阿,窈窕桃花谷。林芳缀丹葩,霞彩散晨旭。溪回濯新锦,洞幽答鸣玉。乐哉君子游,于以寄高躅。

顾晋得草字

客从桃源游,爱此玉山好。清文引佳酌,玄览穷幽讨。流莺答新歌,飞花落纤缟。分坐有杂英,醉眠无芳草。

顾瑛得静字

兰风荡丛薄,高宇日色静。林回泛春声,疏帘散清影。褰裳石萝右,濯缨水花冷。于焉奉华觞,聊以娱昼永。

诗不成者二人,各罚二觥。

题　咏

王濡之

雅道久寥落,驰骋争相先。禊期属幽旷,丘园乐无边。披图得良玩,燕集群才贤。春风拂萝径,碧涧萦芳筵。忘形衿佩散,班坐花竹妍。瑶觞乱飞月,翠袖寒笼烟。徘徊玲珑曲,潇洒琳琅篇。屡舞眷馀景,颠倒山公鞭。主人三绝俊,晋胄今犹传。胜事有如此,妙写呼龙眠。高风振庸俗,清辉照林泉。衰迟亦何幸,拭目尘想迁。

释良琦

至正戊子二月十九日,杨侯铁崖宴于顾君玉山,赋咏叠笔,淮海张渥为图,传者无不叹美。余后半月与吴兴郯九成复至玉山,顾君张乐置酒,清歌雅论,人言不减杨侯雅集时。既酣,顾君征余赋诗,然余于声乐诗咏何有哉？适其所遇而不违者。乌乎寓？乌乎非寓？故作诗以道其事,卒反乎正云耳。

玉山窈窕集琼筵,手拨鹍鸡十二弦。巢树老僧狂破戒,散花天女醉谈禅。鹅儿色重酴醾酒,桂叶香深翡翠烟。最爱碧桃歌扇静,长瓶自煮白云泉。

云林生倪瓒元镇

至正九年八月十六日,计筹山吕尊师访余萧闲馆,为余言顾仲瑛征君玉山隐居之胜，辄想象赋长句以寄。它日，尚同袁南宫携琴啸咏竹间也。时南宫同萧闲馆中，就致意焉。

解道玉山佳绝处，山中惟有吕尊师。已招一鹤来庭树，更养群鹅戏墨池。松风自奏无弦曲，桐叶新题寄远诗。若许王猷性狂癖，径来看竹到阶墀。

河东李元圭廷璧

荆山月明秋水清，山间之璞千古名。谁为隐君慰幽独，我欲携酒相与倾。阶前拾翠惊春梦，石上看泉更晚晴。何日同舟载仙侣，紫荆花下听吹笙。

郭　翼

爱汝西庄给事家，绕屋山石何崷崒。截江秀色发林壑，平地玉气贯虹霞。佳处如居子午谷，望中开遍冬春华。夜深酒醒月在海，应有仙人来系槎。

杨维祯

玉山丈人美无度，前度虎头金粟身。未试囊中餐玉法，时有坐上索花人。银鱼学士真成隐，锦里先生许卜邻。自是君家时节好，桃源风日洞庭春。

丈人家住笔峰下，玉气有似蓝田山。椰酒熟时春潋滟，山香舞处花斓斑。伶官石作钟磬响，少女潮带鱼龙还。险穴已平沧海角，仙家不啻白云间。

我尝被酒玉山堂，风物于人引兴长。银丝莼荐野鸭段，金粟瓜取西施庄。山头云气或成虎，溪上仙人多讶羊。何处行春柘枝鼓，阆州竹枝歌女郎。

姚文奂

玉山之堂湖水东，朝来佳气郁葱茏。鹤飞琼圃三珠树，鳌戴昆仑小朵峰。雨里卖鱼溪友过，花间吹笛野人逢。朝簪倘掷归相候，一个桃枝瘦竹筇。

良　琦

铁笛倒吹江上去，闻在玉山仙子家。自喜酒船逢贺监，定将玄易授侯巴。露凉磁碗金茎冻，月满湘帘玉树花。人生欢乐何嫌暮，迟尔龙门望太霞。

维祯次

山回古县六七里,湖到唯亭第一家。翡翠明珠通百粤,竹枝铜鼓出三巴。山公酒醉童将马,禅客诗成女散花。须信西园图雅集,佛中脱缚有丹霞。

荆山道人曾有约,约过道人金粟家。江上降龙重见朗,酒边吹雨或逢巴。春归驷马桥头柳,月满蕃禧观里花。铁笛东归还小住,仙源不隔赤城霞。

刘肃子威次

故人远招杨执戟,酒船回到孝廉家。玉山独立高如屋,昆承西回曲似巴。铁笛吹翻蛟蜃窟,清蛾舞落芙蕖花。何日问潮亭子了,更邀齐己卧烟霞。

赋得山中好长日　陆　仁

山中好长日,流景丽蓬瀛。池台带兰薄,水色上帘旌。兴言春载交,嘉鸟相和鸣。木桃原上芳,洵美粲条英。延念顾长康,散息志虑清。岂不怀爵服,肥遁正营营。驰逐非所慕,高情谅难并。

勾吴李瓒子粲

玉山亭子仙人筑,小似桃源隐者家。天近方壶知剑气,水从清汉接星槎。参差凤吹空歌迥,烂漫龙香醉墨斜。金碗细倾新竹叶,银瓶还出小琼华。荣名何似头如雪,亦欲羊裘钓白沙。

金华胡助古愚

花满春城锦绣林,可耕可钓足登临。紫芝日静隐居乐,白璧云和养德深。倚树或听流水韵,看书时坐古松阴。玉山佳处因人胜,能赋扬雄为赏心。

汝阳袁华子英

玉山佳处草堂深,石床萝磴秋阴阴。华林月白鹤在野,曲馆风清鱼听琴。底须封侯醴陵郡,自喜躬耕梁甫吟。碧梧翠竹我所爱,它日乘兴重幽寻。

甬东释照觉元

玉山青青青若莲,山中楼阁白云连。采药相从赤松子,吹箫时约紫霞仙。鲛人献宝珠盈斗,石壁题诗笔似椽。相去地无三十里,会须骑马草堂前。

河南张渥叔厚

溪上花无数,春风别有天。楼台仙子宅,书画米家船。绛雪回歌扇,红霞落舞筵。羽觞飞醉月,应是酒如泉。

天台陈基敬初

山嵌嵌兮磅礴太古,木葱葱兮云英英而欲雨。日朝出兮在户,光辉辉兮水流其下。非君子兮夫谁与处？采我兰兮为佩,搴我荷兮为盖。从子于山兮,聊逍遥以卒岁。

天台释一愚子贤

玉峰佳地小徘徊,霞气丹光拨上台。白日山移蓬岛去,紫宫花绕蕊珠开。云边青鸟迎人语,溪上黄童采药回。昭代衣冠非隐世,冯轩志笔写仙才。

西夏昂吉起文

《玉山雅集图》者,淮海张叔厚为玉山主人作也。主人当花柳春明之时,宴客于玉山中,极其衣冠人物之盛,至今林泉有光。叔厚即一时景,绘而成图。杨铁史既序其事,又各分韵赋诗于左,俾当时预是会者既足以示其不忘,而后之览是图与是诗者,又能使人心畅神驰,如在当时会中。展玩之馀,因赋诗以继其后云。

玉山草堂花满烟,青春张乐宴群贤。美人踏舞艳于月,学士赋诗清比泉。人物已同禽鸟乐,衣冠并入画图传。兰亭胜事不可见,赖有此会如当年。

玉山席上作就呈同会　永嘉曹浚之睿

我到玉山最佳处,溪头新水荡轻舠。春回玄圃花如雾,风入苍梧翠作涛。越女双歌金缕曲,秦筝独压紫檀槽。诗成且共扬雄醉,笑夺山人宫锦袍。

杨维祯次

重过碧桃溪上路,西枝树长系渔舠。伶官石出生雷雨,状元潮来平海涛。山翁醉上桃花马,溪女能弹瘿木槽。故人情深谁比似,论交奚翅旧绨袍。

于立次

绿树当门过屋高,满溪新水系双舠。千林夜色悬青雨,万顷晴云卷素涛。鹦鹉倾杯传翠袖,琵琶度曲响金槽。扬雄赋就风流甚,制得轻红小袖袍。

顾瑛次

诗人得句题茅屋,客子乘流泛小舠。老眼看花起春雾,醉眠听雨响秋涛。弓盘舞按银鹅队,水调声传金凤槽。与尔共倾千日酒,呼童换却五云袍。

沈明远

片玉山中秋日来,竹梧清影落苍苔。飞楼坐接青天近,别馆行穿绿水回。正似米颠留海岳,尚传摩诘赋宫槐。鸥波艇子重相过,更待桃花满洞开。

黄　玠

尽佳最是昆山玉,更奈玉山佳处何。未让昔人能识璞,焉知此里不鸣珂。葱珩赤芾声容盛,瑟瓒黄琉气味和。有美不沽方待贾,一丘一壑好怀多。

与沈自诚池上晚坐赋　良　琦

池上偶来坐,流泉鸣竹根。秋花正独好,暮雀忽相喧。东老亦嗜酒,辟疆仍辟园。诗成兴逾远,白月在前轩。

清真余善

向承池上之作,龙门琦上人所和,皆已刻之庑下,如圭璧相映照。今闻于会稽回,在玉山中将求一诗并刊,故就韵以寄所怀。

绝爱玉山佳处好,山云白白树苍苍。翠旗遥驻天头凤,玉管声飞月下霜。社结龙门怀智满,曲传鉴水羡知章。醉中记得蓬莱宴,笑折琼花索酒尝。

丹丘柯九思敬仲

神人夜斧开清玉,一片西飞界溪曲。中有桃源小洞天,云锦生香护华屋。主人意度真神仙,日日醉倒春风前。手挥白羽扇,口诵青苔篇。袖拂荆山云,足蹑蓝田烟。飘飘直向最佳处,漱润含芳揽琪树。世间回首软红尘,不须更向蓬莱去。

分题诗序

吴龙门山释良琦元璞

去年夏六月十又八日,余与延陵吴寅夫、云台散吏郏九成访玉山草堂,留半月,酣饮赋诗无虚日。当时以为人生欢会之难,未知明年又在何处,慨然为之兴怀。今年五月中浣,复与延陵吴水西、陇西李立放舟溪上。迂疏散逸,其乐又过于前所寓者。及视旧所题诗章,则寅夫在数百里外,云台方进漕掾,日趋大府,以簿书从事。得相与周旋者,独匡庐山人在。饮散步月,以"炯如流水涵青苹"分韵赋诗如左,书之于卷,以示今之所寓者如此,而后之所寓者不知其可必不可必也。至正庚寅五月十八日,吴龙门山良琦书。

是夕以"炯如流水涵青苹"分韵赋诗,诗成者四人。

于立得如字
爱尔玉山溪上居,厌厌共饮思何如。清飙入夜生金气,瑶汉经天带玉除。荷露袭衣凉冉冉,桐阴转户月疏疏。偏怜坐客多才思,分得新题取次书。

顾瑛得流字
幽人雅爱玉山好,肯作清酤尽日留。梧竹一庭凉欲雨,池台五月气含秋。月中独鹤如人立,花外疏萤入幔流。莫笑虎头痴绝甚,题诗只欲拟汤休。

释良琦得涵字
月照玉山浮紫岚,楼台苑近百花潭。鱼鳞屋润波文动,翠羽帘阴水气涵。竹外瑶笙时一听,风前玉麈正多谈。瀛洲只尺群仙在,老客沧洲我独惭。

吴世显得青字
玉山月色夜冥冥,人在池亭酒未醒。河汉界天龙气白,竹梧当槛凤毛青。露台翠馆来仙子,秋水渔舠动客星。明日草堂尘事少,定将诗句刻云屏。

诗不成者二人,各罚酒一觥。

于 立
十九日,玉山主人与客吴水西卧酒不能兴。余与元璞坐东庑池上,清风交至,竹声荷气,清思翛然,殆非人间世。相与联句若干韵。不知二公在华胥梦中亦有此乐否。书之卷中,以索二公一笑。

玉山山中清昼长,偶来池上据胡床。立。桐阴竹色不见日,水气荷风都是凉。琦。鱼度波心行个个,鹤来林下舞跄跄。立。嫩篁承宇清摇帧,文藻萦波绿映裳。琦。每爱汤休诗句好,独怜贺监醉时狂。立。饭输香积真成愧,酒送金茎或可尝。琦。冰碗泠泠寒欲冻,莼丝细细滑仍香。立。濯缨聊复漱清溜,结佩还须撷野芳。琦。世上黄尘方没马,山中白石忽为羊。立。诗成醉卧不知处，翠雨霏霏满竹房。琦。

遂昌郑元祐得玉字

至正十年龙集庚寅秋七月廿有一日，吴僧宣无言访仲瑛于玉山。时遂昌郑元祐先在焉。匡庐于彦成，则仲瑛客也。款之春晖楼上，行酒对弈。已而觞咏于芝云堂，酒半，分"冰衡玉壶悬清秋"为韵，相与赋诗，以纪一时邂逅之乐。仲瑛得"壶"字，诗先成。莒城赵善长作画以代诗。坐客不能诗者，各罚酒一觥。诗成者四人。

开士枉遥驾，贞人启华屋。话接麈尾素，酒倾麟壶醁。远山横书幌，飞花动棋局。谷芳馀荃蕙，夕阴在梧竹。双丝夏鹍弦，群书阅鱼目。迹异心匪殊，语契道难独。相逢固云暂，后会讵能卜。谁怀渺烟水，遐音毋金玉。

顾瑛得壶字

郑玄于鹄本清好，况有名僧似仲殊。濠上鱼肥应受钓，厨中酒熟莫教酤。雨花落座成金粟，秋露凝寒贮玉壶。更向飞楼赌棋槊，香囊留得未全输。

于立得悬字

芝草琅玕遍石田，采英撷秀入芳筵。白鱼斫鲙明于雪，绿蚁倾樽吸似川。潭底行云秋共迥，檐间高树月初悬。山僧醉说无生法，金粟天花落满前。

广宣得秋字

故人一别知几秋，相逢谈笑便登楼。围棋细说呼山法，酌酒应为靖节留。莲叶秋深犹须净，荪花露冷尚香浮。界溪文物风流在，不减当年顾虎头。

诗不成者二人，各罚酒一觥。

于　立

七月廿五日，金华王子充过玉山，夜饮芝云堂上。酒酣赋诗，以"丹桂五枝芳"为韵，余得"丹"字。盖子充黄太史里人，又其高第门生也。挟所学由京师来，就乡试于南省，溯银河、攀月桂且有日，故余诗多归美之。是日，约琦元璞、袁子英，不至。明日，二公至，遂足韵写诗，次第于后。

是日以"丹桂五枝芳"分韵赋诗，诗成者五人。

于立得丹字

良宵纵饮足清欢，正是霜枫叶半丹。入座幽花娇欲语，近人仙桂手堪攀。佳期正在中秋节，爽气先生七月寒。明日金华南省去，蜚声应到五云端。

王祎得桂字

玉山何岧峣，亭馆发佳气。雨过井上梧，风生石边桂。芳樽侑娇歌，谑笑杂清议。论交不须深，对酒且成醉。情谐略细仪，理会忘外累。孤踪苦无常，良集讵云易。未知今日欢，明年复何地。

顾瑛得五字

南州孟秋月，维日二十五。回风吹层霄，飞云过疏雨。客从金华来，款曲置樽俎。况有匡庐仙，貌古心亦古。襟期事潇散，笑傲忘宾主。哀弦发秦声，长眉善胡舞。秋辉能娱人，夜色满庭户。翛翛枫叶鸣，泫泫露花吐。春彼杯中月，不照坟上土。缅怀琦龙门，扁舟下南浦。

袁华得枝字

窈窕玉山上，楼观何逶迤。丹葩曜阳林，金粟亚柔枝。感兹节序迁，置酒乐芳时。桂醑湛华觞，兰烟度罘罳。双歌声袅袅，屡舞醉傞傞。乐事古难并，惆怅失佳期。何以慰所怀，载歌停云诗。

良琦得芳字

芝草生香秋气凉，风流宾客满高堂。祢衡彩笔题鹦鹉，子晋瑶笙吹凤凰。玉洞暗泉流决决，青林微月散苍苍。偏怜杖策来何晚，落尽芙蓉菊已芳。

晋宁张翥仲举

至正十年苍龙庚寅之岁秋仲十九日，余以代祠归，至姑苏，顾君仲瑛延于玉山。时郑君明德、李君廷璧、于君彦成、郯君九成、华君伯翔，草堂主人方外友元璞、本元二公，酒半欢甚，即席以玉山亭馆分题者九人。余以宾，属为小引。未知昔贤梓泽兰亭如今之会也耶？

是日以玉山亭馆分题赋诗，诗成者九人。

张翥题钓月轩

玉山山下水满池,池水秋雨深生漪。夜深明月出沧海,照见池边岩桂枝。华阴故人美如玉,独坐苍苔垂钓丝。一丝涵影秋袅袅,待到月来花上时。苦吟忘却鱼与我,但觉两袖风飕飕。引竿钓破广寒碧,乘兴搅碎青玻璃。不知今夕草堂醉,笑领洛神张水嬉。明朝回首越来道,独看月华多所思。

良琦题碧梧翠竹堂

碧梧翠竹之高堂,乃在玉山西石冈。浓阴昼护白日静,翠气夜合清秋凉。堂中美人双鸣珰,不独痴绝能文章。北海李生共放旷,东林惠远同徜徉。张骞乘槎下银潢,奉诏远降天妃香。帷中灵风神欲语,坛上五云星垂光。舟回鲸涛溯长江,故人宛在水中央。入门相见各青眼,花间促席飞霞觞。清歌遏云锦瑟张,亦有众宾相颉颃。祢衡赋就故惊座,宽饶酒深真醉狂。黄河东流雁南翔,辂车明朝归帝乡。玉堂掖垣梧竹长,题诗远寄毋相忘。

顾瑛题金粟影

飞轩下瞰芙蓉渚,槛外幽花月中吐。天风寂寂吹古香,清露泠泠湿秋圃。金梯万丈手可攀,居然梦落清虚府。庭中捣药玉兔愁,树下乘鸾素娥舞。琼楼玉宇千娉婷,中有癯仙淡眉宇。问我西湖旧风月,何似东华软尘土。寒光倒落影蛾池,的砾明珠承翠羽。但见山河影动摇,独有清辉照今古。觉来作诗思茫然,金粟霏霏下如雨。

于立题芝云堂

仙人误读黄庭经,神光堕地如流星。地气忽与天光凝,灵芝轮菌结浮英。杖撞双检声彭訇,居然异境标殊庭。霞裾珠珰翠羽屏,天乐桂树风泠泠。张骞夜骑赤凤翎,函香南荒杳冥冥。精诚一念通真灵,海若缩息波涛平。芝云堂中笑相迎,美人如花酒如渑。笑谈未了离别情,飘然乘风朝帝京。五色庆云三秀霙,永永瑞世开皇明。

郯韶题柳塘春

美人远在春塘住,门外垂杨千万树。微风白日袅游丝,渡水轻阴荡飞絮。使君来自白玉堂,攀条欲结双明珰。门前系着紫骝马,堂上急弦鸣清商。美人起舞为君寿,再拜登歌酌君酒。使君明日上长安,莫唱春风折杨柳。

郑元祐题湖光山色楼

顾家湖光山色楼,登览近在屋西头。朝烟帖水白如练,晴云出户青相缪。浪花烁闪上初日,崖气高寒成凛秋。宿草遥瞻仲雍墓,孤帆谁张范蠡舟。灵来恍若云旗下,物换依然汀草抽。何人孤啸答渔唱,有客五月披羊裘。主人引客遥指点,童子昔时曾钓游。王门曳裾尘眯目,客乡担簦雪满头。何时长年登临笑,乐老于此孰与俦。玉关西望不得入,辛苦才封定远侯。

华裔题玉山佳处

我闻玉山最佳处,翠竹高梧夹行路。阴阴石洞响流泉,历历青山隔春雾。草堂窈窕烟水西,柳堂漠漠鸣黄鹂。花间委佩仙客集,水上清唱渔舟迷。岩头桂子飘金粟,石上芝云白于雪。何曾梦入小游仙,长夜持竿钓明月。玉堂学士天上来,相逢一笑华筵开。千钟绿酒金茎泻,五色新诗云锦裁。美人高歌醉击节,下堂送客烧银烛。明朝回首渺仙槎,月出金盘照华屋。

李元圭题玉山草堂

娄江东流五十里,一溪青界娄江水。溪中有玉山为辉,结庐人住桃源里。虎头几叶芝云孙,彩袖斑斑奉甘旨。弟兄连璧趋庭隅,鸾凤将雏下阶址。琪树香生翠霭间,萱草花明紫芝底。龟甲珠帘白玉钩,远隔红尘映罗绮。石田移得少陵居,教子经锄足欢喜。张骞泛槎天上来,相见出门惊倒屣。有酒在樽琴在几,把酒奏琴忘尔汝。珠玉挥毫喧坐起,笑我分题续貂尾。酒阑休诵德彰文,冰雪相看吾老矣。

福初题渔庄

君家渔庄在何处,江波迢迢隔烟雾。清秋独钓芦花风,明月长歌白蘋渡。高堂丝管延佳宾,举网得鱼皆锦鳞。小奴鸾刀出素手,金盘斫鲙如飞银。走也山林老释子,拄杖行吟嗟未已。平生雅有濠上游,相思弥弥东流水。

宴集序 [1]

李缵

至正十一年冬十一月廿三日,玉山隐君宴其客王德辅、月伯明、袁子英、李缵。酒酣,

---

1 "宴集序",底本原无,据黄廷鉴校跋明抄二卷本、清钞二十六卷本补。

忽郯云台、陆良贵泛舸而来。隐君复唤酒尽欢。匡庐先生以"夜阑更秉烛,相对如梦寐"分韵赋诗[1]。时坐客正八人,遂虚二韵。夫人生百年,忧患之日多,燕乐之日少。而况朋友东西北南无定居,则今日之簪盍,夫岂偶然哉? 弋阳山樵李缵谨序。

是夕以"夜阑更秉烛,相对如梦寐"分韵赋诗,诗成者八人。[2]

陆仁得夜字

朝发吴王城,轻舰从东下。落日荡柔橹,暮抵玉山舍。张灯共清宴,寂寂西园夜。珠斗当层楼,银月照芳榭。坐客盛文彦,逸气凌曹谢。鸣琴聆妙音,使我忧心泻。率意阮生狂,明晨还独驾。

宝月得阑字

玉酒成洞酌,银灯消薄寒。清谈方欲洽,高宴殊未阑。孰知契阔馀,尽此平生欢。惊风起山河,鸿雁行路难。嘉会岂云易,长歌为辛酸。

于立得更字

孟冬未霜霰,流水涵春声。客来玉山里,照眼冰玉清。主人罗酒肴,夜久灯烛更。高谈杂谐笑,急令飞筹觥。黄尘暗关洛,海波殊未平。岂不怀远途,且复慰闲情。出门瞻北斗,河汉东南倾。

袁华得相字

今日复何日,张宴芝云堂。西风度江汉,仰见征鸿翔。坐中仙释侣,学道攻文章。飘飘鸾鹤姿,皎皎金玉相。上客貌苍古,乃是李伯阳。忆别昆丘颠,十见木叶黄。授经合沙俞,予则铁崖杨。忝与同年生,健笔赋太常。嗟我久濩落,遭漫笔砚荒。相逢玉山中,道旧热中肠。忽闻郯与陆,乘月泛夜航。促席更秉烛,深杯送琼浆。酒阑登雪巢,取琴弦清商。一弹别鹤操,再鼓凤求凰。暮归亟就寝,后会知何乡。辟疆最多情,明发更引觞。与子各尽醉,忧乐两相忘。

李缵得对字

日夕窗南云,水生东北汇。开筵草堂接,挂笋玉山对。洞酌兴未央,清吟心每醉。

---

1 "分韵赋诗"四字,底本原无,据《四库全书》本补。
2 "是夕……八人",底本原无,据《四库全书》本补。

酒香鹦鹉满，琴韵凤皇碎。崔蔡有雄才，邹枚富佳制。笑谈可置身，出处当拔萃。慷慨宁废歌，栖迟何足累。天高星汉移，夜久鸿雁逝。投笔渐鬓丝，长啸风尘际。

王濡之得如字

玄冬煦春燠，花竹妍幽居。契阔会心友，邂逅佳约如。岂无释门老，更曳青霞裾。主人逸浩思，清宴临前除。飞觞剧谈里，拂剑酣歌馀。延景华炬列，湿露松窗虚。忘形竟汝尔，尘杂一以驱。睠彼海岱间，易地哀乐殊。尚言恣欢适，不得安樵渔。际此豪隽集，聊慰山泽癯。

顾瑛得梦字

凉风振林木，恻恻初寒动。肃客桃花源，张筵鸣玉洞。落日照金樽，飞雪栖画栋。谈玄味妙理，谑笑杂微讽。取琴雪巢弹，共听金石弄。嘉会固难并，聚散恍春梦。明发大江舟，天阔孤鸿送。

郯韶得寐字

清江下斜日，水落鸿雁至。方舟荡文漪，葭菼新霜委。岩岩玉山岑，冥冥薄云气。沿洄入林塘，池馆翳幽邃。群公欣盍簪，称觞有馀思。人生当盛年，感彼鸿鹄志。击节歌慨慷，厌厌夜忘寐。

吴兴赵奕仲光

至正辛卯冬十月，余从苕溪来访玉山隐君，舣船百花洲下。适故人吕伯起御史自闽来，邂逅于官驿，话旧尽日，赋诗为别。明日携诗，偕沈自诚同过玉山中。时省郎杨伯震、龙门山人琦元璞亦至焉。隐君喜客之至，乃置酒于草堂，复邀山阴王德辅、匡庐于彦成、汝阳袁子英同饮。时霜风初寒，松菊贞秀。酒半，匡庐于山人举杯属余曰："今日之会，诚不易得，子适宾，且文雅，能无言乎？"余遂以"何以解忧，惟有杜康"分韵赋诗。余得"解"字，复为序首云。

顾瑛得何字

客从苕溪来，白马紫玉珂。下马话畴昔，一别三载过。省郎最后至，鬓发今已皤。筵张碧梧堂，琴弹白雪窝。我欲邀飞光，飞光去如梭。人生百年内，良会苦不多。相逢意不尽，其如欢乐何。

良琦得以字

长空凝云朔风起，扁舟暮泊桃溪沚。故人草堂许屡到，一笑相迎竹梧里。白头王孙已在坐，青眼省郎初脱屣。江湖契阔忽相见，把手惊呼问行李。主人张筵趣华馔，再拜称觞列孙子。绿酒黄柑既满眼，锦瑟瑶琴亦陈几。人生所贵适意耳，丹砂岂能留迅晷。友朋会合不作乐，老向尘埃竟何以。我愧山林人所鄙，词华幸接群公美。愿言交谊相终始，有不同心如白水。

赵奕得解字

我从姑苏来，高台逢吕豸。共坐语当年，日昃不能罢。回瞻玉山清，百里飞帆挂。维舟草堂前，梧竹自潇洒。一别逾三秋，相见各惊骇。开筵出红妆，持杯擘紫蟹。黄花照白发，流光岂能买。兹辰且尽乐，一醉百忧解。

袁华得忧字

公子爱清游，远乘青翰舟。鼓楫双溪水，落帆百花洲。朝从豸冠别，暮向玉山留。时维十月交，木落境偏幽。华林澹素月，层榭度朱楼。文酒集群彦，歌弦杂鸣球。高僧红罽帽，仙人紫霞裘。焚膏纪良夜，急令散飞筹。会合不为乐，暌离端可忧。倾觞各尽醉，慎勿起遐愁。

杨祖成得惟字

簿书缚壮士，三载劳驱驰。归来事愈繁，心绪如乱丝。故人界溪北，天赋玉雪姿。亭台寄游息，花竹供娱嬉。嗜好异流俗，耕钓每自怡。一别动经岁，夜梦或见之。今朝获良觌，如解渴与饥。张筵沸丝竹，妙舞双吴姬。座中尽佳客，梧竹标相辉。酒酣置笔砚，分韵令作诗。嗟我尘俗状，清事久不为。诗从何处生，枯肠费思惟。督促星火急，强歌纪岁时。自惭鄙句拙，亦得联珠玑。明朝便陈迹，分违各东西。此欢恐难再，后会何当期。

王濡之得有字

嘉宾远方来，念别岁云久。粲烂绮席陈，悃款主情厚。清言契襟期，高咏绝尘垢。岂无平生欢，文献固难有。微雨飞轩楹，暮色既林薮。吾侪亦何幸，酬酢相先后。酣来小海歌，放浪大垂手。人生白驹隙，几遂开笑口。明朝渺烟帆，长天仍矫首。

于立得杜字

仲冬十月交，轻飙散灵雨。依微暮景承，烨煜德星聚。翩翩清时彦，眷眷玉山主。

王孙才且贤，杨侯文甚武。袁安最清峭，休文好眉宇。王褒坐据梧，齐己谈挥麈。嗟予濩落人，兼葭间圭组。诗章捉笔成，酒令分曹赌。筯缺玉壶口，字折金钗股。岂无缓缓歌，亦有蹲蹲舞。眼空吴下蒙，地近城南杜。人生多契阔，世事一仰俯。栖迟感时序，慷慨怀今古。当时刘伶酒，不到坟上土。出处或参商，道路多豺虎。劝君且为乐，不饮良自苦。明发早潮生，征帆下南浦。

沈明远得康字

仲冬美风日，遥睇玉山苍。公子携彩舟，兴命共翱翔。委蛇溯江水，延缘入林塘。整衣起亭午，喜登君子堂。主人欣会面，言笑似相忘。肆筵列文俎，酌醴献鸾觞。哀丝谐妙舞，银烛照红妆。与席况文儒，清谈玉屑扬。转见故人心，欣欣乐殊康。吾慕陈大丘，德星耿相望。焉知百年后，流传有辉光。

玉山名胜集卷二

湖光山色楼

吴兴赵奕仲光篆颜：

顾瑛春题：

天连远水三千顷　　云拥晴峦十二鬟

记

清河张天英

前十载秋八月，余尝登群玉之山，远见太湖西南下，绕阳山、海虞山麓流，来汇为阳城湖。湖之上有大林藪，神秀融结，是为界溪，顾君子仲瑛氏居之。是时，余一至焉。今八月，又一至焉。会稽外史出肃客，客入，坐小东山。未几，由西阶过别墅，上芝云堂。主人与客道故旧，欢甚。坐定，作而曰："吾有湖光山色楼，欲得子文章以记之久矣。子今来，毋庸让。"于是外史进客楼上，见所居三代汉唐礼乐之器，典坟经史诸子百氏之书，有古人气象。至若草堂、书画舫、浣花诸亭与夫山玄水苍之石，皆列诸左右后前。其地宜植物，异卉珍木，树之无或不良。麋鹿羽鳞之属，罔不毕致。日与贤士大夫游其上，凭高四望，清气逼人，三山十洲宛然在目。余谓："凡为天地间物得其气之清者，莫山水若也。水生于天，天气又与山接，亦未始不因人而得之者也。宋苏文忠公《西湖诗》作，而湖山之气益清，安知后五百载湖山之胜不在彼而在此矣。"客既醉，属予歌以为寿。歌曰："山苍苍兮水溶溶，月皎皎兮群玉之峰。仙子不来兮吾将曷从，仙子既见兮我心则降。叶。"歌既，隐君请志之于石。是年苍龙集屠维赤奋若。外史为神仙中人，姓于氏，余则承华书客、清河张天英也。

后 记

匡庐于立

　　昆山滨海为邑，地平夷衍曼，无山水之胜。民乐于田亩，无登览之适。州治西行三十里为马鞍山，又十五里为界溪，而顾仲瑛氏素为吴著姓，居溪上，盖累世矣。溪南出真义，北流入阳城湖。湖大且百里，烟波苍莽，天与水接。其北则海虞之山，虞仲之所居也。于是即湖堧爽垲之地，有园池之胜，叠石为岛，激流为湍，亭台馆榭，曲尽其制，合而名之曰"玉山佳处"。其景之尤胜者，则有湖光山色之楼。楼列古器物、图画及经史百氏之书，日与宾客游息其上，幅巾杖屦，逍遥自适。风日清美，凭高望远，惟见风樯往来，沤波出没，而山色葱茏明秀，如在几格间。其或水气上行，与山气磅礴，变而成龙虎，合而为烟霏，千态万状，不可尽述。予谓："天地清淑之气，峙而为山，流而为川，得其胜绝，以适吾生者，亦将有待于人乎？何凝蕴之资久而发挥之在斯也？"君曰："予陋世俗之隘。每登斯楼，慨思古人而不可得，方将驾长风，凌烟波，际湖之北，登海虞之巅，访虞仲之遗迹，望三山银阙于云涛渺茫之中，予将有所得也。同我者谁哉？"乃歌曰："水浩荡兮山茏葱，幽幽而深兮冯夷之宫。激长波兮驾风，仙之人兮吾从。"又歌曰："月皎皎兮波粼粼，山巉岩而嶙峋。超凌厉兮无邻，我所思兮古人。"是为之记。至正九年九月一日，匡庐于立书。

诗

丹丘柯九思敬仲酒边口占
红颜欲醉倚高楼，玉管声中桂子秋。湖山如此不归去，冷云风急卧扁舟。

陆 仁
朝拂昆城涨，暮瞩海虞孤。日照帘旌里，萧条粉墨图。

于 立
虎头本痴绝，雅亦爱楼居。霞月流青锁，湖山迥碧虚。意闲云与泊，心在物之初。不似扬雄宅，城南老著书。

292

郑元祐

晴峰抹出海虞山,宛在空明野水间。范蠡不骑丹凤去,仲雍仍驾彩云还。浪花晴闪芝三秀,雾雨寒增豹一斑。试问风帆去何许,想闻环佩玉珊珊。

良　琦

新楼一登眺,不尔见湖山。兴落沧洲远,心与云物闲。渔歌方互起,鸟倦忽飞还。牵舟成独去,清月满虚湾。

吴克恭

智仁予所好,平湖仍对山。神交鱼鸟外,兴移蒲柳间。闲云卷幔入,落日棹歌还。望海蹑星影,秋槎来碧湾。

豫章熊自得梦祥

移舟界溪上,忽见海虞山。山接空青外,湖当惨淡间。松声听欲近,帆影坐看还。何处西风起,渔歌下别湾。

郯　韶

兹楼俯吴甸,百里见虞山。云归飞鸟外,帆落大江间。河源或可到,星使几时还。因寻种桃者,系船清溪湾。

袁　华

岚起天边雨,帆飞树杪风。湖光与山色,倒影画楼中。

陈　基

楼居仙子亦多情,收拾湖山作画屏。泽国雨添千顷绿,海虞晴送四时青。亭亭暮霭凝眉黛,滟滟春波涨酥醽。长笛一声宾客醉,馀音犹自绕青冥。

昂　吉

危楼倚天何壮哉,轩窗八面玲珑开。水摇万丈白虹气,山横十二青瑶台。林光朝开宿鸟散,帆影暮接归云回。坐久身如在泉石,神清骨爽无纤埃。

杨维祯

仙家十二楼,俯瞰芙蓉渚。象田耕玉烟,龙气生珠雨。凤麟远水接空濛,小瀛夜折蓬莱股。兰台美人能楚语,十三雁急孤鸾舞。仙人醉骑黄鹤来,醉挥落日使倒回。剪取琼田一棱归,满天铁笛走春雷。

秦　约

快阁初延望,流云乍度檐。沙明荡瑶席,山色上牙签。杏叶浮波浅,桃花隔岸添。隐囊西景暮,坐见月纤纤。

华亭吕恂德厚

水光山色楼千尺,老子于中兴最多。手版时看云气好,吹箫无奈月明何。凤池上客阳春曲,铁笛仙人小海歌。二月玉溪花正好,梦随春水白鸥波。

华亭冯浚渊如

仙人楼阁禁城东,近水凭虚对雪峰。香转宝炉金雀尾,酒行仙掌玉芙蓉。湖波西下寒仍绿,山色春来晚更浓。愧似登高能赋客,悬知百尺卧元龙。

娄东姚文奂子章

水光山色照帘栊,极目秋毫迥碧空。身世凌虚欲飞动,何人横笛倚长风。

黄　玠

山色湖光楼上头,阑干十二古今秋。一川碧浪与天远,满地白云如水流。往事只闻吴苑在,幽人多爱习池游。长年风景寻常好,日日芳筵烂不收。

义兴岳榆季坚

复道逶迤接井干,绮疏面面瞰湖山。涵光直下虚无底,爽气遥生缥缈间。鸥鹭忘机闲可狎,牛羊及暮自知还。欲从范蠡凌风去,卧看烟峰十二鬟。

口占诗序

楼之主人顾瑛仲瑛

至正十年五月十八日,余与延陵吴水西、龙门僧元璞、匡山于外史避暑于楼中。时轻云过雨,霁光如秋,因各口占四绝句以纪兴云。

顾 瑛

天风吹雨过湖去,溪水流云出树间。楼上幽人不知暑,钩帘把酒看虞山。

晴山远树青如荠,野水新秧绿似苔。落日湖光三万顷,尽随飞鸟带将回。

雨随牛迹坡坡绿,云转山腰树树齐。江阁晚天凉似洗,隔林时有野莺啼。

紫茸香浮檐卜树,金茎露滴芭蕉花。幽人倚楼看过雨,山童隔竹煮新茶。

于 立

长烟落日孤鸟没,野岸平畴新水多。有客倚栏成独笑,白蘋洲上起渔歌。

团团绿树野人家,一道官河紫楝花。柳外时时啼布谷,林间轧轧响缫车。

秧田已是三时雨,草阁风生五月凉。檐卜开花浑似雪,枇杷着子已全黄。

晚烟晴树绕楼台,别圃荷花远近开。芳草茫茫随地远,野帆个个向人来。

良 琦

断云将雨过遥山,极浦烟开白鸟还。隔水渔郎惊客意,笛声呜咽起空湾。

回溪断岸柳阴疏,酒舍渔家竹径迂。一片湖光暮云隔,荷花荷叶带平芜。

仙家自是好楼居,江气生寒雨作秋。赤日长安尘没马,几人回首忆沧洲。

重重楼户燕穿风,曲曲红桥绿水通。薄暮钩帘对凉雨,一时秋思在梧桐。

吴世显

一溪新水护平田,高柳清风起暮蝉。人在楼头挥汗雨,行人更在夕阳边。

楼居竹树抱溪长，落日虞山烟翠凉。遥想白云招隐处，长镵锄雨茯苓香。

雨来江阁清风满，山入吴云紫翠分。黄犊草深人杳杳，白鸥波乱雪纷纷。

水风杨柳疏疏绿，山雨芙蓉朵朵秋。楼上卷帘凉意足，玉笙时度竹西头。

分题诗引

楼之主人顾瑛

七月初五日，余会于匡山、琦龙门于楼上。轻风吹衣，爽气浮动，纤月既出，乃移樽楼外阁桥团饮。时瑶笙与琴声、歌声齐发，泠泠天表，如霓裳羽衣，落我清梦。遂各分韵赋诗以纪。

是日以"危楼高百尺"分韵，诗成者三人，予得"危"字。楼之主人顾瑛仲瑛氏识。

顾瑛得危字

楼上笙歌合奏时，湖山当席最相宜。风吹轻袂身疑举，人立飞桥意不危。蜃气欲浮河汉动，秋光已近女牛期。潘郎容易头如雪，且醉花前双玉卮。

于立得楼字

又见梧桐一叶秋，酒豪诗客满西楼。逶迤飞阁连云度，隐约仙槎入汉流。忽听钧天双奏乐，炯如秋水共乘舟。竹风荷叶凉无限，清夜厌厌醉未休。

良琦得高字

何处最堪听凤箫，夜凉阁道蹑金鳌。风生高士飞霞佩，月照谪仙宫锦袍。岂畏秋声催鬓改，且凭春酒助诗豪。清醑欲散凉如水，河汉西流北斗高。

于　立

七月十五日，元璞泛舟下娄江，余与高起文先生、玉山隐君坐湖山楼上，怅然有怀，即所见联句成长律。立书。

楼倚清秋爽气高，高。眼明百里见纤毫。风行绿野翻晴浪，于。雨到青林起暮涛。几树好花开别岸，顾。一双飞鸟趁轻舠。龙门今日娄江去，高。会有新诗寄我曹。于。

匡庐于立彦成

至正十年，冬温如春，民为来岁疠疹忧。嘉平之望，凝云昼合，风格格作老枭声，雨霰交下，顷刻积雪遍林野。适郯云台自吴门，张云槎自娄江，吴国良自义兴，不期而集，相与痛饮湖光山色楼上，以"冻合玉楼寒起粟"分韵赋诗。国良以吹箫，陈惟允以弹琴，赵善长以画序首，各免诗。张云槎兴尽而返。不成诗者，命佐酒小瑶池、小蟠桃、金缕衣各罚酒二觥。予乃于立，得"楼"字，赋诗于后。

诗成者四人。

顾衡得冻字

积雪未消春意动，千里登临游目纵。月明初度影娥池，曙色稍侵鸣玉洞。佳人象管怯初寒，银屏梅萼犹含冻。白发休嫌舞袖长，张灯更促飞觞送。

于立得楼字

凝阴变晴景，积雪满山丘。公子延绮席，美人回彩舟。逶迤度飞阁，窈窕接层楼。微飙散轻霭，寒光抱空浮。勿云歌钟乐，适为窭者忧。愿言均此施，荣名及千秋。

郯韶得寒字

玉山腊月春意动，独树花发照江干。高阁此时宜望远，开樽与子一凭栏。雪消野渚凫鹥乱，水落渔舟网罟寒。明日风帆又城市，且须泥饮罄清欢。

顾瑛得起字

客从吴门来，张宴玉山里。逶迤朱阁连，散漫琼芳委。云迷曙光合，风回水花起。杯深暖入怀，弦涩寒生指。飞光不我留，幽兴那能已。

诗不成者三人，各罚酒二觥觞。

三江卢昭伯融

界溪顾君仲瑛有楼曰湖光山色，萧爽夷旷，殊快人意，凭高一览，吴东山水尽在几席下，予与诸文彦因得以适洞心骇目之观。遂即席用山水命题，各赋诗以纪其事。时五月端阳前一日也。诗成者五人。卢昭记。

三江卢昭赋虞山

海虞之山何峨峨，连冈百里青巉嵯。巫咸却立在其左，芙蓉倒蘸昆城波。云有仲雍之古冢，白虹夜烛山之阿。猗歟让德亘不泯，上与日月光相磨。我昔褰裳长中拜，精英飒爽志匪颇。饥鼯跳梁窜丛栗，惊猿趑捷攀垂萝。原田棋布迤衍沃，柽椐互立缘坡陀。水溢灵湫访龙母，雨花丈室寻维摩。冥搜遗迹慨往古，我仆既痛吾力罢。只今陵谷与时变，赤帜森卫曳落河。缭以周垣百馀雉，夙夜严逻烦挐诃。山灵请回俗士驾，旧游转瞬成蹉跎。玉山高楼隔花起，邀我登览供长哦。虞山北向列几格，群峰下时同么麽。相看即有故人意，空翠飞满栖云窝。凭高问山山不语，大笑酹以金叵罗。我酌玉山酒，我歌玉山歌，歌长壶缺朱颜酡。人生百年贵清赏，洒彼豪饮如飞蛾。英雄盖世竟安在，蔽野荆棘生铜驼。兴阑下楼日复暝，虞山虞山奈尔何。

秦约赋傀儡湖

晨兴东湖阴，放浪随所之。日光出林散霾翳，晃朗澄碧堆玻璃。天风忽来棹讴发，岸岸湾碕浴鹅鸭。中峰叠巘与云连，西墩佳树如城匝。主人湖上席更移，醉歌小海和竹枝。文鱼跳波翠蛟舞，疑是冯夷张水嬉。微生百年何草草，傀儡棚头几绝倒。逝川一去无还期，长啸不知天地老。酒阑横波复扬舲，菖蒲洲渚花冥冥。鸡皮鹤发漫从汝，且读楚骚招独醒。

顾瑛赋阳山

别起高楼临碧溪，绕楼青山云约齐。阳山独出众山上，却立阳湖西复西。天风吹山屼不起，倒落芙蓉明镜里。影娥池上曲栏干，遍倚秋光三百里。白云不化五彩虹，化为夭矫之白龙。一朝挟子上天去，濡泽下土昭神功。土人结祠倚灵洞，雨气腥翻海波动。纸钱冉冉蜥蜴飞，女巫击鼓歌迎送。兹山本是秦馀杭，越兵昼获夫差王。不知谁是公孙圣，空谷答声吴乃亡。只今此地愁云黑，铁马将军金作勒。汉蛇不识剑雌雄，秦鹿应迷路南北。山下花开一色红，花下千头鹿养茸。衔花日献黄面老，挟群时入青莲宫。闻道秋霜落林谷，斤斧丁丁惊鸟宿。千年白鹤忽飞归，失却长松旧时绿。君今坐看楼上头，拆韵赋诗浮玉舟。凭高一览青未了，底事仲宣生远愁。明朝更踏东山路，傀儡湖中观竞渡。酒花潋潋泛昌阳，醉归扶上楼头去。

释自恢赋昆山

马鞍山在句吴东，山中佳气常郁葱。层峦起伏积空翠，芙蓉削出青天中。六丁夜半石垒壁，殿开煌煌绚金碧。响师燕坐讲大乘，虎来问法作人立。天花散雨娑罗树，一声共命云深处。我时细读孟郊诗，兴来更上龙洲墓。忆昔曾□□信友[1]，七尺枯藤长在手。数年音问堕茫然，顿觉羁愁醉如酒。嗟彼习俗耽欢娱，锦鞯细马红氍毹。画船吹箫挝大鼓，吴儿棹歌越女歈。只今歌乐难再得，面颜已带风尘色。何如张宴溪上楼，山光倒浸湖光白。我爱虎头金粟子，十载论交淡于水。每怀故旧参与商，二老到门惊复起。我留玉山君即归，天风冷冷吹客衣。人生会合如梦寐，焉能对酒成吁嚱。我歌长歌君起舞，山川信美非吾土。褰裳涉涧采昌阳，且向山中作重午。

袁华赋阳城湖

海虞之南姑胥东，阳城湖水青浮空。弥漫巨浸二百里，势与江汉同朝宗。波涛掀簸日惨淡，鱼龙起伏天晦蒙。雨昏阴渊火夜烛，下有物怪潜幽宫。雉渎巴城水相接，以城名湖胡不同。想当黄池会盟后，夫差虎视中原雄。东征诸夷耀威武，湖阴阅战观成功。陵迁谷变天地老，按图何地追遗踪。我来吊古重太息，空亭落日多悲风。虎头结楼傍湖住，窗开几席罗诸峰。鸣鸡吠犬境幽寂，嘉木良田青郁葱。渔郎莫是问津者，仙源或与人间通。时当端阳天气好，故人久别欣相逢。玻璃万顷泛舟入，俯览一碧磨青铜。莼丝鲈鲙雪缕碎，菱叶荷花云锦重。恩赐终惭鉴曲客，水嬉不数樊川翁。酒酣狂吟逸兴发，白鸥惊起菰蒲中。相国井湮风火暗，郎官水涸旌旗红。此中乐土可避世，一舸便逐陶朱公。更呼列缺鞭乖龙，前驱飞廉后丰隆。尽将湖水化霖雨，净洗甲兵歌岁丰。

金粟影

白野达兼善隶颜：

金粟影

顾瑛春题：

波澄月影秋痕冷　　露浥天香夜气浮

---

1 "忆昔曾□□信友"，底本原缺两字，《四库全书》本此处作"忆昔曾同信心友"。

诗

张天英楠渠

金粟轩前两玉树,树上四时金粟开。前身想是青莲者,有客常乘黄鹤来。夜中见月色如酒,天外落花香满台。我醉攀花弄明月,谁人不爱谪仙才。

屠性彦德

桂树丛生双涧侧,玄堂羽盖拥团团。流膏久已成芝菌,结荫终当集凤鸾。雨露春深增怵惕,溪山秋晚耐高寒。淮南不用歌招隐,留与云仍百代看。

陆仁良贵

池鸟夜喧寂,水屋月流明。坐深清景遇,不知莲露盈。

袁华子英

丹青金粟影,绝笔自齐梁。虎头家法在,不似谪仙狂。金粟花千树,银河月一轮。攀杯邀对饮,天上谪仙人。

于立彦成

虎头爱画金粟影,奈尔云仍痴更多。轩外花枝齐亚石,檐间树色乱浸波。天香每爱秋来好,仙佩时从月下过。老尽芙蓉凉在水,星槎自此泛银河。

良琦元璞

幽轩栏槛绝低小,浑似毗邪丈室空。金粟花浮双树月,白莲香散一池风。每闻天鹤乘云下,莫遣仙姝入座中。却愧袈裟留住久,钓船犹系柳桥东。

郑元祐明德

岩桂花开江浦流,辟疆园里旧曾游。天方雨粟成金色,风直吹香上玉楼。空里宝云狮子座,镜中丝鬓鹔鹴裘。姮娥手种谁攀得,一曲鸾笙万壑秋。

黄玠伯成

曲曲栏干屋角西,波光夜色静相迷。花蚪绝似铸金粟,木理真同截水犀。移席就凉留客久,举杯邀月近人低。长生岂必玄霜剂,玉杵烂舂红雪泥。

秦约文仲

彼美蟾宫侣,爱兹丛桂阴。乘空雨金粟,蹑月下珠林。忘虑思玄赏,澄神见道心。天香端可掬,细细点衣襟。

吴郡顾达

密蕊碎凝蜡,纤枝重布阴。雨花天女散,月殿素娥临。流云度绮席,零露下珠林。虎头痴更绝,倚槛自清吟。

彭 笈

开窗见明月,团团弄清辉。湛露下庭柯,幽香发华滋。手举青玉案,嘉与仙人期。遨游青云中,遗我最高枝。茹芳咽琼液,插花醉瑶池。中有群凤鸣,景星亦相随。高轩夜深坐,秋影正蕤葳。勿持广寒府,为赋小仙辞。

分韵诗序

匡庐于立彦成

夜坐金粟池上,凉雨初至,荷气浮动,秋思翛然,各分韵口占成诗。七月十日也。是夕以"荷静纳凉时"平声字为韵赋诗,诗成者三人。予得"荷"字。于立记。

于立得荷字

金粟池中万柄荷,亭边碧树密交柯。无端一阵西风雨,添得新凉思更多。

顾瑛得凉字

翠沼新秋浴夜光,画栏古树发天香。西风阵阵吹纤雨,荷叶荷花不奈凉。

良琦得时字

雨浥荷花香满池,水涵楼阁影参差。旧游忽忆西湖梦,第一桥头看月时。

天香词序

汝阳袁华子英

至正龙集壬辰之九月，玉山主人宴客于金粟影亭。时天宇澄穆，丹桂再花，水光与月色相荡，芳香共逸思俱飘，众客饮酒乐甚。适钱塘桂天香氏来，靓妆素服，有林下风，遂歌淮南《招隐》之词。玉山于是执盏起而言曰："夫桂盛于秋，凋于冬，又不与桃李竞秀，或者以为月中所植，信有之矣。今桂再花而天香氏至，岂非诸君子蹑云梯占鳌头之征乎？请为我赋之。"汝阳袁华乃口占水调，俾歌以复，主人率坐客咸赋焉。词成者六人。

袁 华

山横黛眉浅，云拥髻鬟愁。天香笑携满袖，曾向广寒游。素腕光摇宝钏，金缕声停象板，歌罢不胜秋。十指露春笋，佯整玉搔头。 记钱塘，朝载酒，夜藏钩。青衫断肠司马，消减旧风流。三百六桥春色，二十四番花信，重会在苏州。水调按新曲，明月照高楼。

于 立

微红晕双脸，浓黛写新愁。好是霓裳仙侣，曾向月中游。忆得影娥池上，金粟盈盈满树，风露九天秋。折取一枝去，簪向玉人头。 夜如年，天似水，月如钩。只恐芳时暗换，脉脉背人流。莫唱竹西古调，唤醒三生杜牧，遗梦绕扬州。醉跨青鸾去，双阙对琼楼。

顾 瑛

金粟缀仙树，玉露浣人愁。谁道买花载酒，不似少年游。最是宫黄一点，散下天香万斛，来自广寒秋。蝴蝶逐人去，双立凤钗头。 向樽前，风满袖，月盈钩。缥缈羽衣天上，遗响遏云流。二十五声秋点，三十六宫夜月，横笛按伊州。同蹑彩鸾背，飞过小红楼。

岳 榆

风清玉蟾莹，霜薄翠鸾愁。夜深羽衣一曲，如在月宫游。色占名园琪树，香动仙岩贝阙，携手正宜秋。登科当小试，私语更低头。 赤栏桥，金粟影，绣帘钩。荷花六郎模样，消得一风流。遗落文昌籍姓，重叠太妃名字，声价满神州。贮君鸳鸯阁，期我凤皇楼。天香，姓桂，名真。

陆 仁

露冷广寒夜，唤醒玉真愁。银桥忆得飞渡，曾侍上皇游。一曲霓裳按罢，两袖天香归后，人世已千秋。笑倚金粟树，斜插玉搔头。　　忆钱塘，今夜月，也如钩。题诗欲寄红叶，又怕水西流。谁把琵琶弹恨，愁绝多情司马，不是在江州。醉饮玉山里，有雾绕飞楼。

张 逊

玉树后庭曲，千载有馀愁。碧月夜凉人静，曾赋采华游。玉露细摇金缕，香雾轻笼翠葆，折下一天秋。张绪总能老，还自锁眉头。　　把鸾笺，裁绣句，写银钩。回文巧成锦字，长恨与江流。漠漠梁间燕子，款款花边蝴蝶，梦觉却并州。独感旧时貌，还复照西楼。

书画舫

濮阳吴孟思篆：

書画舫

顾瑛春题：

书帖画图浮彩鹢　　笔床茶灶狎轻鸥

记

会稽杨维祯廉夫

隐君顾仲瑛氏居娄江之上，引娄之水入其居之西小墅为桃花溪。厕水之亭四楹，高不逾墙仞，上篷下板，旁棂翼然似舰窗，客坐卧其中，梦与波动荡，若有缆而走者。予尝醉吹铁笛其所，客和小海之歌，不异扣舷者之为。中无他长物，惟琴瑟笔砚，多者书与画耳。遂以米芾氏所名"书画舫"命之，而请志于予。予喟[1]然曰："自人文粲于有熊氏，后世变不已，而有书又不已，而有绘事。书一形而鬼夜哭，绘一著而采色盲人之目矣。子

1　"喟"，底本原作"倡"，据其他各抄本改。

欲还治古，则恐惟书日烦，绘日密，又何颛之以为名，与米芾氏争[1]途于江淮上乎？圣人取《易》之《涣》'刳木为舟'，将以利天下之不通耳，又岂为子辈好名者设，资之以侈书与画哉？求书于书，求画于画，固不若求书画于无象也。君试与客仰以观星文之经纬，俯以察地理之脉络，是大宝书也。远以眺三神山之出没乎海涛，近以揽五湖之烟霏、七十二峰之空翠，四时朝暮景状不同，又大画苑也。书耶？画耶？属之芾耶？属之我耶？"仲瑛笑曰："书画若是舫，将安属？"曰："大地表里皆水也，大罗境界，一楂之浮。急旋水中央而人不悟，悟者必在旋水之外也。吁！天，一大瀛也；地，一大舫也。至人者，以道为身，入乎无穷之门，超乎无初之垠，斯有以见大舫于舫之外。子能从之乎？"仲瑛起谢曰："甚矣，子之言几于道！予知居舫，而不图闻大道于舫之外也，幸已！幸已！"书诸舫为记。

诗

姚文焕子章
小筑中流便翼然，窗开面面见清泉。微风淡沲生文采，如坐米家书画船。

黄玠伯成
扣舷击节起歌呜，一榻横舟小结庐。篆籀古文三代上，丹青妙手六朝初。虹光贯月夜将半，江影涵秋凉有馀。零落宣和旧时谱，无情汴水正愁予。

良琦元璞
玉山之人清且贤，剩藏书画屋如船。彩虹白月光连海，青草绿波春接天。好事岂惟宾客玩，承家已有子孙传。一来清坐忘归路，每听渔歌起暮烟。

卢熊公武
渡江那用楫，冯虚真欲仙。上君书画舫，为君招米颠。

联句诗序

三月三日，杨铁崖、顾仲瑛饮于书画舫，侍姬素云行椰子酒，遂成联句如左：

---

1 "争"，底本原作"净"，据其他各抄本改。

龙门上客下骢马,瑛。洛浦佳人上水帘。玛瑙瓶中椰密酒,杨。赤瑛盘内水晶盐。晴云带雨沾香炮,瑛。凉吹飞花脱帽檐。宝带围腰星万点,杨。黄柑传指玉双尖。平分好句才无劣,瑛。百罚深杯令不厌。书出拨灯侵茧帖,杨。诗成夺锦斗香奁。臂鞲条脱初擎砚,瑛。袍袖弓弯屡拂髯。期似梭星秋易隔,杨。愁如锦水夜重添。劝君更覆金莲掌,瑛。莫放春情似漆粘。杨。

联句终,铁崖乘兴奏铁龙之箫,复命素云行椰子酒,余口占云"铁笛一声停素云",铁崖击节,遂足成一诗,俾予次韵,并录于此。诗曰:

黄公垆西逢故人,坐客各以能诗闻。椰浆半斗破明月,铁笛一声停素云。茧纸题诗写章草,瓜皮看鼎辨周文。人生嘉会不有述,何异市中群聚蚊。

予和之曰:

春水画船如屋里,船头吹笛隔花闻。并刀落手碎玉斗,椰蜜分香属紫云。上客日传金帖子,美人夜织锦回文。高堂醉卧觑舷月,肯信东家帐有蚊。

时至正八年上巳日,玉山主人顾瑛识于书画舫。

分韵诗序

遂昌郑元祐明德

久以物景艰棘,不到界溪。界溪之上,顾君仲瑛甫读书绩学,尊贤好士,当太平之时,无日不相过从也。暌违几二年,近以嘉平之三日,扣君斋扉,荷君留连不忍言别。已而河东李君廷璧甫亦挈舟来访,遂置酒书画舫。夜参半,析"春水船如天上坐,老年花似雾中看"平声字为韵,人各赋诗。予得"春"字,馀各以次分赋云。诗成者七人。郑元祐记。

郑元祐得春字

雪舫夜寒虹贯日,溪亭腊尽柳含春。将军祝发闻令武,隐者逃名愧子真。醉里都忘诗格峻,灯前但爱酒杯频。苇羹青点沿墙莽,斫鲙雪飞出网鳞。稽古尚能窥草圣,送穷端欲致钱神。周南老去文章在,同谷歌终手脚皴。掷鳌归来还自笑,闻鸡起舞意谁嗔。盍簪岂料有今夕,明日桃源又问津。

李元圭得船字

临池结构屋如舫,绝胜南宫书画船。知己相逢怜鹤发,开樽正喜对霜天。左图右史明窗下,奇石修篁曲槛边。饮罢分题咏诗句,夜深剪烛竟忘眠。

顾瑛得如字

为人性僻爱幽居,结得幽居画舫如。沙嘴晓风开幔入,檐牙晴日落窗虚。厨空尚有仙人酒,岁晏能来长者车。汲涧缏寒因煮茗,凿冰船发为求鱼。米颠痴绝尤耽画,郑老穷愁却著书。炉篆宝香熏笃耨,砚泓春水滴蟾蜍。纸浮玉色供临榻,月吐虹光照卷舒。许结老年三绝社,须君好事写归欤。

袁华得天字

我爱山中屋似船,曲槛倒影水行天。画推郑顾同三绝,书秘钟王可并传。把盏俄惊天欲雪,钩帘却见月将弦。黄浮菊蕊鹅儿酒,红点椒花玉鬏蝙。北苑风流犹漫仕,南宫放旷任称颠。柝惊栖鸟翻丛竹,琴动潜鱼出九渊。山拥雪巢吟木客,楼居云海宴神仙。艰时会合须强饮,莫惜狂歌醉扣舷。

范基得年字

爱君书画舫,不惜酒杯传。石鼎烹春雨,篷窗会暝烟。分诗当此夕,序齿愧吾年。好事嗟牢落,谁能继米颠。

自恢得花字

绿波池头书画舫,窗开晴日见梅花。爱贤曾读当时传,好事常传米老家。座上酒罍倾腊蚁,砚坳书水滴文蛙。艰时会合须谋醉,莫向空江叹岁华。

钱敏得中字

别馆参差出,回廊窈窕通。浴波花湛湛,送月竹丛丛。痴癖虎头绝,颠名米老同。分诗联画舫,醉我忆湘中。

诗不成者一人,罚酒三觥觚。

钱谢子兰分韵诗

楼之主人顾瑛仲瑛

至正戊戌秋九月,毗陵谢君子兰过玉山中,谓予言曰:"仆旅寓合塘之上,今年夏秋苦淫雨，田皆白波，与陂湖相通，所居复卑下，老妻稚子不遑宁处，兼乏樵苏之所。今于泗川里得屋一区，主于友人管伯龄。其里亢爽，宜禾麦，予乃携研田而就耕焉，故来言别。"予遂置酒于书画舫，邀恢公复初、袁君子英、陆君元祥、朱君伯盛，以"江东日暮云"分韵同饯。予得"东"字，子兰得"江"字，亦赋诗留别。馀字各有所属云。顾瑛记。诗成者五人。

谢应芳得江字

浮家野老双眉庞，捩柁欲渡吴淞江。东将入海钓涛泷，玉山山中别老庞。西池之屋如觥觩，左书右画堆满窗。灯花摇摇落银钉，葡萄滟滟倾玉缸。四檐白雨飞流淙，似裂娲石银河浤。主人长歌客度腔，翕然鼓钟相击撞。酒酣捉笔如长杠，千军可扫鼎可扛。诸公大才如大邦，骚坛百尺森麾幢。我来投戈乞受降，乃辱赠以白璧双。明朝短缆解旧桩，冯夷前驱鼓逄逄。海滨怀人倚石矼，书筒好寄黄耳厖。

顾瑛得东字

先生祖实康乐公，于今为庶称老翁。派流白鹤溪上住，乡里群豪趋下风。叩门过我惊我侬，头戴笠子心忡忡。谈空说有丘壑志，抗尘走俗山泽容。自言千里窜荆棘，此身漂泊如飞蓬。山妻未老发已秃，纫针主馈全妇工。大儿学诗次学礼，小儿五尺儒门童。前年去年兵蔽野，单堠双堠人举烽。孤舟如叶载雨雪，朝浮暮泛西复东。寒蝇穴窗死钻纸，泥龟曳尾生脱筒。只今僦屋在姜里，黍穟雨黑波摇空。米如买珠薪束桂，坏壁四立鸣哀蛩。杜陵迁居忧国难，阮籍命驾嗟途穷。鹪鹩无枝何所寄，乌鹊三匝将奚从。结心泗川得管子，为借一亩幽人宫。谓我斯文雅识面，迟迟细语倾深衷。我开船屋秋水中，绿波碧树红芙蓉。推窗面面远山入，引钓个个游鱼逢。好事独许米老得，清赏当与岑参同。画张神笔骇疟鬼，书着芸香辟蠹虫。槽头夜滴百斛酒，佳菊烂发花丛丛。蟹斫两螯白雪满，橘摘并蒂黄金重。荐君之酒饯君别，莫辞大酌玻璃钟。君不见绕屋水流流入淞，五湖三江四海通。君归只在泗川上，百里那消风一篷。君好去，莫匆匆，足衣足食可御冬。回首虹光贯明月，新诗多附高飞鸿。

陆麒得日字

南北兵戈犹未息，东吴甲第俱萧瑟。辟疆园中书画船，玉躞金题映缃帙。波光摇座碧萦回，山色入帘青崒嵂。毗陵先生江上来，文采风流饱经术。自言丧乱离故园，浮家湖海居无室。只今又向江东住，告别匆匆情愈密。主人展席临清流，宾客文章皆俊逸。分题行酒歌骊驹，共看惊座挥椽笔。相逢我亦沦落人，此别天涯更懔栗。大江水落西风高，布帆东飞如鸟疾。何时同作还乡人，鼓腹讴歌太平日。

自恢得暮字

结屋如画船，飞桥水中渡。回窗与曲栏，粲粲足可数。书卷高满床，张图设茶具。欢娱集佳宾，山水发深趣。幽人殊方来，雅论夙钦慕。眷言聊徜徉，扁舟逐飞鹜。明当送子行，相期迟岁暮。

袁华得云字

曲馆众芳歇，芳塘西日曛。赤栏杨柳影，绿水白鹅群。谢公浮家隐，囊盛惟典坟。书画船自操，子前中细君。胡不归故里，故里暗楚氛。主人张离筵，高轩水沄沄。翼若青翰舟，泛彼江之濆。扣舷歌小海，问字客如云。纠罚觯载扬，探题诗屡分。君言适江东，砚田事耕耘。暂屈鸿鹄志，杂组云锦文。褰予风尘表，孤陋寡所闻。何日往游从，骚坛策华勋。

写萧元泰诗序后怀达兼善

遂昌郑元祐明德

玉山君以尊贤好礼知名四方，若予至为迂拙，而君不以予无似，顾亦得以厕宾席。第今年物景艰棘，久不至玉山堂上。冬十月，萧尊师自越至界溪，君邀尊师觞咏笑乐。时坐客分韵赋诗，而萧君为之序。盖自越道杭也，目击杭城遭贼焚毁况，尊师与予皆与白野达兼善公相友善。白野公为庸田使时，得玉山君诗读之，尝欲扁舟访君界溪，未果，而除浙东帅。安知公死于王事，忠义之烈，昭如日星。使公在，而获睹尊师所为序，并诸君子所赋诗，当重称赏。今公既殁，而萧君与予亦老矣，援笔感念，为之慨然。遂昌郑元祐识。今年至正十二年也。

纪集诗序

义兴岳榆季坚

至正戊戌四月，予自虎林抵吴城，遂挐舟造玉山草堂，以慰契阔。留五日，予不别而往，与王叔明、张禹锡同寓山寺泰来峰楼居。玉山并袁子英适与见遇，同饮清真观竹池西轩。玉山谓兵甲猬集，朋友星散，会合诚难，期再过草堂少为行乐，而科役遽兴，愁叹百出。叔明亦谓艰难之际，交游之情，正宜相劳玉山。别后二日，即同载如约。玉山置酒梧竹间，饮散，步于芝云堂前池上玩月啜茶。同集者，袁子英、卢公武、范君本。予念出处蹇屯，离合不偶，援笔赋诗，以简同志，并赋云。

义兴岳榆

喧息波澄月一规,醉阑宾客坐眠迟。盍簪各遂三生愿,避地惟求四海知。愧我聪明非曩日,喜君痴绝似前时。旧交尚有袁卢辈,徙倚园亭共赋诗。

吴兴王蒙

乱后重登旧草堂,主人筵客晚樽凉。风摇竹影书签乱,花落池波砚水香。离散顿惊年岁改,梦魂愁煞路途长。欲知阮籍何由哭,四海兵戈两鬓霜。

玉山顾瑛

梧桐叶大午阴垂,展席临风晚更宜。客自远方来不易,月从大海上应迟。王猷爱竹非无宅,山简观鱼别有池。洗盏正当倾契阔,临行毋惜重题诗。

范阳卢熊

玉气峻嶒散夕辉,绿阴庭户正芳菲。池头洗砚芭蕉合,竹里弹棋翡翠飞。适意樽罍情更洽,相逢车笠近应稀。赋诗拟送王摩诘,华子冈头觅钓矶。

汝阳袁华

长日园池水竹阴,临流展席酒同斟。花开檐卜千枝雪,子熟枇杷一树金。未觉山王称旷达,更凭顾陆写萧森。独怜黄鹤归耕者,诗酒何时再盍簪。

春晖楼

吴兴沈明远隶颜:

瞀暉樓

顾瑛春题:

花下称觞介眉寿　帘前舞彩报春晖

记

天台陈基敬初

吴郡昆山之界溪有园池曰玉山佳处，隐君子顾仲瑛甫之别业也。山之西为草堂，堂之北为春草池，跨池为屋，以藏法书名画，如昔人之舫斋者。舫上构重屋曰春晖楼，与所谓湖光山色者相直。仲瑛日率其子若孙为寿于其亲，辄与宾客者沉吟六义，为诗以适登临之趣。尝诵唐贞曜先生孟郊氏《游子吟》而有感焉，既以"春晖"名其楼，且征予文以为记。嗟乎，世之难遇者太平，人之至乐者具庆。故风人之感恒不足于所遭，而天下之情莫不愿于逮养。彼重堂层轩、回廊复馆，与夫珍禽异卉，世之好事者皆可以力致，至于俯仰四世，具庆一门，行无羁旅之思，居有园池之胜，尽天下逮养之乐，无风人不足之叹，此盖非人之所能必者，虽万乘之卿相不可强而致也。然则，太平之士如仲瑛者，亦可谓乐其心，不违其志矣。而登临容与，顾犹有"春晖"云者，岂所谓爱日之心自知不足者乎？然是楼也，广不四楹，高不十仞，近则绰阜之陂陀、马鞍之崎崷，远则海虞之绵延、阳城之巨浸，与夫洞庭、阳山，朝光暮景，出没变化。凡为其宾客者，皆执笔而赋之矣，予独推本其名楼之意而为之记云。

至正十年十一月甲子，韦羌山人陈基敬初记。

诗

于　立

阑干曲曲倚晴晖，薄寒初尽春霏霏。风吹柳花涵芳泽，日出草树生光辉。白发老亲杯屡进，斑衣儿子玉成围。青天倒影明湖水，时有白云生翠微。

吴兴沈石

春晖楼者，吴郡顾君仲瑛就养读书之所也。仲瑛日与昆弟子姓奉卮酒为亲寿，临海陈敬初氏实记之。予不自揆，辄赋诗二首，或者歌以介寿仲瑛之志也。其词曰：

玉山之阳，延蔓萦纡。有屋层出，君子之居。入奉父母，出与弟俱。有琴有书，以钓以渔。瀼瀼流水，深则可载。英英白云，迩则不迁。维春有晖，维德不孤。及尔孙子，永言乐胥。先哲有训，有典有经。淑尔君子，仰止景行。我来自东，春日载明。曰未觏止，中心怦怦。亦既觏止，我心则平。仰尔父母，及尔弟兄。既和且煦，令仪令名。升堂拜母，式表交情。维木有椿，有蔚有紫。维草有萱，有苗有青。韡韡棠棣，有丛有生。有猗者兰，有烨者荆。有懿者德,有休者征。乐只君子,百福来并。

良　琦

君子娱亲乐宴游,傍花临水结飞楼。青山西峙云霞发,白日东生江汉流。鹤发垂垂似猴母,鸾笙袅袅接浮丘。愿持春酒相为寿,亦欲题诗到上头。

陆　仁

煦煦旭日,于赫明兮,被于群物,奕有光兮。既长既育,恩则滂兮,有翼层宇,子之宫兮。父母乐岂,式娱庆兮,以怡以恀,若春阳兮。春晖是名,志则臧兮,贻厥子孙,示于弗忘兮。

郑元祐

阳春有晖,泛在物表。寸草承之,不谓其小。春阳辉辉,彼草离离。区萌旁达,土膏斯腓。以区以萌,仰此春日。载茁其芳,载就其质。阳春斯溥,物意斯邕。恩齐覆焘,孰与之尚。诗人载歌,悉物之情。子于父母,恩莫与京。寸草春晖,兹云善谕。人非贞曜,意孰斯著。彼美君子,顾氏仲瑛。楼名春晖,结构落成。春晖之楼,花香竹色。瑛奉其亲,惟志是获。奉亲养志,在昔孔难。瑛娱其亲,潆醴具欢。温清室庐,和婉琴瑟。载色载笑,孝子爱日。山水清辉,在楼户牖。奉觞寿亲,红颜皓首。猗人之生,具庆实希。瑛得于天,载彩其衣。瑛衣采采,我诗沨沨。富寿是钟,乐与瑛同。

分题诗序

豫章熊自得梦祥

至正壬辰七月廿六日,予自淮楚来。于时道途被阻,虽近郡不相往来,独余以捌月达吴。凡相知者,莫不惊讶余之迂而捷也。越数日,即谒玉山主人于草堂中,而匡庐仙在焉。相与议论时务,凡可惊可愕、可忧可虑者不少。余乃曰:"于斯时也,弛张系乎理不系乎时,升降在乎人不在乎位,其所谓得失安危,又何足滞碍于衷耶?"玉山主人方执玉麈长啸,意气自如。时适当中秋之夕,天宇清霁,月色满地,楼台花木,隐映高下,是犹天中之画、画中之天。乃张筵设席,女乐杂沓,纵酒尽欢。同饮者,匡庐仙于立彦成、袁华子英、张守中大本。玉山复擘古阮,侪与胡琴,丝声与歌声相为表里,厘然有古雅之意。予亦以玉箫和之。酒既醉,乃以"攀桂仰天高"为韵,分以赋诗,诗成者五人,有兴趣者复模写一时之景,无不备矣。复画为图,书所赋诗于上,亦足以纪当时之胜。呜呼!于是时能以诗酒为乐，傲睨物表者几希，能不以汲汲载载于世故者又几希。观是图，读是诗者，宁无感乎？余则豫章熊梦祥也。

张守中得攀字

主人宴嘉客，置酒重楼间。明月当虚空，星斗何斓斑。清歌间丝竹，杂佩声珊珊。缅思风尘际，雅会良独难。欢笑尽今夕，不醉当无还。坐中松雪老，孤标出尘寰。浩歌复起舞，不为礼所闲。明发渡淮水，仰望不可攀。

袁华得桂字

玉山池馆何清丽，复道飞楼起迢递。微风过雨开新霁，素月流光照丹桂。松云老仙客淮济，翩然而来俄止戾。握手道旧嗟分袂，只余道路风尘际。美均匹马度江浙，抱关悍卒那敢睨。长裾曾向王门曳，主人爱客出高髻。冰弦象管歌声脆，金铜杯深酒频泥。不饮胡为叹淹滞，安得壮士目裂眦。扫荡群凶清四裔，汉室毋忘封爵誓。黄河如带山如砺，伫看偃武崇文艺，与子永结金兰契。

熊梦祥得仰字

行行别楚州，秋芜半莽苍。关河飐旌旗，令人心怏怏。礼乐百年间，于焉日凄怆。历此艰危中，别郡政劳抢。何由得清夷，复见桑麻长。故人居桃源，买得舟独往。坐我广厦间，薄言慰遐想。维此秋方中，桂月延清赏。连甍接层台，夜色亦萧爽。主人情更真，顿觉脱尘鞅。吴歈侑金樽，讴歌共抵掌。欢会亦可期，乐事非勉强。醉后下高楼，凉月犹在仰。

于立得天字

飞楼高倚玉绳边，两两青娥舞绣筵。北斗倒悬江动石，清秋不尽水如天。故人相见风尘际，此夜同看海月圆。明夕清光应更好，买花重上泛湖船。

顾瑛得高字

朱楼隔水渡飞桥，玩月张筵快酒豪。同向镜中看玉兔，恰如海上踏金鳌。影摇大地山河动，光射玄洲殿宇高。明夜中秋湖上去，更携红袖泛轻舠。

分题诗序

义兴岳榆季坚

至正庚子孟夏,黄鹤山人岳榆与相台翟君文中自吴城拏舟至海虞,复过昆山,访顾君仲瑛于草堂。值春晖楼前芍药盛开,重置酒楼上。是夕雷雨新霁,风日淡荡,赵善长折金带围一朵插瓶中,及以红白花擎绕攒簇。朱伯盛督行酒令,共集者七人,陈基、于立暨伯盛、善长先醉。仲瑛谓:"人事虽艰,天时自适,友朋盍簪,宁无一语以纪行乐乎?"遂取"红药当阶翻"一句分韵赋诗,赋者文中、仲瑛、子英并榆。得"药"字,诗成,为序其首。实四月十一日也。

翟份得红字

岸帻华池上,开樽芳径中。玉瓶分锦水,纨扇度香风。妆靓舞衣薄,娇姿妥云红。莫辞秉烛醉,妖娆偏恼公。

岳榆得药字

张筵池上楼,属咏阶前药。翠雨带烟浓,红云倚风弱。睠兹广陵情,慨彼溱洧谑。媚景当一酬,洗盏须更酌。

袁华得当字

春晖楼前春日长,绿阴满地鸣鹂黄。红紫纷纷逐流水,名花独殿馀春芳。粉容丹脸泫朝露,飞燕玉环双靓妆。天上故人官奉常,风流不减章台张。看花走马日倒载,五云坊西千步廊。抚时怀旧多感慨,每把新诗酬畅当。扬州金盘大如斗,兔葵燕麦迷空场。人生胡为不醉饮,直待两鬓飞秋霜。

顾瑛得翻字

灵雨沐霁景,初暾散朝喧。林莺哢馀春,砌药开当轩。泫妆露泥泥,舞袂风翻翻。流光不我迈,久怀迟君论。于以乐樽罍,于焉倾笑言。

雪　巢

白野达兼善篆颜：

雪巢

顾瑛春题：

花雨空青迷鹤梦　窗云虚白失鸥群

记 [1]

会稽杨维祯廉夫

雪一也，而苦乐之情异焉，何也？清也，寒也。寒者不知其清，清者不知其寒，此苦乐之情辨也。上古未有室庐，则民有橧巢而居者。至陶唐氏之世，尚有巢父之流以树为窟，与羽族同栖者。吾想其巢，当霰雪之集，与禾稼同冰，是有雪之寒、无雪之清者也。后世乃有借光于窦者，谓之雪窗。致爽于高者，谓之雪楼。而又有假屋于巢、假巢于雪者，谓之雪巢。是有雪之清、无雪之寒者也。吾所谓"雪巢"者，昆之片玉山人治其栖客之舍于梧竹堂之右偏者是也。山人之居高门悬薄也，而无华靡之习、炎赫之势，盖盛而能贫，腴而能清者也。则其名屋于巢、名巢于雪者固宜。虽然，居其清于主与客，主人接物之洁也。处巢于穷阴沍寒之际，一念之扩，衣吾衣，及人之卒岁无衣者，此又山人及物之慈也。余屡辱山人觞于巢，人固尚其洁已而接，而为慈为义者，或惧弗及焉。故因其请记而为之言，且使赋雪巢者不徒美于古人巢寒者也。山人为顾仲瑛氏，予李黼榜进士、会稽杨维祯也。至正十年十二月初吉书。

诗

郑元祐

太古有积雪，不在西蜀西。西蜀之西雪山远，斫冰千仞难攀跻。岂如界泾之上肃侯

1　此记文，底本字句错乱，据杨维祯《东维子集》及其他各本改。

宇,虚室生白皦如楮。正犹雪积太古前,表里空明湛中处。其处者谁世寡俦,纯净不涅缁尘羞。素履恒因积后见,冰清夜转银潢秋。遂拟巢居葛天氏,不在木末并山头。三辰借明启牖户,九霄排云通径路。昊天月明日将曙,螺盘盛得金茎露。借问修梁初举时,见者喜气盈眉芝。巢成定产九苞凤,我老为赋卷阿诗。

天台陈基敬初

至正十年十二月,积雪弥旬,玉山主人邀予与于匡山煮茗于雪巢,为赋煮雪窝。

草堂之仙人,隐居玉山陲。盗泉不肯饮,恶木不肯栖。就山为窝煮山雪,雪胜玉泉茶胜芝。煮以彭亨菌蠢之石鼎,燃以蹙缩拥肿之树枝。恍闻松风汹涌出涧壑,化作云气烂漫上欲干虹蜺。匡庐道士来会稽,嬉笑怒骂皆成诗。寻常一饮即一石,踏破瓮中皆醯鸡。不厌陶家滋味薄,却爱玉川文字奇,举碗猛吸如鲸鲵。悠然相对如宾主,窝中自来无町畦。乃知浑沌凿不破,纵使先天之子亦莫窥端倪。逍遥笑杀南华老,梦与蝴蝶随春迷。

附录:题桐花道人卷

巢之主人顾仲瑛

桐花道人吴国良,雪中自云林来,持所制桐花烟见遗。留玉山中数日,今日始晴,相与同坐雪巢,以铜博山焚古龙涎,酌雪水烹藤茶。出万壑雷琴,听清癯生陈惟允弹石泉流水调。道人复以玉箫作《清平乐》。虚室半白,尘影不动,清思不能已已。道人出所携卷,索和民瞻石先生所制《清平乐》词。予遂以紫玉池试桐花烟,书以赠之,且邀坐客郯云台同和。时至正十年腊月廿二日也。

石民瞻制

吴郎丰度,邂逅春城暮。暖日晴云花满树,恰似故人诗句。　　坐中翔凤飞霞,来寻弄玉仙家。说与江州司马,泪痕枉为琵琶。

顾瑛和

凤箫声度,十二瑶台暮。开遍琼花千万树,才入谢家诗句。　　仙人酌我流霞,梦中知在谁家。酒醒休扶上马,为君一洗筝琶。

湘云微度,六曲朱栏暮。帘外香飘梅子树,知有王孙索句。　　谁将琼管吹霞,柳花飞过东家。说与门前去马,断肠休为琵琶。

春草池

周雪坡篆:

古艸池

绿波亭

吴兴沈明远隶:

繹波亭

顾瑛春题:

远梦生青草　芳池看绿波

诗

匡庐于立彦成

我爱玉山人,结屋玉山里。窈窕接飞桥,逶迤带流水。东风入庭树,好鸟声嘤嘤。夜来过新雨,池塘春草生。客来坐闲亭,翛然媚幽独。俯槛见青天,荡漾波光绿。悠悠群鱼泳,渺渺孤鸥飞。鱼鸟亦有适,物我尽忘机。何人歌欸乃,经度前溪去。恐是武陵人,来向桃源住。

良 琦

桃溪绿水接深池,芳草如云护石矶。色映细帘春雨细,波明画舫夕阳微。最怜才子新成句,因忆王孙久未归。况有高亭更萧爽,日长留客看清晖。

袁 华

为爱玉山好,放舟玉山去。绿波亭边春草池,况据玉山最佳处。时当二月春正美,曲尘摇波草如绮。雨惊残梦未鸣蛙,风漾飞花见游鲤。大谢文章迥绝尘,江淹词赋亦清新。得句池塘怀别远,伤情南浦送行人。何如此亭乐赏适,石脚插入鱼龙宅。临流行酒水浮阶,俯槛鸣琴光照席。君不见山川极目楚囚悲,北望神州泪满衣。又不见昆明一夜飞劫灰,汉代衣冠委草莱。但愿无事长相见,春草池头日日来。

云门僧法坚

雪消春色满江沱,芳草纤纤覆绿波。最是高阳池上客,狂歌无奈醉时何。

亭前修竹净猗猗,烟暖沙头杜若肥。一夜雨馀春水涨,白鸥日日到柴扉。

天台僧至奂

为爱幽居好,清池近草堂。雨晴春澹沲,月白夜光芒。忆弟情何极,题诗兴不忘。只应无俗事,濯足向沧浪。

雁门文质

池上新亭好,凭阑引兴长。朝晖生草色,天影落波光。雨过凫鹥乱,春明杜若香。为怀江谢趣,清梦绕西堂。

陆 仁

回塘带兰薄,曲槛映朱甍。春雨夜初至,绿波池上生。游鱼荡清莲,细藻承落英。浩浩谢池思,悠悠南浦情。日夕澹无语,燕坐望寰瀛。

句吴周砥

风漪结兰汜,澄绿泛沄沄。似将杨柳丝,织成縠纱纹。浮影动疏箔,晴光霭微云。春草夜来长,萋萋绵夕曛。谢公久不作,寄怀良以勤。孰知后来者,亦足与斯文。

吴郡顾达

浮飙偃兰薄，飞烟生水涟。红沾雨花湿，翠侵衣桁鲜。翡翠晚迷径，蜻蜓酣倚船。援毫摅藻思，临流怀惠连。<small>右赋春草池。</small>

碧色涨春云，圆文生暮雨。稍平杨柳岸，已没鸂鶒渚。锦鳞唼萍游，兰棹隔烟语。曲栏倚东风，怀人渺南浦。<small>右赋绿波亭。</small>

天台陈基

眼明忽见此亭新，公子诗成思入神。坐爱清波千顷绿，梦回芳草一池春。每倾鹦鹉留佳客，欲采芙蓉寄远人。燕子不来秋色暮，倚栏无语独逡巡。

金华王祎子充赋来芳辞二章

有美人兮玉山之下，褰好修兮乐逍遥以容与。采众芳兮中洲，洲有杜若兮有药在渚，药为房兮杜若为户。芳菲菲兮袭予，羌独立兮其谁与处。我怀美人兮欲往从之，水波深兮使我延伫。

玉山之下兮有美一人，我之怀子兮匪秋伊春。水波兮孔深，涉波从子兮子宜我亲。遗我兮幽兰，报子兮绿蘋。嗟夫人兮混浊，惟子兮夫谁与伦。愿岁晏兮为期，毋相忘兮水滨。

分题诗序

吴兴沈明远自诚

玉山顾君仲瑛乐游好奇，闻吴兴山水清远，尝放舟过予水竹居。每与登何山、泛玉湖，辄尽兴而返。间语予曰："子安于乡土，山光水色日接于心目，固可乐也。抑岂若予来游观之为乐欤！"今年暮春，予过吴，舍于法流水所。仲瑛闻予之至，遂入城府相见，剧谈数日而去。秋八月十又四日，仲瑛复以书致予曰："当此秋高气爽，玉山中能来一游？"及予来时，龙门琦元璞开士先至数日，已遂握手入西园，历览清胜。是夜，月魂既满，凉空一碧，天香水影交映上下，殆非人间世。仲瑛乃张乐置酒于湖山楼。酒半，移席绿波池上。同席者，会稽王德辅、从子伦，仲瑛之季晋道。仲瑛命小琼华调筝，南枝秀倚曲，举杯属客曰："人生会合不可常，今夕之饮可不尽欢耶？"去年兹集，如山阴道士于彦成辈，今皆在天外，虽欲同此乐，邈不可得。乃以"银汉无声转玉盘"分韵赋诗。元璞得

"银"字,德辅得"汉"字,仲瑛得"声"字,余得"无"字。不成者,罚酒一觥。明日,诗成卷,俾予为小引云。余则吴兴沈明远,时至正辛卯中秋日也。

释良琦元璞

今宵白月满孤轮,大地山河无一尘。天上分明瞻玉兔,水中清切见冰鳞。横箫度曲声初转,剪叶分题意更新。却忆年时同会者,相思直欲鬓如银。

王濡之德甫

丹桂发天香,凉月正秋半。开筵绿波上,杂佩微风散。清光丽飞阁,明波溢长岸。纤歌珠露零,妙舞绮霞粲。于焉接觥筹,况乃富辞翰。赏适靡预期,急景无留玩。胡为羁尘鞅,高情邈云汉。

沈明远自诚

此夜玉山月,清光无处无。池台带秋水,风露在冰壶。翠袖歌相并,金樽兴不孤。厌厌醉忘返,落叶响高梧。

顾瑛仲瑛

据床看月月华明,水气浮空夜气清。蜃阙珠宫寒作市,银盘玉露静无声。芳筵累吸杯中物,彩凤双吹树底笙。不见山阴狂道士,相思只在越王城。

口占诗

良　琦

去年春,予与玉山主人避难于霅上,家之旧藏书画多失去。今年二月,予自松陵放舟过玉山中,时芙蓉渚之轩新成,主人与予登眺其上,洗人心目,不觉神情畅然,与去年难中之时不同也。及观所补诗卷,因漫制云:

避地去年因共难,临池今日喜同闲。晴沙草接春帘外,落日鸟鸣芳渚间。诗卷一朝归赵璧,野亭百里见吴山。已知金粟真成隐,约我钓船长往还。

玉山次

去岁一春同作客,今朝相见各各闲。亭开翠柳红桃外,鱼跃绿波春草间。自笑渊明居栗里,也随惠远入庐山。何当共下吴江钓,出向船头话八还。时予舍俗,元璞住于吴江之无碍寺，故云。

夜坐口占

缪　侃
夜凉团坐绿波亭，月色荷风户不扃。自喜清狂如贺监，移文休诧北山灵。

顾　瑛
虚亭月色不胜寒，况坐绿波亭上看。啼断候虫秋寂寂，好怀正在曲栏干。

记

予家玉山中，亭馆凡二十有四，其扁题卷皆名公巨卿、高人韵士口咏手书以赠予者，故宝爱甚于古玩好。今年春正月，兵入草堂，书画皆长物。夏四月，有军士数百持戈突来，索予甚急。时予与累辈尚在舟中，由是获免，然不知其故。后三日，始知为不义者见诬。及归草堂，而诸卷皆为之分掣而去。每与汝阳袁子英叹诸友手泽不可复见。秋八月，予欲谢世缘而无策，不免削发作在家僧。一日，通守冯秉中下车问讯，茗供之馀，游观诸所。谓予言曰："君家诗卷向为军士持去，予知君好事，皆为君收得之，明当奉送。"不数日，囊贮七十馀卷以归。点检诸亭馆卷中，惟"柳塘""绛雪""绿波"三卷不在焉。呜呼，物之聚散岂偶然哉！向之大变而无所失，忽罹细故，皆星散而去，又得贤守于众手中豪夺以归，使吾之馆愈增其颜。然不可独三亭馆处寂寞也，暇日与袁子英、马孟昭分补，各书一卷。予得此卷，以前书抄为续卷，因纪其得失云。时丙申岁己亥月庚申日，顾瑛书于绿波亭。

右此卷，癸酉人日录，迟至上元前一夕灯下毕。杜邠在长松馆记。

玉山名胜集卷三

钓月轩

京兆杜本伯原隶颜：

釣月

顾瑛春题：

月华中夜满　云影一丝悬

诗

蜀郡虞集伯生

方池积雨收，新水三四尺。风定文已消，云行影无迹。渊鱼既深潜，冰华晚还出。幽人无所为，持竿坐磐石。

柯九思

谈笑从吾乐，相过罢送迎。凭栏看月出，倚钓待云生。蝶化人间梦，鸥寻海上盟。轩居总适意，何物更关情。

张天英

武陵溪头月初上，四边玉树凉晖晖。片石如云我独坐，一雨满池鱼欲飞。清童能唱白凫曲，老夫醉卧青蓑衣。严陵千古不可见，但见客星朝紫微。

于　立

夕息西轩阴,颇惬濠上景。持此明月钩,投竿钓清影。流萤飞暗度,幽鸟栖还警。游鳞亦复来,露下芙蓉冷。

良　琦

明月不可钓,流泉仍至音。天高云与薄,石古树微阴。岂独忘尘虑,亦复散冲襟。翛然濠濮趣,契我幽人心。

袁　华

释耕山中云,坐钓溪上月。仰看白玉盘,下浸紫贝阙。

陆　仁

积雨水平矶,钩帘月上衣。照见珊瑚影,兰苕翡翠飞。

李　瓒

空钩意钓,不在鲂鲤。我心清明,月华堕水。

陈　基

开轩得新月,褰衣涉芳沚。我意不在鱼,投竿聊尔耳。素娥一何好,娟娟映秋水。重惜此流辉,徘徊殊未已。

郑元祐

籫竹裁竿拂袖青,山河影里夜亭亭。坐干草际沾衣露,制得波间在罶萤。巨鳌可应投贝阙,长丝便欲系天经。清光照彻磻溪叟,方看霓裳舞广庭。

陈　基

雨止玉山静,天澄华月新。临流敞画舫,投竿垂素缗。绮席接芳宴,清言款嘉宾。秉烛林喧鸟,鼓琴波出鳞。乐只永清夜,陶然适天真。厚意谅莫酬,鄙词聊复陈。

张　翥

至正十年八月十九日,予以代祀海上,还抵吴门,仲瑛宴于草堂行窝。时坐客能诗者九人,以玉山佳处之亭馆分题赋诗。予得钓月轩,乃为纪小引,并赋长句以别。后夜毗陵倚舟,望姑胥有玉气如虹熊然上腾者,必吾草堂诸诗之光焰也。复赋五言十韵以寄。它日过玉山,当为一亭一馆赋之。

明月出沧海,照见玉山东。山人美良夜,雅集草堂中。飞觞泛零露,妍唱引流风。秋声度莲叶,花光涵桂丛。侧闻界溪上,有室回冯空。水花拂竿缕,波影濛窗枕。委金忽零乱,沉魄更冲融。沙禽惊欲起,渔灯翳复红。夫君岂钓者,乐与在濠同。予怀寄遐赏,清吟殊未终。

秦　约

华月初垂野,寒光已射衣。欹竿鱼避钓,鼓枻鹊惊飞。海近江流合,天空夕籁微。遥应歌窈窕,取醉竟忘归。

黄　玠

床头书簏似筡箐,渔父沧浪寄此生。临水卜居聊远俗,垂竿欲钓已忘情。明时我自知鱼乐,今夜谁同看月明。千古羊裘一男子,不贪禄位得真名。

分题诗序

轩之主人顾瑛

至正十年七月初五日,琦龙门过玉山留数日,将泛兰陵之舟而未果。十二日,起文高先生雨中见过,复留周旋。是日饮酒钓月轩。秋暑乍退,雨止复作。龙门以"旧雨不来今雨来"分题,余得"旧"字。诗成者五人。

顾瑛得旧字

秋暑困人如中酒,凉雨凄风忽相逗。阶下决明花正鲜,池上芙蓉香欲瘦。山人欲归不得归,西夏郎官却相候。当轩不复问寒温,群口夸诗如健斗。秋娘起拂红绡袖,素壁看题今已旧。旧雨不来今雨来,故交那在新交右。坐听飞溜落虚檐,似与冰弦声合奏。清欢欲纪文字会,长席还当陈俎豆。人生有酒不为乐,何异飞蚊聚昏书。玉山醉倒稽叔夜,紫芝光浮元德秀。君今此行良不苟,请君一觞为君寿。风帘官烛暗秋屏,归期已在黄昏后。

于立得雨字

七月凉飙初破暑,秋声萧萧在庭户。清秋故人忽见过,契阔有怀何足数。西夏郎官好词翰,中州美人妙歌舞。悬知野衲解谈天,况有仙人能噀雨。金刀削翠藕丝长,绿房破茧莲心苦。诗成脱颖或有神,酒令分曹聊可赌。殷勤素手累行觞,潇洒清谈借挥麈。纷纷市上聚蚊儿,昌黎先生唾如土。

良琦得不字

七月已徂暑,炎气忽蒸郁。凉风飒然至,清风亦披拂。翳翳西轩下,青桐照瑶席。欣言置樽酒,雅歌杂琴瑟。高适适远到,照眼冰玉质。及门雨满袖,言笑春盈色。落落痴绝者,云梦在胸臆。纾辞丽天藻,赋诗夺锋镝。赤松脱世鞅,思远缚禅律。终惭山泽癯,游从接文物。人生易契阔,岁月亦飘忽。良会既非偶,为乐岂云不。明当荡兰桨,归隐山中橘。相思独回首,秋江玉峰屹。

昂吉得来字

经年不见顾征士,长忆花前共举杯。一路凉风吹酒醒,满船秋雨载诗来。陌头杨柳参差见,池上芙蓉取次开。独立水光山色里,双双白鸟忽飞来。

顾衡得今字

幽人结屋在溪浔,新雨满窗凉满襟。翠竹隔帘浮玉气,碧梧当槛护秋阴。佳人倚瑟歌频发,狂客分诗酒累斟。待取月明移席醉,西风华发古犹今。

芝云堂

吴兴赵孟頫子昂篆颜:

顾瑛春题:
云蒸瑞气芝三秀　风动天香桂一枝

记

郑元祐

昆山东濒海，在吴属邑独以产石知名海内。地志谓：山旧尝产玉。玉出河源万里外，而谓玉产是山，其信否？不可知也。然今产石而不及玉，其孚尹秀淑之气，宜有人焉得之。邑良士秀民非无有也，然为农而乐于田里者，或失之朴。为士而攻于文学者，或失之凿。工贾末业不齿焉。若夫精于士习而不凿以求异，安于田亩而不朴且鄙，惟顾仲瑛氏见之。顾于吴为著姓，自吴丞相雍以下，代有其人，至仲瑛之前人家界溪。溪望昆山裁十里许，其出云雨、蒸烟岚，近在目睫。仲瑛家于是盖累世矣。内附后，倜傥非常之人乘光岳之气，依风云之会，往往自致青云之上，于是仲瑛之大父洎其诸从父，皆纡金拖紫，贵显赫赫。使仲瑛少发其所蕴，出为时用，高可为名卿，次不失齿诸父。顾方读书绩学，临帖赋诗，堂序几案间，列三代彝鼎、六朝唐宋人书画，觞酒为寿以侍其父母。且筑室于溪之上，得异石于盛氏之漪绿园，态度起伏，视之，其轮囷而明秀，既似夫天之卿云。其扶疏而缜润，又似夫仙家之芝草。乃合而名之曰"芝云"。遂以其石树于其读书之舍后，因以名其堂。夫卿云、芝草，世以之为瑞矣，然云气之聚散、芝草之荣悴，岂能久而不变哉？惟士君子积其所学，尊其所闻，孝行著乎闺壸，德业彰乎里闾，推是美也，譬之珠与玉焉。玉之蕴石，珠之在渊，其光气自有不可掩者，吾知仲瑛蜚声腾实，夫岂久淹于吴下者？其为名卿而继诸父有日矣。幸先以余所言镌诸芝云石上，异时与彝鼎旂常并为不朽矣，夫岂卿云、芝草之谓乎？

至正元年龙集己丑秋八月乙巳，遂昌郑元祐明德记。

诗

张翥

凤丘三秀昙华盖，何年遗得自茅君。未试仙家煮石法，置之铜盘生紫云。

吴克恭

朝来采三秀，怡之三素云。持归有玉气，疑是故羊群。泠泠合浮磬，磊磊辨奇文。莫制飞仙佩，留奉陶征君。

于　立

玄洲种玉法，传自华阳君。夜发五色气，朝凝三秀云。灵液滋灌溉，浮英结氤氲。忽闻笙磬响，扣洞得玄文。

袁　华

堂阴有奇石，如芝复如云。望云怀友生，采芝招隐君。

陆　仁

芝云被灵石，朝气承宇清。酌彼仙掌露，为君寿长生。

郑元祐

仙家芝草烨五色，海日一照蒸成云。结为楼观霄汉上，千门万户春氤氲。斑龙误骑有谪籍，云旂夜下星宫君。忽焉堕地变为石，昆吾有刀切不得。鏊岩高处翠涛积，卿云轮菌瑶草碧，永销金粟仙人宅。

勾吴顾敬思恭

一室林间绝埃氛，九茎当户秀芝云。好风昼日便清梦，莫使人书白练裙。

秦　约

海上金银坞，朝暾散景迟。春明一拳石，云护九茎芝。玉气腾深谷，虹光射曲池。何当祠太乙，采采候灵旗。一作"何当供服食，采采候安期"。

张九可小山

奇峰移自漪绿苑，盘盘囷囷玉联娟。煮而食之可延年。仙翁御气飞上天。

昂　吉

漪绿园中石一拳，千金移得置堂前。望中云气生芝草，春在仙人种玉田。

黄　玠

石如芝草亦如云，清气时兼紫气新。顾我歌辞非汉代，看君眉宇似唐人。尚疑古璞犹藏玉，何愧灵犀解辟尘。莫是暗中裁剪得，一杯可酹薛娘神。

周　砥

芝云主人绝萧散，燕坐草堂门不扃。古鼎隔帘香袅袅，新篁拂几玉亭亭。十年苦思耽书卷，三日清斋写道经。邀我醉眠书画舫，月明吹笛看云汀。

周　砥

至正壬辰九月十有一日，予访玉山主人于芝云堂，观向所题诗，倏已经岁，抚事有感，重赋四言一章。

烨烨紫芝，英英白云。被彼灵石，置我堂阴。允矣为瑞，蒸然为霖。天地委和，钟此何深。君子致之，德音孔任。鹿鸣在涧，鹤舞在林。零露沾衣，清风肃襟。挹此三秀，怀此无心。有居容膝，有朋盍簪。饮酒乐胥，式歌且斟。含和茹醇，古也匪今。予岂混浊，历兹崎崟。归哉归哉，商山之岑。

分题诗序

于　立

至正十年七月六日，吴水西琦龙门偕陇西李云山乘潮下娄江，过界溪，诗来道问讯，玉山主人命骑追还草堂，晚酌芝云堂下。露气已零，微月在林树间。遂以"风林纤月落"分韵赋诗。惟李云山狂歌清啸，不能成章，罚酒三大觥逃去。

诗成者三人。

于立得风字

广庭清夜饮，秋夜起寒虫。香浥花间露，凉生叶上风。金樽深对月，绿酒净涵空。两两纤歌罢，星河忽已东。

良琦得林字

金气生凉清夜静，银河垂地绿烟沉。庾公月下兴不浅，宋玉秋来愁已深。自爱芙蓉当席好，可怜蟋蟀近人吟。东行万里题诗遍，遮莫霜凋枫叶林。

顾瑛得纤字

空堂清饮夜厌厌，坐久情深酒屡添。龙气当天河鼓湿，翠痕浮树月钩纤。梧桐叶落鸣金井，络纬声多近绣帘。我欲分题纪良集，诗成还慰老夫潜。

诗不成者二人，各罚酒三觥。

顾 瑛

至正十年秋七月十有三日，起文高先生自姑苏泛舟携酒肴过玉山，会饮芝云堂上。座客于匡山、琦龙门相与谈诗，亹亹不绝。酒酣将半，龙门分"蓝田日暖玉生烟"为韵，予探得"蓝"字。坐无长幼，能诗者咸赋焉。诗成者七人。

顾瑛得蓝字

高堂正在玉山南，竹色梧阴积翠岚。秀结紫芝云作盖，光生珠树玉如蓝。每劳飞鸟花间使，时有翔鸾月下骖。客至酒尊聊剧饮，僧来麈尾听清谈。行杯长待纤歌发，分韵还将险字探。佛印固知元九九，文殊何必说三三。莫忘石上三生约，且尽山中十日酣。当槛荷开香屡度，隔床花落雨同龛。鹿门何处真成隐，鸡舌他年自可含。送别江亭折杨柳，西风应愧雪盈簪。

于立得田字

虎头之孙痴且贤，结构颇近娄江边。尔翁种德贵有后，之子积学才无前。堕地明星忽为石，凿山种玉时生烟。传书青龙度云海，听经白鹤留芝田。时时分题写竹下，日日置酒迷花前。西夏郎官富文采，龙门上客多诗篇。红莲过雨凉气合，金粟倒影天香悬。千军笔力付一扫，长柄麈尾谈重玄。唐诗晋帖两清绝，吴歌赵舞双婵娟。知君相顾最青眼，念我未老先华颠。漫如长头好问事，只有赤手张空拳。白云山中月似水，鉴湖亭畔波涵天。今朝且作千日醉，住世曾结三生缘。人生聚散等萍梗，握手为子心茫然。

昂吉得日字

凉风起高林，秋思在幽室。维时宿雨收，候虫语啾唧。池净荷气凉，鸟鸣树阴密。主人列芳筵，况乃严酒律。客有二三子，题诗满缃帙。双双紫云娘，含笑倚瑶瑟。清唱回春风，靓妆照秋日。人生再会难，此乐亦易失。出门来忽别，露坐待月出。

良琦得暖字

饮酒以行礼，百拜意何亶。乃知古人心，为乐戒盈满。贤哉玉山士，芳筵列华馆。杯行言色温，乐奏诗音缓。清歌起兰风，素手薇露盥。莼滑入鲙丝，冰寒凝金碗。泄泄父子乐，欣欣众宾衎。山水况在眼，鱼鸟共萧散。颜瓢日屡空，孔席不暇暖。愧兹林泉者，饱食事疏懒。诗成月已出，竹院门可款。清欢不知终，秋宵一何短。

顾衡得玉字

今日新雨霁，山光净如沐。晚香浮水花，秋声在庭竹。高堂张绮筵，谈笑皆雍穆。兴酣杂觥筹，诗成灿珠玉。清时多遗才，白驹在空谷。今者不为乐，逝者良不复。呜呜咽洞箫，袅袅度清曲。更待明月生，金尊照醽醁。

顾进得生字

石根云气暖，坐看紫芝生。诗酒共为乐，竹梧相与清。仙人同跨鹤，玉女对吹笙。过雨添凉思，停杯待月明。

诗不成者三人，各罚酒一觥。

徐彝得烟字 [1]

落日荷花颜色鲜，满溪秋水不生烟。更留诗思明朝尽，十里南湖泛酒船。

汝阳袁华子英

至正庚寅秋七月廿九日，予与龙门山人良琦、会稽外史于立、金华王祎、东平赵元宴于顾瑛氏芝云堂。酒半，以古乐府分题，以纪一时之雅集。诗不成者，罚酒二觥。予汝阳袁华也。

袁华赋门有车马客行

门有车马客，绣毂夹朱轮。玉鞍光照路，翠盖影摇春。高堂翼翼云承宇，燕蹴飞花落红雨。升堂酌酒寿翁媪，吴娃歌歙楚女舞。愿翁多子仁且武，执戟明光奉明主，明珠白璧何足数。

顾瑛赋山人劝酒

龙门山人，会稽外史。颜如红桃花，貌若赤松子。秋风西来云满堂，天香散落芙蓉床。手持青莲叶，酌我荔枝浆。荔枝浆，荷花露，绿阴主人在何处。算来三万六千日，日日春风浑几度。山人歌，山人舞，山人劝酒向我语。不见辽东丁令威，白鹤空归华表柱。归去来，在何处，青山楼阁相逶迤。碧桃四时花满枝，花间玉笙鹅管吹。老仙迟子商山下，商山玉泉生紫芝。归去来，毋迟迟。

1　此诗底本无，据其他各本补。

于立赋短歌行

白日苦易短,百岁良非长。今日花间露,明朝叶上霜。黄河无停波,浩浩入东海。弱水隔神山,灵药何由采。羲和总六辔,苍龙挟其辀。回车谒王母,蛾眉生素秋。虞渊沉暮景,忽在扶桑颠。孰知青天上,年年葬神仙。樽中有美酒,潋滟浮春香。调笑青霞侣,婵娟紫云娘。今日不饮酒,奈此白日何。来者日益少,去者日已多。太极那能穷,浑沌不可补。不如醉向人,一息同千古。谁云刀圭药,可以养人骨。天运未可期,且尽杯中物。

诗不成者三人,各罚酒二觥。

堂之主人顾瑛仲瑛

予与杨君铁崖别二年矣,庚寅嘉平之朔,君自淞中过予溪上。适永嘉曹新民自武林至,相与饮酒芝云堂。明日,铁崖将赴任,曹君亦有茂异之举,同往武林。信欢会之甚难,而分携之独易,安可不痛饮尽兴,以洗此愤愤之怀?因以"对酒当歌"为韵赋诗,成诗者四人。

杨维祯赋对字

穷冬积繁阴,快雨不破块。问途玉山下,系船桃溪汇。主人闻客来,把酒欣相徕。窈窕双歌声,婵娟两眉黛。谈笑方云云,妍媸各成态。忆昔献策时,日炳重瞳对。下马宴琼林,官桃出西内。俯仰三十年,同袍几人在。明当理行舟,天远征鸿背。那能事繁剧,晓出星犹戴。行当谢冠冕,归理山阳耒。

曹睿赋酒字

玄冬天气佳,野水碧如酒。扁舟发吴门,夜泊浣溪口。缅怀玉山人,间者阔何久。登堂问寒暄,况复得良友。佳人发清唱,春色动江柳。荧荧灯烛光,饮剧意称厚。人生苦别离,胜集固不偶。出门夜何其,仰见参与斗。明朝隔烟霞,相望一回首。

于立赋当字

岁宴霜雪集,沃野阴茫茫。客从何方来,紫马青丝缰。主人重意气,把手登高堂。厌厌长夜饮,耿耿华烛光。纤歌间屡舞,急管催清觞。诗成神与助,愁多酒能当。今日不为乐,逝者殊未央。明当理行舟,云帆逐风飚。吴山春似酒,西湖水如霜。出门一长笑,白雁东南翔。

顾瑛赋歌字

江空暮云合，岁晚冰霰多。佳人美无度，严装径相过。夜宴芝云馆，明发玉山阿。繁声落虚溜，急袖翻回波。客有子曹子，调笑春风歌。歌终易离别，别去愁蹉跎。相思梅花发，不饮当如何。

嘉宴序

秦 约

至正龙集壬辰季秋廿有二日，玉山顾君仲瑛张筵合乐于芝云堂上。时从子元佐以武功平贼，由昆山节判而归，良用亦由京师袭漕运千户而至。蝉联簪组，交辉迭映，乡闾宗党莫不夸诩顾氏之盛焉。而仲瑛慨念门第之既兴，积累之不易，于是会其宗族朋友，燕饮而娱悦之，一以敦亲戚爱敬之情，一以申戒饬劝勉之辞。曰乐曰和，不亵不狎，深得古人饮酒行礼之意焉。而约亦预献酬之列。酒既半，乃扬觯起而言曰："先王制，为饮食以通上下之情。粤自周礼沦坠，古道益远。逮乎秦汉，虽公卿之间，其平居暇日或得一燕会者，非酺令之开，则莫之敢。而况生熙洽之世，际文明之运，出无跋涉之劳，居有燕赏之适。从容言笑，樽俎款洽，日得以享亲戚故旧者，不其幸乎？诸君抱瑰异之才，羽仪天朝，戮力王室，且有日矣，宁不各奋励焉？《礼》曰'于旅也语'，其是之谓乎？"座客有匡庐于彦成、义兴岳季坚、汝阳袁子英、河南陆良贵，皆即席赋诗，以纪斯会。仲瑛俾予诠次其端，复俾良用绘为图，故不辞而为之序焉。淮海秦约书于玉山草堂。

诗成者凡六人。

顾 瑛

玉山九月界溪浔，旭日朝开椿树林。门前子侄归下马，堂上亲朋来盍簪。吾侪见面未白发，汝辈报君当赤心。举座称觞起为贺，烂醉不辞清夜深。

陆 仁

有吴醴陵之故家，乃在东昆之西界水涯。平原漫衍土壤沃，洲回渚曲龙盘拏。峩峩第宅切云起，植以榆柳交相遮。骈枝接叶蔽户牖，大者合抱如星槎。连林郁苍带烟雾，鹊巢鸠乳飞慈鸦。中有园池广十亩，架岩凿谷开谽谺。春风着花烂濯锦，秋风落叶红于霞。鸡鸣犬吠自旦暮，桃源未须觅胡麻。生祥下瑞天所念，石上瑶芝秀金葩。有鲂可羹鲤可鲙，有雁可弋兔可罝。上堂愉愉奉甘旨，下堂雍雍手拱叉。阿翁素期鹿门隐，阿母笑坐缑仙车。诸郎翩翩立庭下，麟角振振兰苗芽。家僮聚食一万指，食时鼓钟闻考拸。

荷锄载耜集垄亩，是获是刈歌呕哑。秋登告成筑场圃，黍稷粱稻同河沙。东南大姓谁比数，玉山之人美匪夸。六瑚八簋宗庙器，五色缲藉璧不瑕。威仪雅同江左谢，况复好礼弗侈奢。征求屡多郡府役，茧丝牛毛事纷华。日犹庖丁得肯綮，迎刃节解孰敢诃。诵书读诗足暇逸，黄帘白日悬签牙。长时哦吟弄觚翰，宣城水曹与之差。时秋九月霜未降，紫萸斑斑菊始华。张筵华堂冠盖集，亲朋怡冶情孔嘉。阿咸官归映联璧，并骑蹀躞黄毛骃。爱之犹子重诫饬，谓勤王事禄则加。虎符金章赤丝组，欗力回切，木器，亦作罍。贝紫玉鸿珂□。圣朝恩渥岂易致，丈夫有才为国华。称觞献酢众乐作，笙笛瑟筑间筝琶。熊蹯豹唇味毕具，笾豆脩脯罗糜䴵。坐中上客拟毛遂，亦有辨士如田巴。吴姝起作七槃舞，停鸾翔鹄整复斜。主人投辖客畅饮，既醉啜以龙团茶。珠斗阑干夜将曙，桦蜡金莲笼绛纱。古云人生行乐耳，白发毋令垂鬖髿。风埃南国星纪暮，百年欢会能几何。我歌行苇为君寿，感君气谊增猗嗟。谓子不信如此酒，愿君寿考子孙多。神之听之降福遐，神之听之降福遐。

勾吴著姓，比古为多。然好尚不同，不失之侈，则失之俭；不失之鄙，则失之迂。出乎此，必入乎彼。未有若玉山顾君仲瑛者，好文而尚礼，好贤而尚义，不侈不俭，不鄙不迂。承具庆之乐，子孙彬彬，如日之方升，如兰之方苗，雍容闲雅，逍遥丘园，诵书读诗，冲然而有德。居乎界水之上，祖宗世泽，亦既三百馀年矣，不其盛乎！然至玉山而益昌，纡朱曳紫，代不乏人。至正辛卯秋九月廿二日，宗族从子翼之氏、仲渊氏适拜官归，玉山遂会亲戚故旧于芝云之堂，行酒献酬，动有礼容，言相劝勉，不娱不傲，深有古人行苇伐木之情。既酒半，玉山赋四韵诗一首，出以言：事君必尽其忠。入以言：事亲必尽其孝。蔼然忠厚之气，形诸歌咏，益以见醴陵世泽之弗艾，且将大有用于时也。坐客咸赋诗，而淮海秦君文仲为之序。予遂述其事，赋长句以答玉山，以纪所集云。河南陆仁书于芝云堂。

袁 华

言言昆丘，丹崖翠壁，复立如削钱，云气直与阳城连。阳城汗漫百里间，汇于界浦东驰遥遥入海不复还。醴陵有孙居其上，族大而蕃衍。湖山郁盘在屋之左右，乔木合抱高插天。玉山人，种德知有自，宅此乐土三百年，宜尔子孙振振英而贤。至正壬辰春，海寇肆剽掠，放舟来抵娄江边。犹子佐也有胆气，援剑斫贼首。拜君命，承君恩，赐以白金之碗，挟以五色云锦光鲜妍。冠盖塞闾里，入门下马意气何飘然。仲也袭官自幽燕，一朝同归拜堂下，虎符赤组照耀双龙泉。玉山人，张华筵，吴歌赵舞，修眉连娟。撞钟考鼓声藟藟，锦衣彩服，杂遝后先。维伯仲氏，称觞献寿玉山前。玉山人，笑且言。致君尧舜上，况汝未华颠。戮力王室尽忠孝，尔曹尔曹当勉旃。主客就醉，屡舞蹁跹。玉绳低转，银河悬颠。各保令名请勿忘，角弓嘉树篇。

于　立

九月肃霜秋杲杲,置酒高堂对晴昊。阿咸联翩拥冠盖,满堂宾客皆倾倒。我昔句吴为客初,两家兄弟知名早。颇学操瓠弄词翰,伯氏差长仲氏好。于今俯仰二十年,尔正峥嵘我衰老。伯也为官能杀贼,拔刀揽辔无难色。今年部粮入城去,走马归来江上宅。仲也承家有门荫,三年去作燕都客。一朝赤绂照金符,万里鲸波浮大舶。叔氏有言咸尔听,莅事事君忠且敬。男儿际遇自有时,爵位崇卑非所病。况兹历运际昌期,宰相良明天子圣。稍待风尘靖四方,看汝飞腾霜翮劲。即今座客皆贤才,商彝周鼎联琦瑰。岂无诗章压鲍谢,亦有赋颂夸邹枚。吴姬清歌赵姬舞,凤笙鸾管声相催。古来贤达尽黄土,嗟我不乐胡为哉。主人劝客客复说,请君试看天边月。此夕清辉满意圆,明夜孤光还渐缺。世间万事岂有常,人生会少多离别,但愿无事长欢悦。

岳　榆

玉山九月霜未寒,珊瑚碧树青琅玕。红蜡光摇绛绡幕,铜龙露滴珍珠盘。高堂置酒宴宾客,侃侃子弟咸衣冠。有仲字渊伯字翼,起舞为寿承君欢。伯也执辔力如虎,去年斫贼娄江干。仲也归来有父荫,万里漕粟轻波澜。赤符碧碗相照映,青丝紫马双金鞍。举觞逡巡次第起,翠香暖影红团栾。座中宾客谁最旧,旧者在前新者后。笑谈气岸干斗牛,挥毫落纸龙蛇走。森森子弟尽贤才,大贝南金耀琼玖。紫檀之槽玉奴手,云和妙曲琼英口。人生如此乐无有,主人劝客客长寿。主人亦尽杯中酒,岁岁年年康且寿。

秦　约

禹贡扬州域,吴藩沧海边。舟车通货殖,生齿匝庐廛。王化由来被,文风久已宣。衣冠夸巨族,人物尚名贤。雨露栽培厚,乾坤覆帱全。流芳何衮衮,积庆正渊渊。丞相勋庸著,参军学术专。蝉联知赫若,玉立骇森然。芝箭翘葩丽,琅玕擢秀鲜。高堂云翼宇,闳阁日忘年。邃道凌垠堮,雕楹带曼延。木蕖开步障,园菊散连钱。燕坐神超俗,端居思欲仙。悬签书万卷,曳履客三千。翁媪颓颜好,儿孙绿鬓妍。鹡鸰昆弟念,瓜瓞本支绵。陈纪星犹聚,姜肱被共眠。承家仪范在,具庆画图传。从子尤才俊,能官孰比肩。武功行论赏,漕挽看腾骞。燕飨来琼佩,公卿列玳筵。瑟笙调静好,几杖御安便。登俎陈熊腊,堆盘斫鲙鳣。貂裘明雪积,宝玦粲星躔。新渥膺殊锡,重门拥曲旃。绣围花作阵,缥色酒如川。钟爱推符朗,怜才表谢玄。韝鹰金络索,馨马锦鞍鞯。绛节神州远,丹心魏阙悬。恩荣圭组重,补报鼎彝镌。爱尔辋川墅,惭予杜曲田。高情深缱绻,嘉宴浃周旋。载咏宾筵什,仍歌行苇篇。威仪申抑抑,告诫复惓惓。宗邸劳谦吉,乡闾揖让先。奋飞思感激,容易念回邅。貔虎方成穴,鸾凰不受鞭。虹光腾碧峄,玉气烛苍烟。把炬酣清夜,摛词绚彩笺。座称居士带,门泊孝廉船。懒性从迁拙,微生果弃捐。遗才宜慎简,聘帛会联翩。种种头颅白,堂堂岁月迁。遭时未迟暮,抚景且留连。忧国孤忠炯,怀人百虑牵。栋梁收杞梓,埏埴贵陶甄。敢倚文如海,宁论笔似椽。要当除宿莽,还拟采芳荃。岸帻瞻湘汉,褰帷想冀燕。兹辰纪良会,剩语为冥诠。

顾 瑛

是日,秦淮海泛舟过绰湖,向夕未归,予与桂天香坐芝云堂以伫之。堂阴枇杷如华,烂炯如雪,乃移席树底,据磐石,相与弈棋,遂胜其紫丝囊而罢。于是小蟠桃执文犀盏起贺,金缕衣轧凤头琴,予亦擘古阮。嗌子虽切,撮口也。酒甚欢,而天香郁郁,有潜然之态。俄而淮海归,且示以舟中所咏,予用韵以纪乃事云。

玉子冈头秋杳冥,石床摘阮素琴停。枇杷花开如雪白,杨柳叶落带烟青。每闻投壶笑玉女,不堪鼓瑟怨湘灵。酒阑秉烛坐深夜,细雨小寒生翠屏。

可诗斋

京兆杜本伯原隶颜:

可詩齋

顾瑛春题:
正声存大雅　古调有遗音

跋隶字后

清河张天英楠渠

科斗废而大篆作,六书之文日章,三苍之篇以著,不过欲适乎义而已。隶书非古也,盖出于斯。邈小篆之捷,即今之八分,古之真书也。或曰王次仲变颉文为隶,又曰齐胡公桐棺隶先于籀,皆非也。天下遂后也。学,率以得钟王土苴,自谓进乎技矣,皆不知形、声、事、意以为何物,可叹也。夫今观伯原杜先生书"可诗斋"字,盖书而有法者也。有能登其隶门，入其篆室，穷三苍六书之奥，俾今之世复古之风，其在斯人欤。

清河张天英书于湖光山色之楼。

记

金华王祎子充

吴郡昆山之西若干里有水曰界溪，界溪之上，是为顾君仲瑛之所居。其所居屋之西有别墅曰玉山佳处，清池密圃，敞堂奥馆，凡宾客游适之所，咸极幽邃。玉山之前有室曰可诗斋者，盖其间亭馆之一也。遂昌郑先生既为之铭，仲瑛复属予记之。昔周太师所掌六诗，盖以风、雅、颂为三经，赋、比、兴为三纬。以其用于宗庙者谓之颂，所以陈功德。用于朝廷者谓之雅，所以道政事。用于乡党邦国之间者谓之风，所以施教而行化焉。而其为是风、雅、颂者。则赋以直陈其事，比以即彼状此，兴以托物兴辞而已。此儒先君子经体纬用之说所由立也。自风、雅、颂之体坏，一变为《离骚》，再变为五言，三变而乐府之辞兴，四变而声律之格定，其间支分派别，不可遽数，固皆不能外乎三纬以为用。而昔之用以陈功德、道政事、施教而行化者，遂不复见于后世。哀怨淫佚，委靡浮薄，荡然无有温柔敦厚之意。甚而用于宗庙朝廷者，亦往往杂乎《桑间》《濮上》之音。《三百篇》之旨，圣人所以惩劝而兴起者，于是亦因以泯然矣。故尝谓：文章虽与时高下，然非《猗那》《清庙》，不得用于宗庙；非《鹿鸣》《四牡》《皇皇者华》，不宜用于朝廷；非《关雎》《鹊巢》，不当用于乡党邦国之间。所以然者，诚以风、雅、颂而不本于《三百篇》不足以为诗也。呜呼，是岂可以易言乎？是故圣门之徒盖三千焉，夫子以为可与言《诗》者，惟子贡、子夏而已，则《诗》之不易言岂不信然乎？虽然子贡、子夏之可与言《诗》者，夫子以其得《诗》之旨而非予之所言也。仲瑛博学好古，尤潜心于诗，故予推本《三百篇》之大要相与商榷之。仲瑛或以予言为然，则请姑书之以为记。

铭

遂昌郑元祐明德

昔者圣人，以诗诏我。兴观群怨，皆仅曰可。方其兴起，夫岂一端。由乎人心，天理即安。惩创感发，一归于正。天君是维，孰不从令。四诗攸陈，其类匪一。在善学者，考见得失。繁人之生，群居是缪。主敬行恕，和而不流。诗之怨者，与人一致。惟其优柔，不怒其气。用以事亲，孝哉有子。移孝为忠，曾不越此。人伦之大，孰逾君亲。性情斯协，无往不伸。云飞川泳，根柢动植。其类至夥，旁资多识。是盖圣人，以诗设教。下逮百王，是则是效。湘累始骚,五言由汉。百体变殊,孰聚其散。委系虽别,求源则同。性情攸归,岂污岂隆。顾仲瑛甫,学诗嗜古。邃初是几,本之乐祖。赓歌伊始,如或闻之。猗那商颂,如或陈之。六义迭奏,以濩以韶。积力斯久,匪一夕朝。名室可诗,意犹未尽。不有圣师,道何由徇。嗟尔于诗,既殚原委。我敬铭之,庶复其始。

诗

句吴顾敬

一室何惭小,闲来自可诗。春池看碧草,夏木听黄鹂。佳句惊神得,行厨为客移。卜邻吾欲老,莫怪虎头痴。

陆 仁

汉魏寥寥后,浮葩尚六朝。好稽周大雅,宜咏楚臣骚。

袁 华

东阁官梅放,西池春草芳。宴坐寻真赏,怀人意不忘。一作"绝胜驴背上,风雪灞桥傍"。

秦 约

姬周世应远,述作讵难名。要共论风雅,先须识性情。秋清群木见,春静百花明。无复浮丘伯,雍雍想凤鸣。

黄 玠

读君江上寄来篇,喜杀能诗谢阿连。气律高奇才独赡,神机清俊语多圆。远参淡趣弦徽外,妙入希声律吕先。欲叩小胥抄近作,老夫亦有弁阳编。

王濡之

茸茸春草临流地,蔼蔼晴云变态时。须识玉山深悟处,未应馀子易言诗。

钱塘钱惟善思复

自写游仙记,长悬恋阙心。开樽留好客,促席和新吟。亦有孟东野,岂无支道林。适然幽兴至,还复一登临。

范阳卢熊公武

大雅复谁继,斯人良独工。时时志忧国,仿佛杜陵翁。

苏丘聂镛茂宣

久知顾况好清吟,结得茅斋深复深。千古再赓周大雅,五言能继汉遗音。竹声绕屋风如水,梅萼吹香雪满襟。何日扁舟载春酒,为君题句一登临。

分韵诗序

淮海秦约文仲

至正十二年季秋十有三日,予偕汝阳袁子明子英、河南陆仁良贵访玉山于界水之上。握手道契阔已,即相与班席列坐。而兰陵周履道适先予至,履道盖尝与予神交翰墨者也。翌日夜分,玉山张席于可诗斋。时故人于匡山、岳季翁咸在焉。言论该博,意气款洽。酒既半,玉山作而言曰:"古人驱驰戎马间,览物兴怀,未尝不托之赋咏。每读周公《东征》,宣王《六月》《江汉》《常武》,下逮两汉、六朝、唐人诸诗,其有及于乱离者,切有感焉。昔则见于诗,今则身践之。风景艰棘,山川险阻,诸君相会良不易得,可无赋咏以纪兴乎?"遂以《小雅·鹿鸣》"我有嘉宾,鼓瑟吹笙"赋诗,皆次第而成,予得"我"字,馀字各有属。玉山且俾予序其首焉。淮海秦约书于可诗斋。

秦约得我字

张席玉山馆,飞雨遥夜坐。宾朋意款洽,啸咏分侈哆。主人尚文雅,茜绚五云朵。有诗能启予,有酒还醑我。灼灼棣萼烂,肃肃梧叶堕。缅怀浮丘伯,含睇玉佩傩。他人岂无匹,噂沓谅难可。沧洲渺何许,欲驾凌云舸。

于立得有字

西风振庭柯,落叶下疏柳。今夕复何夕,盍簪尽嘉友。高斋既可诗,良会宁辞酒。鹿鸣久已废,正声亦何有。国风变离骚,寂寥千载后。岂无鲍谢徒,浮靡安足取。诸君尽瑰彦,樽彝间琼玖。捷如矢离弦,灿若珠量斗。主人起劝客,有言君听否。维时艰难际,颎洞风尘走。眼前耕凿人,不得安畎亩。英英菊始花,滟滟杯在手。勿辞酩酊醉,为我开笑口。愿言致清平,乐康以黄耇。

岳榆得嘉字

凉飙吹雨来,浥我黄菊花。灿彼花前姝,灼灼颜如霞。味登酒既旨,酌献肴已嘉。涤场舍之北,弋雁湖之涯。再歌少陵诗,把酒言桑麻。

顾瑛得宾字

玉山茅斋溪水滨,日日舟楫往来频。行厨酒熟更留客,当槛花开殊可人。看云听雨意自适,分韵赋诗情亦真。风尘颎洞罕相见,尽醉忘形谁主宾。

袁蜀得鼓字

玉山何迢迢,池台隔烟浦。相望伊永怀,于焉得嘉聚。清才谁匹俦,高情迈今古。浣花溪上春,梦草池头雨。缅思江左谢,载念韦曲杜。于以陶性情,横琴聊自鼓。

周砥得瑟字

大雅何寥寥,千载几绝笔。后来作者圣,间代亦辈出。小技何足言,纷纷比如栉。逮我治世音,昭然烂星日。我登君子堂,主人盛文物。中筵列彝鼎,四壁罗书帙。置酒高宴会,众宾时促膝。高谈三百篇,下笔无壅窒。陶写情性馀,深入义理窟。空山风雨鸣,落叶秋瑟瑟。主醉客亦醉,卧予芝兰室。明日拂衣去,长歌返蓬荜。

袁华得吹字

大雅去已远,淫哇杂乖离。夫君力追古,岂数汉魏隋。朝歌棠棣篇,暮诵豳风诗。斋居日夷犹,图史充栋楣。燎芸蔼郁芬,奎采光陆离。肆筵预雅集,百拜循古规。班坐列长幼,论难启群疑。诸郎咸古雅,六瑚间樽彝。蹇予学无成,学成无所施。困顿盗贼中,况复逢百罹。秃鬓二毛侵,不受霜风吹。耿耿发长叹,恻恻起遐思。引满莫辞醉,风尘暗天涯。

陆仁得笙字

霜降寒始至,委丰秋届成。中园菊未莎,层汉雁宵征。斋居宾既洽,咏歌神虑清。王风久已荡,雅颂闵遗音。悠悠感文化,恻恻念物情。氛翳障南国,干戈卫重城。欲觅王子晋,蹑云与吹笙。

后 序

兰陵周砥履道

夫诗发乎情性,止乎义理,非矫情而饰伪也。嗟夫,王者迹熄而诗亡,然后《春秋》作矣。寥寥数千载之下,晋有陶处士焉。盖靖节于优游恬澹之中,有道存焉,所谓得其情性之正者矣。玉山顾君仲瑛,慕靖节之为人,居处好洁,行义好修,故其诗清绝冲澹,得之靖节者为多。仲瑛辟可诗斋,延四方之文人才士与讲论其中,故海内之士慕仲瑛而来者,日相继不绝也。予辱游于仲瑛有日矣。秋高气清,江水澄澈,乘扁舟而造其所,不亦故人之情乎! 仲瑛款予斋之东偏,酒肴杂陈,宾客既集。酒至半,歌《鹿鸣》之篇曰:"我有嘉宾,鼓瑟吹笙。诸君子为我赋之。"次第成编,而属砥序其后。

口占诗序

顾 瑛

五月三日,宴客于渔庄之上。是夕,宾客既散,遂与范阳卢伯融、淮海秦文仲张灯啜茗于可诗斋,以杜工部"己公茅屋下,可以赋新诗"平声字分韵,因各口占一律,以纪岁月。予得"公"字,遂书于左。诗成者三人。

顾瑛得公字

西瀼之西东屯东,有径疑与桃源通。一间雪屋翠竹里,百盘风灯青云中。避地卜居拟杜老,结茅赋诗怀己公。留君更住十数日,莫对端阳嗟转蓬。

卢昭得茅字

结屋界溪坳,诗情在远郊。烟华缘磴石,山翠落衡茅。唤婢从头咏,呼儿信手抄。兴观只自感,非是解吾嘲。

秦约得诗字

玄圣删诗大雅后,有子过庭曾学诗。云汉昭回差可拟,河岳英灵安足奇。多君唾玉倾座骇,五色织锦投梭迟。性情陶写孰解及,莫讶虎头金粟痴。

嘉会序

汝阳袁华子英

至正乙未九月，平江等处水军都万户纳麟哈剌公拜江浙行省参知政事，奉旨统兵常镇。时宁海所正千户顾元臣在行间。越明年二月，宁海君由无锡道太湖入杭。维时姑苏、檇李之壤，杳如吴越，音问不相知者二载。今年春三月，宁海君以功升水军都府副都万户，奉省檄道天台航海而归。时秋闰九月也。玉山翁嘉予之归，乃置酒会友朋于可诗斋。宁海君彩衣金符照映左右，奉觞行酒，侃侃愉愉。呜呼！父子之亲，君臣之义，鲜有能两全者，今宁海君能摅诚效义，升秩三品，居重庆之下，奉温清之养，可谓上不负圣天子，下不负所学矣。座客皆能赋者，遂以"客从远方来，遗我双鲤鱼"以平声字循次分韵。予得"从"字，敬序其端。玉山翁名瑛，字仲瑛，予则汝阳袁华。今年为至正十七年云耳。

诗成者五人。

袁华得从字

出处能全孝与忠，宁辞大海驾蒙冲。只将礼义为干橹，岂但韬钤阅虎龙。烽火频年成远别，酒樽今日复相从。金符紫绶居重庆，勋业当期上景钟。

顾瑛得方字

海上风帆似马狂，归来仍喜佩银章。三年报国存忠直，一旦见亲全义方。祖逖誓江期复晋，董徽仗节乐还乡。圣恩已见金鸡放，醉饮宁辞累十觞。

缪侃得来字

桃花渡口锦帆开，远喜将军海上来。彩袖称觞行腊蚁，画堂挝鼓动春雷。亲朋每共论高义，忠孝应知属大才。纵是西风吹树急，放歌清夜醉徘徊。

陆仁得双字

将军南省承恩日，归拜庭闱意气降。王事贤劳殊不忝，忠心报国已无双。总戎每见行奇阵，开阃仍当驻大江。一说烟尘一惆怅，临风坐拥碧油幢。

释自恢得鱼字

将军驾舶来东海，喜见升堂奉起居。自是经年趋画省，已膺三品佩金鱼。铙歌载道从军乐,忠孝传家教子书。此夕称觞恣欢乐,烽烟莫问近何如。

夜集联句诗序

淮海秦约文仲

至正十四年冬十二月廿二日,予游吴中。属时寇攘相仍,相君有南征之命。川途修阻,舟楫艰难,遂假馆于仲瑛顾君之草堂。而雪霰交作,寒气薄人。翌日夜分,集于可诗斋,客有匡庐于彦成、汝阳袁子英、吴郡张大本,相与笑谈樽俎,情义浃洽。酒半,诸君咸曰:今四郊多垒,膺厚禄者则当奋身报效。吾辈无与于世,得从文酒之乐,岂非幸哉?然友朋难必,每思草堂一时诸公,出处俱异。时郯君九成则执笔漕台,陆君良贵亦有漕事之冗,惟龙门琦公元璞独占林泉之胜,以自适其性情。兴言若人,又不能不于斯集驰企也。因效石鼎故事,以纪是集。凡若干韵。诗成,夜漏下三鼓矣。序其首者,淮海秦约也。

今夕乃何夕,岁律已云暮。更长灯烛明,顾。夜冷冰雪冱。睠六巧荐瑞,于。封姨怒相妒。盍簪各尽欢,秦。杯行不知数。肉台春笋纤,袁。法曲冰弦度。红泪泣风蜡,张。翠烟积春雾。鼎沸雀舌烹,顾。酒泻龙头注。咿嘤啭莺喉,于。蹁跹蹴鞠步。燕谑落语阱,秦。驱驰慨行路。计穷酋授首,袁。车坠费诛屡。风尘暗城郭,张。稼穑罄场圃。忧倾漆室葵,顾。啖分懒残芋。天王狩河阳,秦。奸臣拒官渡。济时风云会,于。旷世龙虎遇。前席宣室征,袁。下诏轮台布。凯奏枨杜诗,张。讽谏校猎赋。干羽舞两阶,顾。歌谣夸五裤。时清仰皇泽,秦。燕会信良晤。春冰破微甲,于。夜月照寒素。云间鹤鸣陆,袁。吴下书惟顾。瘦袁髯似戟,张。短于腹如瓠。张也乡曲英,顾。秦亦廊庙具。孔问郯子官,于。杜赏已公句。暌违念契阔,秦。酹酊写情愫。冉冉叹驹驰,袁。营营笑蚊聚。浮生草栖尘,张。虚名日晞露。嗟彼噂沓徒,顾。有此和乐孺。用继石鼎联,聊以寓所寓。秦。

口占诗序

斋之主人顾瑛仲瑛

海虞山人缪叔正扁舟相过,以慰别后之思。予谓兵后朋旧星散,得一顷相见,旷如隔世。遂邀汝阳袁子英、天平范君本、彭城钱好学、莒城赵善长、扶风马孟昭,聚首可诗斋内。诸公亦乐就饮,或携肴,或挈果,共成真率之会。由是,皆尽欢。酒酣,各赋诗以纪。走笔而就,兴有未尽者,复能倡酬,以乐永夜。予以诗先成,叔正俾予序数语于篇首。缅思烽火隔江,近在百里,今夕之会,诚不易得,况期后无会乎?吴宫花草、娄江风月,今皆走麋鹿于瓦砾场矣,独吾草堂宛在溪上。予虽祝发,尚能与诸公觞咏其下,共忘此身于干戈之世，岂非梦游于己公之茅屋乎？善长秉笔作图于卷，予索孟昭楷书以识。时丙申岁己亥月乙亥日，斋之主人顾瑛序。而复赋诗曰：

木叶纷纷乱打窗，凄风凄雨暗空江。世间甲子今为晋，尸里庚申不到庞。此膝岂因儿辈屈，壮心宁受酒杯降。与君相见俱头白，莫惜清谈对夜缸。

缪侃和

玉壶酒美醉寒窗，酒渴还思饮大江。好事久传吴下顾，作官甚愧鹿门尘。眼中世态原如此，愁里诗魔卒未降。相对正怜犹梦寐，笑谈何惜倒银缸。

范基和

草堂旧岁逢君日，正说王师欲渡江。守境无人能借寇，移家容我亦为庞。关中积粟愁输挽，海上飞书愿乞降。世事如棋忧不得，摊书清夜对寒缸。

袁华和

哦诗听雨坐西窗，犹胜衔枚夜渡江。赤壁焚舟嗟失魏，马陵斫木喜收庞。身经丧乱愁难遣，老去情欢酒易降。清坐不知更漏永，定须点点坠残缸。

缪　侃

少年壮志已模棱，忆旧怀亲思不胜。我父竟为逃难客，故人近作在家僧。身居乱世惭何补，哭到穷途去未能。相见莫论生死事，且须泥饮对寒灯。

袁华和

移家缩地惭无术，扛鼎翘关力未胜。半世狎游沧海客，三生旧梦白云僧。也知逐鹿多谋智，始信屠龙有技能。自愧儒冠犹误世，虚斋坐对读书灯。

顾瑛和

白云开处见山棱，我欲跻攀力未胜。晚岁不为干禄士，前身应是小乘僧。竹林载酒邀山简，草阁裁诗愧薛能。结习未除闲未尽，焚香但对佛前灯。

顾瑛缪侃联句

短檠二尺照清酤，顾。圆饼裁肪韭味甘。缪。旧雨今为红叶雨，顾。闲云不障白云庵。缪。范君远馈吴犍肉，顾。钱老能分林屋柑。缪。今夕共谋真率醉，顾。莫将世事说江南。缪。

顾瑛和柑字韵

一饮宁辞十日酲,浊醪到手味偏甘。新诗漫赋宫槐陌,好事多传海岳庵。霜后两螯看紫蟹,樽前一味出黄柑。料应堂北梅花树,今岁开时只向南。

马 晋

雅集茅堂下,厌厌夜二更。干戈随处起,荆棘畏途生。岁晚寒潮落,林深众鸟鸣。孤灯挑欲尽,觅句竟无情。

顾瑛和

凄风何处起,击柝报严更。共此可怜夜,相看太瘦生。灯挑檐雨落,茶煮石泉鸣。犹有弥明叟,联诗最薄情。

钱 敬

小窗剪烛共题诗,却话今春避乱时。柳锻嵇康元放逸,草堂杜甫叹流离。山空脱叶辞高树,月冷啼鸦护落儿。我亦自知身是客,不辞百罚对金厄。

顾瑛有感呈缪侃

百里扁舟能作客,入门款语似无依。阿翁九月新成服,老父三冬未见归。江上黑风兼雨至,树头红叶带霜飞。伤心我亦如君切,有子天涯未授衣。

缪侃和

下榻草堂才两日,赋诗行酒思依依。清时一见犹难得,今日重来岂易归。绿橘正堪和露摘,白云未许出林飞。自怜筐筥俱零落,十月萧条未授衣。

读书舍

吴兴赵雍仲穆篆颜:

顾瑛春题：

学时时习　德日日新

记

遂昌郑元祐明德

君子所以贵夫读书者，岂徒夸多斗靡而已哉？岂徒博闻淡论而已哉？岂徒科名利禄而已哉？盖三才万物之理，兴坏治乱之效，名物度数之凡，动静消息之故，是皆非书莫能载。故善读书者，其于一理无不穷，其于效无不睹，其于凡无不考，其于故无不知。夫若然者，抑亦可谓繁且多矣，然不返求诸身而会于约，则岂善学圣人者哉？故君子学欲其博，守欲其要，读书者舍是，吾恐其如大军之游骑，出太远而无所归。然窃论之唐虞夏商之时，可谓至隆极盛也已，士生其间，岂非一一本于书也。至周而文大备。及其衰也，圣人出焉，六艺百家莫不折衷于圣人而后定。由是之后，观于《诗》而性情得其正，观于《书》而政纪得其宜，观于《礼》而敬，观于《乐》而和，于《易》则有以验阴阳，于《春秋》则有以定名分。是则圣人之功与天地高深，迄于今而不坠者，由书始传也。书之功若是。善读者，即所以善学圣人也。更秦，书几泯尽而无馀。汉更，武帝表章六经。及其衰，而学者读书之效，至以清言高议扶持人极，与汉相终始。然人自为书，家自为说，逮乎隋唐，以迄于宋，明之为日月，幽之为鬼神，象犀珠玉之富，车旅朝庙之贵，河海山岳之深厚，风云雷电之变化，可谓众且多矣。然未有不本乎经，根乎书，以擅专门名家者也。书至此，而不胜其繁多，读之者累日穷年而莫之能竟。自非善读以致其博，善守以归其要，则将何以哉？吴人顾仲瑛氏家于昆山界溪之上，凡所居室、藏修、游览，莫不皆有题扁之名，至于其所藏书而翻阅之所，则曰读书舍。其所志以揭于两楹者，则曰"学时时习，德日日新"。余喜其有志于读书也，然其本末兼该，内外交养，则必本于返身穷理，庶有以验夫三才万物，无一不备乎吾心。以吾心之所固有，推而达之家国天下，所谓成己之仁，成物之智，非善读书者不能也。余老矣，且将扁舟时过仲瑛，以叩其所造诣，仲瑛必有以语我。

至正十年庚寅秋七月，遂昌郑元祐记。

诗

袁　华

芳草生书带，香芸辟蠹鱼。褰帘双燕入，长日坐看书。

陆　仁

黄帘闲白日,银烛照清宵。如此惜流景,中心忘悁劳。

张天英

近闻东观藏书室,乃在昆仑玄圃台。群玉山头海月出,武陵溪上渔舟来。故人十载草堂别,仙家九月桃花开。太白时时吹铁笛,对酌花前鹦鹉杯。

秦　约

端居书灏灏,曲几昼沉沉。要识鸢鱼乐,不闻车马音。带经锄雨陇,摊帙坐风林。水息前修远,斯文一脉深。

黄　玠

长年竹素如山积,临水轩窗卷帙开。白屋少微何日起,青藜太乙有时来。芸香蠹简三千牍,雪色蛮笺九万枚。吾亦平生颇知学,于今老去只衔杯。

勾吴周砥赋君子之所乐

君子之所乐,其乐且何如。结庐在丘壑,委怀在诗书。肃肃整冠带,雍雍对唐虞。披阅抱冲默,讽咏薄怡愉。圣贤千万言,要之归一途。涣焉心解悟,充然道敷腴。孰云足自守,觉可觉其馀。舍前有修竹,舍后有芙蕖。掇莲置俎豆,清风当座隅。倦来聊掩卷,步出临前除。形气既和顺,支体亦安舒。不知老将至,但尔惜居诸。君子之所乐,君子不我愚。我歌适有会,愿言毋沦胥。

种玉亭

京兆杜本伯原隶颜:

種玉

顾瑛春题:

玄圃分仙种　蓝田发夜光

诗

良 琦

久爱幽栖似学仙,山中种玉不知年。绿阴分缀三危露,瑞气飞成五色烟。璞里辨文裁杂佩,囊中餐法自蓝田。安知此地非蓬岛,月下鸾笙夜夜传。

陆 仁

彼美不自献,置之玉子冈。珍重保灵璞,春雨欲流肪。

袁 华

采得昆冈石,连云种小亭。日华阁灵雨,虹影烛青冥。

黄 玠

亭子迥临池水上,数峰罗立似儿孙。几年种石待成玉,终日看云如有根。东序已陈周琬琰,下方思见鲁璠玙。当时雍伯今何在,桃李春风正不言。

秦 约

玄圃乘春种,温温似截肪。夜光凌石脉,晨采绚天章。好媲球琳美,何烦藻藉藏。睠言制鸣佩,待漏造鹓行。

小蓬莱

吴兴赵孟頫子昂篆颜:

小蓬莱

顾瑛春题:

鹤群长绕三珠树　　鳌背高瞻五色云

诗

蜀郡虞集伯生赋步虚词四章

步虚长松下，流响白云间。华星列爝火，明月悬佩环。肃然降灵气，穆若愉妙颜。竹宫憺清夜，望拜久乃还。

朱光出东海，高台迎赤曦。六龙献阳燧，九凤保金支。炼丹轩辕鼎，濯景昆仑池。拜赐水玉佩，玄洲共遨嬉。

稽首望太霞，离罗开层霄。氤氲结冲气，要眇出空谣。前参千景精，后引务猷收。摄衣上白鹤，招摇事晨朝。

学仙淮南王，问道刘更生。三年炼神丹，九载凌上清。日月作环佩，云霓为旆旌。回首召司命，零雨洒蓬瀛。

杨维祯

仲瑛所藏《步虚词》四章，青城虞翰林所作。仙风道气，可厕之杨、许间，洞玄隐文也。仲瑛藏于玉山小楼，余遂扁之曰"小蓬莱"，为书《小游仙》四章于后云。

东华尘又起瀛洲，十屋今添第几筹。阿母西来骑白凤，娥眉相见不胜秋。

麻姑今夜过青丘，玉醴催斟白玉舟。莫向外人矜指爪，酒酣为我擘箜篌。

曾与毛刘共学丹，丹成犹未了情缘。玉皇敕赐西湖水，长作人间水月仙。

西湖仙人莲叶舟，又见石山移海流。老龙卷水青天去，小朵莲峰共上游。右赋《小游仙》。

陆仁赋小游仙

陟彼灵丘上，虚明小有天。怡情闷清赏，溯源非求仙。

袁华赋小游仙

露下仙人掌，云生玉女窗。千年桃结子，九酝酒盈缸。弱流三万里，飞度宝魔幢。

黄玠赋小游仙小蓬莱二首

清浅蓬莱小更奇，太平时序好园池。红牙翠袖行相引，绿酒银罍醉不知。海上烟霞瞻眺近，山中日月往来迟。思君屡作寻仙想，还许携琴看弈棋。

木公金母醉仙桃，青鸟飞来下碧霄。月帐星房元迤逦，云车风马最逍遥。朝迎叶令双凫舄，夜听秦娥五凤箫。骑竹归来堪一笑，乾坤元在药翁瓢。

秦 约

窈窕候神观，委蛇炼丹房。灵芝烂五色，登俎何煌煌。和以空青蕤，漱以琼玉浆。逌然一笑粲，驾言玄洲阳。玄洲渺何许，宛在海中央。冲飙激流云，倒景驻扶光。于以耆苍螭，蹑迹趋混茫。蹇修幸悯予，告诚良允臧。惟应漆园叟，逍遥共相羊。

天鸡鸣蟠桃，赫赫朝景妍。天田产嘉禾，翼翼雨色鲜。鸡以警舞动，禾以乐有年。真境谅绝殊，昧者胡能传。一为世人去，胡不学神仙。蜕旌猴母后，虎驾麻姑前。蹑云吹参差，遨游蔚蓝天。振衣俯八荒，蠛蠓聚蜚烟。

瞻彼丹溪源，泉流在其下。连筒手自斮，灌溉黄精圃。灵苗眩幻霞，灵根蟠厚土。采之盛筥筐，庶以慰迟暮。玄虚万化理，惟人识其粗。养生善自保，奚暇慕圭组。咄哉吾道成，燕坐阅众甫。右赋《小游仙》。

旭日三危际，春烟五色开。谁知大瀛海，似是小蓬莱。灵鹤传书去，神鱼听瑟来。仙轺如少驻，花底注深杯。右赋《小蓬莱》。

陈 基

飞佩飘飘事远游，青藜为杖鹿为裘。采芝歌逐秦遗老，辟谷心期汉列侯。久见秋风归乙鸟，几看春雨战蜗牛。有时濯足溪头晚，一曲沧浪不动鸥。

幽泉怪石好栖迟，钟鼎无劳入梦思。每把青书闲里读，细将玄牝静中推。溪头斫竹裁龙琯，石上栽松引兔丝。去去卢敖休汗漫，十洲三岛与君期。右赋《小游仙》。

白云深护地仙家，千树玗琪老岁华。羽客穿林收桂实，山童和露摘松花。烟梳瑶草柔于发，石走苍藤曲似蛇。记得夜来归路险，翻江风雨撼秋葭。右赋《小蓬莱》。

顾　达

扶桑西枝近，神山左股分。丹光动寥廓，霞彩散氤氲。霓旌降缑母，火枣受元君。月明金磬响，稽首诵玄文。右赋《小蓬莱》。

碧梧翠竹堂

吴兴赵孟頫子昂篆颜：

顾瑛春题：

峄阳古调来鸾鹄　　嶰谷春声吹凤凰

记

会稽杨维祯

至正八年秋，昆山顾君仲瑛于其居之西偏治别业一所，架石为山，竂土为池，层楼复宇，悉就规制。明年，中奥之堂成，颜曰“碧梧翠竹”。乃驰书数百里关寄于友人杨维祯曰："堂瞰金粟沼，枕湖山楼，渔庄、草堂相为僎分，盖予玉山佳处之尤闳而胜者也。鸿儒茂士为予记咏者多矣，兹堂之志非名巨手不以属，敢有请。"予谓："仲瑛爱花木，治园池位置品列，曰桃溪，曰金粟，曰菊田，曰芝室，不一足矣。而于中堂焉，独取梧竹，非以梧竹固有异于纤妍琐馥者耶？人曰：梧竹，灵凤之所栖食者，宜资其形色为庭除玩。吁！人知梧竹之外者云耳。吾观梧之华始于清明，叶落于立秋之顷，言历者占焉，是其先觉之灵者在梧，而丝桹琴瑟之材未论也。竹之介于秋而不徇秋零，通于春而不为春媚，贯四时而一节焉，是其操之特者在竹，而笢简笙簏之器亦未论也。《淮南子》曰：一叶落而天下知秋。吾以淮南子为知梧。记《礼》者曰：如竹箭之有筠也。吾以记礼者为知竹。然则仲瑛之取梧竹也,盍亦征其觉之灵、操之特者?《书》以为取诸物者法,毋徒资其形色之外云也。子韩子美马少傅之辞,曰:碧梧翠竹能守其业者也。徒取其形色之外而不得其灵与特者未必为善守。仲瑛氏,吴之衣冠旧族也,有学而不屑于仕。兹堂之建,将日与贤者处谈道德礼义,以益固守其业者。其不以吾言取梧竹乎?"书以复仲瑛,俾刻诸堂为记。

年之月九日之二十有五,李黼榜第二甲进士、会稽杨维祯书。

后 记

永嘉高明则诚

昆山顾君仲瑛名其所居之室曰"玉山草堂",筑圃凿池,积土石为丘阜,引流种树于中。为堂五楹,环植修梧巨竹,森密蔚秀,苍缥阴润,炎歊不得达其牖,曦晖不能窥其户,乃名其堂曰"碧梧翠竹"。堂中列琴壶觚砚图籍及古鼎彝器,非韵士胜友不趣延入也。凡自吴来者,既夸仲瑛之美,则又必盛称梧竹堂之雅致。今年八月,余至昆山,过仲瑛所居,延客入堂。时日已暮,馀暑尚酷,及既坐,萧爽阒寂,清气可沐。须臾,有风出梧竹间,摩戛柯叶,调调刁刁,冷然于隅,如耳琴筑。久焉,皎月自水际出,光景穿漏,泛漾栏槛。仲瑛出酒觞客。客数人皆能诗,歌谈辨饮甚乐。将夜半,露瀼瀼下梧竹中,清照拂席,凉吹袭人,毛骨欲寒。客相与笑曰:"安得从浮丘公招青童吹灵霄之笙,击洞阴之磬,以终此乐耶?"饮酣,客将就寝,余以公事有程不得留。拏舟至河浒,时已曙矣,回望玉山之居,树木葱翠,烟霏芊绵,楼阁缥缈,隐露若图画。因叹曰:"史称蓬莱、方丈、瀛洲,有欲至者,风辄引其船去。世或疑其怪诞,然以余观之,若梧竹之胜,虽欲优游夷犹,而以尘累牵掣,不得少留而去,况欲涉海求所谓方丈、瀛洲、蓬莱者哉?然则引船之风,意或有之也。"余又观史传中所载古今人物,类皆功名势位之人,而以洁身遁世称者仅一二见,岂非山林泉石之乐固少有得之者耶?乃知谢幼舆自以一丘一壑过人,彼盖深有所见也。遂乃命舟人缓移棹,且顾且去,意眷眷不能舍也。比至城郭,车马杂遝,尘坌滃起,慨想昔昔所游,则已疑其为梦中所见矣。适袁君子英来自昆山,乃记其事以示子英,俾以遗仲瑛。且语之曰:"为我告仲瑛君,碧梧翠竹之乐不易得也,第安之他日毋或汨于禄仕,而若予之不能久留也。"

至正九年九月既望,永嘉高明记。

诗

秦溪马琬文璧

片玉山前众香国,高秋亭馆正鲜新。竹间驯鹤明于雪,石上稚桐长似人。库书新置太平览,家酿屡熟罗浮春。雄文最爱新堂记,笔力端能挽万钧。

良 琦

旧种竹梧千尺强,清阴碧色护新堂。高冈晴发朝阳气,淇水春沾湛露香。玉田瑞液生芝菌,金井回澜宿凤凰。何意老骑支遁鹤,与君相对坐云床。

于 立

凭高户牖见嵯峨,奈尔虎头痴绝何。石种蓝田皆化玉,水通瑶汉不生波。碧梧翠竹凉阴合,金井银床月色多。天吹忽来鸾鹄下,定知仙佩一相过。

吴克恭

玉山秀绝炎云凉,疏帘枕簟安高堂。碧梧翠竹倚萧瑟,玉绳金井忆相将。浮槎断溜眠潋鹅,露叶成阴待凤凰。披垣洞门何许在,正自不减辋川庄。

袁 华

疏华覆银床,碧色被兰渚。赤日欲流金,高堂不知暑。

陆 仁

嘉植联林色,高标相与清。凉阴流幔入,灵籁答空鸣。

顾 达

玉山之堂绝萧爽,梧竹满庭深且幽。出檐百尺拥高盖,覆地六月生清秋。玉绳挂树月皎皎,翠袖起舞风飕飕。石床碧华乱如雨,仙佩夜过锵鸣球。

张天英

八月高堂天气新,方壶圆峤翠嶙峋。阶前双树碧如玉,竹下一鹤高于人。客至壶觞长对酌,夜凉灯火每相亲。手招丹凤下霄汉,载我吹箫朝北辰。

华亭冯浚渊如

玉山草堂玉山里,银浦流云护石缸。掖垣绿竹高千尺,秋水锦凫飞一双。小桃源近长洲苑,百花潭如濯锦江。亭台莫许浪题品,玉堂学士笔如杠。

陈 基

玉山窈窕地仙居,翠竹参差间碧梧。夜静帘枕人度曲,春深庭院凤将雏。瑶华散席侵棋局,琼露分香落酒壶。见说秋来更潇洒,四檐虚籁奏笙竽。

昂 吉

爱尔小轩梧竹好,雨晴添得草堂幽。挂檐凉月作秋色,绕屋清阴如水流。莫剪高枝留凤宿,好依劲节听鸣璆。醉来几度凭栏立,但觉萧萧爽气浮。

郑元祐

顾仲瑛父,作堂溪浒。蠢蠢其楹,植植其础。飞甍斯郁,高栱其楚。绮疏迎阳,粉扉作堵。文艺之苑,图书之府。爱植梧竹,翠碧之溥。竹益冬荣,梧因夏阢。既敷其荫,又啸而舞。春暮首夏,炎日当午。合梧与竹,繁阴在下。鱼跳矜肥,莺啭命侣。父既乐止,坎坎其鼓。载色载笑,载陈列俎。歌声在节,丝声在拊。竹梧交枝,高出云雨。宾既醉止,举觞寿父。愿父寿乐,以续妣祖。以长孙子,以养父母,以承天之祜。

郯韶赋梧竹谣

去年种桐树,绿叶高云凉。今年种新竹,已与桐树长。幽人读书坐高堂,夜闻天籁鸣笙簧。下堂仰视明月光,照见乌啼金井傍。乌啼在何处,双飞向桐树。枝头哑哑传好语,明年结巢凤来住。

于立补梧竹谣

云台外史题梧竹堂乐府,多道梧而略于竹,岂爱恶有不同耶? 用续其语,以补其缺云。

凤来住,高梧枝。高梧叶老秋风吹,月明夜夜栖乌啼。不如池边竹千尺,露叶霜筠照寒碧。今年结实苦未多,明年实多凤来食。

太拙生聂镛茂宣

青山高不极,中有仙人宅。仙人筑堂向溪路,鸟啼花落迷行迹。翠竹罗堂前,碧梧置堂侧。窗户堕疏影,帘帏卷秋色。仙人红颜鹤发垂,脱巾坐受凉风吹。天清露叶净如洗,月出照见新题诗。仙人瑶琴鼓月下,枝上栖乌弦上语。空阶无地着清商,一夜琅玕响飞雨。

秦 约

嘉植真堪爱,清华信少双。留阴低覆井,弄影半当窗。翡翠春鸣桁,鸂鶒夜聚矼。何由酬胜赏,为尔倒银缸。

茶陵李祁

玉山园林谁比伦,修柯密荫长当门。已怜碧梧拂霄上,更爱翠竹如云屯。峄阳风霜老崖石,渭川烟水连荒村。何如高堂日无事,客至有酒盈芳樽。

高平瞿智

高堂背郭对青山,尽日褰帷景界宽。碧树欲随鸾影瘦,绿筠长伴鹤翎寒。水精帘动云成片,环佩声闲雪作团。久负故人诗酒约,不嫌径去倚阑干。

释元濬天镜

君家子弟彬彬盛,碧梧翠竹森相映。声谐琴瑟动瑶窗,秀峙鸾鹄开锦镜。高堂新暑泉石深,绿阴清昼门陛净。鼎彝图史规汉章,麒麟凤凰祖虞咏。人间妙绝虎头痴,文采风流至今称。浣花潭前双鹤翎,金粟沼中万鱼泳。翰林学士天上来,大宴玉山举觞政。金杯行酒凉云浮,冰盘荐鲜寒雪凝。清歌妙舞意气扬,紫燕黄鹂语音竞。迩来奇句江海传,坐见高名岩壑应。深严未厌鹓鹭行,萧散要遂麋鹿性。八窗风月色更妍,千亩冰霜节尤劲。谁言蒲柳贞且脆,卓尔松柏也坚正。元元生意本不殊,自是词人涉疑诤。

黄 玠

潇洒碧梧连翠竹,是间不着一尘红。凉阴满地散如水,清气有时吹作风。把酒听莺来扇底,罢琴呼鹤出樊中。最思长夏无烦暑,雪藕调冰与客同。

顾 达

山风堕凉气,檐月隐波文。翔鸾回秋夜,蟠龙上春云。晏景清有容,忆市静无闻。此中遗尘思,飘飘随鹤群。

卢 熊

凤凰鸣朝阳,翡翠在高竹。此中有清气,辉映昆山玉。

钱惟善

露井风阑护翠寒,高梧修竹有栖鸾。谢家宝树平泉石,今在玉山佳处看。

李 祁

翳翳林木交,肃肃檐宇静。于焉脱尘鞅,偶坐惬所性。初欣景物佳,稍觉凡想净。一与梧竹亲,宁忘五君咏。

分题诗序

延陵吴克恭寅夫

己丑之岁六月徂暑,余问津桃源,溯流玉山之下。玉山主人馆余于草堂芝云之间,日饮无不佳。适有客自郡城至者,移席于碧梧翠竹之阴。盖堂构之清美,玉山之最佳处也。集者,会稽外史于立、吴龙门山僧琦、疡医刘起、吴郡张云、画史史从序。后至之客,则聊城高晋、吴兴郯韶、玉山人及其子衡,暨余凡十人。以杜甫氏"暗水流花径,春星带草堂"之诗为韵,各咏言纪实。不能诗者,罚酒二兕觥,罚者二人。明日,其一人逸去,虽败,乃公事,亦兰亭之遗意也。从序以画事免诗而为图。时炎雨既霁,凉阴如秋,琴姬小琼英、翠屏、素真三人侍坐与立,趋歙俱雅音。是集也,人不知暑,坐无杂言,信曰雅哉。余延陵吴克恭,玉山人名瑛,日二十有八。

诗成者七人。

良琦得花字

今夕复何夕,宴此玉山家。桐竹深绣户,凉阴覆碧纱。朱弦度妙曲,香觞贮流霞。念昔空山阴,在今犹浣花。风流维子所,沧海近仙槎。

于立得径字

玉山之堂俯吴甸,对酒凭高发清兴。碧梧翠竹昼生阴,金碗蔗浆寒欲凝。亭亭双凤踏长筵,寂寂孤莺度深径。请君更尽双玉壶,绛蜡银屏破昏暝。

郯韶得春字

高堂落新构,式燕娱佳宾。华林散玉气,方池荫清蘋。鱼游乐盘石,鹿鸣怀早春。陶情寄物表,与子聊相亲。

顾瑛得星字

高堂梧与竹，霭霭排空青。凉飙忽飞来，落我玉色屏。为君燕坐列绮席，吴歌赵舞双娉婷。莼香翠缕雪齿齿，蔗浆玉碗水泠泠。人生良会不可遇，况复聚散如浮萍。分明感此眼前事，鬓边白发皆星星。华亭夜鹤怨明月，何如荷锸随刘伶。中山有酒千日醉，汨罗羁人千古醒。葡萄酒，玻璃瓶，可以驻君之色延君龄。脱吾帽，忘吾形，美人听我重叮咛。更惜白玉壶，进酒且莫停。酒中之趣通仙灵，玉笙吹月声泠泠，与尔同蹑双凤翎。

吴克恭得带字

长夏梧竹阴，偃薄适所爱。良朋四方至，缘此承嘉会。雅意几宿昔，神交一倾盖。莲芳玉山酒，莼碧松湖菜。风流五侯鲭，隽永郎官脍。高郎雅眉宇，郯生富清裁。短李善长谈，医缓辄雅拜。张颠矜道妙，僧彻持醒戒。歌喉间宝瑟，舞影回兰旆。题扇琼英忿，张筵翠屏对。杂乱虽无次，妍丑各有态。良游信所惬，佳赏亦殊快。兹会安可期，明当返予载。回望玉山云，川长水如带。

高晋得草字

兰堂俯清池，虚楹丽华藻。流云度高梧，书带生春草。嘉宾式宴乐，幽怀为倾倒。清歌一徘徊，凉月翠屏小。

顾衡得堂字

玉山有佳趣，张宴竹梧堂。翠气动空碧，绿阴生暗芳。蔗浆银碗冻，莼缕翠丝凉。最爱纤歌罢，虚庭月似霜。

诗不成者二人，各罚酒二觥觥。

序

临海陈基敬初

余与玉山隐君别三四年间，其与会稽杨铁崖、遂昌郑有道、匡庐于炼师、苕溪郯九成、吴僧琦元璞日有诗酒之娱。而其赓唱迭和之见于篇什者，往往传诵于人。而予也以汗漫之役，溯河洛，上嵩华，历关陕，北游而客京师，度居庸，计其所跋涉不啻万馀里。方挈挈焉触寒暑、犯霜露之不暇，又何由持杯酒，濡翰墨，咏歌挥洒，以厕诸君子之列耶？今年孟春，予还自北方。隐君首以书见招，过草堂为旬日之留。于是铁崖去讲《春秋》

于松江泖泽之上，有道隐居吴城天宫里，元璞亦归天平山之龙门，而九成则出入漕台，执文牍以理公家之事，朝夕与予为侣者，主则隐君，客则炼师也。予窃念三数年来驱驰辛苦未息肩，而隐君能以水竹琴书相慰藉，而诸君子况复出处不齐，不能复如畴昔雅集之盛。方俯仰寤叹，慨然兴怀，而豫章熊松云、娄江陆良贵适至。隐君乃列绮席，设芳俎于碧梧翠竹间，相与投壶雅歌，饮酒欢甚，且即席赋诗，而以"碧梧栖老凤凰枝"为韵。予探得"老"字，馀则各有所属。诗皆辄成，独松云子饮酣长啸，上马驰去，得"栖"字不赋云。至正十年岁次庚寅正月十一日，临海陈基叙。

诗成者六人。

顾晋得碧字

东轩梧桐树，萋萋长新碧。爱此日夕阴，于焉列华席。感兹造化心，浩荡无留迹。与子酌春酒，情欢聊自适。

顾瑛得梧字

流云拂绮席，晴光在高梧。当轩酌春酒，清阴何扶疏。岂无歌钟乐，乃尔文字娱。逍遥以终夕，聊复遂吾初。

陈基得老字

华轩列绮席，嘉树荫芳草。爱此时雨歇，绿阴净如扫。君子谢轩冕，逍遥遂幽讨。有瑟复有琴，自鼓还自考。达哉松云翁，狂歌不知老。

陆仁得凤字

张宴池馆中，酥凝酒微冻。明月流绮疏，华灯照阴洞。翠琯袅遗音，朱弦细成弄。徙倚桐花原，相期听鸣凤。

顾衡得凰字

梧竹绕高堂，清阴满席凉。春风人似玉，芳草句生香。绿酒倾鹦鹉，瑶笙引凤凰。诗成欢未彻，月色转回廊。

于立得枝字

新阳散微雪，薄霭凝春姿。逍遥桐轩下，命侣酬芳时。轻风荡微和，酒面浮晴漪。娟娟明月钩，挂在珊瑚枝。

诗不成者一人,逸去。

又

番阳萧景微元泰

至正辛卯,予自吴中还会稽,饮酒玉山而别。当是时,已有行路难行之叹。继而荆蛮淮夷、山戎海寇警呼并起,赤白囊旁午道路,驱驰锋镝间。又复相见,因相与道寒温,慰劳良苦。玉山为设宴高会梧竹堂上。在座皆俊彦,能文章,歌舞尽妙选。客有置酒而叹者,予笑曰:"子何为是拘拘也? 夫天下之理,有往而不复。器之久不用者朽,人之久不用者怠。国家至隆极治,几及百年,当圣明之世,而不靖于四方,或者天将以武德戡定祸乱,大启有元无疆之休。诸君有文武才,将乘风云之会,依日月之光,且有日矣。予尚拭目以观太平之盛,何暇作愁叹语耶?"玉山扬觯而起,曰:"子诚知言哉!"于是饮酒乐甚。明当重九,遂以"满城风雨近重阳"为韵分赋如左。壬辰九月八日,番阳萧景微元泰序。

诗成者七人。

顾瑛得满字

西风吹长江,舟楫几欲断。仙人远方来,羽服自萧散。颇言官军中,杀贼尽左袒。时艰会面难,取醉那容缓。菊开重阳华,对酒莫辞满。赓歌杂丝竹,言笑亦侃侃。月明梧竹间,夜色良可叹。

袁华得城字

霜露悴百草,风埃暗重城。冥鸿奋羽翰,肃肃东南征。感时增慷慨,岂不怀友生。美人欣会面,开觞掇秋英。宴坐适冲赏,高梧含文清。湛湛乐未央,璇霄珠斗倾。

卢震则得风字

黄埃满眼叹萍踪,暂对清樽乐事同。绛蜡烟轻飘永夜,锦帏霜重护香风。杯行翠袖飞鹦鹉,舞罢缠头散彩虹。明日黄花重有约,夜深归去月明中。

陆仁得雨字

华堂带修沱,梧竹夹两庑。流云荡微阴,冉冉菊花雨。张筵广乐作,彼美瑶之圃。仙人紫云裘,渥颊颜孔朊。逍遥惬冲赏,且以乐嘉聚。翩然跨黄鹤,渺渺渡烟渚。

于立得近字

梧竹幽深霜未陨，置酒高堂洗罍坒。菊英已泛紫霞觞，桂子尚飘金屑粉。春潮晕脸笑颜酡，远山入眼修眉近。颠风折岳江倒流，人间何事糟丘隐。

岳榆得重字

桂花开过菊花浓，酣宴高堂酒百钟。帷帐覆檐香籍籍，楼台临水影重重。艰时会合人希有，筹令传呼曲屡终。明日登高须再约，只愁风雨阻行踪。

赵珍得阳字

碧梧翠竹荫高堂，堂上张筵引兴长。上客凌风还解佩，美人传令更飞觞。帘栊冉冉香微动，星斗沉沉夜未央。黄菊紫萸应烂漫，江南风景在重阳。

玉山名胜集卷四

浣花馆

吴兴赵雍仲穆篆颜:

顾瑛春题:

波暖花明状元浦　竹寒沙碧拾遗诗

记

顾 瑛

余别墅号小桃源,达秘书为余篆扁,诸名公赋咏叠笔。至正戊子春,故人张楠渠诗来,乃知其隐居之所亦号小桃源。嗟乎,天台、武陵固不在论,今之托是名者又何多也!王、谢争墩,于千载之下,识者哂之。遂以"桃源"之号归之楠渠,易其颜为"浣花"。又恐杜陵笑余久假也。呵呵!馆之主人顾瑛识。

诗

柯九思

溪行何处是仙家,谷口寻君日未斜。隔岸云深相借问,青林极望有桃花。

袁 华

花迷苓南北,水接瀼东西。行春向何许,只在浣花溪。

黄 玠

锦官城外浣花溪,万里东流无尽时。出郭水清鱼可数,缘溪路曲马难骑。春星一夕草堂饮,夜雨几年茅屋诗。阿稽前扶阿稽后,少陵野老鬓如丝。

句吴张逊

种桃如种柳,容易得成花。千树恐无地,平原堪子家。晚风迎窈窕,春水绕污邪。久不通人问,循溪步曲斜。

天台陈聚敬德

爱尔桃溪好,幽期不可分。山光晴挹翠,玉气暖为云。渔艇花间泊,樵歌竹外闻。思君赋招隐,惭愧北山文。

河东李元圭廷璧

浣花溪在界溪头,爱汝新成小隐幽。日日花间频洗盏,时时柳外更维舟。春风绣幕围歌扇,夜月珠帘控玉钩。倚杖看云双眼豁,功名富贵等浮沤。

吴郡顾达

密叶昼沉影,落英春洗香。白雪纷渚乱,锦云缘岸长。寻津迷去路,怀人赠遗芳。玄洲谅匪远,楼台烟雾藏。

联句诗序

会稽杨维祯廉夫

至正戊子六月廿四日,维祯与卫辉高智、匡庐于立、清河张师贤、汝南袁华、河南陆仁燕于浣花馆。酒阑,主客联句,凡廿四韵。主为玉山顾瑛,客预联者维祯、立、师贤、华、仁也。会稽杨维祯书。

大厦千万馀,小第亦云甲。马山分玉昆,祯。鲵津类清雪。湖吞愧偪深,立。江沔吴淞狭。地形九曲转,贤。峰影千丈插。斜川万桃蒸,华。小径五柳夹。仙杖撞石检,仁。灵洞开玉匣。云停清荫初,瑛。凉过小雨霎。鹤舞竹缡褷,祯。鹭乱萍喋啑。风颠帽屡欹,立。暑薄衣犹夹。花从嬴女献,贤。酒倩吴姬压。帘卷苍龙须,华。盘荐紫驼胛。戎葵粲巧笑,仁。文爪印纤榙。白鬌鱼乍劐,瑛。红莲米新铪。急觞行葡萄,祯。清厨扇蒲箑。火珠梅烨煌,立。冰丝莼浃渫。云雷摩乳鼎,贤。珌珸玩腰珅。伶班鼓解秽,华。军令酒行法。弓弯舞百盘,仁。

鲸量杯千呷。腔悲牙板擎，瑛。调促冰弦捄。客欢语噂𨘇，祯。童酣鼻齁𪘏。酒彻给泓颖，立。诗成缮书札。呕句投锦囊，贤。披图出缃笈。骊驹歌已终，华。青蛾情尚狎。永矢交友盟，仁。铜盘不须歃。瑛。

柳塘春

马九霄篆颜：

顾瑛春题：

金缕和烟春漠漠　赤栏倚水月溶溶

诗

昆山郭翼羲仲

阴阴覆地十馀亩，袅袅回塘二月风。雨过鸥眠沙色里，花飞莺乱水声中。

陆　仁

晴雪散河堤，春云晚复迷。鲤鱼跳藻叶，燕子拂兰荑。

袁　华

鸭绿波摇舰，鹅黄柳覆堤。飞花如白雪，流出武陵溪。

陈　基

扁舟二月傍溪行，爱此林塘照眼明。芳草日长飞燕燕，绿阴人静语莺莺。临风忽听歌金缕，隔水时闻度玉笙。更待清明寒食后，买鱼沽酒答春晴。

昂 吉

春塘水生摇绿漪，塘上垂杨长短丝。美人荡桨唱流水，飞花如雪啼黄鹂。

卢 昭

黄柳花香水上衣，襄帘亭上挹春晖。兰桡一道微风入，恰逐金塘燕燕归。

郯 韶

春塘二月春波深，杨柳濯濯会轻阴。会风袅袅金虫落，隔屋两两黄鹂吟。飞花莫遣度流水，化作浮萍无定止。折时须折会长条，堤边系取木兰桡。

秦 约

弱柳金塘上，春浓岸岸连。树深停野骑，花送渡江船。燕蹴初晴雨，乌栖欲暝烟。沿洄正延伫，落日棹歌还。

黄 玠

江南二月柳条青，柳下陂塘取次行。兰杜吹香鱼队乐，草莎成巢马蹄轻。小蛮多恨身今老，张绪少年春有情。得似东吴顾文学，风前雨后听莺声。

岳 榆

三月风柔雨霁初，芳塘流水碧珊瑚。欲维画舫丝犹弱，稍扑湘帘絮已无。微影扬波惊鲤队，新阴分色映鹅雏。调筝莫按阳关曲，时到藏鸦兴未孤。

顾 达

垂丝拂波迥，沉影带云流。莺啼渚烟净，燕飞帘雨收。萍开双桨荡，花浮群鲤游。东风约朝暖，晞发面轻鸥。

卢 熊

千步垂杨柳，阴连春水生。花深吹落絮，叶密坐流莺。

口占诗序

匡庐于立彦成

至正十二年正月下浣，春雪方霁，饮酒柳塘上。水光与春色相动荡，因咏王临川"鸭绿鹅黄"之句，各口占四绝，以纪时序。嗟乎！世故之艰难，人事之不齐，得一适之乐如此者，可不载之翰墨，以识当时之所寓。况东西南北，理无定止，后之会者谁欤？赋诗者三人，主则玉山顾君，客子英袁君，余匡庐于立彦成也。

于 立

江浦雪消杨柳春，槛下新水碧粼粼。嫁得东风最轻薄，吹荡柔条拂着人。

正月已尽寒未收，柳塘曲曲带平流。青丝银瓶送美酒，赤栏画桥横钓舟。

日落大堤杨柳明，栖乌也复可怜生。若待清明花似雪，风光都属上林莺。

嫩绿新生杨柳枝，轻风故故向人吹。春波不尽东流意，折得柔条欲赠谁。

顾 瑛

二月看看已过半，春雨尚尔不放晴。杨柳长堤飞鸟过，鸬鹚新水没滩平。

溪上草亭绝低小，春来有客日相过。便须对柳开春酒，坐看晴色上新鹅。

鸟啼残雨过平皋，鱼逐轻波趁小舠。独爱大堤杨柳树，又牵春色上柔条。

小亭结在瀼西头，况复春半雨初收。柳垂新绿枝枝弱，水转回塘漫漫流。

袁 华

横雨狂风二月馀，柳塘犹未动春锄。花明兰渚宜垂钓，叶暗芸窗好读书。

细雨初晴暖尚微，小亭帘幕护春晖。曲尘波动鱼初上，金缕条长燕未归。

漠漠轻风雨乍收，方塘水水不胶舟。慈乌将子避人去，返照正在柳梢头。

春塘杨柳未飞绵，已有清阴覆画船。好倩吴姬歌水调，不辞百罚酒杯传。

后　序

汝阳袁华子英

柳塘春者，顾君仲瑛玉山佳处之一馆也。仲瑛为中吴世家，读书绩文，日从四方贤士大夫游。凡一亭一馆，必觞咏以纪，日累月增，共若干卷。丙申春正月，兵人草堂，共发箧取去。后全归于通守冯君秉中，独此卷不存。仲瑛命娄江朱圭临九霄篆匾，予录前诗，复装为卷，以补其失，于以见玉山好事之专、秉中尚义之笃。微玉山之好事，岂能动秉中之心？微秉中之尚义，岂能以归玉山之旧物？二君可谓豪杰之士矣。复读于匡庐序《口占诗》中语，所谓"东西南北，理无定止，后之会者谁欤？"今于君栖于会稽，烟尘迥隔。卷中诸君子虽近在百里，皆星流云散。旧客则余一人而已。慨时世之变迁，嗟友朋之暌离，予于于君之言重有感焉，遂书以识。是岁十月既望，昆丘袁华书。

小集分韵诗序

河南陆仁良贵

丁酉岁二月廿有二日，龙门琦开士自吴江泛舟，访金粟道人顾君仲瑛于界水之上。龙门复贻书石川，招余过此。适葛君天民亦自苕雪来，各以道路芜梗，暌离隔岁，慰藉问劳，握手道契阔，语徐徐不能休。其于故人之情，为何如也。留数日，日以诗酒相娱乐。既而龙门复欲还吴江之无碍寺，道人止其行，且张席柳塘春之小轩。时春雨初霁，春水方生，绿波淡荡，柳色如濡。举酒相属，谈语甚欢。酒既半，道人作而言曰："适斯时也，当戎马交驰之际，凡我朋游，一别如雨。若匡山于君、番阳萧君皆余之至厚者也，今日皆在会稽，犹风马牛之不相及也。余之思之，未尝一日忘之。今日得与诸君合并，不知合并又几何时。因古人折柳赠别之意，不能不戚然于怀也。诸君得无言乎？"袁君子英遂举"柳塘春水漫"之句分韵各赋诗，以写其情云。是月廿又八日也。河南陆仁分"水"字，且为之序。

诗成者四人。

顾瑛得柳字

予去春避地于吴兴之商溪，始识天民于溪上之大慈隐寺。天民读书有节义，落落有古人风，故与予甚浃洽。及予之归，远饯于洪城溪亭，临歧泣别，则其交情可见矣。今又能驾轻舟，历数百里之险途来问讯余之祝发，其义之笃、情之深，非结交结面者之比也。余敬借此诗美之，且以饯其归，并简无隐老禅，求一转语也。

剥啄谁扣门，乃是忘年友。远从商溪来，过我绳枢牖。入门无一言，但觉惊我丑。我丑我自知，削发事三有。学佛亦何补，用以脱尘垢。全我浊世身，荐我生身母。羡君颜色好，濯濯春月柳。不为时所趋，甘着儒冠守。即今一相见，意思两称厚。春风吹杨花，落我杯中酒。愿持满满杯，再起为君寿。君其勿我辞，罄此扫愁帚。不闻昨军中，食人如食狗。苗獠虐已甚，横杀掠人妇。自古戎旅间，此事十八九。若以乐土言，无出平湖右。未知干戈世，能免饿死否。忍君遽云别，更欲周旋久。横塘新水发，舟楫不肯后。君今必欲归，为语无隐叟。愿施七宝床，大作狮子吼。

良琦得塘字

乱后山人两鬓苍，云山百里久相望。孤舟江水乘夜兴，流水桃花春满庄。谈笑便须相抵掌，清幽何所共持觞。芙蓉芳渚双溪转，杨柳飞轩万树长。阴拂绮筵宾正集，花吹玉斝酒偏香。仓庚得友间关好，翡翠窥鱼取次翔。世上风尘方颎洞，山中日月且徜徉。辋川别业声名似，栗里闲居志趣强。君向此时真遁迹，我惭明日过横塘。

陆仁得水字

修塘带长堤，柳色参云起。疏雨落高林，浅渚生春水。文轩敞棂槛，宛在水中沚。流波荡轻花，细藻跳游鲤。故人式相见，离别情何似。相对澹忘言，坐听流莺语。

葛元素得漫字

芳塘柳色深，春水亦弥漫。翼然驾飞轩，临流敞奇观。日夕开绮牖，分明画中看。好风从东来，吹香落吟案。晏坐如玉人，崇谈载清粲。觥筹酬酢馀，彬彬美词翰。兹焉固云乐，世故一长叹。我亦沉晦者，无心闻理乱。何由卜闲居，角巾每高岸。

附录：玉鸾谣

顾 瑛

杨廉夫昔有二铁笛，字之曰"铁龙"，今已失其一。偶得苍玉箫一枚，字为"玉鸾"，以配"铁龙"。廉夫喜甚，复以书来索赋《玉鸾谣》，以志来自云。至正甲午三月既望，界溪顾瑛书于柳塘春。

七宝城中夜吹笛，舞按白鸾三十只。个中小玉号细腰，尾拂广陵秋月白。伐毛脱骨秋风里，素颈圆长尺有咫。中虚一窍混沌通，上有连珠七星子。羿妻久闭结璘台，弄玉求之遗萧史。调得仙家别鹄声，吹落虎头金粟耳。桂园仙伯杨铁翁，昔豢洞庭双铁龙。雌龙入海去不返，雄龙鳏处琼林宫。宫中夜夜泣寒雨，幽烟悲啼作人语。燃犀莫照玉镜台，买丝难系蓝桥杵。虎头怜之为媾婚，并刀剪纸招鸾魂。鸾之来兮洞房晓，恍然枕席生春温。铁仙翁，笑拍手，左琼琼，右柳柳。琼琼细舞柳柳歌，起劝虎头三进酒。画堂龟甲开屏风，翠烟凝暖春云浓。大瓶酒泻鹦鹉绿，满头花插鸳鸯红。鸾兮运居巢，龙兮弄横竹。君山月落大江秋，黄姑星陨昆岗玉。不须再奏合欢词，且听和鸣太平曲。太平曲，断还续，一转一拍相节促。谐宫协徵宣八风，寒谷能令生五谷。鸾龙台上凤凰来，万岁八音调玉烛。

玉鸾传

玉鸾不知何时人，或曰吴仙君女采鸾别称也。龙颈兔唇，面七窍，凿混沌，得不死术。初，汉祖入咸阳，获昭华琯氏，惊异之。岂其裔欤？性嗜音律，遇善者叩之，随小大辄响应。划然长啸，则风雨声自九天至，龙为之吟，蛟为之泣，谷应坑满。人异其术，争聘之。鸾誓曰："得骊珠万颗，走盘贯索圆转不绝者，即结发事之。"东海铁龙君闻之，釂然喜，益以琳球琅玕、鲛人回纹锦、连理珊瑚钩。鸾笑曰："龙亦良耦哉？吾所以待聘者，将以愧后世相如、文君之为也。"既耦，骑鹤往来娄江山水间，疑龙为萧史、鸾为弄玉也。帝鸿氏在洞庭野张广乐，龙、鸾与焉。帝使各售其伎，龙鸣刚而清，鸾鸣温而和。帝叹曰："治世之音，其玉鸾乎？"龙耻，辞去，客于铁仙门下，居六客之右。铁仙更筑七者寮以处之。仙尝怃然曰："龙、鸾，神物间气也。心虽不相能，终复合耳。"谓其友片玉山人曰："若能为龙致鸾乎？"山人曰："鸾时时偕凤凰来鸣吾山，椒声甚凄丽，意若求伉者。今七月七日之夕，天[1]女红织，帝命嫔于河鼓，必送之。使铁龙倚楼作《凤求凰》曲，某为歌铁仙词招之，鸾不敢辞矣。"如期，鸾自鸳湖偕彩云翱翔云间，闻铁龙吟，曰："此必铁仙人，铁龙何音响浏亮若是。吾诚与龙君连，不可负山人请。"遂与俱造七者寮。铁仙闻鸾在门，倒屣出迎，躬抚视之，不知促席之前也。龙知鸾来，铿尔在舍，面甚埃墨，弗肯见。铁仙哑尔曰："金石，八音领袖也。两贤苟相阨聚，九州之英岂足以铸此错耶？"手携龙出，交拜之。客以次皆就见。是夕，仙具龙鲊鹿脯，酌以十八仙酒。酒酣，八音交作，合以《桑林》

---

1 "七月七日之夕天"，底本原缺，据《四库全书》本补。

之舞、《经首》之会。少焉，白龙沸于潭，皓鹤和于阴，百兽舞于野，凤凰翥于山，白虹紫雾盘旋于仙人之庐。闻之者莫不怪其风作水涌，涩嚚澎湃，以为鸡犬樠栌皆上升矣。翌旦，铁仙更制沉香阁、古锦幄，使鸾别居之。出游，二人必侍后，皆隐于九龙峰云。

论曰：昔张华云斗牛间有紫气雷焕，谓宝剑之精上彻于天。尔后丰城狱中得龙泉、太阿，则雌雄二剑也。铁仙人负不世出之才，以正始之音，鼓舞一时，人有奇才异能者咸乐造其门。若玉鸾者，既遇山人，微铁仙人，则龙、鸾宁老于江海间，泯泯无闻焉。吁！世有华焕，然后有龙泉、太阿，吾于铁仙人亦云。

渔庄

白野达兼善隶颜：

渔菈

顾瑛春题：

兴入水云频放艇　梦回烟雨听鸣榔

记

丹丘柯九思敬仲

玉山隐君顾仲瑛氏治其第之西偏稍为台池之胜，号玉山佳处。佳处之东，沮洳蓁莽，久且弗治。君观其有异，乃夷其污水奥草，筑室于上，引溪流绕屋下。于是萦者如带，抱者若环。浏然而清可濯，悠然而长，可方可舟。枫林、竹树、兰茝、翡翠，夸奇而献秀者，尽在几格。渔歌野唱，宛若在苕雪间也。今礼部白野兼善公隶书“渔庄”二字以榜其颜，君日与宾客觞酒赋诗游息其下，世故之子子者不芥蒂于胸中。予谓：“君素为吴大姓，青年绩学，抱负才艺。出为世用，固可以陈力就列，勤劳王家；退居田里，华榱广厦，可以乐亲戚而延宾友，何所取于渔哉？昔太公之钓渭，将以大有为也。下而子陵、玄真、天随之流，浮游江湖，果于遗世者也。君将奚取焉？”君曰：“是乌知我者。吾方网罟天地，经纶古今，以络以绎，以悦予心，大有为也。果遗世也。乌知其然，乌知其不然。”鉴书博士柯

玉山名胜集六卷

367

九思敬仲记。

诗

袁　华
公子不好猎,小庄濠上居。长船载大炬,清夜看叉鱼。

陆　仁
春船摇一苇,寒罾带三星。美人烟水暮,相思兰芷青。

李　瓒
春浦参差水文绿,泳鱼引子出其中。攸攸赤尾随萍实,圉圉金鳞识藻丛。子产陂池方得所,陶朱洲岛乐无穷。何当置艇苍筤下,一钓烟波向雨篷。

于　立
二月春水生,三月春波阔。东风杨柳花,江上鱼吹沫。放船直入云水乡,芦荻努芽如指长。船头濯足歌沧浪,兰杜吹作春风香。得鱼归来三尺强,有酒在壶琴在床。长安市上人如蚁,十丈红尘埋马耳。渔庄之人百不理,醉歌长在渔庄底。

陈　基
结得渔庄傍水滨,暖沙晴日更鲜新。隔江枫树愁相泥,照水芙蓉意转亲。隐见白鱼穿荇细,高低翠羽结巢匀。秋风稍待莼鲈美,应有扁舟访散人。

郑元祐
濠上春晴花朵朵,施周强知渔与我。争如顾循读书倦,驳杳浪花宵鼓枻。船头列炬船窗唱,绳独如云布水上。并刀斫鲙雪缕飞,吴娃夹坐歌喉哓。庄上东风柳欲绵,鲤鱼吹浪迎归船。由来名教有乐地,鼓琴却扫消残年[1]。

郭　翼
山色桃花里,渔庄信少双。鸥群回落日,鱼笱聚深矼。杨柳秋开屋,蒹葭雨满江。

---

1 "鼓琴却扫消残年",底本原存"鼓琴却"三字,并注"缺四字",据郑元祐《侨吴集》卷二补。

野翁归醉晚,水没系船桩。

李瓒再题

五湖之东烟水长,高人于此构渔庄。开轩垂钓吟丽藻,泛舸吹笛窥扶桑。金樽满注葡萄酒,醉看吴姬小垂手。荣名耳热何足夸,几见秋风落杨柳。

昂 吉

待得桃开泛钓艖,春光三月到渔家。风回池上凭栏立,一对鲤鱼吹浪花。

卢 昭

结屋水中沚,群山在前除。葭菼翳丛薄,兰茝荫文鱼。于焉理缗钓,雅志不在鱼。有酒式燕兹,邈哉尘虑疏。何以知我乐,惠子与之俱。

陈基又题

何处林塘好卜邻,清江绕屋净无尘。定巢新燕浑如客,泛渚轻鸥不避人。杨柳作花香胜雪,鲈鱼上钓白于银。春风无限沧浪意,欲向江洲赋采蘋。

杨维祯

君不见裴家之庄在子午,台池已作张家墅。又不见李家之庄在平泉,花石亦入陶家园。不如渔庄在昆之所,官不得夺,人不得取。或言投长竿,侣会稽,钓严濑,隐磻溪。彼数子者逃名而名至,孰能索我于东溪之东、西山之西。春江冥冥,春水弥弥。桃花乱流,跳鲂与鲤。会稽丈人本钓徒,钓竿手拔珊瑚株。浩歌小海入东去,大鱼鳞鳞来腾予。子知我,我知鱼,濠梁之乐乐有馀。

秦 约

春雨渔庄上,微风动绿波。好停木兰桨,共听竹枝歌。㲄鸟冲寒怯,鲂鱼出网多。濠梁真有乐,为问近如何。

冯 浚

片玉山里碧云关,背郭渔庄寄柳湾。细雨长竿拂东海,桃花流水出人间。鼋鼍窟宅风潭静,鸡犬瀛洲日月闲。公子临渊无所羡,钩帘落照看青山。

黄 玠

渔庄无岁不丰年,三十六陂多似田。钓者得鲜还易粟,市官有税却输钱。霜天籫下团脐蟹,冬日槎头缩项鳊。想见牙签满书架,敎儿兼读种鱼篇。

周 砥

杨柳拂柴扃,芙蓉落晚汀。鸥眠沙嘴白,山近屋头青。樽酒何劳劝,渔歌岂厌听。王维爱裴迪,联句不曾停。

东郭钱抱素赋芳草渡

隔浦湫,望路接花蹊,水萦蘋渚。映竹篱茅舍,筝箸散满平楚。往来耕钓侣,占烟波佳处。收缯后,鹦鹉洲边,一派柔橹。　　鸣芳坞,连舞榭,鲙鲤人闲窥绣户。正千树、落霞渐老,缤纷坠红雨。泛溪去杳,怕前度、渔郎重误。柳影直,贳酒人归唤渡。

顾 达

洲回集芳气,流水荡晴晖。西风横笛坐,明月棹船归。缘渚葭葵靡,近人鸥鹭飞。缅怀浮家去,薄暮情依依。

分题诗序

匡庐于立彦成

至正庚寅七月十一日,饮酒渔庄上。时雨初过,芙蓉始着数花,翡翠飞栏槛间。渔童举网得二尺鲈,于是相与乐甚,主人分韵赋诗。主则玉山隐君,客则琦龙门及予,行酒者小琼英也。于立记。

是日以"解钓鲈鱼有几人"分平声韵赋诗,诗成者三人。

于立得鲈字

波光月色净涵虚,炯若清冰在玉壶。水槛夜凉栖翡翠,钓竿秋冷拂珊瑚。杯行玉手琼英酒,鲙砍金盘雪色鲈。书卷诗篇不知数,为君题作辋川图。

良琦得鱼字

杨柳叶黄秋雨疏,芙蓉花乱月明初。筋流渌水浑如鸟,桥隔青蒲不碍鱼。寂寞每怀扬子宅,风流常忆辋川居。少微此夜光华动,恐致云中五色书。

顾瑛得人字

芙蓉始花秋水新，小庄落日酒相亲。渔童樵青解歌舞，茶灶笔床随主宾。龙门山人碧玉尘，会稽外史白纶巾。莼羹鲈鲙我所爱，吟对西风怀远人。

欸歌序

河南陆仁良贵

至正辛卯秋九月十四日，玉山宴客于渔庄之上。芙蓉如城，水禽交飞，临流展席，俯见游鲤。日既夕，天宇澄肃，月色与水光荡摇棂槛间，遐情逸思使人浩然有凌云之想。玉山俾侍姬小琼英调鸣筝，飞觞传令，酣饮尽欢。玉山口占二绝，命坐客属赋之。赋成，令渔童樵青乘小榜倚歌于苍茫烟浦中。韵度清畅，音节婉丽，则知三湘五湖，萧条寂寥，那得有此乐也？赋得二十章，名之曰《渔庄欸歌》云。河南陆仁良贵序。

诗成者凡十人。

陆 仁

湾湾流水曲阑干，鸂鶒芙蓉不耐寒。玉手为开银屈膝，举头恰见月团团。

日暮休凭斗鸭阑，落霞飞去水漫漫。秋光都在重屏里，东面青山是马鞍。

袁 晟

秋水芙蓉面面开，锦云低护小蓬莱。夜深莫把珠帘下，恐有青鸾月底来。

玉人花下按凉州，白雁低飞个个秋。弹彻骊珠三万斛，当筵博得锦缠头。

周 砥

傍水芙蓉未着霜，看花酌酒坐渔庄。花边折得芭蕉叶，醉写新词一两行。

秋月团团照药栏，水边帘幕晚多寒。素娥不上青鸾去，借得银筝花里弹。

秦 约

公子渔庄秋气高，湾湾野水曲塘坳。隔林月出车轮大，照见花间翡翠巢。

金菊芙蓉秋水滨，恰如生色画屏新。荡舟直过红桥去，小队游鱼不避人。

顾 瑛

返照移晴入绮窗，芙蓉杨柳满秋江。渔童樵青荡舟去，惊起锦凫飞一双。

金杯素手玉婵娟，照见青天月子圆。锦筝弹尽鸳鸯曲，都在秋风十四弦。

袁 华

红白芙蓉照画屏，秋波如镜映娉婷。并头花似双娥脸，一朵浓酣一朵醒。

枸杞猩红个个圆，秋疏绿叶映青烟。佳人错认相思子，采向筵前要赛拳。

于 立

芙蓉千树齐临水，橘柚满林都是霜。饮罢玉人归别院，只留明月照渔庄。

对酒清歌窈窕娘，持杯劝客手生香。袖中藏得双头橘，一半青青一半黄。

超 珍

绣户芸窗八面开，渔庄酒色净如苔。鲤鱼三尺丹砂尾，听得清歌出水来。

雨后芙蓉霜后枫，渔庄只在画桥东。不知前面花多少，映水残霞烂漫红。

李 瓒

芙蓉开遍锦云低，夜饮渔庄月满池。按得新词倚红袖，桃花便面写乌丝。

纤纤新月上帘钩，枫叶蘋花隔水秋。一曲清歌来送酒，双鬟小髻木兰舟。

岳 榆

文竿比目出清波，翠袖香醪金叵罗。凉月团团当槛白，秋花冉冉隔帘多。

黄花丹树绕渔庄，锦瑟秋风子夜长。惊起水禽栖不定，背人飞去不成行。

秋华亭

檇李鲜于伯机书颜：

顾瑛春题：

凉月挂檐成夜色　秋华满树作天香

分题诗序

匡庐于立彦成

至正十年七月六日，玉山主人置酒小东山秋华亭上。歌舞少间，群姬狎坐亭中。时夜将半，秋声露气在竹树间，曲水萦带山石下，与银汉同流，翛然若非人间世。因分韵赋诗如左。

是日以"天上秋期近"分韵赋诗，诗成者三人。

于立得期字

溪上新亭绝萧爽，四檐高树碧参差。香浮金粟秋盈把，凉沁琼花月满枝。路近东山深窈窕，水通遥汉共逶迤。银瓶细泻深杯酒，罗扇新题小字诗。曲倚瑶筝声累咽，歌停翠琯舞频欹。露零菡萏枝枝谢，风入梧桐叶叶吹。每忆天孙候河鼓，更烦星使问秋期。道林明日难为别，更约山公醉习池。

顾瑛得秋字

开宴秋华亭子上，共看织女会牵牛。星槎有路连云渡，河汉无声带月流。取醉不辞良夜饮，追欢犹似少年游。分曹赌酒诗为令，杂坐猜花手作阄。最爱柳腰和影瘦，更听莺舌哢春柔。金茎露落仙人掌，锦瑟声传帝子愁。络纬岂知都是怨，芙蓉莫恨不禁秋。紫薇花下微风动，重欲移樽为客留。

良琦得天字

片玉山西境绝偏，秋华亭子最清妍。玉峰秀割昆仑石，一沼深通渤澥渊。鹦鹉隔窗留客语，芙蓉映水使人怜。桂丛旧赋淮南隐，雪夜常回剡曲船。北海樽中长潋滟，东山席上有婵娟。紫薇花照银瓶酒，玉树人调锦瑟弦。醉过竹间风乍起，行吟梧下月初悬。一声白鹤随归佩，何处重寻小有天。

口占诗序

亭之主人顾瑛仲瑛

七月九日，复饮秋华亭上。天香袭人，幽花倚石。时猩猩轧琴与宝笙合曲，琼花起舞，兰陵美人度觞，与琦龙门行酒。余为作诗，以纪良会，就邀匡山、龙门同韵。

顾　瑛

又到秋华亭子上，东山爽气正清妍。阶前落叶不须扫，石上幽花自可怜。越国女儿娇娜娜，兰陵酒色净娟娟。深樽盛有清香在，留待瑶笙月下传。

良　琦

亭上重来宴绮筵，秋花数树向人妍。浊醪妙理自可信，白发生秋何足怜。幽径独行苔冉冉，红莲堪把水娟娟。还山明日应相忆，写得新诗趁鹤传。

于　立

桂子开时香满天，山光秋气两相妍。近人月色如相识，照水花枝若自怜。曲趁瑶笙声宛转，舞回歌扇共婵娟。此中不是人间世，饶舌山僧莫浪传。

附录：和杨铁崖唐宫词十首

顾　瑛

天宝鸡坊宠贾昌，宫中蝴蝶满钗梁。锦棚昼浴天骄子，绛节朝看王大娘。芍药金栏开内苑，蒲萄玉盏酌西凉。月支十万资胭粉，独有三姨素面妆。

莲花池畔暑风凉，玉竹回文宝簟光。贪倚画屏调翡翠，误开金锁放鸳鸯。轻绡披雾夸新浴，堕髻欹云炫晚妆。笑指女牛私语处，长生殿下月中央。

五色卿云护帝城，春风无处不关情。小花静院偷吹笛，淡月闲房背合笙。凤爪擘柑封钿合，龙头泻酒下瑶罂。后宫学做金钱会，香水兰盆浴化生

龙旂孔盖拥鸾幢，步辇追随幸曲江。鸟道正通天上路，羊车直到竹间窗。桃花柳叶元无限，燕子莺儿各有双。中贵向人言近事，风流阵里帝先降。

秘阁香残日影移，灯分青玉刻盘螭。琵琶凤结红文木，弦索蚕缫绿水丝。金屋有花频赌酒，玉枰无子不弹棋。传宣促发时持使，南海今年进荔枝。

近臣谐谑似枚皋，侍宴承恩得锦袍。扇赐方空描蛱蝶，局看双陆赌樱桃。翰林醉进清平调，光禄新呈玉色醪。密奏君王好将息，昨朝马上打围劳。

虢国来朝不动尘，障泥一色绣麒麟。朱衣小队高呵道，粉笔新题遍写真。宝雀玉蟾簪翠髻，银鹅金凤踏文茵。一从羯鼓催春后，不信司花别有神。

五王马上打球归，赢得宫花献贵妃。乐送阁门边奏少，祸因台寺谏书稀。侍儿随幸皆颁紫，骰子蒙恩亦赐绯。姊妹相从习歌舞，何人能制柘黄衣。

新制霓裳按舞腰，笑他飞燕怕风飘。玉搔倒卧蟠条脱，金凤斜飞上步摇。云母屏前齐奏乐，沉香火底坐吹箫。只因野鹿衔花去，从此君王不早朝。

宫衣窄窄小黄门，躞蹀初开赐缥盆。夜月不窥鹦鹉冢，春风每忆凤凰园。爱收花露消心渴，怕解金诃见爪痕。只有椒房老宫监，白头一一话开元。

廉夫评曰：十诗绵联缛丽，消得锦半臂也。

澹香亭

吴兴赵孟頫子昂篆颜：

顾瑛春题：

暖香春淡淡　夜色月溶溶

附秦淮海简一通

约顿首再拜。

玉山征君尊契文侍，一节病目，略答不能回人之书于记室，极切驰情。近闻龙门山开士、水竹居主者咸集玉山草堂，想日有歌咏之乐也，不胜悬悬。良贵来，闻欲得赵文敏公所篆"澹香"二字，区区得之外家久矣，但未有一亭一台以称斯颜，遂欣然归之玉山，益以验是物之有所遭也。他日更当率吾侪赋之未晚。辰下秋向寒，万惟善自加爱，为斯文珍重。不具。

八月十九日秦约再拜

诗

昆山郭翼羲仲

别馆闻将掷果车，澹香亭下赏春华。东阑恰好清明节，千树都开烂漫花。绮席霏霏吹雪暖，霓裳叠叠舞风斜。魏公翰墨秦家得，一字千金未足夸。

三山卢昭伯庸

玉山佳处野亭分，千树梨花白似云。仙袂倚风林下得，澹香和月夜深闻。生憎蛱蝶迷春色，不待狻猊换夕熏。西郭东阑已陈迹，总传芳扁重鹅群。

吴郡顾达

玉树春浮暖，轻风扇夕清。霏微通绣幕，窈窕倚朱楹。酒压霞光溦，衣承雪色明。徘徊顾林影，华月又东生。

河朔张皋

风暖随飞琼，云凝点晴雪。万妃集瑶台，光耀冰玉洁。开帘酌春酒，香气满林发。日暮无纤尘，溶溶澹初月。

方外于善

玉女乘鸾下绛霄,梨云漠漠带烟飘。帘开澹月香初发,雪满柔条暖未消。花下洗妆时载酒,亭前度曲夜吹箫。主人爱客情怀好,折简频烦远见招。

海屋文质

澹香亭前春可招,雪花千树开琼瑶。溶溶夜色照寒影,二月东风吹不消。昆丘仙人天上客,烂醉花阴坐瑶席。仙姝采香云满衣,酒醒但觉春无迹。人生欢乐苦不多,百岁光阴若飞梭。古来荣辱已尘土,对此不饮将如何。

华亭殷奎

澹香亭外花无数,尽说清明似洛中。西郭爱看千树雪,东阑生怕五更风。何郎酒怯春罗薄,陶令香熏雾縠空。吹遍内园天上曲,坐深清夜月朦胧。

大名张士坚

曲阑昼初寂,琼树闷瑶扉。漠漠春云乱,皓皓素雪围。繁英粲疏槛,芬芳荡帘帏。于焉适幽赏,吹笙乘月归。

君子亭

吴兴赵孟𫖯子昂篆颜:

顾瑛春题[1]

1　以下所题文字,各本皆缺。

序

安阳韩性明善

元泰萧君过余里舍，道吴中玉山顾君仲瑛之贤："顾君之居，泉石幽邃，筼筜数百个，照映几席，翠气浮动。君轻衣缓带，日与宾客夷犹其间，仿佛徂徕竹溪之胜。故筑亭于玉山之侧，以所藏赵魏公'君子亭'三大字榜其颜，赋咏叠笔。子其序之。"嗟夫，顾君于是贤于人矣！人品不齐，赏好随异，观其所寓可知也。至若泊乎其无好，乌乎寓？乌乎非寓？惟至人为然。顾君傲睨物表，来名析利，不概于其衷。幽花丛薄，啸歌自命，足以充其赏好，何取于竹哉？列子御风，七日而返，犹有寓于风也。其行也泠然，其止也肃然，吾不知其所寓矣。琅玕披拂，隐节而虚中，入乎无朕，合乎无垠，传之而不可得也，穷之而莫可穷也，吾不知其所寓矣。是道也，窃有所闻而莫观其窍。因萧君而闻焉，君其有以告余矣。

诗

清河张天英楠渠

玉山隐者蓬莱客，洞府萧森锁寒碧。亭前长与鹤同行，亭外断无车马迹。中有方丈之琼田，种出琅玕数千尺。云动琅玕翠欲飞，云去琅玕净如拭。天风吹作凤凰箫，地上残云化为石。醉墨淋漓节下书，翛翛凤尾玄珠滴。主君一去今千年，对此令人重相忆。

句吴李瓒子粲

新笋方进地，斑然锦箨齐。春风欲披拂，夜雨及蕃滋。奋迅苍龙出，萧条彩凤栖。玉色苍凛凛，翠节森漪漪。七贤有足尚，六逸正堪希。永言竹林下，将以乐清时。

延陵吴克恭寅夫

二月姑苏城，繁花压城楼。车骑相娱乐，鼓吹闻歌讴。玉山轩中意，绿竹美且修。澹然君子交，戛击应鸣球。风回雨光乱，日薄云气浮。顿令尘缘息，竟与野性投。当今顾辟疆，伊人王子猷。抚膺谅云合，散帙保迟留。伐竿损鱼性，接筒悲下流。仰止清净观，俯惭筋骨秋。卑哉檐间雀，暮色隐啾啾。

天台陈聚敬德

闻君结屋沧江上，万竹青青带薜萝。满谷风声秋不去，隔林云气雨偏多。仙人骑鹤吹笙下，狂客题诗载酒过。日暮新凉动萧飒，娉婷翠袖欲如何。

吴兴郯韶九成

扁舟忆过娄水上，修竹泠泠隐者家。五月凉风生草阁，几回白月照江沙。幽人长夏寻棋局，稚子应门理钓槎。更爱开门玉山里，隔溪千树种梅花。

释良琦元璞

隐居何萧爽，种竹竹成林。清露湛秋气，微云荡春阴。泛泛樽中酒，泠泠石上琴。于焉寄玄赏，独尔君子亭。

四明黄玠伯成

淇中绿竹似君子，曾托风人入咏歌。草棘无情频欲洗，径蹊有数不须多。平生冰雪坚贞操，他日山林幽素科。吹作六筒声似凤，老农思听古笙和。

淮海秦约文仲

华构瞰崇山，深沉倚坡陀。疏棂覆篍籞，芳池带蕖荷。虚明完月生，圆文澄水波。觞酌景忻过，延伫情弥多。睠言君子心，不乐将何如。

听雪斋

京兆杜本伯原隶颜：

顾瑛春题：

夜色飞花合　春声度竹深

记

临海陈基敬初

顾君仲瑛饰藏修之室于所居小东山之左,京兆杜征君用隶古题颜曰"听雪斋",属予为之记。夫天地之气舒而为阳,惨而为阴,润而为雨露,凝而为雪霜。而其所以舒,所以惨而凝且润者,亦何与于人?而夫人之情,见雨露之濡则神夷,睹霜雪之严则神肃,此必有为之主宰而机括于其间者矣。且岁聿云暮,雨霰交集,君子于此,宜感时序之代谢,慨物候之变迁。退而居重幄,袭兼裘,征纤歌,选妙舞,历金石之响,谐丝竹之音,以乐以笑。今也则不然,敛容以处其独,潜听以察其微,超超然若逃乎空虚,薄富贵而乐槁,夫岂所谓瀌瀌奕奕、霏霏脉脉、飏霙而屑玉、缘甍而入隙者?果足以悦其耳而怿其心乎?盖岁功既成,嘉瑞时应,出无羁旅跋涉之役,入有琴书咏歌之娱,而又仰足以致其养,俯足以尽其育。盖裕于己者不役于物,足于内者无待于外。于是施施焉,衎衎焉,与葛天氏之民并游于熙洽之世。呜呼!居太平之时,听丰岁之雪,其得于天者亦厚矣。宜其不以人之所乐者以为乐,而以己之所适者以自适,然则,非仲瑛亦何足以与于此哉?虽然,吾闻井蛙不可以语海,夏虫不可以语冰,盖拘于虚者,犹笃于时也。今仲瑛处富而不啬,居盈而不矜,持虚以守实,主静以制动,盖庶几于不溺此、不泥彼,而能与物推移者,故予乐为之道也。至正十年正月甲子,临海陈基记。

诗

铁心子杨维桢

山人夜坐众喧息,大地飞花不动尘。听到天声入无极,蟹沙蚕叶未为真。

永嘉曹睿新民

公子清歌夜未阑,画帘风动雪珊珊。凭君听到无声处,始信梅花耐岁寒。

分题诗序

西凉昂吉起文

至正九年冬,予泛舟界溪上,访玉山主人。时积雪在树,冻光着户牖间。主人置酒宴客于听雪斋中,命二娃唱歌行酒。霰雪复作,夜气袭人,客有岸巾起舞唱青天歌,声如怒雷。于是众客乐甚,饮遂大醉。匡庐道士诚童子取雪水煮茶,主人具纸笔,以斋中春题分韵赋诗者十人,俾书为卷,各列姓名于左。是会十有二月望日也。

是夕以"夜色飞花合,春声度竹深"分韵,诗成者十人。

旃嘉闾得夜字

我从高书寄,穷冬走吴下。江湖风雪深,千里一税驾。玉山有佳处,风物美无价。主人顾虎头,风韵若啖蔗。举酒奉客欢,琼玉照台榭。美人狎飞觞,碧碗频行炙。徘徊双鸾舞,窈窕新莺咤。清歌久未停,醉语仍无亚。起坐影零乱,酣眠相枕藉。厌厌竟终宵,鸡鸣不知夜。

陈惟义得色字

北风吹雪迷南国,颇觉寒威欺酒力。酒酣开户倚高寒,但见乾坤同一色。

于立得飞字

暮雪密成围,寒侵酒力微。度窗闻暗响,入竹见斜飞。渐觉明书幌,时来近舞衣。酣歌过午夜,香霭正霏霏。

陆逊得花字

夜宴玉山家,春风舞雪斜。佳人歌白苎,零乱落梅花。

顾衡得合字

清夜娱嘉宾,融光敞虚阁。声繁松竹深,景洁琼瑶合。低徊舞带斜,窈窕歌声答。掇英煮新茶,聊以慰喧杂。

虞祥得春字

东风扑天吹玉尘,玉山张宴娱嘉宾。鸣筝醉倚柳枝曲,深杯满泛梨花春。琪英凝寒夜光合,梅蕊亚檐春色匀。酒酣大笑出门去,头上失却乌纱巾。

顾瑛得声字

虚馆昼生白,飞花照眼明。隔帘时有影,着地静无声。夹坐人如玉,深杯酒屡倾。清欢竟成醉,淡月破云生。

昂吉得度字

把酒临前轩,积雪满行路。清唱回春风,夜色在高树。主人雅好客,殷勤道情愫。欢极座屡移,杯深不知数。酒阑看云行,亭亭水中度。

章桂得竹字

会饮玉山堂,琼花映醹醁。夜久寂无喧,春声在疏竹。

王元珵得深字

东风吹雪夜沉沉,寒凝千山玉树林。一曲落梅春思阔,金杯美酒莫辞深。

又

吴兴郯韶九成

至正十年十二月十九日,余扁舟载雪来访玉山,隐君宴予于听雪斋中。时快雪初晴,山木清霁,云影翳日,冰华着人。纤歌彻云,羽觞促席,草堂渔庄,映带左右,若在辋川图画间也。座客藏六道人涑水陈让、会稽外史匡山于立、桐花仙客阳羡吴善、清癯生西江陈汝言咸集焉。宾筵初秩,啸咏既雅,隐君以“东阁观梅动诗兴”分韵各赋诗,刻竹上。酒酣,予诗先成。盖桐花仙客又能倚洞箫作《梅花三弄》,实能起予之遐思。侑樽者,小瑶池、小蟠桃、小金缕,予则云台仙吏吴兴郯韶也。

诗成者四人。

陈让得东字

寒鸥不下暮江空,游子生涯尚短蓬。岁事暗随残雪去,归心已逐晚潮东。岸巾老鬓从教白,得酒衰颜暂借红。赖有主人能好客,草堂灯火一宵同。

于立得阁字

岁晏风景异,今我忽不乐。闭斋掩书坐,稍闻疏雨落。主人款客怀,开樽慰离索。云窗敞虚馆,清池瞰飞阁。纤歌暖欲浮,翠袖寒禁薄。嗟予山泽癯,那能事羁络。岂不念钟鼎,终期在丘壑。酒酣一长啸,目尽盘空鹤。

顾瑛得观字

玄阴翳阳景,积雪凝深寒。客行玉山里,悠然起遐观。登高发清啸,临流揭长竿。

勿云钟鼎贵，且尽樽俎欢。蜀琴弹白雪，秦箫吹紫鸾。人生百年间，嘉会谅亦难。莫嗟岁云暮，长歌夜漫漫。

郯韶得兴字

玉山何逶迤，积雪遍行径。池阁生涟漪，林木发澄莹。于时接芳筵，遐眺复觞咏。歌停花入檐，笛奏鱼出泳。若人多雅怀，起舞屡清兴。言归夜未央，微月破初暝。

诗不成者二人，各罚酒一觥。

白云海

范阳卢熊公武篆颜：

白雲靁

顾瑛春题：

无心依远岫　有意踏沧波[1]

记

遂昌郑元祐明德

今年春，界溪顾君仲瑛甫奉其母陶夫人避地于商溪。商溪在吴兴之东南僻绝处，人以君平昔尊贤下士，虽危险殆艰，裹糇粮、具舟楫以从君于商溪者相望不绝。溪之上有大慈隐寺，寺僧闻君名，延款礼遇，如子弟之于父兄。故夫人甘脆之味、温清之奉，一切如家庭。居无何，病气决而卒。君痛母客死旅次，号恸顿绝。事平，即奉函骨归，附葬于绰墩之先垄。仲瑛念母不见，结楼于碧梧翠竹之堂后，而名楼曰"白云海"，时时登楼，踽踽四顾，以为母之骨骸虽已归葬，若夫魂气在此乎？在彼乎？终天之痛何时而已乎？

1　此春题，底本原缺，据黄廷鉴跋清抄二卷本补。

于赫新朝，闻君才名，将授君以爵秩，君以斩然衰服辞。辞弗获，乃祝发家居，日诵大乘经以荐母。遂昌郑元祐与君交久，相厚善，俾之为楼记。昔唐狄梁公使绍过太行，见白云孤飞，念母舍其下，徘徊兴叹。然狄公于时母未亡，岂若君之母不存，君之痛莫赎。其家封殖百年之久，园池、室庐、书册、琴瑟悉委弃出奔。母子累累，寄命草野，徒以德厚在人，粗毕襄事。近商溪人来，能言君之丧其母也，吊者相属于途，哭者相踵于室，执绋追送几数千人。噫，于此可以验君平昔之为人！今既归葬，登楼以思亲，凝望延伫，原隰演迤，江湖渺然，瞻彼白云，或卷或舒，或明或灭。云之意态有尽，而君之痛苦无穷。于是屏却世缘，以游心于清静觉海。深惟海之大无际，云之变无穷，君之所以思亲也，观其英英盘礴，极海际天。莫匪孝思之情，至其著存不忘，优然必有见乎其位，肃然必有闻乎其容声。然则，夫人魂气精爽，乘云下上，要与君接乎云气缥缈之间者，云与海相无穷。经曰：孝弟之至，通乎神明，光于四海。此之谓也。

铭 辞

玉山顾瑛仲瑛

虞山几千叠，千叠白云飞。出山变苍狗，入山为白衣。不如化作双白鹤，飞向白云深处落。向予能解说前身，不是当初旧城郭。

郭翼次

青田生鹤子，随母青田飞。母飞向天去，玄裳缟其衣。千年华表归来鹤，孤雏哀吟西日落。好将商墓寺前云，还家直过青山郭。

歌

雁门文质

白云深兮白云深，白云深处元无心。眼空瑶海一万里，山光不动秋阴阴。虚白盈盈启扃牖，袖拂天开落星斗。尽随玉气化为龙，不逐西风变苍狗。道人斋居白云里，九重丹书征不起。三生石上话因缘，春梦梨花隔秋水。风尘眯目横干戈，龙吞虎噬奈尔何。断蛇神器未出匣，海宇无事春光和。世事纷纷如落絮，百岁流光水东注。白云与我有深期，我亦相依白云住。

顾瑛次

白云深，白云深，白云飞来知我心。笑看触石起肤寸，斯须变作漫天阴。山人驱云飞出牖，一道龙光射南斗。大星落落小星明，万物区区等刍狗。举手招归怀抱里，三日颠风吹不起。怒排雨脚走空来，卷入银河一泓水。四野纷纷未倒戈，其奈山人不出何。有时乘云钓东海，世上空寻张志和。万松岭上云如絮，天赐山人作□注。明朝说与云中君，白云之楼是常住。

袁华和

白云楼居深复深，道人燕坐为云心。未逐神龙泽天下，时从倦鹤栖岩阴。玉气虹光射虚牖，天逼阑干挂牛斗。始信桃源隔一尘，世人只许闻鸡狗。君不见茂苑长洲荒草里，豪杰销沉呼不起。功成身退高者谁，一棹鸱夷渺烟水。又不见秦川公子走干戈，龙颠虎倒奈渠何。落日凭高望乡土，穷愁一洗衰颜和。世事兴亡等飞絮，莫挽黄河水西注。御风八极恣游遨，归去还依白云住。

顾瑛再叠

白云深，白云深，高楼结在云中心。楼中之人白云友，日日醉卧梨花阴。大笑白衣对户牖，肘后黄金大于斗。草间逐兔纵得之，九鼎热油烹走狗。争如高卧高楼里，不听催归听唤起。钓竿不钓北溟鱼，酒杯倒吸西江水。何须逐日怒挥戈，其若花开雪落何。空将朽索驭快马，策云放辔追羲和。楼外晴云擘飞絮，手拍阑干目如注。青山排闼四海来，面面青山白云住。

陆仁和

白云深，白云深，白云解结山人心。朝飞玉山阳，暮宿玉山阴。白云时来入窗牖，或化长虹干北斗。方今海内正风尘，萧条千里无鸡狗。却怪山人玉山里，掉头不为苍生起。自缘金粟悟前身，要接曹溪一派水。英雄空指鲁阳戈，奈此西飞白日何。连城之珍岂易识，有刀莫剖楚卞和。白云之白白于絮，太行望绝心如注。楼前梧竹已成阴，定拟云深凤来住。

顾瑛三叠

君不见白云在山如海深，世人不解白云心。不从神龙降甘泽，肯从灵女为朝阴。又不见白云出山飞入牖，维南有箕北有斗。世人再拜仰天光，多挽长弓射天狗。月明照见玉山里，不受轻风易吹起。宵深飞度影娥池，影在青天天在水。楼下鸡鸣夜枕戈，楼头火宴招李何。云车邅邅众仙下，玉笙瑶管声相和。剪雪作花云作絮，浪浪酒泻龙头注。就中谁起寿主人，倒喝飞光酒中住。

瞿荣智和

白云深，白云深，白云深护山人心。有时随龙去作雨，倏焉冰宇团秋阴。英英不来入我牖，直上璇霄掩箕斗。或贯日色流玉虹，或漏雷声堕天狗。山人学禅草庵里，静看白云朝暮起。此心欲与云俱闲，又逐溪风渡溪水。纷纷武士尚操戈，格斗东南未决何。安得此云化霖洗兵甲，散为玉烛四海皆阳和。云兮云兮如擘絮，奈尔东流复西注。山人只在玉山中，云来长绕山人草庵住。

顾瑛四叠

玉山盘盘窈且深，中有楼子居山心。白云不断护岩壑，下与梧竹连秋阴。天风吹云夜开牖，城上乌啼击刁斗。芒砀长途断白蛇，上蔡东门叹黄狗。主人醉坐阑干里，云影时看酒中起。赏春不折背岩花，烹茶自汲当门水。战国纷纷竞挽戈，纵横辩口夸隋何。黄钟不作大雅废，五弦漫尔张云和。君不见水上浮萍元柳絮，也趁桃花流水注。不似白云日日闲，只伴幽人在山住。

卢昭和

白云深，白云深，爱云深得云之心。不为霖雨散玄泽，尽依梧竹屯清阴。几点吴山落琼牖，醉握白云剩北斗。豪华衰歇叹铜驼，巧诈纷纶惭瓦狗。我亦观云北轩里，薄暮来归朝复起。为卿为裔乃不常，一片闲情淡于水。只今壮士拥雕戈，奈此川原百战何。愿分白云作避地，会须偃武歌时和。人生百年等飞絮，凭高目送江流注。道人趺坐白云深，应是此心无所住。

卢熊和

山中山中白云深，丈人看云悟云心。挂冠笑傲白云外，结楼面势西山阴。琼户璇题玉为牖，朝暮白云栖栱斗。下视醯鸡瓮里天，车如鸡栖马如狗。昆仑方壶图画里，长风吹云海波起。青鸾白鹿满芝田，目送归云心似水。惭予执笔比操戈，幕下驱驰将奈何。雪雨沾衣去家远，寒谷正待嘘春和。此身如云等飘絮，日夜归心水东注。负郭能分二顷田，我亦还依白云住。

绛雪亭

秋日海棠花开序

亭之主人顾瑛

得商鼎灵石者,数辈日相玩赏,以遣世虑。一日,同睹此花于脱叶间露红蓓蕾于炎风赫日中,甚可惊讶。后三日,而花大放。乃延汝阳、莒城二公,炰鳖斫鳝,尝新篘莲花白酒与花神洗妆。少焉,清风南来,明月东上,顿思匡山寓于越,香山阻于杭,龙门归吴江而无信,道路梗绝,莫知何在。予子元臣孤身守忠,存没未保。向之看花者,惟汝阳一人而已。对花伤神,渐成不乐而散。再五日,而河南陆仁良贵、太原王时叔正同舟泊溪上。是晚郁蒸尤甚,而是花尚留数十朵在。命童子张席露坐树旁,相与折花剧饮,各永言之。呜呼!花不以寒暑而开,人而有吴越之阻,世殊事异,能不慨然?予向时绛雪亭诗卷,兵至时为好事者持去,就俾莒城貌图于前,予赋唐律一首于后。请坐客相次以纪。时丙申七月廿八日也。

顾 瑛

怪底海棠能狡狯,今年当暑着花鲜。露黏蝶粉生朱汗,日炙猩红上紫绵。梦断嵬坡春信远,神游金谷晚妆妍。独怜向岁题诗者,不见烧灯花树前。

袁 华

春晖楼前海棠树,七月花开殊可人。红衣飞盖欣同列,金粟吹香殿后尘。白帝驾回歌吹海,天孙织锦女斗津。三年花向秋冬发,把酒分诗莫厌频。

陆 仁

七月海棠花满枝,却思三月见花时。谁烧银烛相为乐,正是烽烟苦乱离。绛雪飘摇从自落,凉风爱护莫加吹。人生若此秋如许,不惜沉酣倒玉卮。

春去好花都落尽，也怜秋见海棠开。月明烂醉红云底，莫把银灯照石台。

记

扶风马晋孟昭

右《绛雪亭诗》一卷。兵入草堂时，图史散逸，玉山归而获此卷于池中，完而可读者，惟前诗五首耳。自师允张御史至王叔正之作凡若干首，皆于《名胜集》中重录于右。惟御史之诗乃袁君子英所录，馀诗并七月纪时诗及序，皆予书以补旧卷之失。丙申岁十月望日，扶风马晋孟昭记。

来龟轩

来龜軒

记

三山卢昭伯庸

至正十六年三月廿日，玉山顾君仲瑛自吴兴避地归故第。芝云堂之东偏有轩，广不逾丈，垣壁周致。家僮启扃镰洒扫庭户，俄一龟盈尺，蒲伏出墀下。家僮见而骇，莫究其所由来，持以献于玉山主人。主人悦其来之异，遂名其轩曰"来龟"，征余文志之。夫龟，甲虫之长，天下之大宝也。原其象天地、法阴阳、辨是非、知吉凶，龟亦灵矣哉。然予尝闻得名龟者家必昌。《礼运》又曰："龟以为畜，故人情不失。"是则龟为四灵之一，不有圣人信顺之休洽，若之何而至焉？是故圣人作则，君子仪之，以和而召和。推之家国，一理也。斯其为祥也章章矣。玉山顾君号吴下巨族，东南清淑之气磅礴而郁积，肇自尔祖，树厥德，彰厥善，蕃滋演述，殆百年于兹。子侄昆季夷愉雍睦，得以涵泳乎诗书，优游乎富贵，家固昌矣。今吾子获名龟之来，而轩遂以名斯，其为知媲夫居蔡山节藻棁者，有径庭矣。然吾子居是时也，悦是祥，藏焉，修焉，息焉，游焉，恂恂然有馀，兢兢然不足，义而顺，礼而度，持盈而勿破也，守成而勿肆也，俾尔纯嘏，保之于身，乐之于亲，以施于子孙，如川之方至以莫不增。则顾氏之门,得不愈昌而大矣乎！龟乎龟乎,其来有征乎？嘉其事可采,书以为志。三山卢昭撰。

辞

秦　约

龟何为兮中墀,挟神氛兮聿来。被玄文兮五色,粲瑶光兮陆离。鸾回兮鹤顾,睠夫君兮美且姱。天允锡兮尔祯,宜蕃昌兮胤祚。表兹轩兮佳名,厥德植兮兆其征。靳嘘吸兮永久,介三来兮作朋。

至正十七年腊月十又一日雪中,淮南秦约书于可诗斋。

诗

轩之主人顾瑛

予自吴兴避难,浮家而归,玉山佳处无一毫之失。忽于西庑空庭中有神龟,大将一尺。四墙无隙,不知所来。乃添一小轩,扁曰"来龟",以符龟来之兆。及有旧犬,啮军士右足,环柱不能脱,众枪将及,始去,匿于田坂中,得不死。予因呼之为阿义,陆君良贵有《义犬行》。因纪龟之灵,故及犬之义也。顾瑛自题。

避乱归来两鬓霜,春风依旧满门墙。喜看义犬眠花坞,惊见灵龟踞石床。曳尾泥途来远道,负书莲叶出重光。慎须勿落元君梦,有笑能知五世昌。

吕城诸葛专

清江使者过桃溪,左顾还惊水石迷。绿发披披逃夜网,玄丝纳纳带春泥。鹤归华表晴宵阔,燕入空梁落日低。珍重主人灵物至,举觞称寿乐天倪。

袁　华

忆昔避地商溪头,畏途风雪同泛舟。登楼见月思乡泪,坐石看云忆弟愁。落花芳草青春暮,东归喜踏来时路。入门梧竹两青青,园池树石还如故。中庭有物状君能,负屃踞石龟生苔。相惊左顾一笑粲,乃是河伯使者清江来。重门复户严扃镝,曳尾泥涂何处入。固知异物神所登,却胜余且网中得。吾闻灵龟寿绵绵,支床一息三千年。游从凤麟郊薮外,会合龙虎风云前。举目烽烟遍区宇,巷陌铜驼委榛莽。玉山佳处屋鳞鳞,莺花春满辛夷坞。主人当轩写来龟,邀我为作来龟诗。蹇予才薄不能赋,愿尔子孙金印悬累累。

陆 仁

猗甲虫长,四灵之一。圣人肇卜,曰惟墨食。大横庚庚,于昭典册。玉山之阳,洵信园宅。和以致祥,示兹灵物。厥来孔神,曰吉曰贞。左胁甲子,有炳玄文。铸纽作式,佩之黄金。征尔寿考,永昌子孙。

拜石坛

白野达兼善篆:

寒竹所

白野达兼善隶:

东坡纪石

昨日与数客饮至醉。今日病酒,书以记。轼。时元祐四年二月四日也。

东坡手帖

轼顿首:昨日快哉亭与数客饮,至醉才归。辱简不逮即答为愧。春生雪,未计尊体起居佳胜。新诗甚清刻,病酒,不敢率易趁韵。幸少宽限否?因书见过,如何如何。不一不一。轼再拜忠玉提刑执事。

拜石坛记并东坡记石手帖考

顾瑛仲瑛

瑛素有石癖，见奇峰怪石辄徘徊顾恋，不忍舍去。或百计求之，不得者，必图写其形似，标诸草堂壁间，以为几格供。后至元戊寅四月下浣，访尼僧岩叟于东城之庵，庵即故宋周太尉宅。断垣之外燕麦中有假山在焉，遂披榛约棘，褰衣而登其上。罗立诸峰，已为好事者挽载而去，独有一石似壁而失其左股，欹卧于高梧之下，上有坡老题识觞咏之语。易之以粟，归而立诸中庭。左映右带，无非松竹、芭蕉、枇杷之属，多者书带草耳。石之挺挺拔拔，如老坡独立于山林丘壑间，愈见其孤标雅致也。瑛加之拂拭，永为子孙宝玩。明年，奎章阁鉴书博士丹丘柯敬仲下访，见而奇之，再拜题名而去。丹丘词翰鉴博，有元之元章也。于是砌为坛，字曰"拜石"。后三月，而御史白野达兼善来，观嘉柯之逸，为作古篆"拜石"二字于坛，又隶"寒竹"以美其所。此石之名由是愈重，然皆未知所纪之详。至正乙未冬，周履道秀才自梁鸿山携赠老坡手帖，读之，乃是答忠玉提刑快哉亭饮移者，上有贾秋壑私印，其辞与纪石甚肖。尝记《大全集》中有《次王忠玉游虎丘诗》，有《连日与王忠玉诸公游西湖次韵诗》，有《次刘景文答马忠玉诗》，盖当时有两忠玉焉，然莫知其孰是。及考《宋史》，元祐四年，坡为翰林学士兼知礼部，以论事积当轴者恨，故请外，拜学士龙图阁知杭州，以避朝谤也。瑛想老坡风流旷迈，行千里间，有名山胜水，岂不与朋友醉酒赋诗，以快其意？又考诸杂录，忠玉乃王规父侄孙，先坡在维扬，后坡渡江，坡答其诗有"及君未渡江，过我勤秉烛"之语，是则书所记者，王忠玉无疑矣。然后知石乃维扬故物，帖则王忠玉家宝也。吁，石之在山不知其几千万年，因坡之题鉴而出山者又不知几百年。帖之寿又非石比，兵残火毁，辗转流落人手者亦不知其几百年。今一旦二美并来，抑神物有所会合耶？我玉山有所际遇耶？又思丹丘、白野二公不二十年皆仙去，坡仙有灵，岂能不于风清月白之夜挟二公同逍遥于此坛乎？瑛亦岂能不摘古阮酹一樽于此坛乎？不因此石，其能永传？敬书此记，俾伯盛朱茂才刊于他石，使后之览者知石与帖并拜石之坛有所来自云。

至正丙申正月五日，金粟道人顾瑛书于玉山草堂。

铭

陆　仁

厥色斯苍，厥质斯刚。元气胚晖，阴阳互藏。有巉嵩华，倬彼太行。勿伏为虎，勿起为羊。说法点头，扣之庚庚。大苏之志，海岳之狂。异世同符，拜为石兄。永千万年，镇兹玉冈。

诗

坛之主人

好事久伤无米颠，清泉白石亦凄然。快哉亭下坡仙友，拜到丹丘三百年。

袁 华

眉山三苏宋儒宗，长公矫矫人中龙。南迁儋耳西赤壁，文章光焰起洪蒙。快哉之亭雪初霁，领客登览山中雄。自云平生不解饮，胡乃二举舣船空。答诗宽限见真率，凿崖题石摩苍穹。功名富贵一丘土，断碑残素传无穷。吁嗟异物神所卫，玉山合璧俄相逢。奎章博士丹丘翁，江南放逐惊秋风。见之即下米芾拜，二颠痴绝将无同。筑坛山中加爱护，树以松桂连猗桐。雨窗云户湿寒翠，朝轩暮槛开清红。[1] 白野御史龙头客，青年献赋蓬莱宫。戏将秃颖写篆籀，断钗折股星流虹。只今风尘暗河岳，王侯第宅皆蒿蓬。牙签玉轴映竹素，好事独传吴顾雍。娄东朱圭铁作画，字字玉屈蟠蝌虫。嗟哉古人今已矣，惨淡故国风烟中。如何二子复嗜古，策勋妙墨收奇功。我来再拜重太息，苍苍古雪吹长松。登坛绝叫浮太白，酒酣目送孤飞鸿。

郭 翼

伟兹秀石奇而雄，亿千万年寿作朋。何年天公召雷公，下驱六丁凿混沌，巨斧落手惊飞龙。初疑帝遣神鳌首戴海上之青峰，又疑星蕊堕地变化为芙蓉。神物之神固有凭，一朝当变迁，霹雳千丈崩，左股擘断卧棘蓬。虎头颠绝如南宫，作坛置之众不惊。如在培塿视华嵩，题识况重仇池翁。仇池雪浪空玲珑，丹丘白野拜下风。嗟哉天地生物功，一成一毁无终穷。人之显晦靡不同，吾尝视天惟梦梦。贵□□□□□，主人采薇穷谷中。石也幸尔千载逢，能令人拜坛再登。洛阳丘墟牛李死，甲乙零落平泉空。沟中之断爨下桐，荆山玉气吐长虹。贺尔遭也天所蒙，贺尔遭也天所蒙。

卢 昭

仙人拾得蓬莱股，夜半蛟宫泣风雨。胚腪融结玉流形，丹书盘屈含晶荧。阿瑛宝之

---

1 以上四句，底本原无，据其他各本补。

喜且慑，神物符将快哉帖。条啸欲起眉山翁，剷铭纪石垂永年。吾曹此膝久不屈，来与阿瑛重拜石。

武陵顾权

丹丘先生秘阁老，搜抉英灵入幽讨。快哉亭上起秋风，错落天球卧烟草。坡仙与客同醉处，醉墨淋漓洒寒翠。更遗手帖落人间，异迹相符若神会。昔者米芾守无为，好奇不顾傍人嗤。我亦明当拜石丈，高风复见虎头痴。

秦　约

猗哉灵石神斧凿，玄精孕质叠嵥崿。烟痕线溜交绮错，玉立赪拔骇蛟鳄。一朝风雨动林壑，寒翠赑屃慨沦落。醴陵诸孙若有托，拂拭舆致惊且愕。斑斑题字坡老作，好事博雅谁矩矱。丹丘白野去渺邈，冠佩再拜良不恶。构亭筑坛匪云乐，颠绝风流媲海岳。琢词镌铭笔则削，春王正月岁在噩。

右仲瑛亭馆题咏集，朱性父家藏录本也。仲瑛一时风流文雅之盛，虽去之百年，犹可想见。视今世富家皆多粟，农夫耳。即与仲瑛充除粪之役，固知亦不纳也。鄙哉鄙哉！

弘治元年八月中秋日，吴人杨循吉题。

玉山名胜集卷五　玉山纪游

汝阳袁华子英类编

游昆山联句诗并序

　　至正八年春二月十有九日,昆山顾君仲瑛以书来招致。余明日即顾君所,又明日,命百华舫集宾客,自余而次凡六人。朝发自界溪,出津义浦,过九里庵,转金溪,午泊舟驷马桥下。换舆骑,入慧聚寺,寺主僧然叟出肃客。上神运殿,见石甓壁,其工出天然,云:"此向禅师开山时鬼所运也。"遂登玉山。山首印脊凹,状类马鞍,故俗名"马鞍"。其印之石幢,与双苏涂相角者,又号"文笔"云。东见沧海,瀸瀸然无崖,水与天相涵。北海树中见孤屿隐起,沧沧然,云:"此虞山也,泰伯、虞仲所居,故名。"已而大风动石,声如大波涛,衣帽掀舞,瘁然不可立。然领客憩翠微轩阁,呼山丁作茗供,观向师虎化石。山下,读唐孟郊、张祜、宋王安石诗于东壁。然作合掌礼云:"地由玉峰胜,玉峰又由人而胜,自孟、张、王诗后,绝响久矣,愿吾子继焉。"余诺之。西厔僧应又招憩来青阁,盛出佳楮墨求诗。余遂书《玉峰诗》云:"大风动落日,人立玉峰头。禅将风虎伏,鬼运石羊愁。地平山北顾,天断海东流。飙车在何处,我欲过瀛洲。"诸客各和诗。又复联句,用"江"字窄韵,推余首唱,诸客以次分韵,余又叠尾韵。成若干句毕,顾君录诗请序,且将刻石壁左方。昔王逸少登乌山,顾诸客语曰:"百年后安知王逸少与诸卿至此乎?"吁!此羊叔氏岘山之感也。今吾五六人,俯仰之馀,倘无纪述,百年后又安知玉峰之游有吾五六人也? 遂叙。客曰京兆姚文奂、淮海张渥、吴兴郯韶、匡庐于立。余,会稽杨维祯也。

　　二月廿二日,楼船下娄江。破浪击长橹,祯。惊飙簸高杠。海峰摇古色,奂。石树鸣悲腔。蹙蹬展齿齿,渥。登堂鼓逢逢。地险立孤柱,韶。天垂开八窗。乌升海光浴,立。鸢骞风力降。番成夹闽佑,瑛。越谣杂吴哤。仙樵椎结峷,奂。胡佛凹眉厖。婆律喷狮鼎,祯。琉璃照龙釭。层轩坐叠浪,韶。落笔飞流淙。爱此韫玉石,立。岂曰取火矼。文脉贯琬琰,瑛。蜜韵含罌缸。驱羊欲成万,祯。种璧得无双。多今文章伯,渥。萃此礼义邦。龙驹幸识陆,奂。凤雏亦知庞。翠笋掉文舌,瑛。茜衲折幔幢。敏思抽连茧,雄心斗孤钪。句神跃冶剑,才捷下水舡。磬声重寡和,鼎力轻群扛。昆渠诗已就,谁笑陇头泷。祯。

游天平山

　　天池去天平一舍而近，山田高下之间，山多立石池之上，巨石森立，如人、如柱、如旌幢，大抵环池皆石也。池方广可三亩馀，绀碧澄莹，轿夫击石皆清响，投石池水，谓极深。田老谓：宋有国时，朱秘监尝构亭池傍，亦吴中一奇观也。今则皆为稻田矣。至正庚寅八月二十有二日，吴僧琦元璞邀玉山顾仲瑛游天平。其同游者，番阳萧元泰、吴兴郯九成、匡庐于彦成、遂昌郑元祐。所至各赋诗。而元祐先赋《天池》诗云：

　　立石如林不待鞭，驱临池水看青天。下潜灵物役无地，旁溉山蹊作有年。刺水蒲苗霜后在，舞风珠树月中县。太湖万顷应凡浊，闷此泓渟一勺泉。

顾瑛次

　　萦纡白云路，窈窕青山联。秋风吹客衣，逸兴良翩翩。扪萝度绝壁，蹑磴穷层巅。崖倾石欲落，树断云复连。两峰龈牙开，中谷何廓然。太山屹堂堂，直欲摩青天。小山亦磊落，飞来堕其前。阴阴积古铁，粲粲开青莲。神斧削翠骨，天沼涵灵泉。玉龙抱寒镜，倒影清秋悬。忆昔张贞居，寄我琳琅篇。逝者不可作，新诗徒为传。举酒酹白日，万壑生凄烟。幽欢苦未足，落景忽已迁。[1]龙门陟天险，峡束两崖倾。阴壑奔霆折，洪涛殷地生。谷盘萦鸟道，虎迹断人行。水积天池溢，江摇石镜平。查流南斗近，日落五湖明。好挽银潢水，清秋为濯缨。

寒泉盘松

于　立[2]

　　侵晨出龙门，翠竹双肩舆。云磴险荦确，石径盘萦纡。漫山万松树，翠气涵碧虚。查牙抱石古，夭矫凌烟孤。顾然众长深，一如秦大夫。就中偃蹇者，独有支离疏。修枝傍壑走，百折半欲枯。俯身实伛偻，昂首仍蘧篨。呀然怒兽攫，忽若群龙趋。轮菌水犀甲，奋迅苍龙须。不为世所用，适与静者娱。嗟予濩落人，比尔良不如。何时能复来，便结山中庐。苍凉白日暮，欲去仍踌躇。

1　黄廷校清抄本、《四库全书》本《玉山纪游》等集后有"美人胡不来，山水空青妍"一句。

2　此诗底本未署名，据《四库全书》本补。

顾瑛韵

寒山万个长松树,忽见支离隐者形。根到重阴应百折,梦回空谷已千龄。风来老鹤巢应稳,雷起潜龙蛰未醒。我欲曲肱听流水,细看晴雪洒空青。

郯韶韵

青松百折如车盖,岁宴空冈卧白云。拥肿自全丘壑志,支离不待世人闻。春雷未起龙蛇蛰,雾雨犹含虎豹文。长遣山灵为呵护,底须太华比封君。

莲 池

良 琦

莲花峰头一池开,仙源直从天上来。水光百尺涵坤轴,石骨千年化劫灰。灵物有时移窟宅,神龙当昼扶风雷。便须蹑屐频登眺,日日临流坐石苔。

郯韶韵

青山盘百折,阴磴落秋风。石壁何年凿,天池一水通。蜿蜒潜厚地,星斗下遥空。亦欲苏民亢,鞭云出雨工。

龙 门

郑元祐

龙门岸崿倚天开,点额神鱼几度来。云起枢中成五色,星从罅里见三台。更无铁槛嗤山鬼,可有金铺上石苔。李范党同勋业异,御车千古意悠哉。

顾瑛韵

手攀萝磴蹑云根,石镜悬秋上可扪。一酌清泉如沆瀣,御风白日过龙门。

于立韵

何年玉斧斫灵鳌,虎豹临关鬼夜号。云拔两崖来峡雨,风回双检吼松涛。已无铁键封神阆,犹有金梯拥汉高。我欲凌风骑赤鲤,手招龙伯奏云璈。

至正十年秋八月闻玉山隐君偕萧元泰郑明德于彦成郯九成琦元璞游天平余留笠泽不得与此游乃赋诗一首以寄

陈　基拜

玉山仙人溪上来,千树芙蓉锦绣开。每爱于郎偏好道,更怜郯掾最多才。题诗有约龙门去,载酒应从郑谷回。好事相传作图画,也须着我坐莓苔。

顾瑛次

江上清秋八月来,江清照见芙蓉开。远公留客可无酒,于鹄题诗最有才。不教骑马云台去,更待扁舟剡曲回。谷口子真能健步,天池濯足坐苍苔。

郯韶次

草阁花飞久不来,故人忽见好怀开。山中旧说卢鸿隐,邺下新传子建才。空忆题诗九秋后,只今载雪几时回。行厨春酒甜于蜜,日日思君坐石苔。

与客游灵岩山中杂咏诗并小序

于　立

至正庚寅八月廿二日,余与顾仲瑛访龙门琦元璞于天平。翌日,萧君元泰、郑君明德、郯君九成复至,三君分岐往观天池,余独与仲瑛登灵岩,因得《山中杂咏》,书之左方,以纪岁月云。匡庐山人于立书。

涵空阁

半空宫殿倚崔嵬,玉镜芙蓉紫翠开。好似鉴湖三万顷,青山缭绕越王台。

响屧廊

山中老禅寂,同坐说吴王。时有风前叶,铮然下屧廊。

八角井

吴王台下井,俯影浸秋月。如见苎萝魂,恐是胭脂血。

洗研池

墨香涵润气,风动碧涟开。顾影不敢唾,君王洗研来。

琴　台

快览层台上,苍崖倚半空。谁将山水意,日日写松风。

西施洞

国破青山在,鸱夷去不回。当时宫里月,时到洞前来。

顾瑛仲瑛

予与匡庐登涵空阁眺远,寺僧某者延坐具茗。少顷,行者携酒肴登阁,款留谈诗。而匡庐杂咏既成,僧复举酒嘱余曰:"今日之游,匡庐与公。公若无诗,后之游者岂知公至此耶?"余乃随口成诗,用书于右,不自知予形秽也。顾瑛识。

涵空阁

高阁凌虚压翠寒,望中秋色上阑干。太湖极目青山小,只作吴山一样看。

响屧廊

日日深宫醉不醒,美人娇步踏花行。劚镂赐与忠臣后,叶落君王梦亦惊。

八角井

山头八角井,照影十分圆。故国婵娟尽,何人拾翠钿。

洗砚池

昼洗金壶墨,波生翠縠纹。东风连夜起,吹散一池云。

琴　台

日落吴王避暑归,西施扶醉下天梯。多情只有琴台月,曾照栖乌夜夜啼。

西施洞

阴洞閟白日,寒云护石门。空馀苎萝梦,夜夜泣花魂。

游虎丘杂咏诗并序[1]

顾 瑛

至正十一年春正月七日，余与吴兴郯九成、龙门琦元璞、匡庐陈惟允泛舟过虎丘。时积雪弥旬，旭日始出，乃登小吴轩。凭高眺远，俨然白银宫阙在三山玉树间。兴不可已，遂留宿贤上人松雨轩数日，由是得历览山中清胜，乃赋小诗十首以纪斯游，陈匡庐且能一一写图，求诸作者题识。余先书诸诗云。顾瑛记。

千顷云

触石起肤寸，悠然散千顷。我来坐东轩，妙趣心已领。

小吴轩

雪没群山尽，天垂落日悬。凭虚俯城郭，隐见一丝烟。

剑 池

地折重涧积，人亡宝剑藏。千年断崖月，何处照龙光。

试剑石

试剑一痕秋，崖倾水断流。如何百年后，不斩赵高头。

五台山

海涌如来室，清凉即五台。春风山顶雪，飞度雁门来。

生公台

生公聚白石，麈拂天花坠。可怜尘中人，不解点头意。

塔 影

塔倚高标立，楼深一窍虚。海风吹幻影，颠倒落方诸。

1　底本原无诗题，据《四库全书》本补。

致爽阁

高阁对西山，飞岚落几间。开襟致秋爽，心与白云闲。

真娘墓

何处真娘墓，云霾断石根。夜深风雨急，谁唤海棠魂。

陆羽井

雪霁春泉碧，苔侵石甃青。如何陆鸿渐，不入品茶经。

吴兴郯韶

翌日雪霁，仲瑛偕予与陈惟允坐剑池上，取水煎茶，清兴不已。惟允取笔写剑池景，吴兴郯韶题诗云：

残雪落林度西岭，阴涧寒泉凝素绠。两僧倚树听微钟，一鹤临流照清影。松间旭日映山椒，白云英英如雨飘。何当为置王摩诘，更添一树红芭蕉。

顾瑛次

饮涧长虹挂深岭，千尺辘轳悬断绠。夜寒月黑鬼赋诗，日白风清人写影。藤萝阴阴蔓山椒，长松落雪如花飘。烦君画我枕书卧，窗前更着青芭蕉。

游西湖分韵赋诗并序

释良琦

至正辛卯夏五月，余与顾君仲瑛留钱塘廿八日。仲瑛具牲酒，要会稽杨廉夫、临川葛元哲诸公，致祭于故张贞居外史墓下。越明日，泛舟湖上，置酒张乐，以娱山水之胜。高荷古柳，水风郁如，于是主宾乐甚。酒数行，仲瑛以"山色空濛雨亦奇"分韵赋诗，以纪斯集。吁！自《伐木》诗废，交道久缺，而况于今时哉？仲瑛之于朋友，死生交情，能尽其义，可谓善与人交者也。仲瑛得"山"字，馀各有所属。诗成，命良琦为之引云。

顾瑛得山字

六桥五月全无暑，多少楼台罨画间。雨过东坡堤上树，水摇西子镜中山。彩舟载酒花为幄，素袖凌风玉作环。取醉不辞归去晚，更须一到里湖湾。

顾佐得色字

泛舟西湖上，清游尽长日。朝来疏雨过，西子翠欲滴。窈窕素云娘，醉舞娇无力。瑶觞度纤手，清歌倚瑶琴。人生能几何，何为苦劳役。共此一尊酒，悠然对山色。兴尽不知归，月明藕花碧。

冯郁得"空"字，诗不成，罚酒一觥。

张渥得蒙字

白沤波泠水晶宫，画舫清游入镜中。吹浪小鱼工趁雨，出巢新燕巧迎风。惊人佳句应难和，罚客杯深不放空。好共红妆泛明月，荷花香雾晚蒙蒙。

良琦得雨字

五月西湖湖上路，云薄天开雾初雨。绿阴十里映朱桥，红白荷花照清渚。故人客里忽相见，呼船载酒携诗侣。银筝调促金粟柱，玉壶光动青丝缕。开帘水面度飞燕，高歌柁尾轻鸥举。一时雅思剧幽事，半日闲情谢尘土。东南佳丽地空在，前代衣冠在何许。黄金买醉日纷纷，感古兴怀有谁语。人生行乐戒早返，落日凉风吹白苎。他年有约与重来，湖外青山可为主。

袁华得奇字

连朝风雨不出户，今朝雨晴山色奇。涌金门头买画舫，拂晓径渡湖之湄。张君学道灵石涧，藏书瘗剑荒山陲。丹成驭气上天去，长松落日风飔飔。玉山草堂素有期，死生契阔良可悲。买羊沽酒酹墓下，俯仰千古令人思。君不见附子冈头丞相墓，只今惟有草离离。

是日湖中口占

顾瑛

柳岸轻风度晓晴，画船置酒载娉婷。生憎几阵黄梅雨，滴在西湖不忍听。右值雨。

湖山堂上看荷花，乱舞红妆万髻丫。细雨沾衣凉似沐，画船五月客思家。右湖山堂观荷花。

薄薄红绡映雪肤，玉纤时把鬐鬟梳。风流得似贞期子，添个芭蕉画作图。右题叔厚描素云小像。

十九韦娘着绛纱，金杯玉手载春霞。清歌未了船头去，笑买新妆茉莉花。右戏赠杜姬。

袁华次韵

三素云开未是晴，千金不惜买娉婷。玉笙缥缈青鸾背，却向昆丘月下听。

乳燕初飞藕作花，秋娘二八鬐双丫。臂鞴红露珍珠络，疑是钱塘旧内家。

雪白中单红玉肤，鬐鬟云妥拥犀梳。荒淫自昔能亡国，谁写豳风七月图。

细雨微风透碧纱，酒痕扑面上朝霞。君行不唱阳关曲，听取尊前陌上花。

张渥次韵

清晓移舟及暂晴，水花明媚照娉婷。银筝玉柱纤纤手，翻得新声醉里听。

水光承雨乱银花，柳外双峰出翠丫。我欲便寻蓑笠去，断桥湾里是渔家。

浅绛纱笼白玉肤，鬟云双掸映犀梳。尊前自有丹青手，描取崔徽入画图。

舞衫歌袖卷红纱，一朵春云带晚霞。尽日无人见纤手，小屏斜倚笑簪花。

良琦次韵

疏雨澹云阴复晴，荷花红白日婷婷。晚风忽引楼船过，一曲瑶笙隔水听。

鲤鱼吹浪细生花，船里青山双鬐丫。多少黄金买歌舞，秋风白发不思家。

风流公子岸乌纱，醉立船头看晚霞。重约明朝游佛国，桫椤阴里拾天花。

西湖日落散明绮，湖上月生如玉梳。行乐何如归白社，君看三笑写成图。

闻玉山留杭数日即返棹不及一见赋诗以寄旦夕
当理舟过江以造玉山也

于 立[1]

闻住西湖十日还,冷泉亭下好潺湲。钱塘东去直到海,于越南来总是山。情逐新猿明月夜,兴随孤鸟白云间。玉山池馆花无数,应待幽人一破颜。

玉山如杭有怀奉寄兼简杨廉夫

陈 基

柳凋寺下丝竹繁,苏小墓边风日暄。天开十里水如镜,雨过六桥花欲言。画船夜听孤山鹤,铁笛晓惊西竺猿。归来相迟桃源上,为唱竹枝倾绿尊。

过吴江纪行 小序并诗[2]

顾 瑛

至正十年十二月十九日,吴兴郯九成自平江载雪过予玉山中。时积雪始晴,水木澄霁,桐花道人吴国良者携洞箫自阳羡来,乃相留雪巢数日,日与匡庐山人于彦成听箫酌酒。而国良先别。二十八日,忽以他故,于山人有过越之行,予亦有泛舟之兴,雪夜至枫桥,已四鼓矣。至正月一日,于山人买舟发吴下。初三日,予始过宝带桥。初四日,泊垂虹桥。痴雨泥寒,篷窗独坐,静思世情,真堕幻境,更欲如雪巢之清会不可得也。聊赋十二韵以纪此行始末,以留他日之观。匡山舟来,则吾已在娄上矣。诗成,就简郯九成、陈敬初、瞿惠夫以纪云。玉山顾瑛书吴江舟中。

孤舟解缆离长桥,尽日凄风挟雨飘。正好玉山同看雪,不知春水暗生潮。探梅争忍和花摘,煮豆应怜带叶烧。交重陈雷倾意气,党传李范愈孤标。竹林有负山公约,莲社来从惠远邀。客里风光正月到,梦中归路一身遥。云台西望犹堪仰,剡水东流不可招。谩道世情能反覆,莫教人事转萧条。题门问字原非凤,倾座行觞不厌鸮。无赖情怀诗可慰,不平胸臆酒频浇。盘空独鹤翩翩去,逐浪轻鸥个个漂。却忆画堂烧烛夜,玉人相对

---

1 底本原未署作者,据《四库全书》本补。

2 底本原未署诗题,据《四库全书》本补。

听吹箫。

用韵上呈玉山征君国衡茂异并东吴下诸旧识

于　立

正月一日离吴下，八尺蒲帆风外飘。千里乱云连越甸，万山残雪涨春潮。独怜归兴浓于酒，颇觉离怀热似烧。痴绝虎头多感慨，清新骥子好风标。城中耆旧那能得，娄下芳华不易邀。陇月娟娟随地远，断云脉脉去人遥。故交相见头皆白，鸥鸟忘机手可招。兰发野香繁紫苗，柳吹晴色上青条。千金市骨谁求骏，六博当场贵得枭。好把平生心独省，莫因时事俗同浇。满川烟草和天碧，三月风花逐水漂。料想此时能跨鹤，碧桃多处听鸾箫。

予读玉山所寄诗不能无感遂倚韵书于云岩之松雨轩上明日
与良贵来观琦上人和章也

郯　韶

驱车送子上河桥，岁晏长途朔雪飘。作客正须愁旅雁，挂帆犹拟待春潮。空江坐听寒城漏，深夜谁将华烛烧。总谓嗣宗多旷达，亦知玄度最风标。闭门只谩抛书坐，跋马频烦折简邀。茶屿影连孤屿没，洞庭青入五湖遥。卜居好近东西瀼，作赋休工大小招。归日苑花飞别渚，去时江柳折柔条。华亭旧事空闻鹤，贾傅当年亦厌鸮。千首新诗聊自写，百壶浊酒为谁浇。樗材已比沟中断，萍迹长怜水上漂。极目淮南千里月，思君何处听吹箫。

陈　基

伏读垂虹桥泊舟倡和七言十二韵，玉山得其情，云台得其辞，虚斋得其气。凡人情世故之发于言者，皆有古风人之遗韵焉。予不佞，辄亦倚而和之，非敢以方驾诸君子也，聊以为玉山宾主异日一笑耳。

何年伐石架危桥，鲸浪翻江白雪飘。势隘三吴虹见影，气连七泽水通潮。重渊有怪犀难照，蔓草无名火不烧。伯国黄金闻铸像，王门白玉想为标。功成海上身先退，脍熟江东兴可邀。岁月几何流水逝，山川如旧古人遥。鸿飞矰缴何由慕，鹤去樊笼不可招。浩荡扁舟归鉴曲，寂寥方丈似中条。越人尚以鸡为卜，楚俗相传鹏类鸮。自把文章论倚伏，敢将交态较淳浇。五湖烟景随时异，万里风萍触处漂。却忆春晖楼上去，为君裁取玉为箫。

次韵玉山隐君怀匡庐先生

瞿 智

江头新绿涨平桥,江上行人思欲飘。弱柳枝枝生雾雨,小桃艳艳上春潮。彩舟南浦和愁别,绛烛西园待夜烧。丰屋珊瑚相照耀,雪巢珠玉斗清标。阮瞻不倦弹琴约,支遁何烦折简邀。城阙烟华迷烂漫,池台景物忆迢遥。荷锄谷口聊为隐,援桂淮南每见招。晓日晖晖初散霭,暖风细细不鸣条。学仙岂似忘归鹤,嗜炙频思入馔鸮。翠竹碧梧应尔赋,霞觞云液与谁浇。空怜鸿雁骞翔远,漫喜凫鹥散乱漂。重拟归来偿醉饮,玉山佳处和鸾箫。

泊垂虹桥[1]

顾 瑛

初六日,舟渡吴江。飞雪扬扬,大风吹船如箭。遥望洞庭诸山,隐隐在白浪间相与掀舞。舟人鼓柁,倏忽数十里。白鸥惊飞,水云无着,使人清思飒然。口占三绝,写所见云。

三江之水太湖东,激浪轻舟疾若风。白鸟群飞烟树末,青山都在雪花中。

垂虹桥下新水生,白龙庙前雪未晴。大风吹帆过江去,惊得沙鸥嘎嘎鸣。

江风吹帆倏数里,野花笑人应独行。更须对雪开金盏,要听邻船挡玉筝。

郯韶次韵

洞庭之西湖水东,客行三日上江风。行行塞雁青天外,个个轻鸥白浪中。

江上日日客愁生,今朝春雪始放晴。舟人掫舵看山影,惊起中流鹅鹳鸣。

鸬鹚鸂鶒总多情,荡漾春江取次行。日日沙头候归雁,为郎弹得小秦筝。

---

1 底本原未署诗题,据《四库全书》本补。

陈基次韵

旭日初生积水东,白头波起鲤鱼风。洞庭西望平如掌,七十二峰图画中。

无限客愁撩乱生,春寒强半雨初晴。烟波万顷深无底,仿佛鲛人织杼鸣。

谁是岑参兄弟情,好奇长作渼陂行。如今翻动江湖兴,月满楼船听按筝。

游锡山纪行诗并序[1]

顾 瑛

至正辛卯八月廿四日,余避冗往游锡山谒倪征君。时征君留毗陵,遂与客登惠麓。适蒙泉郑高士将过金陵,邂逅泉上,饮茗赠诗而别。凡三宿回复,缆舟阊阖门外。凡得纪行诗若干首,录贻诸诗友同迭和,遂成卷轴。今次序之,以识岁月。异日开卷抚事,则今日山水之适、朋旧之胜,如在眉目间,不能不为之兴感也。顾瑛书。

发齐门

顾 瑛

东方晨星如月明,舟人掞舵听鸡鸣。自怜不合轻为客,莫厌秋风搅树声。

周砥和

西风洲上荻花明,秋水船头落雁鸣。谁抱琵琶凉月里,为君弹作断肠声。

泊阊门

顾 瑛

枫叶芦花暗画船,银筝弹绝十三弦。西风只在寒山寺,长送钟声搅客眠。

于立和

渌水秋风荡桨船,白蘋洲上月初弦。清光半入红窗里,照见羁人夜不眠。

---

1 底本原未署诗题,据《四库全书》本补。

发阊门

顾　瑛

阊门西去是阳关,叠叠秋风叠叠山。便是早春相别处,如今杨柳不堪攀。今春送于外史立归越上。

陈基和

击柝何人夜抱关,大星未落月衔山。离愁不似官河水,日日东流不可攀。

许墅道中

顾　瑛

西出阊门第一程,山青水白不胜情。关河渺渺音尘隔,风雨萧萧官马鸣。海上已闻天子诏,军中谁说亚夫名。秋光寂寞秋江冷,只为愁多白发生。是日风雨中,塔失司农马上过此,住安海上。

周砥和

早发姑苏不计程,道闻王事亦关情。秋风海上鲸鲵息,落日沙头鹅鹳鸣。涧水照人如有意,山僧见面不知名。归来纵饮篷窗底,醉写新诗寄友生。

陈基和

官垆美酒胜乌程,饮别吴门无限情。数曲棹歌何处发,一双沙鸟背人鸣。不从范晔论成败,且学陶朱变姓名。为问秦关关下吏,如今谁是弃繻生。

郯韶和

驲铁骓骓向驿程,远传优诏慰民情。关河落木雁初至,风雨渡江鸡乱鸣。季札衣冠空有像,梁鸿井臼尚遗名。黄花满地秋堪把,一夜思君白发生。

于立和

晓风扬舲无十程,题诗寄人多远情。清秋叶落鸿雁至,阴洞水涸鼋鼍鸣。兰陵溪上我所爱,淮南草木谁知名。登高作赋多感慨,莫笑狂吟太瘦生。

明远和

风雨潇潇滞客程，陆梁群盗若为情。中原更觉人烟少，尽日不闻鸡犬鸣。祖逖澄清空有志，谢安高卧竟虚名。只今前席谁筹白，早晚南来召贾生。

良琦和

阊阖门西烟水程，客行此日倍多情。一封丹诏金鸡下，八月黄河铁骑鸣。画壁虎头遗旧族，悲秋宋玉擅时名。如子有才当世用，定虚前席问苍生。

晚泊新安有怀九成

顾　瑛

夜泊新安驿，西风八月天。人家溪树里，晚饭柂楼前。水落星移石，云开月堕船。遥思佩韦者，痴坐不成眠。

于立次

过雨收残暑，西来水似天。秋风生柂尾，明月落樽前。惨澹依山寺，欹斜下濑船。清歌不成调，思尔枕书眠。

郯韶次

长林夕露下，一雁过青天。月照风灯外，星沉野水前。美人隔烟渚，清梦落江船。孤坐闻城漏，迢迢夜不眠。

沈明远次

溪行仍水宿，夜坐散秋天。月出青枫里，乌啼古驿前。间关怀往路，汗漫问邻船。想忆同心者，裁诗不待眠。

登惠山

顾　瑛

对郭依山千古寺，穿云路径石崚嶒。殿前树落桫椤子，墙上花牵薜荔藤。遗像俨存尝水庙，长廊亦有注茶僧。荒台旧刻无人打，岩壑秋清尽日登。

寺门深据白云堆，殿脚参差见石台。一水暗从源底出，九龙青入雨中回。鼠偷山果时时落，鼋触池萍队队开。此日登临绝惆怅，云林不见酒船来。

于立次

秋水放船来野寺，寒崖古石路崚嶒。鹤栖云外三株树，猿挂烟中百尺藤。古殿金银黄面老，小龛香火白头僧。明朝城市多尘事，何日重来一再登。

前朝古寺倚崔嵬，快挟松风上古台。一勺灵泉通地远，九峰龙气挽天回。清晖娱人不少住，黄土眯眼何当开。归舟剩载煎茶水，更带新诗入郭来。

陈基次

欲扣沙门大小乘，西风飞屐过崚嶒。空山金玉锵流水，绝壁龙蛇走乱藤。一室香花同听法，百年云水不如僧。何时更整山翁屐，宝地相从取次登。

霜落枫林叶作堆，秋高萧寺客登台。排空列嶂千重合，出谷流泉百折回。颢洞烟涛尘海阔，参差楼阁化城开。独怜万里关河雁，不寄天涯一字来。

陆仁次

慧山秀拔南兰陵，大雄宫殿开崚嶒。登高未试九节杖，攀险且揽万年藤。泉头已无裹茗客，峰顶或有巢云僧。梁溪归桨荡落日，杵声何处响登登。

栖神秋色清于水，下马长林坐石台。山鹧忽鸣冲树过，岩花欲落爱风回。松声暗与泉声答，龙气朝随雾气开。桑苎祠前无限思，明年试茗拟重来。

良琦次

九龙之山天外青，寺门岩壑寒崚嶒。水流秋涧浑疑雪，路转阴廊或碍藤。刻石定传霞上作，具茶应喜竹间僧。却怜独卧沧江者，何日杖藜还共登。

行尽疏林黄叶堆，青莲境界起楼台。雨分山气空中落，雷挟泉声地底回。磬响惊人溪路隔，香烟满袖殿门开。谁知拂石题名处，顾恺前身今再来。

沈明远次

舍棹入林行荦确,清秋到寺见崚嶒。两边云合惟高竹,遍树龙缠是古藤。地近梁鸿传野老,泉因陆羽重山僧。兹游不遂能同去,兴发终须着屐登。

青山剪断九龙堆,翠盖团倾古佛台。玉气引泉流石出,天花着树拂云回。时闻清磬虚廊转,忽度微香别殿开。独吊荒祠倾茗饮,无人为我打碑来。

送惠山泉

顾　瑛

嗟我重游已廿年,寺门松桂绿依然。归来无物能相赠,只有山中第二泉。

周砥次

梁朝古寺已千年,去觅能诗僧皎然。漠漠云林人迹断,鸟衔红果落山泉。

陈基次

空山古寺不知年,念子独游心惘然。溪上归来云满屋,愿分一勺煮茶泉。

于立次

名落人间几百年,穿云夏石之泠然。东流无限官河水,不及山中一勺泉。

陆仁次

飞盖清游忆往年,九龙高起更崭然。多情若解相如渴,频寄山中陆羽泉。

沈明远次

怜君厌与酒为年,裹茗清游亦快然。料得行舟无别物,玉壶多载惠山泉。

舟中作

顾　瑛

自爱玉山书画船,西风百丈大江牵。出门已是三十日,到家恰过重九天。青山白水与君赏,翠竹碧梧惟我怜。近闻海上鲸波净,烂醉草堂松菊前。

于立次

落日清江好放船,西风满棹未须牵。鲸鲵已静波澄海,鸿雁初来水接天。过眼风光如隔梦,近人月色也堪怜。归来尚有黄花在,暂醉佳人锦瑟前。

周砥次

中流摇荡木兰船,沙鸟双鸣荇带牵。斜日断烟横野渡,西风疏柳落江天。水边白石明堪把,座上玉笙清可怜。归来我亦同欢会,醉题诗句草堂前。

良琦次

静夜长虹起画船,顺流东下不须牵。卧听白鹤遥度海,梦逐银涛直上天。共载故交高义在,迎门孙子得人怜。新归生理未须问,日日吟诗桂树前。

承闻仲瑛征君有维扬之行中途兴尽而返会稽外史亦至
玉山喜而赋长律三首奉寄以写所思之意云九月五日
山泽臞者良琦顿首书于娄东兰若

良 琦

一月不闻鸿雁音,东流江水忆君心。已知尘事少经意,况与友生同放吟。千秋观中招道士,九龙山里问云林。恰喜归来酒初熟,草堂日日对秋阴。

飙车东下大江渍,惊喜青山野鹤群。老眼仍看吴沼月,秋衣新剪镜湖云。灯前软语亲知在,酒罢狂歌里巷闻。想得西园无一事,芭蕉花下对炉薰。

秋藤雨竹掩衡门,时事何当细与论。政望中原通驿使,已传南寇拜天恩。春回公子琼花梦,月满山人白酒盆。不把芙蓉寄相忆,兰舟早晚过西园。

于立次

竟日江头望好音,音奇谁复慰离心。陶潜不入远公社,杜老每怀支遁吟。凉生桂树香浮席,月上沧洲光出林。薄暮题诗向何处,芭蕉多在草堂阴。

道士归来溪上住,写经拟换白鹅群。清霜着树红翻日,野水涵天白胜云。个个归鸦随棹远,冥冥去雁隔江闻。遥知出定题诗处,堂下秋兰生夕薰。

十日秋阴只闭门，此时幽思与谁论。星缠自拱山河固，草木均沾雨露恩。日下人来诗满纸，田间秫熟酒盈盆。汤休才思能清绝，忆子高居祇树园。

顾瑛次韵

江头日日听桡音，江水遥遥荡客心。蕙帐风高闻鹤唳，枫皋月落有猿吟。相逢谪仙贺秘监，不见高僧支道林。他日山中同结社，白莲池上坐秋阴。

天上金鸡放玉音，江头白日纵闲心。援毫自写草堂集，对酒谩歌梁甫吟。细雨灯花劳短梦，凉风木叶下空林。知君怜我遥相忆，望断碧云生暮阴。

扁舟远适越溪渍，双桨惊飞白鹭群。要趁秋江三尺水，去看山寺九峰云。西风网罟沿村集，落日钟鱼隔墅闻。好对黄花同一醉，故园晴色晚如薰。

荻花枫叶暗江渍，万里西风雁叫群。漫是羁情浓似酒，独怜世事薄于云。九龙山色船头看，半夜钟声枕上闻。料得高僧禅定处，松窗柏子起浓薰。

九龙山色似龙门，题得新诗要细论。风雨途中逢驿使，烟波海上拜君恩。每怀兰若翻经石，更忆草堂盛酒盆。闻道南徐近乘胜，邀君共醉辟疆园。

故人不过竹间门，此日幽怀孰与论。露浥黄花如有意，霜凋碧树似无恩。清泉夜煮新茶灶，渌酒秋香老瓦盆。莫怪深居倦来往，近因多病类文园。

王濡之次

玉箫桥上听馀音，夜月长淮动客心。杜牧风流俄返旆，汤休寂寞自高吟。石门云冷龙藏钵，蕙帐霜清鹳在林。且盍逃禅共樽酒，玉山池馆尚梧阴。

闻君别去在河渍，莎草芦花落雁群。禅观已知安止水，交情宁不赋停云。晴峰接翠清秋览，柔橹鸣弦静夜闻。还爱惠山泉味好，自烹春茗发清薰。

日日儿童喜候门，归来馀事复何论。天家一骑新传命，海国群妖尽被恩。筑室临溪真似舫，凿池当槛小于盆。橘林满眼霜前熟，何处人间有绮园。

与客游上方纪游诗并序

陈 基

玉山顾仲瑛甫由惠山还吴城,适匡庐先生于虚斋来自越,而梁溪周履道与余皆在座。仲瑛以第二泉煮日铸茶饮客。时秋且暮,仲瑛慨然有登山临水之思,乃相与泛舟出阊阖门,过百华洲,转横塘,至石湖。水光浮空,新月始生,山光野色与明河倒景相混漾,樵歌水唱,远近相答。于是饮酒甚欢,遂舣舟新郭而宿焉。旦日,由行春桥、观音岩历楞伽山、宝积寺,肩舆而造上方。霜降气清,原墅澄旷,丹霞翠霭,出没有无。而荒台废苑,隐隐吴宫之旧。有顷,过横山,登聚远亭,吊故人陆征君墓,读金华先生黄公所制碑。假浴僧舍,回宝积,访金上人,不遇而归。留连者二日,往返者数十里。所至各赋诗,凡若干首。

至正十一年九月五日,颍川陈基序。

过姑苏台

顾 瑛

上方秋色与山齐,画舫分诗小字题。一带姑苏台下水,为谁流到越来溪。

陈 基

姑苏台前杨柳黄,百花洲上日苍凉。吴王饮酒不知醉,越女唱歌空断肠。蔓草寒烟走麋鹿,芙蓉秋水浴鸳鸯。画船荡桨石湖去,坐看青山到上方。

于 立

清秋载酒暂消闲,莞尔开篷一解颜。云外孤峰如削笔,舟人说是上方山。

周 砥

姑苏台下路,舣棹问遗踪。草色令人爱,山光如酒酽。凉风疏柳叶,秋水澹芙蓉。千古兴亡意,凄凉酒一钟。

横塘寺

顾 瑛

横塘桥下路,黄叶寺门秋。旧日题诗处,今朝载酒游。天光开列嶂,塔影落中流。未得回船去,聊为半日留。

于 立

侵晨下吴门,又过横塘曲。横塘雨初歇,横塘水新渌。泛泛双鸳鸯,娟娟戏秋水。的皪芙蓉华,照影清波里。舟中游冶郎,回舟不能去。湖上多青山,莫向横塘住。

周 砥

曲曲横塘水,溶溶漾白沙。霜明乌柏树,风乱木绵花。地僻秋偏静,山高日易斜。行吟知有兴,诗卷墨涂鸦。

陈 基

窈窕横塘路,萧条古佛宫。蝉鸣黄叶里,僧住白云中。落日芙蓉渚,秋风桂树丛。何当登宝塔,极目送飞鸿。

行春桥

于 立

姑苏城中新雨凉,姑苏城外烟草黄。轻舟载酒出城去,白蘋花开秋水香。两岸山光清可挹,天落平湖烟翠湿。芙蓉照影独多情,的皪乱红愁欲泣。鲤鱼风起生白波,船中把酒船头歌。请君莫问前朝寺,相从不饮奈君何。

顾瑛次

白蘋花老西风凉,吴宫落叶萧萧黄。美人相携游上方,金壶渌酒莲花香。青山可望不可挹,秋色浮空翠螺湿。好奇真似渼陂游,登高莫作牛山泣。石湖新水一尺波,湖边女儿双踏歌。画船日日湖上过,今夜月明愁奈何。

陈基次

挂席出长洲,鼓枻石湖头。石湖混漾玻璃浮,青山白水不知暮,蘋叶芦花都是秋。我欲援北斗,醉彼清浅流。我欲挽河汉,一洗太古愁。吴王台榭成荒丘,至今惟有麋鹿游。我不愿千钟禄,亦不愿万户侯。百年三万六千日,日饮一石醉即休。日饮一石醉即休。

周 砥

木落荷枯九月时,眼中都是范公诗。石楠树下荒苔合,犹有当年旧赐碑。

观音岩

顾 瑛

擘破芙蓉三百尺,观音岩下白华秋。彩虹断影青天上,冷浸灵泉凝不流。

于 立

灵鼍出峡走风雨,一夜芙蓉紫翠开。月堕寒泉如见怪,不须重过石桥来。

陈 基

观音岩在石湖傍,绝壁寒潭霜叶黄。水仙出波捧明月,野鸟衔花献法王。五色云气见宝积,六时钟声来上方。分明小白山前路,何用远浮东海航。

周 砥

白鹦鹉小穿云幕,碧海波澄浸石扉。一片岩前秋月影,凉风吹上藕丝衣。

石 湖

周 砥

烟中白鹤独飞还,相伴孤云尽日闲。落日放船湖水上,一帘秋色看青山。

顾 瑛

舣棹中流好,西风生暮寒。湖光与山色,忆得倚楼看。

陈 基

日落上方山顶头，天光颠倒入中流。浩歌濯足弄秋水，惊得鱼龙皆出游。

顾瑛次韵

落日西风船上头，濯足洞庭万里流。记得大苏诗上语，三人共作月中游。

于 立

石湖水，清悠悠，悠悠上接银河流。中天皓月悬清秋，竟溯南斗骑牵牛。美人炯若珊瑚钩，彩舟载月浮中洲。洲中藕花不知数，藕丝织绡薄于雾。为君裁作五铢衣，腻玉明霞照轻数。玉山子，丹丘生，我今为尔吹玉笙。匡庐仙人赤凤翎，流宫泛徵秋泠泠。空明倒景鼋鼍窟，回风吹断蛟龙腥。鲛人停机不敢鸣，縠绡出水寒波明。下视名利场，不啻鸿毛轻。劝君日饮真一酒，一醉一醒三千龄。

新 郭

陈 基

扁舟夜泊新郭市，石湖水深清且泚。长啸一声天地秋，万壑惊风泣山鬼。匡庐生，玉山子，意气相倾誓终始。呼童沽酒烹锦鲤，醉入芦花月如水。周郎放歌踏船尾，我亦和之声亹亹。明月照我心，秋水洗我耳。富贵亦何为，人生行乐尔。城中黄尘眼为眯，安得置我丘壑里。

周 砥

泛舟越来溪水傍，溪边暮色何苍苍。主人张筵挥羽觞，吴姬唱歌声抑扬。船尾挑灯大鱼出，船头洗盏秋波凉。夜如何其夜未央，万壑不起星煌煌。酒阑客过别船去，木叶萧萧下如雨。船中醉卧忘西东，睡觉犹闻梦中语。此时月落天将曙，隔屋鸡啼欲起舞。西风满天鸿雁声，瑟瑟菰蒲响秋渚。

顾 瑛

夜泊石湖湖水傍，芙蓉露白兼葭苍。画船酒行飞急觞，美人罗袖随风扬。长檠翠幕高高张，浩歌起坐秋夜凉。明月已在天中央，大星小星光烨煌。酒酣不记过船去，但听秋声响疏雨。梦中化作蝴蝶飞，飞入花间听春语。邻鸡喔喔东方曙，船尾浪花风起舞。为君起和梦中诗，水气如烟度秋渚。

于 立

新郭市，说是吴王旧城雉。一从兵过越来溪，麋鹿来游歌舞地。我今移舟泊新郭，黍稌人家带墟落。晴湖冷浸秋月明，暮山净拂寒烟薄。吴娃荡桨船边过，周郎唱歌陈郎和。脆管哀弦生素愁，急令飞觞倾白堕。匡庐生，忘尔汝，今古兴亡一炊黍。为挽天河洗君耳，听我今宵梦中语。

舟中联句

行春桥下看山回，瑛。翠幕红帘面面开。基。一夜水风吹不断，立。蜻蜓飞入画船来。砥。

月下有怀郯九成

陈 基

画船夜看初三月，黄菊秋迎重九天。佳节预须酬茗芧，良宵莫惜对婵娟。银灯影动鼋鼍窟，翠管声留玳瑁筵。却忆云台迁外史，街头骑马日翩翩。

顾瑛和

石湖万顷秋如洗，影落银河水底天。灯下传杯波潋潋，船头吹笛月娟娟。夜深翡翠迷华屋，露冷蜻蜓入玳筵。明日上方晴色好，锦鞯银镫共联翩。

上 方

顾 瑛

吴王台下千年寺，白日长廊僧闭门。湖上人家收黍稌，岭头箫鼓赛鸡豚。天涵秋色山高下，风荡烟光树吐吞。香水晚来凉浴罢，咏归直待月黄昏。

于 立

青钱买得木兰舟，满载西风出郭游。万壑松声含宿雨，五湖天影浸清秋。谢公着屐登山去，博望乘槎入汉流。圣世青年且行乐，长途泥滓使人愁。

周 砥

迢迢上方山，历历石湖树。轻舟舣湖曲，肩舆入山路。飞藤垂晓烟，遥峰隐寒雾。

依微青莲宇，突兀最高处。山僧扫苔石，为我设茗具。坐久意愈淡，高吟畅心素。白云生我衣，拂之不能去。高视六合间，山河自回互。顾谓同行者，言归勿匆遽。人生鸟过目，乐事岂能屡。赋诗纪此游，终日得成趣。

陈　基

中吴之山，上方最高。上摩青天之白日，下浸石湖之素涛。高秋飞屐凌九霄，下视万里一览可以穷秋毫。秋毫为大泰山小，我欲凭虚极幽讨。丛祠箫鼓亦何为，下土之人事祈祷。天风西来鸿雁鸣，翩翩日向东南征。吴宫萧萧秋草生，对此令人无限情。

拜杞菊先生墓

顾　瑛

华表西风鹤未归，白杨无数鸟声悲。我来再拜漫山冢，忍读新安博士碑。

于　立

一从鹤梦过辽东，三尺孤坟宿草中。无限长松与修竹，令人千载挹清风。

陈　基

陆公原上瑞云庵，古屋残僧见两三。荒坟宿草泣秋露，大谷深山生昼岚。萧条松梓迷神道，寂寞香花奉佛龛。西风何以荐秋菊，一勺寒泉清且甘。

周　砥

杞菊先生乡里贤，只今沦没几何年。道傍松树非新种，屋里碑文是旧镌。落日荒丘封马鬣，西风挂剑跃龙渊。平生不识桥公面，腹痛回车亦偶然。

观音山纪游诗并序[1]

于　立

至正辛卯秋九月八日，玉山顾君仲瑛、河南陆良贵与予同舟出阊阖门，登观音山，过小龙门，坐支公放鹤亭上。于时高秋气肃，慨古遐眺，神与意适，遂相与濯足寒泉。肩舆

1　底本原未署诗题，据《四库全书》本补。

过山北，观盘松如春雷破蛰龙，鬼神变化，不可端倪。因入楞伽寺，寺僧昂天岸出速客，列坐大桂树下，摘银杏荐酒，赋诗乐甚。予缅思去秋之季，与仲瑛及吴兴郯九成访龙门上人琦元璞于天平山中，薄暮至此，暝色既合，不得览山水之胜。继予往会稽，俯仰又复经岁。顾惜流景，不无慨然，因书以识岁月。余则匡庐于立也。

书昂上人房壁

顾　瑛

与客看山日未斜，长廊识得旧袈裟。枝头果摘银杏子，酒面香浮丹桂花。解说道林当日事，亦知灵运不如家。坐深白鹤归来晚，更汲寒泉为煮茶。

于立次

西山倚空秋日斜，偶于松下逢袈裟。视身自视苾刍草，见子如见优昙花。人生适意莫若酒，客子看山如到家。老僧旋打银杏子，重汲山泉为煮茶。

陆仁次

荦确石林行径斜，楞伽寺里见袈裟。连岗霜叶苍卜子，断垄雪迷荞麦花。神骏嗟无支遁马，清游欲宿赞公家。岩底寒泉清可掬，明年还拟煮新茶。[1]

蟠　松

陆仁韵

君不见泰山五树之夭矫，徂徕千丈之特奇。高景山中一倾盖，磊砢偃蹇惊如斯。铜柯铁叶秋雨洗，深根直据龙渊底。木星何夕堕青霄，一片寒云眠不起。我欲骑之挽天河，净洗甲兵清海波。醉呼六丁为鞭叱，强项挺伏缠蛟鼍。山灵无情屼不动，白狐夜泣苍夔悚。伐之莫试太阿剑，丘壑千年嗟拥肿。太平天子开明堂，为梁为栋材孔良。昂霄耸壑终有待，为尔临风歌慨慷。

于　立

孤松出地不记年，每以偃蹇为人怜。蛟宫夜寒卧明月，龙女晓凉梳绿烟。金绳铁索

1　底本原无此诗，据《四库全书》本补。

互盘屈，霓旌翠羽齐飞骞。应有茯苓大如斗，我欲服食求神仙。

顾　瑛

崛强蟠拿百折松，孤高独不受秦封。长林大壑材无数，不识山中有卧龙。

寒　泉

顾　瑛

九月上支硎，寒泉亦有名。流云微有影，落涧细无声。坐石宜舒啸，临渊可濯缨。杖藜虽屡到，终不似秋清。

陆　仁

石罅湛寒泉，不受泥沙秽。只向山中流，不出山前去。

放鹤亭

于立韵

为访支公鹤，重经洗马池。独怜山畔月，夜夜落寒漪。

欲将遗事访支硎，重上山中放鹤亭。挂杖彭旬扫岩石，恐留前代未传经。

顾瑛次

云满南峰护翠微，支公亭子倚晴晖。飞来不似辽东鹤，解说前身是令威。

陆仁次

胎禽无恙否，亭中秋月明。不随支公去，却逐浮丘生。

洗马池

顾　瑛

秋草池头秋水明，一泓清浅与沙平。道林只解观神骏，不洗人间万古名。

陆 仁

秋水清如此,支郎洗马池。一从神骏化,无复见权奇。

于 立

岩下寒泉水,秋波浴日红。无人爱神骏,化宰忆支公。

飞龙关

于 立

挂杖清秋登绝壁,欲访支公探遗迹。两崖拔立一罅通,颍洞阴风云雾积。人言此地起飞龙,半夜六丁轰霹雳。至今岩下一泓泉,时有神光动寒碧。

顾瑛二首

龙门通一罅,石拔两关开。天险非神凿,长瞻云气来。

岭上南峰寺,禅关石作扉。已无龙出峡,空有白云飞。

楞伽古桂

顾 瑛

楞伽山中秋气清,广庭桂枝相屈撑。天香一夜落人世,三十六宫空月明。

陆 仁

楞伽广庭桂,云盖团轮囷。载歌淮南辞,念彼山中人。

于 立

山中多白云,爱向山中住。攀援丛桂枝,令人不能去。

石 屋

于 立

百年谩说千年调,鬼笑痴人铁限门。古佛本称无量寿,从教石烂性常存。

顾 瑛

千年古道场,岩屋石为梁。月落摩尼影,空山生定光。

陆 仁

石屋不盈丈,如穴复如龛。大雄居其中,时有白狐参。

观音山

陆 仁

朝出阖闾城,西望观音山。石林行荦确,径度飞龙关。飞龙之关神所凿,断石中开云欲落。大峰一掌折空青,小峰谁掇金莲萼。故人新自越中归,若耶云门夸崛奇。手提如意铁作杖,绝顶独倚长松枝。太湖水深鸿雁翔,三江到海天苍苍。功成却思越范蠡,感古令人愁断肠。支公放鹤自有亭,石上细听寒泉声。楞伽丛桂亦已落,洗马池头秋草青。凉风吹衣日皓皓,急唤金壶与倾倒。登高明日又重阳,崖根菊花为谁好。玉山子,匡庐仙,两君气谊真有合,据石自说三生缘。人生不如金石固,忽忽流光鸟飞度。不见东山晋太傅,高风千载人争慕。

于立次

清秋与客登西山,两崖拔地开天关。人言天关神所凿,大星小星天上落。太初气结浑沌璞,巨灵削出青天萼。白云无心去复归,点缀万态生新奇。乖龙化作蟠屈树,老猿挂在夭矫枝。东山入海如龙翔,西山摇天郁青苍。我来跻攀不辞嵲,百盘九折如羊肠。观音山,何亭亭,石泉泻作秋风声。据岩濯足骋遐观,海烟不隔三山青。白日行天秋皓皓,对酒休辞玉山倒。人生得意须尽欢,况复与子心相好。绝顶凌风思欲仙,美人如花美少年。丈夫作事贵感激,浮世谩说多因缘。浮世因缘那可固,但恐流光镜中度。劝君莫惜少年游,白头面皱空追慕。

顾瑛次

道林越上还,卓锡支硎山。养鹤碧岩里,骑马飞龙关。飞龙关高鬼斧凿,一道银河迸空落。水积寒泉如镜平,清秋倒浸芙蓉萼。道林放鹤竟不归,我今远来犹好奇。翩翩飞盖相追随,玉树照耀珊瑚枝。穷高发长啸,兴逐飞云翔。吴王台榭渺何处,七十二点烟苍苍。俯挹太湖水,洗我冰炭肠。解衣盘礴秋满亭,落日下方钟磬声。楞伽山中霜露白,高景山前松树青。鸿飞冥冥秋皓皓,渌酒深樽与君倒。山中九月银杏熟,庭下五株丹桂好。陆机二十才且贤，山阴狂客真谪仙。忘情不必说尔汝，买山定结山水缘。论交不啻陈雷固，几见流年暗中度。归来援笔纪兹游，丹丘云台定相慕。

复游寒泉

顾 瑛

今年三月二十日，陈浩然招余与郯云台、琦龙门游观音山，观寒泉，暮宴张氏楼。时徐楚兰佐酒。楚兰以琵琶度曲，鸣于时，云台遂为之心醉。予曾口占《蝶恋花》云："春江暖涨桃花水，画舫朱帘，载酒东风里。四面青山青似洗，白云不断山中起。　过眼韶华浑有几，玉手佳人，笑把琵琶理。狂杀云台标外史，断肠只合江州死。"酒散登舟，则夜已过半矣。明日，归玉山中，卧病弥月，不得与诸友朋会已半载。八月之暮，又以世路多岐，厌入城府，遂泊舟阊阖门之光霁斋。而登山临水之思，未尝不兴于怀。适匡山人自越中，陆河南自娄江来，得同讨幽胜。九月七日，复游寒泉，登南峰之高。有怀龙门留娄江，云台方长街走马，不能与此清会，遂赋二律以寄，意且欲邀匡山、河南和寄云。

春游忆得到寒泉，正值莺花过禁烟。杨柳楼中金错落，琵琶船里玉婵娟。漫郎别去浑多病，道士重来定有缘。今日登高能作赋，云台不见使人怜。

又向江头载夕晖，好怀每与世相违。客中重九明朝是，眼底故人今日稀。过雨黄花千蕊发，经霜紫蟹两螯肥。秋江更待澄如练，击节中流缓缓归。

陆仁次

支硎山上濯寒泉，洗马池头草若烟。石拔两关开岈嵃，云迷万竹秀联娟。下方钟鼓长时发，绝顶藤萝且自缘。东去三江流不尽，浮生如此也堪怜。

飞龙关口日晖晖，放鹤亭前路不违。漫说支郎林下少，未缘神骏眼中稀。繁霜着树榴房拆，危石悬藤瓠子肥。看遍吴中好山色，太湖明月棹船归。

于立次

一泓寒玉贮清泉，晴晖满林生紫烟。白云行空自皓皓，青山过雨秋娟娟。放鹤亭中绝萧爽，飞龙关下愁攀缘。支公去后少神骏，一上高峰一自怜。

山色溪声带落晖，好怀清赏莫相违。醉忘尔汝红颜笑，眼见交游白发稀。云沉菰米雨已熟，江落鲈鱼秋正肥。典却春衣作重九，背岩折得菊花归。

周砥次

美人开宴酒如泉，满目岚光碧似烟。半岭暮云犹掩冉，一林秋竹自婵娟。新诗每荷邀同赋，短棹相将恨未缘。会面几时还别去，百年人事总堪怜。

秋波漠漠静朝晖，画舫开筵兴不违。浊酒清歌香缥缈，青山黄叶路依稀。夜凉金雁筝声细，雪滑银盘鲈脍肥。顾我暂为尘俗累，不能同载月中归。

良琦次

支硎山中秋日静，羡子杖藜凌翠烟。长啸答空松瑟瑟，褰衣涉涧水娟娟。生来固有云霞癖，老去休忘香火缘。凿得莲池便成社，莫将白发向人怜。

青山携酒看秋晖，却笑山人志独违。自是海鸥机事少，不应林鹤梦魂稀。露深仙圃黄精长，霜落人家绿橘肥。慰我新诗最清绝，便寻艇子雨中归。

壬辰二月初吉龙门释良琦与豫章释来复游寒泉过支硎山寺憩昂上人房读仲瑛征君彦成炼师良贵进士去秋游山相怀之作遂相与联句以答三君子之意云

绝巘层空外，高崖北斗边。巨灵开积谷，琦。险窦落寒泉。迸石珠帘挂，复。当风玉练悬。霞明光灿烂，琦。涧折势洄沿。渴虎朝还饮，复。馋龙夜不眠。穿林声泱泱，琦。涵月净涓涓。僧汲香凝盏，复。人窥影堕囷。中濡差可拟，琦。康谷孰能先。牛乳元同味，复。鲛珠得并圆。道林尝卓锡，琦。陆羽盍留编。昔者三高士，复。来游八月天。雨苔凌蜡屐，琦。秋竹系溪船。煮茗过松下，复。哦诗绕桂前。衣襟洒冰雪，琦。词藻丽云烟。洗砚文鱼动，复。浮杯翠荇牵。清童浣素手，琦。舞妓照金钿。复。相忆劳垂念，因风辱寄笺。归期欲西上，尽兴已东还。琦。往事成尘梦，流光隔岁年。复。君今春满屋，我渐雪盈颠。赖有同心侣，琦。重临胜境偏。旧题空翠湿，复。大字老蛟缠。贵比南金重，琦。深期琬琰镌。翻愁泣神鬼，复。亦足镇山川。积雨晴初好，琦。平原景正妍。扫花聊憩息，复。倚树漫迟延。极眺匡庐远，回瞻玉阜连。华堂列宾客，琦。绮席会神仙。梧井应鸣凤，经帷或下鳣。复。繁梅欹坐榻，细柳拂歌筵。昭代多才彦，冥栖独尔贤。[1] 琦。昌承野王裔，高拍赤松肩。复。欲泛扁舟去，还谈一味禅。何颙名不泯，琦。于鹄德仍全。空复临流叹，复。谁将此意传。数声亭上鹤，落日在山巅。琦。

---

1 "复"至"冥栖独尔贤"一段文字，底本原无，据《四库全书》本补。

玉山名胜集卷六　纪饯送

送浙东副元帅巡海归镇诗并序

匡庐于立

国朝自平宋以来，岁漕东南稻米，由海抵京邑。至正八年春，海寇暴作，焚官储，劫帅臣。贼叫呼势张甚。朝廷命各道出师，据要害摧截其角牙，岁以为定制。十年，浙东副元帅锁住公总兵在行，公闻命，即戒严出次外廷命。家事虽甚利害，毋以白。整军由桃花口入蛟门岛，截东门山，鼓行大洋中。鲸波飓风，朝夕迅发，无几微愳色。号令斩斩，不闻欢哗声。先是，各道出师多为民病，公所至，民不知有兵。贼间聚海岛者，相视愕眙，鼠窜他境上。凡三月，粮既率事，由昆山刘家港取陆道归镇行省。左丞庆喜公把酒劳问苦，见所佩弓矢强劲非常比，命左右控弦，率不能彀。公据床持满射，命中。过港，数十步观者不敢出气。既告行，饮酒故人玉山草堂上，言不及军事，谈笑侃侃若出诸生下。嗟乎，公于是贤于人矣。今之大夫士患得患失，禄日丰，则身日重，求其乃心王室奋不顾家者，几何人哉？况有不茹不吐如公者乎？公本直道取仕，两为御史，三持宪节，又掌符钺以任方面，既贵且重也，而临事类如此。视世之沾沾自喜者为何如焉？然则折冲于万里，论道于治朝，于是何有哉？国有人焉，所以重为天下贺也。吾党能言之士咸为歌诗以美之。匡庐于立序之。至正十年五月日书于草堂。

昆山顾瑛

右《云帆驾海图》，姑苏从叙子伦所作也，盖想见军行于波涛中之万一。匡庐山人既为之序，予复作长句以歌道云。

圣神开天抚八方，奄一覆载包鸿荒。五云楼阙天中央，万国玉帛朝明光。津梁可通海可航，东吴云帆来稻粱。咄哉饥贼空伥伥，鳅鳝起舞狐跳梁。镇东将军龙虎章，旌旗倒影摇扶桑。指挥铁马东浮洋，洪涛海岳相低昂。天兵驱先万鬼行，丰隆列缺从腾骧。弯弧上射星垂芒，剑光烁水百怪藏。鲸鲵逃遁日月光，偃息戈甲峨冠裳。野人拜跪称寿觞，愿公长年乐而康。愿公垂绅居庙堂，坐使圣世登虞唐。功名竹帛声煌煌，赤松之子同翱翔。

良 琦

至正八年海寇作，千艘万艘聚岛泺。云旗蔽天架刀槊，人攀樯舵猿猱矍。焚粮劫帅虏商舶，槌牛击鼓日饮醵。杀人脔肉列鼎镬，天地惨惨风格格。遂令东南日惊愕，奏书闻天天不乐。帝曰吾民罹毒恶，无乃抚字多苛虐。致令顽愚肆凶恶，圣德如天何广博。宥汝辜厉恩优渥，纵其来归乐耕凿。遵海而南地冥寞，诏以官军岁巡掠。桓桓帅府天东角，元戎总兵闲将略。一朝出巡兵踊跃，千里威声走风雹。祭神海庙灵肃若，拔剑黑水驱鲛鳄。挥戈直令日倒却，百怪群妖迹如削。元戎飒爽头未白，霜月曾照乌台柏。致君承平海宇廓，丹青辉映麒麟阁。歌诗愿奏瞀睺乐，天子遇之汲与霍。

京口石载

扶桑日射旌旗晓，海若愁惊鼓角秋。粮舶如云抵京邑，元戎谈笑定封侯。

大舶云帆渡海时，海滨父老望威仪。旧时骢马乌台客，来把沧溟破贼旗。

落日旌旗海上回，清秋弓剑月中开。船头官鼓如雷发，野寇惊传元帅来。

漕府官曹事转输，京城三月米如珠。海风不起波涛静，十日船行到直沽。

传宣晓出大明殿，使者南行驾短车。王仗引班催入觐，五云深处有新除。

东淮殷子义

帅阃当冲要，蛮夷慑武威。海风吹棨戟，江日射戎衣。相国论封久，将军护饷归。北瞻天阙近，官路马骓骓。

博陵瞿荣智

金符玉节下青冥，锦缆牙樯出四明。晓拂旌旗云日动，夜鸣箛鼓海波惊。元戎自是威声振，圣主无为道化平。况有掾曹文彦在，赋诗酾酒共登瀛。

武林顾权

风引龙骧万斛舟，元戎出镇海西流。甲裳旧洗天河水，金柝宵传玉帐秋。蕞尔蛮酋能职贡，飞扬壮士识锄耰。承平阃外应多暇，羽猎宜将小队游。

淮海秦约文仲

瀚海浩无际,澶漫八极连。维天所设险,肇自开辟年。于穆世皇帝,辅弼俱才贤。经邦念储待,漕粟东吴船。烝尝备七庙,戍役供三边。列圣相授受,王道庶不偏。八年建卯月,盗贼起联翩。剽掠纵烽火,杀戮奋戈铤。紫垣为之惊,章奏九重天。乃剖铜虎符,出师荡腥膻。屯兵驻山徼,系虏来江堧。圣心贵敉宁,宥过许自悛。所期在复业,耕凿相安然。桓桓帅阃臣,[1]伐鼓声渊渊。王灵丑类匿,犒乐凯歌还。顾瞻北斗星,错落三台躔。帆樯聚句吴,旬日达幽燕。徐看驿骑驰,无复羽书传。江花照裘帽,江柳拂鞍鞯。承恩殊命重,许国清忠全。行矣觐龙光,论功丹宸前。

至正十年十二月十九日义兴吴国良持倪云林诗来玉山中相与徜徉数日将旋索为别予与玉山同兼柬云林

郯 韶

吴生阳羡溪头住,岁晏扁舟载雪归。江上坐看双桨去,天边目送一鸿飞。岂无稚子烧桐叶,知有幽人候水扉。后夜相思心欲折,短箫吹月坐苔矶。

顾瑛次前韵送吴国良

桐轩隐者重相访,草阁能留十日归。快雪半消春水阔,扁舟又逐白鸥飞。似闻迁叟耕梅里,每过山家款竹扉。期子几时来慰我,共披鹤氅坐渔矶。

送于彦成归越唱和诗序[2]

郯韶九成

至正庚寅腊月下浣,予与琦元璞、吴国良同寓玉山,时大雪弥旬,日坐雪巢,听笛酌酒,煮茗赋诗。俄有他故,乘夜泛舟泊枫桥下。雪复大作,匡山于彦成有越上之行,予赋是诗以送之。

长江几万里,送子一扁舟。日落云帆尽,天空海水流。青春无过燕,白发有归鸥。为语乘槎客,何如汗漫游。

1　明俞允文编《昆山杂咏》二十八卷本,此处后有"节制崇威权。岁定为典常,巡行遍山川。搴旗位正正"数句。

2　底本原无诗题,据二十六卷清抄本补。

山阴有归客,雪夜泛扁舟。一笑遽云别,知君静者流。看山对明镜,濯足起飞鸥。还载一壶酒,相寻贺监游。

良琦次

雪霁春水动,初回贺监舟。青山天际断,白月镜中流。竹杖随行鹿,乌巾照野鸥。兰亭花盛日,载酒一同游。

会稽佳山水,羡子一归舟。步入万峰里,坐听双涧流。鸣琴对白鹤,蹑屩侣轻鸥。东去蓬莱近,安期待尔游。

顾瑛次

江城残雪里,人发剡溪舟。花急风翻去,潮生水逆流。伤心怜去雁,幽兴托盟鸥。寄语东蒙叟,春山拟共游。

吴国良次

三日寒山寺,桥边共缆舟。看云坐盘石,濯足俯清流。急雪翻随马,澄江静没鸥。君归甬东去,我向竹西游。

陈基次

楚楚飞霞佩,飘飘渡海舟。山馀秦篆刻,人有晋风流。好种三株树,休驯万里鸥。何当除结习,方外共浮游。

陆仁次

正月山阴道,夫君剡上舟。好峰开雪霁,春水匝城流。拭目瞻云鹄,忘机惜海鸥。多情今夜月,何处照清游。

瞿智次

匡山于外史,上越有归舟。久负江湖约,宁知岁月流。琼书天上鹤,渌水镜中鸥。一曲真幽绝,当追贺监游。

张师贤次

江城岁云暮,仙客泛归舟。交态浮云变,离怀逐水流。雪空横独鹤,沙际渺群鸥。

剑佩山阴道，知君独重游。

袁华次

枫桥明积雪，晓发木兰舟。独鹤横江去，三山接海流。绿尊照乌帽，白发映霜鸥。剡曲云门路，输君足胜游。

于立次

雪消汀草碧，行子理归舟。落日千山暮，清江万里流。萧萧鸣去马，渺渺没轻鸥。自笑清狂者，真成汗漫游。

送郑同夫归豫章分题诗序并诗

颍川陈基

余辱与郑文学同夫遇于吴之隐君子顾仲瑛氏所。仲瑛素多宾客，而同夫与予相值，未暇问姓字、邑里、行李所从来，辄举酒相与献酬，杂遝亦不计年齿，貌苍者上坐，饮酣歌舞，各以所长自适。于是吴兴郯九成、沈自诚、龙门琦上人、赤城金敬德、钱塘俞在明，皆以能诗为仲瑛文学友。郯九成素不善画，捉笔作山水图，辄烂漫奇诡，坐客啧啧称叹。同夫首为赋诗，仲瑛率众宾和之。而敬德起，行酒放歌，作《庐山高亹亹》，有梁楚间人气调。同夫因欢甚，顾谓予曰："吾自北方来，行数千里，亲旧疏数，固自有不同，然饮酒之乐，未有如今日者。吾行且归矣，诸君能无言乎？"余然后知同夫为豫章人，尝登清江范公、蜀郡虞公、丰城揭公之门。而余故人危君太朴、揭君伯防、杨君季子、邹君鲁望、张君宣仲，皆其友也。嗟乎，余恨不及识范、虞二公，而幸尝获接揭公之下风而听其馀论，见其文章。九原不可复作，而其乡之士如同夫者，文学才艺一何似公之甚也。同夫归矣，太朴诸君子皆以其父兄师友之学相继登台阁，顾予无似，日与仲瑛宾客笑傲三江五湖之上。以吴中山水分题，得诗若干首，为同夫赠。余辱为之叙，因以谢不敏于诸君子云。至正十一年八月五日也。颍川陈基序。

分题太湖

朝饮太湖水，暮咏太湖秋。太湖三万六千顷，七十二峰居上头。上禀咸池五车气，下浸日月涵斗牛。鸱夷之舟从此游，功成身退合天道。声名万古齐伊周，江东步兵轻冕旒。长揖齐王归故丘，莼羹鲈鲙何足道。上与造物同遨游，唐家拾遗巢许流。躬耕湖上食杞菊，不与浊世俱沉浮。三人之生不并世，出处虽异心则侔。至今血食太湖上，上下云气乘苍虬。今君遥别太湖渚,鼓枻三高祠下路。借得龙威一席风,送君彭蠡湖南去。

张田题沧浪池

沧浪池上水,无日不东流。披竹寻幽径,携壶趁小舟。杂花分两岸,丛树掩双丘。旭日金波乱,微风碧雾收。直疑来贝阙,岂复辨玄洲。未学乘槎去,还胜太史游。登临增慷慨,笑语漫夷犹。野老间相过,渔人自对讴。芙蓉晴彩落,菡萏晚香浮。乐事联长句,忘机狎众鸥。时逢采芹士,为说故园秋。翠影侵棋局,晴光漾酒瓯。醉深偏缱绻,义合愈绸缪。席故儒官冷,堂升弟子优。乡间传德业,风教动公侯。司业情犹在,参军兴少留。年华欺短发,霜落暗征裘。旧里谁无念,亨衢况有谋。世情元兀兀,人事孰悠悠。画鹢行将去,骊驹唱未休。柳疏萦马首,帆饱出江头。别思随烟浪,悬怀倚柂楼。山昏空昼宿,林暮鸟相投。今夜中吴月,分光照薄愁。

刘西村题枫桥

凉风起蘋末,送子过枫桥。落日闻征雁,空江生暮潮。星沉吴渚阔,云入楚山遥。归去秋堪把,芙蓉叶未凋。

良琦题震泽湖

具区开万顷,波浪入三江。光怪浮神鼎,凭陵跨石矼。风高帆影乱,天碧鸟飞双。久客瞻南斗,归心未易降。

郯韶题虎丘

青山阖闾墓,荒草起秋风。古隧苍精化,阴房玉雁空。夕阳明野寺,远渚落霜枫。送子难为别,无情楚水东。

顾瑛题洞庭湖

五湖秋水洞庭烟,七十二峰青插天。神禹书藏林屋里,仙人诗刻石屏前。温温玉气穿灵洞,白白银河泻瀑泉。鸿雁来时木叶下,送君晨发楚江船。

张简题姑苏台

崇台去千载,风日丽飞甍。漠漠春洲草,宁知歌舞轻。香泥污鹿迹,婵娟若为情。登览犹悒怏,况乃送君行。

沈明远题龙门

峭拔终同禹凿存,折盘双磴竦云根。青天鸟没仙人掌,黑骨龙归箭拔门。寒落云泉摇暝影,晴开石镜见秋痕。诗成待刻嶙峋上,迟子重来细与论。

袁华题泰伯庙

巍巍三让庙,乃在古城阿。日月明裳衮,殿陛森剑戈。万世尊至德,遗风谅靡它。送君庙下路,楚江秋水波。

俞明德题馆娃宫

吴王歌舞地,千载一登临。犹有颓基在,空馀秋草深。香销珠佩化,土蚀玉钗沉。楚客今朝别,仍多感慨心。

周砥题百花洲

洲上百花明,春流日夜生。只看维客棹,无复渡霓旌。落日山如旧,东风鸟自鸣。萧条千古意,离别暗伤情。

虎丘纪游倡和诗[1]

顾 瑛

至正辛卯正月八日,雪中与郏九成、陈惟允游虎丘,夜宿贤上人竹所。明日始霁,乃登剑池,取水煮茗,图景赋诗。诗成,而九成上马入城,予独拂藓读碑,得邂逅石庭坚上人,于雨花轩上对坐,谈诗不绝。庭坚乃以卷求诗,遂和李五峰韵以纪。

相逢一笑石林间,共读遗碑拂藓斑。白虎苍龙当日去,金凫玉雁几时还。得文已喜逢居易,堕泪何须忆岘山。拟借蒲团成夜宿,细倾松酒破苍颜。

师与龙门伯仲间,手携湘竹鹧鸪斑。相逢溪上成三笑,共坐松根语八还。花雨微沾剑池茗,春云遥隔鉴湖山。明年共看长松树,莫遣啼鹃动客颜。

良琦次韵柬于匡山

开士遍游梁楚间,归来双鬓未全斑。寺前雪落长松在,洞口云开独鹤还。石刻秦铭

---

1 底本原无诗题,据二十六卷清抄本补。

光烛汉，书藏禹穴气浮山。风流贺监应相见，醉岸乌纱一解颜。

郯韶次

之子远游吴楚间，春江二月草斑斑。扁舟不愁风雨恶，作客正喜东南还。共爱开门对湖水，几时高阁看青山。花雨亭前不相见，题诗忆尔尚红颜。

陈基次

天姥蓬莱缥缈间，谢公待处藓痕斑。仙人已着双凫去，释子仍飞一锡还。且复开尊陪北海，不须挂笏看西山。鄙夫夙负沧洲约，送别江头只厚颜。

夏溥大之次韵送坚上人

此去二三百里间，黄洲桥头竹斑斑。一时相送不为别，七月稍凉宜便还。学士记传龙井水，道人爱说云门山。为有晋唐以来事，穿碑岌岌题寺颜。

李孝光五峰次韵送坚上人还云门

送客去游梁楚间，桃花开半杏花斑。幽兰白雪令人瘦，凤凰麒麟何日还。江作蛇行过全楚，天将云去见三山。借问石城在何处，不缘离别损朱颜。

余寓西郊草堂张希颜分姑苏诸题求诗送
周仕宣南台典史余得芙蓉堂云
顾　瑛

芙蓉并开开满堂，堂中美人倾玉觞。画船鼓吹弄白日，回风惊起双鸳鸯。鸳鸯双飞出城去，池上花开知几度。不闻娇燕语雕梁，惟有栖乌啼碧树。空城夜夜明月光，照见乌台台上霜。翠幕芙蓉大如斗，盈盈绿水明新妆。钟山蜿蜒若龙走，送子春江一壶酒。他时戴花归故乡，莫忘江头折杨柳。

放鹤亭　释子良琦

道林昔隐支硎山，日惟与鹤相对闲。六翮几年初长就，三山归路忽飞还。丹崖霞发神芝紫，白石苔深细雨斑。落涧寒泉应可濯，盘空风磴尚堪攀。客离吴会三山阻，帆渡秦淮一水间。白下风云销王气，乌啼霜月照人寰。青青官柳摇征旆，黯黯江花送别颜。盛世简书知有暇，寄来诗句莫教删。

涵空阁　马麌国瑞

步游灵岩山,陟彼涵空阁。层峦郁深迥,结构俯寥廓。梯石拥阑干,飞轩并崖壑。湖光日滉漾,云气纷栖薄。矫首纵遐观,湛宇翔群鹤。秦淮渺何许,引领心有托。饮饯相晤言,朋知足娱乐。殷勤送子行,清风振台柏。

三　江　秦　约

三江奔流接沧溟,西汇震泽连洞庭。神禹疏凿靡不经,玄圭告成昭日星。杀湍湮洪水道宁,原田每每桑谷青。眄彼鸱夷子,立功去王庭。一朝绝江竟扬舲,高风留播三高亭。吁嗟出处间,孰别渭与泾。江源到海流,昼夜不暂停。送君远游采兰馨,石头城高月满汀。浩歌未尽双玉瓶,鸟啼碧树风泠泠。

吴王城　文　质

吴王城据东南雄,夫椒一战成厥功。属镂夜泣伍员死,黄池之会城池空。城池空,越师袭,宫前草露沾衣湿。烟花遗堞黯离愁,三江潮来若山立。君不见城上蒿,碧如染,兔穴狐踪遍荒堰。渔歌落日破湖烟,鸱夷荡舟迷激滟。前年送客阊门西,杨柳青青官马嘶。今年送子出城去,接天芳树春迷迷。霜台故人俱豸首,尺简谁能问山薮。簿书丛里看峥嵘,归来共醉吴中酒。

姑苏台　瞿荣智

高台巍巍插天起,势压雄城三百里。云窗雾阁迷烽烟,日日吴王醉西子。桂膏兰烬烧春云,锦丝瑶管空中闻。甲兵重来破歌舞,粲齿修眉散如雨。双钩带血不敢飞,城荒草碧春风吹。只今惟有台前月,曾照吴宫花发时。慷忾悲歌叹陈迹,霜乌怨啼枫叶赤。明朝送客过钟陵,西望茫茫五湖白。

季子祠　殷　奎

让王开国江之左,尚父周王十三世。僭王一变变于夷,至德巍巍谁复继。有美季子才且贤,历聘上国何翩翩。东游纵观太师乐,王风帝德皆能言。周旋齐晋说诸子,无愧古人相警意。纻衣酬献著交情,佩剑终悬见高谊。使车煌煌尚未还,鱼中之刀机已先。去之宁附子臧节,不忍父子兄弟戕其天。世人訾言何足数,类云辞国兆亡土。不知自古皆有亡,曾有遗风振千古。春秋大义昭日星,特笔表墓幽光明。故国遗祠神戾止,吴民世世丰粢盛。周之孙子乌台彦,烈日秋霜映颜面。阖闾城边春水波,荡漾兰舟过淮甸。高台凤舞大江东,孰作乌台气势雄。明年台前霜叶红,归陪骢马观吴风。观吴风,歌至德,季子祠前照秋色。

采香径　沈明远

遥怜采香径，还忆种香时。绿水萦兰棹，青娥驻彩旗。盈盈春满把，冉冉碧含滋。持赠钟陵去，芬芳慰所思。

春申君庙　卢　昭

天网一隳王室东，七雄虎视华夷空。春申辨智竟强楚，珠履飒沓来飞鸿。苍茫棘门谁御侮，当年悔失朱亥语。不知胤祚散飞烟，犹诧英灵食兹土。荒碑碧藓春斑斑，遗庙深栖粉堞间。由来正直神所与，下马褰衣殊厚颜。临城怀古重送客，慷慨歌残心为恻。鸟啼霜树夜思家，醉倚钟陵看山色。

响屧廊　金　翼

深宫风日静，鸣屧忆当时。花衬珠嫔步，春随彩仗移。锦凫云窈窕，香佩玉葳蕤。我政惭趋步，台郎赴远期。

生公讲堂　释元瀚

生公说法地，乃在虎丘山。磊磊点头石，尚带春藓斑。高风不可振，空堂桂团团。何以饯子行，月色秦淮寒。

434

纪寄赠

姚娄东往玉山因书以寄　柯九思

相逢何事且徘徊，泽国桃花岸岸开。见说衡阳南去路，秋深无雁寄书来。

次李士廉韵柬玉山　张舜咨

书楼棐几石崭然，晴雪飞来太华巅。墨本秘函枯树赋，牙签插架白云篇。清心求友先同调，华发逢人耻问年。共惜分阴珍雅玩，封侯拟不到鸢肩。

春日雨窗一诗寄玉山　赵　奕

幽窗谈笑话平生，三十年间几度更。白发满头今已老，青山排闼故多情。桃花灼灼应无语,春雨萧萧尚未晴。明日扁舟好携酒,南村笋蕨正堪烹。

寄于匡山索荔枝浆就柬玉山　陈　基

早春相见又经秋,秋水迢迢阻泛舟。每见玉山问消息,荔浆何日寄江楼。

观玉山中牡丹有感　于　立

摇摇红雾一枝斜,看舞东风似鬐娃。堪笑年年未归客,借人池馆赏春花。

索阳庄瓜寄玉山　柯九思

谷雨初干可自由,荷锄原上倦还休。醉迷芳草生春梦,谁识东陵是故侯。

怀西墅　李　瓒

西墅幽期每自知,晚来无物不宜诗。白蘋点缀秋波远,红树留连落照迟。亲老正当贫贱日,身轻惟荷圣明时。可能便把投竿手,来问渔庄觅钓丝。

余寓玉溪适钱洞云居士往庐山过予求诗得觌玉山顾仲瑛辞翰不能忘情谨附二十八字以期后会云
汴中黄文德

玄圃仙人吾未识,闻说玉山种春色。昨夜洞云天际来,明月空斋坐相忆。

玉山中即景一绝　天台陈聚

杨柳丝丝一径斜,碧溪循绕野人家。东风二月春如海,开遍一山桃杏花。

夏日寄玉山主人　张天英

赤日行天气欲焚,树根群蚁正纷纷。道人心在羲皇上,睡杀青松一枕云。

铁心子买妾歌　会稽杨维祯

铁心子,好吹箫,似萧史,自怜乘鸾之伴今老矣。笛声忽起蓝桥津,铁心一寸柔如水。明朝萼绿华,还过玉山家。羞涩簧初暖,韶嫩月新芽。玉台为我歌嗺酒,山香为我舞巾花。玉山人,铁心友。左芙蓉,右杨柳。绿华今年当十九,一笑千金呼不售。肯为杨家奉箕帚,为君不惜珠量斗。玉山人,下镜台,解木难。轻财如土,重义如丘山。娶妻遗牧犊子,夺妾向沙叱蛮。铁心子,结习缠,苦无官家敕赐钱。五云下覆韦郎笺,香兰一夜惊梦天,玉山种璧三千年。

秋怀奉寄　天台陈基

江上秋阴十日多，思君不见奈愁何。风高泽国来鸿雁，雨入汀洲落芰荷。公子文章裁瑞锦，佳人衣袖剪轻罗。画船亦欲溪头去，听唱花间缓缓歌。

次郭羲仲韵柬玉山人　张希颜师贤

故人一隔红云岛，相见银屏七夕前。花近小山当鹤广，溪深嘉树覆书船。参差清吹流星汉，饕餮文彝散玉烟。更拟此君亭子上，醉欹纱帽会群贤。

题玉山壁　柏子庭

杖锡穿云雨湿衣，我来君出两相违。茶边听得仙童语，学士朝朝向晚归。

寄玉山索兰花　张师夔舜咨

许我猗兰叶有光，报君墨竹节尤苍。秋期坐对文峰下，清闷幽香道味长。

玉山中作　杨铁崖维祯

玉山有如海上舟，年来长忆玉山游。楼台隐隐尽临水，高桥横挂如牵牛。

春日有怀　杨铁崖维祯

梨花枝外雨冥冥，宿酒朝来尚未醒。倚砌宜男偏婀娜，隔窗鹦鹉太丁宁。紫鸾箫管和瑶瑟，金鸭香炉亚绣屏。青李来禽临已遍，定从白鹄授黄庭。

寄芝云亭主人　顾思恭敬

云暖幽亭长紫芝，昔年曾许鹤来期。短筇空倚清江上，满目春愁两鬓丝。

次铁崖蚊上韵呈玉山怀郑广文　杨宗善庆源

玉山草堂绝萧爽，渔郎唱歌溪外闻。春风醉醒椰子酒，夜月梦落梨花云。文章独许杨太史，谑浪时同郑广文。东归常怀丈人室，六月地冷无飞蚊。

有怀玉山征士　张天英

近闻东观藏书室，乃在昆仑玄圃台。群玉山头海月出，武陵溪上渔舟来。故人十载草堂别，仙堂九家桃花开。太白时时吹铁笛，对酌花前鹦鹉杯。

寄草堂主人　张天英

浣花溪上读书亭，海国光摇处士星。三月东风迷锦树，半天南斗射青萍。谁骑仙鹤吹笙过，自醉山花枕石听。多有故人麟阁上，帝前应说草堂灵。

戏简草堂主人　陈敬德

嘉树萧森六月凉，上有凌霄百尺长。秋风莫剪青青叶，留取清阴覆草堂。

和书画舫联句韵　天台李廷臣

榑桑旭日红半壁，草色如天青满帘。入海雀群应化蛤，逐风龙唾或生盐。长云带水连三岛，落月和星转四栏。灵穴惟鳅潮卷尾，中山老兔颖濡尖。仙姬具饭青精细，庖吏储鲜异味厌。翠釜出驼行玉碗，绣帏熏麝启银奁。吹箫公子鸾凰语，击剑将军虎豹髯。鄠雪飘飘诗总好，葡萄滟滟酒频添。酣歌更上层楼顶，万顷波光上下黏。

代　简　释宝月伯明

西关送别晚山青，一舸秋风去窅冥。未审几时过竹院，烧灯煮茗夜谈经。

白鹤观写寄　于　立

我住城中五十日，念子终日不相忘。驿回陇首梅未发，雁过沙头书几行。田间鸡黍酒正熟，霜后园林橘半黄。后日东归同一醉，酣歌不减少年狂。

同九成过玉山舟中联句　杨维祯

城角初升旭日暹，柂楼东向起遐瞻。鳌头直下痴云暗，杨。鹢尾徐开破浪恬。野色微明金水曲，郯。清江隐见玉山尖。雨收幕燕檐牙起，杨。风飐樯乌帆腹添。波影白翻鸥个个，郯。烧痕青出麦纤纤。弋来野鹜毛全蜕，杨。筍得冰鱼口尚唅。解箨土萌莲芍苦，郯。泼醅新盎蜜脾甜。避船好鸟机先识，杨。入座江花手自拈。未必江山惟客有，郯。也知吏隐许吾兼。桃花不隔仙源路，诗就宁辞晷刻淹。杨。

湖光山色楼口占　杨维祯

天清望不极，逸兴晚来多。新月弦初上，秋华酒半酡。水光摇玉麈，山色舞金鹅。我爱逃名者，幽栖在涧阿。

代 简　李廷璧元圭

芝云堂上西窗夜，剪烛传杯共话时。寒月半窗亲下榻，幽人满坐对吟诗。无儿守舍冯唐老，有客分金鲍叔知。回首玉山空怅望，封题聊为寄相思。

余尝夜梦从彦成饮彦成曰此荔枝浆也饮之令人寿子能为我赋之当赠三百壶余因口占一诗觉乃梦也及会仲瑛闻彦成酿酒果名荔枝浆以梦白之不觉大笑仲瑛曰君当书此诗吾当与子致酒以员所梦因莞尔书之彦成见此必更大笑也

陈敬初

凉州莫漫许葡萄，中山枉诧松为醪。仙人自酿真一酒，洞庭春色嗟徒劳。琼浆滴尽生荔枝，玉露泻入黄金卮。一杯入口寿千岁，安用火枣并交梨。不愿青州觅从事，不愿步兵为校尉。但令唤鹤更呼鸾，日日从君花下醉。

闻夜来过春梦楼赠小芙蓉乐府恨不得从游戏呈二十八字　郯九成

金鹊香销月上迟，玉人扶醉写新词。胜游不记归来夜，春梦楼前倚马时。

余以蜜梅徽纸赠玉山辱以诗寄谢用韵填廓聊复雅意　陆静远

玉色畴能似硬黄，酸辛敢拟出青房。品题奕奕归年少，惭愧华颠作漫郎。

近会彦成闻草堂落成绕屋植梅数十本先题诗以寄　陈敬初

闻说草堂春信早，梅花无数向南栽。主人每爱凭栏看，佳客从教着屐来。风静池塘鸣翠羽，雪残庭际见苍苔。闲居未许安仁赋，天上黄金正筑台。

过绰墩舟中奉寄　郭　翼

绰墩树色青如荠，荡里张帆晓镜开。乌目峰高云北下，沙湖波阔水西来。菰蒋打雨鸣还止，鹨鹕迎船舞却回。好入桃源张渥画，只惭扬马是仙才。

九月五日宿唯亭秀峰清晖轩相望玉山十里许明日将过溪上先此奉寄

良　琦

秋日沧江采白蘋，扁舟一夜系江滨。政缘齐己能留客，却忆虎头相迩邻。桐树西边茅屋静，芙蓉深处水亭新。明朝定醉山中酒，去脱贺公头上巾。

秋夜独坐有怀玉山征君　郄九成

庭树叶初落，鹊飞惊早秋。玉绳犹未转，星汉忽同流。杨柳离亭思，芙蓉别浦愁。美人隔烟渚，沧海信悠悠。

招饮野航亭　姚子章

野航荡秋水，式宴娱佳宾。昔人酒令图，一行当一新。郎君跨鞍马，快踏西风尘。国色明皓齿，天香堕舞裀。只愁草茅咏，形秽珠玉滨。

奉谢僦屋　杨铁崖

玉山长者有高义，乞与山人僦屋金。驷马一时皆上客，青娥三日有遗音。西山涌海当秋后，南斗流江入夜深。更报大茅张外史，兴来须抱小雷琴。

寄玉山　茅贞子固

乾坤具清气，湖海有佳山。隐几人如玉，临流水若环。心游尘物表，身在画图间。扰扰趋名者，安知尔许闲。

奉同铁崖赋寄玉山　李廷玉

玉山溪路接仙源，渔郎系船老树根。望海楼台浮蜃市，开门湖水落清尊。珠光弄月寒丹室，石气酣云暖药园。闻说铁仙曾此宿，吹箫清夜洞庭翻。

怀玉山一首书珠帘氏便面　杨铁崖

五月江声入阁寒，故人西望倚阑干。珠帘新卷西山雨，第一峰前独自看。

玉山以诗见招用韵奉答　杨铁崖

君泛脂江我泛娄，沙棠小桨木兰舟。醉吹铁笛珠帘底，端为风流刺史留。

沧楼诗招萧史凤，莲艇或踏琴高鱼。卷尽芙蓉秋万顷，瀛洲信有玉人居。

正月八日诣草堂不遇舟中录寄　王　巽

鼓枻溪头动晓行，衣裳润浥露华清。东风移帆浪花起，幽鸟避人霜羽轻。片玉峰寒松倚秀，草堂春早柳含情。山人领鹤之何处，惆怅归来雨满城。

玉山招客泛湖舟中偶成　良　琦

平湖春水绿如苔,公子邀宾锦缆开。碧海晴光摇桂楫,玉峰清影落金杯。也知贺监风流在,不似王猷雪后来。自是绮筵容野客,近人鸥鹭不惊猜。

箫史赵信卿谒玉山昆季且欲登碧梧翠竹之堂诗以道其行　郭羲仲

金粟池头花皓皓,绿阴亭下树冥冥。一曲重闻箫史过,月明忆上凤凰翎。

寄于彦成兼柬玉山　郭羲仲

匡庐道士三尺强,手援北斗酌桂浆。露气朝开玛瑙瓮,丹光夜落芙蓉床。崆峒仙人广成子,鉴湖狂客贺知章。主人种梅已成屋,忆尔看云眠草堂。

漫　兴　秦　约

三月既望出北郭,草堂尊俎特风流。戴花一任巾帻岸,酌酒直将车辖投。肮脏倚门徒自惜,慵疏与世岂无谋。青春正好莫嫌晚,取次习家池上游。

早起口占寄玉山　张小山

蚁槐树下梦不成,抖擞白云出带星。沿篱切切候虫语,循溪瀄瀄新潮鸣。自怜头颅已脱发,未了案牍犹劳形。黄尘汩汩高没人,何时解缨濯清泠。菖蒲潭上有神人,玉山草堂睡未醒。

武陵春晓曲　张楠渠

武陵春晓花冥冥,渔歌兰枻摇残星。溪涵山气渌如酒,幽禽啼破松烟青。天上晴闻凤凰曲,金门飞梦人初醒。长啸银台月将落,空翠着衣香雾薄。忽见安期蓬海东,剑佩从风降玄鹤。阳乌衔火悬扶桑,袖卷红云朝帝旁。手揽龙车睹天光,下视蚁国空千岁。

柬玉山征君兼五老贞士　陆　仁

武陵流水渌于膏,源上新堤只种桃。春冰欲泮鱼负藻,快雪时晴鹤在皋。悔见相如倾一座,只须王浚梦三刀。车箱尘满东华路,痴绝如君隐最高。

玉子冈头雪未消,玉山池馆郁岧峣。美人词赋宗枚乘,仙客风流似子乔。竹里行厨通一径,柳边飞阁渡双桥。澧兰沅芷思无那,心与车旌日在摇。

因吴国良过玉山草堂辄赋长句奉寄　倪　瓒

玉山树色隐朝阳,更着渔庄近草堂。何处唱歌声欸乃,隔云濯足向沧浪。珍羞每送青丝络,佳句多投古锦囊。几问棹船寻好事,辟疆园圃定非常。

冬至日试笔以寄　李元圭

驰逐为家贫,阳生岁又新。须眉半将白,天地一闲人。梅萼香东阁,桐阴静北邻。玉山有佳士,念我走风尘。

承遗竹枝辄赋近体以寄　华亭卫仁近

草堂只在玉山西,未识风流顾恺之。鸳冷绣衾春病酒,蜡消银烛夜敲棋。每怀凤鸟栖梧树,辄倚乌皮唱竹枝。昨夜阑干明月上,恼人箫管不胜吹。

七月十五夜醉卧三贤阁梦玉山隐君会稽外史与迂生来山中觞酒松石间乐甚予拟太白写长句一章及寤山月在床林声萧瑟惘然若有所失因足成梦中语以纪神交契会之意云耳
元　璞

龙门与天通,鸟道当绝壁。青天挂石镜,倒影太湖碧。飞亭压清湍,幽客时游观。千崖古雪积,六月松风寒。仙人挥玉麈,扣门避秋暑。不意麋鹿群,忽识鸾凤侣。脱巾长松阴,展席风满林。青苔委玉佩,白石鸣素琴。凄清草树色,照映琼瑶质。山灵献神异,鹿女将花入。班棘促诗成,玉手飞金罂。岩花与涧草,鲜新关才情。会稽足风流,支遁非谑浪。因逢许询辈,气宇稍跌宕。浮生百年期,绿发易成丝。生当圣明世,不乐复奚为。古人皆黄土,感慨心欲折。何如杯中物,醉倒石上月。月出山雾开,天香下空来。酒罢上马去,木末清猿哀。

秦约文仲

约日坐芝秀轩,所相爱厚者,卢君伯融、袁君子英、陆君良贵,每过必谈仲瑛园池亭馆之盛、山木水竹之美,文章翰墨相与藻缋者,则有铁崖仙人、匡庐逸士。今年春,敬初归自京师,即留玉山所。敬初乃仆之深于气类者。适见近制,亦乌得而不动情也哉? 又闻欲过江上,窃自忻喜。盖友朋契阔,苟非晤集,曷能为之倾倒也? 谨赋诗四首以怀四君,且寓缱绻之意云。时至正庚寅十一月十有八日也。秦约文仲。

怀杨廉夫

昔年射策龙墀日,曲宴琼林识圣颜。天乐流音琪树杪,星文重彩霭云间。长杨五柞曾夸赋，驷马成都复见还。东观老人行奏对，三朝国史待重删。

怀陈敬初

青青兰芷照春袍，春雨流防绿满皋。秦国总传歌驷铁，后郊无复赋高旄。神鱼冲岸江涛起，威凤巢林海日高。何似桐花花树下，玉罂翠杓泛香醪。

怀玉山人

柳塘飞阁画桥低，莅石听莺淑景移。不但郑庄偏好客，也输顾况最能诗。采铅日出辛夷坞，洗玉春明菡萏池。多少东华冠佩者，相逢都说虎头痴。

怀于彦成

丹阁绣楹凌紫雯，琅玕芝草延清芬。宝冠正忆匡庐老，玉文曾爱华阳君。笙镛夜奏三株树，鸾鹄晨朝五色云。山中仙气浑如盖，不缘高致远人群。

杨维祯

大痴仙四和予"笼"字韵，自谓敩铁仙艳体，予首作盖未艳也。再依韵用义山《无题》补艳体，且驰寄果育老人。老人肠胃有五色绣文者也，必不效痴仙菜肚子句。一笑。兼柬玉山，主客自当争一筹耳。维祯。

千枝烛树玉青葱，绿纱照人江雾空。银甲擘丝斜雁柱，熏花扑被热鸳笼。仙人掌重初承露，燕子腰轻欲受风。寒食恼公诗已就，花房自捣守宫红。

漏转西壶酒转东，金盘一箸万钱空。群株冷射琉璃栅，绣沓晴烘翡翠笼。仗簇银骢沙路雨，信传青鸟玉楼风。白樱桃下芙蓉队，中有双花一蒂红。

柬玉山人　璜溪吕恒德常

玉山佳处玉人居，闻道方壶一事无。万个琅玕巢翡翠，千年琪树倚珊瑚。瑶台酒醉金茎露，珠阁香烧鹊尾炉。何日来看金粟影，月明花影倩人扶。

和羲仲　瞿荣智

莫怪清狂似谪仙，乘凉远过玉山前。紫箫夜动黄姑渚，翠被风生越鄂船。云树亭台全却暑，蓉花帘幕半浮烟。赋诗刻烛良宵饮，知是衣冠不乏贤。

律诗二首寄玉山并柬彦成　陈敬初

武陵溪水碧湾湾,窈窕幽期不可攀。戴胜桑间飞自得,王雎洲上语相关。歌成桃叶
临流和,采得蘋花带月还。见说荔枝浆已熟,不分涓滴到人间。

南洲五月尚兼衣,白苎窗间未脱机。青李来禽书不至,荔枝卢橘赋多违。水晶帘箔
围晴昼,艾纳炉熏逗夕霏。为问成都城里客,菖蒲花发几时归。

昨日善长枉顾闻执事肯以佳绢为野老作画赋诗上简　郑元祐明德

顾家绢如鸡子皮,赵生画似鲛人机。冰丝莹滑始受采,天藻绚烂方含辉。海波金色
曡日上,溪树翠错春洲肥。渔郎出港布绳网,野老问渡褰裳衣。试问何从有此景,领在
笔底纵衡挥。

立春十日试老温笔怀郭吕两才子并柬玉山主人　杨廉夫

东风入户已十日,江上可人殊未来。西昌小书藏铁锁,东郭新诗到玉台。向人好月
垂垂满,颛屋名花故故开。多情多付娄江水,桃叶桃根共载回。

春日有怀二首　郭羲仲

二月作客杨家巷,东望沧浪眼欲醒。云楼吐气蛟蜃紫,海户送色蓬莱青。也知奔走
非吾事,直以疏慵任性灵。别后忆君兼日夜,满江风雪况如馨。

客里青春愁不禁,月头月尾雨阴阴。海棠结巢花匼匝,杨柳满门红浅深。竟日笙囊
寒未解,临池盘盏晚才斟。诸郎怕有乘舟兴,怪杀喧喧鹊报音。

至正九年四月二十日元璞舟过江郊枉劳衰寂承近怀多慰
元璞言归赋七言近体一通问讯　吴克恭寅夫

玉山长夏草堂幽,老爱从君十日留。醉语欢呼乱不记,归来烂漫忆相求。风回柳竹
摇歌扇,月出荷花映彩舟。可念江湖搔白首,还将衰朽问汤休。

和玉山蚊字韵　李仲虞

玉山见说多清事,湖上相逢慰所闻。五色石膏流湛露,千年芝草卷层云。丝桐细细
莺莺语,仙袂飘飘凤鹄文。月出酒醒吹铁笛,草堂风动响秋蚊。

次玉山分题韵四首　郯九成

频年种豆绕幽居,深巷萧条意不如。日晏炊烟分井臼,春前草色上阶除。清时自分耽诗癖,白昼休嫌生事疏。只忆桃源种桃者,秋江多致鲤鱼书。

仙馆萦迂洞壑幽,草堂三日为君留。白沤波浪春江梦,玄豹文章雾雨秋。谁谓阮生多旷达,亦知贺监最风流。才高不得题鹦鹉,重拟登楼赋未休。

玉山树色倚青冥,高阁风微酒易醒。移席绝怜江柳碧,钩帘更爱竹书青。白云尽日春团盖,灵石何年夜陨星。却笑虎头痴绝甚,尽将诗句写秋屏。

海上青山积翠岚,望中云气似湘潭。水光入夜楼阴直,月色当江树影涵。只惜郑庄能好客,亦知王衍爱清谈。谁云酒债寻常有,我得诗名取次惭。

杂言一章道中奉怀　陆良贵

来时蘼芜绿,归时蘼芜黄。杨柳萧瑟鸣蜩螗,帖帖高翮雁南翔。雁南翔,怀故乡,夫君远在娄之阳。玉壶青绿唱窈窕,荷花落日棹相将。

次韵答谢　郑明德

扁舟不乱白鸥群,又复移家入水云。载酒可无人问字,挥毫故有客书裙。荒凉汉室铜盘泪,剥落周宣石鼓文。犹借顾循能慰藉,江湖冷落见番君。

留别会稽外史　王祎子充

梧竹含标接翠蕤,秋风又到桂花枝。玉山本是神仙宅,沧海空留汗漫期。自昔太丘能下榻,平生子固不吟诗。牧羊归去金华里,从此令人贵梦思。

律诗二首奉寄　郯九成

仙人爱向桃源住,曲曲云林胜辋川。秋水到门船似屋,青山当槛树如烟。常时待月溪边立,最爱梳头竹里眠。我有好怀清梦远,题诗还到草堂前。

征君一月不出屋,客来喜值清秋时。会稽录事应当别,笠泽高僧定赋诗。新月忽从溪上出,清樽还向竹间移。殷勤持寄子高士,切莫愁吟两鬓丝。

和韵奉寄　文　质

我爱虎头公子贤,高怀历历泻长川。酒尊花底分秋露,茶灶竹间生白烟。日落渔庄听雨坐,风微草阁看云眠。西凉进士曾留别,应说相逢十日前。

玉山之堂风日好,高居共喜值清时。紫箫度曲颇行酒,彩扇分题即赋诗。溪树积阴疑雨过,水花流影若云移。白头有约渔庄上,我亦归来理钓丝。

奉　怀　陆良贵

马鞍山色两峰尖,时送飞云落画栏。金鹊焚兰烟袅袅,银鹅舞队月纤纤。语调鹦鹉花连屋,影拂鸡鹃水动帘。缘想清游共于鹄,定多赋咏照牙签。

律诗二首寄怀　聂镛茂宣

美人昔别动经年,几见娄江夕月圆。怪底清尘成此隔,每怀诗句向谁传。桃溪日暝垂丝坐,草阁秋深听雨眠。安得百壶春酿绿,寻君还上木兰船。

虎头公子最风流,只着仙人紫绮裘。筑室爱临溪侧畔,钩帘坐见水西头。常时把笔题江竹,最忆看山立钓舟。爱有多才于逸士,清秋不厌与君留。

席间口联

玉山丈人才且贤,玉山池台清更妍。座上每多攀桂客,门前日有载花船。自怜杜牧泛雪水,只惜王维图辋川。人生百年尽行乐,芙蓉开满秋江边。

次前韵　郑元祐

谁似雕侯孙子贤,燕宾歌舞斗清妍。门前岸脚占潮讯,苇里桨音候客船。海气尹孚山隐玉,野光纯净月当川。人生得意须行乐,莫遣闲愁到酒边。

同陈敬初移字韵怀玉山　陆　仁

玉山松桂接云垂,谁拟封君比茜厄。春草池头诗总好,桃花源上棹频移。平原好客心俱醉,宋玉多情梦亦痴。不接清谈才十日,日凭江阁起遐思。

次廉夫韵寄玉山　顾　敬

玉山幽深草堂好,翠竹森森映白沙。栗里归来陶令宅,桃花开处杜陵家。风来野树留歌鸟,雨入溪流送落花。我欲问津从此去,天涯何处有星槎。

夜坐怀玉山匡山二君子　　陈　基

良夜殊未央,明星一何烂。怀人阻层城,邈若河与汉。栖鹊惊露丛,落叶依井干。据梧不成弹,恻恻空浩叹。

春游期过龙门不至兼怀云台　　良　琦

春野看山驻小车,如何不到野人居。涧中芹菜空寻摘,石上松花浪扫除。王谢风流真不忝,已休礼法向来疏。欲凭茗蕨将清意,为致行厨醒醉馀。

寓笠泽有怀因风奉寄　　陈　基

我爱玉山嘉树林,草堂终岁有馀阴。巢安翡翠春云暖,窗近芭蕉夜雨深。宝篆焚香留睡鸭,彩笺行墨写来禽。万竿修竹休教洗,日日平安报好音。

寓娄江寄梧竹主人　　茶陵李祁

翳翳林木交,肃肃檐宇静。于焉脱尘鞅,偶坐惬所性。初忻景物佳,稍觉缘想净。一与梧竹亲,宁忘五君咏。

一诗问疾兼怀匡山人　　瞿智荣

东江漾漾春流浊,西郭深深辙迹疏。放浪久无狂贺老,风流独有病相如。门前看竹不题凤,溪上赏花多钓鱼。

芝秀轩畜双白鹇颇驯近闻玉山园池欲得之遂忻然笼去无难色
是盖不使太白胡公专美于前也因制四韵诗偕其行云　　秦　约

双禽曾未换双璧,笼致草堂清绝尘。李白多才今有子,胡公好事岂无人。竹间饮啄池台晓,花底飞鸣岛屿春。更想金衣天际鹤,冥冥寥廓与谁亲。

寓越上寄玉山兼怀德辅　　于　立

玉山山中春又回,看春还又几人来。堂前梧竹性所爱,溪上桃花眼见栽。顾况题诗皆好句,王褒作赋最多才。何时舣棹娄江曲,共听弹琴坐石苔。

以花字韵奉寄　袁　华

大江日落东流急,百丈牵江当到家。谁同文酒宴山馆,也胜连臂踏堤沙。美人双歌青玉案,仙娥独驾紫云车。玉山瑶池两清绝,开遍秋红小树花。

至正庚寅十月八日吴水西袁子英集余寓所有怀
玉山匡山云台以端字为韵　良　琦

兰若清溪曲,苔蹊宿雨干。闭门书自展,扣竹客相看。莲社容沽酒,松房可挂冠。风流成雅会,慷慨失幽欢。日落江声急,山空玉气寒。桃源人已去,柳径菊初残。簪盍宾朋集,田收秣米宽。郑庄元好客,陶令独辞官。诗意迂于好,才追短李难。交游敦道义,出处共盘桓。昨者山行乐,连朝兴未阑。孙登啸绝响,灵运屐宁刓。眺远忻情豁,临深怯股酸。石奇祥凤舞,池碧老蛟蟠。曲磴与频憩,苍崖向欲刊。披烟行荦确,拂雪到巑岏。岩橘黄登俎,畦菘绿在盘。空迂长者辙,真具腐儒餐。聚合惊云散,暌离见月团。鹿鸣还自咏,流水不成弹。鸿雁啼荒浦,凫鸥落暮滩。冲襟聊一写,搔首睇云端。

有怀梧竹主人山阴道士云台外史兼柬龙门开士　陈　基

碧梧翠竹日扶疏,长夏高堂可晏居。雪上故人时载酒,山阴道士近无书。苍头扫石安棋局,稚子穿花奉板舆。若见惠休烦问讯,碧云诗句定何如。

娄上纪兴奉柬　秦　约

放船晓发娄之渍,袅袅挐音何处闻。巴王庙下树如戟,黄姑堂前花似云。河流虹影向江去,日落玉气隔林分。凭高望远应有思,自数秋风鸿雁群。

次所和竹所诗韵奉柬　黄公望子久时年八十三

片玉山前人最良,文章体物写谋长。古来望族推吴郡,直到云仍姓字香。

花槛香来风入尘,雕笼影转月穿棂。钩轩平野连天碧,排闼遥山隔水青。

竹里行厨长准备,浊醪不用恼比邻。文章尊俎朝朝醉,花果园林处处春。

人生无奈老来何,日薄崦嵫已不多。大抵华年当乐事,好怀开处莫空过。

月下有怀　陈　基

初月照川上，崇槐翳繁柯。离居感流景，怅望奈君何。夕露下芳草，凉飙回素波。归哉玉山下，日夕共婆娑。

别后闻入杭赋诗以寄　陈　基

柳洲寺下丝竹繁，苏小墓边风日暄。天开十里水如镜，雨过六桥花欲言。画船夜听孤山鹤，铁笛晓惊西竺猿。归来相迟桃源上，为唱竹枝倾绿尊。

姚子章人回知骑从在杭即欲渡江一见递中得书
闻已归玉山中遂成怅然因寄　于　立

闻住西湖十日还，冷泉亭下水潺湲。钱塘东去直到海，于越南来总是山。情逐断猿明月夜，兴随孤鸟白云间。玉山池馆花无数，应待幽人一破颜。

古体一首有怀玉山次沈自诚韵　郯　韶

亭亭古昆丘，上有琼树枝。仙人居其间，服食忘神疲。朝驭羲和车，夕咏金台诗。我尝与之游，中夜梦见之。御气周八极，回焉人世遗。青云忽氤氲，白鹤长鸣悲。以兹婴世网，一堕东海涯。安得浮丘公，挟舟候安期。

西湖酌别便欲过草堂因冗未果小诗二章奉
寄稍凉当买舟相见也　张　渥

片玉山中结草堂，门前流水似沧浪。竹阴覆几琴书润，花气熏窗笔砚香。四海诗名唐李杜，一时文采汉班扬。近闻高士增新传，好纪淮南老更狂。

五月西湖载酒游，芰荷香里雨初收。黄蜂飞近花边座，白鸟来依柳下舟。佩服尽从唐制度，笑谈不减晋风流。幽期莫更歌招隐，拟趁西风桂子秋。

龙门山人玉山主人以诗名著海内仆景慕久矣敬以敝寺六咏
求题品之就写长句奉柬　良　圭书于怀晋轩

二子风流迥不群，诗名海内每传闻。苦吟杜甫行日午，觅句汤休坐夜分。开笼放鹤好明月，挂笏看山多白云。寂寞沧江旧兰若，品题亦欲托高文。

绝句二首奉邀玉山主人到城兼柬云台龙门两作者　　陈　基

白马银鞍照地光,秋风新试紫游缰。倾城冠盖皆相过,只少山阴道士狂。

真率相留味最佳,山童和蒂摘秋瓜。夜深石鼎联诗处,定在云台外史家。

长句一篇留别草堂主人并柬匡庐山人　　周　砥

玉山草堂绝清妍,画图书卷置两边。长松落子当窗前,鹤踏芝云舞翩翩。碧梧翠竹摇秋烟,凤凰一鸣三千年。松溪石磴相周旋,绿萝飞花百尺悬。草堂主人真晋贤,手持麈尾谈重玄。傲睨万象心炯然,示我新诗三百篇。瀑流倒泻挂青天,匡庐先生乃谪仙。谑浪高谈惊四筵,乐府不泻金花笺。日日江头浮酒船,爱我草圣如张颠。酣歌草堂屋西偏,醉来狂歌舞跰跹。共入芙蓉花底眠。

暮归有感写寄玉山　　郑元祐

嗟我生不如蛰虫,犹知坏户以御冬。冥搜古今趣老态,饥驱东西无定踪。早起厌轹生尘釜,暮归惊闻定夜钟。百年能几乃役役,后凋输与东陵松。

山人常年遇有秋,尚尔不免饥寒忧。左腕难临乞米帖,中肠只忆监河侯。仓尘能饫李斯鼠,醉态且舞檀卿猴。瓶储有粟可饱我,起踏北户看星流。

至正十一年秋七月华亭郭氏子效宋局制鹦鹉研弋阳山樵李缵
以金购得持赠玉山且歌诗铭曰　　明　德[1]

端溪文石质如玉,下若涵苍上标绿。良工采材山之麓,琢磨精致若膏沐。制成鹦鹉殊不俗,尾羽翛翛颈曲局。以味啄桃水盈掬,姓陶者泓实其族。松煤为云内潴畜,辞章统绪决川渎。繄仲瑛甫诚善续。

闻玉山中方编草堂续集吴兴温生挟中山毛颖往见
因赋诗以华其行　　陈　基

我爱玉山宾主贤,契谐金石晚弥坚。评诗不数齐梁后,论字惟推晋魏前。别墅新题人共赋,草堂雅集世争传。更须辟馆延毛颖,收拾英华续后编。

1　底本原未署作者,据《四库全书》本补。

游玉山写赠　赵　奕

我爱玉山奇绝处,碧梧翠竹映栏干。轩窗傍水琴书静,楼阁连空宇宙宽。山色溟濛还澹澹,湖光潋滟自漫漫。登临纵目无穷处,落日西风作暮寒。

留　别　宝　月

眯目黄尘兴未阑,绝怜公子隐江干。门前车马客常满,笔底文章世已刊。金谷赋诗邀李白,雪巢高卧致袁安。雍雍雅望今谁并,藉藉佳声后代看。

玉山索蟠松因登天平得二本移送玉山漫赋　良　琦

昆丘好鸟来云岩,口衔仙人云锦笺。开缄读之见深意,愿乞蟠松数枝翠。疏雨落叶迷秋山,屐齿便蹑苔斑斑。龙门直上三百尺,石屋径度云几间。东林西林何窅冥,前山后山还独经。青藜不畏虎豹迹,白日要见虬龙形。华盖峰头最高处,偃秀盘奇逢两树。仆奴惊叫答空谷,鸾鹤翻翔入烟雾。大株倒挂苍崖颠,小株横欹寒涧边。乾坤凝结太初气,蛟蜃飞腾千丈渊。沙土铮铮试长镵,险石忽崩雷电落。凄籁含风木客啸,深根出地山灵愕。祝尔嘉词尔应喜,致尔将归玉山里。勿愁凡卉妒清标,珊瑚琅玕森共倚。后三千岁常青青,根下早看成茯苓。仙人服之生羽翼,它日相期游八极。

寄玉山人并柬匡庐外史　陈　基

美人不见已三月,日日相思赋角弓。兴发颇疑诗有助,忧来翻讶酒无功。未须结客游樊上,却拟移家住瀼东。与报匡庐于外史,新醅宜压荔枝红。

岁暮有怀寄玉山兼柬彦成子英　良　琦

城府一会面,尘埃各满襟。匆匆官寺饭,草草市楼斟。归棹随沙月,飞帆拂渚禽。妓妆红照水,仙侣玉为林。宅近梅花早,溪清竹色深。佳儿候门喜,好客向筵临。阁暖帘围绣,香温鼎错金。酥杯春酒味,锦瑟夜弦音。贺老狂犹在,袁安瘦不禁。文章会友社,园墅忆君心。池隔茅亭静,山当雪洞阴。想听松子落,应忆野僧寻。世态今轻薄,江湖有陆沉。卷阿谁复赋,招隐且高吟。时见妖氛息,年催雨雪侵。新诗肯相慰,把玩比璆琳。

笠泽有怀　陈　基

碧梧翠竹郁参差,艾纳流薰绣幕垂。琼管隔花闻度曲,画屏烛烧看围棋。坐延太乙青藜杖,倒着山公白接篱。何日彩舟能荡桨,为拚同醉习家池。

南湖有怀　郭　翼

玉山之诗尚清省,草堂绵帙动星光。儿郎个个荀文若,宾客人人马季良。月里吹箫眠复阁,花间移艇过渔庄。酒酣侧近江头别,独坐南湖意不忘。

将往三沙有怀玉山征君会稽外史　良　琦

海门自与碧天通,独驭灵槎远向东。一道银潢秋浪白,三洲金刹日华红。龙吹花雨渐开法,鸟语云橱喜报风。无奈思君回白首,依依江树送冥鸿。三沙旧称三洲。

至正壬辰秋舟过马鞍山下登叠浪轩酹龙洲先生之墓
俯览江流渺然遐思慨风土之昔殊嗟人生之契阔
有怀玉山晋道贤昆仲　秦　约

江静波明荡白沙,摇摇画舸似乘槎。荞麦花开散晴雪,枸杞子结烂赪霞。三吴风土曩昔异,二陆才华耆旧夸。蹇余清啸睨寥廓,槽头新酒不须赊。

正月四日夜宿溪上有怀　良　琦

白日西没江东注,客子舟航暮城住。自缘旧好数经过,颇为微名早驰骛。风前野碓响初夜,雨外渔灯映深树。美人不归烟水寒,渺渺何由写心素。

律诗一首以寓瞻慕　徐　缅

翠竹碧梧池馆好,玉山佳处意无穷。辋川宾客文章盛,京洛衣冠书问通。窗暖语闻鹦鹉巧,杯深香泛荔枝红。山川风物开情思,诗句流传字字工。

娄东述怀寄上　陇右郏经

寂寞娄东寺,经过岁暮时。后凋霜柏古,乱点石苔滋。方外尊吾友,龙门得老琦。十年今已遇,早岁故相知。震泽三江入,虹桥五色垂。水西春酒熟,花下晚樽移。联句应题竹,留餐更折葵。那知俱是客,各以业为师。莲社招呼费,茅堂出处卑。也驰支遁马,而尚习家池。何物讥臣朔,如人舞怪逵。遂全兄弟急,岂但友生疑。落落情偏好,悠悠事莫期。参商天上路,萍梗海之涯。向忆身犹白,前修道不缁。君攀狮子座,我把桂花枝。吴子非无学,周胥亦有为。龙津终载合,豹管未容窥。泥泞双扶屐,灯明共弈棋。笑言方款洽,交谊便坚持。好客囊羞涩,捐人佩陆离。初筵俄列豆,屡舞竟扬觯。醉揖都轻别,醒吟每重思。优哉聊复尔,舍此欲何之。伐木鸣幽鸟,缄筒寄阿谁。玉山投美璞,珠水照摩尼。为说饶清事,从游尽白眉。载观名胜集,多是故人诗。自笑如张翰,何烦识项斯。

江帆风去逆,林馆雨留迟。紫砚玄香润,纹窗棐几宜。翔鸾开粉纸,直发引乌丝。燕坐书成癖,穷探字识奇。雄文毛颖传,小隶武梁词。韩柳文章在,云龙上下随。两家才并立,千啄语难追。小子真狂简,前贤讵点嗤。百金宁取直,三绝且闻痴。漫与非神品,居然奉令仪。异时倾孔盖,八字读曹碑。回首高飞隼,行歌倒接䍦。列溪归野兴,泌水乐忘饥。开阁延疏旷,韦编拾散遗。儒冠傲轩冕,农耒力畬菑。明月怀人远,长林鼓瑟悲。寻常要久契,翻覆讶群儿。愿把平生意,毋求小有疵。矢心同白水,披腹献丹墀。把袂寒潮送,还家夜雪吹。上人逢顾恺,凭谢拙言辞。

苔梅一枝赋诗四韵奉寄　良　琦

折得南枝古涧旁,千年风骨老冰霜。珊瑚出海盐花湿,铁柱含波石发香。可独诗情东阁准,也知春梦灞陵长。所思何许遥相慰,凭仗山人寄草堂。

虞山道中有怀　郯　韶

言偃宅前湖水东,千门杨柳绿摇风。一篷山色斜阳外,半夜雨声春梦中。独客年年如旅燕,行人草草似惊鸿。芳洲杜若凭谁采,心逐寒潮处处同。

湖上感事漫成四小句　杨维桢

湖水碧于天,湖云薄似烟。鸳鸯不经乱,飞过岳坟前。其一

湖水明于镜,湖泥浊似泾。只应苌血在,染得水华青。其二

海峤浮西日,关梁转北风。苏郎书未返,愁绝雁来红。其三

将石星空堕,灵山凤不飞。惟馀灞头水,西去复东归。其四

漫兴一首呈上　郭　翼

前月海寇入郡郭,病里移家愁杀人。桃花野屋苦多雨,杨柳清江无好春。谁似庞公居垄亩,自惭杜老在风尘。草堂梦寐惊相见,把酒论诗月色新。

漫兴一首　陆　仁

萱草葵花五月繁,清游还过辟疆园。艰危避贼愁仍绝,感激逢君思欲骞。信有谗人如巷伯,岂无佳士报平原。坐深池阁偏幽寂,更浣寒泉为涤烦。

修城口号　秦　约

春城连海亘虹霓，雉堞桓桓补甀泥。总谓军储仰吴下，只怜边衅起淮西。千旗影逐流云动，万杵声高落日低。安得韩彭为上将，载光大业抚黔黎。

漫兴一首用郭仲羲韵　沈明远

近知消息苦难真，一日千回忆故人。极目烽烟迷黑海，惊心花鸟惜青春。清谈王衍休挥麈，多事元规已污尘。重上高台见君面，碧梧翠竹喜清新。

漫　兴　于　立

五月田家未足秧，田中水鹳近人长。溪流到海无百里，湖汛乘风矢万航。春树暮云迷远近，南山北斗自低昂。相思相见真如梦，莫惜题诗卧草堂。

夏五月过玉山见娄江诸故人漫兴之作余遂继赋　良　琦

梅风发时海寇去，相见要令怀抱开。乍喜岂论生理事，空言独叹济时才。桐花金井莺声过，月色凉台风吹回。不得清吟会诸老，履痕犹在竹间苔。

至正壬辰九月十二日过玉山草堂留别山中诸公　周　砥

五陵豪英不足畏，丹徒布衣那可轻。万事岂皆合天道，偶然遇之亦成名。我今困乏穷谷底，青云之志何由平。愁来饮酒一百杯，拔剑高歌泪如倾。歌声悲壮君试闻，江汉茫茫气欲吞。弄凤骑龙岂难事，屠狗脍牛何足论。诸君古乡旧知己，会面那得无欢言。平生心事难尽道，且复痛饮花下樽。明当大醉楼船上，横吹玉笛过吴门。

与客登望海楼作录寄二首　杨铁崖

蜑子雨开江上台，江头野老不胜哀。蜃将楼阁空中落，鳌引旌旗月下来。保障许谁为尹铎，事谐无复问文开。可怜歌舞旧城阙，又是昆明几劫灰。

袅袅秋风起洞庭，银州宫阙渺空青。客星石落江龙动，神马潮来海雨腥。弱水无时通汉使，赭峰何事受秦刑。远人新到三韩国，中土文明聚五星。

八月廿三日芙蓉花下留南宫岳山人饮明日岳山人
过玉山南宫老矣不知复几聚首观花听琴情不能
堪因赋长句并柬玉山　倪　瓒

芙蓉著花已烂漫,酌酒弹琴聊少停。数声别鹄隔江渚,一醉秋天空玉瓶。况当宾客欲行迈,忍使风雨即飘零。攀条掇英空惆怅,但愿花开长不醒。

袁子英来承惠昆山小峰峭绝可爱敬赋诗
厕诸阆州瓢松石之间云　张　雨

昆丘得此丰年玉,眼底都无太华苍。隐若连环脱仙骨,重于沉水辟寒香。深根立雪依琴荐,小孕生香润笔床。与作先生怪石供,袖中东海若为藏。

义兴吴国良用桐烟制墨黑而有光焰胶法又得其传
将游玉山辄赋诗速其行云　倪　瓒

生住荆溪上,桐花收夕烟。墨成群玉秘,囊售百金传。孰谓奚圭胜,徒称潘谷仙。老松端愧汝,胶法更清妍。

海子桥偶得一诗奉寄　王　蒙

暮登海子桥,西绕红门归。霜风着宫树,叶叶带红飞。据鞍吹短笛,乘月捣征衣。江南冰雪里,音信寄来稀。

唐律一首奉寄　僧觉照

草堂东望白云深,主人爱书如爱金。下榻每因杨执戟,得句长怀支道林。松花树满可为酒,竹笋隔帘成绿阴。我欲乘闲远相过,坐对石床弹玉琴。

唐律五首奉寄　僧至奂

草堂风物静朝曛,春日题诗每忆君。涧底松清疑过雨,山头玉气总成云。神鹏未展溟南翮,天马能空冀北群。会见丹阳为内史,笑挥白羽树高勋。

老去高情独放歌,新亭结构近沧波。狎鸥泛渚知人意,稚子应门喜客过。山色湖光春浩荡,碧梧翠竹雨婆娑。绝胜池上山公子,醉着江东白鹭蓑。

小径升堂旧不斜,幽居浑似杜陵家。五株桃树当春草,一带溪流入浣花。每自放船歌白苎，也从漉酒脱乌纱。风流更忆瀛洲客，应献安期枣似瓜。

春到江南野水滨，绝怜幽事总相亲。风飘玉雪杨花落，雨湿琅玕竹树新。洗砚时时临晋帖，赋诗往往似唐人。向来为识江村路，此日过从莫厌频。

玉山去城百里强，高楼独居凌八荒。紫鸾双下竹垂实，白鹤一声天雨霜。瑶琴挂壁月在屋，绿酒满尊书近床。清游有约更何日，忆尔高歌浑欲狂。

昆 山 历 代 山 水 园 林 志

马 鞍 山 志

〔明〕周复俊 著

徐大军 整理

马 鞍 山 志

　　明周复俊著。周复俊(1496—1574),初名复辰,字子枢,一字子吁,号木泾子,南直隶太仓州人。明嘉靖十一年(1532)进士,曾任四川提学副使、云南左布政使,官至南京太仆寺少卿。

　　马鞍山即昆山之玉山,在城内西北隅,因形如马鞍,故名。是书分别记马鞍山山中各处景点,如紫云岩、碧玉泉、郎官柏、状元松等。记其方位,述其景致,并录有关诗作。文笔清丽,然内容较简洁。

　　此书1937年娄东周氏冰壶堂据明万历刻本校印收入《娄东周氏丛刊》中,本次据此本点校整理。

马鞍山志 有序

吴中山水清旷，皋原夷衍，而马鞍山独秀拔平畴，千仞屹立。堪舆家云：山海之气，皆融结于此，信江南佳丽地也。

登紫岩，则南眺三江，左顾沧海，北引虞山，西扼郡城，诸峰苍翠晻霭，四面环合。其冈峦蜿蜒，林竹峭茜，奚翅若蓬丘、瀛坞？城中阛阓嚣烦，北行千武，便抵山麓，萧萧生餐霞驭风之想。

予于山之东南夙构别业，筑垣树楗，植以松竹梅桐，积之三十年，皆敷荫成林。每芳辰，嘉侣啸咏其间，不知颓景之将侵，可以酬雅况、答清音矣。

或曰："子生于斯，长于斯，游息于斯，子忘山乎？山忘子乎？意者此山之灵将有望于子耶？"予韪其言，作《马鞍山志》。山中景凡二十，咸附于篇。

紫云岩

岩峙山之西南，《叙》云"千仞屹立"，即此也。翘翘紫翠，秀石千层，若刻若叠。予行四方，阅山水多矣。每娄门返棹，遥睇斯岩，便秀色揽结，神情萧远。俗呼为"大额"，厥名不典，今易为紫云岩。金以其上干云霄，紫气飘徊，阊阖可通矣。

缅思吾邑人才，自唐宰相张公镒后，代生伟人，宋有文节卫公泾、王文恭公绹、侍御乐庵李公衡，国朝文庄叶公盛、礼书文简毛公澄、冢宰恭靖朱公希周、太常卿恭简魏公校、大学士文康顾公鼎臣，皆一代儒英，千秋彦硕。其他俊乂，不克殚书。虽三江襟带，万水萦纡，钟奇孕秀，笃生群才，而兹岩之灵瑰默侑斯民，要亦不可诬者。

碧玉泉

泉在山东南麓，幽穴潜通，不闻鬻沸而静吐不澈，泠泠若珠，寒莹若玉。今入小园中，予得而有之，爰构忘归亭于其上，其下导以芳池，丹蓉抽华，丝柳摇翠，点映可爱。而北峦林影入我帘襦。沈隐侯云："遇可忘怀，处此其近之矣。"

郎官柏

成化间，县令罗侯某以山枕城市、樵苏日繁，植柏千株。未逮成林，而斧斤入焉，牛羊牧焉。久已濯濯无馀，止存一碑纪其事于山中耳。

状元松

松乃顾文康公手植。公未第时，郁有大志，慨然买松，栽若干万，遍植岩谷。今山阳，石多土少，皆不立。而其阴，则乔柯隆干，疏影清阴，蔼然山林保障。当时人或诮之，公笑曰："吾以兹山之童而有斯植焉，非利之也。"弘治乙丑，公举进士第一，人遂名为"状元松"云。今闻有摧为薪者，嗟乎！公之厚庇斯邑，意亦勤矣，尚念之哉？

凤凰石

石在山之坳，巍然壁立，覆以长松，下有丰草。然不知其名何始也。

燕子溪

溪从山溪桥北流而南，澄湾西转，类燕尾横斜，而青阳溪馆适临其前。予诗"近山皆映户，曲水正当门"，纪其实也。

凌霄塔

塔在山之冢百里楼前。弘治间为雷火所焚，今犹屹竦，上摩青霄也。

卧云阁

阁惟三楹，而东据紫云岩之胜。凭阑寓目，城中万井、楼台烟树咸效于睫。其下柳渚禾畴，青苍映带，或孤烟飞引，逝鸟翩翻，俯而玩之，忘夫日之夕矣。唐孟东野入山，赋诗三章，今刻于楣间。

春风亭

孤亭四柱，危倚紫云之巅。邑先达太常卿夏公昶悬车时建，来歌者咸集焉。

玲珑石室

语曰："篆刻雕镂，木之灾也。"予于兹石亦云。自山有是石，而索之者众。山侧之民，昼夜潜居，窃取以徼利。前辈顾文康公尝白之有司，严为厉禁。而愚民罔知，馀风未殄，亦缘上以意求，下以机应。石之巧也，而遭夫人之巧也，故石之灾于是为极。楚老云："膏以明自焚，兰以芳自摧。"均斯叹矣。

旧有玲珑石室三楹，倾废已久，而室尚存。予伤夫土脉之日漓也，山气之日削也，故备书之，以为观风者告焉。

青阳溪馆

东园创于嘉靖初元，门匾"青阳溪馆"乃太子校书王君绳武隶书。其中有蔷薇屏、荼蘼径、桐榭、松坪、梅林、杏圃，有牡丹、芍药栏。有云东草堂，柱帖"琴书全雅道，水木湛清华"，旁帖"城中车马何人到，水曲风烟竟日留"，左室帖"山中皆可悦，松下亦忘言"，右室帖"不妨佳句频题竹，况有清樽共对花"。其东有碧玉泉，有忘归亭，其西有竹圃，有篆竹居。凡园林宇舍皆泉儿营构，以供娱侍之乐。

昔王右丞摩诘家于终南，自矜其辋川之美，日与裴迪、崔昌宗诸人仗景均赋，允可继骚人之逸响，然濡迹叛廷，几不能免。予乃醳组清时，栖迟霞石，优游未斁之身，安集维桑之里，顾大道无闻，名位弗称，不其幸欤？

桃源洞

洞在马鞍山阳，累石为之。积久倾圮，中亦芜秽，游客之所不入。上有翠微阁。

桃花坞

郡城有桃花坞旧矣。兹山之民，凡负城面山而居者，家植露桃风柳于芳堤、流水之间。每春时，桃花尽吐，灿若蒸霞，而高人狎客往往携壶藉草，以取适焉。故名桃花坞。

翠微阁

阁在山腰。登其上者，凭阑南眺，则郊原、城市之烟景皆集于几席间。语云："近有翠微，上有卧云。"虽高下不同，其胜一也。

文笔峰

峰在翠微之东、小塔之西。《志》云：宋某年，魁星见于此峰，文节卫公遂大魁天下。

百里楼

楼在山最高顶。登则沧溟、震泽、三江、九峰，或于烟霭中见之。

三茅宫

宫创于嘉靖某年，以祀三茅真君。金陵地肺有三茅殿，兹则其行宫也。

武陵源

武陵源乃文康公曾孙咸和所构，匾曰"武陵源"，邑士俞君允文书。其中栏槛宛曲，花竹娟美，长松古树，被以溪峦，观宇幽轩，隐映左右，究东岩之胜焉。与青阳溪馆接垣联栅。子美赠朱山人云"相近竹参差，相过人不知"，殆为今时发也。

玉泉井

井在山之脊，深可十寻，而乏泉液。或构魁星阁，以临其上。

昆 山 历 代 山 水 园 林 志

三吴杂志·马鞍山

〔明〕潘之恒　撰

徐大军　整理

三吴杂志·马鞍山

　　明潘之恒撰。潘之恒(1556—1622?),字景升,号鸾啸生,一号冰华生、天都逸史、天都山史,南直隶歙县（今属安徽）人。明代戏曲评论家。受汪道昆赏识,入白榆社。与汤显祖、沈璟等剧作家交好。曾从事《盛明杂剧》编校工作。撰有《叙曲》《吴剧》《曲派》等剧评。工古文词,纵游海内名山大川。闵麟嗣编《黄山志定本》载:"晚年倦游,家益落,侨寓金陵而死。"一生著述颇丰,有《亘史》《鸾啸小品》《涉江集》等集。

　　三吴之地,其说不一。或指吴郡、吴兴、丹阳,或指吴兴、吴郡、会稽,或指苏州、常州、湖州。《三吴杂志》一书,不分卷,为潘氏按地辑录相关地方湖山诗文,分为震泽、阳山、半塘、灵岩山、马鞍山、丹阳、娄东、云间、泖塔、云栖等地。本书为其中马鞍山部分,辑录昆山马鞍山之名胜古迹,并附录相关诗文等资料。潘氏叙云"本旧志而疏之",凡旧志皆顶格,疏文增补内容则低一字,内容较旧志更为丰富。

　　《三吴杂志》有明万历间刻本,本次据此本点校整理。

马 鞍 山

叙曰：马鞍山突起平陆，环百里，望之如海中孤岛。迫则闾阎凑集，睥睨委蛇，若一沤发耳。然雨润日华遍邑中，被彩沾翠，其体幻矣。至若空洞戌削、礌砢嵌釜、肤寸呈奇、目触心骇，有五丁所未擘、灵威所未通者，焉令地肺深入琳宫？洞庭远比君山，一窍之微，将不缩而达矣。彼婉娈山阴，繇二陆名显，实居华亭九峰之一。而此山之胜，不啻十倍之，胡可以氏邑者，而诬其真？故本旧志而疏之，便奚囊轻游笑尔，因属实公笔受焉。

志曰：马鞍山在昆山县西北隅，广袤三里。刘澄之《扬州记》：娄县有马鞍山，天将雨，辄有云来映此山，山亦出云应之，乃大雨。高七十馀丈，孤峰特秀，极目湖海，百里内外，无纤翳之障。

疏云：山之胜处有三，慧聚寺之迹最著，今废为祠，不复可睹矣。然必首述者，示不忘其初也。次则华藏寺，虽规制更新，遗址固可庐而稽矣。次则桃源洞，居山半，足称化城，其馀韵犹或存焉。嗟乎！三刹之兴，一以慧向，一以冲邈，一以信公，弘法存乎其人，则衣钵所传，今之普冰、寂默，非其责乎？故特标三胜，以冠于前，而系诸景于末。

慧聚寺，在山之阳，其上皆择胜为僧舍，寺僧星居，凡八十馀房。云窗雾阁，层见叠出，吴人以为"真山似假山"，最得其实。

疏云：慧聚教寺者，梁天监十年，沙门慧向所造。寺多古迹，所称神运殿、石室、龙柱、李后主题额、杨惠之塑像、陆探微画壁，凡六。淳熙中，一夕雷火，俱化为秦烬，而石室亦不可寻。然记籍犹能载之，为思古者寄慨焉。洪武间，僧昙偓重建寺，今为顾文康崇功祠矣。

神运殿，即慧聚之大雄殿也。初，向法师由内寺归省，登山假息，方举念精蓝。其夜，风雨暴作，山神效役。迟明，基成，广一十七丈，高一丈，巨石矗立，其直如矢，后人因呼为鬼垒台，寺所由建也。梁武帝赐金额，并封山神为大圣山王。

旧传山胁有石室，为梁大师慧向禅定处。师本吴兴人，姓怀氏。尝坐石室，有二虎蹲踞，若侍卫者。偶一运思，可役鬼神，实弘开山之迹。故寺僧斫石肖师，供于石室中，余犹见其像于华藏寺之山门。昔传击其石,铿然作响[1],如呼向公。今且绝响矣,安从觅石室,向石公语哉?

龙柱,慧聚之殿柱也。张僧繇画龙其上,每阴雨,鳞甲津润,势欲飞动,往往见之江湖中。繇复画锁制之。会昌中,寺毁,柱藏于郡。大中中复兴,柱亦得还,寻随火化矣。

李后主题额,在殿前,二楼曰"经台""钟台",今无遗迹矣。

杨惠之初学画,见吴道子艺甚高,因避之,更为塑工,亦能驰名天下。慧聚寺毗沙门天王像,其所作也。徐稚山以此像得塑中三昧,尝纪其事,谓"神前侍女尤佳"。后人妄加涂饰,遂失初意。

天王堂在慧聚殿之前,所以报神功也。唐王洮《记》略云:"释氏书,天王生于阗国,作童儿时,能血镞射妖。遂去走天竺,遇金仙子,授记获阎浮提补多闻王,腾云跨汉,鞔鬼捻魔,霞帱雪载,指勾催泮,竟镇妙高北面水晶宫中,为药叉官长。"按:天王居北方者名鞞沙门,秦言多闻,以镇主,福德闻四方故。天宝元年,现形救安西,释不空进图,敕道州府于西北隅置供。

洮《记》又称:"马鞍山涌出平原中,绝顶晴望他山百馀里。释子筑室,凿山半。今天王堂实翼西北隅,盘伏岳耸,屹然拄空。金精狞环,力溢膺腕。巍卒象伍,作为部落。堂宇宏丽,四檐飞翚。麻灵庇像,若腹瞒被甲担戈,立于烟霭。"此数语可想见塑像之工,然已非杨君手迹矣。

建炎四年,胡骑犯郡,宣抚使周望移兵保此邑。泊山下,风雨晦冥,印失于案上,祷山神,出之泥中。

神庙在山前,建于唐中和,中堂毁而后庙立。宋徽宗赐额"惠应",黄芮撰记。嗣后封号不一。国初,改封昆山之神。至今四月望,百神朝参,祷祀益盛。

旧称登临胜处,古上方为冠,月华阁、妙峰庵次之,今皆泯灭无据。惟周必大年谱云:"绍兴戊寅,余在昆山,同邑宰程咏之游山寺。寺名慧聚,负山为屋,气象壮丽,唐朝塑像间有存者。旧传陆探微壁画,今漫不可辨。惟山王堂,土[2]人谨奉之。及上月华阁,陟中峰,访古上方,下视陂田漫漫,盖其佳处也。"余述其语,亦仿佛旧观云。

华藏寺,在山之颠,志称有浮图七级。

疏云:寺先名般若,在山北麓。宋宣和间信法师重建,遂易今名。洪武十三年,僧大雅移建山颠塔所。永乐十年,僧宗易始建山门,内有百里楼、卧云阁。般若旧基,今为厉

---

1 "响",底本原作"向",据文义改。下一"响"亦同。

2 "土",底本原作"上",据周必大《二老堂杂志》卷五《记昆山登览》改。

坛矣。

默上人语余曰：此山故名马鞍。胜国时，山背巨海、带长流，四围皆水，至国朝变为桑田。正统间，天如律师始培松柏十万馀株，森罗茂荫，呼为"郎官大夫"，勒石纪之。嘉靖间，倭寇围城，尽截为檑木矣。游者入山，登步玉峰，从西道有古柏蟠如龙形。吕令君复植小松三万馀枝，今皆成林。怪石若伏，密阴亘岭，台榭参差，而华藏寺岿然出矣。当门有石王庙、樊令君祠，人创见之，莫不肃礼焉。稍上有山门、天王殿各三楹，皆新创者。殿之左为云居庵，可观北山之胜，听岭末松声，孤柏总翠，亦仿佛烟云之状。右为玉林精舍、玄秘阁，袭而宸之，衷级以上，则大雄殿也，而碧霞元君行宫辅焉。浮屠插空，旧存六级，久为风雨剥蚀，宝铎寝音，金盘涩耀。甲辰年，募增第七级，植心张翼，焕然异观。语在沈博士应奎《塔记》中。西南为卧云阁，阁新毁，今令王公命默重建，改为歌薰堂。松杉分翳女墙，曲径盘桓旋绕，铃铎梵音相答。仄接含秀山房，登隐玉楼，可望虞山。又南为春风亭、文笔峰、白云洞、三元殿、玄帝宫、武安王庙。岭之西为仙人桥，桥下为试剑石、小天台、飞来峰、斗母石。即群猪石。寺东有四面观音殿、杨威侯庙，次探抱玉洞。洞右为玉泉禅院，内有玉泉井，深十馀丈。由禅院西有叠浪轩旧址，度天阙、三茅、真武诸殿，即趋东岩亭，亭下有刘龙洲先生墓，与梅花石为邻。山麓小溪桥下有泉，呼"不竭泉"。又西为山王庙，后有海眼泉，而三贞祠、镇山土地庙在步玉峰右。此默上人所指示者，余随笔疏之。

《塔记》略曰：天监十年，僧慧向驻锡兹山，实始建塔。本朝世庙时，大梁王公令兹邑，兴坏举废，属僧曙岩、道人方圆静募修，历三祀而成，犹六级耳。僧寂默者，邑人也。幼负慧性，修禅诵精勤，顾瞻兹塔圮蚀，太息良久，谋所以起而新之。会缘辐辏，乃召工庀材，分局量役。始于万历甲辰春，毕于乙巳夏。浮图增级，而七步廊有缠腰之冯，飞檐有铃铎之韵。自趾溯顶，高一十五丈，俨然若揽化人之袪而造天中。又能贾其馀勇构山门、天王殿，工费不赀，同日竣役。异哉，寂默之为此役也！始萌其意，而人即以意应。既缘其词，而人毕以词应。不周星而蒲志跌坐，庄诵如曩时。吾不知其所税矣，山之常住田若干亩。寂默曰："此予禅诵之赆，易而为田，予且参方行，将以是授之主吾钵者耳。"嗟夫！若寂默者，其拘尸磨竭之流亚欤！

《玄秘阁壁记》略云：元长子尝偕孺和子登马鞍之巅，憩玉林精舍，辄呼默上人检竺坟，讨玄秘之旨。每与跌坐竟日，或至夜分乃去。而龛后故无静室，昧昧焉仅半楹耳。一日，复偕往，而有阁杰然峙梵宇之艮隅，枕绝壁，面太野，可几可席，可跌可诵。元长子登而乐之，顾默上人曰："斯非向者之处乎？"曰："然。""其可以几而席、跌而诵，而杰然峙者，斯非向者之观乎？"曰："不。"元长子曰："玄秘哉！"复相与跌坐，问之，不应，而以叩孺和子。孺和子曰："夫玄之于易也，秘之于显也，二义岂对也哉？而佛氏直欲超而越之。夫超越之，则易而已矣，则显而已矣。易也，显也，则玄秘而已矣。而既以为向者之处乎，则其杰然峙者、几而席者、趺而诵者，不亦向者之观乎哉？虽然，向也昧，而今也显，谁为建此阁者？"默上人曰："是，走之愿力也。"孺和子曰："玄秘哉！"于是复以其言告元长子。元长子不应，命笔书之。上人法名寂默，其祖名如壁，师名海潮，则始建玉林精舍者。阁建于万历甲午三月二十五日，记于丙申秋七月一日。

《卧云阁记》略曰：余尝与客登斯阁，凭高四望百里，东则娄江混混汤汤，放乎大海，扶桑日出之地若望见焉。北则虞山，商巫咸、吴仲雍所藏处也。西则震泽诸峰，若近若远，出没于湖波之上。而南则万家之邑，棋布星罗，俯首揽之，如在衽席。

石王庙，在山门之左，僧弘澍创建。王鼐面睅目，望之有威，而冠服朴野，人莫能举似其由来。按：神姓石，名固，赣州人。生秦代，无所考见，乃殁而为神。其显灵通古今，无所不格。在汉高帝六年，神降颍。以逮唐宋元末之世，其为民捍灾御患，致和风甘霖，助阴兵扈跸，洎戮奸阐恶，事备载累朝碑碣及《嘉济实录》，不可殚数。而水旱疫疠之祷验尤多。其籤辞百章，呼"江东神签"，昭代占卜咸奉之。我太祖高皇帝始谒神时，心欲借神幡竿为舟樯，得籤云："世间万物各有主，一厘一毫君莫取。英雄豪杰本天生，也须步步循规矩。"为憬惕而止，敕关帝庙载其籤，应亦如响。盖宋宝庆间，赣尉莆田傅烨所撰，今海内士庶无不奉为蓍龟矣。邑人顾懋宏，字靖，父中年蒙难，神示向方，遂登戊子乡贡，官莒州守。许祠王于昆以志报，自勒疏，属僧募建。余尝览宋文宪公集，称被召时，神示文武之祥，后为翰林学士，故撰《圣济庙灵迹碑》。而顾莒州又为余言神感应事，俾余作记。丙午春，余谒其庙，工尚未竣，乃掇拾数事，以诏询者。因附注于后。

汉高六年，遣颍阴侯灌婴略定江南。时赣属豫章郡，与南粤接壤，婴击破之。神先告捷期，乃造馆祀焉。馆在颍之崇福里。唐大中元年，里民周谅被酒，为魅所惑，坠崖下，神摄魄返之。宋嘉祐八年，赵抃报政归，过州之东北曰乾渡。时长夏，水涸，沙隐起若阜，舟不得进。巫徼灵于庙，水清涨者八尺。清涨，谓无雨而水自盈也。元祐元年夏，不雨。四年，东城灾。六年，复灾。郡守祷神，获甘霖反风之应。建炎三年，隆祐孟太后驻跸于赣，金人深入至造水，仿佛睹阴兵拥护，乃旋。绍兴十九年，鄱阳许中为郡，欲新神宫，召大姓二十人立庭下谕之。众推张锐、郭文振有开敏才，宜属纠率。二人谢不敢居。乃分纸阄如其人数，惟二纸有"正""副"字，杂投之，令自得墨者职如书。各开其一，得书者张、郭二人也。众以神通于民，不亟而宫成。二十七年，禁兵合山寇据城逆命，高宗命都统制李耕讨之。阴霾挟日，逆风为患，耕私有祈，即风顺天朗，一鼓而城平。嘉定十年夏，大霖雨，民将为鱼，祷而水退。绍定三年，监军陈垲奉旨讨黟卒朱先，合三寨戮之。淳祐七年，部使者郑逢辰檄王舜攻夷獠，曾甲就擒。皆赖神助。元至元十七年，闽卒张彦真入庙，吐舌数寸，足悬半空，自述其阴私，若有人鞫谳者。其灵应事多，兹不具载。

樊公祠，在山门之右。甲辰年创见，邑士人为立碑文。余交樊公久，至祠俨然肖之。而小民争持藻水以祷，祷疾辄效。毋敢以私祷者，亦无敢以脯醴荐者。余叹曰："樊公之清，至今益见矣。"公名玉冲，字以佩，乙未科进士。任昆山五年，政尚简要，公庭绝竿牍之交。体善病，惟校理药饵而已。余自娄东往返，每相过，笑语移时，知公非凡品也。先是，其从兄玉衡为御史，数上书忤旨，名署御屏，禁勿用。故公为昆山令最累上，以名相类不注。樊公曰："嗟乎！圣天子陶铸万物，小臣何敢为不祥之金？"遂解绶归，民攀号者达于江表。铨部注：京堂缺，需之。越一年，公殁矣。其精爽游于玉峰，即百世犹感通也。

桃源洞，在山之南。旧志又有翠微、连云诸阁，芝华、凌虚诸亭，夕秀、压云诸轩，历年滋久，皆不复存。

疏云：桃源洞在山半，垒石嵌空中，有布席。宋陵泽始开，以供诗僧冲邈者。邈公号翠微，特造阁标其胜，至今遗韵宛在人耳。元泰定间，邑富民陈氏复辟除之。近有学宪陈晋卿，不知是其远裔不，属子上舍辟古洞而冠其上曰"昙花亭"。亭制参入云表，翚翼若飞。延禅僧湛源主之。洞前建关壮缪庙，驰道自通衢入达于亭，其雄丽逾于旧观矣。

冲邈翠微山居有绝句八首，载邑志。

如清，一名普冰，号湛源，邑陶氏之子。自万历九年至山，造定光殿及佛楼三间，塑诸圣像。十年，起昙华亭。娄东人奉观音大士居之，更塑应真五百尊及玄帝、三官神像围绕，庄严特甚。十二年，造藏经阁洎禅堂，安僧单十馀众，翻阅无虚日。十三年，开井。十四年，造小楼房、厨湢之属。至二十二年，建翠微楼三间。杂檀越陈公相之，其功行不可磨矣。乙巳仲冬之晦，余向昙华亭为内子吴顶礼如来，清公命十二众应请，如杰公雪崖、智公洪济、璺公静庵、禅公慧空、隆公庆云、尚公无学、月公离凡、慧公内省、实公正语、尚公悟明、文公程虚，皆缁流翘秀。而实公楚人，更深名理，与余契合，并记之。

辞藻兹山者，亦不能悉载。旧称唐孟、张题诗，宋盖屿《图记》、王安石和诗为"山中四绝"。余谓：宜以高启和诗洎李浙小记附入，令览者兴前哲之思云。

孟郊《上方》诗：昨日到上方，片霞封石床。锡杖莓苔青，袈裟松柏香。晴磬无短韵，昼灯含永光。有时乞鹤归，还访逍遥场。郊父曾任昆山尉，郊过而题诗。

张祜《慧聚寺》诗：宝殿依山险，凌虚势欲吞。画檐齐木末，香砌压云根。远影窗中岫，孤烟竹里村。凭高聊一望，归思隔吴门。白乐天守苏州，张祜适至，为留题。

盖屿《山图记》略云：慧聚，二浙之名刹，肇迹于梁天监中。耆旧互传，为法师慧向驻锡地，有鬼神之助，成殿阶基。观其衰碨礌，积嵌嵌，在苍崖崇冈之垠，直逾引绳，方迈截矩，刳剜镌镂，了无瘢痕，隐隐隆隆，颓然似巨鳌之俯伏，不欹不颇，背负柱石，殚巧穷妙,信非人力之可致。是以自时厥后,舄奕蝉联,日增月崇,底今大备。寺之疆境,据邑西北隅,宝势屹嵲,依马鞍山绕缭而上,高七百尺。茂林修竹、松桧藤萝之隙,又有灵苗佳卉,珍丛秀蔓,自红自绿,霜霰弗凋。佛宇僧室,疏旷爽快之处,蔽红阴而翳绿影者,棋布栉比,几三千楹。乃若跻蹑烟霞,偃仰风月。轩堂亭榭,台阁楼观,往往横跨杰出,旁峙挺立,若鸟之翔,若兽之蹲。甚者架虚排空,玲珑缥缈,层层叠叠,银朱金璧之相耀,乍显乍晦于翠云紫霭之颠。加以巨海处其左,重湖居其右,俯瞰淞江之汹涌,侧顾杨山之巑岏,朝化暮变,供秀气而借清光,指掌之间,四望百里,真天下雄壮奇伟之观也。然而姑苏地僻一隅,弗类乎杭之天竺、润之金山。适主僧法全刻图于石,庶或传流四方。俾好事者燕坐几席,仿佛乎登朱桥,步碧砌,审众水之环山,想孤峰之擎寺,必称其洒落峻峭,可以侔天竺、俪金山矣。

王安石和诗:僧蹂蟠青苍,莓苔上秋床。露翰饥更清,风花远亦香。扫石出古色,洗松纳空光。久游不忍还,迫迮冠盖场。

峰岭互出没,江湖相吐吞。园林浮海角,台殿拥山根。百里见渔艇,万家藏水村。地偏来客少,幽兴只柴门。

高启和诗:鸣钟警迷方,枯僧兀趺床。石姿生寒棱,松子落古香。殿锁山雨气,楼迎海曝光。遥望苍苍城,愁是车马场。

烟敛城初出,潮来野欲吞。危樵缘磴角,倦衲憩松根。刹表藏林寺,钟闻隔海村。画龙飞去久,空掩殿堂门。

李浙《游山记》略云:嘉靖庚寅七月,余以苏倅相水至昆,同年友秋官张子、太史王子酿觞予于张子之第。酒罢,二子拉予游邑北马鞍山。山有华藏寺,寺故有胜迹可寻。因步至山下,时已昏黑,篝灯肩舆而登,坐卧云阁下,乃命寺僧执烛,遍阅题刻,其上方为宋王荆公和唐人二诗,而原倡亦在焉。当时荆公倅舒,亦以相水至,而登山亦以暮夜,又与予同为江西人,仰止前日事,无一不同者,为感叹久之。乃纵登春风亭,坐石峰上,顾瞻月出东山,高已数十丈。天无翳云,明如白昼,市井居第,近郊草树,皆可指数。有僧善吹笛,歌童和之,声隐隐出山房间。已而凉气沁人,坐不能胜,乃移席对塔,雅歌清醑,亦复颓然。月色中天,酒意俱醒,四顾徘徊,不忍舍去。揽衣下山,漏下四十刻矣。明日,乡大夫周鹤村、张碧崖二公亦从臾予曰:"畴昔之夜,乐乎游哉奇事,愿公有述。"夫荆公文章勋业,不肖后生何敢希觊万一,独兹游偶有同者。窃谓平生遭际之盛,予信不能及公,而一时游览之胜,公亦或有不能及余。身后名,一杯酒,不知孰优而孰劣也。因勉次旧题成近体二律,刻置下方,更成山中一段故事云尔。

诗云:登山行秉烛,对塔坐移床。峰顶平开障,泉流曲度香。凉飙清夜气,明月迥秋光。赖有同袍友,风流又一场。

一望平湖水，狂来渴欲吞。羽觞飞月下，岸帻坐松根。萤火斜穿树，砧声近出村。徘徊此良夜，不忍别山门。

昆山石，一名玲珑石。旧志云：山上浮处多孕奇石，秀质如玉雪。好事者得之，以为珍玩。

山史云：马鞍山形如天马行空，远视之若浮，迫视之若削，真宝山也。其石皆垒空生成，洞壑累累然，玉垒也。由东脊行石齿间，郁若玉林。西北履危石，下瞰如在叠浪中矣。主僧静心复导余观长阳洞泊刘公洞，如窥石隙耳，无他奇，盖麻城刘谐为少尹时所标。其左则三峰相附，最上似华蕊者，对之有飞霞之想。如美女石、梅花石，曾不足发一喙。又土人每每从土中觅如拳者出之，亦玲珑像此山形，然质坟而泽枯，不足称佳。土人即山名贵之，或至片石数金。此不可以逾境，尚不足拟将乐，无论灵璧、英石矣。

曾幾《乞石》诗云：昆山定飞来，美玉山所有。山只用功深，剜划岁时久。峥嵘出峰峦，空洞闭户牖。几书烦置邮，一片未入手。即今制锦人，在昔伐木友。尝蒙投绣段，尚阙报琼玖。奈何不厚颜，尤物更乞取。但怀相知心，岂惮一开口。指挥为幽寻，包裹付下走。散帙列岫窗，摩挲慰衰朽。

张雨寄诗云：昆山尺璧惊人眼，眼底都无嵩华苍。隐若连环蜕仙骨，重于沉水辟寒香。孤根立雪依琴荐，小朵生云润笔床。与作先生怪石供，袖中东海若为藏。

郎官柏，旧盛于山北，今墟墓间犹存，而涧道寥寥矣。按：志云，山先无树木，正统初，知县罗永年买柏，遍植于上，禁毋剪伐。岁久郁茂，而山之景益胜，人呼为"郎官柏"。礼部尚书毗陵胡滢作记。

侍读学士金问序略云：苏之昆山，古之娄县也。城本吴子寿梦所筑，山在城中，而石多似玉，因以得名。正统丙辰，广阳罗延龄由兵马副指挥来宰是邑。既视篆，即进父老，询民利病而兴除之。复从吏民循山之麓，顾瞻徘徊，喟然叹曰："山为一邑之镇，民赖以安，而凋敝若此，非古人教护属功之意。"乃率其民相与植柏于上，凿石通路，而塞其旁蹊。疆理既严，樵苏绝迹。且方事之际，阴雨蔽亏，霹雳时至，未几而条枚四合，苍翠弥望。邑人感之，名其所植为"郎官柏"。儒林君子即其题为诗以美之，而兵科给事中王用节等谒余文以序其实。一时同咏姓氏载在碑石者，计四十一人，诸体各备。

东斋，在山东偏，僧道川驻锡处。宋刘过墓在侧，祠即东斋。稍南为梅花石，亦因刘得名。

道川，邑翟氏之子，以勇力名，后出家，从东斋谦首座演法。此东斋之肇迹也。

按志：刘过，字改之，吉州庐陵人。宋南渡后，以诗侠名湖海间。性喜饮酒，兼以感慨，志欲航海。会友人潘友文宰昆山，因过，客其所，遂娶妇而家焉。死，不能葬，友文与主簿赵希楯共出私钱，买地马鞍山东葬之，并祠于东斋之侧。嘉熙二年，上蔡吕大中有墓碑云："诗能穷，人尚矣。有生而穷者，有死而穷者。借车载家，蹇驴破帽，此生而穷也。耒易荒土，采石孤坟，此死而穷也。龙洲刘先生，家徒壁立，无担石储，此所谓生而穷者。冢芜岩隈，荒草延蔓，此所谓死而穷也。先生何穷之至是哉？然横用黄金，雄吞酒海，生虽穷而气不穷；诗满天下，身霸骚坛，死虽穷而名不穷。乃知先生之穷异乎常人之穷也。往往至先生墓者，吊之诗，酬之酒，止于花时胜赏、宴酬之馀，贾豪杰之名而已，未有特叩禅关，芟夷荆棘，表先生坟者。吁！先生之骨岂终埋没于空闲寂寞之滨也哉？余也读先生诗，慕先生名，于是以琴书易片石为先生志，庶使江湖诗友知有诗人之墓在焉。从而铭曰：芝兰之馨，梅花之清。先生之名，凛然如生。"宋元及明人诗吊之者，咸可观，载邑志。

梅花石，在山之东道，近刘龙洲祠。壁立如屏，苍藓点缀。宜以二三同志雅歌抚琴，令众山答响。憾无绕屋梅花，装成高隐幽致，殊负此佳名也。

叠浪轩，在山东北。刘过有诗云"可惜能诗张孟辈，却无一字此间留"是也。

凤凰石，在山北。元郭翼有诗和杨廉夫。

清辉堂，在山北。郏侨有诗。

山史曰：孔子不语怪异，何志焉？语云："多所见，少所怪。"自其不见者而怪之，而见未始怪也。以"纪异"附。

淳熙中，一夕，雷火焚大殿，人见二龙柱皆有天书，若今之大篆，一"勒溪火"三字，一蜿蜒蟠结，不可省。凡名贤题咏碑刻及杨惠之天王像、李后主所书匾额悉烬。

后唐时，慧聚寺有绍明律师，僧中杰出者，居半山弥勒阁。一夕，梦神人曰："檐前古桐下有石天王像与铜钟，师宜知之。"诘旦，掘其地，果获二物。今尚龛置壁间，形制极古。前辈有诗云："一旦神钟欲发现，先垂景梦出枯桐。"

元丰四年，夏驾里民罗满获一鲤，长可二尺，俄化为石观音像，因供于家。时慧聚寺僧守斋夜舣舟于此，梦白衣女子曰："我舟覆，父与夫皆溺死，师幸容我。"守斋拒之。女曰："假一篋宿，何伤？"守斋开篋纳之，遂惊悟。迄旦，至罗氏家，见石观音如初出水中，犹沮洳，叩之，知鱼化也。念与梦合，因乞以归。

昆 山 历 代 山 水 园 林 志

《和甫山园记》三种

〔明〕顾绍芳 撰

徐大军 整理

《和甫山园记》三种

明顾绍芳撰。绍芳,字实甫,江苏太仓人。万历五年(1577)进士,官至左春坊左赞善。假归卒。绍芳孝友廉介。朱彝尊《静志居诗话》云:"实甫诗工于五律,不露新颖,矜炼以出之,颇有近于孟襄阳、高苏门者。"有《宝庵集》。

本书为绍芳所撰园林记,包括《和甫山园记》《拙圃记》《小玉山记》三种。绍芳弟和甫卜居于马鞍山南,居之后为园,约五亩馀。园近马鞍山,得峰峦之胜,又有楼台池馆、花卉草木之景,绍芳特为其作《和甫山园记》以寄。和甫园之左为沈氏旧宅,其阴有一园,与和甫园仅一墙之隔,绍芳遂购之以居,并以"大巧若拙"之义名之为"拙圃"。又作《拙圃记》一文,记此园圃由来及园中诸景。拙圃之中,叠石为假山,以马鞍山别名为玉峰,自玉峰下迤逦二百馀步得此山,若支山;而山又洞庭石为之,石皆苍然作玉色,以此名小玉山。并为之作《小玉山记》,详记此山景致。

此三记,所述虽为私人园林之胜,然此三处早已泯灭不可寻,故辑而存之,亦为昆山园林之珍贵史料。此次据明万历四十年(1612)赵标刻《宝庵集》二十四卷本点校整理。

和甫山园记

　　海内大山崇岳若棋置，然其瑰奇巨丽，尝相让为甲乙，好事者率夸言之。而徒以险远难涉，非士大夫之慕奇嗜游而有力焉者，罕或能至。即至矣，一览而意竭，快于染指而不能久。吾家吴，吴中之岩壑逦迤合沓，不过距一衣带水，宜可以极所如往，恣所栖托，坐穷其胜于杖屦间者，然而岁不能再游，游不能浃旬，或牵于事至，或迫于兴尽，且不得竟其游以为憾，而又况其远且险者乎？

　　盖吴自郡以南，南至于淀湖，东至于海，西至于常熟之境，咸平畴广泽，无峰峦秀挺之观，而独昆山有马鞍山。山在邑治之乾隅，坡陀曼衍，奇峰造天，负楼堞而襟闾井，最近亦最胜。然山之所直，不能当民居十三，从他方视之，或阤而偏，或掉而离。其又最近、最胜者，山之阳，十数家而已，而吾弟和甫卜居适在十数家之间。

　　居之后为园，可五亩而赢。入园之门，蟉枝苍然而黛色者，夹道之桧柏也。折而东为小径，二十武又折而北为修廊。方初春时，皓雪晴下而清芬袭人者，槛间之梅也。又稍折而西为广除，左右皆斩竹而藩之，或为之屋。春候始半，翠条朱叶，红英素蕊，杂遝而绿缀其上者，蔷薇、木香之属也。前为小台，卫以赤栏，有三峰岿然，或若雅士端笏，或若壮夫裂眦，相亢而实相翼者，洞庭石也。除之北为堂五楹，和甫颜之曰"玉山草堂"。玉山者何？邑名山，山名堂也。割堂之左一楹为室，东乡而启牖焉，稍入而奥，和甫名之曰"玄对轩"，而将收视返听于是。曰"玄对"者，取晋人语也。堂之后有方池焉，泓渟一碧间，若渺然而接天者，春水至也。环池之三方，或甃为崖岛，或叠为峰峦，岦嵚而空洞，猊攫而豹蹲者，石异态也。折而左，架水上为广廊，南属之堂，北属之垣，可坐、可寝、可憩，而饯夕阳、邀新月，清流在下，恍若击榜而叩舷者，吾弟名之曰"半舫斋"。斋而舫，舫而半者，取象也。自堂后折而右度小石梁，又稍北为小亭，水环其后，而巨石人立其前，和甫名之曰"揽秀"，取太白诗语。山又最近、最胜也。计园之广袤，水三之，石二之，其隙皆卉木错传焉，至不可胜数。凡四时之葱茜夭娇，呈态而各出者，为桃、杏、玉兰，为西湖柳，为松、桂之属，为蜀茶、芙蓉、牡丹也。环池而石，叠石之外，参天百尺、六月而常阴者，高柳数株也。盖园之胜大都如此。其点缀位置有人力焉，而至所谓马鞍山者，实障其后。

　　若全而卑之，密树远布，亭亭更出，周垣四缭，苍翠相送，朝而霏，夕而晖，时而白云栖其崖,时而素月被其颠,幻出而愈新,递见而不竭者,非和甫之园独有之,而和甫之园独全而得之。故下阶而行游,则山在杖屦;高枕而流憩,则山在几榻。或亲朋杂集,则山侑其欢。或掩关阒寥,则山为之侣。丘壑沉冥之趣,近取于户庭,亲昵之间,即移席运几,且以为劳,而况其险且远者乎?盖擅其胜而可以久处焉者,信莫如吾城中之山而吾和甫山间之园也。

余自乞告里居之日,习于兹园,靡旬弗游,靡游弗惬,飧奇挹幽,所获多矣。既牵于世网,不能终老是间,而比至京师,尘土迷漫,每饭,意未尝不在是园也。则追记其胜概,时一讽览,庶以当卧游焉。虽然,以和甫之玄思雅志,津津于丘壑,其工为点缀位置益甚,别半年,计兹园之胜日增矣。

顾和甫尝与余并时为诸生,有声未及遇。吾父与吾日夜督望之,不愿其嗜好如此。今当为世所知,出而驰驱四方,以大售其所素学。而吾父老,日有悬车之念,吾亦闲署,幸无他职事,可以进退自遂。和甫其代而出,吾能从吾父代而归休,归而益治子之园也。因并书一通,寄和甫。

拙圃记

余记和甫园之后三年，而其左方为沈氏伯子之宅，将售诸人。其阴颇具水石台榭，为园，与和甫园仅一垣而隔，余遂从丐贷，以上价购之。大都以园故，既逾月，首行视其园，业已前质于魏氏，极芜废不治，土木离剥，山石欹堕，竹无巨茎，树鲜附枝。凡园所有，憔悴无色，余为喟然兴叹。始有意小葺之，以资偃仰，然未暇大兴也。

比再三过，览其形势、位置皆不能惬意。入其门，遽为楼，楼枕小池。池之后，累石为小山。山之后，有亭三楹，左右辅以小室，其阳殆不能受日。其后复为长垣贯之，而园之事遂穷矣。余谓：楼于园壮矣，前所见为石台、树、三洞庭石，颇怪伟。其下二栝子松，亭亭疏秀，而皆压于楼，不能畅也。其北倚假山为胜，然相距不逾二寻，目界尤窘。山颇具岩岫洞壑，参以长松茂树，望之蔚然。而前束于池，后束于亭，亦若郁郁不能吐气者。至余向记和甫园津津夸其胜，特以马鞍山故，而兹以亭故，障之于山，绝无所睹。方且辇石畚土，为盆岛之观，斯已陋矣。乃迹垣之外而辟之，有地可二亩而赢，颓墙败屋，坌杂器竞。

于是与和甫谋画，撤而空之，徙楼于其地，徙亭于楼之址。址不尽为亭者，前以为除，后以为池，除与池皆稍辟而广。楼折而左右旁舍各两楹，可以宴坐，可以寝，可以栖客。而楼翼然其间，碧窗朱栏，缥缈若画。楼前后并为广除，周植卉木。其后不尽为除者尚可亩许，则让而为圃，藩以石竹，中植梅二十馀，树柜橘桃梨之属。辅之三方，为高垣，垣之东北二隅皆种竹，其西种桂树。垣虽高，隐不及翠微。当轩而坐，山若翔舞而至，登楼则并山之馀址得之，佛宫神宇，丹艧眩目，以至于冶童游女，飞裾接袂，皆冉冉于栏楯间。

夫楼，向者之楼也。亭，向者之亭也。水石卉木，向者之水石卉木也。余稍一徙置，几尽改其旧观，而客来游者，咸洒然为一快，曰："兹园之成有年矣，而未始有山。兹园之有山也，自今日始也。兹园之有山也，而后园之景若增而胜，其不辱为园也，亦自今日始也。"余于是名其楼曰"皆山楼"。所见若平畴远水，青林粉堞，种种献态而独标以山，山固兹园之大观也。名其亭曰"清音"，向所谓盆岛在焉。微飔涉波，长松鼓涛，非丝非竹，自然成声，适与左思之语会也。楼之下为重轩，轩窗四达，触目会心，余得翛然而偃休其中，署曰"云卧"，识余尚也。而又总而名之曰"拙圃"。

客怪而诘曰："子独不知夫马鞍之胜之甲一邑乎？是山也，巧于直子之园，而子之楼又巧于得山，其他一椽一石一卉一木，子皆以心思署置之，庶几人巧竭而天工见矣。而子兄弟且得接闲而居东西，各名其胜，而实并为一，抑又奇矣。而奈何以'拙'辱之？"

噫嘻，一巧一拙，何常之有？趋世资者，林壑而蓬庐之乐；沉冥者，缨组而桎梏之。兹园之所谓巧，得毋世之所谓大拙者耶？非直世以为拙，他人以馀力为园，而余方丐贷四出，堂室庖廪皆不暇问，而首及于园，妻孥交谪，僮仆匿笑，余亦自曙其失。荣而顾冒为之，既成而欣然，岁侵谷贵，家人或不免饥色，而余日匡坐园中，饭枯鱼脱粟，侣青山而友白云，意甚适也。当此之时，吾东家富人子方且权子母营什一，日夜修任邸之业，若弗给，远而长安风尘中蝉联金紫之夫见，谓荣遂矣。而或殚身焦思，以虞文，罔此两者，其于山水之乐，势不得而兼然，彼亦安用兼此枯槁寂寞而以为娱哉？盖夫人之风尚殊而操持不同，如此而尚平，顾为言矫之曰："富不如贫，贵不如贱，然则巧拙胜负之数，果何常之有？"

客笑曰："辨矣哉，子之言也！老氏不云乎？大巧若拙，焉知世不有名子为巧者。即不然，子亦可谓善文拙矣。"余亦笑而亡以应，遂记其语。

小玉山记

拙圃之中，叠石为假山焉，其延袤不能数丈，而蜿蜒开阖、谽谺亏蔽，地尽而有馀景，景尽而有馀势。即其登顿下上，以数四计，而后山之事始穷游者，往往出其意表，而叹夫作者之工也。

盖入余圃，首为清音轩。轩之左，映竹而朱其门，署曰"小有"，不敢方仇池洞天，以为入之而小有岩壑，表入山道也。右顾而得影碧池，池亦盆沼，无黏天浩漾之观，而倚山为奇缘，崖草树皆参差倒影其中，如明镜绿云，婀娜可念。

池之左为磴道，道旁巨石壁立，有英雄气。渐上，则杉柏樛然，钩衣冒帽，偃偻始得度。再陟为看花岩，岩俯皆山楼之广庭，环庭种木芍药及四时杂卉，花时，烂若披锦，而兹岩得之为最亲。

折而东下十馀武，为留晖洞，落日返照，自西岩之树隙以来，逗弗能去已。右折而上，南北两石如龙颔凌虚而岔出，所不及绻彀者仅尺许，可褰裳度也。而下为峡若涧，以骤雨后，亦颇得泉活活，而不能常。蹑而上，则为松盖岩，岩平广如台，有栝子松，左根而右干，欹若偃盖，坐卧其下，六月不受赤日，兼时得凉风。更数年，当婆娑遍覆岩顶，其旁虽颇列桧柏，故自楚楚然，避不敢以雁行进矣。

东北折而下可二十武，忽呀然而辟为浮玉洞，洞上为箭缺，以漏日景，而下潴影碧池之水。中庋砥石，从广可六尺许，如巨璞而虚其下，及四周坐，而垂足清波中，与池鱼扰。所以称"浮玉"者，水作渔阳玉色，又石似玉而浮也。

西出洞，遵曲磴而出为盘峰。峰高二丈许，巉绝饶古色，于吾山最高矣，而出于两岩之间，故曰"盘"。其屿正俯池，而四山之卉木环之，亦名曰"清华屿"。屿之西，陟数磴，为夕佳岩。余圃之胜，最马鞍山；马鞍之胜，最西岩；西岩之佳，最在夕，而兹岩独当其胜处。每残阳晻冉于崖石间，紫翠万状，拄颊看之，不知于朝暮何如也。余初名是岩曰"松风"，岩际有大松殊秀，蔚风起涛鸣，非不萧瑟有致，久而以山故夺之。乃又掇取靖节语，恐不免为贞白揶揄耳。

下岩得小隙地，奇石四立，而中稍洼，有璎珞、柏、杨梅树，并奇郁，而杨梅尤吾土所珍，名之曰"杨梅坞"。下有石台，可以弈也，又名曰"迷樵谷"。谷东折而得石渠，取"栖云洞道"也。洞阴森黝邃，骤而叩之，觉云气旁薄杖屦间，客至此，遂萧然以为世外焉。

西上又得石渠，折而北为馀清领。领薄于垣，而其观东尽小山，西并和甫园之水竹，颇阃得之。有松稍劣于两岩，然足荫半岭，他树亦沉沉相雄。自是俯而下为源山口，洞势故遥抗留晖而口特狭，才通人，又出山道也，仿佛武陵源之山口，故名之。其他奇石珍木，至不胜署矣。

于是又名其山曰"小玉"，以统之。盖马鞍别名为玉峰，自玉峰下迤逦二百馀步，得余山，若支山云。而山又洞庭石为之，石皆苍然作玉色，以此名"小玉"，不为爽实？

而余顾常读《穆天子传》，称有群玉之山，盖仙真之所窟宅，欣然庶几割其一曲以自栖托，而道远，无造父八骏之御，不可得，姑退而就此。然吾山虽小，颇不乏幽诡之致，而又近在几榻间，朝而游之，夕而不厌也。明日而又复然。吾时而潜浮玉之洞，踞松盖之岩，披襟以当雄风，举杯而邀明月，隤然嗒然，以游无何之乡，即蓬莱阆风，其乐疑无以易此。盖或图南九万里，或息枋榆，虽细大相越而不相慕，其所以为适一也。虽然，吾闻芥子可以纳须弥，吾且将包群玉之山而踶跨之，又何区区鹏鷃之辨哉？作《小玉山记》。

（以上据《宝庵集》卷十六）

昆 山 历 代 山 水 园 林 志

玉峰标胜集二卷

〔清〕佚 名 辑

徐大军 整理

玉峰标胜集二卷

清佚名辑。

此集凡二卷,辑录唐、宋、元、明、清诗人吟咏昆山之诗。所咏以马鞍山之诗为多,如唐孟郊《登马鞍山上方》、张祜《游马鞍山慧聚寺》,宋王安石《游马鞍山和前韵》(即和孟郊诗),明高启《游马鞍山和前韵》。又有咏昆山的,如宋杨备《乞昆山玲珑石》、元张雨《得昆山石》等。亦有不咏昆山名胜,因作者与昆山有关而收入,如敖陶孙《吊赵汝愚》,盖以陶孙赘居昆山而收。卷首有马鞍山图,卷末有宋政和元年(1111)知县盖屿《马鞍山图记》。此集似为据《昆山杂咏》《玉山名胜集》等集及方志选辑而成,亦有他集未收者。

是集有清莼溪堂抄本,1册,藏南京图书馆,钤有"周宠""玉峰流寓客""莼溪周氏家藏""诗中画"诸印章。本次据此本点校整理。

马鞍山纪实

山在县西北,广袤三里。刘澄之《扬州记》:"娄县有马鞍山,天将雨,辄有云来映此山,山亦出云应之,乃大雨。"旧志:山高七十丈,孤峰特秀,极目湖海,百里无所蔽。山之阳有慧聚寺,其上皆择胜为僧舍,寺僧星居八十馀房,云窗雾阁,叠见层出。吴人以为真山似假山,最得其实。唐孟、张题诗,宋盖峤《山图记》,皇祐中王荆公以舒倅被旨,来相水利,夜秉烛登山,阅孟、张诗,和之而去,遂为山中"四绝"。

登临胜处,古上方为冠,月华阁、妙峰庵次之。山之巅有华藏寺及浮图七级,南有桃源、刘公二洞,北有凤凰石。山之中,又有翠微、连云、一作垂云。凌峰诸阁,芝华、丰年、凌虚诸亭,夕秀、压云、翠屏、留云诸轩。东有东岩亭、赛武当,西有兜率天、野猪岭、老人峰、如来院。淳熙间,月华先焚,上方次之,历年滋久,皆不复存。山神祠在山东偏,西又有春风亭、文笔峰,相传宋孝宗时,魁星见于此,卫泾清叔及第,始县以昆山得名。今其山割隶华亭县界,此则马鞍山也。

昆山疆域

东西四十五里,南北一百二十五里,管里三百三十六里。

玉峰标胜集卷上

五言律

登马鞍山上方　孟　郊

昨日到上方,片霞封石床。锡杖莓苔青,袈裟松柏香。晴磬无短韵,昼灯含永光。有时乞鹤归,还访逍遥场。

游马鞍山慧聚寺　张　祐

宝殿依山险,凌虚势欲吞。画檐齐木末,香砌压云根。远景窗中岫,孤烟竹里村。凭高聊一望,归思隔吴门。

游马鞍山和前韵　王安石

僧蹊蟠青苍,莓苔上秋床。露翰饥更青,风花远亦香。扫石出古色,洗松纳空光。久游不忍还,迫迮冠盖场。

其二　和张祐韵　王安石

峰岭互出没,江湖相吐吞。园林浮海角,台殿拥山根。百里见渔艇,万家藏水村。地偏来客少,幽兴只柴门。

游马鞍山和前韵　高　启

鸣钟警迷方,枯僧兀趺[1]床。石姿生寒棱,松子落古香。殿锁山雨气,楼迎海暾光。遥望苍苍城,愁是车马[2]场。

其二　和张祐　高　启

烟敛城初出,潮来野欲吞。危樵悬磴角,倦衲憩松根。云表藏林寺,钟闻隔海村。

1　"趺",底本原作"跌",据高启《大全集》(《四库全书》本)改。

2　"车马",底本原作"东□",据高启《大全集》(《四库全书》本)改。

画龙飞去久，空掩殿堂门。

题乐全堂县圃蕴辉亭<small>并在县圃内</small>　周承勋

瓦砾颓年积，锄櫌十辈功。旋移低地碧，颇杂亚枝红。对酒逢寒食，凭栏接暖风。墙悭天自阔，堪送北飞鸿。

访翠微上人　郏侨

行客倦奔驰，寻师到翠微。相看无俗语，一笑任天[1]机。曲沼澹寒玉，横山锁落晖。情根枯未得，爱此几忘归。

宿广慈庵僧舍<small>在留晖门外，留晖即今之南门也。</small>[2]　沈　周启南　石田

山近不能登，芙蓉隔夜灯。胸惟藏磊块，诗欲写峻嶒。寄赏还容酒，为邻却羡僧。明朝如不去，步步与云升。

过王侍御葆墓<small>在县东南新漕里</small>　殷奎

御史春秋学，脱略专门陋。见诸行事间，大用亦未究。气直沮权相，忧深旷储副。复墓匪为眩，所思在耆旧。

过李侍御衡墓<small>在县东南圆明村内</small>　殷奎

李公读论语，探道悟渊微。政推守令最，名重谏净司。生平信跌荡，之死气不衰。表树限樵牧，善政故在兹。

登玉峰山顶　崔涂[3]

绝巘跨危栏，登临到此难。夕阳高鸟过，疏雨一钟残。骇浪摇空阔，遥山厌渺漫。那堪更回首，乡树隔云端。

登玉峰一线天<small>壁上向有唐人"冻云穿石峡，飞浪到天门"之句</small>　徐开弘孟博

径仄峰逾逼，巉巉似削成。崖崩危石度，壑断古藤横。岁月苔痕老，风霜篆迹平。何年有此路，俯仰不胜情。

1　"天"，底本原作"人"，据龚昱《昆山杂咏》改。

2　底本此处天头有小字："留晖门即朝阳门。"

3　底本此诗原未署作者，据《全唐诗》卷六七九补。

登刘龙洲墓　方　凤

先生足高谊,后世但诗名。白骨山俱老,闲心水共清。丛花三月惨,风雨一杯倾。香饭崇崇冢,何人此系情。

登马鞍山　吴　瑞　字德徵,邑人。成化十一年进士,累官工部郎中。倡和有《西溪集》。

云阁供僧茗,春亭醉客觞。水浮湖海白,山带古今苍。封壤兼吴楚,衣冠接汉唐。年华日衰谢,登眺自心忙。

三益园　昆山徐开任季重

三益初开径,游人始羡山。路穷飞鸟迹,阁枕碧溪湾。户外争峰瞰,云中树独攀。西风岑寂地,日暮不知还。

又八首之二

性爱林丘静,茅斋尚未成。偶来西岭下,更续北园情。翠壁随廊转,清泉绕户鸣。始知人有愿,鸥鸟亦相盟。

吊易连峰斗元墓在西麓刘龙洲两公墓在东偏　陈　谔　题

改之太初墓,相望玉峰南。同是庐陵士,皆年五十三。高风凌峭壁,清韵薄寒潭。回首幽冥路,双碑空翠岚。

失　鹤　郏　亶正夫　昆山人

久锁冲天鹤,金笼忽自开。无心恋池沼,有意出尘埃。鼓翼离幽砌,凌云上紫台。应陪鸾凤侣,仙岛任徘徊。

七言律

得昆山石　元张　雨

昆丘尺壁惊人眼,眼底都无嵩华苍。隐若连环蜕仙骨,重于沉水辟寒香。孤根立雪依琴荐,小朵生云润笔床。与作先生怪石供,袖中东海若为藏。

玉峰秋望　元孙　寏

片玉峰高翠欲流,更穷绝顶望神州。天开西北风云合,地坼东南日月浮。灌木水村乌乱下,长林楼观凤曾游。于今风物非畴昔,万井烟花碧海头。

登玉峰 夏元吉维哲 湘阴人。以乡荐授户部主事,累迁本部尚书。永乐初,奉诏治东南水利,开夏驾浦。卒赠太师,谥忠靖。

昆阜遥看小一拳,登临浑欲接青天。神钟二陆人材秀,势压三吴地位偏。岩溜下通僧舍井,林霏近杂市廛烟。何时重着游山屐,来访当年种玉仙。

题檐卜堂 新安寺尼明海所居,叶西涧弟子。 杨维祯

解马来登翠微阁,扬舲重过宝禅林。铢[1]衣五夜下天女,广乐六时闻海音。白金花开檐卜树,青雨子落娑婆阴。新安上人尚文采,能作石泉西涧吟。

题书声斋 姚文奂子章所居,李孝光记。 郭翼

幽人一来开[2]风露,坐想瀛洲玉为署。把书夜诵秋满空,徘徊花影蟾蜍树。莲叶艇子风泠泠,太乙下照藜火青。笙簧满耳洗不醒,谬哉大音谁得听。

东斋 在马鞍山东偏,僧道川驻锡于此。 李乘

峭绝山根野水傍,阑干瞰水有山房。鱼藏似识秋风冷,僧睡那知世路忙。金磬一声清恋竹,石矶数级碧皴霜。耻罍未忍轻归去,班嗣垂纶此兴长。

鹿城隐居 在县治西南 倪瓒

避俗庞公隐鹿门,鹿城静亦绝尘喧。钓缘水北菰蒲渚,窗俯江南桑柘村。书蠹字残翻汗简,石鱼铭古刻洼尊。地偏舟楫稀来往,独有烟潮到岸痕。

玉山高处 在马鞍山巅,邑人陈伯康筑亭其上,杨铁崖题匾。 谢应芳

神仙中人铁笛老,为尔玉山双眼[3]青。玉山高处挂手板,铁笛醉时围内屏。天生丹穴凤为石,东望黑洋鲲出溟。一代风流有如此,名齐西蜀子云亭。

西隐阁 在慧聚、上方稍西,境趣特胜。 赵彦端

西风数客一栏杆,秋色翛然得细看。潦水倍知寒事早,夕阳更觉晚山宽。小留待月

---

1 "铢",底本原作"钵",据顾瑛《草堂雅集》改。

2 "开",底本原缺,据郭翼《林外野言》补。

3 "双眼",底本原缺,据谢应芳《龟巢稿》补。

钟无处,半醉题诗烛未残。忆得向来幽独处,黄精未熟客衣单。

叠浪轩 在马鞍山东北　刘　过

僧房矮占一山幽,不见当年叠浪浮。湖已为田知幻化,律更以教示精修。白莲何日来同社,顽石无时不点头。可惜能诗张孟辈,却无一字此间留。

南　园 瞿惠夫所居　秦　约

古铁塘西博士家,高轩瞰水筑晴沙。阶头雨长青裳草,池里风摇白羽花。丹颊老人驰野鹿,斑衣稚子弄慈鸦。未应北郭田二顷,更置南楼书五车。

绿阴亭 顾晋道建　郭　翼

绿阴亭上夏五月,瀛洲上客与俱来。日出众鸟绕屋语,竹深好花当户开。镜里水涵萍似粟,席间云落酒如苔。更贪贺监清狂甚,艇子朝朝暮暮回。

思贤亭 在马鞍山后　项　鼍

上方欲访题诗处,西隐先寻结社缘。洗树云通林下路,开窗山碍屋头天。旧游零落晨星列,胜景追思劫火年。今喜汝归相慰藉,小亭且复榜思贤。

绰山亭 在绰墩上,顾仲瑛建。　盛　彧

绰山亭前好明月,老子高情孰与同。乌鹊惊飞风叶下,鱼龙舞出海天空。川明酒色如霜白,烟泠荷花濯粉红。翻似破仙游赤壁,更无艇子着涪翁。

放鹤亭　袁　华

一鹤寥寥度碧空,朝辞华表暮辽东。托身每遇云林外,啄食时鸣草泽中。毛骨久知神初化,寿龄还与世相终。曾观夜舞瑶台月,两翅翩跰八极风。

范公亭 在荐严寺后圃,范成大少读书其上,
后人遂以"范公"名之,匾写"可赋"。　秦　约

范公山中读书处,云气亭亭如盖遮。连冈白石藏美玉,匝地紫藤多着花。要知奉使尽忠说,岂但赐恩为宠嘉 [1]。野人生晚不并世,独倚凉飙增叹嗟。

---

1 "宠嘉",底本原缺,据顾瑛《草堂雅集》补。

过淀山河北岸属昆山，南属华亭，东西三十六里，南北十八里。 卫 泾

疏星残月尚朦胧，闲入烟波一棹风。始觉舟移杨柳岸，直疑身到水晶宫。乌鸦天际墨千点，白鹭滩头玉一丛。欸乃一声回首处，青山浑在有无中。

巴城秋暮巴城在大西门外 郭 翼

巴城湖头日欲曛，巴王殿下水如云。渔船归去打双桨，鸥鸟翻回飞一群。野旷天开秋历历，霜清木落雨纷纷。杜陵飘泊谁知己，搔首风尘正忆君。

报国讲寺在景德寺西 沈 周

东昆不到两年强，六月来游是趁忙。城里谁家无暑地，水边人说有僧房。入门认竹天光晚，借榻眠松夜气凉。造次题诗才一过，不知三过几时偿。

题清真观放生池 宋蔡 仍

放生池上开轩坐，节气如春属仲冬。阁近波光凝翡翠，山连云气浴芙蓉。仙坛野鹤来巢子，石洞长松欲化龙。剪烛赋诗清不寐，又听玄馆送晨钟。

又 秦 约

碧水池头秋水深，芙渠万柄翠生阴。玄田种子俱成玉，琪树开花已满林。道士步虚苍玉佩，仙人吹笛水龙吟。西台风雨清无梦，隔竹声闻捣药禽。

又 杨维祯

放生池上晚披襟，五月凉风草树阴。玉井水寒船作藕，葛陂雨过杖成林。双双并命烟中下，瑟瑟蜿蜒夜半吟。道人当昼洗石砚，自临青李与来禽。

又 偶 桓

殿阁峨峨转夕晖，放生池上客来稀。应知羽士登真去，独见山童汲涧归。云冷松巢空鹤氅，雨荒丹灶长苔衣。野人素有烟霞癖，欲向玄关共息机。

过刘龙洲墓 宋凌万顷

尝随荐鹗上天阊，肯信荒山泣断魂。百岁光阴随酒尽，一生气概只诗存。冢倾平地藤萝合，碑倚空岩雾雨昏。纵是纸灰那得到，落花寒食一开门。

又　　元杨维祯

读君旧日伏阙疏,唤起开禧无限愁。东江风雨一斗酒,大地山河百尺楼。龙川状元曾表怪,冷山使者忍含羞。白鹤飞来作人语,道人赤壁正横舟。

前　题　秦　约

龙洲先生湖海士,矫矫高风绝代闻。持节去为金国使,封书曾感献陵君。筹边英略生前志,垂世文章死后勋。坏冢年来谁洒饭,愁看棘树锁寒云。

吊赵汝愚 时韩侂胄逐丞相赵汝愚,死贬所,敖在太学,赋诗吊之。
敖陶孙　字器之

左手旋乾右转坤,群公相顾尚流言。狼胡跋疐伤姬旦,渔父沉沦吊屈原。一死固知公所欠,孤忠赖有史常存。九原若见韩忠献,休说渠家五世孙。陶孙本长乐人,赘居昆山,以诗著名。忠献即韩琦。

赋陈情诗

殷奎,字孝章,少从杨维祯授《春秋》。洪武四年,授州县职,因母老,请近地便养,忤旨,调陕西咸阳教谕,因赋《陈情诗》。后念其母不置,抑郁而死。　殷　奎孝伯　昆山人

曾因才短固辞官,还得前时苜蓿盘。病骨支离惭倚席,客怀牢落强峨冠。慈闱老去家贫甚,先垄年来水啮残。圣主圣仁恩例在,愿推馀润到荒寒。

同绀上人游荐严寺石桥拈韵　叶奕苞九来

秋高浦远一钟凝,宅近精蓝兴可乘。出海蟾犹含半玦,过桥渔自聚孤灯。已拼狂逐衔杯客,却恐闲输扫叶僧。漏点正催吟正苦,未能叉手掷枯藤。

寒食后二日登玉峰远眺　徐开弘

杖策晴看雨后天,孤心愁绝艳阳前。万家楼阁延丹翠,千雉风云出管弦。山霭远匀桃晕浅,野烟轻拂柳丝偏。东南世事干戈里,游女如云晚未还。

游马鞍山　余　炘　字茂本,昆山人。少有俊才,为人长者。洪武初,以太学生授承敕郎。后拜吏部尚书。

两年不到翠微寺,载酒重过百里楼。四海共趋龙虎地,百年今见凤麟洲。天声隐入江声小,日气遥连海气浮。文笔峰头望南北,五云深处是神州。

游 山　沈以潜 名玄，自汴徙吴。精医。宣德初，擢御医。

嵯峨千仞蓦凌空，沧海西来茂苑东。势转江流三里外，翠分岚影半城中。岩前有洞仙家近，溪口无花钓艇通。闻说幽人茅屋底，卷帘相对咏无穷。

雨后登马鞍　梁　逸

独向峰头立，山山树色微。春寒浑未减，湿翠已先飞。野寺连鱼浦，苍烟接钓矶。何时携蜡屐，日暮澹忘归。

吊刘龙洲　梁　逸

匏樽欲与荐蘋蘩，吊古伤今不可潘。负腹将军驰大纛，方头处士进狂言。一棺忠骨埋山麓，万首清词敌稼轩。正值秋风萧瑟候，更谁兴废动烦冤。

遂园禊饮

翠岭周遭列画屏，和风初动柳条青。良辰正喜当佳节，太史应看聚德星。座上群鸾俱奕奕，园中独鹤自亭亭。岂惟上巳堪游赏，留待茱萸醉复醒。

秋日同黄士龙至山顶听蕙堇吹箫　海门金　潮

文笔峰头驻马看，马鞍山下共弹冠。正逢黄石携双笃，又听文箫唤彩鸾。

昆 山　吴　宽 礼部

昆冈玉石未俱焚，古树危藤带白云。小洞烟霞藏木客，下方箫鼓赛山君。千家居屋黄茅盖，百里行人白路分。更上双峰最高处，沧溟东去渺斜曛。

昆山乘落潮夕归　元张　泰

玉峰山下促归桡，东向沧洲正落潮。凉满客槎金气应，月明仙峤绿烟消。晚江鱼酒愁浑遣，故里风泉兴不遥。怅望美人歌独夜，赏音谁与一吹箫。

七言绝句

乞昆山玲珑石　宋杨　备

云里山光翠欲流，当时片玉转难求。卞和死后无人识，石腹包藏不采收。

游慧聚寺东亭　张方平

夜色秋光共沆瀣,水村篱落晚烟交。挂筇回就上山路,行看斜阳隐树梢。

赋压云轩在昆山翠微之上　胡　清　昆山人

谁建危亭压翠微,画檐直与暮云齐。有时一片岩隈起,带与老僧山下归。

赋轩旁小柏　胡　清

栽傍丛隈未足看,谓言斤斧莫无端。他时直入抡材手,不独青青保岁寒。

芝华亭在古上方后　龚明之　昆山人。明之,字熙仲,事祖母至孝,特恩廷试,授高州文学。年老,敕监潭州衡岳。致仕,超授宣教郎。李衡清望绝人,独兄事之。所著《中吴纪闻》。

谁道休祥系上穹,民心元自与天通。政平讼理为真瑞,何必金芝产梵宫。

附　对

余尚书茂本游县庠时,方与诸生会馔。一老御史微行,坐明伦堂,诸生出见。御史出此对,茂本应声而对:"黄米饭香青菜熟。"茂本对曰:"白头人老赤心存。"

翠微山居今在昙花亭　僧冲邈

闲来石上卧长松,百衲袈裟破又缝。今日不愁明日饭,生涯只在钵盂中。

其　二

临溪草草结茅堂,静坐安然一炷香。不是息心除妄想,都缘无事可思量。

其　三

老老山僧不下阶,双眉恰似雪分开。世人若问枯松树,我作沙弥亲见栽。

其　四

幼入空门绝是非,老来学道转精微。钵中贫富千家饭,身上寒暄一衲衣。

其　五

一池荷叶衣无尽,数树松花食有馀。却彼世人知住处,更移茅舍作深居。

其　六

茅檐静坐千山月，竹户闲栖一片云。莫送往来名利客，阶前踏破绿苔纹。

其　七

炉中无火已多时，早起惟将一衲披。莫怪山僧常冷淡，夜深无处拾松枝。

其　八

岂是栽松待茯苓，且图山色镇长青。他来行脚不将去，留与人间作画屏。

夜步东寺之西　范成大

人家帘幕夜香飘，灯火萧疏照市桥。满县月明春意好，小楼吹笛近元宵。

又夜步东禅廊　前　贤

淡云如水雾如尘，残雪和霜冻瓦鳞。织女无言千古恨，素娥有意十分春。

其　二

一声黄鹄夜深归，栖雀惊鸣触殿扉。北斗半垂楼阁外，风幡直欲上云飞。

来鹤亭 吕诚敬夫尝畜一鹤，有一鹤自来为侣，遂构亭曰来鹤亭。　张　雨

华表归来旧令威，晓风将[1]梦上天飞。緱山借与浮丘伯，一曲瑶笙月下归。

其　二

草堂来鹤驻樊笼，忽有鸾笙下碧空。待唤羽衣相向舞，吕家园里看春风。

乐　庵 在圆明村，宋侍御史李衡彦平归老之地，旁皆修竹，自号乐庵、安叟。

彦　平　自题

老子平生百不足，庵成那管食无肉。终朝闭户只读书，四面开窗只见竹。

其　二

投老庵居百事宜，早眠晏起不论时。更长睡足披衣坐，倾耳林间竹画眉。

1　"将"，底本原缺，据张雨《句曲外史集》补。

自题期颐堂在圆明村龚明之逸老之所　龚明之

百事如今与世违，一花一木谩儿嬉。莫欺兀兀痴顽老，曾睹升平元祐时。

其　二

不服丹砂不茹芝，老来四体未全衰。有人问我期颐法，一味胸中爱坦夷。

水云千顷亭在全吴乡江上姚申之家　申　之　自题

云影相随宿雁回，斜晖犹带晚潮来。小桥低处通船过，一队鹅儿两道开。

金粟堆　顾仲瑛

在县西界溪，仲瑛生前自筑，名金粟堆。尝自题小像曰：

儒衣僧帽道人鞋，天下青山骨可埋。若说向时豪侠处，五陵裘马洛阳街。

自　况　夏　迪　字君启，吉安人。

元季，方寇之乱，以海道万户为行军经历，统众至昆山。太祖革命，遂托以玉峰山水之佳，赘婚而居，遂为昆人。结屋读书，诗酒自适。尝自况曰：

一剑江湖已十秋，中原无复旧西周。便应抱膝昆丘下，肯冒人间儿女羞。

过黄番绰墓　高　启

淳于曾解救齐城，优孟能令念楚卿。嗟尔只教天子笑，不言忧在禄山兵。

与故人王忠孟饮春风亭　龚　诩

龚诩，字大章。父詧，洪武初为给事中，谪死。诩年十七，为金川门守卒。及靖难，兵入金川，诩大哭还乡，隐居不仕。年八十馀。门人私谥为安节先生。

山水千重复万重，少年相别老相逢。春风亭下一杯酒，山色不如人意浓。

夕秀轩在山　郭　章　字仲达，邑人。工诗文。官至通直。

柳暗西津桥步斜，长川练练若萦蛇。晚来不为东风恶，与子留连在月华。

登山感述　孟　忠　_{字廷臣。洪武初以贤才荐，}
授武宁知县。成祖召用，坚辞不赴。

汲水堤边杨柳花，东风吹散五侯家。江南一去繁华远，梦觉青山自煮茶。

登山赠孟季成　曹　睿

鹿城山色似春云，山下流泉绕舍分。沾赐龙团归日近，停桡先访孟参军。

舟中望昆山　明王　鏊

云外孤峰影堕江，船头风浪共低昂。廿年旧事空回首，山自闲闲人自忙。

和山间壁上陈子忠　宋颜　发

路转山根草木香，天容水色两茫茫。渔人风里数声笛，飞过芦花幽兴长。

风蒲水荇度清香，两两飞凫随渺茫。目送征帆掠波去，碧天无际暮云长。

附遗迹

黄姑村

在县东三十六里，即宋龚宗元所居之地。相传有织女、牵牛降此，织女以金箆划河，河水涌溢。今村西有水名百沸河。乡人立祠祀之，祀中列二像。建炎兵火时，士大夫多避地东冈，有范姓者，经从祠下，题诗一首于壁间。乡人遂去牵牛像，独织女存焉。祷祈之间，灵迹甚著。诗云：

商飙初至月埋轮，乌鹊桥边绰约身。闻道佳期惟一夕，因何朝夕对斯人。

南翔寺

南翔寺僧□蓝将建南翔禅林，适有二白鹤飞来，蓝鸠财募众，不日而成，因聚其徒居焉。二鹤之飞，或自东来，必有东人施其材；自西来，则施者亦自西至。其他皆随方而应，无一不验。久之，鹤去不返，僧号泣甚切，忽于石上得一诗云云，遂名其寺曰南翔。寺之西，又有村名白鹤。今俱分属嘉定县。

白鹤南翔去不归，惟留真迹在名基。可怜后代空王子，不绝熏修享二时。

乌夜村　高　启

在县城南。村人何淮产女之夕，群乌惊鸣。明日，大赦，又鸣。众咸异之。后淮女为晋穆帝皇后，因名其地曰乌夜村。

荒村乌夜栖，忽绕月明啼。生得东家女，身为万乘妻。至今种高树，不遣乌飞去。居人凡几家，爱听啼哑哑。啼哑哑，勿惊怪。妇开门，向乌拜。

问潮馆

在驷马桥西。昆山虽近江海，自古无潮汐。宋淳熙间，有一道人诵谶云："潮过夷亭出状元。"绍熙中，始有潮至。时李衡亲闻谶言，大异之，乃告知县叶子强，乃筑问潮。潮[1]忽大涌，远过夷亭。明年，卫泾大魁天下。

1　"潮"，底本原缺，据文义补。

玉峰标胜集卷下

五言古

游马鞍山寺集句

全吴临巨溟，皮日休。青山天一隅。李颀。幽境林麓好，陆龟蒙。胜概凌方壶。李白。泓泓野泉洁，韦应物。暖暖烟谷虚。韦应物。攀云造禅扃，韦应物。跻阴筑幽居。谢灵运。道人刺猛虎，李白。复来剃榛芜。杜甫。咄嗟檀施开，杜甫。以有此屋庐。韩愈。侧叠万古石，李白。功就岂斯须。贾岛。礛碻成广殿，陆龟蒙。鬼功不可图。皮日休。有穷者孟郊，韩愈。过此亦踟蹰。孟郊。赋诗留岩屏，李白。词律响琼琚。钱起。我访岑寂境，陆龟蒙。幸与高士俱。韦应物。时升翠微上，李白。凉阁对红渠。韦应物。岸帻偃东斋，韦应物。果药杂芬敷。韦应物。上方风景清，白居易。华敞绰有馀。白居易。高窗瞰远郊，韦应物。万壑明晴初。齐己。赏爱未能去，韦应物。赪霞照桑榆。宋孝武帝。老僧道机熟，柳宗元。闻持贝叶书。柳宗元。秉心识本源，杜甫。高谈出有无。李白。茗酌待幽客，李白。顿令烦抱舒。韦应物。儒道虽异时，孟浩然。意合不为殊。李白。抖擞垢秽衣，白居易。惟有摩尼珠。杜甫。馀生愿依止，贾岛。投策谢归途。钱起。

乞昆山石　曾　幾

昆山定飞来，美玉山所有。山只用功深，刻划岁时久。峥嵘出峰峦，空洞开户牖。几书烦置邮，一片未入手。即今制锦人，在昔伐木友。尝蒙投绣段，尚阙报琼玖。奈何不厚颜，尤物更乞取。但怀相知心，岂惮一开口。指挥为幽寻，包裹付下走。散帙列岫窗，摩挲慰衰朽。

凤凰石在山之阴　郭　翼

天星坠为凤，叠浪耀灵景。独立白玉冈，如在赤霄顶。硞磘丹穴开，磅礴翠螭并。浑浑玉在璞，庚庚金出矿。宁支织女机，孰作补天饼。员嵲若负力，拥肿或病瘿。蜀图雄八阵，周象重九鼎。鲸骇昆明池，莲表太华井。来仪欲巢阁，览德久延颈。架海功莫神，况一作"沉"。郢恐未醒。山花杂五色，祥云覆千一作"十"。顷。金鹊徒为珝，雨燕漫飞影。铁崖铁作心，吐句何奇警。寄语山中人，诗法当造请。

登秦望山在县南三十里千墩浦,有烽火楼基。

秦始皇登此望海,故名。　唐薛　据

南登秦望山,目极大海空。朝阳半荡浴,晃朗天水红。溪壑争喷薄,江湖递交通。而多渔商客,不悟岁月穷。振缩迎早潮,弭棹候远风。予本萍泛者,乘流任西东。茫茫天际帆,栖泊何时同。将寻会稽迹,从此访任公。

晚归阳城湖漫兴　沈　周

薄暮及东泛,眼豁连胸臆。净碧不可唾,百里借秋拭。远树水光上,出没似空植。疏处方森然,山黛一痕塞。夕阳掩半面,云浪为风勒。便以湖作纸,欲写手莫即。见瞥况难谛,历多何暇忆。舟子无雅情,双橹奋归力。

南郭新居在县治南门外,乐备所筑。　范成大

新堂燕雀喜,竹篱挂藤萝。崩奔风涛里,得此巢龟荷。西山效爽气,南浦供清波。会心不在远,容膝何须多。先生淮海俊,踏地尝兵戈。飘飘万里道,芒鞋厌关河。风吹落下邑,楚语成吴歌。岂不有故园,荒垣鞠秋莎。无庸说当归,到处皆南柯。闭户长独卧,奈客剥啄何。会令苍苔石,屐齿如蜂窠。

江雨轩偶桓武孟所筑,桓有《江雨轩集》。　谢应芳

春雨如暗尘,江乡昼冥冥。幽人感时变,于兹事耕耘。江雨亦屡作,江风穆而清。土膏润如酥,草木努甲生。此竟谁为之?曰惟天之诚。我艺我稷黍,我轩泊我宇。晨兴带经锄,宁惜作劳苦。嘉苗既芃芃,田畯为之喜。霜飙一披拂,致此岁功美。斗酒以自劳,共入此室处。矧兹值时康,乐哉咏江雨。

野航亭姚文奂子章所构,人称"姚野航"。　袁　华

今日有佳集,野航俯清娄。酒从碧筒泻,烟向博山浮。长林树阴密,方池水气秋。蝉依丛叶语,鱼喓落花游。暌离获良觌,飞光为迟留。

题墨妙亭在顾信西园,藏赵子昂书。　卫　培

宋季事性理,书法悉废[1]置。况复攻程文,视此等末技。岂知古小学,书乃在六艺。此语非我出,得自松雪公。松雪学钟王,东南多从风。遂令茹笔者,冯陆交称雄。善夫

1　"废",底本原作"发",据冯桂芬等《苏州府志》改。

爱清赏，什袭护真迹。一字弗弃捐，得即寿之石。妄令千载人，摩挲同岱嵘。为石构斯亭，亭以墨妙名。变化尽遒劲，盘谷尤晶荧。惜无儋耳翁，作诗落其成。我欲坐窗下，朝暮究点画。其次攻程文，最上穷理学。窾语君勿嗤，那有扬州鹤。

初秋观稼回县署与同僚及示姑苏幕府　宋张方平

邑民三万家，四边湖海绕。农家勤稼事，市井嬉游少。荐岁逢水沴，饥劳何扰扰。我来忝[1]抚字，见此心如捣。去秋仅有年，高田尚停潦。今幸风雨调，皆话天时好。春喜鹊巢低，夏更蝉声早。吴民以此候旱涝饥穰。秧船挐参差，蒜岸萦回绕。艺插暮更急，车声达清晓。纺筥犹挂壁，何暇张鱼鸟。我时行近郊，小艇穿萍藻。渚长葭苄深，野沃杷秜倒。孺子远饷归，闲暇颜色饱。预喜省敲筶，租赋可时了。归来轩馆滑，旷荡盈怀抱。荷边人吏散，庭庑阒窈窕。露筱映孤亭，风荷动幽沼。置身木雁间，兹焉愿终老。颠蹶走荣利，况余拙非巧。鲈鲙饭紫芒，鹅脂酒清醥。紫芒、鹅脂，稻名。怅然怀友生，虚斋为谁扫。

题新迁花藏寺旧在马鞍山北麓，洪武十三年，僧大雅移建山巅塔所。　　易　恒

兹山奠海堧，高处宅金仙。历劫浮图耸，经时古寺迁。烟霞深一境，楼阁近诸天。翠积祇园树，苍擎华岳莲。巨鳌当胜地，孤鹜起平川。玉气阴晴见，灯光昼夜传。空花皆是幻，水月不离禅。暮景飞蓬逝，馀花落照悬。独寻方外友，已断世间缘。坐久谈玄理，松花落麈前。

过黄番绰墓　周南老

谈谐多滑稽，启宠纳慢侮。笑取玉环欢，拍案盲胡舞。天宝志欲满，侈心日益蛊。宫车远播迁，魄丧渔阳鼓。胡为王门优，有此一抔土。遂令村之氓，犹能三反语。

过王侍御葆墓　袁　华

有宋建皇极，汴京郁嵯峨。仁化浃迩遐，林林英杰多。昆山虽僻左，士风粹而和。明经擢高第，踵接肩相摩。御史乡先生，学术正不颇。五传究终始，备论订舛讹。粤在宣和间，褒然中巍科。初主丽水簿，言事何委佗。说书辅春坊，执发居谏坡。从容答时相，真气凌太阿。范公在馆下，诘责如切磋。卒为庙廊器，词源浩江河。高弟沙随程，入室非操戈。宋史书列传，耿耿名弗磨。世变陵谷迁，百年无几何。城南新漕里，荆榛埋铜驼。景行世仰止，高风激颓波。门墙既有限，樵牧安敢过。再拜重兴感，临风动悲歌。荒苔

1　"忝"，底本原缺，据龚昱《昆山杂咏》补。

封断碣,太息为摩娑。

过李侍御衡墓　袁　华

散步城南门,始得圆明里。宰上木已拱,泉下者谁氏。披榛踏宿草,羡门半貔豸。勋阀表阡石,云是侍御史。方行敦古学,名衡其姓李。世家本江都,娶妇居娄浍。射策明光殿,看花长安市。出宰施善教,矧肯猛政理。至今松陵月,清光照江水。拜命登霜台,白简冠獬豸。上言论奸佞,手将逆鳞批。势障狂澜[1]回,屹立中流砥。五贤一不肖,赋咏光传记。挂冠归乐庵,著述惜寸晷。硕学邃易经,集传发微旨。岂唯淑后进,千古垂范轨。九原不可作,清泪何潨潨。乡里众富儿,厚葬从奢侈。黄肠题辏密,养台文绣被。可怜土未干,荒烟横断址。后世仰高躅,庶激俗靡靡。复墓限樵牧,何异乎朱子。

玉峰晓望

山晓犹鸿濛,启明东已烂。草蔓石楼空,爽气交平旦。瞳瞳初旭丽,哑哑啼乌散。曙霱日参差,晨突烟凌乱。孤城百务起,蠢动长衢畔。青山尽日闲,不见风尘断。

君子有所思行　陆　机　字士衡,吴大司马抗子。

命驾登北山,延伫望城郭。廛里一何盛,街巷纷漠漠。甲第崇高闼,洞房结阿阁。曲池何湛湛,清川带华薄。邃宇列绮窗,兰室接罗幕。淑貌色斯升,哀音承颜作。人生诚年迈,容华随年落。善哉膏粱士,营生奥且博。宴安消灵根,酖毒不可恪。无以肉食资,取笑葵与藿。

诗　馀

满庭芳·过刘龙洲墓　明杨子器

世路崎跷,功名蹭蹬,天涯踪迹无聊。贫寒彻骨,犹幸有绵袍。叵奈老苍情薄。风尘里、困杀英豪。惆怅旅魂飞散,更楚些难招。　　悠悠千载下,有知己者,想像风骚。谩摩挲断碣,细认前朝。庙貌重新,兴复香火事,付与我曹。从今后,大家照管,风雨莫飘摇。

自题春水船 殷强斋奎读书处也　殷　奎

江南忆,忆当何处先? 先忆我家春水船。有酒有花重庆日,无风无雨太平年。朝夕侍宾筵。

1　"澜",底本原作"阑",据袁华《可传集》改。

虞美人·玉峰　　方　凤

青山相对年年好。游客知多少。翠微阁上豁双眸。望见一泓春水落花流。　　桃源旧日仙人过。幡影宫中堕。若逢无事便携筇。莫待满头飞雪叹龙钟。

七言古风

栖云轩在顾仲渊家　　于　立

玉峰连天向天起，秀色盘桓三十里。寒翠淋漓湿窗几，影落明湖一泓水。明湖之水清无底，幽人结屋湖光里。溪南溪北花阵迷，舍东舍西山鸟啼。夜来东风雨一犁，满川烟雾春云低。春云无心无定据，长在幽人读书处。未肯从龙行雨去，窗前且伴幽人住。

觞书画舫在顾仲瑛西墅。三月三日，仲瑛觞杨铁崖于舫中，侍姬素云行椰子酒，遂成联句。

龙门上客下骢马，瑛。洛浦佳人上翠帘。玛瑙瓶中椰蜜酒，崖。赤瑛盘内水晶盐。晴云带雨沾香炮，瑛。凉吹飞花脱帽檐。宝带围腰星万点，崖。黄柑传指玉双尖。平分好句才无劣，瑛。百罚深杯令不厌。书出拨灯侵茧帖，崖。诗成夺锦斗香奁。臂鞲条脱初擎砚，瑛。袍袖弓挽屡拂髯。期似梭星秋易隔，崖。愁如锦水夜重添。劝君更覆金莲掌，瑛。莫放春情似漆黏。崖。

过刘龙洲墓龙洲名过，号改之。墓在马鞍山东斋。　　沈　周

龙洲先生非腐儒，胸中义气存壮图。重华请过闻缺典，一疏抗天肝肠粗。中原丧失国破碎，终日愤懑夜不寐。往筹[1]恢复诣公衮，论矛听盾事大殊。芒鞋布袜世途穷，长枪短剑秋风孤[2]。登高聊且赋感慨，江山故在英雄无。权门欲招脚[3]板诔，顾逐诗朋兼酒徒。寻常一饮空百壶，卖文赎券[4]黄公垆。酒豪便欲踏东海，故人留昆亦须臾。玉山原是埋玉地，岁惟三百骨已枯。三朝封树雨起废，人重风节非人驰。呜呼！人重风节非人驰，龙洲龙洲真丈夫。

雪后登马鞍山曲

玉山之西积雪深，寒枝万树成琼林。妆凝一夜千峰晓，晓望空山秋月皎。杖藜前去

1　"往筹"，底本原缺，据沈周《石田诗选》补。此诗缺字皆据此集补。

2　"孤"，底本原作"秋"。

3　"权门欲招脚"，底本原缺。

4　"文赎券"，底本原缺。

白漫漫，不是关山行路难。半山横堞迷屈曲，崩崖叠嶂如堆玉。岭上忽闻羌笛鸣，商声寥亮老龙惊。对此旷怀发清啸，曳屐徘徊复登眺。风磴阴雪晚未消，暮归犹在白云朝。高歌谁数郢中客，古到于今几狼藉。

烟雨看山　陈　则　字文度。洪武间，应秀才举，任应天府，升户部侍郎。

谷雨微微又，汀花寂寂春。山中元有路，何事少行人。

马鞍山图记　盖　峿

慧聚，二浙之名刹，肇迹于梁天监中。耆旧互传，昔者法师慧向驻锡此地，谋建塔庙，力所未给。精切诚至，俄有鬼神之助。一夕，雷电大作，怒风恶雨，明而视之，宏基崛成，殿之阶也。观其衰硙礌，积嵌嵌，在苍崖崇冈之垠，直逾引绳，方迈截矩，剖劂镌镂，了无瘢痕，隐隐隆隆，颓然似巨鳌之俯伏，不攲不颇，皆负柱石，殚巧穷妙，信非人力之可致。是以自时厥后，舄奕蝉联，月增日崇，底今大备。

寺之疆境，据昆山之西北，宝势屹嶪，依马鞍山缭绕而上，高七百尺。茂林修竹，松桧藤萝之隙，又有灵苗佳卉，珍丛秀蔓，自红自绿，霜雪弗凋。佛宇僧室，疏旷爽快之处，蔽红阴而翳绿影者，棋布栉比，几三千楹。经画缔构，工亦瑰玮[1]，乃若跻蹑烟霞，偃仰风月。轩堂亭榭，台阁楼观，往往横跨杰出，旁崎挺立，若鸟之翔，如兽之蹲。甚者架虚排空，玲珑缥缈，层层叠叠，银朱金璧之相耀，乍显乍晦于翠云紫霭之巅。加以巨海处其左，重湖居其右，俯瞰淞江之汹涌，侧顾杨山之巉岏，朝化暮变，供秀气而借清光，指掌之间，四望百里，真天下雄壮奇伟之观也。

然而姑苏一隅，地极僻侧，弗类乎杭之天竺、润之金山，当冠盖之冲，临车航之会，萃乃非凡之胜概，包蕴停蓄，止见于近，未闻于远。量彼较此，为之不平。

主事僧法全刻图于石，踊跃执笔，从而道其始末，庶或流派传之四方。且俾好事者燕坐几席，仿佛乎登朱桥，步碧砌，审众水之环山，想孤峰之擎寺，必称其洒落峻峭，蔑一点埃壒之气，可以侔天竺，俪金山，并驾而同驰，靡分先后，盖亦扬善成美之志也。虽然，模之于画，述之于书，寄象寓数，特其糟粕。殆有画之书之，莫穷莫尽之妙，潜藏默谕于象数之表，观者自得。斯图也，岂独夸诧是招提而已耶？因以见国家太平一百六十年之盛，神功圣德，格于上下，覆护函毓，无垠无涯。故兹山邑水乡，幽闲荒陋之地，尚克辟绀舍而集缁徒，为民祈福，有如是居，有如是景。呜呼休哉！

政和元年十一月旦，知县事盖峿记。

1　"工亦瑰玮"，底本原缺，据淳祐《玉峰志》补。

昆山历代山水园林志

玉峰寄隐图诗文录三卷

〔清〕管　柏　辑

徐大军　整理

玉峰寄隐图诗文录三卷

清管柏辑。管柏,江苏昆山人。

管柏父管湘(1780—1837),字瀛洲,号雪泉。幼喜读书吟诗,雅慕高隐,厌居城市。道光十年(1830),授徒昆山惠安乡杨文庄村,地近马鞍山,暇日偕友人诗词唱和。十五年春,请友人绘《玉峰寄隐图》。湘殁,管柏因邀海内君子为此图题咏,辑为此篇。玉峰,因形似马鞍,被称为马鞍山。又以其石秀润似玉,一名玉山。诗中多有对玉峰景物之描摹。是集分三卷,卷上、卷中为诗、词,卷下为赞、序、记、跋等。末附管湘侄管槐撰管湘"事略"。

是书有清光绪四年(1878)白云居刻本,本次据南京图书馆藏本点校整理。

玉峰寄隐图诗文录卷首

家　传

君讳诠，字民衡，号持亭，镇洋县学生也。先世由平昌迁太仓。有讳志道者，明隆庆辛未进士，官至广东按察司佥事。其后又徙居城南之雪葭泾，潜德不仕。父长发，县学生，生子三，君其季也。幼有至性，在塾读书，闻仲兄卒，涕泣昏仆。母朱太孺人病，君衣不解带，居丧尽哀。精岐黄术，有求之者，不避风雨寒暑。道光初，大疫，遇贫者辄馈以药。资性正直豪爽，人有过，面斥不少假，人亦弗怨。能饮酒，数斗不乱。道光八年正月廿七日卒，年七十有一。子三：曰湘，曰逢源，曰润。

湘，字瀛洲，号雪泉。早年失怙，事父尤谨，扇枕温衾，浣衣涤褕，皆躬任之。友于兄弟，至老怡怡。生平无疾言遽色，口无雌黄，胸无城府，乡里咸目为长者。尝训其子曰："凡人，处世务谦和，治家务严整。"又曰："祖业惟耕与医，汝曹宜各勉之。"训蒙于新阳惠安乡之阳文庄，踞马鞍山不廿里，时偕二三知己吟咏登临，因作《玉峰寄隐图》，以寄兴。能为诗，选入《昆山诗存》。道光丁酉十一月廿八日卒，年五十有八。子男三：长本，次林，次柏，咸能不坠其业。

论曰：孟子曰，择术不可不慎。救饥疗疾，皆人所急而仁之术也。一夫不耕，天下受其饥，而范文正亦言"不为良相，则为良医"，充斯心也。养宇宙之太和，回一世于淳闷，兼赅之矣。呜呼，其知本哉！

瑶华旧史朱右曾拜撰并书。

自　题

夙昔慕向禽，山水最眷恋。年来抱微疴，腰脚苦疲软。寄迹阳文庄，橐笔耕破砚。所嘉近玉山，开窗穷睇眄。兹山虽一卷，佳景倏恍变。每当雨霁时，郎朗露真面。云影栖禅房，钟声递僧院。斜阳霞际明，微径烟中见。策杖时一登，羁绪借排遣。惜无买山钱，结庐空艳羡。亟招画师来，图成尺幅绢。非敢希古人，聊以偿夙愿。

征诗缘起

先子雪泉府君，讳湘，字瀛洲，号雪泉，世居娄城之雪葭泾。为明刑部东溟公讳志道十一世孙。家世业儒，先子幼喜读书吟诗，雅慕高隐，厌居城市。岁庚寅，授徒于昆山之惠安乡，村曰杨文庄。草庐三间，面山枕水，课诵之馀，啸歌自乐。村离城二十馀里，民皆耕织为业，风俗敦朴。先子居而乐之，当春秋佳日，偕二三知己，棹扁舟，携筇屐，溯致和之塘，登马鞍之山，徘徊瞻眺。西望吴山迢递，巨浸汪洋，辄流连忘返，纪之以诗。然终以年垂暮，乏济胜具，不能遂向平之愿为憾。

乙未春，倩友人绘《玉峰寄隐图》，张之于壁，一以志慕，一以志感。尝自谓："山水寄象于天地，人寄情于山水。山水之景，耳目寄之；耳目之玩，笔墨寄之。若是，则一时之兴，足迹所至，皆可作常有观也，而乌知其为寄耶而安，往而非寄耶？"噫！先子是语，当时以为是高人旷达之致，迄今绎之，乃为之痛绝矣。

呜呼！柏不肖，先人在时，不能谋升斗以养，为吾父裹粮而游。逮其没也，复不获寸进以光显前绪，仅抱遗图以当终身之慕。此柏之每一展阅，不觉涕泗之交颐也。然幸邀海内有道君子，矜其无似，赐以题咏，则先人一生暗汶，得椽笔以传，泉下之目，庶几可暝，而柏亦少贳不孝之罪，是皆诸君子之所赐也。庸书缘起，以示来者，俾子孙世守，且志感戢云。

道光二十年庚子仲春朔日，不肖之柏百拜述。通家小侄潘道根拜填讳。

玉峰寄隐图诗文录卷上

诗

戊戌秋倚岩三兄访余东园出素帧乞补令先君雪泉先生玉峰寄隐图率尔为之并书拙句

嘉定张文洤子渊

管子天下才，守身等持玉。匪无出山志，出山泉水浊。玉峰寄高隐，英才乐教育。从者益日众，衣食既粗足。乡邻意相得，淳朴久成俗。无人话朝市，有鸟唤林麓。西望马鞍山，山光排闼绿。窗明几复净，杲杲上清旭。钞书与咏吟，心苗发芬馥。课馀醒午睡，灌菊更移竹。游戏本不事，诗酒自征逐。朋俦有时来，论句倒醽醁。主客两忘形，宽闲少拘束。脉脉怀故土，翻如莺出谷。与世忽长辞，寓公有似续。存兹诗画册，并作楹书读。老手愧颓唐，为补林间屋。能事非王宰，甘受相迫促。缅怀顾阿瑛，小景绘金粟。画图今有无，草堂慨芳躅。

顾　份少瑛

小筑林泉寄此身，不知世外有红尘。但携旧砚长为客，便买青山与作邻。梅屋略堪容隐士，桃源只许到渔人。披图省识幽闲趣，绝似当年郑子真。

嘉定洪遵规啸鸿

裙屐清游忆玉山，拳峰峭倩亦堪攀。白云回首看无尽，收入倪迂笔墨间。

灵境何须访洞天，春秋佳日且流连。此间自合幽人住，好与三生结净缘。

烟霞痼癖总难消，山水栖迟慰寂寥。尚有平生馀恨在，林间未及构松寮。

玉峰佳处草堂幽，金粟高风杳莫留。但借丹青披一幅，卧来也效少文游。

王懋畇子九

君家昔日管师复,钓月耕云趣超俗。而翁无乃有遗风,老向玉峰寄高躅。丈夫固宜志四方,千岩万壑争徜徉。玉峰一卷何足数,奚为恋恋情难忘。君言先子年强健,蜡屐寻山兴无倦。老来两足苦蹒跚,海内名山未游遍。我今闻所云,一言告夫君。君不见南朝宗少文,登荆巫,陟衡岳,扪苔别藓穷昏晨。老疾俱至兴不已,犹复卧游一室娱其身。达人随处可行乐,底须千里攀嶙峋。而况玉峰虽小景殊妙,闲来尽可供凭眺。蓬蓬佳气如蓝田,烟雨晦明画难肖。翁也客授山之东,马鞍一角排窗中。杨子草玄工著述,不少后生问奇载酒来追从。时偕二三子,澜翻谭经史。或检肘后方,小试活人技。有时兴酣摇笔哦诗篇,千言挥洒银光纸。有时晨兴敞轩楹,绿云遥映岚光青。有时薄暮向西望,夕阳返照形珑玲。时或有客来不速,亦复整冠撰杖骋怀游目。携琴选石眠,执卷倚松读。检囊只少买山钱,茅庵未向此中筑。阳文庄畔屋三间,恰喜开门即见山。遨游已倦拚高卧,风雨无人静掩关。掩关从此谢尘事,悟得此身本如寄。平生微尚托丹青,幽栖不负烟霞志。我思元时顾阿瑛,玉山佳处常怡情。诗词共仰骚坛主,富贵偏成隐逸名。揭来四百有馀载,前哲流风渺何在。不图寄隐得而翁,山林又复增光彩。嘉君年少善承先,敲门到处求题笺。玉峰我本旧游地,惜哉未获访林泉。图中竹杖芒鞋者,已作逍遥世外仙。

黄筠心友三

鹿城返棹过仙庄,未访幽人管幼安。河鼓村头披画本,西来爽气溢毫端。

文笔峰前作寓公,廿年飘泊一诗翁。知君丘壑胸中具,还让名家画笔工。

顾　伟少雍

诸世间相,无有坚固。山水之趣,与心常住。

玉峰咫尺,可以栖身。其言旷如,动以天真。

常住无住,真空不空。一生寄隐,景此清风。

萧尔梅燮和

鹿城有蔚村,云在城东北。山色拥千重,溪光漾几曲。七十二莲潭,迭寄高贤躅。俯仰数百年,胜迹相连续。吾娄有管子,寄隐昆之麓。未惬向平愿,且托愚公谷。春畴桑柘齐,流莺啭晴旭。秋郊烟雨时,一抹岚光绿。卧游宗少文,图画看盈幅。一丘一壑情,那复耽尘俗。高风跂前贤，后嗣珍贻谷。承先守勿替，独抱遗经读。长歌颂芳徽，千载声华馥。

郁汝政晓塘

翛然小隐爱闲游，绘出山高与水流。自是玉峰好风景，依稀全向画中收。

想见清泉白雪身，翩翩今已谢红尘。分明一幅遗图在，遍索新诗属后人。

胡景星治卿

娄江之水清且涟，玉山之峰峻而秀。沿江望山卅里多，林峦层叠风光逗。先生寄迹于其间，扪萝踏磴来登攀。春秋佳日兴不浅，更逢知己常开颜。人生且喜腰脚健，可惜未遂向平愿。聊比当年宗少文，终日卧游意绻缱。厌弃尘寰跨鹤归，只留图画认依稀。水光山色原无恙，百里楼头怅落晖。

朱锡绶撷芸

古来名士不得志，或在山巅或水涘。俯仰天地渺一庐，自谓浮生聊尔尔。城南管公旷达人，少年读书老不仕。耿介拔俗无其伦，半隐山林半城市。生平独具山水癖，未历五岳心不死。晚年寄迹昆之阳，啸傲林泉亦自喜。有时荷笠歌田歌，清风淅沥从空起。不是耕田便读书，无怀氏耶葛天氏。吾生不获见公事，但得披图见公耳。将身寄隐隐寄身，命意迥不随风靡。此心此志谁得知，天许畸人有令子。闻公轶事知为人，如此洁清洵不滓，呜呼！如此洁清洵不滓。

倪大章醉棠

啸傲林泉学散仙，兴来时泛米家船。芒鞋竹杖踪无定，只拣青山一醉眠。

到处寻芳载酒过，向平老去兴偏多。水如罗带山如玉，个是先生安乐窝。

底须远驾五湖舟，但有山看便可游。悟得此生原是寄，眼前何事不风流。

小小峰峦绝点尘，个中好寄卧游身。客窗岑寂惟堪慰，对面青山亦主人。

已分山林老此生，一丘一壑且怡情。年年秋月春华候，忙煞当初顾阿瑛。

一从仙蜕驾云軿，寥落松关昼亦扃。剩有溪山留尺幅，依然数点旧时青。

吴廷璧子聘

不染人寰半点尘，一丘一壑寄闲身。烟霞啸傲伊谁识，知是先生有夙因。

琴鹤携来到鹿城，马鞍山畔畅幽情。碧梧翠竹寻遗踪，仿佛当年顾仲瑛。

画师妙笔仿倪迂，水色山光仔细摹。此老已乘鲸背去，尚留一幅卧游图。

有子能吟陟岵诗，手携画本乞新词。披图拟写林泉趣，愧乏江郎笔一枝。

周　煜亦泉

玉峰何苍秀，乃在娄水曲。旁有隐者居，结茅住岩麓。绝无车马喧，养真耕且读。塔影拄晴空，涛声振林木。静观飞鸟翔，远眺层峦矗。古洞听流泉，野花映修竹。闲泛陶岘舟，言寻郑公谷。抱琴僧自来，载酒客不速。清赏各有适，佳境寄图轴。会心聊寓形，岂惟避尘俗。借以示后人，征诗题满幅。我亦爱山居，老病成昏眊。披卷惬幽契，往情殊缅邈。挥手谢孤云，此生谅无福。

昆山唐彦槐竹筠

娄水绕村清浅，玉峰排闼嶙峋。云边半间茅屋，座上一个诗人。

赏心只谈风月，佳日莫负春秋。沽酒远寻村店，听松频上山楼。

岫列窗前山近，篱编径里花深。兴来品屐朝出，归去挑灯夜吟。

风流不减嵇阮，时世何须羲皇。伴读儿童三两，卧思山高水长。

李汝峤少峰

泼翠峰前好结庐，草堂犹似顾瑛居。娄江西去轻帆挂，指点山光画不如。

一丘一壑足徜徉，竹树迷茫隐钓庄。留得清芬耕且读，纷纷应笑世人忙。

嘉定王体仁少平

不向金门听晓筹,玉山对面且淹留。阿瑛别墅龙洲墓,寄迹谁非水上鸥。

令子闻名未相见,诵芬真不坠家风。何当强拉张三影,雪夜同推访戴篷。倚岩与张君甘甫友善。

今夏重来陟马鞍,晴烟活翠媚林峦。痴心剩把奚囊句,当作先生画本看。

何汝镐梦花

人生最乐事,无如山水游。山水契幽想,斯是真隐流。玉峰自昔夸名胜,草堂遗趾无人问。幼安一棹辄登临,白云满袖相持赠。归来依旧藜床坐,会意不须时驾舸。雪鸿留迹倩倪迂,此身常住玉山可。吁嗟乎！世间富贵如浮云,达人旷达存其真,披图想见无怀民。

元和宋清寿芥楣

今古乾坤一草庐,此身寄隐悟真如。庄襟老带翛然想,者是先生安乐居。

龙洲冢外听鸦啼,老树斜阳一色齐。幅幅丹青藏画本,合将旧事补新题。

传家剩有活人方,记取壶公旧草堂。夜月晓风无限好,鹿门不让孟襄阳。

陆 焕杏庄

名流踪迹多侨寓,图绘还将鸿爪传。君与少文同志趣,卧游尺幅写云烟。

唱到诗人招隐歌,扶筇恍见鬓皤皤。玉山我亦曾吟眺,惘怅当时不共过。

昆山顾之楷子云

山水无私属,幽居惟德馨。玉峰终古秀,文笔待人灵。江上拏舟便,门前载酒停。遗图留仿佛,拂拭仰仪型。

叶裕仁涵溪

我亦湛游者,家缘敕断难。披图想高致,随意眺云峦。授易孙明复,侨居管幼安。

饥驱因自慰,山色四时看。

昆山胡文晋_{云翘}

绘出溪山胜,幽人兴不穷。芝兰今日茂,桃李旧时丛。泛酒寻诗伴,持竿逐钓翁。前身金粟侣,潇洒仰高风。

庐结娄江曲,西来爽气横。半村还半郭,宜读亦宜耕。风月多幽趣,云山寄逸情。披图欣识面,仿佛见平生。

张汝楫_{春槎}

迈矣先生,六逸之俦。披褐谈经,学者从游。琴樽晨夕,泉石春秋。马鞍山上,时复倡酬。揭裳联袂,选胜寻幽。归来衡泌,寤想林丘。芳躅已远,绡素常留。君子有子,仰瞻涕流。宝兹手泽,励乃贞修。

王伯龙_{跃泉}

绿水青山尺幅收,此中小隐足风流。幽人解得徜徉乐,闲与高僧话旧游。

半耕半读一闲人,落拓襟怀不染尘。为爱玉峰山色胜,晚年小寄苦吟身。

苏州吴之庆_{也樵}

入山何必觅幽墟,城市山林尽可居。南浦三舟歌水月,北窗一枕乐樵渔。焚香读易心常静,拄杖听泉意有馀。结得三间杨子宅,苍松翠柏绕蓬庐。

苏州丁　镐_{砚香}

风雅想而翁,飘蓬迹寄鸿。辋川图一角,逸兴固然同。

一抹林峦胜,都从尺幅收。好游竟若此,何处不风流。

玉山况佳处,自古萃人文。金粟风流杳,高踪洵属君。

嘉定顾汇江_{石渠}

娄东西去叩仙庄,绿水青山策杖忙。犹忆哦声小邹鲁,天然深柳读书堂。

阳文庄外数椽屋,群玉山前处士家。尘虑不惊无个事,推窗闲看落霞斜。

得佳山水乐如何,此日人琴感慨多。吾未论交缘好懒,辋川图里认维摩。

世德先畴属象贤,诗征懿行写长笺。自惭瓦砾随珠玉,期与丹青百幅传。

董光奎瘦山
门对青山绕碧流,烟霞消受几经秋。谁知身隐名难隐,女子当年识伯休。

小筑幽居得地偏,闲来策杖玉峰巅。他时邑乘罗人物,隐逸应添传一篇。

嘉定徐　经桓生
吾家鹿城傍水一茅屋,十叶练川梦寐悬江枫。相距二舍只一衣带水,不得策杖晨夕相过从。玉山草堂池馆久榛莽,龙洲道人墟墓空楸桐。吾宗憺园遂园亦歇绝,留题图画绰有前贤风。飞鸿踏雪到处留指爪,人生安得飘转如飞蓬。管君娄水衣冠旧门伐,西望玉峰恋此烟岚浓。千竿百竿园竹时葱茜,一寸二寸池鱼相唅喁。移家得地扑去尘三斗,胜似东华软土驶玉骢。我觅詹尹卜居此山麓,日日拄颊相对青芙蓉。

陆景鳌韵生
奇才抑塞不得志,往往山林甘老死。雪泉先生犹是心,玉峰寄隐成高士。先生一去不复还,野花零落掩松关。遗图写出幽栖意,想见吟魂傍此山。

长洲李文通鸿洞
自得林泉趣,千秋顾阿瑛。遗踪留胜地,继起有先生。药圃呼龙种,花畦课犊耕。双山无恙在,镇日抱琴行。范文穆有"北门城下看双山"之句,乙巳科试鹿城,曾探其胜。

草堂自今古,水木仰高风。诗酒归名士,烟霞属寓公。买山同杜老,结屋拟卢鸿。一枕松风昼,居闲闭户中。

玉峰最佳处,鸿爪几淹留。盛世难言隐,名山可纵游。云霞娱老景,猿鹤啸清秋。令子书香续,平生志已酬。

开卷钦贤哲，深情想见之。承先能继志，表隐遍征诗。种菊泉明志，循陔束皙思。未能言万一，落笔愧芜词。

昆山柴复初子觉

生不能御风驾雾汗漫游，西登昆阆东瀛洲。又不能学长房缩地术，如凤在笯龙在蛰。会心之处且自娱，俯仰天地为蘧庐。入山必深林必密，井蛙之见皆拘墟。君不见刘伶阮籍一生寄于酒，身后之名如山斗。又不见靖节先生寄情于松菊，志不降兮身不辱。雪泥鸿爪皆寄耳，名贤自古超尘俗。隐君子，管雪泉。玉峰寄隐绘成图，披览便觉心悠然。一丘一壑任游钓，半村半郭聊留连。有时扁舟集知己，徜徉山水如神仙。先生乐道不求名，惠安乡中读且耕。我与先生无半面，景仰高风嗟未见。静参画意再沉吟，谁识先生高隐心。安得此图千万幅，持赠世人砭愚俗。

施若霖润斋

马鞍雅驻名贤躅，龙[1]洲山人葬其麓。七百年来谁寄居，先生隐继硕人轴。啸歌一室慕羲皇，茅屋三间遁空谷。自古草堂易得名，玉山仿佛堆金粟。君家缅昔东溟公，定陵一代人中龙。疏论匡时皆谔谔，力争廷杖肯庸庸。深嗟吴赵投辽左，终扼江陵走粤东。远宦龃龉身未老，拂衣弃置愿长终。心慕隐沦高不仕，归来寄迹竹堂寺。著作等身道学宗，癸辞十释乾元事。姚江衍派文坛雄，低首虞山称弟子。牧斋奉公为师。迄今后嗣有藏书，叹惜无人详邑志。公著书甚多，其目具见牧斋集中，惜州志艺文失载。先生读书喜吟诗，渊源家世泽留贻。至和塘上烟波阔，奣子桥边风景奇。白塔层层凝眺远，玉峰叠叠赏音微。山水寄情看未足，村庄高隐思无涯。酒垆诗卷人如在，萎木颓山鹤未归。令似仁心古为质，活人妙习岐黄术。瞻陇常怀风木悲，陟山时下皋鱼泣。与余觌面纵无缘，谊属通家同叔侄。少泉令弟与炜儿同谱。寄书远道索题诗，自愧荒芜操不律。千首词传寄隐图，何时一览名人笔。

嘉定吴　林木斋

玉峰隐士真隐沦，豪情绝似宗少文。吟风弄月却尘氛，朱门广厦非所欣。餐霞饱雾穷氤氲，兴之所至谁为群。济胜不如晋许询，誓墓恐输王右军。绘图寓意意何云，云于山水情殊殷。天地一瞚空纷纭，山高水长浩无垠。遗言如昨謦欬闻，襟怀洒落无如君。有子追慕心慇慇，摩挲手泽扬清芬，念昔烟霞结契如胶筋。

---

1 “龙”，底本原作“盘”，据文义改。龙洲山人即宋刘过。

嘉定朱元辅佐君

良相良医事业同，先生世精岐黄术。未妨槃涧寄高风。诗文以外无他伴，山水之间适我躬。缅想草堂犹有迹，流传画笔却能工。望云更羡思亲子，倚岩侨居阳文庄，颜其室曰"白云居"，即先生寄隐地也。小隐难离别墅中。

昆山顾　抡啸亭

极目林泉胜，登山兴不孤。追怀宗老意，一卷卧游图。

我住南山麓，曾逢一面不。思成嘉哲嗣，此册足千秋。

新阳潘道根晚香

若有人兮岩之阿，结松栋兮搴女萝。眄遥岫兮发奇想，援清琴兮托浩歌。浩歌兮可托，怅佳人不可作。思结契兮青松，愿寄言兮黄鹤。

君不行兮夷犹，蹇谁滞兮沧洲。渺烟波兮泛舟，搴芙蕖于中流。中流兮浩荡，缅昆冈兮想像。偕幽人兮登顿，控秋霄兮飒爽。溢遥风而上征，极四顾兮莽苍。

莽苍兮吾延伫，心伤悲兮为谁语。人间可哀兮忽不乐，思阆风兮独处。巫阳下招兮偕灵氛，虹为梁兮旗为云。骖虬龙兮凌氤氲，吾徒睇兮怀清芬。歌招隐兮君不闻，吾惆怅兮思夫君。

孙寿祺子福

浮生原逆旅，小隐即神仙。偶选玉山胜，长参金粟禅。烟云新画本，风月旧诗篇。挥手谢尘事，桃源别有天。

毕熙曾澹生

偃息衡门下，幽居远嚣尘。鸣琴石上泉，种竹溪边云。情洽鱼自乐，机静鸥皆驯。悟彼区中缘，寄此物外身。曲肱不知悴，被褐讵忧贫。一觞复一咏，啸歌可怡神。高风接怀葛，是谓古逸民。

常熟张尔旦眉叔

入世谁非寄，萧然此隐居。三椽聊借读，孤艇泛随渔。峰翠落窗外，夕阳生雨馀。

啸歌容一榻,何必异吾庐。

常熟瞿毓秀

披图如遇古仙人,料得前身是阿瑛。流水一湾山一角,有情人住便生情。

昆山王秉仁蔼如

胜游曾记玉峰巅,客指遥村寄隐贤。为忆风流频怅望,偶披图画致缠绵。三间老屋春常住,一幅名山世共传。似续有人堪永慰,吟魂来往白云边。

陆增祥星农

小筑茅庐拓地宽,草堂馀韵未阑珊。马鞍山色浓皴黛,写入丹青独卧看。

四围修竹绿成团,蜗壳容居心自安。世事浮云本如寄,乾坤逆旅几为欢。

王荣年子春

手持尺幅溯先畴,省识高人兴趣幽。为爱玉山权寄隐,携筇时见寓公游。

作客枫江我卅年,雪泥鸿爪翠微边。归来独少行看子,梦到吴山思渺然。

俞昆田宥生

买山结庐资不给,箧山凿池亦费力。膏肓泉石癖曷消,寄迹山村计还得。雪泉先生隐者流,静如山岳清如秋。仁而不佞鲜应酬,读破坟典耕瓯窭,叩其所乐无他求。幼舆身宜丘壑置,少文卧向丹青游。晚节粗酬尚平愿,五岳岩峣剧歆羡。济胜之具不如人,近游只拟马鞍便。马鞍山苍苍,文峰卓崇冈,中有金粟道人旧草堂。龙洲坟墓埋僧房,桃源何处寻刘郎。低徊吊古不能去,舌耕隐寄山东庄。山庄幽僻堪栖托,茅屋三间篱一角。窗中岫,画本拓。杯中影,翠微落。尺幅志鸿泥,促迫陈遵作。第一图,虚舟作。看山读画发狂言,终老此间亦不恶。不图此语偏成谶,作主蓉城讲舍暗。笙鸾沉寂猴山空,风木萧寥皋鱼憾。人琴叹逝山青青,鹤唳猿啼不忍听。林泉指点旧游处,愁绝鲜民涕泪零。征诗及余不敢却,披图欲作十日恶。嘉树交柯草寄生,先子幼抚河间,承两宗遗泽,余故有《槐榆交荫图》之作。可怜秋早惊风箨。年年寒食泣山丘,缥缈音容何处索。於戏!音容但向心头索。

青浦陈　垼半迁

一棹娄江订白鹇，且从世上笑痴顽。春风入座常开卷，古画相看却住山。此地明知同逆旅，几年好许占清闲。家人共说安排定，以后心情要闭关。

石室筼廊近水涯，薜萝身亦绕烟霞。向平儿女愁难尽，摩诘山川兴未赊。傲癖当年惟爱酒，闲情到底为看花。羡他绘出丹青手，蕴藉风流自一家。

蒋以照少葵

客来示我赫蹏古，怪石奇峰辟原圃。中有一人号雪泉，飘然逸世留芳矩。我生不识先生面，欲晤先生为开卷。满幅烟云寄隐图，先生心迹今如见。年少看山不果行，儿女情牵累向平。托迹鹿城当晚岁，春风绛帐坐诸生。丈夫生不早封侯，何必劳劳作宦游。不如坐对溪山安，笔砚岂与俗世同沉浮。君不见宗少文卧游斗室看浮云，又不见王摩诘辋川栖止心何逸。驹隙难留且放怀，蜗庐虽隘尽容膝。闲来彳亍马鞍山，春花秋月独往还。西望诸峰何缥缈，一声长啸空尘寰。知己相逢诗与酒，莫嫌良会非长久。性情所寄得其真，一齐付与丹青手。丹青能将奇境辟，不能绘出烟霞癖。有子能将此癖传，手携图画常爱惜。含泪挥毫还作叙，令嗣倚岩有《寄隐图述略》。言言字字皆酸楚。世间亦有好游人，若非先生是与将谁与。

陆开泰茹香

先生如可作，吾辈定垂青。入世身犹寄，隐居德自馨。玉峰留旧迹，娄水志前型。独结烟霞癖，超然物外形。

昆山胡开泰子通

人生不能游，安知山水清与幽。能游不能寄所好，青山绿水亦徒到。平昌老翁具高格，平生素有烟霞癖。借访名人金粟流，时向青山理游屐。编茅小隐娄江曲，鸟语花香村一角。卧游特谱归来图，索取陶诗自披读。谓我百年后，万物都无有。得寄闲情翰墨中，此外纷纷都撒手。一朝化鹤凌霄去，摩挲手泽遗缣素。题诗迟我挥兔毫，云水苍茫想风趣。

常熟归　章问轩

四面峰峦映碧纱，因缘且自结烟霞。生逢圣代无妨隐，住得闲身便是家。山曲遥分云影直，波横低抱日光斜。人间亦有天台路，何必刘晨阮肇夸。

流莺历乱费踟蹰,群玉山前结草庐。选韵漫邀禽对语,烹泉聊谢鹤衔书。何须学佛浑无上,岂必非仙悟太初。绕屋流云香不断,横塘十里灿红蕖。

松风蕉雨互相当,一曲琴声石磴凉。环坐绿延君子竹,傍墙青护女儿桑。能消清福云归岫,为写幽情月满塘。可惜惊秋桐叶落,寒林萧飒易斜阳。

频年陟岵倍神凄,廿幅遗编手自携。清磬唤回蝴蝶梦,空山听彻子规啼。眼前烟雨迷红树,心事苍凉问碧溪。惆怅先人游钓处,一弯明月上峰西。

嘉定陆寿孙
萧然踪迹瀼西头,金粟蓬莱忆旧游。扑去俗尘三万斛,烟波江上志和俦。

阿瑛痴绝擅当年,名胜知君定有缘。始信武陵原许问,玉山佳处是壶天。

嘉定李思中
阳文庄上客,小筑屋三间。洒落云霞契,逍遥杖履闲。频游马鞍岭,如隐鹿门山。张壁图犹在,高风杳莫攀。

昆山钟　璐少梧
峨峨昆冈精英发,日出东山照林麓。一声长啸数峰青,中有幽人结茅屋。闲来闭户读奇书,左图右史娱心目。参透古今梦觉关,看残身世忙闲局。有时策杖独盘桓,随身不用车与毂。座中名士半江左,匏樽对客常相属。乾坤为我开异境,凡心洗濯无拘束。兴到登临不计程,胸中丘壑自然足。寄生天地一蘧庐,归真守我无瑕玉。单裙皂帽自家风,娄水东溟继芳躅。高怀应笑桃源人,问讯渔人未忘俗。

苏州钱　辰
幽洞小桃源,风景颇不俗。平居企望之,何愧人如玉。

无地豁尘胸,草堂托高踪。开轩礼灵塔,心游文笔峰。

读书不得志,俯仰自伸意。行云流水间,常使吟魂寄。

林泉到处佳,路爱旧居近。城外望双峰,此中有真隐。

苏州杨焕华翰香

我生蜉蝣寄天地，何必蓬莱与弱水。有客聊为寄隐图，玉山高处烟霞里。点缀名山妙笔工，结庐深处依稀似。画入幽人指点中，春花秋月长如此。此中风月自幽闲，楼阁参差半空峙。几见浮云过眼非，仙凡相隔惟争是。忆昔当时顾仲瑛，簪缨谢绝草堂起。今君觅得此山居，大隐何须远城市。吁嗟乎，大隐何须远城市。

青浦章宝莲虎伯

自是幽人爱考槃，结庐无意寄岩峦。君家大隐声名久，皂帽辽东继幼安。

结愿人都似尚平，阿谁五岳佩真形。卧游输与宗生巧，欹枕闲窗万里情。

嘉定许　春柳江

山居意多旷，岂必在深邃。玉峰一拳石，林泉具高致。道人金粟影，清风邈谁嗣。秋树如待人，岩壑涵空翠。向禽五岳游，青溪志难遂。此间聊寄隐，尘鞅讵足累。青山白云间，能得几回醉。为谢当世人，何者复非寄。

昆山王程望雪斋

茅屋白云里，高贤此下帷。面山还枕水，似画更宜诗。坐拥书千卷，行吟杖一枝。人生皆是寄，与世暂推移。

常熟归令瑜

草堂人去玉山巅，想像风流五百年。此日披图寻旧迹，一丘一壑故依然。

树合高原是故庐，吾家门巷已丘墟。"远树高原合，依稀是故庐"，昆山先文学文体先生《假庵集》中句也。羡君占取林泉好，老屋三间坐著书。

常熟魏炳虎隐庵

水抱屋弯环，萧然静掩关。晚村寻画去，孤艇载诗还。路曲绿遮柳，墙低青见山。个中容小住，此福镇清闲。

到此真忘俗，何妨寄一椽。扶筇共渔话，掩户枕书眠。远岫落晴翠，夕阳生晚烟。披图想芳躅，凭吊玉山边。

常熟王元钟

能隐自堪寄,玉峰居上头。只身长徙倚,此地足勾留。水底月容玩,山深云亦流。几回仰高躅,凭眺感千秋。

常熟周　镇

不作烟波钓客,自称江湖散人。万水万山游屐,一丘一壑闲身。

为爱玉峰深秀,结庐傍水依山。李愿诗吟盘谷,倪迂画仿荆关。

乡是郑公教授,人疑陶令羲皇。一旦向平愿毕,千秋有道名扬。

大阮风流傲世,小同经学传家。妙墨征来海内,遗图抱向天涯。

常熟陈彦缃迁香

莫学神仙漱紫霞,只须尘世避繁华。人生悟彻身如寄,何处名山不是家。

想像清辉片玉如,此中吟啸几回舒。惟应文笔峰头月,长照先生案上书。

卧游付与子孙看,一榻当年老幼安。绝似诗人吟陟岵,白云缥缈碧林端。

嘉定张　浩少渊

致和塘外秋水长,杨文庄前杨柳黄。先生往矣不复作,三间茅屋仍斜阳。有子有子趋揖客,延向草堂看遗笋。百年空有王哀心,一幅常留顾恺笔。笔端生气何萧疏,写出当年旧隐居。不因泉石始高卧,讵为科名才读书。襄阳故人有场圃,渊明弟子供篮舆。一丘一壑谁是主,招手青山自当户。生世不须五岳游,蜡屐平生几纳数。迄今岁月已漫漫,独行之传空悲叹。绳床已穿诗稿积,此是当今管幼安。

玉峰寄隐图诗文录卷中

诗

徐洽义质斋

草堂自今古,流水自来去。不见草堂人,临风与谁语。一解。四百有馀载,金粟渺何在。继起管幼安,重焕山林彩。二解。山林有替人,蜉蝣悟夙因。为底向平盐米累,羁得少文卧游身。三解。踏雪最深处,看云初起时。雪深云不起,独吟诗人诗。四解。一丘复一壑,半耕亦半读。得真山水趣,何必裹粮拄杖上衡岳。五解。从古寓公属诗酒,幽情绘入丹青手。宝此遗图手泽传,天许高人终有后。六解。

赵鼎勋恕堂

一榻披云更卧霞,幼安消受几年华。古来作达皆如此,乘兴何妨到处家。

玉峰寄隐意何如,雅抱如云任卷舒。处士草堂风物尽,此图堪抵数仓书。

丹青传遍士林看,容膝当年审易安。今日谢庭多玉树,家山如望白云端。

嘉定程庭鹭序伯

移居图仿陶贞白,避迹床穿管幼安。谁是寓公谁地主,青山只当故人看。

竹畦鱼箔饶生计,更爱轩窗面圃开。我少盖头茅一把,借人画里卜邻来。

顾　沐墨卿

先生高尚者,寄隐玉山陬。雅慕林泉趣,相期麋鹿游。一椽聊托迹,三径足淹留。晨夕瞻佳气,耽吟春复秋。

顾文煜蕙圃

爱此云山奉养真，元结。心闲潇洒净无尘。白居易。于焉已是忘机坐，朱庆馀。何用浮名绊此身。杜甫。

闲华落地听无声，刘长卿。不露文章世已惊。杜甫。何处貌将归画府，谭用之。寒香肌骨鹤心情。李中。

魏文藻鲁香

先生奇气凌九州，一生好入名山游。名山辽远不易到，何如玉峰近在咫尺可以长勾留。山灵招我山之上，莫负游山屐几纲。白云缕缕拨不开，云亦随我登山来。碧梧翠竹一一访遗迹，可惜沧桑世变都半埋蒿莱。古人长往矣，青山终不改。有时好雨连朝洗出旧山颜，有时晴光逼射孤塔生霞彩。先生寄居山之曲，朝朝暮暮看不足。世上红尘十丈高，那及烟霞啸傲无荣辱。先生忽然骑鹤出天关，人叹先生去不还。我谓先生生平游兴不得遂，此日四大御风，先生之精灵，当在五岳峰峦缥缈间。

嘉定徐大曾俪琴

最爱名山招逸士，何如几案饱看山。马鞍一角天然秀，赢得高人数往还。

宝山朱 焘杏孙

饱看奇峰倚瘦筇，冥冥万朵碧芙蓉。移家昔有杨通老，招隐今无雷次宗。入画白云容我懒，隔溪红树几人从。年来朝市难投足，拟买青山自种松。

嘉定赵 翰芸史

戊申九秋，偕娄东郁君子珊、鹿城钟子少梧暨从子荩应玉峰科试，经杨文庄，月夜访倚岩。先时饷以螯酒，出其尊甫雪泉丈《玉峰寄隐图》属题，率成长句。

扁舟夜泊杨庄口，新雨初收月挂柳。船头玩月坐无聊，谈诗幸有同心友。文博温雅信不凡，子期潇洒无其偶。买舟载访素心人，开瓮重烹桑落酒。小斋幽敞马鞍东，飞桥略约娄江右。菊篱黄绽蟹正肥，持螯口诵清芬久。忆昔移家三十春，青毡旧物于今守。先生不仕亦不农，剩有良方留肘后。良方济世是经纶，富贵功名夫何有。自来良相拯黎元，全活无数凭只手。人生旧德食无穷，愿君宝此丸药臼。沉吟读画月渐阑，醰醰有味如醇厚。主人斟酒约重来，且待黄花开重九。

叶敦义 质甫

陶靖节有云:"寓形宇内复几时,曷不委心任去留?"而东坡亦云:"人生有雪泥鸿爪。"苟得此意,则随其所处,皆有物外意。不然,虽穷山水之胜以托高隐,而其中扰扰,正不可一日安。倚岩仁兄以其尊人雪泉先生《玉峰寄隐图》示余。先生世居雪葭泾,老屋数椽,翛然尘埃之外。曾馆昆山杨文庄,去玉峰不一舍,爱其境,绘为图,且曰:"吾不能穷幽极险,是图足寄吴兴。"嗟乎!人生直寄焉耳,顾必敝精神、劳心力,以求所不可必得,岂达人之所为哉!若先生者,真得陶、苏二公之意矣。爱书数语,并系一诗,以志景慕云。

人生发幽思,每与林泉企。谓欲避烦嚣,岩谷穷深邃。况登群玉山,更足恍神志。轩轩若霞举,朗朗无尘滓。松风夹岫生,竹露隔林坠。于此常栖迟,快哉复何事。可奈尘网拘,有怀不得遂。睹兹尺幅中,丘壑工位置。惟彼素心人,卧游正高致。会心即佳处,啸傲真堪寄。

钱塘许乃福 葆滋

双扉遥对玉峰斜,娄水乡村处士家。识得襟期原磊落,北窗高卧诵南华。

性情倜傥志清超,不羡红尘计避嚣。漱石枕流多逸趣,满山风月任逍遥。

吴县贝仲圻 柳郊

玉山佳处今非古,金粟道人去复来。五百馀年遥接踵,读书有癖草堂开。

尺幅烟霞气宇新,竹篱茅舍净无尘。古来高隐踪难溯,珍重先生有后人。

宝山沈穆孙 彦和

蜗庐小筑近烟汀,座上云屏点点青。最好玉山佳处住,风流直接可诗亭。

钱宝琛 伯瑜

百年原是寄,寄隐意悠然。绿水环村外,青山到眼前。云烟谢公屐,书画米家船。□[1]悔儒冠误,江干化诵弦。

---

1 此处底本残损,字不可辨。

未了向平愿,聊寻□[1]测游。白云峰外路,红叶渚边楼。先正留模范,谓令祖东溟先生。高风式冶裘。草堂遗迹在,应是仲瑛俦。

王曾茂补巢

先生素志轻轩冕,寻壑经丘有夙缘。想见春风童冠共,夕阳归咏兴悠然。

向平五岳愿难偿,小隐何妨寄草堂。捡点钓丝筇竹杖,伊人合住水云乡。

少文年老赋归休,为写林峦作卧游。富贵浮云情本澹,只应读画豁双眸。

老我于今息羽翰,壮心销尽一汍澜。披图喜有前修在,疑是当年管幼安。

宝山戴德洽沧鸥

马鞍山色郁葱笼,小径闲身翠霭中。隔着故乡知未远,扁舟欸乃到娄东。

茅屋萧疏竹石边,春风秋月满吟笺。客来煮茗添香坐,西望吴山数点烟。

一幅烟云足自娱,品题佳句尽连珠。阿瑛台榭无从觅,何似君家有画图。

宝山周兆鱼秋史

横塘纵浦水回环,惜少峰峦许共攀。离得雪葭泾未远,眼前青送马鞍山。

烟霭空蒙护寓庐,移山无计愿移居。幼安木榻春风满,饱吸岚光读隐书。

玉山佳处草堂幽,词客风流水际沤。桐笠蕉团冈畔路,夕阳杯酒酹龙洲。

频年此地畅灵襟,一碗松肪恣啸吟。山色依然人已渺,萧萧风木白云深。

杨　振少嵒

巢由不买山,千载传真隐。幼舆置一丘,风流亦不陨。大江日东下,娄水中回环。

1　此处底本残损,字不可辨。

西去马鞍岭，秀出云雾间。相违不百里，朝往夕可还。或泛书画船，夜静沧江月。或为安乐窝，几缅春风展。有岩号梅花，疏影横交加。有亭曰半山，石磴殊欹斜。于中一线天，不可即而望。绝顶文笔峰，独立空依傍。卜筑地一弓，饱看云万状。身非羁旅客，心结云山缘。若非壶中叟，定为地上仙。回望弇山园，故乡颇不俗。一朝忆江南，春水船亦速。始知庐山中，反失真面目。游行贵自然，岂必侈句曲。只今数十载，哲人日以萎。抚兹丹青妙，将毋杯棬悲。展图手泽新，掩图名山寿。倘觅旧游踪，疑有白云覆。

吴江夏宝全榕孙

乐山何必入山深，性与天游惬素襟。会得少文摹绘意，抚琴自写德愔愔。

马鞍岭色郁葱葱，咫尺林峦一水通。廿载杨文庄上住，此身如在画图中。

浮生大块谁非寄，底事拘墟土著安。为问先生高蹈意，故乡无此好山看。

缣缃盈尺色丝辞，梓舍追维不尽悲。斑管千毫浑欲秃，写来应比蓼莪诗。

宝山李休徵蔼庭

先生娄东名族，为有明刑部公十一世孙。老屋一椽，城南世守，清风三径，砚北留人，而志尚高隐，不谐于俗。夙慕玉峰之秀，爱卜于昆邑之杨文庄，授徒以居，历有年所。道光乙未，倩人绘是图，以寄其登临之兴、歌啸之娱，一时题咏盛众。烟晨月夕，借以卧游；山郭水村，因之赁庑，盖雅尚若斯之洁焉。乃先生遽归道山，无由接其馨欬。今令子倚岩仁兄潢治成册，抱以索题，并述缘起。此则倚岩之慨慕弗谖，而先生之梗概尤可想见已。谨成一律，书之左方。时咸丰癸丑季秋月。

马鞍山色罨清苍，宏景移居卜草堂。蜗寄不嫌村舍曲，鸥眠常傍水云乡。暇时策杖游踪倚，此日披图手泽长。知是幼安高隐处，高风曾置一藜床。

王朝珍漱梅

山水名籍诗人传，诗人却悭山水缘。九州五岳足不到，心游目想知徒然。不如觅取好东绢，图成几席生云烟。昆仑奇峰起方丈，匡庐秀色落九天。眼前蹖崪立峭壁，梦里飒沓闻奔泉。一双不借并无用，眼福反羡诗人偏。雪泉先生隐君子，一丘一壑神能全。结庐村僻远城市，只有问字车喧阗。看山不用出庭户，玉峰耸翠当窗前。娄江春水碧于酒，橛头闲泛陶家船。收拾奇秀入诗句，绘图更复烦龙眠。只此胜事足夸诩，奚必几纳芒鞋穿。我今披图亦神往，不让栗里称前贤。愿君珍此若彝鼎，与名山水终古争清妍。

徐应龙 吟云

烟霞泉石最关情，究竟名山负向平。且作卧游图四壁，一丘一壑著先生。

深柳书声一草堂，当年向栩此安床。遥思举酒邀山处，多少新诗古锦囊。

人归瑶岛鹤归天，留得丹青后代传。风月溪山两无主，三生重结石因缘。

槎系生涯不计年，名缰利锁两茫然。蓬庐一宿南华梦，早悟蟭螟寄迹篇。

昆山唐宗涛 知廉

玉山山不高，娄水水不深。东西山水间，来往有异人。平生几纳屐，爱游值良辰。随遇得佳趣，啸傲归江村。琴酒坐一室，草庐有长春。状类野人貌，中杂仙子心。披图寄遐想，用以示知音。

嘉定施锡卫 稚莲

陶蚬江湖渺水仙，阿瑛金粟委荒烟。玉山惯与诗翁住，又向茅亭结一椽。

天涯谁寄草堂资，负此名山双屐思。不信轩窗如许大，人间真有卧游时。

嘉定李曾迪

闭户乾坤大，忘机岁月多。消除尘世网，啸咏白云窝。娄水飞青雀，浮图耸碧螺。高风遥想像，曾此几经过。

新阳徐家畴 洪生

雪泥鸿爪悟前因，逆旅他乡若比邻。山水寄情书寄志，人身何处不安身。

一幅丹青证此生，幽怀岂必学逃名。从来真隐何曾隐，泉石膏肓太不情。

无锡施建烈 叔愚

谁幻谁真与画谋，百年身世总悠悠。闲云远岫无心驾，落月横塘不系舟。山水千秋皆象寄,死生一例任天游。墨痕今化思亲泪,满纸烟云且未收。

常熟瞿 锟小琴

课读馀闲策短筇,披图想见旧游踪。高人胸有烟霞癖,不住娄江住玉峰。

沈 镛沁香

溪光山色两悠悠,天与闲人作钓游。尘海功名心已断,琴书到处足勾留。

年年短棹泛湖湑,我亦烟波寄隐身。恰负吴淞半江水,曾无尺素写涟沦。

常熟归庆楠让斋

为爱玉峰秀,结庐玉峰前。烟雨晦暝时,佳气如蓝田。塔势直涌出,倒影映斜川。
依山傍水畔,竹外屋数椽。生意春兰足,晚节秋菊妍。一杯诗一卷,啸傲小神仙。

应伸蒙远亭

一水往还未觉难,此间小住亦粗安。弇山荒废帆山僻,不及昆城著马鞍。

顽潭晦迹已多年,寄迹风流又续传。我自酥溪逃鹤脚,卜居聊复效前贤。

昆山青莲庵僧宗 元芳谷

随意诛茅不计还,柴门恰好对青山。六时大足供吟眺,世虑从教一概删。

茫茫大地寄蜉蝣,雅抱须凭画笔留。茅屋数椽山一角,披图那不忆风流。

常熟董同文叔芸

池馆有更变,古今相往还。堤分何处树,石作几家山。不出户庭际,独观图画间。
玉峰最幽绝,寄隐掩松关。

时世瑞静山

空谷有畸士,林木增其色。家庭有令子,泉壤发其德。城南管子号雪泉,生平嗜结
山水缘。频年授馆玉峰左,春风日上山之巅。所嗟未了向平累,有愿不偿终屯邅。一朝
抚膺发奇想,绘得新图恣神赏。风棂雨几卧以游,欠伸自挹西山爽。倾尊水欲流,抚琴

山自响。翠螺环素壁,苍鳞压轩楔。看山不费买山钱,移将沽酒资顺养。呜呼!先生于今不复见,见图如识先生面。想见当年展卷时,低徊不语神留恋。吾今为尔发长歌,歌声未毕心嗟哦。寄语传留世泽者,保之弗替慎摩挲。

嘉定周之镐京士

未踏芒鞋遍九州,名山只合画中收。移家欲就深公买,结屋聊同向子游。风雨破愁惟一榻,江湖招隐有三舟。马鞍自占东南色,选胜分明属俊流。

嘉定钱廷琮桐君

犹忆当年顾仲瑛,玉山佳处久留名。先生亦结林泉癖,小筑茅庐近鹿城。

娄江廿里水泛泛,旧宅依稀照夕曛。为爱马鞍风景美,扁舟一棹到阳文。

柳暗花明别有天,啸歌自得等神仙。酒馀茶罢临窗卧,文笔峰青送几筵。

嘉定钱廷珪松士

忆昔姚子章,千古推高士。作亭名野航,娄曲遥相峙。自来畸杰人,清操谅如此。先生步芳徽,风格差堪似。寄隐洗尘氛,绝迹厌城市。经师兼医师,讲席垂诗史。舒啸足清娱,登临快瞻视。人世等沧桑,碌碌嗤馀子。澹然名利忘,品节共钦企。应与玉山翁,吟咏随行止。指点白云深,暮色鞍山紫。

嘉定钱怀椿静君

天上光移处士星,老人寄隐远郊坰。村回娄水三篙绿,门对青山一角青。知己闲来时选胜,生徒环立日谈经。杨文庄去淞南近,遥接风徽蔡起亭。

昆山吴元锡果生

马鞍小小石如拳,娄水东来一洞天。会得物情相寄托,涂鸦应共向平传。

曹 安裕堂

我娄先进管雪泉,玉峰寄隐世争传。看来自觉尘氛净,深巷柴门别一天。

盘涧当年初考成,山犹未许属先生。天教之子能堂构,从此高风莫与京。

曹　瑚禾香

披图漫道事林泉，为有当年出世贤。须识高怀千古少，争教人肯不留传。

昆山方步沄小蘋

一棹娄江数往还，平生游屐不曾闲。林泉得主便生色，几许高人画掩关。

文笔峰高高插云，玉山终古秀人文。澹园零落樟园废，寂寞山阿吊夕曛。

松阴深处足幽栖，粉壁依稀认旧题。报道先生归去也，龙洲墓上鹧鸪啼。

昆山朱文曾斐堂

何须选胜走天涯，随意诛茅兴足嘉。住久浑忘身是寄，好山当面即为家。

曾闻高致拟泉明，老我疏慵未识荆。此日暮窗拈秃管，要从画里认先生。

俞廷鹭桂坪

城市苦喧嚣，幽栖堪医俗。揽此玉山阿，于焉寄高躅。啸歌还自怡，俯仰知不辱。
闲云度松阴，疏棂涵水渌。一室有古风，后先能继续。

宝山戴　羲寅谷

此境最清幽，涧阿歌独宿。草堂思仲瑛，碧梧兼翠竹。一峰秀苍然，啸傲寄空谷。
白云渺渺深，后先想高躅。

古歙柯　钺小泉

玉峰山人厌尘俗，不隐终南隐盘谷。避世权为子夏冠，好修爱饰灵均服。一朝升座
拥皋比，环堵听经齐立鹤。枳篱不掩席蔽门，碧树当窗云绕屋。携笻直上玉峰巅，脚跟
踏破苔痕绿。寻诗载酒暮复朝，常惜此山看不足。卧游特绘真形图，收拾巉岩归尺幅。
参透南华方外机，过眼烟云随起伏。人生如寄尽逍遥，缨络萦身徒局促。惟有诗人真性
情，不受浮华相约束。诗人已往剩丹青，林泉依旧留芳躅。岁星游戏亦偶然，从识前因
是金粟。披图当作如是观，何时一访苍崖麓。

陆希湜毅庵

山色马鞍秀,登临过廿年。羡君成小隐,托迹继高贤。有子承家学,无官适性天。红尘独何事,岁月任推迁。

嘉定张修府东墅

自倾村酿自成吟,岭上闲云识此心。逆旅乾坤同一梦,几人朝市误山林。

潇洒天怀迥出尘,廿年管领玉山春。先生自享烟霞福,合胜辽东皂帽人。

陆　豫树斋

风雨三椽屋,高人结静缘。常倾问字酒,不费买山钱。小径辞元亮,遗图寄辋川。玉峰旧游地,回首廿年前。

古歙汪庆祺

人生行乐耳,百龄倏如寄。溟涬扬微尘,羲舒振修辔。胡为溷世缨,郁郁不得志。落叶惊风催,萍飘逐流逝。所以素心人,岩栖采兰蕙。独游物外天,长谢人间世。人世亦何常,达者心自乐。何必怀葛天。敦俗劝耕凿。何必武陵源,即境具岩壑。夏雨话桑麻,秋风观刈获。卜居已多欣,选胜随所托。愿言同心友,山水寄寥廓。山水不在远,乘兴聊会心。向平五岳游,复险穷搜寻。何如宗少文,卧游写冲襟。尺幅具千里,鸣弦激清音。萧然四壁中,渊岳虚以深。一卷无声诗,落落自古今。

嘉定王恩溥甸山

君性爱闲静,素不慕荣利。束发好读书,寝馈于经史。时或发吟兴,得句每瑰异。襟怀本浩落,托迹厌城市。课徒惠安乡,得遂烟霞志。啸歌草庐中,飘然高士致。是乡俗淳朴,耕织无外事。风景足娱人,面山兼枕水。顾此名胜区,居之殊快意。春秋逢佳日,二三约知已。相与棹扁舟,共泛烟波里。致和塘镜清,马鞍山滴翠。登临瞻眺馀,其乐无涯涘。日暮亦忘返,流连不忍置。爰乃倩画工,绘图以为记。挂壁借卧游,览兹辄欣喜。平昔摅高论,消息参天地。山光与水色,迹象于焉寄。何者能传神,笔墨乌可已。妙语解人颐,旷达见胸次。羡君高隐怀,了无尘俗累。生前享清福,身后有贤嗣。时念手泽存,遗迹藏宝笥。还思示来者,索诗属题此。

嘉定周其憲个农

金粟道人归蓬莱，排云直上金银台。玉山草堂在何处，鹿城云气空徘徊。惠安乡中好村落，侨寓一椽欣有托。比屋时闻鸡犬声，联吟不负林泉约。风光绝胜雪葭泾，秋月春风几度经。黄鸡白酒争开径，红树青山快放舲。玉山旧是风流薮，阿瑛惯结忘年友。铁崖乐府竞新声，张羽诸公同载酒。可诗亭畔小桃源，雅集何减西园叟。往事昆明问劫灰，辽东化鹤不归来。玉山佳处依然在，犹有吟魂隔竹猜。今之图画毋乃是，杨文庄偏远城市。果然龙尾胜龙头，富贵浮云真脱屣。雪泉家本住沧江，为爱看山泛小叔。选胜最难逢近地，吴山山色落蓬窗。惜不移家空泛宅，一水盈盈寄萍迹。门外虽多问字人，斋中偏少题襟客。年年鸿爪雪泥痕，三宿真同桑下论。莫道烟云已过眼，问津不比武陵源。

崇明黄文渊西山

小隐高风在，披图想见之。前身金粟是，寄迹玉峰宜。雅趣山兼水，幽怀酒与诗。当年游眺处，合共草堂思。

天地真如寄，先生不朽传。江山馀浩劫，珠玉剩遗编。珍重心香奉，辛勤手泽延。征诗来海上，宅泛幼安船。

崇明刘　琦朗屏

人生逆旅耳，百年如一瞬。烟云过眼空，何足翳心镜。先生真达人，林泉适本性。隐居在玉峰，晨夕恣游兴。潺潺涧水鸣，谡谡松风劲。悠然万象空，浑如僧入定。诗酒足清娱，高情世亦仅。更羡后嗣贤，克绍医中圣。造化在一心，人定天可胜。遂令瀛海滨，和风万家饮。不数良相功，隐寄苍生命。高风一脉传，光辉后先映。

嘉定张式曾萍川

娄东名胜区，一峰岿然矗。代有异人居，如石蕴良玉。忆昔顾仲瑛，大雅寄芳躅。继起管雪泉，小隐结茅屋。窗外一拳青，门前半篙绿。倚杖听鸣泉，蜡屐访修竹。适口有诗书，劳形无案牍。酒赋而琴歌，快意恣所欲。一旦悟鸿泥，百感互相触。摹写入丹青，高风迈流俗。象贤有令子，望云思式穀。音容邈难追，捧作蓼莪读。挟技走四方，慷慨吟坛筑。累累数百篇，词句何清淑。光绪四载春，贲然来空谷。示我索和章，临风快三复。嗟予生也晚，未识真面目。掩卷几沉吟，枯肠转车毂。浣笔为君题，聊比巴人曲。安得从之游，风尘谢仆仆。

又 题

刑部东溟之子孙,隐居不仕为清门。杨文庄上寄踪住,乐与青山为弟昆。先生人中杰,医国手段无其匹。出示所藏寄隐图,云是其先人遗迹。一丘一壑兴倍幽,当年裙屐实勾留。雪葭泾畔文峰侧,耕钓从今百不忧。闲来泼墨作奇句,石破天惊逗秋雨。笔所未到气已吞,汹汹波涛生户牖。有时策杖效游仙,山灵招我山之巅。拾级振衣一凭眺,但觉足下生云烟。吾邑古多隐君子,洗耳逃命谅如此。金粟堆子铁笛歌,高风前后辉青史。我本江湖一散人,年来吊古倍伤神。玉山佳处寻遗迹,芳草斜阳春复春。

季增益少塘

忆昔成童日,曾随长者游。青山经阅历,白屋几勾留。道合神仙侣,功深将相俦。爱闲偏不仕,得句胜封侯。马帐堂前设,蟫编架上抽。登山夸健足,问字讲从头。屋是三间赁,名真几世修。窗前排笔秀,门外绕清流。闲与渔樵话,因耽水石幽。典坟藏满腹,风月豁双眸。得此烟霞景,先将粉本勾。清芬传百祀,佳咏足千秋。客是年年约,诗从处处求。三竿红日上,一榻白云浮。对酒堪排闷,摊书足遣愁。晴天闲放鹤,夜月偶移鸠。共羡山林胜,咸钦杖履优。一朝闻化蝶,千古作闲鸥。早识前身寄,原无后事忧。名山真借隐,韫玉果难搜。令子才能继,而翁福已遒。孝思真不愧,德行远诒谋。郭外诗瓢冷,昆阳讲席休。望云心不了,陟岵泪难收。觞咏而今杳,琴樽不自由。欣修邑乘志,访载渭滨叟。种杏常思董,看桃每忆刘。画图留面目,不见五湖舟。

张曾望雨民

马鞍山色郁青苍,中有幽人结草堂。下笔胸中无宿物,传家肘后有奇方。一丘一壑谢安志,亦佛亦仙坡老狂。我是枌榆旧徒侣,不堪月犯少微芒。

张曾亮寅叔

悟澈浮名万虑空,庄襟老带想遗风。马鞍一角青如黛,天付诗人作寓公。

名士风流老辈传,仲瑛高躅寄林泉。草堂重拓三弓地,接踵前贤五百年。

传家秘本有青囊,继起声名齿颊香。客里相逢同一叹,故乡老屋感沧桑。

我亦频年寄海滨,唉名草草慨劳薪。一官去作长安客,未敢烟霞老此身。

昆山历代山水园林志

崇明龚宝英凤台

诗老音容杳,披图见素心。阳和消魃垒,风雅擅山林。小筑三间屋,高歌一曲琴。寓公岩隐意,千载有知音。

崇明杨蓬最鹤舟

踏残马鞍道,兵燹怅离群。山色依然在,风流不可闻。从君观手泽,使我复情殷。恨未阳庄口,扁舟访隐君。

崇明蔡兆蓉柳塘

人生天地间,踪迹浑如寄。城市扰红尘,此中无位置。佳胜指娄江,玉峰耸遥翠。松林春雨馀,枫叶秋霜里。晓月树头云,夕阳山顶寺。伊人此隐居,琴书成独寐。今日展遗图,无限钦崇意。山高与水清,想见先生志。

张曾彦季美

幼安才学信无伦,席帽芒鞋寄此身。屋后青山门外水,一齐收拾付诗人。

金丹一粒许延年,卢扁声名道处传。会得林泉真趣在,尽教高卧白云边。

姚　墉芷轩

马鞍山色碧苍茫,代有诗人话草堂。会得寓公岩隐趣,一条带水近家乡。

披图南望白云深,诗卷能传寸草心。倘谱娄东耆旧传,清门硕望重山林。

海天同是客游身,聚散抟沙证夙因。堪羡阳和生腕底,活人方被万家春。

昆山程秉诗桂卿

林泉啸傲几春秋,万点芙蓉一笔收。何事别寻方外远,亭台相对足勾留。

叠嶂层峦翠色稠,天开异境任夷犹。米家画舫林家鹤,点缀还须待虎头。

戊辰重题 蒋以照少葵

身世本如寄,落想空天地。在山不泥山,隐迹非真意。在山出山水总清,但教片玉葆灵明。不有瞻山那识璞，徒遭白眼无青睛。不如安吾分，授学兼庭训。刀圭有术奏奇功，婚娶才完恣选韵。先生寄托具天真，不事惊奇不炫新。洒脱利名邂仙佛，古来名山得占伊何人。金粟道人号名士，玉山佳处草堂起，千百年来风雅宗。先生托兴乃于此，从来真境不多得。写真凭著丹青力，经用名山鲜且明，胸中丘壑图中色。我亦娄湄沦落身，病躯傲骨空嶙峋。卧游未遂看山愿，重写新诗证夙因。

嘉定张承柏厚甫

先生癖山水，未遂买山愿。卧游师少文，幽情托豪绢。一椽寄杨文，耕读聊自遣。峣峣马鞍峰，遥青落墙院。饱看发啸歌，尘网绝歆羡。我思溯高躅，邈矣不复见。令子夙投分，十载怅违面。皂帽辽东归，同慨沧桑变。斯图灰烬馀，掇拾慎修缮。肘后留奇方，箧中宝遗砚。补写草堂图，大书逸民传。食德扬清芬，一读一凄恋。

元和王燮安默庵

从来耽隐属高人，高隐如君更率真。元白仙词能绝世，岐黄妙术绰生春。一丘一壑归诗料，依水依山远俗尘。愧我芜才空想像，披图无句可传神。

崇明王穀诒祖茔

望玉山之一角兮，恍出没于云烟。绕娄江之一线兮，复映带乎清涟。愿寄迹以隐处兮，乐心远而地偏。结元亭以门字兮，恒春诵而夏弦。恨与我生不并时兮，徒想像兮流连。诵清芬而咏骏烈兮，由似续之能贤。魂兮归来兮，仍徜徉乎水之湄兮山之巅。

吴蕴华葆生

六十年来自在身，诛茅小隐曲江滨。人宜风月聊知己，地近湖山结比邻。手泽幸存陶谢句，先生有自题诗。头衔合署葛怀民。只今写入丹青里，犹识当初面目真。

词

调寄沁园春　郁宝树子珊

一棹沧江，爽气西来，说是玉峰。看柳堤花港，几人把钓；竹篱茅舍，是处催农。啸傲烟霞，平章风月，想煞当年一寓公。开绛帐，好盈门桃李，披拂春风。

而今隔断音容，叹一梦、难教醒葛洪。见酒垆草宿，苍茫烟冷；琴台月落，寂寞尘封。只有此图，残山剩水，写出匡庐一幅踪。所堪慰，幸郎君肯构，官嗣而翁。

调寄满江红　　常熟唐金鉴荔香

如此溪山，也算得、十洲蓬岛。况泼眼、吴峰翠叠，淞江绿绕。此子正宜丘壑置，浮生岂合风尘老。待一齐、收拾付诗囊，鸿留爪。　　向平愿，何时了。烟波兴，萦怀抱。悔壮游五岳，裹粮不早。山水堪为知己友，梦魂犹恋乡园好。试从今、展卷一凄然，风流杳。

调寄壶中天　　嘉定赵　莪养甫

鹿城胜地，兼云深林密，水清山秀。逸士高人相接踵，谁似幼安贤胄。画卷频摹，诗篇富积，念昔年堂构。卜居曾此，名场罢了驰骤。　　造庐犹忆前番，正黄花满时，绿橙肥候。把酒持螯添韵事，计两夕欢如旧。省识闲情，追陪芳躅，临别重回首。也欣屋抱，清流窗映孤岫。书斋中楹联有"清流抱茅屋，远岫列蓬窗"句。

调寄贺圣朝　　崇明徐钟麒研耕

有人旷怀忘名利。觅山庄小住。三分苍色二分青，更一分浓翠。　　诗书经史，便便腹笥。且青囊遗季。那知沧桑倏迁移，剩丹青披示。

调寄南乡子　　上元郑镜清海秋

天地一蜉蝣，寄得闲身兴未休。想到玉峰栖隐处，清幽，山水之间选胜游。　　高士仲瑛俦，觞咏林泉互唱酬。有子寄居东海外，瀛洲，图画依然重冶裘。

调寄壶中天庚午重题　　杨敬传诗盦

玉山佳处，记诗人小隐，鸿泥留迹。一角香茅吟咏地，想□[1]当时裙屐。卖药韩康，裁花董奉，雅有烟霞癖。百年如寄，画图犹感今昔。　　却忆翰墨因尘，零笺剩句，转眼多残笔。差喜行滕馀烬，在鹅绢、频番搜辑。我岂忘情，君真好事，此意诚堪惜。旧题重补，酒边愁倚长笛。

1　此处底本为墨钉。

玉峰寄隐图诗文录卷下

赞

老龙隐几，庚桑畏垒，蜉蝣天地，寄焉而已。玉山苍苍，娄水弥弥。中有高蹈，名利脱屣。移柳在门，种槐成市。楹书满堂，墓柏心死。展斯图者，有不慕魏野草堂之灵，而仰康成讲授之里也耶。同里徐元润拜题。

序

昔陶靖节以浮生为寓形，李供奉以天地为逆旅，苏玉局则曰"寄蜉蝣于天地"。宇宙茫茫，古今同慨。至于襆被远游，萍踪转徙，则寄中之寄也。而齐物达观，以无适而非寄者，亦无适而不安。故寄其身即安其心，安其心即寄其兴。凡所遇山林泉石，赏心寓目，遂若固有之者。

雪泉管君，吾娄之城南人也。性朴讷寡营，与人交，和光春霭，而有风节。幼攻举子业，不求闻达。中年隐于耕，辍耕即手不释卷。闻人谈山水之胜，辄欲蜡屐，以儿女累，不果游。晚年，舌耕于玉峰之左曰阳文庄，爱其山水，绘《玉峰寄隐图》，知其老而志在也，顾未尝出以示人客。冬，先生归道山，其哲嗣之柏尝从余游，持图丐序。余以不文辞。之柏固请曰："我欲成先人志，幸勿却。"余感其意，为书梗概，以志景仰云。

道光岁次著雍阉茂之如月上浣，漱六俞昆田书于河鼓村之环翠山房。

娄城之南有古君子焉，曰雪泉管先生。先生先世有东溟先生者，以理学登进士第，官刑部，直声震朝右。厥后，代有闻人。先生幼嗜学，淹贯群书，不屑为章句业。生平雅好山水，顾足迹未尝远涉，闻人谈林壑之胜，辄神往，以不得亲历其地为憾。晚岁，寄居玉峰之左曰阳文庄，荒村老屋，授徒其中，弹琴咏诗，与耕夫野叟相劳苦，借以寓齐物达观之致。盖其性情倜逸，有大过人者。友人绘《玉峰寄隐图》为赠，从先生志也。

嗟夫！宇宙之间，何物非寄？寄，寄也；不寄，亦寄也。人知寄之为寄，不知不寄之皆为寄。寄与非寄,在其人之自悟。而逐逐者方懵然,不知攐然罔顾,与先生之遗遗世虑、超脱尘埃相越奚翅霄壤哉!余昔假馆娄上十馀载,耳先生名,未获谋面。先生归道山久,哲嗣倚岩三兄抱遗册索言。余景先生之高致,更喜倚岩之能诵芬罔替也,爰不辞而为之序。

咸丰六年岁次丙辰阳月,嘉定葛其仁拜书于味经斋。

记

自吾娄以至玉山,相距一舍而远。元、明以来,高人逸士接踵其间,乐其川原之胜,缚茅结庐,啸歌自得。又或居非其地,偶然寄迹,论文讲道,朋侣相随。今虽烟荒草蔓,而渺不相属之人即其流风馀韵,想见精神、意兴之所存,矧历时未久而为之子孙者乎?

管君雪泉生长娄江,志耽山水,牵于人事,未遂远游。尝授徒玉峰之左曰阳文庄者,为登临恣览之地,而绘图《玉峰寄隐》,以为吾特于此寄焉,非冀传之异日,而人知图中为何如人也。君归道山,哲嗣倚岩撰为述略,丐人题咏,以志先人精神、意兴之所存,而其词有呜咽不堪卒独读者。

今年秋,介余族弟漱六邮书索记。余家居时,留心前辈文献,尝计昆、娄接壤之所,故迹綦多,意欲采取志乘所载与夫《玉山雅集》《昆山杂咏》诸编,汇为一帙。又思偕二三好游之士,一一访其故址,或有所得,而卒卒俱未有暇。吾不知高人逸士皆有如雪泉之绘图与否,抑其子孙不尽能使之传也。管氏自东溟先生以理学登进士第,出任台贰,抗直不回,子若孙相继而起,并以文章风节著望于时。余虽未识倚岩,其不忘父志若斯,意必有会乎可隐可见之义夫。

道光己亥重九,王宝仁拜撰于六安学署之十二竹斋。

人生无往非寄也,利寄于市,名寄于朝;达者寄于民物,穷者寄于山林。当其寄于所寄,不知其寄也;即知其寄而不能不寄于所寄,于是身寄而心不寄,往往郁郁不乐。夫云之寄于霄,水之寄于地,鸟之寄于木,鱼之寄于渊,寄耶,非耶,彼不知也,吾乌乎知之?若夫声色之寄于耳目,耳目之寄于声色,互寄而互遁者也。且昼而寄于事为,暮夜而寄于梦寐,若寄而若不寄者也。虽然,既寄之矣,情亦往焉。寄之境不可留,寄之迹不可滞,寄之趣则不可不永。是故寄于市者较锱铢,寄于朝者竞誉毁,寄于民物者争得失治乱,寄于山林者工啸咏嬉游,则身寄而心亦寄焉矣。

管君雪泉寄居昆山之惠安乡,绘《玉峰寄隐图》,其言曰:"山水寄象于天地,人寄情于山水,以其得之耳目者寄之笔墨,则意兴所至,足迹所经,皆可作常有观,乌知其为寄?"呜呼!管君其深于寄之趣者乎?其不滞于寄之迹者乎?今管君已殁,而图故完好，管君有知，其亦寄于是焉而已。

道光二十有六年冬十月，嘉定朱右曾书。

吾闻之太史公曰："高山仰止，景行行止。虽不能至，心向往之。"盖志慕也。玉峰为娄江之胜，元、明以来多隐君子。管翁耽山水游，结茅于其湄，致足乐已。抑又闻之石蕴玉而山辉，翁抱不羁之志，丰才而啬遇，用是为李愿之归，效少文之卧。此大丈夫不遇于时者之所为也。览斯图者，其孰不跂而望之，曰："先生之风，山高水长。"

甲辰季冬，青浦陈垚圭拜书。

铁围山一大寄局，而三千大千世界之所寄也。至日月星辰之寄于天，山川草木之寄于地，则更寄中之寄矣。古人"天地逆旅"之说，以寄为不寄也；"雪泥鸿爪"之喻，以不寄为寄也。若吾夫子"逝者如斯，不舍昼夜"，则不寄而寄，寄而不寄，自独妙乎，其为寄者矣。

管君雪泉先生寄隐于玉峰之阳文庄，即绘图以寄世，盖欲以寄情山水者寄之笔墨也。迄今偶一披图，伊人宛在。苟非昔时寄之于笔墨，则高情逸兴何能常寄于此耶？令似倚岩三兄索题，为志数语，而余鄙陋不文，亦已得寄于斯，是则斯图为雪翁之所寄者，不更为余之所寄也哉！

咸丰纪元岁次辛亥春三月上浣，少唐钱体仁书于安亭江上之汲古书屋。

宇宙之大观，上为日星，下为河岳。天地之奇之著于下者，莫山水若矣。然唯高贤杰士，遗世独立，其精神与天地相往来，乃能寄情山水间而乐之，终身不厌，故曰："仁者乐山，知者乐水。"凡夫无是也。故山水之可乐，唯能乐者知之，能乐矣。不待名山水而后乐也，一丘一壑皆可乐也。不必置身山水而后乐也，举生平爱慕流连之迹，绘诸尺幅，悬于斗室，终日相晞对，若奇峰怪石、清流急湍之历历在目也，则其乐之深矣。

娄东雪泉先生性好山水，有游览之志，不果遂。晚岁，馆于玉峰。玉峰山水之胜，唯先生能有之。春秋佳日，游目骋怀，欣然以乐，已而图之曰《玉峰寄隐》自记，以明其志。盖先生乐其所乐，不以轩冕易，非众人所能喻也。

先生既没，令子倚岩以图与记，因王研云先生来乞言。予未能乐先生之乐，而于先生之高致窃有慕焉。爰附数语，以志景仰云。

丁未夏日，寿州吕缉熙顿首拜题。

跋

兔走乌非,光阴过客。蝇头蜗角,名利幻泡。既造物,皆寓形;即人生,为寄旅。名山可住,小隐何妨?惟雪泉管君,负磊落之才,结烟霞之癖。丘壑腹有,尘缘胸无。不鹿鹿于世途,乃鱼鱼于物外。所恨米盐累重,山水缘悭,相如善病而杜门,子云著书以自遣而已。迨其晚年,益自退谨。挂诗瓢于郭外,主讲席于昆阳。未能千万买宅,百万买邻;且复半日读书,半日静坐。居阳文庄之旧趾,与马鞍山为比邻。兴至则沽酒独往,话约僧寮;日暮则携筇径归,伴挈樵叟。每当风月之夕,花鸟之晨,作十里五里游。得宜诗宜画景,掀髯自喜,涉笔抒怀。所志在高山、流水,其人似无怀、葛天。岂意甫甘蔗境,遽了蕉缘。马帐风寒,鱼灯月冷。鸿爪雪泥,偶着人间之迹;棕鞋桐帽,尚馀世外之风。岁在著雍,时维相月。令嗣述志,捧图丐诗。呜呼!写形尚易,不妨身外留身;见志为难,谁识寄中又寄。芜词自愧,梗概略传。以云发潜德之幽光,则请俟如椽之大笔云尔。

道光十八年岁次戊戌相月中浣,同里朱锡绥撷芸氏拜跋。

古人图画之作,或以垂法戒,或以存故事,皆有为而为。垂法戒者,《毛诗》《列女传》诸图是已。存故事者,《曾子采薪》《邢父哺儿》诸图是已。至于名贤栖迹之所,若卢鸿一《草堂图》、王摩诘《辋川图》、魏仲先《郊居图》,后之人得其事者,往往凭吊徘徊,想见其琴樽觞咏之处,则所谓写逸事于一时,播清风于百代者,于图有赖焉。而并时之人,亦或侈陈其事,有所述作,垂于集中,则其图之名传,而其人亦愈以传。

娄东管雪泉先生,高隐能诗,鸿一、摩诘之流亚也。平居颇有远游之愿,苦于无资,且乏济胜具。晚年,寓居吾邑之阳文庄,老屋数椽,流水环之,先生读书其中。课诵之馀,时时倚门延伫,马鞍一角,排闼送青,为顾而乐之,用以寄其远游之想。而友人之善画者为之图,题曰《玉峰寄隐》云。

余寓居梅心,去阳文庄不十里,而顾未识先生。先生既殁,令子倚岩思念先德,遍求名人题咏其事,而次第及于余。余惟先生皋庑之寄,鸿爪雪泥,胡能长久?图之寿,亦仅百年而止。所可恃以久存者,惟文字耳,顾余非其人也。虽然,吾邑二百年来空山无人久矣,如雪泉先生者,其人甚高,焉知《寄隐》一图异日不与《草堂》诸图其名并垂不朽耶?因不辞而为之跋。

道光己亥春,新阳后进潘道根拜稿。

倚岩颖异,力学能文而不试,与潘确潜辈友善,殆畸人也。初,从俞君漱六斋中读其所作如"春水方生，居然美士"，漱六曰："吾弟子也。"余因获交倚岩。尝以令先君雪泉先生《玉峰寄隐图》丐补诗画，谓余敏，倚棹待之。归示其师友，以为有味外味焉。越五稔，携全册来，复索文，阐其先德。维先生归道山有年，余不获亲言论风采，即图中旨趣思之，自是独行传中人物，又奚俟余之置喙乎？

尝谓：观人者，不徒观于其身也。《诗》曰："式穀似之。"盖观于子之善，而父之善可知矣。《礼》曰："谓之君子之子，是使其亲为君子也。"盖由其子以推本于父，而父之为君子益见矣。斯言于先生信之，矧倚岩之品之学，重得师友劘切所造，正未可量也。

其侨居在玉峰东北乡曰阳文庄，即先生寄隐处。流风馀韵，乡人犹能道之。倚岩于是乡有宾至如归之乐，知其能读父书，承遗训，而复能诵芬咏烈若是，不诚足多哉！顾余不文，不足慰仁人孝子请，还质诸漱六、确潜，或痂嗜如故，益滋余愧已。

时道光二十三年岁在昭阳单阏相月之吉，三十六峰喜道人张泉跋于仙溪东园。

同里管君倚岩以其先德雪泉先生《玉峰寄隐图》索余题识，请之再三，不获辞。展读之，知先生尝寓居玉峰之左曰阳文庄。隐居味道，好游未遂，爰绘图以寄志，于先民之所谓玉山雅集者，有馀慕焉。

余抚此，窃有感矣。忆少时随先府君寄居鹿城中，一时词人先后辈出，惧获款洽。年来，老成零落，犹有潘确潜、张石芸诸君子支持其间，风雅未熄。余虽客授虞山，不常往游，而平居魂梦依依辄在玉山下，亦不自解其何故也。今倚岩以先人踪迹所在，仍留其地，从诸君子游，诵芬述德，历久不忘，可谓贤矣。时虽无金粟道人乎，而袁子英、陆良贵诸人固不乏也。余旷览世故，恒戚戚于怀，将与倚岩订耦耕之约，属其告诸确潜诸老，毋遽弃予焉。通家愚弟季锡畴。

岁癸卯春，女夫管君倚岩出其先子雪泉先生《玉峰寄隐图》见示，属为赋诗。余时有风木之悲，未能搦管。转瞬三稔，佳作如林，汇成卷帙。范文正公《岳阳楼记》云，洞庭胜概，已尽前人诗赋中。倘欲强为效颦，未免语同意等，徒取讥于后人耳。余于雪泉曾未谋面，读诸公吟咏及名士丹青，想见飘然出尘、遗世独立之概。倚岩能诵芬咏烈，亦足以风世矣。

道光二十六年岁次丙午春日，李镰跋。

吾邑之隐者，自唐苏州处士，历宋、元、明，代有传人，最著者为金粟道人。国朝以来，如陈西庄、归玄恭辈，人可指屈，然皆土著，而非寄者也。其寄者，如王文恭之晚寓荐严寺，李修撰之归老圆明，范文穆之自少读书，赵璧之以儒学而家焉，李水心之以避地而居焉。此皆寄，而非隐者也。其寄而隐者，为刘龙洲、郑季明、周仲高、张云门、夏君启、吴孟思、张素庵、顾黄公。而自娄东来者，则有陈确庵、吴修龄诸前哲，而设帐授徒惟蔡公旦耳，今乃复见雪泉先生矣。

先生之寄隐也，授徒于阳文庄，暇则与二三知己棹扁舟，携筇屐，游目骋怀，吟咏自适。乐山水之佳，遂家于此，盖十年矣。尝绘《玉峰寄隐图》，悬于馆壁，以示其志。先生归道山，哲嗣倚岩三兄思慕不置，即壁间之图潢治成册，征人题咏。复居十馀年，倚岩素精于医道，日东行，乃归故里，不忘本也。而时一展图，犹惓惓于羁栖之地，盖不忘先生之寄隐，即不忘吾玉山也。而吾邑之人士，至今不远数十里延倚岩疗治，则又以不忘倚岩者，不忘先生之寄隐也。夫自明以前，县未分割，太与昆本同壤，则先生于吾邑寄，而原非寄也。他日修志者，列先生于"游寓"中可，即列先生于"隐逸"中亦可，要皆足增吾邑乘光也。

时咸丰九年岁次己未孟冬之月，昆山陈德基拜书。

玉峰即马鞍山，形似马鞍，故名。又以其石秀润似玉，一名玉山。其上有昙花亭、抱玉洞、文笔峰、凌云塔，以及云居、古柏、慧洞、苍苔诸胜。元顾仲瑛筑玉山草堂，说者谓在茜泾之西，而系以山名，当是去山不远。时有会稽杨铁崖、方外张伯雨辈觞咏于此，即今遗址无存，犹且传为盛事。人以地传乎？抑地以人传乎？窃以为人生之在天地，皆偶寄焉耳。鼎鼎百年，何者可私为己有？即印累绶若不为贵，黄金白璧不为富，鲜衣美馔不为福，庞眉皓发不为寿，其不与草木同腐者，名而已矣。大者，国史传其名，次则邑乘传其名。或传于道路之揄扬，或传于野史稗官之纪载。下至一诗文之阐发，一图状之描摹，皆名也，皆人生之所寄也。

曩者，娄东雪泉管丈有见于此，尝设帐于玉山之东不数里曰阳文庄者。秀色侵帘，清光落几，高瞻遐瞩，歌啸随之，如是者有年，而寄隐之图斯作矣。夫图之作，非为名也，鸿爪雪泥，亦偶寄焉耳。而后之人执卷流连，隐然念先泽之遗不可磨灭，于是重访名流，更增图咏，装池成册，以示后人，则又哲嗣倚岩之寄所寄也已。异日当有仿草堂故事，追忆铁崖诸老，因而齿及斯图者。

咸丰十年岁次庚申三月中浣，愚侄唐彦槐拜书。

后 序

道光中，管君倚岩尝携其先德雪泉翁《玉峰寄隐图》广征题咏，次及于予，用是始识倚岩。然倚岩馆新阳之阳文庄，家城南黄姑塘之西，归又不时入城，未能数数见也。庚申之乱，城南为群贼往来孔道，蹂躏尤甚。倚岩仓皇奔走，出入戎马之间，挈室家渡海至古瀛，身无长物，借岐黄术以自给。今年秋，倚岩过予斋，述其避地时踪迹之所至，出其所录题图之诗若文，曰："图已佚，幸诗文尚在。今将倩人补为之图，吾子其为我序之。"予因之有感焉。方倚岩索诗时，予年方壮盛，授徒昆山河南氏，与确潜潘先生交，辄至汉浦塘上宿隐。求草堂、玉峰，在其西南，岚光紫翠，隐隐可望。迨确潜归道山，继遭寇乱，草堂已毁，此景渺不可得。前后三十年间，屈指题咏之人，为之文者十有五人，诗一百三十有八人，存者盖十之二三焉，而予亦颓然老矣。乃倚岩犹存存此于兵燹之馀，能不忘其先人若此，而诸人之雪泥鸿爪亦赖以传焉，又甚可喜也。爰序而归之。

同治五年丙寅冬日，归庵弟叶裕仁。

事　略

先伯父雪泉公，讳湘，字瀛洲。先大父持亭公长子也。公生三子，先伯父居长，次先子若泉府君，次季父得泉公。季父世业农，先大父、先子俱业医。先伯父既耕且读，绝不与户外事。为人敦厚古朴，和气谦德，溢于颜面。友爱诸弟，无闲言。对家人妇子，无疾言遽色。人以横逆加之，辄退避弗与校，乡里妇孺咸以"佛子"呼之。先子尝训槐曰："汝能以伯父为师，可为乡党善人矣。"槐志之，不敢忘。

先伯母顾孺人有德耀风，生子三：长名本，字廷初，先先伯父卒；次林，殉庚申之难；次柏，字青万，一字倚岩，得先大父之传，精于医。自少至壮，侨寓新阳之杨文庄，离家廿里而遥，艰于定省。道光初，迎养先伯父就馆于杨文庄左近，朝夕得省视焉。先伯父授徒之暇，西望玉峰，烟岚苍翠，如在户牖间，乐而安之。慕顾仲瑛、吾乡陈确庵先生之风，时寻其旧迹，尽兴而返，辄志之以诗。如是者数年。道光丁酉十一月二十八日，以无疾卒于馆舍。兄常切白云亲舍之慕，绘图志感，名《玉峰寄隐》，征远近文人题咏，哀然成集。迄今垂四十年矣。兵燹后，长物俱散亡，而斯图独存，讵非先伯父之灵爽与兄之孝思所致耶？

今年秋，兄谨录诗文全册，寿诸梨枣，乞同里叶征君涵谿先生点勘上板。先生谓予曰："君不可以无述。"槐不敢以不文辞，为志其梗概如此。

光绪四年冬十一月，从子槐谨述。

昆 山 历 代 山 水 园 林 志

马鞍山景物略·玉山景物略

〔清〕周奕钫　述　〔清〕潘道根　补

徐大军　整理

马鞍山景物略·玉山景物略

清周奕钤述,清潘道根补。

周奕钤,字韩锡,一字元音,江苏昆山人。补诸生,好考订邑中史实,至老不倦。曾分纂邑志。年八十与乡饮。潘道根(1788—1858),字潜夫,一字确潜,别号晚香,又号徐村老农,江苏昆山周市镇人。平生颇留心乡邦文献,收集整理昆山地方文献甚多。

马鞍山即玉山,又名玉峰,位于昆山。《马鞍山景物略》,一名《玉山名胜》,以目录形式列出马鞍山周围名胜古迹。分峰峦、洞谷、园亭、冢墓、寺院、桥梁等若干类,每一类下列举具体名目。多数名目加以小字简要说明其地理位置、命名来源、历史沿革、名人墨迹等。

《玉山景物略》,叙述马鞍山形势沿革,较详细介绍各景点历史沿革、古迹建毁经过、山川水道存废等。以马鞍山为中心,东南西北为序,将各景点串连介绍。此两部分一详一略,相互补充,为游者提供了向导,也为研究昆山当地历史留下史料。潘明凤跋评其书"搜辑旧闻,摹写景物,洵为游山者所必备";"是书所载,至为完美"。

是书有1935年苏州文新印书馆铅印本,本次据上海图书馆藏本点校整理。末附有昆山公园东斋饭店《马鞍山东部之新建设与新发见》一文,为其他藏本所无。

马鞍山景物略—名《玉山名胜》

峰 峦

两界山

文笔峰　旧名紫云岩。

西来峰

擘云峰　在偃松冈下。

小天台　在夕阳岩右。

小云台

妙高峰

偃松冈　在真武殿东，旧有松。

振衣岩

松风岭

东　岩　在山东，一名梅花岩。

老人峰

野猪峰

赛武当

箬帽峰　一名芙蓉岭，在古上方。

洞 谷

桃源洞　在山阳昙华亭下，宋郑准创。泰定间，陈志学修。弘治间，戴经重修。

定风洞　明季文石处士朱寅为僧雪林凿，一名常阳洞。或云非是。

刘公洞　明邑丞刘谐凿，旧名华阳洞。谐自有记。

朝阳洞　一名酒药洞，在妙峰塔下。

抱玉洞　在芙蓉岭下，旧为梁慧向禅师石室，刘谐改今名。俗呼石佛洞。

东岩洞

一线天　在小天台上，两壁屹立，仰望青冥，仅通一线。壁上古隶"片云穿石峡，飞浪到天门"十字。

梅花峪　疑即梅花岩。

玉液池　在东岩之东，旧为龙洲钓台，有泉涓滴，池水湛然。石上刻"玉液"字。

天开神谷　在老人峰下群豕石上，石窦仅容半身。上有篆文，曰"天开神谷"。

奇　石

凤凰石　在山阴半坳，以形似得名。

云根石　在步玉峰，上有刻字。

卧仙石　在云根石西，有字，刻"卧仙"。

龟　石　在乐彼之园。

没羽石　在流沙岩侧，有石如虎，故名。

试剑石　在没羽石北上转西，有石如削，故名。

隔凡石　在半山亭左，有字刻石。

棋盘石　在乐彼之园。

笔架石　在岳王庙左。

泉　井

眼泉海　在野猪峰。

朗公泉　在兜率天，即西岩禅院。

清峡泉　在乐彼之园。

玉泉井

方井泉　在清凉庵前。

碧玉泉　在周氏忘归亭下。

园　亭

流憩亭　宋时建，相传凌万顷筑。

风月亭　在马鞍山前，颜傃庵作。吴仁杰有诗。

春风亭　在山顶大额岩，宋知县潘友文筑。旧为丰年亭址。正德间，知县方豪以水灾改名"望秋"。

一草亭

清晖堂　在马鞍山北。郏侨有诗。

改翁亭　在隔凡石右，侍御方凤建。顾梦圭有颂。

玉泉亭　正德间，邑人张承秀建。顾潜记。

昙华亭　万历十年，邑人陈允升就翠微阁址建，移阁于亭之左。董其昌题"梵音深处"额。道光二年毁。

乐彼之园　在山东麓。旧有东岩亭，都事顾藻建，玄孙锡畴扩为园，为其父笋洲翁怡老之所。有《东岩题咏》一卷。东岩上又有翠云居，亦锡畴建。

见山楼　元僧□建，杨维祯记。明龚诩有诗。

崦山亭　距山阳二百弓，前有小溪，邑人赵善训筑。吴仁杰题匾。

芝华亭　在古上方后，淳熙丙申建。龚明之有诗。

水云乡　在山北，王大过季立所居。仁杰有联句。

玲珑石亭　在山北，太府丞陈振恐凿石者众，有伤山脉，立碑亭中，以禁凿者。明县令杨逢春复刻文申禁。

翠微阁　在桃源洞上。宋政和间，诗僧冲邈号翠微驻锡于此。邑人陈泽为开桃源洞，建阁居之，即以"翠微"名阁。后倾废。明嘉靖九年，金华府经历邑人戴祐重建。邑绅周愚记，王同祖书石，知县郭楠题额。

压云轩　在中峰翠微庵上，古上方西，傍有小松数株。宋胡清有诗。

叠浪轩　在山东北华藏教院。旧教院在雷殿后。下瞰湖瀼，一碧千顷，诗人名公往往觞咏于此。今湖皆为田，不复旧观矣。或离合匾字为"车干水，宜良田"，是其谶云。东即玉泉禅院。

思贤亭　在马鞍山上方东偏，有宋石刻，以唐孟郊、张祜题诗，宋王安石和诗并在上方，故名。元僧智䜣列三贤遗像于壁。明殷奎有《思贤亭记》。

西隐阁　在上方稍西，为慧聚寺中登临最胜处。

月华阁　在东山街山坳间，唐时建。宋绍兴间，周必大尝读书于此。

凌虚亭　在东峰妙峰庵内。

翠屏轩　在西岩之南。李乘有诗。

夕秀轩　在山西麓，又有翠筱、留云、垂云、青松、白石诸轩，皆未详所在。

玉山佳处亭　在妙峰石塔西，邑人陈伯康筑。杨维祯题匾，谢应芳有诗。

片玉山房　在山南麓，沈方筑。偶桓有诗。

野鹤轩　在鬼垒台左，知县杨子器建，后改柳塘先生祠。陈允升记。乾隆辛巳秋，祠毁，碑亦无考。祠内有县丞李思东遗爱碑。思东，讳三省，河南人。柳塘祠后为刘龙洲街，街侧有曹氏多云阁，亦废。

青阳溪馆　在山东南麓，本太仆周复俊所创玉兰亭，中有绥成祠，复俊子泉拓其基以为溪馆。有云东草堂、忘归亭、菉竹居、桐榭、松坪、梅林、杏圃诸胜。明季并废。

文笔山居　在山西南麓，举人沈大化筑。其址去甘霖墓不十弓。

武陵源　在山东麓，明顾咸和筑。俞允文题匾。园中流水曲折，可通舟行。两岸皆植桃，老梅亦数百株。乾隆癸酉间废。

花雨轩　在山阳，王祐之所居。云门山人张士行题额，秦约记。

不系舟　僧柏子庭所居，在慧聚寺。

片玉山房　在山阳，沈方筑。偶桓有诗："片玉峰前结书屋，林丘窈窕带烟霞。胜如少室山人宅，清似平泉宰相家。炉养丹砂收月魄，瓮浮春酒压松花。冷风一枕醒尘梦，卧听群蜂报午衙。"

北山草堂　沈丙筑。盛彧、易恒有诗。

翠云居　在山东岩真武殿左侧，明崇祯间，顾锡畴建。

皆可楼　在昙华亭正南、虹桥西偏，明季朱氏所居。取"雪月风花皆是可"之句为楼名。

二逸堂　在山东麓，成化间，戚轩张翼读书之所，亦称杏林书屋。

附巢山园　顾震寰筑，"附巢"其别字。在马鞍山阴，旧为通参张寰别墅。中有宁化知县夏津墓，通参筑梅花台以护之。继归徐氏，改筑遂园。

遂园　在山北麓，徐乾学构。康熙甲戌上巳，招集四方冠盖，为耆年会。有《遂园修禊图卷》行世，钱陆灿记。乾隆己未，废为普义园。

三益园　在山麓。本葛氏业，后归叶奕苞，徐开任与太仓吴扶风同筑，故名。亦曰"三友"。秀水李良年记。

四美亭　在昆山城隍庙内，其东为花神庙。亭悬邑人余起霞旧题"四美亭"旧额。亭后有吴县人李福书"小径风微花坠雨，好山春暖玉生烟"楹帖，书法褚公，惜为人窃去。

旷如奥如之亭　在山东岩。道光中，陶制军文毅公澍登山筑此，旋圮。咸丰元年，邑人吴再锡重建。

孙氏园　在今昆庙照墙下。乾隆中，仅存屋三楹，为尼舍。

冢　墓

晋骠骑将军王某暨夫人丁氏墓　在马鞍山阳，赠金事王亿墓东北隅。国朝雍正四年，新阳分县，买民居营狱舍，掘地得古圹，有朱棺二，一题"晋骠骑将军王□"，一题"皇封一品夫人丁氏"。知县王士任选葬于此，立石表焉。今石不存。

骠骑将军须龙洲墓　在昆邑庙后，今花神庙址。

宋龙洲先生刘过墓　在马鞍山东斋后，陈振志、吕大中有墓碑，杨维祯有墓表。

莲峰先生易斗元墓　在山西麓，旁即斗元子、吉水判官伟墓。朱珪《名迹录》载其墓志。

550

昆山历代山水园林志

元靖夷先生顾权墓　在山北麓，殷奎铭。

迁善先生郭翼墓　在山北中峰，卢熊铭。

隐士卢有常妻吕氏墓　在山后。

温州路总管陈志学墓　在山西南麓，岳王庙后。志学父忠封颍川郡侯，母封郡君。志学以杭州同知运饷北馈，元文宗嘉其功，升温州路总管。年老致仕，年六十九卒，葬于此。杨维祯撰墓表，乾隆初尚存。志略云：志学，字俊卿。至正五年以输粟授於潜税使，寻以粟万斛济国饷，授宣武将军，晋朝请大夫，授温州路总管。封父允恭颍川郡侯，母李，妻顾、蒋颍川郡夫人。卒于官，子逢祥、逢吉、逢原，孙经奉函骨归葬先茔之次。逢祥等撰铭，庚友丁卯科进士、奉训大夫、前江西等处儒学提举杨维祯填讳。

儒学提举朱彬墓　在马鞍山西麓。文公长子塾，塾生鉴，鉴生浚，浚次子即彬。字惟志，号南坡，亦号墨庵，元进士，为元昆山州知州。明太祖招之，不屈而死。太祖赐葬于此，曰："爱其忠，恶其抗，何以显扬？"赐之立葬，赠儒学提举。

处士傅翼墓　在山阴中峰，殷奎铭。

隐君吴巢鹤墓　在马鞍山阴。六世孙工部郎中瑞立碑，碑尚存。

隐居管珪墓　在山东麓。

烈士王世淳墓　在山东冈，卢熊志。

元处士郑子华墓　在山西麓，王英铭。子忠、孙教谕庚祔。

明尚书顾礼墓　在山西北麓，顾潜修，复有记。

处士甘福墓　在山西南麓，卢孺志。子润、孙霖祔。

赠御史王子敬墓　在山西北弥勒阁后，子按察使英祔，吴宽表，教谕王宏志。

太常卿黄子澄墓　在山阳，子彦修、彦辉祔，刘珏志。

户部侍郎刘珏墓　在山南麓，知县万曰吉表。

封中宪大夫夏亮墓　在马鞍山北，陈继铭，子中书舍人曷祔。

荆藩长史张玑墓　在山隈。

河间知府赵远墓　在山阴。

汉阳知府章贤墓　在山阴，西去赠尚书周璬墓数十武。

江西布政盛颐墓　在山北麓。崇祯间，知县万曰吉题曰"正色儒臣之墓"。

新城令张能墓　在山北麓，龚诩志，子潮阳训导注、孙封刑部主事銮祔。一毛澄志，一顾鼎臣志。

赠大理评事沈方墓　在山西麓，易莲峰墓左。长子愚并方次子鲁志。季子福建副使讷、郑文康志。讷子举人僎并祔。

赠工部员外郎沈明墓　在文笔峰下，沈鲁志。

翰林院检讨王资墓　在山南麓,魏骥铭。孙赠浙江佥事亿墓,在资墓东南昙华亭前,刘宠铭。

赠刑部郎中张礼墓　在山南城隍庙右,子浙江提学副使和裥,叶盛志,商辂表。

大理寺评事朱萱墓　在山□,叶盛志。

处士沈麟墓　在山西麓,萧镃铭。

礼部主事夏遂墓　在山西麓,俞山志。

金溪令陈助墓　在山北凤凰石下,郑文康铭。

应山王府教授陈翊墓　在山阴华藏寺后,王侨志。

编修赵博墓　在山阳桃源洞左,李东阳表。

蒙阴教谕周泰墓　在文笔峰下,朱旻志。子鄂裥,顾潜志。

赠尚书周璩墓　在山阴,孙伦志。子赠尚书绍裥。

刑部主事陶缵墓　在山阴凤凰石上。

赠礼部主事方麟墓　在山阳山溪泾南,王守仁表。

刑部主事柴太墓　在山北凤凰石下,朱希周铭。

昌化知县夏津墓　在山阴。

处士王应电墓　在山南麓。

周孝妇黄氏墓　在山南麓,李应桢表。

处士鄞县张应宿墓　在昙华亭下。

处士周同谷墓　在山东麓。

钦旌孝烈张淑昭淑庆烈愍公振德女。墓　在山阴山溪桥北,准提庵右。

水节妇李氏墓　在山东。

九姑墓　在山东麓梅花岩北。

昆山知县郭文雄墓　在山南麓,归庄志,陈瑚表。

葛子是官墓　在岳王庙西。铭曰:"嗟余季女,埋玉山台。明慧足惜,孝柔堪哀。鬌年早世,谓之何哉。白云在舍,望汝重来。父悌明氏,康熙十六年。"

昆山知县杭允佳墓　在郭墓。

张女莲根墓　在东山。

塔　幢

尊胜陀罗尼幢　梁天监中,僧慧向造。本慧聚寺中物,康熙九年移置荐严寺中。叶奕苞有记,刻下方。

妙峰塔　在山东峰三茅宫前,即妙峰庵址,亦称治平幢。

凌霄塔　在华藏寺百里楼前，初名至尊多宝塔，梁沙门慧向建。元大德三年，僧延福等重建。明弘治间雷击。嘉靖末，僧曙岩募修，旧只五成，增为六成。万历三十二年，僧寂默重修，复增一成。入国朝，修建不一。

佛顶尊胜陀罗尼微妙之幢　在山阴普义园东。崇祯十二年，张立廉、魏肇曾、叶奕苞、诸保宙立。

松岩禅师舍利塔　在遂园东，系德林禅师徒孙。

慧响禅师塔　在今四美亭西松岩下。

普同塔

楼　阁

百里楼　在山顶。

跨街楼　在刘龙洲衕，今废。

卧云楼　即万岁亭，今废。

半隐楼

翠微阁　在桃源洞上。

藏经阁　在翠微阁后。

魁星阁

翠云阁

斗姥阁　邑人葛应元建。

寺　院

慧聚寺

大悲堂　华严寺殿左。

园聚山房　百里楼右。

兜率天　即弥勒阁故址。

华藏寺

玉照堂　华藏寺殿右。

含秀山房　百里楼左，明僧玉隐建。

如来庵　在山西麓，面临天开神谷。初名西来庵，叶氏建。

妙喜禅院　在山西南麓，明邑绅葛锡璠建，僧圣林开山。

圆觉庵　在山阳，康熙中，女僧南询开山，咸丰间废。壁有文徵明小楷《金刚经》勒石。

玉山道院　在城隍庙左,明天顺中,清真观道士黄信和建。

玉泉仙馆　在城隍庙右,明嘉靖间,道士苏景祥建,王同祖题额。

翠微庵　在山巅,妙峰塔右,梁僧慧向创。李乘有诗。旁有灵山讲堂,慧聚僧清照字神济居此。

弥勒阁　在山西峰,有石天王像及铜钟,后唐绍明律师掘地得之。一在夕阳岩,今犹存仿佛。

妙峰庵　在山巅,妙高峰凌虚亭下。

拥翠庵　在山阳,明洪武四年,僧本觉建。

清凉庵　在山后,本玉山庵故址,明天启初改为酒肆。邑绅张鲁唯改建,易今名。

兜率天宫　即弥勒阁故址,明邑人徐开禧建,名西岩禅院。康熙中,僧朗空改今名。于石罅得泉,名朗公泉,冬夏不竭。今已圮。

准提庵　在山东北麓,清凉庵左。旧为周氏园,明崇祯间,僧了幻改庵。乾隆五年,邑人孙嘉猷等改为普济堂。后废。

灵官殿　在山东南麓,步玉峰之左。明嘉靖间建,国朝乾隆九年废。

江东武惠王庙　在华藏山门之左,俗称石王庙,后改为八仙寿星殿。

西乾道院　旧在山阴,国朝顺治中道士吕毖建,天师张洪慎题额。康熙间,地归徐氏,邑贡生周拱璐移建山塘泾之右。

西相观音殿　慧聚寺旧殿也。傍有施相公庙,道光中改为龙王庙。

祠　宇

惠应庙　在马鞍山阳,祀本山之神。梁天监中,僧慧向建慧聚寺,神阴助之事闻武帝,锡号"大圣山王",即寺左建祠。崇宁元年,敕赐"惠应庙"额。今惟存山门。

城隍庙　在山南,即慧聚寺基。宋时,庙在县南三十步平桥北。洪武三年,知县呼文瞻移建今所。

文昌宫　在马鞍山中峰,芙蓉岭西,即古上方址。旧称梓潼祠,在三茅宫左,妙峰塔后。后废。国朝康熙二十五年,巡抚汤文正公檄毁淫祠,撤上方五显庙,改今祠。山门右为灶神殿。

魁星阁　在文昌宫右。旧在东山之巅。康熙四十二年,阁陷入朝阳洞。乾隆初,移建玉泉井后。五十八年,移建今所。

喜神庙　在城隍庙旁。

岳忠武王庙　在山南麓,明嘉靖间建。乾隆五十二年,知县裴元长重建,有记。

王太保庙　在山南。相传神为山王祠下佐神。宋德祐间,特著灵异,进士边云遇列状申闻。元皇祐初,敕封惠民侯。

火神庙 在山西南麓,如喜庵右。国朝雍正十一年,奉敕建。岁以六月二十三日致祭。

崇功祠 在山阳,即慧聚寺法华堂基,祀明太保顾鼎臣。嘉靖三十八年建。

陈氏四贤祠 在山西南麓,祀明赠山西参政举人时、赠山西参政诸生延经、湖广提学副使允升、赠监察御史桐城教谕嘉猷。

忠孝先生祠 在山塘泾,祀明兵科给事中张栋。天启间敕建。

聂公祠 在山阳,妙喜庵右,祀明知县聂云翰。

樊孝介先生祠 在山巅,华藏寺山门之右,祀明知县樊玉冲。万历三十二年建,归子慕记。

崇贤祠 在山南,祀明殉节贡生朱集璜、诸生陶琰、集璜子用纯。初名三贤祠,后改"崇贤"。

五贞祠 在惠应庙西,祀节妇李氏、烈妇薛氏、孝妇黄氏,知府胡缵题祠额曰"贞烈"。后增入烈妇郑氏、节妇朱氏,易额"五贞"。载入祀典。

郑氏双节祠 在山阳,黄太常墓西,祀节妇支氏、叶氏。今废。

葛节母祠 在山西麓,祀葛纬妻周氏,明万历中建。

徐节母祠 在葛祠左,祀诸生徐应时妻诸氏,明崇祯间建。

王节母祠 在郑氏双节祠右,国朝康熙中,祀王国璋妻陈氏。巡抚汤斌题"柏舟懿范"额。

周孝子庙 在惠应庙左,祀明孝子周容。

金总管庙 在惠应庙右。

刘龙洲祠 在山东麓,祀宋诗人庐陵刘过,即过墓域之东,即东斋僧舍。后废,惟元时知州偰侯斯所立碑存。

柳塘先生祠 在山前,祀明知县杨子器。初,子器建野鹤轩于山神庙左。嘉靖初,子器卒,士民请于巡抚陈凤梧,即其地为祠,旋入祀典。以县丞石肯构、李三省祔。

二张先生祠 在昆城隍西,即慧聚寺素琴堂旧址,祀明宪副和、大参穆,府判李浙记。

朱恭靖公祠 在山阳圆觉庵西,祀明南京吏部尚书希周。崇祯间,奏入祀典。

吕公生祠 在山南麓,祀明知县吕兆熊。

刘公生祠 在山阳,祀明知县刘应龙,张文柱有记。

四贤祠 在山芙蓉岭上,祀明桐城教谕、赠御史陈嘉猷,山东兵备副使陆梦履,太仆少卿徐应聘,山东临清知州张文柱,天启间建。

绥成祠　在山麓柳塘祠后,弘治间,养利知州周在建,以祀始迁之祖。有周氏义学,置庄赡族。

郭公祠　在山麓岳王庙右,祀国朝昆山知县郭文雄。顺治十六年,士民即其墓前立祠。葛云芝记。

兴化李公祠　在樊公祠右,旧为玉林堂,中有九峰阁,明大理寺丞清尝读书于此。康熙间,清子楠奉清木主为祠,悬圣祖仁皇帝追赐"多识蓄德"额。

桥　梁

彩虹桥　在西岩顶,今废。

杨家桥

山溪桥

板　桥　即香花桥。

香花桥　昆邑庙前,即板桥改建。

葛祠桥

相里桥　孝介先生祠东有相里庵。

古　迹

巫咸故宅　在马鞍山下。宋边实《续志》云:"《郡国志》,娄县山下有巫咸故宅。"按,《寰宇记》曰:娄县山,马鞍山也。

王慕村　国初,邑庙东偏得元潘府君墓志,云:"葬王慕村,慧聚寺南。"

妙峰塔　在山东峰三茅宫前,宋治平二年建,有"恭为祝延今上皇帝圣寿无疆"十二字。按寺图,山阳半腰翠微西偏有中峰塔,大佛阁东、惠应庙西有东峰塔,今并废。

金刚经碑　在山北。元时,县城南有女,喑不能言,素不识字,忽有解悟,能书篆、隶诸体。此碑是其手笔。碑阴大书"西风极乐世界"六字。

去思桃　宋开禧初,邑令潘友文植桃满山,秩满归里,民思而称之。

郎官柏　山多古墓,不蔽风日。正统中,邑令罗永年植柏十万馀株,民德之,因名。胡淡有《郎官柏记》。

状元松　顾文康公未第时,植松遍山,因名。

吕侯松　明万历中,知县吕兆熊所植,张鲁唯记。

慧向师石像　在抱玉洞中,旁有石虎,一像师生前所伏者。一夕,失所在,有人见之在海虞山中,故相传有山洞中通常熟之语。

鬼垒台　在惠应庙后。

阴阳社碑　在惠民侯庙门,一在惠应庙后。

刘公手植柏　在今花神庙庭,裂纹左转,偃卧如虬。明县丞刘谐植。

顾桂洲题石　在今花神庙前湖石上。诗云:"紫芝瑶草白云边,正是人间小有天。一曲道情春昼永,相逢都是地行仙。"

玉山景物略

马鞍山形势沿革

县治西北有山名马鞍,以形似得名。广袤三里,高七十丈,属昆山县天玉字圩。孤峰特秀,极目湖海,百里无所蔽。其阳旧有慧聚寺,山上下前后皆择胜为僧舍[1],云窗雾阁,间见层出,吴人谓真山似假山。大略见宋盖屿山图记及唐孟郊、张祜诗。宋皇祐中,王安石以舒倅被旨来相水利,夜乘炬登山,阅张、孟诗,和之,遂为山中四绝。登临胜处,为古上方,次则月华阁、妙峰庵,又有弥勒、翠微、连云、凌峰、垂云、凝云、西隐诸阁,芝华、丰年、风月、凌虚诸亭,夕秀、压云、翠屏、留云、翠筱诸轩。宋淳熙中,月华、上方相继毁,馀亦焚废。山巅为华藏寺,旧在今真武殿后。有凌霄塔,东为东岩、偃松冈、肇云峰、文笔峰、朝阳洞、芙蓉岭、抱玉洞,西为紫云岩、夕阳岩、一线天、长阳洞、栖霞洞、弥勒岩、老人峰、叠浪石、群豕石、天开神谷,山之阳为桃源洞,阴为凤凰石,山神祠在慧聚寺东偏。西有文笔峰,相传宋孝宗时魁星见于此,卫文节公遂大魁天下,峰由此名。在翠微之东、石塔之西,今移其名于紫云岩。上有文笔峰,巨笔插天,凌空卓立,下有笔架石,故邑中文风特甚。康熙中,邑令程大复与邑绅有隙,阴令人凿平文峰之尖,科名由此而衰。

始县以昆山得名,人遂称马鞍山为昆山。因其石质如玉,玲珑透瘦,因号玉峰。人珍之,以为文房之玩。山旧在北城外,西山之麓,皆娄江正道,舟楫往来,每至倾覆,过客于野猪峰下祭赛江神,以祈呵护。自宋建炎中,宣抚使周望泊舟治文书,风吹入舟,失印于此,责县雇夫戽水,水涸之后,渐为平田。及环山筑城,后人不复知有水道矣。山后山溪泾,西过遂园,蜿蜒而西,至琵琶涧,皆有水道形势,今亦湮。

东　山由慧聚寺山王庙东至跨街楼、乐彼之园

县治东北,由鳌峰桥,即乐输桥。北行至玉镇坊,即半山桥市。又北行至见山桥,即观桥。又北为泗安桥,有"伯仲同芳"坊,为王秩、王稷立。又北为王太保庙,庙基唐时为参亭,宋时建阴福社,今碑尚存。祠旁有节妇坊。康熙甲子旌表金来鹏妻刘氏。太保庙北为前山溪泾,上有香花桥。志名板桥。过桥为相里街,系明给谏张栋宅。东有相里桥,稍西为顾

1　"舍",底本原作"舌",据范成大《吴郡志》卷三十五改。

相国崇功祠。祠前有牌坊，闻明季[1]有异鸟集此，诸鸟不敢栖。入国朝，乾隆初，坊前民居犹盛，即慧聚寺之旧基也。

按：慧聚教寺在马鞍山下，梁天监十年敕建。其地旧名王慕村，吴兴沙门慧向卓锡于此，神役鬼工，一夕筑成殿基，延袤一十七丈，高丈有二尺，号鬼垒台。事闻武帝，敕建寺，赐今额，并封山神为大圣山王，仍赐铁炉、绣佛、田二顷、山一所、木千章。敕张僧繇画龙于四柱，绘神于两壁。每阴雨欲晦，龙鳞甲俱动，腾跃波涛，致伤禾稼。又敕僧繇画锁以制之。又委内臣许懋传建寺中法华堂，基广四亩二分，即今崇功祠、西相殿、五贞祠皆法华堂基也。内奉御书《法华经》十卷。又建天王堂，中有毗沙门天王像，乃杨惠之所塑。惠之初学画，见吴道子艺甚高，遂更为塑工，亦名天下。徐稚山侍郎以此像得塑中三昧，尝记其事。其傍二侍女尤佳。唐会昌中，寺废，以大柱藏郡中。大中间，刺史韦曙奏复建寺，上赐金书寺牌、铜钟，郡以柱还寺。李后主复敕建经台、钟台，亲书匾额于上。东西上下傍山而筑者七十二寺，寺僧星居，各择胜地，云窗雾阁，涌现岩际，名胜闻于天下，至形之图绘，与金山相埒。淳熙中，一夕雷火，大殿二柱忽有天书，若今之大篆，一"勋溪火"三字，一蜿蜒蟠结，若符篆，不可晓。凡自唐以来名贤题咏碑刻及杨塑天王像、李后主所书匾额悉烬，止存山王庙。端平元年九月，寺庙俱再焚。淳祐中，复建神运大雄氏殿，刑部侍郎楼治书额。咸淳八年，重建门庑。元至元及元贞间，以次重建。至正二十三年，再毁。明洪武三年，移建城隍庙于此。洪武十六年，僧昙倕重建大王堂及大雄阁等处。永乐三年，僧道良重建法华堂。正统中，又废。嘉靖十五年，知县杨逢春彻毁佛像，立名宦祠，后改崇功祠。遗佛像三躯，移供北关香水观音堂内。今相里桥之北随山溪泾，今为张氏园亭，尚有"和尚浜"之名。至跨街楼，西至铜佛殿、今花神庙基。城隍庙、张提学和墓、王质墓，皆慧聚寺下院旧址。城隍庙宾馆为寺山门，前有香花桥。正统间，因淫僧犯法，被当道驱埋于桃源洞之前，有千僧潭之名。康熙初，于邑庙中西庑掘得尊胜石幢，其高丈馀，尚寺中物，因会昌中除佛教瘗此。今移荐严寺中，叶奕苞有记。相传寺内有素琴、慧照、小林诸堂，西隐、凌峰东西二亭，西隐、月华诸阁，其遗址皆不可考。

山王庙前殿左有周孝子庙，祀常熟孝子周容。右有金小乙总管庙，神姓卫。

山王庙南有顾节妇潘氏坊。氏系万历壬子举人名晋瑛之妻，二十后守节，洁白自矢，甘守穷苦，年七十馀卒。康熙甲子年题旌。

山王庙东有刘龙洲衖，衖后即其墓。旧时人居稠密，故呼刘龙洲衖。今东斋亦废，惟元时碑在耳。

跨街楼之北为山溪泾，上有山溪桥，桥侧有准提庵。往西乃后山正道。往东随山溪

---

1 "季"，底本原作"李"，据文义改。

约二十步转北,为拱辰门,旁有石桥。

山　前<small>由山王庙西至步玉峰</small>

山王庙之西为西相观音殿,有太仓王时敏书"西来真相"额,道光中改为龙王庙。殿外有药王殿,已废。关帝殿有"千古一人"额。施相公庙。

西相殿之西为敕建五贞祠。

五贞祠转北有半山土地祠。

又北为步玉峰坊,系登山正道坊,柱刻"云开野色高低见,日照湖光远近分"句。

东　山<small>由步玉峰东上赛武当</small>

步玉峰之东为灵官庙,今废。

稍上为旷如奥如之亭,道光间,制军陶文毅公来游兹山,因建。未几圮。咸丰元年,邑人吴再锡重建。

过灵官庙东数武,当西相山王殿,后有上山阶级。稍北有奇石特立,相传名"巧云石"。旁有源彻蕴禅师舍利塔。

又上为赛武当,石骨屹立,为东山之胜。

赛武当东为三天门,前有高坡,下即顾氏乐彼之园,园中有三眼泉。进三天门,内为元帝殿,傍侍三十六雷将像,有叶重华"太和分胜",又有邑贡士吴映奎书"万物昭苏"额。殿内横梁有三弦子一张,为异人遗迹。元帝殿东为圣公殿,明季建,国初毁。殿后即翠云阁基。

叠浪轩在山东北华藏教院,下瞰湖瀼,一碧千顷。今湖皆为田,无复旧观。据凌《志》如此,周世昌《志》同,周复俊《山志》谓世昌《志》误。

按:凌《志》,华藏教院在马鞍山东北,为慧聚子院,院有叠浪轩。又潘之恒《三吴杂志》亦云在山东北,且云玉泉禅院西有叠浪轩故址。则凌与世昌《志》为不谬矣。

赛武当之西为妙高峰,旧有妙峰庵,山房重叠,为一山之胜。淳熙间毁。明季,山人掘土,尚得妙峰庵古碣。

妙高峰稍北,皆系后山冢墓。前圣驾幸昆,于此往徐氏遂园,遂削平为后山正道。

西为两界山,山径险仄,松柏深茂。望西山华藏寺,若在云雾,俨若两山相峙,因名。

妙高峰后有张氏女莲根墓。

稍西为灶神殿,国初建,后圮。康熙中复建。

又西为三茅真君殿,旧名三茅山,亦称小茅山。殿侧有痘司殿。

殿外有石磴,名中山街。下二三十步,望西悬崖而上,奇峰矗立,有朝阳洞在妙峰塔下。其流莫测，一名酒药洞，可以执炬而进。

三茅殿之西，历阶而上，为魁星阁旧基。阁奉魁星像，下供文昌、关圣。登阁遥望，东城内外，烟林水道，一如图绘。而娄江一带，蜿蜒东注，新洋白塔远远相映，东山第一胜观也。有僧松岩居于此，喜吟咏，壁间名人题句甚多。惜壬午五月二十三日，霉雨冲激，其阁下陷于酒药洞中。

魁星阁后有大士殿，殿有邑令仇士俊书"慈云深处"额。殿侧有石刻观音像，今已损坏。

大士殿前有玉泉井，宋淳熙七年，僧妙因凿，以便山中之汲者。其中水浪冲激，声沸如雷，父老传下有暗泉东通大海。其井深二十余丈。明时，海上有人得马鞍山玉泉井汲水桶，以归寺中，可异也。

井上有玉泉亭，弘治间，知县徐璁建。嘉靖间，邑人张承秀重建，顾潜记。

过魁星阁而西，旧有三贤祠，万历中建，祀叶文庄公盛、诸敬阳寿贤、张可庵栋。明末为兵火所毁。

三贤祠旁有慧向师石像洞，今谓之石佛洞，亦名抱玉洞。

过石佛洞之右，奇峰叠叠，或起或伏，名芙蓉岭，俗称为箬帽峰。

箬帽峰南层级而上，为古上方。

按：上方为慧聚寺上刹，本在山下，为唐孟东野题诗处。至宋时，迁上方于半山之上，在今殿稍西，邑厉坛之左。屡建屡毁。明初，迁于今地，中奉萧太母、五显灵官，又建圣贤、游方城隍、马公、刘猛将诸殿。祈祷如云，宰杀生灵，为血食之区。周文襄公忱抚吴，屡欲汰之，未果。国初，复修建焕然。康熙二十三年，汤文正公斌巡抚江南，奏毁淫祠二千余所，昆山古上方在焉。火焚五圣、太母及后宫夫人、马公诸像，拆去都城隍、游方城隍庙。都城隍像，邑民私奉之，今在景德寺内。止留猛将正殿，邑令董正位有"灵祇护世"之额。

按：猛将姓刘，名承忠，元时吴州人。勇于捕蝗，没而为神。康熙五十七八年，东省屡遭蝗孽，直督李维均默祷有应，因题请令各州县建祠，敕封猛将之神，春秋社日致祭。常熟冯班《题扬威侯庙》诗，自注云："庙祀宋将刘信叔。"按：信叔，锜字也。今志书以为刘锐，亦非。要之，扬威侯是祀刘锜，猛将是祀承忠，传讹乃合为一耳。

猛将殿为上方正门，灶君殿在猛将殿东。

文昌宫即五圣殿改建，旁复设魁星阁，奉魁星、关帝诸像。邑绅士举文昌社于此。宫西偏，奉吉水周文襄公忱及汤文正公斌神位。

又西为华藏寺三摩地，北为凤凰石，南则至半山亭。

前　山_{由步玉峰西至半山昙华亭}

进步玉峰稍西有云根、止水二石。旁有银杏一株,秀色参天,大有数围,盖数百年物也。

云根石西有卧仙石,石似人形,斜卧草中,有字刊石。

卧仙石之西为中山街,系上三茅殿正道。上为酒药洞。

又西皆石街,松柏森然,凉阴夹道。

山麓为黄太常子澄墓,子彦修、彦辉祔。万历初,裔孙黄熊与蒋乾以上冢争冢地讼于县,邑令申思科诣勘,不能决。忽地中有声如雷,化青气从东北去,裂出一潭,见石志,乃洪熙元年刘侍郎璇笔。令大惊,申报抚按。时适有诏访建文死事忠臣,遂具疏闻,奉旨封表。寻命建祠于原籍分宜,移其后一人往主之。

黄墓之西为昙华亭,形如旋螺,中奉大士像,环列五百罗汉。万历十年,邑绅陈允升创建。亭柱联有"入圣无阶惟下学,登山有道在徐行"句,又何斌书"昙华贝叶春三月,布袜青鞋山万重"句。

亭之前为翠微阁,上有压翠轩。万历十二年,僧如清复建藏经阁于翠微之后,内藏五大部诸品佛经。左为定光佛殿,右为僧舍,长洲姚浩题"阿兰若"额。道光二年正月,亭毁。

昙华亭下为桃源洞天,洞以太湖石垒成,向南通明,内为石室。宋郑准创。元泰定间,邑人陈志学重修。旁植桃花百株,中可布席,容数十人。弘治中,戴经重修,知县杨子器有《桃源洞记》,碑在定光佛殿后。亭西为禅房,前后皆植松柏,即今阿兰若也。

昙华亭后为流沙岩,有沙如珠,流滚不定。

流沙岩侧有石如虎,上镌"没羽"二字,前因圣驾南巡凿去。

北上转西有石如剑削成,旧名试剑石。又西为隔凡石,上刻"隔凡"二字。

隔凡石以上为半山亭,旧名流憩亭,有归文休书"流憩"字额,真迹已亡。亭相传为宋凌万顷建。

流憩亭东折转西,山路稍险,为往华藏寺正道。

由半山亭西至西来峰。

半山亭之西,顾文康公曾植松数十株,邑人号为"状元松"。张可庵有诗云:"携朋踏雪上高峰,百里奇观意万重。古柏郎官今几许,独夸半岭状元松。"

半山亭西三十步,在文笔峰腰有石洞,旧名常阳,今名空风洞。康熙初,有僧大休栖此。洞可容二十许人,峭壁玲珑,天然成就。后有僧湛然建大士阁于洞旁,今亦废。

定风洞之西稍下为西来峰,旧有戟门一座。旁有银杏一株,古干攫拏,惜为野火所烧,石门亦旋坏。有沙石街,可至南麓。再下往西,则野猪峰矣。

南　麓_{由昙华亭下西至如来庵}

昙华亭下有关壮缪庙,本在清真观真武殿外,万历壬寅,邑绅陈允升男如京移建于此。吴县王稚登记。殿前有千僧潭,殿西有笔架石。

关庙西有崇贤祠,旧名三贤,祀邑殉节贡生朱集璜、诸生陶琰、集璜子用纯,用纯门人王喆生、吕廷章等建,廷章有记。壁有用纯手书《孝经》石刻。道光中,新令冯湘菜修。

笔架石南有邑侯杭公允佳墓。公居官有善政,以催科不力被劾去官,卒于邑中,民为葬之。今志亦不载。

笔架石之西为岳忠武王庙。庙本元时陈宅花园基,陈总管志学葬于此,石阙犹存。明初,因鬼祟人,因作庙以镇之。庙中旧联:"为臣死忠,为子死孝,大丈夫如是足矣;南人归南,北人归北,小朝廷将安归耶?"今下联改为:"孔曰成仁,孟曰取义,古名将何以加焉?"

岳王庙之右有邑侯山右郭公文雄墓祠,祠今废,像移山顶樊公祠,惟石戟门存,上有王喆生题识。嘉庆中,邑令王青莲修。

又西为西来峰山麓,下有山崩石二,在王氏墓上。

又西为武笔峰。

又西为群豕石,俗呼野猪峰,亦名波浪石。相传此处为娄江巨浸,最易坏舟,舟人至此,必祭江神。其水冲激,石色俱黑,浑如野猪。宋时为盗贼之薮,石或作祟。元时,石被雷击,石皆损破,其石共一百二十云。

野猪峰下有凤凰嘴,有泉,为海眼泉,宋开宝六年凿。不过一石罅,泉水清冽,大旱不竭,今湮。

泉之南为三益园,三益园东有瘗朽冢。

园之西为失印所。《夷坚志》云:建炎四年二月二十五日,胡骑犯姑苏,宣抚使周望移舟退保昆山,泊舟马鞍山下湖边。吏方用印,忽旋风入舟,印与文书皆堕水,相视骇愕,急使水工探之,不获。望惧胡兵来袭,欲急走通惠镇,今太仓。留吏求印。吏祷于山神曰:"苟[1]不获,且将得罪,必焚庙而行。"县令亦惧,乃作堰[2]捍水,踏车涸之,畚锸如云,凿数尺,印已沦泥中矣。今如来庵以南一带水田,皆娄江故道也。

上为老人峰,亦名小天台。稍西北,在老人峰下、群豕石上石窦间,有摩崖石,刻"天开神谷"四字。

峰之南有清泉一道,小桥斜渡,有庵负城对岩,曰如来庵。明万历中叶氏建,国初叶

1　"苟",底本原作"荀",据文义改。

2　"堰",底本原作"揠",据文义改。

方恒重修。乾隆初,僧且宜说法于此,修挹爽楼,复建寿考亭,以憩游人。以上前山之麓。

附三益园南至药师殿:

野猪峰南为葛氏三益园,后归徐氏,为三友园。

三益园前为山溪泾,傍有葛节妇坊。

过山溪泾,皆冢墓。转东为聂公祠,祀明知县聂公云翰。

聂公祠东为药师殿,旧为妙喜庵,万历三十五年,邑人葛应元建。初,应元子锡璠官兖州,署中有屋三楹,向多怪异,历任无敢居者。应元日诵《药师经》其中,怪遂绝。归里后,因建殿。初名西药师庵。

东为财神殿、火神殿。庵后有竹数亩,掩映山溪。庵东、西、南三面皆宇区六图官田,无复胜迹矣。

山　中由华藏寺以上西至今文笔峰

上方之西为华藏讲寺。山顶旧为荒地,今之三摩地,昔之邑厉坛也。今之金刚殿,昔之化人坛也。今之万岁亭,昔之卧云楼也。今之大雄殿,昔之四面观音殿也。宋以前莫得而溯已。建炎中有苏姓大盗,窃据山顶,泊舟野猪峰,劫掠往来客商,邑人患之。适韩王世忠领兵安抚平江,遂讨平之,札水师提督营于塔下。元初废。自明迁华藏讲寺于此,始为山房胜地。

华藏教寺,旧名般若寺,在山北麓,宋宣和间信法师创建,遂易今名。洪武十三年,僧大雅移建山巅塔所。永乐十年,住僧宗易始建山门,云居师建大悲堂,玉林师名如璧建玉照堂,玉隐师建含秀堂。正德间,寂默师重创。元秘阁张大复有记。始成胜刹。长洲文震孟题“玉林堂”额。自三摩地以上至文笔峰,今皆称华藏寺。寺前为三摩地,奉四面千手眼观音像。向为邑厉坛,千手观音殿在塔所,后建华藏寺,改迁邑厉坛基址。有顾天叙篆额。邑厉坛,嘉靖中迁于北门外。

三摩地后,左有八仙殿。按:八仙殿基亦属邑厉坛基,坛未迁之前,山僧起江东武惠王庙于此。后毁,复建关王庙。后移在西岩,改为八仙殿,中奉南极老人,旁塑八仙,前有竹篱。今为都城隍借居,移寿星于三摩地,人莫知为八仙殿矣。

八仙殿后,为云居山房。即大悲堂。

殿右为上山正道,至华藏寺山门。

三摩地右有邑侯孝介先生樊公祠,祠中有天启间邑令王忠陛出郡丞全廷训署县时所却公费银置樊公祠田。邑人王志坚、朱大典有记碑石二,又归季思《祠堂碑记》。新令丁元正题联曰:“藻洁芹香,挹娄水之长清,人向峰头思父母;蕉黄荔紫,仰高山之在望,我来祠下拜先生。”后复祔国朝邑令郭公、胡公二像于右。祠后即玉照山房。祠之右,旧为玉照房之准提阁,今改为兴化李公祠,祀明大理寺丞李清,悬圣祖御书"多识蓄德"额。左为大悲堂,亦名云居山房。

大悲堂前有郎官柏一株,根如游龙,屈曲一庭,是贤令罗公永年所植。

山门之右为玉林堂,亦号玉照堂。玉林本僧号,名寂默,亦字净心,邑人。立愿增山塔、建天王殿,山门焕然一新。宣抚周秉绪有"曼硕宣劳"之旌。

天王殿西历阶而上为大雄殿,殿中有十八阿罗汉像。大殿佛座侧有正德间河南道御史朱衮诗石刻,壁后镌教谕杨华《敛骨偈》及李浙《游山小记》、《和张孟韵》诗,闽中柯挺《登山次夏忠靖公韵》诗石刻。

大雄殿后有七级浮图,旧名至尊多宝塔,梁沙门慧向建。初止五成,至僧寂默增为七成,高一十五丈,广八丈,易名凌霄。明学谕沈应奎有记。

塔之左为含秀山房。按:含秀堂,明僧玉隐建,亦称玉隐山房。明末,僧慧来重建。堂之东向,明为圆静庵,庵废,慧来改为大士堂,内有定光、寿星殿。含秀房中有怀玉楼,楼南复有半隐楼。国初,邑人周宠读书于此,有《山居漫兴》诗二首:"入得青山尚未深,闭关已远俗缘侵。荣枯但验春秋草,饮啄频来早暮禽。白发易沾头上雪,丹砂难炼鼎中金。清修近有莲花社,只在西岩与玉林。""心既无为体自康,癯然自笑骨毛苍。山斋日给云厨供,野服时留法戒香。学坐半禅宜短榻,经行百转喜长廊。不须就养文王政,近日肥甘口渐忘。"按:宠自号山逸,学者称莼溪先生。晚岁居山,其子奕钫居宾曦门外玉龙桥侧,每凌晨,必入山问安,寒暑不间。孙振郘,号鲲庄,亦以文名。乾隆二十一年,一家染疫,卒者七人,遂无后。后有人入冥,见其父子衣冠伟然,疑其为神云。

塔后为百里楼,宋宣和间建,明洪武初改建。嘉靖中,邑人设衣冠社会于此。旧名百子堂楼,后复建怀玉楼,一夜筑成,今废。国初,百里楼圮,僧自培重建。

塔右为卧云阁,本名云卧,宋时建,后改歌薰堂。最后改为万岁皇亭,以康熙四十三年三月二十三日圣驾驻跸于此,邑令陈大复建。皇亭之旁,向有陈州娘娘祠,今废。

皇亭之西为圆聚山房,正德中僧月轩建,后僧墨林复兴。传至僧慧来,统有北秀房,遂有"南北房"之称。又拓土神庙以广之,因山建刹,境颇幽雅。

过圆聚房,由南转西为小云台,奉三官香火。后又建地藏殿、准提殿,而小云台之名遂废。

小云台前有石峰一座,向称"玉山高处"。明邑人陈伯康筑亭其上,杨维祯题匾,今废。

地藏殿前为春风亭,宋知县潘友文筑,邑人夏昶重修。万历四年,知县申思科建石坊。顺治初,坊废,仅存石柱,中有《孙抚院登山诗》《申侯去思碑》,今皆废。邑人龚安节诩有与故人王忠孟饮春风亭诗。

春风亭前石坊，踞层岩之上，高七十馀丈，东瞻沧海，西眺吴山，南瞻九峰，为一山胜观。今人亦呼为文笔峰。

山　西<small>由文笔峰至弥勒庵</small>

文笔峰西层阶而下，为西岩，一名夕阳岩。在紫云岩西，以其西衔夕照，故名。

西岩上有关帝殿，旧名西岩山房，明初废，后谛诚重建。嘉靖中，以倭寇退，建关帝庙于此。有学谕沈应奎撰颂，张大年书。

磅礴正气亘无极，澄湛丹心耀终古。神武震荡立汉祚，元真浑灏还天府。风雷鞭驭役万灵，日月毂转照下土。青龙吼处鼰枭獍，赤兔嘶时遁豺虎。么麽小寇是何物，桑海浮沤是谁主。东南半壁鲸波沸，旌旗万队虹霓舞。从此天地洗兵甲，于今水国盈囷庾。穷檐户户藉明镜，善类人人祝皇父。

关帝庙前有桥悬空而下，为彩虹桥。明季，山顶有大石，玲珑据险，旁有山路可涉。崇祯末，山忽崩阤，石下陷南麓。行者艰苦，有徽人施建木桥，名以"彩虹"，上有匾额。

桥下有周仓殿，殿废，迁其像于关庙中，根幼时尚见坐像。

周仓殿下旧有石戟门，颜曰"西来峰"，上对飞桥。旁有古银杏一株，枝干苍古，系数百年物，惜为野火所烧。石门亦旋仆。

周仓殿稍上西行，为西来峰顶，又西为武笔峰。明万历四年，知县申思科移文笔峰石坊于此，人遂称为文笔峰，而武笔峰之名亡矣。

紫云岩在山西南绝顶，旧名大额岩，凌嶒突兀，为一山之胜。

武笔峰西沙石间，杂有改翁亭，亦废，仅见方志。

西行四十馀步，有石洞，玲珑万窍，游人不能下，须自北径旁趋至弥勒龛。龛中有石弥勒像。

弥勒龛侧有石窦，仅容半身，进此为天开神谷，摩崖古篆，突兀可喜。

稍南为刘公洞，为邑丞刘公谐所凿，邑人俞允文隶书刻石。旧名华阳洞。

刘公洞以南，攀崖附葛，怪险万状，游迹罕到，壁有"小天台"三大字，旧号剑门。有径如桥，名小蓝桥。

小天台迤南，两石相阁，中仅容一人侧身而进，仰视天光，仅露一线。石壁上有"一线天"三字，又有"冻云穿玉峡，飞浪到天门"之句，相传唐陆龟蒙书。

一线天在老人峰顶，由一线天而东，鸟道难行，即武笔峰绝顶也。

弥勒岩而下，坟墓丛杂。在西山之麓下，即八仙榆矣。往北为兜率天，往南为如来庵。

山　后 <small>由如来庵以至北园</small>

如来庵左旁系老人峰，以西望北而行为后山正道。后山之麓系西城，环绕城上，向有谯楼，庚午年毁。城下向有化人坛场，胡元时，沿国俗，处处有化人坛、烧人港，此其一也。

西冈砂碛间有大榆一株，旧名八仙榆，亦名学士榆，以根可坐十八人也。大榆下为元知州朱公惟志立墓。

朱墓之北稍上西麓，层崖而上，为兜率天。

兜率天稍北为沈氏坟，又北为御史王英墓。

又西为周赠尚书墓。<small>康僖公祖父。</small>

周墓北为玲珑石亭故址。宋陈振恐凿石有伤山脉，立碑申禁，明知县杨逢春续禁，碑俱不存。

礼部夏遂墓　江西布政盛颐墓　大理寺章贤墓　处士沈愚墓　衢州府同知甘霖墓　处士顾靖夷墓　河间知府赵远墓　中书舍人夏伯亮墓　处士傅翼墓　刑部尚书顾礼墓　监生葛云荃墓　应天府尹柴奇墓

柴墓前有河道名琵琶涧，以其形似也。

柴坟上有峰名振衣岩。

过振衣岩即华藏寺含秀山房，后稍北即两界山。

稍北又有周氏墓。

又北转东为凤凰石，在古上方后。相传宋时有凤鸟集于上，至今百鸟不敢栖。石下有唐人姚仙客墓。

又东下北冈有小桥，为徐氏遂园。宋时有小园，为王大过季立所居，过及吴仁杰有联句，中有水云乡亭，在凤凰石北。明季为叶氏所得，工部国华葺为书屋。康熙初，售于徐，为遂园。中之西园，徐又拓西乾道院、普同塔基以广之，花石台榭，甲于一时。乾隆己未废，改为普义园。

遂园之前有山溪泾。泾东有清凉庵，本玉山庵故址，天启初废为酒肆，邑人张鲁唯改建，易今名。崇祯末，鲁唯之子立廉设莲社于此。庵前有方井，东为准提庵，庵之南有山溪桥。准提庵旧为周氏园，明崇祯间，僧了幻改庵。国朝乾隆间，邑人建普济堂于此。

跋

　　《马鞍山景物略》《玉山景物略》各一卷，明季逸民周奕钫先生所著，搜辑旧闻，摹写景物，洵为游山者所必备。其后，潘晚香先生又就清代沿革实况加以增补，而玉山之故实益复了然。

　　年来昆山教育局渐次整理公园，增辟径路，疏凿湖瀼，而旧时遗迹乃逐渐发见，如山溪之古井、东岩之石洞，一时竟莫能举其名。其后鸣凤访王严士先生于郡城寓斋，先生乃出是书，以资探讨。鸣凤觉是书所载，至为完美，爰付剖劂，以公同好。排印时，细校三过，务求与原钞本无异。惟原本间有脱误，如《马鞍山景物略》第二页"见山楼"条，《玉山景物略》第五页"源彻蕴禅师舍利塔"条。今一仍其旧，亦及见阙文之意，大雅之士倘不以为缪欤！

　　中华民国二十四年九月，后学潘鸣凤跋。

附录：

马鞍山东部之新建设与新发现

（一）东　斋

东斋本系古代慧聚寺之斋舍，为高僧道川所居，元明以后，改为刘龙洲先生祠。清代为兵火所毁。本年由县教育局重建，共五间。偏西一间，壁上有石碑，乃明崇祯时所刻。其上有刘龙洲先生像，与礼部侍郎顾锡畴记文。

（二）刘龙洲先生墓

刘龙洲先生为南宋诗侠。曾上书政府，请出师伐金。先生墓今年由教育局重为修葺。

（三）玉液池　清峡泉

龙洲墓之北有一池，是为玉液池，池上有一巨石，名龙洲钓台。其西有石窟，中有清泉，是为清峡泉。今年教育局均为之疏浚。

（四）东　岩

东岩山石奇突，明朝顾锡畴即其地建一园，名曰"乐彼之园"。今年教育局开辟山路，发现其遗迹。其中最有趣味者，为石衒与石洞。石洞上通天光，名曰留云洞。

（五）方　井

教育局于今年开掘山溪，得一古井。井栏作方形，细查县志，山北昔有玉罄泉，因以名之。其后查顾氏家乘及潘晚香《玉山景物略》，乃知为顾氏"乐彼之园"中之方井泉，教育局乃重加修理。

昆山公园东斋饭店
二四．九．印发
电话　八一号

贞丰八景唱和集

〔清〕朱霞灿　编

徐大军　整理

贞丰八景唱和集

　　清朱霞灿编。朱霞灿,字霁堂,号素园,江苏吴江人。早年家贫,授徒为生,后游幕安徽,馆于寿州知府沈南春家。道光十一年(1831),又馆于元和陶兴宗家。诗学白居易,并工骈文。善书法,又以花鸟画驰名,亦通占卜、医术。

　　贞丰,今江苏省昆山市周庄镇古名。本书所记,为朱霞灿及其门中诸君在课馀之暇以"贞丰八景"为题相互唱和之诗。"贞丰八景"为:全福晓钟、指归春望、钵亭夕照、蚬江渔唱、南湖秋月、庄田落雁、急水扬帆、东庄积雪。每一景一诗,一人八首。诗按四言古诗、五言古诗、五言律诗、六言律诗、七言律诗、五言绝句、六言绝句、七言绝句、七言古诗各体分。韩来潮跋称:"更唱迭和,骎骎乎暮春风浴、童冠乐天矣。"

　　是集有清道光二十四年(1824)刻本,本次据南京图书馆藏本点校整理,底本略有残损。

序

　　言者心之声,诗尤言之精者也。学不醇,言不粹;识不广,言不富;气不盛,言不昌,诗岂易作哉? 今之作诗者,求工于字句间,俨红傅白,范水模山,而诗之义则阙焉而不讲,庸愈于不作乎? 而后生小子有志学诗,亦可借此以沿流溯源。今秋,余抱疴索居,从游诸弟,周庄人也。自课馀间,偶仿《贞丰志》中先辈所咏八景诗,广其体,各赋成什。迨余病痊,出就正,并阙七言古一体,浼余补赋,将付剞劂氏。冀附先辈后尘,未免鱼目之溷,夜光罔知分量,然志乎诗而力追乎古,播鼗之音,焉知不登雷门竞响哉? 略加点窜,且应其请,率成古诗八章,缀于集。余非知诗者,嘉其欣慕往哲,不得不鼓舞其志气,蕲至于言之有物,学之有源,庶乎近道焉。爰垂数语,弁诸简端。

　　道光丙申十月,同学友生朱霞灿书。

四言古 戴其相子式

全福晓钟

惟天昧爽,惟人平旦。鸡既鸣兮,圣狂攸判。晨光熹微,浮云聚散。远钟一声,觉人枕畔。唤醒邯郸,诞先登岸。

指归春望

有阁耸然,峻极崔嵬。凭栏眺远,容与徘徊。春长春短,乍去乍来。佛笑拈花,高坐莲台。指我迷途,归哉归哉。

钵亭夕照

半规匿林,馀霞在空。澹澹斜照,光留亭中。我来亭上,抗怀雪公。<small>雪鸿和尚卓锡于此。</small>洗钵不已,欲涤心胸。今我不见,流水淙淙。

蚬江渔唱

江流弥弥,歌声四起。渔弟渔兄,自吟自已。三尺钓竿,一顷烟水。天籁人籁,莫名所以。曲终人杳,芦花丛里。

南湖秋月

秋宵气清,水波不兴。偶来踏月,南湖之滨。皎然色相,湛然精神。是一是二,非假非真。水乎月乎,今日前身。

庄田落雁

有鸟有鸟,辛苦随阳。岂好随阳,言谋稻粱。农夫之庆,千仓万箱。山南山北,网罗高张。庄田庄田,何如故乡。

急水扬帆

如雁排空,如马并辔。如卷飞瀑,如行平地。水急舟轻,不泊风利。境有险平,执有难易。为语榜人,莫鸣得意。

东庄积雪

晨出东庄,老农鼓腹。暮归东庄,寒烟满目。幻为繁华,多情滕六。枯树着花,平畴积玉。携酒邀朋,渺哉金谷。

五言古　　陶　煦子春

全福晓钟

百八吼蒲牢,唤起天光晓。冲破鹤林烟,响彻云霞表。荡水惊卧龙,撼树飞宿鸟。羲和驭东升,日出已杲杲。禅关寂未启,鞺鞳鲸音杳。可怜邯郸道,尘梦犹扰扰。

指归春望

佛阁耸峨峨,危栏足眺望。无限好阳春,俯仰心神旷。宛若武陵溪,夹岸桃花放。涎涎燕尾斜,袅袅柳丝扬。韶华只一瞬,过眼空惆怅。彼岸示指归,世人昧所向。

钵亭夕照

洗钵怀雪公,留亭恣延眺。返景恋斜晖,流霞映光耀。遥山开画图,吟客足诗料。昔年持钵僧,示寂拈花笑。槛外澄清波,禅心悟空妙。独倚怅黄昏,渔灯柳堤照。

蚬江渔唱

蚬江打渔舟,乘潮时出没。两两短艇衔,悠悠清歌发。新腔洽天籁,馀音袅蘋末。家依菰蒲乡,醉眠云水窟。只知天地宽,不愁风浪阔。一曲入浦深,呼起吴淞月。

南湖秋月

踏月南湖滨,湖心镜面平。清辉皎秋夕,水月涵空明。蟾蜍走玉宇,腾跃下太清。骊龙夜深攫,老蚌吐阴精。金光射不定,使我心神惊。恨无海岸槎,万里乘风行。

庄田落雁

宾鸿来天末,风紧一行斜。此地有庄田,栖身足蒹葭。稻粱资尔饱,矰缴罕尔加。烟浔聚饮啄,沙渚相咿哑。声悲动游子,影乱随归鸦。岂知歌乐土,犹是客天涯。

急水扬帆

急水望东流,春帆自西逐。乘风驶如马,猎猎饱帆腹。衔尾如雁行,云表桅樯矗。

上汇五湖水,下注三江洑。一泻数十里,银涛豁心目。归棹钓鱼船,自傍江干宿。

东庄积雪

积粟无千仓,东庄,一名东仓,明时为沈万山积粟处。积雪有万顷。郊原一望平,万象增寒景。琼林匝地栽,恍惚蓬莱近。思欲跨银虹,直上三山顶。冻鹊晓不哗,睡鹤夜还警。不见客寻梅,蹇驴陌头骋。

五言律　陶　甄蒙坪

全福晓钟

不宿深山寺,何来吼巨鲸。龛灯留隐见,江雾半昏明。觉梦开双树,迷津唤五更。震聋拯孽海,始信佛多情。

指归春望

俯看品类盛,如对画图新。阁外飞红雨,堤边拾翠人。无心参一指,有脚送三春。顷刻韶华梦,销沉尽作尘。

钵亭夕照

洗钵遗亭在,苍凉试一攀。冷涵秋水碧,空照夕阳殷。影带孤帆远,喧知倦鸟还。高僧渺芳躅,延伫对遥山。

蚬江渔唱

欸乃烟波外,遥听断续讴。阿谁歌古调,声出打鱼舟。唤月迷烟浦,迎风响荻洲。晚来收网去,齐泊蚬江头。

南湖秋月

月色白于霜,濒湖彻夜光。澄波开玉镜,散彩满银塘。清梦遥千里,伊人溯一方。水天浮潋滟,叫绝不禁狂。

庄田落雁

颉颃天外雁,点点落庄田。秋水平沙处,芦花积雪边。稻粱谋托足,宾主讶经年。怜尔天涯客,翛翛集暮烟。

急水扬帆

汇水奔流急,帆张鸟逐飞。半江衔宿雾,百道挂斜晖。派入吴淞远,峰浮薛淀微。回湍喷雪处,激浪啮渔矶。

东庄积雪

冷絮白漫漫,平畴一望宽。跨驴银海眩,放鹤玉楼寒。爪迹鸿泥印,林声鹊噪干。东庄风雪里,何处卧袁安。

六言律　戴　钧子秉

全福晓钟

噌吰何处声起,古寺围环水中。觉岸微通佛国,馀音高曳天风。九霄旭日初白,一点禅灯尚红。人世悲欢若梦,静听悟彻皆空。

指归春望

一番中酒闲坐,春色浑忘谁家。阁引指归凭眺,境开眼底无涯。拈花古佛微笑,拾翠游人竞夸。我已悟空色相,林西回首日斜。

钵亭夕照

昔日老僧洗钵,至今止水清泠。散来云彩成绮,倒映波光透棂。倦鸟还时林暗,落霞尽处山青。欲寻高躅已渺,冷落残阳一亭。

蚬江渔唱

秋水澄空一泓,渔歌断续相生。舟摇五里十里,曲弄三声四声。醉去举杯邀月,晚来收网趁晴。江乡大好风味,诗思泠然自清。

南湖秋月

湖含月色如雪,月照湖流似霜。水底新磨玉镜,渡头横亘银塘。一行雁过泼墨,几点星寒浸芒。拟入琉璃世界,凉宵艇泛中央。

庄田落雁

庄田□[1]接南湖,戏水宾鸿画图。几颗农家馀粒,一丛滩畔秋芦。平沙最宜雅奏,中泽不闻哀呼。千里随阳辛苦,于飞且住征途。

急水扬帆

云际片帆迅速,况逢急水东流。偶缘风力微借,便尔人为不侔。蒲幅远追去雁,浪花高逐飞骝。须知乘势多险,早向江干系舟。

东庄积雪

东庄一望荒烟,踏冻浑忘地偏。老干着花玉树,仙家下种蓝田。寻诗客在驴背,访旧人来鹤船。积粟仓中几许,空馀积雪年年。

七言律　戴　晋康侯

全福晓钟

环流绀殿古丛林,竹籁松风和梵音。自发晨钟惊下界,不关老衲定禅心。唤醒巢鹤凌云梦,引起潜龙出水吟。笑我屏除尘虑久,日高稳卧木□[2]衾。

指归春望

指归一阁畅吟眸,春色无边望里收。佛殿香笼花雨暖,画帘波漾柳丝柔。遥看芳草新如绣,近挹晴波涨似油。独有老僧延眺懒,春华不爱爱清秋。

钵亭夕照

洗钵亭前夕照红,倚栏有客坐秋风。乱飞鸦影归云岫,遥送鲸音出梵宫。约略半窗馀散绮,依稀一角现残虹。卫城乞食遗踪杳,凭吊空来数断鸿。

蚬江渔唱

蚬江无数打渔船,晚唱朝歌听杳然。烟杪曳声柔舻外,月斜流响浅滩边。喜聆水调空凡籁,端让渔家尽乐天。习惯不惊鸥鹭梦,生涯蓑笠自年年。

1　原稿此处残破,字不可辨,似为"遥"字或"远"字。
2　原稿此处残破,字不可辨,为一"木"旁字。

南湖秋月

南湖一碧鉴粼粼,月色空明水色新。陡掷金梭惊潋滟,漫投玉镜讶沉沦。蛟龙游戏腾华彩,星斗迷离照烂银。可惜木兰舟未驾,夜深不问广寒津。

庄田落雁

遥见书空雁字斜,倦飞投宿傍芦花。不妨饮啄良畴畔,尽可优游秋水涯。点墨有人偷画本,援琴著意谱平沙。夕阳无数翻寒影,作客茫茫何处家。

急水扬帆

急水奔驰涨没堤,饕风帆影望中齐。排如秋雁行联密,远共春云目送低。岸草偃时樯挟马,浪花高处水分犀。乘舟不是瞿塘峡,也学当年太白题。

东庄积雪

□[1]作东庄比画图,瑶台琼阙映冰壶。千层弱水连天漾,六出飞花匝地铺。庾岭春芳探得未,灞桥诗思索来无。谁从陶谷庭前埽,活火清泉付茗炉。

五言绝   陶　照菱川

全福晓钟

古刹发晨钟,华胥睡正浓。迷关千叠锁,安得唤重重。

指归春望

小小指归阁,窗开无限春。东君将信到,无物不争新。

钵亭夕照

洗钵人何处,空环碧涨流。夕阳红似锦,对景思悠悠。

蚬江渔唱

羡煞渔家乐,生涯白蚬江。酒酣发高唱,信口不成腔。

---

1 原稿此处残破,字不可辨,为"亻"旁。

南湖秋月

一片光明景,波澄月浸寒。素娥偷下界,永夜濯银澜。

庄田落雁

认向江南路,远自衡阳度。冥冥田畔飞,无动弋人慕。

急水扬帆

急水暗通潮,征帆疾如驶。历乱浪花飞,白鸥一双起。

东庄积雪

清鸦庄前噪,朝暾又上门。冻云流一片,寒意护诗魂。

六言绝 朱若愚慧生

全福晓钟

红日唤高佛阁,白云打破禅林。胜似高僧说法,谁人独醒元音。

指归春望

烟景三春无际,禅家一阁临空。绣陌观之不足,菜黄柳绿桃红。

钵亭夕照

不见道人洗钵,空留夕照衔亭。鸦背馀光黯淡,鹤林寒色苍冥。

蚬江渔唱

江水朝生暮落,渔歌此唱彼酬。野调自成下里,凄音绝似凉州。

南湖秋月

剪取吴淞秋水,走来合浦灵珠。皓彩明光交映,清宵独啸南湖。

庄田落雁

数亩霜葭烟荻,几行水窟云隈。夕照萧萧落下,庄田个个飞来。

急水扬帆

急水旋涡舵侧,长风破浪樯危。岸上旁观自警,舟中乘险不知。

东庄积雪

百顷庄田种玉,千家邻树飞花。客到愁埋双屐,村沽迷断三叉。

七言绝　　陶　泰怡生

全福晓钟

风高月落晓霜清,古寺钟撞百八鸣。短梦正回欹枕听,遥村唤起早鸡声。

指归春望

指归阁上易勾留,泼眼韶光一望收。春到上方皆悟境,鸟啼花落水空流。

钵亭夕照

咒龙一钵今何在,空峙危亭倚日斜。清磬不鸣潭水静,倒涵天末隐残霞。

蚬江渔唱

蚬江淼淼水云乡,爱听渔郎歌调长。月白风清鸣舲处,分明一曲唱沧浪。

南湖秋月

团团皓魄浸南湖,千顷银涛一色铺。借问谪仙狂捉月,采矶得似此间无。

庄田落雁

绕遍庄田芦苇丛,萧萧瑟瑟下征鸿。客途聊慰乌粮愿,垄畔如云香稻红。

急水扬帆

行船如驶江流急,日日乘风送客帆。宛似丝桐□[1]三花,飞鸿千点夕阳衔。

东庄积雪

夜来飞玉戏仙人,踏冻东庄一望匀。倘使沈郎犹是主,埽除门巷为迎宾。

1　原稿此处残破,字不可辨,右为一“军”字。

附录补作七言古　朱霞灿素园

全福晓钟

　　紧十八慢十八,烟钟打落浮图刹。朝课撞暮课撞,老僧剔尽琉璃缸。白蚬江滨全福寺,系昔淳祐年敕赐。宋理宗敕建。废兴不问几沧桑,粥鼓晨钟不曾替。谁人解脱名利关,营营落得头颅斑。五夜枉劳唤木鱼,难从障海警痴顽。径开兰若栖烟杪,蕑卜香林望深窈。松巢鹤梦不关尘,一声叫破霜天晓。

指归春望

　　珠林杰阁耸层云,洞达轩窗望好春。好春到眼看不足,铺张锦绣争鲜新。香雾霏霏红杏雨,斜风袅袅绿杨津。燕莺巧语调簧舌,蜂蝶酣随斗草人。阳春一阁频来眺,快遇晴明得几晨。人生青鬓岂常在,暗掷年华转眼沦。吁嗟! 指归明明示道岸,浮华过去销芳尘。灵台有春空色相,青莲花放香氤氲。

钵亭夕照

　　金鸦欲落还未落,返影犹明远村郭。有亭翼然出林表,照入疏棂映璀错。亭中晚景足流连,洗钵留踪忆往年。雪公飞锡卓此地,绿莎红藻栖寒烟。托钵僧遥邈难企,一碧澄波更谁洗。晚风自袅香积烟,夕照还明功德水。

蚬江渔唱

　　蚬江江水流弥弥,何来一片歌声起。烟蓑雨笠打鱼船,水调哑哑唱晚天。渔兄渔弟生涯阔,网得鲜鳞醉烹割。一肩凉月半篷霜,自在讴吟云水乡。人生争羡渔家乐,烟波为窟天为幕。理乱无知魂梦闲,江湖不与形骸缚。春去秋来暮复朝,手罾笭箵还系腰。唱歌常傍芦花岸,并入天籁风萧萧。

南湖秋月

　　南湖水色光油油,谁将玉镜湖心投。波平风定凝不流,银蟾腾跃金光浮。恍如昆池鱼脱钩,夜光擎出惊龙虬。又疑洞庭老蚌寒江游,照乘灼烁眩两眸。不得象罔安能收,脚底滉漾登仙洲。那知华彩仍当头,荻风萧瑟天地秋。南湖清绝心悠悠,放歌思倒琉璃瓯。

庄田落雁

羽肃肃兮声嗷嗷，江南塞北兮征何劳。年复年兮惯作客，陂田饮啄依蓬蒿。此乡有庄庄有田，乐岁狼戾遗盈阡。徨徨行路靡所骋，偶来栖托殊堪怜。白云渺兮黯惨，丹枫烂兮点染。飞鸿周览兮欲下，夕阳西堕兮昏晻。三点四点，一行两行。沙头拍兮缡褷，云外和兮颉颃。悲尔翱翔兮平旦，冥冥逝兮何方。

急水扬帆

娄江东注水流急，苏松百渎通呼吸。粮艘贾航会此乡，浦帆百幅饕风疾。三泖烟微举目遥，九峰云黯回头失。彩鹢飞来趁晚潮，铜乌鸣处衔朝日。君不见人生得意如乘船，破浪长风利无匹。宦海波涛无日无，眼前道路真如漆。

东庄积雪

东庄芜秽无人问，茂草长林偃鸦阵。重阴三日布同云，幻出浮罗遇仙境。东庄原种丰年玉，琼筑瑶装眩晶莹。玉山朗朗有谁行，牧笠渔蓑冷吹鬓。那得销寒会里人，同披鹤氅寻幽胜。断鸿叫落冻声寒，点破汀烟雪泥印。总教不鼓剡溪船，子猷别有清吟兴。

跋

　　贞丰四面环湖，西挹洞庭、林屋，东跨三泖、九峰。生其地者，毓秀钟灵，大都潇洒出群，襟怀旷逸。故为昔贤张季鹰、陆鲁望钓游之所。自唐、宋迄今，代有名人。读书自好之士，亦习尚风骚，寄情歌咏。近朱素园茂才自松陵讲席来此。素园，风雅士也，课馀之暇，与其及门追步《贞丰八景》诗。后来之秀，若峡中戴茂才子式、陶上舍子春诸君，更唱迭和，骎骎乎暮春风浴、童冠乐天矣。

　　素园今归道山，诸君将以是峡登诸梨枣，冀得人以地传，且志薪火之传，其来有自。出以示余，并属详其始末。余壮不如人，况乎垂暮？本乏锦囊之句，又凋枯管之花，然来问字之车，敢惮识途之马？谬以鄙见所及，为献刍荛。

　　夫诗之一道，性灵为贵，水流花放，动合自然，非钝根人所能勉强。然既有天姿，须资学力，绚烂极而归于平淡，乃能超以象外，得其环中，眼前景也，而能言人之所不能言；意中语也，而能达人之所不能达。惊人有句，此事今推，岂不足增艺林声价哉！诸君当可畏之年，所造未可涯涘。素园往矣，九京可作，其不以余言为河汉耶！

　　道光甲辰孟冬上浣，尺五韩来潮敬跋。

紫阳小筑集咏三卷

邱 樾 编订

朱保熙 范 隐 辑录

徐大军 整理

紫阳小筑集咏三卷

题邱樾编订,朱保熙、范隐辑录。邱樾(1860—1936),字荫甫,号退藏,江苏昆山玉山人。清季贡生。宣统元年(1909),荐举孝廉方正,授州同知衔。学问渊博,藏书极富,尤精熟邑风土人物。朱保熙(1898—?),又名未亚,字慕丹,法号慧净,江苏昆山巴城镇人。从父习中医。光绪三十四年(1908),设树本私塾课徒。翌年,并入巴城两等小学堂任教。1949年后,任巴城人民政府救济院院长、生产救灾委员会副主任委员。编纂有《巴溪志》。范隐,字松斋,常熟人。

紫阳小筑为朱保熙别业。民国十八年(1929),紫阳小筑落成,朱保熙作《紫阳小筑落成进居有感》诗六首,记述个人经历。赋诗征和,和者甚众,邱樾遂辑为是编。卷首一卷,所辑有徐兆玮等手书题词,慕丹四十岁小影,武进邓春澍绘紫阳小筑图、紫阳小筑题诗等,邱樾撰《紫阳小筑记》,朱保熙作《紫阳小筑落成进居有感》诗。和诗辑为三卷,作者有钱育仁、王庆芝、徐兆玮、瞿启甲、张一麐、邱樾、邹弢、郁秋等。卷二末又附诗馀数阕。

是集有1930年苏州铅印本,本次据上海图书馆藏本点校整理。

紫陽小築集詠 方還

紫陽小築集詠

蔡瑸珏題

紫陽覓句圖咏

鐵琴道人題

水抱中和氣雲無出岫心誅茅堪結屋
種杏自成林春榭花同醉秋窗鳥伴吟
精廬新氣象高傍綠谿陰嘯傲煙霞
里家風羨紫陽登筵蒓菜美盈室木樨
香槢古書千卷伊人水一方虹梁歌利涉
仁澤在維桑

奉和
慕丹先生紫陽小築落成詩 徐兆瑋

慕丹四十歲小影

武進鄧春澍先生繪紫陽小築圖

艱滕書策小
築三椽玉山
伊邇巴水淪
漣散誕杏林
支風借月耙
蚵爲詩唐宋
風骨不必學
陳無已之閒
門隨意苦行
莎坐於邱園
崐山邱蔭市
先生題句

東莞張次溪先生繪紫陽覓句圖

綠樹陰濃夏
日長
簡中幽隱讀
書堂
畫成把着新
圖看
小築渾疑是
紫陽
鹽城王寅斗
先生
題句并繪圖

開軒遙望覓詩情
諒省笑奴結伴行
懇氣漸濃知稿脫
爐煙不燼識風輕
天光雲影隨時見
水秀山清錯落呈
更有一般堪慰處
知音弱女亦蜚聲
無爲徐泳霞先生
繪圖幷題句

堯夫開詩得行窩
定卜春秋佳日多
世盡旋渦嗟集蓼
鄰思買宅附牽蘿
婆心術活人小試
潔足容收濡子歌
幽棲繪幅拙手繪
不成石谷不新羅
慚愧姚叔縈先生
常熟題句幷繪圖

崑山西園居士王君雅先生繪

昆山历代山水园林志

598

崑山白鶴山人沈華振先生繪

感君投贈
竹盧詩
希範文章
是我師
深愧江鄉
芹獻少
殘箋剩墨
畫梅枝
虔西釣叟
錢景周
先生題繪

小築幽居抱
膝吟
得閒還撫五
絃琴
年來幸結同
心契
故寫幽蘭贈
素心
高郵邵星台
先生
題句并繪圖

小築幽居抱
膝谷清閒還
撫五絃琴年
同心契故為
寫幽蘭
師素心
庚午秋月
芝舟詩家兩正
高郵邵星台
即傅敬附
年三十有九

潔士叔父題字

序　一

予友朱子慕丹居吴郡之昆邑，绿水青山，地饶佳胜，而钟灵毓秀，故历代多俊杰之士。元有顾仲瑛者，博学有才名，尤工诗。辟玉山草堂，集四方知名之士觞咏其中，刻宾朋诸作，传诵一时。此皆前辈风流韵事，予不意于今之世复见也。朱子派衍紫阳，世居巴城，行医济世。藏书万卷，每与骚人墨客朝夕徜徉于书屋中，以琴诗尊酒适其志，乐此不疲焉。予闻朱子为人亢爽好义，私衷钦慕久矣。比以紫阳小筑新居落成，赋诗六章，嘱予代征题词倡和者，得二三百家，率多予之旧雨。贤哉！朱子其足以接踵顾仲瑛之后尘而名可传之不朽矣。检订后，将付剞劂，因述其梗概如此。

岁在民国庚午仲秋之月朔，无为马祯谏甫撰。

序　二

余友朱子慕丹，昆山人也。豪侠好义，风雅诙谐。泽衍紫阳，名高望重；诗传海内，玉振金声。择处三迁，孟氏遗风今再；庭栽五柳，陶家高节常存。小筑新营，睹鸟革翚飞之势；嘉宾集庆，歌竹苞松茂之诗。肯构肯堂，预卜充闾有望；美轮美奂，咸称屋宇高华。惟君得居之安，予亦雅慕其乐也。绿树依林，青山排闼。夕阳西下，素月东升。溪边之景物无穷，朝暮之阴晴候变。看来春夏之交，草木有际天之盛；吟到秋冬之景，柴门无俗客之临。或矫首以遐观，或登高而作赋。有志学经，荆妻问生疏之字；闲情赏酒，女儿斟潋滟之杯。扫石安棋，解纷争于黑白；行吟得句，析疑义以推敲。此皆朱子慕丹闲居觅句之乐，非世俗所可强同也。予不敏，爰濡毫泚墨而为之序。

民国十有九年庚午乞巧日，庐江伍藻波恩溥撰。

序 三

古称山中宰相，白衣尚书，清高成性，隐逸是耽。虽膺钟鼎之荣，莫夺山林之乐。况兹世运辀张，天地闭塞，岂无兴怀高蹈，娱情枕漱者哉！今于祝文安君吟坛中，见马谏甫君介绍朱子慕丹紫阳小筑落成述怀诗六首，予读而爱之，因想见其为人。世尝谓古今人不相及，今观朱子，当不让古人独步也。维我朱子慕丹，紫阳世胄，白鹿名家。午夜鸡窗，蛾术方精于尔室；春风马帐，雉膏弗慕于公堂。金匮默识于寸心，玉册救危于万户。肱经三折，陶弘景神武卜居；丹转九成，葛稚川罗浮筑室。居求志而行义，唐处士宅种七松；识今是而昨非，晋先生门栽五柳。孟浩然作鹿门之幽人，陈季常为龙丘之居士。张志和烟波钓徒，陆鸿渐竹里茶主。方之数子，君何歉焉？李愿盘谷之居，昌黎欣然作序；秦民桃源之岸，子骥尚欲问津。陋室可铭，君已同乎梦得；小园作赋，吾窃比于兰成。恭祝斯干，敬贺轮奂。

民国十九年八月一日，黄安张秀仙峻宇拜撰。

序 四

昔杜陵辟草堂，辋川营别墅，莳花种竹，借得山水之胜，寻濠梁之乐，作羲皇以上之人也。朱子慕丹，巴溪之扁鹊也。韩康卖药，举市皆闻；长房悬壶，通都尽识。杏树成林，橘泉香溢，固已有口皆碑，名立江乡矣。己巳秋，建紫阳新第于巴溪，拓地三弓，藏书万卷，略施点缀，以为高人下榻之所。时则西风送爽、金粟流香，裙屐联翩，觥筹交错，或临风而长啸，或把盏而高歌，其熙熙雍雍之乐殆亦香山之会欤。然朱子虽厕身阛阓，长作风尘中人，而耽情翰墨，酷嗜吟哦。每与海内文豪缔苔岑之雅，所谓幽人畸士者，亦复乐与之交，诗筒往返，唱酬无虚日。是紫阳新居之筑，与杜陵辟草堂、辋川营别墅同一意耳，非市隐之流亚乎！较诸琼楼绮阁以为宴游之计者，相去远矣。落成日，赋诗征和，得同人和作若干首，裒为一集，将寿梨枣，以留鸿爪，用意甚深。予与朱子订交有日，迢递关山，梦魂飞越，爰书此以驰贺云尔。

民国十九年庚午桂子香时，旌德汤英拜撰于凌云馆。

紫阳小筑记

　　己巳秋,巴溪朱君慕丹紫阳小筑落成,赋诗征和。越月,踵门请记,未遇而退。今春,介其外舅筱香钱子驰书敦嘱。盖斯筑也,赖良友施杏如君悯其赁庑之劳,为之筹资。慕丹铭感弗谖,欲借记以示后昆,非夸鸟革翚飞也。慕丹精医,为人诊治,不计酬资有无,即有,辄为义举,随手而散,故不名一钱。杏如之为是举也,虽非若古人之推宅相与,然脱非慕丹之贤,则吴下士夫不肯为戴颙筑室,江祐、徐孝嗣岂乐为吴苞立馆。樾不工文辞,无足为施、朱两君播美,然钦杏如之敦友谊、慕丹之感友恩,故不辞而乐为之记。慕丹紫阳后裔,称小筑者,谦辞也。

　　民国十九年庚午二月,同邑邱樾荫甫记。_{时年七十有一。}

紫阳小筑落成进居有感_{原唱六首}

昆山朱保熙_{慕丹}初稿

卅年寄迹在巴溪，长啸鸣琴步阮嵇。醉后欢颜谁解得，一双弱女一荆妻。

保熙先世居吴县之唯亭，安甫府君避乱迁巴，遂家也。熙年十一，痛母汪孺人丧。年二十五，哭府君丧。行年四十，学无成就。今继母及诸弟分居别宅，相处一室者，发妻钱若华暨长女芳蕖、次女芳颜，琴书尊酒，聊以相娱。

马牛奔走半生馀，渐看萧然两鬓疏。未必功同良相似，案头空置活人书。

熙家素食贫，世以医业相传，曾祖健侯公、祖荆门公、考安甫府君俱有名当世，至熙已第四传。熙少遭孤露，渊源之学，实失薪传，常深陨越之虞。

刻意经营建石梁，聊将公益尽家乡。而今完得区区愿，端赖群公众力襄。

甲子岁，同里张节之、汪怡山、蒋霭卿、潘邦达、张良卿等发起建桥，既赖方惟一、瞿良士、李平书诸公提携之力，复赖施洁如、施杏如、朱渭声、陆均平、史鸿翔、徐伯澄、赵志贤、盛廷臣、盛韶声、陆国柱、潘家达、赵云荪、徐少卿暨发起人等匡勷之功，乃得成二桥。

一廛不着感多端，如鼠搬姜尚未安。暗里自怜还自笑，年年借倚别人栏。

熙产生在巴城潘定安家，旋迁汪怡山、董杏卿、潘家达府第，四十年内，四易寓所，每兴赁庑之感。

故人情重醵千金，庇我贫寒感德深。刚到桂花香动日，新居高傍绿溪阴。

熙与施杏如交最深。己巳夏，杏如为觅一地，力筹构屋，即日兴筑，工资不给，为之集会醵金，得成小筑。

天高气爽赋新迁，一夕金风杂管弦。宾至如鸿光宠极，教将何以答群贤。

己巳中秋，越四日，即国历十八年九月二十一日，落成之吉，贺客盈庭，管弦觞咏，盛极一时。熙惊宠之馀，万分欢忭，赋诗志谢，以矢勿谖。

紫阳小筑集咏卷一

常熟钱育仁南铁

橘井泉甘杏荫浓,韩康市隐世能容。三千阴德常鸣耳,赢得高名满玉峰。

柏庐家训亦煌煌,小筑三弓署紫阳。从此于公门阀大,何须张老颂辞将。

常熟王庆芝瑞峰

昆承吾邑湖名。南去接巴溪,洄溯伊人傍水栖。家有藏书夸约昉,门无杂客傲山嵇。

三围芦获看秋雁,一枕羲皇报午鸡。静阐幽居耽小隐,紫阳旧榜认新题。

常熟吴诵唐柳园

卜筑古巴城,绕篱湖水明。诛茅遂初志,种竹适闲情。把卷课晨读,杖藜看晚耕。

斯干篇赋就,燕雀贺新成。

常熟唐光汉病虹

高隐巴溪畔,家声出紫阳。医书阐卢扁,诗体仿齐梁。白屋萧闲士,朱门轮奂光。

娄琴衣带水,一苇可容航。

常熟宗　威子威

以诗隐亦以医隐,精舍居然署考亭。初涨水应平岸绿,新栽树欲过墙青。孺人左对身全适,此辈中容语可听。我自玉峰多故友,寥天怅望暮云停。

常熟徐兆玮虹隐

水抱中和气,云无出岫心。诛茅堪结屋,种杏自成林。春榭花同醉,秋窗鸟伴吟。

精庐新气象,高傍绿溪阴。

啸傲烟霞里,家风羡紫阳。登筵莼菜美,盈室木樨香。稽古书千卷,伊人水一方。

虹梁歌利涉,仁泽在维桑。

常熟瞿启甲良士

惯作寻幽选胜人，鹿城不惮往来频。紫阳别墅分明在，失却桃源未问津。

人情如水薄如云，利尽交疏习见闻。重义通财兼集腋，于今能遇几施君。

绘图征记写花笺，欲使流芳久久传。青眼生逢增感激，不关夸耀屋千椽。

莽莽中原避俗尘，杏林橘树四时春。循图得认韩康室，来访寻诗觅句人。

常熟宗嘉佑子启

夙擅青囊术，巴城著盛名。十年功面壁，三世业专精。不愧称良相，从知善养生。
皤然白双鬓，妻女慰幽情。

岂等清贫者，犹存慈善心。石梁筹建筑，华屋羡幽深。花竹迎红旭，轩窗对绿阴。
秋风放丛桂，得句和高吟。

常熟姚宗堂筠仙

薄暮看龙挂，函展巴溪客。鳞爪露云天，君韵神似得。荃草君活人，何止数十百。
病涉悯巴溪，借助他山石。己后济人先，惟仁得安宅。燕贺知有期，槐黄秋月白。

常熟陆永湘晓兰

马鞍山北麓，巴溪水一曲。此中有幽人，小筑三椽屋。借问是伊谁，云是紫阳族。
家训溯当年，门庭敦和睦。公益尽乡间，道路桥梁筑。卢扁术精研，岐黄书饱读。良医
同良相，隐造人民福。济世具深心，着手成春速。我耳先生名，久已心悦服。忽逢青鸟来，
索我鸦涂幅。自愧不能文，近且疾患目。聊作下里吟，莫笑貂尾续。

常熟金殿华厚如

博览前年到浙西，携朋一棹过巴溪。夕阳流水门前柳，中有幽人独隐栖。

不为良相即良医，着手成春事业奇。读罢素灵翻杜集，半囊储药半囊诗。

常熟曾冠章君冕

巴溪小筑爱幽栖，一水兼葭路不迷。茅舍竹篱交映处，紫阳二字早标题。

独抱胸怀证静虚，闲来无事种园蔬。韩康药室分明在，远近争传高士庐。

常熟胡　钧琴舫

芝廛兰畹绕清溪，鹤立鸡群昔有嵇。术著岐黄流泽远，齐眉梁案属贤妻。

衡泌栖迟乐有馀,名高橘井世情疏。长文堂构新成业,赢得青囊一卷书。

常熟陶家尧君仁

青囊妙术活人多,惟听巴溪载德歌。愧我志同枉道合,闲翻灵素感蹉跎。
高建新居号紫阳,幽人稳住赋瑶章。一从闻得钧天响,蛙蚓和鸣何足当。

常熟金鹤筹叔和

良医足慰万夫望,一脉相承是紫阳。董奉杏林能疗病,苏耽橘井自流香。巴城山水
都明秀,徽国云礽卜炽昌。三径而今开蒋诩,羊裘相与晋瑶觞。

常熟俞炳镛友清

我也题诗寄紫阳,文人积习未全忘。不妨小筑能容膝,何必高轩欲画梁。室有琴书
持玉爵,门无车马试旗枪。吟笺网得珊瑚满,岛瘦郊寒任品量。

常熟黄保锟蕉心

小筑清虚适燕私,紫阳两字榜门楣。不除绿草留生意,常对青峰认旧知。济世功劳
丹灶火,名山事业锦囊诗。由来室雅无须大,君子所居何陋之。结用成句。

常熟庞　仕乐园

不合时宜一肚皮,嵇琴阮啸梦中思。紫阳家学渊源在,黄绢褒题络绎贻。自是利人
兼利己,未为良相则良医。杏林遥指巴溪茂,幽谷莺迁胜故枝。

吴县张一麐仲仁

草堂新筑浣花居,药笼生涯岁有馀。一角巴城门第古,柏庐家训仰传书。
半生绝学绍丹溪,小筑三椽富品题。无限高怀蠲俗虑,友朋酬唱夕阳西。

吴县叶祖鼎直叟

落成纪载一篇真,寄迹尘寰亦有因。卜筑当时缘起事,流传佳话古今人。
三径常开意自舒,四围修竹拥吟庐。来游雅有勾留地,合许诗朋作寄居。

吴县张荣培蛰公

巴城一角羡幽栖,小筑临流待榜题。囊有诗篇联白社,家传医学绍丹溪。琴弦时拂

中郎女,棋局常敲杜老妻。芳草满庭生意足,和平随处养天倪。

吴县黄希宪太玄

举世恫劫灰,君独效秦避。卜筑巴溪滨,懒闻沧桑事。贞隐不希荣,无忝紫阳嗣。卓然医国才,甘为时所弃。爰以卢扁功,施之钓游地。持较当代雄,识解判仁智。蔡女大胜男,高妻贤自异。檀栾新室中,觞咏得真意。丛桂发妙香,堪续庾楼记。何当过玉峰,一挹西山翠。

吴县汪葆楫叔用

筑屋如作文,贵得纡徐致。放怀夫何为,绚染增妩媚。深入而显出,人巧天工葡。朱子今揽胜,公然具此异。无多数弓地,位置良不易。点缀小嵯峨,栽培佳卉丽。小憩坐云根,凡尘不能累。遥峦如拱璧,绮陌景光翠。黝垩甫一新,耆旧来绮季。霁颜顾群从,齿颊尚风义。人杰地亦灵,此由天公使。

上海秦伯未

吾道已穷极,犹能见雅人。诗书供养性,花木自怡神。奚必求山隐,即今存古春。巴城斜日冷,惆怅立风尘。

奉贤朱家驹遁叟

紫阳小筑问如何,为有溪山入醉哦。长夏江村风日好,定应安乐署行窝。

我亦传家旧紫阳,敝庐近市绕花香。竹苞松茂遥相羡,诗诵斯干第一章。

按:先祖考暨先大夫均有紫阳家乘之辑,断自清初,明以上则阙如矣。但相传系出朱文公之曾孙名浚公云云。遁叟附志,时年七十有四。

松江雷以丰剑丞

层峦叠翠水流溪,疏懒何妨学阮嵇。有客翩翩来不速,欲谋斗酒问山妻。

新居画栋复雕梁,植杏成林美荫长。多感故人施厚惠,助资起筑浣花堂。

景随佳句落毫端,成句。编竹为篱卧亦安。采药归来情自逸,一帘花月独凭栏。

美轮美奂颂莺迁,鸟弄歌声入管弦。成句。瑞气盈门秋爽朗,考亭精舍聚高贤。

青浦项　寰涵公

频年赁庑殊无味,今日新居幸落成。白首山妻欢劝酒,绿窗闺女善调羹。韩康市上求生活,张老堂前颂奐轮。桂子香飘莺出谷,长悬家训旧家声。

青浦徐公修慎侯

丹溪宗派寓巴溪,六绝新诗好自题。居室子荆安苟美,移家弘景卜幽栖。庀材力仗同人助,济世功教良相齐。三十年来此间隐,赁春皋庑漫重提。

青浦钱学坤静方

一庭花药绕阶除,村市风庬好结庐。环堵较良迁地宅,凿楹多置活人书。仓公生受缇萦益,梁氏携同德耀居。时有黄金为君寿,不愁四壁病相如。

壮年游辙半天涯,归老巴溪小住佳。宝鼎芝房新位置,笔床茶灶妥安排。鱼梁利涉乡闾福,莺谷迁乔眷属偕。赢得路旁人指点,紫阳门第荫高槐。

青浦金祥勋颂唐

陶分禹寸足三馀,堂植垂杨绿影疏。卜筑数椽娱晚景,日长欹枕倦抛书。

喃喃秋燕贺檐端,容膝聊谋片席安。一角江村如甫里,闲看斗鸭倚池栏。甫里陆鲁望先生养斗鸭一栏。

觅得桃源尽室迁,琴囊自荷妙无弦。步兵中散招偕隐,并坐幽篁聚七贤。

太仓徐丰蓁天劬

紫阳硕学旧门庭,落落心斋座右铭。姓氏久传通德里,词章远接曝书亭。逍遥绿野三弓地,探索青囊一卷经。老去钟情双琬琰,苕华镌字玉珑玲。

浩荡乾坤寄一廛,感余皋庑越三迁。十年羁旅诗题壁,半世生涯砚作田。羊祜移金尘外想,杜陵广厦梦中缘。羡君胸有真丘壑,别业新图写辋川。

太仓钱诗棣诵三

水竹清新乐有馀,开轩啸傲倚琴书。诗吟考室翚飞鸟,酒进丰年梦兆鱼。轮奐且听张老颂,备完却羡卫荆居。活人更有良方在,请益还停问字车。

太仓张廷升选甫

巴溪导源长,中有隐君子。家训宗柏庐,经经而纬史。树木通树人,熟精轩岐理。橘井自流香,神交若淡水。年来战祸深,民病多迁徙。先生济世心,惠泽保桑梓。

太仓蒋纯一心雄

家训紫阳旧,巴溪小筑新。柏庐贤后起,夫妇乐耕莘。

达可医天下,穷能学炼丹。小园庚子赋,雅共上吟坛。

太仓蒋养生衡孚

紫阳小筑落成时,丛桂飘香第一枝。廿载风尘走牛马,半生心血创门楣。筵开北海
觞兼咏,会集东山竹与丝。调燮阴阳仁术广,不为良相作良医。

无锡胡介昌兹俦

理学当年说考亭,后人则效仰仪型。名门果有贤孙子,小筑幽居读内经。

绿绮疏窗面面开,岚光波影共徘徊。此中抱膝吟梁父,定有畸人作伴来。

武进陈 渊蠹园

仙才姚丹元,出语惊坡老。筑室缥缈间,诗心落云表。起二句,事见《避暑录话》。

何处是灵兰,飞尘不到壁。会当拨白云,一访高人宅。

武进毛 灏瀚甫

新莺迁向杏林啼,道韫双随德耀妻。名士风流医国手,丹溪心法在巴溪。

秋霜渐染鬓如丝,宾主东南共酒卮。闻得木樨香味否,紫阳小筑落成时。

丹徒杨鸿年寿人

久慕朱夫子,无惭卢氏医。杏林看此日,橘井忆当时。先了济川愿,方吟筑室诗。
与君本同社,使我欲题词。

句容韩道明恕思

紫阳旧有读书堂,仰见君家世泽长。记否传经居鹿洞,姓名留得汗青香。

好向巴溪结个庐,尘飞不到此幽居。时人休笑无长物,业有青囊伴有书。

江阴许咏仁颂慈

家世常存前代风,婺源支派散西东。堂名远取崇安县,始祖何疑是晦翁。

寄人篱下怅何如,漫道先人有敝庐。今日草堂新筑就,拾遗杜老浣花居。

移居正值仲秋间,金粟堆中数往还。生子当如窦家桂,一时佳话续燕山。

宝应毛文沂瀚波

料是前身董奉仙,新居景物四时妍。杏林春色风传远,桂树秋香月照圆。画读蕉窗披夏葛,诗吟梅阁拥冬绵。倡随雅有妻和女,笑指巴溪一洞天。

高邮杨　蔚荟亭

家学渊源溯紫阳,巴溪流水乐洋洋。陶潜小筑安何易,孟氏三迁此最良。弱女拈毫常侍坐,山妻椎髻更相庄。笑询扁鹊驰名甚,救国偏无肘后方。

六合张卓人菊隐

高人家住水云深,如此幽居惬素襟。移宅茂先书卅乘,良方思邈宝千金。桥修白板谋公益,门对清溪悟道心。我亦轩曾筑评绿,勉赓巴曲答龙吟。

六合张树屏海帆

理学家风绍紫阳,巴溪新筑好山庄。欢偕妻女娱晨夕,乐与乾坤共久长。尽力桥梁完始愿,殚心灵素订奇方。料知早得还丹秘,辟谷何须问子房。

六合唐志岳浚澄

庑下栖身寄伯通,紫阳苗裔岂终穷。分局让友多公瑾,假馆传经绍晦翁。卷认青杨名士宅,洞修白鹿旧家风。悬壶别有精庐在,乞药人趋小市东。

盐城凌春生子阳

小筑山房署紫阳,群贤毕集醉壶觞。新莺出谷迁乔木,旧燕寻巢语画梁。位置明窗和净几,安排丹灶共青囊。巴溪绕屋堪垂钓,开个柴门傍绿杨。

盐城谷青莲女士清濂

筑就高楼赋退居,溪田肥沃可耕锄。新诗征遍江南北,分韵传笺乐有馀。

盐城张振才举贤

气爽秋高八月天,桂花香里赋乔迁。云霞瑞绕新轮奂,楼阁风生杂管弦。千里鱼书来射水,群公燕贺到巴川。愧余张老真苗裔,献颂未能只短篇。

盐城张　祉荫孙

风云南北起征鼙,一角偏安得所栖。撼树迭惊鸦作阵,营巢仍学燕衔泥。济人妙术青囊富,贺客新诗黄绢题。皆道紫阳旧家世,天留小筑在巴溪。

盐城张文魁博斋

卜筑昆山里,家声重紫阳。洞中眠白鹿,天下劫红羊。为望回春手,宏施济世方。升平歌舞日,云路共翱翔。

盐城何映霞荫遐

紫阳世泽久推崇,恨我耳名未识公。但愿他年来访戴,一尊相对话情衷。

泰县沈世德本渊

鹿洞传经后,巴溪结草庐。窗前医俗竹,案上活人书。夜雨茶声沸,秋风木叶疏。客来招月饮,一笑醉何如。

泰县沈世甲轶群

小筑幽居傍水涯,高人尘世谢纷华。闲招少长春修禊,愁对江山夜听笳。书卷连年消岁月,柴门镇日掩桑麻。紫阳有子能承志,野鹤沙鸥共一家。

泰县孙同德馨儒

紫阳小筑即桃源,又似随园与曲园。梅鹤相随闲煮茗,鲁鱼细辨快当轩。六章诗笔东坡健,四壁吟笺白社尊。隔绝红尘饶隐趣,衡门风月伴晨昏。

东台张绍龙子云

丈夫怀大志,济世作良医。市上悬壶久,山中采药迟。扫尘筑茅屋,近水辟莲池。携得梅妻隐,沧桑总不知。

兴化季自鉴少唐

巴溪云树中,先生筑茅屋。庭除无纤尘,只栽花共竹。不管世沧桑,闲中赏松菊。清高无个事,一卷月下读。日昨邮递诗,如珠又如玉。我受盟薇时,不禁豁心目。何日拜高堂,与君共剪烛。

会稽章辉庠

青囊妙笈活人书,着手成春万物舒。十里山遮陶令宅,三弓地拓子云居。清风明月调闲鹤,玉轴牙签别蠹鱼。啸傲烟霞欣有托,桂花香畔爱吾庐。

合肥李家恒孝琼女士

巴王祠墓地,小筑傍山陬。花竹一庭秀,图书千卷收。宅成先德远,境胜逸人留。风景遥堪忆,辋川得似不。

合肥王政谦季和

早起步空阶,柴门闻剥啄。新诗速置邮,来自昆山麓。朱子文公裔,紫阳今小筑。斗室集典坟,小园散花木。人称医国手,济世有仁术。此是壶公居,复似李愿谷。他日过昆山,相访跨黄犊。开汝瓮头春,葛巾为我漉。

合肥杨开森韵芝

紫阳营别业,孟氏择芳邻。父女同儒雅,夫妻似主宾。石梁成利涉,橘井有馀春。遥羡巴溪上,桃源好避秦。

合肥王　逸雪亭

问道紫阳客,新居俯碧溪。烹茶汲春水,种药辟秋畦。酒好连朝醉,诗应四壁题。不须愁落莫,偕隐有鸿妻。

合肥张克廉笑吾

巴溪溪水势凌空,流出桃花别样红。爱煞清宵无个事,衔杯觅句紫阳中。张次溪为绘《紫阳觅句图》。

蝉吟鸟语绮窗前,碧柳成阴弄晓烟。曲槛茅亭清且雅,一觞一咏乐无边。

无为叶秾秾显茂

紫阳小筑傍山涯,恰值中庭放桂花。三影颂词偏宛转,四声祷句好矜夸。不闻尘海阗阗鼓,闲听池塘阁阁蛙。酒醉诗成豪兴发,巴溪风月属君家。

无为汤少蕃冠侯

紫阳小筑落成初,不减渊明五柳庐。铁马丁玱悬屋角,花枝招展满阶除。半篙春水凌空碧,一抹青山返照虚。斗室闲吟聊养晦,滔滔岁月任居诸。

无为伍成志道轩

择处三迁通德里,安居何幸得仁风。结庐雅地闲情乐,种竹庭阴道气冲。玉轴横陈藏典籍,柴门掩闭作诗翁。即今家室欣团聚,怡养天和志不穷。

大通程　珍庚如

入山不必深,入林不必密。即此市廛间,翛然辟一室。修竹侧受风,奇花娇映日。窗虚远岫藏,箔掩炉烟出。朱公好文史,而有活人术。艺高肱折三,识远垣洞一。着手便成春,斯民起废疾。佳日足盘桓,焚香理琴瑟。湫隘殊晏婴,游宴招吴质。种杏晌成林,春华复秋实。敢效张老辞,斯干歌秩秩。

桐城吴学周省吾

幽人端合爱幽居,廉让之间好结庐。十亩诛茅宋玉宅,三山采药葛洪书。明窗净几闲挥麈,种树移花自荷锄。寻得桃源能避世,此中岁月乐何如?

安徽缪鸿钧幼三

早岁悬壶到处游,仓皇未把草庐修。于今省识林泉趣,因此方为牖户谋。卜宅何尝须大地,迁乔却已过中秋。金风爽籁增佳兴,式燕嘉宾乐不休。

孝义王修已敬庵

小筑落成气象舒,唐槐晋柳护仙居。诗书展览开胸次,文字因缘定适如。屋傍栽花医懒性,园中引水灌畦蔬。素灵一卷堪参破,不与庸庸赋乐胥。

大庸庹万选悲亚

八月风高雁阵斜,紫阳轮奂竹松遮。家迁真与莺迁似,人卧红云一坞花。

曲阜毕培慈少岩

名望清高出紫阳,溪山深处乐徜徉。举杯邀月呼同醉,得句惊人喜欲狂。地拓三弓容小隐,书堆四壁有馀香。妻贤女慧君何幸,团聚家庭乐未央。

梅州朱　铣子震

同承家学旧渊源，万卷堂前又筑轩。记取格言绵世德，楼名思训裕来昆。巴溪云水真生色，徽国风光更足论。我独乘槎浮大海，新诗吟共侑清尊。

昆山邱　樾荫甫

徙宅劳劳到此休，苟完苟合又何求。窗中玉岫青如黛，门外巴湖碧若油。燕处画堂新托足，莺迁乔木弄柔喉。考亭后叶真贤主，安乐窝中集俊俦。

庑下从今摆脱尘，匠工始毕焕然新。烟霞窟里容栖迹，凫鹭群中也立身。篱寄他人本非策，村来高士不嫌贫。倘将陋巷相提论，还是君家是富民。

高人庐绕柳丝青，大厦成时读内经。有木有花唐代墅，近山近水子云亭。风来座上书横榻，云起窗前墨作屏。更喜燕来认新主，喃喃小语似叮咛。

一窝景物许相寻，摊卷之馀复咏吟。几上满排新硾药，壁间高挂旧弹琴。鹿眠场圃春风暖，鹭立沙滩秋月阴。处士庄前气淳朴，全家有道乐山林。

小桥宅在阜康桥畔。疏柳罩红墙，中住仙人费长上声。房。几曲短篱新莳菊，三弓隙地好栽桑。室中书韵兼机韵，屋角云光接水光。更有崇宁寺相近，钟声一杵打斜阳。

图绘新庐寄与朋，朋投诗草积如陵。座中雅集黄冠客，邻右时招缁衲僧。峰影渡湖疑叩户，帘钩得月即添灯。乾坤身外同虚壳，觅句抽思思万层。

居士斋头酌酒歌，一般词客日相过。鹭鸶当户如充仆，燕子衔泥要做窝。扫室推窗放云气，灌园抱瓮汲湖波。主人诉说经营始，资乞良朋叨惠多。

施朱友道超侪辈，一是愚山一竹垞。推宅虽非公瑾比，筑堂尽许少陵夸。古人信有金分橐，世态休訾薄若纱。此段事曾征我纪，为言高谊薄云霞。

昆山邱　樾荫甫

巴湖不倾险，中少是非波。所以烟霞客，湖旁卜筑多。

一介清廉士，难期大厦兴。譬犹雏鹤背，力弱借鹍鹏。

栖踪何处好，最爱是江乡。窥破金钱崇，扫门看夕阳。

巴王城陷水，隐者托菰芦。不啻咸平士，吟梅住里湖。

频年劳赁庑，今始掩郊扉。新辟三弓圃，药苗得雨肥。

庐南庐北望，玉岫对虞山。元气群峰孕，扑君几闼间。

石上摊诗卷，公然兴最浓。吟哦闭重户，窃听有蛰龙。

沕穆类皇古，全家道气充。蓬庐纳天地，今世一壶公。

父老竞传说，丹溪几叶孙。有人来买杏，鸥鹭代迎门。

广集词人什，还描新屋图。镌碑征我记，荒陋愧颜无。

昆山王德森严士

畸人例爱住江乡，白露苍葭水一方。既得诛茅学巢父，何妨卖药拟韩康。满湖风月添诗料，上市鱼虾佐酒香。愧我敝庐付兵燹，久离玉岫滞金闾。

未曾识面已心倾，片纸飞来韵语清。叹我传家无长物，多君济世有仁声。一庭花木饶生意，四壁图书远俗情。安得溯洄秋水上，持螯对菊与同赓。

昆山徐梦鹰冀扬

巴溪旧是钓渔乡，犹子蜗居水一方。倚重德邻先择里，落成新第待跻堂。诛茅结屋幽栖适，种杏成林世泽长。闻道酿金交谊厚，云天高义迈寻常。

昆山马光楣眉寿

知命知天读道书，新营别业乐安居。苔阶剥有高人屐，门巷停无显者车。半亩芳塘闲放鹤，一池止水静观鱼。纸窗竹屋超凡境，觉路重开话太初。

昆山王钟恩仲雅

里党高门溯紫阳，肯堂肯构泽绵长。移居择德君师孟，善颂题诗我效张。旷代逸才侪阮籍，承欢淑女媲中郎。何当一棹来相访，共话秋凉桂子香。

昆山陆天放安钦

小隐常存济世心，窝成安乐动高吟。杏林移植嫣红雨，橘井行看护绿阴。有兴快浮溪上艇，无言默契壁间琴。堂前丹桂芬芳日，酒醉嘉宾取次斟。

昆山王传鼎定庵

华堂新筑傍巴溪，山色湖光绕宅齐。信是地灵人杰出，碧梧枝上凤凰栖。

丹溪家学自深长，秀水才名噪一乡。位置高斋应绝胜，药笼经卷古奚囊。

新开三径足盘桓，松菊扶苏改旧观。徙倚轩窗秋正好，木樨香里月团圞。

经营不负买山心，出谷黄鹂报好音。清福几生修到此，携雏双燕矺梁深。

左芬明慧孟光贤，安乐窝中望若仙。何日扁舟来访戴，葱茏佳气认门前。

昆山戴人龙轶凡

巴溪浩淼溯伊人，气象万千大厦新。乡政经营劳力善，石梁建筑宅心仁。青囊一卷斯民寿，白璧双莹满院春。世胄紫阳推望族，识荆两载证前因。

昆山胡宗錄稚柳

桂秋时节赋乔迁，应和词章快汇编。新筑落成高士宅，栽花种竹养天年。

昆山钱宗源筱香

退隐新居筑数间，满堂亲友快联班。座中贺客谁张老，颂祷声声总一般。

巴溪龚祥麟瑞趾

昔年比屋结芳邻，鸡黍相酬忘主宾。诗酒殷勤通款曲，几经月夕与花晨。

我为饥驱客玉峰，君今卜筑驻行踪。藏修欣得阜康桥名。地，乔木阴阴积翠浓。屋北有森林，颇葱郁。

巴溪盛鸣和韶声

巴溪十里景清幽，尽许高人此退休。妻女杯尊欢日夕，朋交酬唱乐春秋。校园趋步栽桃李，乡政追随作马牛。回首年华同逝水，且将鸿爪雪泥留。

巴溪盛凤辉鸣高

少承庭训习岐黄，学养兼优善退藏。小试良才长乡政，存心利济建桥梁。安贫陋巷书千卷，得意芸窗句一囊。旧雨多情联雅谊，隐庐高筑设琴床。

紫阳小筑集咏卷二

常熟庞树森殿才

儒生风格重巴溪，岂是清狂效阮嵇。恭俭还同冀隐士，居恒庄敬及荆妻。

长啸鸣琴乐有馀，超然物外利名疏。小红灯火参灵素，大白香醪下汉书。

存心利济建舆梁，不日成之感梓乡。得道由来多助力，闻风兴起尽匡襄。

怆怀家国感多端，厝火积薪卧未安。且尽匹夫应有责，无心玩物倚朱栏。

点铁居然欲化金，故人唱和系情深。他年鸡黍同趋约，应上高楼傍绿阴。

西汉文章司马迁，震川继响绝于弦。从今大雅扶轮手，端赖先生后起贤。

常熟钱钟瑜景周

小筑新居傍碧溪，竹林文酒此攀嵇。胡宿原句。欣看咏絮双才女，惯侍梁鸿举案妻。

济世救民乐有馀，此心原与利名疏。良医毕竟同良相，金匮精参万卷书。

未营私室首成梁，赓续营居君子乡。买宅金钱千万掷，乞资诉说故人襄。

天命原来有定端，庭阶栽竹报平安。流莺惯向迁乔木，啼到春深隔画栏。

床头尚有结交金，每忆多情宗茂深。《南史》：宗少文孙测，字敬微，一字茂深。居室子荆聊苟美，凤栖好向碧梧阴。

追踪孟氏学三迁，雁贺新巢杂管弦。不让兰亭修禊事，堂中座满集群贤。

常熟范申禄君宜

柳州诗序采愚溪，篇著养生中散嵇。秦晋联姻何处是，穆姬德配颂贤妻。

大木工师得栋梁，美哉轮奂记巴乡。重新堂构经传孝，恍筑灵台乐赞襄。

洞明肺腑目容端，着手成春病去安。廉植杏林称盛德，争尝药草喜凭栏。

森森乔木咏莺迁，颂上回春乐管弦。北海尊开宾毕集，中秋月朗主人贤。

常熟周　璀子璨

忘机身住武陵溪，吟罢新诗慕煨嵇。自说安贫甘隐迹，方知鸿案有贤妻。

采药耕云乐有馀，丹溪妙术未荒疏。活人治世原无二，笑指青囊一卷书。

鹿逐中原事万端，尘心洗尽学剑安。仙家别有春来景，洞里桃花红满栏。

精庐筑就喜莺迁，从此幽情在七弦。我望天南遥拜贺，大名不愧世称贤。

常熟范　隐松斋

门对清流一曲溪，庐中高隐竹林稠。怡然不问沧桑事，煮酒同斟唤老妻。

庾信园宽半亩馀，四时花木影扶疏。湘帘挂起当轩坐，闲点丹铅校旧书。

不须皋庑叹依梁，小筑幽居在故乡。嘉客争为轮奂颂，煌煌美举乐同襄。

幽鸟飞鸣集树端，沃州闲住胜长安。此中风月无边好，几度沉吟倚画栏。

琴书一榻抵千金，茶熟香温寄趣深。门外绝无车马过，陶家五柳绿成阴。

纷投诗句贺乔迁，听谱新声入管弦。汉上盛传风雅事，题襟一集尽名贤。

奉贤朱声韶伯庸

数椽小筑傍盐溪，自笑家居懒等稠。长日如年无个事，棋敲一局对山妻。

迁泰年逾三百馀，乌程路远俗生疏。<small>始祖明贤公从浙之乌程迁奉贤泰日桥。</small>宗祠新建真堪喜，<small>紫阳宗祠于戊辰冬落成。</small>壁上先儒训遍书。

我亦捐资建石梁，敢夸公益尽家乡。名题永感承先志，<small>丁卯冬，独建石梁一座，题曰"永感桥"。</small>三月工完赖众襄。

风鹤频传感万端，穷乡僻处幸平安。早将富贵浮云视，每喜吟诗独倚栏。

活人心不在黄金，医术先生经验深。着手成春誉生佛，橘林遥望绿成阴。

客来欢饮庆新迁，笑语声中杂管弦。居室但求苟完美，今人岂让古人贤。

上海单　藻黼卿

卜宅巴城傍大溪，旷怀逸志可攀稠。膝前有女情先慰，室内还修举案妻。

为思利涉起虹梁，缔造经营福此乡。不愧家声紫阳后，文章道义克勤襄。

方名肘后价千金，医术如公阅岁深。一艺成家知刻苦，肯教轻弃好光阴。

新诗补壁祝乔迁，天上蟾辉恰上弦。料得月圆佳节里，华堂觞咏集群贤。

青浦项　寰涵公

新居门巷傍长溪，旷达情同中散稠。胜日喜逢诗友聚，久藏斗酒索山妻。

画堂卜筑傍津梁，<small>在阜康桥旁。</small>幸得安然住此乡。管子清贫囊底罄，分金赖有叔牙襄。

堂前鹊噪喜眉端，集腋成裘心自安。试望中庭秋色好，双双娇女共凭栏。

虹腰创建集多金，利济行人感德深。公事完成私事治，木樨香好透墙阴。

梁鸿赁庑笑频迁，四十年来似努弦。大厦既成如置妾，肯堂肯构后人贤。

嘉定顾志澄潜鸥

巴溪绝似武陵溪，柳下还思锻灶嵇。真个游心尘壒外，鹿门高隐尚偕妻。
烽火边城感百端，只今觅得一枝安。笔床茶灶生涯好，鸟语幽窗竹映栏。
嘤嘤犹自报乔迁，亦奏新歌亦抚弦。倦客马卿车骑盛，一时飞盖宴群贤。

南汇朱惟公益明

紫阳医术溯丹溪，馀事诗文懒异嵇。室内鼓琴怡弱女，床头储酒问贤妻。
小筑无庸玳瑁梁，巴溪寄迹亦家乡。琳琅诗句新笼壁，夜半同看灿七襄。
一案方成抵一金，活人手腕感人深。燕居定卜添麟喜，早听耳鸣德种阴。
香浓金粟赋乔迁，十万蛮笺韵管弦。雀噪声中参燕贺，如鸿宾至主人贤。

云间九莲居士

欲寻坠绪缵濂溪，任达岂宜效阮嵇。堪羡左思有娇女，齐眉更喜伴贤妻。
秋来萧瑟感无端，国内干戈尚未安。人境结庐心自远，西风扶醉倚幽栏。
秋风桂子绽黄金，花里君家曲径深。月夜便思访安道，盈盈一水隔山阴。
雁来时节感乔迁，宝训传家作佩弦。种竹移花饶雅兴，此中端合着高贤。

宝山朱世贤介民

筑就蘧庐乐有馀，庭栽花木影扶疏。绿窗妻女闲无事，灯火三更伴读书。
从此充闾气发端，祥熊有兆梦恬安。春花秋月逢佳节，笑语庭前共倚栏。
乘时出谷喜乔迁，百啭莺声若按弦。我与君家同一姓，紫阳后裔让称贤。

宝山陈祖衡天怡

活人心术继丹溪，又是疏狂爱学嵇。一室琴书花木好，齐眉椎髻有鸿妻。
奇方济世集千金，杏茂成林德泽深。闻说诗人朱秀水，曝书亭著竹窗阴。
轮奂新居喜卜迁，中郎有女识琴弦。料知佳句纱笼处，不少名流当世贤。

太仓黄寿箓少彭

君住巴溪我印溪，性情疏懒笑同嵇。终年诗画忙难了，斗酒有无问老妻。
因君筑室感多端，枝少可依究不安。我亦前年曾赁庑，迩来久不倚人栏。

一树香飘桂绽金，纷纷客至荷情深。古来善颂推张老，美奂美轮傍绿阴。

太仓赵耦萱映虹

卜筑高楼傍竹溪，即今清隐学陶嵇。四时好景闲中领，促膝谈心与女妻。

曲径摇篁桂绽金，窗明思爽在秋深。吹箫且学倚楼客，静处茶烟笼月阴。

杏红十里又新迁，海上歌声入七弦。今夜开尊齐践席，客来互颂主人贤。

昆山邱　樾荫甫

不徒医术媲丹溪，还步高踪晋代嵇。巴水之旁君筑室，灌园抱瓮有贤妻。

证今考古仗三馀，伏处无妨世事疏。吾为新斋署耕读，辉煌匾额倩人书。

居胜皋桥赁庑梁，自家庐舍在巴乡。草堂资向他人乞，杜甫当年借友襄。

隐隐凌霄塔露端，闭门终日学袁安。啁啾林鸟来相贺，也要营巢傍画栏。

美哉轮奂耀黄金，夏屋新成邃且深。欲驾扁舟来颂祷，巴溪泛棹似山阴。

幽居筑后罢移迁，屋畔溪声响似弦。寄语座中诸贺客，谁方张老古人贤。

昆山潘逸园鹤仙

紫阳小筑忆巴溪，中有幽人似阮嵇。竹里煎茶双弱女，花前赌酒一山妻。

骊歌三叠唱河梁，明月当头忆故乡。公益输君宏愿慰，民贫愧我不能襄。

世乱家贫感百端，稷门聊借一枝安。自怜自笑缘何事，懒向东风独倚栏。

一榻清风胜万金，世缘终浅道缘深。羡君堂在巴溪上，花有清香月有阴。

金风送爽赋乔迁，宾客齐来听管弦。女爱钞书妻绣佛，一门幽雅早称贤。

昆山杜鸿钧儒伯

济世阴功绰有馀，杏林春满影扶疏。金丹自有回生术，参透青囊一卷书。

赁庑皋桥拟孟梁，频年偕隐在莼乡。读书兼有机声和，织得云裳赋七囊。

满纸琳琅落笔端，几竿修竹报平安。等闲不问穷通事，每到花时一倚栏。

天香飘处灿黄金，花里新居路转深。最是近湖秋景好，白蘋红蓼半晴阴。

乔木莺鸣喜乍迁，一堂进祝有歌弦。君今买宅同阳羡，高谊良朋媲昔贤。

昆山王仁彬甸澄

世外桃源隔一溪，高人诗酒晋时嵇。门庭雍穆多天趣，相敬如宾有冀妻。

半读半耕乐绪馀，繁华尘市足音疏。生平常抱活人愿，架上盈堆灵素书。

世事茫茫感百端，烽烟未息忆长安。不如筑室甘居蠖，一曲回廊十二栏。

昆山盛学栋瀛士

知君高隐住巴溪，诗酒风流傲阮嵇。掌上双珠皆不栉，添香伴读有贤妻。

腹贮经纶富万端，衡阳结宅托身安。翚飞鸟革高宏甚，花木清幽绕画栏。

五朵飞来字字金，交情似水碧波深。嫏嬛福地神仙住，门对溪山傍绿阴。

良辰吉日赋莺迁，琼宴新开合奏弦。一室珠玑光粉署，纷纷燕贺集群贤。

昆山戴希卫君儒

紫阳新筑仰巴溪，诗酒风流晋代嵇。膝下双鬟承色笑，还钦举案有贤妻。

免寄人篱乐有馀，愧余头白更才疏。一枝栖息凭谁庇，身世萧条剩破书。

幽人遥在白云端，高卧东山忆谢安。况复华堂新构就，竹松苞茂荫雕栏。

宾朋满座贺荣迁，桂阁薰风谱舜弦。安土敦仁爰得所，愿从骥尾识高贤。

昆山李　节迈君

烟波浩渺满巴溪，中有人焉晋阮嵇。儒雅风流供自赏，同心偕隐老莱妻。

望重杏林累叶馀，活人无算学非疏。家庭饶有融融乐，两女多能读父书。

百尺巍峨起石梁，行人利涉福家乡。功成不欲居其美，笑道群公事事襄。

年来拼得买山金，着手经营广厦深。两字紫阳高揭处，故家乔木自阴阴。

昆山吴廷铨紫蘅

耳熟大名廿载馀，缘何心密迹偏疏。遥知世食文公德，能读儒先道学书。

苍茫四顾感无端，扰攘干戈何处安。特辟新居巴水曲，吟风弄月独凭栏。

双清心迹照前溪，琴酒神仙笑阮嵇。异日倘然容过访，扁舟一叶载山妻。

昆山王　鼎定九

别墅新营傍绿溪，翛然阮笑与琴嵇。一蓑烟雨巴湖里，偕隐还随举案妻。

不须画栋与雕梁，结个茅庐住水乡。一事羡君君莫笑，千金我愧少人襄。

昆山李诒仁伯厚

地如东越泛樵溪，人似山阳说隐嵇。岂竟清狂赋显志，幽居学得抱山妻。

耽闲来卧水云乡，人影秋光话石梁。好似洛阳传故事，崇碑争拓蔡公襄。

昆山方以照旭初

巴溪小隐学丹溪，论妙养生懒异嵇。寿世寿人功德大，治家却喜有贤妻。

经营华厦半年馀，绕屋欣看树密疏。处士消闲无别物，一尊旨酒一床书。

不必雕栏与画梁，门庭幽雅即仙乡。园林点缀栽花木，终日辛勤二女襄。

昆山钱敬植荫伯

玉山西北葛仙溪，雅士自豪羡阮嵇。月白风清良夜饮，酿藏待客记苏妻。

家传清白品方端，天相吉人随寓安。恬退深居邀百福，春风秋月绕雕栏。

巴溪赵元桢景贤

半世生涯赖笔端，一堂团聚寸心安。新诗和有相如女，人寿花香月一栏。

高筑重楼与画梁，阜康桥畔作家乡。而今得聚天伦乐，舞彩馀欢咏七襄。

巴溪徐福清伯澄

贫贱相交廿载馀，愧余赋性太迂疏。执鞭忝附师儒列，腹俭输君少读书。

华屋新成傍石溪，君新居在石桥港，故借用石溪。柳阴锻处好眠嵇。掌珠羡有乔公女，
贤助还钦孟氏妻。

行医朔望却酬金，数十年来积德深。业绍箕裘传弈世，及门桃李亦成阴。

喜随亲友贺新迁，歌乐声中杂管弦。今后德邻咫尺望，免教朝夕切思贤。

巴溪胡　澍甘若

词人令誉满巴溪，倜傥风流似阮嵇。学擅岐黄承世业，相庄鸿案有贤妻。

满怀喜气溢眉端，迁入新居可永安。开得琉璃窗四面，清风送爽好凭栏。

通财筑室集千金，道义相交契合深。为感故人情谊重，一碑记事立堂阴。

美轮美奂颂新迁，聚族于斯奏管弦。我是有家归未得，卜居且喜傍高贤。

古吴黄　钧颂尧

心轻汤武卧云溪，莫笑先生懒似嵇。钓得槎头鳊缩项，归谋斗酒有山妻。

舒啸弹琴乐有馀，小园花木渐扶疏。闲来招得东邻叟，细与评量种树书。

山中日月任推迁，鸟语虫吟胜管弦。只恐泉明还嗜酒，不容莲社作高贤。

兰台秘录值千金，饮水窥垣功力深。此处春风容易到，门前红杏已成阴。

吴江王怀霖董宬

弹琴一曲夕阳溪，错认巴城当亳耘。　自谢风尘归故里，敲针稚子画棋妻。

菊圃松轩趣有馀，幽居到此世缘疏。　寿人寿己春常在，知仗青囊秘要书。

为避机锋雉嗅梁，柴门镇日掩江乡。　渡人毕竟酬宏愿，应胜天孙报七襄。

云狗无心问变端，避秦且借一枝安。　卫荆自是歌完美，弄月吟风独倚栏。

梁溪邹　弢酒丐

新筑三弓境有馀，湘帘斐几配文疏。　窗前百本芭蕉树，万绿阴中读异书。

何必槃材尽栋梁，紫阳久住即仙乡。　良医良相无成竹，惜少知音击磬襄。

首鼠分离忌两端，而今喜得一枝安。　不须杨氏移春槛，花雨缤纷月一栏。

杜老移家谢万金，烟霞仿佛入山深。　何时来泛巴溪棹，扶醉题诗卧绿阴。

乔木留莺出谷迁，弹琴重理七条弦。　此间莲社多吟侣，斗韵齐来十八贤。

武进郁　秾景溪

紫阳学本粹金溪，放任为怀托阮耘。　除却秘抽灵素外，经传伏女酒谋妻。

好善知君心有馀，休嗟两鬓渐萧疏。　活人无算回春手，肘后悬方角挂书。

事不糊涂学吕端，数竿竹种报平安。　贺堂非特忙飞燕，书带摇窗花压栏。

几度沧桑感变迁，知音幸遇识牙弦。　落成遵例华筵启，善颂应来张老贤。

武进诸懿德秉彝

绝艳才情李玉溪，翘然鹤立侍中耘。　壶悬卅载巴城住，经授娇娃案举妻。

何须海外觅扶馀，三两竿斜竹影疏。　此地俗尘飞不到，绿阴深处好摊书。

为民病涉建桥梁，载道讴吟听梓乡。　无怪鸠工成不日，众擎易举乐匡襄。

弄晴鹊喜噪檐端，屋小休嫌容膝安。　料得客来花径扫，呼僮沽酒出朱栏。

江阴郁芳润漱之

巴城约略认前溪，柳树清凉灶锻耘。　高士于斯新筑室，喜携娇女与贤妻。

妙术回春廿载馀，杏林橘树两扶疏。　闲来叉手耽吟咏，酒罢三杯振笔书。

独开三径避三端，慎择交游意自安。　岂是梁鸿终赁庑，齐眉还共倚高栏。

知心鲍叔早分金，轮奂安排用意深。　桂子香时齐颂祷，依稀觞咏会山阴。

六合徐　森亦星

家住巴城傍小溪，放怀诗酒阮兼嵇。齐眉更有贤中馈，相见如宾比缺妻。

一点灵心到笔端，年来两字祝平安。明窗净几新诗卷，月朗风清好倚栏。

规摹孟氏卜三迁，抚罢瑶琴又鼓弦。难得新居风景丽，允宜高会集名贤。

扬州练竹樵松亭

鸣琴有客住巴溪，一曲广陵拟晋嵇。世乱无违偕隐志，齐眉举案羡梁妻。

家世鹅湖德业馀，高风自与俗情疏。韩康药市身堪寄，济物心耽金匮书。

高大门闾庆肇端，身居广厦志斯安。新题四壁琳琅满，云影花光映画栏。

倒影溪流羡碧金，辉煌藜照玉堂深。遥看鸟革翚飞处，桂树斜阳障绿阴。

森森乔木贺莺迁，巴里惭赓白雪弦。何日舣舟亲造访，紫阳堂上谒名贤。

扬州练云樵鹤亭

良相功深绰有馀，悬壶高隐与时疏。任他尘海潮流激，闭户焚香读道书。

绝无荣辱挂心头，茅屋三椽审易安。倚剑挟琴弹月下，狂歌长啸独凭栏。

友同管鲍惠兼金，都为君家道义深。从此鸿基成永固，庭前兰桂郁成阴。

高邮杨遵路韶渔

三椽小筑傍清溪，高卧何妨学懒嵇。营得菟裘遂初志，百年偕老计夫妻。

为谋醄醉酒无馀，旧雨频过迹不疏。除却怡情花鸟外，委怀还是在琴书。

尽多闲兴托濠梁，风日晴和鸥鹭乡。水面文章花落后，胜他工织锦云襄。

满林橘熟色如金，报道秋光渐渐深。井槛露凉风乍起，清香吹散短墙阴。

管教桑海几更迁，不尚新声理旧弦。卜宅巴城安且吉，衔推齐说紫阳贤。

高邮邵佛舲星台

辟得幽居近水溪，斯人无愧晋贤嵇。闲来一局棋消遣，画纸何妨倩老妻。

兴至敲诗乐有馀，年来渐觉利名疏。考亭尤喜遗编富，家学毋忘读道书。

燕子双双绕画梁，香巢拟傍水云乡。千金筑就诚非易，缔造犹如织七襄。

频年鼙鼓起争端，世乱难求枕席安。寻得桃源容小住，闲携玉笛倚雕栏。

丹桂飘香气候迁，安居雅好古琴弦。美轮美奂群相颂，座客谁为张老贤。

兴化杨雪门横山

佛手婆心应万端,筹谋利济举求安。鹅湖家学承先德,尚义传分文苑栏。

交情一诺践黄金,放眼天公眷顾深。岂止数椽风雨庇,行看梅子绿成阴。

森森乔木喜莺迁,目送飞鸿挥五弦。他日造庐闲访道,兰亭修禊集群贤。

兴化杨钟淮琛叔

流水小桥枕曲溪,抱琴闲访竹林稀。记曾材庀鸠工日,集腋成裘珥脱妻。

盐城金式陶鞠逸

幽人高隐傍泾溪,逸似陶公懒若稀。小筑蘧庐宴吟客,曾藏斗酒问山妻。

澄怀不为俗尘迁,鸟弄清音入野弦。济世宏功参相业,詹言山斗式高贤。

盐城张进人绍先

羡君好学足三馀,读饱唐诗发渐疏。筑就紫阳新簇第,闲居酌酒醉摊书。

世变沧桑感百端,闭门且学老袁安。庭前多少时禽噪,晨夕闲听独倚栏。

旧家寥落愧张迁,燕傍人门听抚弦。海内交游三百辈,又交秀水一名贤。

盐城凌子阳春生

草堂新筑浣花溪,道义钤锤等向稀。林下高风谁识得,同心还喜有贤妻。

买山不惜欤千金,想见朋交道义深。茅屋数间容小住,巴溪环绕柳阴阴。

新莺出谷赋乔迁,水月松风自管弦。张老多情争献颂,一觞一咏集群贤。

盐城张性之善夫

新筑画堂绕碧溪,弹琴啸咏可攀稀。紫阳悟道无穷乐,白鹿相随举案妻。

高朋满座贺新迁,宏启琼筵杂管弦。征和诗章成盛举,梓行一一赠群贤。

盐城王寅斗少云

先生人比尹公端,小筑三椽居处安。肘后奇方功不少,杏林春气暖花栏。

诗书以内有黄金,家学渊源鹿洞深。相与两家同数典,兰亭我愧说山阴。

公益如山信不迁,大功应合动歌弦。紫阳小筑夸堂构,绍却前贤启后贤。

盐城陈有林荧仁

频年作客在巴溪,窃听琴音忆阮稔。风月吟怀无俗虑,高堂归问有山妻。

紫阳高筑傍云端,玳瑁梁栖海燕安。乘兴举杯邀月饮,怡情啸傲独凭栏。

黄鸟嘤嘤择木迁,高山流水听弹弦。竹苞松茂堪宜度,景仰先生冠世贤。

盐城史成德馨斋

小隐山林读道书,清风明月觉萧疏。襟期遥结紫阳契,附骥文坛几载馀。

茅斋大好度光阴,话到沧桑感慨深。欲把红尘都谢绝,囊中那有买山金。

神交千里慕高贤,几度临风抚七弦。盼到紫阳仙馆里,新莺出谷正乔迁。

云溪韦永和致中

连篇珠玉洒毫端,大第营成庆获安。点缀园亭增妙景,安排春树满幽栏。

海上先声入管弦,遥呈小草贺莺迁。紫阳世泽绵延久,千古高风仰大贤。

泰县鲍祖德桂荪

贤妇贤夫媲孟梁,巴溪风景胜仙乡。紫阳佳耦相偕隐,织女机添锦七襄。

石梁建筑费多金,虽出公家德泽深。况有青囊兼济世,十年董杏绿成阴。

华屋将成已待迁,桂花香里奏丝弦。登堂贺客皆名士,酬唱新诗抗昔贤。

萧山来研露

传经家世衍沧溪,头角何人独露稔。闻道倦游咏招隐,同情琬琰老莱妻。

不教病涉重舆梁,善士由来始一乡。记否洛阳桥上事,千秋碑口蔡公襄。

筑得新居十亩馀,溪南风月正萧疏。杏林点缀门前景,都道功从金匮书。

富阳汪绍元任三

幽人卜筑近花溪,旧友相从阮与稔。不比梁鸿吴市日,寄人庑下对荆妻。

啸卧溪山乐有馀,笔耕墨耨利名疏。门前车马纷纷问,检点青箱有素书。

高人相望白云端,世外桃源境地安。闻说新居三径辟,一泓潭水照朱栏。

从善如流见善迁,紫阳家世拂清弦。烟波弥漫襟怀豁,淡荡巴溪有隐贤。

合肥张世铉冶东

自古端人友必端，洞开白鹿幸居安。高谈雄辨惊朋辈，挥麈临风笑倚栏。

肘后奇方贵若金，肱经三折此功深。杏林栽遍君家地，华屋重重护绿阴。

团圞明月照乔迁，琴谱秋风弄七弦。北海尊开听满座，嘉宾共说主人贤。

合肥王石癯

举案相庄羡孟梁，烟尘吹不到仙乡。济人寿世心何苦，谁与沧洲一赞襄。

白云苍狗两无端，乱世能贫梦亦安。流水一溪数椽屋，好栽花竹满幽栏。

万卷书藏抵万金，幽栖何必入山深。个中恰好安吟榻，赚得花阴又竹阴。

宋朱遵度号万卷，朱昂号小万卷，昂筑有幽栖亭，日常啸咏其中。

遥飞玉盏贺乔迁，难得登高一抚弦。正是桂花好时节，满堂裙屐聚高贤。

合肥杨邦樑翘枢

优游逸豫卧林溪，吟咏常偕阮与嵇。掌上明珠原可爱，兰闺内助有贤妻。

新居乔木赋莺迁，酒绿灯红助管弦。金烛辉煌檀板奏，玉堂济济聚高贤。

旌德汤 英俊生

数椽新屋傍幽溪，镇日徜徉效阮嵇。莳竹栽花饶逸兴，闲招小女与山妻。

聊事糊涂学吕端，山中鸡犬伴袁安。神仙眷属相嬉笑，把袂同凭白玉栏。

不随流俗重黄金，老守林泉阅历深。遥羡鹿门风景好，葱茏竹树护墙阴。

人海浮沉几变迁，小窗无事理琴弦。悠悠一曲惊猿鹤，流水高山想昔贤。

无为马 祯谏甫

荆榛满地感千端，孟氏芳邻住可安。从此读书欣得所，吟香居士慕丹别号。好凭栏。

我重才华世重金，相交情若故人深。倾心彼此凭文字，待访幽居到绿阴。

无为徐其鸿泳霞

构成轮奂枕幽溪，闲坐弹琴乐拟嵇。闻说中郎犹有女，非惟举案得贤妻。

屋傍清溪乐有馀，春花秋柳影萧疏。此中另有天然趣，一榻瑶琴满架书。

风雨飘摇感百端，中原扰攘未曾安。几人能入桃源洞，月夕花晨喜倚栏。

无为陈蔚华 庶蕃

幽人小筑傍山溪，赋性清狂似阮嵇。掌上明珠能悦意，经营家政赖贤妻。
择居仁里宅三迁，孟氏遗风谱管弦。为问闾阎何独盛，就中却喜得高贤。

无为陈　健 静涵

缅怀风度到巴溪，仿佛风流晋阮嵇。自是高人甘淡泊，鹿门偕隐挈贤妻。
却喜分来鲍叔金，筑成精舍较高深。桂香浮动移居日，桐院风清护绿阴。
秋凉时节赋乔迁，一片歌声并管弦。堂上欣开尊酒宴，宾朋杂遝尽高贤。

无为倪小仙 敦甫

新筑幽居傍绿溪，风清月白好寻嵇。遥知佳句吟成后，解得欢颜是老妻。
寄身天地本无端，筑得蜗庐小住安。春日秋宵吟兴惬，捻髭几度倚朱栏。
森森乔木喜莺迁，恍听嘤鸣杂管弦。自是主人风雅甚，一觞一咏会群贤。

无为倪啸天 说甫

高人小隐浣花溪，清似陶公懒似嵇。纵饮无烦王令使，偕藏喜有老莱妻。
小筑园林半亩馀，山光遥接树阴疏。主人醒了繁华梦，架上新添养性书。
水阁茅亭白石梁，随宜点缀是仙乡。山为屏障云为盖，造化由来也赞襄。
新营轮奂岂无端，高卧从今学谢安。更喜逍遥无俗虑，一天明月独凭栏。
买山自愿罄囊金，种竹分花趣味深。从此园林高隐者，又多君子卧松阴。
满堂佳客贺乔迁，匝地歌声与管弦。曲水流觞传韵事，而今不让晋群贤。

无为方谦顺

美轮美奂费千金，簇簇花开一径深。乔木莺迁刚八月，小园金粟护云阴。
世局沧桑屡变迁，暇来深趣寄琴弦。此身消受清闲福，甘效当年陶令贤。

无为何　隽 乐生

丽句清词涌笔端，阜康息影托身安。北窗高卧消尘虑，时有松风入画栏。
桂子飘香满树金，白云缭绕草庐深。岚光溪色皆幽景，绿柳依依罨户阴。

无为鲁本中 达儒

筑就精庐傍绿溪，养生著论远怀嵇。浮云富贵何须羡，棋酒消闲与老妻。

重振家声重四端,里名通德择居安。而今不管沧桑事,弄月吟风倚画栏。
堂构新成费万金,菊松三径傲秋深。晚来皓魄穿疏影,花送幽香月送阴。

无为徐恩波元泽

遥闻卜筑在巴溪,高士清闲似阮嵇。更有梁家贤内助,钗荆裙布孟光妻。

临淮张心诚自明

羡君营宅傍巴溪,醉后啸歌似阮嵇。抒尽半生怀抱事,灯前伴读有贤妻。
仁里诸君乐有馀,幽情久与世情疏。家传鹿洞藏经史,不独青囊肘后书。
文闱推君作栋梁,声名卓著梓桑乡。紫阳筑室依仁里,自有群公共赞襄。
中原变局感多端,扰攘何曾一日安。幸得林泉容膝地,兴来啸咏倚雕栏。
筑室朋侪助巨金,故人情重谊尤深。居诸惟享安闲乐,绿树门前尽绿阴。
中秋节后赋乔迁,入耳金风似管弦。千里神交同燕贺,衡门都说有高贤。

怀远杨名贤士希

幽同杜老浣花溪,遁世从今学阮嵇。遥忆清风明月夜,一尊美酒对山妻。
偕隐园林乐有馀,年来渐与世情疏。慈航欲把群生渡,细读良方肘后书。
门前青嶂耸云端,室内琴书楚楚安。月夕花晨无个事,好来俯仰一凭栏。
幽居从此不须迁,一遇钟期一弄弦。为问世人知也未,经传鹿洞后人贤。

怀远何国瑾子良

不问花溪与柳溪,每逢佳日快攀嵇。清闲已是修来福,况有齐眉举案妻。
久为吾道作津梁,更建长虹利一乡。但使行人休病涉,何妨善举有人襄。
杏林橘树种多端,高士亭台就里庵。西下夕阳东上月,送来花影满雕栏。
桑田沧海感频迁,谁谱薰风入舜弦。羡煞桂花好时节,紫阳居里集群贤。

来安林之美铁花

济世心深德业馀,紫阳小筑景清疏。双珠掌上时相爱,教读家传纲目书。
寄兴深山与泽梁,采芝时入水云乡。刘纲夫妇皆仙客,炼得丹成共赞襄。
无边喜气上眉端,美奂美轮获所安。月夕花晨时把酒,长吟诗句倚朱栏。
壶中日月任推迁,休暇轻弹琴上弦。广种福田收好果,膝前定见子孙贤。

六安史家林普年

冰清玉洁比濂溪,孤傲情怀好涉嵇。游罢归来常一笑,候门携女有山妻。

苦心孤诣建杠梁,沛泽高功在梓乡。虽是同人多赞助,赖公血汗半匡襄。

医隐悬壶避异端,聊将身借一枝安。抚心自问无奢愿,晓起浇花倦倚栏。

乔木森森喜燕迁,宾朋咸集杂笙弦。弄璋再饮葡萄酒,庆贺高人有七贤。

六安胡天人笑佛

门对昆冈屋枕溪,主人自拟毫丘嵇。仰天一笑遣愁去,招隐先偕举案妻。

寄迹巴溪卅载馀,繁华删尽俗尘疏。一身以外无长物,半榻云烟半榻书。

桂花香里贺新迁,午夜朱楼簇管弦。仁看明年秋月白,珠生老蚌卜儿贤。

六安史　斌绮鉴女士

玉山有客贺乔迁,酬唱新诗谱管弦。我亦嘤鸣来学步,绝非阿好羡君贤。

君真求学饱三馀,修竹摇窗弄影疏。况更回春称妙手,案头研读古方书。

神交雅不恃黄金,文字商量得益深。何日拏舟偕伯子,遥来一度访溪阴。

江右杨德成子美

门通曲水建河梁,画景居然在故乡。此是先生应食报,群公故尔共匡襄。

彼此同心利断金,翚飞鸟革匠工深。名园绿水相依傍,更有庭槐挺午阴。

新诗吟就贺新迁,一曲高歌杂管弦。得暇当来聆面论,也随宾众厕群贤。

宜丰张久士敬之

风流文采著巴溪,仰切瞻韩欲访嵇。艳福如君真不浅,神仙眷属有贤妻。

醉醒无定夜谈馀,浩月临窗绮阁疏。感切良朋心未已,新文刻石倩人书。

入座香生桂树端,更兼修竹报平安。新居快意宾朋集,珠屦三千笑倚栏。

君果多才似固迁,新诗征和弄琴弦。惭吾守拙蓬门里,空对高山思昔贤。

宜丰胡思源义方

名山远胜竹林溪,狂阮何曾笑懒嵇。艳绝桂花香绮席,梁鸿栖处得贤妻。

高吟声遏白云端,润屋还宜德更安。睡到五更天未晓,一轮月影上雕栏。

满堂燕贺乐新迁,酬客诗雄胜管弦。弄斧班门惭我拙,七言雅韵和高贤。

宜丰漆能化通之

神仙长乐在巴溪,诗酒消愁溯阮嵇。笑煞天涯名利客,几人归隐伴山妻。

人情无故又多端,得有青山卧亦安。笑看野花红十里,横吹玉笛倚回栏。

丹桂枝头粟绽金,清香满院玉堂深。山林秋色依然好,户外垂杨一径阴。

宜丰漆能仁

门前流水半湾溪,绿竹阴中羡阮嵇。春酒一尊贤里倒,扶归喜有老山妻。

赋罢新迁兴有馀,风中斜看竹疏疏。白云深处寻佳句,闲读医书与佛书。

身逢叔世事多端,可借青山一枕安。惭我疏慵长抱恨,夜深搔首倚朱栏。

娱情花鸟胜千金,满径清幽雅趣深。报道庭前风日好,中秋天气半晴阴。

宜丰蔡亮成玉树山人

紫阳小筑傍清溪,世外风追锻柳嵇。十里杏林春不减,双栖雅爱伴鸿妻。

着手回春兴有馀,新交旧雨未尝疏。交游半是知名士,酒后诗成带醉书。

良相良医道一端,功深造化万民安。耳鸣阴德芳流远,兰桂逢时自绕栏。

深处桃源岁月迁,闲听流水当鸣弦。输君高雅惭吾陋,和韵聊酬冠世贤。

宜丰蔡　璧琼林

新居高筑子猷溪,为避尘嚣学阮嵇。世外风云谁管得,衡门终日伴贤妻。

友道由来利断金,如君襟度感人深。杏林种满巴溪路,直似千山古柏阴。

秋风举笔赋新迁,似拨阳春白雪弦。狗尾续貂惭我陋,长教千里仰高贤。

宜丰蔡振南耀书

烟霞啸傲隐幽溪,海内何人识阮嵇。世态浮云休管得,齐眉林下有鸿妻。

诗味宜于酒兴馀,秋风谁复计萧疏。岐黄一卷探囊底,救世何须读佛书。

家庭团聚赋新迁,桂子浮香听管弦。满眼风光诗思动,夜深馀韵响高贤。

宜丰邹理之燮元

新厦完成乐有馀,诗人居处俗尘疏。仰公妙术生民济,救世功深万卷书。

万称情怀出笔端,牢骚满腹梦难安。书生自笑真文弱,消尽雄心日倚栏。

桂香八月贺新迁,愧未趋庭听管弦。旷代儒医能有几,尽教遐迩仰高贤。

东莱方维翰 剑萍

良朋重义贱黄金，不觉桃花潭水深。一夕春风庇寒士，绝同漂母感淮阴。

卜筑落成事百端，先须种竹报平安。开轩大好中秋月，且喜妻孥共倚栏。

最难平地起津梁，锦石垂虹在故乡。如此惠怀如此绩，群贤若个不劻襄。

遗民我亦忝周馀，济世无才万事疏。愿问奇方储抱朴，活人添著几囊书。

北平王恒清 靖和

欣瞻衡宇近巴溪，老去疏狂性似嵇。医国救人承凤愿，山中偕隐有贤妻。

悬壶潏迹晚年馀，对镜愁看鹤鬓疏。肘后秘方能济世，针茅徙柳读奇书。

病涉无虞筑石梁，幽栖卜宅在山乡。紫阳家世人争誉，公益筹谋赖赞襄。

逼来秋气入毫端，容膝蜗庐自易安。仁里德邻今喜择，述怀吟句独凭栏。

筑室频夸友酿金，故人交谊感情深。新居别有翛然趣，山对幽窗树锁阴。

广东张成梁 五云

小拓三弓地有馀，栽花种竹影扶疏。儿童笑指幽人宅，一角红楼万卷书。

俨同庄惠托濠梁，卅载悬壶重梓乡。金匮玉函残缺后，多君仔细费匡襄。

时事沧桑感万端，得相安处暂相安。知君悟澈清虚理，仰看浮云倚碧栏。

故人厚禄许分金，如此交情管鲍深。巢燕而今欣有托，好邀朋旧醉花阴。

桂花香里喜莺迁，笑语声中杂管弦。我亦三斯欣善颂，家风理学绍前贤。

闽侯任自健 云波

曾记春游月满溪，寓情山水胜寻嵇。不时雅兴随风转，藏酒相需问老妻。

风月平章乐有馀，儒冠寄傲势交疏。知君早擅岐黄术，何只功同建国书。

风云战地孰开端，何处栖身可苟安。深羡广寒宫里景，凝神似入太虚栏。

隔帘日色映如金，移榻吟风遣兴深。报道紫阳成小筑，捧笺酬和傍花阴。

心毋见异即思迁，事或更张可解弦。遥祝高居轮奂美，先忧后乐继前贤。

攸县刘孔龄 南麓老人

遥羡新居傍碧溪，闻名我亦欲攀嵇。聊知燕雀腾欢日，举案咸欣有令妻。

喜溢眉端入笔端，攸宁攸宇庆居安。知君济世逢闲暇，手把方书笑倚栏。

买邻原不惜千金，结纳由来义气深。从此紫阳绵世泽，堂开五代鹤鸣阴。

桂花香里贺莺迁，一曲阳春应管弦。掌上双珠勤护惜，门楣有耀允称贤。

南漳黄思贤竹占

佯狂终日卧巴溪，醉似刘伶懒似嵇。消受林泉清净福，飘然偕隐有山妻。

翠柏苍松作栋梁，新居筑就水云乡。迁乔喜值秋光好，甲洗银河咏七襄。

江花无复灿毫端，枕上新诗吟未安。梦绕昆山寻片玉，醒来明月堕雕栏。

羡君饶有买山金，肥遁巴溪岁月深。业托岐黄能济世，春风香满杏林阴。

中秋佳节咏新迁，醉月飞觞弄管弦。玉宇琼楼开夜宴，霓裳一曲会群贤。

潜江旷世斌公质

一角斜阳屋枕溪，心存济世岂同嵇。贫寒蒙泽巴城满，内助贤传举案妻。

端人取友必多端，宅向南开意自安。不觉诗情随兴发，夜深月影上花栏。

新诗赋就喜莺迁，酒饮三杯抚七弦。同感故人情意重，千金不吝似前贤。

孝感张先庚敬容

石枕方床午睡馀，绿阴深处影扶疏。绝无车马尘嚣气，风送声来是读书。

崔苻遍地起无端，举国难寻此土安。那有桃源真乐地，日偕父老话雕栏。

构成华厦赋乔迁，座满英豪韵谱弦。恨我无缘参盛会，权将俚句附高贤。

黄陂祝伯魏庆祥

一丛绿竹映清溪，旷达真如古阮嵇。满地干戈浑不管，闲吟冷醉伴山妻。

满目疮痍感劫馀，年来意气渐萧疏。却从橘井泉香处，携得青囊一卷书。

漫将感慨写毫端，高卧东山比谢安。诗酒生涯无限好，名花奇卉映疏栏。

最难知己酿多金，管鲍交情一往深。堂构新成齐燕贺，高朋满座傍花阴。

木樨香里正莺迁，叠叠秋风杂管弦。富丽堂皇人艳羡，大开东阁款群贤。

麻城祝　澍文安

双双尺鲤贺莺迁，绿野堂开上下弦。知是紫阳馀泽在，巴溪招隐聚群贤。

仙堂鹤醉酒香馀，花影参差月影疏。兀坐闲闲人自乐，一灯一榻一琴书。

麻城祝　溪济安

斯干遥赋祝莺迁，无限深情托七弦。会看熊罴占吉梦，人文蔚起世称贤。

囊沙转石始成梁，颂德原非只一乡。浪静波恬歌利涉，令人遥忆靳文襄。

乡愁触发思无端，丝竹陶情步谢安。此日幽居欣得所，鸟啼花放一凭栏。

混迹商场四十馀,儒林医术两空疏。输君卜宅安居日,黄叶声中自著书。

麻城祝 鑫少安

紫阳小筑说巴溪,汲水曾如柳锻秸。俭朴家风真可羡,郇厨作馔有山妻。
华厦新成乐有馀,藤萝牵挂竹篱疏。漫言家素无储蓄,案上高堆万卷书。
沧桑世局屡更迁,明月虚盈上下弦。人自风流诗自雅,娉修端不让先贤。

麻城祝 森幼安

遥闻筑室傍清溪,丝竹怡情步阮秸。壁却尘氛耽习静,应如内助有贤妻。
纷纷世故实多端,以德宁人到处安。料想新居成就后,放怀好自倚雕栏。
幽居新卜庆乔迁,曲谱斯干叶管弦。此日草堂多韵事,风规遥继少陵贤。

麻城祝金兰蕙芳

门外清光水一溪,静如黄老懒如秸。不同鳏独林和靖,无用梅花唤作妻。
日用寻常在四端,但教心乐即身安。不须画栋飞云雨,多种奇花傍曲栏。
时局蜩螗话变迁,古音信有伯牙弦。紫阳室筑巴溪上,流水声中识大贤。

天门奉之万守先

豫章良木费兼金,栋宇宏开意匠深。庭外多栽栖凤竹,丛丛绿叶已成阴。
桂香佳节庆莺迁,结彩张灯匝管弦。珠履盈庭诗竞献,倡酬我亦效高贤。

汉川胡人俊傲霜

安居好似武陵溪,鼓瑟狂歌比晋秸。分职欣看双弱女,持家还羡孟光妻。
高朋满座笑谈馀,识透红尘名利疏。学绍丹溪遗泽远,家传心法活人书。
种民天里避三端,种民天,水、火、兵三灾不及。小筑今成磐石安。正是桂花香放日,好邀明月共凭栏。
暑往寒来岁月迁,何时方领伯牙弦。诵君锦句难赓和,大雅差能绍昔贤。

紫阳小筑集诗馀

浪淘沙 　常熟陆宝树醉樵

家训溯当年,尊酒开筵。紫阳花发早秋天。一曲巴溪云水暖,梦绕鸥边。　　小筑屋三椽。丹鼎含烟,闭门静读养生篇。陶妇耕锄偕隐好,种遍芝田。

桂枝香 　海虞俞　可憩园

江乡梦稳。正丹桂飘香,碧梧筛影。小小幽斋入画,月窗花映。落成高唱阳春曲,擘红笺、缝云堆锦。和闻鸣鹤,贺来宾燕,玉尊欢饮。　　问伊谁、巴溪小隐。具菩萨心肠,扁和神圣。生佛万家,齐颂遍栽仙杏。女儿花放双株好,绕朱栏满院秋景。泛舟湖畔,渔歌唱晚,浩然清兴。

鹧鸪天 　无锡强光治化诚

卜筑幽居傍碧浔,树高竹密绿阴深。昆山遥望堆琼玉,相约闲云息故林。　　凭棐几,奏瑶琴,时将雅颂播清音。静看秋月冲襟淡,桂醑浮香且自斟。

家世儒风绍紫阳,巴溪久住水云乡。骊骝门外开先路,两岸垂虹驾石梁。　　窥玉板,检青囊,济人慧业学岐黄。匡床不作炊粱梦,石砚惟钞制药方。

踏莎行 　盐城张绍先进人

屋角莺啼,檐牙燕绕。红情绿意春光好。七陶八冶乐成功,主人高卧情非少。　　西港垂杨,南山嫩草。重重绿上纱窗小。窗前击钵喜敲诗,云笺飞和来崔颢。

紫阳小筑集咏卷三

常熟曾冠章君冕

廉泉让水喜同观，门外何妨系钓竿。仿佛陶公五柳宅，琴书永日乐盘桓。
杏树成林橘种泉，方书平日好精研。仙行地上真闲适，吾溯当年葛稚川。

常熟金殿华厚如

闻道迁乔出谷莺，紫阳筑就鸟鸣嘤。惭余未克菲仪献，聊作新诗达下情。
掌珠娇小各玲珑，读罢馀闲习女红。想像慈乌常傍母，神仙眷属乐融融。

常熟庞　寅取威

园宅新成自写诗，广征和句觅相知。年刚不惑精医理，起死回生有口碑。

江阴郑翼堂子仰

卅年奔走为人忙，对镜徐看鬓已苍。石纵加鞭仍恐后，杏能易谷早成行。栖迟木末
巢居便，出入壶中岁月长。遥识路旁频指点，炉烟起处即仙乡。
年年常借一枝栖，海燕双飞掠羽齐。弘景三层容跌荡，元龙百尺敢攀跻。绝弦能识
怜娇女，投畚相随羡逸妻。八咏楼成传诵遍，嘤声也和夕阳西。

昆山陶　炜乃康

不问今时世几更，全家避地道巴城。丹溪留得遗书在，茹玉含芝总摄生。
荒江鼓棹浪如花，钓渚归来一径斜。好得柴桑新卜筑，只鸡斗酒话桑麻。

昆山钱宗源筱香

闾阎自有口碑传，咸佩倩才抱济川。县令委司乡政事，人民土地一肩肩。
频遭岁歉与兵灾，民食军需取次裁。仆仆十年精力倦，再三辞让济时才。
曾经童试入文场，旧学从知有义方。科举废除承父业，丹砂玉扎贮青囊。
用药原来如用兵，病机剖决道心精。便宜运配调营卫，寒热温凉悉治平。

昆山刘熙照曙东

半积阴功半读书,先生德业有谁如。福星照遍巴溪路,乡政服从民国初。欲正人心题烈妇,为参家学寿匡庐。桂华兰叶有先后,满地秋风香满居。

太仓蒋养生衡孚

悬壶小隐着先鞭,公益和衷尽有年。人意自然颂功德,天心端不负穷坚。久闻传世治家训,果见充闾启后贤。能者多劳催老大,萧萧两鬓镜台前。

太仓胡宗録稚卿

从来名士悉风流,抱膝长吟乐自由。世变沧桑都不问,何尝闲事挂心头。读君大著便知心,磊落光明志念深。诗酒怡情甘淡泊,不随流俗作浮沉。

镏湄朱古民

未识荆颜先读诗,倾心词伯即医师。栽成仙杏还栽桂,香满新居月朗时。

南汇徐应鹏

慕丹医室著巴溪,更喜梁鸿眉案齐。鹿洞家声绵世泽,杏林花发活群黎。落成竟似诗龛筑,裕后还将燕垒栖。最是济人留不朽,石梁千载姓名题。

吴县沈文炜敬明

玉峰之阴,澄湖之傍。有隐君子,系出紫阳。慧心仁术,托迹青囊。活人无算,泽被梓乡。古无病涉,岁时成梁。徒杠不修,君焉彷徨。独力艰济,徒具热肠。同人劝募,奔走四方。有志竟成,五载相将。福星仁济,远迈阜康。俱桥名。忆君旧土,犹在夷亭。先世至昆,周甲将零。故乡第二,新筑安宁。嘉宾满座,惟君德馨。尘烦暂息,诗酒怡情。孺人温淑,娇女娉婷。相对朝夕,乐尔家庭。巴殿云深,巴溪水清。愿假扁舟,从君灌缨。

无锡胡介昌兹俦

三江门外即红尘,何处仙源好避秦。独有紫阳开别墅,两旁桃李尽成春。是丹非素意分明,写出孤怀理解精。欲草太玄先筑室,扬云亭子耸南城。

江都张扬芬抱膝翁

即今破坏俨乘时,建设非君却有谁。两面阴阳前度相,百年歌哭此中宜。人来就诊门当启,客到联吟榻早支。我是遥遥张老后,不辞颂祷寄相思。

曲阜毕培慈少岩

黄茅矮屋仅藏身,中有名医济世人。竹影窗横千个字,杏林花放四时春。桥通古道能偿愿,地隔清流不染尘。幽室绝无俗客至,鸿儒谈笑是嘉宾。

平湖袁　潜臞梅

鹅湖鹿洞祖风遥,又筑新居傍小桥。自砍生柴还自钓,一家妻女尽渔樵。瑶草琪花匝地深,论文高宴盍朋簪。他时挈伴铺吟席,也向华堂借绿阴。

怀远王　舒鸣迁

轮奂颂张老,家声绍紫阳。阶前生玉树,壁上挂琴囊。风雨身遮隐,亲朋意慨慷。定知千载后,人比浣花堂。

合肥杨开焘寿南

不爱繁华名利场,独寻幽地寄诗狂。三弓筑就紫阳墅,窗外时闻橘井香。

无为徐维国东藩

喜卜新居号紫阳,珠帘画栋异寻常。千椽广厦聚宾集,一树桂花满院芳。触目山光佳木秀,推窗明月晚风凉。美哉轮奂堪为颂,北海尊开柏叶香。

无为金子祥兆祯

巴溪寄迹辟幽居,业绍岐黄效古初。披一品衣九仙骨,灵枢素问富藏书。孟氏三迁转快然,劳心公益学前贤。案头积得新诗稿,岛瘦郊寒汇一篇。

无为何　隽乐生

巴溪小筑紫阳居,意自闲闲任卷舒。医国医民良相手,名山著述一编书。

无为江　澜濯锦

紫阳乔木有莺迁,正是新秋八月天。一院娇花栽百本,四时风景任流连。

孝义王程开贞韵香女史集句

小筑幽栖与拙宜，陆游。遣怀细读乐天诗。郑玉和。门闲多有投文客，朱馀庆。酒后常称老画师。杜甫。

天门鄢元孝梦笔集句

树绕仙乡路绕溪，孟宾于。东山卜筑喜攀跻。罗邺。许询本爱交禅侣，杨巨源。莱氏争传有逸妻。郭景纯。饱食安眠即有馀，白居易。鸣琴酌酒看扶疏。李贞白。君今独得居山乐，张籍。张著香熏一架书。王维。

昆山程廷枢证禅

幽居建筑傍长溪，寄傲浑如疏懒跻。乐事尤听琴瑟奏，依依梁孟好夫妻。
济世功高卅载馀，翕然舆论及亲疏。良医德泽同良相，胸次曾罗万卷书。
漫言公益赖匡襄，领袖同人重一乡。德颂巴溪听载道，君真后学奉津梁。
少壮居诸惜寸阴，读书养气十年深。通财鲍叔知音感，报以琼瑶值万金。

昆山陆颂颐仲仪

紫阳正谊毁无馀，礼教防维岂可疏。季世人心太浇薄，狂澜欲挽说诗书。
济人溱洧话舆梁，况复巴溪是水乡。此后朝行无病涉，陵山荡荡不怀襄。
遥吟俯唱句如金，抒写真情寄意深。淑女贤妻伴左右，眠琴林下绿成阴。
新莺出谷乐乔迁，贺客盈门杂管弦。愧我未能佳句赠，勉将礼教冀前贤。

昆山王钟懿君雅

频年放棹泛巴溪，乘兴前来访阮跻。浊酒清谈投分久，稔知内助有莱妻。
伦纪方逢沦汩馀，薪柴论孟太粗疏。德门毕竟崇闺训，二媛恂恂读古书。
小筑紫阳字缕金，水源木本思长深。文公手泽真千古，考订丛残惜寸阴。

昆山彭　治椒庐

小小巴城十里溪，惟君追慕竹林跻。岐黄妙术能医俗，有女承欢伴老妻。
乔木莺鸣出谷迁，桂花香里奏歌弦。衣冠裙屐门如市，恭祝声中地主贤。

昆山彭　慎蕴公

卅年赁庑感多端，几度迁居未得安。幸有二三订知己，筹营广厦任凭栏。

二女成行乐有馀，追随杖履洵非疏。闲来无事诗千首，秋月春风落笔书。

昆山张　彝正义

募建功成十月梁，济人利物福吾乡。巨工告竣能偿愿，尤喜名流共赞襄。
精研医学乐三馀，自惜光阴不懈疏。治国治民先治病，一生功在素灵书。

昆山刘熙照曙东

业绍岐黄品性端，杏林种德更心安。良医良相本无二，仁寿同登第一栏。
自辞乡政赋新迁，一片歌声入管弦。更喜新诗同唱和，始知徽国有名贤。

昆山马锦煦织云

先生生性爱山溪，寄迹巴城慕晋嵇。一卷活人书在袖，客来藏酒好谋妻。
不辞劳苦建桥梁，惠及行人泽被乡。争羡济川心迹好，地方公益乐劻襄。
儒生品格本方端，屏弃浮华独自安。寄傲一身天地窄，开轩俯仰快凭栏。

巴溪黄公槐植三

行政三年为地方，解纷排难不辞忙。梓桑受惠咸称颂，有益于人获报良。
四世家传多学医，岐黄古道自深知。箕裘克绍先人志，又赖慎思明辨之。

常熟王元灼寿人

昔年风雨滞巴溪，曾附苔岑羡阮嵇。醉后谈诗君记否，碧纱窗伴有贤妻。
比邻居处十年馀，去后刘郎情未疏。今日急流知勇退，一怀明月一囊书。
不求点石可成金，境地随年阅历深。炉里人情知冷暖，愿居马帐绿溪阴。
落成新第乍高迁，贺客声中杂管弦。难觅壶公缩地法，良朋相对会群贤。

常熟姚崇光冰盟

翩翩双燕集雕梁，卜得安居巴水乡。寄语营巢如赁庑，高情飞共伯鸾襄。
良朋高谊集千金，争羡芝兰气味深。广厦落成求颂祷，花如初放叶初阴。

吴县张味莼理才

羡君领袖建虹梁，利涉行人重梓乡。业擅岐黄称妙手，荆妻娇女半匡襄。
考室初成感百端，依人檐宇志难安。诸公高谊云天薄，结得三椽绕画栏。

如君品望重南金,旧雨多情翰墨深。金粟草堂金粟道人阿瑛筑玉山草堂。空寂寞,于今反在画桥阴。

嘤鸣出谷赋乔迁,新屋落成奏管弦。贺客登堂咸作颂,美轮美奂拟张贤。

吴县朱绳武勉之

琴书自乐隐巴溪,得遇知音不愧嵇。领略闺房好风趣,此歌彼和女偕妻。

世态炎凉只重金,生逢鲍叔感情深。落成时值中秋节,丹桂飘香月有阴。

吴县朱绳修慎之

先世迁居近碧溪,广陵绝调远追嵇。风清月白消良夜,斗酒珍藏有淑妻。

苟完苟美始乔迁,联咏霓裳奏七弦。橘井流芳堪济世,里仁况复择邻贤。

吴县朱福海观澜

瑶琴一曲奏巴溪,不让清闲晋阮嵇。剪烛开尊欣畅饮,合家儿女共夫妻。

家学渊源术有馀,砚田笔墨不荒疏。奇方济世功同相,尚复咿哦日读书。

月圆时节值乔迁,觞咏声中杂管弦。不速客来申贺悃,拔茅连茹萃英贤。

太仓楼超骧龙如

熟闻季布诺千金,高筑新居荫庇深。拓地三弓增点缀,美哉轮奂玉山阴。

工成卜吉赋莺迁,一曲霓裳协管弦。满户祥征云霭霭,合群声祝主人贤。

太仓李联璧瑚钦

云物书墙果有端,林泉卜筑托身安。春秋佳日壶觞醉,头戴方巾人倚栏。

三弓地拓散黄金,芳意冲襟趣味深。新筑园林无限好,碧溪旋绕几重阴。

沧桑世变事更迁,长啸鸣琴抚管弦。理乱无闻心地净,退居林下集群贤。

嘉定秦人骥致千

鹿城名胜属巴溪,中有高人似阮嵇。啸傲琴书怡自得,唱随相伴淑贤妻。

博通经史富三馀,医理旁参志未疏。竹几石床尘不染,挑灯夜坐读奇书。

慨今世事变多端,遍地难求一席安。种得杏林春永在,年年花簇护朱栏。

桂花香发卜莺迁,啸月吟风奏管弦。恨仆身为尘事绊,未能载酒访高贤。

江阴吴　诚次贤

徒杠成后继舆梁，善政古来重在乡。自有行人歌利涉，不闻洪水说怀襄。

良医济世术多端，春道人间远迩安。点缀不须征异卉，分排橘杏绕琼栏。

黄鸟也知择木迁，奈今鼛鼓遏歌弦。西昆传有桃源地，能否安容避世贤。

丹徒李董绣珠瞻云女士

鲍叔曾分管子金，宅推室筑倍情深。胜他惊醒南柯梦，独卧青槐一角阴。

择邻孟母有三迁，仁善从风可诵弦。闻昔徐吴江祐事，施朱继美合称贤。

六合夏　鹍济川

云鹤仙乡信渚溪，岚光绕翠是山嵇。秋来赏月迎凉气，笑立桐阴话女妻。

浊世浇漓却尚金，惟欣文字最情深。携筇得意成诗句，馀兴犹然步绿阴。

兴化杨雪门横山

积善之家庆有馀，成句。仙心侠骨宦情疏。案头一卷青囊抱，胜读人间致富书。

指迷到处问津梁，童子何曾拒互乡。圣到时中心愈下，学琴伊古有师襄。

充括人心有四端，宏施利济寸心安。舆梁有志能成就，岂设堂前斗鸭栏。

郁郁山崇万丈金，紫阳见道诣弥深。柏庐善恐人相见，最是耳鸣德在阴。

兴化杨秀英冰铁女士

门对青山宅绕溪，鸣琴恍听竹林嵇。钩敲鱼钓针求母，局画棋枰纸剪妻。

衣披鹤氅值公馀，闲赋逍遥俗虑疏。独坐芸窗无个事，焚香补注养生书。

诚挚论交订石金，六章诗句刻铭深。斋中运甓陶公业，不惜墨香但惜阴。

家无藏物宅新迁，黄卷青囊伴素弦。旧学鹅湖为世范，一经教子绍韦贤。

兴化杨荫官纪龙

省识桃源乐有馀，路经再访境非疏。何如小筑三弓地，补读人间未见书。

声声燕贺绕檐端，少者怀之老者安。潇洒胸襟无个事，尖叉斗韵傍雕栏。

酬恩亭漫筑千金，气类相投结契深。漂母饭韩非望报，巴城盛事配淮阴。

栖息从今免播迁，豪情户诵可家弦。休风古处追三代，与受端知两姓贤。

兴化杨荫廷鹭舞

阮籍猖狂笑隔溪，广陵散绝莫弹稀。尚书口授凭娇女，棋局心裁画老妻。

游刃刀圭技有馀，罗罗脉诀看清疏。成春着手施仁术，丹卷研精黄老书。

兴化杨钟衡湘九

申申燕处乐闲馀，饮水曲肱饭食疏。亘古灵光崇鲁殿，雅言执礼味诗书。

古摹日利记千金，市隐壶公济世深。书法雅宜怀素仿，绿天蕉补几重阴。

桑海更迁性不迁，清吟雅管杂风弦。验方金匮书千卷，传述彭笺比古贤。

兴化杨钟寰卓人

高士穷庐日有馀，研求经史一无疏。济施性善遵尧舜，胜读岐黄以上书。

药石仙丹妙点金，于陵广厦庇寒深。枯杨卜有生华日，子和待鸣鹤在阴。

兴化杨继澍雨孙

乐石山房富吉金，摩挲研究学精深。济人国手回春妙，种杏成林处处阴。

嘤鸣求友赋乔迁，一曲松风听管弦。笺寄长房浑缩地，吟联四海集群贤。

兴化杨继洙泗丞

家干国桢选栋梁，森森美荫泽枌乡。岐黄遗术风存古，药配君臣日赞襄。

腐史留题司马迁，开编户诵乐家弦。贻谋缺恨论今古，尧舜生儿不象贤。

兴化杨荫绪研馀

涵养胸中乐有馀，诗情粹密世情疏。岐黄灵素遗仁术，开卷瑶函有益书。

彭泽归来菊绽金，徘徊三径值秋深。诛茅筑室依松下，飞瀑眠琴傍绿阴。

兴化姚定中立斋

桃花源记武陵溪，出岫云归懒学稀。五斗折腰惭鹤俸，躬耕馌饷有山妻。

燕雀欣欣托有馀，千章绕屋树扶疏。四时佳兴春尤乐，甚解不求好读书。

兴化黄崇德静徵

隐居莘野接磻溪，散诞自应学阮稀。续史班昭看双女，著书世叔有贤妻。

紫阳集注读经馀，烛照洞明义不疏。小筑三弓思补过，先贤已往看遗书。

兴化陈荣铨平伯

理学延平旧泽馀，考亭遗著旨清疏。流风七百年来远，沆瀣犹存问答书。
问应鄙夫叩两端，活人力竭寸心安。壶中日月乾坤小，清醉微吟倚画栏。

盐城倪章觐秋苹

雪巢应没点尘馀，花影离离竹影疏。牙角不来轮奂美，倚窗时曝腹中书。
秋水文章写笔端，甹蠓有托此心安。菱塘日暖松风静，戏数禽鱼旦倚栏。
不欺常慎四知金，成句。隐向山林趣倍深。松茂竹苞风日好，碧鸡坊里惜分阴。
赋诗人共羡莺迁，如听浔阳大小弦。月榭已成装度乐，几时停舫会名贤。

盐城胡士廉让之

不侈藏娇屋贮金，退休林下入山深。清晨为理青萝蔓，补满西窗一角阴。
容膝易安乐不迁，陶琴得趣可无弦。研朱滴露羲经点，天地于今闭隐贤。

盐城史成德馨斋

名利无求乐有馀，性情冲淡意萧疏。闲来提起江郎笔，泼墨淋漓信手书。
雕梁画栋接云端，怎及名园审易安。菊竹梅兰同作伴，清香袭袭绕幽栏。

盐城张兆勋效良

好友音书抵万金，神交千里感情深。东风亦可解人愠，醉后眠琴卧绿阴。
任他时局几推迁，闭我柴门自鼓弦。待到兰亭修禊日，一觞一咏集群贤。

东台陈光焘惠宇

市隐壶公乐有馀，交游文字俗情疏。种来红杏回春象，散尽黄金买旧书。
道为惠寒不计金，杨榆古荫仰高深。逢人到处项斯说，鸣耳平生德在阴。

东台陈光运应生

苟合苟完乐有馀，美哉轮奂颂亲疏。一般天地吾庐大，著作林中数卷书。
落落大方举止端，宅心遑计宅身安。低眉菩萨回春手，两袖清风独倚栏。
沧海横流局变迁，武城久不听歌弦。终南捷径知多少，陋巷安居颜子贤。

东台陈永钊蠡仙

桃花流水武陵溪，稚子抱琴学阮嵇。鸡犬桑麻来绝境，避秦且率邑人妻。
日月壶中绰有馀，弥纶六合罕亲疏。神农百草心源接，寿世青囊一卷书。

东台姚光远灼电

买邻卜宅傍前溪，名士风流学晋嵇。出谷迁乔谁作助，家庭幸有辟纑妻。
悠然一枕黑甜馀，摈绝嚣烦与俗疏。官不征徭人不扰，垂帘静读养生书。
几净窗明此处迁，桂花香里抚琴弦。客来指点青囊诀，安乐窝中邵子贤。

高邮陈　锡载之

济世功高德有馀，圣神工巧本非疏。良医自可为良相，新发精奇参古书。
造成华屋祝乔迁，夜月今弹廿五弦。兰桂芬芳均在目，德门毕竟有英贤。

六安孙子馀

先生慷慨建桥梁，大义芳名播梓乡。如此功劳身独任，几多擘画倩人襄。
扁卢妙术价千金，着手春回学术深。医国活人恩普及，预知有子定成阴。
遥维燕喜并燕迁，鸾凤偕鸣奏管弦。瑞霭门庭饶逸兴，尊开北海集群贤。

古歙刘秉钺伯黄

渊海披沙洗炼金，诛茅辟草用情深。寸心齐物论难一，花木向阳棠护阴。
从今安土不重迁，子弟横经坐诵弦。绮岁渠渠歌夏屋，故人乐有父兄贤。

合肥费志中葆庸

幽人卜筑傍巴溪，镇日弹琴愿学嵇。得失两忘无所恋，饔飧嘱女酒谋妻。
烁烁红光落照馀，竹窗射影更萧疏。欲将鹿洞高风继，继晷还须夜读书。
落成书屋赋莺迁，燕贺高朋奏管弦。独我暌违千里外，巴词勉和附群贤。

无为万长思佩九

君住玉山门对溪，布衣藤杖慕康嵇。调琴吹笛声声乐，举案梁鸿有令妻。
大好韶华乐有馀，宅隅种竹月光疏。往来幸少趋炎客，长昼焚香看道书。
浮云变幻本多端，卜筑新居所遇安。最爱华堂松映户，盘桓镇日倚朱栏。
高堂初建灿黄金，仿佛陶庐意匠深。春至华梁栖海燕，园林潇洒柳阴阴。

无为吕家丙燮堂

几番赁庑感多端，小筑经营欲自安。最爱高楼凭眺处，落霞秋水照朱栏。

无为蒋　艾静仁

钟灵巴水瑞千端，肯构肯堂鹿洞安。富有藏书花下读，双双紫燕绕丁栏。

六安乐大振维新

为积阴功建石梁，千秋利涉便家乡。而今不负当年苦，都赖良朋力赞襄。

阴阴乔木喜莺迁，百鸟齐来奏管弦。医隐尘寰功将相，神交千里慕君贤。

六安史远岫怀山

新庐高筑在巴溪，放浪形骸似阮嵇。多少世间名利客，何如偕隐共山妻。

消闲诗赋百篇馀，抱负平生志未疏。良相于今如敝蹝，活人万卷是奇书。

六安史　文绮岑女士

落成新屋枕清溪，门对南阡锻柳嵇。风月无边容啸傲，抱琴携鹤伴山妻。

小坐楼头风景馀，月光斜射短帘疏。焚香刻烛磨松墨，六绝新诗信手书。

化工点铁变黄金，八斗才储学海深。风雨名山多著作，涵今茹古惜分阴。

刚开丹桂庆莺迁，宾客欢腾助管弦。千里云山怦递贺，芜词我愧寄高贤。

德化苏育南石甫

黄菊花开十亩金，蓼红蘋白觉秋深。渊明解组归园隐，徐步高歌曲径阴。

莺歌凤舞贺莺迁，满座佳音奏管弦。宾主交欢开盛会，紫阳此日集名贤。

宜丰胡复全

惠我吟笺贵似金，珍藏拜读感铭深。何方学得长房术，趋到巴溪托庇阴。

四方亲友贺莺迁，丝竹清音叶管弦。海内名家多锦制，鲰生何敢后群贤。

宜丰胡观铭金三

人中俊杰在巴溪，雅度高怀并阮嵇。诗酒宾朋常与共，更欣内助有贤妻。

少年求学足三馀，业转儒医学未疏。梓里凭君多造福，理精陆贽活人书。

已将公益尽多端，才见营私建宅安。旧岁新居工竣后，依然画栋与雕栏。

落成大厦赋乔迁，宴客咸临奏管弦。俚句愧余申燕贺，未能亲至仰高贤。

宜丰熊　鼍

台阁高才羡有馀，揄扬润屋统亲疏。功勋尽在岐黄术，愿借良方壁上书。

黄金愿掷作舆梁，一段公心显梓乡。不必神来鞭石助，欣看努力众人襄。

美哉轮奂颂多端，也似尧夫号乐安。霞蔚云蒸来燕贺，应知喜色满门栏。

宜丰漆彭龄子寿

鸠工建厦在巴溪，才调风流胜晋嵇。镇日清闲谁共赏，班家才女孟光妻。

不须囊橐蓄千金，扁鹊活人种德深。愧我未能亲受教，及门桃李看成阴。

黄安张秀仙

一尘不染谢多端，窝在巴溪乐且安。玩月登楼亲友集，式歌轮奂共凭栏。

黄安张峻于

论交举世重黄金，雅量惟君若海深。鹿洞追踪居士品，天香桂子酿浓阴。

神交寄语贺乔迁，倘遇知音漫扣弦。我辈识韩应有日，当来玉岫访高贤。

黄陂杜运昌炽堃

嘤鸣声里赋乔迁，琴和南风谱舜弦。国手同钦仁术富，育才彰德自尊贤。

黄陂杜忠晖春华

寡尤寡悔慎其馀，励志芸窗学不疏。痛下砭针医俗世，天心感格凤传书。

桂花香里咏乔迁，瑟畅琴调听管弦。自此充闾应有兆，会看子肖并孙贤。

黄陂杜迈远效皋

功成利涉赖舆梁，兼有医名播远乡。一片婆心孚众望，自然群力悉匡襄。

既能表正更形端，自得荣尊并富安。小筑三椽藏雅士，良工应许画雕栏。

交契芝兰利断金，只缘义合感情深。卜居共羡巴溪秀，书榻云连绿树阴。

内江廖金华云龙居士

觅得佳基树栋梁，风清俗美是桑乡。平生雅爱风骚客，结就人缘众自襄。

良朋胜友贺新迁，客满高堂歌管弦。遇此中秋看月色，举杯邀饮仿前贤。

孝义王修己 敬庵

才大如君实栋梁，名扬江左又家乡。与人方便倡公益，自有群英乐赞襄。
小筑新成卜吉迁，吟声嘹喨叶琴弦。紫阳家学君能继，远近争传后起贤。

平遥宋攀桂 馨五

草庐新筑在巴溪，洒洒情怀学阮嵇。晨起诗书教闺女，灯前谈笑伴荆妻。
危楼高阁近云端，聚族于斯得所安。从此闲居享清福，不须借倚别人栏。

干定国

未拟荣身作栋梁，故留德泽在家乡。王槐窦桂栽培好，会看他年说赞襄。
两字糊涂学吕端，万缘摆脱自心安。胸怀会见真丘壑，得兴何妨倚画栏。
轻裘与共芥黄金，旷达盘桓三径深。载酒行歌逢令节，思量一饭报淮阴。
笑我倾家鄂渚迁，任馀骚兴拨心弦。寄萍仍赋索居苦，君竟筵开款众贤。

取静山人

有客闲居巴水溪，兴怀千里远寻嵇。雍雍饶有天伦乐，相敬如宾冀氏妻。
君本良才是栋梁，殷勤建设自家乡。而今宅第新轮奂，端赖朋交财力襄。
善恶分明知改迁，自甘淡泊自调弦。遥听新厦方成日，贺客咸称近代贤。

紫阳小筑集咏补编

馀姚孙绮芬梅伯

博游于艺借医鸣,煦物春从指上生。二竖闻声亦惊避,漫云壶隐欲逃名。

吉人蔼蔼养天和,花木庭前春色多。新筑吟窝着安乐,客来长醉共婆娑。

常熟周永康福畴

桂苑花开一色金,巴溪有子赋清吟。紫阳小筑新成日,车马盈门贺客临。

净几明窗乐有馀,可容学士此停车。一编风月传佳话,愧我才疏迟简书。

丹阳郭竹书

塞雁飞来后,呼伦月正圆。杏林春万树,云谷寿千年。有约能同调,无才愧结缘。昆山多隐逸,谁抗柏庐贤。

句容经琢珊女士

紫阳小筑,在巴溪曲。地拓三弓,杂莳花木。有琴剑书,占琅环福。有山水乐,骋怀娱目。有酒盈尊,有客不俗。之子流连,于意云足。亿万斯年,下风拜祝。

受业生朱绍裘缵良

瓜期有代遂初衷,退隐林泉师古风。门署紫阳尊德性,充闾我愿学谦冲。

受业生毕道宗远诚

紫阳世泽旧家风,新辟幽居巴水东。绛帐情殷叨入座,欣看桃李乐融融。

受业生张凤鸣景岐

林下藏书抵万金,巴溪筑得隐庐深。门墙我亦蒙恩庇,避暑常来借绿阴。

受业生朱毓仁心斋

小筑曲江隈，幽栖三径开。宅边绕五柳，庭下植三槐。业擅岐黄术，诗同元白才。春风好吹拂，樗栎赖培栽。

胞弟保治纪勋

翳维我紫阳，出自婺源支。谱载：始祖舜臣公系文公八世祖。文公廿三传，孙派衍繁滋。我祖产唯亭，迁吴世祖系贻燕公。墓田旁宗祠。先茔多在唯亭。自遭兵燹后，逃避各纷岐。洪杨乱起，居室尽毁。我父年十六，投拜桐君师。安甫府君少遭孤露乱离，后依投角直顾桐君门下。十年桃李化，备受春风吹。悬壶到巴水，书剑一身随。宜家复宜室，生计苦奔驰。为姊择佳婿，长慧姊适角直许展云，次福姊适苏州蔡子范。两度办妆匲。为儿娶媳妇，长嫂系邑庠生钱筱香公女，拙荆系邑庠生周行常公女。分砚立门楣。琴弦悲再续，府君元配角直郁母，生慧、福两姊。继配巴城汪母，生长兄及治。再续配白窑钱母，生乐、庆两弟。赁庑频迁移。府君自角直至巴城，初寓唐姓，再迁彭姓，三迁潘姓，四迁汪姓，而治生其地。经营四十载，精力为衰疲。我年甫弱冠，痛读蓼莪诗。府君终寿六十有八。弟兄析雁行，家室各营治。予寓镇东，长兄寓镇西，乐、庆两弟奉母居昆城。长兄年方壮，奋发有谋为。地方作公仆，尽力以设施。平亭乡政事，却馈不阿私。建桥募巨款，创建福星、仁济两石桥，需款万三千元，悉系募集。早起夜眠迟。五年告工竣，名立心自怡。朋交重意气，出入相扶持。众擎事易举，新屋建鸿基。退藏欣有地，家室栖安枝。紫阳署门第，守约遵先规。家旧有堂，额题"守约"两字。品题征海内，珠玉投纷披。先君应含笑，昆季皆扬眉。渊源溯家世，献拙缀芜词。

紫阳小筑集诗馀

踏莎行　太仓陆庆钰冠秋

谷邃藏云,庵深养晦。紫阳畴昔幽踪憩。买山小筑傍昆冈,克承堂构书香继。　　点缀亭林,剪除榛秽。插天片玉峰遥对。巴溪偕隐托悬壶,滔滔莫问人间世。

夺锦标　常熟姚崇光冰盟

界竹分篱,栽花伴砌,清福闲中消受。结有吟俦啸侣,谊暑浮瓜,送春折柳。把神仙岁月,尽输与、先生诗酒。笑尘中、覆雨翻云,只此桃源无有。　　遂使刘安鸡犬,世外翛然,骨换丹炉药臼。我欲临风跨鹤,乘此秋高,飞来左右。奈肠肥脑满,怕纤羽、不胜老朽。爱只索、仙把芙蓉,遥颂奂轮妙手。

绮罗香　昆山王瑞虎苏民

燕羽差池,荷薁并蒂,艳事几招春妒。柳絮因风,道韫更传佳句。溯丰情、卅载韶华,似依旧、当年张绪。看杏林、绿叶成阴,活人书自在君处。　　巴溪风物可数,闲看长桥虹跨,欢声如许。负土经营,不耐寄居廊庑。傍溪阴、小筑玲珑,好记取、紫阳家谱。赋莺迁、客至如云,尽欢联旧雨。

赐联汇录

县长吴相融

俾福泽恒乾行坤载，与世界咸革故鼎新。

全国医药总会昆山县支会

乔木迁莺声腾西北，华堂集燕美尽东南。

吴县吴荫培

芝洞秋房檀林春树，桂深冬燠松疏夏寒。

昆山方　还

颜朱家乘遵三礼，迁固文名溢二京。

昆山蔡　璜

桂柏栋梁人间大用，雍和门第吾道真修。

吴县叶祖鼎

清风明月皆无价，近水遥山俱有情。

朱汝毅

甲第宏开肯堂肯构，壬林作颂多福多男。

常熟范松斋

客子光阴诗卷里，杏花消息雨声中。

蒋肇堃

克俭克勤庚堂焕彩，爰居爰处甲第鼎新。

吴县王肇彤

作事有祥周易传,长生无极汉宫文。

傅仲达

画栋云连德垂燕翼,锦堂日丽瑞蔼龙光。

无为金心斋

半亩栽分陶令菊,数楹藏有紫阳书。

盐城张绍龙

鸟革翚飞紫阳新第上,花栽竹种明月小窗前。

昆山徐祖廉、许陈纶合

华屋落成肯堂肯构,丽庭建设美奂美轮。

吴县叔承庆

行不越规言可为法,勤能补拙俭以养廉。

开成童达廉

庭栽翠竹栖丹凤,砚贮清泉戏墨龙。

昆山钱敬植

廉让谦恭是寿者相,和平温厚载福之基。

倪宇昌

玉堂修史文皆典,香案承书望若仙。

昆山王琴伯、郑伯钧、陆志远、薛翰才、戴轶凡、王慰伯、陈海源、徐景伯、闵采臣、王定安、侯橘泉、戴企常、王隐卢、郑以炯、俞善君、蔡莘甫合

秀挹玉峰竹苞松茂,门临巴水人杰地灵。

六合夏　鹃

慕古词符,咳唾成珠,蔚矣,黎首吟豪辉虞社;丹新华宇,崇隆规制,壮哉,紫阳覃第隶巴城。

昆山王钟懿

茅屋短篱边,卷帘收燕,倚槛调莺,隔水呼鸥,寻蕉覆鹿,苍云息影,此中方是无心,甚玉笛移宫,又歌南浦,邮亭维缆,重渡西泠,轻衫厌扑游尘,十年前事翻疑梦;

仙人琼海上,采菊题诗,看花索句,垂杨系马,吹火烹炉,往日曾论,闲处直须行乐,招清风入手,笑拍洪崖,明月临关,曒开阊阖,小草何如远志,一出山来不自由。

吴县汪家玉

涧水有如古智士,观鱼并记老庄周。

来安林之美

存心济世宜倾慕,着手成春有妙丹。

昆山马光楣

儒者承家先孝弟,学仁报国在文章。

侄文源

珠含碧水川还媚,玉蕴青山石有光。

紫阳小筑唱和诗集编订成书口占一律聊伸谢悃

阜康桥畔构三椽，喜遂初衷得息肩。诗写七言明素志，神交千里订良缘。品题犹胜黄金锡，邮递频烦青鸟传。期许殷殷承刮目，菲躬深愧负高贤。

慕丹朱保熙谨谢

谨将与会醵金诸君姓字开列于下，以留纪念：

施杏如君	朱渭声君	蔡子范君	许展云君	汪云生君	施运玑君	盛廷臣君
盛咏沂君	蒋儒元君	陆陛云君	许子蟾君	张节之君	陆均平君	史鸿翔君
朱贡禾君	祁桂卿君	范惺秋君	毕远诚君	汪怡山君	潘洪祥君	叶秀山君
詹福音氏	潘文炳君	陈根生君	王午青君	王祖福君	莫品生君	汪寿兴君
邵士芳君	邵承平君	唐纪生君	毛兆龙君	陶干坡君	邢鉴亭君	姚凤贤君
高佩华君	陈半泉君	侯晋元君	吴根山君	孙砚香君	黄聚卿君	黄福卿君
朱品梅君	盛凤翔君	陆季孙君				

跋

巴城地滨五湖，一山明水秀之乡，距昆山县治东北十八里。自我先外祖安甫公卜居于是，迄今六十馀年。先外祖擅岐黄术，性慈蔼，为人治疾，不计值，故终其身守清贫。尝赁庑于里之彭、潘、汪诸家，而以汪家居最久。先外祖见背，适汪姓屋租期满，诸舅分居，伯舅慕丹迁南邻董宅行医。五年期满，迁潘家。居四年，期又满，复当让。

噫！我伯舅操业十数稔，宜若可出锱铢之积，以自营居室，而何以几易居停犹弗克，宁厥居耶？曰：是不然。舅家穷乡僻壤，农居十九，终岁胼胝，时虞饥寒。偶撄微疾，率多漠视，病不能兴，始来求医。而伯舅笃承先志，不自高其身价，而于贫者，不计其值，或竟给之以药。

且仁者乐山，智者乐水。我伯舅尝西登钟山，揽六朝之胜迹；北游维扬，访画桥之风月；跨金、焦，以睹长江之天堑；泛明圣，而窥西子之倩丽。其馀苏、锡、昆、虞之山，岁有游踪。又耽典籍，好宾客。金石图书，性既悦，辄斥资易归。良辰佳节，高朋满座，诗酒流连，无所吝。

迨甲子岁，江浙战起，闾里骚然，乃徇众请出襄治安，旋长乡行政局，排难解纷，兴衰举废，建桥梁，砌街路，设栅、浚河、筑圩、捕蝗，办理煞费苦心。五六年来，朝斯夕斯，往往以乡政之丛脞而反置家业于不顾。盖其所入，既微而好作汗漫游，又复急公好义，安得更有营建之资耶？乃知者鉴伯舅历载迁徙之苦，意良不忍，施君杏如首倡贷金筑屋之议,戚友咸乐从之。爰集如干金,于己巳夏,为伯舅购地镇北,建屋三椽,以安置琴书,便于视诊而已。谨志紫阳小筑之缘起如是。

民国十九年庚午秋八月,甥蔡铭沅谨跋。

跋

己巳九月二十一日,家君以紫阳小筑落成进居,式宴嘉宾,管弦觞咏,颇极一时之盛。家君喜甚,赋诗六首以见志。旋蒙当地文豪诗伯联名代征,诗词、题序、联句、画帧,名著如林,邮使往来,书函盈箧。家君命蕖、颜分司收发、誊录之职。迄今岁星一周,积稿至二三百帙。家君与蕖等感激万分,急为汇稿付印。书既成,家君谓蕖等曰:"吾生碌碌,既无功名事业可成,实忝虚度,惟此唱和一编,足慰平生之愿矣。"

盖先大父安甫公生逢乱离,自唯亭迁巴城,孑然一身,外无长物,行医糊口,因以为家焉。先大父四十四岁始生家君,爱若掌珠,庭训綦严。家君学礼学诗,克承严命,不求仕进,肆志于家学,视疾者踵相接,因命蕖侍诊以分劳。

家君性慈善,丙辰夏,集里门同仁于养心坛,创建桥梁,办理善举,以道义相劝勉,地方翕然从风。甲子夏,应选为县议事会议员。丙寅秋,董理慈善局事。丁卯,出长乡政十馀年,处心积虑,建造福星、仁济两桥,集资万馀,心血为耗。其他农田、水利、防务诸大端,咸竭力经营之。

同仁等怜家君刻苦为劳,且赁庑频迁,用集千金,构屋数楹,俾得宁居。落成日,适乡政得瓜代,家君退藏有地,始欣然自得焉。蕖等承欢有志,求学未精,亲恩友谊,愧难报效于万一,惟有印书投赠,永矢弗谖,以自惕励耳。谨赋一律,借志欣忭:

赓续欣看邮使临,佳章投赠几回吟。苔岑雅结三生契,湖海咸倾此日心。奏遍阳春同白雪,听来松壑和鸣琴。紫阳门第俱叨惠,不独寒闺食德深。

民国十有九年十月之望,女芳蕖、芳颜谨跋。

昆 山 历 代 山 水 园 林 志

娄江志二卷

〔清〕顾士琏　辑

刘　栋　整理

娄江志二卷

　　清白登明定,清顾士琏等辑。白登明,字林九,奉天盖平人,隶镶白旗汉军。顺治二年(1645)拔贡。授河南柘城知县。顺治十年,擢江南太仓知州。顾士琏(1608—1691),字殷重,又号樊村,江苏太仓人。诸生。

　　娄江,出太湖,穿苏州娄门而东,一路逶迤百馀里,由刘家港(今太仓浏河)入海。太仓上溯至太湖胥口为娄江,自太仓以下又称浏河。处于娄江中段的昆山,有七百多年被称为娄县。由于太湖水系始终发生变化,娄江也因此经常淤塞。古娄江唐代以后已经湮废。今娄江原名昆山塘,宋至和二年(1055)疏浚后改名至和塘,明弘治年间改称娄江。顺治十二年春,娄江淤塞,水无所归,白登明开凿朱泾旧迹,引水入海,州人称便,名曰新刘河。次年,白登明再浚娄江,太湖之水奔泻入海,一郡旱涝有备。时顾士琏为白登明佐助,深得白登明之法。康熙十年(1671),再浚娄江之淤,仍以顾士琏任其事。工竣,顾士琏复辑《娄江志》,主要记载娄江的原始、按院告示、乡绅所上书,以及开江说、告神文、开江逸事、开江诸咏等。

　　本书与《太仓州新刘河志正集》一卷、《附集》一卷、《治水要法》一卷被编为《吴中开江书三种》,有清康熙五年刻本,本次据此本点校整理。

吴中开江书序

顾子殷重以所排缵《开江书》示王子,王子读□□[1]曰:嗟乎,事之难易利害,岂不以其人哉?夫水利□尤重于东南也。盖自宋以后,名臣硕士,详哉其言之矣。考之明代祖宗朝,率五六十年一遣重臣,特为疏浚。及其季年,久废不治,以致昔日膏腴,皆化为石田。国家最重之赋,将无所出。留心时事之辈,蒿目而忧之者多矣,而迄未有见诸实事者,岂非群言淆于筑舍,重费难于举赢故邪?

乃前政白公之初试于朱泾,继事于刘河也,折衷舆论,断自一心,而又得公无私如顾子者,以佐之于下。举昔人所需金钱,动以数十万计者,今前后二役,不及数万;昔人所需民力,必借资数郡者,今仅取之一州两县;所需时日以岁计者,今前后不及四阅月,何其神也!不宁惟是,难与虑始者,小民之恒情,而非常之原,又黎民所深惧也。是以大禹治江河,而致瓦石之聚;子产事封洫,而来孰杀之歌。怨讟之兴,大圣贤犹所不免,今也擊鼓一动,而欢声如雷,争趋如鹜。迄事之成,未尝扶一人,子来不日之效,再见于今日,盖匪直劳而不怨而已。公何以得此于民哉?

且也一州邑之中,庶人在官者,动以数百千计,环聚而蔽一人之耳目,凡有征发期会之事,劳民而伤财者,无不攘臂而起,因之以为利。虽有精强之吏,殚心搜剔,岂能尽绝其弊端?乃公之为是役也,府史胥徒之属,瞪目洗手,终不能名一钱。若是者何也?盖公之举事,实在莅任四载之后,廉惠公强之声,既已卓冠一时;凡所谓爱之如父母,畏之如神明者,皆已深入乎人心,故其收效如此。今又十馀年矣,无论功之未竟者,不及继以为,而潮汐之所壅,并其所既疏者,亦渐以淤且涸矣。

顾子之为是书也,采前人不刊之议,著今日已奏之绩,垂将来可师之智,其功岂浅鲜哉?然使主之者非白公,佐之者非顾子,而徒取其区区之尘迹而效法之,其为民利者,不知何如,而于以病民也,则已有馀矣。愚故曰:"事之难易利害,皆存乎其人也。"呜呼,又岂独治河一事然哉!

康熙丙午暮春下浣日,书城老人王瑞国题。

---

[1] 底本字迹漫漶,不能辨认。下同。

娄江志序

　　三韩白公治吾州之四年，率州人浚朱泾，既成，州人谓其可以代刘河也，易其名曰新刘河，于是乎有《新刘河志》。又一年，直指李公按吴，以公为能，令公以浚朱泾之法浚刘河，而刘河亦成，于是乎有《娄江志》。

　　娄江者，刘河也。或曰：期月之间，两河告成，官不费，民不劳，呜呼，何其神也。故成此志者，公意也。其《春秋》所谓自序其绩者也。予曰：否否，不然。公实有惧焉尔。公之言曰：娄江之通塞，东南六郡之大利大害也。用六郡之民治六郡之水，己事也。今予独率一州之民，而治其什之七，是劳吾州以安六郡也。予惧一。开江经费，动言百万。或颁帑，或截漕，先朝有言之者。今役一州二十九区之佃，而受粟于其主，是以豚蹄易簋车也。予惧二。由来命吏，必遣大臣，其权重，其责专。权重则无中制，责专则无旁挠。予故州牧也，力小而任艰。予惧三。然则予之幸而成此河者，皆吾州父老力也，其何忍不志？志之者，盖以志惧也。

　　虽然，公又有惧焉。公之言曰：江之通塞，东南六郡之大利大害也。百年一治，数十年一治，所以裁成天地而节宣其气也。然兴大役，动大众，则必有劳，则必有怨。劳与怨，予所不辞也。或以予为口实，而过而不问焉。此又一惧也。天下事，有其志矣，难于有其人。有其人矣，难于有其法。倘有踵予而为之者，委任非人，规画无法，则未见其利，先见其害，盖有之也。此又二惧也。娄江，六郡之娄江，而非一州之娄江也。或遂以娄江为一州之娄江，而交相诿也。此又三惧也。前乎三惧，惧在事先者也。后乎三惧，惧在事后者也。惧在事先者，今幸告无罪矣。惧在事后者，不能无望于后之君子焉。此公意也，故曰公实有惧焉尔。

　　若夫成此志者为谁？吾友殷重顾子士琏也。殷重佐公治河，身亲其事，故能言之也。上卷，今制也。下卷，古迹也。二郏之论附于其末者，明水学之原，为万世法也。

　　蔚村老农陈瑚序。

吴中开江书序

尝读《夏书》而知导山浚川，为则壤成赋之本。又读《周礼》而知六官分职，皆以体国经野为纲。农田水利，自古重之。是故孔子以尽力沟洫归禹功，孟子以疏瀹决排井田经界为王政。儒者诵法孔孟，志在济物，不能得位行道，庶几著书垂世，讲农桑而惠田畴，所谓邹鲁家风，不出富教中也。昔三韩林九白公，保釐娄土，开江之役，与吾友顾子殷重，共担厥事，河工告成，俾辑为书。是书支分派别，其言水也，典核而详明，因时制宜。其治地也，事半而功倍。条利害，立规则，其垂法也，可以律今而传后，此尤其小者也。若究其大端，有三善焉。

《禹贡》：三江既入，震泽底定。三江者，娄江、东江、淞江也。太仓刘河，即娄江之委。自方言淆乱，转"娄"为"刘"，袭讹不察，几以刘河为别派矣。今是书援古证今，先明《尚书》蔡注之娄江，次明刘河即娄江之古道，则称名以正，不惟《禹贡》之三江可考，而既入底定之文有据，后世不至传疑。厥功之在经术者一。

东南财赋，大半仰给吴会。水利不修，则农田不治。农田不治，则财赋不出。娄江为吴会大水口，湖海因而吐吞，水旱资以蓄泄，故太仓之水治而吴会治，吴会之水治而东南治，可以少纾农田之困矣。厥功之在财赋者二。

自古良吏，如西门豹、召信臣之属，多以穿渠灌溉，亩收一钟，自茧丝重于保障，堤塘堰埭，阙焉弗讲；旱涝灾伤，委之天行。今名贤古法，成宪可遵，廉能继美，兴举为易。厥功之在吏治者三。

或疑古水学之精者，如桑钦、郦道元，以及郑氏父子，由今视昔，得失难定。不知桑经郦注，包罗天地，囊括人物，以供博学骚雅之家搜奇钓异，非利世之书；若郑正甫委曲繁琐，千条万绪，欲修治东南之水，然动见烦扰，竟不克展其志。今娄江之役，随举辄效，何可同类而观乎？良鄉白公以循良之吏，顾子以济川之才，相与有成。迨辛亥之春，江南大臣奉旨再浚刘河之淤，参用白公之法，而顾子仍以宪委任事，奏功纪绩，各宪交奖。迨维前后两大役，岂非知人善任所致与？夫称人之美者不没其实，记人之功者必举其大，余故表而出之，以为是编也，乃经术经世之学，国家财赋之本，吏治恤民之要也，余岂为过情之论哉？

康熙癸丑夏日，同学弟郁禾计登氏题于日涉园。

娄江吴淞江两志合序

三韩白公牧娄，念吴中水利百年不修，农田坏而财赋殚，慨然伤之。以顾子殷重娴当世之务，延致谘询，筹画良法。先试之于朱泾，民赖其利，称新刘河者是也。继开旧刘河，复娄江古道。顾子曰：开娄江，治太湖东北之水也。欲导太湖东南之水，必开吴淞江乎？白公将渐次经理，会去任不果。顾子先有事娄江，恐没前功，毋以垂法，因著《娄江》《朱泾》两志，计十万馀言。行世已久，顾子虽未遑及吴淞，然三江源委，志中盖已详论。

值康熙庚戌，吴浙大浸，当事拜疏开江。辛亥春，再疏娄江淤段，仍委顾子佐诸司，颇采用其书。壬子春，始浚吴淞焉。顾子曰：壬子之岁，娄江尚有淘浅建闸诸务，未得执役吴淞，然兴作始末，曾窃闻之，将与娄江并志。予曰：子之心亦勤矣。昔张公玉笥抚吴，综前贤论说，汇为《吴中水利书》。其三江五湖之迹，非不明备。然其中如单锷、钱公辅、郏氏诸说，一治上流之源，一泄三江之委，从未言及南来之水。夫南水出于武林，自临平、长安五坝而上，至德胜五坝，直通钱塘。钱塘地形，倍高吴地，前人置坝建闸，令由石门、桐乡、嘉兴、吴江以入吴淞，人但知吴淞为太湖出口之道，而不知实为南水要津，若一淤塞，则太湖欲出之口，先为南水所占，二水相争，横溢无禁矣，前人有言可决钱塘灌姑苏者是也。明夏忠靖、周文襄、海忠介先后治水，不能开吴淞之塞，不过掣上流之水，从清洋江、夏驾浦注之娄江，以泄吴淞北去之水，是有娄江而无吴淞矣；又自华亭开黄浦，掣三泖之水达范家浜，以泄吴淞南去之水，是有黄浦而无吴淞矣。故吴淞之水不从北过，即从南走，混入陈泖诸湖，而不循故道，是以吴淞中段，自昆山清洋迤东，旋开旋塞也。议者谓开长桥则吴淞之塞可瘳，不知不开清洋迤东诸河，如入病膈，咽喉虽通，而肠胃阻塞，病乌能瘳？不惟无益于吴淞之上流，而反有伤于长洲、昆山、青浦、上海之下流矣。今壬子之役，大开中段，俾太湖有所泄，南水有所归，为功于吴者，即为功于浙，诚百世利也。顾子曰：子之言符于经国者之大计，能阐桑、郦、单、郏未发之旨，此议当与吴淞百世并存可也。是为序。

康熙癸丑冬十月，吴门同学弟畏斋皇甫铗题于清啸阁中。

娄江浚筑志小引

苏州为江南首郡，刘河为三吴门户，故娄江一百八十里水道，为太仓、昆山、常熟、嘉定、崇明五州县、松江一府往来要冲，内以援吴会，外以控海岛。军需漕挽，商舶官舟，羽檄文移，星驰电疾。农田水利，潴泄所资；喉咽心腹，无容噎膈。是以仁人智士殚力究心，或引源以利民，或疏流以济运，或草创塘圩，或石甃岸坝，架梁便涉，立栅禁奸。斗门堰闸之必设，海岸湖堤之是修。津步渡头，舣舟待济；港汉水口，驻兵守防。然后风帆上下，宾旅往来，泽国为神皋，海壖成乐土。不然，而浚筑之失时，守御之无术，或涛浪怒作于其前，萑苻侦隙于其后。田庐缘此飘没，行人因而裹足，则是阡陌皆骇域，舟楫为畏途。必讲未雨之绸缪，修水土之政教，粤古迄今，不无可述。远者不具考，自荆公兴利以来，丘君作纪以后，代有辑治，共著艺文。

水者，大利大害也。疏通则利，壅淤则害；安流则利，梗道则害。况当财赋奥区，苏松襟带，莅此土者，能无加意？语曰：前事之不忘，后事之师也。试取历朝故迹，先哲所论，何以治农田，何以备险阻，可考而镜，可举而措也。虽搜讨未博，然利民固圉其一班矣。

顺治十四年孟冬之朔，太仓州守三韩白登明林九题于公署。

凡 例七条

一、开江之议，自明甲申至本朝丙申，案牍盈箧。丁酉之役，公移百纸，词意相同。今止刻数申，以见梗概。无关字句，间或节去。至于抬头，唯诏旨顶格，馀止空一字。

一、上卷详新迹，下卷载旧迹。

一、娄江自娄门至昆山，则名至和塘。太仓塘犹称至和者，州未建时，隶昆山也。自州西关起，东迤于海，则名刘河。总为娄江。故集前人有事至和塘与刘河者，载于下卷，曰《娄江浚筑志》。

一、附二郏书者，江南水利之祖也。郏氏，娄人。

一、先开朱泾，故有《新刘河志》。今刘河既开，则名《娄江志》以别之。凡浚事刻在前志者，不复入。

一、朱泾、娄江，先后有志何？水土大政，民生休戚系焉。开凿之模，修治之规，遗之后人，踵美为易。

一、志仅草创，艺林未广，有殚心水学，事系娄江，著为鸿篇，并先贤碑记，恳惠入籍。嗣有公移续梓。

娄东江士韶虞九、费参省公订。

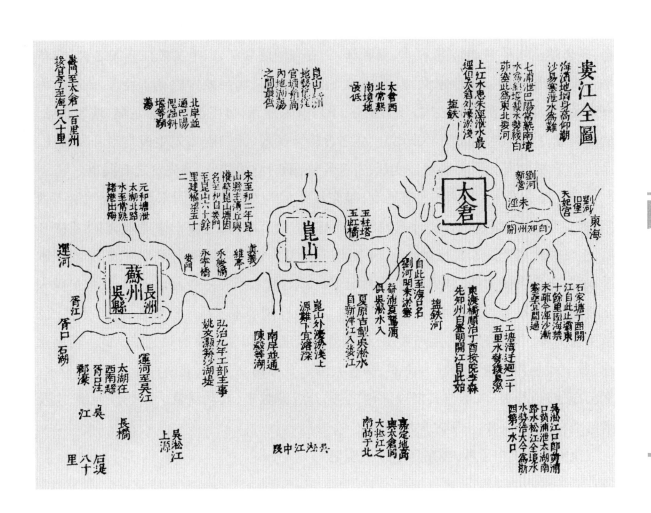

娄江水利说

吴郡水利,必以娄江为纲乎?自宋庆历二年,苏州通判李禹卿堤震泽八十里为漕。元泰定元年,州判张均等建长桥里许,而吴淞江上源受截,于是震泽之水渐北徙,繇胥口吐郡濠,一自齐门之元和塘北入海,一自娄门之至和塘,过昆山,繇太仓塘而东入海。盖娄门至海一百八十里,皆称娄江,为三江之一也。两岸港脉如织,专受震泽西来诸水,或繇陆泾坝沙湖、维亭真义浦,或繇吴淞江界浦,或繇小虞浦,或繇新洋江而入,谓之南路水。或繇官渎出阳城湖,东行至傀儡、巴城等湖荡,出真义十五淹、高墟等港而入,谓之北路水。自吴淞堙淤,凡湖水东北行者,借娄江一线为命脉矣。

谈吴中水利者,皆曰必开吴淞江。予曰不然。石堤横亘,已塞吴淞江之源,下流必致壅塞。宋单锷精于水学,忧苏、常、湖三州之水,欲上修五堰,下易石堤,为木桥千所,使江源常驶,不致壅塞。自明永乐元年,命依单锷书筑广通坝。正统六年,周忱重筑。正德七年,俞谏增筑,而金陵、宣、歙九阳江诸水不入震泽而入芜湖。震泽之水已减于宋,而石堤便漕,万不可易。堤窦多塞,水势北徙,或南走,故开吴淞江未易言也。永乐二年,夏忠靖治水吴中,掣吴淞江水,缫新洋江、夏驾浦注娄江,以泄吴淞江北去之水;自华亭开黄浦,掣三泖以达范家浜,以泄吴淞江南去之水。而吴淞中段竟未经理,或一时力有未及,岂亦见江源受截之故,开而无益,不若并入通江,可以泄水救患足矣,诚为有见。厥后海忠介大开吴淞江,不久即淤。继之者旋开旋塞,即归震川先生极言当开吴淞江,而江源受截,究不论及。盖陵谷变迁,古今异势,随时立说如此,非先贤之有漏也。

娄江至太仓一百馀里,水道通利,唯东段刘河为江之委,自明末堙塞,至顺治丁酉年,御史李森先、州侯白登明开通刘河六十馀里,会有海警,近海十馀里未疏,然自决坝后,上江积水得泄,长、昆已鲜水患,不可谓非开江力也。夫国家财赋本乎农田,农田本乎水利,方今农田大坏,财赋日逋,民困已甚。朝廷宜敕所在守令勤水土之政,修吴越宋元遗法,务令高乡浚渠潴水,低乡筑围御水,水口建闸节水。邑所能为者,邑长为之;邑所不能为者,必命官发帑,大兴厥工,合郡邑而经理之,以裕国家财赋之本。此一劳而永逸,费小而利博者也。松江有黄浦,郡水大治。吾苏南塞吴淞,北塞白茆,仅娄江带水,幸已疏通,成绩可守,当测其淤段而淘之,并开近海数里,其功易就。以娄江为纲,次及诸河条目,盖娄江者,一郡之大水口也。

康熙岁次戊申孟秋,娄东后学顾士琏记。

娄江志卷上

原 始

顺治十四年,开凿刘河。自南盐铁河起,至石家塘止,长六十五里。

顺治十一年 月,奉恩诏一款:东南财赋重地,素称沃壤,连年水旱为灾,民生重困,皆因失修水利,致误农功。该督抚责成地方官悉心讲求,疏通水利,以时蓄泄,水旱无虞,民安乐利。

顺治九年七月,工科请复刘河吴淞江疏。工科右给事中胡之骏题为江南水患日深,乞疏污海故道,以救民生,以全国计事:窃思天下财赋,半取之东南,而东南之地,最要在苏浙。兴朝以来,苏浙间年年以水患见告,议蠲议折,总之无济民贫,日见有亏正额。臣奉命福建,道经目击,水漫遍野,田禾尽空,苦楚难以言状。过问土人,皆云苏、松、嘉、湖地势污下,旧有刘家河、吴淞江等处引水入海,旱有所资,涝有所泄。迄今日久壅淤,河道成田,土豪占踞,多所挠阻,是以胸胃不通,害在腹心。飘没潫沉,虽天时之不幸,实地势之使然。臣因备考前志,三吴之水汇于震泽,广三万六千顷,并溪涧诸水,势甚横烈,总以三江为入海之路。《书》曰:"三江既入,震泽底定。"东江湮没,久不可稽,仅存松江之吴淞、苏州之刘河,刘河即娄江也。唐、宋、元、明以三江泄震泽之水,始不为害。今三吴并无一江泄水,安得不受祸倍惨乎?此祸不独苏、松受之,嘉、湖诸郡同受之。夫以财赋重地,尽委波涛,将朝廷百万粮储何从措办?求蠲既不可得,改折亦无可出,百姓有待毙之忧,惟正有立竭之虞矣。幸遇我皇上加意爱民,轸恤周至,念此二河之通塞,实六郡生灵之安危,数百万漕粮之盈缩,即有顽梗,不过数家,以六郡之灾黎筹之,孰重?即有经费,不过一时,以国计之全数筹之,孰大?况元自伯颜创为海运,漕艘数万,悉繇刘家港出海。明时,海瑞疏通吴淞江,历来称颂不朽。从事地方者,前法不远,后效可期,或奉三尺以锄梗,或商万全以图成,一举而民生国计胥赖之矣。伏乞皇上睿鉴,敕部议复施行。奉圣旨:着确议长便速奏。

顺治九年十月工部覆:看得太湖为古震泽,受三吴数郡之水,繇三江入海。三江既入,则震泽底定而不为灾,载在《禹贡》。今东江久湮,而吴淞淤沙随潮日积。娄江即今刘河,亦成一线细流,水无所泄,势必横溢,连年为灾,生民陷溺。乞敕督抚按查照科臣胡目击情形,沿江踏勘,何以浚吴淞以泄陈淀之水,何以疏刘河以泄巴阳之水。

江流深通,引太湖达海,水患宜可息。应用钱粮,从长酌议。如有奸豪把持,从重究参治罪。既经该司案呈,相应覆请,恭候命下臣部,遵奉施行等因。奉圣旨:依议行。

开江说　白登明

水者,大利大害也。御其害而资其利者,河漕之水也。受其害而弃其利者,三吴之水也。盖遏黄河以便漕,故岁勤修治,捐巨万金于波臣之宫,疲百万夫于金堤之下,虽竭少府之藏而不惜也,所谓御其害而资其利者也。至三吴为财赋重地,于水利最关切,乃任五湖之泛溢而不问,任三江之堙淤而不问,一遇旱潦,坏良田数十万,逋正赋数十万,不幸而当大无,国家不得已而蠲折亦且数十万,民困未苏而旱潦如故矣,所谓受其害而弃其利者也。然则何以收其利? 夫三吴之水潆洄悠缓,不似北河之迁徙横决也。治三吴之水,数年可毕,不似治北水者数百年而不竟也。假国家移河漕费之十一,不则,如近年蠲折之数,授一信臣经理全吴,俾五湖安澜、三江利导,即不能贻百年,亦可支数十载,不至如河漕岁岁费也,而财赋之源已裕矣。是以先哲如周文襄、海忠介,能权其利害,截漕额以建大绩,非易其害而为利乎? 嗣后莫继厥功,吴民遂困。唯兹刘河为娄江之委,乃震泽之尾闾,淤塞已后,多有经营,屡厪庙算,频奉台檄,卒莫敢担者,何也? 夫任天下之事,讵不欲财力宽然有馀地,岁月宽然有馀闲? 权位宽然,可以展布,然而势有扞格也。国用殷繁,可捐七十万金乎? 迁代无恒,能遂厥志乎? 有治人,无治法,能必议之者与任之者,如一人乎? 盖能任天下之事者,唯在相其时而为之救,顺民心而翼之趋,行所无事,厥功自倍。今夫困于敝赋,逋欠流离,非民素愿,苟得保田畴,便潴泄,完室庐,供租赋,上开以所利,而下从之如流水。登明自待罪娄土以来,间遭大无,前乙未之春,劝分赈民,即役受赈者浚朱泾,一月功成,救本邑亢旱,泻长、昆积潦,民始知水利。丙申岁稍登,民思前法,有事刘河,众心成城,势不可已。宪委既重,义不可违。夫不乘其时而为之,而故迁其事以贻后人,或矜其说,耗国家之金钱,动三吴之徭役,非计之得也。或曰重事而轻为之,迟事而疾作之,不费公家一钱,则继轨者难。夫捐金数万,简命信臣而经理之,此国家百年之利也;而顺民之心,因民之力,从权制宜,亦数十载之休也。而猥以邻封未明大计,疑惧交集,古来任事者多如此,况乎决江导河、竭蹷于蛟宫蜃穴之侧,非劳臣之所震惊者乎? 特以利关国计,事属臣忠,故不惮以身塞其冲。今幸古江克复,湖海吐吞,非有他谬巧,不过因民之愿,令之趋利避害而已。先辈云:治河漕之水则漕事重,疏水之源,利在蓄;治三吴之水则田事重,疏水之委,利在泄。明蓄泄之大势而水利可兴矣,以故论其大者。若经画委悉,则具集中焉。

初浚刘河申督抚按三台稍节 丁酉春

江南苏州府太仓州知州白登明为议开刘河东南第一水利,以遵恩诏,以救民生事。奉巡按李宪票:仰太仓州官吏知悉,据条议开浚刘河,为今日第一要务。然或谓当题,或谓不须题。该州前开朱泾,有已成之效,今再将刘河事宜,会同绅衿,悉心确估应如何鸠工举行,须刻期报竣,条议二,呈二,并发该州。其力图任事,毋忽等因。奉发原任刑科给事中胡名周鼎。一议开刘河以复东南水利。《禹贡》曰:"三江既入,震泽底定。"盖震泽受苕霅、荆溪诸水,东注娄江入海,通则七郡咸受其利,塞则苏郡独当其害。明季,两台条上其事,会遣冬官董役,寻以改革未果。兴朝曾烦廷议,顾议者谓需官钱百万,或数十万,戛戛难之。而习河事者,则曰无庸多金也。往时河广数倍,今两岸浅滩,或圈为池沼,或升为沃田,若尽还旧日之观,工费诚大。如就今日河身,因势利导,不须十万可举矣。且河自补缺口,逶迤而南,纡回二十馀里,始达娄城。倘从半泾径圻以西,是又省二十里之工也。然则经费若何,往时夏忠靖、周文襄、海忠介诸公治东南水利,合七郡之力以勷事。今日而呼将伯,恐秦越相视,莫若就苏属之枕在娄江,倚为蓄泄,如长洲、昆山、嘉定协助量行,加派一年,在有田之家暂损锱铢,从此暵涝无忧,其得失孰多也?

或曰加派病民,奈何? 愚生思之《赋役全书》,顷虽刊定,穷陬僻野,犹未得见。条银每年递加,小民践土食毛,维正之供,输将恐后。刘河之通塞,乃吴民切肌之利害,而顾以加派少许为靳耶? 若蒙俯采舆情,早赐题请,排筑舍之谋,奏开江之绩,功不在禹下矣。昨岁朱泾一河,白州守灼知机略,咄嗟而办,竟从平地开凿洪流,以驾轻就熟之才,定能不日告成。愚生虽不文,丰碑纪勒以待矣。

又,原任刑科都给事中钱名增。谨按:大江以南,苏、松、常、镇、杭、嘉、湖七郡之水,以太湖为腹,以三江入海为尾闾,自吴淞塞,东江堙,独存娄江。而娄江之委七十里,曰刘家河,乃娄江入海之道,东南诸水,全借此以归墟。崇祯末年,阴沙忽涨,潮势日微,七十里河身,不一年竟成平陆,所以旱则立槁,潦则平沉。数十万膏腴之产,一旦化为瓯脱。在先朝议遣专官,会两省鸠工,未及果行。而今日时势,与昔年迥异,若设专官,则地方未免驿骚。若会两省,则时日又恐旷废。且深广照旧,则盐盗出没可虞;召募繁兴,则内地奸宄难核。顺治十二年,白州守蒿目时艰,力任劳怨,照田起夫,特浚朱泾,业有成效。今莫若即以浚朱泾之法浚刘河,刘河南北岸太仓、嘉定平分划地,计亩派工,乘东作未兴,檄守令精心估计,不三月,便可告竣。借曰河身狭小,淤塞亦易,考州治干河,有七浦塘者,宽阔不甚逾朱泾,而时浅时浚,为北乡百世之利。万一工费繁浩,两地或苦支应,查得水利关切之最者,首昆山,次长洲、吴江,似应协济者也。

又,本州耆粮陆椿等呈为敕谕刘河,恩垂七郡事。内称刘河为七郡咽喉,三江襟带,通则旱潦无虞,淤则禾苗尽槁,司农仰屋而嗟,牧长按筹而叹,皆刘河淤塞之故。有白知州治水泽民,一浚朱泾,再浚湖川,娄滨生万灶之烟,海国树千年之碣,但朱泾、湖川系一邑之利害,刘河关七郡之兴衰,孰利孰便,不待辞毕而昭然矣。伏乞亟浚刘河等情。奉批:仰州确议报。

又,嘉定县士民陈廷桢等呈为厘弊救浚、裕国苏民事。内称刘河东通海潮,西接湖水,为苏、常门户,于太仓、嘉定两邑尤为旁近关切。自明季淤塞,水旱荐臻,太、嘉傍河居民,被灾特甚。白知州留心民隐,思刘河故额难循,将平陆之处,东自石家塘起,西至石婆港,议该速浚,详宪举行。北岸属太仓,南岸属嘉定,岂太仓之移会洊至嘉定,而嘉定袖手坐视,皆工房吏书、恣意折夫? 虽极大极切之河,呼之不应,如今年通县塘夫一万三千一百,派浚东练祁、华亭泾、吉泾,用夫七千二百,尚存五千二百,乃逐项分销,如吴淞修城、宝山军需、烟墩造船,自有公费,与河夫何涉? 借名折银,悉供势豪奸橐。伏乞救追所折之夫,与州并浚刘河,泽被东南,恩垂不朽等情。奉批:太仓州一并查报。

遵此,该本州知州白登明看得苏、松地势,东来渐低,濒海之地边高于腹,中含太湖,受西浙天目、苕雪诸水,形如仰盂,霪雨泛滥,七郡受害。禹凿冈身,分为三江,以泄于海。《禹贡》所谓"三江既入,震泽底定"者也。东江故道,不可复问。吴淞江屡浚屡塞,惟赖娄江朝宗于海,至元为海运要道。自崇祯末年,海口生舌,泥沙日壅,不数年间,倏成淤壤,邻郡俱受其困,而嘉定、昆山、太仓尤甚。前年钦奉恩诏:东南财赋重地,素称沃壤,连年水旱为灾,民生重困,皆因失修水利,致误农功。该督抚责成地方官悉心讲求,疏通水利,以时蓄泄,水旱无虞,民安乐利。钦此。在廷诸臣屡经疏题橄浚,奈工费浩繁,历考故实,计夫算工,广依故额,合费数十万金。有议截漕,有议蠲赋,有议搜帑,有议加派,有议七郡协济,有议苏属各邑起夫,条议盈笥,究同筑室。卑职履任之初,相度形势,难以轻举。先开朱泾,以达海口,旁及茜泾,计长五十馀里。荷宪台主持,下吏得以展布,工成不日,邻封咸赖,两年有秋。卑职终以刘河未开,私心怏怏,兹奉按院巡娄,允绅民之请,批行开浚。更荷宪台嘉惠三吴,素轸水利,所谓非常之举,必待非常之人,此千载一时也,卑职敢不恪遵德意、力为举行? 但大役之兴,必斟酌克当,而后易观厥成,谨陈末议,请垂择焉。

浚河首难在经费。考三吴水利,明朝屡遣大臣董治,如夏尚书元吉、徐侍郎贯、李尚书充嗣、海都宪瑞、周都宪忱、林侍郎应训,开吴淞、白茆诸役,或截漕米,或支军饷,或取赃赎河夫银两,今日有丝毫可擅动支乎? 则刘河万不能开;若望杭、嘉、湖协济,则隔省膜视,徒托空言,则刘河万不能开;即欲如周文襄之四郡起夫,以浚吴淞,其能子来趋赴乎? 则刘河万不能开;若欲加派四郡以资协济,则正赋尚逋,岂能额外急输? 则刘河万不能开。然则终不能开乎? 非也。唯仿海忠介之开吴淞,专责嘉、上、青三邑,则有可开之说矣。按,刘河自娄城西关以至海口,计七十五里,里长一百八十丈,共长一万三千五百丈。前云难开者，必依故额广阔，应费七十馀万金。今若仿海公之开吴淞，阔以十五丈为率，纵不能及额，然十二丈断不可少。底广八丈，深一丈六尺，每丈得泥十四方，积该十九万四千四百方；每方用夫十工，计夫一百九十四万四千工；每工米二升，该米三万八千八百八十石，计米价三万八千八百八十两；每工日给柴菜银五分，该银九万七千二百两，此数就开全河七十五里而言也。今查与嘉定连界之处，应嘉定浚二千五百丈，已经移文，已有该县甘认之牒。盖嘉邑向无漕米，原设有塘夫一万三千馀名，岁备浚河，不烦另议钱粮者也。卑职前开朱泾，河面止广六七丈，计工三十六万有奇。是年米贵，故议每工一钱，田主现给伍分，扣租五分，计民费三万六千两有奇。今岁米贱，止议业主现给佃户米二升，银五分，先给银二分，存三分退算本年之租，佃户乐于从事矣。但本州尚有一万一千丈，计土方十五万四千方，每方十工，计一百五十四万工。每工给米二升，该米三万八百石，价银三万八百两。每工给银五分，该银七万七千两。合计银米共该十万一千五百两，而车戽、椿坝、厂料、廪犒不与焉。此十馀万金，州民其何以堪？必昆山协浚十里，则省太仓十里劳费，而苏、松各属量贴水利银两，以代娄赋，必祈宪台先颁明示到州，谕以一劳永逸，大役告成，必力请蠲恤，则民心竞劝矣。所谓昆山之当协浚者，缘昆邑地洼，一值霪雨，田畴尽淹，尤为剥肤之灾。今秋水潦，昆绅移书本州，求开朱泾新坝，以泄狂流，赖以成熟。兹值按院临州，昆绅相率吁请，则协浚为万不容已之役。按府志，昆邑额田一万一千顷有奇，每顷出夫一名，即有一万一千夫。自昆至娄，不远三十里，拨太仓近关十里易河浚之，不过一月之劳，便享百年之利。视太仓除两邑分浚外，尚有五十里，独浚劳费，不啻倍蓰也。若不起夫，止议贴费，催之不应，何济于事？目下东作将兴，安能姑待？倘刘河之开，因昆而阻，大可惜矣。应请宪台立敕该县照顷拨夫，委官衿耆督率前来，画地分方，刻期起工者也。所谓苏、松各属，宜量派水利银两以代娄赋者，盖本州前开朱泾五十里，费民锾三万六千两，今兴大役，又须十馀万金，一州独茹其苦，各邑安享其利，非人心之平也。如苏之长洲、吴县、常熟、吴江于刘河最为关切，如松之华亭、上海、青浦、娄县，虽有黄浦一河，亦赖刘河分泄太湖之水。若议起夫，不堪远役；若待金钱解足，又成画饼，其势不得不令太仓独任其劳。然太仓前后两役，所费不赀，为国家开百世之利，如顺治十年一潦，蠲正赋二分，两郡已减十数万。则念娄民之劳，题请蠲本年正赋之半，以少苏民困，谅圣朝必垂轸恤，但军兴孔棘，司农仰屋，恐蠲赋未必能允。合先题明，将已上八邑，每亩量加水利银几厘，以代太仓十四年正赋之半，在八邑不过一年之加，而食无穷之利，不为厉也。刘河虽与崇明无涉，然而刘河既开，崇明士民一航可达州郡，宜量助千金，以充河工杂费。崇明小洪筑坝，尚须协助，况兴此大役乎？此一举也，动三邑数万之夫，开七十五里久淤之河，费十馀万之金钱，造六郡之利，似宜具题后行。然东作甚近，为日已促，时已无及，况东南水利业奉恩诏饬行矣。考刘河宋末曾淤，元初自开，明末忽淤，今又议开，此河通塞，与国家气运相关。乘兴王之运，修治东南第一水利，恳一面批行，一面会题，一面兴工，则不难虑始，立可观成矣。论者谓刘河开，恐有盗艘阑入。考明朝二百八十年，嘉靖时东南倭乱十馀年，未闻繇刘河入寇，况今海口现有刘河堡重兵把守，岂能轻入？且河非故额，潮易涨落，寇艘无能为也。以意外之虞，坐视数郡之困，因噎废食，诚为过计。唯是役夫数万在河，非系小可。卑职前开朱泾，慎择官衿耆民，画地分督，节节相制，如束伍之法，丈尺既准，难易既分，勤惰亦别，故告成为易。今宜依此而行。但此番重役，各官生耆，效劳勤劬，工竣之后，附题优叙，使人心鼓舞。至于照圩派夫，绅衿毋容优免，一应事宜，俱照朱泾事例，令昆、嘉两县亦照卑职条约。至卑职殚心戮力，罔顾胼胝，固甘之矣。奉宪指授，获奏成功，则宪台勋烈，追踪神禹，垂光史册，岂特与夏忠靖、周文襄、海忠介诸公媲美哉？缘议开刘河事理，拟合请详。时直指批本道：除太、昆、嘉外，每县量贴太仓水利银。正在议行具题，不料直指猝逮，前议中辍，甚矣娄民之不幸也。申道、府，大概相同。

按院移会抚院

巡按李为江南水患日深，乞疏入海故道，以救民生，以全国计事。查前院秦任内，顺治九年十月二十五日奉都察院勘札，准工部咨，该本部覆工科右给事中胡题前事内开：看得太湖为古震泽，受三吴数郡之水，繇三江入海。三江既入，则震泽底定而不为害，载在《禹贡》。今东江久埋，而吴淞淤沙随潮日积，娄江即今刘河，亦成一线细流，水无所泄，势必横溢。因连年为灾，黎民陷溺。乞敕该督抚按，查照科臣胡目击情形，沿江踏勘，何以浚吴淞江以泄陈淀之水，何以浚刘河以泄巴阳之水。江流深通，引太湖达海，水患宜可息。应用钱粮，从长酌议。如有奸豪把持，从重究处治罪。既经该司案呈，相应覆请，恭候命下臣部，遵奉施行等因。顺治九年九月十二日，奉圣旨：依议行，钦此。钦遵札行在案。今查奉文之时，前院秦已将复命，旋即去任，继值停差，前札未经议覆。但此事原系督抚按三院通行，贵院前准部文作何议裁，曾否具奏，或尚属悬案，相应移请，为此合用手本前去贵院，请烦备查往牒，即赐移覆施行。

抚院移覆按院

巡抚张为江南水患日深等事。准贵院手本移询顺治九年间工部题覆开浚吴淞江、刘河一案，作何议裁，曾否具奏，烦查往牒移覆等因，到院准此。查得前院周，准工部咨文前事，随行道查议去后，于十年五月间，据该道详覆前来，随移商贵前院李，当准覆开案查，先据苏松道详前事，随经批。开刘河系东南大利赖，及今不行，潮淤愈盛。以古法参新议，不患无底定之功，所患者八十馀里之泥土、七十馀万之金钱，销田措费，不为少矣。两事妥确,馀皆易易。苏松道再议报等因去后,俟该道覆详至日,另文移请等因。移覆前院,又咨准前总督部院马覆开:刘河关江浙七郡之利害,开浚断断不容缓矣。但阅大咨,并该道勘详,约费以七十二万金,何从出乎?本部院案查苏、松等府旧有导河夫银,又松江府有塘旷银,原为修筑海塘,又嘉定有役银,长、吴有义租,俱一一查出。合之杭、嘉、湖之协济,与乡绅富民之捐助,或者便可鸠工。若待题留本折派亩加丁,损国储而朘民资,恐徒成道傍之筑矣。钱粮出入,责之有司,人工动作,督以贤绅,缘乡绅习乎民情,而有司便于申报。至于蠲免粮课,鸠集夫工,踏勘丈尺,较之裕费,皆非难耳。希再酌妥移覆等因,咨覆前院。前院复备开。开浚刘河一役,所费金钱不赀,若非衷算裕如,何以收子来之效而竣利导之功?本部院管见有限,请示指南,奉为周行耳。但蒙赐示各府导河夫银,伏查此项,业经解归总河衙门支用,并无存留。松属塘旷银岁为彼设处疏浚修筑之用,若掇以浚治刘河,则彼地有急,将何取资?且沿海之民,亦未肯舍己而耘人也。若嘉定役银,缘系额编外之加增,不便久累疲民,已经本部院出示蠲免,难以复征。长、吴二县义租,民争贴役,尚且纷纷,恐未能尽数扣用。通计各项,为数甚少,即使尽移充用,不及什一,而绅民输助,更属子虚。浙省协济,西江难待,恐非题留正项,终难举行。伏祈再加详酌移示等因。咨会总督部院马,又准覆开:修浚之举,工繁费重,前准咨议,裁留太仓一岁本折,加以杭、嘉、湖协济,庶可兴工。本部院恐留正赋,未必可得,而搜查杂项,或可积少成多。盖工部原题,有应用钱粮,从长酌议之语,似未止言留用正赋耳。今读大咨,谓导河夫银解归总河,役银已经蠲免,义租归之贴役矣。惟是塘旷一项,虽称为沿海浚筑之用,未肯舍己耘人,然历年未报动支,所贮已多,留之必滋侵没,何如移佐大工?至于杭、嘉、湖协济,今咨会浙抚,预为酌定。又查该道送到条议,其中议费多端,是否尚有可行,或移该道府,再加熟筹,以符从长酌议之部文。再有不足,而后会疏具题,以听部拨济用可也等因。复准咨覆前院,备行苏松道,未经详结,今准前因咨覆,合用手本,前去贵院,查照施行。

按院移会督抚

巡按李为议开刘河,以遵恩诏,以惠民生事。切江以南,苏、松、常、镇、杭、嘉、湖之水,以太湖为腹,以大海为尾闾,以三江为入海之道。三江之通塞,七郡之利害关焉。自东江堙而吴淞淤,独赖娄江一线,泻此三万六千顷之水。二十年来,阴沙渐涨,忽成平陆,以故连年水利不兴。旱则立槁,潦则平沉,生人嗷嗷,日以为岁。值本院巡历,有太、昆、嘉绅衿士民,纷纷以开江为控。又念东南水利,系奉诏条谆切。及翻阅前院所接勘札,又有部覆科臣条奏,应用钱粮,督抚按从长酌议,奉旨在案。屡经院道详勘,估费七十二万金,以无措而止。本院上念国计,下轸民生,遂下白知州悉心计画。据详称,会同绅耆确议，若依故额广阔，费诚不可量。若止阔一十二丈，计长七十五里，按土方计工，止须工一百九十四万四千有奇，大约得金钱十馀万两可办。考《三吴水利书》，先代夏忠靖、周文襄、海忠介，凡凿要河，或支公帑，或截漕粮，奈今正供无可那移，题请又淹岁月，东作将兴，时难少待，长虑却顾，惟照界派工。今太、昆、嘉分地画浚，庶几众擎易举。除嘉定应浚十五里，有该县额设塘夫一万三千，足以供役。至太、昆须用照田起夫之法，昆山应浚十里，该县额田万顷馀，每顷派夫一名，即可得万夫。唯太仓则应浚五十里，工巨用繁，独任其苦。底绩之后，量题蠲赈，以示优恤。即小民目前暂费，当亦不惜子来，等因到院。随该本院檄行三州县，商同踏勘，各无异说。遂卜吉正月二十八日，兴工伊始。盖繇东南受困已极，今用东南之民，以疏东南之河，固宜其急工竞奋，一月可告成也。又据州详，看得七十五里之河，不费公家一丝，皆出小民脂膏。尚有杂费使用，如筑坝搭厂、竹木钉桩物料，与夫买田有价，犒赏有费，大约当须万金。势难复资之民，应在官设处，以济大工，详请前来。据此合行移会，烦贵部院渊虑熟筹，以开江大举，只须现在万计，不算为多。然当此无米之炊，万金又不为少，或搜各院赎锾，或行合郡协济，或通属官吏捐俸，或募阖境绅衿出资，倘得积少成多，皆可以资浚筑。目前急须先动何项应手，缘有从长酌议之部文，理合移明，专俟裁定，以便会疏具题，造福三吴不小矣。为此合用手本，前去贵部院，烦为查照施行。

按台发州手札 正月廿二日

接门下详文，知时下已在河干，勤乃克济，断乃有成，不世之功，端肇于此。至分别难易远近，条画井如，人心既服，自当子来。嘉邑协浚，忽议助银，陈廷桢一禀，足破其奸，已牌行该县，将塘工尽数出之，不准以练祁等河借口。即昆邑尚未有成覆，又经檄催，自应刻期集事。但两令系将去之人，未免有我躬不阅之感，须门下就近疾呼，或可将伯助予耳。又条陈一册并发，竣工之日，汇以成帙，于以见众望之殷，金议之同，并以见门下与不佞用心之劳，斯又何可尽废也？顾生士琏，奇士也，农田水利，凿凿如数家珍，至见于纂辑，尤可嘉慕。倘能竟其所志，不佞将借手廷献，未必非此生自见之日耳。

又 正月廿六日

前札政在缮发，又接来详，然前已各檄严催，嘉定工房已行提究，昆山滕丞又经专委，门下想已知之。此事在门下当之甚力，在不佞望之甚殷而众议色沮，独累门下，诚哉任事之难也。昨晤抚军，面悉此段，抚军云：据州申，除昆、嘉协浚，尚非十馀万不可。在今日则云题请阖属水利银以补太仓正赋，万一后来部覆不应，则此项将何处销补？此段议论，与不佞前说"金钱亦太仓任之乎"大致相同。今再与门下细商，若刘河之役，尚□

朱泾例，销圩役佃，不费公家之帑，便当决然为之。至异日蠲恤，不佞唯力是视。若工用浩大，前法不可行，势必至撮借帑物，即抚军之言，是又不可不熟计矣。门下其明白具陈，以便与抚军确画力主也。

又二月初七日

接来详，知已告神经始。又刘令滕丞俱复同心协力，人谋既定，天意必当相成，弹指之间，便可底绩。俟王师过闽，不佞即亲诣河干，勘查勤惰，以为赏罚。昆夫如不克集，滕丞系专委，即将经承重儆示戒，无仍望师令也。据打算地价、物料、犒赏诸费，不佞当图措处，无烦门下忧。至竣工之日，题请蠲赈，则又唯力是视，不待言矣。天气开霁，时不可失。

又二月廿三日

开河之议，虽起于娄东绅士，而不佞主意之定，则全从昆邑条陈中动恻然怜及之想。方破群说，冒众疑，是非利害之不顾，以救此一方民，而二三纷纭，反从昆起，甚有不可解者矣。开河旧例，彼一时也，行之今日，题请能有呼必应乎？均帮能朝发夕至乎？不佞瓜期有限，奄忽去此，谁与门下共此事者？机会一失，恐此江再无可开之日矣。烦门下再持此意，向昆中诸老力言之，一时之劳，百世之利，幸各去其私心，以为小民之倡率，底绩之后，不妨量请蠲赋以酬之耳。不佞志在必行，怨所不恤，已提经承查究矣。

按院发州告示

本院为议开刘河事。照得刘河原以泄震泽之水，东入于海，岂沧桑忽变，昔为洪流，今成平陆，水利农田，无复利赖，民病久矣。本院巡历所至，采诸舆议，兼得该州印官指画利弊甚悉。本院毅然欲为尔东南请命，先行太、昆、嘉分地协浚，择日兴工。计该浚七十五里，除昆、嘉浚二十五里外，该州独浚五十馀里。刘河一通，苏、松可免阽危，俱应协浚。但东作将兴，农隙无几，难俟各属议助，故令娄民先劳底绩，待大工告成，自当特疏题请，量派两郡水利银两以补该州正赋。不一劳，不永逸，不小害，不大利，尔民岂可不体本院已饥已溺之怀，而失此机会乎？为此示仰太仓官吏人民知悉，趁此农隙，尽力开挑，五日一报，务要克期告竣。功成之日，并前开朱泾功次具题，其管工官衿，自当优叙，言犹在耳，决不相负也。勉之至速。

发嘉定县告示

本院为开刘河事。照得开浚刘河，原为地方起见，河道疏通，旱潦有赖，一劳永逸，不待智者而知也。刘河长亘七十五里,嘉邑分浚一十五里,不过五分之一。况该县原额设塘工一项,现成夫役,非比他邑派募艰难。以一万三千名之夫,浚十五里之河,人众事集,不日可成。但恐塘工徇情及胥役折干,夫力不齐,工次曷办?督责不严,稽误非小。为此仰嘉定县官吏、人民知悉,将通县额设塘夫,尽数应役,开浚事宜,并照太仓而行,期刻日完工。五日一报,如有奸胥仍蹈故智,折干私润,或狃徇情面,致误大工,胥役立拿处死,官以溺职参治。本院不时亲履河干,查验勤惰,大法具在,断不姑徇。须至示者。

发嘉定县条约

本院示:照得刘河虽关各郡,利害尚远,唯尔嘉定相关最切,视昆山隔境,便即不同。今为尔邑造百年之利,非故劳尔民以重役也。所有开浚事宜,条列于左:

一、照丈分工。嘉定与太仓联界三十馀里,计五千丈,各浚一半,嘉定应浚二千五百丈。今白知州为开直相见湾,又让五百丈,是嘉定实开止一十里零二丈,馀俱太仓独浚。又无筑坝之劳,则嘉定又易为力,不可不知。太仓宽恤尔民之意,务照分丈速浚,毋得推误。

一、按工计费。该县塘长六百名,塘夫一万三千名。浚二千丈之河,每一塘长止浚三丈三尺,每塘夫一名,不及二尺之河,约二十日便可竣工。照太仓每工七分,每名止费一两四钱,较往年折夫银两,更省多矣。

一、照簿起夫。查得该县六百三十里,分为八十三扇,每扇有卯簿一册,计田五十亩起一夫。塘夫俱载卯簿,该县照卯簿起夫,不许工房隐漏折干,访出解院处死。

一、纠察塘长。塘长领袖塘夫,则塘夫勤惰参差,皆塘长之责。带齐夫役,居宿河傍,直至工完,方许回家。如有惰误,罪坐塘长。

一、分地董催。该县无漕兑之劳,应亲诣总董,仍委衙官分地各管。每百丈用公正一名,或生员一名,分地协催,各给工簿,以稽勤惰。每十丈竖一小旗,每百丈竖一大旗,上书公正、生员、塘长姓名,浚河丈尺,以便查考。工竣之日,生员人等俱行题叙,该县尤从优叙。

一、禁止讹言。开江虽曰劳民,实以利民,劳在一时,利在百世。尔民宜上紧做工,不得讹言惑众,犯者解院处死。

一、禁止差役。大工业已劳民,何堪差役借公生事?但塘长四散居住,必须差牌唤集。该县量差数人,一人总催数塘,不许需索毫厘,违者解院处死。

一、如式深阔。照太仓规式,河面阔十二丈,河底阔八丈,深一丈六尺。照老岸平田,先钉一丈六尺之样桩在于河心,俟开下尺寸尽露,则河深如式。两岸以十二丈之绳,中悬一丈六尺之竿,对拽而行,以定深浅。随将中心之桩为主,各阔六丈,两岸先打信桩,则广阔有准。挑运新泥，堆在十步之外，不得堆近信桩，致掩尺寸，虚饬报功。本院亲临查验，如有短少尺寸，罚令重浚，管工责处。

一、依限报工。以十日为一限，初限以戽干河水，开通水线为度。次限以开至信桩为度，三限以开出样桩为度，仍五日一报本院。如过限不完，立提经承及管工员役究比。其开通水线之法，照太仓而行。

一、议夫栖宿。嘉定以境内之夫浚境内之河，不比昆山隔县，但地有远近，栖宿宜议。或照太仓随地借寓，或照昆山驾撑船只，装载薪米，就船歇宿，听从其便。

发昆山县告示

为开刘河事。照得刘河通塞关各郡利害，太、昆、嘉尤属剥肤。而三州县中，昆山地洼，受患最切，所以连年水灾，皆因刘河淤塞，低乡无泄，万姓嗷嗷，无可为计。即如去年大潦，湖瀼泛滥，阖邑忧皇，望太仓开江口之坝，不啻大旱云霓。幸太仓患切邻封，决通大坝，积水奔泻，昆民得以刈稻登场，栽麦遍野。痛定思痛，何可一日忘此时也？尔邑绅衿，既纷纷条控，本院已饥已溺，恻然动心，遂下太仓州确议举行。查得刘河共七十五里，除嘉邑分浚十五里，太仓自浚五十里馀，只派该县近州易河十里，在太仓自是急病让夷之意，在尔县能无争先趋事之图？且该县额田一万一千馀顷，计一顷派一夫，以一万千馀之夫，浚十里之河，易同反掌，刻日可以奏功。为此示仰昆山县官吏、人民等知悉，及早鸠集人夫，前往地界，星夜开浚，五日一报，应行事宜，一照太仓举行。本院已委滕县丞专董，仍听太仓州印官节制调度。尔官民须协力趱浚，刻期完工。从未闻腹心受病，而犹惜手足之劳者也，尚其勉之。本院将亲履河干，察视勤惰矣。特示。

发昆山县条约

本院示：照得刘河开塞，关于昆山最为吃紧，协浚万不容缓，所有事宜，条列于左。

一、画地分工。自知州止将近州城易河一千八百丈，现俱深阔有水，不比庙堂港迤东一带，涨成平田，最为繁难者比。尔民宜想太仓独受其难，分易河与尔民，可不努力协浚？

一、载运接济。昆城前往太仓止三十里，尚有远近不同，往役不无劳苦，柴米蔬菜，相应接济。塘长宜备船只装运，及锅灶碗盏等，前往太仓南关一带河内停泊。各船照区编列字号，捱次排集。每船上插一布旗，上书每甲每区接济粮船。各夫即在船中歇宿炊爨，大船二十名，小船十名，不必另觅下处。

一、分夫任役。大约万夫，以九千名浚河，以五百名任炊爨，以五百名任驾船。如束兵之法，十夫一长，内以一人任炊爨，搬送饮食，一人驾船，八人用力挑河，其长督率工程。

一、分委董役。计河十里，委滕县丞总理，每一里用殷实耆民一名，勤敏生员一名协催。如有偷惰，禀总理官责治。该县正官仍五日一临稽察。

一、禁止讹言。开江虽曰劳民，原以利民，劳在一世，利在百世。尔民宜上紧做工，不得讹言惑众，犯者解院处死。

一、禁止优免。依太仓事例，照区算田，照田起夫，不许绅衿借口优免。绅衿田多，安享其利，而止役小民，良心何安？更有衙蠹作奸躲役，许诸人告发，解院处死。

一、禁止差扰。大工业已劳民，何堪差役借公生事？凡催派夫役，悉照太仓以耆催塘，以塘催圩，以圩催夫。倘有不齐，该县量差数名，一名总催数区。不许需索毫厘，违者解院处死。

一、禁止骚扰。以昆山之民，来太仓之地，即在各船安歇，不许擅取娄民片物。凡蔬酒交易，务要平买平卖。如有擅入民居，恃众骚扰者，即拿解本院重处。

一、样河估费。若计工给食，人有偷惰，易于虚冒。合照太仓之法，各就难易之处，先开样河一丈，土方若干，夫工若干，应给工食若干，其馀悉照此算给，可革冒破之弊矣。

一、画地稽工。照太仓事例，各分信地，每里竖一大旗，每十丈竖一小旗，各书耆塘圩长姓名、河丈，以便稽察。

一、议户夫。太仓用附近得水利之民，昆山不同，应于概县夫内，各照地界协戽。其筑坝开坝，用夫若干，仰滕县丞于概县夫内，量拨协用物料若干，或可借用，或应取用工成，详本院销算。其筑坝、开坝之方，仿太仓而行。

一、如式深阔。照太仓规式，河面阔十二丈，河底阔八丈，深一丈六尺。照老岸平田，先钉一丈六尺之样桩在于河心，俟开下尺寸尽露，则河深如式。两岸以十二丈之绳，中悬一丈六尺之竿，对拽而行，以定深浅。随将中心之桩为主，各阔六丈，两岸先打信桩则广阔有准。挑运新泥，堆在十步之外，不得堆近信桩，致掩尺寸，虚饰报功。本院亲临查验，如有短少尺寸，罚令重浚，管工责处。

本州发昆山告示

太仓州为议开刘河事。蒙按院李宪牌，除将昆山告示、条约已发该县严督遵行外，合抄发该州知照，即将告示、条约内事理火速一体综理约束，无分彼此，等因到州。备查事理，听州约束，与县丞滕逐一商确外，所有计工派食，查昆山额田一万一千七百馀顷，浚河一千八百丈，按田派丈，概不优免。每田六顷五十亩，浚河一丈，照太仓近处样河，每丈九十工，每工止给银米七分。今昆山道里稍远，连杂费等项，宽计每工一钱，每丈该银九两，每亩止该银一分四厘。此本州遵奉宪示，再三斟酌，宁宽无少，不欲以太仓事例概行昆邑,以寓抚恤之意。费小利大,众擎易举。在昆邑,绅衿贤达,应共乐从,诚恐昆民不知,被里催包棍恣敛,合行谕禁。为此示仰昆邑人民,遵依宪示照田派夫,无容优免;照夫给银,不许短少;照亩给费,不许多索。业主出费,佃夫用力,火速赴工,不逾半月,便可告成。如有蠹棍溢索,及业主刁掯,不照数给银,许赴州禀告,申宪究治施行。

昆山所开易河,世仪与昆孝廉叶媚初乘舟往,度计不过亩一分,则事办矣。媚初归,议论不能画一。又有愿亩出二分贴太仓者,白公不欲,盖一则贴银不齐,一则虑钱粮经手后有议论,一则太仓民力已尽赴河工也。既闻昆山费至每亩五分,而河尚不浚,曾无稽察,是可怪也。

本州条约

太仓州为浚河再申条约事。照得开河良法歌诀,详载已刊《朱泾志》中。管工员属各取一本,悉照志中十六款而行,但更有事宜,条列于左。

一、各路役夫,不能星餐露宿,未免借住傍河民家,此为尔民兴利,宜听赁住,河夫亦不得骚扰。有市民在河傍酒饭生理者,于河夫最便,然须平买平卖,彼此不得妄取,违者究治。

一、江干荒野,民居内地,做工者往来费时,间有穷夫,无力赁住,未免露处,深为可怜。今着塘长领官银前去,每扇搭席厂三间,既便河夫食宿,亦便管工人等日间憩息。

一、数万役夫,须节制法严。每扇须立一高竿大旗,白心蓝边,中写"大开江"三字,旁写某区某扇、河若干丈、耆塘某,以备稽考。耆督塘,塘督圩,早晚作止,俱听号炮为节候。更宜体访,如有奸盗为非,造谣不法事,须密禀惩治,消弭衅端。若扶同隐匿,致误公事,察出并坐。

一、既慎选各耆,花红酒乐,迎送优待,工成更有优奖。其间儒生留心经世,勿以此等为俗流。农政水利,正是贤者当亲之事,各耆须正身料理,不得仍用区蠹及卑贱者为替身,遂令士人羞与为伍。有能实心督催,河段早完,先行申叙。有不肖者隐匿侵渔,苛派小民,访知立行参罚,各宜自爱。

一、人夫良顽不等,有两旁深浚而中存冷段。奸徒后来,乘人不见,便锄高入低,既省挑运,又饰己功,遍地皆然,殊可痛恨。今塘长须唤齐本区人夫,一例开下,如有恃顽不至,冷段挺出,即查姓名,禀官惩罚。冷一尺,罚银一两。冷一丈,罚银十两。拿住锄高入低之人,宜倍罚之,追为犒工之用。令在必行,毋贻后悔。

一、开河要诀止在"通水线、远堆泥"六字。开手就要打通,阔八尺,深八尺,随势浅深开下,且慢开两傍,俟水线打就,然后散挑,则水归低处,可以立脚做工,天雨亦便车戽,稍干即可挑泥,此开河第一义也。然须全河打通,河成之后,亦要打好,使水归深处,凭官勘验水平。至于堆泥之所,在十步外立一限竿,不得过限,既无高岸见深之弊,亦免泥濯塞河之患。最是吃紧关头,志中已详言之,此更为宣明,令管工员属知悉。

一、刘河淤塞未久,非同老岸,上面硬沙,下面软泥,开下五六尺,便多泥浆,浮滟动荡,畚锸难施,愈深愈难取泥,须盘吊到岸乃妙。即土畚内须用布铺底,方可承污泥,不然,竹筏易漏,兼滑费工,河深更须编木排上下,各宜备办。

一、圩长本无工食,既分塘长之劳,任催夫之苦,而各邑人等,反从而吞嚼之,殊为可怪。今后有需索圩长半文者,许禀官究治。

一、查往例开河,照条编,唤花户,便有雇募人夫、泥头包揽,所费不赀。今本州用销圩起佃,工食半现半扣,既易完公,亦已布德。省费甚多,宜宽恤穷佃,乃访乡民,朱泾、湖川二役,其绅衿之贤者,如法给扣,乃有绅衿某某,粒米分毫不补,以致佃夫不前,是何忍欤?前开朱泾,彼时米贵,工银一钱,今值米贱,工银七分,须现给四分,扣租三分。本州已将报工簿付耆民,有不给工银、佃户不至者,开列簿上,无问势豪,必当申院。

一、坐区如上下十都,上下二都、十八都,向称州之上产。迩年刘河埋塞,几成坂荒。今河通自复膏腴,宜多任其劳。及作坝戽水之事,每一顷,浚一丈。至客区则二顷起丈,每远十里,加五十亩,远不过五十里,加至四顷五十亩止焉。庶分别坐区、客区,亦人心之平也。

一、查开江旧案,刘河长七十五里,今听石家塘坝外数里通流免浚,又拨与嘉定十二里,拨与昆山十里,州浚四十馀里,以关系各郡之河,岂忍州民独当其难?本州前面恳按院必欲州民就此大功,宜蠲减州赋之半,苏、松各属量补水利银两,代州完赋,得请而后可以鸠民。按院面许具题请蠲,本州将前情申各宪,而按院已批道行矣。按院又有手札,言请蠲唯力是视,岂宪台有食言之理?本州是以役尔民耳。

今古时宜不同,而造事兴工亦异。昔惟林公应训、吕公光洵、姚公文灏、耿公橘诸法垂诸册书,今李公、白公条约斟酌利弊,纤悉靡漏,迥有昔人所未到者。后贤欲举水土之政,可考而得之矣。

申抚院求犒河工 三月

太仓州为议开刘河东南第一水利,以遵恩诏事。奉钦差巡抚张宪票:仰州官吏知悉,据详议开刘河等事,已批苏松道讫,合行知照等因。奉此:该本州知州白登明看得大役之兴,难于虑始,尤难于乐成。每有轻议虑始而奏绩不终,致民力成虚,古今同叹。兹役遵奉德意,业同嘉、昆两县分地开浚,奈昆绅议论纷纭,仗宪台风霜振饬,昆民竞来赴工。太、嘉工程已有九分,昆山亦有四分。自起工以来,凡坝厂物料以及祀神犒者、花红杂用等项,费约三百馀金,卑职业已撮借应用,按院原议将各府厅县应解按院项下罪赎银两汇解州库,以候应用。事竣开销,历查库簿,解到罪赎银一百五十六两七钱五分,又卑州奉按院项下追纳罪赎银一百六十四两七钱五分。今按院北上,前项河工杂用、撮借银两,未及核算请销,然此杂项所费不多,惟是河工大役,前奉旨议浚,计费七十馀万金。今不动公帑,专用民力,题请蠲恤,尚待宪恩。目下三州县民力委实劳苦,至如衿耆塘圩长,自赍饮食,分督工程,不分晴雨,栖宿河干,涂体沾足,鞅掌万状。在庶民有往役之义,而激劝实上台之仁。计太仓管工生员十名,又生员、耆民五十四名,塘长四百名,圩长一千七百三十名,起夫五万八千二百名;嘉定塘长五百名,起原额河夫一万三千名;昆山管工耆民九名,生员十名,起夫一万七十名,相应酌量犒给。工程虽有九分,而河身渐深则两岸愈高,河底渐阔则运土愈远,以视经始,用力更艰。人众费大,州库如洗,若斯大役,百年旷举,伏乞速议捐助。恭请宪台亲临赏赉,庶人心竞奋,大功立成矣。拟合请详。

抚院张批:据详开浚巨工,士庶宣劳,义诚可嘉。仰候本院另行议犒鼓劝缴。

申抚院为昆山停工议贴三月

太仓州为议开刘河,以遵恩诏等事。奉抚院张宪票:仰州官吏知悉,据详议开刘河等事,已批苏松道讫,合行知照等因。奉此:该本州知州白登明看得刘河通塞利害,虽关七郡,而剥肤之切,莫如昆山。缘昆地洼,众水所归,霪雨辄成大潦,民尽其鱼。去夏大雨淹禾,昆绅移书卑职,求开朱泾一坝,以泄其水,赖以有秋。原奉明旨议开刘河,蒙前宪详议,计费七十馀万金,尚稽疏覆。适按院李巡娄,昆绅亲至太仓,面吁求开,情词激切,行州确议。议得原河七十五里,河面开一十二丈,从相叫湾改纡为直,则省六里。议定嘉定浚一十二里,昆山浚近州城易河一十里,馀俱太仓独任。急病让夷之意,可概见矣。今太、嘉业将报竣,昆山工程有十分之三矣,昆绅倏粘示阻挠,突称每亩派银七厘,散夫停工。贴银之说,不便有四:昆山正赋拖欠,贴银安能顿输?画饼充饥,何济于事?一不便也。东作将兴,若待贴举行,大妨农业,二不便也。太仓所浚之河,四倍于昆,民力已竭,岂堪代役?三不便也。计亩贴银,未奉明文,出自乡绅私议,谁敢征收?四不便也。起夫原仿前朝海公开吴淞例,曾起嘉、上、青三县之夫,非属创举。查昆山额田一万七十顷,以一顷之田出夫一名,众擎易举。昆绅狃于优免,从中阻挠,因惜小费,致误大工,借口新河狭小,潮不到昆,不知三吴之水,患在不泄,开江原为泄水,非止为进潮计也。潮水溉田,淤泥日积,有何利焉?本奉旨开朝廷之河,为民生之利,工已垂成,而亏于一篑,良可惜也。伏乞宪台造福江南,严檄该县,立督滕县丞,仍即率夫完工。仍求颁行宪示,晓谕利害,通观厥成。则水利之泽,留于奕世矣。拟合请详。

抚院张批:开浚刘河一役,向系按院为政,本院曾批道确勘,迄今未据详覆。疏通水道,果属地方利赖,昆邑绅衿因何复遽有停工贴银之说乎? 其中就里未识,尚应作何拟议,仰州仍通详总督部院示行缴。

本州劝谕昆山河夫示三月

太仓州为浚河原济邻封事。照得上年开凿朱泾,济本邑旱潦,泄长、昆积水,水利已兴,即刘河之开不开,于州境无甚关切。客秋昆山大潦,乡绅移书求开朱泾大坝,西水就平。今复兴刘河之役者,实按台念切三吴,更为昆山绅袍衿条陈累累,按台是以恻然动心。现有续发条陈一册,皆尔邑贤达煌煌经世之篇,将来垂光史乘。苟此河无关于昆,贤达不应如此激切也。兴工以来,尔民驾舟裹粮,自南关外至朝阳门外,港中一带,小舟鳞次,爨烟相接,畚锸雷动,何啻万众? 百年父老,未见此盛事。度旦夕竟功矣,不料按院北上,遂有造讹停止,万众顿散。不知此河非按院之河,非本州之河,乃朝廷三吴之水利,亦昆山最关切之要河也。二十年来,仁人智士条奏盈廷,屡奉诏旨,卒成筑舍。今幸一旦举行,功有八九,乃垂成而忽弃,岂非古今大恨事? 古人胼胝利民,今人吝惜贻害,贤愚相去何远乎? 据云,海口不开,潮不到昆;海口一开,又虞盗至,则是通塞皆病。不知此河以泄水为功,不独进潮为便,而石家塘坝外现通,即通而河身纤小,寇艘难入。本州岂少长虑却顾而烦隔膜论事也? 今幸尔民有明事机者,仍来开挑,官长不督而自至,势家呼召而不去,可见良心自在民间。然落落如晨星,恐难终事。辈中有长年父老,宜一劝十,十劝百,早收合尖之功,岂非民生大利赖事? 今日尔邑故作怨咨,恐他年遇潦得泻,未必不念前人也。总之,本州为地方起见,绝无邀功立名之念,民谤民颂,知我罪我,一一听之。但知做朝廷之官,干朝廷之事而已。尔民其体本州之心,速行竣局,毋忽。特示。

昆山功有八九,值按院去后,有造讹停工者,万众哄然而散。嗣后仍有陆续来浚者,并无官长督之。问其故,曰:"吾等小民,实知此河有利于昆。来者,公心也;造讹者,私心也。"然夫役稀少,河段零落,故有此示。

太仓乡绅上抚台公书

恭惟老祖台恩覃江左,泽润海壖,某等践土食毛,敢忘高厚? 窃有请者,止为朝廷百世之利泽,仰荷宪台频岁之运筹,聊陈一得,以备刍荛。吴郡素称水国,盖为大湖泛滥,借娄江泄水,娄江之委,即太仓刘河也。自刘河塞而蓄泄无所,全吴坐困。二十年来,靡不以开刘河为江南大利,奈章奏盈廷,徒成筑舍。乙未岁,蒙宪檄太仓白知州开凿朱泾五十里。两年来,本邑邻县旱涝无虞,民颂仁恩,已镂志碣。然吴中父老咸谓朱泾济近县则有馀,泄太湖三万六千顷则不足,必复娄江始可免其鱼之患,必仿朱泾始可奏开江之功。因是白州守遵奉宪批，于本年二月上旬会同昆山、嘉定鸠工，而太仓独任其难，凿平地四十馀里，嘉定凿十五里，昆山浚易河十里，阔以十二三丈为率，深以一丈五尺为率，大约如昔日海忠介开吴淞江之式。虽不能如旧日洪阔，然可省盐盗巨舰出入之虞。窃考娄江自神禹四千年来，疏导则有之，开凿则未也。即二十年来，或言宜命官发帑，或言宜六郡协助，截漕数万，更有估费六七十万者，迄于无成。今百姓因旱涝积苦，不自量力，踊跃开挑，终觉费繁工巨，必仗老祖台调度激劝，则万锸欢腾，功成俄顷。至于低乡受泄水之利，莫如昆山，而役夫不齐，大非急公之谊。伏乞牌行严督，庶巨万工程，不至功亏一篑，更恳将兴浚原繇，敷陈入告。念太仓开国家财赋之源，造兴朝亿世之利，而民财独费，倍一岁条银之额，于具题中乞浩荡之恩，将本年条银议摊议蠲，少偿民功之半。如该州所请，则宪台福及无疆矣。迩年朱泾、刘河两役，白州守栉风沐雨，胼手胝足，当漕兑殷繁，而河功与正赋无亏，伏候叙题为良吏劝。所赖经国大篇，扬言于廷者此也。河工告竣，尚想巡历江干，一观盛事，当镌石树碑，纪仁人千秋之绩耳。谨此合词吁陈，伏惟台鉴。临启可胜瞻戴翘切之至。

乡绅：吴克孝、顾燕诒、王时敏、钱增、胡周藟、张王治、许焕、钱广居、黄翼圣、曹有武、孙以敬、盛交、吴国杰、王发祥、王挺、王揆、曹王云、顾景锡。

请制台勘视河工〔四月〕

太仓州知州白登明为水利大关三吴，开河原奉诏旨，幸逢宪驾巡海，恭请勘视以息浮言，特疏题恤，以垂永利事。顺治十一年奉恩诏一款云云，又顺治九年十月间工科右给事中胡题为江南水患日深等事工部覆看云云，奉圣旨依议行，钦此钦遵。札行三院，行道转详前总督部院马，移覆抚院，刘河关江浙七郡之利害，开浚断不容缓矣。但阅大咨，并该道勘详，约费七十二万金，何从出乎？行道确议，嗣后众论不一，或议截漕，或议免赋，或议搜刮罚赎，或议七郡协浚，种种碍难举行，至今未覆，钦件尚悬。卑职履任以来，目击水患，如十一年大潦，题免苏松正赋十分之二。虽皇恩浩荡，沛于一时，然水利一日不修，民患一日不拯，经久之策，莫如浚河。乃与士民悉心讲求，刘河大役，时难骤举，先开刘河北派，名曰朱泾。十二年春，详奉抚院张批允行开，计朱泾长五十馀里，计九千九百八十丈，计工三十六万有奇，费民锸三万六千两有奇。水得蓄泄，著有成书，太、嘉积荒之田得熟。昆山去夏水淹，该县绅民求开朱泾大坝，赖以有秋，以是远近之民咸知开河之利，佥谓朱泾浚法可开刘河。适逢按院李巡娄，乡绅士民条陈不一，昆山绅袍亲诣求开，情词恳切。按院酌定条约，颁布三邑，力行议开。卑职因宪台之专责难辞，各邑之舆情甚切，备将事宜通详各台在案。又会同乡绅士民再三酌议，若依故道广阔，计长七十五里，费诚不赀，须仿前朝海忠介公开吴淞江事例，再行裁省，阔以十二丈为准,深以一丈五尺为准。又议刘河之塞,因纤道太多,水失湍急,开相叫湾六十丈,省纤道一千二百馀丈,相视形胜,于州无损,遂凿新道。又勘自盐铁河以西,水道尚通,石家塘以东尚有十五里通潮,无事开浚。又议刘河虽关七郡,太、昆、嘉三邑尤切,仍照海公开吴淞,役嘉、上、青三县事例,嘉定有额设河夫一万三千名,派凿难河二千五百丈,以直开相叫湾为嘉定地,止令凿二千丈。昆山地洼待浚,以隔县故,止派西段易河一千八百丈。太仓独任其难,凿平地八千丈。卑职会同昆、嘉官吏,择吉于正月二十八日启土,酌定远近,照亩起夫,于二月十二日赴工,设处无碍银两,祀神犒费,每区搭厂三间,备河夫食宿;竖立号旗,分别界限,以什伍之法,节节相制,以防纷哄。悉照朱泾条约,数万之夫,不驱而集。仍详委本州同知李愈棠、署州吏目镇海卫经历张铉分董工程,慎选生员、耆民人等,画地趣夫。卑职驻宿河干,善言慰劳,不忍笞一民,民固乐趋。迄前月十六日,与嘉定同日告成。惟昆山应浚十里易河,原议照田起夫,详蒙按院委县丞滕元鼎督夫前来,士民已多赴工,格于一二乡绅贪吝小费,讹言阻挠,以致夫力不齐,数段未开,尚欠完工。今现在续浚,亦指日可完,然造讹惑听,不得不就而剖析焉。其曰新河虽开,潮不到昆,无济于旱。夫三吴泽国,所患唯潦,开江原以泄水,非止赖通潮。其讹一也。其曰河之通塞,无利于昆。去秋大潦,求开朱泾坝以泄水,岂开刘河反云无利?其讹二也。其曰石家塘尚有五千丈未开,开之溃决可虞,不开则壅塞如故。昆绅未尝亲履其地,石家塘东十五里,现通潮水,南岸为石家塘水所冲,北岸为朱泾水所冲,俟上流工完,开坝决水,自然深广,何事开浚?水得有归,有何溃决?其讹四也。至曰刘河一开,寇艘可危,以此耸动上台。前朝二百八十年,河道广阔,未闻寇艘突犯州城。嘉靖年间,倭乱十年,沿海蹂躏,未闻繇刘河入犯,州志可考。今河既不能复故额,而海口有刘河营重兵驻防,寇艘岂敢深入?以意外之虞,而听水道壅塞,俾七郡之生灵遇潦为鱼,因噎废食,有是理乎?其讹之尤甚者五也。昆山贤达既诣院求开,仍有致书卑职,极言其利,更有亲率夫役前来赴工,而造讹不过一二人耳。卑职遵奉恩诏,悉心讲求,事机之会,间不容发。若待异议佥同,究归道傍之筑,虽按院毅然举行,卑职黾勉从事,实以上副督抚两台之德意,诚念役十馀万之民力,省朝廷七十馀万之金钱,开国家七郡之水利,而兴此讹言以摇群听,重可惜也。凡举一役,有害无利,驱数十民而不服,而能驱太、嘉十馀万之民乎?乘兴王之运,地祇海若,同时效灵,实有天心,岂全人力?恭逢宪节巡边,正际河工将成,新开之江与刘河营堡相去十馀里,伏祈旌钺亲临,或委官勘视,应开不开,一目瞭然,仍乞严檄昆山立督完工,全河既浚,另文详报。恳特疏题覆,蠲恤民力,则宪台造福三吴,永奠千秋矣。拟合请详。

　　时制台巡海,次刘河堡阅操,沿江父老泣请勘江,以求终事。

学道张申督抚

提学佥事张为谨陈刘河未竟之工，并详海口遥隔之实，仰祈宪裁竣役，以垂永利事。窃照三吴泽国，凡河道皆有关于旱潦，而枝干分焉。刘河即古娄江，为三江之一。《禹贡》所谓"三江既入，震泽底定"是也。昔年潮汐直越昆邑而西，蓄泄得宜，其利甚溥。因循年久，停淤不浚，遂成平陆。此水利之不讲也。太仓州知州白登明采之舆情，议合太仓、嘉定、昆山三州县之民力从事，不费官帑，除海口至刘河镇一十五里，现系通流，馀则画地分工。随请之苏松道，道以工浩费艰，未经通详，而太仓、嘉定河工已有次第矣。良以用民之力，浚民之河，溉民之田，民自急公忘其劳也。止缘昆山一段，工未竟而中沮，询其故，云昆绅有海口之虑也。夫海口而外，即青溟白浪，一望无际之区，虑之诚是。然考之舆论，新河口去海口尚有一十五里之遥，其河止通小舟，且刘河镇重兵戍守，说者曰于此虑之，不太过乎？本道谬竽学政，职在较雠，于河务原不敢越俎。第巡试此中，闻其利弊有关民生，遂加咨询，更考舆志，窃有见于此河之通塞，不仅关三邑灌溉，而有系乎三吴七郡之水利也。知之不敢不言，窃附于刍荛之献耳。仰祈宪台俯赐采择，亟行州县，完此一篑，庶前劳不虚，后利永被矣。未敢擅便，拟合请详。

玉甲张公校士娄地，值制台郎公驻节新洋江，张公往谒。时制台询及刘河事宜，张公回娄，吊阅文案，遂有此申。情词委悉，留心经世如此。

太仓乡绅上制台公揭吴梅村先生笔，六月。

揭为东南第一水利，恳祈宪谕完工，具题鼓励，以垂永久事。照得刘河在太仓、嘉定、昆山之境，而其利则苏、松、常、镇、嘉、湖、杭七郡之水借以宣泄，载在令甲，共为疏浚者也。明季淤塞，旱涝俱困，上厪庙谟，下合群策，咸以为东南一大利，而独苦钱粮无所出，其议久而未定。迩年以来，沿河之民感国家休养生息之惠，受祖台及各台扶绥鼓舞之思，以为河工之不可一日已，而官帑未可以遽请也。吾侪小人，家自为疏，人自为凿，庶几有济，而计亩均开之论出矣，此议开之所自起也。刘河至大役也，百姓至穷苦也，以一念之急公而各台不及遍吁，农隙又不可复迟。抚按道府，以人心之难得，而又恐其事之未必就也。以为开一丈亦一丈之利，开一里即一里之功，待其畚锸稍有次第，而后以法整齐之。乃一诿之于州县，而不敢遽以上闻，此初开之所繇举行也。刘河凡七十里，有难段，有易段。太仓开四十馀里，嘉定开二十里，多属难段。昆山开十里，皆属易段。因其邑之远近，分阶级焉。太仓则州守白父母苦身焦思，穷日尽夜，不避劳怨，不委吏胥，奖劝得宜，区画有法，已与嘉定相次毕功。昆山则前令以去任而因循，积蠹以包当而侵玩，徒资骚扰，冷段犹多。其地又皆西水所来之处，譬如人身，腰腹咽喉，一处壅闭，则全体皆病矣。是未开者固然不开，而已开者将归尽塞，举数十万人之工力，一旦委之乌有，不可惜哉？此既开所以未竟也。今幸值老祖台绛驭寨帷，筹谘利病，三江形势，咸在目中，天其怜悯吴民，而以玄圭底绩，邀福于祖台以成之也。伏冀钧符下令，通核河工，察其有无勤惰，然后奖劳吏，责成功，具疏入告，嘉惠吴民。此一役也，既虑始而乐成，又事半而功倍，祖台仁恩广被，与此河同垂亿万载矣。范希文、夏忠靖岂得专美于前耶？缘系地方公事，为此具揭。

乡绅：吴伟业、顾燕贻、王时敏、吴克孝、钱增、胡周鼐、张王治、许焕、钱广居、黄翼圣、曹有武、孙以敬、盛交、吴国杰、王发祥、王挺、王揆、曹王云。

开江始末覆详道府 诏款部咨见前，止录看语。七月。

太仓州知州白登明为水利大关三吴，开河原奉诏旨等事。奉署苏松道邹宪牌开：奉总督部院郎宪牌，内开仰道将开刘河一事始末缘繇，通叙简明直捷，限三日内呈报本部院立等查核定夺等因云云。案，查顺治十一年奉恩诏云云，先于顺治九年十月间工科给事中胡题为江南水患日深等事，工部覆看云云，奉圣旨：依议行，钦此。札行院道云云，迄今未覆，钦件尚悬。去冬按院李巡娄，昆、嘉绅民纷纷条议，蒙按院宪票兴浚，奉发太仓乡绅胡周鼐、钱增，本州耆民陆椿，嘉定生员陈廷桢条议呈词，又奉发昆山乡绅徐开禧、举人叶方恒、生员朱士莹、王正宗、王灿、陈宗元，太仓生员顾士琏，各条议到州。遵此，卑职看得刘河通塞，关七郡利害，年来旱潦频仍，钦奉诏旨责令开浚，缘经费无出，究同筑舍。今仿海公开吴淞江事例，役嘉、上、青之法，查嘉定县与刘河连界，县额设河夫一万三千名，不烦另议，应浚十五里。昆山县待开甚切，应协浚易河十里，其馀俱州任之，不必依故道广阔，河面止开十二丈，深一丈六尺，照田起夫，悉依朱泾而行。合费民资十馀万金，以待工成，具题蠲恤。其各属协补水利银两，以宽民力。其开浚事宜，具载原详。通详三院道府去后，随蒙抚院张宪票为知会事，内开票仰太仓州官吏知悉，据详开刘河等事，已批苏松道讫，合行知照。蒙按院李批：候另檄知照缴；蒙本道张批：仰候两院示行缴；蒙本府批：候详三院示行缴。卑职因未奉制台批允、本道申覆，不敢辄行。正在蹰躇间，又奉按院宪牌，为照刘河之开，诚今日东南第一要务，然大役之兴，非可容易。该州所陈任之甚力，其为东南造福，此亦千秋之一时矣，拟合再行确议，为此仰州即会同绅衿，查照批发事理，商定画一，务刻期举行，勿致因循担阁，失此机会等因。卑职又会同绅衿士民，亲诣河干，相度形势，再三酌议，计长七十五里。盐铁口以西，水尚通流。石家塘以东，现有潮水，无事开浚。又相叫湾直开六十丈，省一千馀丈。嘉定原议二千五百丈，因相叫湾凿开系嘉定地，止开二千丈，即用原额河夫。昆山照原议协浚易河一千八百丈，太仓独任七千馀丈。议覆去后，蒙按院批：该州速图鸠工，所请两郡量出水利银，已批行该道查行矣，此缴。又奉按院示：仰太仓州官吏、人民等知悉，即将刘河应浚地界,趁此农隙,尽力开浚,五日一报,务要子来趋事,克期报竣。功成之日,并前开朱泾功次一并具题,其管工官吏、衿耆务从优叙。言犹在耳,本院决不相负也,勉之至速。又奉按院宪票颁发昆、嘉二县条约告示,立督兴工,委嘉定县原任知县刘弘德、昆山县县丞滕元鼎、本州州同李愈棠、署水利吏目经历张铉分管河工,卑职慎选衿耆,画界分督。□于正月二十八日祀神,因天雨连绵,至二月上旬,天霁兴工。卑职食宿河干,不假鞭策,万民趋赴。蒙前道张亲临勘视,万众一心,民力竞劝。卑职申报请赐犒赏缘由,蒙抚院张批:据详开浚巨工,士庶宣劳,义诚可嘉,仰候本院另行议犒鼓劝缴。太、嘉河工,在三月中旬同时告竣,唯昆山工程十已有七,因按院北上,一二乡绅倡言贴银,二三衙蠹乘机侵揽,致有冷段未开。卑职具详抚院,蒙批:开浚刘河一役,向系按院为政,本院曾批道确勘,迄今未据详覆。疏通水利,果系地方利赖,然昆邑绅衿,何复据有停工贴银之说乎?其中就里未识,尚应作何拟议,仰州仍通详总督示行缴。蒙前道张批:仰详抚院候批行缴。恭逢制台郎视师刘河,申请委勘缘由,蒙批:仰将实情一一申报,以凭酌题缴。遵此,随行昆山县原管河工滕县丞,查其未开冷段,系属何区,将竣停工,何人阻挠去后,据县丞滕元鼎呈覆:二月下旬,前任师知县亲履河干,率同工房逐区按亩,分派河段,挨区查验,极力催趱。至四月初旬,工程方有八九,岂期按院被逮,民心涣散,经承周从星、原差李祥等借口乡绅阻挠,竟敛馀河雇夫银两,视为缓局。查未完开浚者,乃夜芥区剩存河段,县票严催,藏、寒两区代浚,其重、姜冷段已经冬、来二区包民缪湖等开,现蒙本县严催经承、原差勒限究比等情,同册前来。卑职遵将开河始末实情,备文申覆去后,蒙制台郎批:仰候移咨抚院缴。今奉前因,随该本州知州白登明覆:看得刘河开浚,非卑职之敢擅于轻举也,缘刘河通塞,关七郡利害,太湖之水不达于海,则泄水无路,如十年大潦,蒙皇恩蠲苏、松正赋数十万。屡奉纶音,轸修水利,亟浚刘河,议需七十二万金,经费无措,数年于兹,钦件未覆。卑职蒿目殚心,访采舆论,唯照田起佃之法,力役均平,先试之于朱泾,幸有成效。太、昆、嘉绅衿咸谓其法可开刘河,条诸按院,昆之绅袍衿条议尤多。按院批行确议,起夫三州县者仿海公开吴淞例也,照田起佃,乃前开朱泾法也。嘉定协浚二千丈者,以河连界,县额有河夫一万三千名也。昆山协浚一千八百丈者,昆山于河甚关切也。相叫湾直开者,省工一千馀丈也。石家塘坝外海口不须浚者,海潮现在通流也。此一役也,虽卑职殚四年之精神讲求有素,实合三邑之舆论求开甚殷。然以未奉制台批允、本道申覆,不敢辄行。其如按院宪檄严切,意天下之事唯断乃成,若少迟疑,转瞬东作,既难轻役,不日覆命,又同画饼,毅然主行,以待工成题覆,州县有司际直指威灵之下,敢不奉行?如卑职能擅动民夫,不在今春矣。即如昆山工已七八,止二三分冷段未完,按院一去,便视卑职如弁髦,其能令之使从乎?况大役之举,苟非民情所愿,即强役数十人,怨谤遂腾,矧此万众乐趋,民无谳言,无非剥肤之灾望拯甚切,蠲恤之令鼓之于前也。今未完河工，止昆山冷段，不及十分之一，特以分地在于上流，故有碍水道，初非半途而废也。通详之后，不敢即报制台者，因抚按两台俱批本道应静候，本道转详前道张目击工程，当俟全竣申覆，不期按院猝行而昆役中辍，以是未及转详，蹉跎迄今。且详绎工部覆奏，已奏依议之旨，似不烦更议，与未奉部覆者不同。况不动公帑，以俟完工题覆未晚，则前院之意无非虑切民瘼，亟于拯溺，非卑职么麾下吏，能咈万民之心，强之从事也。即今弥望汪洋，芃芃禾黍，积荒石田，变为膏腴，潦则泄水入海，旱则引潮灌田，民困既苏，国赋自裕。但嘉定止役河夫，昆山工力亦少，独太仓以数万之民力，费十馀万之金钱，为国家开两次之河，造三吴之利，省估费七十馀万。止因昆山一篑之亏，未蒙题恤以偿民劳，卑职每一念至，寝食不宁者也。如前议两郡协补水利银两，计今正赋尚逋，窃恐空言无益矣。还仗上台不靳片檄，督催昆民，计十日之役，功可立就，特疏题覆，量求蠲恤，造福三吴，明德不在禹下矣。此功不大于创始，而大于乐成者也。事奉宪行，何敢上欺？役顺民心，何敢下罔？唯求宪台鉴宥而已。蒙牌将开浚始末缘由通叙简明直捷，不敢烦赘，因将原奉按院批发绅袍士民条议呈词，与按院颁发告示、条款，抄录咨文、手札等件，另造文册，呈送详察，以明非卑职之敢于擅行。并将前开《朱泾河志》呈送，以见今春之开江事宜，皆仿朱泾而行也。统希照详，转达施行。

署苏松道邹批：兴修水利，奉有俞旨开浚刘河，宪颁明文。该州率先小民乐赴，遂至七郡之赖顿兴，道傍之议立决，况不费公帑，不伤民力，不但免于轻举无成之说，且可观锸云钯雨之功矣。唯是昆山冷段，有碍通流，然为工无几，不难终篑。本道力督该县竣疏，助成美政，仰候转详行缴。

苏州府邹批：据详开浚刘河，万民子来，事半功倍，造福七郡矣。唯昆山观望，以致一篑未成，往者不必咎，将来尚可励也。本府行该县速浚，以襄此未竟之局，仰候转详行缴。

州民呈署苏松道邹：太仓州耆粮钱隆等呈为水利同资，恳恩回天申宪事。窃刘河虽与太、昆、嘉三邑接壤，实关七郡水道，自明季堙塞，水旱皆灾。为民牧者缓催科而勤抚字，国课维艰；服田畴者遇岁肯而害农功，输将最苦。承庙谟之远虑暨当事之先筹，屡轸民瘼，数筹开浚，向畏动支公帑而久稽，更惧民力以坐废，幸遇白知州仁廉莅政，精敏集功，上年疏凿朱泾，公私不扰，已有成绩。去冬，以昆、嘉条陈及全娄请命具呈按院，随思奔吁督抚，岁终不遑。今春，按院牌催起工，纵一方独受其劳，实数郡并资厥利。重农役民，循良之心血已竭；按亩派浚，小民之胼胝忘疲。上不费官府之钱粮，下不经吏胥之侵蚀。尽若太、嘉不日奏效，唯兹昆邑未能合尖。因州县之同异，致督宪之行查。伏读宪批，心虽切于爱民，事实违乎宪令，洞悉下情，庶民感涕念隆等，浚凿率先，不行遍控。虽宪檄切责州官，而待罪实应万姓。伏乞天宪俯鉴，州廉据实详覆。有此激切上呈。顺治十四年八月。

署苏松道邹批：该州率先浚河，兴地方永利，七郡之泽，不费国帑，不劳民财，厥绩可嘉。行查事已为转详，尔耆里静听可也。

苏松道邹申督抚止录看语。九月。

本道看得刘河为古三江之一，其出纳潮汐，潦泻旱蓄，有关七郡田禾之利害，非止苏郡一方，更不止娄东一邑也。频年淤塞，历被灾侵，吴民望浚是河深于望岁。屡次议开，旋同筑舍者，特以工巨费繁，当公私交困之秋，钱粮无出，虽经特疏具题，幸邀俞旨，亦未兴工。州守白登明注念民瘼，殚心区画，亦以事关全吴，工难独任，然心切痌瘝，情难坐视，先以朱泾一河小试行道，民即子来，功成不日，为力易而为费省。用是绅衿耆庶，仪其行而颂其德，复虑朱泾港汊浅狭，不能汇众流以通大洋，仍易堙没，乃因巡方按部娄东，纷纷呈控，条议毕陈，蒙准确议举行。随查刘河故道，原经太、昆、嘉三邑界址，因议三邑各开所辖之境，塞者通之，浅者深之，使得合流归海。固仿海忠介公开浚吴淞之例也，然究不能恢复旧时□□者，恐大伤民力。第照前开朱泾之法照田起佃，使各自为力，并不箕敛民财，亦不动支官帑，而太、嘉二邑早已奏绩，惟昆山一邑，功已六七，因巡方被逮，奸顽梗法，辄兴异议，未竣厥功。该州以事属垂成，功亏一篑，不免有尽废前功之叹。详请宪台以竟其业，蒙查前案，未经详明，致蒙有擅用民力之诘。今据覆详，开河一役，久奉明纶，并按台详议，累牍盈帙，非该州之敢于专擅也，且民心欣动，所乐与施，乃为民父母之实心，非漫劳民力者比。特以工未竣，未便通详请题耳。兹据备具开河始末覆详相应呈覆。

苏州府邹申本道宫止录十月看语

苏州府为水利大关三吴等事，该本府知府参看得开浚刘河，关系三吴水利，该州身肩是役，先开朱泾，以通水源；继浚刘河，以兴永利。计田派夫，民心竞劝，相率子来，不动公帑，河工告成，民赖有秋。太、嘉二邑之民，加额称庆，唯是昆山县有停止之异议者，今卑府查询该县工次，已有七八，止以按台被逮北上，衙役包侵贴银，故尔中止。实非因公扰派之情弊也。及查该州原奉按院严檄力行，昆山县乡绅士民条议甚切，抚道批详限速，该州遵奉上行，目击民艰，故遵照海忠介开浚吴淞之法，力疾举行，实有益于民生，原非强民以所难。今奉宪行驳查，随据该州申报前来，相应申覆。

苏松道宫覆详督抚十月

奉抚院张批：据本道呈详开浚刘河，出于民愿，应否题明竣局缘繇。奉批：刘河开后，固属水利攸关，当日兴工，自应通详酌示，方成美举。今据该道确查，果无借端强派情弊，实出民愿，似矣。但士民公恳终事，是又多一通海要口。值兹海氛未靖，不可不加详慎，仰道再行确覆，通详总督部院定夺缴。该本道看得刘河久淤宜浚，大利三吴，恃为蓄泄，以资灌溉，故太仓、嘉定踊跃从事，不劳该州催促。虽役数万民夫，实未动正赋一粒也。昆山去河稍远，受益较殊，是以异议。本道莅任伊始，各士民仍行连控，以求终事，查无借端强派，实出民愿，且河流甚狭，不关海患，伏祈宪酌具题，以成盛举。铭石纪美，三州县感恩奕世矣。事关水利，本道不敢擅便，合行据实转呈。

本州又覆详本府 十月

该本州知州白登明覆看得刘河水利，关系三吴，故屡蒙诏旨轸念。兹之开浚，良顺民心，前详已备言之矣。复蒙宪批，以未通详酌示。及海口恐虞，无非宪台慎重之德意。去腊，按院临州，昆、嘉乡绅士民同声吁开，奉批议行。卑职即将开浚情形事宜通详督抚两院，蒙抚院批道确议。总督虽未批允，卑职未尝不通详也。只缘按院目击三邑舆情激切，若待各院道会议佥谐，转瞬东作，难以举锸。若待来年，又同筑舍。民心子来，机不容待，故颁三邑告示、条款，立督举行，非卑职之不待酌示也。浚至于石家塘而止，石家塘外至刘河海口，尚有十馀里未开，潮来则深，潮退即浅。虽寇艘可虞，难以进泊。况内开之河，不比故道广阔，河身纡曲，大艘难入，何虑海患？前朝嘉靖年间，河阔数倍于今，倭乱十年，未闻入犯。况今刘河设有重兵，海口十馀里，原未尝开，现今石家塘口筑有大坝，俟遇潦年，决坝泄水。若无潦灾，坝阻如故，寇艘岂能飞渡乎？士民公恳终事，因昆山未开冷段，阻在上流，必须开通以济旱潦，非为下流海口又求开浚也。夫长虑却顾，宪台不得不行慎重，而有备无患，卑职岂敢轻封疆而止重水利乎？理合覆详，伏候宪裁转达。

按院续发存案条议 正月

开江议呈按院 昆山乡绅徐开禧

东南素称泽国，赖东海为朝宗，而入海故道，唯借三江。《禹贡》云："三江既入，震泽底定。"盖太湖受吴浙之水，震荡澎湃，有三江疏其委，所以无冲溢之患。自白茆塘涨为平壤，吴淞江止通一线，所恃以达海者，唯刘河耳。年来淤塞，向日汪洋浩淼之区，已滴水无馀，太湖无从泄泻，土田大病，尽苏属皆厉也。而昆邑地处腹内，形如釜底，东则仓、嘉高阜障其流，西则巴、阳诸水荡其波，十日晴则苦旱，三日雨则苦潦。比年以来，望一中稔之岁而不可得，小民其哀鸿矣。夫浚刘河，非独利一昆也，兼利于苏；亦非独利于苏也，更大利于江南诸郡。但开浚之方，必治法与治人两得，而后大工可兴，大利可奏。

前朝夏忠靖、海忠介曾浚娄江、吴淞江矣，至今歌思之。今刘河之利病十倍于吴淞，所兴工役又十倍于吴淞，其条陈务期周悉，非笔舌可尽也。宪台留心国计，下采葑菲，特以管见发其一端，伏望博采舆论，准今酌古，定为石画，特疏具题，此万世不朽之业也。

开江议呈按院　昆山举人叶方恒

夫利孰有大于水者？东南素称泽国，苏松更居下流，全赖吴淞、刘河为泄泻。比因潮沙淤塞，两江竟成平陆，旱涝兼困，民生日至凋敝，国课岁多逋欠。苟舍此而求裕国足民之道，恐别无天施地生之术也。追忆往时，水旱亦所时有，今一月不雨则以旱告，十日阴雨则以水告，其咎不在天而在地。《禹贡》："三江既入，震泽底定。"今东江已堙，而吴淞、刘河复塞，譬如人身众窍尽闭而日灌水其腹，水涨气满，其不闷绝者几希矣。博考图籍，皆言两江通塞关全吴利病，历代无不疏浚。明季水官旷职，几及百年，今不举行，全吴垫溺，曷有极乎？非常之事，必待非常之人，宪台不为，又谁可为者？谨按，全吴之地，其形如釜，太湖居中，苏、松、常、镇、杭、嘉、湖七郡环处其傍。太湖受宣、歙九阳、天目诸山、荆溪百渎之水，止赖吴淞、刘河两江泄泻，两江塞则泛涨倒流之患，七郡同受之，而苏、松为甚。古人有欲合全吴之力大行修举，如宋郏亶、单锷二议。郏亶之法，相全吴形势，以十年之蓄疏浚两江，凡各处浦港皆筑坝置闸，以待蓄泄，庶湖定民安，水旱无患。单锷之法，则欲专治太湖上流，复芜湖五堰，节宣、歙九阳之水，使不东注；下辟吴江运堤之碛，开白蚬、安亭二江，引水入海。是二说者，一主于得水利，即大禹沟洫之方；一主于去水害，即大禹决排之法，实相表里，故谈江南水利者，以二公为祖。此百世之利，策之上也。次则如明时夏忠靖、周文襄、海忠介、林应训、姚文灏诸公，专一疏浚两江浅狭之处，导水入海，其馀塘浦亦皆及时开浚，圩岸及时修筑，坝闸以时启闭。其一时经画，俱有成法可师，能令苏、松诸郡受数十年之利，策之中也。若从急者而治，疏其下流，以利目前，策之下也。以今日计之，郏亶、单锷二公之论固为极则，要必竭全吴之力兴数百万之功，非朝廷专遣都水使者讲求一二年、胼胝数十载，不足以集事。如夏、周诸公之策，可以行矣，而犹患府库空虚，亦未能兴此大役，则今日下策乃上策也。如吴淞尚有一线，而刘河则淤塞不通，吴淞辽远数百里，刘河只五六十里耳。夫功为其省，而事从其易，目前当以开浚刘河为急，但设处钱粮，任人料理，两者并重，约计刘河工费，十馀万金足以办事。当年海忠介开吴淞，题请改折苏、松漕粮二十万石，并吊取应天等十一府，及嘉、湖、杭三府导河赃罚银两，召募饥民赴工。今揆时揣势，在所不能，计不得不出于加派。盖河在太仓界内，不必七郡起夫，但雇州内佃户，刻日起工，宜就太仓一州现年粮折内扣留充用，将太仓粮折均摊有关刘河水利各府县代完，在府县每亩不过加数厘，而浚事可举矣。所当援例题请者也。若任人亦莫过白州守，既廉能可任，而亲临境内，易于管辖，近曾开凿朱泾，民不扰而功已就，一切经画皆有成法，远近尽沾其泽。倘得宪台主断于上，白州守料理于下，不数月之功便可为全吴万万生民之利。待年岁丰登，再议修举郏、单、夏、周诸公之法，亦无不可次第举行也。

开江议呈按院　昆庠王正宗

吴中田赋，全资水利。昆地洼下，西来诸水，昆独承之。太、嘉沿海堈身，其水反流，昆又承之。昆邑若釜底然，若能疏其淤，通其流，修其堰闸，固其圩岸，时其蓄泄，但资水之利，不受水之害，则田皆为美田。今者吴淞既堙，刘河复塞，所借以入海者，不过太仓之七鸦浦、常熟之白茆荡，皆纡回细流耳。高田之沟洫不通，低田之堰闸久废，围岸尽坍，旱无可潴，潦无可泻。上之人但知军需孔棘，催征是严，而何暇问民之所出？下之人迫于正课，疲于苛索，而何力谋田之所入？今岁若非太仓白知州亟开小刘河坝，昆山已难苟全。伏乞遍访舆情，取《吴中水利全书》披览采择，告之天子，达之司农、司空，急为未雨之绸缪，利国利民，功莫大焉。

江南水利三议呈按院　州庠顾士琏

窃财赋系乎农田，农田资乎水利，水利莫急于三吴。年来民困诛求，官遭镌罚，水旱莫救，逋欠日多，而有司唯以簿书期会，可幸无过，鲜有以斯民疾苦之原、国家财赋之本为当路告者。恭遇宪台忠国勤民，留心地方，垂询利弊，请条水学三则于前。

一曰治吴中之水。《禹贡》曰："三江既入，震泽底定。"三江者，吴淞江、东江、娄江也。震泽者，太湖也。入者，入于海也。太湖三万六千顷，受万山溪涧之水，溢则苏、松、常、嘉、湖五郡同受其害，而苏为甚。古有三江以泄之。东江在太湖之东南，因外海咸潮灌入害田，自作海塘障海。东江久堙。吴淞江在太湖之正东，自吴江造长桥、筑挽路，而湖流势缓，以致吴淞屡开屡塞。娄江在太湖之东北，崇祯末，连年奇旱，湖水不下，浑潮壅淤，而《禹贡》之三江绝矣。太仓、嘉定、常熟滨海皆堈身，高内地丈馀。苏州低田如在盂底，涝年湖溢平沉，旱年高乡又无车戽，是以苏州一郡废良田数十万，损财赋数十万，人民流散，又不计其数。今官塘行舟所见，皆上丘美产，岂知腹里低丘遍地成湖也哉？是皆三江不通之故也。考钱镠据吴越，专修水利，南宋亦然，以故吴淞常通。而元人亦浚娄江。明初命官治水，大约一二十年一次，而吴淞江、娄江、白茆塘通塞相代。自万历中年，迄今五六十载，不命官治水，而吴淞、娄江、白茆尽塞，苏州旱潦之害，遂不可胜言。年来廷臣屡疏请开娄江，阻于费重。盖娄江下流八十里，环太仓州境之东南，即刘河也。自白知州莅任之初，见长、昆两邑田沉水底，太仓仍患亢旱，恻然伤之，奋欲开江泄水，虑措费无从，文移奏报，徒成筑舍。乃援一州干河例，凿朱泾一道，长五十里，以代刘河，名曰新刘河,民称曰白公渠。自是西导湖水,东迎潮汐,水旱得济。乙未、丙申两年,本邑邻县大熟,盖湖水自郡之娄门东下,由昆山、太仓至和塘入新河,达江出海,不过一百四五十里。其道径,其流疾,非如旧江之纡折,以致湖水缓弱而易塞也。凡海潮夹泥沙而入,必湖流清水荡涤而下,方去淀泥。自朱泾开后,今岁正值霪潦,上流奔湍,势同瞿峡,从朱泾转入旧江,决通东段十馀里,遂际于海,汪洋浩渺,不减禹功。海口迅而西水平矣,此河利在全郡。止一州所凿,未尝求助旁县,民力有限,止阔六七丈。为救昆山之潦,决通大坝,浑潮日积,恐遂至于淤塞。目今水口方营建石闸,以时启闭,费逾千金不止,伏乞宪台念此要河,有济邻封,凡遇浚筑,长、昆两邑例当协助,载之令甲,庶民力不累一州,大功可垂永久矣。论者见凿渠之便,欲并旧江而开之,窃虑事体重大,未可轻举,必朝廷命官措饷乃可。然今人动云开娄江须五六十万,亦未考也。娄江西段尚通,东段新决,唯中段淤塞,若弃纡就直,共计四十馀里。但娄江从无浚例,窃谓吴淞江、娄江并重,即援吴淞江例可也。据海忠介疏,开江八十里,计一万四千三百三十丈,面阔十五丈,底阔七丈五尺,深一丈六尺,用银约七万两。今娄江应开者四十馀里,照十五丈式,虽土方工价今昔悬殊,然加倍亦可量也。若不须十五丈,工费又当从减。但开娄江新壅之沙,倘江流狭隘,旋即淤梗,力为徒劳,财为徒费矣。至如经费,如先朝发帑,固所难必,加编尤为未便,则援周文襄截漕、海忠介折漕之例。盖娄江之塞,苏独被灾,四百万财赋,苏当大半,故宜专恤苏。苏之属,太仓不产米,长、昆、吴江多涝,朝廷能估开江之费,量于四邑,蠲折若干分,以为浚费,则众擎易举矣。若遇饥荒之岁,兼赈兼浚,更为事半功倍。此朱泾已试之明验也。至于开江诸法,详于吕公光洵、姚公文灏、耿公橘章疏条议中,参酌今古而用之。明初夏忠靖用周文英遗策浚治娄江,享利三百年,今兴朝独不为财赋之地加意乎?若国家未能开江,则此朱泾一道,实全郡之命脉,可当娄江大半之功,在昆山、太仓宜协力保守此河,与戚浦同。所谓宜载令甲者此也。而又宜申饬郡县,岁疏本境支干河,以浚河多少为考成殿最,俾郡县咸知朝廷之所重,而水利可兴矣。伏恳宪台裁夺其便。

二曰治吴中之田。范希文曰:开河、筑岸、建闸,三者不可缺一。元任仁发曰:开河欲其深广,筑岸欲其高厚,建闸欲其众多。盖低乡之田,以圩岸为存亡;高乡之田,以蓄水为得济。使开河而不筑岸,则水终乱行;开河而不建闸,则旱潦无备。古者一圩之中,内有屋宅沟渠,外有围岸堰坝,水口有斗门石闸。旱则蓄内水,涝则御外水,而圩岸必相水势,或高二丈,或高丈馀,基与高等,而上杀之。圩圩有岸,然后水不乱行。而水身高,高则建瓴而下,使湖之势高于浦,浦之势高于江,江之势高于海,然后积水尽泻,三江不致淤塞也。自唐以至吴越,自吴越以至南宋,其法备具,故郏氏父子有善治田之称。明周文襄督民修旧法,令塘圩长岁岁开递浚河筑岸结状,厥后法以人废,视为虚文。河不屡浚而圩岸无泥，岸久不修而基址渐削，斗闸颓坏而整理无力，是以湖水四溢，良亩淹沉。而湖低于浦，浦低于江，江低于海，高乡则受亢旱，低乡则苦积水，海口则淀浑沙，无不坏之田，无不塞之河矣。为今之计，先救低乡，必疏通下流，使上水泻平，渐导低洼钟水之泽，注之通流。有水聚不出者，即箓泥作岸，或取田中泥作岸，戽田中水汇于溇荡，当不吝田取泥，做岸为主，毕竟田不至尽沉，岸成于外，内即有小水，无妨于种稻。倘遇旱年泥燥，此百年一日，不可坐失，须官督塘圩长早夜并力修筑，建闸作坝，如耿公治任阳水田之法，则田无不治矣。假止导水而不治田，则田终无成；假徒治田而不导水，则水终泛滥，故河功当与田功并奏。但吴中堤防久坏，势重难返，不一大经理之，则财赋之源日困，生民之厄难舒。倘国家能简命大臣，得周文襄其人，委以便宜，宽以岁月，钱粮听其支调，率民浚筑，限年奏绩，策之上也。次则抚按督其监司，监司督其守令，守令督其塘圩，俾各自修治，每冬春，守令以治田多寡呈报上台，为考成殿最，则长民者竞劝，民利不敢不兴，策之次也。若朝廷不命官，官司不督率，则当激劝乡里之大家，一方之贤者，倡率闾党，为堤防之事。行之一圩则一圩之利也，行之数圩则数圩之利也。闻风兴起，在在可以慕效。昔郏司农在大泗㳽，为圩岸沟浍场圃，民师其法，至今俎豆之。近日举人陈瑚在蔚村筑圩治田，一方颂德。伏恳申饬郡县，激劝士民，遵行古人成法，则造福无疆矣。惟冀宪台裁夺其便。

三曰布治水治田之书。古今之学莫大于水，禹以治水称神，而《禹贡》与《典谟》并重。即如"三江既入，震泽底定"之文，乃江南水利之祖也。追后范希文之条对，郏氏父子之书，东坡刻单锷之书，元任仁发，明夏忠靖、周文襄、海忠介、林应训、吕光洵、姚文灏、耿橘诸公，皆身亲胼胝，言言石画。馀外尚有名儒数十家，章疏论著，凿凿可行。前抚玉笥张公集其成，刻《吴中水利全书》一大部，本以加惠江南，而郡县之吏不得一见。即有此书，而卷帙浩繁，议论重复，读者苦于竟业，亦难得其要领。窃谓此书宜删繁就简，将江湖水道分门别部，每郡县为一类，就河之所在，系以古今通塞、兴浚良法，各有头项。俾郡县之吏晓然知水利之关于国计民生，又晓然知事之易举、法之甚备也。然后以令则行，以禁则齐。窃欲纂辑焉而未能，会白知州新河告成，命辑一书，名曰《新刘河志》。内载条约十六款，皆斟酌时宜，变通古法，又有高乡、低乡浚筑、建闸、开江诸论，皆檃栝先贤大意，虽不敢上比郏亶、单锷之绪馀，然亦因时制宜之一法；虽不敢谓江南水利全备之规，然亦一邑一乡治水、治田可遵之制，已试经验之方也。其书刻板在州库，未敢擅呈，恳宪吊阅其条约等，倘有可采，乞恩敕流通郡县，庶使不见《水利全书》者，得此少佐疏浚之一筹也。愚生非敢越俎，尝思宋胡安定先生教人分经义治事，当时农田水利，实所讲求，故今讨究及之，而又目击水潦之惨、流离之痛，聂夷中诗所不能详，郑监门画有不能尽，用是缕陈利病，难免迂疏之诮，无非艰苦之词，伏恳入告，首以治水、治田为要，为三吴造百世之利焉。

直指李公阅《新刘河志》，遂致书白公，欲纂水利全书以嘉惠三吴，惜直指北上，未果。

娄江条议审势　郡庠陆世仪

娄江源委，昔人论之详矣。其决当浚治而不可缓，则今人论之又详矣。顾其为说，又多不一。有言江之通塞，全系气数，非人力所能为者。有言海口积沙难去，虽开无益者。有言决当六郡计费，三邑起夫，大作工程，修复旧迹者。有言时诎举嬴，难于集事，不必奏闻朝廷，而止派一州民力，小小疏浚，如近日朱泾之功者。此其说皆非也，请得一一论之。

夫谓江之通塞关气数，固矣。然谓非人力所能为，则妄也。黄河之水，湍悍激烈，故或塞于东而决于西，或塞于西而决于东，其塞其决，似非人力可为。然夏禹治之于先，汉、唐、宋诸臣治之于后，堤防卷埽，皆人力所为也。若太湖之水，其静也则泓渟清彻，其动也亦不过如沸釜之溢，弥漫泛涨，灌低田而已，无冲突排击之力，可以决不开之河也。其谓海口积沙难去者，此又不明清水强弱之故。昔人有云：清水弱，浑水强，则沙积而河塞；浑水弱，清水强，则沙涤而河开。盖清水之力，虽不能冲突排击，然使各处滨湖滨江之田，圩闸堤防，修治有法，如先贤郏大夫之议，常使湖高于浦，浦高于江，江高于海，水行堤中，夹束牢固，其疾如驶，力能刷沙，则海口之亘沙将不除自去。近日刘河之口、浏漕以东当新河之冲者，顿深四五尺，此其明验也。一水之冲，力且如此，若使全河受浚，合太湖之水，以冲一沙，有不荡涤消融者乎？即使老沙坚硬，不能尽去，水力所至，必且转而旁出，河流湍急，断无不深不阔之理也，岂云虽开无益哉？若夫六郡计费，三邑起夫，大作工程，修复旧迹，此自不易之定理，但以今日时势论之，事关六郡，可否难必。三邑起夫，远近不齐，不另设都水使者，则无以督率。一设官则费多民扰，非便策也。然使大举非便，而遂欲以一州民力小小疏浚，则又不可。盖娄江之利害，非一州之事，并非一郡之事。若独役一州，则后日引为成例而终无大开之日。至于小小疏浚，此所谓塞江，而非开江也。娄江之塞，皆系海沙，其性轻浮流滑，挑浚之时，必远远堆放，始不灌入河中。若苟且挑沟，堆土近岸，一遇雨水，旋复淤塞。工役钱粮，徒为劳费矣。窃谓今日娄江大开不能，小开不可，必如朱泾之式而三倍之。朱泾之阔以五六丈，三倍之则是十五六丈也。昔海忠介开吴淞，亦以十五丈为准，三倍朱泾，正得阔狭之宜，而工役钱粮，可以准之而起，此断在不疑者也。

又经费

刘河迂回百里而遥，中间迂直之数，有宜权者。如和上港至补缺口约数里，陆不及一里；补缺口至半泾湾二十馀里，陆不及二里，则不必循故道而竟凿陆之三里，可以减三十里之河身矣。盐铁河以西，石家塘以东，通流免浚，约计实浚止五十馀里也。即以五十里而丈计之，里当一百八十丈，是长九千丈也。循昔年开北刘河之法而倍之，面阔十二丈，底阔六丈，深一丈五尺，以土方法算之，每长一丈，为土方十三有奇。长九千丈，是土方十一万七千有奇也。每方依古法，合用人夫十五工，是为工一百七十五万五千有奇。除西段河身尚有通流，约算工一百五十万，每工以一钱计之，当用银十五万两。此十五万两者，既不能取之于民，又不能资之于国，均于六郡则难成，责于一方则无力。愚谓计费六郡则不必，苏、松、常三郡则可协济也；计太仓一邑之漕粮十二万七千有奇、白粮万八百五十有奇、南粮三千八百有奇，约十四万有奇，以米价每石一两准之，正当十五万河工之数，所患者朝廷不能捐此一项耳。于此有转移之法，计三郡之田，不下数千万亩，诚能请于朝，敕下计部通融打算，以太仓十四万之漕、白、南粮均摊三郡，每亩不过加增升合，而太仓之额赋办矣。额赋办，则太仓之漕、白、南粮可捐为开河之费矣。在国计，不损分毫之额而大利已建；在太仓，得免出兑之苦而民力无辞。或有以专用太仓之漕粮为疑，不知刘河在太仓境内，而河工与漕事俱在冬末春初，原两相妨，今辍漕事而治河工，则两相济。或又以太仓漕、白、南粮正米虽十四万，而耗、赠尚多，经费似浮于工役者，此不可执一也。河工自土方而外，尚有斩坝戽水、搭厂畚锸索绹及督工量算、舟车廪给等费，不一而足，可以此项准之矣。

世仪条议凡四则：一审势，二经费，三任人，四立法。曾致白公，未及上当事。今辍漕之说不行，此议可覆瓿矣。州人苦漕，咸惜此议。附刻于此，其馀不复录者，以任人如白公，而浚法之善已详集中并前志，莫有逾之矣。

拯患说　苏州举人陈　瑚

今之拯民患者，知有治标治本之法乎？何谓治标之法？曰：定常赋以绝蠹渔。夏税秋粮，固有已米一定之数矣，然每岁必重定会计，会计定，部下之省，省下之府，府下之州县，往往奸胥猾吏因缘为奸，私自加派。夫一邑之田，以百万亩为率，亩加本色一升，便加万石；亩加折色一分，便加万两。即以苏、松、常、镇四郡言之，共田二十九万六千九百六顷七十馀亩，是每岁四郡之田，即加粟三十万石，加银三十万两，十年则加粟三百万石，加银三百万两。合江南计之，每岁加派当几千万，十岁则几万万矣。以有限之生产，供无穷之溪壑，不在上，不在下，而但归中饱，大户安得不贫？小民安得不困？田土安得不荒？国课安得不欠？先朝巡抚张公国维尝语人曰：某欲力清此弊，故为易知单法。然单发之县，县委之吏，官吏必力争坚执，反以吾单为误。虽惩以大辟，终不能行吾法也。然则胥吏之不畏上台，不畏刑罚，蟠据而不可拔，盖非一日之故矣。以予所知近来昆邑之征粮,更有不可言者。当春夏之交,插莳未兴,先立限征十分之赋。维时会计未定,则先为约征,约征之数必浮于会计之数。及会计甫定,而小民之所完已逾其数矣。虽凶荒有蠲,仅蠲胥吏而不及小民;虽大事有赦,仅赦胥吏而不及小民。甚至米贱则减米以加银,米贵则减银以加米。究之里排催收,减者未尝减,而增者则必增。昆邑如此,他邑可知,而其弊皆本于会计之无定。尝考周官制赋之法量入为出,后世之法量出为入。量入为出,故取民有制。量出为入,故伤财害民。治国如治家,然国之有赋,犹家之有租也。租有定额,未闻以冠婚丧葬之事而轻重其租,则赋亦当有定额,岂可以科举、兵戎之故而下上其赋? 法当定为画一之规,大约如已米三斗之田,半征本色,半征折色,折色以每石八钱为率,则当岁征米一斗五升,银一钱二分。其馀斗则,以类而推。务使邑有常赋,田有定税。今岁不增,明年不减,部臣会计,但酌量国家经费缓急,何项当先,何项当后,何项上纳,何项存留,何项正供,何项赠耗,而于小民无与焉。即使遇蠲遇赦,亦明告天下曰: 本年常赋蠲赦本色、折色各十分之几。此法一定,清官府之掊克,杜胥吏之觊觎,法莫有善于是者也。

何谓治本之法? 曰: 兴水利以辟田畴。今之言开刘河者,不谋同辞矣。然如何经费,如何用人,如何起役,如何疏浚,苟非规画既定,难以兴此大役也。人情可与乐成,难与虑始。以郏亶之明于水学,然尚有鸣铙击幞之事。古人已事可鉴,其窃有一法焉。建议之始,即可使上下远近欢忻踊跃而无异议,请为详论其便可乎? 刘河为三江之一,宋元以来,皆用六郡财力开浚,今制嘉、湖、杭隶于浙省,或不及助,则当以苏、松、常三郡协开。先朝曾差工部郎中朱子颙估算刘河、白茅二河之数,约费银一百五十万两,予窃以为其数太溢。刘河之数,只须米十五六万石足矣。计苏州一郡之田十倍于太仓一州之田,松、常二郡之田二十倍于太仓一州之田,是合三郡之田可当太仓之田三十倍也。今太仓漕粮每亩正米一斗五升,是三郡之田每亩加米五合,便可当太仓漕兑正米之数也。法莫若于三郡之田加漕米每亩五合,代太仓漕兑,而截留太仓之漕米以开刘河。至于起夫,则用予蔚村筑岸之法,不问业主而问佃户,责成于圩长。而照田起夫,每田二十亩役夫一人,其人夫工食,不必征米入仓而后给之也。漕兑之例,每田出正米一斗五升,加三耗赠,约每亩二斗。每夫给以信票,许于田租中每亩先扣二斗为工食费,每夫二十亩,是每夫当扣租四石也。每夫用力百日,是一夫日得米四升。有不子来恐后者,非情也。且不计日而计亩,则必一日兼二日之功,是不烦鞭笞而自肯用力也。太仓田八十馀万亩,当起夫四万人,此四万人夫用之百日,便得四百万工。每里一百八十丈,刘河七十里,当一万二千丈。其法分为三段,以四千丈为一段,每十夫开一丈,四万夫则开四千丈。每段以一月为限,三限毕而刘河成矣。土方之法,方一丈则用夫十六工,十夫一月当得三百工。以土方法计之,此长一丈之河,可面阔二十丈,其利当不止百年矣。然则三郡加米,而太仓独无加派欤?曰:每亩加折色五厘,则当得银四千两,分而为四,筑坝车戽用其一,搭厂锅灶用其二,犒赏用其一,可也。是当于明年之春,以此入告,夏而定议,秋而定册佥夫,冬而起工。铨衡不必选吏,督抚不必遣官,但责成贤有司如白公者,即可专其任。为白公者,亦不必委任佐贰,不必参用吏胥,但于诸生中择贤者数人,便可襄其事。信如此也,虽用一州之粮而可免漕兑之苦,则业主必乐于出粟矣。虽有三月之劳,而日享四升之养,则佃户必乐于出力矣。有司不治漕而专力治河,则官不烦苦矣。钱粮不经手而但给信票,则吏无侵渔矣。不传一檄而可以集众,不挞一人而可以成功,故曰一建议而可使上下远近欢忻踊跃而无异议也。明年以此法开刘河,又明年以此法开白茅,又明年以此法开吴淞,将见三江既入,震泽底定,神禹之功可复,江南可富,而国用可足也。

告城隍文

太仓州知州白登明谨涓本年本月二十八日,同本州僚属、乡绅、生员、耆民等,昭告于本周城隍之神:唯天阴骘下民,唯神功化莫测。眷此刘河为娄江古道,乃百川之尾闾,合六郡以利济。迩年变为平陆,水不朝宗,虽近开朱泾,两年大有,孰非明神之庥?而娄江犹塞,渺尔支流,未尽泽国之利。兹逢绣斧巡方,俯采舆论,纠三邑以分工,起万众而举锸,勤七十五里之开凿,费十馀万两之金钱。如斯大役,岂仅人谋?目下东作伊始,止仲春一月,农可移工,唯天鉴之匪遥,赐三旬之晴霁,乘兴王之运,开东南之利,神必默赞其成;浚三江之一,纡[1]万姓之忧,天自潜绥其福。神输鬼运,助民力于冥漠之中;时和年丰,食地德于功成之日。伏祈上达帝听,阴襄大举,明等无任激切虔祷,谨具牒以闻。

告天妃文

太仓州知州白登明谨涓本年本月二十八日,会同本州昆、嘉僚属、乡绅、生员、耆民等,昭告于天妃海神:维神七闽之精,九天之灵,诞降于莆,是毓是生。幼禀奇质,屡著神异。乡邦之人,以崇尔祀。维宋元祐,敬事日隆。载锡之号,载敕之宫。元至元中,始议海运。岁漕江南,为国大命。伊维海运,风涛为艰。长鱼巨鲛,出没后先。维神之灵,永祐斯役。绛炬宵飞,幽灵夜戢。迨明之兴,尤著神功。洪永两朝,封爵弥崇。银锚金旛,穹碑广殿。殊号时颁,中官特见。会通既就,海运始隳。维神之灵,亦与盛衰。坏道哀湍,长松古瓦。壁落丹青,廷无车马。昔岁乙未,予守是邦。念民之艰,疏凿北江。登神之堂,拜神之像。瞻神之居,忾焉兴叹。知小谋大,力小任艰。幸邀神惠,或克勉旃。神来告予,锡尔先兆。空江无波,灵潮忽啸。借神之庇,功竟克成。长河百里,役不三旬。顾维娄江,

---

1 "纡",疑当作"纾"。

昆山历代山水园林志

702

尚有南道。神之故宫，灵爽所乐。二十年来，沧海桑田。神禹之迹，渺焉忽焉。或洼而深，如杯如瓯。或漫而高，如坡如阜。凡彼六郡，罔不咨嗟。如水灌腹，百窍俱麻。维州与江，更为切近。蓄泄俱无，旱涝两病。幸遇直指，念切民瘼。下车纳策，开江是图。已戒丁夫，已命畚锸。已祀群神，已定日月。维神之灵，为江海宗。敢不告虔，以相大工。肥我牲牷，洁我旨酒。丰我黍稷，以祈神祐。维此河工，神其赞之。上帝群神，既右享之。惠我田畴，粒此黎庶。河定民安，永永弗替。载崇庙貌，载饬几筵。歌德报功，亿万斯年。尚飨。

告江神文

太仓州知州白登明谨涓本年本月二十八日，会同本州昆、嘉僚属，乡绅、生员、耆民等，昭告于大神：伏以禹迹初开，一水凿坤维之胜；尧封永奠，三江分震泽之流。灌亿万亩之田畴，圣德覃敷于海甸；垂四千年之利泽，神功允协于蒸尝。历世咸休，全吴永赖。惟兹太仓州者，地滨泽国，受众水之委输；居傍神区，恃洪流之吐纳。借蓄泄以为利，已非岁月可言；蒙潮汐之是资，岂特涓埃可报。粤自旱熯，生于往代，遂令陵谷变于一朝。鬼火神灯，呼扰惊闻夜半；鲛珠海蚌，泥沙欻涨中流。或言蜆聚成龙，旋见洲生似鳖。凡兹数种，皆属咎征。四百丈弥茫之水，转头顿起尘沙；七十里滔溔之流，弹指倏成平陆。宫非瓠子，俄闻土石塞宣房；宅异方平，忽见桑田生海水。田塍沮洳，高低无粒食之欢；沟洫堙平，水旱有孑遗之叹。士民抚心已六七郡，官吏束手亦二十年。今者幸值绣衣行部，骢马循郊。纳舆人之策，兴怀往圣之功；念百姓之忧，欲继前贤之绩。谓朱泾已有成效，岂娄水遂乏奇谋？用是上告朝廷，下商乡国，人谋已协，天运将回。知州登明治邑无才，利民有志，昔开北道，已为疏凿先驱；继浚湖川，复为兴修小试。兹者奉直指之严命，合通邑之成谋，盖将有事于施工，宁无致虔于经始？为此谨择今月二十八日，蠲洁致斋，陈牲荐豆，用祀于尔大神。伏愿体上帝好生之心，默施灵祐；鉴下民其咨之苦，大显神威。兴工而雨雪不来，举锸则水泉自缩。灵鼍夜吼，奋大力以崩沙；应龙朝飞，垂修尾而画地。天吴罔象，仿佛呈能；鲛叟波臣，委蛇助力。潮平岸阔，复百年竹箭之流；风正帆开，聚千里鱼盐之盛。海波息而桑麻蔽野，颂声作而桃柳盈堤。再当报赛神灵，纪扬盛迹。丽牲加壁，美祈报于无穷；勒石铭辞，永功勋于不替。谨告。

开江记略　顾士琏

江南言水利者，莫不本"三江既入，震泽底定"之文，则开江之利，所系重矣。东江迹堙已久，唯娄江、吴淞江仅存。然娄江去《禹贡》四千年，考诸图记，其有事于江者，元初海运，自娄门导江至海；先朝夏忠靖挈吴淞水，自新洋江、夏驾浦北入娄江；周文襄浚刘家港，此其著者。唯吴淞江多疏导之迹，至海忠介复创法大开，若夏、周之于娄江。世远法亡，后人无所追讨，而娄江之委名刘河者，更未易修治也。

盖娄江自娄门至海，一百八十里而遥，上一百里名至和塘，下八十里名刘河，环昆山、太仓、嘉定之界。宋朱长文谓刘河即古娄江，夏忠靖亦云然。前辈谓"娄""刘"乡音互呼，故"娄"讹为"刘"也。当其上泄震泽，汇新洋、夏驾诸水而东，一江有两江之势，浩渺瀰洞，波涛如海。自吴淞江塞，借此宣泄，为吴中命脉。厥后海口涨沙横亘，江多滩涂，居民围岸成田，外栽芦苇，驯致江身狭束，来潮急而去水缓，所借湖水漱涤。自崇祯末，连年奇旱，湖水不下，海沙涌积，顿成平陆。自是震泽岁溢，潦水无归，吴民大困。二十年来，筹画疏浚，昌言于朝，至廑玺书咨询，部文台檄，下州计议。但条论者，或援命官发帑，费须六七十万金；或援海公截漕数万，六郡协助之说，辄格不行。

夫江之通塞，虽关气数，亦繇人事之得失。得其人则法以人立，非其人则法因人废，人与事每相需而成。会三韩白公牧娄土，知水利莫大于刘河，阅旧案，以条论非时宜，乃广诹民便，得销圩起夫法。是法非精察之吏不能行，公真其人也。公以未可试之刘河，值东南之民以朱泾请。朱泾乃刘河北派，长五十里，达海最径，沟迹仅存。公于乙未春，用销圩法开凿，民果称便，匝月功成。今名新刘河，又名白公渠者是也。详《新刘河志》。自乙未、丙申，旱潦相仍，缘浚朱泾，本邑邻邦便于潴泄，得获丰穰，爰是公治水之名播三吴。凡淹困之乡，望公开江也滋甚。

丙申冬，御史李公按娄，条开江者皆言专任公，即用朱泾法，可立奏绩。御史从民愿，遂委公。公以水土大政，有关国计，必三台佥允，疏闻乃可。议者以民困旱潦，如在倒悬，奏报期会则农时失，人移法换则功不成，今民愿自疏凿，以听上令。御史以舆情切，许鸠工。后会督抚具题，且请蠲州赋半，派别属代输，以劝州民。御史既毅然坚断，公乃遍告台司，而中丞张公愀所请，符行道府，群心踊跃，势不可已。公遂任厥艰矣。然后躬行相度，上下江干。自南盐铁河西、石家塘以东，俱通流，唯中段六十五里淤废已久，俱为坂田，开凿非易，其沮洳泥淖，浮滟动荡，畚锸难施。又工塘湾、补缺口，东西相望二三里，南北纡转十倍之。有谓径道宜开，使江流湍急，可以永通；有谓旧江形胜，取洄洑渟潴，广溉田亩；有谓石家塘坝外，宜并疏导；有谓凭水力决通，有谓宜远县助夫，有谓当役旁近，纷纷各执。公裁酌机宜，援海公役嘉、上、青开江例，止役太、昆、嘉，令州凿难河七千丈，嘉定凿难河二千丈，昆山疏易河一千八百丈。会两邑，兴役于丁酉仲春之八日焉。

州用朱泾法，如田主给食，佃夫作力，以耆督塘，以塘起圩，而条件视朱泾为详。州民以御史有请蠲代输之令，故不辞艰瘁，于是七千丈之河越一月而成。嘉定有额设河夫一万三千名，岁浚支流以涂饰，大半折银饱私橐。御史廉得，悉钩致拨浚。时刘邑侯以部欠镌级，将去官，御史知其才，留任河事，俟功成奏复。邑侯勤敏，御众严而有法，于是二千丈之河，越一月而成。昆山值丙申秋潦，绅袍致书白公，得决朱泾大坝，积水奔泻,是年有秋。御史按娄,昆之绅袍条开江者必颂公,协浚之始,民乐赴役。湖瀼百里内外,挈舟裹粮者踵至,度旦夕间竟工矣。因御史以讦误事猝逮去,规避者作辍无恒,于是一千八百丈之河,越三月而告成。

然半泾口南北数里,多浅段,万丈之通,不胜数节之阻。论者谓宜用撩浅篦洗之法,以致其深焉。工塘湾以娄、嘉两邑,分得水利,故仍纤道,止凿通相见湾六十丈,裁去一千馀丈,比旧为径,不致磬折太多,水慢易塞也。裁去者在补缺口、薛家滩等处,因有至和塘尾、石婆港、界泾诸水,故旧江可缓,仍有通流出相见湾达江,可以容舠,非遂墟之也。东坝外迤东到海,尚有刘河十馀里,向有嘉邑诸水,从石家塘出,近年朱泾泄上江水,从澛漕出,两水冲涤,数里江流日就深广,海口不减旧迹。今益以新江,其势弥壮。《考工》曰"善沟者水漱之",固不烦人力也。通计开凿之数,除裁去丈尺,计一万八百六十丈。江面复故额不能,狭束不可,准海公开白茅、吴淞式,自南关至相见湾,阔十二丈,深一丈四尺;自相见湾至东坝,阔十五丈,深一丈六尺。据样河工力,阔十二丈者,每丈以一百五十工计;阔十五丈者,每丈以二百工计,计费二百万工有奇。每工银米以七分计,计费十四万两有奇。嘉定有河夫,昆山浚不及十之二,独太仓任其繁多,皆出民财,为国家造全吴之利如此。

自是娄江复其故道,震泽诸湖与新洋、夏驾之水至州之西口接官亭,分二股:一股东行,为至和塘,注城内外濠,汇东闸而下,入朱泾;一股东南行,为刘河,绕南关过盐铁河、工塘湾而东,刘河包络于外,朱泾贯穿于中,交会天妃宫口出海。上江之水,刘河不尽受者,朱泾分泄之,总为娄江之委也。

当故道未复,江水朝宗,缘西关北折,入盐铁河,达戚浦,出七鸦口,百里辽远,河狭水浅,时致横溢。今娄江自有所归,戚浦自泄所受西北之水,则水不乱行而水治矣。太仓之水治,而吴中之水亦治矣。吾观自古起大役、兴大利,莫不动黎民之惧,如西门豹、史起、郑尚辈,虽没世颂功,而当时贾怨。即海公治水法严,有哀号者。公则一浚朱泾,再浚刘河,亟役数万众,靡一怨咨,曷克臻此?盖缘惠爱素孚,而筹画善法,临役宽简,不挞一民。行河则露宿星餐,与役卒同甘苦,故劳民而民忘其劳也。论者谓刘河通则海堰有不测之虞,夫神禹凿三江,闻建万世之利矣,未闻贻万世之害也。且娄江系江南农田水利,为国家财赋之原,故门户设有重访。考先朝嘉靖间,倭乱十载,伊时娄江汪洋浩淼,未闻突犯,矧今河形非旧,纡回缭曲,阑入非便乎?所可惋惜者,御史以坚断成功,初间度民力难就,及垂就矣而遽去,不及会督抚具题。中丞檄道勘报,而监司以督运去未覆,是以吏绩民劳,不得上闻,而勤惰成亏,无有稽核者。所冀当道宪台轸念民瘼,胪以入告,不没劳勋以劝将来,而讲究撩浅导河以善其成,则四千年之禹迹不堙,而忠靖、文襄之绩再见矣。

夫政之废兴，河之通塞，人事之偶不偶，生民之幸不幸，匪细故也，乌能无纪，以示将来？白公名登明，字林九，辽东人。自公以下，赞助僚属，则有李二州愈棠、张经历铉，嘉定刘邑侯弘德、窦二尹毓龙、昆山滕二尹元鼎。其馀员役暨公移条件，则别见。愚生往役浚事，纪其大略，俾将来有事于江者得以考焉。时顺治十四年六月之望。

浚　迹　顾士琏

开江自太仓南关外、盐铁河北口起，地名东渡，向日舣舟以济，今架木梁，长十馀丈。当江波辽阔，风帆上下，或来自郡城，或至自海外，关市百货辐集，缙绅巨室，甲第如云。每遇重五竞渡、八月观涛，则水嬉毕陈，士女填咽。南郊更宜桃，春朝艳发，远近如红霞，则倾城出游，或移樽小艇，或布席花下，贵游各极声色。故南渡观桃，为州最胜。江塞以来，津步萧条，市井阒寂，良辰美景，已成往事。唯有渔户壅江，圈成潭沼，黠民圩岸，指为芦课，非今兹修治，渐无江矣。

迤东至半泾口，则折南，昔日江势浩大，潮逢折则涛起。秋潮盛时，村民赛神迎潮，集龙王庙前。潮将至，雷声隐隐，少选，银涛如雪山，奔驱而来。一过湾口，涛势跌落，两岸顿平，支流皆满。半泾口遭荡击，西岸多涨，东岸善崩，龙王庙去江百丈已无存。囊江通时迹也，不料遂成沮洳。今虽开挑壅淤，而江面侵占，不及十二丈。若有司严盗河之禁，则江犹可存也。

自半泾转南，相传有刘河故道，东抵补缺口二里，其道芜没已久，故江流自半泾转西南而下，至公塘口兜转东北，作数折，始抵补缺，约二十馀里。议者谓江之塞，因纤道多，潮失湍急，湖泻悠缓，必复径道，庶吞吐迅疾，江可永通。如宋叶清臣开吴淞江，凿通盘龙汇法，张南郭先生曾有著议。先朝代巡周公一敬开江疏内，言从径道省工银四万三千二百两，曾命部郎至此丈勘。会改革，不果。顺治丙戌至辛卯，吴中连年水灾，代巡秦公世祯经画开江，士民条陈皆主径道。丁酉之役，胡卣臣先生条议亦然。白公奉宪勘江，丈得径道止三百二十丈，度废民田八十馀亩，议倍时值偿之，并偿春获。公又因凿新道，挈堪舆相度形便，值此地之北，有吴姓三墓，龙脉蜿蜒从后来，乃于墓之巽划新道，湾抱墓前，作金城形，明堂宽广数顷。西北去水出口，正望朝阳关城楼，为州之巽，自半泾转西，湾抱南关，复天虹玉带形，如是则延陵得催官吉地，而州之形胜，甲于东南，皆取生炁到堂也。而延陵子姓未悉形家言，兼之公塘湾内外民以二十里水利不沾，乘公分河时，控诉马首。公不忍一方偏枯，仍浚公塘纤道，群情始帖。

江故有三大湾：一半泾湾；一公塘湾，又名湄场湾，从城上望，风帆屈曲，绕巽丙而来，亦为有情；一相见湾，在补缺口东，有诸生王应运条准宪行一款，令凿通相见湾六十丈，省补缺口北转一千馀丈。公相地势，补缺北段名薛家滩，已沾朱泾石婆港蓄泄之利矣，乃置旧道，凿相见湾而东。按，弓塘湾、薛家滩，皆涨沙成田，地洼宜稻，太、嘉、上腴也，多为势家之业。圩内居民数百家，宅傍流水，堤岸盈桃柳，无甚贫之民。江塞后，民稍困，今则田畴如昔矣。

总按，江之西段，自盐铁东至公塘口，向为州入娄塘路，水道微通；自公塘东至相见湾，仅数尺水线，今俱凿十二丈；自相见湾迤东直至石家塘，尽凿平田，阔十四五丈不等。相见湾东为庙堂港，有古庙傍江。再东为千步泾，内有小村落，有乡绅吴志衍父茔面江，江势环绕。志衍，殉节西川者也。再东为双塘口，居民陈氏聚族，有诸生陈廷桢倡议出嘉定河夫一万三千名，亦其力也。太仓、嘉定同壤，嘉邑改折久，而又有额设河夫岁淘诸河；太仓岁苦漕，而水利不举，止有导河夫银，已别解不存。所宜申复者此尔。过双塘为小塘子口，即湖川塘尾，丙申年白公浚湖川至此。再东为石家塘口，开江自此竟矣。绝江筑大坝，长百丈，厚一丈八尺。公行河日，与河卒同甘苦，不扰民薪水，不栖民家，携布帐露宿，西段则宿庙堂港千步泾岸，东段则宿坝上。

坝外不浚者，石家塘泄嚣水出江，江尚通，至天妃宫三里，天妃宫至江口约十里。天妃宫系元海运时建，明初尚运，永乐间郑和自此泛洋。江口南北有海塘，晋湖州刺史虞潭筑垒于沿海一带，以遏潮冲。洪武、永乐、成化间，屡增筑，今坍入海。北岸渐及刘河堡城矣。登堡城，望见江口涨沙横亘，潮至渐隐，潮退隆然而起，名曰海舌。自乙未导朱泾，水从天妃宫达江，决深江流，向日揭涉者，今深一丈五六尺，海舌颇削，盖海舌有如息壤，逢潮则驱浑沙入内，潮退即便淀积。江之淤塞，皆繇乎此。策导江者或云须铁帚、丁齿搭诸器，系巨舰，乘潮枊爬。又援开白茆法，避海舌，另凿新道。诸说未知孰便。但水力可决，已验前事，今新江既成，俟潦年决大坝，庶可荡涤。但杞忧者谓江通则海艅可虑，是以决坝有待。先通小塘子口，俾江水北注，转入朱泾，出天妃宫达江，稍纡数里，便无意外之恐。但朱泾日受浑沙之积，非天妃宫建闸以时局启，则东南水利可以永存乎？司牧此土者宜加之意也。

夫娄江之有关全郡，不待智者而知之。远古不具论，自夏忠靖、周文襄以来，载籍诸君子班班可考，岂刘河之通塞无系邻封之利害乎？盍取载籍之文，考而知之。传曰：睹河雒而思明德。西门豹曰：令父老子孙思我。是知厥功在久远者，兴颂不在目前。后之君子，吊娄江之迹，考通塞之因，其必有致思者矣。爰作《浚迹》。

开江逸事

太仓水利，不讲三十馀年矣。自顺治乙未白公凿朱泾，势家大哗，欲毁首事者之室。及经画有方，终始不扰，人情大安，于是众知开河之利。至丁酉年开凿刘河，此莫大之役，宜民情震骇更甚于前，而乡城熙熙，不闻有开河之举，大功一月而成，亦异事也。

往例开河,绅衿俱优免,独白公两次俱不免,卒无怨者。盖以公立法之善,而所费亦无多也。

昔年开河,俱凭工房混报丈尺,故胥役上下其手。公唯择衿耆中诚谨者任之,故弊端克杜。

初随白公往勘河道,竟如平沙大漠,一望黄茅白草,绝无勺水。时从骑甚多,皆纵辔往来驰骤,宛似较猎塞上。今者悉为洪流,岂知当日情形若彼哉?

先是,刘河将塞,河傍居民每夜闻呼啸声,若有官长督役者。未几河塞,相传为鬼塞河。近年又闻此声,民以为开河之征也。

昔海忠介开吴淞之先,有民谣云:"要开吴淞江,除非海龙王。"后果任龙、黄二僚佐。近年亦有"若要河通,除非白龙"之谣。盖崇祯末,郡中讲师管乾三曾有请龙开河之说,故有此谣。若与公姓相符,而公又戊辰生也。

闻故老言,海忠介开白茅,十里立一桩木,谓之"绞桩",以刑作弊及偷惰者。赴工之人,皆与家人哭别。虽未尝刑人,然法亦峻矣。公之开河,与人如家人父子,或恐其玩,然竟刘河之工,未尝挞一人,人卒无玩者,子来之诵不虚也。

往年开河,凡官府供应及一切杂费,皆塘长任之。若此年不开河,谓之太平塘长。公一切革除塘长之费,自以俸银置扶手中买膳,觇公每餐,不过腐一盂、葱菜数茎而已。

公督工河上,单骑巡行。一日值天晚,无可止宿,欲借宿民家。思民间俗忌,不利官府到家,徘徊道旁,而民亦闭户不纳。从人以公故,不敢强入。适金粟庵僧来迎,乃止于庵。明日,以白金一两酬其僧。于是民间闻公恤民,皆愿公来宿,而公以布帐随身,竟露栖矣。

作坝从来俱点大户,费亦不赀。公令坐区协办,禁泥头包揽。是以石家塘大坝,长八十馀丈,厚一丈八尺,太仓筑费止百金。昆山盐铁口小坝,不过十二丈,闻民间几费一百五十金。举一节而昆山之河工可知。道威记。

前抚土公国宝初任时,值湖兵突入郡城,遍焚公署,大帅被困。乱定,大帅欲屠城,土公力保全之。闻其在中州,亦保全一县,后竟投缳而死。闻其再任时,与姻家陈工部欲建奇功以树德,拟各捐数万金以开江。行所属估勘,而所估之数须六七十万金,费重而止。惜当时无有精心筹画之人,以遂其志。此说闻之于郡弁。后查前守陈公所遗刘河旧案,内载文移条件甚备,果有土公行牌及会议条陈等难以施行者。白公言开江之初,夜梦有山川之神来巡刘河,乃前任土公也。岂其生前善念至死不忘,而全城之功遂至为神,犹能赞助河工乎?

初兴工时,江干传说曩日开河,官亦姓白,名思明,远近流闻以为奇。然考水利书不载。偶阅《嘉定县志》,成化初,有知县白思明筑海岸百五十里,以捍潮患。海滨之民,奠若太山,功亦伟矣。查海岸南抵嘉定,北跨刘河,正白令浚筑之地,有德于民,民至今思之。父老盖为今日水利大坏，又生白公修治，故远近神其事也。

河工将半之时，日在申酉，忽有白云三股从东南来，已而弥漫布日，风霾大作，顷刻河心白雾起，对面不见。登高望之，俨如大水竟河。河中人以为雨也，皆起就岸，而岸上雾独少，窃怪之。今思如大水竟河者，河开之兆也，而风霾大作，雾气腥臭，此非吉征。数日后，直指被逮。

龚友彦约，字廷右，少年锋锐，日诵数千言。善属文，试辄冠。长而有力，善棐，喜功名。性疾恶，土抚再任，擒渠恶数人，怨家不敢前，廷右挺身，廷质其罪，劲甚。土公毗之。一运官苛派，廷右发其奸，运官衔恨，至京通欠，即陷廷右。部逮至京者二。廷右得直，运官抵法，人以是服廷右公正。有才气，朱泾、刘河二役，予得廷右同心，群情嚣哗，廷右岸然不移，精思筹算，毫无私焉，借以成功。以廷右年方强仕，英姿有为，岂遂止此乎？不幸今秋病卒，失此良友，士林叹嗟。白公念其劳，遣吏吊祭焉。

销圩浚河一法，创古未有。盖因陋规大弊极坏，而变通以宜民者也。非白公德威感人，亦不能行。一用之朱泾，再用之湖川，三用之刘河，事功虽集，而圩长代塘长受困，佃户有无从扣银米者。惜此良法，间为势家所格，渐滋弊端矣。后之君子，神而明之，必精察乃可用也。以书御马者不尽马之情，以古制今者不尽今之变，治水无常师，因时宜而师之可也。拟辑郑瑄、单锷、林应训、吕光洵、姚文灏、耿橘诸书行世，以俟后贤采择，庶不泥一法耳。

直指李公按娄，因太、昆、嘉绅袍士民之请，毅然至浚。功垂成，以他事逮。行日，郡民顶香送公，号泣于道者以万计。公曰："吾他事无足念，唯刘河功未竣，此吾不了心也。"公去后，太、嘉之民感公言，垂泣以执役，功遂告成。昆山以公去，不即竟局，事之不偶如此。然公明德远矣，至今娄、嘐之人临流思公，堕泪不辍，比之岘山云。公名森先，字琳枝，山东人。庚辰进士。殷重记。

开江诸咏

娄江谣十章为白使君赋　钱谦益牧斋

海宇瞪瞢暗劫灰,天荒俄为使君开。争看心是光明烛,又说身如照世杯。

辂车信宿下东仓,脚底阳春信许长。要使苍生安蔀屋,先教白笔扫风霜。

儿童尽笑使君呆,只饮娄江水一杯。不道使君心赤若,嚼冰啮檗此中来。

赤丸消伏白丸藏,片檄横飞不下堂。柳市高楼闻夜语,桓东记取少年场。

退衙开卷一儒生,帘阁茶烟一缕清。官烛夜阑铃索静,铜签遥应读书声。

珣玕琪玉并瑶琨,彼美东南竹箭论。辽海文光瞩东海,医闾重见贺黄门。

扢衣上马绝飞埃,百石弓弦霹雳开。千骑跨坊传炬火,使君海岸射潮回。

英年白晳气如虹,下马文章上马弓。吴下儿郎应错认,周郎那复在江东。

使君威望叶熊罴,横海从他候火驰。海若天妃齐拱扈,三江午夜卷灵旗。

皇天老眼讵茫茫,谁把民谣达上苍。天若可怜穷百姓,便升州守做都堂。

娄江志卷下

娄江浚筑志

按王圻《娄江考》曰：一江东北下三百馀里入海，曰下江，亦曰娄江。《吴记》曰：东北入海为娄江。《苏志》云：一自太湖从吴县鲇鱼口北入运河。经郡城之娄门者为娄江。历昆山、太仓，东至天妃宫出海，自宋丘与权于至和二年筑塘以后，遂称娄门迤东至太仓河皆为至和塘，袭讹也。在昆山可名至和塘，在太仓当名太仓塘，总名娄江。考郡东门曰娄门，伍胥所名。昆山乃秦汉娄县地，吴张昭、陆逊封娄侯，昆山有娄侯庙，皆因娄江名也。故凡有事至和塘者，尽入志焉。

《禹贡》曰："三江既入，震泽底定。"唐仲初《吴都赋》注：松江下七十里分流，东北入海者为娄江，东南流者为东江。并松江为三江。今亦名三江口。○按蔡注曰：《禹贡》书法费疏凿者，虽小必记。无施劳者，虽大亦略。近归震川引郭璞之说，以岷江、浙江、松江为三江。夫三江者，禹凿以定震泽，记治绩也。岷、浙天堑，似非人力所凿。○曾氏曰：震如三川震之震，若今湖翻是也。具区之水，多震而难定，故谓之震泽。底定者，言底于定而不震荡也。

宋至道二年，知苏州陈省华议筑昆山塘。旧连湖瀼，无陆道，为民患。时议修筑不果。○按，娄江在北宋时已埋，故郏氏父子不及之。范希文开五大浦，而不导娄江。王荆公诗云：三江断其二，往往菰蒲青。当时止有淞江耳。丘与权《至和塘记》云：北纳阳城湖，南吐淞江。是时娄江上流已南泻淞江矣，而下流未能入海，故娄江不著。

至和二年，昆山县主簿丘与权筑昆山塘。皇祐间，王安石相视上奏，至是与权奋然身任，知苏州吕居简、知昆山县钱纪同心计画，始克成塘，因名至和。自娄门至昆山六十馀里，建桥梁五十二。○丘与权有记。

嘉祐六年，两浙转运使李复圭、知昆山县韩正彦大修至和塘。

八年，设开江兵，修至和塘。按郡志，初，五代钱氏置都水营田使，慕卒为都，号曰撩浅，亦云撩清指挥。宋因之。有卒千人，为两指挥。第一指挥在常熟，第二指挥在昆山，一在吴江南城。范仲淹疏云：曩时苏州营田领四都，共七八千人，导河筑堤，以减水患。嘉祐四年，置开江兵，立吴江、常熟、昆山城下四指挥，各二百人。八年，两浙转运司请拨望亭废堰兵，隶苏州开江指挥，修至和塘。

崇宁四年，命司封员外郎李公传等疏娄江。

重和四年，知昆山县吴昉浚至和塘。

乾道元年,知昆山县李结浚至和塘。范成大有记。

乾道间,命前进士胡恪修娄江。

淳熙六年,发运使魏峻疏至和塘。郑霖有记。

元至元二十四年,宣慰朱清导娄江。按郡志,是年水涝为灾,宣慰朱清喻上户开浚。自娄门导水,曰娄江,以入于海。粗得水势顺下,不致甚害。〇又按,元初淞江塞,淀山湖围成田,刘河海潮渐西,自然深广。是年,朱清导水以通海运,而娄江始大。

天祐元年,浚刘家港。时张士诚据吴,兴是役,并及白茆。入明朝后,十馀年无水患。〇按州志,张士诚畏海贼,塞至和塘尾,开九曲河,仅通太仓东门。彼时城中河袭讹至和塘,相沿至今。州志云:太仓塘一名至和塘,引娄江水入州城大西门,俗讹致和塘。按,宋郏亶书误为至和者。

明洪武三十二年,修筑刘河口等处海岸。先是,晋湖州刺史虞潭于沿海筑垒,以遏潮冲。至是因老人朱六安奏海患,工部遣官修筑,南抵嘉定县界,北跨刘家河,长一千八百一十丈,高一丈,基广三丈,面广二丈。

永乐二年,户部尚书夏原吉导娄江。按郡志,永乐二年,朝廷以苏、松水患为忧,命户部尚书夏原吉疏治。寻遣都察院佥都御史俞士吉赍水利集,赐原吉,使讲究拯治之法以闻。既得请,遂集民丁开浚。自昆山县东南下界浦,挈吴淞江之水北达娄江。二年冬,复挑嘉定县四顾浦,南引吴淞江水,北贯吴塘,亦自娄江入海。又浚常熟白茆塘,导诸水入扬子江。〇又按,夏忠靖见淞江久塞难恢,乃用周文英遗策决新洋江、夏驾浦等河,挈淞江水北注娄江,南浚范家浜入海之口,上接黄浦,而弃直东百二十里之地不复开浚。时娄江始并淞江上流,而水势增壮,然淞江微矣。其后尚书李充嗣请于夏驾、新洋置闸,不果。至隆庆三年,海忠介始浚淞江下流八十里。〇夏忠靖有疏。

三年,增筑捍海塘。水官何傅督工,高倍于前。

正统六年,昆山县开至和塘。

七年,巡抚周忱修浚苏、松沿海诸河。自金山卫独树营刘家港、白茆塘沿海诸河。

成化八年,巡抚毕亨、巡按郑铭、提督水利佥事吴瑞筑海塘。是秋,大风海溢,漂流人畜,淊没禾稼。毕亨、郑铭、吴瑞议筑海塘,檄松江知府白行中督华亭知县戴冕自海盐抵上海界,筑三万四千七百六十九丈,又为外堤,起戚漴,至平湖界五十三里。上海知县王宓之自华亭抵嘉定界,筑一万七千七百四十八丈。又檄嘉定知县白思明自宝山北至刘家河,筑一千八百一十丈。三县所筑堤,并面阔二丈,址倍之,高一丈七尺。〇按,刘河口海塘,久不修筑,至明末,塘基坍入半海,张家行镇飘没,沿海棉稻岁遭淊浥。至顺治十三、四年间,坍逼刘河,南城基殆不可守。现今督抚按议迁堡城,估费具题。〇按,刘河堡,即元嘉定州水军万户府,至正十三年立。明朝罢万户府,置三巡简司。正统初,有海警,侍郎周忱设军寨备倭。成化十八年筑城。

弘治八年,巡抚朱瑄淘三江,浚下流,杀湖水东泄之势。修娄江堤。督长、昆二县修治,自苏州娄门起,至太仓卫城止。

九年，提督水利、工部主事姚文灏筑沙湖堤。文灏见沙湖风浪颇恶，且多盗贼，傍湖口筑夹堤，横截其中，广三丈，袤三百六十丈。至十一年，功垂成，文灏以疾去，后任郎中，傅潮始克成之。〇文灏先以常州府通判随徐贯督浚常熟、江阴江口，核豪民私占芦利，追其值贮焉。至是请于巡抚朱瑄，动支充费，赖济急需。〇吴宽有记。〇姚文灏浚至和塘。委苏州府通判陈昉、昆山县知县张嘉募工开浚，东自新洋江口起，西至九里桥，凡长四千九百六十五丈，用过人夫九万六千五百工，计工授直，糜钱一百三十五万。〇吴瑞有记。

十年，提督水利、工部郎中傅潮浚至和塘。吴瑞有《十河功绩记》。

嘉靖二十四年，知太仓州周士佐筑娄江堤。州西鄙去城三里，接吴塘口。当湖海二水交会之冲，惊涛湍急，啮土随流坍没，赖筑此堤捍御田亩。〇张寅有记。

万历二十六年，修沙湖堤。唐时升有记。

三十九年，知昆山县祝耀祖筑至和塘。自城西问潮馆起，至长洲县界，长二十三里，甃石成堤。

四十二年，知长洲县胡士容筑至和塘。自娄门外永安桥起，至昆山县界，甃岸建桥，凡四十五里。〇胡公有申文。〇文震孟有记。

四十三年，知昆山县陈祖苞浚至和塘。自城东候潮馆起，至十五淹止，凡二十里。

崇祯十年，巡抚张国维、巡按路振飞重修至和塘。长洲县东境四十五里石塘，先该知县胡士容设置义田，积租缮塘，后竟移为别用。旷久不修，长堤崩尽，无以捍水，妨农病涉。张国维设处经始，兵备冯元飏与知府陈洪谧、推官署县事刘鸣谦各捐助有差，不经佐领吏胥，董工专属耆民负图营办，仅四月毕工。

十七年，刘河塞。按，娄江之委名刘河，自太仓西接官亭起，至海口，长八十馀里。崇祯末年，连遭奇旱，潮水不下，潮沙日淀，自石家塘至公塘口五十馀里，涨为平陆。公塘西至盐铁口稍通水线，于是全郡受困，而太、嘉之苦旱，长、昆之病涝为甚矣。

弘光元年，巡按周一敬题请开浚刘河。时江南连年大旱，赤地千里，皆咎水利不兴。先经安抚祁彪佳有咨文到抚按，继因科臣钱增题请开江，按臣委所属勘估，会同浙直总督、巡抚张凤翔题请兴浚，旋命部郎朱子觐到州督理。值鼎革，不果。〇周巡按有疏。〇时昆绅、工部员外朱日燡有疏。

清顺治八年，总督马国柱、巡抚土国宝、巡按秦世桢议开刘河。自丙戌至辛卯连岁霪潦，夏秋为甚。苏、常低邑，田洳水底者五六年矣，水无所泄，民不堪命。土公□牌所属议浚刘河、白茅，秦公令士民条陈开江事宜，行州估勘刘河。转辗文移，卒以费重，未及题请。

九年，工科右给事中胡之骏题请开浚刘河。时奉俞旨，部咨行督抚按，转行道府议费七十二万金，费重莫措，钦件未覆。〇胡公有疏。

十年，知太仓州陈之翰疏刘河西段。时漕艘胶浅，陈公申请上台，自州之水次仓起，疏至胜安铺止，共十里。北岸役太仓，南岸役昆山，系刘河西段。水次仓至河口，则本州自浚焉。

十二年，知太仓州白登明奉抚院张名中元。开凿北刘河。水灾自丙戌年至甲午冬，水尚未退，刘河难以疏导，乃于州之东偏相径道易泄水者，得刘河北派，曰朱泾，长五十里，可以抵江达海，泄水为便。因申宪得请，以销圩法起夫开凿，乘岁荒，兼赈兼浚，一月告成，积水得泻。本邑邻封得以有秋，具载《新刘河志》。

十四年，白登明奉总督郎、名廷佐。抚院张、名中元。按院李名森先。开凿大刘河。时邻封见朱泾功易就，条陈当事，乞以前法开江，俾全吴沾利。宪台檄州计画，乃援海忠介役嘉、上、青开吴淞例议役太、昆、嘉，自西段南盐铁河起，东段石家塘止，共长六十馀里。州民冀上台题恤，独凿难河四十馀里。嘉定凿难河十二里，昆山疏易河十里，阔自十二丈至十五丈止，深自一丈四尺至一丈六尺止。太、嘉两邑一月告成，昆山时无印官，故终事濡迟，河多浅段，为惜焉。然未尝动公帑，而久塞之江可通矣。详集中上卷。

考北宋前吴淞江大通，故娄江不著。嗣后吴淞江与娄江通塞相代。然南宋时娄江之委尚淤小，元初不浚自开，元末复淤小。明初江势浩大，明末湮塞，今兹复开。

州志·娄江考

娄江一名下江，自郡城娄门而东，历昆山入州境，环城南而东，达刘家港入海。凡一百八十里，专受震泽西来诸水。始自元时，不浚自深，因之设海运。永乐间，中使郑和通海外诸国，亦道此。说者遂以当三江之一。张南郭曰：按，吴淞塞而南水倒注，白茆塞而北水横溢，唯娄江一线为东南尾泄。

嘉定县志·刘河考

刘家河即古娄江，在县北二十四里，发源于震泽，从吴县鲇鱼口经郡城之娄门，东贯昆山。又东至太仓，环州城而南，与县合界。又东三十里，入于海。元至元间，朱清浚之以通海运。国朝永乐初，再浚以救水灾。每潮汐至境内，西北诸塘浦借为咽喉，以嘉定之土田亢瘠，而其民犹得耕而食，则此河之利居多哉！

吴荃《原三江》

按《禹贡》曰："三江既入，震泽底定。"震泽者，太湖也。西北受宣歙、九阳、荆溪之水，西南受天目、杭湖诸山溪之水，浩渺不可涯涘。其底定也，则有灌溉之利；其泛滥也，则有浸淫之害。故古之治之者，疏其源，俾水之入者有所分；导其流，俾水之出者有所归。汉孔安国牵合"彭蠡既潴"之文，遂谓三江自彭蠡分为三入震泽，不知彭蠡、震泽，入海之道既殊，三江乌可强而同也？厥后虞氏作《志林》，桑钦作《水经》，班固作《地理志》，各祖其说。郭景纯以岷、浙、淞为三江，韦昭则以淞、浙、浦阳为三江，承讹袭舛。惟张守节论差近。

今复参以唐仲初《吴都赋》注、朱长文《吴郡续图经》，及水道奔趋之迹验之，则太湖之水自东南分流，出白蚬，入急水淀山，繇小漕大沥以入海者，曰东江。自庞山过大姚，经昆山石浦、安亭，繇青浦达沪渎，东泻入海者，曰吴淞江。自东北分流，从郡城东行，经古娄县，水势洪驶，东北直下，今俗讹为刘家港者，曰娄江。是三江实东南泄水之尾闾，各有入海之所而弗可混也。

世惟惑于顾夷《吴地记》云"吴淞江乃古娄江"，遂使吴淞海口漫焉无稽。考宋绍定六年，知平江府杨烨奏乞于吴淞口置寨以备海道，曰乡者逆全多就顾泾运米，自海洋窥吴淞江口，平江必为震惊。据此，乃知吴淞入海原有其所。又考《云间志》，青龙江上接吴淞江，下通沪渎，吴孙权尝造战舰于此，则其江之浩渺，而沪渎乃其下流，昭然可见。矧吴淞距娄几五十程，其亦曰娄江者安矣。

夫震泽疏源以注江，三江导流以归海，民物奠乂，全吴财赋，其昉诸此。后代率逞私智，或图苟安，悉置此不讲，故小漕大沥及诸港日就浅狭，而东江遂湮。唯淀湖支流，北注吴淞江，从刘家港入海，安亭、青浦河存一线，而下流壅塞，其水逆趋夏驾浦，亦从刘家港东北入海，会于娄。譬之假道出入，必先至者，而己姑徐徐也。夫水势顺则疾，疾则浑泥并行；逆则缓，缓则浑泥停滞。故昆山之东南隅、嘉定之西南隅、青浦之西北隅、华亭之北隅，昔日沃壤，今皆硗确莫耕。三江塞二，而以全湖东注之水独归于刘家港，其势渐不能容，日积月累，行复如二江患矣，识者能无隐忧哉？

为今计，当稽故道开复，俾淀湖水原从东泻而弗北注，吴淞水原出安亭、青浦，达沪渎，而弗逆行，庶几经纬分明，四县不耕之地可复种矣。自太仓塌身西抵常州境，仅一百五十里，常熟南抵湖、秀境，仅二百里，其地低下多水田，故虞水；塌身东接海岸，东西仅六七十里，南北仅百里，常熟北接北江之涨沙，南北仅八九十里，东西仅二百里，其地高仰多旱田，故虞旱。今水有所归，则泛滥不出，而水田常稔。江湖率职，则蓄潴可豫，而旱田常稔。

说者又谓陵谷变易，三江可复，九河何以日徙？不知九河弗可容其复，三江弗可容其弗复者也。盖北方资水以济运，恒患水之源弗继，故引黄河水排之于淮，通流漕渠。若复故道，繇郑卫沧景以至天津入海，虽河患永息，而徐淮以下皆涸，漕事将益费。南方决水以护田，恒患水之委弗泄，开复三江以兴永利，固上策，但工费宏贲，未可骤议。窃见昆山陆家浜以南，盘曲多而河身窄。古之曲其江者，欲激之使深，激之既久，其曲愈甚。又况水弗东之，滩涂易长，昔叶内翰开盘龙，沈谏议开顾浦，毗哉？伊欲吴淞安流，宜仿前人已行法，如夏忠靖浚吴淞，东至石桥洪而达诸海；如周文襄浚顾浦，通吴淞江以入海。如昔沿海处所开三十六浦，以分三江入海之势，未浚者浚，已浚者时导，则四县亦得少苏。是则权宜经理，以支四五纪者，亦策之次。迩宪臣请事东南水利，独于三江无专言，今日治干，明日治支，迄岁无成功。我悲东南遗三江之利，则悲天下遗东南之利也。

丘与权《至和塘记》至和二年

吴城东闉，距昆山县七十里，俗称昆山塘。北纳阳城，南吐淞江，縣堤防不立，故风波驰突，废民田以潴鱼鳖。其民病赋入，相从逋徙。奸人缘之，通盐贾自利，劫行旅，吏莫能禁。自唐至今三百馀年，欲营作而弗克也。

皇祐中，发运使许公建言：苏田膏腴，尝苦水患，乞置官司以畎泄之。请今舒州通判、殿中丞王安石相视。朝廷从之。王君至，讯其乡人，尽得其利害，度长绳短，顺其故道，施之图绘，疏曰：请议如许公。朝廷未之行也。

至和初，今太守吕公下车，问民疾苦，盖有意于疏导矣。明年，与权为昆山簿，始陈五利：一曰便舟楫，二曰辟田野，三曰复租赋，四曰止盗贼，五曰禁奸商。令钱君复太守，喜其谋之叶从，得请于监司。粤十月甲午治役，先设外防，以遏上流，立横埭以限之，乃自下流浚而决焉。畚锸所至，皆于平陆。其始戒也，猋风号霾，迅雷以雨，乃用牲于神。至癸巳夜半，雨息。逮明休霁，以卒其役，若有相之者。盖旬有九日而成，深五尺，广六十尺，用民力一十五万六千工，费民财若干贯，米四千六百八十石，为桥梁五十二，莳榆柳五万七千八百，其贰河植茭蒲芙藻称是。于是阳城诸湖瀼皆通而及江，田无洿潴，民不病涉。

初治河至唯亭，得古闸，用柏合抱以为楗。盖古渠，况今深数尺，设闸者以限淞江潮势耳。耆旧莫详之，呜呼，为民者因循至此乎？是役也，自城东走二十里曰任浦，昆山治其东，长洲治其西，以俗名非便，更曰至和，识年号也。建亭曰乙未，记岁功也。太守嘉其有成，谓权实区区于其间，其言必详，命为记。

沈括《至和塘考》

至和塘自昆山县达于娄门，凡七十里，自古皆积水，无陆途。民病涉久，欲为长堤抵郡，无处求土。嘉祐中，有献计就水中以篷簁为墙，栽两行，相去三尺，去墙六丈，又为一墙，亦如此。瀺水中淤泥实篷簁中，候干则以水车畎去两墙间旧水。墙间六丈，皆留半以为堤脚，掘其半为渠，取土以为堤。每三四里则为一桥，以通南北之水。不日堤成，至今为利。

前人创始如此，今日南阡北陌康庄大道，不可不念前人之劳。

范成大《昆山县新开至和诸塘浦记》_{乾道元年}

隆兴三年,浙河以西郡国七大水,吴之属县五,昆山为甚。三江、具区占扬州,水之所都,其东地益下为昆山,常受三江、具区之委,以入于海。霖潦时至,必衡塘纵浦,疏瀹四出,然后民得污邪而稼之。今岁久弗浚,涂泥满沟,夫地愈益下,而脉络壅底,则其沉涩独甚于他邑固宜。明年春二月,民大饥且疫,皆仰哺于官。河阳李结次山适为邑长,念水利未修,水害亡终穷,按农田令甲,岁荒得杀工直以募役。乃饬供上之羡,劝分所得,为之糗粮扉履畚锸,召仰哺者糜至,浚浦五:曰新洋江,曰小虞,曰茜泾,曰下张,曰顾浦。浚塘:曰郭泽,曰七丫,曰至和。五旬而告休。用民之力凡十有三万四千六百有奇,糜缗钱万一千二百有奇,稻麦以钟计七千七百有奇。而官储不知,公徒无与焉。

予时备史官,次山使来丐书以为记。予闻其土水患旧矣,间者朝议屡欲遣使发官钱以从事,卒以事重,无敢承命。次山独能饿羸之馀尝试之,其绩已不可掩。后有来者,逢年而有馀力,思前人之意而缉之,随水之变而为之救,将终古无后艰。此予之所欲书者。饥疫之烈也,延缘数十县,见大夫错立其间,左奉食,右执饮;嗟饿者于路,穷日且不给。方是时,人敢以从容修废望其长哉?有能贾濒死者之馀力以举是役,君子谓之贤劳,而黯然无传,事固有屈于一时而伸于后。此又余之所欲书者。

所谓至和塘者,姑苏道也。异时舟行辄胶,则折入湖泖以达郡。盗区亡卫,遇祸不可胜计。今暮夜犹行塘中,如过舟枕席上,憧憧者蒙利不可诬。馀虽在绝远之滨,以一至和塘之亲见,足以信其馀之可传。此又余之所以遂书而不辞者。是为记。

兼赈兼浚,古人遂为农田令甲。乙未,浚朱泾师此,一时人夫糜至,不日成功。

郑霖《重修昆山塘记》_{淳熙六年}

自郡娄门至昆山七十二里,塘曰至和。南吐新洋江,北纳阳城湖。考之图志,厥初水势澎湃,弥漫茫无畔岸,行旅病涉,田夫病耕。自唐历本朝至和三百年间,接续用力,经营始就。然自至和以讫于今,又一百三十年,旧迹尚存,奈何修治之功不加。故狐鼠凭恃,乘其干涸,拦绝作坝,遇有负载,邀阻四出,憧憧往来,非复繇行之旧。

方泉魏公峻以发运节领郡,乃遣官相度便宜,复至和旧矩。自界牌东至昆山驷马桥,凡二十七里,计三千四百二十一丈三尺;西至戴墟浦,计九百五十四丈。又自黄墓头至夹潮塘七里,计九百三十八丈五尺。始于季春,成于孟夏。富民争出财以助工,官无重费。公又虑港汊纷错,盗夫潜影,盐贾借径,以萃渊薮,自泾桥至于陆泾港,凡三十二处,立栅三层,防筑坚固,禁不逾越。共阔一百六十丈六尺,用桩木长短一万一千七百四十根,横拦栅木五百八十八丈四尺。约前后工费出于民者不计,出于官者,钱二万二千二百缗,米一百二石有奇。是皆增至和之未有。昔主簿丘与权记此塘有五利,非虚语也。自非有贤侯相望后先,果孰任其责耶?前乎有唐,以至至和,后乎至和,以至于今,人免乎登涉之险,其间皆可考而知也。

立栅禁盗自此始。今湖盗弗戢,可不仿此而行?

夏忠靖《浚治娄江白茆港疏》永乐元年

江南治水户部尚书臣夏原吉谨题为钦奉敕谕事。臣与共事官属及谙晓水利者,参考舆论,得其梗概,盖浙西诸郡,苏、松最居下流。太湖绵亘数百里,受杭、湖、宣、歙诸州溪涧之水,散注淀山等湖,以入三江。顷为浦港湮塞,汇流涨溢,伤害苗稼。拯治之法,要在浚涤吴淞江诸浦,导其壅滞,以入于海。

按,吴淞江旧袤二百五十馀里,广一百五十馀丈,西接太湖,东通大海,前代屡浚屡塞,不能经久。自吴江长桥至夏驾浦,约百二十馀里,虽云通流,多有浅狭之处。自夏驾浦抵上海县南跄浦口,可百三十馀里,潮沙涨塞,已成平陆,欲即开浚,工费浩大。瀴沙泥淤,浮泛动荡,尚难施工。臣因相视得嘉定之刘家港,即古娄江,径通大海;常熟之白茆港,径入大江,皆系大川,水流迅急。宜浚吴淞南北两岸、安亭等浦,引太湖诸水入刘家、白茆二港,使直注江海。又松江大黄浦乃通吴淞要道,今下流壅遏难疏,傍有范家浜至南跄浦口,可径达海,宜浚令深阔,上接大黄浦以达湖泖之水。此即《禹贡》三江入海之迹。每岁水涸之时,修筑围岸以御暴流,如此则事功可成,于民为便。伏乞俯采臣言,立赐裁决,容臣遵奉施行。

吴瑞《昆山县重浚至和塘记》弘治九年

昆之至和塘,肇宋至和初,郡守吕公居简为之。历年弥久,而利物之功益倍。近岁潮汐壅淤,轻舟辄胶,邑城东西数十里为尤甚。尝考《禹贡》"三江既入,震泽底定",今三江故迹大非昔比,不借故川旧渎分杀其势,则溃决四出,吴民受患乌有已时。况其道繇郡城南下,折入东北,东北故道惟白茆、七浦与兹至和,分为三支,名入海要道。白茆往岁不通,朝廷尝遣大臣疏浚之。说者谓功用与三江等,而至和浅涸如故。值姚公文灏以工部主事奉敕治水吴中,顾兹当浚,遂命府判陈侯晔、知县张侯矗召工计度。东堰新洋江口,西至九里桥,为丈凡若干,为工凡若干。深一丈,阔比于深十倍。中作水线,制其高卑。工则计日受直,费钱凡若干,悉出公奏请民徭馀储。自弘治十年十二月三日兴役,至廿有六日而毕。张侯以成迹征予记。

昔眉山苏氏论吴中水患,不咎诸天,而唯咎人事之不修。盖天时之变,虽若有数,赖人谋而胜之十常七八。彼有不参以人,一唯委之于天,是不究本之论也。古圣赞化育、参天地,未有不本于人事者。公繇慎选而来,延访鸿硕,讲求源委,荒陬僻薮,躬自涉历,未尝以耳目寄人。兹于至和一支，关系重大，虽劳众费财，有所不计，其知要哉！而陈、张二侯复能一心同德，竭力从事，故能化梗为通，去害为利，不出旬月而功成，皆可书也。

姚公，字秀夫，江右人，繇甲科进士；陈侯，字耀卿，河南人，繇乡进士；张侯，字宗献，其地同于陈侯，而甲科同于姚公也。

吴瑞《昆山县浚至和塘等十河功绩记》弘治十一年

昆故泽国也，钟三江五湖之水，西纳东吐，昼夜不息。苟疏瀹失宜，则潴积不流，溃决泛滥。昔之治水者遄遄致详于昆。兹江右傅公潮以冬官郎奉敕治水吴中，行县至昆，视昆之支流虽联络交错而整然不乱，深叹前人经画之精，以为不如是，则邑无宁岁矣。

然通则利，淤则害，其得失是非，瞭然易辨。乃饬有司经理财赋，调役授地，卜日即事。浚浦四，曰大虞浦、大石浦、徐公浦、顾浦。浚泾五，曰斗门泾、罗庄泾、尤泾、横泾、黄昌泾。浚塘一，曰至和塘。其深阔丈尺，视旧加倍。复崇其堤防，以绝旁啮。工给以直，不以官使，故畚锸之兴，欢声如雷。其用夫若干万人，钱若干万缗。始事于弘治戊午十月，历己未、庚申，十二月而十功告成，盖役止用农隙也。

董其役者，知县徐侯璁、县丞杨侯孟奇，而总之府判陈侯昕。三君体悉公意，公则提其大纲，罔有遗漏。公尤严盗河为田之禁，重其罚而悉夺其地，还之官，虽有请佃之说，亦阁而不行矣。治甫三载，连稔，百姓相庆。固天运之有常，亦人谋有以胜之也。曩予尝承乏北河，寻以病免。盖北河以漕事为重，恒苦水之源不继，治法当先源而后委。吴中以田事为急，惟虑水之委不泄，治法当先委而后源。南北不同，故疏治亦异。予偶执笔记公伟绩，窃于简末附己见，以为知河事者告焉。

古人严盗河为田之禁如此，而州人佃娄江为芦洲，潮至无江。夫以国家四海之大而科娄江有限之芦课，坏全吴之水利，不亦重其末而轻其本乎？○末段源委之论，是治水名言。

吴宽《长洲县筑沙湖堤记》弘治十二年

《周礼·职方氏》："东南曰扬州，其泽，薮曰具区，浸曰五湖。"具区即太湖也。独所谓五湖，莫考其迹。以湖名者，不知有几，岂即《周礼》之五湖耶？或曰：太湖中分为五，故名。夫既曰具区，不应复言五湖，是必不然。

凡田之并湖者，既借灌溉之利，而风波冲激，田塍辄崩，则有浸淫之苦。至于舟楫往来，固擅乘载之便，然而风波猝兴，港渚无避，亦有覆溺之忧。盖利害之相倚伏如此。湖之在偏隅者不必论，若距郡城东二十里曰沙湖，凡太仓、昆山、嘉定、崇明之人所必经者。其广袤数十里，其北多腴田，其中多舟楫，旁有盗薮以行劫为业，客舟为风波所阻，集岸下多不能免。昔人欲筑堤捍水，皆谓土石所施，无所附丽，其功难成，遂置之。

乃弘治丙辰，工部主事姚君文灏奉敕督水，始白于巡抚朱公瑄，谓堤可筑，且曰："是宜用卷埽法。盖吾治河决时，所已试也。"谋既协，姚君乃专任其事。先时，君从工部侍郎徐公贯浚常熟江口，获苇利之占于民者充公用，及是赖以济。功垂成，而君移疾去。今郎中傅君潮来代，周行田野，水利大兴。他日至沙湖，叹曰："是堤之功，其可已乎？"至是巡抚彭公礼复劝相之，而堤竟以成。其阔为丈三，长为丈三百六十，隐然如城，坚壮可久，而水势汪汪，安流成渠，人皆称便。盖耕者无浸淫之苦则安于田亩，行者无覆溺之忧则乐于道路，贾者无掠夺之恐则保其货财，利何博于此？

是役也，前守为史侯简，今为曹侯凤，皆经画其事者。若通判陈昈、知县刘珂、邝璠，县丞窦胤，主簿喻秉则，劳绩并著，皆可书者。于是傅君使来请文刻石，予郡人也，喜水患之能去，且知君之才操与姚君并美，无忝上命也，遂为之记。后之人尚谨视之，以无隳其功云。

姚公虽明卷帚法，然从波涛汹涌中跨湖成堤，亦是开辟手段，真奇人也。至清芦利以资用，如此心事，与修堤之管公同，先辈为国利民如此。

张寅《娄江新堤记》嘉靖二十四年

苏郡属治，唯太仓雄镇。娄江西受震泽之水，震泽之水入三江，而娄江为大。州之西鄙，去城三里，西接吴塘口，为里者半，近郊称险。传馆迎送，舳舻舣泊。馈运连艘，贾货滋殖。游人喧渡，渔户围网。田无辍耰，樵无停采。地为至要，势当其冲。其水涯旧址，广若康衢，能捍水患。年代寖远，堤防渐坏。况当湖、潮二水之会，波涛漾回，惊涛悍湍，走陆啮道，土随流去十且六七。往来局促，行旅咨嗟，公私病之。

牧守周侯士佐白于代巡吕公光洵，宪司敖公璠、郡长范公庆悉可其议。视厥庶民，有犯科情可矜疑者，条为法程，使分治之。计直而自用其财，鸠工而自食其力，耕夫无所徭，舶贾无所征，官不为劳，民不为扰。不三月而事竣。长可八百尺，广加仍旧。甃石于激射之旁，柱木于沸奔之下。如堨如墉，弗溃弗崩。以遏乱流，以薄江怒，人皆乐而利之。召堰苏堤，不独专美，侯之功，其永存也哉！佐斯役者，汤君拱、阎君仪、金君江，而赞之则阮君洪也。

唐时升《重筑沙湖堤记》万历二十六年

昔在弘治九年丙辰，始筑沙湖堤，至于今盖百有馀年矣。骇风惊波，震撼啮蚀，几十之二。日引月长，势将不能自止。观察曹公言于中丞赵公，欲重治之。顾数年以来，内营皇居，将作之费以亿计。外奉军师，挽输万里外，府库之藏，搜括无馀。然及今为之，犹易为力，是不可遗后人。会司徒郎管公来治关税，剔弊厘奸，商旅咸集，岁额之外，得金一千四百有奇。公曰："今岁幸有馀入，吾不敢加于常课，以困来者。其留以予民，必有所以用之。"以书告中丞暨观察二公。二公计曰："用管公之遗于沙湖，其泽可以永久。"遂檄郡县庀木石之数，度畚锸之役，适与金相当，乃兴事。凡为堤七十五丈，高十尺，广六尺。五阅月，金尽而堤成焉。内涵外流，狂澜不兴，东船西舫，如行康庄，民甚乐之。

余观太湖从三江东下，其泛滥四出者，遇洿潴则复成湖。沙湖在郡城之东，其南北与二江相吞吐，而当四县走集之地，公私期会，与百货之出入，无论昼夜晦暝，舳舻常相望。一旦南风驱波涛而下，如万马之腾骧，舟黏北岸，尺寸不得动。北风骤至，则漂荡入湖中，樯摧橹折，如箭脱弦。故奸人依以为窟穴，盲风怪雨之日，则鸟聚鼠伏，伺候行者。而湖之阳，皆亩钟之田，谷芽之春，稼成之秋，风起浪涌，一望澎湃，不见踪迹。此昔人之所为作堤也。

传曰："无平不陂，无往不复。"假使数十年之后，湖堤尽废，波涛横行，道路多警，亦孰知为谁之过者。吾忧当事者之莫以为意也。以今之时，而举百年之废，上不知费，下不知劳，沧波沆漭之间，隐然如城郭，前人之绩，将坠而复存，可谓盛矣。若夫千金之积，不以自私，而用之于民，捍患救灾，垂无疆之休，使过之者讴吟叹息，想见其人。盖贤者所至，必有遗泽，没世而不忘者也。

夫吴为泽国，考其纪载，大抵皆沮洳之场。昔之贤人君子，相与弥缝其阙，而匡救其灾，以及于今，遂为天下财赋之最。盖大厦之成，非一木之支也。然而昔人平水土之策，不出二者，曰：塘浦以疏之，堤岸以捍之。今千里之内，沟渠塘圩之迹，不但不如吴越钱氏之盛时，即考忠靖、文襄之遗烈，鲜有存者。盖一川之浚，遇旱而后知其功；一堤之毁，遇潦而后知其害。故庸人之情，常不以置意。至于陵夷已极，乃唏嘘太息，又以为非一时物力所能办。此东南水利之所以日湮也。后之继今者，将废而随举之，几毁而复存之，皆若斯堤之弗坏也，则国家根本之地永有望矣。

管公千金之积，不以自私，留为民用，构此金堤，垂芳百世。先辈流风馀韵，乃宦游之师表也。

胡士容《兴筑娄江石塘申文》万历四十二年

长洲县为兴筑石塘事。知县胡士容窃照得三吴固为泽国，而长洲益复低洼，所恃为障水蓄水者，独有修筑塘岸一节耳。其在乡塍岸，听民自筑外，查得娄门外之东接昆山，齐门外之北接常熟，葑门外之南接吴江，此又当湖水之冲，而为水陆通途尤其最紧者也。然娄江塘较之葑、齐，又自不同，地如釜底，东通大海，南达沙湖，北连阳城、巴城诸湖，名曰至和塘，实娄江故道，为东南诸水入海之尾闾。又系军民二运粮艘出入、上司飞递公文、商贾往来络绎必繇之要道，修筑更宜先耳。乃每每修筑，不过编篱为捷，插木为桩，所以一遇霪潦,洪水泛涨,风浪冲决,灌田没路,徒费徒劳,其何济乎?

职盖反复踌躇,以为此非若常、昆之石砌决不可耳!已经督同水利主簿张稜临塘勘量,自娄门外下纤埠头起,至昆山界止,共长六千六百四十五丈一尺,内除前任知县韩原善详支官银筑过陆泾坝、西张泾等处样塘一百五丈,其未筑六千五百四十丈一尺,合用青石,每一丈计一层,价三钱七分八厘,四层该银一两五钱一分二厘。每丈桩木大小十根不等,价三钱七分。每丈用灰三十七斤八两,该银三分。石匠錾凿做光,筑砌扛桩,每丈工食银四钱一分。断桩削尖,每丈工食银八厘,计一丈共银二两三钱三分。总计该银一万五千二百三十八两四钱三分三厘。又夹水内塘八百八十丈三尺,议用黄砂乱石筑砌,每丈料工银一两二分,计该银八百九十七两九钱六厘。又查东西龙溇、唯亭泾、戚家泾等处,水势极深,应添大塘石一层,共用石一百三十丈,每丈价银四钱二分,算该银五十四两六钱。及查坍坏朱泾、宪济、周泾、新桥四座,共估料工银三十六两三钱四分。四项通共该银一万六千二百五十七两二钱七分九厘。查得本县四十一、二两年分,原编导河夫银六百两,并查东库现贮各院道府项下入官还官、变易盗赃、失风无主无碍银九百六十六两七钱四分六厘五毫,馀及本县项下赎罪人犯银两,已收者并将支用,办料鸠工。馀少银两,俟职再行陆续议处,申请济用。庶蓄水障水有备无患,而泽国下田少有所瘳,不但便民之涉而已矣。

胡士容《石塘工完申文》万历四十三年

长洲县为兴筑石塘事。奉本府帖文,蒙苏松兵备道俞宪牌,备蒙抚、按、漕、盐四院批该本县申详筑造塘工缘繇前事,仰府官吏,即查筑造娄门官塘工式所估料价,是否实数,所议动导河夫银及见贮各院道府各项官银,中间恐有不应动支,设或吊取,作何抵补,其估用工料馀少之数作何设处,一一酌议妥当,申报等因,备帖到县。今该本县知县胡士容看得塘工浩大,搜查帑金,仅得十分之一。当此公私交困,兴是巨万之举,又不得不多方设处。盖既图兴利赖于斯民,自不敢恤一身之劳瘁。原详各院道入官等项钱粮,切思边海之邦,宜备不虞,仍听贮库不动支外,先将导河夫银与职所捐俸薪赎锾,共银八百六十一两,给发办料。委主簿张稜选择诚谨者民邹廉、郑大淳、俞栋等董督,于四十二年二月十九日一面兴筑,一面劝谕阖郡士民义助。有乡绅先达大学士申时行等,举人徐冽等,监生翁正学等,生员盛际等,本县县丞汪其俊等,商民汪芳、张邦篑等,一倡百从,共捐助银三千六百八十四两九钱七分。耆民邹廉、许策、夏奉石等愿捐己资,共助筑过青石塘一千七百九十四丈五尺。监生顾绪馀等助筑过青石塘六十丈五尺。生员顾维祯等助筑过青石塘八十九丈。及蒙抚按两院并本县详罚李廷言等筑过青石塘七百二十二丈、桥二座。又蒙院道府详允发下变易通倭赃货银二千两,监生王腾宇银一千五百一十两五钱八分,本县项下罚追胡试等银一千二百四十三两三分三厘,通共银九千二百九十九两五钱八分三厘。

又该职亲诣塘所,备细覆估。其青石外塘,原估照昆山事例,今每丈减去工料银三钱三分,实该银二两,共给发银七千七百四十八两一钱七分,筑完青石外塘三千八百七十四丈一尺。又给发银八百三十二两六钱九分七厘,共筑完黄石内塘二百一十七丈八尺,修造朱泾、宪济、周泾、新桥四座,杨泾、萧泾、陆市、司马、吴泾等桥六座,泄水平桥二十六条,并东西龙溇、戚家泾等处。水势极深处所,增添大户木料等项,于本年二月二十八日完工讫。所有耆民、宕户、石工等领状,包固甘结,在卷申报外,又用过兴工破土祭礼等项银三两六钱七分,竖立界址石牌、城砖砌灰桩木等项工料银一十一两三钱三分,俱有案卷。

又查得塘工大举,尤宜慎始图终,日夜不无坍塌,所宜预为防备。今查除完讫存银七百三两七钱一分六厘,内听会同吴县、吴江见行修筑宝带桥工二百两外,相应于内动支银三百两,委端谨耆硕,择买膏腴常稔田,召佃管种。另立印簿,岁收花利积贮,专抵修塘之用。日后设或冲颓,务令估勘明确,动支修筑,不得别项那放,以滋浸没。伏候详允,一并勒石。馀银二百三两七钱一分六厘,听抵刊刻碑石与夫刷印书册,及备木扁花红,给赏塘工事。内效劳员役等项,另文申报。

胡士容《置修塘义田申文》万历四十三年

长洲县为兴筑石塘事。案奉各院道批详前事,该知县胡士容将塘工省存银七百三两七钱一分六厘,内除听修筑宝带桥二百两,又听勒碑、刊册、给扁等项二百三两七钱一分六厘,计遵动支银三百两。唤令原委督工诚谨殷实耆民邹廉、郑大淳、俞栎各领银一百两,选买沃腴常稔园字等圩上则田,共计一百五十亩,每岁收租,除办税粮外,每五十亩应收纳租米三十五石,计准银一十七两五钱。但官田与民田不同,官佃与民佃少异,宜造民间稍示宽恤,每五十亩再减租银二两五钱,止令纳租银一十五两,计一百五十亩,共应取租银四十五两。丰年不增,凶年不减,岁以为常,无容更变,庶几乐佃乐输,而民无逋税,官有实用矣。

再照义田一节,田既属之官田,租亦属之官租,其非民间所得侵逋明矣。所虑者官府之那借、掾[1]胥之干没耳,抑或度支不足,遂旁启别门,而岁月延淹,视为故事。每见吏弊移人,即贤者不免,是不可不图永久之策也。盖职向者区区之意,自娄江塘之外,尚欲南筑莙塘以接松陵,北筑齐塘以接海虞。而属以民穷财尽,大工不可一时并举,故止筑

---

1 "掾",底本误作"椽"。

此四十五里,即复以馀银置田,岁积钱四十五缗。铢积寸累,度十年,便足为葑塘之用;度二三十年,便足为齐塘之用。后有贤者,家视其事,可不必再借力于民矣。

若夫今日之塘,亦既坚厚,且十年之内自有匠工包修,其认状具在,而何所用官帑为?即用之,或取之一二年足矣,岂必岁岁而用之?政惟岁岁不用,则租可贮而息亦可长,岂非贤智者他日之事乎哉?伏望檄下本县,遵令勒石,仍立为册。自今伊始,田亩分圩,开注于前,租数逐年登记于后。凡出纳之数,一一必书,其非塘工以内,一毫不许动支。每遇岁终,验数贮入,并送查盘。银及百两以上,即仍令买田,岁收花利如初。倘有奸胥冒破,及指称动支塘外别用,或虚立修塘名色,付取充为公费,必吏引侵欺之律,官严籃篆之条。庶田租、水利还相为济,而台恩、宪法永施不穷。职今日之任劳任怨任谤,犹或可谅于数十世之后也。今将田亩圩号丘段及佃户姓名一并开报,拟合申详。

读胡公三申,真能以公事为家事,视百姓如子孙,民父母也。录之以示长民者当如此留心。而当日之旁无掣肘,绅民之捐金好义,故能成此大功,嘉惠百世,抑何今之不然也?

文震孟《长洲县筑娄江石堤记》万历四十三年

苏故泽国也。江淮之水繇京口历毗陵,从苏注海。震泽汇宣、歙、苕霅之巨浸,宣吐于长、昆二邑间,而娄江实所繇道,至和塘最当其冲荡云。自宋转运使乔维岳决堤为泾,水患滋起,以迄于今,当事者苦于任事之难,至插棘树版以杀水势,亦几无谋矣。

广济胡侯士容自嘉定会移剧长洲,日延父老,问所疾苦,而知娄江之塘不可缓也。曰:"是且病涉、病溺、病飞挽、病农,谁司民牧,责可诿诸?"既又相度土宜,而知非石堤无以障水势,经始焉。里计者四十有五,丈计者六千七百,桥计者二十有六,其巨者三十有八,金钱计者万五千有奇。顾邑民贫,府库竭,莫可调发,仅搜导河官帑之羡,金不满千。悉捐岁俸与赎锾,集好义之众,期月而成。自长至昆,长堤如带,屹然如山。于是行者歌于道,榜人歌于河,农歌于野,稿人成功。更以其赢金,益尽捐禄俸,买田三顷,其半以属耆老为永堤计,且将续海虞、松陵之役,而半以给泽宫贫士,俾免于寒饥。

侯乃过予而言曰:"不佞兹役也,幸借贤士大夫之宠灵与父老子弟之力获,借手报绩,请记焉。非以耀成事也,此堤一日而不毁,即不佞之所以怀大夫与父老子弟者一日而不忘。"吁,侯之材岂不甚异哉?顾其言又何长者乃尔!侯之始事也,国人以为难,而侯不阻,侯之算长也。侯之集事也,国人以为惧,而侯不怵,侯之操洁也。今之竣事也,国人以为世世之功,而侯不喜,侯之心苦也。故此堤一日而不毁,即士大夫、父老子弟之颂侯者一日而不忘。侯曰:"唯唯。敬拜君子之明训。"因书以为记。

时万历乙卯六月吉旦。

太仓州知州朱为刘河塞请折漕申抚院祁_{崇祯十七年九月}

卑职遵奉宪批，即唤同各都耆正粮里，刻期履亩，单骑遍勘，但见黄芽芜没于平畴，白草衰迷于河畔，十室有九空之叹，千村少一突之烟。极目灾祲，曷胜悲楚？父老垂泣而进曰："娄东之荒旱，不等他邑。他邑之荒旱，天也。娄东之荒旱，地也。天之旱，一年二年；地之旱，十世百世。年计短，丰登可期；世计长，祸灾无已。"仰稽永乐二年夏公治水江南，自华亭疏黄浦，掣三泖以达范家浜；自昆山开下界里，掣吴淞以达刘家河。惟水脉流通，故田圩润泽，设州以来，岁供漕粮七万三千有奇。盖旧额也。嗣后刘河淤塞，支河枯竭，民乃不倚地而倚天矣。幸而天时雨若，人庆逢秋，虽非赡足，尚可支持。迩来潮汐不通，车灌无地，河益干而土益燥，课愈急而民愈穷。自崇祯辛巳以至今，肥蠵屡见，田陌尘埃。里正索室而呼，农夫辍耕而泪。覆家惧后，破产忧迟。秦舟不泛于晋，鲁璧难乞于齐。处处载闻逃亡，人人半委沟壑。假令郑介夫而睹此，亦必绘图而告哀。伏乞轸念太仓以娄江为命，犹嘉定以吴淞江为命，自吴淞塞后，嘉邑改折，迄今七八十载，民赖安全。太仓接壤嘉邑，丁此大荒，情已极而莫闻，患益甚而何救，苦乐同情，恩施异视，此合州粮里所有改折之请也。卑职奉勘已确，敢备悉荒歉情繇，以候宪恩疏题，理合申报。

朱公讳乔秀，字霞洲，闽人。癸未进士。考亭的裔。

太仓乡绅为刘河塞请折漕公揭_{崇祯十七年九月}

揭为刘河久淤，旱灾复烈，恳恩特疏具题全折，以完国课，以惠民生事。太仓负海土高，产利木棉，农稀秔稻。若比嘉定旧例，早宜永折纾民。向来年稔河通，仅足支吾充办。戊寅、辛巳以后，旱魃荐臻，米价腾踊，常计数亩之花，不及一钟之粟，是以他县同旱，而娄地奇荒，百姓颠连，转死沟壑。顾其时刘河尚未塞也。今刘河既塞，斥卤石田，即令天泽沛然，尚恐土膏不发。乃自春徂秋，三时不雨，支河尽竭，井水同枯。高田废业，即低者难遇流泉；惰农辍耕，即勤者徒捐力本。是往日之河，至今岁而已干；乃今岁之旱，比往年而更甚。在民命无繇仰哺，将军需何以上供？

夫刘河开塞，事关七郡。然七郡同利其宣泄，而太仓专资其灌溉。宣泄失常，上流固受其病，而灌溉无术，一方立毙于灾。若不吁请全折，先事奏闻，万一漕粮届期，民粮无措，舟船既绝，客米不来，逃亡浸多，追呼莫应。上既误于国课，下实困于民生。此献明等所蒿目深忧、疾呼求救者也。伏乞俯采舆言，特疏题请，议开河为深根固本之谋，请改折为救焚拯溺之策，全数万之租赋，消东南之隐忧。有此具揭。

乡绅：陆献明、吴伟业、徐宪卿、王时敏、钱增、胡周鼒、张采、顾燕诒、江用世、凌必正、吴克孝、吴继善、盛世才、沈云祚、华见龙、曾五典、吴国杰、王鉴、陆逊之、黄翼圣、王会华。

　　刘河已塞,时逢旱荒,秋成绝望。予与王鉴明、陆道咸、江虞九共商草定民疏,托友人何叔熙、王登善,又奚、徐、吴三友往京叩阍,一面致书张仪部为之地。何友赍疏至丹阳,坠马折臂,冒创而往,投疏得旨,下部议。于是州守朱公呼众耆,酿千金,预贮为部费。值户部主事冯公祖望与仪部厚,仪部嘱之,送以新板《宋名臣言行录》一部,而户部大堂张公亦与仪部厚,冯公怂恿其间,太仓遂得折漕五万有奇。所贮千金,尽散还各耆。时米价方踊,每石三两,仪部自携部咨回娄。咨到日,米价顿落一两馀,阖邑欢腾。识者谓是年不折,时事叵测矣。乃有疑冯公受赇,弹之。冯公方任闽,革职提究。未几,京师覆矣。士琏记。

　　〇公揭系吴梅村先生笔。

周一敬《请浚刘河疏》弘光元年二月

　　巡按苏松等处、监察御史臣周一敬题为川竭民困,乞酌财赋之根源,疏咽喉之障隔,以奠国脉,以康民生事。据带管苏松道松江府知府陈呈据太仓州申奉臣批:据本州耆正黄仲璞等呈称三吴财赋甲天下,止以水利疏通,故亩成沃壤。如娄江上承震泽,下达大海,为苏、松、常、镇、杭、嘉、湖诸水之尾闾,年来流沙壅涨,风涛激射之墟,渐成莎草平芜之地,连岁亢旱,滴水莫达。问民生则十室九空,输国课则敲骨剜肉。东南重地,将无乐岁。及今不为亟图,大患终成不救。伏乞会题疏浚,以解倒悬。计刘河约八十馀里,工费巨万,目今三空四尽,措费实难,但事关国赋民瘼,自应权宜为计。或于七郡岁输酌留一二,或设处无碍钱粮。娄江疏导则疆亩丰腴,江南复臻乐利,国家元气永培矣,等因。蒙批:开浚刘河,利赖甚大。仰州速集绅士,酌议妥确报夺。奉此,案照先奉巡抚祁行牌为东南第一隐忧事:准工部咨,刑部右给事中、在籍守制臣钱增题前事。奉圣旨:工部酌议具覆,钦此。该本部察得开浚刘河以通七郡水道,工役颇饶,非一郡能济其事,事关浙直。其间地势情形、彼此利害,非臣部可能遥度等因具覆。奉圣旨:该抚按察议具奏,钦此。备咨到院。除移咨浙江抚按知会外,仰州察议刘河计长八十馀里,酌其浅深阔狭,合用夫工若干、钱粮若干,四郡作何协济,浙省作何帮助,董理如何责成。会议妥确,具报等因。奉经集合州绅衿、孝廉、耆正会议先行水利官丈勘,据带管水利经历刘泗呈称:丈量本河,自西段胜安铺至杨家浜一十八里,每里一百八十丈,计三千二百四十丈。杨家浜缘公塘湾至补缺口二十八里,计五千零四十丈;补缺口至庙堂港十里,计一千八百丈;庙堂港至小塘子二十里,计三千六百丈;小塘子至石家塘五里,计长九百丈。通共八十一里,计一万四千五百八十丈。河面议开一十二丈,河底阔八丈,加深八尺。每丈约费一百二十工,每工该工银一钱,每丈该工银一十二两。设若不缘公塘湾,从半泾口对过直开,省二十里,省工银四万三千二百两,另议。西胜安铺应筑一坝,东盐铁口筑一坝,石家塘口筑一大坝,中间小坝另议等因。该本州知州朱乔秀看得富国足民,莫先水利。考东南图志,七郡之地,中含太湖,所受睦歙、天目诸山之水下泄三江入海,故《禹贡》曰"三江既入,震泽底定"。三江则娄江为大,自吴淞、东江既塞,所恃唯娄江。以湖言之,刘河其尾闾也,所以泄七郡之水也。以海言之,刘河其咽喉也,所以噏七郡之水也。刘河通塞,关系岂渺小哉?自淤塞以来,日涨浮沙,竟同冈阜,田亩荒芜,旱灾荐至。财赋要地,诚可深忧。然今日不难议浚,而难议费。据集议规算,河一万四千五百八十丈,该工一百七十四万九千六百。每工该银一钱,共该银一十七万四千九百六十两。此项金钱,非朝夕可办,非有帑库宿储也,将派之七郡,则隔体痛痒,即疾呼不应也。将苏州一郡独任,加派于民,是未益民而反厉民也。若然,则刘河竟不可开乎?曰:不然。以利害而计之,从轻重而权之。利重害轻,则从重,而轻者不必恤也。合先将太仓州弘光元年分漕、白、南粮尽行改折,即改折银两供浚河之费。夫缺一州之供,无损京镇大事,且可救七郡之生灵,以固邦本,孰重孰轻?缺一州目前之供,俾七郡享数百年利赖,而田沃赋饶,永无逋负,又孰重孰轻?如又谓军兴孔棘,上供必不可缺,或分派七郡,每亩量增一二厘,征以解京,抵太仓之额,而听太仓折银浚河,如此则害分而不见重,利聚而不待鸠,彼此可省协济,而少府不缺金钱,是两全之术也。然开江大任,必须特设专官董领,可以有成等因。该本道看得江南水利最为吃紧者,莫如刘河。不料地运否塞,竟成平陆。连年亢旱,赤地千里,舟楫不通,商旅裹足,浚河之举,刻不容缓。计费十七万两有奇。念兹灾荒凋敝,救死不赡之民,宁胜加派?该州议全支正供、折色为浚费,而以所用之数均派七郡,编抵州额,诚为妥便。盖七郡之田亩得利,则所阜之民财,奚论所增之毫末;一州之物力早办,则不以膈膜之痛痒,同道旁之筑舍,是无烦别议者也。合请亟赐具题,并请专员以重责成。等因具详到臣。该臣谨会同总督浙直巡抚臣张国维,看得三吴为东南泽国,财赋奥区,频年灾旱,不获灌溉,受病在吴淞、白茆之堙塞也,唯恃刘河即古娄江为一线尾闾,可通血脉,七郡悉受利焉。不意潮沙涨满,蓄泄无从,致七郡旱潦,无岁无之。民既称病,国计又何赖焉?此科部臣疏最切舆情,而州府道议最详最当者也。然工用合计一十七万有奇,如许金钱何从出办?以折半计之,尚须八万馀。自必合七郡之力以资开凿,则计亩编费之议,是亦暂借毫厘以勷大举,出一劳以成永逸。等国大计,无急此者。伏乞敕工部覆议上请,专遴部司一员前来料理。俾权重任专,提调各属,关会浙省,计费董夫,刻日兴修,东南财赋之区日进于不涸之源矣。为此具本谨题请旨。

奉圣旨:这修浚刘家河水利事宜,关系江南七郡利害,工费浩繁,虑始宜慎,着工部从长酌议具覆。

钱增《请浚刘河疏》崇祯十七年六月

刑科右给事中臣钱增谨奏为东南第一隐忧,关系军国最切事。窃惟东南半壁,诚国家根本之所系,今日欲足财赋莫若急修水利,欲修水利莫若急浚刘河,谨悉其端委而陈之。

江以南,苏、松、常、镇、杭、嘉、湖七郡之水,以太湖为腹,以大海为尾闾,以三江入海为血脉。血脉通则旱有溉,潦有泄,而稼事成;血脉壅则旱且立槁,潦且陆沉,而田功废,是古今不易之经也。盖自东江堙塞,吴淞微细,独存娄江一派。而娄江之委七十里曰刘家河,一名下江,乃娄江入海之道。东南诸水,全恃此以归墟,不至横溢泛滥而莫御者,则带水灵长之利也。

考旧志,胜国时,刘河自然深广,运艘市舶,走集于此。国朝二百七十馀年,潮汐泥沙,日就浅狭,未有如今日之大可异者。二十年来,海口初涨阴沙,俗呼海吐舌,渐涨渐满,潮势日微,而七十里之河身渐以淤塞。向者波涛汹涌,风樯出没之地,俄而一苇可杭,俄而褰裳可涉,俄而微尘可扬,不一二年,竟成平陆,若有物驱使,不知其所以然者。于是东流之水逆而向西,灌溉无所资,而数十万膏腴之产,一旦化为瓯脱矣。兼复岁岁苦魃,平畴龟坼,人牛立槁,虽复桔槔如林,何从乞灵海若,而救此涸辙之民乎?

然此犹就旱暵言耳。万一大浸稽天,如万历之戊申、天启之甲子,七郡洪流倾河倒峡,震泽不能受,散漫横溃,势必以七郡之田庐为壑,而七郡之城郭人民益不可问,东南数百万财赋尽委逝波,其如民生国计何哉?

当先帝时,有言急浚吴淞者,奉旨议行。是时刘河犹通行未淤也。议者虑七郡之水非一刘河所能泄泻,故浚吴淞以并通之。今并刘河而尽淤矣,其势之迫不能待,视前奚翅倍蓰?且吴淞之堙也,已数十年之久,施功较难;而刘河之淤也,在一二年之内,措手犹易。先其易者,以苏目前之困,此今日救时急着也。但事关大利害、大工役,似非一郡一邑所能济办。

考之先朝有专官特遣而兴役者,永乐间夏原吉也;有专委抚臣而奏绩者,宣德间周忱、嘉定[1]间李充嗣、万历间海瑞也。成迹具在,故牍可稽,特在睿断必行,早一日,慰一日倒悬之望。抑臣窃思江之通塞,似与国运相关。近者臣乡父老方诧泥沙骤壅,为数千年未有之灾,而天崩地坼之祸忽中于神京。今者维新鼎命,景运方开,涣汗所颁,溟渤效灵,当不待臣辞之毕矣。至于水利之官,久溺其职,举凡各处干河支流,任其淤塞,致小小旱潦如沃焦釜,如泛阳侯,束手莫救,嗟此孑遗,实可哀悯。伏乞敕谕抚按,严行有司,逐年疏浚,载入考成,亦事势之不可缓者。敬因刘河而并及之,伏候敕旨。

---

1 "嘉定"误,当为"嘉靖"。

奉圣旨：工部酌议具覆。

张采《娄江说》

水利有系天下者，有系一方者。人之称娄江，必曰是太湖尾闾，东南七郡系焉，则所见一方。国家岁漕之数，苏当三之一，合七郡当半，则东南水利，正如会通河在北设少司空行济上。娄江塞，大雨十日不止，东南其鱼，于何有漕？故予曰：娄江者，天下之水也。《书》称："三江既入，震泽底定。"曩二江塞，独娄江任全湖东注，今并塞，则必岁岁雨旸时若，始得立庐舍，安耕种。不然，旱赤地，涝即悬釜炊矣。凡水自西北来者，湖溪潴渎，合流入海，其味淡，其体清，其用肥五谷、泽草莱，其力始缓而未锐。若大海潮汐一日二汛，其味咸，其体挟浑沙，其用败稼伤诸萌，其力来锐而去缓。谚云：海水一潮，留泥一箬。如湖水急下，则涤沙排卤，故海中有交界嘴，为湖海分流处。界以北，水咸不可口。今年夏，吾吴忧旱，崇明受雨独丰，田禾乔好，及秋且秀。一朝咸水渰入，败无馀。崇明人怪为天灾，不知娄江塞，湖水不涤，故咸潮逾制。

太仓、嘉定缘海，间受其害，然则奈何？将议浚，计所淤处自刘河口至张泾关，约八十里，里一百八十丈，积丈一万四千四百有奇。每丈费三十金，积金当四十三万有奇。万历初，海公浚吴淞江，故事可仿举，不知军国孔亟，县官帑必不可得。

今为治标说者二，其一曰：天妃宫之东筑二堰，堰距里许，东拒浑潮，使沙不得入；西蓄湖水，使游波渟贮。必俟湖水平潮，始启闭通舟楫。水低尺寸勿启，湖水即平、潮未生勿启。吐纳有时，即不获海利且税海害，不获海利且就湖利。桃花水盛，上流必羡溢，乃使淘河数百人、舟二三十艘，用铁帚铫钯因势疾扫。先自下流始，将海口伏沙一导使流，再使出，然后渐进而西。淘夫则使营兵，按时加饩，立夫长，授班期。其一曰：城东南补缺口者，繇决名也。江故道东泻，嘉靖间，半泾口水决而东，复折而北，回远可三十里，决处东西距不及二里。凡水不曲患易尽，甚曲又患难泄。今如穿故道，开东西所距二里，则挽三十里回远，作二里泻其奔翔而东必激射。如二说并行，虽非经通，然固救败术，费有限，或当事营措可办。

采曰：事有猥屑而积渐巨害者。小民捕鱼蟹，绝流编簖，潮来势锐，冲簖入。及落势弱，为簖梗，水去沙留，且水遇簖则去势益弱，即无簖处皆留沙。须当事片檄亟除，殆治标尤要哉！

附举人王御《娄江说》。〇娄江百里之遥，自海口至天妃宫十里，天妃宫至石家塘五里，石家塘至小塘子八里，小塘子至和上港十里，和上港至新开河八里，新开河至破缺口四里，破缺口至半泾湾三十里，半泾湾至南马头八里，马头至西关接官亭八里。有为十二里缩一里而近者焉。自破缺口迤北至新开河，又迤东而南折至和上港，计十二里，而陆走止一里，则宜浚陆之一里，避新开河而竟至和上港，可以减十一里之河身也。有为三十里缩二里而近者焉。自破缺口迤南至弓塘，又迤西而北折至半泾湾，计三十里，而陆走止二里，则宜浚陆之二里，避弓塘而竟至半泾湾，可以减二十八里之河身也。

巡抚土议开刘河白茆宪牌顺治八年六月

为督抚地方事。照得江南泽国，内河之水宜注大海，太、昆、嘉、常、长、吴、吴江、青浦等处，低洼者一望成湖，高阜者亦苦冲激，连岁旰灾，殆无虚日。本部院谛思原委，博询海道，如太仓之刘河、常熟之白茆，皆出海咽喉，浮沙壅塞，遂至有蓄无泄，历遭水患，诚三吴害稼之鬶，波臣肆虐之本也。合行查议。为此，仰府即严檄州县，躬亲查勘，要见刘河、白茆，向日河港旧形，长若干里，阔若干步，现今淤塞长短、阔狭若干；疏通之法作何举行，开浚之工如何设法；或措官帑，旧案作何协济；或役民力，工食应计若干。孰利孰便，悉心条议。此东南半壁，利害攸关，该府火速查议，务在必行。仍通行被灾各属，协力图成，一劳永逸。立等申覆，以凭具题施行。

时吴中连年水灾，土公悯恻，故有此牌。○本府为目击灾伤事。照得吴为水国，霖雨连绵，田禾漂泛，桂薪玉粒，万井嗷嗷。本府承乏此土，身罹大灾，下吏不职，上干天谴，灾变流行，须尽人事。高区未尽淹没，车戽尚须及时。买米平粜，已奉宪行，拜疏旰恩，尚烦勘结。然此皆一时之计，究本塞源，还在讲求水利。东南诸水以大海为归，白茆、刘河淤塞，吴民已成膏肓之疾，力事疏通，乃为兹土百年之利。业奉抚部院行查河道，俾民无重困，大利可兴。两河应否开浚，工费作何设处，何法而民乐趋役，工无干没，逐一条议，力请举行。诸父老明以告我。

知州陈之翰看文有云：承宪命煌煌，不难议开，艰于议费。参之旧案，如者正黄仲璞、士衿李大顺、举人王瑞国之请于上台，户科钱、工部叶之题于明季，不过议费之难。前朝所议本河八十一里，里长一百八十丈，计共一万四千五百八十丈，每丈一百二十工，每工一钱，该工食银一十二两，计共该银一十七万四千九百六十两，尚艰于措办。议损州之一岁漕、白、南粮改折，专供开浚之费。若国课难已，请即分派于七郡之田，每亩加之毫厘，竟代州之正供解京。因逢鼎革，惜乎有议而未果。以昔较今，昔有水路可通，今成平陆矣；昔议每工一钱，今工又倍于昔矣；先议加深八尺，今当丈有五尺矣；前之海口阴沙，尚尔浅小，今更高大矣。工费倍增，合之该三十四万九千九百二十两矣。今即捐本州一岁之储，亦无能及此数矣。设派之七郡，亦属隔膜；设独任之于苏，而苏未必有无碍银两；设复加之于民，当此三空四尽，是水利未益于民，而民先病于水利矣。卑州所为踌躇而难进者也。○嗣后估费遂至七十馀万金，费重辄止。

苏州府太守王奉前任按院秦批浚刘河白茆详各宪顺治九年七月

本府参看得吴中水患，至今日而极矣。田禾淹浥，饥民载途。宪台旰请殊恩，至折漕粟以纾其急,而民困如故。万一雨旸不时,再罹一岁之灾,又岂议折之所能拯乎？民已四尽三空,脱再遇灾,其又何从征折乎？且国家仰东南之粟以养西北,又岂可岁岁谋折乎？是水利之不可不讲。其系于吴中民命者固重,而系于军国大计者尤重也。请得而略言之。

《禹贡》曰:“三江既入,震泽底定。”吴中水利振古如兹。苟三江一有未入,则吴民未可旦夕安枕也。自东江久堙,而吴淞江之塞已数十年。娄江入海之尾闾为刘河,东北入海之道为白茆,今并淤塞。是三江无一而入也。以数百里之太湖,上受宣歙、苕霅七郡万山溪涧之水而有蓄无泄,势不至溢而害民不止。小溢则害及低区,向之长、昆、常诸邑水区是也；中溢则害及平区,昨岁之灾是也；浸假而大溢则漂庐舍,杀人民,害又何可胜言哉？前代有三江为尾闾之泄,而犹有望亭诸堰以阻其上水,今则下流无注,而上流无遏,譬之水蛊之病,不事宣导,日以浆酒羹沈灌其口腹,其不至溃肠而毙者几希矣。

且三江之开,非特救涝也,亦且救旱。盖吴郡地势卑下,与江水平,故谓之平江。其邻郡则皆上流也,其沿海则皆高冈也。雨则上水高于下水,常代受他郡之水以注之海；旱则海水高于内河,故又引海中潮汐之水以溉其田。是以三江通则旱涝有备,三江塞则蓄泄俱困,此已事之明验也。日者奉宪谘询,转行属邑。今据太仓、常熟两邑详覆,其间应浚之利及浚之之法,见于绅衿之条议可睹矣。吴淞属在松郡,非可越徂,惟此刘河、白茆,工费以数十万计。夫鸠工必先庀材,役民必先聚食。当此官无馀蓄,民无馀粮,一切设处加派万不可行,所谓导河夫银为数无几,又解总河,计惟特疏上请,或照前朝故事量留两邑之漕粟,或量折一郡之漕白、省其夫船脚耗,兴此大工,庶事克济而民不厉。夫成大事者不惜小费,朝廷赖东南赤子以输亿万载之正供,自当量捐数十万之费以培养亿兆之命脉。倘失此不为,而天灾洊加,民尽鱼鳖,将至于役民而民无可役,蠲赋而赋无可蠲,虽欲为未雨绸缪,其可得乎？

夫前事之败,今事之戒也。今事之怠,后事之败也。假使数年之前,早见及此,为之聚粮集事,岂有屡岁之灾乎？况乎尧水汤旱,非可逆睹；履霜坚冰,事已既萌,谅宪台更当轸切,不咎职言之过激尔。语曰:非常之原,黎民惧焉。又曰:非常之功,必待非常之人。伏仰各宪讦谟,为东南兴百世之利,为国家培财赋之原,在此时矣。未敢擅便,拟合请详。

抚部院周批:据详,疏浚三江,诚为利民利国,但工费浩繁,题留漕、白,似难轻举。仰苏松道会同常镇道从长酌议妥确,仍通详各部院示行缴。

前任州守陈公之翰,于顺治八、九年间,奉督台马、抚院土、按院秦、抚院周暨道府行牌,经营开江,于时缙绅会议,士民条陈,计数十件,文移估勘,连篇累牍,卒以费重莫措。

即秦公为间世名臣，未及折衷具题，是以遂无人担任。陈公因辑文案一册遗后，想望来贤，而册籍繁猥，词多旧说，仅录土公宪牌以下四条，以见其概。彼时条议有诸生张汧、马范、张子垣，守备王基，驿丞朱采，州民上永禄、王书、何辰，见于旧册者，存其姓氏云。

娄江志 附录娄中前辈论水利

郏亶《上治水书》熙宁三年

天下之利，莫大于水田。水田之美，莫过于苏州。要有六失，有六得焉。六失者，一曰：苏州东枕海，北接江。说者谓东开昆山之张浦、茜泾、七鸦三塘而导诸海，北开常熟之许浦、白茆二塘而导诸江，似矣。殊不知此五处，去水或远则百里，近亦三四十里。地形颇高，高者七八尺，水盛时决之，或入江海。水稍退，则向之欲东导于海者反西流，欲北导于江者反南下，故屡开之而卒无效也。

二曰：苏之厌水，以其无堤防也。故昆山、常熟、吴江皆峻其堤，设官置兵以巡治之。是不知塘虽设而水行于堤之两旁，何益乎治田？故徒有通往来、御风涛之小功，而无卫民田、去水害之大效。

三曰：三江既入，震泽底定。今松江在其南，可决水入海。昆山之下驾、新洋、小虞、大虞、朱塘、新渎、平乐、戴墟等十馀浦是也。夫诸浦虽有决水之道，未能使水之必泄于江，何则？水方汗漫，与江俱平。虽大决之，堤防不立，适足以通潮势之冲急，增风波之汹怒耳。

四曰：苏州之水，自常州来。古者设望亭堰以御常之水，使入太湖，不为苏害。谓望亭堰不当废也。苏聚数郡之水，而常居其一；常之数路，望亭居其一，岂一望亭之水能为苏患耶？望亭堰废，则常被其利，苏未必有害；存之则苏未必利，常先被害矣。故治苏州之水不在望亭堰之废否也。

五曰：苏水所以不泄，以松江盘曲而决水迟也。古之曲其江，所以激之使深也。激之既久，其曲愈甚，故漕使叶内翰开盘龙汇，沈谏议开顾浦，是说仅为得之。但苏之水与江齐平，决江之曲足以使江之水疾趋于海，未能使田之水必趋于江也。

六曰：苏本江海陂湖之地，谓之泽国，自当容纳数州之水，不当尽为田也。国初之税才十七八万石，今乃至三十四五万石。此障陂湖为田之过也。是说最为疏阔。国初逃民未复，今尽为编户，税所以昔少今多也。借使变湖为田，乃国之利，何过之有？且今苏州除太湖外，有常熟昆、承二湖，昆山阳城湖，长洲沙湖，是四湖皆有定名，而其阔各不过十馀里。其馀若昆山之斜塘、大泗、黄渎、夷亭、高墟、巴城、雉城、武城、蘷家、江家、柏家、鳗鲡诸瀼，及常熟之市宅、碧宅、五衢、练塘诸村，长洲之长荡、黄天荡之类，皆积水不耕之田也。水深不过五尺,浅者二三尺,其间尚有古岸隐见水中,俗谓之老岸。或有古之名家阶甃遗址在焉。其地或以城,或以家,或以宅为名,常求其契券以验,皆全税之田也。是古之良田,今废之耳。

六得者,一曰辨地形高下之殊。盖昆山之东,接于海之冈陇,东西仅百里,南北仅二百里,其地东高而西下,向所谓东导于海而水反西流者是也。常熟之北,接于江之涨沙,南北七八十里,东西仅二百里,其地北高而南下,向所谓北导于江而水反南下者是也。是二处皆谓之高田。昆山冈身之西抵于常州之境,仅一百五十里;常熟之南抵于湖、秀之境,仅二百里,其地低下,皆谓之水田。高田常欲水,今水乃流而不蓄,故常患旱也。水田常患水,今西南既有太湖数州之水,而东北又有昆山、常熟二县冈身之流,故常患水也。水田近于城郭,人所见;高田远于城郭,人所不见,故唯知治水而不治旱也。

二曰求古人蓄泄之迹。今昆山之东,地名太仓,俗号冈身。东有塘焉,南彻松江,北过常熟,谓之横沥。又有小塘,或二里、三里,贯横沥而东西流者,多谓之门,若所谓钱门、张冈门、沙堰门及斗门等类是也。夫南北其塘,则谓之横沥;东西其塘,则谓之冈门、堰门、斗门。是古者堰水于冈身之东,灌溉高田,而又为冈门者,恐水之或壅则决之,而横沥所以分其流也。故冈身之东,其田尚有丘亩经界、沟洫之迹焉,是皆古之良田,因冈门坏不能蓄水而为旱田耳。冈门之坏,岂非五代之季,民各从其行舟之便而废之耶?此治高田之遗迹也。若夫水田之遗迹,即今昆山之南,向所谓下驾、小虞等浦者,皆决水于松江之道也。其浦旧迹,阔者二十余丈,狭者十余丈。又有横塘以贯其中而棋布之。是古者既为纵浦以通于江,又为横塘以分其势,使水行于外,田成于内,有圩田之象焉。故水虽大而不能为田害,必归于江海而后已。故苏州五门旧皆有堰,恐其暴而流入城也。至和二年,前知苏州吕侍郎闻昆山塘,得古闸于夷亭之侧,是古者水不乱行之明验也。及夫堤防既坏,水乱行于田间而有所潴容,故苏州得以废其堰,而夷亭无所用其闸也。民亦因利其浦之阔,攘其旁以为田,又利其行舟、安舟之便,决其堤以为泾。今昆山诸浦之间,有半里或一里、二里而为小泾,命之为某家浜者,皆破古堤而为之也。浦日以坏,故水道陉而流迟。泾日以多,故田堤坏而不固,日隳月坏,遂荡然而为陂湖矣。今秀州滨海之地皆有堰以蓄水,而海盐一县有堰近百余所,湖州皆筑堤于水中以固田,而西塘之岸至高一丈有余,此其遗法也,独苏州坏之耳。

三曰治田有先后之宜。盖地势高下既如彼,古人遗迹又如此,今欲先取昆山之东、常熟之北,凡所谓高田者,一切设堰潴水以灌溉之,又浚其所谓经界沟洫,使水周流于其间以浸润之,立冈门以防其壅,则高田常无枯旱之患,而水田亦减数百里流注之势。然后取今之水田,除四湖外,一切罢去某家泾、某家浜之类,循古今遗迹,或五里、七里而为一纵浦,又七里或十里而为一横塘,因横塘之土以为堤岸,使塘浦阔深而堤防高厚。塘浦阔深则水流通而不能为之害，堤岸高厚则田自固，而水可拥而必趋于江也。然后择江之曲者决之，使水必趋于海。又究五堰之遗址而复之，使水不入于城，则高低皆利，虽有大水，不能为苏州之患也。

四曰兴役任贫富之便。盖苏州五县之民，自五等以上至一等，不下十五万户，可约古制而户借七日，则岁约百万夫矣。又自三等以上至一等，不下五千户，可量其财而取之，则足以供万夫之食与费矣。夫借七日之力，故不劳；量取财于富者，故不虐。以不劳、不虐之役，五年而治之，何田之不可兴也。

五曰取浩博之大利。苏州之地，四至馀三百里，若以开方之法而约之，尚可方二百馀里为田六同有畸。三分去一，以为沟池、城郭、陂湖、山林，其馀不下四同之地，为三十六万夫之田。又以上中下不易再易而去其半，当有十八万夫之田以出租税也。国初之法，一夫之田为四十亩，出米四石，则十八万夫之田可出米七十二万石矣。今苏州止有三十四五万石，借使全熟，则常得三十四万石之租。又况因岁旱而蠲除者，岁常不下十馀万石，而甚者或至蠲除三十馀万石，是则遗利不少矣。今得高低皆利，而水旱无忧，则三十四万石必可增也。公家之利如此，则民间从可知也。

六曰舍姑息之小惠。是议之兴，人必曰或治一浦，或调一县而役一月，民犹劳而且怨。今欲尽一州之境，役五县之民，五年而治之，其易易乎？曰：不然。向之兴役多于水盛之时，则公私匮乏，疾疠间作，故民劳且怨。今议于平岁无事之时，借力以成利，何劳怨之有？但务其姑息之末，使至于饥饿而不能相生，然后从而赒之，故上乏而下益困，有可以除数百年未去之患，兴数百里无穷之利，使公私皆获其利，岂可计国家五岁之劳，惜百姓七日之力耶？

又《上治田书》

一论古人治低田、高田之法。昔禹时震泽为患，东有壖阜隔截其流，禹乃凿断壖阜而为三江，东入于海而震泽底定。震泽虽定，环湖之地尚有数百馀里可以为田，而地卑洼，在江水之下，与江湖相连，民既不能耕植，而水面又复平阔，足以容受震泽下流，使水势散漫，不能疾趋于海。其沿海之地亦有数百里可以为田，而地高仰，在江水之上，与江湖相远，民既不能取水灌溉，而地势又多西流，不能蓄聚雨泽以浸润。是环湖之地常有水患，而沿海之地常有旱灾也。古人遂因其地势高下，井而为田，环湖卑下之地，则于江之南北为纵浦以通于江，又于浦之东西为横塘，以分其势而棋布之，有圩田之象焉。其塘浦阔者三十馀丈，狭者不下二十馀丈，深者二三丈，浅者不下一丈。古人使塘浦深阔若此者，盖欲取土以高厚堤岸，御其湍悍之流，非专为阔其塘浦以决积水也。故堤岸高者须及二丈，低者亦不下一丈。假大水之年，江湖之水高于田五六尺，而堤岸尚出于塘浦之外三五尺至一丈,虽大水,不能入民田也。民田既不容水,则塘浦之水自高于江,而江之水亦高于海,不须决泄而水自湍流矣,故三江常浚而水田常熟。其圩阜之地亦因江水稍高,得畎引以灌溉。此古人浚三江、治低田之法也。至于沿海高仰之地,近江者既因江流稍高可以畎引,近海者又有早晚两潮可以灌溉,故亦于沿海之地及江之南北,或五里、七里而为一纵浦,又五里、七里而为一横塘,港之阔狭与低田同,而其深往往过之。且堰身之地高于积水之地四五尺至七八尺,绕于积水之处四五十里至百馀里,固非决水之道也。然古人为塘浦阔深若此,盖欲畎引江海之水周流圩阜之地,虽大旱之岁,亦可车畎以溉田。而大水之岁,积水从此而流泄耳。至于地势西流之处,又设堰门、斗门以潴蓄之,是虽大旱之岁,圩阜之地皆可耕以为田。此古人治高田、蓄雨泽之法也。故低田常无水患,高田常无旱灾,而数百里之地常获丰熟,此古人治高田、低田之法也。

　　二论后世废高田、低田之法者。古人治田,田各成圩,圩必有长。每一年、二年,率逐圩之人修筑堤防,浚治浦港。故低田之堤防常固,旱田之浦港常通也。至钱氏有国,而尚有撩清指挥之名,此其遗法也。泊年祀绵远,古法隳坏,其水田之堤防或因田户行舟、安舟之便而破其圩,或因人户侵射下脚而废其堤,或因官中开淘而减少丈尺。曾见小虞浦及至和塘并阔三二十丈,屡经开淘之后,今小虞浦阔十馀丈,至和塘阔六七丈矣。或因田主但收租课而不修堤岸,或因租户利于易田而故致潗没,吴人以一易再易之田谓之曰涂田,所收倍于常稔之田,而所纳租米亦依旧数,故租户乐于间年潗没也。或因决破古堤,张捕鱼虾而渐致破损,或因边圩之人不肯出田与众筑岸,或因一圩虽完,旁圩无力,而连延隳坏,或因贫富同圩而出力不齐,或因公私相吝而因循不治,故堤防尽坏,而低田漫然复在江水之下也。每春夏之交,天雨未盈尺,湖水未涨二三尺,而苏州低田一抹尽为白水,其间虽有低岸,亦皆狭小,沉在水底,不能固田。唯大旱之岁,常、润、杭、秀之田及苏州圩阜之地,并皆枯旱,其堤岸方始露见,而苏州水田幸一熟耳。盖繇无堤防为御水之先具也。低田既容水,故水与江平,江与海平,而海潮直至苏州之东一二十里之地,反与江湖民田之水相接,故水不能湍流,而三江不浚,此低田不治之繇也。高田之废,繇港浦既浅,地势又高,沿海者海潮不应,沿江者又因水田堤坏,水潴田间,而江水渐低,故高田复在江水之上。至西流之处,又因人利行舟之便,坏其堰门而不能蓄水,故高田一望,尽为旱地。每至四、五月间,春水未退,低田尚未能施工,而圩阜之田已干枯矣。唯大水之岁,湖、秀二州与苏之低田潗没净尽,则圩阜之田幸一熟耳。此盖不浚浦港以畎引江湖之水,不复堰门以蓄聚春夏之雨泽也,此高田废之之繇也。

　　三论议者但知决水,不知治田。盖治田者本也,本当在先;决水者末也,末当在后。今不治其本而决其末,此苏州之田百未治一二也。嘉祐中,两浙转运使王纯臣建议,谓苏州民田一概白水,至深处不过二尺以上,当复修作田位,使位位相接,以御风涛。若不修作塍岸，纵使决尽河水，亦无所济。此说最为切当。当建议之时，正值两浙连年治水无效，不知大段擘画，令官中逐年调发夫力，更立修治，又不曾立定逐县治田年额，以办不办为赏罚之格，而止令逐县令佐概例劝导，逐位植利人户一二十家自作塍岸，各高五尺。缘民间所鸠工力不多，不能齐整，即多出工力，所收之利不偿所费之本，兼当时都水监所立赏典不重，故上下因循，未曾并聚公私之力大段修治。臣今欲检会王安石所陈利害，将臣下项擘画，修筑堤防以固民田，则苏州水灾可计日而取效也。议者谓曩年吴及知华亭县，常率逐段人户各自治田，不曾烦费官司，而人获其利，今可举行其法。曰：苏州水田与华亭不同，华亭地连堰阜，无暴怒之流，浚河不过一二尺，修岸不过三五尺，而田已大稔矣。然不逾三五年，尚又埋塞。今苏州远接江湖，水常暴怒，故昆山、常熟、吴江堤岸高者七八尺，低者不下五六尺，或用石甃，或用桩筱，或二年一治，或年年修葺，而风涛洗荡，尚有隳坏。夫以华亭之法治苏州之高田则可矣，若治苏州水田，譬之以一家之法治一国也。臣今穷究古人治田之本，委可施行。若令臣先往相度，不过订之于诸县官吏，考之于诸乡父老，固不若臣之生长乡里，世为农人，而备知利害也。父老之智未必过于范仲淹、叶清臣，二臣尚不能窥见古人治田之迹，父老安得而知？望令臣到司农寺陈白，委不至有误朝廷。

四论乞以治田为先，决水为后。田既先成，水亦从而可决，不过五年，而苏州之水患息。然治田之法总而论之，则瀚漫而难行。析而论之，则简约而易治。盖苏州水田之最合行修治处，南北不过一百二十馀里，东西不过一百里。今若循古人之迹，五里为一纵浦，七里为一横塘，不过为纵浦二十馀条，每条长一百二十馀里；横塘十七条，每条长一百馀里，共计四千馀里。每里用夫五千人，约用二千馀万夫，故曰总而言之则瀚漫而难行。今且以二千万夫开河四千里而言之，分为五年，每年用夫四百万，开河八百里。苏、秀、常、湖四州之民不下四十万，三分去一，以为高田之民，自治高田外，尚有二十七万夫。每夫一年，借雇半月，计得四百馀万夫，可开河八百里。却以上项四百馀万，分为十县，逐县每年当夫四十万，开河八十里。以四十万夫分为六个月，计役六万六千馀夫，开河十三里有零。以六万六千夫分为三十日，则逐县每日役夫二千二百人，开河一百三十二步。将二千二百人又为两头项，止役一千一百人，开河六十六步。虽县有大小，田有广狭，夫有众寡，大率治田多者头项多，治田少者头项少，虽千百项，可以一头项尽也。臣故曰"析而论之，则简约而易治"。如是而治之，五年之内，苏州与邻境之田塘浦既设，堤防既成，则田之水必高于江，江之水亦高于海，然后择江之曲者而决之，何则？江水湍流故也。江流既高，然后又究五堰之遗址而复之，使水不入于城。是虽有大水，不能为苏州患也。此治水田之大略也。其旱田，则乞用上项一分之夫，浚治塘浦以畎引江海之水，及设堰门以潴春夏之雨泽，则高低皆治，而水旱无虞矣。

五论乞循古人之遗迹治田者。臣昨所乞苏州水田一节，罢去其某家浜之类，五里、七里而为一纵浦，七里、十里而为一横塘，今具苏州、秀州及松江沿海水田、旱田，见存塘浦、港沥、堰门之数，凡臣所能记者，总七项，共二百六十五条，并臣擘画将来治田，大约各附逐项之下，谨具下项。

一、具水田塘浦之迹，凡四项，共一百三十二条：

一、吴淞江南岸自北平浦，北岸自徐公浦，西至吴江口，皆是水田，约一百二十馀里。南岸有大浦二十七条，北岸有大浦二十八条，是古者五里而为一纵浦之迹也。其横浦在松江之南者，不能记其名；在松江之北六七里间曰浪市横塘，又下北六七里而为至和塘，是七里而为一横塘之迹也。

松江南大浦二十七条，北平浦、破江浦、艾祁浦、愧浦、顾汇浦、养蚕浦、大盈浦、南解浦、梁纥浦、石臼浦、直浦、分桑浦、内薰浦、赵屯浦、石浦、道褐浦、千墩浦、锥浦、张潭浦、陆直浦、甫里浦、浮高浦、涂头浦、顺德浦、大姚浦、破墩浦、盖头浦。松江北大浦二十八条，徐公浦、北解浦、瓦浦、沈浦、蒋浦、三林浦、周浦、顾墓浦、金城浦、木瓜浦、蔡浦、下驾浦、浜浦、洛舍浦、杨梨浦、新洋浦、淘仁浦、小虞浦、大虞浦、马仁浦、浪市浦、尤泾浦、下里浦、戴墟浦、上顾浦、青丘浦、奉里浦、任浦。松江北横塘二条。浪市横塘、至和塘。已上松江塘浦五十七条，并当松江之下流，皆是阔其塘浦，高其堤岸，以固田也。久不修治，遂至隳坏。每遇大水，上项塘浦之岸并沉在水底，议者不知此塘浦原有大岸以固田，乃谓古人浚此大浦，只欲泄水，此不知治田之本也。臣今擘画并当浚治其浦，修成堤岸，以御水灾，不须远治他处塘浦，求决积水，而田自成矣。

一、至和塘，自昆山西至苏州，计六十馀里，今其南北两岸各有大浦十二条，是五里而为一纵浦之迹也。其横浦南六七里而有浪市塘是也。其北皆为风涛洗刷，不见其迹。臣前所谓至和塘徒有通往来、御风涛之小功而无卫民田、去水患之大利者，谓至和塘南北纵浦、横塘皆废故也。谨具下项。至和塘南大浦十二条，小虞浦、大虞浦、尤泾浦、新渎浦、平乐浦、戴墟浦、真义浦、朱塘浦、界浦、凤凰泾、任浦、蠡塘。至和塘北大浦十二条。小虞浦、大虞浦、尤泾浦、高墟浦、雍里浦、诸昌浦、界浦、任浦、上雉渎、下雉渎、蠡塘、官渎。横塘在南者曰浪市塘，已具松江项内。已上至和塘两岸塘浦二十四条，在塘北者今犹有其名而或无其迹，在塘南者虽存其迹而并皆狭小断续其间。南岸又有朱泾、王村泾，北岸又有司马泾、季泾、周泾、小萧泾、归泾、吴泾、清泾、谭泾、褚泾、杨泾之类，皆是民间自开私浜，即臣向所谓某家泾、某家浜之类是也。今并乞废罢，止择其浦之大者，阔开其塘，高筑其岸，南修起浪市横塘，北则或五里、十里为一横塘以固田，自近以及远，则良田渐多，白水渐狭，风涛渐小矣。

一、常熟塘，自苏州齐门北至常熟县一百馀里，东岸有泾二十一条，西岸有泾十二条，是亦七里、十里而为一横塘之迹也。今并皆狭小。盖古人之横塘隳坏，而百姓侵占及擅开私浜相杂于其间，即臣所谓某家浜之类也。谨具目今两岸泾、浜之名下项。常熟塘东横泾二十一条，阙墓泾、杨泾、米泾、樊泾、蠡泾、南湖泾、湖径、朱泾、永昌泾、茅泾、薛泾、界泾、吴塔泾、尚泾、川泾、黄土泾、圜泾、庙泾、卞庄泾、新桥泾、黄母泾。常熟塘西横泾十二条。石师泾、王婆泾、高姚泾、苏宅泾、蠡泾、皮泾、庙泾、永昌泾、冶长泾、潭泾、墓门泾。已上常熟塘两岸横泾三十三条，盖记其略耳。今但乞废其小者，择其大者，深开其塘、高修其岸，除西岸自擘画为圩外，其东岸合与至和塘北及常熟县南，新修纵浦，交加棋布以为圩，自近以及远，则良田渐多，白水渐狭，风涛渐小矣。

一、昆山之东至太仓堰身，凡三十五里，两岸各有塘七八条，是五里而为一纵浦之迹也。其横塘在塘之南六七里而为朱沥塘、张湖塘、郭石塘、黄姑塘。在塘之北，为风涛洗刷，与诸湖相连，不见其迹，谨具下项。昆山塘南有塘浦七条，次里浦、新洋江、任里浦、下驾浦、下吴浦、上吴浦、太仓横沥。昆山塘北有塘浦七条，娄县上塘、娄县下塘、新洋江、低里浦、黄剪泾、上吴塘、下吴塘。横塘四条。朱沥塘、张湖塘、郭石塘、黄姑塘。已上塘沥十八，除新洋江、下驾浦曾经开浚，馀并未尝开浚。今河底之土反高于田，天雨稍阙，便不通舟；雨未盈尺，田尽潦没。今并乞开浚以固田，已具下项。

一、具旱田塘浦之迹，凡三项，一百二十三条。

一、松江南岸自小来浦，北岸自北陈浦，东至海口，并是旱田，约长一百馀里。南有大浦一十八条，北有大浦二十条，是五里而为一纵浦之迹也。其横浦之在江南者，臣不记其名，在江北者七八里而为鸡鸣塘、练祁塘，是七里而为一横塘之迹也。谨具下项。

松江南岸有大浦一十八条，小来浦、盘龙浦、朱市浦、松子浦、野奴浦、张整浦、许浦、鱼浦、上燠浦、丁湾浦、芦子浦、沪渎浦、钉钩浦、上海浦、下海浦、南及浦、江芒浦、烂泥浦。松江北岸有大浦二十条。北陈浦、顾浦、桑浦、大黄肚浦、小黄肚浦、章浦、樊浦、杨林浦、上河浦、下河浦、仙天浦、镇浦、新华浦、槎浦、秦公浦、双浦、大场浦、唐章浦、贵州浦、商量湾。横塘二条。鸡鸣塘、练祁塘。已上塘浦四十条，各畎引江水以灌溉高田，因久不浚治，浦底既高，而江水又低，故常患旱也。议者乃谓诸浦决泄苏州、昆山、长洲及秀州之积水，是未知古人设浦之意也。今当令高田之民治之以备旱，则高田获其利也。

一、太仓堰身之东至茜泾约四五十里，凡有南北塘八条。其横塘南自练祁塘，北至许浦，共一百二十馀里，有堰门及塘浜约五十馀条，臣能记其二十五条，旱田而横塘多，欲水之周流而灌溉之也。今皆浅淤，不能引水以灌田，谨具下项。南北之塘八条，太仓东横沥、半泾塘、青堰横沥、五家堰横沥、鸭头塘、支泾、杨墓子泾、茜泾。东西之塘及堰门等二十五条。方秦塘、钱门塘、刘塘、张堰门、薛市门、黄姑塘、吉泾塘、沙堰门、太仓塘、包泾、古塘、吴堰门、顾堰门、庙堰门、岳沥、李堰门、丁堰门、湖川门、黄泾、杜漕塘、双凤塘、斗门、直塘、支塘、李墓塘。以上堰身已东塘、浜、门、沥共三十三条，南北者各长一百馀里，接连太湖，并当治以灌溉高田。东西者横贯三重堰身之田，而西连诸湖，若深浚之，大者置闸、斗门或置堰，而下为水函，遇大旱则可以车畎[1]诸湖之水以灌田，大水则通放湖水以灌田，而分减低田之水势，平时则潴春夏雨泽，使堰身之水常高于低田，不须车畎而民田足用。

一、沿海之地，自松江下口南连秀州界，约一百馀里，有大浦二十条，臣能记其七条。自松江下口北绕昆山、常熟之境，接江阴界，约三百馀里，有港浦六十馀条，臣能记其四十九条。是五里为一纵浦之迹也。其横塘在昆山，则为八尺泾、花莆泾，在常熟则为福山东横塘、福山西横塘。谨具下项。

松江下口南连秀州界，有大浦七条。三林浦、杜浦、周浦、大白浦、恤沥浦、戚崇浦、罗公浦。松江下口北绕苏州、昆山、常熟至江阴军界，有港浦四十九条，北及浦、下田浦、堀浦、上夹浦、下练祁浦、桃源浦、练祁浦、顾泾浦、六岳浦、采桃浦、川沙浦、下张浦、新漕浦、茜泾浦、杨林浦、七鸦浦、鄘港浦、北浦、尹公浦、卝草浦、唐相浦、陈泾浦、钱泾浦、涩湖浦、吴泗浦、铠脚浦、下六河浦、黄浜浦、沙营浦、白茆浦、金泾浦、高浦、许浦、坞沟浦、千步泾、耿泾浦、新泾浦、崔浦、水门浦、鳗鲡浦、吴泾、高泾、西阳浦、新泾、陈浦、张泾、湖泾、奚浦、黄泗浦。横塘四条。八尺泾、花莆泾、福山东横塘、福山西横塘。以上沿海港浦共六十条。古人东取海潮，北取扬子江水灌田，开堰阜之地。七里、十里或十五里间作横塘一条，通灌诸浦，使水周流于堰阜之地，以浸润高田，非专欲决积水也。其间虽有大浦数条，自积水之处直可通海，然各远三五十里，或百馀里，地高四五尺至七八尺，积水既因低田堤岸隳坏，漫流潴聚于低下平阔之地，虽开得大浦，其积水终不能远从高处而流入于海，唯大水之年，暂或东流耳。今不拘大浦小浦，并皆浅淤，自当开浚，东引海潮，北引江水以灌田。

臣所擘画治苏州田，至易晓也。水田则做岸防水以固田，高田则浚塘引水以灌田，此众人所共知也。但自来治水者，反谓做岸浚塘之说为浅近，而不肯留意，遂因循至此。今欲知苏州水田、旱田不治之繇，观此篇可见大略。

以上水田、旱田塘浦之迹共七项，总二百六十四条。皆是古人因地之高下而治田之法也。其低田则开塘浦、高圩岸以固田，其高田则深浚港浦、畎引江海以灌田。后之人不知古人固田、灌田之意，乃谓低田、高田之所以阔深其塘浦者，皆欲泄积水也。更不量其远近，相其高下，一例择其塘浦之尤大者以决水，其馀差小者更不浚治。而大塘浦终不能泄水，以致朝廷愈不见信，而大小塘浦一例更不浚治。积岁累年，而水田之堤防尽坏，使二三百里肥腴之地概为白水；高田之港浦皆塞，而使数百里衍沃潮田尽为不毛之地，深可痛惜。今当不问高低，不拘小大，亦不问可以决水与不可以决水，但系古人遗迹，而非私浜，一切并合公私之力，更休迭役，旋次修治。低田则高作堤岸以防水，

1　"畎"，底本原作"亩"，据下文改。

高田则深浚沟浦以灌田，其堙身西流之处，又设斗门、堽门、堰闸以潴水，如此则高低皆治，水旱无忧矣。

按州志列传，郏亶字正父，第嘉祐二年进士。熙宁中，诏天下陈利害，亶自广东安抚司机宜文字，为书条水利，王安石善之。除司农寺丞，提举兴修两浙水利。寻罢。亶所居西有大泗瀼，多水田，用所条说治之，筑沟浍场圃，放井田制，岁乃大利。卒，祀乡贤。

郏侨《上水利书》

浙西昔有营田司，自唐至钱氏时，其来源去委，悉有堤防堰闸之制。旁分其支脉之流，不使溢聚以为腹内畎亩之患。是以钱氏百年间，岁多丰稔。至于今日，其患始剧。盖繇端拱中，转运使乔维岳不究堤防堰闸之制与夫沟洫畎浍之利，务便于转漕舟楫，一切毁之。今去古既久，莫知其利，而营田之司又等冗职而罢废，堤防之法，流决之理，无以考据，水害无已。

至乾兴、天禧间，朝廷遣使者兴修水利。远来之人不识三吴地势高下与夫水源来历及前人营田之利，受命而来，耻于空还，不过采愚农道路之言，徇目前之见，指常熟、昆山枕江之地为可导诸港而决之江，开福山、茜泾等十馀浦。殊不知古人建立堤堰，所以防太湖泛溢，潗没腹内良田。今若就东北诸潴决水入江，是导湖水经繇腹内之田，弥漫盈溢，然后入海。所以浩渺之势常逆行，而潴于苏之长洲、常熟、昆山，常之宜兴、武进，湖之乌程、归安，秀之华亭、嘉湖，民田悉已被害。然后方及北江，东海之港浦，又以水势之方出于港浦，复为潮势抑回，所以皆聚于太湖四郡之境，当潦岁积水而上源不绝，弥漫不可治也。此足以验开东北诸潴为谬论矣。

又况太湖积十县之水，一自江南诸郡而下，岭坂重复，当其霖潦，积贮溪涧，奔湍逶迤，而至长塘湖。又润州之金坛、延陵、丹阳、丹徒诸邑，皆有山源，并会于宜兴以入太湖。一自杭、睦、宣、歙山源与天目等山众流，而下杭之临安、馀杭及湖之安吉、武康、长兴，以入太湖。昔禹以三江决此一湖之水，今二江已绝，唯存吴松一江，疏泄之道既隘于昔，又为权豪侵占，植以蒲苇，又于吴江之南筑为石塘，以障太湖东流之势，又于江之中流多置罾簖，以遏水势，致吴江不能吞来源之瀚漫，日淤月淀，下流浅狭，遽涨湖沙，半为平地。积雨滋久，十县山源并溢太湖，苏、湖、常、秀四郡之民惴然有为鱼之患。凝望广野，千里一白，少有风势，驾浪动辄数尺。虽有中高不易之地，种已成实，顷刻荡尽。此吴民畏风甚于畏雨也。

吴淞古江，故道深广，可敌千浦。向之积潦，尚或壅滞。议者但以开数十浦为策，而不知临江滨海，地势高仰，徒劳无益。臣今者所究治水之利，必先于江宁治九阳江与银林江等五堰体势故迹，决于西江。润州治丹阳练湖，相视大纲，寻究函管水道，决于北海。

常州治宜兴漏湖、沙子淹及江阴港浦入北海，以望亭堰分属苏州，绝常州倾废之患。如此则西北之水不入太湖为害矣。又于苏州治诸邑限水之制，辟吴江之南石塘，多置桥梁，以决太湖，会于青龙、华亭而入海。仍开浚吴松江，官司以邻郡上户熟田，例敷钱粮于农事之隙，和雇工役，以渐辟之。其诸江湖风涛为害之处，并筑为石塘。及诸湖灢等处，寻究昔有江港，自南经北，以渐筑为岸堤，所在陂淹筑为水堰。秀州治华亭、海盐港浦，仍体究柘湖、淀山湖等处，向因民户有田高壤，障遏水势，而疏决不行者，并于开通，达诸港浦。杭州迁长河堰，以宣、歙、杭、睦等山源决于浙江。如此则东南之水不入太湖为害矣。此前所谓旁分其支脉之流，不为腹内畎亩之患者此也。

治水者大抵二说，一则以导青龙江开三十浦为说，一则以使植利户、浚泾浜、作圩埠为说。是二者，各得其一偏。何以言之？若止于导江开浦，则必无近效。若止于浚泾作埠，则难御暴流。要当合二者之说，相为首尾，乃尽其善。但施行先后，自有次第，必不得已，欲两者兼行以规近效，亦有其说。若欲决苏州、湖州之水，莫若先开昆山之茜泾浦，使水东入于大海；开昆山之新安浦、顾浦，使水南入于松江；开常熟之许浦、梅里浦，使水北入于扬子江；复浚常州、无锡之望亭堰，俾苏州管辖，谨其开闭，以遏常、润之水，则苏州等水患可渐息，而民田可治矣。若欲决常州、润州之水，则莫若决无锡之五卸堰，使水趋于扬子江，则常州等水患可渐息，而民田可治矣。

世之言水利者，非不知此，然开浦未久，而淤泥寻塞；决堰未多，而良田被患，何也？盖虽知置堰闸以防江潮，而不知浚流以泄涨沙，故有堙塞之患。虽知决五卸堰水，而不知筑堤以障民田，故有飘溺之虞。且复一于开浦决堰而不知劝民作圩埠、浚泾浜以治田，是以不问有水无水之年，苏、湖、常、秀之田不治十常五六。臣故曰：要当合二者之说，相为首尾，则可尽善。臣所乞开昆山、常熟之茜泾等浦必置堰闸者，以茜泾浦在苏州之东南泄水甚径，其地骤高，比之苏州及昆山地形，不啻丈馀。往年开此浦者，不过三四尺、一二尺而已，又止于以地面为丈尺，不知以水面为丈尺。不问高下而匀其浅深，欲水之东注，不可得也。水既不东注，兼又浦口不置堰闸，赚入潮沙，无上流水势可冲，遂至浦塞。臣故乞开茜泾等浦，须置堰闸，所以外防潮之涨沙也。

闻范参政仲淹、叶内翰清臣昔年开茜泾等浦，亦皆有闸，但无官司管辖，而豪强者保利于所得，不时启闭，遂至废坏。若推究而行之，则所开之浦可久而无废。臣所乞复常州、无锡县界望亭堰闸，俾苏州管辖者，盖以常、润之地比苏州为差高，而苏州之东势接海畔，其地亦高，苏州介于两高之间，故每遇大水，西则为常、润之水所注，东则为大海岸道所障，其水潴蓄，无缘通泄。若不令苏州管辖望亭堰闸，则无复有防遏之理。故臣先乞开茜泾等浦以决水，有东流之便；次乞谨守望亭闸，俾水无西冲之忧。既望亭之西有五卸堰，可以决水径入于北江。若使决下此堰，则不唯少舒苏州之水势，而常、润之水亦自可以就近顺流而入江矣。

臣所乞决五卸堰,使水北入扬子江,其势甚径,官吏非不施行,然决堰未多而民田已没,何也? 五卸地形,与民田相去几及丈馀,平居微雨,水即溢堰而过,已有浸溺之忧。今直欲决去其堰,使诸路之水举自此而出,又不曾高其民田圩岸以为堤防,则决堰未多而民田已没。臣尝论天下之水,以十分率之: 自淮而北,五分繇九河入海,《书》所谓“同为逆河入于海”是也;自淮而南,五分繇三江入海,《书》所谓“三江既入,震泽底定”是也。而三江所决之水,其源甚大,繇宣、歙而来,至于浙界,合常、润诸州之水,钟于震泽。震泽之大,几四万顷,导其水而入海,止三江尔。二江已不得见,今止松江,又复浅淤,不能通泄。且百姓便于己私,于松江之傍多开沟港,故上流之水不能径入于海,支分派别,自三十馀浦北入吴郡界内,即先臣比部水利奏中所谓向欲导诸江者复自南而北矣。虽于昆山、常熟开导河浦,修筑圩埠,然上流不息,诸水辐辏,或风涛间作,或洪雨继至,所开河浦必皆壅滞,所筑圩埠必有冲荡。盖沿江北岸三十馀浦,唯盐铁一塘可直泻水北入扬子江,其馀皆连接下江,湖瀼合而为一。今乞措置一面开导河浦,即便相度松江诸浦,除盐铁塘及大浦开导置闸外,其馀小河并为大堰,或设水窦以防江水,即吴松江水径入东海,而吴之河浦不为贼水所壅,诸县圩埠亦免风波所破。

臣闻钱氏循汉唐法,自吴江沿江而东至于海,又沿海而北至扬子江,又沿江而西至常州江阴界,一河一浦,皆有堰闸,所以贼水不入,久无患害。尝考汉晋隋唐以来《地理志》,今之平江乃古吴郡,至隋平陈,始置苏州。汉时封境甚阔,隋开皇中始移于横山下。唐贞观中,复徙于阖闾旧城。而又湖州乃隋时仁寿中于苏之乌程县分置,秀州乃五代晋时吴越王以苏之嘉兴县分置,所谓钱塘、毗陵,在古皆吴之属县。以地势卑下,沿江边海,有为堤岸以遏水势。如《唐志》所载,秀州海盐令李谔开古泾三百有一,而又称去县西北六十里有汉塘,大和中再开,疑即臣今所谓开盐铁塘以泄吴松江水者也。又载杭州之馀杭令归珧筑甬道,高广径直百馀里,以御水患。又载杭州盐官县亦有捍海塘堤二百十四里。即知古人治平江之水,不专于河,而筑堤以遏水,亦兼行之矣。故为今之策,莫若先究上源水势,而筑吴淞两岸塘堤,不唯水不北入于苏,而南亦不入于秀,两州之田乃可垦治。今之言治水者,不知根源,始谓欲去水患须开吴松江,殊不知开吴松江而不筑两岸堤塘,则所道上源之水辐辏而来,适为两州之患。盖江水溢入南北沟浦,而不能径趋于海故也。倘效汉唐以来堤塘之法,修筑吴松江岸,则去水之患已十九矣。

震泽之大,才三万六千馀顷,而平江五县积水几四万顷,然非若太湖之深广弥漫一区也。水在民田亦有高下之异、浅深之殊,非皆积水不可治也,其浅淤者皆可修治为良田。况五县积水中所谓湖瀼陂淹,若湖则有淀山湖、练湖、阳城湖、巴湖、昆湖、承湖、尚湖、石湖、沙湖,瀼则有大泗瀼、斜塘瀼、江家瀼、百家瀼、鳗鲡瀼,荡则有龙墩荡、任周荡、傀儡荡、白坊荡、黄天荡、雁长荡，淹则有光福淹、尹山淹、施墟淹、赭墩淹、金泾淹、明杜淹，三十馀所，虽水势相接，然其间深者不过三四尺，浅者不过一二尺而已。今乞措置深者如练湖大作堤防，以匦其水，复于堤防四傍设斗门水濑，即大水之年足以潴蓄湖瀼之水，使不与外水相连，而水田之圩埠无冲激之患；大旱之年可以决斗门水濑以侵灌民田，而旱田之沟洫有车畎之利。其馀若斜塘瀼、大泗瀼、百家瀼之类，深不过三四尺，浅止一二尺，本是民田，皆可相视，分劝人户借贷钱粮，修筑圩岸，开导泾浜。即前湖瀼三十馀处，往往可治者过半矣。臣闻江南有万春圩，吴有陈满塘，皆积水之地，今悉为良田，此治湖为田之验也。

按州志《文学传》，郏侨字子高，亶往金陵，遣就王安石学。以诗见安石，亟推之。后为将仕郎，辑其父水利说，皆有条绪。

按，宋时郏氏父子为昆人，立州以后入州志。自宋以来，江南言水利者多祖郏氏。凡汉唐治水、治田古法，具载二书，经纬咸贯，纲目毕张，直与《禹贡》相表里，有裨民生国计不小，真经世鸿文也。留心民瘼者不可不读是书。《姑苏志》《吴中水利书》、归震川《水利录》俱载之。窃谓州志亦宜辑入，不宜止录数行，要令先哲加惠吴民之意揭诸耳目，庶后人有所遵守。近见鹿城朱具涛先生于人物传中录郏正父书之半，具见前辈留心。今于《娄江志》中全录二书，流传三吴，使人知水学之渊源而治水、治田之古法尽是矣。至于河道之通塞、开浚之规条、古今土俗异宜，各有邑乘可考，成柱前人也。士琏记。

张槚《答晓川论水利书》

尝观吴中之水，曰震泽，曰具区，曰太湖，一也。其命名不同，皆以时起。自宋人而言，其西之南则严、湖、杭天目诸山之原，有自苕霅而来者；其西则宣、歙、池九阳江之水，有自五堰而来者；其北则润州之金坛、延陵之丹阳与宜兴之荆山之水，有自荆溪百渎而来者；而其东北则常州之水，有自望亭而来者。其入海之道虽曰三江，而二江已绝，唯吴淞一江。而吴江南岸又筑为石堤，以便纲运。苏州居其左偏，厥田下下。沿海地皆冈阜，以其中倾外仰，比之盘盂。或以其积而不泄，譬有人桎手罥足，塞其众窍，以水沃口，腹满气绝矣。槚观今日江宁之五堰既治，而九阳江之水不东注震泽而西下芜湖，常州之港渎以时而修，望亭之设堰在所得已。未数年前，严州有山崩之变，水皆南下浙江，而苕霅之水为之少杀。刘家河已开于前，夏驾浦复疏于后，而娄江之塞者以通。华亭诸泖之水既有所归，而东江之微者以大。自宋元时，世为东南患，如淀山湖者，亦于是乎少息。斜堰决而四湖有泄水尾闾，七鸦不复当以诸浦论，而又为吴中之一大川矣。

且自吴江之有石堤，而震泽之水渐以北徙。又缢胥口吐之郡濠，一自齐门之元和塘以北入于江，一自娄门之至和塘过昆山而东入娄江。计其来原，宋且倍是有馀，今疑半不足。其去委则古之川二，今且三。故昆山西北、常熟之南之民，当尤泾以东则苦旱，西则苦雨，其势然也。顾今一郡高田，以十分为率，吾州可当其三。太湖入海道，虽曰三川，吾州已有其二，淤则吾州先灾，修治则吾州独瘁，故当先事而忧，得可为预防者。

其一曰置堰闸以御潮沙。先时河港易塞，蠡来潮必浑，恒多于落潮，则无清水以涤。谚云：海水一潮，其泥一篑。两交处尤甚。宋范文正公有曰：新导之浦，必设诸闸，以御来潮，沙不能壅也。后黄震谓公守吴郡时，当开茜泾，亦止一时一方之利。今浦闸尽废，而海沙壅涨，又前日之所无，则除娄江七浦上原洪阔，海潮不能过者，不必置闸。其屡浚屡塞，如杨林湖川，并入于娄江七浦之处，其盐铁塘，南出娄江，北通七浦者，皆不可无闸。他如石婆港千步泾之类，则多置木窦，又必旁通月河，设为辊坝，即大旱大潦，用以济窦闸吐纳，且以便小舟往来。

其二曰专职掌以守成业。宋元丰中，裁定开江兵级，专治浦闸。今茜泾镇即范文正公开是浦后所设以屯兵者。今既南徙于新塘为巡简司，而新塘之故道犹在，宜重浚之，少加深广，导湖川之水蠡是入海，置为一闸，并复其正德间所减弓手之额，以时启闭。每岁理其闸外，其杨林北入七浦处则见有唐茜泾巡简司在，馀无属官之可摄者，量岁拨夫，分属塘圩守之，庶不为豪家开决。

其三曰轻地租以防壅塞。每见官府治河，非不戒谕，必远岸方许堆土，谓之冈身。今傍河之民，于夏秋积雨时乘河流湍迅，挑运入水，然彼固有辞，冈身同田赋，所种杂熟，利不及平田，能怪其损高求平乎？《周官》载师掌任土地之法，以园廛、近郊、远郊、甸稍、县鄙漆林之征，第为五等。即我州赋则有曰田，曰地，曰山，曰池、沟、荡、涂之异，唯地则名虽存，赋与田等。考未均时，有所谓地者止科夏税，而不科秋粮，谓之曰丝麦田，实则其种宜稻者也。以今之冈身名之曰地，夫谁曰不宜？诚得视周之园廛，今之山场以征其赋，而后立为界畔，俾不得仍前削壅，有犯置法。

其四曰慎升科以抑豪强。水利与害对，利专一家则害必众。近观清查则例，有升科涂荡米九十二石有畸。窃以为高乡安得涂荡？其即郑亶所谓纵浦、横塘，豪强兼并，乘清查假名，以升斗易百千家水道，或塞为沃壤，或堰为鱼塘，殊不计内地民居，每遭旱燥，所望唯海水二潮，绝其道所蠡经，将致坐困。迩者颜正郎治水事宜云：泄水去处多大户强占，或朦胧告佃起科，宜从重治罪，复监追积年租利。林正郎亦曰：告佃起科深为民害。夫以九十二石之米，除江海涨沙，种种芦苇，理应升科者不计外，所馀几何？曾足为一州轻重否？严为禁革，则害除而利自举。

其五曰纂图志以便考阅。先时清查，圩各一图，而又有经纬之册。第汗漫无统，虽有主者，久当散佚。今区一图，然其地犬牙相制，错杂不齐，各圩之下详于田赋，未及沟洫。愚所见州三百有十里，里为一图，则不胜繁。合几十里为一图，不唯其区，唯其方，四至皆以塘浦为界。而复备开其各圩四至之沟洫，有或纵或横，长竟一圩，而利可及众者，亦毋零割，俾一览共知。则虽欲私侵，以有稽不便。且浚时按图援工，亦无能高下。

五者皆止为备旱计，然高乡之河港既通，亦低乡所必籍以导水。但水性就下，因而导之则顺，而其为力易；激而行之则逆，其为力难。故郏亶于低田则唯筑堤岸欲其高固，浚塘浦欲其深阔；于高田既设堰潴水以灌溉，又浚其经界沟洫，使水周流，然后立闸门以防维。斯可以尝无患，而治法固不能无详略也。

此书论水道古今异宜、通塞利弊，于娄地最为关切，牧此土者宜座置一通。

江有源《请设专官治水疏》万历十五年五月

南京河南道试监察御史臣江有源奏为江南水利久堙，乞设专官，及时修治，以奠民生，以裨国计事。臣惟国家财赋仰给东南，而东南农田全资水利，故水利之修弛，民生视以休戚，国计视以赢缩，所系诚不小也。盖浙西之地，苏州最低，松为下流。太湖绵亘数百里，纳受诸山溪涧之水，散注淀山、三泖等湖，而由三江入海。是三江者，湖海之咽喉也，故曰"三江既入，震泽底定"。自海塘南障，而东江堙废，水势始北折而为黄浦，趋于吴淞，并于娄江，又溢入七浦、白茆，其道迂回屈曲，不能驶急。又海潮日有二至，浮沙涌入，淤塞江路，江路塞，湖水始泛滥而为患。此三吴水利之大凡也。

古人治之有原有委，而其要则在于经理之有人。考唐宋设官，有都水监，有营田使，有开江指挥，水患因以不作。及至元时，此制浸隳，则以无借江南之税耳。我朝各府州县非无农官之设，但位卑权轻，人率以冗官目之，故员具而职废。其奉敕督理者，先朝或以卿贰，或以司属，今则抚臣总摄于上，而内属之巡江御史，外属之兵备宪臣，可谓重矣，则又苦于任之不专。盖抚臣军马钱粮，几务重大，十府两州，统辖广远，欲其遍历乡村，躬亲胼胝，臣知其不能也。巡江宪体尊严，与抚臣等，而又止一年之差。兵备上有抚按各院之承迎，下有军民政务之杂沓，而欲以水利责之，臣又知其不能矣。自非特设一官，俾率所属，一心以营职业，其于水利未必无补。故万历初年，抚臣宋仪望条奏江南水利事宜，极言易御史置佥事为便。臣愿敕下该部酌议，如果可行，添设水利佥事一员，驻札苏松，而带衔浙省，一切水利悉以委之，杭、嘉、湖三府兼得管理，以便调度。果年资当叙，劳绩可嘉，即于本级上照新例加升，不得骤转数易。抚臣则总摄于上，而为之条其便宜，会其财用，考其殿最焉。如此庶人知责任之不容辞，必且殚精极虑，以求称功最，而水利始可得而修矣。

请言修治之法。昔人于溧阳筑五堰，以节太湖西北之水；于杭州筑长河堰，以节太湖西南之水，使不并入太湖为害。今高淳县之广通等坝，杭州之德胜等坝，即其遗迹，未有恙也。宜兴有泻水入江之渎，常熟、江阴有导湖通江之浦，亦所以分杀其势。今虽稍堙，犹未尽泯，诚一经理之，而上流可无事矣。若所谓治委者，其绪甚繁，其功甚巨，总有四议焉。

一曰开江河以导其壅。今之吴淞江、娄江、七浦、白茆，此四河者，襟带湖海，吐纳众流，一日不可使之不通者也。吴淞江堙塞最久，原任巡抚海瑞曾一开之，民赖其利，至今浸非其故矣。此当亟为疏浚。而吴江长桥及长洲宝带桥，洞门浅淤，葑草生之，昔人有为木桥之说者。今即未能举行，而壅淤则不可不决去也。白茆、七浦，同受昆城、阳承诸湖与夫娄江之溢水，诸湖善涨，故其流散缓，不能冲激，而二河亦最善淤。又自昆山、常熟之间筑有斜堰，而七浦之流益细，旋开旋塞，莫可奈何。今宜疏白茆之淤，开七浦之塞，撤去斜堰，或为石硙，或为石闸，而诸湖亦当并议也。娄江今虽通流，而太仓以东多有涨沙，海口有横沙，亦渐有可忧之势，早计者及今为之，力可省也。至于濒海之地，比腹内特高，开河者不当止据地面为浅深，而当以江湖之水面为浅深。如内地河深一丈，则近海处倍为二丈，其势始平。不然，内低外高，难乎水之东注矣。

一曰疏塘浦以通其脉。昔人于川原广衍处所，每七里为一纵浦，十里为一横塘，所以通决水道，使相灌输，无屯潴枯涸之患。乃民力既不能开挑，而有司又漫不经意，堙塞已过半矣。夫理身者必其四肢九窍百脉无不通利，然后可以无病。水脉之在地中，无异血脉之在人身，而可使之少有淤耶！是宜相其缓急，以次疏之，务使沟渎之水悉达于塘浦，塘浦之水悉达于江河，联络贯穿，如人身血气之流通可也。《禹贡》曰："决九川距海，决畎浍距川。"塘浦之疏，即畎浍之决，是即禹之遗法也。

一曰筑圩岸以固其防。吴中之田，高者畏旱，低者畏涝。畏涝者十之七，畏旱者十之三。治高田之法，多为浜溇以潴水而已。治低田之法，则非筑圩不可。盖低乡支河之水往往高出于田，而田反在支河水面之下，使圩岸不筑，水即漫入，而田成沮洳矣。今田圩之名虽在，而岸率圮坏，水至无以御之。是宜依仿古法相地形，度水势，画而为圩，高筑其岸，令内足以围田，外足以御水。圩岸既固，不惟在圩之田霖涝无害，可施播种，且湖水不得漫行而咸归塘浦，则塘浦之水自然满盈迅疾，可以冲敌浑潮而去浮沙。冈阜之地亦因水势稍高，可以畎引而资灌溉。盖一事兴而三利集矣。

一曰备规制以善其后。古人于滨江濒海，通潮江浦，悉设官置闸，潮至则闭闸以澄江，潮退则开闸以泄水。其潮汐不及之处，圩田四围亦设门闸，因旱涝而启闭焉。港之小者，不通舟楫，则筑为坝堰，而穿为斗门，蓄泄启闭，一如前法。又于闸外置有开江撩清等夫，俾时常瞭望，浮沙偶积，即时抉去，此其所以无水患也。今即江河开矣，塘浦浚矣，而闸坝夫卒之制不设，终亦补偏救弊，而非永赖之功。所当尽制曲防，以为永图者也。若夫泽国之利，在于舟楫，建闸则小有停滞之苦；近海田家引潮灌亩，坐而获利，建闸则小有车戽之劳，必有言其不便者。臣则以为事无全利，亦无全害，惟当权其利害之轻重耳。利舟楫而妨农田，私一隅而病三吴，得失烂然可睹矣。

此四议者，皆昔人治委之法，诚得人而久任之，致此非难也。抑臣又有说焉。当公私困竭，而欲兴工动众且树官焉，则费用浩繁，议者必复难之。不知事不一劳者不久逸，不暂费者不永宁，苟其势不可已，岂容惜费？即如漕河设官甚多，岁靡金钱以巨万计而不惜者，诚急之也。况三吴乃财赋根源之地，即漕河所输之粟，孰非三吴农田所出之粟，顾可缓视之耶？往时巡抚周忱增加苏松各府耗米，收入济农仓，一应官府织造、里甲杂费及修岸导河，皆取足于此。后虽括而归之官，然犹有不尽者，谓之拨剩银，其间耗蠹，莫可究诘。诚宜敕下抚臣，严行清查，计每岁剩银若干，即别贮以为兴修水利之用。及先年原设导河夫银与夫兵饷剩银、缺官缺役银，其馀一切无碍官银，尽数查出，仍有不足，则各衙门纸赎、各关钞课，皆可奏留。每年但得六七万两，以五年计之，共得三十馀万两，即可集事矣。若田间沟渎与修筑圩岸，向来皆民自协办，但今十室九空之际，未享其利，而先靡其害，民谁乐从？须官司以备赈之谷贷之，俟田成之后，责以三年六限，随税输还，庶乎其可也。

至于开江撩浅夫卒，若欲添设，亦属未便。查得东南自倭患以来，各港设有官兵，多者七八百，少者二三百。今诚量抽三分之一，分布诸河，各辖以千百户，俾充撩浅之役，即有海警，一呼立至，是亦一举而两得者也。夫专官设，则不患于无人；经费豫，则不患于无用。举前所谓四议者而次第行之，此吴民百世之利，亦国家无穷之利也。伏惟俯赐允行，不胜幸甚！

此疏载《水利全书》，寥寥短篇，殊无条理。予从江公裔孙虞九处得公昔年奏本，稍为节之入集。

王在晋《娄江诸水利说》

吴中之水，以太湖为腹，三江为传送，海埧为尾闾。娄江一名下江，相传为《禹贡》"三江"之一。自郡城娄门至昆、太，直达刘家港入海，凡一百八十里。受震泽西来诸水，或繇陆泾坝、沙湖、真义浦、吴淞江、界浦、小虞浦、新洋江而入，此南路之水也。或繇官渎出阳城湖，东行至傀儡、巴城等湖荡，出真义十五淹、高墟等港而入，此北路之水也。太仓之水凡八百有五十，今吴淞湮淤，而南水泛滥，白茆、七浦浅涩，而北水横驱，娄江一线能尽纳东南数郡之水乎？昔人谓苏州三十六浦，白茆、七鸦最巨，七鸦海口系东南宣泄之要区，盖濒海受潮，泥沙冲滚，清浊相搏，咽喉之地，最为吃紧。州之干河盐铁南入嘉定，出吴淞，北入常熟白茆至江阴，出扬子江。湖川塘环出小塘子入娄江，北穿盐铁塘，西接金鸡河，与七浦、杨林并横贯州北。而杨林塘上承巴城湖之水，东至花浦口入海，州田赖其广济。其刘家河海潮之入，繇湖川而东北，自七鸦港入者，达花浦、杨林及湖川而相会合，浑沙泥滓，积成堙堰。高田无灌溉则枯，低田逢水潦则没，故吾娄东土之田在昔价昂，今则贱视之，而茜泾一带几成坼莽矣。舟航既厄，稼穑无功，桔槔多废。州土饶于东北，缺于西南，迩年郊原四望，遍地皆棉，种棉久则土膏竭，而腴田化为瘠壤，昔年则壤成赋。娄土之毛，原不宜谷，十数万本色漕粮，从何措办？水利通而岁时稔，或可给漕之半，一逢水旱虫螟，尽仰给于转籴。倘邻封遏籴，束手无策。不取足于邻，而欲远贩于江湖，此万分无聊之计，立毙一方之民命者也。太仓莫急于水利，窃谓干河开凿必用公糈，枝河则照田分派，力迸塘长之陋规，严禁下役之需索；画土分域，较量寻尺，惩其惰窳，测其浅深；正官露次巡行，自备供具；河傍不许积土，里甲不得虚包；因民之利以速其成，乘农之隙以毕其力；低区则田各成圩，圩各有长，岁勤修筑，则水乡自可成熟。农隙唯冬，迨孟春以后，则征漕所混，每岁蹉跎。若专委卑官，而州守不履亩阅工，反增一番尝例，非徒无益，而又害之已。

　　岵云王公为明末第一经济名臣，无论其控制岩关，保全辽右，如赵营平金城诸策，惜未竟其用。即其为河臣治水所著《通漕类编》，详明综核，而又干梓里，留心水利如此。

娄江志后序

《娄江志》何以继《新刘河志》而辑？白公意也。大刘河未开，权浚其北派，言新者，不忘旧也。言娄江者，别于北派也。《娄江志》非一州之书，乃三吴之书也。夫恢神禹之旧迹，拯吴民之沉患，导财赋之渊源，立蓄泄之规制，天下之功，有越白公者乎？可以书竹帛、铭钟鼎，是以有志。志不能不详核，令来贤得其要领，恢大其绩，犹公志也。

观志之上卷，则知玺书之咨询，科臣之章疏，部曹移文而未覆，直指力主而奉行。绅士则联翩奔控，父老则踊跃开挑。规条之擘画有绪，告诫之劝导多方。贤牧运筹之力，旧令胼胝之勤。神人协和，太、嘉底绩。洎事变别生，御史北上，邻邦煽议，工作中辍，盈盈一水，浅深殊轨。爰是缙绅撼己溺之辞，监司执观成之论，足以化褊见之诪张，启将来之竭蹶矣。此而不载策书，则三吴之利害不明，百年之功罪不判，乌足垂劝乎？

观志之下卷，则知古江之源委，曩今之通塞。自夏以后，浚筑之勋可纪；有宋迄兹，金石之文可考。迤西则有至和塘之称，繇州而达郡；迤东则有刘家河之号，自海而抵州。总一百八十里之江，泄三万六千顷之水。太、嘉堈身，潴蓄为要；长、昆盂底，堤岸为先。即古可以鉴今，因害可以兴利。自国运将移，川竭告戾；千层巨浪，一旦平芜。方合群策以图维，且邀蠲折而兴举。经营未就，故都已沦。延及本朝，旱潦未息。内地大浸者七八年，沿海荒瘠者数百里。因尾闾之不泄，致高乡之倒流。于是司空借箸而筹，民牧抚膺而叹。虽属空言，不无可纪。

观志之附录，则知水学之鼻祖，本是娄中之先哲。虽有百家之绪言，不达二郏之深旨。人知治水而不知治田，此明治田而即兼治水。人不识高下丈尺之形，故积水潴而不泻；此明于堤岸堰闸之制，故河身骏而能通。人止疏通潮达海之干河，而沟洫竟不尽力；此欲修纵浦、横塘之旧迹，而田亩当尽沾濡。人止建一时一方之利，而经久善后无法；此欲合三吴数郡之力，而穷源溯委有方。是以正父陈书，为王荆公所深赏；而司农自许，即范文正所不及。吴匏庵全载郡志中，归震川、张玉笥采入水利集，言江南水利者，当奉为金科玉律者也。但今昔异宜，厝施不一，法古者法其意而已。今刻其书，以表先贤，以公同好。言水利者不尽乎此，而二郏，娄人也，载之志中为宜，因并录娄之前辈张公樾、江公有源、王公在晋三家焉。繇是观之,志娄江也,非为一州志水利也,故曰《娄江志》非一州之书,而三吴之书也。此白公意也夫。

时顺治十四年季冬之朔,古娄后学顾士琏殷重谨序。

昆山历代山水园林志

昆山县城隍庙续志

〔清〕潘道根　编

戴敏敏　整理

昆山县城隍庙续志

清潘道根编。潘道根（1788—1858），字潜夫，一字确潜，别号晚香，又号徐村老农，江苏昆山周市镇人。早年问业于王学浩、吴映辰诸前辈，研究经史，旁及《说文》、音韵之学，晚年学宗程、朱。与同邑张潜之等结"栎社"。平生颇留心乡邦文献，收集整理昆山地方文献甚多。

城隍为守护城池之神，昆山城隍庙元季始立，旧在县治南百步。明洪武间置昆山县城隍庙，在县治马鞍山南，明清两代多次修建。昆山城隍庙下分两道院，一为石竹山房，位于庙殿之左；一为玉泉仙馆，位于庙殿之右。大殿管理等由二院轮流担任。昆山城隍庙旧志，为明代天启间邑人张元长所撰，康熙三十四年（1695）邑人张白源作续志二卷，分十三门。书成未刊，岁久破损。咸丰二年（1852），玉泉仙馆住持赵见庵委托潘道根编成此志。

本书分上、下两册，分为建置、法系、轮直、祀典、列传、碑记、庙制、匾额、藏蜕、诗文等，主要为列传、碑记、诗文。此志盖据张白源续志加以增补，内容编排颇芜杂，一门内容分置他门，篇名、次序杂乱无章。然记载内容较丰富。《石竹玉泉分派之图》记二院传承，《列传》所记二院道人，可为道教研究提供资料。《祀典》所记清代城隍庙祭祀仪式，《庙制》所记城隍庙建筑规制，《昆山县城隍庙助捐田粮碑记》所记清代田亩制度，亦颇具史料价值。

是书有1912年抄本，南京图书馆藏，本次据此本点校整理。

修昆山县城隍庙续志缘起

昆山城隍庙故有志，乃前明天启间，邑前辈张元长氏为羽士胡太古作者，刊木行世，世尚有之。后之修县志者得有据依，以辨四美亭旁之墓，为羽士藏蜕之所，而非黄忠愍之兆域。此其大者，其馀琐事赖以存者亦不少。以此知志之所关者，非细也。

自张先生没后，入国朝，迄今二百馀年。其间庙貌之改作，道院之隆替，可述者多矣，而惜乎无纪载之者。康熙乙亥间，邑人张白源氏晚慕清修，出家知止道院，曾为玉泉院羽士赵九仪撰《续志》二卷。其前有序，有志□、告城隍神文，有"道士本系图""藏蜕新图志"之目，为建置、疆界、匾额、考信、题名、清规、轮直、藏蜕，<small>以上上卷</small>。列传、前型、流寓、诗文、祈祷，<small>以上下卷</small>。凡十三门。书成而来刊[1]，稿藏院中，历岁既久，为虫鼠所损，上卷几无复存。

咸丰壬子秋八月，根偶憩玉泉仙馆，与住持赵见庵练师相晤，谈及院中故事，出张先生残稿见示，惜其无副本可补，而又念后此之事迹日以湮没也。见庵郑重见委，不揣芜陋，取其目之可考者，题名之仅存者，碑板匾额之尚在者，藏蜕传志之可考者，续而编之，以待后有二张先生其人者出焉，非所云作也。前余偕亡友张君彦孙辑昆山人诗，于"方外"则采徐端人氏，徐亦院中先辈也。见庵名中一，字曰建安，为王练师仙根高足弟子，识卓而志坚，外和而内介，于院有兴复之功，且又笃念所生，不忘原本，盖道门之肖子，墨名而儒行者也。余重其为人，且嘉其有意于作述也，故为录之如此。

邑人潘道根确潜氏述。

---

1 "来刊"，疑当作"未刊"。

建置考

庙自前明天启元年，知县苏寅宾重修，未竣，苏侯去任，道士胡古集资竟其事。张鲁唯记。国朝顺治十四年，庙毁。康熙元年，邑人士力图兴复，鸠材庀工，至十二年落成，知县董正位有《重建城隍庙记》。其后屡有修治。雍正四年，分设新阳县，以庙寅宾馆改为新阳城隍庙。至乾隆十五年，建新庙于罗汉桥西，仍复宾馆旧制，后渐圮毁。嘉庆二十年，邑人重建，并修葺庙寝。

四美亭，在城隍庙寝宫后，其东为花神庙。乾隆中，里人辟庙后废地为园亭，规制宏敞。亭成，适得邑人余起霞旧题"四美亭"额，因以颜之。

花神庙，即慧聚寺铜佛殿遗址，在石竹山房拱玉楼北，乾隆十六年里人创建。中有古冢，为晋骠骑将军须龙洲墓。

石竹玉泉分派之图

方外之士以夙生庆幸托迹道门，号为玄元弟子，锡名非易，副名实难。院中一派始终成立者，前《志》二百六十年中落落晨星，以是知副其名者之尤不易也。东石竹山房为李羽士应元分派，西玉泉仙馆为苏羽士景祥分派，其后东院管羽士松又分玉楼一房，后则仍为东西两院矣。兹从故纸中搜辑题名，得其梗概，录为系谱一篇，以俟后之续者焉。

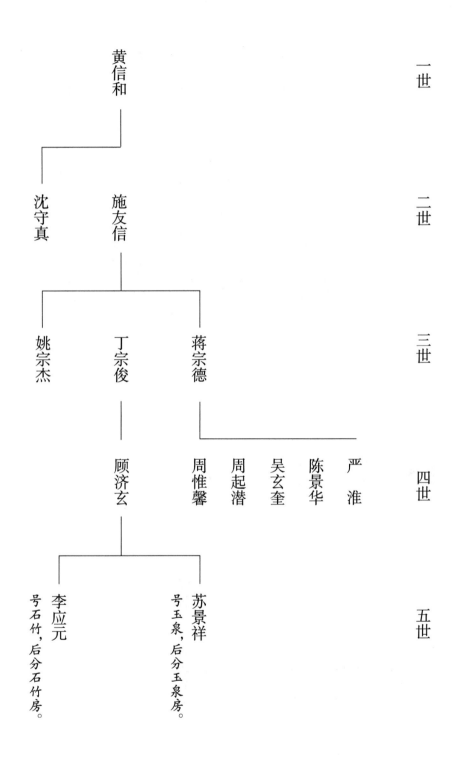

一世	二世	三世	四世	五世
黄信和	沈守真	姚宗杰		
	施友信	丁宗俊	顾济玄	李应元 号石竹，后分石竹房。
				苏景祥 号玉泉，后分玉泉房。
		蒋宗德	周惟馨	
			周起潜	
			吴玄奎	
			陈景华	
			严淮	

五世
- 苏景祥　绍宗，羽化时年七十七。
- 龚朝宿
- 刘子仙

六世
- 陆绍宗　法名守中，号习闲，羽化时寿七十一。
- 吴有仁
- 俞复新　远游不返。
- 张天瑞

七世
- 龚成梧　号肖闲，八十五岁坐化。

八世
- 陈永真
- 徐必达　法名炎洲。
- 冯宏绪
- 钱继武　号碧海。
- 邹梦吉　号冀闲。

九世
- 胡古　法名表玄，字又玄。真人府赞教。

十世
- 徐玄之
- 支向荣
- 庄文玉
- 曹尔瑞　法名静真。
- 陈惠吾　被难。

十一世
- 张国贤　号素雯。

十二世
- 范德芳　法名锡玄，号离成。
- 金元昇　号静机。
- 董涵
- 刘汉杰　法名仁机。
- 江鹤　号鸣九。

十三世
- 张尚德　法名清宗，号志先。

五世　六世　七世　八世　九世　十世　十一世　十二世　十三世　十四世

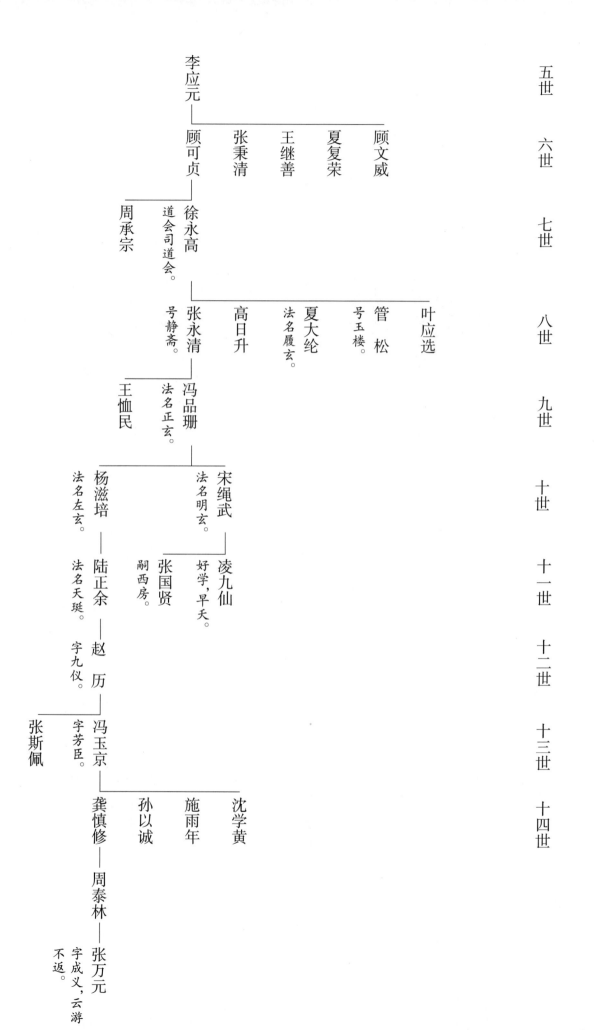

李应元

顾文威
夏复荣
王继善
张秉清
顾可贞

周承宗
徐永高　道会司道会。

叶应选
管松　号玉楼。
夏大纶　法名履玄。
高日升
张永清

王恤民
冯品珊　法名正玄。　号静斋。

杨滋培　法名左玄。
宋绳武　法名明玄。

陆正余　法名天珽。
张国贤　嗣西房。
凌九仙　好学，早夭。

赵历　字九仪。

张斯佩
冯玉京　字芳臣。
沈学黄
施雨年
孙以诚

龚慎修
周泰林
张万元　字成义，云游不返。

八世　　九世　　十世　　十一世　　十二世　　十三世

管　松 —— 李乘龙 —— 金有仁 —— 祁见龙 —— 陈太琳 —— 杨元辰
　　　　号白源。　号太卿。　号时驭。　号次球。　季道吉
　　　　　　　　　　　　　　　　　　　　　　　　张□□

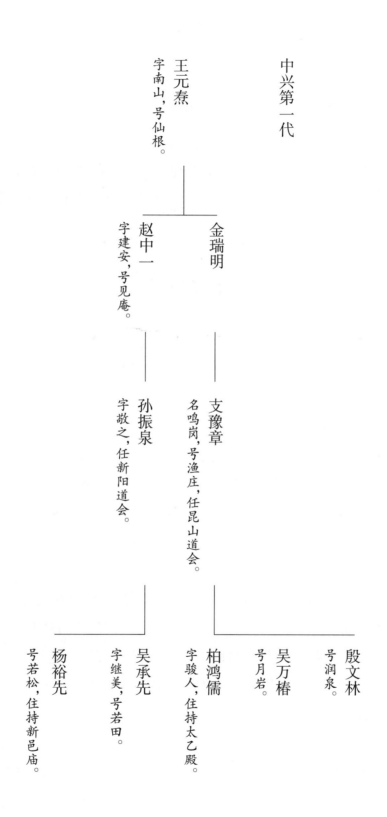

中兴第一代

王元燾
字南山，号仙根。

金瑞明

赵中一
字建安，号见庵。

支豫章
名鸣岗，号渔庄，任昆山道会。

孙振泉
字敬之，任新阳道会。

殷文林
号润泉。

吴万椿
号月岩。

柏鸿儒
字骏人，住持太乙殿。

吴承先
字继美，号若田。

杨裕先
号若松，住持新邑庙。

按：照胆亭镜背住持名氏，除董涵、冯玉京、陈太琳、赵历、杨元辰、季道吉、沈学黄、施雨年外，尚有李云、郁丹九、江德慧、丁本如、杨鹤帆、汝启凤、包迪修、严吉臣、顾裕九人，未详支派。

轮直原第十一

直殿旧规，两院轮任，石竹既有后房，则又按月均承，久为定规矣。开山黄公于分关内谆谆垂戒者，以宿庙行香，承事官长尤宜勤慎也。至云资祭□之馀馨，以和众而作务，今则不然。自顺治丁酉正殿焚后，设立公柜，募资修建，每祭捐助二分或数十文，登簿入柜，岁终会信，公收公储，给工筑费，羽流莫与也。可以节劳，可以远嫌，高明者所乐从也。但常住既无恒产，而享祀又乏馀资，在当年者益难为力耳。设有意外之费，独力难支者，另议合庙协助，庶不致左支右绌，设讥大雅耳。

祀典第二

国朝《会典》：凡府州县建风云雷雨、山川坛，并祀城隍之神，共为一坛。顺治初，定每岁春、秋仲月祭。雍正二年，奏准安设神牌，曰："风云雷雨之神居中，山川之神居左，城隍之神居右。"

乾隆二十二年，礼部议覆陕西巡抚陈宏谋咨，称"致祭社稷坛，定于春、秋仲月上戊日。致祭山川坛，只载春、秋仲月，未定祭期，《会典》亦未载有祭日等语。今拟山川之神于春、秋仲月，与社稷坛同日致祭。请载入《会典》，永远遵行"。

陈设：帛，风云雷雨四，山川二，城隍一，俱白色；爵，风云雷雨十二，山川六，城隍三；羊一，豕一；铏一，笾二，黍稷。簋二，稻粱。笾四；形盐、稿鱼、枣、栗，豆四；醓醢、韭菹、青菹、鹿醢。酒樽一。

《通礼》：州县祭云雨风雷、山川、城隍之神，岁春、秋仲月谏吉致祭，州县以守土官为主，长官有故，则佐贰以次摄。至三月寒食节、七月望日、十月朔日祭厉，坛于城北郊。前期，守土官饬所司具香烛，公服诣神祇坛，以祭厉告本境城隍之位。翼日，礼生奉请城隍神位入坛，设于正中，行祭厉礼。及岁时旱潦，谏宜祀之辰[1]，行礼仪节，与常祀同，惟祝文随时拟撰。并详《通礼》。

旧《志》：县大夫莅任前一日，必就庙斋宿，丞、簿、尉皆然。自朔望行香外，凡遇水旱疾疫，必祷于神，无弗立应。四境士民斋沐焚修，无间寒暑，或设牲醴享祭，或演戏作乐，如奉上官，礼寂无哗者。每岁五月十五日，与皂肃班声喏，谓之庆生。岂五为灾月，故大飨于明神，圣人神道设教之意欤？《记》曰："有其举之，莫敢废也。"此之谓夫。

1　"谏宜祀之"后，原阙"辰"字，《大清通礼》卷十二"直省神祇祈报"云："若间不雨及潦，谏宜祀之辰，具祝文……行礼仪节，与常祀同。"据补。

赵练师中一生传

赵练师中一，字建安，一号见庵，邑金潼里杨家巷人。父嘉玉，素清贫，年三十三病亡。母黄氏，有三子，中一居长。氏时年二十四，携三幼子，苦节自励，辟纩以活。既而力不支，弃其居，依其外祖父黄公，黄公颇覆翼之。值岁奇荒，艰苦万状，而黄守节愈励。

中一稍壮，为寄褐道士，念不能自立，一日至邑清真观遇仙房，见住持南山王公，心有契，因禀母命，礼王为师。既出家随师，诵经礼忏及一切事悉本至诚，言动出入皆有规矩，师识而器之。同时诸前辈私相语曰："勿轻视此子，他日我道门龙象也。"后南山王公去主昆邑庙，兼综东西两道院事，中一见西道院颓[1]废尤甚，慨然有修复志。会师羽化，中一遂肩其任。西院中如冲虚阁、火神庙、祖堂、听事及经寮庖湢，咸为整理。其兴复次第，略具李廷尉所撰碑记中。

道光乙巳，复以邑人士请管清真观仙人殿事，中一以先师一脉，义不容辞，特颓废已甚，积十数年之力，次第为修整之。观中古迹如飞虹桥、放生池、竹洲馆，咸为一新，外及大通明殿、三天门诸处，俱为修理。里耆老咸相谓曰："使得如师者一二人，观其复兴乎！"自此道望益隆，凡邑中公所图兴复者，咸欲得中一为综理，童孺俱信之，以其不私也。道光丙午，复应新邑庙司事请，总管两邑庙事，晨南暮北，寒暑不辍，而须发间白矣。既兴复废坠，又为院永久计，出衬积买常稔田若干亩，吁蠲其复，使后有规随，事具《志》中。

其为人有根本，期于不负初志，既上念师承，励志兴复，竟如其愿。而晨夕礼诵，及为人修醮祭，必诚必悫。尤敬礼贤士大夫，初无竿牍请求意。遇族姓疾病死丧，匐伏奔救，必尽其力。初不以出世自诿道路，有穷苦者，咸周给之。既为母黄请旌，得表其苦节，又礼葬其外祖父母、舅氏及李生父母、两弟。于祖堂设历代师长本生父母木主，而以己父母木主祔祀其侧，春秋祭飨，奉槃匜而流涕。呜呼，古所称墨名儒行者非欤！

徐村老农曰：根识见庵，在其管新邑庙之年，盖相见也晚，既从其游而窥其微，有以重其人。道院开山第一代黄公信和，为太常忠愍公孙，孤忠遁迹，淳质自然。其后贤哲继出，至祁练师时驭，苦节至行，为师刲臂，盖忠孝之源流远矣。

承委续庙《志》，诸久未成，而见庵遭风疾。顾念其诚，为留道院者三宿，询及家世之详，见庵觊述母守节事颠末，不觉失声恸哭，不能自止。根虽老病，笔墨荒芜，于此不尽心？乌乎，尽吾心乎！使儒门有人力肩兴起之任如见庵者，根虽为之执鞭，所欣慕焉！

---

1 "颓"，原作"类"，字形相近，据文义改。

圻字邑翼，号白源，明思南知府六世孙，诸生元灿子。明季，补昆庠生。入国朝，里居教授，从游甚众。与朱用纯相友善。晚岁栖止道院。同邑蔡方炳为颜其居为"知止山房"。著有《仕学要箴》《道德经注解》《珠口真机》《昆山县城隍庙续志》。

张白源氏曰：道院自开山黄公羽化后，析为东、西、南三派，已而西、南二派绝，惟东房繁然茂也。顾羽士济玄有两徒，一曰苏景祥，一曰李应元，皆有行干，而两人兄弟之交厚。于是命苏居西，名"玉泉仙馆"；命李主东，名"石竹山房"，二人遂以所居为号。两院对峙，香火繁衍，历三百馀年而不替者，济玄得人之效也。

后未数传，东院有左右之分，管松、李乘龙居左，夏大纶、张永清居右。右仍"石竹"之名，左则易以"玉楼仙馆"，所谓南派是也。管以端严励行，李亦苦志焚修，顾徒众既寡，斋修亦稀，遂成清苦之局。及李传于金，金传于祁，虽□意支撑，力益不继。康熙壬子，一旦不戒，祖堂馀构尽付祝融，金、祁二人风露鹄立，无一椽之庇。经营数年，前规未复，金已郁劳成疾矣。见龙事师病中，尝药未效，继以割肱，泣血呼天，愿以身代。告终之后，周衣未具，黾勉拮据，卒致弗悔。其致孝于师，始终一节，为世所仅见者已。

师羽化之后，止畜杨、季两幼徒，一意以兴复为事。建造之暇，从江右法师杨犹龙修炼五雷召龙术。己未岁旱，邑侯基弘王公敦请祷雨，祁即登坛作法，应限雨集，得膺额奖。祁赋质素弱，后以积劳得咯血疾，病革，以后事付徒陈太琳，萧然而逝。太琳先出家清真观，为人亦淳质，是能振兴其绪者。

乙亥夏日，院中以《续志》见请，太琳来谒虚隐楼中，念管、李二师，以清修领袖于前，金、祁两传，艰苦立业，而祁之孝德可以风后，故为书之。

九仪赵法师训语

夫曰清规，则必上有立规之师长，而后下有守规之学人。《记》曰："师严而后道尊，道尊而后弟子知敬业。"旨哉，言乎！夫出俗从师，凡食之饮之，教之诲之，惟师是赖。为之师者，虽豢之以恩，训之以义，然以异姓之子弟为□之子弟，泄则近狎，疏则易叛。故必上严下敬，而后清规克立焉。是故凡为道门子弟，朔望必拜谒神明，晨昏必躬亲洒扫，迎送必慎威仪，应对必绝诞妄，出入必告师长，行住必别嫌疑。不得滥交匪类，不许频数归家，无事且静坐，不可耽习樗棋，有资当爱惜，不得贪谋酒食。立品贵先立志，检身毋忽细微。师长申诫于平时，子弟遵行之有素，使人一见，称为道器，斯足重耳！至于前《志》所载，上元有祝釐之斋，清明有报本之祭，五月十五有庆生之典，轮直有规，后时宜戒，师长主之，子弟恪遵可也。

素雯张师善后勉词

世趋日下，心趋日上，持之有恒，使无变易，故名常住。既有常住，必有主维常住之人经纶调御，不为气数人谋所败坏，故可久也。国贤赋性愚鲁，幼归石竹，礼柱卿宋师为师，动静作止，一惟所命。迨师移主西院，国贤独随侍，冀幸兴复。不料一岁未周，遽尔见背。生平潇洒，不事储蓄，易箦之日，丧葬之用，尚费经营，况其他乎？时国贤年未胜冠，常住之事无可他诿。自思尽瘁支撑，犹惧未能洽众，乃曾不数载而人我见生，同室离析，一房两爨，由斯起矣。追忆开山黄师祖训诫之词，不胜汗颜。又历几年，天诱其衷，各萌悔心，始仍合食。

呜呼，盖其难哉！然常住虽复曩规，而事例不可以不定。盖因此山既无恒产可资，反有官长酬应，其艰难倍于他处。而值殿两年一轮，则接管常住，亦必两载一转，方号均平。至道会司，适遇其时，凡受赙施，从公津贴，方不偏枯。乌乎！凡吾玄元子弟，两院道风倡兴于前，请师懿范垂型于后，首以昌隆神庙为本，次以撑持道院为心。慎勿专利而害义，尤忌因私而废公。宁可淡泊而明志，不可奢纵而召殃。虽属耄老之恒言，自当三思而无斁。

康熙三十三年冬月吉日，题于司玄洞天。

道诫附

原夫道判鸿蒙，生天生地。邃古之初，夐乎尚已。洎乎轩辕访道，远驾崆峒，七圣俱迷，罔象独得。洎乎老氏，著书五千，孔叹犹龙，化胡西逝，强名曰道，教斯肇矣。班氏分别九流，以为出于司徒之官。□其末裔，支分派别，上清、灵宝、正乙之箓具在方策，所不赘焉。念夫人身易失，至道难闻，托迹玄门，多生庆幸。陆法师有言："凡道士者，道德为父，神明为母，清宁为师，太和为友。大诫三百，杜未兆之祸；威仪三千，兴自然之福。"仪文尚焉，法诫昭焉。

夫儒有九思之训，释有四分之律，皆以严束身心，节闲情性。非礼必勿，垂东鲁之雅言；摄念在心，勒西方之遗教。用能六通四辟，希圣希天，何独道门，礼为桎梏？盖初学入德，必以谨饬为先；悟道通真，尤欲卑谦自牧。刍言可采，幸垂听焉。

夫簪笏非散诞之容，宫观非逍遥之地，接宾客犹思正色，对神明能勿改容。况乎旌幢所以竦目，钟鼓所以饬听，跽拜所以表虔，笺奏所以达信。自非庄严铿锵，端谨肃恭，何以对越昊苍，忏除罪诟耶？又闻《礼》著夙兴，《诗》惩晏起，吐纳则朝餐沆瀣，寂净则夜守庚申。故右胁著席，释迦有训；闭关静养，道法所崇，四威仪中，幸时留意。

若夫经典科范，弥可得言。元始所说，号曰洞真；道君所说，号曰洞玄；老君所说，号曰洞神。三洞所综，三十六部，共一百八十七万六千三百八十卷。诸家符箓，鞭龙劾鬼，道周所述，凡八十二家。太上著摄群生则有二十四门，修真则有九戒，炼魄则有九斋。道岸宏深，所宜津逮。岂徒六丁六甲，当知姓氏；九霄九炁，必辨谁何已哉！

爰至动止语言，服食器用，守朴守贞，务俭务素。酒为腐肠之药，色乃戕身之斧，既皈至道，谅能戒矣。至于三元五腊，八节六辛，酌水献花，持斋行道，务于遵守，不可废也。又传必有师，学必资友。经师、籍师、度师，号曰三师。高功、都讲、监斋、侍经、侍香、侍灯，号曰六职。受法即同，鞠育同门，已属金昆，勿妒勿狎，必严必敬，以振兴三门为继述，以宏宣道化为肖子。上之可以澡心雪性，超化通神；下之亦能保寿延年，积功累德。天上则书名丹籍，尘世则纪绩贞珉，号为有道，不亦休乎！夫明道若失者，老氏之遗诫；不材自全者，蒙叟之寓言也。道言：吾有三宝，一曰慈，二曰俭，三曰不敢为天下先。凡吾同学，尚敬听之。

道光己酉秋九月，玉泉法裔赵中一见庵氏撰。

列　传

胡古，字太古，法名表玄，大真人府知事，邑二保人。宿有慧性，童年礼玉泉院徐炎洲为师。炎洲，龚肖闲首座也，道行著闻。古宗其教，虚怀好学，遇胜己者，皆师事之。初修五雷鞭龙之术，未深契玄奥。偶赴崇沙，遇问道者，滞于酬答，心甚愧之，归而发愤下帷，历访有道，数年，遂有神悟。又得正乙真人摩利支天法、朱天君启请法，精心独得，有感辄应。一时斋醮法筵，得古上章便为深幸。每春秋祈禳，远近赴请，舣舟[1]相继，未尝以劳瘁辞。天启乙丑六月不雨，稻田龟坼，邑侯闵公讳心镜延古祈雨。古力疾登坛，行鞭龙三限之法，甘雨如注，有“诚通云局”之褒。事详张元长先生所作记中。所积信施不敢妄用，建三星法堂，邑绅张公鲁唯颜曰“司玄洞天”，柏桂交翠，竹木萧森。暇则与学士文人吟咏茗酒，故诗文投赠为多。然此皆古之用也。元长先生有言，以道变物而口无其言，以法济人而躬不染欲，矩矱范身，不逾尺寸，斯则古之体也欤！徒二人，徐又玄、支向荣。

外史氏曰：自庙建以后，历二百六十年而后得古。老成凋谢，文献无征，古能于湮没无闻中，搜残编断碣，托之张先生之手著为前《志》，俾黄公信和开创之功得以不朽，前

1　“舣舟”，原作“檥丹”，据文义改。

际后际,视前人曷愧焉!

宋绳武,字柱卿,法名明玄。丱角时投石竹出家,师张永清。永清号静斋,卓有志行。绳武性聪颖,好为童子戏,永清弗善也。年十五,发愤于学,不期月,一切斋醮科仪娴如夙习,人皆异之。崇祯辛未,有真人府法官陈复初游于昆,绳武从之,授五雷天心秘法,一时侪辈莫及也。时胡古主西院,道风翔播。绳武主东院,日与徒众应赴法会,不与文人学士狎,其志趋各别也。绳武尝五就雨坛,六膺宪奖,而文采不著于时。其年少于古九岁,古羽化时,岁在辛巳,四五年间,运遭改革,兵荒迭至。玉泉法系或毙于兵,或返于俗,向古所创规模,几于隳废。时檀护等偕其法系,公请绳武主西林。顺治乙酉,挈其徒张国贤徙[1]主法席,四众向风,咸称太古再来。丙戌夏五,示寂羽化,易箦之夕,囊空如洗。终事之费,培养绳绳,到今扶衰继绝,功足纪云。

外史氏曰:天之生才不易,人之造就亦难,故优于人者,或绌于天。惟古也,有表襮之勋,绳武有扶衰之迹,斯亦何愧于兄弟哉!虽各成其是,何妨乎?而或者以志溢少之,非笃论也。

陆天斑[2],字佩长,陈墓巨族,性静朴,口讷于词。年十五,出家东道院,学正一修炼法,而于胎息养气尤佩服,弗谖于利益,常住事知无不为。顺治十二年,捐钵资构阁三楹间,宏敞闳静,供奉文昌香火,为朝夕焚修地,历二十年始成。丁酉,庙正殿灾。壬子,外厢房灾。飞焰相逼,峭存如故。天斑为人慎交,与远攀援,居心不竞,与物无忤,应请之暇,掩关展笈,萧然自得也。徒赵历负远志,与茅山詹大真师相晤,订入山之约,天斑呕止之,曰:"吾之常住,上传下受,担荷在人。吾在,勿为山水想也。"其坚心负荷如此。

外史氏曰:儒言父作子述,即方外士奚独不然?顺治至今二百年矣,迄今登斯阁者,心旷神怡,回思天斑,经营惨淡,二十年之苦心,为之翯然远想也。

刘科扬,字顺三,故儒家子,少为玉泉馆道士,精参玄理,时或忘寝。后游京师,世宗宪皇帝在藩邸,深器重之,书"玉阶之秀"匾额赐之。寻归玉泉,建斗姥阁于馆之后,长洲沈德潜颜曰"冲虚",水旱祈祷辄应。邑令蔡书绅与科扬有旧,敬其齿德,呼为老友,科扬语不及秘,书绅益重之。羽化时六十九。

外史氏曰:余阅旧志,玉泉故多闻人,盖山林阒寂,于修道为宜。而当其时,又有高

---

1 "徙",原作"徒",下文《重修昆山城隍庙西院记》云"东院师宋绳武挈其幼徒张国贤移主之",据改。

2 "天斑",原作"天璘",上文《石竹玉泉分派之图》作"陆正余,法名天璘",下文又作"天斑",又下《藏蜕》一节亦作"天斑",应以"天斑"为是。

行之士为之引掖。如科扬者，被世庙之知，载名志乘，岂不以品学哉！后之佩簪被而称方外者，宜知所自勉也。

赵历，法名太微，字九仪，号宜阳。宋室遗胄，为同鲁先生后。从长洲徙居昆山，祖、父皆业儒。历八岁失怙，年十五为道士，皈东院陆佩长为师。性疏简，儒书道笈，悉探蕴奥，其取舍不与人同。一身服御，齑盐补衲，终身无渝节。喜与文士往还，谈说经史，娓娓不倦，而未尝有绅佩之交。受职真人府知事，领礼部牒，为山门外护，而雅志不存焉。时桃源吕师惢、句曲詹师守椿寓昆，参受法要，充然有得。为人修髯疏眉，望而知为有道之士。

弟子曰冯玉京，法名教敷，号方城，亦受知事职，调驭诸务，无所凝滞。性乐闲静，坐卧斗室中，素琴茗碗，陶陶遂遂，无愧于师。玉京门下二人，曰沈学黄、施雨年。沈故名族，父噩文学士，与石竹主人友善，故学黄师事玉京。为人诚朴有守，勤苦作务，常住赖之；雨年性豁达，志气卓然，皆法门令器。学黄名卓真，号素传；雨年名台真，号上霖。

外史氏曰：余闻父老言，宜阳性好竹，闻人家有竹林，不问主人，径造深处，吟啸竟日不倦。其嗜好迥非凡俗。工于赋咏，托兴抒情，时有佳句，历岁滋久，竟无传焉，惜哉！

张尚德，字志先，法名清宗。邑弘治戊午举人讳贵裔。父、祖皆读书授徒，有长厚风。尚德生十龄，即知玉泉院胡太古名，欲师事之。会胡仙去，礼其裔孙范禹成为师，亲贤远佞，不为时趣所动。父年老，不能训读，经营静地迎养之，晨夕必问安否。任常住，自洒扫细务以至斋醮大典，亲任勤劳，外和内介。松江云和道院频请□住持，亦无沾滞之念。张知止老人称其有为、无为之业，均未可量云。

孙以诚，法名清熙，号此崖，菉溪儒家子。父辑侯，冒外家钱姓，以训蒙自给，生一子，即以诚也。岁凶，失其馆，又丧其妻及外姑之与依者，辑侯遂有四方之志，因以以诚托之石竹院中。院主赵九仪以其羸病而失学，不之喜也。岁乙丑，张白源圻携之知止山房，勤加训勉，五年，学遂有进。庚午，设静坐关。同参五人，昼夜不寐，以诚忽有所悟，遂能五七言诗。后受戒于律师，摄心归一，遂兼通玄空之理。所著诗名《菉溪集》。

流　寓

吕惢，字贞九，茂苑儒家子，隶太仓州庠。夙契玄学，精符篆之秘，行持清微，传度、祭炼、法事，始断荤血，后遂辟谷。惢鼎革时焚儒衣冠，居吴山妙高峰，作《三无偈》，谓

"灶无烟、炉无火、卧无榻"也。无何，携瓢笠造终南，登碧天洞，遇杖藜老人，告之曰："子因缘在南，宜早回。"仲子榭访亲适至，怂适南，旋归隐小桃源，作百咏自适。三吴道风半由师倡，斋醮来昆，每寓石竹院中。后数年羽化，裸葬小桃源，号为委羽塔院，方伯丁公作碑记之。

詹守椿，号怡阳，别号扶摇，家维扬，司盐策。自幼多病，因耽玄学，历从云水游。后归王屋山，昆阳王律师为首座。阐教燕楚闽越，在处开坛，授以初真、中极诸戒，冠巾之士千里迎送不绝。久之，入关炼大丹，且念三百戒中阃奥难明，矢心体验，注疏明了，开示后人，遂隐茅山之乾元观，历十五年不出。迨丹已成，注已就，挈二侍者遨游四方。丙午秋仲，从九峰来，次于玉峰，见山川明秀，意必有法器隐其中，小憩西乾、石竹间，讲演龙门心法。白源张圻与赵太微历同在函丈，亲炙最久。明年四月，归乾元。又明年戊申五月中仙化，有《辞世偈》。王律师亲书塔铭，题曰"龙门第八代詹律师之塔"。所著有《龙门心法》二卷、《中极三百戒注释》等书。

昆山县重建城隍庙记

郡邑之有城隍庙，著在法守，自唐宋以来，莫不敕建，考于令甲。而城隍职任惟隆，祀事孔肃，视社稷、风云雷雨、山川之祭为详。凡有司莅任之始，必谒庙致敬，与神立誓，期于阴阳表里，以共绥下民。而月之朔望，又必诣庙瞻礼，鞠躬匪懈。非以神为民之保障，而又能察官民之善淫，依其所作，降之以休咎，其聪明正直之无可欺欤！

说者谓其事不载于经传，乃稽诸大《易》，其名已著，而李阳冰《缙云城隍庙记》则具编姚氏《唐文粹》中，元草庐先生吴澂亦有《江州[1]城隍庙后殿记》，此其彰灼可据者。后代君臣昧于大体，承讹踵弊，如灌婴、纪信、周瑜之类，肖像锡封，惑乱黔黎之耳目，纲沦法致，驯致祸灾洊起。我国家诞膺宝命，作九州四海神人之主，监于旧章，厘正典祀，定称某府州县城隍之神，屏去黩粢，一洗不经之陋习，特颁仪注，命有司遵守，立法善矣。

昆山城隍庙旧在县治南三十步平桥北，后移建马鞍山之阳，实古慧聚寺鬼运基也。历经修饬，逮今已三百馀祀。康熙九年六月，承乏宰县，始至日，遵例宿庙，见栋宇草创，风雨不蔽，顾之而叹曰："神非所谓御灾捍患，彰善瘅恶，有大造于民者哉？而庙貌荒陁若此，其谓之何？"有告予曰："自顺治十四年之十二月，弗戒于火，以岁之不易，经营以久，卒弗底于成。"予曰："维神之灵，何可弗妥也？余受□命为吏于兹，谊当事神□民，以

---

1 "江州"，原作"江洲"，吴澂《草庐吴文正公集》卷二十一题作"江州城皇庙后殿记"，据改。

仰答天子之休命,其可以匮乏辞!"乃捐俸以为倡。未几而僚属继之,缙绅孝秀亦继之。

是岁,江以南方苦大祲,而昆山地势洼下,被灾尤剧。民相与悔恨,谓民之奉神不至,宜神之庇民不周,遂云集庙下,子来恐后。而菜色之民,力与愿违,求其成功之不日也,固难。改岁而神其保之,民乃有秋,于是大小协助,仿庙制之旧而作新焉。堂寝门庑,崇宏鬼丽,校昔日有加。计用银二千两有奇。以康熙元年之十月经始,而以十二年之十二月落成。

时越十稔,事更四任,惟民困财竭使然。耆老许福等佥谓不可无记,相率请余文,图垂永久。予窃维鬼神之道与政事相流通,故祭祀之典,圣人重之。尔民其勿谓神实佑我,而徒私有望于神,无亦念神操祸福之柄,冥冥之觌,非祷祀之能邀,苟获罪于神,虽奔走赛祀无益。今日以后,愿各自厎厉,迁善远恶,行见神祇来飨,福禄骈臻,水旱疫疠之患,历千万岁而不作,其为庆可胜道哉!

维予亦不敢稍自陨越,蚤惕夜思,澡身浴德为事,用此化民,即用此格神,庶无负朝廷设神设教之至意匪然者。坛庙徒崇,非神灵之所护也。予敢徇耆老之请,而著庙祀之所由来,与今日鼎新始末,且申告后人承奉之道,俾刻于丽牲之石,后之司牧者,其咸知所劝戒焉。

施进学、矢公、劝募暨督人等,备书于左。

敕授文林郎、知江南苏州府昆山县事上谷董正位撰文。

赐进士及第、翰林院编修、甲辰试官、充经筵日讲、起居注官邑人叶方蔼书丹。

赐进士及第、翰林院编修、充《孝经衍义》纂修官、壬子顺天乡试主考邑人徐乾学篆额。

康熙十三年岁次甲寅十月日,知县董正位。

儒学教谕张其翰、城守千总陈起蛟同立。

耆粮:王文德、浦建、周京、徐玉、王建同、顾庆恒、任天赉、李云震、夏天章、许文逄、郏之昌、高勋、周钊、李道元、张式第、祝华、季乾、徐廷、赵范。

住持:张国贤、赵历、柳昌亨、祁见隆、范德芳。

司庙:陆天斑[1]、金有仁。

监工督勒:王肇宏。

同募:沈长清。

锡山周继贤勒石。

---

1 "斑",原作"挺",文中屡见,据改。

重修昆山城隍庙西院记

赵建庵炼师中一,既葺昆邑城隍庙之西院,谓余而请曰:"愿有记。"余考昆邑城隍庙创于前明洪武三年,邑侯呼文瞻卜地,得华聚寺故址,立庙如制,设门役守之,未有司祝也。天顺四年,邑侯宋公驱门役,召清真观道士黄信和居之。黄为节愍公子澄孙,锐意振兴,为群小构侮,乃走金陵,得以间受度牒于真人府,群喙乃息。

庙之有庙祝,自信和始。然信和仅于殿之右建屋三楹,名玉山道院,固无所谓西院也。再传而始有东房、西房、东南房之名,东南房嗣绝,西房蒋宗德五传亦废,乃归并于东。又一传仍析为三,东石竹山房,东南玉楼仙馆,而西曰玉泉仙馆,于是西院之名以著。西院之南故有玉泉池,又得炼师苏景祥、胡太古先后兴复,辟治精舍,为邑先辈王司业同祖、张方伯鲁唯所引重。太古精于玄门宗旨,祷雨奇验,寻出己资,建三老堂于馆之后。张明经大复题曰"司玄洞天",又为辑《庙志》十卷,而西院之名益著。

鼎革后,西院法系或毙于兵,或返其于族,东院师宋绳武挈其幼徒张国贤移主之,而西院亦稍稍凌替矣。雍正朝,法嗣刘通精参玄理,水旱祈祷辄应。尝游京师,世宗在藩邸,深加器重,书"仙阶芝秀"四字赐之。寻归玉泉,延请祈祷者日益众,辄不受,谢曰:"吾志在兴建西院也。"乾隆十年,里人刘世龙重修玉泉仙馆。十三年,里人周应龙即三老堂基改建斗母阁,沈宗伯德潜题其额曰"冲虚",法徒徐钰书之。邑先辈刘象春复建山门五楹,规制崇闳,东西并峙。此固诸檀护之力,然亦刘之功也。

数传至杨乾一,恣意游荡,所遗侵蚀殆尽,时东院亦衰竭。五十八年,邑庙司事等公请清真观仙人殿道士王元焘为东院住持,乾一益无赖于后园,开张茶肆,并设局为樗蒲戏。嘉庆七年,园中火,时西院停寄尸棺甚夥,率仓卒领回,各不平。元焘因众怒曰:"司事公逐乾一于外。"由是西院廓然以清,然邑庙之衰亦于斯为最矣。元焘念常住既空,室无完堵,向司事柏公廷谟等募田四十馀亩,余外叔祖明经吴公映奎为之记。邑庙借以稍赡,而兴复之资,无论西院,即东院亦有志未逮云。

中一者,元焘徒也,其母节孝黄氏命皈依玄教。年十七,羡邑庙山水之胜,登庙庭,历东西两院,见宏规巨制,以为如此胜地,岂终于颓废者?爰谒元焘为师,晨夕修持,志在有为。师顾而乐之,曰:"汝有夙根,邑庙之兴,非汝莫属。吾老,恨不及见,然吾所梦寐不安者,得汝可释然矣!汝勉旃,勿怠!"遂捡庙志付之。中一展阅数过,知渊源有自,兴废在人,益毅然以兴复为己任。旋遭师故,偕徒侄辈丧葬尽礼,人望益归。邑中凡醮章炼度,咸以得请登坛为幸。由是常住日渐起色,遂以钵资所积,备置庄严法器,谓此道家香火之源也。至两院土木之工,誓不募愿,量所积多寡,次第兴修,东院就理,乃营西院。先是，东南房玉楼仙馆向奉祝融，神像园火，形家以东方木位供奉火神，乖生克之宜，遂移奉于玉泉仙馆，位置固得，而元焘之意终未慊也。盖馆系西房正厅，不仍其旧，无以示后。拟再移前，并建山门一埭，南逼玉泉，又当以土实池之半，乃有其基。规画既定，而天不假年，中一恪承师志，一一遵行。

道光十三年，建火神殿，并修冲虚阁后廊。十七年，于馆西隙地建祖堂，供奉历代祖师神位，并建从屋十馀间，庖湢卧房，胥于是在。二十三年，建照墙于池之南，复以石甃池。又以殿庭浅隘，阶下建一厂轩，西南置库藏一所。又置良田三十馀亩，以租息作常住薪水之资。而西院之制大备，不独元焘之志克终，而中一绍承其师之志，亦于是为无憾焉矣。

工既竣，余顾而叹曰："盛衰之理，虽曰天道，岂非人事哉！"西院创建已久，而一兴于苏景祥，再兴于胡太古、刘通继，又兴于王元焘、赵中一。溯其兴复之烈，则胡、刘已处其难，而王、赵更处其难。有其兴者，而废者之咎不胜责也；有其废者，而兴者之功不可掩也。记曰：有志者事竟成。天下事类然，岂独庙宇之成毁也哉！

闻中一既葺西院，将以东院让师侄支豫章，自与其徒徙居西院。余既嘉中一之克承师志，而又将以勉其后起于无穷也。是为记。

赐进士出身、诰授奉直大夫、刑部四川司主事兼江西司事加一级邑人李清凤顿首拜撰。

赐进士出身、敕授文林郎、例晋承德郎、翰林院编修加一级定远何廷谦书丹。

道光二十有五年八月日吉旦，陈士桂镌。

庙制二

昆山县城隍庙在马鞍山南古慧聚寺基，宋时在县治南三十步平桥北。明洪武二年，降制敕封鉴察司民城隍显祐侯。未几，改封伯。制曰：

帝王受天明命，行政教于天下，必有生圣之瑞，受命之符，此天示不言之妙，而人见闻所及者也。神司淑慝，为天降祥，亦必受天之命，所谓明有礼乐，幽有鬼神，天理人心，其致一也。朕君四方，虽明智弗类，代天理物之道，实馨于衷，思应天命，此神所鉴。而简在帝心者，君道之大，惟典神天，有其举之，承事惟谨。昆山城隍，聪明正直，圣不可知，固有超于高城深池之表者，世之崇于神者则然，神受于天者，盖不可知也。兹以临御之初，与天下更治，凡城隍之神，皆新其命。眷兹县邑，灵祇所司，宜封曰鉴察司民城隍显祐伯。显则威灵丕著，佑则福泽普施，此固神之德，而亦天之命也。司于我民，鉴于我邑，享兹典祀，悠久无疆。主者施行。

三年六月，改正神号，止称昆山县城隍之神。是年，知县呼文瞻移建今所。道根按，《县令题名记》："洪武二年，知县王公瑾任。五年，呼文瞻任。"岂王令移庙，至呼侯时始落成邪？纪载残阙，不能详矣。宣德九年，知县任豫扩而新之。邑人沈鲁记。景泰三年，知县吴昭建两庑，始塑像于堂。正德四年，知县邓文璧重修寝庙，建亭凿井于仪门内，树显应坊于庙门外香花桥南。举人陆表记。嘉靖元年，道士苏景祥建傲石亭于仪门内。邑人顾潜制《傲石铭》，又作亭记，今废。十年，知县任廷贵大加修治。廷贵有记。万历九年，知县刘应龙再修。二十五年，知县聂云翰重建寝庙。嗣是，知县杨州鹤、王时熙、祝耀祖相继修葺。天启元年，知县苏寅宾重修，会去任，道士胡古集资竟其事。邑人张鲁唯记。国朝顺治十四年，庙毁。康熙元年，邑人士力图兴复，至十二年始落成。知县董正位记。其后屡有修治。至嘉庆二十年，重修庙寝。

其制前为照墙，明崇祯十二年筑，国朝嘉庆十二年重建。左右为东西两辕门，原系木栅，道光□□改筑砖墙。北为显应坊，弘治间，知县邓文璧建。举人陆表记。嘉靖间，知县宋伊重修，镌邓侯"蝗食竹叶，去车留犊"遗事于上。康熙五十五年三月，知县李世德又修。又北跨山溏石桥，旧为慧聚寺香花桥，建庙后俗称庙桥，道光□□重修，改题"显应桥"。南向为正门三楹间，明洪武三年八月建。门外东西鼓亭两座，棋竿两座，道光二十八年重竖。石狮二。后为仪门，系重屋三楹间。门右为须白二将军，土地祠右为老郎、乐师二神祠。仪门系国朝顺治庚寅重建，康熙壬辰、道光庚寅续修。仪门后为剧台，与仪门同时建。明嘉靖元年，道士苏景祥建傲石亭，今废。南向为正殿五楹间，高□丈，重檐，四阿，朱扉。□陛中为暖阁，供神像，障以龙幔，下列香案炉瓶，东西列从神各□。东西楹间梁上悬神船四，舳舻楫棹皆具。殿前廊东悬钟，西设鼓。规制严肃，谒者生敬。

殿前为露台，即古无屋曰廷之制，明石竹山房道士王继善建石栏。咸丰二年春，道士赵中一仿前制而加扩之，砌以石版，周以石阑，东西为二甬道。时司事者，沈鹏飞、汤耀先、屠锦春、范全祖、周启隆、殷星章诸公也。甬道东西列神库曰"丰盈"。圆镜一，为照胆亭，镜铭有知县程大复等题名。棋竿一，井亭一，并大殿为五，按五行，以形家言为之。东西廊共十八间，东为东院门，颜曰"石竹山房"；西为西院门，颜曰"玉泉仙馆"。正殿后为穿堂，堂左右两廊为内班房塑廊，班吏役像在焉。穿堂后为二堂，共七楹间，东两间为神寝，西两间为外库，藏神仪仗，中三间供神便坐，仿古便殿之制。

宾馆门在仪门左，门西向，嘉庆十九年，司事柏廷谟等募修。入门为广庭，南列太湖石峰五，旧只有中峰一，相传卫文节公泾西园中物，重建时补立四峰。中为池，跨以石桥一，池岸皆结石为之。后为宾馆正厅事，堂东又书厅三间，俱嘉靖二十四年分重建，书厅为延宾宴坐处。后堂三间，俗称后宾馆，嘉庆二十年，司事李裕湘等募建。后厅东为宾厨三间，凡宾馆有事，庖人供应于此。

庙后为园，有二径，一从大殿西南角门而入，有屋三楹，南向即沈文悫德潜所题"别开曲径堪娱客"处也。由堂入为修竹廊，园未火时，廊外芭蕉竹石，坐雨追风，颇有幽趣。廊尽为云根舫，舫仿舟为之，最后有小楼可登，两旁栏槛宛在水中央矣。舫尽为镜槛，二轩临池，池参差垒湖石，宛如洲渚，春秋佳日，落英缤纷，鲦鱼泳跃，最为园中胜处。稍东为四美亭，乾隆中建，时适得鹤亭余起霞书"四美亭"旧额，遂题之焉。南墙有药栏，植芍药，花时，游人麇集，亦有携酒肴弦管而至者。前有桂树数株，后正对马鞍山，郡人李子仙所题楹帖，写景最得其实。西有石假山，可以登陟，相传下即梁慧向禅师藏骨处。又西围墙内，即院中道士藏蜕处也。后人误指为明太常黄公墓，其实非是，张大复《庙志》可稽也。

东隔一墙，由东南角门出即为花神庙，庙为重屋，结石为基，中为庙，四面周廊，环以栏楯，庙中樏桷俨然，游者不知其为阁。乾隆十六年，以向时民间田土卖买悉凭方单，至是改立庄户，以按田所出费创建，即古慧聚寺铜像观音殿基也。方建阁时，筑土得朽棺二，一题"晋骠骑将军须公龙洲"，一题"夫人某氏"。棺内具兜牟戎服，见者争取铜片，馀皆随风而化。乃迁其骨葬他所，今未详其地。花神像当时名手所塑，名士美人，风仪各肖，惜为俗工所坏[1]，今小逊矣。阁前卷柏一株，隆庆中，县丞刘谐所植，偃卧如虬。刘，麻城人，进士，以御史谪官，颇事风雅。山中有刘公诸洞，亦其迹也。阁前负墙有太湖石峰五，旧为顾氏乐彼之园物，后人遂园，遂园废，乃归于此。东一石上刻桂轩翁七言绝句，云："紫芝瑶草白云边，便是人间小洞天。一曲道情春昼永，相逢俱是地行仙。"及顾恂字。左为花神庙门，有楼环之，其外即入马鞍山径，游客至园者，亦从此门入也。

火神庙，旧在邑庙东南隅玉楼仙馆中，嘉庆七年庙园灾，用形家言，移于玉泉仙馆，供像于馆之厅事。道光□□，住持赵中一始慎[2]玉泉池之半，于厅事前建庙三楹，中供火帝像，傍侍从神。又以庙中逼仄，建轩于殿前，俾进香来谒者，遇风雨不致沾服失容焉。殿前为门，门南为玉泉池，道光乙巳，重甃石岸，绕以石栏；道光癸卯，建前照墙，周垣环之，规模始称。初火神在典祀，岁以六月二十三日，昆新两邑同诣马鞍山麓妙喜庵右庙致祭。道光丙申，知县贺崇禧始分祀于此。是日，羽流又建醮于庙，为阖邑禳灾祈福，岁以为常云。庭中铁香炉一座，道光十七年六月，住持赵中一募，邑信姚升闻捐铸。

---

1 "坏"，原作"怀"，据文义改。

2 "慎"，疑当作"填"。

匾额第

前《志》云,洪武三年,颁行城隍庙匾额,竖立山门外。其后名人题赠不下数家,如知县王用章之"玉峰保障",山人王纶之"遂良瘅愿",王逢年之"天监在兹",张鲁唯之"永保烝民",尤为翰墨林所推重。今阅四百馀年,不特颁行之额刊于石上者不复可见,即《志》云"翰墨林所推重"者,亦无踪迹。金石有时而泐,岂不信哉! 兹仿前人禁扁之例,据现在者汇录于此,附于碑文之后,亦志所不废也。咸丰乙卯初夏,邑人潘道根识。

"城隍庙"隶书,明洪武三年八月立。

"对越"显应坊额。

"威灵显赫"亦显应坊额。题:康熙五十五年三月,知昆山县事李世德立。

"保障金汤"照墙额。崇祯十二年,邑人顾天叙书。嘉庆十二年重建。

大殿额 东西辕门

"玉山含秀""娄水澄清"额。邑人王学浩书。

"永保烝民"天启辛酉仲冬重修,邑令苏寅宾立。邑人张鲁唯书,嘉庆己巳。

"代天章瘅"天启癸亥仲秋,里人葛锡璠拜手题。

"权衡彰瘅"亦锡璠书。

"邪正判然"康熙三十二年三月,知昆山县事仇士俊题。嘉庆八年修。

"声灵陟降"丙午仲冬,邑人归庄书。

"显仁莫测"乾隆三十四年己丑,信士丁文贤同男秉元立。

"灵承帝事"乾隆甲午八月,里人王竣立。

"聪明正直"嘉庆十八年癸酉,邑人李存厚立。

"化机默运"康熙三十六年,昆山县知县朱选元立。

"鹿城保障"嘉庆八年癸亥,汉皋杨秉临敬题。

"黎民永德"道光壬辰仲秋,邑令岭南吴时行敬立。

"林总是奠"康熙甲申,邑人刘世荣立,华亭瞿然恭书。

"温恭朝夕"康熙五十五年丙申菊月,张周士敬立。

"容保无[1]疆"道光九年夏,署县令西粤卢本淳立。

---

1 "无",疑当作"烝"。

"赫赫厥声，善有报，恶有应，要尔等摸着心头，怕也不怕；明明在上，风使调，雨使顺，赖神功永扶疆土，灵何其灵。"三韩高铃题。

"总持群动"康熙，邑人张圻敬题。

"祸福惟心，一切皆空，摸着良心随分过；阴阳尽理，万般是命，尽乎天理莫他求。"康熙三十三年甲戌桂月，邑信李天秩敬书。

"莫谓无人，当思目光如电；苟其克己，何须舌底生风。"常熟信士蔡景椿同男立。

后堂额

"敬畏"乾隆五年仲夏，邑人夏梓立，汪捷书。道光丁亥，金肇祥、沈用楫修。

"铁面菩提"乾隆辛未孟春，邑令马烁立。嘉庆己巳，司事修。

"雍和肃穆"康熙甲申，邑人徐树庸立。

"明镜幽烛"康熙丙寅八月，邑人徐元文书。

殿前镜亭

康熙□年，分铸书。镜背有昆山知县程大复、儒学教谕程宏度、训导吴鸿谟、水利县丞刘毓琪、管粮主簿徐世清、管粮县丞李茂先、典史黄翰及施主、住持等题名。

照胆亭

"欲向镜中寻面目，先从亭外摸胸膛。"

剧台上额对

"彰往察来"道光十年孟冬，朱启房题并书。

"天下事无非是戏，旧句。世间人何必认真。"邑人王学浩重书。

"分来善恶贤奸，递变换几般面目；套出悲欢离合，细端详万种因缘。"道光庚寅九月，邑人陈竺生。

"轮奂喜重新，复榭层台，金碧增辉临玉岫；衣冠俨似昨，长歌曼舞，管弦布化演梨园。"

宾馆匾对

"宾馆"嘉庆十九年蒲月，司事柏廷谟、陈宏道，监督周重彝等募建。

"乘载风云"嘉庆乙亥仲夏，赐进士出身、知昆山县事、前翰林院庶吉士王青莲立。

"升堂俨有见闻，临虚室益思清夜；作庙非崇轮奂，愿神宇广庇苍生。"署名同上。

“紫云垂荫”嘉庆乙亥,剑南艾荣松立。

“肃衣冠而茠止,曰雨曰旸,半为祈求兼报赛;扬帜旆以贲临,非烟非雾,都将祲气化祥氛。”署名同上。

“神之格思”邑人李存厚立。

“陟降在兹,芝盖蓉旍,恍睹灵风翔玉阜;享祀不忒,春灯腊鼓,常邀福曜庇金城。”

宾馆后厅:

“其盛矣乎”道光元年,署昆山县事张鸿。

东道院文昌宫匾额

“玉楼仙馆”隶书。娄东王太常时敏书。此东南房旧额也,今移挂桂香殿前堂,西侧有朝房一间。

“九天开化”邑人马鸣銮书。

“桂香殿”陆沆书。

“斯文在兹”嘉庆壬申八月,知昆山县事王青莲立。

“司命人间,相厥居而阴骘;为章天上,观乎文以化成。”嘉庆壬申,王青莲敬书。

“昭回天府”邑人李存厚立。

“奎宿腾辉,孝友文章垂宝训;斗匡司化,功名禄寿迓神庥。”嘉庆壬申涂月,李存厚立。

斗姥阁

“摩利支天”徐树本书。

火神庙匾对

“灵雨祥风”照墙上。道光癸卯,张潜之题,杜鼎书。

“融禄默佑”道光甲午十月,信士王沅、姚殿魁立,香山瞿宾鸿书。

“福曜光华”道光丙申仲夏,知昆山县事贺崇禧立。

“德合丁壬,婚媾世承欣永芘;体原离坎,刚柔位当仰洪庥。”署衔同上。

“明德荐馨香,狐无鸣社;虔共祈祉福,熊不入城。”道光丁巳仲春,信士姚殿魁立,青浦金垣书。

“赞化调元”嘉庆甲子仲夏,邑人钱信立。

“有赫仰神威,偕风雨露雷而显教;于昭钦帝德,合金木水土以成功。”道光丙申孟秋,吴琛同男金城立。

“烈化慈云”道光丙午,邑人陈恢基立。

“功德被群黎,位正丙丁,只愿池鱼齐脱祸;威灵昭万古,灾消甲午,不令社鸟出为妖。"陈恢基立。

"位正离宫,逐电驱风神赫濯[1];恩流玉岫,御灾捍患固金汤。"嘉庆丁卯仲夏,信弟子柏廷谟书。

"诚鉴江陵"是年十月,昆署西惨遭回禄,殃及廿家。时昆邑廉贾、新邑廉蔡阅视灾所,按户给钱,计费百缗。里中闻之感,且劝同人更募得百五十缗有奇,以五十缗设醮酬天,馀则散之,以缵贤侯之绪。爰撰是匾,奉诸神庙,一以昭感戴,一以志忏悔云。道光二十七年十一月,里人公立。

东道院匾额

"石竹山房"隶书。前峰□□书。嘉庆丙子,住持王元焘修。

"圆明洞天"系旧额。嘉庆乙巳,程显良重修。

"永启厥后"道光二十年,江苏抚标城守右军、昆新守府刘淮,特授苏州府昆山县知县事史璠,昆山学教谕、升任颍州府学教授华景孝,为玉山院羽士赵中一立。

"拱玉楼"申时行书。

西道院中匾额

玉泉仙馆:

"手携仙人绿玉杖,口诵太古沧浪词。"书赠见庵老练师,滇西范仕义。

"冲虚阁"沈德潜题,徐钰书。

"大梵天宫"康熙乙巳冬月,息斋老人金之俊敬立。

"妙相圆明"康熙四十年岁次辛巳春王月,邑人徐秉义敬立。

西院祖堂:

"证元堂"道光丁酉,葛邦楷题并书。

"源远流长"道光十七年岁次丁酉桂月。邑城隍神祠旧系羽流住持,历年滋久,未有供奉木主之所。道光丁酉,建安炼师因构此堂,用垂永久。余适请假在籍,属题并跋,亦以见其启承之志云尔。邑人李清凤题。

"存水源木本之心,遥通冥漠;充孝子慈孙之念,常奉馨芗。"道光十七年岁次丁酉桂月,赐进士出身、刑部江西司主事李清凤题。

---

1 "濯",疑当作"耀"。

祖堂汇额嗣法系孙赵中一敬录，道光乙巳孟冬立。

"回天揭日"万历己酉岁，为祈晴道士夏大伦[1]立。

"元贶神芷"万历甲辰、乙巳、壬子、丁巳，为求雨法官夏大伦立。

"丹丘耆硕"

"承先启后"昆山县儒学教谕堵应畿为。

"清虚玄远"嗣汉天师大真人张显庸为本府赞教胡古立。

"信可通天"天启五年六月，知昆山县事闵心镜为求雨道士胡古立。

"诚通云局"知昆山县事叶培恕为祈雨羽士胡古立。

"奇术格天"赐进士出身、知昆山县事叶培恕为祈祷羽士胡古立。

"诚可致雨"崇祯丙子，知昆山县事叶培恕为祷雨法官宋绳武立。

"术媲焚猵"崇祯辛巳、癸未、甲申，知昆山县事蔡承瑚、吴心传、杨永言为求雨法官宋绳武立。

"法洒天河"康熙十八年，知昆山县事王基弘为求雨法官邢见龙立。

"诚呼法雨"康熙己未，知昆山县事曾荣科为祷雨法官邢见龙立。

"炼石餐霞"康熙二十三年三月，袭封大真人张继宗为本府知事赵历立。

"英姿仙范"康熙甲子仲春，五十三代大真人张继宗为本府知事冯玉京立。

"道合栾巴"康熙乙巳夏，知昆山县事童式度为祈雨道士董涵立。

"功滋万宝"知昆山县事刘鹕[2]为天师府赞教厅兼道会司祈雨法官刘通立。

"泽润三农"知新阳县事加一级白日严为法师刘通立。

"法宗妙济"乾隆二十三年闰五月，昆新守府胡允恭、昆山知县李景龙、新阳知县董暄，为祈雨法官龚通翼立。

园中匾对

"静涵万象"丙寅秋九月[3]，明里郑廷燮书。

"别开曲径堪娱客，顿觉青山不厌人。"丁卯孟夏，长洲沈德潜。

"泛碧"嘉庆甲子初冬，上湖董云标书。

"云根舫"取唐张承吉"香砌压云根"句。嘉庆丙寅春仲，马植题。

---

1 "伦"，他处又作"纶"，未详，下同不赘。

2 "刘鹕"，"鹕"字原阙。上文《重修昆山城隍庙西院记》云"雍正朝，法嗣刘通精参玄理"，又后"泽润三农"额署名"白日严"，〔道光〕《昆新两县志》卷十四《职官表》载白日严于乾隆三年知新阳县事，"祖堂汇额"中各额以时间先后为次第，检《职官表》，康熙元年后、乾隆三年前，唯"刘鹕"之刘姓者于雍正十三年知昆山县事，据以补之。

3 "月"，原阙，据文义补。

"秋烟五亩竹中半,明月一间山四围。"嘉庆甲子阳月,上湖董云标。

"镜槛"戊子菊月,四美亭之侧有泉一泓,甃石环之,建亭其上。每当池水澄澈,倚槛俯视,可镜须眉。夫本来面目,人之真也,然相由心生,心变则貌亦变,吾愿游斯世者,无变本来面目,焉可?署昆山县西粤卢本淳题。

"山光入座青千仞,池影当窗绿四围。"署昆山县事西粤卢本淳题。

"水流花放,石韫山辉。"庚子秋杪,滇西范仕义书。廉泉。

"四美亭"玉溪余起霞题,周汝鹤书。

"昆岫流华"庄有恭题。

"娄江花岛"曹秀先题书,乾隆丙戌孟夏。

"客路俨逢裴叔则,春风最忆庾兰成。"乾隆丙戌孟夏,新建曹秀先书。地山。

"香径风和花坠雨,好山春暖玉生烟。"嘉庆癸酉春日,郡人李福书。

"几多怪石全胜画,无限好山都上心。"道光甲午四月,长沙陶澍。

"共对良辰[1],可饮可歌,齐来玩当前美景;静观乐事,何思何虑,几人知象外赏心。"壬辰仲秋,鹤山郝瑗题。

"窗悬虚室常生白,山向吾曹分外青。"乾隆壬寅孟春,海阳汪廷昉书。

"游目骋怀"道光丙午七月,王省山题并书。

"山好不须多,翠黛几层疑读画;石奇偏爱瘦,玲珑众窍欲生风。"知昆山县事沁州王省山题并书。

"庭前老桂香成国,屋后奇峰玉作屏。"道光庚子秋九月,任城李琮题并书。

"见山"四美亭后轩。

"人从郊祜[2]怀吟卷,山与亭园作画屏。"隶书。丙寅仲春,任城马植。

"花神庙"道光二十一年重修花神阁,廿年重筑园墙。

"妙宰元功"乾隆己丑桂月,邑人王鹨敬□。

"阆苑逍遥,正值玉山随地涌;蓬宫窈窕,且看神谷自天开。"乾隆己丑八月,邑人王骏敬立。

"天花合彩"乾隆戊子清和,葛正笏书,时年八十。

---

1 "良辰",原作"良晨",据文义改。

2 "祜",原作"祐",据文义改。

藏　蜕

旧《志》：葬者，藏也。人生电忽，委蜕而藏之，几已荡为冷风，敛为朝露矣。况其羽化而仙者，其又可长在耶？然聚庐受徒，命名定分，则有云仍之义焉，有昭穆之次焉，不可以弗志也。今按开山主人与其徒施友信之藏，已莽互不可别识。而若堂若鬣，峎然于苍烟暮霭之间者，是为老东房丁宗俊之墓，昭穆可数。然颇闻苏、李以兄弟契好，分穴而同位，则亦不可据为准则矣。右小丘则为石竹房顾文威之墓，地尽而遗，其势然也。《记》曰："骨肉归复于土，若魂气无不之也。"山高月朗，后之有念者，亦思其无不之者而已矣。张氏大复之言如此。

又按，张氏坼云：开山黄公及其徒施友信有云，二公来自清真，去后仍归观墓，理或有之，然无确据也。今考寝庙西北隅三丘并存，在东者丁公主穴，昭曰顾公，穆曰苏公，次昭曰张公，次穆曰俞公，又次吴公，凡六位。在西者石竹李公主穴，昭曰玉楼公，穆曰奇峰公，次昭曰宋公，次穆曰张公，又次昭曰李公，又次穆曰冯公，冯下又一穴曰杨公，共八穴。东墓下又一墓，中曰胡公，昭曰曹公，穆曰支公，共三穴。外此无稽焉。据此，则前《志》所云"苏、李以兄弟分穴同位"一语，未可尽信矣。又云石竹顾公"地尽而遗"，此言亦姑存疑焉。

道根按：前、后《志》稍异，而后《志》行世者少，因节于此，疑以传疑。总之为道房之墓，而非黄太常之藏，则有征矣。至国朝刘科扬顺三[1]之藏，则在今冲虚阁后，花石下有碣存焉。

　　再再昭：沈学黄

　　再昭：施雨年

　　昭穴：赵　历九仪

　　主穴：陆天珽正余

　　穆穴：冯玉京芳臣

　　再穆：张斯佩

　　再再穆：龚慎修

区□□图天玉字圩，新茔在相里桥右。

1　"顺三"，原阙"三"字，上文《列传》一节云"刘科扬，字顺三"，据补。

昭穴：金瑞明。

主穴：中兴第一代王仙根练师，讳元焘，字南山。道光十三年十一月六日葬，有碣。

穆系赵中一寿藏。

重建昆山县城隍庙宾馆碑记

城隍之神，古典罕闻，李阳冰谓惟吴越有之，然按《北齐书》，慕容俨镇郢城，"城中先有神祠，俗号城隍"，《隋书·五行志》："梁武陵王纪祭城隍神，将烹牛，有赤蛇绕牛口。"则城隍之列命祀也，盖自六朝始，今则崇奉遍天下矣。昆邑城隍庙元季始立，在县治南百步。明洪武中，降制敕封，增修祀典，始移马鞍山之麓。国朝因之，春秋祈报，邦人士于是告虔焉。庙之东有宾馆，则邑人谓幽明一理，城隍神既监察一邑，当廷访群祀之神，不可不高其闳阆，厚其墙垣，以无忧客使，故特设为馆。

其馆不知创自何年，积久渐圮。嘉庆辛未夏，遵义王侯由词垣来尹兹邑。凡今始到官，必致祭于神而后视事。侯当斋宿躬诣时，即以是馆为观瞻所系，宜彻而新之。莅政明年岁壬申，时和年丰，百废具举，邦人既安吾侯之政，而始有以致力于事神矣。于是司庙事者且集议重建之，且分任执朴行筑之劳。侯既捐廉倡于上，而一时士民亦踊跃乐输。越三年甲戌九月，侯奉檄转饷豫州。来权邑篆者为西蜀艾侯，下车礼谒，慨斯役之未竣也，亦捐俸以助，且多方鼓劝。而在事诸人始终经理，久而弗懈。今年乙亥五月，乃克蒇工。重檐覆栋，奂然翼然，视旧观而益恢焉。将落成，适王侯以公竣还治，邦人士既感神之丕显丕著，而更颂两侯之勤民致神，故得成盛事于不朽也。

是役共糜白金若干两，其捐资姓氏，董役者既勒石以示信。而宏规大起，神爽式凭，不可无文导扬休美。存厚瞻拜庙下，乐观厥成，不揣固陋，遂泚笔而为之记，并系以诗曰：

于赫明神，来镇金汤。爰礼群祀，玉山之阳。象瑜镠镳，翠旌飞扬。纷纶萎蕤，咸宾斯堂。俄焉中圮，行道尽伤。菟葵燕麦，摇荡春光。两侯同志，聿新旧章。程功庀材，罔有不蕆。棼橑布翼，窈桴高骧。众灵杂遝，揖攘冠裳。凡我邦人，神是保障。宜稼宜穑，而安而康。维我贤侯，圭币肃将。工役告讫，神锡之庆。春秋俎豆，来骏来飨。用蕲缩绰，縻寿无量。

奉直大夫、光禄寺署正加二级邑人李存厚撰文。

奉政大夫、户部山西清吏司主事、充则例馆纂修官加二级邑人李培厚书具并篆额。

道院第

石竹山房在庙殿之左,自开山住持黄羽士信和,五传至李应元,号石竹,因分石竹房。应元八传至张斯佩,斯佩传龚慎修,慎修有徒孙曰张万元,云游不返,遂失传。院空八九年,颓废已极,邑司事等延请清真观仙人殿道士王元焘居之,后兼管玉泉房。其徒赵中一继之,推元焘为中兴第一世。

以今考之,古则山房之南有门,在庙宾馆之右,后有堂三间,题曰"圆明洞天",及文昌宫右之方池,皆玉楼仙馆中旧迹也。堂后有门有庭,堂右有朝房三门。殿曰"桂香殿",为重屋。殿供文昌神,上供魁宿像,西为启圣祠。桂香殿前堂三间,悬娄东王太常时敏隶书"玉楼仙馆"旧额,盖玉楼乃羽士管松号。松分东南房,名玉楼仙馆,五传而止,乃归并于石竹房。桂香殿前轩有邑人马鸣銮书"九天开化"额,书法右军,惜字已磨灭,不可睹矣。

文昌宫西为斗姥阁,重屋三间,旧为文昌宫。道光六年,住持赵中一改为斗姥阁,移文昌神像于东楼,上供斗尊,移邑人徐树本书"摩利支天"额于此。斗姥阁后为拱玉楼,楼后即园之花神庙也。斗姥阁之东,文昌宫之西,前云方石池者,池上有楼,东有小廊通拱玉楼,池南小庭有太湖石峰一座,境颇幽寂,旧为玉楼仙馆中地。雍正初,分设新阳县,新阳城隍暂假本庙宾馆为行殿,此楼即为新邑城隍寝宫。后庙迁,仍属道院。斗姥阁西出者,即殿东石竹山房门也。

玉泉仙馆在庙大殿之右,开山住持黄信和五传至苏景祥,号玉泉,因分玉泉房。景祥三传为龚肖闲成梧,道行高妙,寿至八十五,趺坐而化。又二传至胡太古,古得天心秘诀,祷雨驱妖俱有验。曾请邑人张元长大复为《庙志》。太古之父□□处士暨母氏之葬,亦大复为志,志石今陷山房壁间。又四传而至张尚德。其后法师刘通,字科扬,以字行,游京师,以道行受知世宗于潜邸。归玉泉后,募建冲虚阁,崇闳壮丽,沈宗伯德潜为题阁额。

通羽化后,阅几传而至杨乾一,馆几废。王仙根元焘自东院兼理之,其徒赵中一以东院让其师侄支豫章,而自居玉泉院中,废弛渐次修复。事详《志》中,及李廷尉清凤所撰《重修西院碑记》。仙馆三门在大殿西廊,中间门东向,与石竹山房门相向,至二门后有堂三楹间,即馆听事也。堂后即冲虚阁,东西庑亦重屋,阁后为后轩,为东西斋。庭中垒石为山,杂植花木。其垒石址稍宽者,下即法师刘通遗蜕所藏也,石罅中有墓碣存焉。

围墙西北隅另辟一门,由门而入,松桧森森,亦以墙围之,即前《志》所云丁宗俊、苏景祥、李应元及石竹山房顾文威之墓也,已葬互不可别识矣。由冲虚阁西厢外为从屋十馀间,则庖湢及从者所居也。再前为振元堂,堂具三楹,亦赵中一所建。中供刘法师通像及历代祖师神主,左一间供族姓父母位版,楹间悬板榜,汇历代祖师所有赠匾。堂在火神殿之西,亦中一所建也。

诗　文

题建安炼师照　少俞李凤清翔千

仙风入抱俗尘删,镇日参禅且闭关。悟到无言松子落,心期高引一房山。

前　题　苣芷徐宝瑛

空洞无一物,随时可悟禅。举头望玉岫,低头听流泉。

前　题　庚子秋八月下旬

不是参禅客,跏趺坐亦同。息心蠲俗虑,得手悟玄功。室自生虚白,炉还吐焰红。飞花仙洞近,时遇采芝翁。

前　题　淞瀛陈竺生

叩虚终日掩松关,作伴惟期鹤往还。拄颊贪将帘箔卷,一房青滴马鞍山。
黄庭经训守玄宫,独自跏趺学坐功。蒲褐半瓯香茗熟,忽教两袖顿生风。

前　题　稚泉应伸蒙师劭

讵因名士爱逃禅,读罢黄庭亦复然。试问儒流勤辨难,空空甚处异玄玄。

前　题　碧山金　垣

玉峰森万笏,高士此栖迟。住近灵山寺,闲吟招隐诗。焚香清磬外,读易暮钟时。闭户还趺坐,团蒲且息机。

前　题　庚午仲秋下浣,偕同人探桂于拱玉楼。翊日,见庵真人以是图索题,迅笔应之。　丰岩王寿仁

我家玉山麓,未寻山之胜。年来肮脏多,益复鲜清兴。昨闻岩桂馨,挈伴探幽径。迤逦款紫房,满楼香气盛。不见霓衣人,但闻上方磬。忽寄画图来,始识院主姓。仙貌玉棱棱,道装光艳艳。想见铸金砂,趺坐同入定。丹洞有真符,碧坛参上乘。我亦贪茹芝,

愿将锦囊赠。

前 题 筑岩李傅霖

达人无着想,着想妙仍空。泡影由他幻,灵光自我融。科头参上乘,入手运玄功。地作蒲团坐,凭君到处通。

前 题 壬寅小春 粹如胡 震改名书云

危坐一高人,道貌甚修整。不执黄庭经,不入深山境。结跌似参禅,禅心想寂净。四围空无物,有形只问影。悟澈玄元理,色相两俱泯。

前 题 道光庚子冬仲 卓人王朝立

自写黄庭读道经,闲来枯坐掩禅扃。山房花木知多少,悟到空时只绘形。

耽幽却暑白云亭,自写黄庭读道经。跌坐蒲团无个事,一声清磬上方听。

闲云野鹤随时戏,飘然时见青牛骑。自写黄庭读道经,秋风默坐归山寺。

悟彻玄功见性灵,即空即色影随形。坐中参透红炉雪,自写黄庭读道经。

前 题 澧香胡树兰茂庭

采药归来香满笼,蒲团跌坐课玄功。神传明月无遮外,道在青山不语中。九转丹成云引鹤,三生石旧雪留鸿。黄庭妙谛心参透,走访先怀松下童。

前 题 春林方元熙

烟霞锁住洞中天,兀坐蒲团万虑捐。参澈玄功真自在,谈玄妙处胜谈禅。

应见庵嘱 确生朱启房

余不参禅不茹芝,老来肢体渐加衰。有人问字还能写,书道通神只自怡。

题见庵练师照 香孩胡凤衔舒堂

仙人畜白鹿,鹿去仙人独。时有云往还,片片袭衣服。

赠赵建庵练师序

人受天地之中以生,欲全其天,不可不葆其生。古之人临深履薄,不敢毁伤,所以葆其生者至矣。道家以精、气、神为三宝,神其说者竞托不死,而究其归,不过葆其生以全其天而已矣。然则误认朝真,妄求玄牝,皆外道旁门之习也。要知玉楼金阙本在身中,姹女婴儿止交心肾,是以精贵乎守,气贵乎养,而神贵乎存。宝斯三者,庶几我之禀于天者无所亏,而天之命我生者无所害,而方寸通明,诸魔不作。玄功大道,其在斯乎?其在斯乎?道光二十年三月二十七日,邑人葛邦楷书赠。

庚子冬仲题渔庄炼师小影　　苣泾徐宝瑛

一叶扁舟稳,中流鼓棹行。琴书聊养性,杯酒自怡神。人共孤山静,心同皓月明。何当随羽客,相与证长生。

拙句奉题　　雪甫胡德澡自涤

皓月波心映,清风水面回。中流刚放棹,有客独持杯。对影三人共,横空孤鹤来。羽衣曾梦否,一小自徘徊。

前　题　　竹师顾　耀

绝顶飞身下,中流放棹迟。蹁跹馀古意,潇洒出尘姿。境界身秋月,情怀镜酒卮。何来孤鹤唳,入梦问伊谁。

甲寅秋前题　　漪亭王德泳

芝采山中独抱真,还从静处养精神。不乘鸾骖游仙府,却笑蜉蝣此俗尘。胎息几将凡骨换,逍遥益见道心纯。交梨火枣胸常实,好令游龙得替人。

题渔庄练师小影　　砚香王应霖

乾坤清气昆山玉,下有幽人披道服。珊珊仙骨貌清癯,石室幽栖遍修竹。孤高宛似华顶云,逍遥好比缑山鹤。几年深隐蕊珠宫,道经自写黄庭读。

又　题　　香谷释宗元

书陈圭旨学浮丘,气象轩渠迥不侔。十二碧城追往迹,三千珠阙溯前修。玉峰炼处飞鸿并,金液丹成按鹤游。五蕴皆空空色相,清光端为俗尘留。

昆山县城隍庙助捐田粮碑记

城隍之神著令甲久矣。诚以守土之官，有时彰瘅劝惩之所不能，暨不得不临以聪明正直之神，以阴牖而默相之。是故令受事之初，必斋宿于斯，朔望必展谒于斯，旱潦疾疫必祈祷于斯。凡以临莅之人民，皆神之所呵护者也；境内上下之是非得失，皆神之所监观者也，神之所系，不綦重欤？

邑城隍庙自明移建慧聚寺遗址玉山道院之中，地踞马鞍山南麓，山光映带，水木明瑟，为邑中灵奥之区，神所式凭之地也。庙与院合，故有常产，以给香火。遭明季兵燹之后，庙毁而羽流星散，图籍无稽。国朝康熙初，邑人鸠资重建，置庙祝以守之，遴司事以董之，羽流亦稍稍至，而未暇治产也。每庙貌陊剥，辄借令长倡率，神宇得以苟完。乾隆、嘉庆间，邑之好义者始相继捐置官田四十馀亩，顾以庙址浸广，输赋外，其羡无多。

今邑侯通州镜如冯公，于癸秋下车后，一以忠信成民礼神，祇谒之下，察知其支绌状，喟然曰："维神与令，实相辅而行者也。莅黎庶而旌别之者，令；树明威而祸福之者，神也。幽显之迹虽殊，而其为忧恤之寄一也。神有不给，神勿戚也，令则乌容膜视？"乃稽核应输粮赋，具牍著其由，以谂诸来者。盖自仁庙以来，香火、缮修，费难兼裕，兹既代肩供赋，复允耆老之请给，谕以田数勒石，俾永无异时虑。

乌乎！侯之为此也，岂惟使典守者安其所，瞻礼者惬于怀而已？非深喻夫阴牖默相之故，在在有呵护而监观之者，以同其忧恤之寄，安在其能体察不遗，而虑远思深至于如斯也，而所以迀麻以惠嘉师者，此可见侯之用心矣。

司事金肇祥、沈用楫、殷灿廷既刊立捐田碑，复嘱奎纪其事。奎，部民也，感侯之能尽诚于此，爰濡笔而为之记。是役也，左右其事而力图久远者，为维扬陈干；其后经营保持之者，前则已故里耆柏廷谟、杭瑞周、周仲彝、殷献廷，今则朱献琪、陈勋、沈鹏飞、顾龙翔、唐象恒、姚升文、屠占六、蔡焕如；在道士，前则王南山，今则赵建安、支裕章[1]也，例得附书。

例授修职佐郎、在部候选儒学训导、壬戌岁贡生邑人吴映奎谨撰文书丹并篆额。

道光六年岁次丙戌秋七月吉旦立石。

1　支裕章，上文《重修昆山城隍庙西院记》及《道院第》作"支豫章"。

又一碑

特授江南苏州府昆山县正堂加五级纪录五次冯，为显扬善德，呈请勒石垂久事。

案据邑庙司事金肇祥、沈用楫、殷灿廷，住持赵建安、支裕章禀称：窃惟城隍一庙，崇奉尊神，祈晴祷雨，保障一方，职同司牧，祀典昭垂。兼有东西道院，拱揖[1]大殿，内奉神像严肃。惟是庙貌巍峨，晨昏洒扫，岁时修葺，且文、武宪朔望行香，必得庙祝及香火数人，方可承应经理。庙中向无恒产，支持甚难。今蒙各善姓捐田数十亩，并沐宪恩，将每年条漕捐廉给串，俾庙祝得以无饥，专心修敬，实出宪恩善德。清夜扪心，惟深感念，但善期永久，事难逆料。倘日后经理之辈肆其不肖，竟以善姓之捐田，竟作祖遗之产业，将田变卖入囊，不独捐者之德弃于沟壑，即历宪之恩亦同冰雪。不求勒石，难保垂久。

合吁环请给示勒石等情，并据开造书捐姓氏、田产亩数、坐落区圩，呈送到县，据此，合行批示外，准勒石永遵[2]。为此，示谕合邑居民及司事庙祝并该地保知悉：尔等须知本邑城隍尊神，乃一方之保障，百姓所尊崇。课晴问雨，职司有归；保福穰殃，体统常肃。是以春秋修其祀礼，朔望尽其悫诚，恩威兼布，香火肃昭。主事曰司，守庙曰祝，竭诚者备物于神，修敬者捐田于庙，诚盛举也。然产虽捐自善姓人，或出以奸心，苟非预事绸缪，难保善田永久。今将众姓输捐田亩，镌石于旁，俾得永远恪守。或日后有不肖之徒，或私行变卖，许即指名禀县严究。各宜凛遵毋违。特碣。

计开：

菉葭庄昆庙田户巨区十六图使圩，一百八十五号田，二亩一分三厘七毫；

又，一百八十六号田，二亩一厘九毫；

又，一百八十七号田，三亩。

又，菉葭庄昆邑庙户，使圩，一百八十五号田，二亩一分三厘七毫；

又，一百八十六号田，二亩一厘九毫；

又，一百八十七号田，二亩九分九厘九毫；

迎勋庄昆邑庙户巨区十六图使圩，一百四十八号田，九亩[3]六分七厘；

又，一百十九号田，四亩二分八厘九毫；

又，一百五十一号田，七分八厘八毫；

以上共田二十九亩五厘八毫，系菉葭镇陈通经、沈皓、江鸿同捐。

---

1 "拱揖"，原作"拱楫"，据文义改。

2 "永遵"，原作"示遵"，据文义改。

3 "九亩"，"亩"字原阙，据文义补。

甪直庄昆邑庙户雨区三十六图唱圩,六十七号田,三亩三分四厘二毫。

以上田系大直村戴世培捐。

薛家庄昆邑陆捐田户律区九图卿玉圩,一百四十三号田,二亩五分三厘六毫;

又,一百四十六号田,四亩九厘三毫。

以上田亩系周家浜陆锡章捐。

姜里庄昆邑庙户调区三十九图青都圩,一百三号田,四亩一分。

系赵浦村许仁荣、赵陵镇、马允元同捐。

唐家庄昆邑庙户奈区七图黄圩,七十一号田,二亩七分七厘三毫;

又,七十二号田,一亩七分四厘八毫。

以上田亩系八字庙边友叙捐。

圣像庄昆邑庙户号区十三图辰圩,六十八号田,九分三厘五毫;

又,六十九号田,一亩一毫。

玉镇庄昆邑庙户宇区六图里收圩田,四分。系照墙基。

又,玉镇庄王南山户宇区六图天玉圩,十四号田,一分一厘八毫;

又,二十三号田,二分五厘八毫;

又,二十四号田,四分三厘一毫;

又,二百三十七号田,四分。系邑庙馀地。

玉龙庄昆庙王启宗户天区十二图制字圩,一号田,二厘六毫。

天区十八图火圩,一号田,一亩七分六厘九毫。

又,十二号田,一分三厘;

又,十四号田,九分四厘八毫。

出区二十图清圩二十三号田,五厘。

系道士坟地。

道光六年五月□□日示,经承杭士申、朱日升。

续增未刊碑之田

仰昆邑庙住持及司事人等知悉:

照得玉龙庄新设义冢,户下地亩内天区十二、十四图义冢一十八亩,业经本县具详各宪,题请豁免在案。查该户下尚有重区五图熟田七亩,向系漕承收租,抵完义冢粮赋,兹奉部咨,准豁。应将此田归入邑庙经理,合行谕饬该住持等查照,后开区、图、字、圩,向庄立户,收租办赋。并将本县捐庙充公缘由纂入庙志,以垂永久。遵照毋违。特谕。

计开：

重区五图业字圩，三十二号一斗四升一合三勺田，七亩八分七厘二毫。

道光九年九月初五日谕。

公柜契买_{道光二十九年分}

巨区十六图谷字圩，官田，肆拾伍亩正，陈巷庄完粮。

特授昆山县正堂加五级纪录五次史，为饬知事：

据致区十四图监生周彦臣、周燮臣呈称：切有单开馀区十一等图业田三十一亩八分，生父在日，捐入苏郡丰备义仓。历今十有馀年。缘路途弯远，收租不便，该义仓过户之后，从未收租，亦未完粮，历系生父及生弟兄仍旧管业。今生情愿就近捐入龙王、昆邑两庙，以济公用等情，到县。据此，除批示外，合行饬知。为此饬着该龙王庙僧人、昆邑庙道士知悉：即将监生周彦臣、周燮臣等呈捐后开馀区十一图田亩，按数收租办赋。该僧、道等会同实心办理，将所捐田亩刊碑，永远遵守，毋得盗卖，致干严究不贷。速速，须牌。

道光二十二年十一月二十四日行。

计开：

华翔庄，丰备义仓户下。

馀区十一图谈圩，二十三号田，七亩七分；

二十二号田，七亩八分。

馀区三十七图道圩，三十七号田，五亩；

四十八号田，五亩；

四十五号田，五亩八分。

特授江南苏州府昆山县正堂加五级纪录五次王，为饬知事：

据宇区六图乏商汪本经禀称：切有祖遗宅基荒地一方，在于宇区六图里收圩，缘与昆邑庙地邻近，今无力完粮，情愿捐入昆邑庙收管立案，并开呈庄分户名，到县。据此，除批准立案外，合行饬遵。为此仰住持及司事人等知悉：现据汪本经捐下后开地基，速即查明，收立玉镇庄昆邑庙户，完纳钱粮，永为庙产，毋许擅变。凛遵，速速，须牌。

计开：

基地在玉镇庄宇区六图里收圩汪芝拊户下，查收立户。

道光二十九年十二月十八日行。

仰昆邑庙司事沈程万等及住持各道知悉：现据汪本经捐下后开基地,永为昆庙粮产,不许盗卖,云云。

玉镇庄汪芝拊户宇区六图里收圩,一百二十号田,一分；

一百二十三号田,八分六厘五毫；

一百二十四号田,七分二厘。

共田一亩六分八厘五毫,系照墙西南地。

署昆山县正堂加五级辛,为饬知事：

据宇区八图捐户唐元龄呈捐昆邑庙田亩生息充费一案,今据该庙司事沈程万等勘明收捐前来,并呈揽结,到县。据此,除批准立案外,合行饬遵。为此仰昆邑庙司事沈程万等及住持各道知悉：查照唐元龄呈捐后开田亩,永为庙产,无许盗卖。一面速将该庙管业田亩,截止现今止共有若干,分别某捐、自置,造具庄领户、坐落区圩、田亩细号,每年应完条漕若干,逐一开造清册,限三日内呈县,以凭核办。该司事等,其各遵照毋违,速速。

计黏单：

七浦庄双区十二图克字圩,二十五号田,五亩三分二厘；

三十七号田,五亩三分三厘；

一斗八升田,五分；

二十九号田,三亩八分一厘八毫；

一斗八升田,三分；

三十一号田,一亩四分九厘一毫；

新塘庄双区十二图克字圩,二十号田,一十一亩一分九厘八毫；

一斗八升田,一亩；

二十六号田,二亩四分四厘九毫。

以上共田三十一亩四分六毫。

咸丰四年三月十五日行。

附西院碑记后,赵中一自置田亩：

玉龙庄昆邑庙户天区十二图西潮圩田,一十五亩六分零。

江沿庄昆邑庙户巨区十六图人圩,三十八号高田,四亩九厘三毫；

一斗四升一合三勺田,一亩；

三十九号高田,九亩六分；

一斗四升一合三勺田，二亩。

陈巷庄昆邑庙户巨区十六图人圩田，五分九厘九毫。

清真观遇仙所小志附

住持赵中一述

遇仙房自明开山第一代翟法师重器住持以后，岁有兴修，载于观谱。入国朝，乾隆四十几年间，先师南山公元煮出家于此，后吾师来居邑庙之石竹山房，时先师之师性融徐公住持，传至虚白罗公，罗公羽化，遂失传。

所有山门及斗坛、圣父诸殿，历岁滋久，加以频年水潦，榱桷陁陊，丹青污漫，其后别业称竹洲馆者，环池回抱，废以益甚。护法王公政之、吴公寿庭、李公润苍、何公蔼亭、吴公艺香等，以中一为仙根嫡传，兼以石竹与遇仙相违仅隔一溪，敦劝兼主其事，坚辞不获。自念身皈道门，缅怀祖泽，岂可坐视一邑胜地，遂以芜废？因于道光二十五年春间，遵诸护法之教，朝夕入院，自出善资，逐一增修。以形家言移山门，稍进一弓，不为殿角所压。斗坛、圣父诸殿，凡榱桷之朽腐者易之，丹青之黯黮者新之。竹洲仙观旧为观之胜地，颓废已久，因于斗坛之东，沿池建屋八楹，仍以旧额。池之湮塞者，浚而深之。门殿诸匾额，咸为整理。

自道光三十年起工，至咸丰元年春讫工，凡糜白金一千馀两，庖湢诸所皆有定处。法门故事，醮功告圆，例献监斋之神，而观中向无其像，因为增塑于香积之南，粗为完备。又遇仙房山门之左，旧有贤圣行祠，相传银杏一株，大可三四抱，为祠庭中物，明正统中，天师殿道士於继玄手植，今尚存。后祠迁于山麓圆觉庵右，里人以庵住尼僧，展谒不便，商于中一，于咸丰二年复迁旧所，皆募各会信捐资成之。祠之管钥，亦遇仙房司之。中一因续修邑庙《志》，念观志欲修未逮，因枳述先师出家遇仙房之由，及承诸护法敦延综理，及稍能自尽之实迹，附记邑庙《志》之末。不独为后之修观志者得有考核，亦以纪先师与中一惓惓簪帔之地，饮水知源，实深依恋云。

竹洲馆地，东首三楹旧为牡丹房，西二楹为涵虚仙馆，附识于此。

"遇仙所"，顾天叙为隐虚炼师书。隐虚姓杨，疑即《志》元难亡者。

"紫府飞霞"，顾天叙书。乾隆四十四年岁次己亥四月，道士陈端徒侄徐霈重修。咸丰元年岁次辛亥仲夏四月，法孙赵中一重修。

"善水为霖"教授文林郎、江南苏州府知昆山县事李世德题赠清真观祈雨道士姚汉锜字轶凡。

居心变善水,道家之妙也。清真观住持实臻其境。夏旱,祷雨立应,赠之以扁,俾学道者知所宗。康熙五十三年岁次甲午七月立。咸丰三年岁次癸丑孟秋,六世法孙赵中一重修。

题赠轶凡道长　潜寿老人蔡方炳时年八十有一

金科玉诀传来久,蕊笈琅函意会多。高谢尘嚣闲自得,不妨静坐养天和。

前　题　蒋陈锡念祖

不须水碧与山青,自有丹砂养性灵。咫尺蓬壶谁可到,会心闲坐诵黄庭。

前　题　蒋廷锡酉君

屏却尘缘即是仙,何须大药驻华年。琴书一榻春风昼,始信壶中别有天。

前　题　娄东八十三叟王　撰随庵

丰神闲静貌矜庄,榻上琴书炉内香。更有太阿光出匣,诛邪应不让旌阳。

前题集唐句奉赠　南畇彭定求访濂

不羡乘槎云汉边,松华书遍锦江笺。还将石溜调琴曲,醉听清吟胜管弦。惟看老子五千字,须读庄生第一篇。闻道神仙有才子,黑眉玄发尚依然。

前　题　陈元龙乾斋

谁言岩壑尽清癯,吐日吞霞貌转腴。嘘气成云人未识,卧游咫尺到方壶。

前　题　陈邦彦世南

一榻琴书静,春容道气坚。云凝虚白室,光透蔚蓝天。蓬岛非空境,黄庭得妙诠。留侯真弟子,松鹤不知年。

前　题　海盐俞鸿馨

清凉小簟展春云,瑶笈闲从仙吏分。坐待中庭明月上,携琴弹向玉宸君。紫烟衣上闪朝霞,趺坐匡床日又斜。人世几回轮甲子,静看朱雀长金花。

赠轶凡道长　徐　衡咸一

恍向蓬壶顶上逢,常将古调托丝桐。有人若问长生诀,都在黄庭一卷中。

观中大通明殿及后土殿、放生池、飞虹桥、前三天门、戟门、照墙、沿河驳岸、香花桥诸处，皆为公所，议五房轮管承值，所有修理亦属公办。嘉庆二十一年，太乙殿住持庄鸿其念修理诸处，需定章程，因会同三官殿住持杜蕴芳、仙人殿叶蔚文、雷尊殿王瑞恒、痘司殿夏廷谔公议，得大殿善信进香，给发愿单，每单募钱十四文，半归公柜，半给承值之费，逐房轮当，按月稽核。至二十六年分，公举董事举人王孟养、王政之等，重建观前照墙，复议愿钱十四文悉归公柜。先师王仙根与董事诸公协同经理。照墙工毕，馀修二郎庙、消灾司庙。买顾姓旧房三间，补贴修整。

至十七年分，董事王政之、李润苍、李玉调、朱云卿、姚升闻、何蔼亭、吴艺香、吴受庭诸公，因公柜无专司之人，承议归于中——手经理，每季邀同董事稽查。旧时，后土殿无专居，仅于通明殿后壁开门置像，观瞻不称。因于二十年分扩大殿后，增建一殿，奉安圣像及六十甲子诸神、殷帅、颛使者像，大殿上增铸铁钟一口、铁烛台一副、圆铁炉二座。至二十八、九两年分，修理漆油大通明殿并三天门，随修驳飞虹池石岸，重建飞虹桥，飞虹桥自天启丁卯道会尹玄相重修后，至今已□年。并建桥上石亭，绕以石栏。驳岸在三十年，建桥在元年。先后董其事者，王之美、荣顺斋、李兰楣诸君也。至四年分[1]，于三天门外增建朝房三间，为诸神朝贺更衣之所。壁间有圆觉废庵移来董文敏石刻。重整观额石，戟门周围殿庭甬道重加修砌。至咸丰五年分，二郎神庙前沿河石岸废坏已尽，重为兴筑。又念天师殿为观中旧迹，今成瓦砾之场，意欲重建，以复旧观，未知能溃于成？

念灌园始事之勋，董事诸公协和之力，附记于此，以俟后之续修观志者考焉。玉泉仙馆住持兼管清真观遇仙房赵中一谨记。

遇仙所法脉续图

开山第一代　重器翟公讳玉

明

二十二代　清修养素法师杨公宗成《观志》作"宗晟"。成化二十二年任观住持。

二十三代　徐公德广正德二年任观住持。

二十四代　李公希信《观志》"李希信"下有"陈绍宗"。

二十五代　邵公士良《观志》"邵士良"下有"朱启旸"。嘉靖五年，朱启旸任住持。

二十六代　袁公汝器号存诚守素崇道法师。正德二年给礼部牒，为清真观住持。嘉靖十三年复任。

1　"分"，原作"今"，据文义改。

二十七代　陈公一诚

二十八代　钱公景和

二十九代　孙公永春

三十代　杨公成斌

三十一代　周公本清《观志》"周本清"下有"陆子卿"，官真人府知事。

三十二代　管公以亨

三十三代　唐公广元《观志》作"广源"。　陈公守泉

三十四代　邵公大钦嘉靖间任观住持，寿七十八。

三十四代　邵公文祥

三十五代　真人府赞教奚公五文《观志》"奚五文"下有"晏昌基"。

三十六代　杨公志元　盛公实敷

三十七代　唐公俊《观志》："恪遵师训，谨守清规。"王公慧生　孙公玄之　徐公斐

国朝

鹤书戴公　商明顾公　翛远归公　轶凡姚公　二玄姚公　松筠顾公　以宁王公　斌士陆公　景垣张公　希江胡公　真人府上清宫主事、御前法官鹤闲陈公　丙先姚公　元吉吕公　性融徐公　廷献王公　昌武徐公　蔚文叶公　南山王公　道会虚白罗公　静远叶公

附斗坛匾额

"大智光中"雍正甲寅三月上浣，史官邵泰敬书。

"道冠三十六天，以清以静；力解二十四厄，大圣大慈。"

遇仙房　赵中一自置田亩

景德：

周泾庄昆庙赵建安户巨区十六图人字圩田地，二十七亩零。

东塘：

细号，巨区十六图人圩，二十九号一斗田，二分八厘七毫；一斗八升田，一亩二分。

三十号高田，二亩二分三厘九毫；一斗田，六分七厘六毫。

九号高田，九分七厘七毫；二斗二升田，八分七厘五毫。

一百二十号高田，四分八厘三毫；二斗二升田，四分九厘六毫。

一百廿一号高田，五分八厘二毫。

共高田，一十五亩二分二厘四毫；一斗田，五亩二分八厘七毫；一斗八升田，四亩六

分；二斗二升田，一亩三分七厘一毫。

共该田，二十六亩四分八厘二毫。

附顾桴斋《静观堂集》中诗

四月十五日清真观小酌二首仁山限韵

薰风郭外欲联镳，况是仙翁远见招。池馆新篁初解箨，溪桥飞絮已辞条。

竹洲长日几枰棋，杯茗炉香晚更宜。有客临池多逸兴，扇头挥洒墨淋漓。

碧梧道院在齐礼坊，旧系仙人殿带管。中一于道光二十五年管仙人殿事，碧梧道院亦综理焉。先是，道院中有邑善信胡公熟之等，举惜字社于此，朔望收买焚化，而院久失修。是时，惜字社中有存款约二百缗，估计修理，仅抵其半，于是告募各善信，复得二百缗。因将院中渗漏朽腐诸处，概行修整，并周围墙壁，亦为一新，乃复旧观。事在二十七年。工竣后，中一即将道院交还司事另延看管。思恳文章家撰一小记，嵌置院壁，迄今未果。念系遇仙房带管处所，中一承熟之胡公殷勤推重，稍效微劳，恐后时胡公经理之勋不能悉知，故附纪于遇仙所小志之末。胡公讳仁，熟之其字，国学生，节愍公裔孙。其为人端方正直，为士林所推重云。咸丰五年初夏，兼清真观仙人殿住持赵中一谨识。

庙志跋

前明天启间，先辈胡太古氏请元长张先生载笔为庙《志》二卷，类凡十五。既成而自为之跋，以为司质无常，靡然无尺寸自效于玄[1]教，披星刷羽，义则何属？中一愚鲁，自皈身道门，荷先师训迪，寻绎前志，读胡公所跋，良用惕然。念法门衰替，楷柱倾颓，沐雨戴星，不遑暇逸，自胜冠以迄今兹，俯仰岁月四十馀年矣。先师早化，一亦衰病，复念院中故事阙而不详，宿老俱往，遗文坠阙。兼以康熙乙亥，白源张先生所著《续志》成而未刊，原本残缺，失今不图，后以弥甚。因搜院中所藏蠹简废籍，请徐邨居士补缀，以成今《志》，载其可知而阙其所不知，用以绍先传而垂后裔。于清规之守，管钥之谨，词重义复，三致意焉。中一行能无似，有愧前修。寻温陵吴侯论太古氏之为人，为不辞劳瘁，要之于成，深以贻谋，期为可久。斯言也，中一何能及其百一？至不以蘧庐传舍视其身，不以因循苟且遗之人，则窃喜有同心焉。书成，因为之跋，以示来者。

---

1 "于玄"，原作"于元于元"，据文义改。

诗 文

赠九仪赵练师得授丹诀

石竹山人学悟真,冠簪脱去笠瓢新。金丹得诀亲题笈,玉律传薪拟佩绅。卷里坎离勤上口,丘中松竹自藏身。谛观正一登坛法,呼吸通灵道自神。

赠石竹主人赵九仪炼师

古院幽清堂构微,经纶手握耀前辉。戒成舞鹤迎斋会,静对炉云养秘机。笛韵晓吹林下月,贝文尘掩阁中帏。老成群仰眉方白,早树虬松拂紫薇。

秋夜小饮范禹成玉泉仙馆　吕文彩瑞宾

放浪烟霞归钓艇,偶然乘兴叩仙房。纤珂初起飘金粟,解玦开襟换酒忙。

冲虚杂咏六首　王飞藻怀青

明月映清池,波光摇不定。窗下理湘弦,游鱼时出听。泛碧轩。

飞阁凌虚空,开襟豁远目。白云何处来,拟傍栋间宿。冲虚阁。

避暑入林亭,开轩面翠屏。晚凉新雨后,洗出数峰青。见山亭。

清影当窗静,寒声到枕幽。萧疏风雨后,六月一庭秋。绿竹轩。

秋到小山凉,天香透帘幕。夜静立空庭,疏花月下落。天香室。

幽深一径通,烟霞映松石。莫说问津难,仙源在咫尺。飞霞洞。

冲虚杂咏八首　汪威凤声雍

遥天星斗光,夜夜窗前度。坐久倦来时,仙童进甘露。冲虚阁。

月照碧山头,露华草际浮。凭栏忘陆处,宛在水中流。泛碧轩。

山光逼眼青,坐对尘氛静。顿觉去炎歊,松风透体冷。见山亭。

倚槛见云飞,夕阳在山腹。清氛度水来,风细波成縠。临池槛。

盘旋入深径,径窄花蒙密。探源更前行,洞天藏石室。云根洞。

轩外有方池,水清似明镜。绿竹与朱栏,纷纷落花映。绿竹轩。

分得蟾宫种,移来山院栽。秋深香自溢,和露月中开。天香室。

迸土独参天,旁石皆俯地。不畏历冰霜,常抱凌云志。古石笋。

八十自寿　张　圻虚隐

偶落昆阳八十翁,清河家范孝廉风。曾无爱欲矜微尚,薄有从违耻未同。不到空心还守一,敢言涉世只规中。投壶岂拟寻仙窟,恰似希夷涵化工。

曾闻将寿补蹉跎,八十勤衰又若何。原宪甘贫宁似病,孙登舒啸不行歌。门前桃李香非艳,几上琴书久自和。偃仰虚接看剩日,霜天满月一阳过。

庚午三月入圜后孙子此崖忽有所得书以勉之　张　圻综阳

尘封金声久无声,一旦中空发响灵。莫道玄宗无付嘱,叮咛善护好殷勤。

辛未度岁忆此崖入粤省亲时粤中有诗寄归　前　人

岁岁言除除不尽,倾筐储米爨无柴。有人岭外拈佳句,默默诗神入吾怀。

此崖问六种法门何能一贯三涂苦趣何以销镕修行人
应于何处着力愿垂指示

从一生生万法立,销镕滴滴还归一。一又拈将何处归,陡然觉了三涂息。

此崖又问智偏为识空顽为妄修行人应何着脚再求开示

湛然妙觉体无边,含吐虚空法界全。漫说一真圆众妄,孤蟾遥映万川圆。

入山留赠虚隐侍史浮浮子_{浮浮子,此崖自号。}　万峰樵人周拱潞彦介

不道玄玄室,有个浮浮子。久伏侍者寮,豁落抛生死。年少逞风流,颠狂不知耻。时歌时复啼,与俗忤嗔喜。顾余独相怜,亦难料终始。好会洵靡常,即今先别矣。

浮浮子拈六月雪题笑和　前　人

闻道峨眉山,六月堆寒雪。天地蕴真机,此情未之泄。惟有山中人,以凉易其热。瑶光何烁烁,清响何冽冽。玄化不可知,止止为谁说。

秋日山房留饮即席题赠孙此崖羽士　徐德俶伯厚

遮莫来三岛,峨峨虚隐楼。招云销永昼,待月会中秋。鹤老丹衔顶,松高翠结虬。此山惟一侣,行佳共浮浮。

醉逃初戒客,吟倦小游仙。笔阵惊鸿落,灯花妒月眠。要津逢白马,痴梦忆青莲。耳目何须淡,秋容野更鲜。

赠玉泉张子志先 号碧崖　　张　圻琼华

五千读罢意通真,环佩珊珊骨相醇。身衣莱斑骑白鹿,口餐沆瀣摘青蘋。一门柱石高前矩,数代冠簪迈等伦。山北溪南丈夫志,修明先志亦能仁。

松江云和静院请碧崖张子住持赠送　　前　人

九峰遥接玉峰来,法宇琳宫[1]次第开。凭我一番真骨力,三三仙鹢接天台。瓢笠翩翩曲水依,梵音静唱五云飞。检囊自顾针锋密,聊为他人作嫁衣。

月夜同虚隐师泛舟集唐人句　　孙以诚子阳

隔水问樵夫,神仙可学无。举头看明月,不暇道粗精。且莫咏离歌,炎凉奈我何。万山青不断,一月缺时多。

寄呈张夫子时寓武陵源　　前　人浮浮

卫道诚当切,与时或未应。无心烹活火,有句注分灯。时白源师纂《分灯录》。止水潜孤月,浮云化大鹏。谁非了生死,落落竟何能。

秋夜与琼师谈玄　　前　人

秋气无情迫我真,娟娟夜色落松筠。灵机寓物萤仍草,大造生心佛亦尘。妙悟不妨手指月,清谈何用语惊人。还疑小隐非终隐,涸迹年来与俗邻。

寄宿穹窿有感　　孙以诚箓谿

长松谡谡涧潺潺,趺坐当窗月半弯。无刹不成钟鼓地,有峰独立水云间。鹤孤未惯初行脚,梅老应知久住山。最惜玄都人去后,荆榛满眼倩谁删。

省亲粤东道经洪都谒铁柱观旌阳真君法像　　孙以诚

谶识龙沙应上元,樵阳姓氏半黄冠。铜符一派长江靖,铁柱千秋古井寒。拔宅无心原是幻,省亲有路亦难瞒。神仙接引惟忠孝,泪洒崇霄碑未干。

题赵建庵羽士小像　　范仕义廉泉

不是参禅客,跏趺坐亦同。息心蠲俗虑,得手悟玄功。室自生虚白,炉还吐焰红。

1　"琳宫"后,原衍"重"字,据文义删。

桃花仙洞近,时遇采芝翁。

五古一首奉挽仙根老练师羽化　娄曲居士吴映奎

风寒草木号,叶脱枝亦变。荣悴互乘除,恒干逐飞霰。百年莫驻龄,流光疾如箭。丹箓说长生,形影终难炼。炼师系太原,奕叶钟俊彦。挂瓢邑庙左,玉山古道院。中有拱玉楼,倚槛山当面。烟峦开四时,揽胜此其选。羽客多名流,一一征志传。黄信和。李应元。开其先,陆天斑。[1]赵九仪。因利便。外是太古传,胡古。真诀推独擅。后起刘冲虚,焚修邀帝眷。性命契宗旨,邪魔赖斥谴。惟师继前徽,遗轨生霞羡。旱涝与疠疫,祈祷讵辞倦。玄局岁月深,别雨淮风战。经营倍辛勤,呼吁乡邑遍。而胡示微□,幻化等掣电。金牒渺香城,玉机隐荒甸。撼词达微衷,一尊聊用荐。

同荣山屏游花神庙　王学浩

行歌无伴偶相求,信步来同古庙游。半郭炊烟依落日,一楼山色占清秋。光阴迅似灯前跋,聚散轮于水上沤。归路不须频彳亍,明朝放手又扁舟。

赠胡羽士太古山静太古额跋　云间陈继儒

余友张元长、方简周每言,吾昆有胡太古,寄迹老子法中,黄冠草服,博识今古。且得马璁滴水术,魅祟不灵,三农慰望。而燕坐一室,则啜茗焚香,户外绝迹,因额其轩曰"山静太古"。

胡太古像赞有引　西鹿王复旦

闻先朝邑庙中有练师胡太古者,羽士之得道者也。考其法派,出自玉泉仙馆,为吾家司业公题额处。访得法系,余得瞻遗像道貌,丰颐秀骨,自是神仙中人。及观《庙志》,备载其拮据之勤,祈祷之应。乞余一言为赞,自愧无文,聊书俚句。元长、文休诸先生有灵,能免续貂之诮否?

身披羽服顶黄冠,道貌峨峨入画看。堂构相承丹灶稳,风云永护玉泉寒。志传规画心如揭,檄召精诚血未干。化鹤归来应有日,沧桑莫改旧林峦。

题太古胡法师遗像　陈日滋孟长

忆昔庄严拜紫宸,手持璘诀役雷霆。自从羽化徽音杳,玉局谁能步后尘。

1　"天斑",原作"大挺",文中屡见,据改。

石竹主人赵九仪像赞　张　圻

为是九仪,为非九仪。双眸炯炯,谛观思惟。

四威仪中,以坐为摄。非动非静,无生无灭。

眉秀而繁,髯修而洁。杳冥者精,恍惚者物。

爰修坛事,朱履星冠。呼吸所到,揭地掀天。

题九仪练师像　柴式穀子舆

雅度岩岩写得真,孤松独鹤露全身。止愁未许跏趺坐,还戴星冠拜紫宸。

道貌康强不杖藜,平生耽静爱山栖。定中早已离声色,心静不闻山鸟啼。

题志先张子小照

青青者松,磷磷者石。独坐何人,观心面壁。

一念一生,无来无去。应化现身,张星指处。

大道浩浩,两肩担荷。维瘁维勤,当体者个。

眉间有光,眼底无碍。变幻浮云,纷纷世态。

题志先张道翁像　鹤林超位住云

纸笔装成总是空,如何容貌却相同。幻生和合俱如是,如是称为张道翁。

志先张炼师像赞　万峰樵人周拱璐彦介

也大奇,也大奇,个里藏身是阿谁?蔼如神恬而无思,穆若形全而无为。羽扇星冠坐希夷,苍松白石共青藜。双丫髻挽侍丹池,天然真趣傲黄羲。心无所系道无亏,卷舒隐现随其时。噫嘻乎,志和再来人不知,清风皓月时逢伊。手持仙人绿玉杖,口诵太古沧浪词。沧浪水清缨可濯,沧浪水浊濯吾足。

张碧崖炼师像赞　陶　粹谦若

咄哉道人,一无知识。离坎均调,鸿蒙瞬息。蕴璞韬光,守玄用默。箕踞长松,丰神翼翼。留迹尘寰,太虚点墨。

秋日过玉泉山阁访陈献夫　顾　湄伊人

崔巍虚阁山崖里,松涛远近秋风起。陈生潇洒来幽栖,左列丹青右图史。我登此阁翻伤情,当年基址谁为营。钟残声寂不可闻,清霄惟听读书声。

玉泉仙馆张羽士参学说　张　圻

正乙宗传以符箓科仪为事,至于性命宗旨,则视为别传,而少有究心者。然符箓科仪所以感鬼神、动天地,非术实灵,惟诚是赖。孟子有言:"至诚而不动者,未之有也。不诚,未有能动者也。"若平时不致其诚,乌乎神其术? 而致诚之道,毋杂念,毋坐驰,则守气练神尚矣,是二者乌得歧之?

志先张子本名家裔,冠簪于邑庙之玉泉仙馆。吾意其人必能振兴法席者也,以其人诚朴而守静也。玉泉自胡太古炼师呼吸通玄,天人协应,可谓大阐宗风者矣。令威既逝,嗣音杳然。今得张子为之接武,其事长也孝敬,其持躬也谦退,虚心参学,以师礼事余,自诗书六艺及性命宗旨之说,靡不探究。以此求进于道,亦何不可企及哉! 因为说以赠之。康熙癸酉腊月八日。

记前辈典型

道院开山黄公,以忠烈之后,奉命经理庙事,而宵小不悦,谋中伤之。黄公挈其徒众,直走京师,得邑庙住持部牒,人心压服,结屋三楹,以庇徒众。此两院之筚路蓝缕也。其训词有云:"道系相传,源流派远。先后有序,尊卑自明。若一假借,必致紊乱。不尊训者,与众共斥。"煌煌训词,百世守之者也。

其再传曰丁宗俊,当师施友信先化,开山公已老,丁事之如其师,兄事蒋宗德,终身无间言。玉泉、石竹孝友家风,始基之矣。三传而为顾济玄,有决断才,择徒得人,简苏、李二君,分任两院,至今绳承,厥功伟哉! 陈景华强毅有干局,又善于吟咏,喜读书。尝以小过得罪开山公,公心知其有立,曲宥之。后以诗文为邑侯邓公赏识,由是修寝庙,建井亭,历四十年,扩开山公所建而大之,论者以为开山公之能知人也。

苏玉泉奉师命主西院,辟草莱,勤卜筑,期年落成。云轩竹槛,遥映山光,翰林王同祖颜曰"玉泉仙馆"。作用宏远,而谨身率众,检押如处子,故识者器重之。李应元主石竹,谈性命圭旨,喜读《黄庭内景篇》,道行昭彰,遐迩逖听。尝有贫族人投之,谢之曰:"吾已许身为玄元弟子,奈若何?"为小阙而呕遣之,殆所施置隐秽处供扫除者见之,谓其徒曰:"吾岂以厚积为哉? 念若辈无能,将为堂构谋也。"遂倾囊庀工,创立宏巨,内翰王公为题"石竹山房",而因以自号焉。

苏之徒曰陆习闲,名绍宗,性深沉,无物我,谨身奉法,性喜闲静,故自号习闲。默坐一室,阒若无人。然念方外贫苦,遇事不能自立,因设一瓯,命徒众月纳资二分,以为岁积,俟法派中有急难者,酌量与之,曰:"吾不欲我玄门弟子贷人子钱也。"名其瓯曰"益后"。其先事预筹类如此,则亦非怠惰自安之闲矣。一岁除夕雪晦,有贸贸然而泣者,询之，乃抱布易钱，待给晨炊，而为人绐去者。习闲悯然，典罄铙赒之。邑侯张公炜暨邑中贤绅士皆乐与之游。有徒龚成梧，字肖闲，本名家子，甫离塾，即佐师缔构，楷傭力作，以身率先。积斋资不妄用，遇饥岁，出以供众，终无德色。夏大纶，号奇峰，精诚学道，祈祷辄应，溪刻励行，不自暇逸，竖功绩不少云。

张白源氏曰：余阅前《志》诸师小传，志行章章，有功神庙，然不以符水自诩通灵，而务勤苦节啬以宏救济。如上所辑，事事难及，可为后法，故节录如右，为先辈典型云。

夏大纶祈祷记

夏大纶，法名履玄，字季昭，为徐永高弟子。永高早世备历艰苦，慨然发愤，精勤炼习。凡鞭锁云雷、劾召鬼神、祓除魔祟之法，精思熟习，恍恍有得。又从上清左真人于应谷就正罡诀，又受九皇五雷秘密，有名于时。万历甲辰，大旱，邑侯洁坛，靖命大纶祷之，甘雨如注。明年乙巳，又旱，侯仍请祷雨，得雨如初。己酉，积雨不止，大纶飞章上恳，即时开霁。壬子，又旱，又祈，甘澍如甲辰。丁巳，再旱，再祈，雨又如初。时历五载，令凡三易，四雨一晴，靡不响应。由是法名大振，一时诗文赠诒，束如牛腰。邑侯赠额，如"回天揭日""玄觊神秘"之类，迄今炳如，而大纶不自矜也。世称奇峰先生。

胡太古祷雨记

天启五年夏六月不雨，下田龟坼，禾将就槁，邑侯闵公非台先谒庙而祈焉。阅十日，旱氛弥甚，将建坛致祷，众推古有戒行，宜可格天，侯从焉。时古方病呕吐，食靡辄反出，左右恐不任，古曰："吾法受之上清真人，得其秘传，岂爱吾身而忘济物耶？"遂卜坛景德寺之阳，卜期于月之八日。古力疾，被发仗剑，为檄以三限，众呼曰："焦枯在旦夕，何能待三限乎？"古不应，禹步喷水，伏坛而请焉。比初十，雨乃濡郊，农呼未足。古以檄催之，十二日复雨，众始慊，古曰："未也。"月既望中夜，行上清法，啮指血作檄，檄讫，谓众曰："雨从西北来。"乃倒置坛向天门，黑云四合，大雨如注，自辰至酉，淋淋弗绝。民大喜过望，侯诣院申谢，一时有神仙之誉。大真人张讳显庸赐额曰"清虚玄远"，邑侯叶君培恕额曰"诚通云局"，又曰"奇术格天"。古所行，盖先天玉枢上将五雷鞭龙法云。

宋法师雨坛纪事

天人之际难言也，非其术不应；术是矣，而行之不以诚，亦不应。启、祯间，胡、宋两练师同时并出，邑有祈祷咸[1]归焉。崇祯辛未，真人府法官陈公复初游玉峰，宋往师之，授

---

1 "咸归"，原作"成归"，据文义改。

五雷天心秘法。岁丙子[1]亢旱，从官民请，设坛西禅，檄限得雨，依期沾足。邑侯叶君培恕赠"诚可致霖"之额。戊寅夏，又大旱，万公曰吉洁坛正一丛林，宋行檄持法，致雨如前，有"术媲焚猵"之额。迨辛巳、癸未、甲申间，运际灾劫，民生涂炭，补救有心，挽回无术。然而啸风霆之令，斡气数之穷，以身殉道，迄无悔焉。是以贤令如蔡公承瑚、吴公心传、杨公永言，累词额奖，可覆按也。盖诚必字者，理之常；往不济者，时之变。阳九百六，天亦无如之何，于宋公前后之事，不胜悚息于其际云。

玉楼仙馆祁练师祷雨记

祁见龙，字时驭，东院左派管法师松之法系也。赋性慈和，自幼茹素。投金太卿为师，不惮劳苦，佐师支撑常住。会院遭回禄，师徒孑立，心无退悔。比师寝疾，尝药刲肱，吁天求代，孝德彰闻。中年从江右法官杨犹龙，传五雷驱召之术，殚心修习。岁己未亢旱，稻田龟坼，邑侯王公基弘偕清田旧会曾公荣科致聘祷雨。见龙如法建坛，立限申奏，未及初限，雨即时注，岁以有秋。兆民欢舞，王公奖额曰"法洒天河"，曾公奖额曰"诚呼法雨"。虽曰得法之真，然非祁之德行，不能如响斯应也。

司玄洞天董练师祈雨记

韩昌黎有言：莫为之前，虽美不彰；莫为之后，虽盛不传。先圣真师立法度世，为之前也；志士仁人传法救世，为之后也。玉泉仙院羽士董涵，字瑞符，学于素更张练师，得正一法要。时吾邑孟长陈先生讳日浯，博综古典，学道有得。适江右万法师以西河秘密之旨，授之虞山冯定远先生，孟长往师焉。瑞符者，又孟长法系也。岁辛巳夏，大旱，三农憔悴，邑侯童公式度延能致雨者，众以孟长告。时陈先生齿尊养静，令瑞符应请，布坛清真观，立限祷之。初限未得雨，比中限，请求于新洋江。时炎威正赫，执事病之，暨返旆，童侯以酒迎洒坛下，瑞符持罡作法，须臾云气四合，雨倾如注。侯大喜，瑞符请撤坛，侯与绅士请终限，乃再祈，再得雨，三农沾足。侯亲署其额曰"道合栾巴"，以侯初在坛洒酒，既而得雨，雨皆有酒气，故以汉尚书郎事比之。噫！向非陈先生练法于前，董师修习于后，何以诚通帝座哉？道贵真传，学期绳武，有自来矣。

辑续志成柬石竹玉泉玉楼诸练师

盖闻古之士也贵，今之士也贱，贵者不贵人之贵，而己贵弥高；贱者希人之贵而不

---

1 "丙子"，原阙"子"字，上文云"崇祯辛未"，又下文"戊寅"，推之当为"丙子"，据补。

得，徒自丧其良贵而始贱。史迁论六家而首尊治神，盖公佐汉，几致刑措。魏郑公脱冠簪而都卿相，贺监解组而主鉴湖。鼎文元修玄密室，有子登第，摈不肯见。近世笪在辛侍御修藏典于乾元，轩车候门，却而不纳。古人之不贵人之贵，而自尊其良贵如此，所以有"因人热恼，安得自性清凉"之说。即以仙院前辈诸师论之，管玉楼，方伯公琪之孙也；夏奇峰，太常昶之裔也；张永清，进士之华胄也。元长先生表章懿范，无幽不录，而曾无片语及其门楣，为松径茅檐分光借耀，何也？道士也者，本以尘埃轩冕寄托烟霞，以知希为贵，以恬憺为宝，而后自乐其贵也。古有之，一日看深目，三年损道心，他人之齿录，羡之犹不可。况可攀缘门阀，借他人之组绣，遮自己之皮囊乎？圻也不辰，以耄耋之年，栖虚静之地，世所艳羡。名公贵人或有班荆之雅，或辱文字之交，终不借以为重。而自甘退隐于山林寂寞之滨，弃置于饥寒奚落之地，梦寐稳贴，毫无动念者，盖早知贵贱分界之微，死心寥寂八十四年，无少悔心矣。今者修老一役，不过聊慰诸师扬芬诵骏之盛心，了笔墨一重公案，既无垂名千载之痴望，宁有臧否轩轾之私心哉！有字之处，尽属天然，神自炯鉴，师其鉴诸？乙亥新秋，知止老人张圻自□。

藏蜕原第十二

按前《志》云，开山黄公及其徒施友信之藏，莽互荒丘，不可别识。或云二公来自清真，后仍归观墓，理或有之，然无确据也。今考寝庙西北隅，三丘并存，在东者丁公主穴，昭系顾公，穆系苏公，次昭则张公，次穆则俞公，又次则吴公，凡六穴。在西者石竹李公主穴，昭曰玉楼公，穆曰奇峰公，次昭曰宋公，次穆曰张公，又次昭曰李公，又次穆曰冯公，冯下又一穴曰杨公，共八穴。东墓下又一墓，中曰胡公，昭曰曹公，穆曰支公，共三穴。外此无稽焉。据此，则前《志》所云"苏、李以兄弟分穴同位"一语，传闻稍异矣。又云石竹顾公"地尽而遗"，此言亦姑存疑焉。惜乎！庙基无地可辟，使遗殖总归一土，使后系易守，不亦善乎！

王志长《贤奕琐词》一则

陈刺史鲁瞻有仆名陈忠，为鬼妇所凭，病且剧矣。适江右杨犹龙名嘉斌者，以请雨至昆，法能制魅。鲁瞻恳之，移牒邑神。一日，忠在家，忽突出若被追状，竟至神庙中，伏墀下，良久乃苏，自称神诘之曰："尔故陆忠也，何称陈忠？"曰："刺史为义父故。"神曰："尔幼时，尔主以银若干属汝办某物，汝挟之而逃至某处，与一寡妇通，遂妻之，罪可贷乎？"此时鬼妇已在旁，神诘妇曰："忠之奸而妻汝也，汝亦自愿，后汝以他故死，汝奈何复索忠不舍，欲毕其命乎？尔罪更大。"遂决忠二十，叱出。忠临出，见鬼妇始受刑，不知若何究竟也。忠至家，备为人述之。忠往事皆与神语合。忠复病，卧数日而差，鬼妇不复至矣。鲁瞻为余至亲，又同里，见闻甚确，笔以警世。壬辰六月间事也。

附：与赵练师论修庙志书

见庵练师法座：

日前因过仙馆，得接尘谈，并读李刑部所撰新建道院碑文。仰见庵练师启后承先，于院中著有劳勚，视前辈胡太古诸公，可称继武。此根所以承《续志》之委，乐于载笔者也。且前人之美，非有后起以继之，则虽盛不传；又非有志乘以载之，则久亦不传。此元长、白源二先生之为功烈也。白源之《志》，前道光六年修邑志时，曾入志局，今已不见完本。根现将残卷中可寻绎者，逐一写出，而纪其缘起于前。白源所纪，至康熙乙亥而止，此后应续之处，希一一指示。如石竹、玉泉分派，须接续分明，疑者阙之。玉楼一房何时归并，亦须明晰。轮直旧规，虽采前《志》，亦须明载。现行事例，此不可缺者也。列传后如徐觉人及令师仙根，皆宜补入。练师承中兴之绪，建兴复之功，此生传所必宜列，为后来张本，非根一人之私言也。"藏蜕"云云，据白源《志》，与元长前《志》稍歧，故《续志》题曰"新图"，今已失去，只可照白源所记，约略书之，疑以传疑，亦《春秋》之意也。第就今言之，白源《续志》已是不完，即元长前《志》，恐将来传世益少。此次并而修之，以备遗志，实亦不可缓之事，非但练师存为院中故事已也。根笔墨虽冗，然决意于夏秋为师了此一重公案，所嫌文笔荒芜，续貂遗诮，无以仰副尊委耳！

先此奉覆，并候法祺。不一。

道根顿首。

至于聊慰盛心，既无求名之望，并无轩轾之私，则鄙私亦与白源先生有同然者。

并照，不一。

吴之玠景岳《昆岫遗闻》二则

昆邑城隍庙后苑有亭曰四美，亭之西有池，池北有土冢累然，即梁僧慧向塔址也。壬申，神庙更新，亭池复葺，栽松冢上，石径回旋，颇有逸致。余偕表兄郑翰良过之，有"高僧藏骨处，落落是松台"之句以志感。

铜像观音殿，古慧聚寺旁室也，在昆邑神庙寅宾馆后，内有刘公应龙神主，马玉麟为记。雍正间，分置为新邑城隍庙。后庙迁集街顾家场，殿仍归昆庙。即旧址建花神庙，阁中垒石成台，塑十二月花神之像。上阁下殿，两层俱用楩楠，所费不赀。前为拱玉楼，乃陈氏园中物。阁下古柏一株，离奇夭矫，宛如卧虬，为邑丞刘公谐手植，可称遗爱。阁前湖石数峰，移自东海松风阁后，在遂园中。石上镌有顾公笋洲绝句，疑是乐彼之园物也。

周植，字翼孙，号容轩，梦颜子，乾隆乙丑进士，福建德安知县。

清真观

为爱清真来此游，云深树静两悠悠。仙家不逐浮名客，读罢黄庭也共酬。
全真幽境也寥寥，亭园深沉似碧霄。京兆风流今已矣，土人犹说会仙桥。

《疣赞录》中诗

夏日过清真观钱陈二道士索诗

竹洲曾记钓游时，廿载重来感鬓丝。台殿荒芜山自好，笙箫凄婉月来迟。髯仙久已成黄鹤，钱陈之师野鹤翁，长髯古貌，有戒行。琳馆依然种紫芝。长昼淹留对棋局，浮生万事只如棋。

重修昆邑庙寝宫记

昆邑城隍庙在马鞍山之阳，前明移建以来，历有年所。国朝康熙元年，经邑人重修，庙貌始整。至嘉庆二十年，距前修庙之期已百五十馀年，墙垣剥落，栋宇朽损，其尤甚则殿左之宾馆。邑人公捐修葺，易旧重新。殿后寝宫及穿堂内庑，因乏馀资，未及修治，以致渗漏不堪，几无以蔽风雨。苟再因循，必至倾圮，何以肃观瞻而奉明禋？

邑侯李公方谕司事者筹画经费，适□伦顾君闻而赧之，且曰："募捐非易，力虽不逮，犹可勉焉。"遂不计所费，出而独任其事。嘉庆二十三年七月初六日兴工，至八月二十七日竣事，不一月间，栋宇焕然，神明安宅，即阖邑士民共叨福祐。虽曰顾君一人之力，而亦赖司事柏廷谟、朱献祺、陈勋、钱锦、金凤仪诸君，司柜李裕湘、金肇祥、殷献廷、杭其周，住持王元焘诸友，朝夕视事。并赖载来包君，经营相度，饬工庀材，始得以不日观成焉。为叙始末，以俟后之好善者。是为记。

嘉庆戊寅小春，邑人王学浩撰，席存咸书。

石竹山房龚住持慎修遗笔载山房所贮什物簿首

　　粤稽石竹山房,传留已久,创自明天顺年间信和黄公,至我师祖九仪赵公重为营造,前文昌阁,后斗姥楼,堂构森然。虽附于邑庙,而实别于邑庙者也。余自十三岁时出家,师本斯佩张公。始犹师徒相聚,伯仲肩随,继即孤踪落落,宗支渐淹。道房中死者死矣,生者每来游而不果,廿年间强支门户者,惟余一人而已。余虽秉性耿介,未能合俗,而生平所为,犹幸无甚大过,差堪自慰焉。奈年途六旬,血气久衰,忽病于今正月十六日,笃于二十四日,精神恍惚,自知不久于世矣。所痛承祧乏人,又恨家无长物,一切殡殓之费,赖有族氏亲戚代为办理,独是道脉不可无传,住持必归有主。曾忆昔年尝得泰林周氏为徒,彼既先我而逝,泰林之徒曰万元,族姓张,字成义,承其一脉者,惟在此耳。奈又云游在外,未卜归期。呜呼,逐一记明,以俟其后,倘成义来归,无废宗系焉。余始瞑目矣乎!

　　乾隆乙巳孟春二十四日,龚通翼病卧口占,命胞弟鸿业代笔。

　　按:慎修法师为人耿介,徒周泰林先代,徒孙张成义云游不知所往。自法师化后,山房无主者八九年。后清真观雷殿道会张继芳接管,后继芳之师侄程立恒继之,而院废益甚。后延仙人殿羽士王元焘来住,管理庙事,事在乾隆二十八年,为之介绍者,里人濮正元也。自后兴废继绝,而西房之裔杨乾一不守清规,为董事等公摈,而元焘兼管西房,其徒赵中一继之。故《志》中龚公慎修之后,张成义不归,其系遂为中绝,而王练师元焘另立为中兴一代云。

王椒翁挽王仙根对

　　嗟君大药成丹日,值此黄杨厄闰年。

昆 山 历 代 山 水 园 林 志

续修昆山县城隍庙志

〔清〕潘道根　编

戴敏敏　整理

续修昆山县城隍庙志

清潘道根编。潘道根生平见《昆山县城隍庙续志》一书提要。

此书仅存序言、原志碑文、列传(附流寓)、诗文几类,实《昆山城隍庙续志》散出者。《中国道观志丛刊续编》作"清太仓钱宝琛撰",误。

是书有 1912 年抄本,本次据此本点校整理。

续修昆山县城隍庙志序

自二氏之徒倡为日月五星之说，好奇者又从而扬其波，至于今不绝。而老氏之书最先出，祖述者尤众。夫彼非不知虚无为不可为训也，诚有慨于当时功利之习，浸成乱阶，发愤著书，思所以挽其流而遏其弊，不自知其言之过也。为之徒者，益务诡奇隐僻，辗转流失，一变而为名法，再变而为清谈。至于符箓斋醮[1]，诞谩不可纪极，要非作者之本旨也。

鹿城马鞍山南城隍庙，明洪武初移建。宣德中，有道士黄信和者，为太常忠愍公之孙，事行最著。其后玉泉、石竹两房承其清修，不懈益虔，具见二张先生所著庙《志》中。今之继起者为赵羽士建庵，敦敏笃行士也。闻其孝于亲，生事死葬，竭尽心力。此吾儒之所难，而于方外遇之，乃益信士之不溺于所学，而能奋发自立，驯至于道义之归，不难也。

属潘君饭香搜罗旧志，将葺而新之。爰书以题其简端。时咸丰五年乙卯六月，太仓钱宝琛颐叟氏序。

---

1 "醮"，原作"蘸"，据文义改。

昆山城隍庙志原序

邑之有城隍,固幽令也。县令之有堂及署,唫以环吏胥,哆以妥家室。神之有庙,吏胥仅土偶,而焚扫止一二羽流耳。是以吏虽传舍,威足以振摄,其居虽介要害,豪强不敢盗坏。土神则显赫十分,其址不为势焰薜筑,则为香火之子若孙息壤,旁门卒委诸荒草,岂神不吏若乎? 实吏之精禋,与神不贯也。乃昆之庙则异是。自恕之来此,朔望拜瞻,将四载矣。境以内无夭札疵疠,址宫亦如月出衣冠之所焉。莫敢犯禁,先百鬼尝,而阴以锡。茌兹土者,亦无逢其灾害,固神之福国庇民,以及吏乎? 而恕则何德以仰承也。夫神不以吏重,而若以吏之久于其地者为神重; 即吏亦不以久重,而若以昆之难于其久者为吏重。斯义也,无能明之。适道士胡古出庙《志》相示,阅搢绅名辈题序,知其衣传高流,规严行饬,饬于庙址,若景高山,抚故弓焉,则其于久之道,微有合也。因为志赘文,并发其义如此。

崇祯戊寅岁季夏,知昆山县事武永叶培恕题。

今夫序也者,书也,书其事也。即如营建一事,能定乃丕基,即书之; 能增其式廓,则书之; 又能葺堕而更新,则又书之。凡以昭其力事之勤,与其垂谋之远,而贻之乃久,故足录也。古者建邦必有与立,昆山之有城隍庙,盖亦立神为民之常。惟是规创既久,增修弗继,栋宇墉垣,日就穿颓。吾乡同门苏先生来令兹邑,因起而新之,维是肩其役者典祝胡古,为能精心营度,力底于成。功竣,而方岳张泰符先生美而志之,甚悉。

然而古之心犹以为未竟也,每俯仰建置沿革之因,上下废兴成毁之故,一木一石,长瀍拮据; 一几一筵,不忘卒瘁。惟恐后之祝斯庙者,优游诞慢,以败我玄风,而亵我庙貌,不承堂构是惧。于是原本规制,宣明祀典,一切残碑遗迹,下及羽流沿接之绪,凡有关于庙者,无不稽核,志为上下二篇,以求序于乡之达官名辈,冀垂永之。祐适以庖代来,询其言议,知为渊著人也。兹复牍其志,而以序请。

噫嘻! 胡古之于庙事,可谓周尽笃挚,极矣! 夫事功者,精神之所干也,抑亦精神之所永也。故精神所注,物不得而罅之。于以集事而成,且以既成而永。彼天下所最患者,惟在置所事若己身外事,悠悠忽忽,以酿成一不痛不痒之世界,是以事滋无成。使天下之任事者而能胡古其人也,不辞劳瘁,要之于成,深以诒谋,期为可久,不以蘧庐传舍视其身，不以因循苟且遗之人，将天下事何不可为之有！今因是拈出而广言之，以慨今之任事者且以勖，夫昆之后古而典祝者，亦可师也。若夫材坚圬厚，庙貌之饰足妥居歆，则泰符先生详志之矣，余无庸赘。

崇祯七年甲戌立秋日，温陵吴祐撰，治下太仓州门生张炳樊谨书。

志者，何志？庙之有其举焉，莫或废也。志庙者何昭？先王礼幽以辅明神，亦将肸蚃而答也。古之畿甸都鄙有籍，郡县城郭有志，而坛壝崇祀之属厕其中，未尝有专志也。至于城隍立庙，为碑为记多有之，其为志以详所由来，阅邦之远近，独见于昆，以事之有足述也。自昔高皇帝诏下颁，敕天下城隍木主，使其阴司民社，以遂良诛慝，与官司牧守相表里。彼水旱有告，荒裌有告，兵凶疾疫有告，人懔其感，神斯应之，此天下之庙统有攸同。

若夫庙之有黄冠羽衣，而能授符篆，致云雨，驱率雷部，祓逐邪祟，殆足佐神之所不逮，则与常事异，宜述也。亦且代必有人，法必有受，使源流支派自为高，曾不至湮没无传，则与凡庙祝异，宜辨也。其所布庙基、总系、藏蜕诸图，以及建置、疆界、庙制、崇祀，序列相次，皆宰公文人翰墨，则与古史等，与小纪异，宜考也。虽然，表异者多端，其为尊神庇民之道则一焉尔。

国朝二百六十年来，庙与俱永，而奉之者不衰，盖以重民者重神。遗民而重之，于神为渎，于人为诒，即厥有灵，亦何所损益！今邑大夫莅任前一日，必就庙斋宿，告于神曰：政期公廉，刑期矜恕，如是者祐，否则殛。诚重民也。使贤令行如其言，群一邑之民，亦安往而不庇！虽无他术以祷以禳，非必镌木石、彰文词，岂神遂不相之邪？然则兹《志》之详也，虑前此失征，后此民不之信，将欲人咸知居公有戒，假庙有儆。苟克懋厥绩，祈进民心，孚而格之，有维明维威在焉，以求副于上帝临汝之鉴，志由此其著也夫！

邑人蔡懋德维立父撰。

志者，志也。古畿甸、城郭、坛壝、陵墓、寝庙，乃至六艺、九流、百家之属，废兴鼎革，则必有志。所以理众赞明，开物成务，以宏一代之制，无征不信。将使谁尊之？天地之中有昆山，昆山之中有城隍庙，庙之中有黄冠羽衣，其间贤愚参差之数，何论古牒！

即我朝二百四十年间，捧土揭木，以神道设教，使民鼓舞不倦者，良亦重矣。道士胡古少习鲁语，长慕玄风，慨庙制之徒存，嗟斯文之久坠，乃博采遐稽，萃所见闻，以请于当代之作者，得志传二十八篇。凡建置、沿革、疆界、规制、祀典、遗迹、碑文、道院、分派，以至羽流之奉职循教者，井井森列，一览可尽，咀而玩之，令人不能去手。盖凛然见天王开国，规模宏远，即亿万斯年，岂容泯没！且使居其地、业其事者，无能以道士自狭，谓可谬悠日月之下,苟焉无与于承先启后之任也。

予尝读书玉泉院中,见是编,窃喜曰:"可以信往,可以征来,可以儆祝史、弘圣教,可以翼邑乘之所未详,而启方术之所未有。"故无论文采葩流,殆几上之书,非区区一隅之著而已者也。嗟乎!圣人作法,必有深意,与国长久。今夫庙岂愚民之具,道士岂逃虚之法。混而存之,则成宪不尊;笔而传之,则耳目可仗。不见斯作,不知典籍之废,今一见之,何能已已。胡古曰:"如公言,且付之梓,独遗文剩墨,半供鱼蠹,则如何?"予笑曰:"正复尔,幸无为不阙文之史焉可已!"

邑人朱大受撰。

国有史,郡县有志,家有谱牒,此世运升降之纪,而人事得失之端也。玄宫梵刹,厥有肝膈者,亦时有之,然不无傅会牵合,缘饰一家,言之不文,行之不远,君子讥焉。高皇帝开拓区宇,建城浚隍,设之神道,置之师徒,与郡县长吏等。废兴、贤不肖,与运终始,其事不可以不志。

胡古曰:"古闻之,太史公序述六家,道家与儒术并载。而道之衰也,惟应供是务,虽有文牒,世系不能自述,则必乞灵于儒者,然乎?"余唯唯否否。古乃聚所藏败楮剩墨视予,饱鱼蠹者什三,传亥豕者什二,其仿佛可见、口泽未泯者,亦不下什之五[1]。

丑类而析之:

则其创建补葺、增益规恢之名姓日月,可得而考也。作建置沿革志第一。

其初[2]县官卜度四正四隅之故迹,遵照一切,坛壝之免税免役可证也。作疆界志第二。

质文递代,世有增修。神胕荅荅,日新月盛。作庙制志第三。

四民作礼,颂述末由。墨刻填词,可垂后系。作匾额志第四。

国家祀典,厥惟春秋。神庙灵爽,主之长吏。斋宿朔望,水旱疾疫。修禳修救,无怠无缺。爰及四境,屠牛击豕。肃若奉公,而不淫于祀。作崇祀志第五。

一事异同,讹谬相袭。况当创始,尤宜传信。作考信志第六。

金石碑板,历代所珍。大手名章,文献攸在。作碑文志第七。

庙以妥神,院以安众。先合后分,同源异派。事理所有,纪载宜详。作道院志第八。

顶冠传箓,隶名黄老。中道去之,无容混载。道法单传,比肩易絷。源分流错,世系难寻。作题名分派志第九。

洞中日月,长如小年。檀施国恩,谁当虚度。作清规志第十。

---

1 "什之五",原作"什之立",张大复《梅花草堂集》卷一《昆山城隍庙志序》作"什之五",据改。

2 "其初",原阙"初"字,《梅花草堂集》卷一作"其初",据补。

派列黄冠,职司庙貌。受直怠事,罚有明条。作轮直志第十一。

志道飞升[1],仙人尸解。生养死葬,传示将来。作藏蜕志第十二。

贤不肖无征,后人何劝。疑与信并载,虽彩不传。按实写神,可使死者复生,无赧无怒[2]。作庙祝列传第十三。

朋来远方,可与考业。四海兄弟,允属家风。一言可纪,一事利生。功难泯灭,学何常师。作流寓传第十四。

国初赠遗,己充鱼腹。残笥什一,不敢失坠[3]。刻而传之,以俟来者。质文之运,略见于斯。作诗文志第十五。

天启四年甲子九月,邑人张大复。

史乘传志之书为体不同,然皆非夙擅三长者不能作。昆山城隍庙有志,亦郡邑支乘[4]之支流,而道众、法系、墓兆详载于编,盖又志而通于谱者矣。潘翁晚香重赵羽士之请,就两张先生底本,删补增饰,汇为一书,事关于庙,粲然具列。虽是书不足以尽翁之长,而善可知也。

忆曩与翁访求王烈妇殉烈颠末,详知烈妇诉南庄城隍神,而造谋诸奸宄以次皆伏冥诛事。此《志》"杂纪"一编,载陈刺史仆人事,而王烈妇事不载,以事涉南庄,非本庙故也。亦可见凋瘵之邑,奸蠹吞噬,割剥良懦,屏息噤声,惟所鱼肉。牧斯民者,唯唯诺诺,衣冠端拱于其间,盖若神然,祝云喜则喜,云怒则怒[5]。而神转或于人意计不到之时,显示威赫,能使为鬼为蜮之徒,关其口而夺之气。赋役困敝之区,荒歉频仍之后,兵戈纷扰之间,差幸官无气而神有灵,吁! 可畏哉!

惟"祀典"一册列第四,拟属晚翁移置卷首,重典礼即以尊王制。俾读是编者,咸晓然于煌煌令仪,来格来享,神怒不可犯,而屋漏不可欺。即谓翁此作,隐寓史笔,彰瘅之权,亦奚不可!

咸丰五年岁次乙卯七月朔,新阳县校官江浦韩印撰并书。

1　"飞升",原作"飞曰叔",《梅花草堂集》卷一作"飞升",据改。

2　"怒",原作"恕",《梅花草堂集》卷一作"怒",据改。

3　"失坠",原阙"失"字,《梅花草堂集》卷一作"失坠",据改。

4　"支乘",疑当作"志乘"或"史乘"。

5　"则怒","怒"字原阙,据文义补。

原志碑文

昆山县修城隍庙记　　沈　鲁

国家受天命,奄有方夏,奠安元元,以统承万国。俾分职任功,显幽罔间,惟首是大小郡邑,山川城社,咸秩祀事,与天子之命吏,同忧恤之寄焉。其所以代天理物,莫不一极其至,而城隍保民为重,庙祀固在,以义而起。

昆山自唐为吴望县,光化[1]中,钱镠攻毁其城。宋世承平三百年,栅竹为防而已。元社将屋,而始城之。城隍则庙于县治南百步。国初,增崇祀典,规制堂宇,徙[2]营马鞍山麓,岁久摧败。宣德纪元之九年,卢龙任侯[3]尹兹邑,大修山川之祀。至于庙下,惧日益坠弗举,乃召父老,而告之以礼事神之义。虑材计佣,易故而新之,庙以完固,重门后寝,深靓严密,神妥其灵,式歆禋祀。既落成之明年而侯去,去十五年,而侯之明德克孚,民不忘于思,于是王惠、高瑞倡率而新之。

予曰:"吾邑庙祀,惟是显厥灵赫,自改创于今七十祀,吾境内疾沴不兴,风雨时至,六府三事顺成,卧赤子于衽席,职神之由。侯复以忠信,成民而礼神,神人延釐,益垂宁只,请于丽牲之碑,以纪成事,俾后为规随也。"窃惟天子之命吏,与神同食兹土,相须匡辅。坐堂事而旌别之,与秉明威而祸福之,显幽不同,而忧恤之寄同。咸有嘉德,依人而行,则夫神之获安其室[4],职有由然哉!

其词曰:有庙奕奕,于山之阳。有赫厥灵,实司其城。惟城惟隍,民保民障。神亦依凭,光灵胮䏌。岁历弥久,颓其室庐。尹哉任侯,为恤为谟。式廓以增,堂寝具考。神有新庙,民有攸告。司邑惟侯,司城惟神。咸底于仁,以合大钧。我民报祀[5],无怠来者。载书示征,勒之宇下。

1　"光化",原作"光启",〔嘉靖〕《昆山县志》卷十四沈鲁《县城隍庙记》作"光化",《资治通鉴》
　　卷二六一述唐昭宗光化元年九月,钱镠属将顾全武引水灌坏昆山城事,甚详,据改。

2　"徙",原作"徒",〔嘉靖〕《昆山县志》卷十四作"徙",据改。

3　"任侯",原作"任詹",〔嘉靖〕《昆山县志》卷十四作"任侯豫",詹、侯形近,据改。

4　"获安其室",原阙"室"字,〔嘉靖〕《昆山县志》卷十四作"获安其室",据补。

5　"报祀",原作"报事",〔嘉靖〕《昆山县志》卷十四作"报祀",据改。

昆山县城隍庙感应记　刘　铉

人之安里闾、乐生养，而不虞夫外侮之至者，以有城隍之险，设而障之也。《易》曰"城复于隍"，盖泰极而否，则城颓隍实，外侮得以侵也。若是，则城隍之系重矣，宁无神以司之乎？古之报祭者，山林、川泽与夫水防、水庸皆与焉。况乎捍外卫内，若城隍之保乎民者哉！又况其神之福善祸淫之不爽，有祷即应，而克耀其灵者哉！为郡邑者思报之道，其可后乎？昆山庙在马鞍山之阳，凡民之水旱疾疫，不得其所而走祷者，应之如形影响答，罔弗捷然，福于民者多矣。金溪令陈君助，邑人也，盖尝祷而受神之福者，今思有以答神之贶，乃来请予为纪。

噫！世之顽暴悍戾者无所忌，巽懦昏庸者不知忌。惟语之以神明，胁之以威灵，则虽悍暴，必凛然而思严敬，庸懦亦惕然而加敬畏。有所敬，乃不敢思乎非礼，作乎非义。国家之所以设城隍而等于祀典者，非望其阴有弼教之功乎？吾知神也，其必有以答国家之心，扬其威，显其灵，使来祈者，将变凶为吉，变灾为祥，变慝为淑，变乱为治，变奸为忠，变顽为孝，变贪为廉，变邪为正。诸凡不得其所者，皆一变以从其道，匪徒水旱疾疫不得其所者，而有以默佑之，此神之所以为神也。若曰是非弗审，逆顺弗辨，公私弗度，而凡陈牲酹酒，焚香燔币，曲跽擎拳，俯首于祠下者，辄为之移凶以吉，移灾以祥，概乎而锡之福者，又岂[1]神之为神，而当今之所以望于神者哉？故为记之，使知人之于神，固有祈福之道，然福之降也，不于淫邪，而祈之者，不可以非义。

张翔书，陈助立石。

昆山县重修城隍庙记　陆　表

桂阳邓侯宰昆山之明年，政通人和，百度具举，顾惟城隍之庙，久而渐敝，慨然叹曰："有民社之寄者，可泛视耶？"于是鸠材训工，诹日兴作。颓桷以易，毁楹以代。饰之以丹垩，增之[2]以瓦甓。欹者以直，阙者以补。建绰楔于庙门之外，翚以金碧；浚义井于仪门之右，覆以石亭。庙之形势，负山面水，前跨石梁，即古慧聚寺香花桥，创于胜国元贞年间，岁久圮坠，复甃而完。凡殿庑坊梁，或造或修，以此就绪，焕乎更新，皆侯之绩也。守庙羽士陈景华请表记之，镌于□石，以示永久。

表惟斯庙之设，其来远矣。洪武庚戌，呼侯文[3]瞻始相土而迁之。宣[4]德甲寅，任侯豫再开拓而广之。景泰壬申，吴侯昭又从而增以两庑。至我侯而今，饰以宏规，孔曼且硕，

1　"岂"，原作"堂"，据文义改。

2　"之"，原作"以"，据文义改。

3　"文"，原作"久"，清潘道根《昆山县城隍庙续志》作"邑侯呼文瞻"，据改。下同不赘。

4　"宣"，原作"寅"，下文《知县任廷贵重修庙记》云"今之祠宇，则建于宣德九年"，据改。

又有加于昔焉。夫庙之始迁以至于今，几百六十年，宰吾邑者，何可缕数？时加葺治，盖亦有人，而大任兴废之职责，不过四公而已。是不可以不书，以诏后之为政者，使踵芳前人，勿替引之。

吾见神灵孔安，金汤巩固，亿万斯年，与皇图相为悠久，匪直为乡人之敬恭，一方之壮观而已也。表于是特书曰：正德己巳夏四月，昆山修城隍庙，夏六月八日讫工。盖《春秋》之法，城某城，筑某池，皆谨书之，重为民也。表今所记，用《春秋》之笔，非僭也，法宜尔也。若夫神之御灾捍患，祷之即应，而我艺祖正厥祀典，以神著于令甲，皆所不赘者，以记为修庙而作也。

侯名文璧，字良仲，以《诗经》登乙丑进士第。其为人洞达多大略，政化赫赫有声，为东吴循吏之冠云。

柴廷圭勒石。

城隍庙儆石亭记　顾　潜

吾闻之，《易》曰："王公设险以守其国。"《书》曰："民惟邦本，本固邦宁。"今所在郡县，高城浚隍以为险，厥亦惟民是卫，卫民所以守国也。夫天下之物莫不有神，而况翼翼其崇，渊渊其深，显有卫民之功者乎！故庙祀之典有虔无懈，而神与守令默相表里，肸蚃之际，洋洋如在焉。

我太祖高皇帝膺天骏命，奄有四海，为神人主制天下。郡县岁祭厉鬼，必谕神领之，且责其监察官吏淑慝，一体昭报。然则卫吾民者，抑尚有无形之险，超乎崇深之外者矣。吾昆城隍之神，夙著灵德，水旱疾疫，祷罔弗应。于是众乐捐资，建亭树碑于甬道，如郡县戒石亭之制。道士苏景祥谒予记之，予谓戒石有亭，欲守令朝夕出入观省，律其身，善其政，以惠此一方民，非徒然者！兹亭之作，苟无阐于神理，无关于民利，而只为美观，安用是为？

予不佞，辄取戒石之意为铭，亦十有六字俾刻焉，而名[1]之曰"儆石"，若假神语，以告夫吏兹土者。呜呼！幽明本无二理，儆戒可以相成。今也在公有戒，假庙有儆，其必思所以副民之望，逭神之责，政期于廉公，刑存乎矜恕，使诚意孚格，实惠流行。而后民得以享太平，官得以保终吉，并受其福，岂[2]不休哉！不然，则民怨所丛，神怒赫焉，亦可大惧耳矣！百尔君子，尚其省诸！是为记。

李元寿书。

1　"名"，原作"铭"，《静观堂集》卷十一作"名"，据改。

2　"岂"，原作"堂"，《静观堂集》卷十一作"岂"，据改。

彰善瘅恶,幽有鬼神,毋欺上天,毋虐下民。

重修庙记 知县任廷贵

今上即位之九年,余奉命出宰昆山。故事,凡莅任官,必先诣城隍誓告,而后视事。余始至,乃斋宿祠下,拜谒而展告焉。视其梁栋楹桷则桡抑,梲牖板槛则腐黑,盖瓦则疏漏,级砖则破缺,赤白绘画则漫漶不鲜。退而窃思之,古者城隍之制,盖《易》"设险"之义也,而后祭城与隍事也。城以捍外卫民,而隍环其郛,其事同也。事同则庸均?故合而祭之,古之君子,赖之必报之也。

我国家自京师以至郡县,咸有城隍之祀,岂无谓哉?苟庙貌不称,则无赫灵异而示崇严,非所以使民敬鬼神、重祭祀,讲礼修古,不忘其功也。国家立祀与古人"义起"之意,夫岂如此?用是惕然,朔望走谒,惟以慢且渎为惧。期月,民事既有端绪,亟召父老而询谋之。有一叟造膝而言,曰:"城隍旧址在县治南百步,我太祖高皇帝改元三年,邑侯呼讳文瞻者始移置于此。而今之祠宇,则建于宣德九年,盖卢龙任侯豫张而大之也,距今若干祀矣。"余曰:"久矣哉!敝宜尔也。然国家分职秩祀,凡以为民也。吾为天子之命吏,以治尔民;神为一方之保障,以福尔民。民之所以安居而粒食,六府三事顺成而无虞者,谁之赐欤?今尔民皆完其宫以处,吾官府之治可自为之,神之宫,神能自为之乎?是役不可以已也。"诸父老曰:"此正吾民之事也。"

予于是商工会佣,出羡馀以给其役,吏民皆乐而相之。竹木瓦石、金漆丹腹之需,无不备者,撤自重门至于寝室,凡桡折者、腐黑者、疏漏而破缺者、漫漶而不鲜者,皆仍其旧贯,而奂以新饰焉。经始于嘉靖辛卯四月十日,毕于次年三月十七日。凡用工若干日,银若干两。与其出纳者,义民陈瑞;董其事者,守祠道人苏景祥与其弟李应元也。越四月七日,枚卜得吉,奉安神主。余乃会寮友永嘉项君蒙、冀州李君斌、三原王君绶、典教郑君守思、张君爵,令吏民而落之。旁有丽牲之碑,文有阙者,乃书其略于此,俾来者观之,知城隍之祭之义,而谓是祠之修,不为媚神也。庶几嗣而引之于勿替云。

重修城隍庙记 张鲁唯

《易传》曰:"王公设险以守其国。"筑城浚隍,无非设险守国之道,而圣人以为必有神焉主之,此所在神庙所由兴也。庙于昆者,实当玉山之阳,层峦削成,高峰蹲石,陡崎于左右而拱翼之。其神胠夤答,昭人耳目,亦若扶舆清淑之所攸萃,针芒相接,不可端倪。而栋败础颓,丹销垩落,岩岩岌岌,使人伛偻而趋,速竣事而去之,如恐其压者,毋亦事理不当然乎!寥寥百年,岂无人事递呈其间,而徒以缘饰为愉快耶?

闽安苏侯佩符守是邦,庶绩其凝,期月而可,顾瞻庙貌,慨然伤之,曰:"与吾共此一方者,神实相之,而令壁立风雨晦冥之中,谁职其咎?"乃召庙祝胡古而告之曰:"其为吾力,毋怠厥事,毋耗厥用。若弗肯构,则汝之尤。"古受命廪之,请于县之学士、先生、三老、子弟,鸠功庀材,立程刻日。于是锸者裹,缅者贯,担者输;于是斤者削,斧者斫,墁者圬,砥者平,画者青黄而文之。其材坚良,其圬孔厚,其观美而新,崔巍而烂漫,玉山片石,若增而辉。侯束带落之,称祝古肯堂肯构云。亡何,侯以讠圭误迁去。其明年,古再典祝事,瞿然曰:"隶敢不力稍迟,义不得越俎代耳。"乃又斋心竟其事,门与寝翚飞而鸟翼矣。

于是古以告成之记请予。维古之君子,其重民事也,有举必书,如《春秋》城某城、穿某渠,必并其年月时日纪之,以志慎也。况神明之司,有相之道,式增式廓,敢弗纪欤?按《志》,古庙在今县治南不百步,高皇帝定鼎之三年庚戌,呼侯文瞻始移建于此。其后六十有四年,任侯豫扩而新之,其岁甲寅。又十九年,吴侯昭又新之,翼以两庑,其岁壬申。又五十七年,邓侯文璧又新之,其岁乙巳。又二十又二年,任侯廷贵又新之,其岁辛卯。迄于苏侯,九十年矣,其岁辛酉。《记》曰:"有其举之,莫敢废也。"其侯之谓夫?侯名寅宾,万历己未进士。庙祝之董厥事者,正德己巳,陈景华;嘉靖辛卯,苏景祥,馀不具载。胡古,景祥十四传孙也。

天启四年甲子正月十有二日,记并书。

列 传

开山公黄信和,故忠烈公子澄之孙。忠烈殉难,子孙散走四方。信和以贫不竟学,为道士昆山清真观。天顺庚辰,司理宋公署县,谒庙闻妇女喧杂声,怒逐守者俞奇,召里老倪杰,从公议得陆敫。既而以年少不堪任,乃用清真观住持杨季深言,易信和。而庙中器用,悉为奇没,信和挺复之,遂置徒众施友信等五人,可三传。朝夕焚修洒扫,称有矩蒦。初司理还郡,奇失职衔,信和螯之,乃与徒施友信、蒋宗德、丁俊[1]、姚杰[2]、严淮走金陵。会信和之从子玄微者为太常赞礼,即以其间,请友信为昆山县城隍庙住持,与之牒,诸人各受牒如友信。自是庙规楚楚,奇亦屏息遁去。成化间,友信病且死,请于信和析为三。其明年[3]戊戌,信和又出己囊授三人,更置徒沈守真自卫,年八十矣,斋坛法会,必先诸人作务,了无惰容。亡何,宗德有孙曰陈景华,尝以气凌守真,信和

---

1 "丁俊",清潘道根《昆山县城隍庙续志·石竹玉泉分派之图》作"丁宗俊"。

2 "姚杰",《昆山县城隍庙续志·石竹玉泉分派之图》作"姚宗杰"。

3 "年",原作"军",据文义改。

将直之有司,太常弟玄吉者止之,景华亦首服,乃已,时年八十有五。居久之,作训词垂后,卒。其词曰:世系相传,源流派远。先后有序,尊卑自明。若一假借,必致紊乱。即如人家,高曾祖考,子孙曾玄,奕叶云礽,递世相继[1]无混淆,徒滋凌夺。如不遵训,与众共斥。

丁宗俊,施友信弟子,开山公次孙也。与蒋、姚后先入庙,其游如兄弟然。时庙制草创,宗俊便挺挺有拔起意,常从其师至金陵,请为本庙常住有功。师没,虔事开山公,如其师在时。姚亡,哭之恸,而兄事宗德如初,终其身无间言。识者谓宗俊和众作务,玉泉、石竹之派,始基于俊矣。

顾济玄,宗俊大弟子,遇事敢决,无委曲相。后先畜二徒,曰苏景祥、李应元。苏、李交善,每事相推让,玄诃之曰:"谚有之:父子上山,各自努力。以若所为,□遇灾馑,门户之事将以谁诿?不几令开山之祀几馁乎?且官家置祝之意何谓也?"乃中夜傍徨,私自念:道法单传,古之训也。开山谆谆以长幼式序为戒,一传后不免三分。吾析为二,夫亦行开山之意欤?遂命苏自南迁于西,李居东,而两人交愈固。后分玉泉、石竹,盖自济玄始。

陈景华,严淮弟子,西房蒋宗德之孙。强毅有干局,知读书,能吟五七字诗。弘治间,邓侯文璧莅任昆山,华候伺,而邓喜吟咏,子夜和墨声察察,顾问华:"夜何其?"华答曰:"月行当午,松影方圆。"邓卓颖良久,曰:"诗料也。"遂与华为方外游,对语辄移时。尝携牍就院按问,因令华经理寝殿,凿井,建亭其上曰"本相",与为如水之交。自天顺庚辰开山至己巳,历岁四十九年,至华始有堂构之事,君子称之。

苏景祥,号玉泉,丰标清举,谨身率众,多处子检柙之行,豪长者雅重之。初自南房徙西院,院荒不可处,为辟草莱,治精舍。诸弟子廪廪荷役,戒事惟谨,期年落成。回廊窈窕,山光云影,往来轩幔几案间,王翰林同祖颜之曰"玉泉仙馆"。御史顾潜门馆无私,独与祥有契,闻其扫片石,将作亭,为作《微石[2]亭记》。其弟子张天瑞范钟于庙,庙制愈肃。后之称羽士多长者,交者必以玉泉为首。

李应元,号石竹。初与景祥师事顾济玄,分东、西两院,山房之名"石竹"始此。应

---

1 "相继",此下疑夺一字。
2 "石",原作"右",据上文顾潜《城隍庙微石亭记》改。

元好诵《黄庭内景》诸篇,多道行。族人有投之者,辄谢遣之,曰:"已许身道门,何以族为?"士大夫信其诚。周康僖公伦以操□休沐里第,应元候之,握手道故,移晷不别。县大夫某亦往候,不得通,长讶曰:"大中丞乐道,忘人世邪?"应元每得施,不妄费,弟子请之,遂倾囊为治舍,颇宏丽。王同祖为题"石竹山房",又名其持诵之所曰"斋心",成应元志也。有弟子曰夏复荣,性闲雅无外慕,尝建别馆一区,亦名石竹房。

陆绍宗,法名守中,自号习闲,性深沉,都无人我。年十二,师事玉泉主人,谨身奉法。稍长,从迁于西,西固蒋公常住长派也。蒋绝,次房之长者宜居之,习闲行主人命,于茅索绹,何不至焉!居无几何,而瓦缝参差,遂称杰构,王司业所题"玉泉仙馆"者也。习闲好静默,日闭一斋中,阒若无人。焚诵外,摹古法书,入赵松雪之室。仪部王公任用雅重之,既贵,时过从焉,竟日忘去。文侍诏徵明手书"分源书院",习闲曰:"令两人者异时相念也。"习闲既多长者游,然心计为道士良苦,令后之人资身无策,当奈何?因节法施小立产,经卷、章服、仪器种种,具足置一瓯,令从游者月出信施二分投之,名其瓯曰"益后"。众莫喻其意,然月给如约。其后遇子弟乏绝者,出瓯中贷而益之,始知习闲意,不欲使贷之子钱家,故曰"益后"也。习闲外和内介,虽居院中,必摄衣冠,不径不见□。虽优伶与皂,皆爱慕之。浒关有女被祟,其家迎习闲,入门而病已。除夕雨雪,途有贸贸泣者,询之,则本卖一织以度岁,为人绐去。习闲见之,呼与偕还,视其室萧然,为质磬铙与之,且饮之酒。其平生类此,得年七十有七。

龚成梧,邑著姓子,年十八,师事陆习闲而悦之,因自号肖闲。时方营构西院,肖闲任佣事不为迕。未久,竣事,乃叠跖一室,翻阅宝藏,吐音洪畅,步虚便雅,遂推上座弟子。所得斋施而入施橐。尝受异人摄召之法,洁坛俯首,馀时云物澄鲜,有一鹤从西北来,盘旋轩翥,众目共睹,久之乃灭,邑中传说以为神。万历戊申,岁大饥,肖闲出所受施为供,众赖以给。庚申又饥,给供如初,了无德色。性俭缩喜施。晚岁厚自葆炼,两瞳子烁烁射人,面如红玉,有光浮昱。有斋会,率众行道,未尝以老自懈。年八十有五,端坐而逝。

夏大纶,字季昭,法名履玄。初隶徐永高为弟子,永高未及传衣死,同侪压大伦[1],备诸艰苦。大纶慨然曰:"丈夫顶七星冠,称玄元弟子,便不能如羡门辈蹑跻上仙。若囚锁云雷,翕张日月,驱率六丁,被除五恶,有此书,不应无此事矣。"乃夜发秘笈,口诵心唯,恍然有会。遇上清左真人于应谷而师礼焉,受九皇五雷之秘,事闻搢绅父老间。万历甲

---

[1] "伦",或作"纶",已见《昆山县城隍庙续志》,下同不赘。

辰，岁大旱，县侯令举所知。大纶洁坛求之，雨如澍。明年又旱，又求之，又雨如澍。已酉，雨不止，有以《春秋繁露》法试之者，无验。侯又从父老请，使大纶祈之，雨遂止。壬子，又大旱，田龟坼，大纶又求之，雨澍如甲辰、乙巳。丁巳，又大旱，又祈之，雨如壬子。县侯凡三易五祈，雨晴五变，名闻远近，于是"回天揭日""玄贶神秘"之额，大纶不自喜也。又陈简策而精搜之，治病驱祟皆有验。亡何，语其徒曰："吾受数于《易》，岁行在未，吾其化乎？"竟以己未正月初度之三月卒，得岁六十有四，世称奇峰先生。

流寓传

于应谷，江右人，以上清宫左真人广宣教化，授五雷法奇验。长不满七尺，声如歌钟，清婉有馀韵，登坛步虚，襜如也。学者仰其威仪，争师事之，吴会间从者数百人。既寓昆山，独心异陆绍宗、龚成梧、夏大纶、邹梦吉，意颇相尽。四人者事应谷惟谨，聆法要为详，从前讹谬，多所刊正。一时受法之侣，知传自应谷，不复容拟议。

张南阳，苏州嘉定人，身体伟岸，谈锋犀利。初自上清宫分教四分[1]，以武功得官。尝守备南京，已复弃之，遨游方外。寓玉泉院，玉泉、石竹之徒争北面焉，抉微摘奥，甚为希有。而于应谷适至南阳，瞿然曰："吾师也，其敢抗颜窃弄师传耶？"遂止不谈，酒边惟说守备南京时事。时许公伯衡为诸生，与之游而重之。

葛了尘，陈州人，尝补州学弟子员。年二十五，会有触，一日变姓名遁去，自称葛了尘。遂游太华，得崔真人精舍居之，崖悬栈绝，扪萝可上。张黄门巡视西边，微服抵削成，过精舍。了尘方注《庄子》，熟视黄门，曰："君方济世，何为至此？"黄门笑谓曰："君亦非出世人。"便就尘读所诠《庄义》，请携归，曰："十五年，请相见，留此为悬记。"尘笑与之。后十五年，而尘至昆山，寓玉泉院。时黄门家居，访尘，出《庄义》一笑，谓尘曰："君犹学道耶？"尘瞪目曰："毕竟君是济世人。"尘在玉泉，绝不谈龙虎铅汞，亦不言神仙却老，肩关叠跖，端坐如铁壁。夜中或闻其鼻息若雷，微侦之辄惺。其后十年许，再至玉泉，已现浮屠相，信宿而别，后不知所终。

夏应宿，贵溪人，相国桂洲公言之裔，号北衢。长髯伟貌，吐音圆畅。受正乙真人五雷告斗之法，教行四方。尝寓居玉泉院，道士夏大伦、邹梦吉、张永清、徐必达、叶应选、

---

1 "四分"，疑作"四方"。

冯可时、胡古皆宗师之。古受嚩唎吱天驱邪法，独得其秘。

万永年，闽人，学道第十六洞天，习《难经》《素问》及秦越人不传之秘。提药囊走四方，辨证与药，病者悉起。已来昆山，憩玉泉院而安之，日与道士徐必达游处，甚相敬重。授以痨瘵疟母诸方，试之皆效。久之，归武夷。或曰永年固将家子，屡立战功，闽越人道其事甚伟。

诗文第

赠练师陆习闲　王逢年

岩扉萝径故斜斜，云傍松关羽士家。尘世自逃方外术，石床常卧赤城霞。鹤惊钟磬谈玄夜，香度琴书落砌花。何日与君期汗漫，拂衣沧海共乘槎。

赠邹冀闲六十初度　徐维濂

物外托烟霞，藤萝耸飞翠。玉泉递涓涓，清芬逗灵闶。俯瞰何嶜岑，排空杳无际。下有羲皇人，洞壑结幽憩。脱柯归去来，山下忘历岁。白鹿护芝田，玄猿戏云屿。海屋筹正添，神闲复幽冀。试遇羡门子，为问长生秘。

奉[1] 赠练师邹冀闲斋居

羡尔斋居不出山，披衣独坐养幽闲。池南流水荣芝术，槛外玄云绕鹭鹇。形就婴儿内景熟，颜如红玉火丹还。叔卿羽盖参差似，石上遥看棋局班。

甲子冬初题石竹山房　张大复

山色初冬睡未成，淡描岚岫白云横。围棋石上兴亡在，吹笛风前鸾鹤鸣。借问丹砂应有诀，聿来洞口岂无程。逢师一笑还轻举，回首年光百感生。

奉挽钱碧海炼师羽化　张大复

平生廓落竟何归，绛节仙班典翠微。百岁梦回蝴蝶舞，三生石在冥鸿飞。桃源流水声疑咽，洞口游云影渐稀。小院松边常载酒，不妨紫府已传衣。

1　"奉"，原作"秦"，据文义改。

同诸公集玉泉院观牡丹　张大复

曲径生香细，芝田起暮烟。花灯悬魏紫，瑶圃集臞仙。未许天门扫，频催琥珀传。人间春烂缦，谁识是何年。

余时客紫溪元长先生以诗见寄遂答和兼柬太古练师　龚　埏

黄耳春来信，珍奴幻白烟。自怜青雪老，却忆碧花仙。对梦香分在，看云酒尚传。彩蓝千古胜，偏我越游年。

炼师徐炎洲朝太和宫有赠　张大复

访道琼宫十载馀，春来负笈亦从初。芝田白鹤思轻举，玉阜黄冠远奏书。汉水衡山飞雁杳，紫霄天柱蹑云虚。归来袖底还丹诀，笑指家乡玄武居。

紫篁歌有序　张大复

余既赋《卧雪吟》已，梦入玉泉院。短后徒跣，似四、五月间，院中松桧交荫，井泉瀹[1]出。顾视壁间刻有苏子由《紫篁赋》，石色冷彻如黑玉，烂烂照人，文句奇奥道古，类李长吉，而行草法如子瞻所书《洋州三十咏》。未竟读辄醒，意思恍然，又作此歌。因书一通，遗玉泉主人胡古。时天启癸亥腊月，甲子春之九日也。按，子由故有《墨竹赋》，镌《紫篁》，夫乃是耶？

雪压花枝惊折竹，布衾无暖[2]愁伸缩。忽到桃源催落花，松桧森疏旋喷玉。回廊寂立墨芙蓉，仿佛蛟龙字字绿。萧瑟寒梢凝紫光，彭城一派炫心目。疑是初记白玉楼，又如游戏洋州谷。须臾茫昧失仙源，飘乱六花封蔀屋。安得十年修竹里，煇养幽情冻亦足。

赠净斋张炼师　陈用羲

君自簪缨胄，偏宜着羽衣。全真留古貌，守静识玄机。一事数番语，三杯半日怡。洞虚天地小，回首玉山低。

秋日访夏练师山中　张大复

清旭升高林，洞门倚山阁。瑶芝满地秋，松子纷纷落。不见龙虎吟，蹁跹数群鹤。

1　"瀹"，《梅花草堂集》卷十五《紫篁歌》作"瀹"。

2　"暖"，原作"恙"，《梅花草堂集》卷十五作"暖"，据改。

仙家八月桃,烂缦繁花萼。罗列玛瑙盘,殷红鸱鹓杓。羽童扣景钟,景定甲子铸。[1] 疏韵发寥廓。碌碌尘土心,须臾为君削。竹兜犹在门,归云满岚壑。

海潮歌赠玉泉院道士胡古

涵天濒洞浴扶桑,摩尼宝珠照八荒。中有长鲸鬐鬣蔽海日,历乱驾鹅飞鹙鸧。丹师谨招细捩柂,不然错入鲛人乡。乃知彼岸原人世,不涉苦海不得将。古德传闻大智人,直乘无底丹,赤脚踏沧浪。掀翻海藏金猊吼,铿訇霹雳心目张。西入流沙朔南暨,复令函关紫气饶东方。东方赤日动海底,烟销雾豁扬辉光。成连先生家何在,鸣钟考鼓何铿锵。转忆飘沦凭君问,龙树岸头消息雨茫茫。

同孟公九皋家仲访太古不遇漫赋清政　　陈用羲

散步长林下,寻幽羽士家。霏微青嶂色,掩映赤城霞。古树无啼鸟,闲庭有落花。噫嘻浪荡子,何处问仙槎。

赠羽童徐玄之_{胡古弟子}　　张大复

初入仙班已解玄,扫花煮石思悠然。魔能炼戾常攸伏,鹤解归神不爱眠。谡谡松风闻落子,闲闲麈尾扫尘筌。多君早佩名师诀,白日能升第几天。

乙丑夏六月不雨农人苦之邑侯闵非台相率而祷于城隍之神越七月而旱弥甚改坛西寺羽师胡太古不爱一身之瘁应聘立登三限毕而甘霖如注远近沾足予愧芒鞋蔬食碌碌后尘倘微羽师血诚玄术刻期致雨其何以即安聊即当时情景漫赋以赠

赤轮杲杲夏复秋,海潮东缩井泉收。芒鞋奔走足重茧,倬昭云汉当天浮。共说真人胡太古,五雷秘授上清谱。鹊桥初驾立登坛,双瞳抗日不知午。仗剑悬灯步七星,须臾绕角纲缊生。苍黔引领如环堵,鸣钲杂逻鼓不胜。朝申雷令暮持咒,群龙隐跃中天候。密云四合倏[2]自开,霏微散落冥我后。怒纵巨鳌游铁鳞,青旗白马出东门。挹得洋江一杯水,注作东南三尺霖。血书遥控限方毕,白日空中闻霹雳。凄凄潇从西北来,淋漓申刻夜偏疾。邑侯闻之喜若狂,诘朝洒酒酬穹苍。拜席未移头上黑,归舆井闾成汪洋。稿禾昭苏蕴隆黜,四民鼓舞桔槔逸。掩关一卷旧黄庭,谁知指枯背为漆。

1　"景定甲子铸",原误入正文,《梅花草堂集》卷十五《秋日访夏炼师山中作》为双行小字夹注,据改。

2　"倏自开","倏"下原衍"日"字,据文义删。

昆山胡炼师大旱祈雨刻期沾足敬题素册　江阴徐　益

天一原生水,仙功即化工。何须三里雾,已遍五更风。润觉华池异,功将宝露同。赤松曾佐理,浩泽转鸿蒙。

读堵先生长歌又作此以赠　张大复

商羊罢舞日汤汤,六月七月月荒凉。岸龟河立鱼鳖死,桑林古事徒渺茫。官师步祷汗流液,踏破芒鞋祈不得。步虚道士绝有神,老龙鼓鬛飞霹雳。须臾黑雾迷千里,雨施滂沱月离毕。回看郊垌已不毛,平畴泼黛绿波涛。罢农澡洗沽村酒,索绹屋角挂鸣榜。洞口云归香冉冉,舞雩暴巫术何晚。朝廷有道官师清,内景黄庭容余懒。

丙寅春日　夏　昕青岩

去年淫雨不肯休,今年赤日中天浮。高原土赭草木瘁,深江水缩鼋鼍愁。风伯雨师向何许,老龙懒卧娇溽暑。云霓望断两眼穿,田夫田妇泣相语。噀酒曾闻洒蚕丛,飞符今忽快吴侬。六丁天门鸣霹雳,玄云吸水喷长空。须臾坛壝沛三尺,塍沟亩浍声淙淙。我惊此术天下奇,儒家繁露徒尔为。即今宇内几万里,水兮旱兮畴之贻。愿君化身百千亿,忍令人间歌孑遗。

又　许学夷伯清

会见昆冈若火然,谁能噀酒恰当筵。滴从骢马嘶鸣候,夺却蛟龙变化权。手挽江河还大地,欢随波浪彻遥天。豫章好屋曾为架,云气犹存砚水鲜。

叱咤乾坤尽改观,焦丘渴泽自波澜。袖携霹雳三江吼,剑拥风云七月寒。春涨桃花翻玉洞,秋涛松籁响瑶坛。仙家一滴金茎露,洒向人间即大丹。

又　归昌世

蓟子壶公侣,如君道术深。名呼驯白鹤,丹就识黄金。函简抽玄秘,风雷唤作霖。员丘采芝去,清啸天沉沉。

又　东海顾起莘

闻道回天术,风雷指顾间。观仍高玉局,名已缀仙班。滴马看行地,浮龙欲键关。谁从焦土日,一破化工悭。

又　虎林吴光岐

玉峰崚崚产膏土，灵有真人胡太古。丑年秋夏告赤焦，四境荒荒未安堵。邑侯谆恳谒古师，师闻挥剑神欲舞。登坛火云笼面皮，面皮黳黑何楚苦。宁须鞭石与鞭龙，丹符三限三霖雨。万姓方苏稼穑难，甘液瀼瀼敷润普。化泽天人交厥功，法力降康犹宸补。空外金童吹玉箫，城中冠盖咸仰俯。君不见，烟霞满袖海上来，奇藏秘诀访蓬莱。形容磊落飘若仙，萍逢斗酒始通玄。奚囊携我锦涛笺，琳琅夺目和翩翩。又不见，芥涂轩冕宝文墨，素缔天下皆名贤。

又　张炳成

蓐收七月然红炉，千林无色四泽枯。土龙石牛阳埋没，飞廉屏翳空追呼。望断云霓农人苦，谁驱妖魅焦吾土。步虚精诚直动天，飞符洒破千江雨。乍见商羊下海东，便看阴鸟阴林丛。一时斥卤回膏泽，荷锸投犁说岁丰。羡君神术古所奇，九重民瘼今谁司。回看万顷波涛色，洞口归云兴雨时。

又　朱天麟

金匮玉书参妙诀，长怀利泽向人施。炎蒸三月苗云槁，道气虚空法力奇。如注甘霖回造物，共闻苍赤咏康时。分忧家国攸关切，博得瑶华万首诗。

羽师胡太古祷雨于乙丑七月甫登坛而雨即翻盆远近神之元长为之记并赠以诗是岁余客游小蓬莱未得躬逢归而元长极口其灵验然余尚未识太古也丁卯冬日太古忽持册候予纵览间兼听其音吐缊缊有远志直欲追创廟呼邑侯始事葺庙志以阐扬开山祖此岂寻常羽衣中人哉少陵云看君多道气从此数追随余于太古亦云　徐　硕元果

缥缈羽人胡太古，术可鞭龙伏猛虎。甲子苦潦乙丑旱，立召商羊令且舞。雨沾日吹穤稏风，千村万户歌多稌。兹事耳传已三霜，今日云端面法王。锦古悬河喷斗篆，袖里玉清发异光。儒雅更拟葺志垂，溯昔呼侯更建玉山阳。玉山瑞气日夕浮，红泉九道半空流。共说真人托蓬庐，天孙稷丘乃其俦。区区步虚呼霹雳，琼笈秘数或可求。愿君遵三景结二□[1]，乘鲤跨鹤常千秋。

1　"二□"，底本原缺，疑作"二仪"，"三景"即日月星，"二仪"谓阴阳。

828

又　张炳樊

澍雨天从借，欢声尽一朝。护花分细种，采药候新茶。鹤驾羽毛净，龙驱鳞甲遥。农歌风外起，吹送隔溪桥。

又　顾鸣琳

胡卢有水吸仇池，举手轻将旱魃夷。草檄怪看天喷血，呼龙无暇口含糜。甘霖洗尽千家泪，病骨添来一面鳌。野老即今商岁事，嗷嗷犹听雨声臞。

丙寅闰月九日赠胡炼师登坛祈雨　张大复

欻起公超雾，离迷满四坰。五雷曾致雨，三伏更扬灵。冲发星冠竖，挥鞭昼日扃。随车应有颂，大令秦公初任。百里旱苗青。

又　锡山徐弘祖

上帝赫怒海藏侈，神龙种类皆遭诛。兴云致雨莫可委，旱魃得志当前驱。势如益火烈山泽，炎炎昆冈无玉石。将令沧海变桑田，先使膏腴尽龟坼。万户呼天天不诺，三江倒海海亦涸。昆山道士碧眼胡，撇下云中只黄鹤。却来市上卧官坛，指挥两袖清风寒。雷神雨师争恐后，顷刻郊坼珠走盘。一日得雨禾改色，两日再雨陂池溢。三日雨足重有秋，鼓腹嬉游歌帝力。帝力于我何有哉，上帝闻之亦自嗤。当时若无胡道士，海枯池竭天将摧。天摧道士骑鹤去，海竭道士化鹤回。何如不枯亦不竭，碧桃岁岁映蓬莱。

又　武林张　易

火龙吸海作奇观，万里烟生海不澜。赤子呼天雷雨竭，真人噀水斗牛寒。淋漓甘雨濡南国，缭绕轻云护北坛。鸾鹤纷纷叱仙驭，月明犹自炼金丹。

挽净斋　陈用羲

梦入希夷竟未醒，空馀碧案一函经。山房月照纶巾冷，古洞苔封挂杖青。飞舄已归蓬岛上，朗吟不复玉峰行。高斋静掩长依旧，石竹萧萧那忍听。

立秋日憩玉泉即事　张大复元长

平明怀刘刺，侧足走焦原。大火催回车，行行入羡门。上标小有洞，可以蹑天根。灼灼青莲花，解衣耀心魂。燕雀贺高飞，新成物所敦。亦有刘阮辈，为余寻花源。提携扫清曲，绿天蕉雨繁。欢呼谋沉醉，玉杯至今存。露下倚银床，高梧叶已翻。去去歌白雪，金盘落西轩。

秋日与安淳游司玄洞天主人留宿即事　张大复

玄风已殊邈,符箓有司存。误入神情喜,连床笑语浑。山鸡能唱晓,秋菊亦分根。携得离骚卷,闲吟抵课孙。

太古兄精于性术尤以翰墨自喜导引之暇多竖不朽之业少有馀资辄以佐缮宇镌石之费羽衣中所希觏名流投赠充满筐笥聊赋请政　陈用羲

兀对南山好自如,白云深处问君庐。风轻槛外千竿竹,月映关中数卷书。鹤舞横空珠树合,龙吟法界翠涛虚。翛然太古无怀氏,应识红尘有华胥。

又　许伯衡听庵

闲师嗣法有真传,不与三年学汞铅。诚格六丁风雨迅,邪驱一剑日星悬。已能煮石供朝夕,何必炊粮说岁年。愧我支离尘网内,对君如陟太华巅。

赠练师龚肖闲七十序　周鼎新

太史公云叙六家也,阐析指要,得失并陈,然独推道家于儒术之上。其言曰:"神者生之本也,形者生之具也。不先定其神,而曰'我有以治天下',无有哉?"道家之术使人精神专一,动合无形,赡呈万物。故当时自帝王公卿而下,无不湛心黄老。即汉武帝之雄才大略,无欲不酬,犹专其好,为蓬壶方丈之想。嗣后言其术者,纵涉迂妄,犹足以祛炼天神,引龄益算,其效彰明较著,有不可诬者。故世莫诎其教,即儒者亦借以为尊生助焉。

予童子时,尝识肖闲之师陆习闲。习闲于玄理最深,随叩随给,若悬河之不可穷。于书宗赵松雪,索翰踵至,虽邑中文士,莫能难也。今肖闲绍其业,无论研寻渊奥,足蹑正宗,偏能养气致柔,操不争以消世竞。一切交酬零杂之务,悉委其徒经理,而自逃于逍遥闲旷之域。其于大雄氏所为,能不言而躬行者,非耶?广成子曰:"必静必清,无撄汝形,无摇汝精,神将守形,形乃长生。"翁之谓矣。果尔,翁将添筹海屋,伯仲于乔松、彭祖之间,岂区区届人间中寿,而遂为翁贺耶?

翁尝受术于异人,施法醮坛,能致黄鹤,飞舞长鸣碧落云烟之表,远迩啧啧,移人观听。嗟乎!以翁之术,使当汉武禅麟元狩之时,羡门、安期不足齐驾,并传为古今希有之事哉?翁童貌修髯,操行孤洁,即未知于太史之论列何如,要亦无愧于儒者云。

赠龚练师八十序　陈世垹

唐史载,魏侍中徵尝为道士,后登相位;贺知章以礼部侍郎□为鉴湖道士,则道士之为搢绅寄迹也久矣。谁谓方外士与儒业异,不并列公卿间哉！吾昆羽士如林,步虚坛醮,要以玉泉院为称首,而肖闲其较著者也。肖闲裔出名族,其家朝章手□焜耀一时,垂于世世,至今勿绝。而肖闲独以道士显,专气守柔,遒然垓壒之表,与其师陆习闲等,故自号曰肖闲。

嗟乎！人固不易闲,闲岂为营营者用耶？顽钝朴鄙,狂狂蓁蓁尔,其间雕性凿巧之徒,与接为构,日以心斗。则虽严居藿食,守其师说,欲自放于山巅水涯之外,有焦然燺灼,形未老而神瘁者矣。

今肖闲春秋八十,渥颜丰颐,飘须若仙,专视听,健饮啖,步履拜祷,不减年少,见者疑为五十许人。毋其收视返听,无攘其形,无摇其精,如鸡抱卵,如龙养珠,以至于斯耶！广成子千五百岁,神明不衰;李伯阳历商、周之代,西度函谷。此肖闲家风,余深有意于期斯人矣。肖闲为人,敬上而惠下,羽流化之,日夕事肖闲甚谨。愉愉怡怡,可以养生,可以永年,广成、伯阳不足为肖闲俟哉！

予家自先比部而下,尝主玉泉院,知其由来甚详,聊述所闻,为肖闲八十寿,从予家兄弟子侄请也。

赠紫府真人邹冀闲六十序　诸寿贤

昔周穆王尚神仙,因尹真人草制楼观,遂召林泉幽逸人,置为道士。汉明帝永平五年,置三十七人。晋惠帝益四十九人,给户三百。自后累朝有设坛加号,极其崇奉也者,非无说也。魏伯阳《周易参同契》曰:"惟昔圣贤,怀玄抱奇。躬服九鼎,化沦与并。含精养神,通德三元。众邪辟除,正气常存。累积万寿,羽化而仙。"古得道者,往往宗此数语,以超悟度筋骨,以呼吸见丹田,即以清净飞凌云,视世间六十甲子,直旦暮耳。

吾邑玉山之下有道院,为邑神栖灵之宇,香火鼎盛。相传宋道君时,有天仙驾鹤而下,吉州刘改之曾记其异,则此院盖福地也。邹君以旧族子少游泰岱,问道明师,受法兹院。性敏慧,能通玉枢宝箓、太霄朗经诸教,洒脱尘念,徜徉碧流古栝间,对知己喜衔杯,多而不乱。

岁月荏苒,而君已为六十耆年人矣。夫梦奢驰骛,伐性之斧;优游恬淡,得寿之脉,此吾儒河汾之论则然。若玄教以千万岁为春秋,以吐纳申经为静摄,亦与儒家论暗合者。明兴,张三丰以奇法秘术至动圣祖,后世罕悟而窥其堂奥,第能养身完气,以无亏先天所禀赋。亦何必借五炼真符、九转大丹,而后能长生久视乎哉？冀闲神情气为骨,超超分土壒之外,又加以恬谧冲和之养,则人间世所为六十花甲,君不知当阅历几回,以遍此浩劫，今日第其一小劫之度耳。

　　方君简周辈与冀闲善，因请予文为冀闲寿，聊引道家赤松、黄石之录，今操鹦鹉杯而进之。是为序。

赠玉泉院炼师胡太古序　张大复

　　三教圣人之道，所以久远而不废者，皆自其为之徒者发明之。吾儒尚已，天竺古先生强立文字，不可摹捉，而镂空画[1]天之见，时起大宗。玄元之教，何寥寥也！岂古青城[2]鹤上之事，飞行寥廓，必不在人间世欤？将道迩非远，事易非难，逡巡谨凛之辈，密证密修，而世故未之识也。余尝执此以求之九天、五雷、五金、八石之家，几三十年，而始得吾友胡太古氏，意所云密证潜修云者。盖尝受法正一教主，能檄召鬼神、禁制变化之道，而面无其色，口无其言，以法利人，而无所取于斯世。至其亲亲尊尊，尺尺寸寸，皆有矩矱把捉，而无所染于五欲世界之内。余尝谓太古神仙轻举，践履无迹，终须从实落地得来。太古默不应，若与吾见合。

　　会闽安苏侯有事于玉泉，慨然有陴陲之想，太古额之，为劝众修其事，数月底绩。侯意色稍欲有偿于主进者，太古谢不敢，侯以此益[3]重之。侯去之又明年，爰修仪门，爰葺寝庙。太古曰："吾曩者心许吾侯，岂以去留为应迹哉！虽然，吾亦何所挟以劝人人？惟是秉心不欺，市价不二，有事勿忘，而不与校旦夕之赢则已矣。"吾尔时颇惊异其言，谓太古他年轻举，应从今日实地上累积耳，太古笑曰："岂有是哉？"

　　予每见太古，得所未闻，未几，辄能了晰其说，引伸触类，层累空阔。其于是因是果，直可令[4]形影无惭，麻菽不负。然必以敬恭为用，不起骄慢诡求。其于玄元之学，盖亦未达一间者欤？南宋时，安和观有酆去奢者，学道卯山，坐卧盘陀石，神人指示其下有剑、丹，奢不敢受，曰："自惟荒谬，山栖获安，其为圣祐多矣，丹之与剑，何敢辄求！"久果得之，能致鬼神[5]，遂腾空驾云而去。如太古之知止知足，密修不怠，夫岂若人之徒欤！太古所居枕山而瓮，其牖叠跖静观，有二徒隔薄板居之，竟日莫窥其际。徒亦如在山窦中，不謦不欬。吾闻去奢得道时，尝有冠远游冠、绛服碧绡衣数人共坐，光明照身。吾且就其二徒问之。

1　"画天"，原作"尽天"，《梅花草堂集》卷二《赠玉泉院道士胡太古序》作"画天"，据改。

2　"古青城"，原阙"青"字，《梅花草堂集》卷二作"古青城"，据补。

3　"益"，原作"盖"，《梅花草堂集》卷二作"侯益以此重之"，据改。

4　"可令"，原作"可人之"，《梅花草堂集》卷二作"可令"，据改。

5　"鬼神"，《梅花草堂集》卷二作"鬼物"。

乙丑祈雨记　张大复

天启五年乙丑夏六月不雨，土田龟坼，农人置槔于河之腹，污重而引之，禾不兴[1]。而是时阳乌出谷，汤汤如流金，苗叶如赭。守土者患之，集诸羽衣，预告城隍之神。既十日而旱愈甚，莫可谁何。将募巫而曝焉，诸羽衣竞以古对，曰："古受善术，可刻日验也。"邑父老亦争言古有戒行，当格天。于是守土者聘古视事。

古方病呕逆，食糜不能二盂，私自念："吾受法于上清，上清真人与我秘，济世为务，而吾惜吾呕，不为斯人一强起。昔昔之岁，民几为鱼，今去鱼又立槁耶！"则请主者卜坛墠。乃卜坛墠，得景德寺武安王庙之南址。请卜日，则得月之八日甲寅。古仗剑登坛，戒其徒李素、张天麟、周天谔、徐玄之护而禀令焉。乃步虚喫水，檄请三限，而老弱累累呼曰："焦不及夕矣，而堪此三限乎？"既月之初十乃雨，雨濡郊，南北有飞云过坛墠，雨衅[2]辄止，农以为未足。古步虚如初，十二日戊午又雨，古曰："此雨限矣，未也。"而古面焦如黄篘，风行之且欲解，老弱辈意甚怜古，而群喙加笃焉。月既望，古中夜起演上清法，啮指血作檄，檄讫[3]，告其徒众曰："雨从西北来。"乃倒置坛向，向天门，黑云四合，大雨如澍，自辰至酉，淋淋勿绝，一县民大喜过望。是役也，始于月之八日，终于望之既一日。又二日虔辍坛墠无怠。时主土者闵侯心镜，丞方一宾、沈文进，尉张其耀，掌教谕事堵应畿，司训萧种仁，其以挥使总练者傅懋忠，皆辅行其事，观厥成焉。

雨既，有老氓集田旅，蹑古门谢曰："炼士之法足可侔天，虽然，吾辈每望见炼士面焦土篘，且解，心怦怦焉，惧弗集事矣。然谛视之，焦而不削，问所啖食，辄数十器，不似曩者初登坛时，食糜不尽二盂也，岂非天哉？岂非天哉！虽然，昔昔之旱，曾不及夕矣，而限必以三，何居？"古曰："盖谓之鞭龙五雷法云，循限而祷，其肸蚃答，无容淆乱。脱令啮指不雨，计无复之耳。"氓云："吾年少时，见刘侯之祷也以周岑[4]，祝侯、王侯之祷也以夏大纮，而未有限者，限三何居？"古曰："彼斯之谓使者檄，吾斯之谓鞭龙五雷檄也。""然则鞭龙五雷何如？"古曰："先天玉枢上将是谓灵官，昔者灵官受敕于上帝，得骑龙行雨，龙不及，灵官怒，杀而醢之，以其筋为革带。帝怒，谴灵官，遂为湘阳神血食。湘阳之民率以童男女祀，而后始得安其土宜。堕矣，萨真君怜而收之。而灵官故欲投隙以伺真君，从游十二年，真君不闲，乃降此天地之正气，从玉枢分姓者也。道法之正，天弗能违，古何力之与有？故夫《春秋繁露》所载五方行雨之法，与夫虎头致雨、龙湫兴云，岂不沛然下之，而后无验者，非限也。"氓拜稽首，称"天师"而退。

1　"不兴"，《梅花草堂集》卷四《胡道士祈雨记》作"不衅"。

2　"雨衅"，《梅花草堂集》卷四作"土衅"。

3　"檄讫"，原作"之讫"，《梅花草堂集》卷四作"檄讫"，据改。

4　"周岑"，《梅花草堂集》卷四作"周惟岑"。

是岁九月九日，天晶日明，烝民乃粒。病居士张大复薰沐为之记。

昆山县重修城隍庙募疏　李同芳[1]晴原

盖闻先王理幽以治明，圣人神道而设教，故曰："知其说者之于天下也，其如示诸斯乎！"今古辽邈，大小攸同。江河湖海之神，胶盉而答；里社坊墉之建，各有司存。况乎命之朝廷，同百僚庶尹之寄，载诸祀典，为一方捍御之宗者哉！昆山列壤东南，允称海壖岩邑。本朝敕崇坛社，久已福国庇民。内城外隍，仗神灵之有托；春霜秋露，俨庙貌以如新。嵯峨玉山之映带，廊庑栋宇，美奂美轮；连云甲第之朝宗，光明相好，神馨人悦。鉴兹美报，夙著勤劳。风不鸣条，雨不破块，阴阳调顺于百年；四郊偃武，多士修文，老弱均和于奕世。皤皤黄发，幸免水旱之频仍；茕茕下民，不知疫疠之殄瘁。式[2]歌式舞，灵贶久在人间；卜世卜年，丹垩忽生蟊蠹。飘摇风雨，岌岌将压而不支；颓腐础垣，仅仅犹存之如线。幸逢有道，百废具兴。凡吾烝民，子来恐后。兹有庙祝胡古者，以精进心、勇猛心自誓，肯堂肯构；告兹大众，以喜舍力、赞叹力聿观，如翼如翚。斯诚事理之当然，亮亦人情之乐助。圣明继起，日月增朗于尧天；万宝成功，甘棠永蔽乎花县。

谨疏。

天启元年春三月吉日，邑人李同芳撰。

募建三老洞天小引　张大复

天地生人之纪，无不权舆于五德之运。五德居不可见之地，以游无穷，将来者进，成功者退。惠迪从逆之报，则必有官焉，宰之如世所严，三老星官曰福、曰禄、曰寿者尽矣。要以静一者吉，悖慢者凶，而静一、悖慢之源，必根于人心之起念，故夫念不可不慎也。夫捧土揭木，陶瓦丹垩，创为层台峻宇，镂为真妃帝子。象五德，按九宫，奔走七尺之夫，而答如胶盉者，皆念之静一主之。其不然者，为悖为慢，为氛为祲，何有不自心造者哉！嗟乎，吾闻其语矣，吾见其胶盉答矣。

昆山庙祝胡太古，谋建蕊宫于玉山之阳，予为题其引首，曰"三老洞天"。古来得道真官，多居洞天福地，守其炼一，然后与天齐倾。三老固真气所结，非有藏修游息之事，而云"洞天"者，亦有《黄庭内景》之说。即舍施诸善信，皆由洞天履福地，三老神道之教，即功德主履践之场而是矣。太古奉行正一之法，鞭龙走电，驾役神丁。尝谓人言：万法惟心，静一者是。蕊宫之作，吾知其借外以彰内。心真则念真，念真则法应，

1　张大复《梅花草堂集》卷十四《昆山县重修城隍庙疏》，与此文全同。

2　"式"，原作"或"，《梅花草堂集》卷十四作"式歌式舞"，据改。

厥功可旦夕待也。

是为疏。

崇祯元年孟夏，邑人张大复薰沐撰。

司玄洞天记　张大复

玉泉院道士胡古，既葺庙宇之又三年甲子，请余为庙《志》，备前制所未及。《志》成又四年戊辰，谋建三老堂，曰："吾将朝夕于是，默想持诵，思所以不负上清宫诸弟子相传之绪，与我先世累叶之淑诸人者。"又明年己巳，堂成，余往劳之。古曰："赖诸檀施之有念有力者，吾又幸借上清之箓而验。请不受贽谢，或强之，则以佐诸檀施之所不及，幸告成事，君将何以颜其额？"予顾符箓之在几笥者，卷轴秩然，充宇连栋，辄题之曰"司玄洞天"。

盖今天下仙真之所宅，金简玉书之所藏，皆洞天也。人曰："玄无司，司玄何也？"予曰："玄元五千言，则玄元司之。自汉张道陵至于今，号正一真人，而玄有司存已。"人曰："今古皖天柱山有司玄洞天，毋乃是耶？"予曰："唯唯，否否。汉武帝常祀天柱，以代南岳，赐号'司玄'，彼有取尔也。"今院处玉山之阳，枕壁临流，可以养冲，可以引年。而上清宫得道诸人，如于应谷、张南阳、夏应宿之徒，故尝至止于是，祛邪遣祟、来鹤瞻灯，种种救世之法备矣。而诸羽士之修习此院者，又如陆绍宗、龚成梧、邹梦吉、钱继武、冯宏绪、徐必达诸人，继继承承，火传星缀。至于古而身肩其事，冥搜幽讨，寸累铢积，志则志，堂则堂，而曰将朝夕于是，以不负上清宫诸弟子之传，继诸先世之淑诸人者，斯亦不玄之司，而继志述事之善物也哉！

人曰："古岂出蓝之青，而尚于蓝者耶？"予曰：盖闻之，古天地五德之运，皆居不可见之位，然必有星焉司之，故曰三老。三老者，五德之权舆，惠迪则吉，从逆则凶，万法所从出，玄元之秘密藏也。夫执惠之吉而远于凶，则有咤嚩急告在，十不失二三矣。乃至摩利支天之斗母法，不失一焉。吾故从其烦且难者，以故施诸人而验，请不受贽谢而必予，夫此一言者，古之所以承前启后，志则志、堂则堂者也。《般若经》云："经典所在之处，即为有佛，若尊重弟子。"盖言司也。《论语》云："天将以夫子为木铎。"其司之者也。

堂凡三楹，按九宫，象五德，设三老其上。前为轩，又前为庭，周广若干丈。左右皆有夹室，室深如堂。而中分为前后楹，又窍其北为牖，可几可榻，古所谓默想持诵处也。夹室左右皆有小庭，广长若干丈。

檀施主名别载纪石。崇祯二年己巳秋九月二十日，病居士张大复撰。

云间陈继儒题"山静太古"额跋

余友张元长、方简周，每言吾昆有胡太古，寄迹老子法中，黄冠草服，博识今古。且得马骏滴水术，魅祟不灵，三农慰望。而燕坐一室，则啜茗焚香，户外绝迹。因题其轩云。

后　记

　　江苏省昆山市,古代即以人杰地灵、物华天宝闻名于世,当代则以其高速发展的经济建设成就而蜚声海内外。昆山亦是一座独具山水园林文化特色的城市。昆山市内的亭林公园融自然景物与名胜古迹于一体,玉峰"百里平畴,一峰独秀";阳澄湖、淀山湖的水上风光,令人流连忘返;千年古镇——锦溪被誉为"中国第一博物馆之乡",古镇周庄以"中国第一水乡"闻名海内外;顾炎武墓、秦峰塔、文昌阁等历史名胜,慧聚寺、莲池禅院等佛教圣地,令人肃然起敬;昆石、琼花、并蒂莲人称"昆山三宝"。然而,翻阅历代典籍中专门记载昆山山水园林的文字,却不免有"文献不足故也"之叹。文献的上的缺失,造成了当下对于如何更好地传承和发扬昆山深厚的优秀历史文化面临文献不足的困难。

　　有鉴于此,昆山市地方志办公室、昆山市档案馆特组织相关专家学者,成立专门的课题组,对于现存的与昆山山水、园林、名胜、祠庙等有关的古籍文献进行点校整理,希望在保存昆山地情资料的基础上,为昆山的优秀传统文化在新时代能更好地服务社会提供有益的探索,作出应有的贡献,并且与已整理出版的历代昆山县志、乡镇志初步构成记录昆山历史、昆山文脉的体系。这无疑是一项具有重要意义的工作。

　　本志凡收各类文献 15 种。除《三吴杂志·马鞍山》《〈和甫山园记〉三种》两书为从个人文集中辑录出来的以外,其他皆为独立成书的文献。这些文献内容丰富,收录范围广,既有《昆山杂咏》《玉山名胜集》等辑录历代吟咏昆山名胜古迹的诗文总集,也有《贞丰八景唱和集》《紫阳小筑集咏》等地方文人之间的唱和,又有《娄江志》《昆山城隍庙续志》《续修昆山县城隍庙志》等体例谨严的专门志书。所收文献版本稀见而珍贵,龚昱辑《昆山杂咏》三卷,为南宋开禧三年(1207)昆山县斋刻本;反映元代顾瑛"玉山佳处"文学风流的《玉山名胜集》有二三十多种抄本,本次采用不多见的明万历刻本为底本整理;《玉峰标胜集》为南京图书馆所藏抄本,卷首有一幅彩绘的马鞍山诸景图,极其珍贵,颇具参考价值。所收文献中最晚的周奕钫述、潘道根补《玉山景物略马鞍山景物略》一书,印刷于 1935 年,则本志所收文献时间跨度长达七八百年。

　　本志所收文献,与历代编纂的县志、乡镇志互为补充,是昆山地方先贤留给后代的宝贵文化遗产，也是昆山历史悠久、文化发达的重要标志之一。

另有两种重要的文献，一为清朱谨撰《马鞍山志》，抄本，藏南京博物院；一为清沈岱瞻撰《马鞍山志》，稿本，藏南京图书馆，由于受今年疫情的影响，公共场所暂停开放，未能及时获得底本。受交稿和出版时间所限，不得不忍痛割爱，暂时放弃不收。

本次整理，由于所据底本情况复杂，多有文字潦草、刻印不佳致文字漫漶不清之处，且本书所收文献多、规模大，再加上时间仓促，成于众手，虽已在文字、标点、体例等方面尽量保持全书统一，但仍存在不少疏漏之处，敬请读者批评指正。

编　者

2020 年 10 月